猛禽類学

山﨑 亨 監訳

文永堂出版

Raptor
Research and Management Techniques

Edited by
DAVID M. BIRD
and
KEITH L. BILDSTEIN

Assistant Editors
DAVID R. BARBER
and
ANDREA ZIMMERMAN

ISBN 978-0-88839-639-6
Copyright © 2007 Raptor Research Foundation

Cataloging in Publication Data

Raptor research and management techniques / edited by David M. Bird ... [et al.].

    First ed. published Washington, D.C. : Institute for Wildlife Research, National Wildlife Federation, 1987 under title: Raptor management techniques manual.

    Includes bibliographies and index.
    ISBN 978-0-88839-639-6

    1. Birds of prey. 2. Birds of prey—Conservation.   3. Wildlife management.
I. Bird, David M. (David Michael), 1949- II. Title: Raptor management techniques manual.

QL696.F3R366 2007   639.9'789   C2007-904971-0

All rights reserved. No part of this publication may be reproduced, stored in a retrieval system or transmitted, in any form or by any means, electronic, mechanical, photocopying, recording, or otherwise, without the prior written permission of Hancock House Publishers.

Printed in China — SINOBLE

Copy editing: Theresa Laviolette
Production: Ingrid Luters
Cover design: Ingrid Luters

We acknowledge the financial support of the Government of Canada through the Book Publishing Industry Development Program (BPIDP) for our publishing activities.

Published simultaneously in Canada and the United States by

HANCOCK HOUSE PUBLISHERS LTD.
19313 Zero Avenue, Surrey, B.C. Canada V3S 9R9
(604) 538-1114 Fax (604) 538-2262

HANCOCK HOUSE PUBLISHERS
1431 Harrison Avenue, Blaine, WA U.S.A 98230-5005
(604) 538-1114 Fax (604) 538-2262

Website: www.hancockhouse.com
Email: sales@hancockhouse.com

序　文

RAPTOR RESEARCH FOUNDATION

　「Raptor Management Techniques Manual」の第2版をここに提供できることをうれしく思う．この版は，本の名称も「Raptor Research and Management Techniques」と新しいものになった．初版は，全米野生生物連盟（National Wildlife Federation）から1987年に出版されたが，この素晴らしい参考資料を最新版にするにふさわしいのは，猛禽類研究財団（Raptor Research Foundation：RRF）をおいてないだろう．猛禽類研究財団の目的は，世界の猛禽類の関係者の間で，猛禽類に関する情報の普及を促し，猛禽類の存在価値に関して人々の理解と正しい認識を推進することである．つまり，猛禽類研究財団の存在意義の中核をなすものとして，この仕事にまさるものはないだろうし，私たちが有する猛禽類研究財団の専門的知識をいかにきっちりと次の世代に引き継ぐかに関してこれ以上の方法はない．私たちの専門的な機能の根幹は，これまでも，これからも常に"技術"である．つまり，それは調査・研究および保護管理プログラムを高度な技術でうまく構築するための方法であり，そのことによって猛禽類のことを理解し，保全できるのである．

　編集者のDavid Bird氏とKeith Bildstein氏は，自らが猛禽類のエキスパートであるが，傑出した著者チームを編成してくれた．彼らがここに集結させてくれた技術の数々は，先人たちがこれまでに，ものすごい時間をかけて取り組んだ試行錯誤とうんざりするような実験の積み重ねを経て，苦労の末にやっと勝ち得た経験の集大成である．バレエ団の団長であるGeorge Balanchineは次のように表現している，"すばらしいアイデアの背後には，ぞっとするような心身を疲れさせる仕事が存在している．あなたの脳を叩き出してみても何も出て来ない…しかし，仕事をかなり一生懸命にやれば，その仕事は次第に形になって現れてくるものだ"（Volkov 1985, Balanchine's Tchaikovskyの199ページ, George Balanchineとのインタビューより．Simon and Shuster, New York, New York, USA）．どうかこの本のページに収められた経験を十分に活用していただきたい．すでに実践されている方にとっても，この本は技術をさらに磨き上げ，最新の知見を見直すのに，非常に素晴らしい情報源である．スタートラインに立っておられる方には，この本はこれからの研究の全体像を構築するための道具箱であり，今，あなたがこれから進もうとしている道を歩んできた人々によって，あなたのために取り揃えられた道具が入っているのである．

　私は，猛禽類研究財団がこの本の出版を引き受けることができたことを誇りに思うとともに，大変うれしく思う．全米野生生物連盟には，この本の出版を私達に引き継いでくださったことにお礼を申し上げたい．そしてDavid氏とKeith氏にはこの大変な仕事を立派になし遂げられたことにお祝いを申し上げるとともに，この第2版の発刊を実現してくださった全ての著者に感謝の気持ちをこめて頭を下げたい．

LEONARD YOUNG,
Raptor Research Foundation 会長

前書き

　1987年，全米野生生物連盟（National Wildlife Federation）の猛禽類情報センター（Raptor Information Center of the National Wildlife Federation）は「Raptor Management Techniques Manual」を発刊した．420ページに及ぶこの本は，Beth Giron Pendleton, Brian Millsap, Keith Cline, David Birdによって編集されたもので，19章からなっており，それらは野外研究に関する技術，保護管理に関する技術，実験室研究に関する技術の3つの項に分けられる．各章は，その分野のエキスパートである1名または複数の研究者によって執筆されており，2人のレフリーによって検閲されている．25ドルのこの本は，すぐに売り切れになった．「Raptor Management Techniques Manual」は個々の章の内容が更新されれば，その部分の差し替えが可能なようにバインダー方式で製本されたが，差し替えは結局行われなかった．そして，猛禽類情報センターは1990年代に閉鎖された．

　2000年，猛禽類研究財団（Raptor Research Foundation：RRF）は全米野生生物連盟に申し入れを行い，このマニュアルの完全改訂版を出版することの許可を得た．そこで，猛禽類研究財団は，私達2人に各章の著者の選定，この新しい本の編集，発刊の管理を依頼してきた．今，あなたが目にしているこの「Raptor Research and Management Techniques」はこれらの努力の産物なのである．

　私達が編集者としてこの仕事に取り掛かった時の狙いと目的は，猛禽類の研究と保全に関する技術の最新の情報を反映した総合的な著作物を発刊することであり，また北米を越えて対象地域の地理的範囲を拡大することであった．さらに，猛禽類研究者，自然保護論者，自然資源管理者によって世界中で広く利用されるよう，質の高い，魅力的な，それでいて手頃な価格の本にしたいと思った．「Raptor Research and Management Techniques」は，高い評価を受けているColin Bibby, Neil Burgess, David Hill, Simon Mustoe編のBird Census Techniques第2版（2000）を概ね手本とした，これまでとは違った製本版である．「Raptor Research and Management Techniques」は，包括的なマニュアルまたは詳細なハウツー本を目指したものではなく，むしろ様々な技術に関する最新の情報による各分野の概説を行っている本と言うべきものであり，読者は各分野の総括を知ることができる．とは言うものの，各章には数多くの文献が記載されており，これにより様々な分野，実験室での技術，保護管理手段に関する詳細や注意すべき事項に関して，追加情報を得ることができる．

　最初の4つの章にはそれぞれ，猛禽類の文献，猛禽類の系統分類学，猛禽類の識別，ならびに研究構想とデータ分析，結果の発表が記述されており，猛禽類研究分野に関する総括を把握することができる．次の10章は，野外調査技術に関する見識が記述されており，調査とモニタリング，行動研究，食性解析，ハビタットサンプリング，巣への接近調査と繁殖成功率の評価，捕獲とマーキングの方法，空間追跡が含まれている．次の4章には，猛禽類のエネルギー代謝，生理学，病理学，毒性学が記述されている．さらに次の5章では，管理と研究による妨害の軽減，保全措置，飼育下繁殖，野外個体群の増強，リハビリテーションについて説明している．そして最後に，市民教育，法的考慮が紹介されている．この本は，猛禽類の保全管理と保護の重要性に焦点を当てているが，この本の最初に説明している科学的なアプローチおよびその後に記述されている野外および実験室における調査技術は，研究者が鳥類生物学の基礎をよりよく理解するための重要な手段を提供してくれている．

　鳥の名称に関しては，推奨されている英語名（Gill and Wright 2006, Birds of the World: recommended English names. Princeton University Press, Princeton, NJ, USA）を用い，各章において（初出時に）二名法の学名とともに示した．付録として，全ての昼行性猛禽類と本の中で出てくる鳥類について推奨される英語名を二名法の学名とともに，アルファベット順のリストを掲載した．

私達は，この「Raptor Research and Management Techniques」が出版されることで，猛禽類研究分野における標準化（訳者注：用語や調査技術の統一など）を促し，その結果，自他の研究結果を比較する能力がより向上するであろうと見ている．さらに，この本は過去の成功や失敗の共有を進めるものでもあり，そのことが私達の研究と管理に関する技術の改善を加速させることになるのである．総じて言えば，「Raptor Research and Management Techniques」が前版同様，時の試練に耐えて長い期間にわたり，猛禽類の研究と保護管理に携わる研究者が猛禽類のより良い保護を行っていくうえでの一助となることを，われわれは願っている．

DAVID M. BIRD AND KEITH L. BILDSTEIN

本書を，良き師であった Butch こと Richard Olendorff と
Fran こと Frances Hamerstrom の亡き2人に捧げる．

謝　辞

　「Raptor Research and Management Techniques」は，大勢の個人や組織による4年以上におよぶ大変な作業によってようやく成就した成果物である．この作業に携わってくれた方々の専門家としての知識がなければ，この本の発刊は実現できなかったものと思われる．ほとんどの方々は，このプロジェクトにボランティアとして参画してくださった．各主題に関して，その研究分野が共有する知識を私達に提供してくれるこの本の完成の実現に手助けしてくださった全ての方々に，心から感謝したい．

　この本の発刊に当たり，特に次の4つの組織から恩恵を受けた．光学機器会社と出版会社は直接的かつ間接的にこの仕事を遂行するのを助けてくれた．全米野生生物連盟（National Wildlife Federation：NWF）は，この仕事の前任者として，原動力の役目を果たしてくれた．全米野生生物連盟の猛禽類情報センター（Raptor Information Center）は，高く評価されている「Raptor Management Techniques Manual」の発刊を思いつき，その発刊を実現した．つまり，この本が「Raptor Research and Management Techniques」の完成の基礎をなしたのである．私達が今回，この新しい本を作成するに当たり，独創性に富んだ最初の本をその基礎として利用することを全米野生生物連盟が快く許可してくれたことが，このプロジェクトを開始することに極めて重要な役割を果たしたのである．猛禽類研究財団（Raptor Research Foundation：RRF）は，編集者に猛禽類研究財団の名前を使用する権限を与えてくれた．これは，このプロジェクトの著者を勧誘するのに役立ったし，また，このプロジェクトの第1のスポンサーの役目を務めてくれた．マギル大学（McGill University）のNatural Resource Science学科とHawk Mountain Sanctuaryは，この本の編集者と編集助手に対して，出版会社へ提出する準備に必要な時間と後方支援を授けてくれた．光学機器会社のSwarovskiは，著者を勧誘したり，猛禽類研究財団へ報告に行ったり，このプロジェクトを完成させるのに必要な時に会合をもったりする際に生じた交通費を援助するため，編集者に寛大な寄付をしてくれた．出版会社のHancock Houseは，この本を世界に誇れる出版物として発刊するため，快く編集者と一緒に作業に取り組んでくれた．これらの組織や会社の熱烈な支持と忍耐に，心から感謝申し上げる．

　前述のこれらの方々に加えて，数多くの個人が，よく練られた文書を作成するために，長時間働いてくれた．時には期限に間に合わせるために，そして常にこのプロジェクトの本質的な文章を書き上げるために，仕事の時間および私的な時間から時間を割いてくれた，全ての著者と共著者の方々にお礼を申し上げる．Adrian Aebischer, Nigel Barton, Rob Bennetts, Pete Bloom, Lynda Gibbons, Laurie Goodrich, Carole Griffiths, Nigel Harcourt-Brown, Mike Hart, Elwood Hill, Grainger Hunt, Ron Jackman, Erkki Korpimaki, Brian Latta, Timothy Meehan, Mark Pokras, Alexandre Roulin, Karen Steenhof, Willian Stout, Russell Thorstrom, Michael Wallace, Rober Zinkは，1章またはそれ以上の章について技術的な査読を行ってくれた．編集助手のDavid BarberとAndrea Zimmermanは，原稿整理の編集者および文章内容の編集者として，立派にこのプロジェクトに貢献してくれた．Kristen NaimoliとMichele Pilzerは，ほとんどの章を読んで，コメントをくれた．Mike WallaceとGreg Septonについては，表紙の写真を提供してくれたことに感謝したい．Lindsay Zembaは，ゲラ刷りの校正を手伝ってくれた．Hancock House社のDavid Hancock, Theresa Laviolette, Ingrid Lutersは，私達の原稿を印刷物とすることを叶えてくれた．最後に，われわれの家族，友人，そして編集過程において，常に私達のイライラにじっと我慢してくださった方々に感謝したい．

　それはそれとして，前もってお詫びをしておきたい．1つ目は，この本の中にあるミスであり，2つ目はこのプロジェクトを支援してくださったにもかかわらず，上記にその氏名を明記するのを忘れた方である．

David M. Bird
Avian Science and
Conservation Center
McGill University
Ste. Anne-de-Bellevue, Quebec

Keith L. Bildstein
Acopian Center for
Conservation Learning
Hawk Mountain Sanctuary
Orwigsburg, Pennsylvania

はじめに

　この本は，猛禽類の研究と保護管理に必要なあらゆる分野について，それぞれのスペシャリストが膨大な資料と自らの経験に基づいて記述した，歴史的な本であり，まさに"猛禽類学"と呼ぶのにふさわしい．

　本書の基礎となっているのは，1987年に全米野生生物連盟（National Wildlife Federation）から出版された「Raptor Management Techniques Manual」である．この初版は，猛禽類の研究と保護管理に関する世界で初めての総合図書であったが，すぐに売り切れになってしまった．

　その後，新たな研究成果や保全に関する実績が蓄積され，待望の第2版が出版されることになった．第2版は，単に改訂版にとどまらず，数多くの文献や新たな経験に基づき，猛禽類の研究と適切な保全に不可欠な最新の技術や知見を紹介している．

　タイトルも「Raptor Research and Management Techniques」と新しいものになった．これを直訳すれば，"猛禽類の研究と保護管理技術"になるが，その内容から，日本語のタイトルとして，それはふさわしくないことが分かった．なぜなら，解剖・生理学から教育・法律論に至るまで，実際にフィールドや社会において，猛禽類の研究と保全を実践する際に関係するあらゆる分野のことが網羅されているからである．そこで，翻訳者間で協議した結果，「猛禽類学」というタイトルが提起され，監修者のKeith Bildstein博士とMike Bird博士に意見を求めたところ，"適当である"との回答をいただいた．つまり，猛禽類に関するあらゆる分野の最新の技術と知見，さらに，それらの礎となる基本的な考え方を網羅した，まさに「猛禽類学」であり，猛禽類の研究と保全に関するバイブルとでもいうべき本なのである．

　しかし，本書は決してマニュアル本ではない．各著者が述べている通り，各章には，そのテーマに関する世界中の文献や情報が紹介されているだけではなく，主に，テーマに関するコンセプトとともに，哲学的な思考に基づく適切な猛禽類の研究と保全への道標が記述されている．だからこそ，猛禽類を研究したり，保護管理を行ったりする場合に，それぞれの研究者がどのような方針でその仕事に携わり，また文献を調べれば良いかということを示唆してくれるガイダンスの役割を果たす本なのである．猛禽類は多様な生態を有し，まだ明らかになっていない部分が多いだけでなく，東南アジアや中南米のように，その分布すら明らかになっていない地域も存在する．そのうえ，研究目的や保護管理の方法，さらに，それが実施される社会環境も異なるため，一元的なマニュアルでは役に立たない．それゆえに，初版本にあったマニュアルという単語が削除されたことは，容易に頷けることである．

　各著者は，担当分野に関して，長期間にわたって第一人者として関わってきた研究者であり，強いこだわりをもっている．猛禽類研究者は，元々個性的な人が多いうえに，自分の専攻しているテーマに関する思い入れがとても強いため，単に知識や方法を紹介するだけではなく，そのテーマに関してどのような姿勢で取り組むべきかという示唆もぎっしり詰められている．したがって，その文章にもそれぞれ強い個性があり，翻訳するのは至難の業であった．さらに，各章ごとに専門性が高く，鳥類学だけでなく，その分野の専門用語も多く記載されているため，このことも翻訳を困難なものとした．極力，その専門分野の用語を当たり，適当な訳語を付するようにしたが，不適切な翻訳があるかもしれない．各翻訳者は，それぞれの専門分野に関係の深いメンバーをあてたが，それでも専門分野の内容が深すぎて，十分に翻訳しきれていない箇所やあるいは間違った解釈があるかもしれない．このことに関しては，予め，ここにお詫び申し上げたい．

　なお，難解な英文の解釈の一部に関しては，Gwyn A. Helversonさん，簑原茜さんにご助言を頂いた．また，日本語の訳語が未確定な用語の訳語決定にあたっては，尾崎清明さん，笹野聡美さん，赤木智香子さんに相談にのってもらった．ここにお礼を申し上げたい．

　猛禽類は他の生物を捕食し，食物連鎖の上位に位置する

という特性から，自然界の様々な要素の影響を受けて生活しているため，その真の生態を明らかにすることは並大抵のことではない．それは，猛禽類研究の歴史の長い欧米の研究者をみれば明らかである．多くの研究者が数年，いや数十年にわたって同種の研究に取り組んでいる．つまり，ライフワークとして関わらなければ，真実は明らかにはならないのである．そういった意味で，本書は，日本において猛禽類の研究と保護管理を実践している，あるいは取り組もうとしている方々に，猛禽類の研究と保全に関する正しい概念と知識を提供してくれるにちがいない．翻訳に携わった私たちは，本書が猛禽類の研究と保全に関わる人々に広く読まれ，その結果として，真に猛禽類の保全につながるような活動が日本各地で進展することを切に希望するものである．

　日本語版を発刊するということを知って，監修者の1人であるKeith Bildstein博士はその感激を露にした．まさか，英語以外の言語でこの本が世界に紹介されるとは夢にも思っていなかったからである．しかし，考えてみれば，本書の目的は世界の猛禽類の研究と保全に資することである．英語版だけでは，その目的はなかなか達成し得るものではないことは，想像に難くない．日本語の翻訳本が発刊されることにより，本書が真に世界の猛禽類保護に貢献する足がかりとなることを，Keith Bildstein博士は心から喜んでくれた．

　そして，日本語版を発刊するに当たって，彼から次のようなメッセージが寄せられた．

Keith Bildstein博士からのメッセージ

"Working together to better understand and better protect birds of prey is essential for success in conservation of raptors and their habitats globally. Translating Raptor Research and Management Techniques is a creative and ground-breaking effort that will more closely unite us here in North America and Europe with our co-workers in Japan, and in so doing help all of us fulfill our common goal of protecting birds of prey. I congratulate my colleagues in Japan for making this publication available in their language."

　『猛禽類とそのハビタットの保全を地球規模で成功させるには，捕食者である猛禽類のことをより正しく理解し，より適切な保護を実践することに，私達がともに取り組むことが必須である．「Raptor Research and Management Techniques」の翻訳は，われわれ北米とヨーロッパの関係者と日本の仲間達をより一体化する，創造的で，斬新な出来事であり，そのことによって，猛禽類保護という，われわれの共通の目標を達成することがかなえられるのである．この日本語版の出版に尽力してくれた日本の仲間達に祝辞を述べたい．』

　さらに，猛禽類研究の第一人者であり，この本の著者の1人でもあるIan Newton博士は，世界中の猛禽類研究者が集う機会となったスコットランドでの猛禽類研究財団（Raptor Research Foundation）の2009年猛禽類学会の会場で，表紙原案に次のようなメッセージを書き綴ってくれた．

　そのメッセージを以下に紹介して，この文章を締めくくりたい．

2010年3月

監訳者　山﨑　亨

With all good wishes for raptor research in Japan – may it thrive and grow.

Ian Newton
Pitlochry 2009

訳者一覧

監　訳（敬称略）

山﨑　亨　　アジア猛禽類ネットワーク会長

翻　訳（五十音順・敬称略）

一瀬弘道	アジア猛禽類ネットワーク	（第10章，第11章）
井上剛彦	アジア猛禽類ネットワーク	（第1章，第4章，第7章）
江口淳一	アジア猛禽類ネットワーク	（第15章，第16章）
齊藤慶輔	猛禽類医学研究所	（第17章，第18章）
中西幸司	アジア猛禽類ネットワーク	（第3章，第5章）
中野　晋	アジア猛禽類ネットワーク	（第8章，第20章）
新谷保徳	アジア猛禽類ネットワーク	（第2章，第6章）
波多野鷹	NPO法人　日本放鷹協会	（第21章，第23章）
村手達佳	アジア猛禽類ネットワーク	（第9章，第19章）
山﨑　亨	前　掲	（第12章，第13章，第14章，第22章）
渡邊有希了	猛禽類医学研究所	（第24章，第25章）

目　次

1. 猛禽類の文献 ……………………………………………… 1
2. 猛禽類の識別，年齢査定，性判定 …………………… 39
3. 系統分類学 ………………………………………………… 49
4. 研究構想とデータ管理，分析および発表 …………… 67
5. 調査方法 …………………………………………………… 83
6. 渡り個体のカウントとモニタリング ………………… 97
7. 行動研究 …………………………………………………… 113
8. 食　性 ……………………………………………………… 125
9. ハビタットサンプリング ……………………………… 149
10. 巣への接近調査 ………………………………………… 167
11. 繁殖成功率（繁殖率）と生産力の評価 ……………… 179
12. 捕獲方法 ………………………………………………… 193
13. マーキング方法 ………………………………………… 223
14. 空間追跡 ………………………………………………… 241
　　A. ラジオトラッキング ……………………………… 241
　　B. サテライトトラッキング（衛星追跡） ………… 247
　　C. 安定同位体と微量元素 …………………………… 254
15. エネルギー代謝論 ……………………………………… 263
16. 生理学 …………………………………………………… 273
　　A. 胃腸管 ……………………………………………… 273
　　B. 血液学 ……………………………………………… 284
　　C. 生　殖 ……………………………………………… 292
17. 病理学 …………………………………………………… 299
　　A. 疾　病 ……………………………………………… 299
　　B. 外部寄生虫 ………………………………………… 317
　　C. 内部寄生虫 ………………………………………… 325
18. 毒性学 …………………………………………………… 337
19. 管理と研究による妨害の軽減 ………………………… 361
20. 保全措置 ………………………………………………… 377
21. 飼育下繁殖 ……………………………………………… 397
22. 野外個体群と食物資源の増強 ………………………… 417
23. リハビリテーション …………………………………… 429
24. 市民教育 ………………………………………………… 441
25. 法的考慮 ………………………………………………… 455

付　録 ……………………………………………………… 469
日本語索引 ………………………………………………… 477
外国語で始まる用語の索引 ……………………………… 491
編集者 ……………………………………………………… 498

猛禽類の文献

LLOYD F. KIFF
The Peregrine Fund,
5668 W. Flying Hawk Lane, Boise, ID 83709 U.S.A.

ROB G. BIJLSMA
Doldersummerweg 1, 7983 LD Wapse, The Netherlands

LUCIA LIU SEVERINGHAUS
Research Center for Biodiversity,
Academia Sinica, Taipei, Taiwan 115

JEVGENI SHERGALIN
Falconry Heritage Trust,
P.O. Box 19, Carmarthen, Dyfed SA335YL, U.K

訳：井上剛彦

はじめに

　従来からの通信手段である紙媒体が電子システムに移行するにつれ，われわれは今，学術領域においても劇的な変化を経験している．この過渡期において，多くの優れた機関誌が電子版でも発行されているが印刷版が全く発行されなくなった機関誌もある．多くの図書館では，たまにしか利用されない大量の印刷物を廃棄して，電子版のテキストやデータの蓄積，情報伝達のサービスへ切り替えつつある．簡単に言えば，情報の蓄積と伝達こそが追い求めるべき目的なのである．

　この章では，最近の重要で国際的な猛禽類の文献を概説し，猛禽類に関して有用な内容が掲載されている主だった専門的な機関誌をリスト化するとともに，猛禽類の文献を含む最も重要なデータベースのいくつかを紹介する．詳細な過去の論評よりも，適切な文献へ到達できる入口を見出すことに重点を置くこととする．また，われわれにとって最も身近な地域に焦点を当て，その他の地域については簡単に紹介する．

　猛禽類の研究者は長年にわたり，2つの問題を抱えている．それは，少なすぎる情報と多すぎる情報である．ほとんどの研究者は分野に関係なく国際的な文献へのアクセスが限られていることに不便を感じてきた．ほとんどの図書館では全ての種類の猛禽類に関する文献を十分に提供できないでいる．オンライン上で公開されている要約は，大変貴重ではあるものの，ほとんどの文献において未だ全文は提供されていない．また，言語の違いが大きな障壁でもあり，世界の主要な言語で書かれた文献を十分にカバーしている要約サービスは数えるほどしかない．

　われわれは情報の時代にあり，インターネットに情報が氾濫するなか，情報の混乱に陥る危険を冒している．その結果，猛禽類の文献は著しく増加しているものの，秩序がなくなってきている．この点について，この本の前版の章でLeFranc（1987）は1970年と1980年に発行された野生生物総覧にはそれぞれ370件と1,030件の猛禽類関連の出版物がリストされていると述べているが，現在では毎年，少なくともおおよそ，その3倍の有用な関連出版物が発行されていると推測される．世界一大きな学術図書館でもこの情報の早い流れに歩調を合わせて行くのは無理なようであり，効果的な研究を行うためには，最新の研究に遅れないようにすることが必須である．

　インターネットにより膨大な量の情報に触れることができるようになったが，ウェブ上に蓄積されている圧倒されるほどの情報のほとんどが余計なものや関係のないもの，取るに足らないものであり，それらを見分けるのは容易ではない．例えば，2006年7月現在，Googleで"falcon"を検索すると計53,200,000件がヒットする．さ

らに "Peregrine falcon" に絞ると 2,860,000 件が一致し，さらに "Peregrine falcon eggshell" に絞り込むと，それでも 33,900 件もヒットする．

明らかにこの "情報の海" とも言うべき状況の中を苦労して進んでいくことは，普通（一般）の猛禽類研究者にとっては無駄な（不可能な）ことである．情報伝達の効率はそのシステムのでき具合に依っている．例えば，絞り込んだデータベースと索引は非常に効率的である．このようなシステムは多方面で増えてきたが，この結果，だれかがその費用を負担しなければならない．このような分かりやすい文献提供サービスは会費が要求されるが，多くの利用者や小さな団体にとっては非常に高い料金となるであろう．ウェブ上で公開するのに費用を要求している例もある．例として，Entomological Society of America では最近，それらの文献に即座にアクセスできる特権を有償で希望する著者にチャージを課し始めた．もし，これが多くの印刷物の定期購読の解約につながれば，このウェブサービスの値段は高くなるであろう（Walker 2006）．

結局，この取組みにより，紙印刷や従来の定期購読はなくなっていくと思われる．市場主導型の変化により，少なくとも主だった科学機関誌では全ての文献へのアクセスが自由に行えるようになっていくであろう．しかし Warlock (2006) は，「このシステムに入っていない地域や発展途上国では，急速に進む研究へのアクセスやその変化についていくことに関して，学識が豊かな者とそうでない者との間で，いままでにないほど大きな差が明らかになってきた」と警告している．われわれはこの不公平な課題への解決策が見つかることを期待しており，実際，この章で後述するいくつかのシステムではその期待に答えることができると思われる．

猛禽類の文献の大要

文献のタイプ

一般的に学術論文は大きく2つに分けられる．1つは学者向けに独自の新たな事実や考え方を示す "原著" であり，もう1つの "2次論文" は原著から派生したもので，編集や書評，情報を統合するような一般的な作品である．前者には，本，機関誌，シンポジウムの出版物，学位論文，卒業論文，要約および "グレイゾーンの論文" としてしばしば参照される未発表の報告が含まれる．2次論文の出版物は科学者と一般人の両方向けに作成され，関係する科や属に関する参考書，百科事典，評論記事，出版目録，一般の月刊誌などがある．付録1では定期的に発行されている猛禽類についての機関誌をリストアップした．

研究者にとっては，2次論文は原著を知るのに非常に重要である．しかし，案内書や参照巻に見られる，転写の際の避けられないミスや脱落，解釈上のミスがあることから，研究者と参照者は，引用されたオリジナルの情報源である文献を常にできる限り調べるべきである．

項目ごとの文献

全 般

市場には一般向けの猛禽類の本がたくさん出回っているが，猛禽類の自然史や保護に関する内容でおそらく一番優れているのは Newton and Olsen (1990) が編集している本であり，好評であるのと同時に権威を保っている．Brown and Amadon (1968) による「Hawks, Eagles and Falcons of the World」（世界のタカ類，ワシ類，ハヤブサ類）の2巻セットは古典的でやや古いが，猛禽類に関する本のコレクションのなかでも重要なものとして位置付けられている．昼行性猛禽類とフクロウ類を扱っている「The Handbook of Birds of the World」(del Hoyo et al. 1994, 1999) は，科ごとの優れた概説と種ごとの簡潔な説明が記載されており，全種のイラストがすばらしい．

World Working Group on Birds of Prey and Owls (WWGBPO，猛禽類とフクロウに関する国際的な作業部会）が発行してきた数々の出版物は評価するのが難しいくらい，すばらしいものである．30年ほど前は ICBP（国際鳥類保護会議）の一部門であり，1975年と1982年に猛禽類の国際学術大会を開催させ，続いて ICBP から独立して Bernerd Meyburg の指導のもと数年ごとに各国で集会を開催し，その度に Meyburg と Robin Chancellor が分厚いプロシーディングを編集してきた（Meyburg and Chancellor 1989, Chancellor et al. 1998, Chancellor and Meyburg 2000, 2004, Yosef et al. 2002）．世界中で3,000人以上のメンバーを有する WWGBPO はまた，各地域で開催された会議のまとめとして「Birds of Prey Bulluetin」4巻とワシ類を特集した巻を発行している（Meyburg and Chancellor 1996）．全体としてこれらの出版物は過去30年間分の国際的な猛禽類の保護と研究の方向性を知るうえで最も有用な概論となっており，またそれぞれの会議そのものが猛禽類の研究者の世界的な交流の機会をつくり出してきた．

科とグループ

現在，昼行性猛禽類についての概論で一番優れているのは Ferguson-Lee and Christie (2001, 2005) の本である．

この本には膨大な量の情報とすばらしい色彩図とそれぞれの種について複数の換羽の状態のイラストが含まれている．文中の引用と巻末の参考文献がマッチしていないのに戸惑いを覚えるが，それでもこの 2 巻はすぐに参照できるものとして便利である．フクロウ類に関してよく似たものとしては Konig et al.（1999）の本がベストであり，この本には最近の分子遺伝子学に基づく，フクロウの分類についての詳細な情報が記載されている．

多くのフクロウ類を扱っている書籍のうち，Mikkola（1983），Voous（1988），Duncan（2003）のものが群を抜いている．WWGBPO と似たフクロウの国際学会もいくつかの情報に富んだプロシーディングを出版している（Nero et al. 1987, Duncan et al. 1997, Newton et al. 2002）．

新旧世界のハゲワシ類についても多くの研究があり，最も有名なものとしては Mundy et al.（1992）のアフリカのハゲワシ類に関する書籍がある．この書籍には多くの独自の情報とすばらしい生産性のある重要な事項がまとめられている．今でもその有用性が認められている．最初の国際的なハゲワシシンポジウムの結果を取りまとめた本が出版されている（Wilbur & Jackson 1983）．Georgia と Caucasus 地方のハゲワシ類に関する新刊書（Gavashelishvili 2005）も紹介する価値があり，Baumgart（2001）によるヨーロッパのハゲワシ類の本も同様である．

属

多くの一般向けの本は別として，特に属レベルについての研究成果はほとんど出版されていない．しかし，2 つの良い例として，Simmons（2000）による，分類上の重要な意味合いをもっているチュウヒの生態と行動についての概説と，Cade（1982）によるハヤブサ属の総合的な取り扱いの本があり，両方ともに魅力があり，また有用な本である．研究論文のなかでは，ハイタカ属の分類を扱った Wattel（1973）の研究論文は例外がないほど詳細であり，現在でもなお有意義な内容である．

単独の種

単独の種を扱った数多くのすばらしい書籍があるが，その内のいくらかは長年にわたる研究成果の報告を行っており，猛禽類の学術論文の大きな要素となっている．いくつかの重要な種のモノグラフ（単一テーマの研究書）のシリーズのうち，2 つがずば抜けている．1 つは T. and A.D. Poyser（現在は A&C Black が発行している）から発行されている，昼行性猛禽類 9 種とフクロウ類 2 種のものである．もう 1 つは，Neue Brehm-Bucherei シリーズで，1948 年に東ドイツで Ziemsen Verlag により始められ，東西ドイツ統合後の 1992 年からは Westrap Wissenschaften が引き継いでいる．この学術シリーズは，少なくとも 17 種の昼行性猛禽類と 8 種のフクロウ類のモノグラフを発行している．いくつかはデータが古いものもあるが，改訂や書き直しがなされている．前者のタイトルのうち Newton（1986）のハイタカ（*Accipiter nisus*）と Ratcliffe（1993）によるハヤブサ（*Falco peregrinus*）は特に重要である．Arlequin press も小規模だが重要な英国の猛禽類についていくつかの研究論文を出している（例えば，Carter 2001）．

重要な種の研究論文の全リストは膨大であるため，ここでは列挙できないが，価値の高いものを少しあげてみると，カリフォルニアコンドル（*Gymnogyps californianus*）（Koford 1953），ミサゴ（*Pandion haliaetus*）（Poole 1989），サンショクウミワシ（*Haliaeetus vocifer*）（Brown 1980），ハクトウワシ（*H. leucocephalus*）（Hunt et al. 1992），ヒゲワシ（*Gypaetus barbatus*）（Terrasse 2001），ニシカタジロワシ（*Aquila adalberti*）（Ferrer 2001），コシジロイヌワシ（*A. verreauxii*）（Gargett 1990），エレオノラハヤブサ（*F. eleonorae*）（Walter 1979），ハヤブサ（Hickey 1969, Monneret 2000, Rockenbauch 1998, 2002），インド〜中国に生息するハヤブサの亜種（Black Shaheen Falcon, *F. p. peregrinator*）（Döttlinger 2002），シロハヤブサ（*F. rusticolus*）（Ford 1999, Potapov and Sale 2005），メンフクロウ（*Tyto alba*）（Taylor 1994），ヒガシアメリカオオコノハズク（*Megascops asio*）（Gehlbach 1994）などがある．

分類

最近まで，昼行性猛禽類の分類の権威者は American Museum of Natural History（米国自然史博物館）の故 Dean Amadon 氏であった．関係者の怠慢により，1968 年発行の Brown and Amadon の本は「Peters' Checklist of Birds of the World」の猛禽類の改訂版が発行されるまでは，昼行性猛禽類の分類について唯一で最高のものであった．その中で論じられていることは 1960 年代はじめの Erwin Stresemann の書いたものを Amadon が改良したものをベースにしている．その後，Amadon and Bull（1988）は，昼行性猛禽類の分類について変更を加え，世界のコノハズク類の種のリストを同じ巻として作成した．分類学に分子生物学が取り入れられた当初，Sibley and Monroe（1990）は自ら発見した DNA サザンプロット法に基づく，世界の新しい鳥類分類の書籍を出版し，鳥類の系統発生学における科の分類位置の大改正を主張した．姉妹編（Sibley and Ahlquist 1990）には伝統的な形態上の特徴に基づいた，

猛禽類を含む鳥類全般にわたる極めて有用な分類が記載されている．

種の学名，順序，範囲については「The Handbook of Birds of the World」（del Hoyo et al. 1994, 1999）の昼行性猛禽類とフクロウ類の巻それぞれが，出版以来支持されていたが，Ferguson-Lees and Christie（2001, 2005）による本で，分類に関して一部新たに顕著な進歩が見られた．Sibley による新しい科の順序の提案は国際的には受け入れられなかったものの，彼は近い将来，分子生物学が分類学のルールになることを正確に予測していた．最近の印刷物のなかでは，Dickinson（2003）が編集した最新の世界の鳥類リストがあり，各地域の専門家により組織されている権威ある委員会による内容が掲載されている．それらは，形態と行動の特徴による伝統的なものと，主としてDNAとミトコンドリアから得られる遺伝子からの新たな知見を併せたものである．昼行性猛禽類については，いくつかの遺伝子研究（例としてHelbig et al. 2005 および Lerner and Mindell 2005）から示唆されている遺伝子・種レベルの分類の大きな変化により，一部時代遅れになっている．この分野は驚くほど早く進歩している分野であり，たぶん新たな権威あるリストができるまで，最新の情報を入手する方法はウェブ上の Global Raptor Information Network（www.globalraptors.org）のようなデータベースを調べることである．

北米の種では，AOUのチェックリスト（AOU 1998）が 1886 年に初版されて以来ずっと学名と分類に関する記載についての権威を維持してきた．最新版への定期的な補足は AOU のウェブサイト（http://www.aou.org）に掲載されている．南米の種についての同じようなリスト（www.aou.org/checklist/south.php3）は Van Remsen が率いる国際委員会が準備中である．

文献目録

Olendorff and Olendorff（1968〜1970）は，現代の猛禽類について分かりやすくまとめた最初の文献目録を作成した．このなかには 7,492 件もの文献が収録されており，その全てが英語で書かれている．Olendorff は，後に Dean Amadon と Saul Frank と協同で，英語と西ヨーロッパ圏語で執筆された猛禽類の書籍の有用な解説付き目録を作成した．National Wildlife Federation（全米野生生物連盟）は有用であるが，少しデータが古い．これに含まれる出版物としては，世界のフクロウ類（Clark et al. 1978），ハクトウワシ（Lincer et al. 1979），イヌワシ（*A. chrysaetos*）（LeFranc and Clark 1983），ハヤブサ（Porter et al. 1987）に関する文献目録がある．Mammen et al.（1997）が作成した 1945 〜 1995 年の間にドイツ語で書かれた猛禽類の文献目録には 6,940 件が掲載され，アップデートと修正が加えられたものはサイトで公開されている（http://www.greifvogelmonitoring.de）．現在，最も充実した文献目録は，最後の章で述べる様々なオンライン・データベースであり，膨大な量の印刷された目録の時代はもう終わっていると言えよう．

疾病と治療

過去 20 年間にわたって，リハビリテーション，保護，鷹匠に携わる人々が猛禽類に大いに興味を注いだおかげで，猛禽類医学は獣医学の主流の 1 つになってきた．この分野における 2 人のリーダーはミネソタ大学の猛禽類センター（Redig 1993 参照）の Patrick Redig とヨーロッパ，南米，アフリカで活躍し重要な猛禽類の医学書を執筆および監修している英国の病理学者 John Cooper である（例えば，Cooper 2002, 2003）．他にこの分野で最近の価値ある業績は，幅広い文献目録を網羅している Lumeij（2000）によるものと Wernery et al.（2004）によるカラー図解である．加えて，アラビア半島に拠点をおく研究者たちは，重要な研究成果を，特に機関誌「Falco」のなかで発表し続けている．

渡り

猛禽類の渡りは，猛禽類の生態のなかで最も興味深く，見応えのあるものの 1 つであるが，ここ数十年間で特に世界中の主な渡りルートに沿って膨大な数の観察場所ができたため，大きな関心を集めることとなった．猛禽類の渡りに関する最も重要なものは，Kerlinger（1989）と Bildstein（2006）による渡りを行う猛禽類の行動と生態に関するものと，広く世界的視野で書かれた Zalles and Bildstein（2000）と Bildstein and Zalles（2005）のものである．イスラエルでは Spaar（1996）による研究成果と Shirihai et al.（2000）による 30 年以上に及ぶ渡り調査の分かりやすい概要が特に有用である．

Bernd and Chris Meyburg およびその仲間は，旧世界のワシ類の数種における渡り調査に衛星テレメトリーを先駆的に使用した（例えば，Meyburg and Meyburg 1999, Meyburg et al. 2005）．そして現在進行中のヨーロッパにおける他の優れた事例は，後の北半球の部分で述べることとする．北米では，Mark Martell とその仲間がこの方法をミサゴで利用した（Martell et al. 2001）．また，Bill Seegar（例えば，Seegar et al. 1996）によるイヌワシとハヤブサでの実践例は特筆すべきである．

保護に関するいくつかの話題

世界中で絶滅の危機に瀕している猛禽類に関する最

も重要な要約は，BirdLife International の生物学者である，Nigel Collar と Allison Stattersfield により行われた（Collar and Stuart 1985, Collar et al. 1992, 1994, 2001, Stattersfield and Cooper 2000）．これらの仕事は非常に正確でかつ徹底しており，推奨すべき保護活動を示している．より最新の情報は，BirdLife International Globally Threatened Bird Species Database website（www.birdlife.org/data zone）と Global Raptor Information Network のウェブサイトで見ることができる．

高圧電線への接触事故または感電という常在的問題は，Raptor Research Foundation（RRF，猛禽類研究財団）が発行した，現在も使われているマニュアル（Avian Power Line Interaction Committee 1996）とスペインで作成されたこれに関する優れたシンポジウムの巻（Ferrer and Janss 1999）に記載されている．飛行機への衝突も，特に渡りのルート上で猛禽類が関係してくる問題の1つであり，中東でのこの問題に関する国際セミナーの議事録が Leshem et al.（1999）により報告されている．Leshem and Bahat（1994）の初期の研究は，イスラエルにおけるこの問題を解決する大きな根拠となった．

Risebrough（1986）と Cooke et al.（1982）は，有機塩素化合物汚染の影響，特に猛禽類をはじめとした鳥類の卵殻を薄くする代謝物である DDE についての優れた研究を行っており，鳥類の個体数に対するこの種の脅威の程度を知らない人は一読すべきである．これらの汚染物質が猛禽類にどういった影響を及ぼすのかについての過去の顕著な事例は，Helander et al.（2002）によるスウェーデンのオジロワシ（*Haliaeetus albicilla*）についての事例や Ian Newton とその仲間によるハイタカおよびその他の英国の猛禽類に関して報告されている多くの事例であり，これらは必読である．

Cade（2000）が報告しているように，絶滅に瀕している猛禽類の個体数回復には，飼育下での繁殖と再導入のプロジェクトが重要な方法として用いられてきた．Sherrod et al.（1982），Cade et al.（1988）および Weaver and Cade（1991）によるハヤブサの飼育と放鳥に関する様々な技術マニュアルが Peregrine Fund（ハヤブサ基金）から発行されており，同様のよく似たフクロウ類を含む野生の猛禽類の個体数を増やすためのマニュアルが Marti（2002）により出版されている．

方法（技術）

マニュアルの発行を通して野外での調査方法が標準化され，その結果，猛禽類調査の質と範囲（領域）が向上してきた．また，研究成果の信頼性のある比較を可能にしたり，図解化や長期調査を進展させたりしてきた．これらのうち，最も有用なテキストには Berthold et al.（1974），Ralph and Scott（1981），Hustings et al.（1985），Koskimies and Väisänen（1991），Gilbert et al.（1998），Bibby et al.（2000）および Südbeck et al.（2005）などがある．猛禽類に焦点を当てたマニュアルは，野外の調査方法の標準化や数量化にさらに貢献してきた（例えば，März 1987, Bijlsma 1997）．全米野生生物連盟が出版した初期のマニュアル（Giron Pendleton et al. 1987）はすぐに売り切れてしまったが，該当する章のコピーは猛禽類の研究に携わる生物学者や大学院生の間で使われ続けてきた．

地域ごとの猛禽類に関する文献

アフリカ熱帯区

アフリカ大陸全体の猛禽類に関する最も重要な機関誌は「Bulletin of the African Bird Club」，「Gabar」と「Ostrich」である．前者は英国で発行されており，アフリカの猛禽類の新しい分布や自然史に関する最良の情報源である．「Gabar」（Journal of African Raptor Biology として知られていた時期もあった）には質の高い多くの文献が収録されている．「Ostrich」は世界をリードする鳥類の学術機関誌の1つである．さらに，国際的に関心の高い研究は「Alauda」，「Auk」，「Bulletin of the British Ornithologists' Club」，「Ibis」，「Journal of Avian Biology」および「Journal of Ornithology」のような欧米の有名な機関誌に発表されている．地域の重要な機関誌としては，「Babbler」（ボツワナ），「Journal of East Africa Natural History」，「Kenya Birds」および「Scopus」（東アフリカ），「Mirafra and Promerops」（南アフリカ），「Malimbus」（西アフリカ），「Zambia Bird Report」（ザンビア），「Honeyguide」（ジンバブエ）がある．一般誌である「Africa － Birds & Birding」にはしばしばオリジナルの情報を含む記事とすばらしい写真が掲載される．「Vulture News」は，南アフリカで Vulture Study Group により出版され，国際的な広い視点からアフリカで見られる種に関する多くの文献や短報を収録している．

歴史的価値のある「Birds of Africa series」（Brown et al. 1982）の猛禽類の巻は，未だにアフリカ大陸全域の猛禽類の優れた情報源であり，少し時代遅れとなってしまったものの Snow（1978）が編集した初期の図解は今でも有用である．「Southern African birds」（Harrison et al. 1997）は上下2巻の図鑑であり，広範な種に関してそれぞれの種の権威者が記述しており，このジャンルでは最も優れたものの1つである．

南アフリカは世界の中でも猛禽類研究者が最も多い国の1つであり，昼行性猛禽類やフクロウ類に関する優れた書籍が豊富である．1例として，Austin Robertsの「Birds of South Africa」は1940年に初版が出て以来65年以上も出版され続けている．最新は第7版で（Hockey et al. 2005），各種についてすばらしく詳細に丁寧につくられており，南部アフリカの猛禽類について最新の概要を知ることができる．

Alan Kempは南部アフリカのフクロウ類についてすばらしい概説（Kemp 1987）をつくっており，妻のMegとともに，大陸全体と近隣諸島の猛禽類の携帯版のガイドブックも出版している(Kemp and Kemp 1998)．南部アフリカの猛禽類を特に取り扱っている他の有用なガイドブックとしてはAllan（1996）のものがある．フクロウ類を含むアフリカの猛禽類の一般論としては，Brown（1970）のものが未だに興味深い読み物である．南部アフリカの種についてはPeter Steynによる著名な書籍があり（Steyn 1974, 1982, 1984），豊富な情報と多くの魅力的な写真が掲載されている．アフリカの特定地域における生息状況に関して最も詳細な分析の1つはTarboton and Allan（1984）が報告しており，Tarbotonは南部アフリカのフクロウ類についての本（Tarboton and Erasmus 1998）や，一般的な昼行性猛禽類についての本も書いている（Tarboton 1990）．SAFRINGが50年間にわたって行った38種の昼行性猛禽類と3種の夜行性猛禽類の足環回収についての概説も，南アフリカに関しては入手可能である（Oatley et al. 1998）．

アフリカの他の地域ではBorrow and Demey（2001）が，体系的な研究があまり進んでいない地域の猛禽類や他の鳥類に関する多くの新たな情報をとりまとめたが，最近の東アフリカの鳥に関する本の中では，Carswell et al.（2005）によるウガンダの鳥に関してまとめられたものとStevenson and Fanshawe（2002）による「Field Guide to East African Birds」は一番役立つものである．1970年代のはじめ，Jean-Marc Thiollayは，西アフリカ，特に中央象牙海岸のLamto保護区にあるヤシが生えているサバンナと原生林の猛禽類を集中的に調査し（Thiollay 1976），またブルキナ・ファソやニジェールを抜け，マリから東にチャドやカメルーンへと続くサヘル地帯でも調査を行った（Thiollay 1977）．この時の基本情報により，最近，彼はこの広大な地域における深刻な個体数の減少を発見するに至った（Thiollay 2001, 2006）．

1991年以降，ハヤブサ基金は，絶滅に瀕しているマダガスカルウミワシ（*Haliaeetus vociferoides*）を中心とした猛禽類の調査と地元研究者のトレーニングをマダガスカルで行ってきており，これまでに16人の修士院生と3人の博士院生を輩出し，59の論文が発表された．特に注目すべきは，Berkelman（1997），René de Roland（2000）およびTingay（2005）の論文である．

南部アフリカのハゲワシ類（Boshoff et al. 1998）および他の猛禽類（Anderson and Kruger 2004）の保護計画策定のため，いくつかのワークショップが最近，南アフリカで開催された．また同様の，東アフリカにおけるハゲワシの保護に関する会合が2004年に開催された（Virani and Muchai 2004）．

オーストラリア

この地域には，国際的にも重要な「Emu」（Birds－Australia発行）と「Notornis」（Ornithological Society of New Zealand発行）など研究者が興味をもつ専門的な機関誌が豊富である．Australasian Raptor Associationは，機関誌「Boobook」と猛禽類に関するトピックのみを扱ったニュースレターの「Circus」を出版している．地域の重要な機関誌として「Australian Field Ornithology」と「Corella」があり，両方とも国全域からの文献が掲載されている．さらに，「South Australian Birds」（南オーストラリア）と「Sunbird」（クイーンズランド）および「VORG Notes」（ビクトリア）は，特定の州の鳥類相に焦点を当てている．

Olsen（1995）の包括的なオーストラリアの猛禽類に関する本は，この国の猛禽類に関する最良の本の1つであり，オーストラリアの昼行性猛禽類に興味をもつ者にとって，この本は理にかなった入門書となる．数版が出版されているCon-don（1970）によるオーストラリアの鳥類に関するフィールドガイドと，Morris（1976）によるすばらしいカラー図版入りのガイド本は，Debus（1998）による最近のより広範囲を網羅したガイド本に先立って出版されている．後者は簡潔で有用なオーストラリアの猛禽類の入門書であり，「Handbook of Australian, New Zealand, and Antarctic Birds」（Marchant and Higgins 1993）に掲載されている種について徹底して引用している．もっと最近の「Western Australian birds」（Johnstone and Storr 1998）にも，非常に詳細な猛禽類の情報が記載されている．オーストラリアでは，ここ数十年の間に包括的な鳥類の図鑑を作成するプロジェクトがいくつもあり，猛禽類の分布と季節の移動についての価値ある情報も含め，膨大な情報がまとめられている（Blakers et al. 1984, Barrett et al. 2003）．

オーストラリアの猛禽類に関して，専門的ではないものの，Cupper and Cupper（1981）がタカ類について，

Hollands（1991, 2003）がフクロウ類（および他の夜行性鳥類）とワシ類，タカ類，ハヤブサ類についてそれぞれ本を出版している．後者は第2版が出版されており，卓越した写真と簡潔な種の記述，それに筆者の猛禽類の探求に関するおもしろい逸話が収録されている．

Australasian Raptor Associationは，1986～1990年にかけてBirdLife Australiaとともに会議を開催し，2つの議事録を出版し（Olsen 1989, Czechura and Debus 1997），オーストラリアの猛禽類の季節変動と個体数にかかる研究をサポートした（Baker-Gabb and Steele 1999）．

Marchant and Higgins（1993）のハンドブックには，ニュージーランドにおける比較的少数の猛禽類に関する分かりやすい情報が載っている．ニューギニアの猛禽類については，ほとんど調査されていないいくつかの種や固有種も含め，Coates（1985）とBeehler et al.（1986）の文献に見られ，いわゆるウォーレシア地域（スラウェシ島，モルッカ諸島，小スンダ列島）に生息する種についてはCoates and Bishop（1997）の文献に見ることができる．しかし，この地域の猛禽類に関する本格的な研究は未だ行われていない．

インドマレーシア地域

この地域の重要な機関誌は，「Birding ASIA」（旧「Bulletin of the Oriental Bird Club」）と「Forktail」であり，両者とも英国に本拠地をもつOriental Bird Clubから出版されている．地域的なものとしては，「Journal of the Bombay Natural History Society」，「Journal of Indian Bird Records, Pavo」（インド），「Kukila」（インドネシア）および「Malayan Nature Journal」（マレーシア）がある．

1970年代と1980年代にかけて，Salim Ali and S. Dillon Ripleyが作成した歴史的価値のある10巻に及ぶハンドブックは未だにインド亜大陸の鳥類の情報については最良の入門書である．第2版の文章は携帯版としてコンパクトにまとめられている（Ali and Ripley 1987）．最近出版されたGrimmett et al.（1999）によるインド亜大陸の鳥類に関する書籍とRasmussen and Anderton（2005）による南アジアの鳥類に関する書籍には，インドマレーシアにおける猛禽類の最新の情報と自然史が掲載されている．また，他の鳥類相に関する本のうちマレー半島（Wells 1999），フィリピン（Kennedy et al. 2000）とサバ（Sheldon et al. 2001）などの猛禽類に関して有用な情報が見られる．

東南アジアでは，他の熱帯地域に比べて猛禽類に関して出版された情報は少ないが，1998年に日本の山﨑亨氏とその仲間の努力により，アジア猛禽類ネットワーク（Asian Raptor Research and Conservation Network：ARRCN）が設立され（訳者注：1998年に日本で第1回東南アジア猛禽類シンポジウムが開催され，大会決議を受けて翌1999年にアジア猛禽類ネットワークが設立された），この地域において活気ある猛禽類研究者のコミュニティーを形成している．ARRCNは異なる国々において，これまでに4回（訳者注：2008年に第5回目がベトナムで開催されている），猛禽類に関するシンポジウムを開催し，今後も計画されている．また多くの価値ある情報を含んだ抄録とプロシーディングも出版されている（例えば，Ichinose et al. 2000）．さらにARRCNは，オリジナルの研究を掲載した機関誌「Asian Raptors」を3号，出版している．

ジクロフェナク（diclofenac，老齢家畜に投与される非ステロイド系の消炎鎮痛剤）の発見はインド，パキスタンとネパールに以前は数多く生息していたGyps属のハゲワシ3種が激減した原因となったが（Oaks et al. 2004），そのことにより，これらの種に関する研究が盛んとなり，地域の猛禽類研究の全く新たな一分野となった．最近のCuthbert et al.（2006）の文献では，同様の問題が他のハゲワシ類にも起こり得ることが指摘されており，今後，これにかかる研究が増えるであろうと予想される．

Collar et al.（1999）は，猛禽類を含むフィリピンの鳥類の絶滅危惧種の目録を作成した．これらの種のうち，フィリピンワシ（*Pithecophaga jeffreyi*）が置かれている厳しい状況は国際的な関心を招き，多くの文献が出されたが，最近の優れた概説としてBueser et al.（2003）のものがあげられる．また，他にも世界的な絶滅危惧種であるジャワクマタカ（*Spizaetus bartelsi*）については，生息状況と生態について様々な面から多くの文献が見られる（van Balen et al. 1999, 2001）．

中東と北アフリカ

機関誌「Sandgrouse」は，中東と隣接する中央アジアの地域をカバーしており，この地域の猛禽類の分布と自然史の重要な最新情報源である．「Bulletin of the African Bird Club」は，アラビア半島を含む北アフリカで同様の役割を果たしている．オマーンの鳥類の状況については定期的な更新情報が見られる（Eriksen et al. 2003）．他の重要な地域機関誌としては，「Podoces」（イラン），「Torgos」（イスラエル），「Oman Bird News」（オマーン），「Yelkovan」（トルコ）および「Emirates Bird Report」（アラブ首長国連邦）がある．

中東の猛禽類に関する最も重要な情報はイスラエルから発信されている．Shirihai（1996）が発行している多くの書籍は，イスラエルの猛禽類について例がないほど詳細で他を上回る種の情報を含んでいる．イスラエルの

Eilat にある International Birding & Research Center の中東全域の猛禽類の渡りに関する知識への貢献は重要である．北アフリカについては，最近出版されたアルジェリア（Isenmann and Maoli 2000），モロッコ（Thévenot et al. 2003）およびチュニジア（Isenmann et al. 2005）の鳥類に関する書籍には，いままでほとんど報告がなかったこれらの地域における猛禽類の情報がたくさん掲載されている．

新北亜区

北米の猛禽類に関する論文の最も重要なソースは Ornithological Societies of North America（OSNA）の機関誌であり，「The Auk」，「The Condor」，「Journal of Field Ornithology」，「Journal of Raptor Research」および「Wilson Journal of Ornithology」（旧「The Wilson Bulletin」）がある．多くの州，地域の野鳥の会の機関誌（例えば，「Blue Jay」，「Chat」，「Florida Field Naturalist」，「Kingbird」，「Loon」，「Ontario Birds」，「Oriole」および「Passenger Pigeon」）は，従前から自然史と分布の重要な情報源となっている．地域のナチュラリストの機関誌としては「Canadian Field-Naturalist」，「Northwestern Naturalist」および「Southwestern Naturalist」がある．さらに幅広い意義をもつ北米の研究は，一般的な生物学の機関誌に掲載されている．特に「Conservation Biology」，「Ecology」，「Journal of Wildlife Management」および「Wildlife Society Bulletin」のほか，他の国で発行されている鳥類学の機関誌である「Ibis」，「Journal of Avian Biology」および「Journal of Ecology」がある．Hawk Migration Association of North America による「Hawk Migration Studies」と特定の観測場所（例えば，Hawk Mountain Sanctuary，Hawk-Watch International，the Golden Gate Raptor Observatory）で行われている定期的な猛禽類観察の報告は，北米大陸を渡る猛禽類の渡りの傾向を把握するのに優れた資料である．

北米の猛禽類の生活史について書かれた「Arthur Cleveland Bent」の2巻（Bent 1937, 1938）は，逸話的な記述ではあるが，出版以来数十年間，北米の猛禽類の生態についての概説としてはベストであった．その後は，昼行性猛禽類について未だに価値ある Palmer（1988）が編集した「the Handbook of North American Birds」（2巻）が取って代わった．「the Bird of North America」シリーズで取り扱われている種については，定期的に更新されたものがウェブ上で閲覧でき，北米の猛禽類の個々の種の生態に関する概説としてはベストである．また，関連する原著への効果的な入門書でもある．これまでに，特定の州や地域の猛禽類について書かれた数多くのパンフレットや小冊子が作成されたが，2つ顕著なものをあげると，Glinski（1998）によるアリゾナ州の猛禽類に関するものと Peeters and Peeters（2005）による最近のカリフォルニア州における猛禽類についてのものがある．北米の昼行性猛禽類の優れたフィールドガイドとしては，Clark and Wheeler（2001）と Wheeler（2003a, 2003b）のものがある．州や地域における鳥類の本のなかにも，猛禽類に関する価値ある情報が数多く見られ，現在ではほとんどの州と地域と他の国についても繁殖分布の優れた図鑑がある．北米の猛禽類について一般向けに編集されたものもたくさんあるが，Johnsgard（1990, 2002）のタカ類，ワシ類，ハヤブサ類そしてフクロウ類についてのものがそれぞれベストである．

1960年代の終わりから1970年代の初めにかけて絶滅危惧種の概念が一般の人々の理解を得て以降，それらの種の個体群の大きさとその種を対象とした研究の数との間における反比例関係を示すことは興味深い．例えば，ニシアメリカフクロウ（*Strix occidentalis*）は北米で最も研究されているフクロウ類であり，ハヤブサとハクトウワシは大陸の他のどの昼行性猛禽類よりも出版物は多い．

カナダと米国の国および地方政府の機関と生物学者はここ30〜40年の間に非常に数多くの価値ある報告を行ってきた．これらのなかには，個々の種の長年にわたる保護管理の研究があり〔例えば，Hayes and Buchanan（2002）と Craig and Enderson（2004）によるハヤブサの生態と保護管理，Gutiérrez and Carey（1985）と Verner et al.（1992）によるニシアメリカフクロウに関する研究論文〕，また Hayward and Verner（1994）による他の3種のフクロウ類の詳細な保護評価も含まれる．1975〜1994年にかけて，Snake River Birds of Prey National Conservation Area のスタッフである生物学者は，多少の未収録があるものの，長期にわたる数多いオリジナルの研究成果を報告した価値のある年次報告のシリーズ（例えば，Steenhof 1994）やアイダホ州の猛禽類に関する出版物を作成した．絶滅危惧種の個体数回復計画には，往々にして価値ある情報，特に文献目録が含まれており，カナダの絶滅に瀕している野生動物の現状に関する委員会（Committee on the Status of Endangered Wildlife in Canada：COSEWIC）が定期的に作成している報告書は完璧なものである．

非営利団体（NPO）も北米の猛禽類の文献に大きく貢献している．上述したように，全米野生生物連盟は，このマニュアルの前版（Giron Pendleton et al. 1987）と有用な種の文献目録を出版し，1987〜1989年にかけて5ヵ所の地域でワークショップを開催し（例えば，Pendleton

1989），その内容は北米の猛禽類の生息状況と保護に関して多くの価値ある情報を含んでいた．他の NGO であるハヤブサ基金は，1985 年のハヤブサに関するシンポジウムにおいて発表された論文を基にした，ハヤブサに関する歴史的な著書を出版した（Cade et al. 1987）．個人として継続的に北米の猛禽類の研究に貢献している者もおり，John and Frank Craighead の「Hawks, Owls, and Wildlife」（Craighead and Craighead 1956）は，後にプロの猛禽類研究家になった多くの若い人達の猛禽類に対する興味を喚起した．また，Frances Hamerstrom は，その著書（例えば，Hamerstrom 1986）および彼女の夫である Fred による若い生物学者との個人的な付き合いもまた，米国の猛禽類に熱中している幅広い年代層に強い影響を与えている（Corneli 2002）．

Raptor Research Foundation は，「Journal of Raptor Research」と「Raptor Research Reports」の出版に加えて，ハクトウワシとミサゴ（Bird et al. 1983），アメリカチョウゲンボウ（*Falco sparverius*）（Bird and Bowman 1987），都市環境に生息する猛禽類（Bird et al. 1996）やアナホリフクロウ（*Athene cunicularia*）（Lincer and Steenhof 1997）をはじめとした北米の猛禽類に関するいくつかの重要なシンポジウムのプロシーディングを作成している．North American Ornithological Societies もまた，猛禽類保護に関する重要なシンポジウムのプロシーディングを作成している．Cooper Ornithological Society による 2 冊は，Block et al.（1994）が編集したオオタカ（*Accipiter gentilis*）に関するものと Forsman et al.（1996）編集のニシアメリカフクロウに関するものである．カリフォルニア州のニシアメリカフクロウの個体数変動に関する同様のプロシーディングは，American Ornithologists' Union（Franklin et al. 2004）によって鳥類の研究論文として出版されている．猛禽類の雌は雄よりも大きいという逆の性的二型（Snyder and Wiley 1976）の話題に大きな貢献をしたものは同じシリーズの初期に出版されている．

新熱帯区（北回帰線以南の新大陸）

新熱帯区の最も重要な鳥類機関誌には，「Bulletin of the British Ornithologists Club」，「Cotinga」，「Journal of Raptor Research」そして「Ornitologia Neotropical」がある．特定の国の鳥類に焦点を当て，猛禽類に関する内容が含まれる素晴らしい機関誌には，「El Hornero」と「Nuestras Aves」（アルゼンチン），「Atualidades Ornitológicas」，「Boletim CEO」と「Revista Brasileira de Ornitologia」（ブラジル），「Boletín Chileno de Ornitologica」（チリ），「Boletín SAO」と「Ornitologia Colombiana」（コロンビア），「Zeledonia」（コスタリカ），「Acta Zoologica Mexicana」（メキシコ）そして「Journal of Caribbean Ornithology」（西インド諸島）がある．

新熱帯区の猛禽類に関する多くの重要な情報が国と地域の鳥類相の項目と種の項目で見られる．Sick（1993）によるブラジルの鳥類の本，Di Giacomo and Krapovickas（2005）によるアルゼンチンの鳥類の本，Housse（1945）によるチリの鳥類の本および Haverschmidt and Mees（1994）によるスリナムの鳥類相の本には特に猛禽類の詳細な情報が載っている．

メキシコと南米における猛禽類の保護の状況について最新の包括的な概要は Bierregaard（メキシコ 1995，南米 1998）によるものである．新熱帯区では国ごとの猛禽類の本はほとんどなく，Urbina Torres（1996）によるメキシコに関するものと Márquez et al.（2005）によるもっと大掛かりなコロンビアに関するものが例外的にある．今では古くなってしまったが，歴史的価値のある「Catalogue of Birds of the Americas」（Hellmayr and Conover 1949）の新熱帯区の猛禽類の巻は，未だに初期の文献目録と種レベルの分類の歴史を知るには豊富な情報源である．

ハヤブサ基金は，1988 ～ 1996 年までグアテマラの El Petén にある Tikal 国立公園において，これまでで最も大掛かりな研究プロジェクトを行った．この間，19 種のタカ目の猛禽類と 2 種のフクロウ類について詳細な調査が行われ，その結果，36 の論文審査のある論文として公表されるとともに，7 つの修士論文が完成された．Gerhardt（1991）と Thorstrom（1993）の卒業論文は，分布は広いがほとんど調査されていない新熱帯区の猛禽類 2 種について，重要な知識を増強した．ハヤブサ基金とその協力機関による文献目録はホームページで見ることができ（www.peregrinefund.org），100 以上の未発表の報告を含む全ての Maya Project の概要が PDF ファイルで library@peregrinefund.org から入手できる．

また，ハヤブサ基金はリストサーバーをベースとした Neotropical Raptor Network というネットワークを設立し，2002 年にパナマで，2006 年にはアルゼンチンの Iguazú Falls において新熱帯区の猛禽類について 2 つの会議を開催した．その抄録集には（ハヤブサ基金から PDF ファイルで入手可能），特にこれまでほとんど調査されていない種について多くの興味をそそる新しい情報が含まれている．2004 年 10 月には猛禽類の愛好家たちがアルゼンチンの猛禽類にかかる同様のシンポジウムを開催し，抄録集は Sergio Seipke（seipke@yahoo.com.ar）から入手できる．

南米において，猛禽類研究の活動の中心となっているの

はアルゼンチン，ブラジル，チリ，エクアドルであり，これらの国々で多くの興味深い卒業論文や学位文献が発表されている．これらの詳細については未出版のものもあるが，Oniki and Willis（2002），Friele et al.（2004），および SilvaAranguiz（2006）などの鳥類学の文献目録でしばしば見つけることができる．de Vries（1973）の博士論文により始まり，その後北米の研究者により間断なく続けられている，固有種であるガラパゴスノスリ（*Buteo galapagoensis*）の研究への関心も高い（例えば，Faaborg 1986）．

旧北亜区西部

ヨーロッパにおける先駆的な鳥類学会が発行する機関誌は，猛禽類とフクロウ類に関する論文の宝庫であり，「Ardea」，「Bird Study」，「Ibis」，「Journal of Avian Biology」（旧「Ornis Scandinavica」），「Journal of Ornithology」（旧「Journal für Ornithologie」）および「Ornis Fennica」などがある．猛禽類とフクロウ類に関するより多くの論文は，鳥類学の機関紙よりも「Behavioural Ecology and Sociobiology」，「Biological Conservation」，「Journal of Animal Ecology」，「Journal of Applied Ecology」，「Oecologia」や「Oikos」などの影響力の大きい生態学の機関誌に掲載されている．

全てのヨーロッパの国において，母国語で書かれた1種以上の鳥類学の機関誌が出版されているが，通常は英語の要約または全文訳がついている．それらは特定の国をカバーしているが，地理的に広い範囲を網羅しているものもある．例としては，「Acrocephalus」，「Acta Ornithologica」，「Alauda」，「Ardeola」，「British Birds」，「Dansk Ornithologisk Forening Tidsskrift」，「Egretta」，「Fauna Norvegica」，「Limosa」，「Nos Oiseaux」，「Ornis Svecica」，「Ornithologische Anzeiger」，「Ornithologische Beobachter」，「Ornithologische Mitteilungen」，「Vogelwarte」そして「Vogel-welt」がある．さらに，猛禽類とフクロウ類の分布，傾向，繁殖，食性，行動に関して質の高い論文が数百もの地域，地方の機関誌に見られる．これらの情報源は，アクセスしづらく言語が多様であるということもあり，あまり利用されていない．しかし，それらの多くは Zoological Records，OWL や Ornithologische Schriftenschau などの要約サービスによりカバーされている．これらの情報源としての規模を知るために Hölzinger（1991）は中央ヨーロッパだけでも851の鳥類学に関する定期刊行物を照合した．上述の機関誌には，過去数十年間に何万もの猛禽類とフクロウ類に関する文献が掲載されている．加えて，1980年代には，「Biuletyn」（ポーランド1980年代初めに初刊），「Buteo」（チェコ・スロバキア1986），「Jahresbericht zum Monitoring Greifvögel und Eulen」（ドイツ1989），「De Takkeling」（オランダ1993），「Eulen-Rundblick」（ドイツ1993），「Rapaces de France」（「L'Oiseau」の年間補遺版）および「Scottish Raptor Monitoring Report」（スコットランド2003，年刊の Raptor Round Up に先立って発行）など，猛禽類に特化した機関紙が出現した．

ヨーロッパの猛禽類の研究の質は前世紀から確実に大きく向上した．識別技術は猛禽類に特化した Géroudet（1978），Porter et al.（1981），Clark（1999），Forsman（1999）および Génsbøl（2005）（1984年に初版されたものの最新版，現在では数ヵ国語に翻訳されている）らのフィールドガイドにより，大きく向上した．情報をまとめる試みが1971年と1980年になされ，猛禽類4巻とフクロウ類9巻について歴史的価値のある「Handbuch der Vögel Mitteleuropas」（Glutz von Blotzheim et al. 1971, Glutz von Blotzheim and Bauer 1980）が出版された．1980年に「the Birds of the Western Palearctic」の第2巻（猛禽類）が，1985年に第4巻（フクロウ類）が出版されたが，この時点ですでに当時入手可能であった文献を完全にはカバーしきれていない（Cramp 1980, 1985）．このハンドブックのシリーズは1990年代に BWP により更新（例えば Sergio et al. 2001, Arroyo et al. 2004）が試みられたものの（2004年に BWP のハンドブック全9巻と携帯版が DVD 化されている），猛禽類の文献の指数的な増加によって，印刷物により全てをカバーできる限度を超越してしまっている．

人工衛星による追跡調査は，1980年代の初めから一般的になってきており，例として1992～2000年の間に（Meyburg and Meyburg 2006の概説）14種116個体に，アルゴスシステムを利用したプロジェクトにおいて PTT 発信器が装着され，その中には重要なヨーロッパハチクマ（*Pernis apivorus*）（Hake et al. 2003），ヨーロッパチュウヒ（*Circus aeruginosus*），ミサゴ（www.roydennis.org）およびヒメハイイロチュウヒ（*C. pygargus*）（www.grauwekiekendief.nl）の渡りに関するものも含まれている．この方法は，長期間にわたり行われてきた足環回収計画により集められた情報〔これについては，スウェーデン，ノルウェー，英国で足環を装着した猛禽類に関して Fransson and Pettersson（2001），Wernham et al.（2002）および Bakken et al.（2003）により，それぞれまとめられている〕を向上させ，補正するものと思われる．

渡りの際の年別および長期間の傾向，年齢と性別の偏りについては，オランダにおける幅広い渡りの最前線が通過している期間中（LWVT 2002）や南スウェーデンの渡りのボトルネック部分（Kjellén and Roos 2000），南ドイツのアルプスの Randecker Maar（Gatter 2000），フランスピレネーの Col d'Organbidexka（http://www.organbidexka.org），地中海中央部（Agostini 2002）そして南スペインのジブラルタル海峡（Bernis 1980，さらに新しい情報はこのサイト www.seo.org）で観測されている．

20世紀後半に出版された猛禽類の生態学について最もよく引用され，重要な概説は Ian Newton（1979）の「Population Ecology of Raptors」である．数種類の猛禽類，特にハイタカに関する研究の実体験をもち，流暢な文章を書く才能を兼ね備えていた Newton は，入手可能な情報を生態学の枠組みに組み入れ，それぞれの研究結果を総体的に把握し，新しい研究方法を示した．先の研究者たちにとって Heinroth and Heinroth（1926），Uttendörfer（1939）や the Tinbergen brothers（Schuyl et al. 1936，Tinbergen 1946）らの研究がまさしくそうであったように，この本は多くの研究者にとってインスピレーションの源となっている．

1970年代から猛禽類の分布，生息数，傾向，繁殖は，西および北ヨーロッパにおける全ての国において，数万人のボランティアにより組織的にサンプル調査されてきた．国が行った調査に関する概要は，ノルウェー（Hagen 1952），英国（Brown 1976），デンマーク（Jørgensen 1989），オーストリア（Gamauf 1991），オランダ（Bijlsma 1993），ドイツ（Kostrzewa and Speer 2001），セルビア（Puzovic 2000），そしてフランス（Thiollay and Bretagnolle 2004）について入手可能である．これら全ての研究は，過去数十年間にヨーロッパの猛禽類愛好家たちによって実現された大きな進展と，環境問題への関心の増大を示している．

1974年に，M. Bijleveld は18世紀以降のヨーロッパにおける猛禽類に対する破壊的行為，なかでも直接の迫害について書かれた「Birds of Prey in Europe」というシンプルなタイトルの書籍を出版した（Bijleveld 1974）．それ以来，猛禽類への脅威は増加と多様化の一途を辿った．また，迫害による影響が20世紀初頭の個体群サイズの決め手となった〔迫害による影響は未だに地域的に続いており，例えば，マルタに関しては Fenech（1992）により報告されている〕．しかし，現在では難分解性化学物質やハビタットの破壊のようなもっと大きな問題と置き換わってきた．

同時に猛禽類の保護も大きな話題となってきた．このことは WWGBPO，ICBP，ドイツの「Populationsökologie von Greifvögel-und Eulenarten」（Stubbe and Stubbe 1987, 1991, 1996, 2000, 2006），最近開催されたオジロワシに関する「Sea Eagle 2000」（Helander et al. 2003）および「Birds of Prey in a Changing Environment」（Thompson et al. 2003）といった様々な猛禽類の会議の多くのプロシーディングからも明白である．

同時に，アカトビ（*Milvus milvus*），オジロワシ，ヒゲワシ，シロエリハゲワシ（*Gyps fulvus*），ハヤブサ，ワシミミズク（*Bubo bubo*）（Cade 2000）などの再導入が，絶滅に瀕している種の回復の足掛かりとするため多くの国で実施された．啓発教育，ハビタットと営巣場所の保護，研究などの大規模な保全計画が，多くの種において進行中である．例えば，ヒメハイイロチュウヒの数千ヵ所の巣は農地の収穫期間中，保護されている．今日，彼らの主な繁殖期のハビタットはオランダ（www.grauwekiekendief.nl），ドイツ（www.nabu.de），フランス（Leroux 2004），ハンガリー，チェコ，ポーランドである〔状況については，Mischler（2002）の大要を参照〕．

旧ソ連

旧ソビエト連邦の領域内において，2,000件もの文献が出版されている．重要な地域の鳥類機関誌としては，「Selevenia」（カザフスタン），「Caucasian Ornithological Bulletin」，「Ornithologiya」，「Russian Journal of Ornithology」と「Strepet」（ロシア），そして「Berkut」と「Branta」（ウクライナ）がある．大型のハヤブサ類を中心に，旧ソ連における多くの猛禽類に関する文献が，機関誌「Falco」や Middle East Falcon Research Group のニュースレターに英語で発表されている．全部で27号が出版され，www.falcons.co.uk/default.asp?id=131 からアクセスできる．

「Raptor Conservation」は英語とロシア語で書かれており，半年ごとに出版される東ヨーロッパと北アジアの猛禽類に関するニュースレターである．5号分が http://ecoclub.nsu.ru/raptors で見られる．現在，出版は中止されているが1993～1996年まで Eugene Potapov により出版されていた，英語とロシア語で書かれたニュースレター「Raptor-Link」には旧ソ連の猛禽類の有用な情報が掲載されている．

注目すべき重要な研究論文は1951年に初版され，後にエルサレムで英訳された「Birds of the Soviet Union」の最初の巻（Dement'ev and Gladkov 1966），「Birds of Prey and Owls of Baraba and Northern Kulunda」（Danilov

1976),「Birds of Prey of the Forest」(Galushin 1980),「Eagles」(Bragin 1987) および「Eagles of Lake Baikal」(Ryabtsev 2000) である.

この地域では,北ユーラシアにおける猛禽類の生態と保護を含む猛禽類に関する数多くの会議が開催された.これまでに4回の会議が開催され,うち3回でプロシーディングが出版されている (Galushin 1983, Flint 1983, Galushin and Khokhlov 1998, 1999, Belik 2003a, 2003b).また後者には,オオタカについての特別の章も加えられている.それぞれ100以上もの猛禽類に関する要約が掲載されている.いくつかの会議については英語で書かれた目次を http://my.tele2.ee/birds で見ることができる.

「Bird Migrations of Eastern Europe and Northern Asia」のシリーズのうち1巻がタカ目とツル目について記載されている (Il'ichev 1982).この本はロシア語で書かれているが,全ての表の脚注,地図および図表は英語で書かれており,10ページの目録が付いている.他の有用なロシア語の猛禽類の書籍としては「Birds of Prey and Owls in Nature Reserves of the Russian Federation」(RSFSR) (Galushin and Krever 1985),「Methods of Study and Conservation of Birds of Prey」(「Methodological Recommendations」) (Priklonskiy et al. 1989) がある.これらは www.raptors.ru/library/books/methods_1989/Index.htm で見ることができる.

「Teberda State Nature Reserve」のプロシーディング第14版は,「Birds of Prey and Owls of Northern Caucasia」と題された,テーマごとに文献を集約したものである (Polivanova and Khokhlov 1995).英語の要約は付いておらず,ロシア語で書かれている.2000年9月11日～14日に Cherepovets で開催された,ヨーロッパ寄りのロシア北部森林地帯の希少猛禽類の保護の方法と研究の展望に関するワークショップのプロシーディングには,18の要約が掲載されている (Galushin 2001).これらの文献も英語の要約は付いておらず,ロシア語で書かれている.

他の有用な研究論文は,ロシア語で書かれたウラル地方の全猛禽類を含んでいる「Birds of Prey and Owls of Perm' Prikamie」(「Kama River Area」) (Shepel' 1992) である.1999年にシリーズの第1巻となる「Threatened Bird Species of Russia and CIS」が Russian Bird Conservation Union (http://www.rbcu.ru) から出版され,アジア地域のカタジロワシ (Aquila heliaca) について30もの文献が掲載されている (Belik 1999).

「Life of our Birds and Mammals」シリーズの第1巻は,「Life of Owls」(Pukinskiy 1977) の書籍名でフクロウ類について書かれている.後に,著者は一般向けの科学本として「Blakiston's Fish Owl (B. blakistoni)」を出版し,その後,東ドイツでドイツ語に翻訳されて出版された (Pukinskiy 1975).「Eurasian Eagle-Owl」(Voronetskiy 1994) にかかる種々の論文の全文は http://raptors.ru/library/index.html で入手可能である.旧ソ連全土での全てのフクロウ類についての最も完璧な文献は,「Birds of Russia and Adjacent Countries」(Pukinskiy 1992, Zubakin et al. 2005) の全2巻に掲載されている.フクロウ類に関する最新の分布と生息数の情報は,69もの文献がまとめられている「Owls of Northern Eurasia」(Volkov et al. 2005) に掲載されている.これらの文献はロシア語で書かれているが英語の要約が付いている.ウズベキスタンの昼行性猛禽類について興味深いものは「Birds of Uzbekistan」(Mitropolskiy et al. 1987) の第1巻に見ることができる.これもロシア語で書かれており,http://ecoclub.nsu.ru/raptors/publicat/raptors/Uzbek_bitds_1987.pdf で見ることができる.

旧ソ連領内からの猛禽類の渡りに関する60もの主な文献と短報が Jevgeni Shergalin により英語に翻訳され,ペンシルバニアにある Acopian Center for Conservation Learning, Hawk Mountain Sanctuary の図書館で利用可能であり,翻訳者 (zoolit@hotmail.co.uk) に直接依頼することも可能である.さらに,クロハゲワシ (Aegypius monachus) に関する全論文も英訳され,http://aegypiusrus.itgo.com および http://aegypius.itgo.com で入手可能である.ロシアの猛禽類に関する一般的な論文をダウンロードするのであれば http://www.raptors..ru と http://ecoclub.nsu.ru/raptors/RC がベストなサイトである.前者は298もの文献の全文を電子版で保有している.

旧北亜区東部

この地域の猛禽類についての掲載も見られる重要な機関誌は「Birding ASIA」と「Forktail」である.中国の機関誌である「Acta Zoologica Sinica」と日本で出版されている「Ornithological Science」は,アジアの話題が主であるが国際的な出版物である.重要な地域機関誌には,「Hong Kong Bird Report」(香港),「Aquila chrysaetos」,「Bulletin of the Japanese Bird Banding Association」,「Japanese Journal of Ornithology」,「Journal of the Yamashina Institute of Ornithology」,「Strix」(日本) および「Korean Journal of Ornithology」(韓国) などがある.

最近の ARRCN の設立によって,この地域の猛禽類への関心が大いに盛り上がり,結果としてシンポジウムに多く

の人が参加し，活発なリストサーブコミュニティーが結成され，ミーティングの要約集が出版されるに至った．

東アジアの文献には絶滅危惧種に関するものが多い．複数の国が参加した絶滅危惧種のオオワシ（*Haliaeetus pelagicus*）とオジロワシに関するシンポジウムが 1999 年に日本で開催され，有用なプロシーディングが出版された（Ueta and McGrady 2000）．ハヤブサの違法な取り引きにより，モンゴルと近隣国において，セーカーハヤブサ（*Falco cherrug*）への関心が高まり，多くの文献が出されている（例えば，Gombobaatar et al. 2004）．Middle East Falcon Research Group は，モンゴルのウランバートルで，セーカーハヤブサとフサエリショウノガン（*Chlamydotis undulata macqueenii*）についての第 2 回目の国際シンポジウムを 2000 年 7 月に開催して，モンゴル語，ロシア語，英語で書かれた 33 題もの文献を載せたプロシーディングを出版している．プロシーディングの全文は www.falcons.co.uk/mefrg/conference.htm で見ることができる．

台湾にはたいへん活動的な猛禽類の研究グループがあり，「Raptor Research of Taiwan」は唯一猛禽類に焦点を当てた機関誌である．これは Raptor Research Group of Taiwan（RRGT）により 2 年に 1 回，中国語で発行されているが，まだ国際的な要約サービスには対応していない．Academia Sinica の Research Center for Biodiversity から発行されている四半期報の「Zoological Studies」は英語で書かれており，時々猛禽類についての科学論文も掲載される．National Pingtung University of Science and Technology から出版されている「Notes and Newsletter of Wildlifers」（NOW）も同様である．

台湾における最も重要な目視記録の情報源は Wild Bird Federation Taiwan（WBFT）の会員であり，毎月，台湾の全目視記録がまとめられ，会報「Chinese Feathers」に掲載される．最近の研究成果は学会のプロシーディングに掲載される傾向にあり，「Symposium on Ecology of Raptors in Taiwan」，「Proceedings of the Conference on Birds」，「Proceedings of the Taiwan and China Bi-coastal Bird Conference」および「Proceedings of the International Symposium on Wildlife Conservation」などがある．いくつかの猛禽類に関する論文は時々，「Bird Conservation Research Reports」，「Taiwanese Wild Birds」，「The Mikado Pheasant」，「Wild Birds」と WBFT の全ての定期刊行物および特別刊行物などの出版物に見られる．Changhua Wild Bird Society はサシバ（*Butastur indicus*）の春の渡りに特別の関心をもっており数年にわたり毎年の観察結果を「Bird Conservation Research Reports」に掲載していた．より大衆向けの「Wildlife」，「Taipei Zoo Quarterly」や「Taiwan Veterinary Journal」などの多様な雑誌にも，台湾の猛禽類に関する報告が少し見られる．台湾の研究者はたいてい，研究成果を「Journal of Raptor Research」，「Ibis」，「Wilson Journal of Ornithology」などの国際的な機関誌に投稿する．

様々な政府機関が猛禽類の研究をサポートしており，成果は「the CAPD Forestry Series」，「Quarterly Journal of Chinese Forestry」，「Ecological Research Report」，「Council of Agriculture」，「Endemic Species Research」，「Natural Conservation Quarterly」などの出版物，または各国立公園の保全研究報告に掲載される．

RRGT のメンバーは，台湾の昼行性猛禽類のフィールドガイドを 3 冊（Hsiao 1996, 2001, Lin 2006），ニシトビ（*Milvus migrans*）に関して 4 冊の本（Shen 1993, 1998, 1999, 2004）それに 3 つの小冊子（Chen et al. 2003, Chen 2004, Wang 2006）を出版し，1998～2005 年にかけていくつかのワークショップを開催した．他には Chung-Wei Yen（1982）による「Raptors of Taiwan」と Chin-wen Tsai（2003）によるフクロウ類のイラスト付きのハンドブックがある．

われわれが調べる機会がなかった中国本土では猛禽類に関する文献が増加している．「Raptors of China」（Weishu 1995）は特に言及する価値がある．

摘要と索引サービス

現在では，猛禽類の研究者にとって興味深いデータが含まれているオンラインのデータベースシステムが数百件程度存在する．これらのサイトがカバーしている範囲や使いやすさ，そして自由にアクセスできる情報量は様々である．ここで紹介するウェブサイトは当然，任意でリストアップされたものであるが，どれもわれわれの研究にとって有用であると思われる．数値は 2006 年 8 月時点のものである．当然ながら推計値は常に見直しや更新がなされ，良くないシステムは廃れているが，データは比較するために示した．

優れた電子データベースのいくつかは無料で利用できる．他は予約あるいは時には高い利用料金が必要である．なかには，財政的に豊かな機関や研究者に対しては事実上，主な文献は全て全文書を提供するシステムもある．残念ながらほとんどは欧米に強く偏っており，アラビア語，ヘブライ語，中国語，日本語，ロシア語など他の主な言語で書かれた文献を十分にカバーしているものは数えるほどしか

ない．

　Valiela and Martinetto（2005）はいくつかの主なオンラインシステムの利点と問題点を比較したが，その中でどのデータベースもそれ自身，あるいは他のデータベースとの併用でもほとんどの研究トピックスをまだ十分に広くはカバーできていないことを強調した．たぶんこの状態はいずれ脱することができると思われるが，その間に電子データベースとウェブの情報は，特に先行論文の他文献からの引用部分を調べるという伝統的な文献検索方法の強力な補助的方法として最も有用であろう．

無料でアクセスできるデータベース

Bookfinder.com（www.bookfinder.com）

　1億タイトル以上の市販書籍の商業検索エンジンで，南アフリカ，オーストラリア，北米およびヨーロッパの事実上全ての本屋のデータベースやカタログを組み入れてある．猛禽類の本の検索や出版目録の詳細の情報源として有用である．

Global Raptor Information Network（GRIN）

　昼行性猛禽類の分布や生息状況の種レベルでのデータベース，種ごとの案内本，研究者のホームページ，猛禽類のキーワードを含む36,000のサイトを含む文献データベースを取り上げている．リストアップされている文献のほとんどは，アイダホ州のハヤブサ基金が運営する文献図書館から要望によりPDFが無料で入手できる．

Google Print（Google Book Search）
（http://print.google.com）

　まだ第2ステージではあるが，これはオンラインでできる限りの書籍の内容をスキャンし，全文を検索できることをゴールとする，驚くほどの大胆なプロジェクトである．当初，Googleは，カリフォルニア大学，ミシガン大学，ハーバード大学，スタンフォード大学，ニューヨーク公立図書館，そしてオックスフォード大学の蔵書のほとんどまたは全部をスキャンすることを計画していた．複写が禁止されていないものは問題なく閲覧することができるが，著作権があるものに関してはほんの一部のみがアクセス可能になるであろう．著作権のあるものを複写して欲しくない団体などが積極的な是正措置を取ることから出版社とGoogleの間で緊張が走っており，このプロジェクトの将来は法廷に判断を委ねることになるだろう．もしたとえ一部分でも期待している仕組みが認められれば，研究者にとっては非常に貴重な情報源となるだろう．

Google Scholar（http://scholar.google.com）

　ほとんどについてテキスト全文とリンクしているか，もしくはその出版物を注文できるオプションがついている，論文，書籍，卒論，摘要，技術報告書，一般向け出版物などを包括した巨大なデータベースである．当初は，Googleがデータベースのパラメーターに関する詳細を公表したがらないことや，網羅しているものに納得のいかない不均等さが存在していること，非学術的な文献を公開していることについて多くの非難が寄せられた．さらにシステムが巨大なために，希望する専門的なトピックスを絞り込むのを困難にしている．例えば，"DDTとハヤブサ"を検索すると1,220件がヒットするがその中には一般向けのものや報道発表がたくさん含まれている．他のシステムと同様にスキャンする過程でのミスや多くの表示ミスがある．それでもこのデータベースが成長し改良されることにより，多くの科学論文検索の出発点になるであろう．

Ornithological Worldwide Literature（OWL）
（http://egizoosrv.zoo.ox.ac.uk/OWL）

　世界中の鳥類学の文献から注釈付きの引用を紹介する電子データベースで，1983年まで遡った80,000の引用を掲載している．以前はRecent Ornithological Literatureとして知られており，American Ornithologist' Union, Birds Australia, British Ornithologist's Unionの協力による成果であり，英国オックスフォード大学のEdward Grey Institute of Field Ornithologyにより運営されている．

Ornithologische Schriftenschau
（http://www.ddaweb.de/index.php）

　このドイツ語のサービスでは，国内外の340の鳥類学の定期刊行物，特にヨーロッパ諸国で出版されたほとんどの文献について摘要を提供している．印刷版は申し込めば入手できる．

Raptor Information System（http://ris.wr.usgs.gov）

　フクロウ類を含む猛禽類をキーワードに，33,000以上もの引用を集めたものである．特に猛禽類の保護管理，人間の与える影響，影響に対する緩和措置，基本的な猛禽類生物学に重点が置かれている．このデータベースは，政府内部の報告や学位論文，未発表文書も含めた"グレイゾーンの論文"をカバーしていることに値打ちがある．アイダホ州ボイシのResources Division of the U.S. Geological Survey Snake River Field Stationが維持管理している．図書係には次のアドレスで連絡が取れる（fresc_library@usgs.gov．）．

Searchable Ornithological Research Archives（SORA）
（http://elibrary.unm.edu/sora）

　Blair Wolf of the Cooper Ornithological Societyにより維持管理されており，公開されている電子機関誌で

ある．サイトには「Auk」（1884 ～ 1999），「Condor」（1899 ～ 2000），「Journal of Field Ornithology」（1930 ～ 2000），「North American Bird Bander」（1976 ～ 2000），「Ornithological Monographs」（1964 ～ 2005），「Ornitologia Neotropical」（1990 ～ 2002），「Pacific Coast Avifauna」（1900 ～ 1974），「Studies in Avian Biology」（1978 ～ 1999），「Western Birds」（1970 ～ 2004）および「Wilson Bulletin」（1889 ～ 1999）の全論文が収録されている．

有料のデータベースと索引

BioOne® (http://www.bioone.org)

生物学，生態学，環境科学に焦点を当てた関連機関誌のフルテキストにリンクするアクセスを提供するサイトで，研究者グループ，学会，図書館および商業セクターの協力により運営されている．これには，Ornithological Societies of North America, Wildlife Society および猛禽類研究者が興味を有するその他の数多くのタイトルも含まれている．

Blackwell Synergy (www.blackwell-synergy.com)

鳥類学の主要機関誌（「Ibis」，「Journal of Avian Biology」，「Journal of Field Ornithology」，「Journal of Ornithology」）も含めて 900 近い学術機関誌から 90 万タイトルものフルテキストや要約，引用を含むオンラインの機関誌提供サービスである．原則は申し込み制であるが，多くの要約とフルテキスト，特に古い文献には無料でアクセスできる．Google と一緒に Blackwell Synergy は近々，典型的な Google 検索システムを開始するようになるかもしれないが，フィルターにより検索結果は対象となる出版社からの内容に限定される．

Current Contents/Life Sciences
(http://scientific.thomson.com/products/ccc)

Current Contents は，文献，編集物，集会の抄録集，批評など 1,370 もの生命科学の機関誌と書籍の最新版からの完璧な目次情報をオンラインで提供する．このサイトは優れた目録ソフトウェアプログラム（ProCite®, EndNote®, Reference Manager®）を含む情報関連製品を幅広く提供している会社である Thomson ISI により経営されている．提供可能な文献は 1990 年以降の分である．

IngentaConnect (www.ingentaconnect.com)

3 万以上の科学出版物からの 2 千万件以上のオンラインデータベースにアクセスできる．また，多くの文献は個々の文献をオンラインで購入するか，定期購読するかによって全文にアクセスできる．使いやすくデザインされている

が，Blackwell Synergy に比べて猛禽類研究者が興味をもつ機関誌は多くない．

JSTOR (www.jstor.org)

「American Midland Naturalist」，「American Naturalist」，「Avian Diseases」，「Bio-Science」，「Biotropica」，「Condor」，「Conservation Biology」，「Evolution」そして British Ecological Society や Ecological Society of America によって発行されている機関紙など，猛禽類の研究者の興味を引く主な機関誌のバックナンバーをイメージスキャンした画像の維持管理のためにつくられた非営利組織である．「The Auk」，「Journal of Field Ornithology」，「Journal of Wildlife Management」，「Wildlife Monographs」や「Wildlife Society Bulletin」も追加されている．最近のものはカバーされておらず，一般的に 2 ～ 5 年昔に遡った刊行物が JSTOR のサイトで利用できる．

OCLC (www.oclc.org)

世界最大の図書館の目録サービスで，110 の国と地域の 55,000 もの図書館により利用されている．The "WorldCat" database は 9,000 もの会員機関をもち，6 千 7 百万もの人間が用いる石版から電子書籍，CD や DVD までの全ての表現方法のデータを管理している．事実上全ての言語で書かれた書籍の目録情報の最良の情報源である．

Scirus (www.scirus.com)

これは最も分かりやすい科学の分野に特化したインターネットの検索エンジンと言えるもので，2 億 1 千 4 百万以上のサイトおよび多くの機関誌でない情報も含めて 2 億 5 千万以上の科学的な内容のウェブページをカバーしている．Google Scholar と異なり，科学的でないサイトは除去され，また他の検索エンジンでは見落とされる PDF や追記のファイルを見つけ出すことができる．Scirus は巨大な出版社の Elsevier が経営しており，時に猛禽類の報告が掲載されるいくつかの機関誌を独自でオンラインで出版している Bio-Med Central も含まれている．

UMI Dissertations Services
(www.umi.com/products_umi/dissertations)

北米の大学院とヨーロッパの大学 1,000 校以上をカバーしており，200 万件以上の学位論文や研究論文の最良のデータベースである．博士論文の引用については 1980 年から要約を含み，1988 年からは修士論文についても同様のシステムが導入された．全文は ProQuest Digital Dissertations を通して電子ファイルで提供されるか，もしくは Dissertation Express を通して印刷物が提供される．

Wildlife & Ecology Studies Worldwide (www.nisc.com)

1935 年から現在までの 40 万件にも及ぶ文献目録（多

くの要約を含む）を擁する野生の脊椎動物に関する膨大な量の文献索引を提供している．この中には Wildlife Review Abstracts, Swiss Wildlife Information Service, U.S. Fish & Wildlife Reference Service's Wildlife Database（多くの未出版の報告書や調査を含む），BIODOC（新熱帯区に関する文献），World Conservation Union publications database および Afro-Tropical Bird Information Retrieval database が含まれている．National Information Services Corporation（NISC）の運営で，この会社の検索サービスである Biblioline を通してアクセスできる．

Zoological Record
(http://scientific.thomson.com/products/zr)

現存する動物学の文献データベースのなかで，世界で最も古いデータベースである．1864年から発行され続け，現在では170万件もの情報を電子データとして保管している．Zoological Record は，5,000 もの定期刊行物と他の文献をスクリーニングして毎年72,000件の記録をデータベースに追加している．現在のオンライン版は1978年まで遡れるが，将来的には1864年まで遡っての印刷物から図書目録と種の分類索引を提供することになるだろう．猛禽類の研究に対しては Aves section が最適である．以前は NPO の国際協会である BIOSIS が運営していたが，現在では Zoological Record と関連製品は Thomson ISI の所有となっている．

引用文献

Agostini, N. 2002. La migrazione dei rapaci in Italia. *Manuelo pratico di Ornitologia* 3:157 − 182.

Ali, S. and S.D. Ripley. 1987. Compact handbook of the birds of India and Pakistan: together with those of Bangladesh, Nepal, Bhutan, and Sri Lanka, 2nd Ed. Oxford University Press, New York, NY U.S.A.

Allan, D. 1996. A photographic guide to birds of prey of southern, central and East Africa. New Holland Ltd., London, United Kingdom.

Amadon, D. and J. Bull. 1988. Hawks and owls of the world: a distributional and taxonomic list, with the genus *Otus* by J.T. Marshall and B.F. King. *Proc. West. Found. Vertebr. Zool.* 3:294 − 357.

Anderson, M.D. and R. Kruger. 2004. Raptor conservation in the Northern Cape Province, 3rd Ed. Northern Cape Department of Tourism, Environment and Conservation & Eskom, Upington, Kalahari, South Africa.

AOU Committee on Classification and Nomenclature. 1998. Check-list of North American birds: the species of birds of North America from the Arctic through Panama, including the West Indies and Hawaiian Islands, 7th Ed. American Ornithologists' Union, Washington, DC U.S.A.

Arroyo, B., J.T. Garcia and V. Bretagnolle. 2004. *Circus pygargus* Montagu's Harrier. *BWP Update* 6:39 − 53.

Avian Power Line Interaction Committee. 1996. Suggested practices for raptor protection on power lines: the state of the art in 1996. Raptor Research Foundation, Washington, DC U.S.A.

Baker-Gabb, D. and W.K. Steele. 1999. The relative abundance, distribution and seasonal movements of Australian Falconiformes, 1986 − 90. *Birds Aust. Rep. Ser.* 6:1 − 107.

Bakken, V., O. Runde and E. Tjørve. 2003. Norwegian bird ringing atlas, Vol. 1: divers – auks. Ringmerkningssentralen, Stavanger Museum, Stavanger, Norway.

Barrett, G., A. Silcocks, S. Barry, R. Cunningham and R. Poulter. 2003. The new atlas of Australian birds. Royal Australasian Ornithologists Union, Victoria, Australia.

Baumgart, W. 2001. Europas geier. AULA-Verlag, Wiebelsheim, Germany.

Beehler, B.M., T.J. Pratt and D.A. Zimmerman. 1986. Birds of New Guinea. Princeton University Press, Princeton, NJ U.S.A.

Belik, V.P. [Ed.]. 1999. [The Imperial Eagle: distribution, population status and conservation perspectives within Russia.] Russian Bird Conservation Union, Moscow, Russia. http://ecoclub.nsu.ru/raptors/publicat/aquila_hel.shtm (last accessed 21 December 2006).

———, V.P. [Ed.]. 2003a. [Materials of the 4th Conference on Raptors of Northern Eurasia, Penza, 1 – 3 February 2003.] Rostov State Pedagogical University, Rostov, Russia. http://raptors.ru/library/index.html (last accessed 21 December 2006).

——— [Ed.]. 2003b. [Goshawk in ecosystems.] Rostov State Pedagogical University, Rostov, Russia.

Bent, A.C. 1937. Life histories of North American birds of prey. Order Falconiformes (Pt. 1). *U. S. Nat. Mus. Bull. 167.* U.S. Government Printing Office, Washington, DC U.S.A.

———. 1938. Life histories of North American birds of prey (Pt. 2). *U.S. Nat. Mus. Bull. 170.* U.S. Government Printing Office, Washington, DC U.S.A.

Berkelman, J. 1997. Habitat requirements and foraging ecology of the Madagascar Fish-eagle. Ph.D. dissertation, Virginia Polytechnic Institute and State University, Blacksburg, VA U.S.A.

Bernis, F. 1980. La migración de las aves en el Estrecho de Gibraltar, Vol. 1: aves planeadoras. Universidad Complutense de Madrid, Madrid, Spain.

Berthold, P., E. Bezzel and G. Thielcke. 1974. Praktische Vogelkunde. Empfehlungen für die Arbeit von Avifaunisten und Feldornithologen. Kilda-Verlag, Greven, Germany.

Bibby, C.J., N.D. Burgess, D.A. Hill and S.H. Mustoe. 2000. Bird census techniques, 2nd Ed. Academic Press, San Diego, CA U.S.A.

Bierregaard, R.O., Jr. 1995. The status of raptor conservation and our knowledge of the resident diurnal birds of prey of Mexico. *Trans. N. Am. Wildl. Nat. Resour. Conf.* 60:203 – 213.

———. 1998. Conservation status of birds of prey in the South American tropics. *J. Raptor Res.* 32:19 – 27.

BIJLEVELD, M. 1974. Birds of prey in Europe. Macmillan Press Ltd., London, United Kingdom.

BIJLSMA, R. 1993. Ecological atlas of Netherlands raptors. Schuyt & Co., Haarlem, The Netherlands.

———. 1997. Manual for field research in raptors. KNNV Uitgeverij, Utrecht, The Netherlands.

BILDSTEIN, K.L. 2006. Migrating raptors of the world: their ecology and conservation. Cornell University Press, Ithaca, NY U.S.A.

——— AND J.I. ZALLES. 2005. Old World vs. New World long-distance migration in accipiters, buteos, and falcons. Pages 116–154 in R. Greenberg and P. P. Marra [EDS.], Birds of two worlds: the ecology and evolution of migration. John Hopkins University Press, Baltimore, MD U.S.A.

BIRD, D.M. AND R. BOWMAN [EDS.]. 1987. The ancestral kestrel. *Raptor Res. Rep.* 6:1 – 178.

———, N.R. SEYMOUR AND J.M. GERRARD [EDS.]. 1983. Biology and management of Bald Eagles and Ospreys: proceedings of 1st international symposium on Bald Eagles and Ospreys, Montreal, 28 – 29 October, 1981. Macdonald Raptor Research Centre of McGill University and Raptor Research Foundation, Inc., Ste. Anne de Bellevue, Quebec, Canada.

———, D.E. VARLAND AND J.J. NEGRO [EDS.]. 1996. Raptors in human landscapes: adaptations to built and cultivated environments. Academic Press, San Diego, CA U.S.A.

BLAKERS, M., S.J.J.F. DAVIES AND P.N. REILLY. 1984. The atlas of Australian birds. Royal Australasian Ornithologists Union/Melbourne University Press, Melbourne, Australia.

BLOCK, W.M., M.L. MORRISON, AND M.H. REISER [EDS.]. 1994. The Northern Goshawk: ecology and management. *Stud. Avian Biol.* 16:1 – 136.

BORROW, N. AND R. DEMEY. 2001. A guide to the birds of western Africa. Princeton University Press, Princeton, NJ U.S.A.

BOSHOFF, A.F., M.D. ANDERSON AND W.D. BORELLO [EDS.]. 1998. Vultures in the 21st century: proceedings of a workshop on vulture research and conservation in southern Africa. Vulture Study Group, Johannesburg, South Africa.

BRAGIN, E. 1987. [Eagles.] Kainar Press, Alma-Ata, Kazakhstan.

BROWN, L. 1970. African birds of prey. Houghton Mifflin, Boston, MA U.S.A.

———. 1976. British birds of prey. Collins, London, United Kingdom.

———. 1980. The African Fish Eagle. Purnell & Sons, Cape Town, South Africa.

——— AND D. AMADON. 1968. Eagles, hawks and falcons of the world, Vols. 1 – 2. McGraw-Hill, New York, NY U.S.A.

BROWN, L.H., E.K. URBAN, AND K. NEWMAN. 1982. The birds Africa, Vol. 1. Ostriches to falcons. Academic Press, London, United Kingdom.

BUESER, G.L.L., K.G. BUESER, D.S. AFAN, D.I. SALVADOR, J.W. GRIER, R.S. KENNEDY AND H.C. MIRANDA. 2003. Distribution and nesting density of the Philippine Eagle *Pithecophaga jeffreyi* on Mindanao Island, Philippines: what do we know after 100 years? Ibis 145:130 – 135.

CADE, T.J. 1982. Falcons of the world. Comstock/Cornell University Press, Ithaca, NY U.S.A.

———. 2000. Progress in translocation of diurnal raptors. Pages 343 – 372 in R. D. Chancellor and B.-U. Meyburg [EDS.], Raptors at risk. World Working Group on Birds of Prey and Owls/Pica Press, Berlin, Germany.

———, J.H. ENDERSON, C.G. THELANDER AND C.H. WHITE [EDS.]. 1988. Peregrine Falcon populations: their management and recovery. The Peregrine Fund, Inc., Boise, ID U.S.A.

CARSWELL, M., D. POMEROY, J. REYNOLDS, AND H. TUSHABE. 2005. The bird atlas of Uganda. British Ornithologists' Club and British Ornithologists' Union, Oxford, United Kingdom.

CARTER, I. 2001. The Red Kite. Arlequin Press, Chelmsford, United Kingdom.

CHANCELLOR, R.D. [ED.]. 1975. Proceedings of the world conference on birds of prey, 1975. International Council for Bird Preservation, Cambridge, United Kingdom.

——— AND B.-U. MEYBURG [EDS.]. 2000. Raptors at risk: proceedings of the fifth world conference on birds of prey and owls, 1998. World Working Group on Birds of Prey and Owls, Berlin, and Hancock House, Blaine, WA U.S.A.

——— AND B.-U. MEYBURG [EDS.]. 2004. Raptors worldwide: proceedings of the VI world conference on birds of prey and owls, Budapest, Hungary, 18 – 23 May 2003. World Working Group on Birds of Prey and Owls, Berlin, Germany and MME/BirdLife Hungary, Budapest, Hungary.

———, B.-U. MEYBURG AND J.J. FERRARO [EDS.]. 1998. Holarctic birds of prey: proceedings of an international conference, 1995. World Working Group on Birds of Prey and Owls, Berlin, Germany and ADENA, Barcelona, Spain.

CHEN, S.C. 2004. Handbook on surveying migratory raptors in Taiwan. Raptor Research Group Taiwan, Taipei, Taiwan.

———, Y.Y. CHANG AND M.H. TSAO. 2003. Identification guide to the raptors of Taiwan. Raptor Research Group Taiwan, Taipei, Taiwan.

CLARK, R.J., D.G. SMITH AND L.H. KELSO. 1978. Working bibliography of owls of the world. National Wildlife Federation Scientific and Technical Series no. 1.

CLARK, W.S. 1999. A field guide to the raptors of Europe, the Middle East, and North Africa. Oxford University Press, Oxford, United Kingdom.

——— AND B.K. WHEELER. 2001. A field guide to hawks of North America, 2nd Ed. Houghton Mifflin, Boston, MA U.S.A.

COATES, B.J. 1985. The birds of Papua New Guinea, including the Bismarck Archipelago and Bougainville, Vol. 1. Non-passerines. Dove Publications, Alderley, Queensland, Australia.

——— AND K.D. BISHOP. 1997. A guide to the birds of Wallacea, Sulawesi, the Moluccas, and Lesser Sunda Islands, Indonesia. Dove Publications, Alderley, Queensland,

Australia.

Collar, N.J. and S.N. Stuart. 1985. Threatened birds of Africa and related islands: the ICBP/IUCN Red Data Book. International Council for Bird Preservation, Cambridge, United Kingdom.

―――, L.P. Gonzaga, N. Krabbe, A. Madroño Nieto, L.G. Naranjo, T.A. Parker III and D.C. Wege. 1992. Threatened birds of the Americas: the ICBP/IUCN Red Data Book, 3rd Ed., pt. 2. Smithsonian Institution Press, Washington, DC U.S.A, and International Council for Bird Preservation, Cambridge, United Kingdom.

―――, M.J. Crosby and A.J. Stattersfield. 1994. Birds to watch 2: the world list of threatened birds. BirdLife Conservation Series 4. BirdLife International, Cambridge, United Kingdom.

―――, A.D. Mallari and B.R. Tabaranza, Jr. 1999. Threatened birds of the Philippines. The Haribon Foundation/BirdLife International Red Data Book. Bookmark, Inc., Makati City, Philippines.

―――, A.V. Andreev, S. Chan, M.J. Crosby, S. Subramanya and J.A. Tobias. 2001. Threatened birds of Asia: the BirdLife International Red Data Book. Parts A & B. BirdLife International, Cambridge, United Kingdom.

Condon, H. T. 1970. Field guide to the hawks of Australia, 4th Ed. Bird Observers Club, Melbourne, Australia.

Cooke, A.S., A.A. Bell and M.B. Haas. 1982. Predatory birds, pesticides, and pollution. National Environment Research Council, Institute of Terrestrial Ecology, Monks Wood Experimental Station, Huntingdon, Cambridgeshire, United Kingdom.

Cooper, J.E. 2002. Birds of prey: health and disease, 3rd Ed. Blackwell Science, Oxford, United Kingdom.

―――. 2003. Captive birds in health and disease. Hancock House, Surrey, British Columbia, Canada.

Corneli, H.M. 2002. Mice in the freezer, owls on the porch: the lives of naturalists Frederick and Frances Hamerstrom. University of Wisconsin Press, Madison, WI U.S.A.

Craig, G.R. and J.H. Enderson. 2004. Peregrine Falcon biology and management in Colorado 1973 − 2001. *Colo. Div. Wildl. Tech. Publ.* 43.

Craighead, J.J. and F.C. Craighead, Jr. 1956. Hawks, owls and wildlife. Stackpole Books, Harrisburg, PA U.S.A.

Cramp, S. [Ed.]. 1980. Handbook of the birds of Europe, the Middle East and North Africa, Vol. 2. Hawks to bustards. Oxford University Press, Oxford, United Kingdom.

―――[Ed.]. 1985. Handbook of the birds of Europe, the Middle East and North Africa, Vol. 4. Terns to woodpeckers. Oxford University Press, Oxford, United Kingdom.

Cupper, J. and L. Cupper. 1981. Hawks in focus: a study of Australia's birds of prey. Jaclin Enterprises, Mildura, Australia.

Cuthbert, R., R.E. Green, S. Ranade, S. Saravanan, D.J. Pain, V. Prakash and A.A. Cunningham. 2006. Rapid population declines of Egyptian Vulture (*Neophron percnopterus*) and Red-headed Vulture (*Sarcogyps calvus*) in India. *Anim. Conserv.* 9:349 − 354.

Czechura, G. and S. Debus. 1997. Australian raptor studies II: proceedings of the second Australasian Raptor Association conference, Currumbin, Queensland, 8 − 9 April 1996. *Birds Aust. Monogr.* 3:1 − 125.

Danilov, O.N. 1976. Birds of prey and owls of Baraba and northern Kulunda. Nauka, Novosibirsk, Russia.

de Vries, T. 1973. The Galapagos Hawk: an eco-geographical study with special reference to its systematic position. Ph.D. dissertation, Vrije Universiteit te Amsterdam, Amsterdam, Netherlands.

Debus, S. 1998. The birds of prey of Australia: a field guide. Oxford University Press, Oxford, United Kingdom.

Del Hoyo, J., A. Elliott and J. Sargatal [Eds.]. 1994. Handbook of birds of the world, Vol. 2. New World vultures to guineafowl. Lynx Edicions, Barcelona, Spain.

―――, A. Elliott and J. Sargatal [Eds.]. 1999. Handbook of birds of the world, Vol. 5. Barn-owls to hummingbirds. Lynx Edicions, Barcelona, Spain.

Dement'ev, G.P. and N.A. Gladkov [Eds.]. 1966. Birds of the Soviet Union, Vol. 1. Israel Program for Scientific Translations, Jerusalem, Israel.

Dickinson, E. D. [Ed.]. 2003. The Howard and Moore complete checklist of birds of the world. Princeton University Press, Princeton, NJ U.S.A.

Di Giacomo, A.G. and S. Krapovickas [Eds.]. 2005. Inventario de la biodiversidad de la Reserva Ecológica El Bagual, Formosa, Argentina. Temas de Naturaliza y Conservacion 4, Aves Argentina/AOP, Buenos Aires, Argentina.

Döttlinger, H. 2002. The Black Shaheen Falcon (*Falco peregrinus peregrinator* Sundevall 1837): its morphology, geographic variation and the history and ecology of the Sri Lanka (Ceylon) population. Ph.D. dissertation, University of Kent, Canterbury, United Kingdom.

Duncan, J.R. 2003. Owls of the world: their lives, behavior, and survival. Firefly Books, Buffalo, NY U.S.A.

―――, D.H. Johnson and T.H. Nichols [Eds.]. 1997. Biology and conservation of owls in the Northern Hemisphere: 2nd international symposium. USDA Forest Service, General Technical Report NC-190, North Central Forest Experiment Station, St. Paul, MN U.S.A.

Eriksen, J., D.E. Sargeant and R. Victor. 2003. Oman bird list: the official list of the birds of the Sultanate of Oman. Centre for Environmental Studies and Research, Sultan Qaboos University, Sultanate of Oman.

Faaborg, J. 1986. Reproductive success and survivorship of the Galapagos Hawk, *Buteo galapagoensis*: potential costs and benefits of cooperative polyandry. *Ibis* 128:337 − 347.

Fenech, N. 1992. Fatal flight. The Maltese obsession with killing birds. Quiller Press, London, United Kingdom.

Ferguson-Lees, J. and D.A. Christie. 2001. Raptors of the world.

Houghton Mifflin, Boston, MA U.S.A.

——— AND D.A. CHRISTIE. 2005. Raptors of the world. Princeton University Press, Princeton, NJ U.S.A.

FERRER, M. 2001. The Spanish Imperial Eagle. Lynx Edicions, Barcelona, Spain.

——— AND G.F.E. JANSS [EDS.]. 1999. Birds and power lines: collision, electrocution, and breeding. Quercus, Madrid, Spain.

FLINT, V.E. [ED.]. 1983. [Conservation of birds of prey.] Nauka, Moscow, Russia.

FORD, E.B. [ED.]. 1999. Gyrfalcon. John Murray Publishing, London, United Kingdom.

FORSMAN, D. 1999. The raptors of Europe and the Middle East: a handbook of field identification. T. & A.D. Poyser, London, United Kingdom.

FORSMAN, E.D., S. DESTEFANO, M. G. RAPHAEL AND R.J. GUTIÉRREZ [EDS.]. 1996. Demography of the Northern Spotted Owl. Studies in Avian Biology no. 17. Cooper Ornithological Society, Lawrence, KS U.S.A.

FRANKLIN, A.B., J. GUTIÉRREZ, J.D. NICHOLS, M.E. SEAMANS, G.C. WHITE, G.S. ZIMMERMAN, J.E. HINES, T.E. MUNTON, W.S. LAHAYE, J.A. BLAKESLEY, G.N. STEGER, B.R. NOON, D.W.H. SHAW, J.J. KEANE, T.L. MCDONALD AND S. BRITTING. 2004. Population dynamics of the California Spotted Owl (*Strix occidentalis*): a meta-analysis. *Ornithol. Monogr.* 54:1 – 54.

FRANSSON, T. AND J. PETTERSSON. 2001. Swedish bird ringing atlas, Vol. 1: divers – raptors. Naturhistoriska riksmuseet and Sveriges Ornitologiska Förening, Stockholm, Sweden.

FREILE, J.F., J.M. CARRIÓN, F. PRIETO-ALBUJA AND F. ORTIZ-CRESPO. 2004. Listado bibliográfico sobre las aves del Ecuador: 1834 – 2001. *Boletines Bibliográficos sobre la Biodiversidad del Ecuador* 3:1 – 511.

GALUSHIN, V.M. 1980. [Birds of prey of the forest.] Lesnaya Promyshlennost, Moscow, Russia.

———. 1983. [Ecology of birds of prey.] Nauka, Moscow, Russia.

——— [ED.]. 2001. [Rare birds of prey of the northern forest zone of the European part of Russia: prospects on the study and means of conservation.] Darwin State Nature Reserve, Cherepovets, Russia.

——— AND A.N. KHOKHLOV [EDS.]. 1998. [The 3rd conference on birds of prey of eastern Europe and northern Asia, Kislovodsk, 15 – 18 September 1998. Pt. 1.] Russian Bird Conservation Union, Stavropol, Russia. http://ornithology.chat.ru/ (last accessed 21 December 2006).

——— AND A.N. KHOKHLOV [EDS.]. 1999. [The 3rd conference on birds of prey of eastern Europe and northern Asia, Kislovodsk, 15 – 18 September 1998. Pt. 2.] Russian Bird Conservation Union, Stavropol, Russia. http://ornithology.chat.ru/ (last accessed 21 December 2006).

——— AND V.G. KREVER [EDS.]. 1985. [Birds of prey and owls in nature reserves of the Russian Federation.] Central Scientific-Research Laboratory on Hunting, Moscow, Russia.

GÁLVEZ, R.A., L. GAVASHELISHVILI AND Z. JAVAKHISHVILI. 2005. Raptors and owls of Georgia. Georgian Center for the Conservation of Wildlife and Buneba Print, Tbilisi, Georgia.

GAMAUF, A. 1991. Greifvögel in Österreich. Bestand – Bedrohung – Gesetz. Monographien Bd. 29. Bundesministerium für Umwelt, Jugend und Familie, Vienna, Austria.

GARGETT, V. 1990. The Black Eagle: a study. Acorn Books, Randburg, South Africa.

GATTER, W. 2000. Vogelzug und Vogelbestände in Mitteleuropa. 30 Jahre Beobachtung des Tagzugs am Randecker Maar. AULA-Verlag, Wiebelsheim, Germany.

GAVASHELISHVILI, L. 2005. Vultures of Georgia and the Caucasus. Georgian Center for the Conservation of Wildlife, Tbilisi, Georgia.

GEHLBACH, F.R. 1994. The Eastern Screech Owl: life history, ecology, and behavior in the suburbs and countryside. Texas A & M University Press, College Station, TX U.S.A.

GÉNSBØL, B. 1984. Rovfuglene i Europa, Nordafrika og Mellemøsten. G.E.C. Gads Forlag, Copenhagen, Denmark.

GERHARDT, R. 1991. Mottled Owls (*Ciccaba virgata*): response to calls, breeding biology, home range, and food habits. M.Sc. thesis, Boise State University, Boise, ID U.S.A.

GÉROUDET, P. 1978. Les rapaces diurnes et nocturnes d'Europe, 4th Ed. Édition Delachaux et Niestlé, Neuchâtel, Switzerland.

GILBERT, G., D.W. GIBBONS AND J. EVANS. 1998. Bird monitoring methods: a manual of techniques for key UK species. Royal Society for the Protection of Birds, Sandy, United Kingdom.

GIRON PENDLETON, B. A., B.A. MILLSAP, K.W. CLINE AND D.M. BIRD [EDS.]. 1987. Raptor management techniques manual. National Wildlife Federation, Washington, DC U.S.A.

GLINSKI, R.L. [ED.]. 1998. The raptors of Arizona. University of Arizona Press, Tucson AZ U.S.A.

GLUTZ VON BLOTZHEIM, U.N. BAUER AND K.M. BAUER. 1980. Handbuch der Vögel Mitteleuropas. Band 9. Columbiformes-Piciformes. Akademische Verlagsgesellschaft, Wiesbaden, Germany.

———, U.N. BAUER, K.M. BAUER, AND E. BEZZEL. 1971. Handbuch der Vögel Mitteleuropas. Band 4. Falconiformes. Akademische Verlagsgesellschaft, Frankfurt, Germany.

GOMBOBAATAR, S., D. SUMIYA, O. SHAGARSUREN, E. POTAPOV AND N.C. FOX. 2004. Saker Falcon (*Falco cherrug milvipes* Jerdon) mortality in central Mongolia and population threats. *Mongolian J. Biol. Sci.* 2:13 – 22.

GRIMMETT, R., C. INSKIPP AND T. INSKIPP. 1999. A guide to the birds of India, Pakistan, Nepal, Bangladesh, Bhutan, Sri Lanka, and the Maldives. Princeton University Press, Princeton, NJ U.S.A.

GUTIÉRREZ, R.J. AND A.B. CAREY. 1985. Ecology and management of the Spotted Owl in the Pacific Northwest. USDA Forest Service, General Technical Report PNW-185, Pacific Northwest Forest and Range Experiment Station, Portland,

OR U.S.A.

HAGEN, Y. 1952. Rovfuglene og viltpleien. Gyldendal Norsk Forlag, Oslo, Norway.

HAKE, M., N. KJELLEN AND T. ALERSTAM. 2003. Age-dependent migration strategy in Honey Buzzards Pernis apivorus tracked by satellite. Oikos 103:385 − 396.

HAMERSTROM, F. 1986. Harrier: hawk of the marshes. Smithsonian Institution Press, Washington, DC U.S.A.

HARRISON, J.A., D.G. ALLAN, L.G. UNDERHILL, M. HERREMANS, A. J. TREE, V. PARKER AND C.J. BROWN [EDS.]. 1997. The atlas of southern African birds, Vols. 1 − 2. BirdLife South Africa, Johannesburg, South Africa.

HAVERSCHMIDT, F. AND G.F. MEES. 1994. The birds of Suriname. Vaco Press, Uitgeversmaatschappij, Paramribo, Suriname.

HAYES, G.E. AND J.B. BUCHANAN. 2002. Washington State status report for the Peregrine Falcon. Washington Department of Fish and Wildlife, Wildlife Program, Olympia, WA U.S.A.

HAYWARD, G.D. AND J. VERNER. 1994. Flammulated, Boreal, and Great Gray Owls in the United States: a technical conservation assessment. USDA Forest Service, General Technical Report RM-253, Rocky Mountain Forest Range and Experiment Station, Fort Collins, CO U.S.A.

HEBERT, E. AND E. REESE. 1995. Avian collision and electrocution: an annotated bibliography. California Energy Commission, Sacramento, CA U.S.A.

HEIDENREICH, M. 1997. Birds of prey: medicine and management. Blackwell Scientific Publications, Oxford, United Kingdom.

HEINROTH, O. AND M. HEINROTH. 1926. Die Vögel Mitteleuropas, Band 2. Bermühler Verlag, Berlin-Lichterfelde, Germany.

HELANDER, B., A. OLSSON, A. BIGNERT, L. ASPLUND AND K. LITZÉN. 2002. The role of DDE, PCB, coplanar PCB and eggshell parameters for the reproduction in the White-tailed Sea Eagle (Haliaeetus albicilla) in Sweden. Ambio 31:386 − 403.

―――, M. MARQUISS AND W. BOWERMAN [EDS.]. 2003. SEA EAGLE 2000. Swedish Society for Nature Conservation/SNF and Åtta.45 Tryckeri AB, Stockholm, Sweden.

HELBIG, A., A. KOCUM, I. SEIBOLD AND M.J. BRAUN. 2005. A multigene phylogeny of aquiline eagles (Aves: Accipitriformes) reveals extensive paraphyly at the genus level. Mol. Phylogenet. Evol. 35:147 − 164.

HELLMAYR, C.E. AND B. CONOVER. 1949. Catalogue of birds of the Americas and the adjacent islands. Pt. 1, no. 4. Cathartidae, Accipitridae, Pandionidae, Falconidae. Publ. Field Mus. Nat. Hist., Zool. Ser. 13:1 − 358.

HICKEY, J.J. [ED.]. 1969. Peregrine Falcon populations: their biology and decline. University of Wisconsin Press, Madison, WI U.S.A.

HOCKEY, P.A.R., W.R.J. DEAN AND N. SLABBERT. 2005. Roberts birds of southern Africa, 7th Ed. John Voelcker Bird Book Fund, Cape Town, South Africa.

HOLLANDS, D. 1991. Birds of the night: owls, frogmouths, and nightjars of Australia. A.H. & A.W. Reed, Balgowlah, Australia.

―――. 2003. Eagles, hawks and falcons of Australia, 2nd Ed. Bloomings Books, Melbourne, Australia.

HÖLZINGER, J. 1991. Die Vögel Baden-Württembergs. Band 7. Bibliographie. Eugen Ulmer Verlag, Stuttgart, Germany.

HOUSSE, É. 1945. Las aves de Chile en su clasificación moderna, su vida y costumbres. Ediciones de la Universidad de Chile, Santiago, Chile.

HSIAO, C.L. 1996. Diurnal raptors of Taiwan. Taiwan Fonghuanggu Bird Park, Luku, Taiwan.

―――. 2001. Field guide to raptor watching in Taiwan. Morning Star Publishing, Inc., Taichung, Taiwan.

HUNT, W.G., D.E. DRISCOLL, E.W. BIANCHI AND R.E. JACKMAN. 1992. Ecology of Bald Eagles in Arizona. Pts. A-E. BioSystems Analysis, Santa Cruz, CA U.S.A.

HUSTINGS, M.F.H., R.G.M. KWAK, P.F.M. OPDAM AND M.J.S.M. REIJNEN [EDS.]. 1985. [Bird census techniques. Backgrounds, guidelines and reporting.] Pudoc, Wageningen/Nederlandse Vereniging tot Bescherming van Vogels, Zeist, Netherlands.

ICHINOSE, H., T. INOUE AND T. YAMAZAKI [EDS.]. 2000. Asian raptor research & conservation: proceedings of the first symposium on raptors of Asia, Lake Biwa Museum, Shiga, Japan, December 12 − 13, 1998. Committee for the Symposium on Raptors of South-East Asia/EINS, Shiga, Japan.

IL'ICHEV, V.D. [ED.]. 1982. [Migrations of birds of eastern Europe and northern Asia. Falconiformes-Gruiformes.] Nauka, Moscow, Russia.

ISENMANN, P. AND A. MAOLI. 2000. Birds of Algeria. Société d'Études Ornithologiques de France, Paris, France.

―――, T. GAULTIER, A.E. HILI, H. AZAFRAF, H. DLENSI AND M. SMART. 2005. Birds of Tunisia. Société d'Études Ornithologiques de France, Paris, France.

JOHNSGARD, P.A. 1990. Hawks, eagles and falcons of North America: biology and natural history. Smithsonian Institution Press, Washington, DC U.S.A.

―――. 2002. North American owls: biology and natural history, 2nd Ed. Smithsonian Institution Press, Washington, DC U.S.A.

JOHNSTONE, R.E. AND G.M. STORR. 1998. Handbook of Western Australian birds, Vol. 1. Non-passerines (Emu to Dollarbird). Western Australian Museum, Perth, Australia.

JØRGENSEN, H.E. 1989. Danmarks Rovfugle – en statusoversigt. Hans Erik Jørgensen, Fredrikshus, Denmark.

KEMP, A. 1987. The owls of southern Africa. Struik Winchester, Cape Town, South Africa.

――― AND M. KEMP. 1998. SASOL birds of prey of Africa and its islands. New Holland Publishers, London, United Kingdom.

KENNEDY, R.S., P.C. GONZALES, E.D. DICKINSON, H. MIRANDA AND T.H. FISHER. 2000. A guide to the birds of the Philippines. Oxford University Press, New York, NY U.S.A.

KERLINGER, P. 1989. Flight strategies of migrating hawks. University of Chicago Press, Chicago, IL U.S.A.

KJELLÉN. N. AND G. ROOS. 2000. Population trends in Swedish raptors demonstrated by migration counts at Falsterbo, Sweden 1942 — 97. *Bird Study* 47:195 — 211.

KOFORD, C.B. 1953. The California Condor. *Nat. Audubon Soc. Res. Rep.* 4:1 — 154.

KÖNIG, C., F. WEICK AND J.H. BECKING. 1999. Owls: a guide to owls of the world. Yale University Press, New Haven, CT U.S.A.

KOSKIMIES, P. AND R.A. VÄISÄNEN. 1991. Monitoring bird populations: a manual of methods applied in Finland. Zoological Museum, Helsinki, Finland.

KOSTRZEWA, A. AND G. SPEER [EDS.]. 2001. Greifvögel in Deutschland. Bestand, Situation, Schutz, 2nd Ed. AULA-Verlag, Wiebelsheim, Germany.

LEFRANC, M.N., Jr. 1987. Introduction to the raptor literature. Pages 1 – 11 in B. A. Giron Pendleton, B. A. Millsap, K. W. Cline, and D. M. Bird [EDS.], Raptor management techniques manual. National Wildlife Federation, Washington, DC U.S.A.

——— AND W.S. CLARK. 1983. Working bibliography of the Golden Eagle and the genus AQUILA. National Wildlife Federation Scientific & Technical Series No. 7, Washington, DC U.S.A.

LERNER, H.R.L. AND D.P. MINDELL. 2005. Phylogeny of eagles, Old World vultures, and other Accipitridae based on nuclear and mitochondrial DNA. *Mol. Phylogenet. Evol.* 37:327 — 346.

LEROUX, A. 2004. Le Busard cendré. Édition Belin, Paris, France.

LESHEM, Y. AND O. BAHAT. 1994. [Flying with the birds.] Miâsrad habòtaòhon, Tel-Aviv, Israel.

———, Y. MANDELIK AND J. SHAMOUN-BARANES. 1999. Migrating birds know no boundaries: proceedings of the international seminar on birds and flight safety in the Middle East, Israel, 25 — 29 April 1999. International Center for the Study of Bird Migration, Latrun, Tel Aviv, Israel.

LIN, W.H. 2006. A field guide to the raptors of Taiwan. Yuan-Liou Publishing Co., Taipei, Taiwan.

LINCER, J.L. AND K. STEENHOF [EDS.]. 1997. The Burrowing Owl: its biology and management, including the proceedings of the first international Burrowing Owl symposium. *Raptor Res. Rep.* 9:1 — 177.

———, W.S. CLARK AND M.N. LEFRANC, Jr. 1979. Working bibliography of the Bald Eagle. National Wildlife Federation Scientific and Technical Series no. 2.

LUMEIJ, J.T. 2000. Raptor biomedicine III, including a bibliography of birds of prey. Zoological Education Network, Lake Worth, FL U.S.A.

LWVT (LANDELIJKE WERKGROEP VOGELTREKTELLEN). 2002. [Bird migration over The Netherlands 1976 — 1993.] Schuyt & Co., Haarlem, The Netherlands.

MAMMEN, U., K. GEDEON, D. LÄMMEL AND M. STUBBE. 1997. Bibliographie deutschsprachiger Literatur über Greifvögel und Eulen von 1945 bis 1995. Jahresbericht zum Monitoring Greifvögel und Eulen Europas, 2. *Ergebnisband*:1 — 189.

MARCHANT, S. AND P.J. HIGGINS [EDS.]. 1993. Handbook of Australian, New Zealand and Antarctic birds, Vol. 2. Raptors to lapwings. Oxford University Press, Melbourne, Australia.

MÁRQUEZ, C., F. GAST, V.H. VANEGAS AND M. BECHARD. 2005. Aves rapaces diurnas de Colombia. Instituto de Investigación de Recursos Biológicos Alexander von Humboldt, Bogotá DC, Colombia.

MARTELL, M., C.J. HENNY, P.E. NYE, AND M.J. SOLENSKY. 2001. Fall migration routes, timing, and wintering sites of North American Ospreys as determined by satellite telemetry. *Condor* 103:715 — 724.

MÄRZ, R. 1987. Gewöll- und Rupfungskunde, 3rd Ed. Akademie-Verlag, Berlin, Germany.

MEYBURG, B.-U. AND R.D. CHANCELLOR [EDS.]. 1989. Raptors in the modern world: proceedings of the 3rd world conference on birds of prey and owls, 1987. World Working Group on Birds of Prey and Owls, Berlin, Germany.

——— AND R.D. CHANCELLOR [EDS.]. 1994. Raptor conservation today: proceedings of the 4th world conference on birds of prey and owls, 1992. World Working Group on Birds of Prey and Owls, Berlin, Germany and Pica Press, London, United Kingdom.

——— AND R.D. CHANCELLOR [EDS.]. 1996. Eagle studies. World Working Group on Birds of Prey and Owls, Berlin, Germany.

——— AND C. MEYBURG. 1999. The study of raptor migration in the Old World using satellite telemetry. Pages 2292 — 3006 in N. J. Adams and R. H. Slotow [EDS.], Proceedings of the 22nd international ornithological congress. BirdLife South Africa, Johannesburg, South Africa.

——— AND C. MEYBURG. 2006. Fortschritte der Satelliten-Telemetrie: Technische Neuerungen beim Monitoring von Greifvögeln und einige Ergebnisbeispiele. *Populationsökologie Greifvogel- u. Eulenarten* 5:75 — 94

———, T. BELKA, S. DANKO, J. WÓJCIAK, G. HEISE, T. BLOHM AND H. MATTHESE. 2005. Age at first breeding, philopatry, longevity, and causes of mortality in the Lesser Spotted Eagle *Aquila pomarina. Limicola* 19:153 — 179.

MIKKOLA, H. 1983. Owls of Europe. T. & A.D. Poyser, Calton, United Kingdom.

MISCHLER, T. [ED.]. 2002. Sonderheft Wiesenweihe. *Ornithol. Anz.* 41:81 — 216.

MITROPOL'SKIY, O.V., E.R. FOTTELER AND G.P.TRETYAKOV. 1987. [Birds of Uzbekistan.] Fan, Tashkent, Uzbekistan. http://ecoclub.nsu.ru/raptors/publicat/raptors/Uzbek_bitds_1987.pdf (last accessed 21 December 2006).

MONADJEM, A., M.D. ANDERSON, S.E. PIPER AND A.F. BOSHOFF [EDS.]. 2004. The vultures of southern Africa – *quo vadis*? Proceedings of a workshop on vulture research and conservation in southern Africa. Bird of Prey Working Group, Endangered Wildlife Trust, Johannesburg, South Africa.

MONNERET, R.-J. 2000. Le faucon pèlerin: description, mœurs, observation, protection, mythologie Delachaux et Niestlé, Paris, France.

MORRIS, F.T. 1976. Birds of prey of Australia: a field guide. Lansdowne Editions, Melbourne, Australia.

MUNDY. P., D. BUTCHART, J. LEDGER AND S. PIPER. 1992. The vultures of Africa. Acorn Books, Randburg, South Africa.

NERO, R.W., R.J. CLARK, R.J. KNAPTON AND R.H. HAMRE [EDS.]. 1987. Biology and conservation of northern forest owls: symposium proceedings, 3 − 7 February 1987, Winnipeg, Manitoba. USDA Forest Service, General Technical Report RM-142, Rocky Mountain Forest Range and Experiment Station, Fort Collins, CO U.S.A.

NEWTON, I. 1979. Population ecology of raptors. Buteo Books, Vermillion, SD U.S.A.

———. 1986. The sparrowhawk. T. & A.D. Poyser, Calton, United Kingdom.

——— AND R.D. CHANCELLOR [EDS.]. 1985. Conservation studies on raptors: proceedings of the 2nd ICBP world conference on birds of prey, 1982. International Council for Bird Preservation Technical Publication no. 5. ICBP, Cambridge, United Kingdom.

——— AND P. OLSEN [EDS.]. 1990. Birds of prey. Facts on File Publications, New York, NY U.S.A.

———, R. KAVANAGH, J. OLSEN AND I. TAYLOR [EDS.]. 2002. Ecology and conservation of owls. CSIRO Publishing, Collingwood, Australia.

OAKS, J.L., M. GILBERT, M.Z. VIRANI, R.T. WATSON, C.U. METEYER, B. RIDEOUT, H.L. SHIVAPRASED, S. AHMED, M.J.I. CHAUDRY, M. ARSHAD, S. MAHMOOD, A. ALI AND A.A. KHAN. 2004. Diclofenac residues as the cause of vulture population decline in Pakistan. *Nature* 427:630 − 633.

OATLEY, T.B., H.D. OSCHADLEUS, R.A. NAVARRO AND L.G. UNDERHILL. 1998. Review of ring recoveries of birds of prey in southern Africa: 1948 − 1998. Endangered Wildlife Trust, Johannesburg, South Africa.

OLENDORFF, R.R. AND S.E. OLENDORFF. 1968 − 70. An extensive bibliography on falconry, eagles, hawks, falcons and other diurnal birds of prey. Parts 1 − 4. Published by the authors, Fort Collins, CO U.S.A.

———, D. AMADON AND S. FRANK. 1995. Books on hawks and owls: an annotated bibliography. *Proc. West. Found. Vert. Zool.* 6:1 − 89.

OLSEN, P. [ED.]. 1989. Australian raptor studies. Australasian Raptor Association, Victoria, Australia.

——— [ED.]. 1995. Australian birds of prey. New South Wales University Press, Sydney, Australia.

ONIKI, Y. AND E.P. WILLIS. 2002. Bibliography of Brazilian birds: 1500 - 2002. Instituto de Estudos de Natureza, Publication no. 33:1 − 531.

PALMER, R.S. [ED.]. 1988. Handbook of North American birds. Vol. 4. Parts 1 and 2. Yale University Press, New Haven, CT U.S.A.

PEETERS, H. AND P. PEETERS. 2005. Raptors of California. University of California Press, Berkeley, CA U.S.A.

PENDLETON, B.G. [ED.]. 1989. Proceedings of the western raptor management symposium and workshop, 26 − 28 October 1987, Boise, ID. National Wildlife Federation Scientific and Technical Series no. 12.

POLIVANOVA, N.N. AND A.N. KHOKHLOV [EDS.]. 1995. [Birds of prey and owls of northern Caucasia]. Teberda State Nature Reserve, Stavropol, Russia.

POOLE, A.F. 1989. Ospreys: a natural and unnatural history. Cambridge University Press, Cambridge, United Kingdom.

PORTER, R.D., M.A. JENKINS AND A.L. GASKI. 1987. Working bibliography of the Peregrine Falcon. National Wildlife Federation Scientific and Technical Series no. 9.

PORTER, R.F., I. WILLIS, S. CHRISTENSEN AND B.P. NIELSEN. 1981. Flight identification of European raptors. T. & A.D. Poyser, Calton, United Kingdom.

POTAPOV, E. [ED.]. 2001. Proceedings of the II international conference on the Saker Falcon and Houbara Bustard, Ulaanbaatar, Mongolia, 1 − 4 July 2000. Middle East Falcon Research Group, Abu Dhabi, United Arab Emirates.

——— AND R. SALE. 2005. The Gyrfalcon. A&C Black, London, United Kingdom.

PRIKLONSKIY, S.G., V.M. GALUSHIN AND V.G. KREVER [EDS.]. 1989. [Methods of study and conservation of birds of prey (methodological recommendations).] Central Scientific-Research Laboratory on Hunting, Moscow, Russia. http://www.raptors.ru/library/books/methods_1989/Index.htm (last accessed 21 December 2006).

PUKINSKIY, Y.B. 1975. [Through the Taiga Bikin River (in search of Blakiston's Fish Owl).] Mysl', Moscow, Russia.

———. 1977. [Life of owls.] Leningrad University Press, Leningrad, Russia.

——— [ED.]. 1992. [Birds of Russia and adjacent countries. Strigiformes.] KMK Press, Moscow, Russia.

PUZOVIC, S. 2000. Atlas of the birds of prey of Serbia: their breeding distribution and abundance 1977 − 1996. Institute for Protection of Nature of Serbia, Beograd, Serbia.

RALPH, C.J. AND J.M. SCOTT [EDS.]. 1981. Estimating numbers of terrestrial birds. *Stud. Avian Biol.* 6:1 − 630.

RASMUSSEN, P.C. AND J.C. ANDERTON. 2005. Birds of South Asia: the Ripley guide, Vol. 1. Smithsonian Institution Press, Washington, DC U.S.A. and Lynx Edicions, Barcelona, Spain.

RATCLIFFE, D. 1993. The Peregrine Falcon, 2nd Ed. T. & A.D. Poyser, London, United Kingdom.

REDIG, P.T. [ED.]. 1993. Raptor biomedicine. University of Minnesota Press, Minneapolis, MN U.S.A.

RENÉ DE ROLAND, L.-A. 2000. Contribution à l'étude biologique, ecologique et ethologique de trois espèces d'*Accipiter* dans la Presqu'ile de Masoala. Ph.D. dissertation, Universite de Antananarivo, Antananarivo, Malagasy Republic.

RISEBROUGH, R.W. 1986. Pesticides and bird populations. Pages. 397 - 427 in D. M. Power [ED.], Current ornithology, Vol. 3. Plenum Press, New York, NY U.S.A.

Rockenbauch, D. 1998. Der Wanderfalke im Deutschland und umliegenden Gebieten. Band 1. Verbreitung, Bestand, Gefährdung, und Schutz. Verlag Christine Hölzinger, Ludwigsburg, Germany.

———. 2002. Der Wanderfalke im Deutschland und umliegenden Gebieten. Band 2. Jahresablauf und Brutbiologie, Beringungsergebnisse, Jagdverhalten und Ernährung, Verschiedenes. Verlag Christine Hölzinger, Ludwigsburg, Germany.

Ryabtsev, V. 2000. [Eagles of Lake Baikal.] Taltsy Press, Irkutsk, Russia. http://gatchina3000.narod.ru/literatura/_other/baikal/4_08_5.htm (last accessed 21 December 2006).

Schuyl, G., L. Tinbergen and N. Tinbergen. 1936. Ethologische Beobachtungen an Baumfalken (*Falco s. subbuteo*) L.). *J. Ornithol.* 84:387 − 433.

Seegar, W.S., P.N. Cutchis and J.S. Wall. 1996. Fifteen years of satellite tracking development and application to wildlife research and conservation. *John Hopkins APL Tech. Dig.* 17:305 − 315.

Sergio, F., R.G. Bijlsma, G. Bogliana and I. Wyllie. 2001. *Falco subbuteo* Hobby. *BWP Update* 3:133 − 156.

Sheldon, F.H., R.G. Moyle and J. Kennard. 2001. Ornithology of Sabah: history, gazetteer, annotated checklist, and bibliography. *Ornithol. Monogr.* 52:1 − 285.

Shen, C.C. 1993. The story of the Black Kite. Morning Star Publishing, Inc., Taichung, Taiwan.

———. 1998. Black Kite wants to go home. Morning Star Publishing Inc., Taichung, Taiwan.

———. 1999. Contemplating the Black Kite. Keelung Wild Bird Society, Taiwan.

———. 2004. Searching for the lost Black Kite. Morning Star Publishing Inc., Taichung, Taiwan.

Shepel', A.I. 1992. [Birds of prey and owls of Perm' Prikamie (Kama River area).] Irkutsk University Press, Irkutsk, Russia.

Sherrod S.K., W.R. Heinrich, W.A. Burnham, J.H. Barclay, and T.J. Cade. 1982. Hacking: a method for releasing Peregrine Falcons and other birds of prey, 2nd Ed. The Peregrine Fund, Cornell University, Ithaca, NY U.S.A.

Shirihai, H. 1996. The birds of Israel. Academic Press, San Diego, CA U.S.A.

———, R. Yosef, D. Alon, G.M. Kirwan and R. Spaar. 2000. Raptor migration in Israel and the Middle East: a summary of 30 years of field research. International Birding & Research Center in Eilat/Israel Ornithological Center, SPNI, Eilat, Israel.

Sibley, C. and J.E. Ahlquist. 1990. Phylogeny and classification of birds. Yale University Press, New Haven, CT U.S.A.

——— and B.L. Monroe, Jr. 1990. Distribution and taxonomy of birds of the world. Yale University Press, New Haven, CT U.S.A.

Sick, H. 1993. Birds in Brazil. Princeton University Press, Princeton, NJ U.S.A.

Silva-Aranguiz, E. 2006. Recopilacion de la literature ornitologica Chilena desde 1847 hasta 2006. www.bio.puc.cl/auco/artic01/ornito01.htm (last accessed 21 December 2006).

Simmons, R.E.L. 2000. Harriers of the world: their behaviour and ecology. Oxford University Press, Oxford, United Kingdom.

Snow, D.W. [Ed.]. 1978. The atlas of speciation of African non-passerine birds. Trustees of the British Museum (Natural History), London, United Kingdom.

Snyder, N.F.R. and J.W. Wiley. 1976. Sexual size dimorphism in hawks and owls of North America. *Ornithol. Monogr.* 20:1 − 96.

Spaar, R. 1996. Flight behaviour of migrating raptors in southern Israel. Schweizerische Vogelwarte, Sempach, Switzerland.

Stattersfield, A.J. and D.R. Cooper. 2000. Threatened birds of the world: the official source for birds on the IUCN Red List. BirdLife International and Lynx Edicions, Barcelona, Spain.

Steenhof, K. [Ed.]. 1994. Snake River Birds of Prey National Conservation Area 1994 annual report. USDI, Bureau of Land Management, Boise District, Idaho/National Biological Survey, Raptor Research and Technical Assistance Center, Boise, ID U.S.A.

Stevenson, T. and J. Fanshawe. 2002. Field guide to the birds of East Africa: Kenya, Tanzania, Uganda, Rwanda, Burundi. T. & A.D. Poyser, London, United Kingdom.

Steyn, P. 1974. Eagle days – a study of African eagles at the nest. Macdonald & Jane's, London, United Kingdom.

———. 1982. Birds of prey of southern Africa. David Philip, Cape Town, South Africa.

———. 1984. A delight of owls – African owls observed. Tanager Books, Dover, DE U.S.A.

Stresemann, E. and D. Amadon. 1979. Order Falconiformes. Pages 271 − 425 in E. Mayr and G. W. Cottrell [Eds.], Check list of birds of the world, Vol. 1, 2nd Ed. Museum of Comparative Zoology, Harvard University, Cambridge, MA U.S.A.

Stubbe, M. and A. Stubbe [Eds.]. 1987, 1991, 1996, 2000, 2006. Populationsökologie von Greifvogel- und Eulenarten, 1 − 5. Martin Luther Universität Halle-Wittenberg, Halle/Saale, Germany.

Südbeck, P., H. Andretzke, S. Fischer, K. Gedeon, T. Schikore, K. Schröder and C. Sudfeldt [Eds.]. 2005. Methodenstandards zur Erfassung der Brutvögel Deutschlands. Dachverband Deutscher Avifaunisten, Radolfzell, Germany.

Tarboton, W. 1990. African birds of prey. Cornell University Press, Ithaca, NY U.S.A.

——— and D. Allan. 1984. The status and conservation of birds of prey in the Transvaal. Transvaal Museum, Pretoria, South Africa.

——— and R. Erasmus. 1998. SASOL owls and owling in southern Africa. Struik Winchester, Cape Town, South Africa.

TAYLOR, I. 1994. Barn Owls: predator – prey relationships and conservation. Cambridge University Press, Cambridge, United Kingdom.

TERRASSE, J.F. 2001. Le Gypaète Barbu. Delachaux et Niestlé, Lausanne, Paris, France.

THÉVENOT, M., R. VERNON AND P. BERGIER. 2003. The birds of Morocco. BOU Checklist Series no. 20. British Ornithologists' Union/British Ornithologists' Club, Tring, Herts., United Kingdom.

THIOLLAY, J.-M. 1976. Les rapaces d'une zone de contact savane-forêt en Côte-d'Ivoire: modalités et succès de la reproduction. Alauda 44:175 – 300.

THIOLLAY, J.-M. 1977. Distribution saisonnière des rapaces diurnes en Afrique occidentale. Oiseau Rev. Fr. Ornithol. 47:253 – 294.

―――. 2001. Long-term changes of raptor populations in northern Cameroon. J. Raptor Res. 35:173 – 186.

―――. 2006. The decline of raptors in West Africa: long-term assessment and the role of protected areas. Ibis 148:240 – 254.

――― AND V. BRETAGNOLLE [EDS.]. 2004. Rapaces nicheurs de France. Distribution, effectifs et conservation. Delachaux et Niestlé, Paris, France.

THOMPSON, D.B.A., S.M. REDPATH, A.H. FIELDING, M. MARQUISS AND C.A. GALBRAITH [EDS.]. 2003. Birds of prey in a changing environment. The Natural History of Scotland Series. Government Printing Office, Edinburgh, Scotland.

THORSTROM, R. 1993. Breeding biology of two species of forest-falcons (Micrastur) in northeastern Guatemala. M.Sc. thesis, Boise State University, Boise, ID U.S.A.

TINBERGEN, L. 1946. [The sparrow-hawk (Accipiter nisus L.) as a predator of passerine birds.] Ardea 34:1 – 213.

TINGAY, R. 2005. Historical distribution, contemporary status and cooperative breeding in the Madagascar Fish-eagle: implications for conservation. Ph.D. dissertation, University of Nottingham, Nottingham, United Kingdom.

TSAI, C. W. 2003. A guide to owls. Owl Publishing House, Co., Taipei, Taiwan.

UETA, M. AND M.J. MCGRADY [EDS.]. 2000. First symposium on Steller's and White-tailed Sea Eagles in East Asia: proceedings of the international workshop and symposium, 9 – 15 February 1999, Tokyo and Hokkaido, Japan. Wild Bird Society of Japan, Tokyo, Japan.

URBINA TORRES, F. 1996. Aves rapaces de Mexico. Centro Investigaciones Biologicas UAEM, Cuernavaca, Morelos, Mexico.

UTTENDÖRFER, O. 1939. Die Ernährung der deutschen Raubvögel und Eulen und ihre Bedeutung in der heimsichen Natur. Neumann-Neudamm, Melsungen, Germany.

VALIELA, I. AND P. MARTINETTO. 2005. The relative ineffectiveness of bibliographic search engines. Bioscience 55:688 – 692.

VAN BALEN, S., V. NIJMAN AND R. SÖZER. 1999. Distribution and conservation of the Javan Hawk-eagle Spizaetus bartelsi. Bird Conserv. Int. 9:333 – 349.

―――, V. NIJMAN, AND R. SÖZER. 2001. Conservation of the endemic Javan Hawk-Eagle Spizaetus bartelsi Stresemann, 1924 (Aves: Falconiformes): density, age-structure and population numbers. Contrib. Zool. 70:161 – 173.

VERNER, J., K.S. MCKELVEY, B.R. NOON, R.J. GUTIÉRREZ, G.I. GOULD, Jr., AND T.W. BECK. 1992. The California Spotted Owl: a technical assessment of its current status. USDA Forest Service, General Technical Report PSW-133, Pacific Southwest Research Station, Albany CA U.S.A.

VIRANI, M.Z. AND M. MUCHAI. 2004. Vulture conservation in the Masai Mara National Reserve, Kenya: proceedings and recommendations of a seminar and workshop held at the Masai Mara National Reserve, 23 June 2004. Ornithol. Res. Rep. 57:1 – 19.

VOLKOV, S., V.V. MOROZOV AND A.V. SHARIKOV [EDS.]. 2005. [Owls of northern Eurasia.] Russian Bird Conservation Union, Working Group on Falconiformes and Strigiformes of Northern Eurasia, Institute of Problems of Ecology and Evolution of Russian Academy of Sciences, Moscow, Russia.

VOOUS, K.H. 1988. Owls of the Northern Hemisphere. MIT Press, Cambridge, MA U.S.A.

VORONETSKIY, V. [ED.]. 1994. [Eagle Owl in Russia, Belarus and Ukraine.] Moscow State University Press, Moscow, Russia.

WALKER, T.J. 2006. Authors willing to pay for instant web access. www.nature.com/nature/debates/e-access/Articles/walker.html (last accessed 21 December 2006).

WALTER, H. 1979. Eleonora's Falcon: adaptations to prey and habitat in a social raptor. University of Chicago Press, Chicago, IL U.S.A.

WANG, C.C. 2006. Handbook on raptor watching in Kenting National Park. Kenting National Park Administration, Kenting, Taiwan.

WATTEL, J. 1973. Geographic differentiation in the genus Accipiter. Pub. Nuttall Ornithol. Club 13.

WEAVER, J.D. AND T.J. CADE. 1991. Falcon propagation: a manual for captive breeding, Revised Ed. The Peregrine Fund, Inc., Boise, ID U.S.A.

WEISHU, X.C. 1995. Raptors of China. China Forestry Publishing House, Beijing, China.

WELLS, D.R. 1999. The birds of the Thai-Malay Peninsula, covering Burma and Thailand south of the eleventh parallel, Peninsula Malaysia and Singapore, Vol. 1. Non-passerines. Academic Press, San Diego, CA U.S.A.

WERNERY, R., U. WERNERY, J. KINNE AND J. SAMOUR. 2004. Colour atlas of falcon medicine. Schlütersche, Hanover, Germany.

WERNHAM, C., M. TOMS, J. MARCHANT, J. CLARK, G. SIRIWARDENA AND S. BAILLIE [EDS.]. 2002. The migration atlas: movements of the birds of Britain and Ireland. T. & A.D. Poyser, London, United Kingdom.

WHEELER, B.K. 2003a. Raptors of eastern North America. Princeton University Press, Princeton, NJ U.S.A.

―――. 2003b. Raptors of western North America. Princeton University Press, Princeton, NJ U.S.A.

———— AND W.S. CLARK. 1996. A photographic guide to North American raptors. Academic Press, London, United Kingdom.

WILBUR, S.R. AND J.A. JACKSON [EDS.]. 1983. Vulture biology and management. University of California Press, Berkeley, CA U.S.A.

YEN, C.W. 1982. Raptors of Taiwan. Center for Environmental Sciences, Tunghai University, Taichung, Taiwan.

YOSEF, R., M.L. MILLER AND D. PEPLER [EDS.]. 2002. Raptors in the new millennium: proceedings of the joint meeting of the Raptor Research Foundation and the World Working Group on Birds of Prey and Owls. International Birding & Research Centre in Eilat, Eilat, Israel.

ZALLES, J.I. AND K.L. BILDSTEIN [EDS.]. 2000. Raptor watch: a global directory of raptor migration sites. *Birdlife Conservation Series no. 9*. BirdLife International, Cambridge, United Kingdom; and Hawk Mountain Sanctuary, Kempton, PA U.S.A.

ZUBAKIN, V.A. ET AL. [EDS.]. 2005. [Birds of Russia and adjacent regions: Strigiformes, Apodiformes, Coraciiformes, Upupiformes, Piciformes.] KMK Press, Moscow, Russia.

付録1 猛禽類研究機関の機関誌（[a] E＝インターネット，P＝印刷物）

機関誌名	発行国	発行元	主な地域	主な分野	年間発行回数	言　語	媒体形態[a]
Acrocephalus	スロベニア	BirdLife Slovenia	南東ヨーロッパおよび東地中海	鳥類学	6	スロベニア語	P
Acta Ornithoecologica	ドイツ	Schriftleitung Acta Ornithoecologica	ドイツ	鳥類学	2	ドイツ語	P
Acta Ornithologica	ポーランド	Museum and Institute of Zoology (Warsaw)	全世界	鳥類学	2	英語	P
Acta Zoologica Mexicana（nueva serie）	メキシコ	Instituto de Ecología A. C.	メキシコ	動物学	3	スペイン語，英語，フランス語，ポルトガル語	P
Acta Zoologica Sinica	中国	Science Press, Beijing	全世界	動物学	6	中国語あるいは英語	P
Africa — Birds & Birding	南アフリカ共和国	Africa Geographic	アフリカ南部	鳥類学/野鳥観察	6	英語	P
Afring News	南アフリカ共和国	Avian Demography Unit, Capetown	アフリカ	足環標識	2	英語	E/P
Airo	ポルトガル	Sociedade Portuguesa para o Estudo das Aves	イベリア半島およびカナリア諸島	鳥類学	1	ポルトガル語あるいは英語	P
Alabama Birdlife	米国	Alabama Ornithological Society	アラバマ州	鳥類学	不定期	英語	P
Alauda	フランス	Sociéte d'Études Ornithologiques de France	全世界	鳥類学	4	フランス語	P
Alula	フィンランド	Alula	全世界	鳥類学/野鳥観察	4	英語あるいはフィンランド語	P
American Midland Naturalist	米国	University of Notre Dame	北米	博物学	4	英語	P
Anales del Instituto de Biología, Serie Zoología	メキシコ	Instituto de Biología, UNAM	メキシコ	動物学	2	スペイン語	E/P
Animal Behaviour	英国	Elsevier	全世界	行動学	12	英語	P
Anser	スウェーデン	Skånes Ornitologiska Förening	スウェーデン	鳥類学	4	スウェーデン語	P
Anuari d'Ornitologia de Catalunya	スペイン	Institut Català d'Ornitologia	スペイン（カタロニア）	鳥類学	1	カタロニア語	P
Anuari Ornitològic de les Balears	マヨルカ	Grup Balear d'Ornitologia I Defensa de la Naturalesa	バレアレス諸島	鳥類学	1	スペイン語	P
Anuário Ornitológico	ポルトガル	Sociedade Portuguesa para o Estudo das Aves	ポルトガル	鳥類学	1	ポルトガル語	P
Anuario Ornitologico de Navarra	スペイン	GOROSTI, Sociedad de Ciencias Naturales de Navarra	スペイン北部	鳥類学	1	スペイン語	P

機関誌名	発行国	発行元	主な地域	主な分野	年間発行回数	言　語	媒体形態[a]
Anzeiger des Vereins Thüringer Ornithologen	ドイツ	Vereins Thüringer Ornithologen	全世界	鳥類学	不定期	ドイツ語	P
Apus	ドイツ	Beiträge zur Avifauna Sachsen-Anhalts	ザクセン-アンハルト州（ドイツ）	鳥類学	6	ドイツ語	P
Aquila	ハンガリー	Instituti Ornithologici Hungarici	ハンガリー	鳥類学	1	ハンガリー語あるいは英語	P
Aquila chrysaetos	日本	日本イヌワシ研究会	日本	猛禽類	1	日本語	P
Ardea	オランダ	Netherlands Ornithologists' Union	全世界	鳥類学	2	英語	E/P
Ardeola	スペイン	Sociedad España de Ornitología	全世界	鳥類学	2	スペイン語あるいは英語	P
Asian Raptors	マレーシア	Asian Raptor Research and Conservation Network	東洋区	猛禽類	不定期	英語	P
Atualidades Ornitológicas	ブラジル	Atualidades Ornitológicas	ブラジル	鳥類学	6	ポルトガル語	E/P
Auk, The	米国	American Ornithologists's Union	全世界	鳥類学	4	英語	E/P
Australian Field Ornithology	オーストラリア	Bird Observers Club of Australia	オーストラリア	鳥類学	4	英語	P
Aves	ベルギー	Société d'Études Ornithologiques	全世界	鳥類学	4	フランス語	P
Aves Ichnusae	イタリア	Gruppo Ornitologico Sardo	サルディニア	鳥類学	不定期	イタリア語	P
Avian Diseases	米国	American Association of Avian Pathologists	全世界	鳥類の医学	4	英語	P
Avian Ecology and Behaviour	ロシア	Biological Station "Rybachy" of the Zoological Institute, Russian Academy of Sciences	全世界	鳥類学	2	英語	P
Avian Ecology and Conservation	カナダ	Society of Canadian Ornithologists/Bird Study Canada	全世界	鳥類学	不定期	英語	E
Avian Pathology	英国	World Veterinary Poultry Association	全世界	鳥類の医学	6	英語	E/P
Aviculture Magazine	英国	Avicultural Society	全世界	鳥類の飼育	4	英語	P
Avifaunistik in Bayern	ドイツ	Ornithologische Gesellschaft in Bayern	ドイツ	鳥類学	2	ドイツ語	P
Avocetta	イタリア	CISO Centro Italiano Studi Ornitologici	全世界	鳥類学	2	イタリア語あるいは英語	P
Babbler, The	ボツワナ	BirdLife Botswana	ボツワナ	鳥類学	2	英語	P
Behavioral Ecology	米国	International Society for Behavioral Ecology	全世界	生態学	6	英語	E/P
Behavioral Ecology and Sociobiology	ドイツ	Springer Berlin/Heidelberg	全世界	生態学	6	英語	E/P

機関誌名	発行国	発行元	主な地域	主な分野	年間発行回数	言　語	媒体形態[a]
Berkut	ウクライナ	Ukrainian Journal of Ornithology	西ヨーロッパからロシア極東地域	鳥類学	2	ウクライナ語, ロシア語, 英語, ドイツ語	E/P
Berliner Ornithologischer Bericht	ドイツ	Berliner Ornithologische Arbeitsgemeinschaft	ドイツ	鳥類学	2	ドイツ語	P
Bièvre, Le	フランス	Le Centre Ornithologique Rhône Alpes	フランス	鳥類学	不定期	フランス語	P
Bird Behavior	米国	Cognizant Communication Corporation	全世界	鳥類学	2	英語	P
Bird Conservation International	英国	BirdLife International/ Cambridge University Press	全世界	保護	4	英語	E/P
Bird Observer	米国	Bird Observer of Eastern Massachusetts	マサチューセッツ州	鳥類学	6	英語	P
Bird Populations	米国	Institute for Bird Populations	全世界	鳥類の個体群	不定期	英語	P
Bird Study	英国	British Trust for Ornithology	全世界	鳥類学	3	英語	E/P
Bird Trends	カナダ	Canadian Wildlife Service	北米	鳥類の個体群	不定期	英語	E/P
Birding	米国	American Birding Association	北米	分類学 / 個体識別	4	英語	P
BirdingASIA	英国	Oriental Bird Club	アジア	鳥類学	2	英語	P
Birds of North America	米国	Cornell Laboratory of Ornithology and American Ornithologists' Union	北米およびハワイ	鳥類学	随時更新	英語	E/P
Bliki	アイスランド	Icelandic Institute of Natural History	アイスランド	鳥類学	不定期	デンマーク語あるいは英語	P
Blue Jay	カナダ	Nature Saskatchewan	サスカチュワン州	鳥類学	4	英語	P
Bluebird, The	米国	Audubon Society of Missouri	ミズーリ州	鳥類学	4	英語	P
Boletim CEO	ブラジル	Ornitológicos São Paulo - SP	ブラジル	鳥類学	2	ポルトガル語	P
Boletín Chileno de Ornitologia	チリ	Unión de Ornitólogos de Chile	新熱帯区（主にチリ）	鳥類学	年報	スペイン語	P
Boletín SAO	コロンビア	Sociedad Antioqueña de Ornitología	コロンビア	鳥類学	2	スペイン語	P
Boletin Zeledonia	コスタリカ	Asociación Ornitológica de Costa Rica	コスタリカ	鳥類学	2	スペイン語	E
Boobook	オーストラリア	Australasian Raptor Association	オーストラリア	猛禽類	2	英語	E/P
British Birds	英国	British Birds 2000 Ltd.	イギリス諸島	鳥類学	12	英語	P
British Columbia Birds	カナダ	British Columbia Field Ornithologists	ブリティッシュコロンビア州	鳥類学	1	英語	P

機関誌名	発行国	発行元	主な地域	主な分野	年間発行回数	言　　語	媒体形態[a]
Bulletin of the African Bird Club	英国	African Bird Club	アフリカ	鳥類学	2	英語	P
Bulletin of the British Ornithologists' Club	英国	British Ornithologists' Club	全世界	鳥類学	4	英語	P
Bulletin of the Japanese Bird Banding Society	日本	日本鳥類標識協会	日本	足環標識	2	日本語	P
Bulletin of the Oklahoma Ornithological Society	米国	Oklahoma Ornithological Society	オクラホマ州	鳥類学	4	英語	P
Bulletin of the Texas Ornithological Society	米国	Texas Ornithological Society	テキサス州	鳥類学	2	英語	P
Buteo	チェコ共和国／スロバキア	Czech Society for Ornithology	チェコ共和国／スロバキア	猛禽類	1	チェコ語，スロバキア語，あるいは英語	P
Butlleti del Grup Català d'Anellament	スペイン	Grup Català d'Anellament (Catalan Ringing Group)	スペイン	足環標識	2	カタロニア語，スペイン語，英語	P
Caldasia	コロンビア	Instituto de Ciencias, Facultad de Ciencias, Universidad Nacional de Colombia	新熱帯区（主にコロンビア）	鳥類学	2	スペイン語あるいは英語	E/P
Canadian Field-Naturalist	カナダ	Ottawa Field-Naturalists' Club	北米	鳥類学	4	英語	P
Cassinia	米国	Delaware Valley Ornithological Club	ニュージャージー州，ペンシルベニア州およびデラウェア州	鳥類学	不定期	英語	P
Charadrius	ドイツ	Zeitschrift für Vogelkunde, Vogelschutz und Naturschutz im Rheinland und in Westfalen	ドイツ	鳥類学	4	ドイツ語	P
Chat, The	米国	Carolina Bird Club	ノースカロライナ州およびサウスカロライナ州	鳥類学	4	英語	E/P
Ciconia	フランス	Ligue pour la Protection des Oiseaux, Delegation Alsace	フランス（アルザス）	脊椎動物の博物学	3	フランス語	P
Cimbebasia	ナミビア	National Museum of Namibia	ナミビア	博物学	不定期	英語	P
Cinclus	ドイツ	Bund für Vogelschutz und Vogelkunde e V.	ドイツ	鳥類学	2	ドイツ語	P
Colorado Birds	米国	Colorado Field Ornithologists	コロラド州	鳥類学	4	英語	P

機関誌名	発行国	発行元	主な地域	主な分野	年間発行回数	言　語	媒体形態[a]
Condor, The	米国	Cooper Ornithological Society	全世界	鳥類学	4	英語	P
Connecticut Warbler	米国	Connecticut Ornithological Society	コネティカット州	鳥類学	4	英語	P
Conservation Biology	米国	Society for Conservation Biology	全世界	保全生物学	6	英語	E/P
Corax	ドイツ	Ornithologischen Arbeitsgemeinschaft	ドイツ	鳥類学	2	ドイツ語	P
Corella	オーストラリア	Australian Bird Study Association, Inc.	オーストラリア	鳥類学	4	英語	P
Cotinga	英国	Neotropical Bird Club	新熱帯区	鳥類学	2	英語，スペイン語，ポルトガル語	P
Dansk Ornithologisk Forenings Tidsskrift	デンマーク	Dansk Ornithologisk Forening	全世界（主にデンマーク）	鳥類学	4	デンマーク語あるいは英語	P
Dutch Birding	オランダ	Dutch Magazine Association	旧北区の西側地区	鳥類学	6	英語あるいはオランダ語	P
Ecological Applications	米国	Ecological Society of America	全世界	生態学	6	英語	E/P
Ecological Monographs	米国	Ecological Society of America	全世界	生態学	4	英語	P
Ecology	米国	Ecological Society of America	全世界	生態学	12	英語	P
Egretta	オーストリア	Vogelkundliche Nachrichten aus Oesterreich	中央ヨーロッパ（主にオーストリア）	鳥類学	2	ドイツ語	P
Emirates Bird Report	英国	Ornithological Society of the Middle East	アラブ首長国連邦	鳥類学	1	英語	P
Emu – Austral Ornithology	オーストラリア	Birds Australia (Royal Australasian Ornithologists Union)	全世界	鳥類学	4	英語	E/P
Falco	英国	Middle East Falcon Research Group	全世界	猛禽類	2	英語	P
Falco	スロベニア	Association IXOBRYCHUS	スロベニア	鳥類学	不定期	スロベニア語，英語，イタリア語/クロアチア語	P
Field Notes of Rhode Island Birds	米国	Audubon Society of Rhode Island	ロードアイランド州	鳥類学	6	英語	P
Florida Field Naturalist	米国	Florida Ornithological Society	フロリダ州	鳥類学	4	英語	P
Folia Zoologica	チェコ共和国	Academy of Sciences of the Czech Republic	全世界	脊椎動物学	4	英語	E/P
Forktail	英国	Oriental Bird Club	東洋区	鳥類学	1	英語	P

機関誌名	発行国	発行元	主な地域	主な分野	年間発行回数	言　語	媒体形態[a]
Foundation for the Conservation of the Bearded Vulture Annual Report	オランダ	Foundation for the Conservation of the Bearded Vulture	ヨーロッパ	ヒゲワシ	1	英語	P
Gabar	南アフリカ共和国	Endangered Wildlife Trust	アフリカ	猛禽類	2	英語	P
Garcilla, La	スペイン	Sociedad España de Ornitología	スペイン	鳥類学	4	スペイン語	P
Gibraltar Bird Report	ジブラルタル	Gibraltar Ornithological and Natural History Society	ジブラルタル	鳥類学	1	英語	P
Great Basin Birds	米国	Great Basin Bird Observatory	グレートベースン	鳥類学	1	英語	P
Hamburger Avifaunistische Beiträge	ドイツ	Arbeitskreis an der Staatlichen Vogelschutzwarte Hamburg	ドイツ	鳥類学	2	ドイツ語	P
Hawk Migration Studies	米国	Hawk Migration Association of North America	北米	猛禽類	2	英語	E/P
Héron, Le	フランス	Groupe Ornithologique et Naturaliste du Nord/Pas de Calais	フランス	博物学	3	フランス語	P
Hirundo	エストニア	Estonian Ornithological Society	エストニア	鳥類学	2	エストニア語あるいは英語	P
Honeyguide, The	ジンバブエ	BirdLife Zimbabwe	ジンバブエ	鳥類学	2	英語	P
Hong Kong Bird Report	香港	Hong Kong Bird Watching Society	香港	鳥類学	1	英語	P
Hornero, El	アルゼンチン	Asociación Ornitologica del Plata	新熱帯区	鳥類学	2	スペイン語あるいは英語	P
Huitzil - Journal of Mexican Ornithology	メキシコ	Huitzil/CIPAMEX - BirdLife Mexico	メキシコ	鳥類学	随時更新	スペイン語	E
Iberis	ジブラルタル	Gibraltar Ornithological and Natural History Society	ジブラルタル	博物学	1	英語	P
Ibis, The	英国	British Ornithologists' Union	全世界	鳥類学	4	英語	E/P
Iheringia, Seríe Zoologia	ブラジル	Fundação Zoobotânica do Rio Grande do Sul	ブラジル	動物学	4	ポルトガル語あるいは英語	E/P
Indiana Audubon Quarterly	米国	Indiana Audubon Society	インディアナ州	鳥類学	4	英語	P
International Hawkwatcher	米国	Donald Heintzelman	全世界	猛禽類	不定期	英語	P
Iowa Bird Life	米国	Iowa Ornithologists' Union	アイオワ州	鳥類学	4	英語	P

1. 猛禽類の文献

機関誌名	発行国	発行元	主な地域	主な分野	年間発行回数	言　語	媒体形態[a]
Irish Birds	アイルランド	BirdWatch Ireland	アイルランド	鳥類学	1	英語	P
Japanese Journal of Ornithology	日本	日本鳥学会	日本	鳥類学	4	日本語	P
Journal of Animal Ecology	英国	British Ecological Society	全世界	生態学	6	英語	E/P
Journal of Applied Ecology	英国	British Ecological Society	全世界	生態学	6	英語	E/P
Journal of Avian Biology	スウェーデン	Scandinavian Ornithologists' Union	全世界	鳥類学	6	英語	E/P
Journal of Caribbean Ornithology	米国	Society for the Conservation and Study of Caribbean Birds	カリブ海地区	鳥類学	1	英語	P
Journal of East African Natural History	ケニヤ	National Museums of Kenya & Nature Kenya	東アフリカ	博物学	2	英語	P
Journal of Ecology	英国	British Ecological Society	全世界	生態学	6	英語	E/P
Journal of Field Ornithology	米国	Association of Field Ornithologists	全世界	鳥類学	4	英語	P
Journal of Indian Bird Records and Conservation	インド	Harini Nature Conservation Foundation	インド亜大陸	鳥類学	1	英語	E
Journal of Ornithology	ドイツ	Deutsch Ornithologen-Gesellschaft	全世界	鳥類学	4	ドイツ語あるいは英語	E/P
Journal of Raptor Research	米国	Raptor Research Foundation	全世界	猛禽類	4	英語	P
Journal of the Bombay Natural History Society	インド	Bombay Natural History Society	インド	博物学	3	英語	P
Journal of Wildlife Management	米国	The Wildlife Society	全世界	野生動物の生物学	4	英語	E/P
Journal of the Yamashina Institute for Ornithology	日本	㈶山階鳥類研究所	日本	鳥類学	2	英語あるいは日本語	P
Kansas Ornithological Society Bulletin	米国	Kansas Ornithological Society	カンザス州	鳥類学	4	英語	P
Kentucky Warbler, The	米国	Kentucky Ornithological Society	ケンタッキー州	鳥類学	4	英語	P
Kingbird, The	米国	Federation of New York State Bird Clubs	ニューヨーク州	鳥類学	4	英語	P
Korean Journal of Ornithology	韓国	Ornithological Society of Korea	韓国	鳥類学	2	英語	P
Kukila	インドネシア	Indonesian Ornithological Society	インドネシア	鳥類学	不定期	英語	P
Larus	クロアチア	Hrvatska Akademija Znanosti I Umjetnosti	全世界	鳥類学	1	クロアチア語あるいは英語	P

機関誌名	発行国	発行元	主な地域	主な分野	年間発行回数	言語	媒体形態[a]
Limosa	オランダ	Nederlandse Ornithologische Unie	オランダ	鳥類学	4	オランダ語	P
Loon, The	米国	Minnesota Ornithologists' Union	ミネソタ州	鳥類学	4	英語	P
Malimbus	フランス	West African Ornithological Society	西アフリカ	鳥類学	2	英語/フランス語	P
Maryland Birdlife	米国	Maryland Ornithological Society	メリーランド州	鳥類学	不定期	英語	P
Meadowlark, The	米国	Illinois Ornithological Society	イリノイ州	鳥類学	4	英語	P
Michigan Birds and Natural History	米国	Michigan Audubon Society	ミシガン州	鳥類学	4	英語	P
Migrant, The	米国	Tennessee Ornithological Society	テネシー州	鳥類学	4	英語	P
Mirafra	南アフリカ共和国	Free State Bird Club	中央南アフリカ	鳥類学	4	英語	P
Mississippi Kite, The	米国	Mississippi Ornithological Society	ミシシッピ州	鳥類学	4	英語	P
Populations ökologie von Greifvogel und Eulenarten	ドイツ	Monitoring Greifvögel Eulen Europas	ヨーロッパ	鳥類学	不定期	ドイツ語	P
Museum Heineanum Ornithologische Jahresberichte	ドイツ	Museum Heineanum	ドイツ	鳥類学	1	ドイツ語	P
N.B. Naturalist	カナダ	New Brunswick Federation of Naturalists	ニューブランズウィック州	鳥類学	4	英語あるいはフランス語	P
Natura Croatica	クロアチア	Croatian Natural History Museum	全世界（主にクロアチア）	博物学	4	英語	P
Nature Alberta	カナダ	Federation of Alberta Naturalists	アルバータ州	博物学	4	英語	P
Nebraska Bird Review, The	米国	Nebraska Ornithologists' Union	ネブラスカ州	鳥類学	4	英語	P
New Hampshire Bird Records	米国	Audubon Society of New Hampshire	ニューハンプシャー州	鳥類学	4	英語	P
New Jersey Birds	米国	New Jersey Audubon Society	ニュージャージー州	鳥類学	4	英語	P
NMOS Bulletin	米国	New Mexico Audubon Society	ニューメキシコ州	鳥類学	4	英語	P
North American Bird Bander	米国	Eastern, Inland, and Western Bird Banding Associations	北米	足環標識	4	英語	P
North American Birds	米国	American Birding Association	北米	鳥類学	4	英語	P

機関誌名	発行国	発行元	主な地域	主な分野	年間発行回数	言　語	媒体形態[a]
Northeastern Naturalist	米国	Eagle Hill Foundation	米国北東部	博物学	4	英語	P
Northwestern Naturalist	米国	Society for Northwestern Vertebrate Biology	太平洋北西部	脊椎動物の博物学	3	英語	P
Nos Oiseaux	スイス	Societe Romande pour l'Etude de la Protection des Oiseaux	スイス	鳥類学	4	フランス語	P
Notatki Ornitologiczne	ポーランド	Kwartalnik Sekcji Ornitologicznej	全世界	鳥類学	4	ポーランド語あるいは英語	P
Notornis	ニュージーランド	Ornithological Society of New Zealand	ニュージーランド	鳥類学	4	英語	E/P
Nova Scotia Birds	カナダ	Nova Scotia Bird Society	ノバスコシア州	鳥類学	4	英語	P
Nuestras Aves	アルゼンチン	Asociación Ornitologica del Plata	アルゼンチン	鳥類学	2	スペイン語	P
Ohio Cardinal	米国	Ohio Ornithological Society	オハイオ州	鳥類学	4	英語	P
Oikos	ノルウェー	Nordic Ecological Society	全世界	生態学	12	英語	P
Oman Bird News	オマーン	Oman Bird Records Committee	オマーン	鳥類学	不定期	英語	P
Ontario Birds	カナダ	Ontario Field Ornithologists	オンタリオ州	鳥類学	3	英語	P
Oregon Birds	米国	Oregon Field Ornithologists	オレゴン州	鳥類学	4	英語	P
Oriole, The	米国	Georgia Ornithological Society	ジョージア州	鳥類学	4	英語	P
Ornis Fennica	フィンランド	Finnish Ornithological Society	全世界	鳥類学	4	英語	P
Ornis Hungarica	ハンガリー	BirdLife Hungary	ハンガリーおよび東中央ヨーロッパ	鳥類学	2	ハンガリー語あるいは英語	P
Ornis Norvegica	ノルウェー	Norsk Ornitologisk Forening	ノルウェー	鳥類学	2	英語	P
Ornis Svecica	スウェーデン	Sveriges Ornitologiska Förening	スウェーデン	鳥類学	4	スウェーデン語	P
Ornithological Monographs	米国	American Ornithologists' Union	全世界	鳥類学	不定期	英語	P
Ornithological Science	日本	日本鳥学会	全世界	鳥類学	2	英語	P
Ornithologische Beobachter, Der	スイス	Schweizer Gesellschaft für Vogelkunde	スイス	鳥類学	4	ドイツ語	P
Ornithologische Gesellschaft Basel Jahresbericht	スイス	Ornithologische Gesellschaft Basel	スイス	鳥類学	1	ドイツ語	P
Ornithologische Mitteilungen	ドイツ	Ornithologische Mitteilungen	全世界（主にヨーロッパ）	鳥類学	12	ドイツ語	P
Ornithologischer Anzieger	ドイツ	Ornithological Society in Bavaria	ドイツ	鳥類学	2～3	ドイツ語あるいは英語	P

機関誌名	発行国	発行元	主な地域	主な分野	年間発行回数	言　語	媒体形態[a]
Ornithologischer Jahresbericht Helgoland	ドイツ	Ornithologischer Arbeitsgemeinschaft Helgoland	ヘルゴラント島（ドイツ）	鳥類学	1	ドイツ語	P
Ornithos	フランス	Ligue pour la Protection des Oiseaux	フランス	鳥類学	6	フランス語	P
Ornitologia Colombiana	コロンビア	Asociación Colombiana de Ornitologia Colombia	コロンビア	鳥類学	不定期	スペイン語あるいは英語	E
Ornitologia Neotropical	カナダ	Neotropical Ornithological Society	新熱帯区	鳥類学	4	英語／スペイン語／ポルトガル語	P
Oryx	英国	Fauna & Flora International	全世界	保全生物学	4	英語	P
Osprey	カナダ	Newfoundland and Labrador Natural History Society	ニューファンドランド州およびラブラドル	博物学	4	英語	P
Ostrich: Journal of African Ornithology	南アフリカ共和国	National Inquiry Services Centre/BirdLife South Africa	アフリカ	鳥類学	4	英語	P
Passenger Pigeon, The	米国	Wisconsin Society for Ornithology	ウィスコンシン州	鳥類学	4	英語	P
Pavo	インド	Society of Animal Morphologists & Physiologists	インド	鳥類学	4	英語	P
Pennsylvania Birds	米国	Pennsylvania Society for Ornithology	ペンシルベニア州	鳥類学	4	英語	P
QuébecOiseaux	カナダ	l'Association québecoise des groups d'ornithologues	ケベック州	鳥類学	4	フランス語	P
Raptors Conservation	ロシア	Siberian Environmental Center & Center for Field Studies	東ヨーロッパおよび北アジア	猛禽類	2	ロシア語あるいは英語	E/P
Raven, The	米国	Virginia Ornithological Society	バージニア州	鳥類学	4	英語	P
Redstart, The	米国	Brooks Bird Club	西バージニア州	鳥類学	4	英語	P
Revista Brasileira de Ornitologia	ブラジル	Sociedade Brasileira de Ornitologia	新熱帯区（主にブラジル）	鳥類学	2	ポルトガル語，スペイン語，英語	P
Revista Catalana d'Ornitologia	スペイン	Institut Català d'Ornitologia	スペイン（カタロニア）	鳥類学	随時更新	カタロニア語	E
Revista de Anillamiento	スペイン	Sociedad España de Ornitología	スペイン	足環標識	1	スペイン語	P
Ring, The	ポーランド	Polish Zoological Society	全世界	足環標識	4	英語	P
Ringing & Migration	英国	British Trust for Ornithology	英国	足環標識および渡り	2	英語	P
Ringmerkaren	ノルウェー	Norsk Ornitologisk Forening	ノルウェー	足環標識	1	ノルウェー語	P

機関誌名	発行国	発行元	主な地域	主な分野	年間発行回数	言　語	媒体形態[a]
Rivista Italiana di Ornitologia	イタリア	Società Italiana di Scienze Naturali	全世界	鳥類学	2	イタリア語あるいは英語	P
Sandgrouse	英国	Ornithological Society of the Middle East	中東	鳥類学	2	英語	P
Scopus	ケニヤ	Bird Committee of the East African Natural History Society	東アフリカ	鳥類学	1～2	英語	P
Scottish Bird Report	英国	Scottish Ornithologists' Club	スコットランド	鳥類学	1	英語	P
Scottish Birds	英国	Scottish Ornithologists' Club	スコットランド	鳥類学	1	英語	P
Scottish Raptor Monitoring Report	英国	Scottish Ornithologists' Club	スコットランド	猛禽類	1	英語	P
South Australian Ornithologist	オーストラリア	Ornithological Association of South Australia	南オーストラリア	鳥類学	2	英語	P
South Dakota Bird Notes	米国	South Dakota Ornithologists' Union	サウスダコタ州	鳥類学	4	英語	P
Southeastern Naturalist	米国	Eagle Hill Foundation	米国南東部	博物学	4	英語	P
Southwestern Naturalist	米国	Southwestern Association of Naturalists	米国南西部，メキシコおよび中米	博物学	4	英語	P
Strix	日本	㈶日本野鳥の会	日本	鳥類学	1	日本語	P
Studies in Avian Biology	米国	Cooper Ornithological Society	全世界	鳥類学	不定期	英語	P
Subbuteo: The Belarusian Ornithological Bulletin	ベラルーシ	West Belarusian Society for Bird Preservation	ベラルーシ	鳥類学	1	ロシア語	P
Sunbird, The	オーストラリア	Birds Queensland	クイーンズランド州	鳥類学	不定期	英語	P
Sylvia	チェコ共和国	Czech Society for Ornithology	チェコ共和国／スロバキア	鳥類学	1	チェコ語，スロバキア語，あるいは英語	P
Systematic Biology	英国	Society of Systematic Biologists	全世界	系統分類学	6	英語	E/P
Takkeling, De	オランダ	Dutch Raptor Working Group	オランダ	猛禽類	3	オランダ語	P
Túzok	ハンガリー	BirdLife Hungary	ハンガリー	鳥類学／野鳥観察	4	ハンガリー語	P
Utah Birds	米国	Utah Ornithological Society	ユタ州	鳥類学	4	英語	P
Virginia Birds	米国	Virginia Ornithological Society	バージニア州	鳥類学	4	英語	P
Vogelkundliche Berichte aus Niedersachsen	ドイツ	Niedersaechsische Ornithologische Vereingung	ニーダーザクセン州（ドイツ）	鳥類学	2	ドイツ語	P

機関誌名	発行国	発行元	主な地域	主な分野	年間発行回数	言　語	媒体形態[a]
Vogelwarte, Die	ドイツ	Vogelwarte Helgoland & Vogelwarte Radolfzell	全世界	鳥類学	4	ドイツ語あるいは英語	P
Vogelwelt, Die: Beiträge zur Vogelkunde	ドイツ	AULA-Verlag GmbH	全世界	鳥類学	4	ドイツ語	P
Vulture News	南アフリカ共和国	Endangered Wildlife Trust	全世界	ハゲワシ	2	英語	P
Washington Birds	米国	Washington Ornithological Society	ワシントン州	鳥類学	2	英語	P
Western Birds	米国	Western Field Ornithologists	米国西部およびメキシコ	鳥類学	4	英語	P
Western North American Naturalist	米国	Brigham Young University	北米西部	博物学	4	英語	P
Wildlife Monographs	米国	The Wildlife Society	全世界	野生動物の生物学	不定期	英語	E/P
Wildlife Research	オーストラリア	CSIRO Publishing	全世界	野生動物の生物学	8	英語	P
Wildlife Society Bulletin	米国	The Wildlife Society	全世界	野生動物の生物学	4	英語	E/P
Wilson Journal of Ornithology, The	米国	Wilson Ornithological Society	全世界	鳥類学	4	英語	P
Yelkovan	トルコ	Ornithological Society of Turkey	トルコ	鳥類学	随時更新	英語	E

猛禽類の識別，年齢査定，性判定

WILLIAM S. CLARK
2301 S. Whitehouse Circle, Harlingen, TX 78550 USA

訳：新谷保徳

研究者は，猛禽類調査をはじめ，いかなる鳥類学の研究においても，研究を成功させるためには，研究テーマとする種を正確に識別する必要があり，また多くの研究では，その年齢や性別についても正確に判定する必要がある．このことは，①観察やカウントを含む野外調査，②足環装着（すなわち，バンディング），カラーマーキング，それにラジオトラッキングとテレメトリー調査のための捕獲，そして③博物館標本の検査や測定を行っていくうえで重要である．

タカ目とフクロウ目の識別については，種数の多さ（フクロウ目約200種に対しタカ目300種以上）や，種内での羽衣のバリエーションの豊富さのために，フクロウ目よりもタカ目の方が，難易度が高い．したがって，この章のほとんどは昼行性の猛禽類を対象としている．以下の段落では，フィールドマークと特異な羽衣を含む羽衣，フィールドガイドの使用上の注意事項，年齢査定の手段としての換羽の利用，行動を観察することによる野外識別，それに捕獲下での識別の項目について議論している．重要な参考資料は章の最後に記載されている．

最初に助言しておきたいこと

正確な識別の重要性

いかなる猛禽類調査の結果や結論の妥当性も，研究対象種の正確な識別に依存する．したがって，研究者は，最高の研究成果を上げるために，種の年齢査定や性判定などの識別の技能を習得し，洗練しなければならない．幸いにも，一部の研究者にとっては，猛禽類に特化したフィールドガイドや写真ガイドを含む優れた鳥類のフィールドガイド，それに猛禽類の識別，年齢査定，性判定に関するより充実した文献リストを容易に入手することが可能である．

猛禽類の識別はなぜ難しいのか？

昼行性の猛禽類は，ほとんどの種において未成鳥，性別，色彩変化によって羽衣の違いがあり，多くの個体にそれぞれ明確な羽衣の違いが見られる．また，これらの羽衣の多くは，他の種の羽衣に似ているため，識別することが難しい．識別が困難であるその他の原因は，多くの鳥類のフィールドガイドに，羽衣の変異の幅を示していないこと，重要なフィールドマークに関する最新情報を含んでいないこと，それに飛翔や止まりの形状を正確に描いていないということである．このことは，多くの素晴らしい写真が入手可能となった今の時代であっても変わらない事実である．

光学機器と写真機材

現在，私たちは，猛禽類の研究に必要な立派な双眼鏡，望遠鏡，それにカメラを持っている．いくらかの研究者は，最高級の機器を購入することができないけれども，より低価格の機器にも，非常に良いものが多く，たいていの研究者の要求を満たしている．このように，研究者たちは研究対象とする種をよりよく観察することができ，それらを識別し，年齢や性別を判定するために必要な，より微細なフィールドマークを捉えることができる．また，特に識別が野外ではできないような場合でも，高品質な猛禽類の写真を撮ることが可能である．猛禽類の研究者は，疑わしい識別を後に確認できるようにするため，常にフィールドにカメラを持参することが要される．筆者は，写真を見た後に猛禽類の識別を変更したことが過去に1回以上ある．

野外識別

以下のテーマは，フィールドにおける正しい猛禽類の識別に関するよりよい理解のための必要事項である．

年齢に関する用語

　適切な年齢用語の使用は，換羽，羽衣，それに年齢による変化を正しく理解することに役立つ．最良の年齢用語は，羽衣の毎年の変化の1つ1つに対応するものである．しかし，暦年を基準とすることは，1月1日に暦の上では鳥の年齢が変わっても外見は変わらないため，混乱が生じる．

　巣内雛の換羽に関する説明はこの章の範疇ではないが，2組の羽毛で始まる．まだ巣の中にいる若い猛禽類は，最初の，いわゆる幼鳥の羽衣を獲得する（北米ではjuvenal，他の場所ではjuvenileと綴ることに注意）．ほとんどの種では，幼鳥の羽衣を，7ヵ月からほぼ1年の間，身にまとっている．温帯地域では，猛禽類は通常，夏に巣立ちし，翌春に幼鳥の羽衣から第2番目の羽衣に換羽を始める．熱帯地域では，通常この換羽は，巣立ち後，8〜9ヵ月後に始まるが，これは繁殖時期に応じて1年のどの月にでも起こり得るものであり，通常はその地域の雨期と乾期の季節のタイミングによって決定される．

　猛禽類の大きさによって異なるが，毎年の換羽が完了するには3〜10ヵ月間かかる．いくつかの種，それらはたいてい小型の種であるが，結果的に生じる羽衣は，成鳥あるいは典型的基本（definitive basic）の羽衣である（Humphrey and Parks 1959）．ほとんどのハヤブサ類は1種類のみの未成鳥または幼鳥の羽衣をもつ．多くのタカ科，特に大きなノスリ類，ハゲワシ類，ワシ類は，1種類以上の未成鳥の羽衣をもっている．北米では，後者の未成鳥の羽衣は，典型的基本（成鳥）羽衣に達するまではBasic（基本）IやBasic（基本）IIなどと呼ばれている（Humphrey and Parks 1959）．Howell et al.（2003）は，後者の未成鳥羽衣を基本II，基本IIIと呼んでいる．他の地域では，ほとんどが第2番目の羽衣，第3番目の羽衣などと呼んでいる．第2番目以降の羽衣は毎年の換羽によって獲得される．多くのフィールドガイドやその著者が，幼鳥のことを亜成鳥と呼んでいることに注意しなければならない．亜成鳥という用語は，少なくとも3つの異なる年齢のカテゴリに適用されるため，亜成鳥という語の使用は避けるべきである．

フィールドマーク

　フィールドマーク（field marks）は鳥類，私たちの場合では猛禽類の特徴であり，種，そして多くの場合，年齢や性別を識別するために使用される．フィールドマークは，ハクトウワシ（*Haliaeetus leucocephalus*）の成鳥の白い頭部と尾，未成鳥のソウゲンワシ（*Aquila nipalensis*）の翼下面を通じて走る幅広い白い線，そしてマダラチュウヒ（*Circus melanoleucos*）の成鳥雄の大胆な黒と白の羽衣のような特徴などである．ほとんどの猛禽類において，識別するためには，1つ以上のフィールドマークが必要であり，より多くのフィールドマークが正しく確認できるほど，その識別はより確かなものとなる．他のフィールドマークは，帆翔している猛禽類の翼や尾の形状や長さ（図2-1），飛翔中の猛禽類の翼からの頭部の出っ張り，それに多くの種では，止まっている猛禽類の翼端と，尾の先端との位置関係（図2-2）である．帆翔や滑空している時の翼の姿勢はまた，kiting（訳者注：後述の「飛行方法」の項を参照）や停飛あるいはハゲワシの翼反り上げのような行動パターンとともにフィールドマークになる．淡い翼面のような一部のフィールドマークは，飛んでいる個体でのみ，また，肩の色は，止まっている個体でのみ適用できる．

フィールドガイド

　フィールドガイド，特に猛禽類のフィールドガイドと

図2-1　コシジロイヌワシ（*Aquila verreauxii*）の成鳥．このアフリカのワシで示されるように，翼の形状は1つの重要なフィールドマークである．（W.S. Clark，ケニア）

図 2-2 ハヤブサ（*Falco peregrinus*）の成鳥．アメリカでは，ハヤブサは，止まっている時，翼の先端が尾の先端に届くという唯一のハヤブサ類である．（W.S. Clark, Saskatchewan）

写真ガイドは，野外で猛禽類の識別に使用されるフィールドマークの最高の情報源となっている．しかし残念なことに，一般の鳥類のガイドの多くは，ほとんどの鳥類については役に立つものの，猛禽類については不十分である．鳥類のガイドは，しばしば，年齢や性別の特徴に誤りがあったり，羽衣の変異の範囲が示されていなかったり，そして，飛翔や止まり個体の形状が不正確に描写されていたりする．それでも，Hollom et al.（1988），Fjeldså and Krabbe（1990），Jonsson（1993），Zimmerman et al.（1996），Mullarney et al.（1999），Sibley（2000），それにRasmussen and Alderton（2005）等のいくつかの新しい鳥類のフィールドガイドは，翼や尾の形状を正しく描写し，止まっている猛禽類は実物のように見える．Barlow and Wacher（1997），Grimmett et al.（1999），それにStevenson and Fanshawe（2002）等のその他の一般的な鳥類のガイドは，適切に羽衣やフィールドマークを描いているが，翼，尾それに身体の形状を正しく描いていない．

それに対し，多くの猛禽類ガイドは，非常に良いものから非の打ちどころのないものまで優れたものが多くある．飛翔時の翼と尾の形状を正確に示した最も初期のフィールドガイドは，Flight Identification of European Raptors（Porter et al. 1981）である．画家を含む著者たちは，この素晴らしい仕事によって注目された．このガイドは，ややデータが古く，止まっている猛禽類は含まれず，黒白の図と写真しか掲載されていないものの，強く推奨されるものである．Porter et al.（1981）に続いて，他の猛禽類のフィールドガイドおよび写真ガイドは，Wheeler and Clark（1995），Morioka et al.（1995），DeBus（1998），Forsman（1999），Clark（1999a），Clark and Wheeler（2001），Coates（2001），Wheeler（2003a, b），およびLigouri（2005）のものがある．情報はほとんど記載されていないが，優れた写真ガイドに，Allen（1996），Kemp and Kemp（1998）の2冊がある．

猛禽類のための最新の世界的なハンドブックに，del Hoyo et al.（1994）およびFerguson-Lees and Christie（2001）の2冊があり，猛禽類の識別に関していくらかの情報があるが，それらのイラストは主に博物館の標本から作成されたため，多くの場合，実物とは似つかない，単純化された"型にはまった"翼と身体の形となっている．後者の作者（Ferguson-Lees and Christie 2005）による新世界の猛禽類のフィールドガイドは，ほとんどが同じ博物館の標本プレートを使用している．いくつかの大陸別のハンドブック，ヨーロッパではCramp and Simmons（1980），北米ではPalmer（1988），オーストラリアではMarchant and Higgins（1993）は，猛禽類の識別に関する多くの情報や役立つイラストが含まれている．

野外識別のためのその他の重要な情報源として，論文審査のある学術専門誌に掲載されている同テーマに関する多くの記事がある．これらの全てをリストするのはあまりにも多すぎるが，例としてWatson（1987），Brown（1989），Clark and Wheeler（1989,1995），Clark et al.（1990），Shirihai and Doherty（1990），Clark and Schmitt（1993, 1998），Clark and Shirihai（1995），Debus（1996），Forsman（1996a,b），Alström（1997），Forsman and Shirihai（1997），Corso and Clark（1998），Clark（1999b），Corso（2000），それにRasmussen et al.（2001）がある．

飛行方法

猛禽類は4つの飛行方法のうちの1つを使う．どの飛行方法を使用しているかを認識することは，識別において重要である．猛禽類は上昇気流，通常，熱または地形性（偏向）上昇気流中で高度を得るために帆翔する．帆翔している時，しばしば指のように外側の初列風切を最大限に広げ，幾分手首（翼角）を前方に押し出すようにしている．尾も通常広げられている．帆翔する猛禽類の形状は，一定であり，優れたフィールドマークとなる．さらに，それらが熱

または地形性上昇気流中にいる場合は，通常しばらくの間よく見ることができるが，識別をする際に役に立つ．帆翔飛行中の鳥の形状は，フィールドガイドに描かれるべきであるし，実際，多くの場合描かれている．滑空は，猛禽類が高度を得た後，地表を移動するために使われる．滑空飛行では，猛禽類の手首（翼角）はより前方へ押し出され，翼端は帆翔位置から後退され，指がないように見えるほど尖って見える．渡りを行う猛禽類が最も頻繁に使う浅い滑空から，獲物に向かっている猛禽類が身体をほぼ完全に折り込んだ状態まで，翼が後退される度合いは滑空の角度で変化する．それに加えて，停飛や kiting は，ハンティングのために猛禽類のいくつかの種によって使用される飛行方法である．いずれの飛行パターンにおいても，鳥は，獲物を探している間，地面や水面に対して注意を集中している．停飛は，より適切な表現では，風停飛と呼ばれるが，猛禽類が向かい風の中，同じ場所にとどまるように翼をバタバタさせることである．kiting は，同じ位置にとどまるよう，翼はバタバタさせずに安定した状態に保っている状態のことである．全ての猛禽類が停飛や kiting を行うわけではなく，飛行行動自体が猛禽類の種の識別を補助する手助けとなる．羽ばたき，あるいは動力飛行は，ある場所から別の場所へ移動する時に行われ，多くの場合，熱あるいは地形性上昇気流が利用できない場合に使われる．翼の羽ばたき率は，大きさを識別するのに使われ，小さな猛禽類よりも大きな猛禽類の方が，よりゆっくり翼を羽ばたかせる．種のなかには，翼の1往復の頂点と最下点での翼端の形状で識別できる．例えばオオタカ（*Accipiter gentilis*）は，力強い飛行で大変尖った翼端を見せる．

光線条件による外観の変化

猛禽類や他の鳥類は，1日や年間を通して，また，様々な気象条件（例えば，晴，曇，雨期）のもとで発生する異なる光線条件下で，通常異なって見える．このような変化やフィールドマークへの影響についてはほとんど記述されていない．例えば，日光は，1日の早朝の時間帯と夕刻の時間帯には，鳥の白っぽい部分に赤みを与える．日中は，特に，晴れて地面が日光を反射していたり，雪が降って白い荒野が広がっていたりする場合，反射光によって，飛行する猛禽類の翼下面や尾下面をよりはっきり見てとることができる．地表面が草原や森林に覆われている場合は，光の反射はそんなに多くないため，翼下面や尾下面はかなり暗く見える．濡れた鳥や曇り空や白っぽい空を背景に飛んでいる場合は，全体的に暗く見える．

サイズ（大きさ）

多くの人が可能であると考えているけれども，人は単独飛行の猛禽類のサイズを正確に判断することはできない．したがって，単独飛行している猛禽類のサイズはフィールドマークとはならない．けれども，2羽以上の猛禽類や猛禽類とワタリガラス（*Curvus corax*）のように別の鳥が一緒に飛行している場合は，おおよその大きさを判断することができるため，うまく利用できる．

距　離

遠くを飛行する猛禽類は，フィールドマーク，特に色を見分けることは困難であり，それらの羽衣がより黒くあるいは白く見えるため，識別が難しい．

Jizz

Jizz は，通常，遠くてフィールドマークが見えない時，猛禽類と他の鳥類を識別するために潜在意識のヒントを用いることである．この用語は，"一般的な印象，大きさや形状"というフレーズからきていると考えられ，第二次世界大戦中に，ヨーロッパ大陸からイギリスに飛行している航空機を区別するために使われた方法を言い表したことに端を発していると考えられている．Dunne et al.（1988）は，北米の猛禽類についてこの方法をより詳細に説明している．Jizz による識別の精度は，経験と観察者の技能レベルに依存し，ほとんどの場合，標準のフィールドマークの使用から得られたものよりもかなり低い．

風切羽の換羽

タカ科の猛禽類は，初列風切の P1（最内）から始まり，最外の風切 P10 へ順次換羽する（Edelstam 1984）．次列風切の換羽については，最も小型のタカ類で，中心の3枚，S1（最外），S5，および S12 から，大きなハゲワシ類では S22 から換羽を始める（Miller 1941）．換羽は，S1 と S5，そしてその最内の中心部から外側に向かって連続して行われる．

ハヤブサ科の猛禽類の初列風切の換羽は P4 で始まり，P10，P1 へと，外側と内側の両方にそれぞれ順次進む．次列風切の換羽は，S5 で始まり，内側の次列と S1 へと，内側と外側にそれぞれ順次進む（Edelstam 1984）．

猛禽類の rectrix（すなわち，尾羽）の換羽は，ほとんど常に T1（中央または deck 羽）から始まる．T2 と T6 は，通常，その次に換羽するものの，その後の換羽の順番には大きな差がある．いくつかの種にとっては，T5 の換羽が

最後であるけれども，その他の種では T4 が最後に換羽する．換羽の非対称は，翼羽の換羽よりも尾羽の換羽において，より頻繁に発生する．

全てのハヤブサ科と小型のタカ科の猛禽類の翼と尾の換羽は，通常，完結型（すなわち，1 年で換羽する）であり，引き続き，その後の年においても同じ換羽部位から換羽が起きる．しかし，より大きなタカ科の猛禽類は，1 年ごとに翼の換羽を完結しないし，多くの種では，尾の換羽も 1 年では完結しない．（これらの種の未成鳥の年齢査定における不完全な換羽の参考の仕方については，以下を参照．）

体羽と雨覆の換羽

体羽の換羽は，巣立ち後まもなく，多くの種の幼鳥でゆっくりと始まる．Pyle（2005）は，このプロセスを"前成換羽"と呼んでいる．換羽は巣立ち後 7〜10 ヵ月で活発になり，頭から頸，そして尾部へと進む．翼と尾羽の雨覆の換羽は，体羽の換羽がかなり進んだ後に始まる．体羽と雨覆の換羽は，大きな種以外は全て 1 年で完結する．それでも，特に尾の上部あるいは翼の上部の雨覆の一部には，毎年換羽しない羽毛もある．

年齢査定における換羽とその利用

風切羽の換羽は，成鳥羽に達する換羽に 1 年間以上かかる種の未成鳥の年齢を決めるための手助けとなる．これは，ほとんどの大型のタカ科猛禽類に当てはまる．これらの猛禽類では，全ての初列風切が毎年換羽するわけではないが，P1 は常に毎年，換羽する．したがって，換羽はこれらの羽毛の中の 2〜3 ヵ所で同時に起こり得る（Clark 2004a）．幼鳥では換羽が起きていない（図 2-3a）．第 2 番目の羽衣の猛禽類（基礎 II）は，幼鳥の外側の初列風切を保持したまま，内側が新しい初列風切になっている（図 2-3b）．第 3 番目の羽衣の猛禽類は，内側と外側の新しい初列風切とほとんどの大型ワシ類の幼鳥に残された P10 によって，換羽の 2 つの"波"が見られる（図 2-3c）．いくつかの猛禽類では，これは成鳥羽衣であるが，他の特に大きなワシ類では，身体や尾の羽衣はこの時点ではまだ未成鳥である．ほとんどのワシ類の第 4 番目の羽衣は，成鳥羽衣に似てくるが，未成鳥の特徴が目立つ．初列風切の換羽は，その 3 つの波により，成鳥のものと似ている（図 2-3d）．第 2 番目の換羽は，幼鳥に換羽がないことから，大型のタカ科猛禽類の未成鳥の年齢査定を行うのに有用である．幼鳥の次列風切は，換羽によって発生する次の羽衣のものよりも，細くとがった先端を示すため，明確に区別できる．新しい次列風切は，同種内では幼鳥のものより

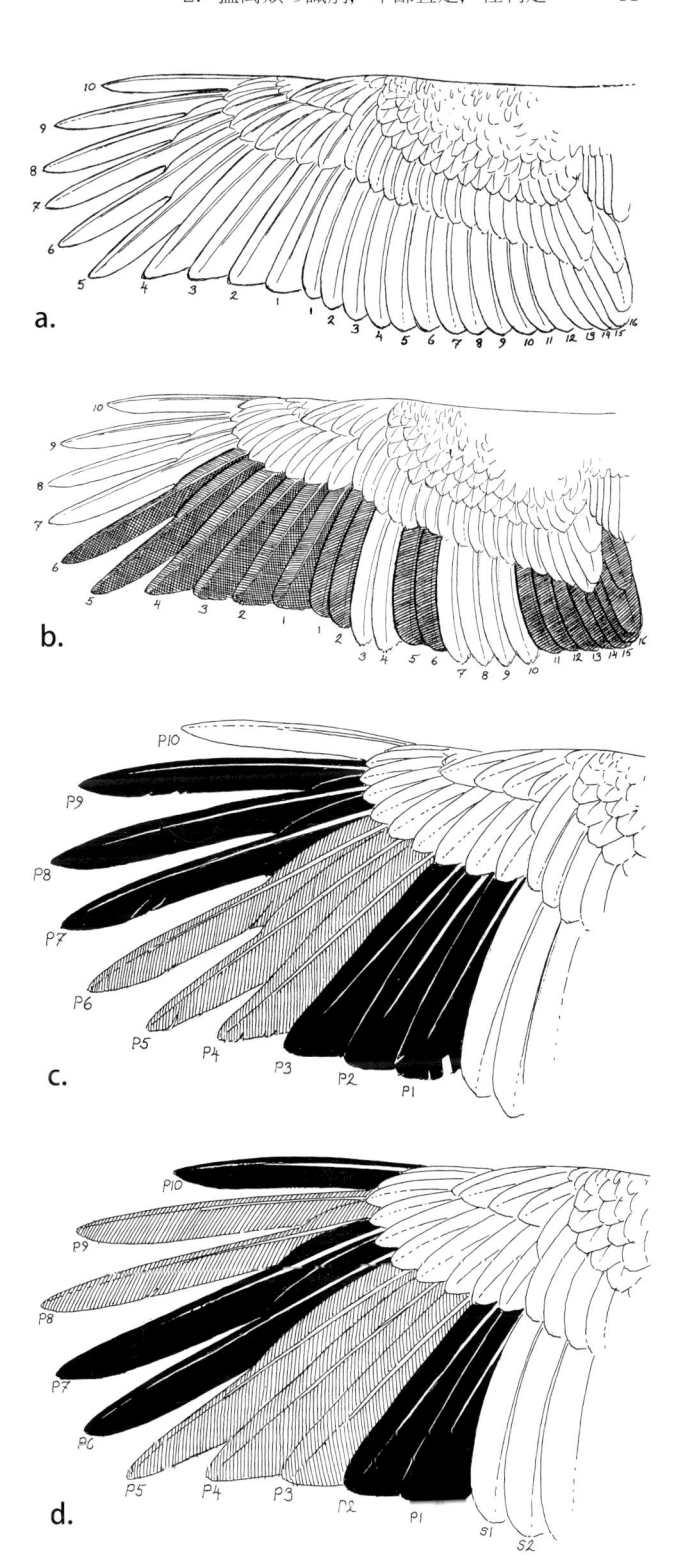

図 2-3 **a.** 幼鳥の風切羽．幼鳥は明白な換羽を示さない．全ての羽毛は，同じ古さであり，同じ量を示す．次列風切はややとがった先端をもつ．**b.** 第 2 番目の羽衣（基礎 II）．内側の初列風切は，P1 の外側に連続して換羽し，外側のものは幼鳥のものを保持する．ワシ類の新しい次列風切は，幼鳥のそれらよりも短い（ただし，図 2-4 参照）．**c.** 第 3 番目の羽衣（基礎 III）．換羽の最初の波は，P9 に，2 番目の波は P3 に進む．**d.** 成鳥．成鳥は初列風切の換羽において 2〜4 つの波が見られる．

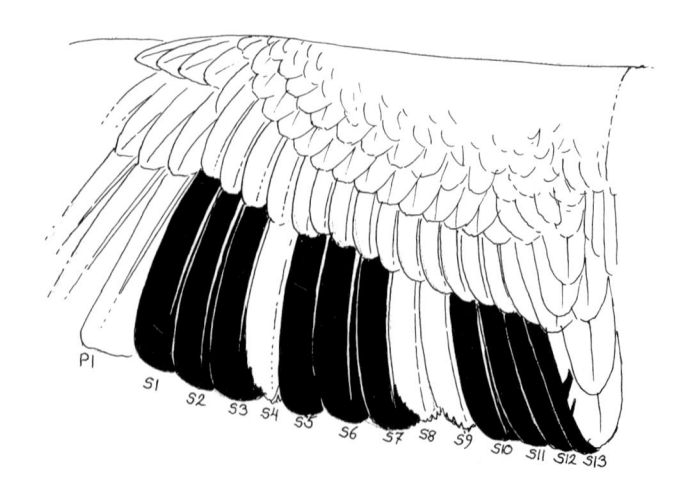

図 2-4 いくつかの種（例えば，ノスリ類）の新しい次列風切は，幼鳥のものよりも長い．

も短い（例えば，ワシ類，図 2-3a）が，他の種（例えば，ノスリ類，図 2-4）では長い．種のなかには，幼鳥の次列風切と新たな次列風切が同じ長さというものもある．第 2 羽衣では，次列風切は新しい羽毛と幼鳥からの古い羽毛が混在している（図 2-4）．第 3 羽衣のワシ類は，ふつうは非幼鳥羽衣を示すが，たまに S4，S8，S9 あるいはこれらのいくつかの組合せで，換羽していないことがある．一部の種，特にワシ類では，尾羽の模様がそれぞれの年齢で変化し，年齢の特定に使用することができる．最も正確な年齢査定は，初列風切，次列風切，それに尾羽の 3 つの羽衣全ての換羽におけるフィールドマークを用いることによって得られるのである．

Pyle（1997）はフクロウ類の換羽について説明している．

異常な羽衣

個体の変異に加えて，猛禽類は，異常な羽衣，特に部分白化，色の薄い羽衣（あるいは leucism または shizochronism と呼ばれる），そして赤羽症を含む黒化などが見られる．猛禽類の完全白化の記録はほとんどない．けれども部分白化は，アカオノスリ（*Buteo jamaicensis*）のようないくつかの種で定期的に発生する（Wheeler and Clark 1995, Clark and Wheeler 2001）．そのような異常羽衣を示す個体でも，全てが白い羽毛の個体数は，ほんの一部からほぼ全てまでと様々である．ほとんどは，眼，蝋膜そして嘴の色素に見られるが，爪にはあまり見られない．同様に，色が薄い羽衣は，大部分または全ての羽において黒い色素沈着（メラニン）の含有量が少ない時に発生する．この場合，通常は暗褐色の羽毛であるが，かなり薄く，ちょうど黄褐色かカフェオーレのような色となる．全く逆に，いくつかの個体は，過剰な色素沈着を示し，全体がより黒ずんだ色となる．一部の種，特にノスリ類はそれらが定期的に発生するが，この状態の個体は"暗色型"と呼ばれる．暗色型があまり起こらない種では，この状態は，通常遺伝子的に継承されない異常な羽衣であることを示すために黒化と呼ばれる〔例えば，ミサゴ（*Pandion haliaetus*）については Clark 1998 を参照〕．赤羽症とは，エリスリン（erythrin）と呼ばれる赤色色素の過剰であるが，猛禽類では黒化ほど頻繁には発生しない．

分布域地図

フィールドガイドやハンドブックの分布域地図は，情報が完全ではないという大きな制約をもっているため，慎重に使用する必要がある．それらは密度情報も，ハビタットの好みも示していない．また，その種が簡単に見つけられるかどうかの情報も提供していない．最後に，鳥類の分布域は，時間の経過，特に土地利用の変化とともに動的に変化しているということである．地域やより小規模なエリアガイド，あるいはハンドブックの分布域地図は，少なくとも大陸全体のガイドやハンドブックと比べて有用であると言える．

手持ちでの識別

多くの野外研究において，猛禽類を手で持つ必要がある（例えば，バンディングやリンギングなどの標識，テレメトリー調査のための無線または衛星追跡用の発信器装着，測定データ取り，分析のための血液サンプルや羽毛の収集，あるいはこれらの組合せ，それにその他の理由のためである）．手に持った猛禽類の識別，年齢査定，性判定をすることは，これらをフィールドで行うよりも簡単なはずである（図 2-5）．羽衣の詳細をよく見ることができ，また測定が可能であることは，特に性別を決定するのに役立つ．ほとんどの鳥類または猛禽類のフィールドや写真ガイドは，一般的に手持ちで識別するのに十分な内容となっている．それでも，そのためのいくつかの専門的な猛禽類の手持ちのためのガイドが発行されており，ヨーロッパでは Baker（1993），中東では Clark and Yosef（1998）がある．北米では，Bird Banding Lab は，Hull and Bloom（2001）によって作成されたダウンロード可能な猛禽類の年齢査定と性判定のためのマニュアル（www.pwrc.usgs.gov/bbl/resource.htm）を管理している．カリフォルニア州にある Golden Gate Raptor Observatory（www.GGRO.org）などのいくつかの猛禽類の標識ステーションでは，猛禽類を

図 2-5 ノスリ（*Buteo buteo buteo*）の成鳥．手持ちの猛禽類は，測定，換羽，それに羽衣によって比較的簡単に年齢や性別の判定ができる．

手持ちで識別，年齢査定および性判定するための独自のマニュアルをもっている（Culliney and Hull 2005）．

また，手持ちにした時の猛禽類について，個々の種の年齢を査定するための多くの文献もあり，ハクトウワシ（Clark 2001），エジプトハゲワシ（*Neophron percnopterus*）（Clark and Schmitt 1998），オジロノスリ（*B. albicaudatus*）（Clark and Wheeler 1989），ケアシノスリ（*B. lagopus*）（Clark and Bloom 2005），ソウゲンワシ（Clark 1996），カタジロワシ（*Aquila heliaca*）（Clark 2004b），イヌワシ（*A. chrysaetos*）（Bloom and Clark 2001），同様に，猛禽類の個々の種の性判定で，ハクトウワシ（Bortolotti 1984a），イヌワシ（Bortolotti 1984b）がある．

フクロウの年齢査定と雌雄鑑別

羽衣の違いは，いくつかの種のフクロウの年齢や性判定に利用できる（図 2-6）．Pyle（1997）は，羽衣の違いと測定によって北米のフクロウ類の性判定を行い，風切羽の換羽を年齢識別のために用いている．David Brinker は，www.projectowlnet.org で利用可能な，アメリカキンメフクロウ（*Aegolius acadicus*）の性判定を行うための識別機能分析法を開発した．

録音記録

猛禽類のフィールド調査で，観察者の近くに個々の鳥を近づけるために，あるいは識別を確認するために，しばしば録音された発声を使うことがある．猛禽類の発声のプロフェッショナル品質の録音記録は，Macaulay Library at the Cornell Lab of Ornithology（www.birds.cornell.edu/macaulaylibrary）あるいはオハイオ州立大学の Borror Laboratory of Bioacoustics（blb.biosci.ohio-state.edu）から購入できる．両研究所は，そのウェブサイトで，録音記録を検索できるデータベースを所有している．また，"Bird sound recordings" を Google™ で検索することも可能である．

図 2-6 シロフクロウ（*Bubo scandiaca*）の幼鳥．いくつかの鳥類のフィールドガイドは，フクロウ類の識別に関しては十分な内容となっている．シロフクロウの性別は，幼鳥の雄（右）よりも雌（左）の方がより多くの模様をもつことで，羽衣に違いがある．（W.S. Clark, British Columbia）

オンラインの参考

インターネットは，猛禽類識別の参考文献や猛禽類の画像の素晴らしい情報源である．特に有用なサイトには以下のようなものがある．

① SORA（Searchable Ornithological Research Archive）は，公開アクセスの電子ジャーナルアーカイブであるが，鳥類学の複数の組織，New Mexico 大学図書館それに IT 部門間のコラボレーションの産物である（http://elibrary.unm.edu/sora）．このアーカイブは，Auk（1884 ～ 1999），Condor（1899 ～ 2000），Journal of Field Ornithology（1930 – 1999），Wilson Bulletin（1889 ～ 1999），Pacific Coast Avifauna（1900 ～ 1974）それに Studies in Avian Biology（1978 ～ 1999）の過去の発行物へのアクセスを提供する．

② Global Raptor Information Network（GRIN）は，昼行性の猛禽類（タカ類，ワシ類，ハヤブサ類）に関する情報を提供しており，猛禽類研究者とこれらの種の保全に関心のある団体の間の情報交換を促進している．また，このサイトには，猛禽類の種の識別に関する情報が含まれている（www.globalraptors.org/grin/indexAlt.asp）．

③ Raptor Information System は，猛禽類の生物学，保護管理，それに識別に関する 40,000 以上の文献のキーワードが掲載されたカタログである（http://ris.wr.usgs.gov）．

④ Ornithological Worldwide Literature（OWL）は，識別に関する情報を含む，フクロウ類に関する世界中の科学文献からの引用や要約が編集されている．このサイトは，商用データベースには掲載されていないかなりの数の "gray literature" が含まれている（http://egizoosrv.zoo.ox.ac.uk/owl）．

⑤ Hawk wing photos．University of Puget Sound は，標本を広げた翼下面の写真を www.ups.edu/biology/museum/wings_Accipitridae.html で提供している．

ジャーナル North American Bird Bander もまもなくオンラインで利用できるようになるだろう．

要 約

猛禽類の正確な識別は猛禽類研究の成功への鍵である．最近の光学器機の進歩と改善は，種の識別や種内での年齢査定および性判定のための猛禽類のフィールドマークに関する知識の増加とともに，猛禽類のほとんどの種の正確な識別のさらなる向上に寄与している．

引用文献

ALLEN, D. 1996. A photographic guide to birds of prey of southern, central, and East Africa. New Holland, Cape Town, South Africa.

ALSTRÖM, P. 1997. Field identification of Asian *Gyps* vultures. *Orient. Bird Club Bull.* 25:32 – 49.

BAKER, K. 1993. Identification guide to European non-passerines: BTO Guide 24. British Trust for Ornithology, Thetford, United Kingdom.

BARLOW, C. AND T. WACHER. 1997. Afield guide to birds of The Gambia and Senegal. Pica Press, Robertsbridge, United Kingdom.

BLOOM, P. AND W. S. CLARK. 2001. Molt and sequence of plumages of Golden Eagles, and a technique for in-hand ageing. *N. Am. Bird Band.* 26:97 – 116.

BORTOLOTTI, G.R. 1984a. Sexual size dimorphism and age-related size variation in Bald Eagles. *J. Wildl. Manage.* 48:72 – 81.

———. 1984b. Age and sex size variation in Golden Eagles. *J. Field Ornithol.* 55:54 – 66.

BROWN, C.J. 1989. Plumages and measurements of Bearded Vultures in Southern Africa. *Ostrich* 60:165 – 171.

CLARK, W.S. 1996. Ageing Steppe Eagles. *Birding World* 9:269 – 274.

———. 1998. First North American record of a melanistic Osprey. *Wilson Bull.* 110:289 – 290.

———. 1999a. A field guide to the raptors of Europe, the Middle East, and North Africa. Oxford University Press, Oxford, United Kingdom.

———. 1999b. Plumage differences and taxonomic status of three similar *Circaetus* snake-eagles. *Bull. Br. Ornithol. Club* 119:56 – 59.

———. 2001. Aging Bald Eagles. *Birding* 33:18 – 28.

———. 2004a. Wave molt of the primaries of accipitrid raptors, and its use in ageing immatures. Pages 795 – 804 *in* R.D. Chancellor and B.-U. Meyburg [EDS.], Raptors Worldwide. World Working Group on Birds of Prey and Owls, Berlin, Germany.

———. 2004b. Immature plumages of the Eastern Imperial Eagles *Aquila heliaca*. Pages 569 – 574 *in* R.D. Chancellor and B.-U. Meyburg [EDS.], Raptors Worldwide. World Working Group on Birds of Prey and Owls, Berlin, Germany.

CLARK, W.S. AND P.H. BLOOM. 2005. Basic II and Basic III plumages of Rough-legged Hawks. *J. Field Ornithol.* 76:83 – 89.

——— AND N.J. SCHMITT. 1993. Field identification of the Rufous-bellied Eagle. *Forktail* 8:7 – 9.

——— AND N.J. SCHMITT. 1998. Ageing Egyptian Vultures. *Alula* 4:122 – 127.

——— AND H. SHIRIHAI. 1995. Identification of Barbary Falcon. *Birding World* 8:336 – 343.

——— AND B.K. WHEELER. 1989. Field identification of the

White-tailed Hawk. *Birding* 21:190 – 195.

——— AND B.K. WHEELER. 1995. The field identification of Common and Great Black Hawks. *Birding* 27:33 – 37.

——— AND B.K. WHEELER. 2001. A field guide to hawks of North America, 2nd Ed. Houghton Mifflin Co., Boston, MA U.S.A.

——— AND R. YOSEF. 1998. In-hand identification guide to Palearctic raptors. International Birdwatching Center - Eilat, Eilat, Israel.

———, R. FRUMKIN, AND H. SHIRIHAI. 1990. Field identification of the Sooty Falcon. *Br. Birds* 83:47 – 54.

COATES, B.J. 2001. Birds of New Guinea and the Bismarck Archipelago. Dove Publications, Alderley, Australia.

CORSO, A. 2000. Identification of European Lanner. *Birding World* 13:200 – 213.

——— AND W.S. CLARK. 1998. Identification of Amur Falcon. *Birding World* 11:261 – 268.

CRAMP, S. AND K.E.L. SIMMONS. 1980. The Birds of the Western Palearctic, Vol. 2. Oxford University Press, Oxford, United Kingdom.

CULLINEY, S. AND B. HULL. 2005. GGRO Banders' Raptor Identification Guide, 2nd Ed. Golden Gate Raptor Observatory, San Francisco, CA U.S.A.

DEBUS, S.J.S. 1996. Problems in identifying juvenile Square-tailed Kite. *Aust. Bird Watcher* 16:260 – 264.

———. 1998. The birds of prey of Australia: a field guide to Australian raptors. Oxford University Press, South Melbourne, Australia.

DEL HOYO, J., A. ELLIOTT, AND J. SARGATAL [EDS.]. 1994. Handbook of the Birds of the World, Vol. 2. Lynx Edicions, Barcelona, Spain.

DUNNE, P., D.A. SIBLEY, AND C. SUTTON. 1988. Hawks in flight. Houghton Mifflin Company, Boston, MA U.S.A.

EDELSTAM, C. 1984. Patterns of moult in large birds of prey. *Ann. Zool. Fenn.* 21:271 – 276.

FERGUSON-LEES, J. AND D.A. CHRISTIE. 2001. Raptors of the world. Houghton Mifflin Co., Boston, MA U.S.A.

——— AND D.A. CHRISTIE. 2005. Raptors of the world. Princeton University Press, Princeton, NJ U.S.A.

FJELDSÅ, J. AND N. KRABBE. 1990. Birds of the high Andes. Zoological Museum, University of Copenhagen and Apollo Books, Copenhagen and Svendborg, Denmark.

FORSMAN, D. 1996a. Identification of Spotted Eagle. *Alula* 2:16 – 21.

———. 1996b. Identification of Lesser Spotted Eagle. *Alula* 2:64 – 67.

———. 1999. The raptors of Europe and the Middle East. T. & A.D. Poyser Ltd., London, United Kingdom.

——— AND H. SHIRIHAI. 1997. Identification, ageing and sexing of Honey-buzzards. *Dutch Birding* 19:1 – 7.

GRIMMETT, R., C. INSKIPP, AND T. INSKIPP. 1999. A guide to the birds of India, Pakistan, Nepal, Bangladesh, Bhutan, Sri Lanka, and the Maldives. Princeton University Press, Princeton, NJ U.S.A.

HOLLOM, P.A.D., R.F. PORTER, S. CHRISTENSEN, AND I. WILLIS. 1988. Birds of the Middle East and North Africa: a companion guide. T. & A.D. Poyser Ltd., Calton, United Kingdom.

HOWELL, S.N.G., C. CORBIN, P. PYLE, AND D.I. ROGERS. 2003. The first basic problem: a review of molt and plumage homologies. *Condor* 105:635 – 653.

HULL, B. AND P.H. BLOOM. 2001. The North American banders' manual for raptor banding techniques. North American Banding Council, Patuxent, MD U.S.A.

HUMPHREY, P.H. AND K.C. PARKES. 1959. An approach to the study of molts and plumages. *Auk* 76:1 – 31.

JONSSON, L. 1993. Birds of Europe. Princeton University Press, Princeton, NJ U.S.A.

KEMP, A. AND M. KEMP. 1998. Birds of prey of Africa and its islands. New Holland, London, United Kingdom.

LIGUORI, J. 2005. Hawks from every angle: how to identify raptors in flight. Princeton University Press, Princeton, NJ U.S.A.

MARCHANT, S. AND P.J. HIGGINS. 1993. Handbook of Australian, New Zealand, and Antarctic birds. Oxford University Press, Melbourne, Australia.

MILLER, A.H. 1941. The significance of molt centers among the secondary remiges in the Falconiformes. *Condor* 43:113 – 115.

MORIOKA, T., N. YAMAGATA, T. KANOUCHI, AND T. KAWATA. 1995. The birds of prey in Japan. [In Japanese with English summaries.] Bun-ichi Sogu Shuppan Company, Tokyo, Japan.

MULLARNEY, K., L. SVENSSON, D. ZETTERSTROM, AND P. GRANT. 1999. Birds of Europe. Harper Collins, London, United Kingdom.

PALMER, R. [ED.]. 1988. Handbook of North American birds, Vols. 4 and 5. Yale University Press, New Haven, CT U.S.A.

PORTER, R.F., I. WILLIS, S. CHRISTENSEN, AND B.P. NIELSEN. 1981. Flight identification of European raptors, 3rd Ed. T. & A.D. Poyser Ltd., London, United Kingdom.

PYLE, P. 1997. Flight-feather molt patterns and age in North American owls. *Monogr. Avian Biol.* 2:1 – 32.

———. 2005. First-cycle molts in North American Falconiformes. *J. Raptor Res.* 39:378 – 385.

RASMUSSEN, P.C. AND J.C. ALDERTON. 2005. Birds of South Asia, Vol. 1: field guide. Lynx Edicions, Barcelona, Spain.

———, W.S. CLARK, S.J. PARRY, AND N.J. SCHMITT. 2001. Field identification of "Long-billed Vultures" (Indian and Slender-billed Vultures). *Bull. Orient. Bird Club* 34:24 – 29.

SHIRIHAI, H. AND P. DOHERTY. 1990. Steppe Buzzard plumages. *Birding World* 3:10 – 14.

SIBLEY, D. 2000. The Sibley guide to birds. Alfred A. Knopf, New York, NY U.S.A.

STEVENSON, T. AND J. FANSHAWE. 2002. A field guide to the birds of East Africa: Kenya, Tanzania, Uganda, Rwanda, Burundi. T. & A.D. Poyser Ltd., London, United Kingdom.

WATSON, R.T. 1987. Flight identification of the Bateleur age classes: a conservation incentive. *Bokmakierie* 39:37 – 39.

WHEELER, B.K. 2003a. Raptors of eastern North America. Princeton University Press, Princeton, NJ U.S.A.
———. 2003b. Raptors of western North America. Princeton University Press, Princeton, NJ U.S.A.
——— AND W.S. CLARK. 1995. A photographic guide to North American raptors. Academic Press, London, United Kingdom.
ZIMMERMAN, D.A., D.A. TURNER, AND D.J. PEARSON. 1996. Birds of Kenya and northern Tanzania. Christopher Helm, London, United Kingdom.

系統分類学

MICHAEL WINK
Universität Heidelberg, Institut für Pharmazie
und Molekulare Biotechnologie,
INF 364, 69120 Heidelberg, Germany

訳：中西幸司

はじめに

　系統分類学（systematics）は，生物の分類を行う生物学の1分野であり，生物の多様性と相互関係を表現する．系統分類学は3つの分野に分けることができる．

■分類学（taxonomy）は，新しいタクソン（分類群：明確に特徴づけられる生物群）〔訳者注：taxon（複数形はtaxa）は一般的に分類群と訳されてきたが，「国際動物命名規約第4版 日本語版」ではタクソンという訳語が使用されていることから以下タクソンと訳す〕を解説するものであり，命名を行うものである．分類学的集団は，フィールドガイドと同じように，似かよったタクソンを分類して識別するために用いられる．タクソンは必ずしも進化関係を反映しない．分類学者は単一の種概念にあまねく意見が一致しているわけではない（Mayr 1969, Sibley and Ahlquist 1990）．もっとも古いものは類型学的あるいは形態学的な種概念である．この概念は，生物の集団が確実で確固たる固有性に十分に一致すれば，あるいは他の生物の個体群と解剖学的に異なれば，1つの種にまとめるというものである．鳥類学において，長年にわたり支持されたのは生物学的種概念である．この種概念によれば，種とは"現実にあるいは潜在的に交配し得る自然集団で，他の同様の集団から生殖の面で隔離されている集団"で構成されることになる．系統学的あるいは進化学的な種概念においては，種は共通の祖先をもち，特有の形質により他から区分できる生物の集団で構成されるということになる．この種概念は，時間と空間の両方を通して，他の血統に対して，自らの完全性を維持する血統ということになる．そのような集団が進化する過程で，あるメンバーが他のメンバーから分岐を起こ

すかもしれない．そのような分岐が十分に明白になった時点で，2つの個体群は異なった種として見なされるのである．様々な種概念に関するさらに詳細な情報については Otte and Endler（1989）を参照されたい．

■分類（classification）は，多様性に関する情報の組織化のことで，リンネ式体系のような便宜的な階層性の分類体系に整理することである．

■系統学（phylogenetics）は，地球上の多くの異なった生命間の識別と進化関係に関する生物学の分野であり，進化分類学の基礎である．系統は生物の祖先関係の決定であり，集団の進化史である．

　植物と動物の分類は生物学の基本分野で，Linné の著書「自然の体系」（1753）はこの分野のランドマークである．伝統的に系統分類学者と分類学者は，種および亜種を区別するために形態的，解剖学的質を用いてきた．さらに最近では，行動，発声そして生化学も用いている．分子生物学の新時代は，既存の手法を補完する幅広い遺伝子操作の技術を提供してきている．

　生物学者は，単に類似性についてだけでなく，系統学的関係に基づく，生物界のほとんどの目の改良版の分類学と分類を近々確立するものと思われる．多くの形態的形質は収斂進化により形づくられるが，解剖学的類似のみでは誤った分類に帰結し得る．以前よりも総合的により膨大な数が存在する遺伝的形質は，系統分類学を明確にするのに役立つ．今や，チャールズ・ダーウィンの夢は現実のものとなるかもしれない．1857年にダーウィンは友人の Thomas H. Huxley への手紙にこう書いている．"分類に関して，また同じ方法で定義する著者が2人といない自然体系に関する全ての果てしない論争に関しては，私は自分の異説に従い，分類は単純に系統によるべきものであると信じる．それを見届けるまで私は生きていないだろうが，

それぞれの自然界のまさしく真実の系統図が得られる時が来ることを私は信ずる…"

この章では分類学，分類，系統そして系統分類学で使われる方法を紹介し，最新の DNA を分析する手法について詳細に述べる．

主要な方法

非分子的形質の比較

生物についての細部の配列は記録することができ，各細部は他の生物での相同の形質（例えば，共通の祖先から受け継いだ形質）と比較するための形質として利用することができる．これらの形質は，共通の祖先を基準にして単系統群を表すクレードに生物を分類する方法である分岐分類学によって，表にして分析することができる（Wiley 1981, Wiley et al. 1991 を参照）．下記の固有の形質は系統分類学の研究で使われてきた．報告され得る形質の範囲はどんどん広がり続けていくし，また分類における形質の有効性の評価は改善されるので，リストは完全なものではない．

測定可能な形質

Biggs et al.（1978）は，猛禽類の生体，新鮮あるいは乾燥した博物館標本から測定できる，一連の測定方法や部位などを報告した．これらの測定方法は幅広いフィールドワークとミュージアムワークで実用性が確認されており，図 3-1 と図 3-2 に図解した．

一般的に研究者は研究対象の生物を測定する前に，幅広く測定や計測等の練習をすべきである．この練習では，同じ記録者による測定ごとの誤差の程度と記録者が代わることによる誤差の程度の両方を把握するために，全ての測定を繰り返さなければならない．新鮮な標本と乾燥した標本の測定を比較すれば，後者における収縮は説明がつけられる．体重，体温および神経系（脳）の重量の記録には特に注意すべきである．脳の重量値は行動学的データや社会学的データを比較する際に重要となる場合がある．これらのパラメーターに基づく測定関係は，恒温動物について，特にそれらの生活史指標，成長およびエネルギー論に関する特質の広い範囲を予測するのに大きな可能性を有している（Calder 1983, 1984）．

他の重要なパラメーターとしては，体重と翼面積がある．体重は（できれば電子天秤で）できるだけ正確に記録すべきで，計量機器の精度も記録すべきである．身体の状態やそ嚢または胃内に食物が存在することによって説明のつく

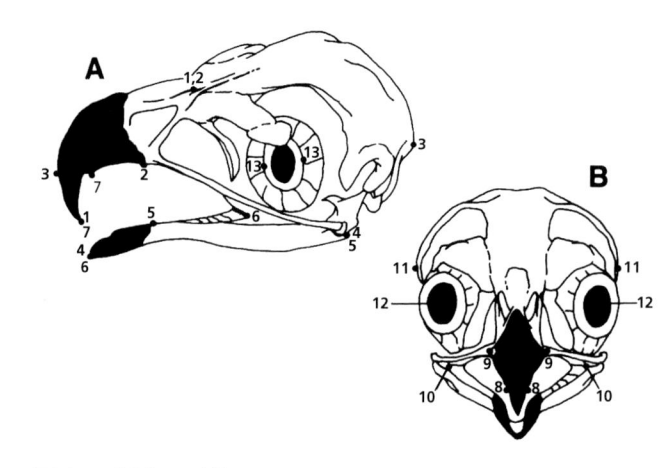

図 3-1 猛禽の頭蓋骨の図．A：背外側図，B：前面図．ノギスによる計測ポイントを番号で示し，以下に詳細を記述．
1. 全嘴峯長：嘴 - 頭蓋骨接合部での縫合線から嘴端まで．
2. 嘴高：嘴 - 頭蓋骨接合部の中央から上嘴の嘴縁と口角に沿った蝋膜（あるいは皮膚）の接合部まで．
3. 全頭長：頭蓋骨の後ろ中央から上嘴の前端まで，頭頂面と平行に持ったノギスで計測．
4. 下顎長：下嘴枝の後端から下嘴の先端まで．
5. 顎嘴長：下嘴枝の後端から下顎の背面の嘴縁と口角の縁を形成する皮膚との接合部まで．
6. 口角長：ほとんど口を閉じた状態で，口角のひだの後ろから下嘴の先端まで．
7. 歯高（嘴縁欠刻をもつ種について）：嘴端から最長の嘴縁欠刻端まで．
8. 歯幅（嘴縁欠刻をもつ種について）：嘴縁欠刻端の間．
9. 嘴幅：口角の各側の上嘴の嘴縁と蝋膜（あるいは皮膚）の接合部の間．
10. 口角幅：口を閉じた時の口角の後端あるいはひだの間．
11. 頭骨幅：眼の後ろの頭骨のもっとも幅広い部分の間，頭頂面と垂直にノギスで計測．
12. 瞳孔間距離：眼の中心間の幅，ノギスをできるだけ目の表面に近づけ，記録者の眼は可能な限り離して計測．
13. 眼径：眼の虹彩の外縁の間，強膜小骨輪の内縁に一致．

Kemp 原図（1987）

差異については，体重の補正を試みてもよい．翼面積は方眼紙に直接トレースしてもよいし，適切なスケールと一緒に写真撮影してもよい．比較できる測定を確実にするために，翼は身体に対して直角に前縁を真っ直ぐになるように伸ばすべきである．トレーシングは次列風切，三列風切を含めて行うべきである．

解剖学的形質

解剖学的形質は，生物のあらゆる外部あるいは内部の形態的特質を含む．外部形質は羽衣の色・構造・形状，身体の軟かい部分の色と広がり具合，嘴と足の形状，そしてこ

図 3-2 猛禽類の様々な方法での計測ポイントのレイアウト図．番号で示し，以下に詳細を記述．

14. 翼長：翼測定尺（wing rule）で計測．たたんだ手関節の前面から最長の初列風切羽の先端まで，羽を平らに伸ばし，換羽が影響しないことを確認．
15. 次列長：翼測定尺で計測．たたんだ手関節の前面から最外側の次列風切羽の先端まで，羽を平らに伸ばし，換羽が影響しないことを確認．
16. 小翼羽長：翼測定尺で計測．小翼羽が付着する手根中手骨上の突出部の近位部から最も長い小翼羽の先端まで，羽を平らに伸ばし，換羽が影響しないことを確認．
17. 尺骨長指標：翼測定尺で計測．たたんだ手関節の前面から肘関節の内側面まで（上腕骨遠位端内側）．
18. 上腕骨長指標：翼測定尺で計測，肘関節外縁（近位尺骨肘頭背面）から烏口骨遠位端の前縁（肩の前縁での結合点）まで．
19. 大腿骨長指標：ノギスで計測．大腿骨外側近位稜の最上部から脛足根 - 足根中足関節の前面中央まで（訳者注：原文では"脛足根 - 足根中足関節の前面中央まで"と記述されているが，"膝関節"の誤りであると思われる）．
20. 脛足根骨長：ノギスで計測，脛足根 - 足根中足関節の前面中央から（訳者注：原文では"脛足根 - 足根中足関節の前面中央から"としか記述されていないが，"膝関節の前面中央から脛足根 - 足根中足関節（足関節）の後面中央まで"の誤りであると思われる）．
21. ふ蹠長：ノギスで計測．脛足根 - 足根中足関節（足関節）の後面中央から第三趾基部背面（趾の屈曲により計測ポイントを特定）．
22. 足体積：脛足根 - 足根中足関節（足関節）まで足とふ蹠を水に沈めた時の排水量を記録．
23. 趾長：ノギスで計測．伸ばした各趾の背側面に沿って，足根中足骨との接合点（趾の屈曲により見つける）から鉤爪と皮膚の接合部まで．
24. 爪長：ノギスで計測．爪の背側面の皮膚の接合部から先端まで．
25. 尾長：翼測定尺で計測，中央の一組の尾羽の羽毛 - 皮膚接合部から先端まで（中央尾長），外側の一組の尾羽のうち 1 枚の先端まで，羽を平らに伸ばし，換羽が影響しないことを確認．

Kemp 原図（1987）

れら特徴の大きさと比率を含む．内部形質としては，器官システムの詳細と同様に，骨格や筋肉の特性がもっともよく参照される．Jollie（1976, 1977a,b）は猛禽類の形態学についての包括的な概論を報告している．当然のことながら，年齢と性で異なる形質はその部類ごとに分けて記述しなければならない．これは猛禽類にとって通常の要件で，幼鳥と亜成鳥の羽衣においてよくあり，性差は他の形質に存在しなければ少なくとも大きさが異なる．年齢差と性差は，初期の研究者に多くの分類学的な課題をもたらした（例えば，Finch-Davies 1919）．分子手法は，今日では雌雄判定が困難な種だけでなく，成育の初期段階の個体の性判別にも利用できる（下記参照）．

成熟した個体の標本における解剖学的形質に加えて，様々な段階（胎子発生段階および孵化後）でのこれら形質の個体発生は，しばしば重要な体系的識見をもたらしてくれる．胎子発生学は，融合した趾骨のような重要な形質の進化を解明（Olson 1982）したかもしれないが，猛禽類の研究分野において調査されることはほとんどなかった（Desai and Malhotra 1980, Bird et al. 1984）．一方，孵化後の発育はよく記録され，関連性を示すことに用いられる〔例えば，チュウヒワシ属（*Circaetus*）のワシとダルマワシ属（*Terathopius*）のワシ（Brown and Amadon 1968）．

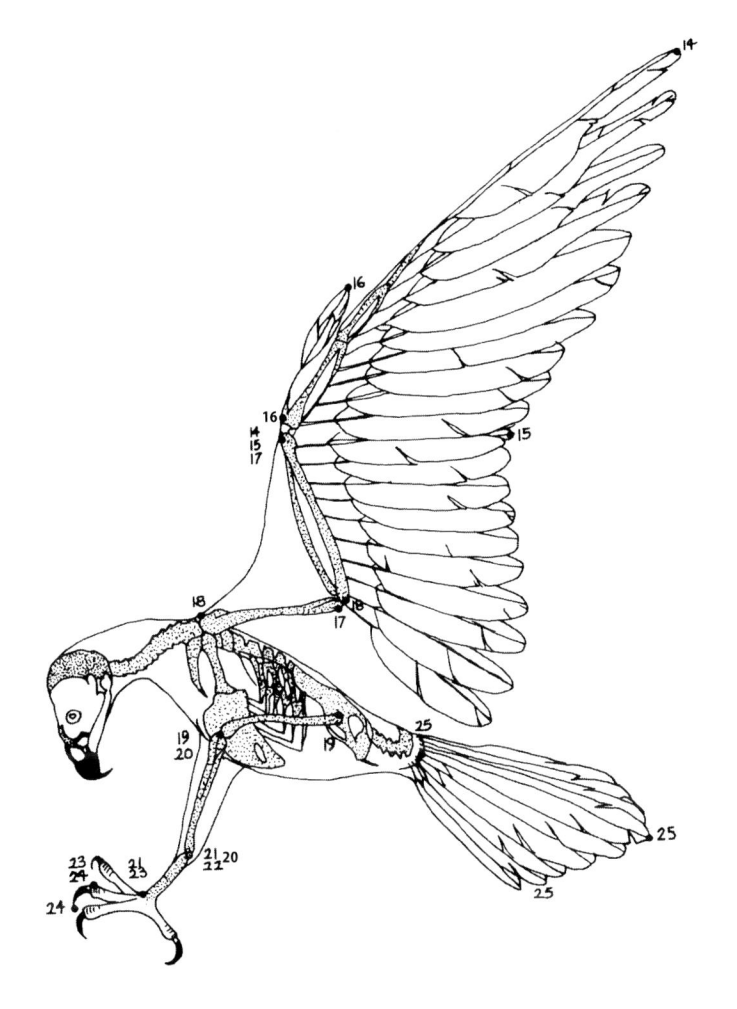

これは，DNA 塩基配列データにより確認された（Wink and Sauer-Gürth 2000）〕．

染色体の形態学（karyology）は，確立された技術であり，鳥類への適用が検証されてきている（Shields 1982）．しかし，基本的な染色体数と大きさのみがいくつかの猛禽類で決定されているだけである（例えば，Belterman and de Boer 1984, de Boer and Sinoo 1984, Schmutz et al. 1993）．セントロメア（動原体）の位置と腕比の研究，あるいは染色体腕内でのクロマチンバンディングのより進んだ研究はまれであるか欠如している（Harris and Walters 1982, Shields 1983, Bed'hom et al. 2003）．

行動形質

詳細なエソグラムはどの猛禽類についても記録されていないが，Walter（1983）はこの問題に取り組む方法を示唆している．種間の違いを判断するためにコミュニケーション形質（猛禽類とほとんどの他の鳥類において主として視覚と音声）を利用する方法は支持されてきた．これらの形質は，テープレコーダーやカメラ，ビデオカメラで記録し分析することができる．ワシ類の振り子飛行（pendulum flight）のような基本的なディスプレイパターンは系統分類学の研究（例えば，Brown and Amadon 1968）に利用されてきたが，これら形質の詳細な記録と分析は，ほとんどの種について未だに達成されていない．引っ掻きや伸びをする姿勢のような身体の維持に関する行動パターン（maintenance pattern）もなおいっそう注目に値する．移動，採食，ハンティングのパターンもまたこれら行動の儀式化に特別な注目が払われており，研究対象となることは間違いない．

分子形質

生化学的形質

生化学的形質は，蛋白質や核酸の構造的多様性の推定あるいは直接的な考証のどちらかを必要とする．それには適切な組織の収集と保存も必要であり，それを用いて研究室での分析が行われることになる．より単純な技術は，密接に関係した種の間，あるいはより大きなサンプルサイズが利用可能な種における個体群間を比較するのにもっとも適している．より複雑な技術は，わずかなサンプルしか利用できない種の配列を解析するのに利用されるかもしれない．

歴史的に，最初に分析された分子は蛋白質であった．アミノ酸配列分析は全般的な系統学的関係を推論するために使われた．マイクロ補体結合反応とアロ酵素分析は，種と亜種レベルの研究に採用された（Prager et al. 1974, Brush 1979, Avise 1994）．アロ酵素分析を除いて，蛋白分解法は効率が悪く，分析に時間がかかった．DNA 法はより早くより情報量が多いので，アロ酵素分析を含めて蛋白法は大部分，それらに取って代わられた（以下参照）．

試料の調整と保存

関係する生物の系統分類学的または分類学的位置を変更するような研究においては，その結果を確実にするために，証拠となる標本の集積を強く薦める．原則として，このような標本は，できる限り，生物の形質の多様なセットとして保存すべきである．標本には死体全体（羽衣，骨格，筋，解剖一般に関する情報を提供する），全一腹卵（できれば胎子を含めて），染色体の核型のスライド，保存組織，DNA 調製物，巣や行動（ディスプレイ等），発育過程の映像（フィルムやビデオ），発声の録音テープを含めることができる．標本には，今後の生化学的研究用のために保存する組織を含めてもよい．全ての標本は博物館のように，永久に資料のメンテナンスを含む契約をした研究所に預けるべきである．

分析する組織は，新鮮であればあるほど良い．鳥類の新鮮な死体は急いで解剖すべきであり，適した組織をすぐに使用するか，蛋白質と DNA の分解を防ぐために適切に保存すべきである．時には，組織を液体窒素で急速冷凍し，-80℃の低温や液体窒素内で保存する．ただ，いくつかの分析方法ではそれほど厳しい保存条件を必要としないものもある．最初に，採用する分析手順を決めてから，その技法にとって最適な収集・保管システムを決定すべきである．

DNA 研究および特に種内研究にとっては，種ごとのサンプル数（最低でも 5～10）は多ければ多いほど良い．個体群間の遺伝子流動の検出には，より多くのサンプル数が求められる（時には数百以上）．広範囲にわたる完全なサンプリング（例えば，属，科，目の全ての構成種，あるいは種内での全ての主要な個体群からのサンプルを扱うこと）が研究成功への重要な手段の1つである．

鳥類においては，血液組織から高品質の DNA を得ることができるので，羽毛や糞便よりも適している．博物館の皮膚標本は，時には DNA の供給材料となり得るが，得られる DNA についてはしばしばひどく傷ついている場合がある．血液（50～200μl で十分）と組織は 70% エタノールか，可能であればエチレンジアミン四酢酸（EDTA）緩衝液〔組成：100mM トリスに 10%EDTA，1% ラウリル硫酸ナトリウム（SDS），0.5%NaF，0.5% チモール，pH7.4〕に保存すべきである（Arctander 1988）．EDTA 緩衝液を

使用すれば，血液組織を冷蔵することなく環境温度で長期間保存可能である．ポリメラーゼ連鎖反応（PCR）法は極微量の汚染も拾い上げてしまうので，鳥類の個体ごとに針とピペットチップを交換しなければならない．

DNA 法

猛禽類の系統分類学の研究に有用な主な DNA 法（表 3-1）の原理を以下に概説する．

生命の航海日誌としての DNA

DNA 解析分野は急速に発展しており，新技術が絶えず考案されている（Hoelzel 1992, Avise 1994, Hillis et al. 1996, Mindell 1997, Karp et al. 1998, Hall 2001, Storch et al. 2001, Frankham et al. 2002, Beebe and Rowe 2004）．生物の多くの集団について，個体の種を同定する手助けとなる遺伝学的データがすでに利用可能である（時に DNA バーコード化とも呼ばれる）．分子法は，移入率および分散率，遺伝子流動，そして種の繁殖地と越冬地の間の連結性の評価のような集団遺伝学の疑問に答えを出すことができる．

DNA 法と DNA マーカーは，系統分類学と分類学において重要な手段なので，以下の項において DNA に関する重要な背景となる情報のいくつかを概説する（Griffiths et al. 1999, Klug and Cummings 1999, Alberts et al. 2002）．

全ての生物の遺伝情報は DNA に暗号化されている．DNA は 4 種類のヌクレオチド：アデニン（A），グアニン（G），チミン（T），シトシン（C）から構成されている．遺伝的メッセージは A，T，G，C の特定の配列で決定される．DNA は 2 重らせん状に構成された 2 本の相補的な鎖よりなる．真核生物の細胞（すなわち，区分された内部構造をもつ細胞）の核において，直線状の DNA は別個の染色体に整えられる．配偶子を除く全ての体細胞は 2 セットの染色体をもち，2 倍体と称する．

真核生物の細胞は核ゲノム（ncDNA）の中だけでなく，ミトコンドリアの中にも DNA（mtDNA）をもつ．藻類と植物は第 3 のゲノムを葉緑体 DNA（cpDNA）の形でもっている．細菌で見つかった DNA と類似した，環状分子であるミトコンドリアの DNA は，およそ 14 億年前に祖先の真核細胞に取り込まれた内部共生細菌に由来する．動物のミトコンドリアゲノムは 16,000 〜 19,000 塩基対（bp）よりなり，呼吸鎖に関係する酵素をコードする 13 の遺伝子と，転移 RNA（tRNA）の 22 の遺伝子およびリボソーム RNA（rRNA）の 2 つの遺伝子を含む（表 3-2）．ミトコンドリアは，シトクロム b のような蛋白質コード遺伝子（訳者注：蛋白質のアミノ酸配列情報の遺伝暗号からなる DNA 内の領域）よりも 4 〜 6 倍も多様な非コード DNA の短いひと続き〔D ループやコントロール領域（あるいは複製開始点）〕をもつ．典型的な動物細胞は 100 〜 1,000 個のミトコンドリアをもち，それぞれが複製された 5 〜 10 個の mtDNA をもつ．このことから，mtDNA は全ての細胞 DNA のわずか 1% を占めるにすぎないが，細胞内で特に数多くある分子となっている．それゆえ，mtDNA は DNA 研究のための遺伝学的素材の重要な情報源を提供する．mtDNA は母系に受け継がれ完全なクローンと見なし得る（Avise 1994, Hillis et al. 1996, Mindell 1997, Karp et al. 1998, Hall 2001, Storch et al. 2001）．

鳥類と他の脊椎動物の核ゲノムは概して 10 億塩基対以

表 3-1　進化学的および系統地理学的研究において有用な分子生物学の重要な方法

方法[a]	DNA の種類	研究の適性
塩基配列決定法	mtDNA[a]，ncDNA[a]	系統，分類学，系統地理学
STR 解析[a]	マイクロサテライト	集団遺伝学，個体の追跡，父性，血統
SNP 解析[a]	全ゲノムの点突然変異	集団遺伝学，個体の追跡，父性，血統
AFLP[a]	核ゲノム	集団遺伝学，遺伝子マッピング
ISSR[a]	核ゲノム	系統，集団遺伝学，ハイブリダイゼーション，遺伝子マッピング
DNA フィンガープリント	サテライト DNA（VNTR, STR）	父性，個体の追跡
雌雄鑑別	性染色体	分子雌雄鑑別

[a] STR = short tandem repeats（縦列反復配列），SNP = single nucleotide polymorphisms（一塩基多型），VNTR = variable number tandem repeats（縦列反復数変異），mtDNA = mitochondrial DNA（ミトコンドリア DNA），ncDNA = nuclear DNA（核 DNA），AFLP = amplified fragment length polymorphisms，ISSR = inter-simple sequence repeats

表 3-2　ミトコンドリア DNA の構成

DNA	要素の数	置換レート
16S rRNA	1	低
12S rRNA	1	低
tRNA	22	低
シトクロム b	1	中
シトクロムオキシダーゼ（CO），サブユニットⅠ～Ⅲ	3	中
NADH デヒドロゲナーゼ（ND），サブユニットⅠ～Ⅶ	7	中
ATP 合成酵素，サブユニット a, b	2	中
D ループ（ori）	1	高

上で構成される．ゲノムのわずか 25% のみが生物により利用される遺伝子と遺伝子関連配列である．DNA の約 2% が実際に蛋白質を暗号化する．ゲノムの 75% は，長鎖散在反復配列（LINE），短鎖散在反復配列（SINE）そしてミニおよびマイクロサテライト DNA のような高頻度反復断片をもつ遺伝子外 DNA からなる．動物のゲノムには，縦列に 5～50 回反復する 15～100 塩基のほとんど同一の反復単位よりなる豊富な配列がある〔すなわち，いわゆるミニサテライト DNA や VNTR（variable number tandem repeats：縦列反復数変異）〕．ミニサテライトは多くの点突然変異（訳者注：DNA における 1 ヵ所のヌクレオチドの置換，付加または欠失による突然変異）を示し，それぞれの DNA 遺伝子座における反復単位の長さが変化する．もう 1 つの豊富な反復単位は，10～50 回反復する（GC)n や（CA)n のような 2 つ（時には 5 つ以上）のヌクレオチドの縦列反復からなる〔いわゆる STR（short tandem repeats：縦列反復配列）あるいはマイクロサテライト〕．

脊椎動物のゲノムは，たいてい多型の対立遺伝子からなる，STR 配列の異なった遺伝子座を 20,000 以上もつ．反復単位は長さが高度に変化しやすく，その現象は減数分裂時の組換え中の不等乗換えと複製時の DNA ポリメラーゼのずれに起因する．VNTR と STR 遺伝子座は進化のホットスポットで，共優性に遺伝する．2 個体が同一の VNTR と STR プロファイルのセットをもつ可能性は百万分の一より低い．それゆえ，これらの遺伝因子は高度の遺伝学的解明が求められた場合，理想的なマーカーとなる（Avise 1994, Hillis et al. 1996, Mindell 1997, Karp et al. 1998, Hall 2001, Storch et al. 2001）．

DNA はその分子構造の保護を助けるいくつかの修復酵素と校正酵素をもっている．それでも突然変異は生じる．点突然変異と染色体組換えはよく起こり，同種の 2 個体のゲノムは同一ではない．同種の個体間での約 100 万ヵ所の 1 塩基の相違は普通である．突然変異は後の世代へ伝えられた進化の目印と見なすことができ，そのようなものとして，他のいかなる生物の起源の足跡をたどるのにも利用できるのである．

オリジナル配列に対する突然変異の総数は時間が経つにつれて増加する．これが進化研究の多くの分野で有用な分子時計概念（Zuckerkandl and Pauling 1965）の基礎である．分子時計は実際の時計ほど正確ではなく，相対的な時間を明確にする時に有用であると考えられる．アミノ酸置換に基づく分子時計は，時間とほぼ直線関係にあるのに対して，ヌクレオチド時計は初期のみ直線関係にある．規定時間を超えると，より長期の分岐時期の間に起こる多重置換によりヌクレオチド時計は均一になる．多くの蛋白質をコードするミトコンドリア遺伝子は 100 万年当たり，2% 程度の置換での分岐進化率（Wilson et al. 1987, Tarr and Fleischer 1993）と推定され，約 500 万年まで信頼できるものと思われる．それ以後は多重置換によるプラトー効果により分岐進化は過小に見積もられる．より古い出来事は，もっと長期間にわたり直線的である非同義置換やアミノ酸置換を用いて評価することができる．DNA のコード領域と非コード領域の間で突然変異率は異なる．同義コドン位置（訳者注：メチオニンとトリプトファン以外のアミノ酸に対応するコドンは縮重していて複数個存在しており同義コドンという．コドンの 3 文字目の違いはアミノ酸の違いに影響しない場合が多い）における突然変異は生物の適応度に影響しない．その結果として，それらは選抜過程の標的ではない（すなわち，それらは中立突然変異であり，高い見かけ上の突然変異率を示す）．突然変異率は核遺伝子とミトコンドリア遺伝子の間でも異なる．蛋白質

コードミトコンドリア DNA は蛋白質コード核遺伝子よりも 10 〜 20 倍早く進化する．

ゲノムは，突然変異に関して先に起こった進化的事象が固定された"生命の航海日誌"として見なすことができる．脊椎動物においては，同じ種に属する個体間で概して 10 万〜 1,000 万個のヌクレオチドの相違が存在する．極近縁の種間の差違は 1,000 万〜 1 億個のヌクレオチド置換の範囲にある．現在，全ての遺伝的多型を見つけることは不可能である．そのかわりに，全ゲノムの代表として DNA マーカーが分析される．答えを求める生物学的問題次第で，与えられた問題を研究するのにふさわしい異なった方法が発達してきた（表 3-1）．

急速 DNA 塩基配列決定法が利用できる以前は，DNA-DNA ハイブリダイゼーションが分子系統学分野において広く利用された手段であった．Sibley and Ahlquist（1990）は鳥類における系統学的関係を明確に示すためにこの方法を用いた（Sibley and Monroe 1990）．多くの研究者が方法論的見地で DNA-DNA ハイブリダイゼーションを批判し続けた（Ericson et al. 2006 を参照）．今日，DNA-DNA ハイブリダイゼーションは，PCR と DNA 塩基配列決定法に基づく，より多用途の技術の幅広い組合せにより取って代わられた歴史的技術として見なされる．

DNA シークエンシング（DNA 塩基配列決定法）

マーカー遺伝子のヌクレオチド配列の解析は生物の系統を再構築するために，とても有効な方法である（Hillis et al. 1996, Mindell 1997, Karp et al. 1998, Griffiths et al. 1999, Hall 2001, Storch et al. 2001, Frankham et al. 2002, Beebe and Rowe 2004）．現在では，これらの方法は，生命の樹をまとめるという 1 つの目標をもった，生命の王国のあらゆる部分を研究している研究者達に採用されている．猛禽類はこの努力の中ではほんの小さなグループにすぎないが，すでにいくつかの進展をみている（以下を参照）．自然分類，系統的分類の確立が認められたので，系統学的情報は分類学と系統学にとって基本である．系統学的，系統地理学的状況における DNA 配列をつくり出し解析するための手順の概略を図 3-3 に示す．多くの研究者は GENBANK（National Institutes of Health）や EMBL（European Bioinformatics Institute）などの公的データベースに，彼らが決定した配列を登録している．方法と概念の詳細な説明は Hillis et al.（1996），Mindell（1997），Karp et al.（1998），Hall（2001），Storch et al.（2001），Frankham et al.（2002），Beebe and Rowe（2004）を参照のこと．

猛禽類の系統研究は，一般的に，蛋白質コード mtDNA（表 3-2）や蛋白質コード ncDNA（例えば RAG1）（Griffiths et al. 2004）または非コード DNA（例えば蛋白質コード遺伝子のイントロン領域や LDH と ODC-6 を含む）のような保存されたマーカー遺伝子の塩基配列に焦点が当てられる．数百万年前に進化した種は，有用な分析を可能とする，地理的に切り離された血縁間におけるはっきりとした相違を示す．これらの場合，シトクロム b や ND，あるいは CO（表3-2）のようなミトコンドリア遺伝子の塩基配列決定は，グループ（いわゆるハプロタイプ）のミトコンドリアの血縁を確認するのにしばしば役に立つ．ミトコンドリアの D ループはより変異しやすいので，この DNA のひと続きはさらに高度の分析をもたらすかもしれないが，その変異性により，PCR による D ループ領域の増幅と塩基配列決定するのが時に困難になり得る．

渡り途中や越冬地で捕獲された個々の猛禽類のハプロタイプは，時には，鳥類の地理的起源を特定するのに使うことができる．最良のシナリオにおいては，繁殖個体群は，血縁間のわずかな遺伝子流動で特有のハプロタイプをもつ（図 3-4a）．もし，渡り鳥のハプロタイプが繁殖個体群のそれと一致すれば，その起源はかなりの確実性をもって推定できる（図 3-4c）．最悪のシナリオにおいては（図 3-4b），個体群がいくつかのハプロタイプをもち，個体群の間でのかなりの遺伝子流動を示唆する隣接個体群とハプロタイプを共有している．この場合，渡り鳥のハプロタイプがある地域のそれと一致した場合のみ，理にかなった推測が可能である．

比較的新しい種においては，種内配列変異がとても小さく，この変異を利用しての有益な遺伝学的個体群地図を確立することは困難であろう．この問題が生じた時，より高度な分解能をもった DNA 法が必要とされる．

猛禽類の分類学と分類系統学を研究するための DNA 塩基配列の利用

昼行性の猛禽類は，タカ科，ミサゴ科，ヘビクイワシ科，ハヤブサ科およびコンドル科の 5 つの科に分類され，目としては，タカ目（del Hoyo et al. 1994）あるいはハヤブサ亜目，コンドル亜目（Sibley and Monroe 1990）に入れられている．タカ目が単系統群であるかどうかは，現在多くの研究者が解決することを試みているが，依然として未解決の問題である．しかし，形態学的データと分子生物学的データ（いくつかの核とミトコンドリア遺伝子に基づく）は，少なくともハヤブサ科は，タカ科，ミサゴ科，ヘビクイワシ科およびコンドル科とは直接的には祖先を共有しないという証拠をもたらしている（Wink 1995, Wink et al.

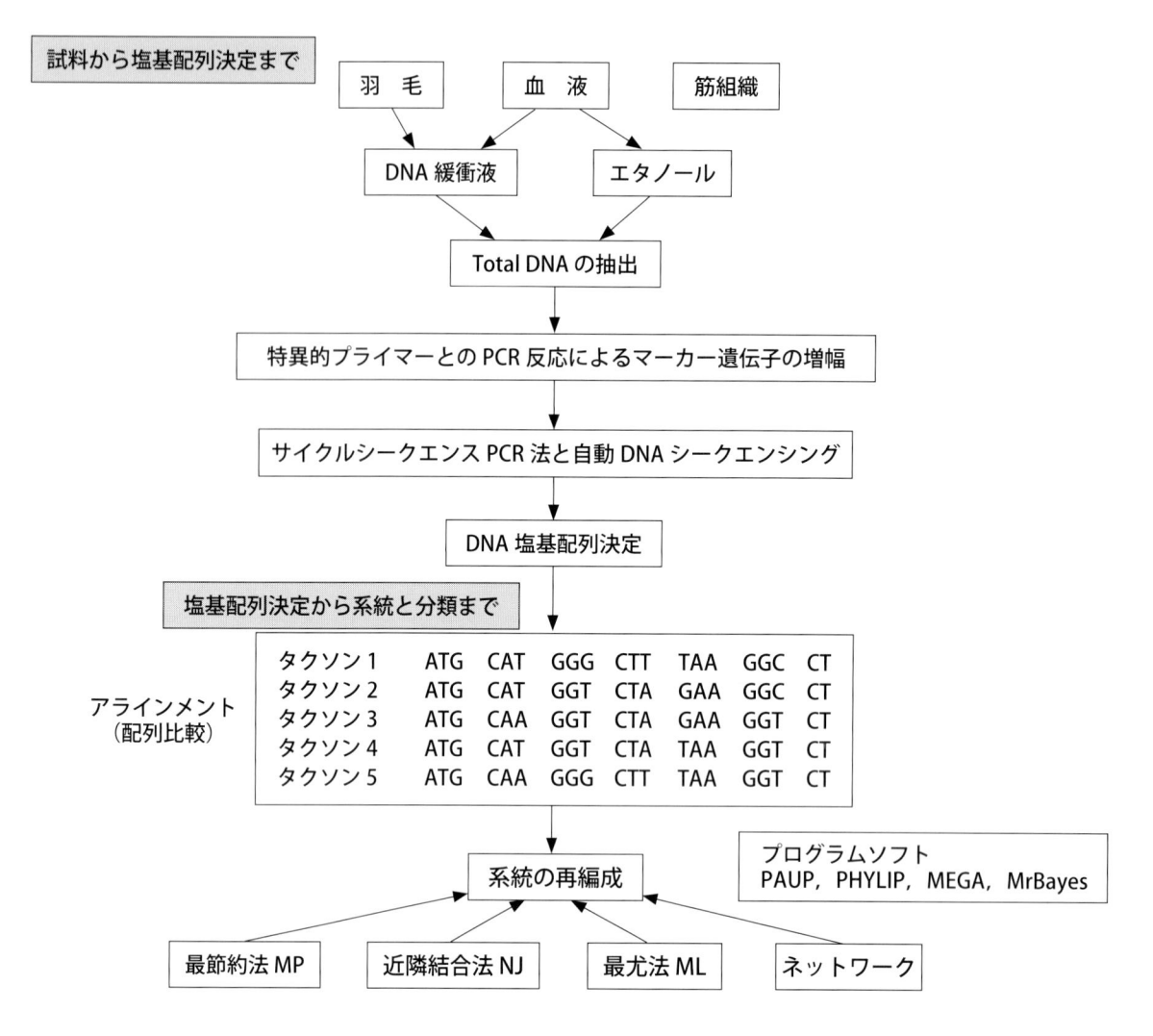

図 3-3 試料から DNA 塩基配列決定および系統まで．

1998b, Fain and Houde 2004, Ericson et al. 2006).

DNA 塩基配列は，フクロウ類と昼行性猛禽類を含めた分類学や進化の研究にとって重要な手段となってきている．この分野での最近の研究には次のようなものがある．Wink(1995), Seibold and Helbig(1995a,b, 1996), Wink et al. (1996), Griffiths (1997), Matsuda et al. (1998), Wink and Heidrich (1999), Haring et al. (1999, 2001), Wink and Sauer-Gürth (2000, 2004), Groombridge et al. (2002), Riesing et al. (2003), Hendrickson et al. (2003), Godoy et al. (2004), Griffiths et al. (2004), Kruckenhauser et al.(2004), Pearlstine (2004), Roques et al. (2004), Roulin and Wink (2004), Gamauf et al. (2005), Helbig et al. (2005), Lerner and Mindell (2005), Nittinger et al. (2005).

PCR 法（フィンガープリント法）

種の範囲内での遺伝的差違の解析は，高度な分解能をもつ方法を必要とする．mtDNA の配列は，種内レベルにおいては時々，情報量が少ない．mtDNA は母系に受け継がれるため，交雑および遺伝子浸透は，個体を種，系統，個体群に明白に割り当てることを覆い隠してしまうことになる．これらの問題を克服するためには，両性から受け継がれ，またより高度の分解能をもつ ncDNA の分子マーカーの方がよりふさわしい．これらの方法には，PCR による多型 DNA マーカーの増幅と高分解能ゲル電気泳動（しばしばアガロース，ポリアクリルアミドゲル）あるいはキャピラリー電気泳動（DNA シークエンサーを使用）が含まれる．

VNTR での DNA フィンガープリント法あるいはオリ

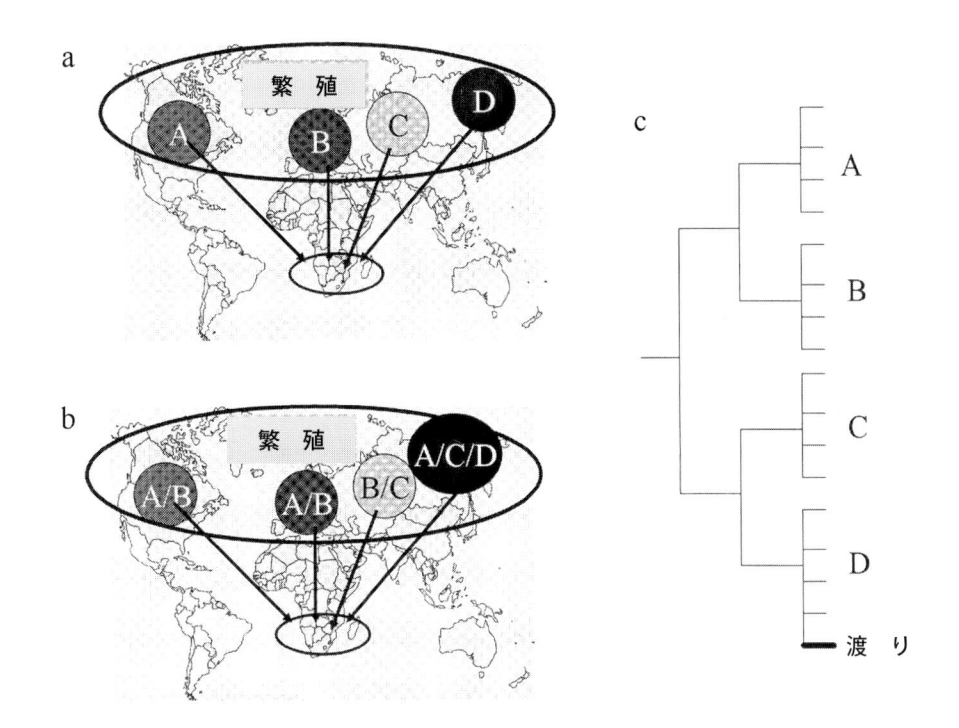

図3-4 北半球で繁殖するがアフリカ南部で越冬する種の地理的に特有の個体群におけるハプロタイプの分布.
最良のシナリオ（a）：全ての個体群は独自のハプロタイプをもつ（C）．それゆえ，越冬域で見つかった鳥（ここではハプロタイプD をもつとする）は明白に繁殖個体群Dに属すると考えられる．
現実的なシナリオ（b）：個々の個体群は1つ以上のハプロタイプをもち，隣接する個体群とこれを共有する．ハプロタイプAをもつ 鳥はこのように，北米，ヨーロッパあるいは東アジアに由来することがあり得る．
（c）シナリオAで得られるハプロタイプの分岐図．

ゴヌクレオチドプローブは，父系と系統研究のため個体をさかのぼって調査するのに採用され（Hoelzel 1992, Swatschek et al. 1993, 1994, Karp et al. 1998），また成鳥の死亡率を推定するのにも応用できる（Wink et al. 1999）．古典的フィンガープリント法は，しばしばより信頼性が高く，かつより自動化しやすいマイクロサテライト解析（以下参照）に取って代わられてきている．

マイクロサテライト（STR）解析

それぞれの猛禽類は，各遺伝子座に2つの対立遺伝子をもち，一方は父から，他方は母から受け継いでいる（図3-5）．これら対立遺伝子は同一（同型接合体：homozygote）であるか，そうでないか（異型接合体：heterozygote）である．先に言及したように，脊椎動物のゲノムは，CA, TA, GACA等のような短い配列単位の10〜20回の繰り返しにより特徴づけられた20,000以上のマイクロサテライト遺伝子座を含んでいることがある．これら遺伝子座の対立遺伝子は，高度な長さの多型を示す．それぞれの多型STR遺伝子座について，縦列反復の数が異なるいくつかの対立遺伝子が存在する．つまり，それらは大きさにより識別することができる．

マイクロサテライト遺伝子座の側にある配列は種間で変化するので，STR遺伝子座を増幅するのに利用できる配列を確認するためには，特別の努力が必要である．種特異的STR配列を生成するためにいくつかのプロトコルが発表されている．代表的なSTR解析の概要を図3-5に図解する．1つの遺伝子座は2つの対立遺伝子の情報を提供するので，個体を明白に識別するには，普通は8〜10以上の多型遺伝子座を必要とする．系統と個体群研究のためには，10以上の多型STR遺伝子座が必要である．PCRと塩基配列解析の実行回数を減らすためには，一度の実行でいくつかの遺伝子座の同時解析が可能になるマルチプレックスPCRシステムを確立することが有用である．

対立遺伝子頻度は，個体群を特徴づけるために測定することができる．もし，個体群内で唯一の対立遺伝子が確認することができれば，そのような個体群について未知の個

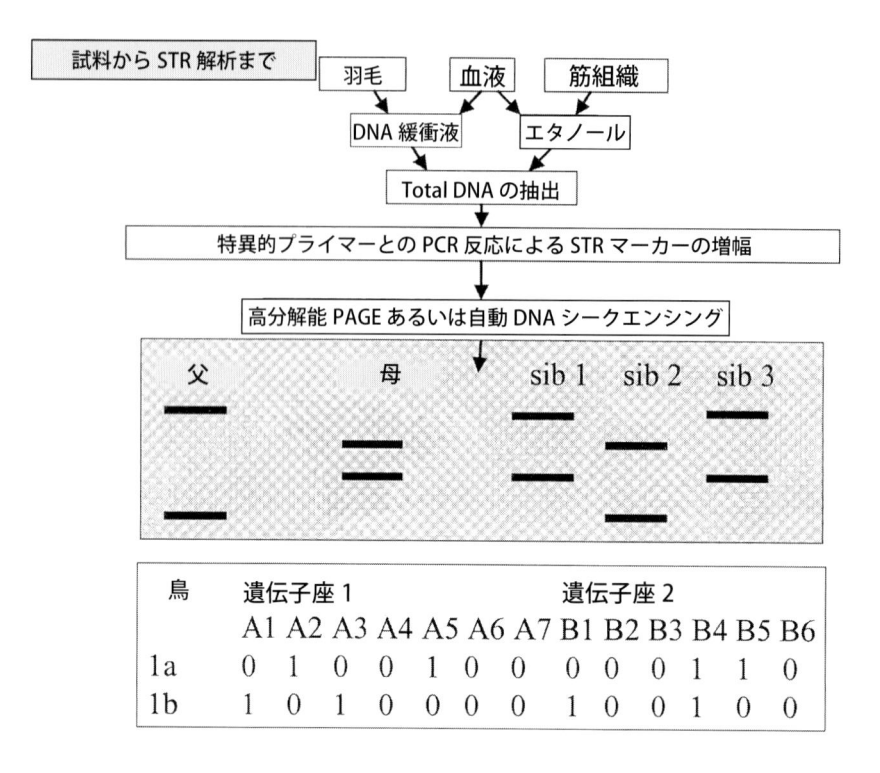

```
試料からSTR解析まで   羽毛  血液  筋組織
                    DNA緩衝液  エタノール
                    Total DNAの抽出
            特異的プライマーとのPCR反応によるSTRマーカーの増幅
            高分解能PAGEあるいは自動DNAシークエンシング

     父      母      sib 1  sib 2  sib 3
```

鳥	遺伝子座1							遺伝子座2					
	A1	A2	A3	A4	A5	A6	A7	B1	B2	B3	B4	B5	B6
1a	0	1	0	0	1	0	0	0	0	0	1	1	0
1b	1	0	1	0	0	0	0	1	0	0	1	0	0

図 3-5 STR マーカーの遺伝の図解．マイクロサテライト PCR 産物をポリアクリルアミドゲル電気泳動（PAGE）により解析する．下のボックスは STR データから構成できた 1/0 マトリックスを図解する．表形図（図 3-4c で示した分岐図と類似）を作成する表形法により解析できる．

体を特定することに役立つ．もし，唯一の対立遺伝子が存在しなければ，対立遺伝子の分布を表で表し，対立遺伝子頻度をあらゆる遺伝子座と個体群について算出する．

対立遺伝子の存在と不在は 1/0 マトリックスに記録可能で，またクラスタ解析〔例えば，平均距離法（UPGMA），近隣結合法〕と他のプログラム（STRUCTURE あるいは GENELAND のような）により評価される．結果は図 3-4c に示したような表形図である．類似のパターンをもつ個体はクレードにおいてともに群分けされる．STR マーカーの使用例は，Gautschi et al.（2000, 2003a,b），Nesje and Roed（2000a），Nesje et al.（2000），Nichols et al.（2001），Martinez-Cruz et al.（2002, 2004），Mira et al.（2002），Hille et al.（2003），Kretzmann et al.（2003），Sonsthangen et al.（2004），Topinka and May（2004），Busch et al.（2005）および Wink et al.（2006）を参照のこと．

一塩基多型（SNP）

一塩基多型（訳者注：single nucleotide polymorphism，ある生物種集団のゲノムの塩基配列を決定した場合，個体によって同じ場所の塩基配列が 1 塩基だけ異なっている場所が存在する中で，その変異が測定集団内で 1% 以上の頻度で存在するもの）からの情報は個体群の遺伝地図作成に役立ち，少なくとも 30 遺伝子座以上は各個体で決定される．SNP は STR データと同様の仕方で解析し（すなわち，0/1 マトリックスによって），同様の分解能力を有する（Lopez-Herraez et al. 2005）．SNP マーカーシステムは，まだ個々の種に確立されていないので，現時点では猛禽類に利用できない．しかし，SNP 解析は DNA チップと質量分析法により自動化できるので，この方法は将来，重要な手段となるものと思われる．

AFLP 法と ISSR

もし，マイクロサテライトの PCR プライマーに関する情報が入手できなければ，AFLP（Amplified Fragment Length Polymorphism）法と ISSR（Inter-Simple Sequence Repeats）を含むゲノム-フィンガープリント法が代替手段となる．

AFLP は，PCR と制限長解析を組合せ，便利で力強い手段にしている．最初に DNA を，付着末端をつくる 2 つの制限酵素である MseI と PstI で切断する．これら付着末端は，切断部位を認識し，また PCR 認識配列を備えるオ

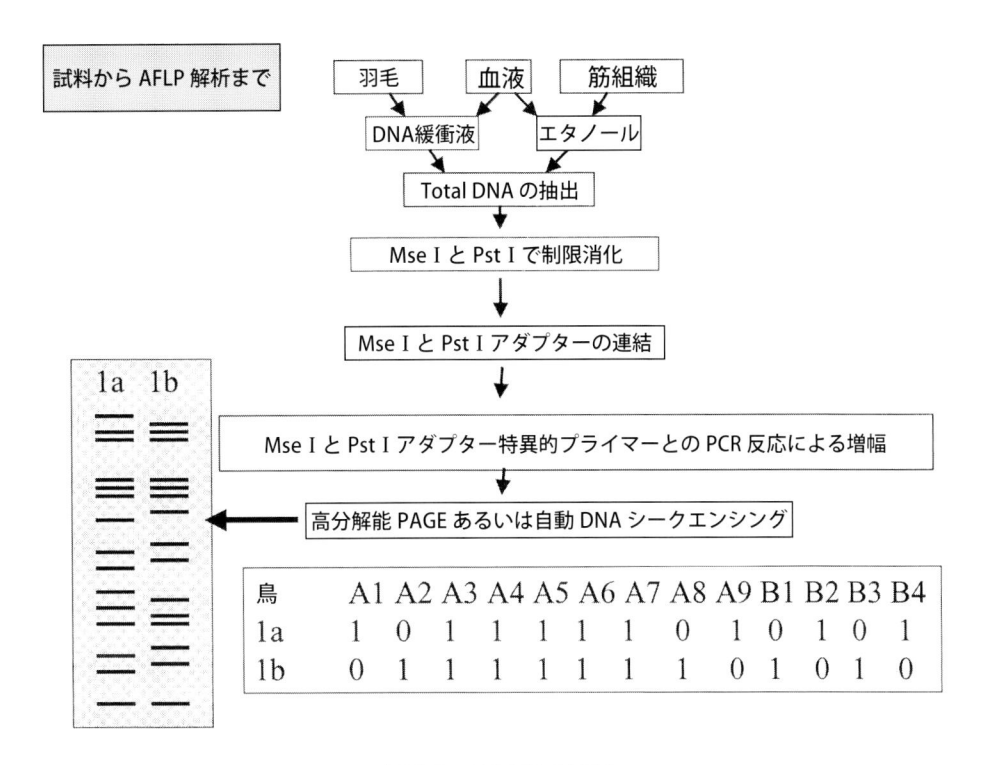

図 3-6 AFLP 法の図解.

リゴヌクレオチドアダプターと連結する．Mse I と Pst I アダプターに特異的な PCR プライマーを使うことで，制限断片と符合する PCR 断片を生成できる．これらは高度の分解能をもつポリアクリルアミドゲル電気泳動（PAGE）やキャピラリー電気泳動により分離できる（図 3-6）．結果は 0/1 マトリックスに示され，クラスタ法により解析される複雑なフィンガープリントである．AFLP 遺伝子座は共優性に受け継がれる．AFLP 解析のアプリケーションの例は，De Knijff et al.（2001）と Irwin et al.（2005）に見つけることができる．

ISSR は，AFLP と類似のフィンガープリントをつくり出す．その方法は AFLP より実験手順が少なく，そのため，より簡単に実施できる．ISSR はシングル PCR プライマーを使用し，その配列は（CA）10 のようにありふれたマイクロサテライトのモチーフに一致する．そのような遺伝子座はゲノム中に広く存在し，双方向に起こるので，一斉に 10〜80 遺伝子座を増幅するのには（すなわち，隣り合うマイクロサテライト遺伝子座の間で DNA が伸張する）シングルプライマーで十分である．PCR 産物はサイズが異なるので，高度分解能 PAGE かキャピラリー電気泳動で解析する必要がある（図 3-7）．ISSR 遺伝子座は共優性に受け継がれ，そのいくつかは多型であるので，個体のゲノム構成に関する情報を提供する．実際には数百遺伝子座が解析のために利用できるように，いくつかの ISSR プライマーが使われる．ISSR の利点はプライマーがほとんどの動物や植物において普遍的に働くことである．マイクロサテライト解析のように，個々の種について PCR プライマーを明確にする必要はない．結果は 1/0 マトリックスにプロットされ，ISSR バンドパターンの類似性に基づいて配置するクラスタ解析（例えば，UPGMA）により評価される．ISSR は，個々の鳥を各個体群までたどることが可能な，個体群特異 DNA バンドを示すことができる（Wink et al. 2002）．ISSR 遺伝子座は両方の性に受け継がれるので，この方法は雑種および性の解析も可能とする（Wink et al. 1998a, 2000）．ISSR マーカーは，属のような密接に関連したタクソンの系統を推論するのに利用することもできる（Wink et al. 2002, Treutlein et al. 2003a,b）．

分子雌雄鑑別

猛禽類の系統分類学研究にとってもう 1 つの有用な分子方法は，分子雌雄鑑別である．この技術は，繁殖期以外の単型種および巣内雛において困難となる鳥の雌雄鑑別を可能にする．鳥類においては，性染色体は哺乳類とは反対の配列にある．つまり雌は異型配偶子の ZW 染色体をもつのに対し，雄は同型配偶子の WW である．性染色体上に存在する CHD 遺伝子（訳者注：chromo-helicase-DNA-

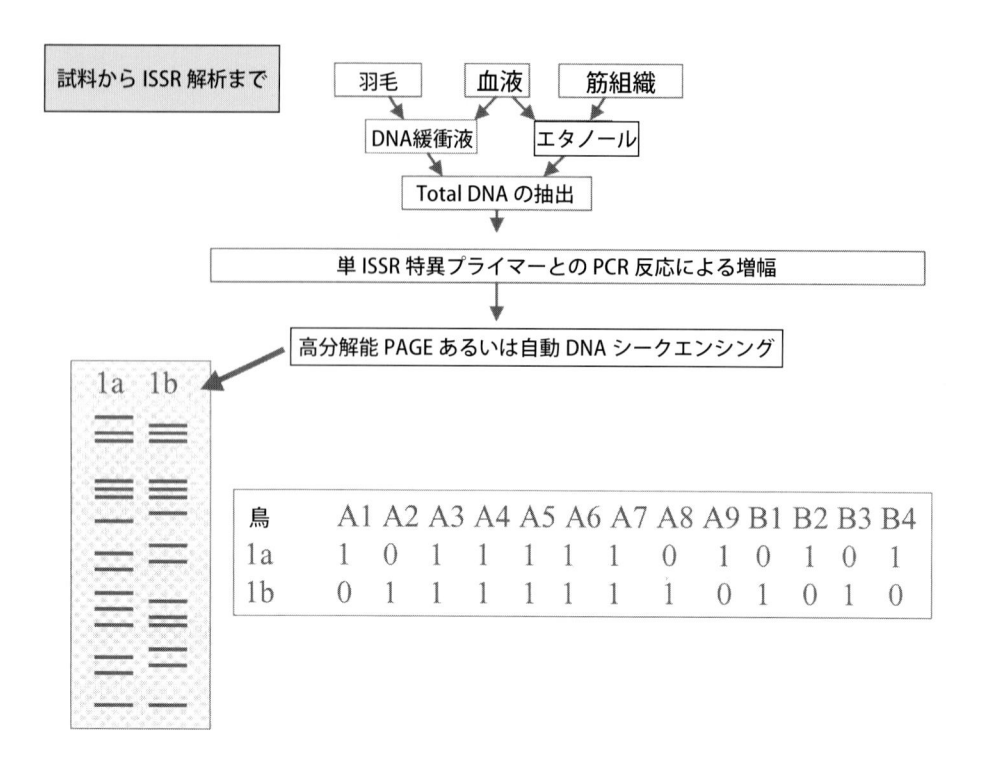

図 3-7 ISSR 法の図解.

binding gene, 鳥類では Z 染色体上の CHD-Z と W 染色体上の CHD-W が 1 ヵ所ずつ存在する) のイントロンを標的とする PCR 法が発達してきた.対立遺伝子はサイズが異なるので,雌では 2 つの PCR 産物が得られ,それと対比して雄では 1 つである (図 3-8).高分解能の PAGE を用いることで,今まで調べられた全ての鳥種で分子雌雄鑑別が成功してきている (Kahn et al. 1998, Morrison and Maltbie 1999, Höfle et al. 2000, Nesje and Roed 2000b, Becker and Wink 2003, Ristow and Wink 2004, Ristow et al. 2004).

分類学と系統分類学の帰結

分岐分類学のルールによれば,共通の祖先から派生した単系統群のみが,属,族,科のような分類単位を構成すべきである.収斂や適応形質が伝統的な分類学において用いられてきたので,現在の全ての分類単位が単系統とは限らない.収斂への傾向が少ない分子系統は側系統群や多系統群を見つけだす機会を与えてくれる.猛禽類における後者の実例は,ハゲワシ類とワシ類である.新世界のハゲワシ類が旧世界のハゲワシ類とは異なることは早くに認識されていた.旧世界のハゲワシ類の内部で,2 つの主要で関連のないクレードを DNA 法により明白に決定することができ

きた (Wink 1995).つまり,ハゲワシ類は特別のライフスタイルに適応し,特定の形質を収斂的に発達させた多系統の集まりである.*Aquila* 属のワシ類は *Hieraaetus* 属のワシ類の側系統であり,*Lophaetus* 属は,それと祖先関係にあるにもかかわらず,*Hieraaetus* 属に含まれない (Wink et al. 1996, Wink 2000, Wink and Sauer-Gürth 2000, 2004, Helbig et al. 2005).結果として,分子系統は単系統タクソンの定義の見直しに役立つものと思われ,そのことによって属名が変わることになるかもしれない.

もう 1 つの可能性のある関心事は,隠蔽種 (表面的に同一の同胞種) が,類似した解剖学的構造が原因で見落とされてきたことである.隠蔽種は,昼行性猛禽類よりも夜行性猛禽類によくあるようだ (Olsen et al. 2002).DNA バーコーディングの利用により,将来,猛禽類やフクロウ類の新種の確認につながるかもしれない.

分子データもまた,種や亜種の系統分類学的階級を決定するのに利用することができる.もし亜種が形態的,遺伝的識別の両方を高度に示していれば "正当" な種として扱うことは理にかなう (Helbig et al. 2002).最近の例として,タクソン研究者達は,カタジロワシ (*Aquila heliaca*) とニシカタジロワシ (*A. adalberti*),ボネリークマタカ (*Hieraaetus fasciatus*) とモモジロクマタカ (*H.*

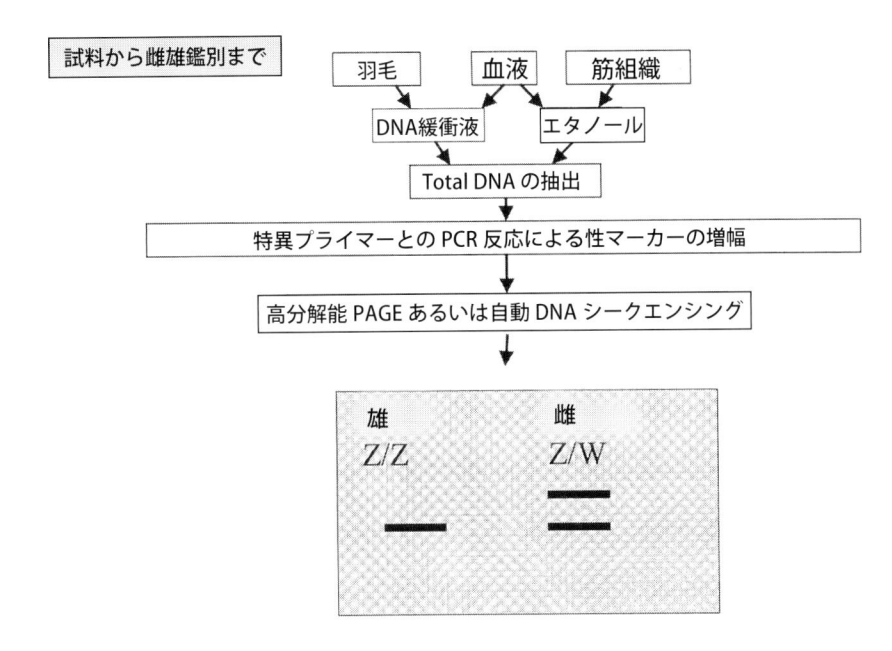

図 3-8 試料から分子雌雄鑑別まで.

spilogaster) について，2つ以上の種に分割すべきであると提案した (Wink et al. 1996, Cardia et al. 2000, Wink 2000, Wink and Sauer-Gürth 2000, 2004, Helbig et al. 2005). これらの変更はすでに広く受け入れられている.

要 約

猛禽類の系統分類は多くの方法で研究されてきた．進化の研究で使われた分子法は，猛禽類の分類や系統学，系統地理学，集団遺伝学にも応用できる．これらの新しい方法は，形態や地理学，行動，発声，繁殖生態，鳥類標識調査，テレメトリー，同位体元素解析から得られた情報を補足できる強力な手段である．

引用文献

ALBERTS, B., A. JOHNSON, J. LEWIS, M. RAFF, K. ROBERTS AND P. WALTER. 2002. Molecular biology of the cell, 4th Ed. Garland Science, New York, NY U.S.A.

ARCTANDER, P. 1988. Comparative studies of avian DNA by restriction fragment length polymorphism analysis: convenient procedures based on blood samples from live birds. *J. Ornithol.* 129:205 − 216.

AVISE, J. C. 1994. Molecular markers, natural history and evolution. Chapman and Hall, London, United Kingdom.

BECKER, P. AND M. WINK. 2003. Influences of sex, sex composition of brood and hatching order on mass growth in Common Terns *Sterna hirundo. Behav. Ecol. Sociobiol.* 54:136 − 146.

BED'HOM, B., P. COULLIN, W. GUILLIER-GENCIK, S. MOULIN, A. BERNHEIM AND V. VOLOBOUEV. 2003. Characterization of the atypical karyotype of the Black-winged Kite *Elanus caeruleus* (Falconiformes: Accipitridae) by means of classical and molecular cytogenetic techniques. *Chromosome Res.* 11:335 − 343.

BEEBE, T. AND G. ROWE. 2004. Introduction to molecular ecology. Oxford University Press, Oxford, United Kingdom.

BELTERMAN, R.H.R. AND L.E.M. DE BOER. 1984. A karyological study of 55 species of birds, including karyotypes of 39 species new to cytology. *Genetica* 65:39 − 82.

BIGGS, H.C., R. BIGGS AND A.C. KEMP. 1978. Measurement of raptors. Pages 77 − 82 in A. C. Kemp [Ed.], Proceedings from the Symposium on African Predatory Birds, Northern Transvaal Ornithological Society, Pretoria, South Africa.

BIRD, D.M., J. GAUTIER AND V. MONTPETIT. 1984. Embryonic growth of American Kestrels. *Auk* 101:392 − 396.

BROWN, L.H. AND D. AMADON. 1968. Eagles, hawks and falcons of the world, Vols. I & II. Hamlyn House, Feltham, Middlesex, United Kingdom.

BRUSH, A.H. 1979. Comparison of egg-white proteins: effect of electrophoretic conditions. *Biochem. Syst. Ecol.* 7:155 − 165.

BUSCH, J.D., T.E. KATZNER, E. BRAGIN AND P. KEIM. 2005. Tetranucleotide microsatellites for *Aquila* and *Haliaeetus* eagles. *Mol. Ecol. Notes* 5:39 − 41.

CALDER, W.A., III. 1983. Ecological scaling: mammals and birds. *Annu. Rev. Ecol. Syst.* 14:213 − 230.

——. 1984. Size, function, and life history. Harvard University Press, Cambridge, MA U.S.A.

CARDIA, P., B. FRÁGUAS, M. PAIS, T. GUILLEMAUD, L. PALMA, M. L. CANCELA, N. FERRAND AND M. WINK. 2000. Preliminary genetic analysis of some western Palaeartic populations of Bonelli's Eagle, *Hieraaetus fasciatus*. Pages 845 – 851 in R.D. Chancellor and B.-U. Meyburg [EDS.], Raptors at risk. World Working Group on Birds of Prey and Owls, Berlin, Germany, and Hancock House Publishers, Surrey, British Columbia, Canada, and Blaine, WA U.S.A.

DE BOER, L.E.M. AND R.P. SINOO. 1984. A karyological study of Accipitridae (Aves: Falconiformes), with karyotypic descriptions of 16 species new to cytology. *Genetica* 65:89 – 107.

DE KNIJFF P, F. DENKERS, N.D. VAN SWELM AND M. KUIPER. 2001. Genetic affinities within the Herring Gull *Larus argentatus* assemblage revealed by AFLP genotyping. *J. Mol. Evol.* 52:85 – 93.

DEL HOYO, J., A. ELLIOTT AND J. SARGATAL [EDS.]. 1994. Handbook of the birds of the world, Vol. 2. Lynx Edicions, Barcelona, Spain.

DESAI, J.H. AND A.K. MALHOTRA. 1980. Embryonic development of Pariah Kite *Milvus migrans govinda*. *J. Yamishina Inst. Ornithol.* 12:82 – 88.

ERICSON, P.G.P., C.L. ANDERSON, T. BRITTON, A. ELZANOWSKI, U.S. JOHANSON, M. KÄLLERSJÖ, J.I. OHLSON, T.J. PARSONS, D. ZUCCON AND G. MAYR. 2006. Diversification of Neoaves: integration of molecular sequence data and fossils. *Biol. Lett.* doi:10.1098/rsbl.2006.0523. www.systbot.uu.se/staff/c_anderson/pdf/neoaves.pdf (last accessed 5 January 2007).

FAIN, M.G. and P. HOUDE. 2004. Parallel radiations in the primary clades of birds. *Evolution* 58:2558 – 2573.

FINCH-DAVIES, C.G. 1919. Some notes on *Hieraaetus ayresi* Gurney Sen. (*Lophotriorchis lucani* Sharpe et actorum). *Ibis* 11:167 – 179.

FRANKHAM, R, J.D. BALLOU AND D.A. BRISCOE. 2002. Introduction to conservation genetics. Cambridge University Press, Cambridge, United Kingdom.

GAMAUF, A., J.-O. GJERSHAUG, N. ROV, K. KVALOY AND E. HARING. 2005. Species or subspecies? The dilemma of taxonomic ranking of some South-East Asian hawk-eagles (genus *Spizaetus*). *Bird Conserv. Int.* 15:99 – 117.

GAUTSCHI, B., I. TENZER, J.P. MULLER, AND B. SCHMID. 2000. Isolation and characterization of microsatellite loci in the Bearded Vulture (*Gypaetus barbatus*) and cross-amplification in three Old World vulture species. *Mol. Ecol.* 9:2193 – 2195.

———, G. JACOB, J.J. NEGRO, J.A. GODOY, J.P. MULLER AND B. SCHMID. 2003a. Analysis of relatedness and determination of the source of founders in the captive Bearded Vulture, *Gypaetus barbatus*, population. *Conserv. Genet.* 4:479 – 490.

———, J.P. MULLER, B. SCHMID AND J.A. SHYKOFF. 2003b. Effective number of breeders and maintenance of genetic diversity in the captive Bearded Vulture population. *Heredity* 91:9 – 16.

GODOY, J.A., J.J. NEGRO, F. HIRALDO AND J.A. DONAZAR. 2004. Phylogeography, genetic structure and diversity in the endangered Bearded Vulture (*Gypaetus barbatus*, L.) as revealed by mitochondrial DNA. *Mol. Ecol.* 13:371 – 390.

GRIFFITHS, A.J.F., W.M. GELBART, J.H. MILLER AND R.C. LEWONTIN. 1999. Modern genetic analysis. W.H. Freeman and Company, New York, NY U.S.A.

GRIFFITHS, C.S. 1997. Correlation of functional domains and rates of nucleotide substitution in cytochrome b. *Mol. Phylog. Evol.* 7:352 – 365.

———, G.F. BARROWCLOUGH, J.G. GROTH AND L. MERTZ. 2004. Phylogeny of the Falconidae (Aves): a comparison of the efficacy of morphological, mitochondrial, and nuclear data. *Mol. Phylogen. Evol.* 32:101 – 109.

GROOMBRIDGE, J.J., C.G. JONES, M.K. BAYES, A.J. VAN ZYL, J. CARRILLO, R.A. NICHOLS AND M.W. BRUFORD. 2002. A molecular phylogeny of African kestrels with reference to divergence across the Indian Ocean. *Mol. Phylogen. Evol.* 25:267 – 277.

HALL, B.G. 2001. Phylogenetic trees made easy. Sinauer Associates, Sunderland, MA U.S.A.

HARING, E., M.J. RIESING, W. PINSKER AND A. GAMAUF. 1999. Evolution of a pseudo-control region in the mitochondrial genome of Palearctic buzzards (genus *Buteo*). *J. Zool. Syst. Evol. Res.* 37:185 – 194.

———, L. KRUCKENHAUSER, A. GAMAUF, M.J. RIESING AND W. PINSKER. 2001. The complete sequence of the mitochondrial genome of *Buteo buteo* (Aves, Accipitridae) indicates an early split in the phylogeny of raptors. *Mol. Biol. Evol.* 18:1892 – 1904.

HARRIS, T. AND C. WALTERS. 1982. Chromosomal sexing of the Black-shouldered Kite (*Elanus caeruleus*) (Aves: Accipitridae). *Genetica* 60:19 – 20.

HELBIG, A.J., A.G. KNOX, D.T. PARKIN, G. SANGSTER AND M. COLLINSON. 2002. Guidelines for assigning species rank. *Ibis* 144:518 – 525.

———, A. KOCUM, I. SEIBOLD AND M.J. BRAUN. 2005. A multi-gene phylogeny of aquiline eagles (Aves: Accipitriformes) reveals extensive paraphyly at the genus level. *Mol. Phylogen. Evol.* 35:147 – 164.

HENDRICKSON, S.L., R. BLEIWEISS, J.C. MATHEUS, L.S. DE MATHEUS, N.L. JÁCOME AND E. PAVEZ. 2003. Low genetic variability in the geographically widespread Andean Condor. *Condor* 105:1 – 12.

HILLE, S.M., M. NESJE AND G. SEGELBACHER. 2003. Genetic structure of kestrel populations and colonization of the Cape Verde archipelago. *Mol. Ecol.* 12:2145 – 2151.

HILLIS, D.M., C. MORITZ AND B.K. MABLE. 1996. Molecular systematics. Sinauer Associates, Sunderland, MA U.S.A.

HOELZEL, A.R. 1992. Molecular genetic analysis of populations. Oxford University Press, Oxford, United Kingdom.

HÖFLE, U., J.M. BLANCO, H. SAUER-GÜRTH AND M. WINK. 2000.

Molecular sex determination in Spanish Imperial Eagle (*Aquila adalberti*) nestlings and sex related variation in morphometric, haematological and biochemical parameters. Pages 289 – 293 in J. T. Lumeij, J. D. Temple, P. T. Redig, M. Lierz, and J. E. Cooper [EDS.], Raptor biomedicine III. Zoological Education Network, Lake Worth, FL U.S.A.

HULL, J.M. AND D.J. GIRMAN. 2005. Effects of Holocene climate change on the historical demography of migrating Sharp-shinned Hawks (*Accipiter striatus velox*) in North America. *Mol. Ecol.* 14:159 – 170.

IRWIN, D.E., S. BENSCH, J.H. IRWIN AND T.D. PRICE. 2005. Speciation by distance in a ring species. *Science* 307:414 – 416.

JOLLIE, M. 1976. A contribution to the morphology and phylogeny of the Falconiformes, part 1. *Evol. Theory* 1:285 – 298.

———. 1977a. A contribution to the morphology and phylogeny of the Falconiformes, parts 2 – 3. *Evol. Theory* 2:209 – 300.

———. 1977b. A contribution to the morphology and phylogeny of the Falconiformes, part 4. *Evol. Theory* 3:1 – 141.

KAHN, N.W., J.S. JOHN AND T.W. QUINN. 1998. Chromosome-specific intron-size differences in the avian CHD gene provide an efficient method for sex identification in birds. *Auk* 115:1074 – 1078.

KARP, A., P.G. ISAAC AND D.S. INGRAM [EDS.]. 1998. Molecular tools for screening biodiversity. Chapman and Hall, London, United Kingdom.

KLUG, W. S. AND M. R. CUMMINGS. 1999. Essentials of genetics, 3rd Ed. Prentice Hall, Upper Saddle River, NJ U.S.A.

KRETZMANN, M.B., N. CAPOTE, B. GAUTSCHI, J.A. GODOY, J.A. DONAZAR AND J.J. NEGRO. 2003. Genetically distinct island populations of the Egyptian Vulture (*Neophron percnopterus*). *Conserv. Genet.* 4:697 – 706.

KRUCKENHAUSER, L., E. HARING, W. PINSKER, M.J. RIESING, H. WINKLER, M. WINK AND A. GAMAUF. 2004. Genetic versus morphological differentiation of old world buzzards (genus *Buteo*; Accipitridae). *Zool. Scr.* 33:197 – 211.

LEARNER, H.R. AND D.P. MINDELL. 2005. Phylogeny of eagles, Old World Vultures, and other Accipitridae based on nuclear and mitochondrial DNA. *Mol. Phylogenet. Evol.* 37:327 – 346.

LOPEZ-HERRAEZ, D., H. SCHÄFER, I. MOSNER, R. FRIES AND M. WINK. 2005. Comparison of the exclusion power between microsatellite and single nucleotide polymorphism (SNP) markers in individual identification and parental analysis in a Galloway cattle population. *Z. Naturforsch.* 60C:637 – 643.

MARTINEZ-CRUZ, B., V.A. DAVID, J.A. GODOY, J.J. NEGRO, S.J. O'BRIEN AND W.E. JOHNSON. 2002. Eighteen polymorphic microsatellite markers for the highly endangered Spanish Imperial Eagle (*Aquila adalberti*) and related species. *Mol. Ecol. Notes* 2:323 – 326.

———, J.A. GODOY, AND J.J. NEGRO. 2004. Population genetics after fragmentation: the case of the endangered Spanish Imperial Eagle (*Aquila adalberti*). *Mol. Ecol.* 13:2243 – 2255.

MASUDA, R., M. NORO, N. KUROSE, C. NISHIDA-UMEHARA, N. TAKECHI, T. YAMAZAKI, M. KOSUGE AND M. YOSHIDA. 1998. Genetic characteristics of endangered Japanese Golden Eagles (*Aquila chrysaetos japonica*) based on mitochondrial DNA D-loop sequences and karyotypes. *Zoo Biol.* 17:111 – 121.

MAYR, E. 1969. Principles of systematic zoology. McGraw-Hill Book Co., New York, NY U.S.A.

MINDELL, D.P. 1997. Avian molecular evolution and systematics. Academic Press, San Diego, CA U.S.A.

MIRA, S., C. BILLOT, T. GUILLEMAUD, L. PALMA AND M.L. CANCELA. 2002. Isolation and characterization of polymorphic microsatellite markers in Eurasian Vulture *Gyps fulvus*. *Mol. Ecol. Notes* 2:557 – 558.

MORRISON, J.L. AND M. MALTBIE. 1999. Methods for gender determination of Crested Caracaras. *J. Raptor Res.* 33:128 – 133.

NESJE, M. AND K.H. ROED. 2000a. Microsatellite DNA markers from the Gyrfalcon (*Falco rusticolus*) and their use in other raptor species. *Mol. Ecol.* 9:1438 – 1440.

——— AND K.H. ROED. 2000b. Sex identification in falcons using microsatellite DNA markers. *Hereditas* 132:261 – 263.

———, K.H. ROED, J.T. LIFJELD, P. LINDBERG AND O. F. STEEN. 2000. Genetic relationships in the Peregrine Falcon (*Falco peregrinus*) analysed by microsatellite DNA markers. *Mol. Ecol.* 9:53 – 60.

NICHOLS, R.A., M.W. BRUFORD AND J.J. GROOMBRIDGE. 2001. Sustaining genetic variation in a small population: evidence from the Mauritius Kestrel. *Mol. Ecol.* 10:593 – 602.

NITTINGER, F., E. HARING, W. PINSKER, M. WINK AND A. GAMAUF. 2005. Out of Africa: phylogenetic relationships between *Falco biarmicus* and other hierofalcons (Aves Falconidae). *J. Zool. Syst. Evol. Res.* 43:321 – 331.

OLSEN, J., M. WINK, H. SAUER-GÜRTH AND S. TROST. 2002. A new Ninox owl from Sumba, Indonesia. *Emu* 102:223 – 232.

OLSON, S.L. 1982. The distribution of fused phalanges of the inner toe in the Accipitridae. *Bull. Brit. Ornithol. Club* 102:8 – 12.

OTTE, D. AND J.A. ENDLER [EDS.]. 1989. Speciation and its consequences. Sinauer Associates, Sunderland, MA U.S.A.

PEARLSTINE, E.V. 2004. Variation in mitochondrial DNA of four species of migratory raptors. *J. Raptor Res.* 38:250 – 255.

PRAGER, E.M., A.M. BRUSH, R.A. NOLAN, M. NAKANISHI AND A.C. WILSON. 1974. Slow evolution of transferrin and albumin in birds according to micro-complement fixation analysis. *J. Mol. Evol.* 3:243 – 262.

RIESING, M.J., L. KRUCKENHAUSER, A. GAMAUF AND E. HARING. 2003. Molecular phylogeny of the genus *Buteo* (Aves: Accipitridae) based on mitochondrial marker sequences.

Mol. Phylogen. Evol. 27: 328 – 342.

RISTOW, D. AND M. WINK. 2004. Seasonal variation in sex ratio of fledging Eleonora's Falcon, *Falco eleonorae. J. Raptor Res.* 38:320 – 325.

———, L. WITTE AND M. WINK. 2004. Sex determination of nestlings in Eleonora's Falcon (*Falco eleonorae*): plumage characteristics and molecular sexing. Pages 459 – 466 in R. D. Chancellor and B.-U. Meyburg [EDS.], Raptors worldwide. World Working Group on Birds of Prey and Owls, Berlin, Germany.

ROQUES, S., J.A. GODOY, J.J. NEGRO AND F. HIRALDO. 2004. Organization and variation of the mitochondrial control region in two vulture species, *Gypaetus barbatus* and *Neophron percnopterus. J. Heredity* 95:332 – 337.

ROULIN, A. AND M. WINK. 2004. Predator – prey polymorphism: relationships and the evolution of colour a comparative analysis in diurnal raptors. *Biol. J. Linn. Soc.* 81:565 – 578.

SCHMUTZ, S.M., J.S. MOKER AND T.D. THUE. 1993. Chromosomes of five North American buteonine hawks. *J. Raptor Res.* 27:196 – 202.

SEIBOLD, I. AND A. HELBIG. 1995a. Evolutionary history of New and Old World vultures inferred from nucleotide sequences of the mitochondrial cytochrome b gene. *Phil. Transact. Roy. Soc. London Series B* 350:163 – 178.

——— AND A.J. HELBIG. 1995b. Systematic position of the Osprey *Pandion haliaetus* according to mitochondrial DNA sequences. *Vogelwelt* 116:209 – 217.

——— AND A. HELBIG. 1996. Phylogenetic relationships of the sea eagles (genus *Haliaeetus*): reconstructions based on morphology, allozymes and mitochondrial DNA sequences. *J. Zool. Syst. Evol. Res.* 34:103 – 112.

———, A.J. HELBIG, B.-U. MEYBURG, J. NEGRO AND M. WINK. 1996. Genetic differentiation and molecular phylogeny of European Aquila eagles according to cytochrome b nucleotide sequences. Pages 1 – 15 in B.-U. Meyburg and R. D. Chancellor [EDS.], Eagle studies. World Working Group on Birds of Prey and Owls, Berlin, Germany.

SHIELDS, G.F. 1982. Comparative avian cytogenetics: a review. *Condor* 84:45 – 58.

SIBLEY, C.G. AND J.E. AHLQUIST. 1990. Phylogeny and classification of birds. Yale University Press, New Haven, CT U.S.A.

——— AND B.L. MONROE. 1990. Distribution and taxonomy of birds of the world. Yale University Press, New Haven, CT U.S.A.

SONSTHAGEN, S.A., S.L. TALBOT AND C.M. WHITE. 2004. Gene flow and genetic characterization of Northern Goshawks breeding in Utah. *Condor* 106:826 – 836.

STORCH V, U. WELSCH AND M. WINK. 2001. Evolutionsbiologie. Springer, Heidelberg, Germany.

SWATSCHEK, I., D. RISTOW, W. SCHARLAU, C. WINK AND M. WINK. 1993. Populationsgenetik und vaterschaftsanalyse beim Eleonorenfalken (*Falco eleonorae*). *J. Ornithol.* 134:137 – 143.

———, F. FELDMANN, D. RISTOW, W. SCHARLAU, C. WINK AND M. WINK. 1994. DNA-fingerprinting of Eleonora's Falcon. Pages 677 – 682 in B.-U. Meyburg and R. D. Chancellor [EDS.], Raptor conservation today. World Working Group on Birds of Prey and Owls, Berlin, Germany.

TARR, C.L. AND R.C. FLEISCHER. 1993. Mitochondrial DNA variation and evolutionary relationships in the Amakihi complex. *Auk* 110:825 – 831.

TOPINKA, J.R. AND B. MAY. 2004. Development of polymorphic microsatellite loci in the Northern Goshawk (*Accipiter gentilis*) and cross-amplification in other raptor species. *Conserv. Genet.* 5:861 – 864.

TREUTLEIN J., G.F. SMITH, B.-E. VAN WYK AND M. WINK. 2003a. Evidence for the polyphyly of *Haworthia* (Asphodelaceae, subfamily Alooideae; Asparagales) inferred from nucleotide sequences of rbcL, matK, ITS1 and genomic fingerprinting with ISSR-PCR. *Plant Biol.* 5:513 – 521.

———, G.F. SMITH, B.-E. VAN WYK AND M. WINK. 2003b. Phylogenetic relationships in the *Asphodelaceae* (subfamily *Alooideae*) inferred from chloroplast DNA sequences (*rbc*L, *mat*K) and from genomic fingerprinting (ISSR). *Taxon* 52:193 – 207.

VALI, U. 2002. Mitochondrial pseudo-control region in old world eagles (genus *Aquila*). *Mol. Ecol.* 11:2189 – 2194.

WALTER, H. 1983. The raptor actigram: a general alphanumeric notation for raptor field data. *J. Raptor Res.* 17:1 – 9.

WILEY, E.O. 1981. Phylogenetics: the theory and practice of phylogenetic systematics. Wiley Interscience, New York, NY U.S.A.

———, D. SIEGEL-CAUSEY, D.R. BROOKS AND V.A. FUNK. 1991. The compleat cladist: a primer of phylogeny procedures. *Univ. Kans. Nat. Hist. Mus. Spec. Publ.* 19.

WILSON, A.C., H. OCHMAN AND E.M. PRAGER. 1987. Molecular time scale for evolution. *Trends Genet.* 3:241 – 247.

WINK, M. 1995. Phylogeny of Old and New World vultures (Aves: Accipitridae and Cathartidae) inferred from nucleotide sequences of the mitochondrial cytochrome b gene. *Z. Naturforsch* 50C:868 – 882.

———. 2000. Advances in DNA studies of diurnal and nocturnal raptors. Pages 831 – 844 in R. D. Chancellor and B.-U. Meyburg [EDS.], Raptors at risk. World Working Group on Birds of Prey and Owls, Berlin, Germany, and Hancock House Publishers, Surrey, British Columbia, Canada, and Blaine, WA U.S.A.

——— AND P. HEIDRICH. 1999. Molecular evolution and systematics of owls (Strigiformes). Pages 39 – 57 in C. König, F. Weick, and J. H. Becking [EDS.], Owls of the world. Pica Press, Kent, United Kingdom.

——— AND H. SAUER-GÜRTH. 2000. Advances in the molecular systematics of African raptors. Pages 135 – 147 in R. D. Chancellor and B.-U. Meyburg [EDS.], Raptors at risk. World Working Group on Birds of Prey and Owls, Berlin, Germany, and Hancock House Publishers, Surrey, British

Columbia, Canada, and Blaine, WA U.S.A.

——— AND H. SAUER-GÜRTH. 2004. Phylogenetic relationships in diurnal raptors based on nucleotide sequences of mitochondrial and nuclear marker genes. Pages 483 – 498 in R. D. Chancellor and B.-U. Meyburg [EDS.], Raptors worldwide. World Working Group on Birds of Prey and Owls, Berlin, Germany.

———, P. HEIDRICH AND C. FENTZLOFF. 1996. A mtDNA phylogeny of sea eagles (genus *Haliaeetus*) based on nucleotide sequences of the cytochrome b gene. *Biochem. Syst. Ecol.* 24:783 – 791.

———, H. SAUER-GÜRTH, F. MARTINEZ, G. DOVAL, G. BLANCO AND O. HATZOFE. 1998a. Use of GACA-PCR for molecular sexing of Old World vultures (Aves: Accipitridae). *Mol. Ecol.* 7:779 – 782.

———, I. SEIBOLD, F. LOTFIKHAH AND W. BEDNAREK. 1998b. Molecular systematics of holarctic raptors (Order Falconiformes). Pages 29 – 48 in R. D. Chancellor, B.-U. Meyburg, and J. J. Ferrero [EDS.], Holarctic birds of prey. Adenex and World Working Group on Birds of Prey and Owls, Berlin, Germany.

———, H. STAUDTER, Y. BRAGIN, R. PFEFFER AND R. KENWARD. 1999. The use of DNA fingerprinting to determine annual survival rates in Saker Falcons (*Falco cherrug*). *J. Ornithol.* 140:481 – 489.

———, D. GUICKING AND U. FRITZ. 2000. Molecular evidence for hybrid origin of *Mauremys iversoni* Pritchard and McCord, 1991 and *Mauremys pritchardi* McCord, 1997 (Reptilia: Testudines: Bataguridae). *Zool Abh Staatl Mus Tierkunde Dresden* 51:41 – 49.

———, H. SAUER-GÜRTH AND E. GWINNER. 2002. A molecular phylogeny of Stonechats and related turdids inferred from mitochondrial DNA sequences and genomic fingerprinting by ISSR-PCR. *Brit. Birds* 95:349 – 355.

———, M. PREUSCH AND J. GERLACH. 2006. Genetische Charakterisierung südwestdeutscher Wanderfalken (*Falco peregrinus*). *DFO Jahrbuch* 37 – 47.

XIANG, W., S. YI, Y. XIAO-DONG, T. MIN-QIAN, W. LI, Y. YE-FE AND L. QING-WEI. 2004. Comparative study of mitochondrial tRNA gene sequence and secondary structure among fifteen predatory birds. *Acta Genetica Sinica* 31:411 – 419.

ZUCKERKANDL, E. AND L. PAULING. 1965. Molecules as documents of evolutionary history. *J. Theor. Biol.* 8:357 – 66.

研究構想とデータ管理，分析および発表

4

JAMES C. BEDNARZ
Department of Biological Sciences, Arkansas State University
Jonesboro, AR 72467 U.S.A.

訳：井上剛彦

はじめに

　この章では猛禽類に関する重要な研究を完全になし遂げるために必要な様々な事項だけでなく，比較的取るに足らない事柄や一般的にそれほど興味をそそられるほどではない事柄についても書き表すことにする．研究構想やデータ管理，道理にかなった分析方法の実行，研究成果の出版や発表は，様々な分野の科学を進歩させる取組みの基本的な部分（根幹）において最も重要な側面である．猛禽類に関するデータ収集の仕事は明確に二分され，1つはロープを伝って崖を降下したり，タカを捕獲したりするといった極端なアウトドア活動を行うような遠く離れたフィールドにおける作業であり，もう1つはデータ管理を職場の机に座りながら行う仕事に分けられる．

　後者はたいへん退屈に思えるが，猛禽類の研究を指揮していく際の最終目的は，この希少な生物である猛禽類とその驚くほどの順応性について理解を深め，保護活動を確実に実施していくことである．これを達成するためにわれわれは前者と同様に，後者の仕事もこなさなければならない．そしてこれらの仕事を効率的に行い，かつ，研究者をより興味深い研究に携わらせるためには，データ管理と分析，論文の作成といった作業を効率よく行う必要がある．そこで，作業効率の向上を切望している猛禽類の保護に携わる生物学者を救う手立てとして，研究構想，データ管理，分析および結果報告など様々な分野にかかるより洗練された処理方法についての考え方や提案を書き示すこととする．

　この章は鳥類学や生態研究について大学卒業程度の比較的経験の浅い人たちに特に役立つよう意図されているだけでなく，もっと経験豊富で自らの研究能力の改善や評価を希望している研究者にも読む価値がある．この章では"どのようにして猛禽類の科学を行うのか"について概要を述べる．

なぜ，猛禽類の研究を行うのか

　はじめに言いたいことは，猛禽類を対象とするよりも他のものを対象に研究を考えた方が良いのではないか，ということである．というのは，科学は基本的に新たな知見を追求することであり，猛禽類はその特性から，研究すること（すなわち，彼らから知見を得ること）がたいへん難しいからである．猛禽類は，その生息密度が非常に低く（時に$100km^2$に1ペア以下の場合もある），多くは行くことが困難な場所（高木の頂や垂直の大きな崖）で見られるため，発見するのが難しく，観察が困難である．猛禽類の研究に関して，最も大きな挑戦の1つは，なんらかの意味あることが言えるだけの十分な大きさのサンプルサイズを確保できるかどうかである．生物学や生態学に関しての多くの基本的な疑問に対して，個体数の多い小鳥や小動物を研究することの方がより生産的である．猛禽類の場合は少なくとも調査する前にこのことについて考えてみるべきである．時間を，時には一生を費やして猛禽類を調査するということは，本質的に挑戦する（逆境と戦う）科学者となることを選んだことになる．

　一方，猛禽類は生物学や生態学の興味深い疑問の多くを研究するのに良い調査モデルとなるのも事実である．彼らの外見，活発な動き，捕食というリスクに満ちた生活や多くの謎に満ちた生活は研究対象として非常に魅力的なものにする本質的な価値がある．さらに猛禽類は国家や文

化の象徴やマスコットとして用いられており，特にバードウォッチャーや鷹匠はもちろんのこと，一般の人にも大きな関心をもたれている．多くの人は魅力ある猛禽類についてもっと知りたいと思っており，猛禽類に関する本を買ったりビデオを見たいと思っている．多くの人たちが猛禽類の情報をもっと知りたいと思っており，研究成果を知りたいと思う人が増えている．実際に人々が抱く猛禽類への魅惑が彼らを保護する法律を支持することに導いた例がある（例えば，米国の「The Bald and Golden Eagle Protection Act」）．その後，これらの法律に基づき，保護と管理計画を実行していくために，猛禽類の専門知識が必要となってきた．

　筆者は，猛禽類が生態学の疑問を研究するのにベストなモデルを提供するのではないかと主張したい．例えばJaksic（1985）は，猛禽類の集団が集団生態学に関する追加的な事象と種内競争の影響を研究するのに使えるベストなモデルシステムの典型を示す強固な例を示した．多くの猛禽類を捕食するものがいないということが，集団生態学の疑問に言及する際に，捕食の影響を混同してしまう可能性を除去することとなる．また，多くの猛禽類がよく研究されている脊椎動物を食物としているため，生物学者は，多くの小鳥，哺乳類，識別が困難なより小さな昆虫を食べる昆虫といった生息密度を知る良い方法がほとんどない獲物のグループで行われるよりも，より完璧に栄養関係に関する実証を行い，理解することができる．小鳥（例えば，Bibby et al. 2000）や哺乳類（Lancia et al. 2005）に関する広範な研究により，生息密度や生息数を信頼して推定できる様々な方法が発達してきた．食物資源（に関する情報）の入手は生物の生態解明の鍵であるため（例：Lack 1968），猛禽類は他の多くの小動物よりもさらに多くの情報を与えてくれるモデル生物である可能性が高い．

　猛禽類が有効な研究モデルを提供できる分野としては，一腹雛数の減少と兄弟間闘争の調査がある．猛禽類は，雛が同じ巣にいる兄弟を殺せる爪という武器を備えている代表的な鳥類であり，兄弟殺しを引き起こす同腹雛間の激しい攻撃を行う能力があり，このような種内干渉を理解するために研究される数少ない動物モデルの1つになる（Mock and Parker 1997）．猛禽類がもっと効果的な研究モデルになり得る他の課題としては，捕獲の生態や渡りの戦略，高次脊椎動物の性的逆2型および協同繁殖の形態の進化，協同繁殖，特に一妻多夫（polyandry）（Kimball et al. 2003）である．猛禽類は一般的に基本的な生物学の研究を行うのには適していないモデルであるが，科学における大きな関心事項である行動生態に関するいくつかの重要かつ最近の疑問を調べるのには良い研究モデルとなるかもしれない．さらに人間と同じく食物連鎖の頂点にいるために，われわれ人間の様々な環境汚染の影響と生物（学的）濃縮の研究にとって非常に貴重である（第18章参照）．

調査研究を成功させるための2つの鍵

　猛禽類の調査研究を行うと決めたなら，成功する可能性の一番高い方法で行うべきである．筆者の意見では猛禽類科学における研究の成功には，根本的で基本的な2つの要素があると思われる．そして，これらの要素は他の全ての生態学の研究を成功させるのにも当てはまるものである．それは，①革新的な発想およびアプローチと，②1にも2にもサンプルサイズの確保である．

　データを収集し，研究のパラダイム（模範）（すなわち，基本的な科学理論と方法）と猛禽類の知見を前進させるためには，新しく優れた発想が要求される．科学それ自身の性質と反復の重要性により，われわれは規範科学を実行しなければならない〔sensu（ラテン語で"意味"を示す）Kuhn 1962〕．常にしっかりと模範を保持したうえで，反復して研究することと，別の場所で綿密な調査がなされた事例のある，地域に特化した疑問について調査を行う必要がある．規範科学の例としては　①特定の地域に生息する複数の猛禽類の種の餌の比較，②対象種のハビタット要求性の決定，③生産性と繁殖生態学のほとんどの面を調べること，である．このような場合，研究者は長く使われてきた模範を使って知識のギャップを埋めることとなる．規範科学を実行することは生産的かつ必要であると思われ，そのようにすることが猛禽類研究者にとっても価値ある努力であると思う．猛禽類は世界の多くの場所ではまだ一般によく知られていないのが現状であるため，猛禽類の自然史の記述を入念に行っていくことが必要とされており，これは明らかに規範科学と言える．したがって，学士論文や修士論文のほとんどが規範科学の部類に入るように思われる．

　規範科学を実施することにより，生物学者はある程度のレベルで成功をなし遂げられる．しかし，真の学問の進歩というものには，科学界の鋭く心躍るような調査を刺激し，長い間支配してきた模範にチャレンジするような新たなアイデアが要求される．これこそが革命科学である（Kuhn 1962）．科学の分野で最も成功しドラマチックに学問を進歩させるためには，われわれは皆，規範科学は当然ながら，革命的な科学への参入も試みる必要がある．革命科学に分類できるoutside the box（箱の外）の考え方の最近

の例として，Brandes and Ombalski's（2004）はイヌワシ（*Aquila chrysaetos*）が利用する渡りのコースの把握と予測に laminar fluid-flow models を利用した例や Ellis and Lish's（2006）のワシの尾羽の色素沈着とそのパターンの種特異性の考察などがある．筆者は，いくつかの猛禽類の個体群の生存はハビタットの特性（通常，植生の特徴として捉えられている）の重要性に頼っているとされていることに疑問をもち始めている．別のパラダイムとして，猛禽類は極めて生息地に忠実であり，個体群の生存や繁栄は種のハビタットの特徴に関わらず，自分の与えられたテリトリー内でのハンティング経験と技術の向上に密接に関係している（Dekker and Taylor 2005）というものもあり，かねてから正論とされてきたハビタット（すなわち，植生や地形など）は猛禽類の保護に極めて重要であるというパラダイムは全ての場合において正しい訳ではないのかもしれない（Ahlering and Faaborg 2006 も参照）．調査したくなるような他の興味深いアイデアとしては，兄弟間干渉と第1雛が勝者として生き残って生涯を過ごす利点を得る競合の長期的な影響である．同腹の小さな方の雛は進化上，敗者になる運命なのか，そうではないのか．全ての生物学者が，型にはまった知識に挑戦し，長年抱かれてきた仮説を革新的な方法を用いて検証し，新たな模範を発展させ，そして箱の外"outside the box"を考えることによって，革命的な科学を実施するよう努力していくことが重要である．

科学的な手法

どのようなフィールドワークとそれに続くデータ分析に関しても，目的を明確とした研究計画が研究を成功させるためには極めて重要である．知見を得る方法はたくさんあるが（Kerlinger 1973），生態学で最も受け入れられている方法は仮説演繹法の利用である．この試みは1900年代に発達し，Popper（1959, 1968）を中心とした科学者の業績を通して一般化してきた．簡単に言えば，この方法は，研究課題や疑問を特定し，代替となるいくつかの説明的な研究仮説をつくり，仮説から理論的で検証可能な予測を導き出し，実験的な検定を行うものである．仮説の検定には実測的なものと操作的なものがあるが，後者はより強力である．（Diamond 1986 参照）猛禽類調査と関連調査に応用できる科学的な方法が述べられているいくつかの優れた文献があるが，内容についてはここでは繰り返さない（Romesburg 1981, James and McCulloch 1985, Eberhardt and Thomas 1991, Sinclair 1991, Ford 2000, Garton et al. 2005, and others）．猛禽類の研究者は最低限，Romesburg（1981）and Garton et al.（2005）の論文を読むことを薦める．猛禽類の研究者は仮説演繹法を猛禽類科学の実際に適用することが遅れている（Guthery et al. 2004 参照）．これはおそらく，世界的に猛禽類について記述するのに基本的な自然史が未だに存在していることが一因である．しかし筆者は，猛禽類の生物学においてはこの仮説演繹法は今更導入されるべきものではなく，研究仮説を検証することによって，問題対応型の研究を実行していくべきであると主張する．記述的な自然史のデータは，猛禽類の生物学と保護に関係した基本的な仮説と応用仮説を検証しながら，詳細な観察ノートを付けるのと同時並行で簡単に得られる．

この科学手法を用いて行う際にしばしば，特に学生にとっては研究仮説と統計仮説との間に混乱が生じることが分かった（Guthery et al. 2001）．これらの項の違いについての分かりやすい説明は James and McCulloch（1985）と Ratti and Garton（1996）が行っている．特に，研究仮説は説明回答もしくは研究疑問に答える概念モデルである．統計仮説は，特定のデータ収集を導くために抽出された検定可能な予測である．例えば，われわれは人間による妨害がアカケアシノスリ（*Buteo regalis*）の繁殖成功率が低いことの原因であるという仮説を立ててみる．この仮説を評価するために使われる検定可能な予測は，実験的に無作為抽出した巣への歩行者の侵入がコントロールサンプルの巣に比べて，結果として有意に低い繁殖成功率（すなわち，巣ごとの巣立ち雛数）になることである．この事例における帰無仮説は，実験的な妨害の場合と妨害のないコントロールの間で巣立ち雛の平均数に統計的有意差がないという予測である．研究結果を理解して発表する際には，研究者は研究仮説と検定仮説あるいは統計仮説を明確に識別すべきである．

研究を計画する際，全ての猛禽類研究者は疑似反復（同じ対象から何度もデータを取ること）の可能性と推計統計の不適切な利用について十分な注意が必要である（Hurlbert 1984 を完全に読んで理解することを薦める）．疑似反復は，処理が繰り返されない（サンプルは往々にして反復されているが），あるいは統計上，反復が独立していない実験からの処理効果をテストするために長年用いられてきた帰無仮説統計の利用である．例えば，研究者は，猛禽類の営巣に対する石油探索の影響を評価するために，石油開発が行われている地域と地域特性はよく似ているが石油開発が行われていない地域における繁殖成率の違いを比較することに興味をもつかもしれない．これら2つの地域における営巣の大きなサンプルサイズの繁殖成功率を

統計的に比較することは明らかな疑似反復の例である．この場合，サンプル（すなわち，巣）は反復であるが，処理はそうではない（すなわち，一方は開発の行われている地域で他方は影響を受けていない参照地域）．統計処理の利用は，ある1つの参照地域と相対的に比較してこの石油開発の影響を評価するには適当であるが，結果を外挿法で他の石油探索地域に当てはめてみるのは適当ではないと思われる．

　目的が明確であり，注意深く計画立案されている研究であっても，データの収集と管理に必ずしも優れているとはあまり強調することはできない．特に検定結果予測（test prediction）においては，収集すべき鍵となるデータが明確に特定される必要がある．また，この研究の初期段階において，調査者は用いるのに適当な統計処理を考えるべきである．パラメトリックとノンパラメティクのどちらが適当であるのか（Potvin and Roff 1993, Smith 1995, Johnson 1995 を参照）．時には明らかに実験的なデザインで，研究者は，特別な実験的な効果をデザインされた分散分析（ANOVA）と調査が実施される前にモデルの中で考えることができる共分散分析（ANCOVA）を展開することができる．

　例えば，営巣しているアカケアシノスリへの歩行者と四輪バギー車の影響についての仮説研究のための実験的なデザインを提案することに関連した有効な ANOVA モデルを下記に示す．この研究では独立変数（μ）はタカが巣から飛び出す時の妨害物との距離である．可能性のある効果項と誤差項は下記のとおりである．

$F = \mu + A_i + B_{j(i)} + C_{k(ij)} + D_{l(ijk)} + E_{(ijkl)m}$,
F ＝妨害物（人，車）からの逃避距離，A ＝妨害の種類〔i ＝歩行者または四輪バギー車による妨害あるいは妨害なし（コントロール）〕，B ＝繁殖ステージ（j ＝抱卵または育雛期），C ＝巣のタイプ（k ＝崖あるいは樹上の巣），D ＝植生タイプ（l ＝開けた草地または灌木地），E ＝誤差項，m ＝反復．

　さらに，この段階で研究者は，AIC（赤池の情報量基準：観測データがモデルにどの程度一致するかを表す基準）に基づいて評価される二者選択モデルのセットである情報理論法適用の可能性について考えなければならない（Anderson et al. 2000, Burnham and Anderson 2002）．フィールドデータが収集される前に，調査期間中の同じ専門家の意見や評価のほかに統計学者に相談することを推奨する．

魔法の窓（観察好機）

　良いアイデアや古いアイデアをテストするための新たな取組みを成功させるための次のポイントは如何に十分なサンプルサイズを確保するかである．サンプルサイズを確保することは，猛禽類は人の観察を嫌がり，生息密度が低く，広範囲に生息し，現地に行くことが困難な地域に生息しているために，ある意味で挑戦でもある．さらに，筆者がいままでに関与したほとんど全てのプロジェクトにおいて，データが効率的に得られる"魔法の窓（magic window）"と呼ぶ限定された時期がある．この窓は繁殖期の数週間であるか，あるいはデータ収集を必要とする重要な対象個体を捕獲するほんの数時間に限定されている．例えば，枝で巣をつくる猛禽類では巣を探すのに，営巣開始時期と落葉時期にわたる重要な観察機会がある．種ごとに，また状況により，その機会は3週間より短くその後は営巣を見つけるのは困難になる．したがって，サンプルサイズは営巣を見つける機会を効率的に利用できるかにかかっている．渡りの時期には捕獲してマーキングできる貴重な期間があることも分かってきている．言い換えれば，個体識別が必要な場合には研究者はこの時期を把握して，捕獲とマーキングを行うことに最大限の力を注ぐべきである．このように研究者はデータ収集には"魔法の窓"があることを知り，その時期に全力ででき得ることを行うことが必要である．つまり，研究者が成功するには要領よく計画をうまく立てることが重要で，例えば猛禽類の捕獲に適した時間帯や巣の探索に良い時期は比較的限られており，鍵となるデータを集められる重要な機会である週末や特別な日に観察する計画を進めて立てることが望まれる．筆者の知る限りでは猛禽類には休暇はなく，"魔法の窓"の期間中に研究者が休むとデータ収集の機会がしばしば失われてしまう．簡単に言えば，研究者が成功するには，サンプルサイズを大きくするためにこの短い期間をうまく利用する，仕事に対する強固な倫理的価値感が必要である．

　最後に筆者の経験から言えるのは，科学機関誌から返却される科学論文の多くはサンプルサイズが不十分なことが原因となっている．この問題に対処するには，データ収集の好機である"魔法の窓"の期間に全力で調査し，得られるものを全て利用することである．データ管理に費やす時間を効率化し，データ収集を効率的に行うためにも，研究者はデータを収集するこのベストな機会である"魔法の窓"を利用することを目標とすべきである．

体制

　この"魔法の窓"があるということはフィールドでの時間管理が一番大切であるということでもある．研究者は要求されている内容により，季節に及ぶものから週間単位のものまでの調査計画を工夫して策定するべきである．筆者自身のプロジェクトでは次の7～10日間以内に実施すべき調査の計画に黒板，白板，大きなカレンダーを利用している．計画は，3日ごとに利用されている巣の確認や，巣にセットしたビデオのテープやバッテリーの定期的な交換，発信器を装着した個体の定期的なチェックや，調査目的に必要とされている他の業務など，優先すべき内容を考慮するべきである．プロジェクトの大小に関わらず，週ごとに研究者は業務を評価して，次の7～10日間における優先度を見直す時間をもつべきである．計画は優先度の高いものと時間的に重要な仕事を強調してつくるべきであり，可能なら優先度の低いものにも時間を割当て，そのことをメンバー全員に周知することが必要である．また，巣や発信器の脱落および荒天によるフィールドワークの中止など，偶発的な事態への対応が必要であり，このような場合には計画の変更調整が必要である．この業務計画についてはさらに以下に記載する．

データ

　現在，人が失った芸術の1つは完璧で正確なフィールドノートをつけることであると信じている．フィールドで数人の院生と巣の調査などをしていた際に，誰一人として一度もノートに記録しなかったということがあった．例えば，われわれが巣内で3週齢の2羽の雛を見ていて，親鳥がカエルを搬入したことを後々まで覚えているだろうか．そして記録なしでこの重要な情報を残すことができるだろうか．記憶は流され，観察記録が次から次に追加されて混乱し，フィールドノートへ書き落とす前に，研究者は観察事実を追加しようとする．全ての研究者は観察記録の全てをできるだけ早く正確に完璧に記載して管理すべきである．例外は，事前に準備されているデータシートへの記入の場合である（下記を参照）．

　野外研究者は，初日までにそれぞれに合ったフィールドノートを用意すべきである．筆者の研究所では低価格の"rite-in-the rain"全天候型N350（J.L. Darling Corp., Tacoma, WA U.S.A.）を使用している．表紙は明るい黄色で防水紙である．Joseph Grinnellが開発しGrinnellian system（Herman 1986）と呼ばれる方法で記載することにしている．簡単に言えば，各ページの1行目に最新の日付を書き，2行目（必要なら数行）に位置情報を記し，以下に野外観察記録を書く（図4-1）．さらに重要なことは，観察期間中，観察したらすぐに記録することである．観察記録は時間の順番にページごとに1行目に日付を入れて，連続して記入する（日付がないページはどのページがいつのものか分からなくなる）．情報はできるだけ多く（例えば，個体数，推定距離，方向，行動パターンや出来事の持続時間など），詳細に記載する．筆者は，位置や岩棚，地図，鳥の特徴などはスケッチすることを推奨している．また，フィールドノートは，野外で出会う人の名前や出会った際の情報（例えば，調査している巣がある土地の所有者など），野外での指示事項，実施すべき業務の一覧，調査に必要なもの，そして調査を完遂するのに必要な他の大切な情報を記録するのにも都合がよい．裏表紙には巣の位置のリストや分かっている足輪の組合せ，タカに装着されている発信器の周波数，新たに捕獲した場合に使用できる足環の色の組合せなど，調査中に必要な重要事項を貼付けておくのがよい．

　フィールドシーズンの終わりには，フィールドノートを再度読み返し，ページを付けて目次をつくる（表4-1と表4-2）．調査後に読み返すことは，経験した上手くいったことやいかなかったことの感触が分かることになり，まだ直すべき矛盾点が把握できるし，忘れていたような大事な情報を思い出すこともできて，次の調査計画や調査後の報告の準備に必要な情報を整理統合することが可能となる．目次の作成は大幅な時間短縮になる．これは分析に追加データが必要となる場合や新しいノートにする場合，また野外で出会った人（例えば，地主）に連絡が必要な場合などに特に顕著である．

　フィールドノートに加えて，事前に作成準備した記録個票の様式を使うのも，欲しいデータを確実に記録するのに効果的である．様式は後の過程でデータ処理するのに素晴らしい意味をもってくる．様式やカードはタカを捕獲した際（図4-2）や巣に登った時，テレメトリーで位置を確定した場合，ハビタットのサンプリングや植生調査の記録に有用である．できる限り，このデータシートを使うことを強く推奨する．もしこの様式がうまくできていれば，特別なデータ収集に関係している全てのデータを1枚あるいは複数のシートに納めることが可能である．湿気の多い場所では"rite-in-the rain"用紙に様式をコピーして使うことを薦める．様式を使うメリットは，個々のシートが使いやすいように手作業で（例えば，種ごと，日ごと，巣ごとに）いろいろと並び替えができることである．必要ならば，

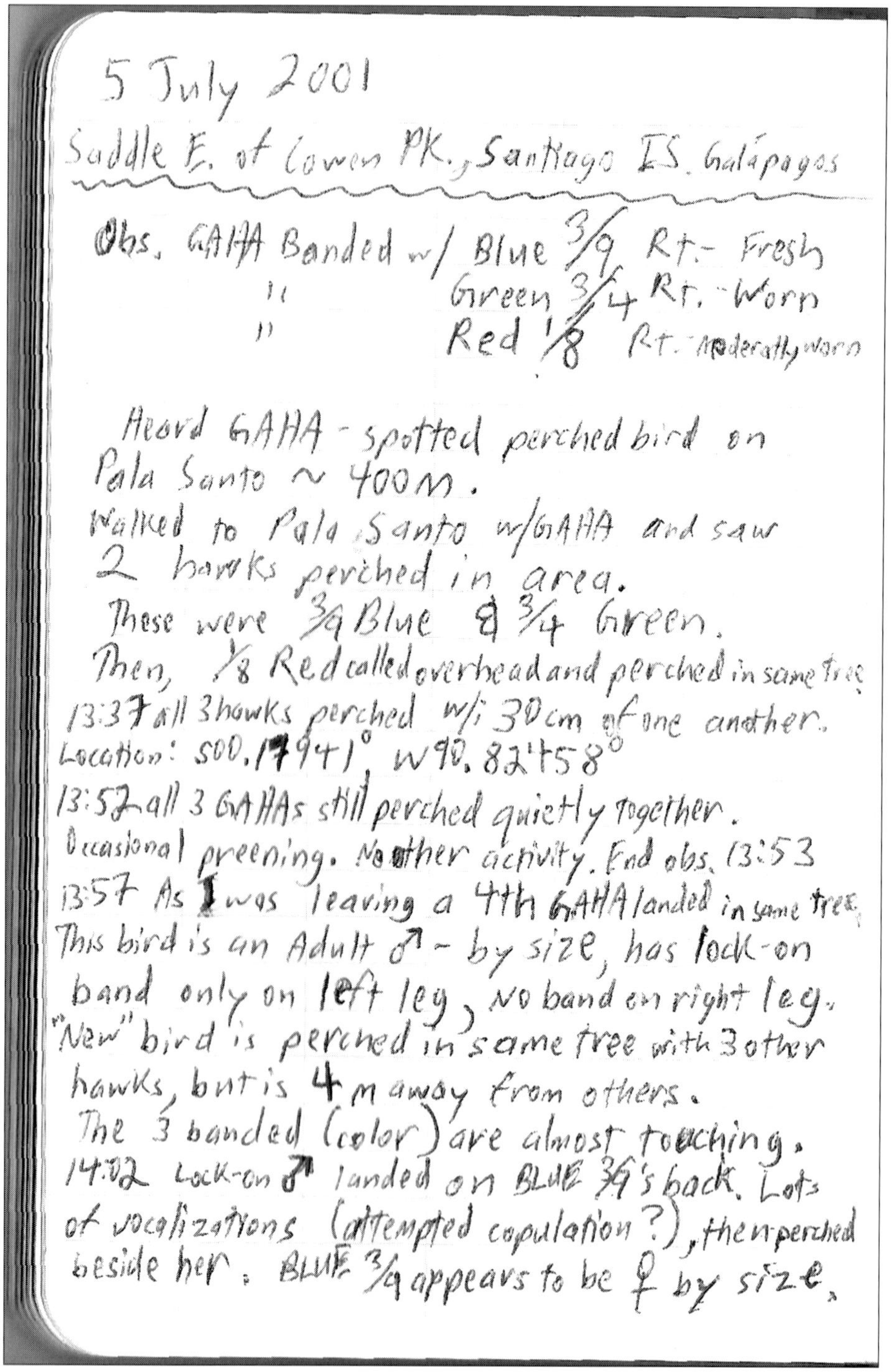

図 4-1　2001 年 7 月にサンティアゴ島で行ったガラパゴスノスリ（*Buteo galapagoensis*）の調査期間中に J. Bednarz により記録されたフィールドノートの 1 ページ．ここに書かれている調査内容はコーエンピークに生息しているこのノスリの集団から足環を読み取ることである．

表 4-1　1987 年にニューメキシコ州 Medanos 地区で行った調査のフィールドノートの目次の抜粋

目次	フィールドノートのページ	目次	フィールドノートのページ	目次	フィールドノートのページ
足環		ラジオテレメトリー		アレチノスリ	
破壊	148	No. 322 のタカ	3, 8, 9, 11, 13, 17	カスミ網	184, 187, 197
回収	91, 127, 318	No. 755 のタカ	3, 7, 18, 19, 27, 33, 35, 38, 46, 53, 58, 65, 75, 77, 78, 86, 90, etc.（上記ページはさらに 15 個体のテレメトリーにも関係している）	リハビリしたタカ	285
メンフクロウの巣	73, 74, 84, 93, 99, 107, 114, 152, 153, 195, 211, 234, 280			モモアカノスリの巣	表 4-2 参照
				つないだ獲物のブラインドからの観察	21, 23, 25, 26, 39, 40, 42, 300, 301, 302, 303
アナホリフクロウの巣	24, 96, 106, 128, 141, 142, 172, 178, 198, 200, 201, 205, 231, etc.			発信器	
		攻撃行動		装着	23, 41, 52, 60, 82, 181, 188, 189, 255, 281, 284, 306
死んだ猛禽類	8, 53, 55, 66, 127, 233, 236, 289, 318, 321	種内干渉	18, 19, 39, 97, 249, 250		
		捕獲		回収	4, 58, 66, 67, 218, 224, 296
emlen での調査	116, 122, 133, 150, 159, 170	アメリカチョウゲンボウ	305		
				植生	288, 294, 295, 296
アメリカワシミミズクの巣	表 4-2 参照	メンフクロウ	93, 211, 247	会った人達（以下、人名）	
モモアカノスリ		アメリカワシミミズク	21, 23, 38, 88, 190, 255, 266, 268, 277, 304, 307	Dee Armstrong	170
足環を付けた鳥の観察	4, 11, 15, 22, 23, 24, 27, 33, 42, 53, 56, 59, 72, 87, 92, 95, 104, etc.			Jack Barnitz	160
				Larry Blum	37, 44
		モモアカノスリ	1, 2, 23, 41, 52, 57, 60, 82, 181, 188, 189, 255, 280, 306	Marc Bluhm	68
交尾	45, 49, 59, 86, 99			John Brininstool	286
ブラインドからの巣の観察	106, 108, 109, 110, 115, 116, 119, 120, 123, 126, 127, 129, etc.	アカオノスリ	21, 25	Joneen Cockman	285
		ニシアメリカオオコノハズク	120	Tim Fischer	19, 122, 170, 285, 311
		アレチノスリ	187	Tay Gerstel	134, 184, 187, 197, 202, 203, 208, 209
巣づくり	47	猛禽類			
観察	11, 16, 24, 25, 33, 43, 52, 56, 62, 74, 79, 89, 104, 147, 148	調査	6, 7, 10, 13, 16, 20, 22, 27, 29, 33, 34, 42, 45, 49, 53, 54, 57, etc.	Stuart Jones	115
				Jess Juen	1, 9, 36, 40, 112
モモアカノスリの巣	表 4-2 参照	ハンティング	49, 274, 302, 315, 319, 325	Bob Kehrman	37, 48
				Bill Iko	81
傷ついた猛禽類	18, 161, 194, 305	巣	169	David Ligon	192, 193, 197
開腹術	192, 195, 196	捕獲	1, 4, 20, 22, 25, 31, 38, 39, 41, 43, 51, 55, 56, 59, 62, 63, 76, etc.	Danna Stretch	124, 126, 127, 128
巣				Steve West	124, 125
巣台	48, 50, 51, 72, 78, 109, 112, 167, 171, 172, 173, 193, 213	獲物をもった猛禽	19, 27, 29, 30, 31, 35, 39, 40, 45, 46, 48, 59, 63, 65, 72, 86, etc.	Don York	113
捕食	123, 130	ワタリガラスの巣	92, 116, 127, 128, 129, 131, 135, 136, 137, 138, 139, 140, 141, etc.		
他の鳥類の観察	56, 60, 85, 89, 90, 91, 137, 201, 267, 281, 283, 293, 294, 302, etc.				
ウサギ調査	12, 14, 28, 34, 46, 69, 97, 108, 124, 133, 168, 174, 185, 212, etc.	ニシアメリカオオコノハズクの巣	74, 93, 114, 118, 120, 125, 152		

表4-2 1987年にニューメキシコ州Medanos地区で行った猛禽類調査中におけるモモアカノスリ（*Parabuteo unicinctus*）57個体の巣のモニタリング調査時に書いたフィールドノートの目次の抜粋*

目次	フィールドノートのページ	目次	フィールドノートのページ	目次	フィールドノートのページ
巣の番号		15	102, 105, 107, 134, 150	37	79, 104, 122, 126, 129, 151
1	72, 92, 107, 158, 170	16	115, 120, 127, 132, 148, 151, 157, 159, 160, 166	39	132, 151, 152, 182
2	102, 134, 161, 183			40	70, 100, 164, 183, 192
4	98, 99, 109, 110, 115, 120, 162, 170, 179	17	81, 103, 126, 129, 130, 133, 153, 160, 179	41	70, 102, 104, 108, 139, 150
5	67	20	80, 103, 120, 123, 129, 134	42	103, 108, 132, 165, 182
6	61, 71, 102, 107, 109, 112, 116, 131, 151	26	75, 98, 113, 161	43	80, 107, 149, 150, 165, 182
		28	84, 103, 126, 130, 133, 148, 164	51	101, 111, 124, 149
7	78, 99, 122, 124			54	88, 104, 129, 131, 151, 161
8	96, 105, 109, 131, 148	29	70, 101, 102, 104, 109, 112, 117, 121, 126, 130, 134, 152, 156, 159	56	100, 109, 151, 153, 158, 160, 163, 169, 171, 178, 183, 184, 186
10	75, 98, 112, 119, 196				
11	73, 103, 111	30	100, 117, 119, 161, 186	57	103, 132, 165
12	80, 100, 149, 151, 165	35	71, 100, 117, 150, 152, 156, 159, 163, 169, 171, 182, 183		
14	73, 103, 109, 110, 133, 154				

* われわれは，同様の巣の目次をアメリカワシミミズク（*Bubo virginianus*）の17巣とアレチノスリ（*Buteo swainsoni*）の30巣についても作成した．

異なる方法で並び替える場合でもコピーすれば簡単にデータ管理ができる．

フィールドノートとデータシートはデータを紛失するのを避けるため，定期的（だいたい1～2週間ごと）にきれいなコピーを取ることを薦める．さらに言えば，フィールドではなく，事務所や大学などに保管すべきである．1～2週間分のデータの紛失は調査の障害となり，シーズン中の全てのデータの紛失は破滅的な失敗となる．

データ入力

データは，常にできるだけ早くパソコンのファイルに入力することを薦める．家屋やパソコンが利用できるプロジェクトの多くでは，できる限り，野外調査が終わった夕方に入力すべきである．これにより，すぐにオリジナルデータの写しが作成できて，データ紛失の可能性を最小限にすることが可能となる．多くの例では，研究者がパソコンを使えないテントの外でデータが収集される場合や調査者が夕方まで手を離せない場合が多いため，この方法は利用できない．

ほとんどのデータはエクセルのようなデータシートに入力されて，多目的に管理することができ，統計処理ソフトを含む様々なプログラムに利用される．入力様式は，欄の上部に書かれた項目，分類により変化し，また個々の観察や事例は列を越えて入力される（表4-3）．筆者は，できるだけ縦の行よりも横の列に優先して可変数を分かりやすく設定することを薦めている．横の列には基本的に観察する項目〔例えば，対象個体，観察場所，日付，年，観察に関する属性（性別，年齢，経験の有無など）〕が分かるようにする．表4-3の例では，横の欄に年，雄の個体番号，テリトリーサイト，観察時間，開始日，終了日などが可変数として設定されている．識別変数はデータの連続処理や分析に有効である．年次は比較的若い研究者が見落としやすい変数であるが，ほとんどの野外研究において要となる分析変数あるいは交換変数でなければならない．表4-3で例示したように，興味深い疑問の1つは「この集団の雄の個体ごとの搬入回数はどうか」ということである．ANOVAタイプの分析ではこのことがメイン変数となるであろう．しかし，データは年や観察時間による影響とテリトリーサイトの影響を考慮して時系列のミックスモデルを用いて分析が行われるべきである．

空間データは，比較的最近に使用可能となったGISのソフトで簡単に分析・表示できる．生物分析に最も用いられているソフトはArc ViewあるいはArcGIS（ESRI,

表4-3 1999年と2000年にエクアドル，ガラパゴス諸島，サンティアゴ島で行ったガラパゴスノスリの獲物の巣内搬入調査のデータをまとめた例

年	雄の番号	テリトリーサイト	観察時間(分)	開始日	終了日	ムカデ	トカゲ	ドブネズミ	ハト	ハツカネズミ	ヘビ	海鳥	ヒワ	ヤギ	同定不能な小さなもの	捕食合計
1999	2	Cave	3620	5/5	5/10	7	2	2	0	1	0	0	0	0	0	12
2000	2	Cave	3125	5/16	5/21	0	0	0	0	0	0	0	0	0	0	0
1999	1	Coast	3620	5/12	5/17	15	0	1	0	0	2	0	0	0	0	18
1999	2	Cowan 2	3630	5/21	5/26	8	6	0	0	0	11	0	0	0	0	25
2000	2	Cowan 2	3014	5/25	5/30	1	0	0	3	0	0	0	0	0	0	4
2000	1	Espino	3030	6/8	6/13	3	1	0	3	0	0	0	1	0	0	8
1999	3	Guayabillo	3645	5/29	6/2	12	0	1	0	1	0	0	0	0	0	14
2000	1	Gully	3261	6/21	6/26	4	4	0	0	0	0	0	0	0	2	10
2000	2	Lagoon	3851	7/1	7/6	8	2	0	0	0	0	0	0	0	0	10
2000	2	Lava	3090	7/12	7/17	0	1	0	0	0	0	0	0	0	0	1
1999	3	Malgueno	3770	6/4	6/9	2	0	0	0	0	0	0	0	0	0	2
2000	3	Mordor	3400	7/23	7/28	2	0	0	0	0	0	0	0	0	2	4
1999	2	Peak	3809	6/23	6/28	3	0	1	0	0	0	0	0	0	2	6
1999	3	Peregrino	3705	6/30	7/4	3	0	0	0	0	0	1	0	0	0	4
2000	3	Peregrino	3025	7/30	8/3	0	0	0	1	0	0	0	0	0	0	1
2000	2	Red Mtn	2162	8/5	8/10	3	0	0	0	0	0	0	0	0	0	3
2000	2	Shangri La	3155	8/11	8/16	4	1	0	0	0	0	0	0	0	0	5
1999	2	Valley	3635	7/11	7/16	1	1	1	0	0	0	1	0	0	0	4
2000	2	Valley	3071	8/17	8/22	0	0	0	0	0	0	0	0	0	0	0

Redlands, CA U.S.A）である．低価格のGPSにより，比較的正確な空間座標を得ることができるようになった．全ての野外調査者はGPS受信機を持参して利用すべきである．これらのデータは，前述した方法によりエクセルシートに入力される．このシートには，観察データごとにUTM（訳者注：座標系のこと）および座標を入力する2つの列を含めておく必要がある．ファイルはdbfファイルに変換され，地図上に空間表示したり，空間イメージをつくり出したりするために，Arc Viewあるいは類似のソフトに読み込まれる．

データ解析

ほとんどの学生や生物学者は，有意性や帰無仮説を行うための統計テクニックを学んでいる．この分析法は，最近では，つまらない仮説の検証や情報価値のない分析に重点を置いているとして，研究機関誌で攻撃的に批判されている（例えば，Johnson 1999, Anderson et al. 2000）．既存のものに代わり，効果の推定の報告（例えば，中間値と信頼区間の提供など）やベイズ定理によるアプローチ（Johnson 1999），そして情報論理アプローチ（Anderson et al. 2000）などの様々な方法が提案されてきた．ベイズ定理によるアプローチは，計算が複雑で，利用できるソフトが市販されていないため，まだ生態学の分野ではデータを評価するツールとしては十分には受け入れられていない．ここではこの方法については説明しないが，興味ある読者は生態学入門の説明書として，Ellison（1996）を参照すること．I-Tアプローチ（Anderson et al. 2000, Burnham and Anderson 2002）は，最近，少し一般的になってきたが，筆者の考えでは従来の帰無仮説をこれで検証するには利点と欠点がある．簡単に言えば，I-T法にはいくつかの説明変数（独立変数）の可能性のあるものに基づく選択された反応変数（伝統的に従属変数と考えられている）に影響を与える二者選択モデルの検定を行うことも含まれる．それから，AICのような推定限界が，データが二者選択モデルに当てはまるかを評価するのに使われる．最近で

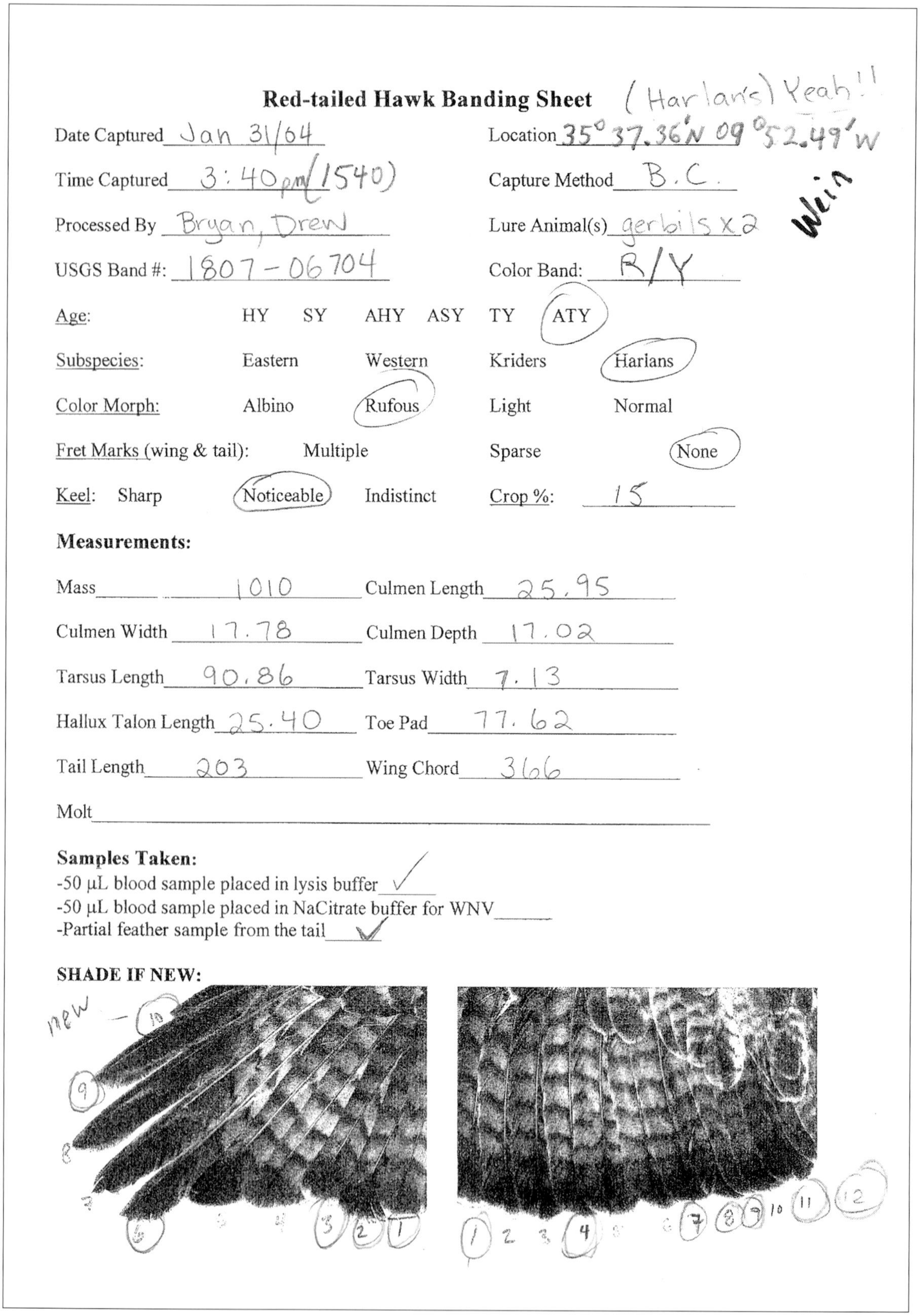

Red-tailed Hawk Banding Sheet (Harlan's) Yeah!!

Date Captured Jan 31/04　　　　　Location 35° 37.36'N 09° 52.49'W
Time Captured 3:40 pm (1540)　　 Capture Method B.C.　　Wiin
Processed By Bryan, Drew　　　　Lure Animal(s) gerbils x 2
USGS Band #: 1807-06704　　　　 Color Band: R/Y

Age:　　　　HY　SY　AHY　ASY　TY　(ATY)

Subspecies:　　Eastern　Western　Kriders　(Harlans)

Color Morph:　Albino　(Rufous)　Light　Normal

Fret Marks (wing & tail):　Multiple　Sparse　(None)

Keel: Sharp　(Noticeable)　Indistinct　Crop %: 15

Measurements:

Mass　　　　　1010　　　Culmen Length　25.95
Culmen Width　17.78　　 Culmen Depth　17.02
Tarsus Length　90.86　　 Tarsus Width　7.13
Hallux Talon Length 25.40　Toe Pad　77.62
Tail Length　203　　　　Wing Chord　366
Molt _____

Samples Taken:
- 50 μL blood sample placed in lysis buffer ✓
- 50 μL blood sample placed in NaCitrate buffer for WNV ____
- Partial feather sample from the tail ✓

SHADE IF NEW:

図 4-2　冬期に捕獲してマーキングしたアカオノスリ（*Buteo jamaicensis*）の記入済みのデータシート．

は，審査委員や編集者がI-T法ばかりが使われていると主張している．しかし，Guthery et al.（2001, 2005）の評価では，IT法を再検討して，帰無仮説の検証のような同じやり方でのまちがった使い方（Anderson and Burnham 2002も参照）はもちろんのこと，その分析のいくつかの限界を指摘した．

各研究者は，使う分析ツールとして代替アプローチを検討するべきである（例えば，帰無仮説の検証，効果推定，I-Tモデル）．I-T法は，もともと説明的であり，多くの例では限界が明確な反応変数と普通変数の可能性がある室内実験か野外実験のためのデータのパターンを検証するベストの分析方法ではないとするGuthery et al.（2001, 2005）に筆者は同意する．後者の場合，筆者は，古典的な帰無仮説の統計処理で，特にしっかりした理論であり，結果が容易に理解できる技術であるANOVAを支持する．しかし，Anderson et al.（2000）は，I-T法は代替モデルの厳密な検定として利用可能な方法であると示唆したように思える．少なくとも，筆者が見てきたほとんどの場合では，この評価には疑問がある．というのは，説明変数はしばしば任意に選択されて都合よく使われ，比較的簡単に計測できる変数であり，また反応係数との関係は受け入れられるモデルをつくるのにどちら（陽性あるいは陰性）にも結果が出るからである（これは明確に述べられた研究仮説の事前のテストではない）．したがって，I-T法のほとんどの例では，特別な仮説を検定するよりも関係を明らかにするのに適しているように思える．さらに，2つ以上のモデルがデータに合う場合（類似のAIC values），どのモデルがベストであるかは，主観的な論点以外に決める方法はない．このことからI-T法は，反応項（例えば，生存）と説明可能な変項との組合せ（例えば，年齢，年次，選択植生または行動の変数）の間の正の相関関係を決定するのに意味がある．時々，誤って使用されるが（Anderson and Burnham 2002），I-T法は検定により無為仮説が排除できるのであれば，説明的な研究仮説を比べて，比較利点を評価するのにも使うことが可能である（Guthery et al. 2005）．

上述したスプレッドシートに入力されたデータは，コピーペーストにより，簡単にSAS, MinitabおよびSystatなどの統計処理のソフトに移すことができる．研究がよく計画されていれば，ほとんどのデータはパラメトリックまたはノンパラメトリックによる解析が利用できる．（Potvin and Roff 1993, Johnson 1995, Smith 1995を参照のこと）．I-T解析は，SASと他の統計プログラムからの成果に基づいて行うことができる（Anderson et al. 2000, Burnham and Anderson 2002を参照）．

ここでは，標準的帰無検定の統計手法について説明は行わない．野生動物に用いられる統計処理の手法については，Bart and Notz（2005）により書かれており，さらに進んだ処理はSokal and Rohlf（1995）のような統計の教科書で知ることができる．

成果の発表と出版の成功

データ収集と分析をほぼ終了したら，最終のそして最も大切な段階は成果の発表である．データ発表には，次の3つの意味がある．①出版するための原稿の準備，②学術集会での口頭発表，③学術集会でのポスター発表である．この中で，最もやりがいのあるのは原稿を用いて成果を出版することであるが，これは専門家の厳しい評価を受けることにもなる．いかに論文を書いたり，発表したりすべきかに的を絞った詳細な方策がある（例えば，Day 1998，下記参照）．ここでの目的は，猛禽類についての原稿の出版を成功させるのに有効なキーポイントを紹介することである．

筆者は，基本的に印刷して発表することに焦点を当てているが，簡潔で分かりやすく，明確にすることなど，多くの発表のガイドラインで書かれていることは，ポスター発表や口頭発表にも同じように当てはまる．

概要（下書き）からの改良

最初のステップとして薦めるのは，原稿のために下書きを準備することである．昔からある様式で概要を書いて（すなわち，項目に番号を付け，重要性を示す字句の案を作成するなど），大見出しを単純に書き出し，それぞれの見出しで言いたい項目を順番にリスト化することである．これにより，述べたい論点の論理的な道筋を見て，研究の成果を書き上げるのに用いるブレインストーミングを行うことができる．下書きは，書く前に必要とする文献や分析で不足している部分や分野を明らかにするのと同様に，自分の考えやもっている発表のための材料を整理するのを助ける大きな枠組みを提供することになる．下書きは，原稿をより論理的に，完璧にまた効果的にするための調整がよく分かるような指針の役目も果たす．そのため，著者が満足するまで，項目の追加や削除，切り貼りや移動をすることができる．下書きをつくる際には，項目（例えば，まずは鳥の観察情報，次に繁殖成功率，そして最後に植生との関係など）は論文の大項目（すなわち，"はじめに"や"方法"など）ごとに同じ順番に並べなければならない．

論文の一般的な作成方法

論文作成の段階では，まずは投稿する機関誌を決め，それに狙いを定めることを推奨する．機関誌の選択は，採用可否や発行までの時間，読者の興味，審査員と審査過程の質，文献の話題に関係した内容に関する普及の可能性などについて，よく考えることが必要である．経験の浅い研究者は，機関誌を選ぶ際には一緒に研究する年上の方や猛禽類研究に携わっている学術指導者と相談をすることを薦める．機関誌が決まれば，著者は投稿規定を参照して，規定どおりに注意深く原稿を作成すべきである．ほとんどの学術誌や団体ではウェブサイトをもっており，投稿規定を掲載している．最近掲載された論文のコピーや別刷を手に入れて，様式やスタイルを参考にするのがよい．投稿規定は機関誌にも掲載されている．「The Journal of Raptor Research」では毎年12月発行の機関誌に投稿者向けにそのような情報を掲載している（例えば，J. Raptor Res. 39:480-483）．

学術論文を発行するための解説本などがたくさん出回っている（例えば，Day 1998, Gustavii 2003）．シンプルで分かりやすい解説書として，「Strunk and White」(1999)の第4版を推奨する．この本には，効果的に記載することに関してすばらしいアドバイスが含まれている．このマニュアルでは，シンプルで分かりやすく，そして科学的な文章で一番効果的な能動態の文章を使うようにアドバイスしている．受動態で書かれた文章は，くどくなり，明確でなくどこかすっきりしない．明確さにつながる完璧で簡潔なものを書くように努力すべきである．

はじめに（序論）

ある意味，論文で一番重要な部分であり，いろいろな意味から書くのが一番難しい．筆者は，"はじめに"において研究の背景が不十分という単純な理由で差し戻しになった論文をたくさん見てきた．この章を書くのには十分に注意を払い，必要ならば何度も書き直すことを躊躇してはいけない．特に研究を行った背景についてうまく書く必要がある．この研究がなぜ猛禽類の保護に役立ち，猛禽類生物学の理解を深めるのに重要であるのか．研究を意味あるものにするため，"はじめに"において，この問いに明確に答え，特定の背景を列挙すべきである．過度に学術的過ぎず，また詳細になりすぎないようにすべきである．"はじめに"と他の部分でも過度の引用は避けること．データ収集を始める前に，これから行う研究の発想と目的を科学的な正確さをもって考えていれば，"はじめに"を作成することは比較的簡単である．

方法

通常，調査地と調査方法が最初の部分となる．最近は多少そうではなくなってきたが，1つには地図を作成するのは比較的経費がかかるとともに，著者が適した地図をつくることは難しいため，調査地の地図は特に有益である．適切な1つの図は，多くの言葉による説明よりも価値があり，このことは調査内容を述べる段階になるとさらに顕著になる．このように，調査地の有用な図は，内容（植生の分布パターン，巣の位置，調査に関するキーとなる特徴などを空間的に図示できる）を最大限に表すことができて，野外調査のために役に立つ最も費用対効果が高いものである．

"方法"の部分は，著者により利用された調査技術をそのまま述べる箇所である．ここでのポイントは，読者が調査や実験を再現できるよう，十分詳細に記載することである．"方法"は最新の研究で利用されている"方法"を明確に説明している他の文献を引用することにより，短縮することができる．引用文献を信頼して，オリジナル文献に述べられている"方法"のどこをどのように工夫したのかをきちんと述べるだけでよい．

結果

どんな文献においても重要な部分であるが，一般に書きやすい．"結果"に記載する項目について，自分の下書きに基づき，"結果"の部分に図表を入れることを推奨する．文章は，表に記載された数値を繰り返さず，図表で明らかになったデータの主なパターンを手短に述べるべきである．全ての図表は，本文での説明が必要である．本文中にその説明がなければ，必要のないことを意味しており，その図表は外すべきである．表のデータが少ない場合は，もっと簡単に文章だけで書くようにする．中央値，平均値，推定値および統計処理の結果は書いておくべきである．結果を書いている間に図表を見直し，最終原稿には明確さをより改善するために修正版を作成すべきである．

表には，生のデータではなく，数学的にまとめたもの（例えば，平均，信頼区間，サンプルサイズなど）を書くべきである．表は明確で率直に，単純にまた説明しやすいようにつくられることが必要である．過度に乱雑なものや脚注は避けるべきである．余分なものを除き，頭字語や意味不明のコードなどは極力使わないようにすべきである．1970年代に，それぞれの植生構成や様々なものをコードで表現することは，結果を表すための簡単な方法であると，それとなく決められた．残念なことに，この混乱する，また効果があまりない表現手段は今日も使われている．このように，植生分析が書かれている論文や頭字語の寄せ集め（例えば，PDFCC：樹冠被覆の落葉率）では，読者がコー

ドのカンニングペーパーをつくらない限り，ほとんどついて行けない．ひたむきな読者なら，この意味不明の頭字語による混乱を整理するために，このカンニングペーパーをつくろうと思うに違いない．筆者は，著者がこの変項にコードを使わずに項目を説明するような略記を用いることを推奨する．例えとして先ほどの PDFCC を考えてみる．仮に，著者が 40 種類の植生タイプをよく似た分かりにくいコードで分析した場合，文章と表はたいへん理解しづらいものになる．この変項のために，明確な項目名としては "樹冠被覆" が良いのではと思われる．全体を通して，論文では頭字語と意味不明のコードは極力使わないようにすること．

表に図を入れると，見やすい表現として効果的であり，読んだ後に読者の印象に結果が強く残ると感じるので，これを強く薦める．Tufte（1983）は，量的データの見やすい表現についていくつかの指針を提示した．特に効果的な図のいくつかの例は，次の機関誌「The Journal of Raptor Research」に載っている（*J. Raptor Res.* 39:356, Fig. 1；39:369, Fig. 2；39:397, Fig. 1；39:448. Fig. 1；39:464, Fig. 1；39:470, Fig. 3；40:14, Fig. 9；40:18, Fig. 14；40:68, Fig. 2）．自分が使っている表のデータがこの図で効果的に表現されているかどうかについて，常に考えておく必要がある．

考　察

"考察" は，序章や他の章で記載した一般的な項目の順番と同じ順序で書いて行くべきである．たぶん最初の内容としては，"はじめに" で紹介した研究目的と仮説についてである．データは，仮説を支持するのか異議を唱えるのかを調べるのである．結果に表れたどのような矛盾であっても，認めて考察する必要がある．それから調査方法にバイアスがかかっている可能性を再検討し，これらのバイアスの重要性についてコメントする．これらの弱点が著者の説明に影響を与えている可能性はないかどうか考え，また，データを最新の関係する文献と客観的に比較してみる．そして再度，過度に学術的にならないようにすること．結果は，テーマが少し似ている論文全てと比較する必要はない．単純に最も関係深い論文に的を絞ることである．

予期しないあるいは驚くべき結果ならば，論理的で分かりやすい説明をしなくてはならない．使える事後のデータや文献で報告されている首尾一貫した考え方を駆使して，仮説の支持に努めること．しかし，深い終焉に逃げ込まないこと．考察を支持する分かりやすい論理や証拠がないのであれば，考察を進めてはいけない．考察のし過ぎは，いつも原稿が受け取られずに返却されてくる．考察では，自分自身で仮説を展開する機会でもあるが，データは新しいアイデアと矛盾があってはならない．考察には慎重にあるべきで，仮説は最大でも 1 つか 2 つに制限すべきである．その結果，調査目的のために行ったデータ収集の波及効果として，データから明らかになる興味深いパターンを見いだすことがしばしばあり，やりがいを感じるものである．

原作者

全ての科学分野において，科学者にとって大切なことの 1 つに，科学に貢献する原作者をどのようにして決めるかという問題がある．過去にはほとんど無視されていたが（例えば，Tarnow 1999），著者とその記載順序のための倫理的なガイドラインがいくつか出ている（例えば，Day1998, Macrina 2005）．理想的には，著者になる原則と哲学は，調査を始める前に共同研究者の可能性のある院生や院生の指導者と事前に話し合っておくべきである．しかし，実際には研究後，原稿を書く段階になって初めて決められており，ほとんど問題はない．

研究の開発と実効に実質的に貢献した個人だけを原作者とすることは，倫理的常識からも受け入れられて当然である．実質的な貢献者は，研究の深さ，方向性，焦点（Macrina 2005），あるいは概念，構成，説明（Tarnow 2005）のどれかに貢献した者として載せられる．自らは直接的には調査に参加はしていないが，基金獲得の協力者，プロジェクトのまとめ，進行管理だけを行った名誉著者あるいは単にデータを取った技術者は倫理基準を侵害することになる．

さらに，全ての原作者は，出版された科学的な内容と誠実性について責任をもつ必要がある．つまり，理解が得られる範囲で，全ての原作者は研究の基本的な部分を理解し，弁護しなければならない．また間違いや説明の不備，そして結果として生じるもの全て（どんなに良くない科学でも）に責任を取らなければならない．例えば，不確かな発表により，いい加減で再現性のないデータに基づき，伐採によって希少猛禽類が助かっているという示唆を与える発表を行った原作者を考えてみよう．この場合，発表に基づいて土地所有者などの資源管理者は希少猛禽類のために，さらに伐採作業を押し進め，その結果として，この種が絶滅状態に陥ってしまうことが考えられる．この仮説シナリオは，論文ができるまでの多くの欠点（例えば，編集者による安易な判断や見落とし，うわべだけの校閲者による論評，資源管理者による重要な調査の欠如など）を露呈することになるが，絶滅の責任のほとんどは原作者に帰するものである．もちろん研究を理解していない人や名誉的な連名の著者は，科学というものを守ろうとせず，また批判的に評価

するため，先に述べたシナリオに似たような保護上の惨事や不確かな出版を行う可能性につながることになるので，原作者に入れるべきではない．

Dickson et al.（1978）や Schmidt（1987）などは，基礎・応用生態学の文献における原作者を決めるためのガイドラインを発表している．これらガイドラインは J.F. Piatt（未発表）によって詳しく述べられているが，ここに簡単にまとめておく．科学的な調査は 5 つの基本的な領域に分けられるという取り決めがある．

1. 構想—独自の研究テーマ，計画，基金の取得など．
2. 構成—研究の構成の検討，データ収集基準の複雑さ，関連する事業計画事項．
3. 実行とデータ収集—実際のデータ収集とフィールドおよび室内活動の支援に必要な管理と実施の努力．
4. データ分析—データ入力，確認照合，分析のようなデータ処理の全て．
5. 記述—どんな文献でもその強烈で知的に検討したことを表す組立と解説が含まれる（一般的に，最初の案は筆頭著者が書くことになっている）．ガイドラインと同様に，先に述べた 5 つのうち最低 2 つ以上の分野で著しい貢献をした人を共同執筆者の可能性を有する人と考えるべきである．全ての共同執筆者が関与すべき分野は，原稿の下調べである．最低限でも，全ての共同執筆者は初期の原稿案を慎重に校閲し，説明と妥当性のために重要な内容を取り入れていく必要がある．その後，提出する前には，全ての共同執筆者は，原稿に書かれている結果と科学に対しての責任を気持ちよく受け入れるべきである．この承認手続きは非公式に口頭で行われ，あるいはもう少しきちんとされる場合は手紙や電子メールを通して書面に記載された形で承認される．

原作者の記載順序は，研究全般を通しての貢献度に基づくべきである．Piatt（未発表原稿）は，原稿作成にあたり，共同研究者に 5 つの分野のそれぞれにおいての貢献度を推定してもらい，貢献度を比較する方法を提案した．共同研究者の可能性のある人たちは，それぞれが推定した貢献度を検討し，意見が一致するまで訂正するべきである．この量的な評価は，貢献した人の得点に大きな差がある場合に，共同執筆者と謝辞でリストに載せるべき人の違いを示すことができる．得点が近い人の貢献の度合いについては，議論を行ったうえで，他の執筆者全員の同意によって判断されるべきである．医学や分子生物学の分野を含むいくつかの分野では，実際の調査に関与しているのは当然として，研究グループや研究室のリーダーは，論文の著者の最後に載ることになっており，最初の著者の次に重要で名声のあることを意味している．一般的に野生動物の分野では，このことは取り決めではなく，最初の著者が一番貢献しているように，著者の順序は研究全体への貢献度を反映している．しかし，この哲学も学問分野の収斂とともに変わってきており，多くの猛禽類の室内研究者は，執筆者の最後に名前が載ることが重要だと思っている．

結　論

ある意味では，発表や結果の出版は，猛禽類研究を行っていくうえで最も挑戦的な面をもつ．発表することにより，時には，同じ研究者から率直な非難を受け，実につまらないことにもなるが，一方では猛禽類科学にとって最も満足を与える面でもある．研究は，発表するまでは完結したものではないことを肝に銘じておくべきである．ある意味，研究プロジェクトは，成果が機関誌に掲載されない限り，始まらない．データが日の目を見ないならば，調査に費やした時間を無駄にし，基金を無駄遣いし，鳥に不必要な圧力を与えていたことになる（調査対象として観察したり，足輪の装着，捕獲，繁殖活動を邪魔したりするなど）．一方，科学の最も満足する面としては，査読付きの機関誌に掲載されることにより，その研究が評価され，知識基盤と猛禽類保全に最近の貢献をしたことの重要性を認識することであろう．

謝　辞

この「猛禽類学」の 1 つの章を書くことを薦めてくれた Keith Bildstein に感謝する．この中で表現した考え方は，Hawk Mountain Sanctuary，ボイシ州立大学，およびアーカンソー州立大学の多くの院生や学生，研究生と一緒に働いた経験からまとめた．また，直接，間接的に協力していただいた全ての方々に感謝する．Keith Bildstein, T.J. Benson, Rich Grippo, Nick Anich, David Bird には，この章で取り上げた様々な示唆をあれこれと提供していただいた．

引用文献

AHLERING, M.A. AND J. FAABORG. 2006. Avian habitat management meets conspecific attraction: if you build it, will they come? Auk 123:301 − 312.

ANDERSON, D.R. AND K.P. BURNHAM. 2002. Avoiding pitfalls when using information-theoretic methods. J. Wildl. Manage. 66:912 − 918.

———, K.P. BURNHAM AND W.L. THOMPSON. 2000. Null hypothesis

testing: problems, prevalence, and an alternative. *J. Wildl. Manage.* 64:912 − 923.

BART, J.R. AND W.I. NOTZ. 2005. Analysis of data in wildlife biology. Pages 72 − 105 in C. E. Braun [ED.], Techniques for wildlife investigations and management. The Wildlife Society, Bethesda, MD U.S.A.

BIBBY, C.J., N.D. BURGESS, D. JILL AND S. MUSTOE. 2000. Bird census techniques, 2nd Ed. Hancock House Publishers, Blaine, WA U.S.A.

BRANDES, D. AND D.W. OMBALSKI. 2004. Modeling raptor migration pathways using a fluid-flow analogy. *J. Raptor Res.* 38:195 − 207.

BURNHAM, K.P. AND D.R. ANDERSON. 2002. Model selection and multimodel inference. Springer, New York, NY U.S.A.

DAY, R.A. 1998. How to write and publish a scientific paper, 5th Ed. Oryx Press. Phoenix, AZ U.S.A.

DEKKER, D. AND R. TAYLOR. 2005. A change in foraging success and cooperative hunting by a breeding pair of Peregrine Falcons and their fledglings. *J. Raptor Res.* 39:394 − 403.

DIAMOND, J. 1986. Overview: laboratory experiments, field experiments, and natural experiments. Pages 3 − 22 in J. Diamond [ED.], Community ecology. Harper & Row Publishers, Inc., New York, NY U.S.A.

DICKSON, J.G., R.N. CONNER AND K.T. ADAIR. 1978. Guidelines for authorship of scientific articles. *Wildl. Soc. Bull.* 6:260 − 261.

EBERHARDT, L.L. AND J.M. THOMAS. 1991. Designing environmental field studies. *Ecol. Monogr.* 61:53 − 73.

ELLIS, D. H. AND J. W. LISH. 2006. Thinking about feathers: adaptations of Golden Eagle rectrices. *J. Raptor Res.* 40:1 − 28.

ELLISON, A.M. 1996. An introduction to Bayesian inference for ecological research and environmental decision-making. *Ecol. Appl.* 6:1036 − 1046.

FORD, E.D. 2000. Scientific method for ecological research. Cambridge University Press, Cambridge, United Kingdom.

GARTON, E.O., J.J. RATTI AND J.H. GIUDICE. 2005. Research and experimental design. Pages 43 − 71 in C. E. Braun [ED.], Techniques for wildlife investigations and management. The Wildlife Society, Bethesda, MD U.S.A.

GUSTAVII, B. 2003. How to write and illustrate a scientific paper. Cambridge University Press, Cambridge, United Kingdom.

GUTHERY, F.S., L.A. BRENNAN, M.J. PETERSON AND J.J. LUSK. 2005. Information theory in wildlife science: critique and viewpoint. *J. Wildl. Manage.* 69:457 − 465.

———, J.J. LUSK AND M.J. PETERSON. 2001. The fall of the null hypothesis: liabilities and opportunities. *J. Wildl. Manage.* 65:379 − 384.

———, J.J. LUSK AND M.J. PETERSON. 2004. In my opinion: hypotheses in wildlife science. *Wildl. Soc. Bull.* 32:1325 − 1332.

HERMAN, S.G. 1986. The naturalist's field journal: a manual of instruction based on a system established by Joseph Grinnell. Buteo Books, Vermillion, SD U.S.A.

HURLBERT, S.T. 1984. Pseudoreplication and the design of ecological field experiments. *Ecol. Monogr.* 54:187 − 211.

JAKSIC, F.M. 1985. Toward raptor community ecology: behavior bases of assemblage structure. *Raptor Res.* 19:107 − 112.

JAMES, F.C. AND C.E. MCCULLOCH. 1985. Data analysis and the design of experiments in ornithology. Pages 1 − 63 in R. F. Johnston [ED.], Current ornithology, Vol. 2. Plenum Press, New York, NY U.S.A.

JOHNSON, D.H. 1995. Statistical sirens: the allure of nonparametrics. *Ecology* 76:1997 − 1998.

———. 1999. The insignificance of statistical significance testing. *J. Wildl. Manage.* 63:763 − 772.

KERLINGER, F.N. 1973. Foundations of behavioral research, 2nd Ed. Holt, Rinehart and Winston, Inc., New York, NY U.S.A.

KIMBALL, R.T., P.G. PARKER AND J.C. BEDNARZ. 2003. The occurrence and evolution of cooperative breeding among the diurnal raptors (Accipitridae and Falconidae). *Auk* 120:717 − 729.

KUHN, T. 1962. The structure of scientific revolutions. University of Chicago Press, Chicago, IL U.S.A.

LACK, D. 1968. Ecological adaptations for breeding in birds. Methuen, London, United Kingdom.

LANCIA, R.A., W.L. KENDALL, K.H. POLLOCK AND J.D. NICHOLS. 2005. Estimating the number of animals in wildlife populations. Pages 106 − 153 in C. E. Braun [ED.], Techniques for wildlife investigations and management. The Wildlife Society, Bethesda, MD U.S.A.

MACRINA, F.L. 2005. Scientific integrity. American Society of Microbiology Press, Washington, DC U.S.A.

MOCK, D.W. AND G.A. PARKER. 1997. The evolution of sibling rivalry. Oxford University Press, Oxford, United Kingdom.

PIATT, J.F. Guidelines for assigning authorship on scientific publications. Unpubl. Manuscript. U.S. Geological Survey, Alaska Science Center, Anchorage, AK U.S.A.

POPPER, K.R. 1959. The logic of scientific discovery. Hutchinson and Co., London, United Kingdom.

———. 1968. Conjectures and refutations: the growth of scientific knowledge, 2nd Ed. Harper & Row, New York, NY U.S.A.

POTVIN, C. AND D. A. ROFF. 1993. Distribution-free and robust statistical methods: viable alternatives to parametric statistics? *Ecology* 74:1617 − 1628.

RATTI, J.T. AND E.O. GARTON. 1996. Research and experimental design. Pages 1 − 23 in T. A. Bookhout [ED.], Research and management techniques for wildlife and habitats. The Wildlife Society, Bethesda, MD U.S.A.

ROMESBURG, H.C. 1981. Wildlife science: gaining reliable knowledge. *J. Wildl. Manage.* 45:293 − 313.

SCHMIDT, R.H. 1987. A worksheet for authorship of scientific articles. *Bull. Ecol. Soc. Amer.* 68:8 − 10.

SMITH, S.M. 1995. Distribution-free and robust statistical methods: viable alternatives to parametric statistics? *Ecology* 76:1997 − 1998.

SINCLAIR, A.R.E. 1991. Science and the practice of wildlife management. *J. Wildl. Manage.* 55:767 − 773.

Sokal, R.R. and F.J. Rohlf. 1995. Biometry, 3rd Ed. W. H. Freeman and Company, New York, NY U.S.A.

Strunk, W. and E.B. White. 1999. Elements of style. MacMillan Publ. Co., New York, NY U.S.A.

Tarnow, E. 1999. The authorship list in science: junior physicists' perceptions of who appears and why. *Sci. Engineering Ethics* 5.1:73 − 88.

Tufte, E.R. 1983. The visual display of quantitative information. Graphic Press, Cheshire, CT U.S.A.

調査方法

DAVID E. ANDERSEN
U.S. Geological Survey,
Minnesota Cooperative Fish and Wildlife Research Unit,
200 Hodson Hall, 1980 Folwell Avenue, St. Paul, MN 55108 U.S.A.

訳：中西幸司

はじめに

　猛禽類はたいてい，他のほとんどの鳥類の分類群および多くの脊椎動物に比べて，広範囲に分散しており，個体群の多くは，彼らが生息可能な環境の全域において，比較的低い密度で生息している．多くの種は姿や鳴き声により発見することは比較的容易であるが，猛禽類の調査の実施には困難を伴うことがあり，相当な資力の投資が求められる．これらの困難にもかかわらず，調査員達は猛禽類をカウントするのに相当な努力を費やしてきた（Fuller and Mosher 1987）．そして，個体群サイズあるいは動向，巣の発見と繁殖の監視，個体群の状態あるいは種の分布の評価，問題となっている保全に関係するの猛禽類個体群の監視，行動生態の研究，そして猛禽類を見つけ計数する方法の評価のために，自らの調査から得られた情報を利用してきた．

　猛禽類の調査技術に関する論評の中で，Fuller and Mosher（1987:37）は Ralph（1981）にならって"調査"を次のように定義した．「①地理的地域（例えば，大陸，地方，局地）あるいはハビタットの特徴（例えば，地形学，植生）と関連付けて個体を発見すること，②そしてそのエリアの個体数を調査することにより，個体群の推測が可能となる．」この定義における本質は，観察者は，視覚または聴覚での観察により直接的に，あるいは最近に補修された巣や獲物の残骸の発見により間接的に，個々の猛禽類の存在を確認できなければならないということである．加えて，調査は，本質的に不連続の地域を越えて実施されるという空間的側面も有している．

　どのように猛禽類調査を計画して実施するかは，調査目的次第である．例えば，巣の発見を目的とした調査（すなわち，同じ季節のうちに移動しない事象）は，地域の特定の場所に執着したりまたはしなかったりする越冬中の猛禽類の個体群サイズを推定することを目的とした調査とは異なった計画を要するだろう．このように，調査目的は明確に決めておくべきであり，調査は目的を満たすために立案すべきである．

　最終的に，調査は信頼できる結果をもたらす必要がある．例えば，個体群サイズの不正確あるいは偏った評価に帰着するような，不完全に立案あるいは実施された調査は利用が限定される．そのような調査の結果を他の地域に波及させること，またはそのような結果をどこかで実施された調査結果と比較すること，あるいは異なった目的に取り組むということは，その価値を限定してしまう．

　この章の第1の目的は，標本の抽出方法の概要と猛禽類をカウントするために使われる一般的な調査方法を提供することである．特定の主題は，①調査目的，②調査計画の検討，③野生動物の調査方法を猛禽類に適用すること，である．渡り中の猛禽類のカウントについての考慮は，この本の他の章（第6章参照）に記載されているので，この章では渡り期間以外の猛禽類の調査に焦点を絞ることとする．この章で論じた調査の考慮の多くは，猛禽類の巣の調査にも適用できる．この概説の情報源は，Fuller and Mosher（1987）の「Raptor Survey Techniques」の要約と電子データベース（Wildlife and Ecology Studies Worldwide, Raptor Information System および Web Science）により検索した1987年以降に発表された文献および筆者が概括的に精通している猛禽類の文献である．この章の内容は，発表された全文献の完全なリストや要約ではなく，むしろ猛禽類の調査方法と結果の総覧である．

調査目的

　猛禽類調査の目的は，調査が実施される以前に明確かつ系統立てられたものである必要がある．また，調査の計画者は彼らのデータがどのように使われるかを熟考する必要がある．Fuller and Mosher（1987）は，猛禽類調査に2つの目的を特定した．すなわち，猛禽類の分布を明らかにすることと生息数（絶対的密度と相対的生息数の両方）を明らかにすることである．加えて，調査は，個体群動態とその他の猛禽類生態に関すること（例えば，猛禽類とハビタットとの関係や繁殖）を研究するために，猛禽類の位置を特定するのにしばしば利用されるし，また管理と保全のための情報を提供するためにもしばしば使われる．

　猛禽類の分布を評価するための調査は，局地的な研究地域から大きな地理的地域まで様々な空間的尺度で行われ，しばしばハビタットのタイプや地形あるいは他の環境特性によって階層化される特定の地域を越えて猛禽類の位置を確認することを必要とする．猛禽類は，たいていの場合，低密度で生息するので，より広い空間尺度で分布を評価するための調査は，通常，より広い地域の典型的な区画を標本抽出することを要件とする．

　猛禽類の生息数を測定するための調査は，個体群サイズまたは密度を把握するために計画された調査と，空間的あるいは一時的に関連する生息数を比較するために計画された調査の2つのカテゴリーに分けられる．個体群サイズは，個体群内の個体数であり，その個体群は生物学的（例えば，同種の互いに影響する個体の集まり）に，あるいは空間的（例えば，明確な期間中に特定の地域を使用する個体の集まり）に，規定することができる．密度は単位区域当たりの個体あるいはペアを含む個体数またはグループ数である．範囲を限定した地域あるいはセンサス調査での猛禽類の完全な列挙は，多くの場合，実用的でない．なぜなら，猛禽類を見つけることは困難であり（すなわち，猛禽類を見つける確率は1.0以下），また，猛禽類はしばしば広くスペーシングしているからである．つまり，密度を把握するために調査した地域の境界線と位置は，調査結果の解釈に影響を及ぼし得るということである（Smallwood 1998）．

　現実的には，猛禽類の密度は一般的に，猛禽類の個体群または対象とする地域からその一部を標本抽出するために計画された調査に基づいて推定される．生物学的個体群の標本抽出は，Williams et al.（2002）とSchreuder et al.（2004）が詳細に検討している．猛禽類の個体群調査に関係する標本抽出を下記で考察する．まず念頭に置くことは，その結果が調査目的（例えば，特定の研究エリアにおける猛禽類密度を推定するために，あるいは個体群間または研究エリア間で比較するために）を満たすため，適切に利用できるように標本調査が計画されることである．

　猛禽類の分布と生息数の評価に加えて，猛禽類とハビタットの関係の評価を含む猛禽類の生態を研究するため，および保全戦略と活動の基礎を築く情報をもたらすために，調査から得られたデータは個体群のモデリングとモニタリングにも利用される．例えば，Bustamante and Seoane（2004）は，南スペインにおける4種の猛禽類について，統計モデルから予想した分布と実際に分布している地図とを比較するために猛禽類調査を用いた．Meyer（1994）は，ツバメトビ（*Elanoides forficatus*）の集団塒でのカウントがトビ個体群のモニタリングと保全戦略の展開に役立て得るかを評価し，Currie et al.（2004）は，分布と生息数を評価するために計画された調査に基づいてセーシェルコノハズク（*Otus insularis*）の保全戦略をつくり上げた．これらおよび他の事例において，調査は，明確な研究目的を達成するために計画されたものでなければならず，また研究計画は信頼できる調査結果を得ることを促進するものでなければならない．猛禽類調査を計画する時には，データを集める前に計画と統計学的に考慮すべき事項について生物統計学者に相談することがたいていの場合，賢明である．

調査計画のポイント

発見に影響する要因

　多くの要因が調査中の猛禽類の発見に潜在的に影響を及ぼす．これらには鳥自身の特性（例えば，種，年齢，性，行動，群サイズ等）や調査が実施される時の環境条件（例えば，天候，照度，および聴覚カウントにおいて音声伝達に影響を及ぼす要因等），行動や分布に影響する時間的要素（例えば，1日のうちの時間帯，1年のうちの時季），ハビタットの特性（例えば，森林か見通しの良い地形か，止まり場所の分布等），観察者の特性（例えば，経験，視覚あるいは聴覚の鋭敏さ等）が含まれる．これらの要因を考慮しない猛禽類調査から得られた結果を分析することは困難であろうし，あるいは異なった条件下や異なった場所，異なった時間に実施された調査結果と適切に比較することができなくなるかもしれない．

　個々の猛禽類を発見する確率は一様ではなく，猛禽類の

大きさや色（視覚に基づく調査），発声のタイプと激しさ（聴覚に基づく調査），行動，性と年齢に関連した要因によって影響されるものである．同じ条件下において，色合いが背景と対照的な大型の猛禽類は，周囲の状況に溶け込む小型の猛禽類より発見するのは容易である．同様に，大声で頻繁に鳴く猛禽類は，静かにあまり鳴かない猛禽類よりも鳴き声を聞くのは容易である．行動も発見確率に影響を及ぼす．例えば，移動する猛禽類は，たいていの場合，止まっている猛禽類より視覚的により発見しやすい傾向がある．性と年齢は猛禽類の行動に影響を及ぼし得るので，その結果として，発見確率に影響を及ぼすことがある．雄と雌が繁殖期間中，役割分担を行う種においては，主としてハンティングを受け持つペアのメンバー（普通は雄である）は，巣から離れたところで発見される傾向が強い．対照的に，巣の周辺にいることの多い個体は，巣の近くで同種の鳴き声を流すと，これに反応する傾向が強い．同様に，巣立ち雛は，餌乞いの鳴き声を発している時には，成鳥よりもより発見されやすいであろう．

調査中の環境条件は，直接および間接的に猛禽類の発見性に影響し得る．天候条件は，視認性（例えば，霧や雪，雨）と音の伝播（聴覚に基づく調査）に関係し，直接，発見確率に影響し得る．間接的影響は，就塒行動を誘発したり，または帆翔を開始したりするような猛禽類の行動に天候が影響を及ぼす時に生じ得る．ほとんどの野生動物の調査と同じように，猛禽類の調査も通常は，特定の環境条件下（例えば，Andersen et al. 1985）で実施され，環境条件による調査間の変動を最小限に抑えるようにしている．

猛禽類の発見率は，1日を通じておよび1年を通じての両方でしばしば変化する．多くの猛禽類は，隠れている場所から離れたところでより活動的になったり，あるいはある日のある時間においてより発声するという活動パターンを示す．例えば，温帯において，ノスリ属とハゲワシ類などの帆翔する猛禽類は，上昇気流の発生する昼前までは塒を離れないであろう．同様に，猛禽類は1年のあるいは同じ季節のある時期に他の時期よりも高い確率で発見されることがある．例えば，カタアカノスリ（Buteo lineatus）は，同種の鳴き声を流した場合，繁殖期間中は1年の他のどの時期よりも，より直ちに応答するし，また，繁殖期においても抱卵中よりも求愛中の方がより応答する傾向がある（McLeod and Andersen 1998）．

ハビタットの特性は，調査での猛禽類の発見に大いに影響する．森林に生息する猛禽類は，相対的に大型で人目を引く色彩の種でさえ，視覚に基づく調査において発見することは非常に難しい．止まり場所の分布は止まり場所からハンティングを行う猛禽類の分布に影響し得る（Janes 1984）ので，それが発見確率に影響する．止まり場所の分布は，猛禽類が止まることのできる電線や電話線と平行に走る道路に沿って実施される調査に影響を及ぼし得る．同様に，ハビタットの特性は，同種の鳴き声を流す場合と猛禽類自身の鳴き声の両方の音の伝播に影響することから，聴覚に基づく調査において，猛禽類の確認に影響を及ぼし得る．例えば，葉の存在は落葉樹林のハビタットにおける音の伝播に大いに影響する．

観察者の特性も猛禽類の発見確率に影響を及ぼし得る．観察者の人数や経験レベル，視覚と聴覚の鋭敏さの全てが猛禽類を発見するための能力に影響を及ぼす．観察者の特性を考慮した猛禽類調査の報告はわずかしかない（例えば，McLeod and Andersen 1998, Ayers and Anderson 1999）が，他の鳥類の調査では，観察者の影響はかなり記述されている（例えば，Ralph et al. 1993）．

これら以外の多くの要因が調査における猛禽類の発見に影響を与え得る．研究者は，発見率に影響するかもしれない要因を認識し，可能なら，それらの要因を制御する必要がある．また，特に調査間の結果を比較する時には，調査結果と解釈に関する様々な要因の潜在的な影響を認識しておく必要がある（Andersen et al. 1985）．

標本抽出と標本サイズ

通常，猛禽類調査には認識されなければならない2つの集団（population）がある．1つは生物学的（個体群）なもので，もう1つは統計学的（母集団）なものである．上述したように，生物学的個体群は猛禽類の集合で，猛禽類調査の目的はこの生物学的個体群をより理解することである．これとは対照的に，統計学的個体群（母集団）は存在，生息数または猛禽類に関連する他の事柄を確定するために評価されることのある，それぞれの標本の抽出単位の集合である．標本抽出は，統計学的個体群（母集団）の一部を指標特性として評価測定し，母集団全体を推定するために，その評価部分に関して観察した指標特性を利用するという方法である．どのように統計学的個体群（母集団）の標本を得るかは，全母集団について推定できるかどうか，あるいは調査結果を標本の個体群のどの程度の部分に適用することができるのかを決定する．

猛禽類調査に使われる標本単位の特質は上記で示した多くの要因，特に調査の規模に依存している．例えば，もしその特定の調査の目的が広範囲にわたって猛禽類の生息数や分布を推定することであれば，標本単位は海岸線の各区域（例えば，Jacobson and Hodges 1999）や広い区画（例

えば，Hargis and Woodbridge 2006）になるかもしれない．もし調査がはっきりと境界が定められた研究エリアあるいは景観のように，より小さな空間尺度での生息数の評価のために計画されたのであれば，標本単位はルート（例えば，Andersen et al. 1985）または定点（例えば，Henneman et al. 投稿中）になるかもしれない．どちらのケースにおいても，標本抽出は，統計学的個体群（母集団）に含まれる全ての標本単位の一部を検証し，この標本から得られた情報を全母集団に拡大適用することが必要である．どのようにこの標本を得るかが特に重要であり，調査を実施する前と調査結果が示される時に，このことを考慮する必要がある．

　Mendenhall et al.（1971）とCochran（1977）は詳細に標本抽出方法を記述し，Schreuder et al.（2004）は自然資源に関連した標本抽出方法の概要を示している．また，Ralph and Scott（1981）は鳥類特有の標本抽出方法を報告している．調査目的と空間尺度に関係なく，研究者は猛禽類調査を実施する前に，統計学者に助言を求めるべきである．単純無作為抽出法は，全ての標本単位が有限かつ等しい確率で標本に含まれる場合に利用できる．狭い空間尺度では，もし調査地域全域にわたって猛禽類の分布とハビタットが一致するなら，猛禽類調査は単純無作為抽出法で計画されるかもしれない．猛禽類の生息密度が比較的高いところでは単純無作為抽出法で猛禽類調査が行われてきた（例えば，Henneman et al. 投稿中）けれども，その他の標本抽出方式がより頻繁に用いられている．層化無作為抽出法は，標本単位が猛禽類の分布に関連する次のような要因に基づいて分類することが可能な場合に用いられる．例えば，研究エリアのハビタット構成，異なった保護管理計画をもたらす可能性のある行政的境界等である．層化無作為抽出法の第1の利点は，推定値の精度向上と標本抽出効率を高めることである．層内における標本抽出結果は，層のサイズや猛禽類の生息密度，調査実施のコストに基づいて配分することができ，これによって最終的な推定値の変動またはこれら考慮すべき事項との組合せを最小限に抑えることができる．オオタカ（*Accipiter gentilis*）のために提案されたバイオリージョン（生命地域）モニタリング戦略は，オオタカの生息密度と標本単位の入手のしやすさを考慮した層化無作為抽出法に基づいている（Hargis and Woodbridge 2006）．Kochert and Steenhof（2004）もアイダホ州南部でのソウゲンハヤブサ（*Falco mexicanus*）の営巣ペア数を推定するためにこの手法を使った．

　系統抽出法は，標本抽出を開始する箇所をランダムに選び，それから規則正しい空間パターンに基づいて，別の箇所でさらに標本抽出していく方法である．系統抽出法の利点は，①変動の全ての範囲は通常，標本内に示される，②処理効率が時に増加し得る，③推定値の精度が単純無作為抽出法に比べて向上し得る（Cochran 1977）．欠点は，①条件を満たすための精度の推定が困難なこともある，②もし抽出単位における空間パターンが標本抽出における空間パターンと一致すれば，結果的に推定は偏り得る．標本単位内での系統抽出法は，オオタカのバイオリージョン（生命地域）モニタリング成果の一部として提案された（Hargis and Woodbridge 2006）．

　より複雑な標本抽出計画にクラスタ抽出法があり（Mendenhall et al. 1971, Cochran 1977），ここでいうクラスタとはお互い似かよったより小さな抽出単位の集まりである．二重抽出法（Mendenhall et al. 1971, Cochran 1977, Bart and Earnst 2002）は，2つの空間尺度での標本抽出とある尺度での推定値を改善するために，もう1つの尺度からの情報を利用することを要件とする．Haines and Pollock（1998）はハクトウワシ（*Haliaeetus leucocephalus*）の営巣数を推定するためにこの手法を用いた．これらおよび他の標本抽出計画は潜在的な統計学的および処理上の利点はあるが，統計学者に助言を求めた後にのみ着手すべきである．

　最後に，モニタリングに関係する標本抽出について考慮すべき点を紹介する．標本の最初の選択に関する考慮すべき点は，上述で論じたことと類似している．次の調査で検証される標本単位は同一かまたは異なった無作為標本であり得るし，あるいは同一および異なった標本単位の組合せでもあり得る（Schreuder et al. 2004）．もし，同一標本単位を期間（例えば，毎年）を通して繰り返し調査すれば，期間を通して変化する検出力は，新しい標本を抽出するごとに得る場合よりも，より高くなる（すなわち，分散はより小さくなる）．これは，個々の標本単位で連続して起こる観察が明らかに関連するからである（Schreuder et al. 2004）．しかしながら，最初とそれに引き続く標本抽出の間の時間間隔が増加する場合には，対象とした母集団における変化を反映する標本内の変化が確認される信頼性は次第に減少する．監視される標本単位が，期間を通して対象とした母集団を代表し続けているという独立した証拠がなければ，その調査は，より大きな母集団ではなく，それらの標本単位で生じている猛禽類における（あるいは，それが原因と考える）変化のみを反映しているのかもしれない．繰り返すが，明確な目的をもっておくこと，およびモニタリング手順を開始する前にモニタリングに精通した統計学者と協議しておくことが不可欠である．

調査の種類

猛禽類調査は，研究個体群と標本単位の分布に基づき，いくつかのカテゴリーに分類することができる．小さな空間尺度（例えば，数十～数千 ha の研究エリア）では，調査はしばしば生息する全ての猛禽類をカウントするというように計画され（例えば，Craighead and Craighead 1956），時には，1 未満の発見確率に対して補正が行われる（例えば，Anthony et al. 1999）．あるいはまた，標識再発見法が研究エリアの個体群サイズの推定に使われるかもしれない（例えば，Manly et al. 1999）．このような方法を採用する研究は，通常，猛禽類の個体群生態を研究するために計画されるが，また研究個体群を特定して情報を得るための調査も含まれる．このような計画の考慮の下においては，標本単位は基本的に研究エリアであり，この手法はしばしば猛禽類の営巣生態の研究において利用される（例えば，Borges et al. 2004）．

より大きな空間尺度（数千 ha から地方あるいは大陸的尺度）では，トランセクト（例えば，道路や小径に沿った調査ルート；Andersen et al. 1985, Vinuela 1997）や定点（例えば，Phillips et al. 1984, Hargis and Woodbridge 2006）が標本単位であり，これらの単位における猛禽類の発見が大きな猛禽類個体群を推定するのに用いられる．トランセクト法による猛禽類調査（例えば，Kenward et al. 2000）は発表されている文献において比較的一般的であるが，定点法による調査の例はかなり少ない（例えば，Grier 1977, Schmutz 1984, Lehman et al. 1998）．しかしながら，もし調査場所の選定が無作為でなければ，調査結果は通常，実際に調査された地域のみに適用できるのであり，それよりも広い地域で推定することはできない（上述を参照）．

より大きな空間尺度では，定点でのカウントまたは発見は，猛禽類の存在（例えば，Kennedy and Stahlecker 1993）と群集の多様性（Manosa and Pedrocchi 1997）の記録，そして定住個体の推定（例えば，Mosher et al. 1990, McLeod and Andersen 1998）のために用いられてきた．統計学的方法における進歩（例えば，Geissler and Fuller 1987, MacKenzie et al. 2002）は，個体群のモニタリング手段として同一地点において標本抽出を繰り返して利用することを可能にした．これらの技術は猛禽類に適用され始めたばかりである（例えば，Olson et al. 2005, Seamans 2005, Hargis and Woodbridge 2006, Henneman et al. 投稿中）けれども，猛禽類の発見確率が不十分である調査に一般的には適用可能である（MacKenzie et al. 2002, 2003, 2004, Royle and Nichols 2003）．定点あるいは一連の定点で構成されるルートが標本単位であり，もし標本単位がより大きな個体群を表すように選択されたならば，調査結果は様々な空間尺度に広げて活用することができる．

猛禽類調査

猛禽類調査は地上（例えば，McLeod and Andersen 1998）や水上（例えば，Garrett et al. 1993），空中（例えば，White et al. 1995）から，あるいは限定的な例としてはリモートセンシング（例えば，レーダー；Harmata et al. 2000）によって実施することができる．

地上または水上からの調査

地上または水上からの猛禽類調査には，通常，既知の集団繁殖地のような特定のエリアを調べる時に（例えば，Martinez et al. 1997）道路や小径に沿って（例えば，Andersen et al. 1985, Vinuela 1997），あるいは海岸線に沿って（例えば，Castellanos et al. 1997），特定のルートを横断していく方法や，あらかじめ決めておいた定点に行き（例えば，McLeod and Andersen 1998），直接観察または巣の存在のような間接的証拠によって猛禽類の存在を判断する方法がある．Fuller and Mosher（1987）は，地上を基本とした猛禽類調査の計画と実施，そしてその一般的な利用方法，利点，および異なるカテゴリーの調査に対する制約に関する考察をまとめている．ここでは，地上と水上を基本とした調査の類型を少し紹介し，Fuller and Mosher の概説以降に発表された調査結果と考察を要約する．

猛禽類調査は，しばしば猛禽類が観察される道路に沿って行われ，自動車からカウントを行う（例えば，Andersen et al. 1985）．道路沿いの調査は，猛禽類の分布（例えば，Yosef et al. 1999, Bak et al. 2001）と多様性（例えば，Ross et al. 2003），土地利用との関連における相対的な生息数（例えば，Sorley and Andersen 1994, Yahner and Rohrbaugh 1998, Williams et al. 2000）および広い空間尺度でのハビタット利用（例えば，Garner and Bednarz 2000, Olson and Arsenault 2000）を表すのに用いられてきた．猛禽類の行動（例えば，Manosa et al. 1998, Rejt 2001），食性（例えば，Dekker 1995, Kaltenecker et al. 1998）あるいは個体群動態（例えば，Kerlinger and Lein 1988, Hiraldo et al. 1995, Bridgeford and Bridgeford 2003）の研究も道路に沿った調査によっ

て実施されてきた．道路からの調査はまた，自然界（例えば，Travaini et al. 1994, Woodbridge et al. 1995, Goldstein 2000）や都市部（例えば，Stout et al. 1998）における巣の発見，あるいは保護状況（例えば，Herremans and Herremans-Tonnoeyr 2000, Thiollay and Rahman 2002, Prakash et al. 2003, Sanchez-Zapata et al. 2003）や猛禽類の流行病に対する反応（例えば，Seery and Matiatos 2000）を評価するのに用いられてきた．道路に沿っての猛禽類調査は 1 年の特定の時期に（例えば，Andersen et al. 1985, Goldstein and Hibbitts 2004），異なった空間尺度で（例えば，Solrey and Andersen 1994, Belka et al. 1996, Ferguson 2004）猛禽類の生息数を表すのに用いられ，またある期間内における猛禽類の生息数の変化（例えば，Hubbard et al. 1988, Herremans and Herremans-Tonnoeyr 2001, Thiollay 2001）を評価するのにも利用されてきた．

猛禽類の生息を調べる定点または調査エリアでの地上を基本とした調査は，集団営巣性の猛禽類のモニタリング（例えば，Martinez et al. 1997），および繁殖生態（例えば，Gerhardt et al. 1994）やハビタット利用（例えば，Thome et al. 1999），共同塒（例えば，Kaltenecker 2001）を評価するために猛禽類を見つけることに利用されてきた．猛禽類の巣の調査は，しばしば徒歩で実施される（例えば，Joy et al. 1994）が，馬上やマウンテンバイク（例えば，Andersen 1995）からの調査および録音した鳴き声を流す調査と空中調査（例えば，McLeod et al. 2000）などの猛禽類を発見するために使われる一連の調査方法（例えば，Andersen 1995）もこれに含まれるかもしれない．地上を基本とした調査方法の組合せは多くの場合，調査エリアで猛禽類を発見するために実施され（例えば，Craighead and Craighead 1956），また徒歩での探索は多くの場合，伝統的な営巣地や猛禽類を隠してしまいそうなハビタットが分断的に存在する場所において猛禽類またはその巣を見つけるために実施される（例えば，Clough 2001）．

船舶からの調査は，猛禽類の個体群サイズ（例えば，Anthony et al. 1999）と相対的生息数（例えば，Frere et al. 1999）を推定するために用いられる．また，発声しているフクロウ類を見つけたり（例えば，Erdman et al. 1997），繁殖状況をモニタリングするために海岸線近くで営巣している，または水生の獲物を探餌している猛禽類を見つけたり（例えば，Gerrard et al. 1990）するために用いる．さらに，行動を研究するために（例えば，Flemming et al. 1992, Garrett et al. 1993），および地域における獲物の生息数に対する渡り性猛禽類の反応を評価するために（例えば，Restani et al. 2000）も用いられてきた．船舶からの調査はまた，撹乱後（訳者注：自然的であれ，人為的であれ，個体群が何らかの妨害を受けた後のこと）の猛禽類の繁殖個体群の変化を評価するために（例えば，Murphy et al. 1997），および個体群回復を表すために（例えば，Castellanos et al. 1997, Wilson et al. 2000）実施されてきた．

空中からの猛禽類調査

航空機〔主として飛行機とヘリコプターであるが超軽量航空機も（例えば，Leshem 1989）〕は猛禽類調査を実施するためにも使われてきた．空中調査の安全性と計画の留意点を Fuller and Mosher（1987）が要約して概説している．猛禽類の巣（例えば，Sharp et al. 2001）と営巣集団（Simmons 2002）を発見して識別するために最も頻繁に実施されてきた空中調査は，一般にワシ類（McIntyre 2002）や断崖に営巣するハヤブサ類（Gaucher et al. 1995）のようによく目立つ巣をもつ種にとって最も有用である．北米では，ハクトウワシ（Jacobson and Hodges 1999）とミサゴ（*Pandion haliaetus*）（Ewins and Miller 1994）の巣の発見と繁殖状況をモニタリングするために広く実施されてきた．同様の空中調査はオーストラリア（Mooney 1988, Sharp et al. 2001）やアフリカ（Tarboton and Benson 1988, Hustler and Howells 1988），アジア（Utekhina 1994）において大型の猛禽類の巣を見つけるために実施されてきた．より小型でしばしば断崖に営巣する猛禽類の目立つ巣を発見するための空中調査は北米（Wilson et al. 2000），アフリカ（Simmons 2002），中米（Thorstrom et al. 2002）および中東（Gaucher et al. 1995）で実施されてきた．

開けたハビタットにおいては，孤立した樹木，崖の表面および他の突出した位置にある巣は，空中から容易に発見される（Ayers and Anderson 1999, Wilson et al. 2000）．航空機からの調査はまた，あまりよく開けていないハビタットでも巣を見つけるのにうまく利用されてきており（Cook and Anderson 1990），また樹木に営巣する猛禽類について，地上からの調査を基本とした巣の探索を補完するために実施されたが（Dickinson and Arnold 1996, McLeod et al. 2000），これら調査での巣の発見確率は評価されていない（しかし，Anthony et al. 1999, Ayers and Anderson 1999, Bowman and Schempf 1999 を参照）．

より狭い地域において，空中調査はまた，非繁殖期の猛禽類の発見とカウントを行うために実施されてきた（例えば，Kaltenecker and Bechard 1994, Lish 1997）．それで

も，個々の猛禽類を空中から発見することは難しく，また猛禽類はしばしば広く分散するので，空中調査は広範囲には実施されていない．

定点での猛禽類のカウント

定点から猛禽類をカウントすることを含む最も広範に報告されている調査方法は，猛禽類が渡り中に集中する場所を通過する時にカウントする方法である（Kjellén and Roos 2000，第6章）．猛禽類の渡り場所でのカウントにとどまらず，特定の定点でのカウントに基づく猛禽類調査は，多くの場合，広大な地理的エリアを越えて鳥の群集の状況をモニタリングするために計画された調査と併用して，個体群の状況や動向を評価するために実施されてきた（Arrowood et al. 2001, Ross et al. 2003）．定点でのカウントは，オランダで冬期の猛禽類の分布と生息数を評価するために実施されてきたが（Sierdsema et al. 1995），ほとんどの猛禽類調査と同じように，定点でのカウントに基づく調査は主として繁殖期の間に実施されてきている（例えば，Steenhof et al. 1999, Kochert and Steenhof 2004）．

定点でのカウントに基づく広い地理的エリアにわたる猛禽類調査は，猛禽類の個体群に関する情報がほとんどないいくつかの地域において実施されてきた．このようなカウントはアジア（Thiollay 1989a, Thiollay 1998），小アジア（Vaassen 2000），南米（Thiollay 1989b, Manosa and Pedrocchi 1997），およびアフリカ（Thiollay 2001）における広い地域における猛禽類の生息状況，生息数および分布を評価するために実施されてきた．北米において，いくつかの猛禽類の生息数の動向は，繁殖している個体をモニタリングするために，設定したルートに沿った定点での調査に基づく広い地理的尺度で認識されている〔すなわち，繁殖個体調査（Sauer et al. 2004）〕．

より小さな空間尺度に関しては，Debus（1997）がオーストラリアの公園での猛禽類調査に定点でのカウントを組み入れ，Sykes et al.（1999）はフロリダ州でツバメトビの分布と生息数を記録するために定点でのカウントを実施した．Lehman et al.（1998）と Steenhof et al.（1999）は，アイダホ州のスネークリバー猛禽類保護区での猛禽類調査に定点でのカウントを組み入れた．Herremans and Herremans-Tonnoeyr（2000）は，ボツワナにおける2つの自然環境における猛禽類分布の研究に定点カウントを組み入れた．

また，発声している猛禽類をカウントすること（Lane et al. 2001），および夜行性（Takats et al. 2001, Crozier et al. 2003）と昼行性の猛禽類（Kennedy and Stahlecker 1993）の応答を誘発させるために定点で，録音した鳴き声を流す方法（McLeod et al. 2000）を基本にした調査も実施されてきている．フクロウ類の調査は，多くの場合，前もって決定した定点で発声を聞くこと（例えば，Lane et al. 2001, Takats et al. 2001），あるいは応答を誘発して，発見の確率を高めるために同種の鳴き声を流す方法（Whelton 1989）を基本としている．フクロウ類の発声を流したりあるいは模倣したりする方法（Forsman et al. 1996）は，個体群動態（LaHaye et al. 1997），分布（Mazur et al. 1997）と分布域の拡大（Wright and Hayward 1998），そして食性（Seamans and Gutiérrez 1999）を評価する目的で巣を発見するために用いられてきた．鳴き声を流す方法はまた，フクロウ類の個体群動向を推定するために計画される調査にも組み込まれてきた（Shyry et al. 2001, Takats et al. 2001）．

昼行性猛禽類の発声を探知する方法を基本とした調査は，樹木で覆われたハビタットにおいて最も頻繁に実施されてきた（図5-1）．Kimmel and Yahner（1990）および Kennedy and Stahlecker（1993）は，鳴き声を流す方法を用いたオオタカの調査方法論を記述しており，その後，非常に多くの応用例（Watson et al. 1999）およびこの技術の発展例（McClaren et al. 2003, Roberson et al. 2005, Hargis and Woodbridge 2006）が報告されている．

同種あるいは競合種の鳴き声を流す方法は，北米では森林生息性の猛禽類を広範囲に調査するため広く利用されてきた（Rosenfield et al. 1988, Johnson and Chambers 1990, Mosher et al. 1990, Kennedy et al. 1995, Mosher and Fuller 1996, Bosakowski and Smith 1998, McLeod and Andersen 1998, Watson et al. 1999, Dykstra et al. 2001, Gosse and Montevecchi 2001）．ヨーロッパ（Cerasoli and Penteriani 1992, Sanchez-Zapata and Calvo 1999, Salvati et al. 2000）とオーストラリア（Debus 1997, Fulton 2002）においてはそれほどは広く利用されてはいない．鳴き声を流す方法を用いない，巣の近くの昼行性猛禽類の自発的な発声の聞き取りを行う方法（Stewart et al. 1996, Penteriani 1999, Dewey et al. 2003）もまた，猛禽類を発見するために実施されてきた．

遠隔的な猛禽類調査

猛禽類の生息数と分布を推定するために，遠隔的に感知したデータを用いる調査の公表例はほとんどない．Harmata et al.（2000）は米国のモンタナ州での秋の渡り期間中，猛禽類を含む鳥類の渡りの時期と通過速度を評価

図 5-1 録音した同種の鳴き声を流す方法が森林生息性猛禽類を調査するために広く使われてきた．最近開発された統計手法は個体群のモニタリングにおいて得られた発見データの利用を可能にした．（写真：David E. Andersen）

要約

Fuller and Mosher（1987）は現存する情報を要約し，猛禽類調査の目的そして調査計画に影響を及ぼす要因に関する背景を報告した．それ以来，いくつもの論文が猛禽類調査の結果を報告し，調査方法はかなり進歩した．録音した鳴き声を流す方法を組み込んだ調査は1987年から広く応用されてきており，また最近の統計学の進歩により，猛禽類の占有に関する調査解析の枠組み（MacKenzie et al. 2002, 2003, 2004, Royle and Nichols 2003），および占有に関連する要因が明らかにされた．これらの方法は，ほんの最近になって猛禽類調査に応用されてきたものではあるけれども（Olson et al. 2005, Seamans 2005, Hargis and Woodbridge 2006, Henneman et al. 投稿中），これらの利用は将来的には増加するものと思われる．

Fuller and Mosher（1987）により要約された猛禽類調査に関する考察の多くは，調査を計画して実施する時に考慮されるべき，未だに主要な課題である．第1に，調査目的は調査実施に先立って明確に定めることが必要である．調査目的には，分布と生息数を把握すること，個体群動態と猛禽類生態の他の側面を研究するために猛禽類を発見すること，そして管理と保護に関する決定の基礎を築くための情報を提供することが含まれる．第2に，調査方法は，猛禽類自身の特性（例えば，猛禽類をより発見しやすくするまたは発見しにくくする行動），環境条件，猛禽類の行動や分布の時間的なパターン，ハビタットの特性および観察者の特性などの，猛禽類の発見に影響を及ぼす要因に対処していなければならない．第3に，調査計画は，標本単位を構成するのは何か，適正な標本サイズはどれくらいか，そして実施にあたってはどのような時間的かつ空間的尺度の調査が必要か，などの標本抽出に考慮すべきことに対処しなければならない．これら要因に適切に対処する調査のみが，調査目的に直接関連する信頼できる結果を提供するというものである．

たいていの野外研究で不可欠な要素である巣またはその他の生息を示す証拠を発見し位置を特定するような猛禽類の調査は，ほとんど全ての猛禽類の研究とモニタリングにおける努力の一部である．明確に調査目的を確認することと適切に調査目的に取り組む調査技術を組み込むことにより，猛禽類調査の結果は，1つの結果を超えて展開することが可能で，空間的および時間的に比較可能な信頼できる結果を提供するに違いない．

調査目的はかなり変化する可能性があり，また計画実

するためにレーダーを利用した．Kjellén et al.（2001）とGudmundsson et al.（2002）などの数例は，猛禽類を含む渡り鳥を研究するためにレーダー像を利用した．しかし，種の識別は渡り中には困難であり，渡り鳥は，レーダーが鳥を発見するのに最も効果的な場所である広大な開水面を渡らない（Gauthreaux and Belser 2003）．Boonstra et al.（1995）は，遠赤外線熱画像を用いて猛禽類を発見することにある程度成功しており，Leshem（1989）は，イスラエルで猛禽類の渡りを調査するのに，地上観察とモーターグライダーによる調査を併用して，レーダーを利用する方法を報告した．全般的に見れば，現時点で可能な遠隔感知技術は，これまでのところ猛禽類の調査技術として広範には使われていないということである．

施上における考慮事項が調査の実施に影響するので，調査は，異なった目的のために，さらにある場合には異なった場所のために，異なった計画を立てる必要がある．そのうえに，多くの場合，猛禽類は調査を困難とする特性を見せつける．これらの中でも，猛禽類がしばしば低い生物学的密度で生息することが，生息数の正確な推定に帰着する標本抽出戦略を適用することを最も難しくしている．Fuller and Mosher（1987）が彼らの概説を発表して以後，猛禽類の調査方法は，1つにはそのような仕事の必要性が増大してきたため，かなり改善されてきた．実際，猛禽類の生態を理解するためおよび効果的な猛禽類の管理と保全を導くための両方で，調査結果が確信をもって利用されるために，よく計画され実行される猛禽類調査はこれまで以上に重要性を増している．

謝 辞

B. Martinez はこの原稿のために基礎部分として様々な出典から文献を集めてくれた．また，C.W. Boal と K. Steenhof はこの原稿の前段階の草稿を論評し，改善のための示唆を提供してくれた．

引用文献

ANDERSEN, D.E. 1995. Productivity, food habits, and behavior of Swainson's Hawks breeding in southeast Colorado. *J. Raptor Res.* 29:158 – 165.

———, O.J. RONGSTAD AND W.R. MYTTON. 1985. Line transect analysis of raptor abundance along roads. *Wildl. Soc. Bull.* 13:533 – 539.

ANTHONY, R.G., M.G. GARRETT AND F.B. ISAACS. 1999. Double-survey estimates of Bald Eagle populations in Oregon. *J. Wildl. Manage.* 63:794 – 802.

ARROWOOD, P.C., C.A. FINLEY AND B.C. THOMPSON. 2001. Analyses of Burrowing Owl populations in New Mexico. *J. Raptor Res.* 35:362 – 370.

AYERS, L.W. AND S.H. ANDERSON. 1999. An aerial sightability model for estimating Ferruginous Hawk population size. *J. Wildl. Manage.* 63:85 – 97.

BAK, J.M., K.G. BOYKIN, B.C. THOMPSON AND D.L. DANIEL. 2001. Distribution of wintering Ferruginous Hawks (*Buteo regalis*) in relation to black-tailed prairie dog (*Cynomys ludovicianus*) colonies in southern New Mexico and northern Chihuahua. *J. Raptor Res.* 35:124 – 129.

BART, J. AND S. EARNST. 2002. Double sampling to estimate density and population trends in birds. *Auk* 119:36 – 45.

BELKA, T., O. SREIBR AND V. MRLÍK. 1996. Roadside counts of birds of prey in southeastern Europe and Asia Minor. *Buteo* 8:131 – 136.

BOONSTRA, R., J.M. EADIE, C.J. KREBS AND S. BOUTIN. 1995. Limitations of far infrared thermal imaging in locating birds. *J. Field Ornithol.* 66:192 – 198.

BORGES, S.H., L.M. HENRIQUES AND A. CARVALHAES. 2004. Density and habitat use by owls in two Amazonian forest types. *J. Field Ornithol.* 75:176 – 182.

BOSAKOWSKI, T. AND D.G. SMITH. 1998. Response of a forest raptor community to broadcasts of heterospecific and conspecific calls during the breeding season. *Can. Field-Nat.* 112:198 – 203.

BOWMAN, T.D. AND P.F. SCHEMPF. 1999. Detection of Bald Eagles during aerial surveys in Prince William Sound, Alaska. *J. Raptor Res.* 33:299 – 304.

BRIDGEFORD, P. AND M. BRIDGEFORD. 2003. Ten years of monitoring breeding Lappet-faced Vultures *Torgos tracheliotos* in the Namib-Naukluft Park, Namibia. *Vulture News* 48:3 – 11.

BUSTAMANTE, J. AND J. SEOANE. 2004. Predicting the distribution of four species of raptors (Aves: Accipitridae) in southern Spain: statistical models work better than existing maps. *J. Biogeography* 31:295 – 306.

CASTELLANOS, A., F. JARAMILLO, F. SALINAS, A. ORTEGA-RUBIO AND C. ARGUELLES. 1997. Peregrine Falcon recovery along the west central coast of the Baja California peninsula, Mexico. *J. Raptor Res.* 31:1 – 6.

CERASOLI, M. AND V. PENTERIANI. 1992. Effectiveness of censusing woodland birds of prey by playback. *Avocetta* 16:35 – 39.

CLOUGH, L. 2001. Nesting habitat selection and productivity of Northern Goshawks in west-central Montana. *Intermountain J. Sci.* 7:129.

COCHRAN, W.G. 1977. Sampling techniques, 3rd Ed. John Wiley & Sons, Inc., New York, NY U.S.A.

COOK, J.G. AND S.H. ANDERSON. 1990. Use of helicopters for surveys of nesting Red-shouldered Hawks. *Prairie Nat.* 22:49 – 53.

CRAIGHEAD, J.J. AND F.C. CRAIGHEAD, JR. 1956. Hawks, owls, and wildlife. Stackpole Co., Harrisburg, PA U.S.A.

CROZIER, M.L., M.E. SEAMANS AND R.J. GUTIÉRREZ. 2003. Forest owls detected in the central Sierra Nevada. *West. Birds* 34:149 – 156.

CURRIE, D., R. FANCHETTE, J. MILLETT, C. HOAREAU AND N.J. SHAH. 2004. The distribution and population of the Seychelles (barelegged) Scops Owl *Otus insularis* on Mahe: consequences for conservation. *Ibis* 146:27 – 37.

DEBUS, S.J.S. 1997. A survey of the raptors of Jervis Bay National Park. *Aust. Birds* 30:29 – 44.

DEKKER, D. 1995. Prey capture by Peregrine Falcons wintering on southern Vancouver Island, British Columbia. *J. Raptor Res.* 29:26 – 29.

DEWEY, S.R., P.L. KENNEDY AND R.M. STEPHENS. 2003. Are dawn vocalization surveys effective for monitoring goshawk nest-area occupancy? *J. Wildl. Manage.* 67:390 – 397.

DICKINSON, V.M. AND K.A. ARNOLD. 1996. Breeding biology of the Crested Caracara in south Texas. *Wilson Bull.* 108:516 –

523.

DYKSTRA, C.R., F.B. DANIEL, J.L. HAYS AND M.M. SIMON. 2001. Correlation of Red-shouldered Hawk abundance and macro-habitat characteristics in southern Ohio. *Condor* 103:652 – 656.

ERDMAN, T.C., T.O. MEYER, J.H. SMITH AND D.M. ERDMAN. 1997. Autumn populations and movements of migrant Northern Saw-whet Owls (*Aegolius acadicus*) at Little Suamico, Wisconsin. Pages 167 – 172 in J. R. Duncan, D. H. Johnson, and T. H. Nicholls [EDS.], Proceedings of the Second International Symposium on Biology and Conservation of Owls of the Northern Hemisphere. USDA Forest Service, North Central Research Station, St. Paul, MN USA.

EWINS, P.J. AND M.J.R. MILLER. 1994. How accurate are aerial surveys for determining productivity of Ospreys? *J. Raptor Res.* 33:295 – 298.

FERGUSON, H.L. 2004. Relative abundance and diversity of winter raptors in Spokane County, eastern Washington. *J. Raptor Res.* 38:181 – 186.

FLEMMING, S.P., P.C. SMITH, N.R. SEYMOUR AND R.P. BANCROFT. 1992. Ospreys use local enhancement and flock foraging to locate prey. *Auk* 109:649 – 654.

FORSMAN, E.D., S.G. SOVERN, D.E. SEAMAN, K.J. MAURICE, M. TAYLOR AND J.J. ZISA. 1996. Demography of the Northern Spotted Owl on the Olympic Peninsula and east slope of the Cascade Range, Washington. *Stud. Avian Biol.* 17:21 – 30.

FRERE, E., A. TRAVAINI, A. PARERA AND A. SCHIAVINI. 1999. Striated Caracara (*Phalcoboenus australis*) population at Staten and Ano Nuevo Islands. *J. Raptor Res.* 33:268 – 269.

FULLER, M.R. AND J.A. MOSHER. 1987. Raptor survey techniques. Pages 37 – 65 in B. A. Giron Pendleton, B. A. Millsap, K. W. Cline, and D. M. Bird [EDS.], Raptor management techniques manual. National Wildlife Federation, Washington, DC U.S.A.

FULTON, G.R. 2002. Avifauna of Mount Tomah Botanic Gardens and upper Stockyard Gully in the Blue Mountains, New South Wales. *Corella* 26:1 – 12.

GARNER, H.D. AND J.C. BEDNARZ. 2000. Habitat use by Red-tailed Hawks wintering in the Delta Region of Arkansas. *J. Raptor Res.* 34:26 – 32.

GARRETT, M.G., J.W. WATSON AND R.G. ANTHONY. 1993. Bald Eagle home range and habitat use in the Columbia River estuary. *J. Wildl. Manage.* 57:19 – 27.

GAUCHER, P., J.-M. THIOLLAY AND X. EICHAKER. 1995. The Sooty Falcon *Falco concolor* on the Red Sea coast of Saudi Arabia-distribution, numbers and conservation. *Ibis* 137:29 – 34.

GAUTHREAUX, S.A., JR. AND C.G. BELSER. 2003. Radar ornithology and biological conservation. *Auk* 120:266 – 277.

GEISSLER, P.H. AND M.R. FULLER. 1987. Estimation of the proportion of an area occupied by an animal species. Pages 533 – 538 in Proceedings of the section on survey research methods of the American Statistical Association. American Statistical Association, Alexandria, VA U.S.A.

GERHARDT, R.P., N.B. GONZALEZ, D.M. GERHARDT AND C.J. FLATTENS. 1994. Breeding biology and home range of two *Ciccaba* owls. *Wilson Bull.* 106:629 – 639.

GERRARD, J.M., G.R. BORTOLOTTI, E.H. DZUS, P.N. GERRARD AND D.W.A. WHITFIELD. 1990. Boat census of Bald Eagles during the breeding season. *Wilson Bull.* 102:720 – 726.

GOLDSTEIN, M. I. 2000. Nest-site characteristics of Crested Caracaras in La Pampa, Argentina. *J. Raptor Res.* 34:330 – 333.

——— AND T. J. HIBBITTS. 2004. Summer roadside raptor surveys in the western Pampas of Argentina. *J. Raptor Res.* 38:152 – 157.

GOSSE, J.W. AND W.A. MONTEVECCHI. 2001. Relative abundances of forest birds of prey in western Newfoundland. *Can. Field-Nat.* 115:57 – 63.

GRIER, J.W. 1977. Quadrat sampling of a nesting population of Bald Eagles. *J. Wildl. Manage.* 41:438 – 443.

GUDMUNDSSON G.A., T. ALERSTAM, M. GREEN AND A. HEDENSTROEM. 2002. Radar observations of arctic bird migration at the Northwest Passage, Canada. *Arctic* 55:21 – 43.

HAINES, D.E. AND K.H. POLLOCK. 1998. Estimating the number of active and successful Bald Eagle nests; an application of the dual frame method. *Environ. Ecol. Stat.* 5:245 – 256.

HARGIS, C.D. AND B. WOODBRIDGE. 2006. A design for monitoring Northern Goshawks at the bioregional scale. *Stud. Avian Biol.* 31:274 – 287.

HARMATA, A.R., K.M. PODRUZNY, J.R. ZELENAK AND M.L. MORRISON. 2000. Passage rates and timing of bird migration in Montana. *Am. Midl. Nat.* 143:30 – 40.

HENNEMAN, C., M.A. MCLEOD AND D.E. ANDERSEN. Presence/absence surveys to assess Red-shouldered Hawk occupancy in central Minnesota. *J. Wildl. Manage.* In press.

HERREMANS, M. AND D. HERREMANS-TONNOEYR. 2000. Land use and the conservation status of raptors in Botswana. *Biol. Conserv.* 94:31 – 41.

——— AND D. HERREMANS-TONNOEYR. 2001. Roadside abundance of raptors in the western Cape Province, South Africa: a three-decade comparison. *Ostrich* 72:96 – 100.

HIRALDO, F., J.A. DONAZAR, O. CEBALLOS, A. TRAVAINI, J. BUSTAMANTE AND M. FUNES. 1995. Breeding biology of a Grey Eagle-buzzard population in Patagonia. *Wilson Bull.* 107:675 – 685.

HUBBARD, J.P., J.W. SHIPMAN AND S.O. WILLIAMS, JR. 1988. An analysis of vehicular counts of roadside raptors in New Mexico, 1974 – 1985. Pages 204 – 209 in R. L. Glinski, B.A. Giron Pendleton, M.B. Moss, M.N. LeFranc, JR., B.A. Millsap, S.W. Hoffman, C.E. Ruibal, D.L. Karhe and D.L. Ownens [EDS.], Proceedings of the southwest raptor management symposium and workshop. National Wildlife Federation Scientific and Technical Series No. 11. National Wildlife Federation, Washington, DC U.S.A.

HUSTLER, K. AND W.W. HOWELLS. 1988. The effect of primary production on breeding success and habitat selection in the

African Hawk-eagle. *Ostrich* 58:135 − 138.

Jacobson, M.J. and J.I. Hodges. 1999. Population trend of adult Bald Eagles in southeast Alaska, 1967 − 97. *J. Raptor Res.* 33:295 − 298.

Janes, S. W. 1984. Influences of territory composition and interspecific competition on Red-tailed Hawk reproductive success. *Ecology* 65:862 − 870.

Johnson, G. and R.E. Chambers. 1990. Response to conspecific, roadside playback recordings: an index of Red-shouldered Hawk breeding density. *N. Y. State Mus. Bull.* 471:71 − 76.

Joy, S.M., R.T. Reynolds, R.L. Knight and R.W. Hoffman. 1994. Feeding ecology of Sharp-shinned Hawks nesting in deciduous and coniferous forests in Colorado. *Condor* 96:455 − 467.

Kaltenecker, G.S. 2001. Continued monitoring of Boise's wintering Bald Eagles, and monitoring of the Dead Dog Creek Bald Eagle roost site, winters 1997/1998 and 1998/1999. *Idaho Tech. Bull.* (01).

───── and M.J. Bechard. 1994. Accuracy of aerial surveys for wintering Bald Eagles. *J. Raptor Res.* 28:59.

─────, K. Steenhof, M.J. Bechard and J.C. Munger. 1998. Winter foraging ecology of Bald Eagles on a regulated river in southwest Idaho. *J. Raptor Res.* 32:215 − 220.

Kennedy, P.L. and D.W. Stahlecker. 1993. Responsiveness of nesting Northern Goshawks to taped broadcasts of three conspecific calls. *J. Raptor Res.* 27:74 − 75.

─────, D.E. Crowe and T.F. Dean. 1995. Breeding biology of the Zone-tailed Hawk at the limit of its distribution. *J. Raptor Res.* 29:110 − 116.

Kenward, R.E., S.S. Walls, K.H. Hodder, M. Pahkala, S.N. Freeman and V.R. Simpson. 2000. The prevalence of non-breeders in raptor populations: evidence from rings, radio-tags and transect surveys. *Oikos* 91:271 − 279.

Kerlinger, P. and M.R. Lein. 1988. Population ecology of Snowy Owls during winter on the Great Plains of North America. *Condor* 90:866 − 874.

Kimmel, J.T. and R.H. Yahner. 1990. Response of Northern Goshawks to taped conspecific and Great Horned Owl calls. *J. Raptor Res.* 24:107 − 112.

Kjellén, N. and G. Roos. 2000. Population trends in Swedish raptors demonstrated by migration counts at Falsterbo, Sweden 1942 − 97. *Bird Study* 47:195 − 211.

─────, M. Hake and T. Alerstam. 2001. Timing and speed of migration in male, female and juvenile Ospreys *Pandion haliaetus* between Sweden and Africa as revealed by field observations, radar and satellite tracking. *J. Avian Biol.* 32:57 − 67.

Kochert, M.N. and K. Steenhof. 2004. Abundance and productivity of Prairie Falcons and Golden Eagles in the Snake River Birds of Prey National Conservation Area: 2003 annual report (Final Draft). U.S. Geological Survey, Forest and Rangeland Ecosystem Science Center, Snake River Field Station, Boise, ID U.S.A.

LaHaye, W.S., R.J. Gutiérrez and D.R. Call. 1997. Nest-site selection and reproductive success of California Spotted Owls. *Wilson Bull.* 109:42 − 51.

Lane, W.H., D.E. Andersen and T.H. Nicholls. 2001. Distribution, abundance, and habitat use of singing male Boreal Owls in northeast Minnesota. *J. Raptor Res.* 35:130 − 140.

Lehman, R.N., L.B. Carpenter, K. Steenhof and M.N. Kochert. 1998. Assessing relative abundance and reproductive success of shrubsteppe raptors. *J. Field Ornithol.* 69:244 − 256.

Leshem, Y. 1989. Following raptor migration from the ground, motorized glider and radar at a junction of three continents. Pages 43 − 52 in B.-U. Meyburg and R.D. Chancellor [Eds.], Raptors in the modern world: proceedings of the III world conference on birds of prey and owls. World Working Group on Birds of Prey and Owls, Berlin, Germany.

Lish, J.W. 1997. Diet, population size, and high-use areas of Bald Eagles wintering at Grand Lake, Oklahoma. *Okla. Ornithol. Soc. Bull.* 30:1 − 6.

MacKenzie, D.I., J.D. Nichols, G.B. Lachman, S. Droege, J.A. Royle and C.A. Langtimm. 2002. Estimating site occupancy rates when detection probabilities are less than one. *Ecology* 83:2248 − 2255.

─────, J.D. Nichols, J.E. Hines, M.G. Knutson and A.B. Franklin. 2003. Estimating site occupancy, colonization, and local extinction when a species is detected imperfectly. *Ecology* 84:2200 − 2207.

─────, L.L. Bailey and J.D. Nichols. 2004. Investigating species co-occurrence patterns when species are detected imperfectly. *J. Anim. Ecol.* 73:546 − 555.

Manly, B.F.J., L.L. McDonald and T.L. McDonald. 1999. The robustness of mark-recapture methods: a case study of the Northern Spotted Owl. *J. Agric. Biol. Environ. Stat.* 4:78 − 101.

Manosa, S. and V. Pedrocchi. 1997. A raptor survey in the Brazilian Atlantic rainforest. *J. Raptor Res.* 31:203 − 207.

─────, J. Real and J. Codina. 1998. Selection of settlement areas by juvenile Bonelli's Eagle in Catalonia. *J. Raptor Res.* 32:208 − 214.

Martinez, F., R. F. Rodriguez, and G. Blanco. 1997. Effects of monitoring frequency on estimates of abundance, age distribution, and productivity of colonial Griffon Vultures. *J. Field Ornithol.* 68:392 − 399.

Mazur, K.M., P.C. James, M.J. Fitzsimmons, G. Langen and R.H.M. Espie. 1997. Habitat associations of the Barred Owl in the boreal forest of Saskatchewan, Canada. *J. Raptor Res.* 31:253 − 259.

McClaren, E.L., P.L. Kennedy and P.L. Chapman. 2003. Efficacy of male goshawk food-delivery calls in broadcast surveys on Vancouver Island. *J. Raptor Res.* 37:198 − 208.

McIntyre, C.L. 2002. Patterns in nesting area occupancy and reproductive success of Golden Eagles (*Aquila chrysaetos*) in Denali National Park and Preserve, Alaska, 1988 − 99. *J.*

Raptor Res. 36:50 − 54.

MCLEOD, M.A. AND D.E. ANDERSEN. 1998. Red-shouldered Hawk broadcast surveys: factors affecting detection of responses and population trends. *J. Wildl. Manage.* 62:1385 − 1397.

―――, B.A. BELLEMAN, D.E. ANDERSEN AND G. OEHLERT. 2000. Red-shouldered Hawk nest site selection in north-central Minnesota. *Wilson Bull.* 112:203 − 213.

MENDENHALL, W., L. OTT AND R.L. SCHAEFFER. 1971. Elementary survey sampling. Duxbury Press, Belmont, CA U.S.A.

MEYER, K.D. 1994. Communal roosts of American Swallow-tailed Kites: implications for monitoring and conservation. *J. Raptor Res.* 28:62.

MOONEY, N. 1988. Efficiency of fixed-winged aircraft for surveying eagle nests. *Australas. Raptor Assoc. News* 9:28 − 29.

MOSHER, J.A. AND M.R. FULLER. 1996. Surveying woodland hawks with broadcasts of Great Horned Owl vocalizations. *Wildl. Soc. Bull.* 24:531 − 536.

―――, M.R. FULLER AND M. KOPENY. 1990. Surveying woodland hawks by broadcast of conspecific vocalizations. *J. Field Ornithol.* 61:453 − 461.

MURPHY, S.M., R.H. DAY, J.A. WIENS AND K.R. PARKER. 1997. Effects of the Exxon Valdez oil spill on birds: comparisons of pre- and post-spill surveys in Prince William Sound, Alaska. *Condor* 99:299 − 313.

OLSON, C.V. AND D.P. ARSENAULT. 2000. Differential winter distribution of Rough-legged Hawks (*Buteo lagopus*) by sex in western North America. *J. Raptor Res.* 34:157 − 166.

OLSON, G.S., R.G. ANTHONY, E.D. FORSMAN, S.H. ACKERS, P.J. LOSCHL, J.A. REID, K.M. DUGGER, E.M. GLENN AND W.J. RIPPLE. 2005. Modeling of site occupancy dynamics for Northern Spotted Owls, with emphasis on the effects of Barred Owls. *J. Wildl. Manage.* 69:918 − 932.

PENTERIANI, V. 1999. Dawn and morning goshawk courtship vocalizations as a method for detecting nest sites. *J. Wildl. Manage.* 63:511 − 516.

PHILLIPS, R.L., T.P. MCENEANEY AND A.E. BESKE. 1984. Population densities of breeding Golden Eagles in Wyoming. *Wildl. Soc. Bull.* 12:269 − 273.

PRAKASH, V., D.J. PAIN, A.A. CUNNINGHAM, P.F. DONALD, N. PRAKASH, A. VERMA, R. GARGI, S. SIVAKUMAR AND A.R. RAHMANI. 2003. Catastrophic collapse of Indian White-backed *Gyps bengalensis* and Long-billed *Gyps indicus* vulture populations. *Biol. Conserv.* 109:381 − 390.

RALPH, C.J. 1981. Terminology used in estimating numbers of terrestrial birds. Pages 502 − 578 in C.J. Ralph and J.M. Scott [EDS.], Estimating numbers of terrestrial birds. *Stud. Avian Biol. 6.*

――― AND J.M. SCOTT [EDS.]. 1981. Estimating numbers of terrestrial birds. *Stud. Avian Biol. 6.*

―――, G.R. GEUPEL, P. PYLE, T.E. MARTIN AND D.F. DESANTE. 1993. Handbook of field methods for monitoring landbirds. USDA Forest Service General Technical Report PSW-GTR144, Pacific Southwest Research Station, Albany, CA U.S.A.

REJT, L. 2001. Feeding activity and seasonal changes in prey composition of urban Peregrine Falcons *Falco peregrinus*. *Acta Ornithologica* 36:165 − 169.

RESTANI, M., A.R. HARMATA AND E.M. MADDEN. 2000. Numerical and functional responses of migrant Bald Eagles exploiting a seasonally concentrated food source. *Condor* 102:561 − 568.

ROBERSON, A.M., D.E. ANDERSEN AND P.L. KENNEDY. 2005. Do breeding phase and detection distance influence the effective area surveyed for Northern Goshawks? *J. Wildl. Manage.* 69:1240 − 1250.

ROSENFIELD, R.N., J. BIELEFELDT AND R.K. ANDERSON. 1988. Effectiveness of broadcast calls for detecting breeding Cooper's Hawks. *Wildl. Soc. Bull.* 16:210 − 212.

ROSS, B.D., D.S. KLUTE, G.S. KELLER, R.H. YAHNER AND J. KARISH. 2003. Inventory of birds at six national parks in Pennsylvania. *J. PA Acad. Sci.* 77:20 − 40.

ROYLE, J.A. AND J.D. NICHOLS. 2003. Estimating abundance from repeated presence-absence data or point counts. *Ecology* 84:777 − 790.

SALVATI, L., A. MANGANARO AND S. FATTORINI. 2000. Responsiveness of nesting Eurasian Kestrels *Falco tinnunculus* to call playbacks. *J. Raptor Res.* 34:319 − 321.

SANCHEZ-ZAPATA, J.A. AND J.F. CALVO. 1999. Raptor distribution in relation to landscape composition in semi-arid Mediterranean habitats. *J. Appl. Ecol.* 36:254 − 262.

―――, M. CARRETE, A. GRAVILOV, S. SKLYARENKO, O. CEBALLOS, J.A. DONAZAR AND F. HIRALDO. 2003. Land use changes and raptor conservation in steppe habitats of eastern Kazakhstan. *Biol. Conserv.* 111:71 − 77.

SAUER, J.R., J.E. HINES AND J. FALLON. 2004. The North American Breeding Bird Survey, results and analysis 1966 − 2003. Version 2004.1. U.S. Geological Survey, Patuxent Wildlife Research Center, Laurel, MD U.S.A.

SCHMUTZ, J.K. 1984. Ferruginous and Swainson's Hawk abundance and distribution in relation to land use in southeastern Alberta. *J. Wildl. Manage.* 48:1180 − 1187.

SCHREUDER, H.T., R. ERNST AND H. RAMIEREZ-MADONADO. 2004. Statistical techniques for sampling and monitoring natural resources. USDA Forest Service General Technical Report RMRS-GTR-126, Rocky Mountain Research Station. Fort Collins, CO U.S.A.

SEAMANS, M.E. 2005. Population biology of the California Spotted Owl in the central Sierra Nevada. Ph.D. dissertation, University of Minnesota, St. Paul, MN U.S.A.

――― AND R.J. GUTIÉRREZ. 1999. Diet composition and reproductive success of Mexican Spotted Owls. *J. Raptor Res.* 33:143 − 148.

SEERY, D.B. AND D.J. MATIATOS. 2000. Response of wintering buteos to plague epizootics in prairie dogs. *West. N. Am. Nat.* 60:420 − 425.

SHARP, A., M. NORTON AND A. MARKS. 2001. Breeding activity, nest site selection and nest spacing of Wedge-tailed Eagles

(*Aquila audax*) in western New South Wales. *Emu* 101:323 — 328.

SHYRY, D.T., T.I. WELLICOME, J.K. SCHMUTZ, G.L. ERICKSON, D.L. SCOBIE, R.F. RUSSELL AND R.G. MARTIN. 2001. Burrowing Owl population-trend surveys in southern Alberta: 1991 — 2000. *J. Raptor Res.* 35:310 — 315.

SIERDSEMA, H., W. HAGEMEIJER, F. HUSTINGS AND T. VERSTRAEL. 1995. Point transect counts of wintering birds in The Netherlands 1978 — 1992. *Ring* 17:46 — 60.

SIMMONS, R.E. 2002. A helicopter survey of Cape Vultures *Gyps coprotheres*, Black Eagles *Aquila verreauxii* and other cliff-nesting birds of the Waterberg Plateau, Namibia, 2001. *Lanioturdus* 34:23 — 29.

SMALLWOOD, S.K. 1998. On the evidence for listing Northern Goshawks (*Accipiter gentilis*) under the Endangered Species Act: a reply to Kennedy. *J. Raptor Res.* 32:323 — 329.

SORLEY, C.S. AND D.E. ANDERSEN. 1994. Raptor abundance in south-central Kenya in relation to land-use patterns. *Afr. J. Ecol.* 32:30 — 38.

STEENHOF, K., M.N. KOCHERT, L.B. CARPENTER AND R.N. LEHMAN. 1999. Long-term Prairie Falcon population changes in relation to prey abundance, weather, land uses, and habitat conditions. *Condor* 101:28 — 41.

STEWART, A.C., R.W. CAMPBELL AND S. DICKIN. 1996. Use of dawn vocalizations for detecting breeding Cooper's Hawks in an urban environment. *Wildl. Soc. Bull.* 24:291 — 293.

STOUT, W.E., R.K. ANDERSON AND J.M. PAPP. 1998. Urban, suburban and rural Red-tailed Hawk nesting habitat and populations in southeast Wisconsin. *J. Raptor Res.* 32:221 — 228.

SYKES, P.W., C.B. KEPLER, K.L. LITZENBERGER, H.R. SANSING, E.T.R. LEWIS AND J.S. HATFIELD. 1999. Density and habitat of breeding Swallow-tailed Kites in the lower Suwannee ecosystem, Florida. *J. Field Ornithol.* 70:321 — 336.

TAKATS, D.L., C.M. FRANCIS, G. HOLROYD, J.R. DUNCAN, K.M. MAZUR, R.J. CANNINGS, W. HARRIS AND D. HOLT. 2001. Guidelines for nocturnal owl monitoring in North America. Beaverhill Bird Observatory and Bird Studies Canada, Edmonton, Alberta.

TARBOTON, W.R. AND P.C. BENSON. 1988. Aerial counting of Cape Vultures. *S. Afr. J. Wildl. Res.* 18:93 — 96.

THIOLLAY, J-M. 1989a. Censusing of diurnal raptors in a primary rain forest: comparative methods and species detectability. *J. Raptor Res.* 23:72 — 84.

———. 1989b. Area requirements for the conservation of rain forest raptors and game birds in French Guiana. *Conserv. Biol.* 3:128 — 137.

———. 1998. Current status and conservation of Falconiformes in tropical Asia. *J. Raptor Res.* 32:40 — 55.

———. 2001. Long-term changes of raptor populations in northern Cameroon. *J. Raptor Res.* 35:173 — 186.

——— AND Z. RAHMAN. 2002. The raptor community of central Sulawesi: habitat selection and conservation status. *Biol. Conserv.* 107:111 — 122.

THOME, D.M., C.J. ZABEL AND L.V. DILLER. 1999. Forest stand characteristics and reproduction of Northern Spotted Owls in managed north-coastal California forests. *J. Wildl. Manage.* 63:44 — 59.

THORSTROM, R., R. WATSON, A. BAKER, S. AYERS AND D.L. ANDERSON. 2002. Preliminary ground and aerial surveys for Orange-breasted Falcons in Central America. *J. Raptor Res.* 36:39 — 44.

TRAVAINI, A., J.A. DONAZAR, O. CEBALLOS, M. FUNES, A. RODRIGUEZ, J. BUSTAMANTE, M. DELIBES AND F. HIRALDO. 1994. Nest-site characteristics of four raptor species in the Argentinian Patagonia. *Wilson Bull.* 106:753 — 757.

UTEKHINA, I.G. 1994. Productivity at Steller's Sea Eagle and Osprey nests on the Magadan State Nature Reserve, Magadan, Russia. *J. Raptor Res.* 28:66.

VAASSEN, E.W.A.M. 2000. Habitat choice, activity pattern, and hunting method of wintering raptors in the Goksu Delta, southern Turkey. *De Takkeling* 8:142 — 162.

VINUELA, J. 1997. Road transects as a large-scale census method for raptors: the case of the Red Kite *Milvus milvus* in Spain. *Bird Study* 44:155 — 165.

WATSON, J.W., D.W. HAYS AND D.J. PIERCE. 1999. Efficacy of Northern Goshawk broadcast surveys in Washington state. *J. Wildl. Manage.* 63:98 — 106.

WHELTON, B.D. 1989. Distribution of the Boreal Owl in eastern Washington and Oregon. *Condor* 91:712 — 716.

WHITE, C.M., R.J. RITCHIE AND B.A. COOPER. 1995. Density and productivity of Bald Eagles in Prince William Sound, Alaska, after the *Exxon Valdez* oil spill. Pages 762 — 779 in P.G. Wells, J.N. Butler and J.S. Hughes, [EDS.], *Exxon Valdez* oil spill: fate and effects in Alaskan waters, ASTM STP 1219. American Society for Testing and Materials, Philadelphia, PA U.S.A.

WILLIAMS, B.K., J.D. NICHOLS AND M.J. CONROY. 2002. Analysis and management of animal populations. Academic Press, San Diego, CA U.S.A.

WILLIAMS, C.K., R.D. APPLEGATE, R.S. LUTZ AND D.H. RUSCH. 2000. A comparison of raptor densities and habitat use in Kansas cropland and rangeland ecosystems. *J. Raptor Res.* 34:203 — 209.

WILSON, U.W., A. MCMILLAN AND F.C. DOBLER. 2000. Nesting, population trend and breeding success of Peregrine Falcons on the Washington outer coast, 1980 — 98. *J. Raptor Res.* 34:67 — 74.

WOODBRIDGE, B., K.K. FINLEY AND P.H. BLOOM. 1995. Reproductive performance, age structure, and natal dispersal of Swainson's Hawks in the Butte Valley, California. *J. Raptor Res.* 29:187 — 192.

WRIGHT, A.L. AND G.D. HAYWARD. 1998. Barred Owl range expansion into the central Idaho wilderness. *J. Raptor Res.* 32:77 — 81.

YAHNER, R.H. AND R.W.J. ROHRBAUGH. 1998. A comparison of raptor use of reclaimed surface mines and agricultural habitats in Pennsylvania. *J. Raptor Res.* 32:178 − 180.

Yosef, R., J. Boulos and O. Tubbeshat. 1999. The Lesser Kestrel (*Falco naumanni*) at Dana Nature Reserve, Jordan. *J. Raptor Res.* 33:341 − 342.

渡り個体のカウントとモニタリング

KEITH L. BILDSTEIN
Acopian Center for Conservation Learning,
Hawk Mountain Sanctuary
410 Summer Valley Road, Orwigsburg, PA 17961 U.S.A.

JEFF P. SMITH
HawkWatch International
1800 S. West Temple, Suite 226,
Salt Lake City, UT 84115-1851 U.S.A.

REUVEN YOSEF
International Birding and Research Center in Eilat
PO Box 744, Eilat 88000 Israel

訳：新谷保徳

　長距離に及ぶ猛禽類の渡りは，何千年もの間，人々を魅了してきた．この現象の旧北区における報告は，旧約聖書の時代にさかのぼる（Job 39：26-29）．西半球における渡りの記述は，ヨーロッパ人の入植から30年以内に始まっている（Baughman 1947）．今日，主要な猛禽類の渡り観察場所は，イスラエルのEilat（International Birdwaching Center Eilat 1987）や米国のHawk Mountain Sanctuary（Allen et al. 1995, Bildstein and Compton 2000）のような所であり，毎年何万もの人々が押し寄せる（図6-1）．北米では，"Hawk Migration Association of North America"（400人以上の組織）が，もっぱら渡りを行う猛禽類の研究と保護に携わっている．

　猛禽類の渡りについては長年にわたって関心がもたれてきたため，フィールドの専門家は飛行力学および渡り現象の地理学的なことに熟知している（Kerlinger 1989, Zalles and Bildstein 2000, Bildstein 2006）．実際，渡りを行う世界で183種以上の猛禽類の移動が，他の渡りを行う鳥類よりも，様々な形でよく記録されている（Zalles and Bildstein 2000, Bildstein 2006）．渡りを行う猛禽類の研究は，鳥類生態学（Newton 1979）と保全生物学の両方に多大な貢献をもたらしてきた（例えば，Newton and Chancellor 1985, Sermeret et al. 1986, Meyburg and Chancellor 1994, Chancellor et al. 1998, Yosef et al. 2002, Thompson et al. 2003, Yosef and Fornasari 2004）．猛禽類の渡りに関する科学の状況では，北米，旧北区西部，それに中東の一部の主要な渡り経路に沿った渡りの空間的あるいは時間的なパターンに関するものが，特に充実している（Shirihai et al. 2000, Zalles and Bildstein 2000, Hoffman et al. 2002, Bildstein 2006）．その一方，猛禽類の渡りの主要な原因と結果に関することと同様に，猛禽類の渡りについて研究すべきことは他にもたくさん残っている．

　Kerlinger（1989）とBildstein（2006）は，時代に応じて使用されてきた主要な研究方法を含む，猛禽類の渡りに関する科学についての多くの側面を幅広く紹介している（付録1）．Zalles and Bildstein（2000），Bildstein and Zalles（2005），そしてBildstein（2006）は，飛行ルートに関する世界的な地理上のパターンと経過を詳細に報告している．Bildstein（1998a）は，1990年代半ばの猛禽類の渡りの状況を報告している．

　この章では，確立された猛禽類の渡り観察地点における猛禽類の目視データのサンプリング方法（観察地点とみなされる手段を含めて），データの記録方法のガイドライン，渡りのカウント値が後の解析のためにどのように保管されるのかに関する情報，そして，いかに結果の状況や推移データが科学界に伝達され得るかなどの論拠や方法について詳しく説明したい．さらに，長期モニタリングの視点において，地域個体群の変動の指標として，そのようなカウント

98　6. 渡り個体のカウントとモニタリング

図6-1 Hawk Mountain Sanctuary（上）とイスラエルのEilat（下）．Hawk Mountainは, North LookoutからKittatinny Ridge方向の展望がある．1934年以来，北米で繁殖する16種の猛禽類について，個体数をモニタリングしている．Eilatは，Yoash山からAqaba湾方向の展望がある．1977年以来，ヨーロッパおよびアジアで繁殖する38種の猛禽類について，個体数をモニタリングしている．
（Hawk Mountainの写真はM. Linkevich，Eilatの写真はK. Bildsteinの提供）

がいかに利用できるのかを提示し，議論したい．そして，環境モニタリングに関して活用可能な定義を提案したうえで，観察地点における長期モニタリング活動を計画するための手順を示すことによって結論としたい．

猛禽類の渡り観察地点

　猛禽類はあまり目立たず，広い行動圏をもち，高度な移動性を有する鳥類の捕食者であるため，その個体群を調査およびモニタリングすることは困難であるし，また多くの費用がかかるという問題もある（Fuller and Mosher 1981,
1987）．猛禽類における地域個体群のモニタリングを行うにあたり，潜在的に費用対効果の高い方法の1つに，伝統的な渡りの経路に沿って1カ所以上の観察地点を配置し，渡り期間中にそれらの個体数を調べるという方法がある（Bildstein 1998b, Zalles and Bildstein 2000）．

　確立された観察地点における猛禽類の渡り個体のカウント方法は，19世紀後半以降，猛禽類の渡りの生態学を研究するために使用されてきた（Kerlinger 1989, Bildstein 2006）．最近では，観察地点での目視による猛禽類の渡り個体のカウント（以後，渡り個体のカウントと称す）が，猛禽類の渡り個体群の保護状況を確認するのに役立ってきた（Carson 1962, Hickey 1969, Bednarz et al. 1990, Bildstein 1998b, Hoffman and Smith 2003, Yosef and Fornasari 2004）．猛禽類の地域個体群についてモニタリングすることの価値に加えて，主要な渡りルートの特定，猛禽類の渡りの生物季節学の評価，そして猛禽類の飛行力学やその他の行動を明らかにすることに役立ってきた（Smith 1980, 1985a,b, Kerlinger 1989, Zalles and Bildstein 2000, Bildstein and Zalles 2001, Hoffman et al. 2002）．

　実際に，渡り個体のカウントは費用対効果が高く，かつ比較的簡単に実行できるため，猛禽類の渡りに関する科学の中で，最も一般的に利用される方法の1つである（Kerlinger 1989, Bildstein 1998b）．長期間に及ぶ渡り個体のカウントの実践において，渡り個体のカウントは，毎日および季節ごとの渡りのタイミング，種の多様性，それに天候に応じた渡り個体数を決定するために利用されてきている（Haugh 1972, Kerlinger 1989）．加えて，渡り個体のカウントに付随した直接目視観察は，飛行パターン（例えば，帆翔や羽ばたき），群行動，種間干渉，峠行動，それに気象の影響などの渡りを行う猛禽類の行動に関して価値ある情報をもたらす（Kerlinger 1989, Allen et al. 1996, Yates et al. 2001）．

　猛禽類の個体群の動向を表すための渡り個体のカウントの利用は制約がないわけではないし，さらに，その分析についての統計的手法が改良され続けてはいるものの（Hussell 1985, Fuller and Titus 1990, Titus et al. 1990, Hoffman and Smith 2003），個体群の動向を決定するために用いるこのようなカウントの有効性については，予備的評価を行うことが望まれる（Bednarz and Kerlinger 1989, Dunn and Hussell 1995）．的確に収集され，分析されたデータは，対象種における個体群変動に関する貴重な情報を提供してくれる（Bednarz and 1990, Bildstein 1998b, Hoffman and Smith 2003, Yosef and Fornasari 2004）．

渡り個体のカウント技術

調査目的の確認

　猛禽類の個体群に関する長期および短期の研究はともに，注意深くかつ配慮された調査計画により，大きな効果が得られる（Fulle and Mosher 1987, Titus et al. 1989, Fish 2001）．カウント調査を計画するうえでの最初のステップは，調査の目的を明確にすることである．データ収集を行う目標は，その地域を通過する全種の猛禽類を観察することなのか，あるいは，特定の種だけを観察することなのか．調査活動の焦点は，秋の渡り，春の渡り，あるいはその両方であるのか．Goldsmith（1991），Spellerberg（1991），そしてFish（2001）は，モニタリングプログラムの目的を確立するための貴重な提案を提供している．

観察地点の選定

　いったん，目的が確立されたなら，渡りを行う猛禽類が見られ，カウントできる観察地点を選定する必要がある．観察地点は，過去に猛禽類の渡りがカウントされた地点だけでなく，渡り個体による時の出入りが観察できる場所も含ませる．ほとんどの観察地点は，主要な渡りのルート，すなわちそれらの長距離移動に通常使われるルートに沿って設定されることになる．これらの渡りルートを確認することが，観察地点の位置を決めるための最初のステップである．多くの猛禽類は広範囲を横断して渡るが（Bednarz and Kerlinger 1989参照），多くは"leading lines"（選好ルート）や"diversion lines"（迂回ルート）に集中している．選好ルートは，もともとGeyr von Schweppenburg（1963）によって記述されたように，地域の渡りの主要ルートと交差する，狭くかつ比較的長い地理的および地形的特徴があり，その特性が，渡る個体を誘引し，選好ルートに沿うように方向転換させるのである．選好ルートには，山の尾根やそこから湧き上がる上昇気流が含まれるのに加えて，渡りを行う猛禽類の獲物が大量に集まってくる川や川岸が含まれる．これとは対照的に，迂回ルートというのは，渡り個体がそれらに誘引されるということではなく，前方に存在する障害物（すなわち，広い水域）を避けようとするために，渡り個体が集まってくる地理的および地形的特徴のことである．

　選好ルートと猛禽類の渡り経路に関する文献を調べることは，特定の地域における渡りルートや猛禽類の渡りの時期を確認するのに役立つ．Kerlinger（1989）は，入手可能な猛禽類の飛行力学に関する最新の情報を網羅している．観察地点になりそうな場所における，聞き取り情報や予備的なカウントは，渡りが集中する場所を明らかにすることに重要な役割を果たす．地元やその地域の鳥類相に関するガイドは，渡り個体が通過している可能性があるものの，まだ確認されていない場所を暗示したり，示唆したりすることが多いものである．地元住民や，渡りが行われている可能性のある周辺地域を知っている人と話をすることもまた，いつ，どこで，多数の猛禽類の飛行を見ることができるかを確かめることに役立つ．いったん，そのような地点が発見されれば，いつ，どこで，渡る猛禽類を見ることができるかを，しっかりと判断するための現地調査が必要となる．

　いったん，渡り個体が集中する地点が見つかれば，渡り個体をカウントするために最も有効な地点を確定する必要がある．理想的には，観察地点はできるだけ周囲の視野が広いところがよい．視野と土地の起伏（周囲の地形との相対的な高さ）により，カウント地点から見ることのできる空の範囲が決まる．Dunne et al.（1984）は，最低180度の視野があることを推奨している．けれども，視野が得られるかどうかは，観察場所を決めるうえでの唯一の要件というわけではない．他の要件として，地点への行きやすさと安全性がある．例えば，集中的な長期のモニタリングを行う場合は，その可能性を確保し，さらに，もし観察地点がモニタリングだけでなく保護のための教育活動に使われるのであれば，行きやすさは，特に重要な要件となる．

　あるケースでは，観察場所1ヵ所当たり，1つ以上のカウント地点が適切かもしれない．ある特定の研究の目的－例えば，海岸からの距離に応じて渡り個体数が決まること－では，局地気象に反応して飛行ルートがシフトすることが予想されるために，いくつかの地点での同時カウントの実施を余儀なくされる．

渡り個体を見つけること

　次に述べることの大半は，Dunne et al.（1984）とBrett（1991）から引用したものである．両者の論文は，猛禽類の渡り個体のカウントを実施するテーマに関して，有用かつ参考となる資料を与えてくれるものである．もう1つの有用な情報源は，Hawk Migration Association of North America（HMANA）のA Beginner's Guide to Hawk-watching（1982）である．

　猛禽類は，渡り個体の出現が予想される方向の空を規則正しく綿密に探すことにより，最も効率的に見つけられるものである．観察者は，地平線に沿って，また，もし観察

場所が標高の高い地点にあるなら，地平線の下から探すべきであり，飛行方向に対し直角に探し始めて，飛行ルートに直面するまで上方に探す方向を移動させていく．その時，1つの視野よりもわずかに少な目に双眼鏡を上へ移し，飛行ルートの同じ側について，2～3回手順を繰り返すべきである．次に，飛行ルートの反対側（例えば，尾根線の他の側）について，同じ手順を繰り返す．観察者は，近くと遠くの渡り個体の両方を効果的に把握するために，双眼鏡と肉眼の両方で体系的に探すべきである．水平および垂直に，少なくとも180度の範囲を探すべきである．このような手順を繰り返す間に，カウントする者は，見逃したかもしれない個体を探すために，自分自身の真上も同様に見るべきである．可能であるなら，複数の観察者が双眼鏡と肉眼による観察分担を効果的に交替すれば，飛行ルート全体の異なる部分を同時にカバーすることができる．また，留鳥の猛禽類が集合することにも注目すべきである．というのは，その現象というのは，しばしば渡りにつながる飛行条件の存在を示してくれるからである．

渡っている猛禽類は，たいていの場合，カウントする者から一定の距離を隔てた頭上や横を飛ぶ．その距離に近い眼の焦点となるポイントを把握することは，発見率の向上に役立つ．もし焦点を合わせるべきものが何もなければ，人間の眼は一般的に6～7m離れたところに焦点が合うものである．観察者の眼には，雲，遠くのランドマーク，それに通過する飛行機が，遠方で焦点を合わせるための基準となる．真っ青な空を背景とした場合の効果的な焦点の合わせ方と発見のための手順を確実に行うことに，観察者は特に注意を払うべきである．

渡り個体の正確な識別は重要であるため，適切な光学機器（例えば，双眼鏡や望遠鏡）は，渡り個体のカウントに必須である．7倍の双眼鏡も使われるが，8～10倍の双眼鏡がベストと考えられる．空の広範囲を探さなくてはならないので，広角で広視野の双眼鏡が推奨される．15～20倍の望遠鏡は，十分な倍率であると思われる．しかし，実際には，かげろうや三脚の振動があるので，あまり高倍率の望遠鏡はたいていの場合，使用に支障をきたすものである．もし，望遠鏡が全ての観察において日常的に使用するのではないなら，望遠鏡の使用は，渡り個体のカウントに使用するのではなく，遠くの鳥を識別することに限定して使うべきである．というのは，望遠鏡の使用に関しては，かなりの確認率の偏りを生じるというように，人によってばらつきがあるからである．一般的に，様々な距離の渡り個体を積極的に識別しようとして，望遠鏡をじっと見つめることにあまりにも多くの時間を費やすことは避けるべきである．というのは，そのことによって，うかつにもとても近い鳥のカウントができなかったり，より簡単な鳥の識別ができなかったりするためである．

渡り個体をカウントするのに必要な機材を決める時，観察者の疲労について考慮することは重要なことである．双眼鏡の重さ（重い双眼鏡は軽いものよりも早く腕の疲労を引き起こす要因）や，直射日光（まぶしい光は眼の疲労の要因）は重要な考慮事項である．カウントする者は，適切な服を着るべきであり，時々座れる快適な場所を設けるべきである．フィールド機器を保管するための施設が観察地点の近くにあれば役立つ．

渡り個体の識別

猛禽類の多くは，特に高速あるいは高空を飛行している場合，種レベルで識別することは難しい．羽衣の色と模様，身体の大きさ，身体の形状，それに特徴的なフィールドマーク（野外で種や性別を識別するために目立つ特徴）は，それが明らかである場合は，猛禽類の識別に役立つ．多くの種では，羽衣の違いが，年齢や性別を判定するために使用できる．飛行している渡り個体の大きさを決めることは，鳥までの距離を測定するのが困難な時は特に難しい．鳥の種類を識別するためには，飛行パターン，翼と尾の比率，頭部と体の比率，風速に関係する翼の形状，それに飛行軌跡などを含む，様々な手がかりから総合的に識別することが通常必要とされる．鳥のシルエットの認識と体の全体的な形状，あるいは"GISS"（general impression, size and shape：一般的な印象，大きさおよび形状）は，それらの識別においてグループ内の個体の種の位置を決めるための助けになる（例えば，ハイタカ類，ノスリ類，ハヤブサ類，ハゲワシ類および，ワシ類等，全てが認識できる形態をもっている）．

特徴的なフィールドマークを記載した渡りを行う猛禽類に関するフィールドガイドは，この点で特に有効である．北米のフィールドガイドには，「The Mountain and the Migration」（Brett 1991），「Hawk watch: A Guide for Beginners」（Dunne et al. 1984），「Hawks in Flight: The Flight Identification of North American Raptors」（Dunne et al. 1988），「A Field Guide to Hawks of North America, second ed.」（Clark and Wheeler 2001），「A Photographic Guide to North American Raptors」（Wheeler and Clark 1995），「Hawks from Every Angle」（Liguori 2005），それに「Raptors of Eastern North America and Raptors of Western North America」（Wheeler 2003a,b）がある．旧北区のガイドは，「Flight Identification of European

Raptors」（Porter et al. 1976），「Collins Guide to the Birds of Prey of Britain and Europe」（Génsbøl 1984），「The Raptors of Europe and The Middle East: A Handbook of Field Identification」（Forsman 1999），それに「A Field Guide to the Raptors of Europe, The Middle East, and North Africa」（Clark 1999）がある．これらの全てのフィールドガイドは，北半球の温帯の観察者向けに書かれているが，記載された多くの種は，熱帯や南半球の観察地点においても，見ることができる場合もある．世界的なガイドが必要なら，「Raptors of the World: A Field Guide」（Ferguson-Lees and Christie 2005）が非常に役に立つ．猛禽類の年齢査定，性判定それに識別についての関連情報は，第2章を参照すること．

　部分的な渡りは，猛禽類の渡りの中で最も一般的な形態であり（Kerlinger 1989），観察地点を通過する渡り個体は，しばしばその地域における留鳥と同時に存在することとなる．留鳥と渡り個体を区別する簡単な方法がない場合でも，飛行高度や方向が一定していることから，渡り個体であるかどうかが分かることが多い．さらに，留鳥は，テリトリー防衛またはディスプレイ，そして長時間の止まりやハンティング行動等といった，渡り個体と異なる行動パターンを示すことがよくある．いくつかの種では，その地域における個々の渡り個体の生息状況は明らかではない．そのような種の移動を記録する観察地点は，これらの鳥類に関する生活史についての重要な情報を提供してくれることになる．

渡り個体のカウント

　ほとんどの場合，渡り個体のカウントは，比較的簡単ではあるが，重要な特定の4つの厄介な問題がある．第1に，全ての個体のカウントと記録が困難になるくらい，渡り個体の個体数が非常に多い時がある．こうした時にカウントする者は，通過する渡り個体の数を推定する必要がある．大規模な群をカウントする場合，群を頭の中で5，10または，必要に応じて，20または50のように，グループに分割してカウントすることが有効であるが，グループ単位の鳥の数が多いと，推定の精度は急激に低下する．もう1つの方法は，群の10～20%に当たる推定範囲に集中して，そこにいる全ての鳥を慎重にカウントするものである．そして合計数は，外挿法によって推定される（Bibby et al. 1992）．別の方法は，渡り個体をカウントするために，連続したデジタル写真を使用することである．けれども，この方法は，労力を集中させねばならないし，カウントの重複を避けるために，注意深くタイミングを図ることも要求

される（Smith 1980, 1985a）．

　群を形成する種〔例えば，ヒメコンドル（*Cathartes aura*），ヨーロッパハチクマ（*Pernis apivorus*），ニシトビ（*Milvus migrans*），レバントハイタカ（*Accipiter brevipes*），ノスリ（*Buteo buteo*），ハネビロノスリ（*B. platypterus*），それにアレチノスリ（*B. swainsoni*）〕では，非常に数多い渡り個体のカウントに関係したさらに困難な問題がある．多くの場合，これらの種はしばしば，旋回する集団あるいは，何百何千もの鳥が同じ山の上昇気流を利用する"kettles"（訳者注：タカ柱，すなわち何十，何百羽のタカの群れが，同じ上昇気流の中で旋回している様子が，まるで"やかん"の口から湯気が吹き出している様子に似ている）を形成する．こうした状況下で，鳥たちが"kettling"（訳者注：タカ柱を形成していること）の状態でなく，渡りの主軸に沿って長い群となって"streaming"（訳者注：1列になって流れること）し始める時にカウントするのが最良である（Dunne et al. 1984）．カウントの練習や推定の演習の方法については，Wildlife Counts（www.wildlifecounts.com）を利用することが可能である．また，その他の個体群推定ソフトウェアは，群を形成する種に適用できる，カウントする者にとって有効なトレーニングツールである．2つ以上の種が多数通過する場合は，それぞれの種に1人または複数のカウントする者を割り当てることも，カウントの手助けとなる．

　多数の渡り個体をカウントするための1つの重要な道具は，双眼鏡を見ながら操作することが可能な手持ちの機械式集計道具である．練習することにより，左右の手それぞれで2つの集計道具を操作し，同時に4種を追跡することが可能である．複数集計カウンターもこのような状況で役に立つ．残念ながら，そのテーマについてはほとんど書かれていないため，渡り観察地点での極端に数の多い猛禽類をどのようにカウントすればよいかについては紹介できない．多数の渡り個体が通過する観察地点では，独自の手段で正確に数える方法を開発してテストし，その結果を他の観察者と情報交換することを薦める．

　3番目の厄介な要素というのは，半島の先端のように水域を横断する障害地点におけることである．多くの猛禽類が広い水域を横断するのをためらう（Kerlinger 1989）ため，個々の渡り個体は実際に横断する前に数回，半島に接近したり後退したりする．渡りの流れが常に一定方向であるモニタリング地点に比べて，これらのケースでは，ダブルカウントを最小限にするカウント戦略をカスタマイズする〔例えば，南行きと北行きの両方の移行を同時に追跡し，日常的な基本の南行き総数から北行きを引いた正味の数を

推定する方法（C. Lott 私信）〕を採用するか，あるいは実際に通過した個体数の推定値よりも，むしろ得られた"カウント"結果の方が活動係数を示すことを明確に認識するかのどちらかである（Fish 1995）．

4番目の厄介な要素というのは，猛禽類の渡りが広い海岸線あるいは平原のような地形の場合には，地形学的な選好ルートが一定の経路に沿って集中せず，風の条件や熱気泡の発生状況に対応して，頻繁に飛行ルートが変化するということである．そのような場合，飛行ルートの典型的な広がりに沿って，効果的に選択する複数のモニタリング地点を設置することが，堅実で一貫性のある渡りの活動係数を得るのに必要となるかもしれない．複数の観察場所を有する"picket-line"（ピケライン，監視線）戦略とトランセクトモニタリング（横断的監視法）戦略を用いてうまくいった2つの主要な実践例は，メキシコの Veracruz（Ruelas-Inzunza et al. 2000）と北部イスラエル（Leshem and Yom-Tov 1996）である．

カウントと付加データの記録

渡り個体のカウントにおいては，観察された個体数，種名（鳥があまりにも遠方で，速く移動するために種の識別が難しい場合には，少なくとも属名）を基本的な情報として記録する．また，観察者は，渡り個体が飛行している時の行動内容，観察日と観察時間（観察に費やした時間と観察者の人数の両方を含む），それに観察中のその地域の気象を記録する．飛行行動の情報については，主要な飛行方向を含め，渡り個体の推定飛行高度（すなわち，目線下レベル，目線高さ，それに目線上レベル．光学機器なしで容易に目視できる個体，ごく小さな点のように光学機器で確認できる限界等）の情報を記録する．目線の上下両方にかなりの垂直高低差のある地点では，距離を推定するために同様の基本的なカテゴリー（すなわち，鳥は光学機器なしで簡単に目視できる等）を利用する見通し距離は，飛行高度を推定するためにも時々利用される．

気象データには，視程（視界の透明度の推定については，もし，関連性がありそうな場合には，可視性を低下させやすい煙霧，ほこり，煙あるいは霧も追記する），雲量（%），関連性があると思われる時の，降水の有無とタイプ，風向と風速，気温，相対湿度，それに気圧が含まれる．収集する気象データのメニューについては，年間を通じたものが重要である．可能な場合は，地域の気象パラメーターを，地元の気象サービスから得るべきである．全てのカウントと付加データは，時間ごとに記録されるべきであり，もし1時間以内に気象条件が急速に変化する場合には，必要に応じて追加の気象データも記録する．また，実際の観察中に記録されたデータからは直ちに明確にならない場合，寒冷前線の通過，降水事象，および荒れ模様の天候やその他の要因によって観察ができなかった日数またはその割合に関する理由を日刊紙に記録しておくと役に立つ．

渡り行動に関連のある付加データ〔例えば，群，飛行形態，飛行高度（Kerlinger and Gauthreaux 1985），敵対行動（Klem et al. 1985），採食行動（Shelley and Benz 1985）など〕は，可能なら常に記録すべきである（Dunne et al. 1984）．可能であれば，そして研究の目的として必要な時には必ず，渡り個体の性別や年齢も記録する（Bednarz and Kerlinger 1989）．多くの渡りの観察地点は，ペリカン，コウノトリおよびヘビウのような他の大型の帆翔する鳥類の渡りにも好条件を提供しているものである．これらのカウントは，他の分類群と同様に，可能な限り記録すべきである（Willimont et al. 1988 参照）．まれな渡り個体の通過を記録すれば，貴重な追加情報となり得る．ただし，付加データを収集する場合には，全体のカウントの正当性を低下させてしまわない方法で行うということを考慮しなければならない（例えば，カウントをする以外の人あるいは適切なメモを記録する人を確保すること）．

関連する全てのデータを毎日記録する日報様式は，渡り記録データの恒久的な保存記録の基礎となるものである．また，標準化された様式を使用すれば，長期間の猛禽類の渡り調査や地域個体群の状態のモニタリングにも役立つ（Bednarz and Kerlinger 1989，Titus et al. 1989）．HMANA は，猛禽類の渡りのカウントと観察を記録するために，優れた日報様式を提供している（図6-2）．HMANA の様式は，関連性の高いデータを1時間ごとに記録するものであるが，特にコンピュータのデータベースへ容易にデータを入力，蓄積することができるように設計されている．

データが欠けていると，結果の解釈に影響を及ぼすため，記録された全てのデータが標準化された様式で書かれていることが特に重要である．判読不能なフィールドノートもまた，結果の解釈に影響を与える（Fuller and Titus 1990）．フィールドでは，いくらかの観察者は，フィールドノートまたは標準様式をフィールドバージョン化したものを好んで使用している．これを使用することにより，恒久的な記録として用いられるきちんとした様式をもって記入するということに悩まされることなく，素早くデータを記録することができる．もし，このような方法で記録が行われる場合には，カウントした人のその日の記憶がまだ詳細かつ正確である内に，恒久的な様式に転記することが不

HMANA 日報様式

HAWK MIGRATION ASSOCIATION OF NORTH AMERICA

場所（位置）＿＿＿＿＿＿＿＿＿＿＿＿＿＿＿＿ □□□
観察者　＿＿＿＿＿＿＿＿＿＿＿＿＿＿＿＿＿　月＿＿日＿＿年＿＿
住　所　＿＿＿＿＿＿＿＿＿＿＿＿＿＿＿＿＿

時刻（標準時）	5〜6	6〜7	7〜8	8〜9	9〜10	10〜11	11〜12	12〜1	1〜2	2〜3	3〜4	4〜5	5〜6	6〜7	
風速															
風向（から）															
気温（℃）															
湿度															
気圧															
雲量															
視程															
降雨量															
飛行方向															
飛行高さ															
観察者数															計
観察時刻															
クロコンドル															BV
ヒメコンドル															TV
ミサゴ															OS
ツバメトビ															SK
オジロトビ															WK
ミシシッピートビ															MK
カギハシトビ															HK
ハクトウワシ															BE
ハイイロチュウヒ															NH
アシボソハイタカ															SS
クーパーハイタカ															CH
オオタカ															NG
カタアカノスリ															RS
ハネビロノスリ															BW
ミジカオノスリ															ST
アレチノスリ															SW
アカオノスリ															RT
アカケアシノスリ															FH
オジロノスリ															WT
オビオノスリ															ZT
モモアカノスリ															HH
ケアシノスリ															RL
イヌワシ															GE
アメリカチョウゲンボウ															AK
コチョウゲンボウ															ML
ハヤブサ															PG
シロハヤブサ															GY
ソウゲンハヤブサ															PR
カンムリカラカラ															CC
不明ハゲワシ															UV
不明ハイタカ															UA
不明ノスリ															UB
不明ワシ															UE
不明ハヤブサ															UF
不明猛禽類															UU
その他（背中から）															OO
合計															TH

コメント

図 6-2 Hawk Migration Association of North America（HMANA）の日報様式．このタイプの様式は，1970年代以来，北米で広く使用されている．全てのデータが1時間ごとに記録されることに注意．この様式の Excel バージョンは，www.hmana.org で入手可能である．

可欠である．長期的な研究における他のタイプ（例えば，Ralph et al. 1993 参照）と同じように，各カウント日の最後に様式を校正および修正すれば，記録のエラーを減らすことに役立つし，観察の信頼性を増加させることにもなる．

HanDBase（www.ddhsoftware.com，米国 DDH Software 社が開発したデータベースソフト）や他のパームパソコンおよびポケットパソコン用の携帯用リレーショナルデータベースは，フィールドで記録に必要なペンと紙を不要とししたし，事務所で紙から電子データベースに転記する必要性もなくした．ただ，考えられる 1 つの欠点は，特に極端な天候の時期にはデータを機器に入力できなくなり，データが欠落してしまうことである．

カウントデータの変動原因

カウントデータの変動は，カウント合計数において，日間やシーズン間で発生する．これらの変動には多くの理由がある（Hussell 1985, Bednarz and Kerlinger 1989, Fuller and Titus 1990 参照）．その原因を解析するために，変動の潜在的原因を 2 つのカテゴリーに分けることにした．1 つは，渡り自体に内因するもの（例えば，渡り期間中の天候，個体群のサイズの変動など），もう 1 つは，使われるカウント方法に内因するもの（例えば，観察者による偏りと観察力）である．観察者による偏りは，各個人によって異なり，渡りを行う猛禽類の検出率で表し，観察者効率や検出能とも呼ばれる．また，偏りは，データ収集時にエラーを引き起こすことになる個人の癖にも関係している．観察活動量は，シーズン中の日数または特定日の時間数のいずれかの，実際に観察に費やした時間量で表し，これはまた，実際にカウントする人数にも関係する．

観察者の疲労と注意力は，能率に影響する（Sattler and Bart 1984）．他のタイプの猛禽類個体群研究（Fuller and Mosher 1987）の場合，検出率は，観察者がその種の飛行行動にどの程度精通しているかによって決まる．メキシコのベラクルス州の観察地点においては，例えばカウント歴 2 年目の者は 1 年目の者に比べて種不明個体の割合が低くなっている（E. Ruelas 私信）．観察者間のデータ収集方法の違いは，偏りを引き起こす明白な原因であり，渡り個体のカウントにおけるデータ収集にも影響する（Bednarz and Kerlinger 1989）．最後に，観察者による偏りのさらに厄介な問題の 1 つは，少ない観察者（すなわち，1 人か 2 人）が季節ごとに入れ替わる場合に発生する．このような場合には，異なる観察者に起因する差異は，年ごとの変化するデータの差異から切り離すことはできない．

カウントの偏りが発生するもう 1 つの要因は，特定の種の発見率である．アメリカチョウゲンボウ（*Falco sparverius*）のようないくつかの種では，小型であるために他の渡り個体よりも発見が困難となる（Sattler and Bart 1984）．

全ての条件が同じなら，カウントされた鳥の数と期間中に実際にある点を通過する数の比は，カウントに費やされる時間に比例する．したがって，1 日の合計数は，カウント時間に依存し，1 シーズンの合計数は，カウントが実施された日数に依存する．いくつかのよく知られた観察地点では，渡りシーズン中に毎日カウントを実施している（Titus et al. 1990 を参照）けれども，この方法はシーズン中のカウント活動の予定を決める唯一の方法ではない（Titus et al. 1989）．（渡り個体のカウント活動の時間的な側面の関連情報については「サンプリング時の考慮事項」を参照．）

継続的かつ一貫したトレーニング，目的の明確な説明，適切な指導，それに標準化されたデータ収集と記録手順は，観察者による偏りを低減することにつながる（Fuller and Mosher 1987, Bednarz and Kerlinger 1989）．日ごとやシーズンごとのカウントスケジュールの一貫性は，観察力の違いによる変動を減らすことができるだけでなく，長期間にわたってデータを比較することを可能とする（Bednarz and Kerlinger 1989）．

サンプリング時の考慮事項

渡り個体のカウントは，特別な猛禽類の個体群のサンプル（標本）である（Titus et al. 1989, Dunn and Hussell 1995）．サンプルは全個体群の一部分だけの結果であり，個人が全ての数の把握を目指して，特定のエリアにおける全ての個体数をカウントすることを目指すセンサスとは異なる（Ralph 1981）．記録される範囲というのは，特定の研究の人材などの確保状況やデータ収集に使われるサンプリング計画に，ある程度依存する．

2 つの考慮事項がサンプリングの構想を決定する．それは，空間的考慮と時間的考慮である．空間的考慮は，サンプルが収集される場所を決定することに関するものであり，渡り個体のカウントに関しては，カウントが実施される的確な場所を選択することが必然的に含まれる．いくつかの例において，観察地点の観察者はこの点に関してほとんど考慮していない．というのは，カウントを行うのに適切な観察場所数が限られており，おそらく 1 ヵ所だけということが多いからである．正確に定量化するのは難しいけれども，カウント地点を比較的短い距離（例えば，100m）をシフトさせただけでも，観察できる飛行記録の

一部に明らかな影響を与えることもある．したがって，カウント地点の位置と観察活動の両方における経年の一貫性が，年を越えたデータの整合性を確保するために重要である．時間的考慮事項は，ある特定の場所でサンプル収集される時間を決定することに関するものである．渡り個体のカウントの場合においては，時間的考慮事項は，ある渡りシーズンのコースでカウントをカバーしている度合いの違いに関連するものであり，カウントが実施される期間の日数や時間数である（Pendleton 1989）．最も簡単なタイプの時間的サンプリング計画は，天候が良くてデータが取れる限り，終日そして毎日カウントを実施するという方法である．体系的または"均等なサンプリング"は，シーズンを通して，カウント日数の一定の間隔を決めるというものである（例えば，一定の日数ごとに1回カウントすること）（Titus et al. 1989）．層化抽出法は，渡りシーズンをほぼ同じ長さの時間枠に分割する（例えば，15日間の区画）という方法であり（Titus et al. 1989），カウントはそれぞれの層内で体系的に実施される．Bednarz and Kerlinger (1989)，Titus et al. (1989, 1990)，それにLewis and Gould (2000) は，これらの様々なサンプリング方法によって収集されたデータの様々な統計分析の費用対効果を議論している．

注意深いサンプリング設計は，個体群サイズについて有効な推定結果を得るのに必要である．Bednarz and Kerlinger (1989) は，資金や人員の入手が十分可能であるというような状況であれば，渡りを完全にカバーする調査を推奨するとしている．カウントが実施された日数が多く，サンプル数が多い場合には，個体群変動を決定するような統計分析の結果の信頼性がより高くなる（Bednarz and Kerlinger 1989, Pendleton 1989, Lewis and Gould 2000）．特定のカウント活動で使われるサンプリング計画であっても，データの整合性を確保するために，サンプリング計画は年ごとに一貫性を保っておくことが必要である．

カウントデータの要約

要約の対象となる読者と目的によって，最終的にデータが公表される方法が決まる．各年のデータを要約する最も簡単な方法は，それぞれの種のシーズンごとの合計カウント数を一覧表示することである．シーズンのコースのある種の日別合計カウント数の変化を明示するグラフ要約は，x軸に日付，y軸にカウント結果をプロットすることで作成される．x軸に時系列（週，月等）を用いることで，ヒストグラムも同じ目的のために利用することができる．1日の渡り数の変化は，x軸に日付の代わりに時間を用いることにより，ほぼ同じ方法で要約できる．ある年における，渡りの規模のシーズンまたは日ごと（日周）の変動パターンを調べる場合，また調査期間内における毎日の観察活動内の変動が重要である場合，毎日の観察に基づくカウント（例えば，観察時間当たりのカウント）を標準化することによって，より正確なグラフが得られる．同様に，観察活動での経年変化が重要な場合における経年の季節あるいは日周変動を分析する時には，その年の渡り総数の一部として，毎日あるいは時間間隔で収集したカウントを標準化することにより，より正確なグラフが得られる．詳細はAllen et al. (1995) を参照のこと．

カウントが行われた総時間数または総日数，さらに1日当たりの平均時間数のような観察活動量を含めておくことは，渡り個体のカウントデータを要約するのに役に立つ．また，特定のシーズン中のカウントに影響した可能性のある異常な気象現象のような普通ではない出来事は記述しておくべきである．

いくつかの国際的な出版物および地域の出版物には，渡り個体のカウントの要約が記述されている．西半球では，「HMANA Hawk Migration Studies」，「Hawk Migration Association of North America」誌で，年2回，地域のカウント合計数を公表している．「Journal of Raptor Research」（猛禽類研究財団の機関誌）も，猛禽類の渡り個体のカウントデータを要約した論文や一般的な猛禽類の渡りの情報を掲載している．地方や地域の鳥類学に関する定期刊行物も，そのようなデータを含む出版物であることがある．

渡り個体のカウントデータの保管

渡り個体のカウントによって得られたデータの管理や保管を行うための正式なシステムを確立することは，観察地の観察者がデータを得やすくすることになるだけでなく，観察地間および観察地以外の研究者間でのデータ交換も容易にすることになる．体系的な要約と一貫した公式記録のガイドラインを備えておくことは，データに含まれる情報をより簡単に検索し，記録できることにつながる．

経年的に永続的な記録形式を保存することにより，特定の日および期間あるいはシーズン全体から，簡単にカウントデータを検索できるようになる．シーズンごとの要約もこれらのファイルと同じように保存しておくことが可能である．各シーズンのファイルは，年ごとに年代順に編集しなければならない．カウントが実施された場所ごとに，月別および年別のファイルに分け，明確なラベルを付けることにより，きちんと効果的にファイルを管理できる．全て

の恒久的な記録の複製保存記録（紙と電子の両方）も，記録の保存を保障するものとして整備されなければならない．洪水，火災，嵐などの大災害は，何年もの作業や資産を簡単に逸失させてしまう．複製データの保存は，異なる地理的な場所（すなわち，別の市や町）に保管されるべきである．基礎的なカウントの記録と保存記録とともに，観察活動，それに気象データを記録することはメタデータを維持するのに役立つ．そのメタデータは，記録された全ての変数，採用された観察方法，参加した全ての観察者の資格，観察者にどのような役割が当てられ，実施されたか，そしてシーズン前の観察者の訓練状況を含む観察地における手順を明確に示してくれるのである．

モニタリング技術

モニタリングとは—ある特定の目的のために特に注意して見ること，観察すること，チェックすることである（1986, Webster's Ninth New Collegiate Dictionary）．

生態学的または生物学的事象のモニタリングは，測定されているパラメーターの変化を検出するために体系的にデータを収集することから成り立っている．このような自然の研究に使用される用語には，かなり特異的なものがある(Spellerberg 1991)（付録2）．研究の意図とは無関係に，特定の期間内に同じ方法で一貫してデータが収集される調査に関して"モニタリング"という言葉を使う．このように，モニタリングプログラムは，多くの目的のために異なる統計的解析が適応される，記述的あるいは分析的な蓄積された時系列データベースということになる．

通常，観察地点での渡り個体のカウントは，次の2つの内の1つをモニタリングするために実施される．2つとは，渡りをする猛禽類の地域個体群の変動と猛禽類の渡りの状態である．猛禽類の個体群変動のモニタリングは，渡りをする猛禽類の個体数の変化を確認することにつながる．また，猛禽類の渡りのモニタリングは，ハビタットの潜在的な影響や気候変動の評価などの渡りに変化を及ぼす原因を決定することにもなる．

個体群変動のモニタリングのために渡り個体のカウント結果を利用するかどうかを検討するには，そのカウント結果を鳥類の個体群研究を参考にして考えるということが一般的に有効である．鳥類の個体群調査は，2つのカテゴリーに分類することができる．個体群サイズに関係するものと統計パラメーターに関係するもの（すなわち，孵化率，死亡率および年齢階層または身体の大きさ階層の分布）である（Spellerberg 1991, Butcher et al. 1993）．個体群サイズは，次の3つの主な尺度に依存する．絶対個体数，相対個体数，および密度である（Jones 1986a）．

密度は，単位面積当たりの個体数で表される．相対個体数は，特定の種の個体数を，特定の地域内の個体総数のパーセンテージとして表すものである．密度も相対個体数もともに特定の空間の単位に関係している（Jones 1986a）．絶対個体数は，特定の個体群内における個体の総数で表すものであり，多くの労力や時間が必要なために，滅多に生物学者によって測定されることはない．その代わりに，生物学者は通常，特定の地理的エリアに帰属しない総個体群サイズの指標を採用する（例えば，カウントされた猛禽類の数は，カウントが実施された日数から推測される）（Jones 1986a）．渡りを行う猛禽類の起源を確定することは困難なことが多いため（Fuller and Mosher 1981, しかしMeehan et al. 2001とHoffman et al. 2002の例も参照），渡り個体のカウントは，絶対個体数だけでなく，密度や相対個体数の推定にも利用される．

渡りを行う猛禽類の量的な変化を追跡するために，記録されたカウント数の変化を利用することは，個体群の変動モニタリングの目的である．猛禽類の渡り個体のカウントに関して，変動というのは，モニタリングされている猛禽類の個体数（例えば，量）の変化を暗示する"カウント実施（一定の）期間中の統計的に有意な変化"として定義される（Titus et al. 1990）．しかし，変動は，生態学者たちに関心をもたれる時系列データの形式の1つに過ぎない．サイクルは，規則的な周期変動であるが，"ノイズ"または確率的ゆらぎも考慮する必要がある（Usher1991）．

個体群変動のモニタリングは，特に確定した規模（例えば，25年間で50%の変化）での個体数の変化を明らかにすることを目的とした研究でしばしば実施される（Finch and Stangel 1993を参照）．このような意図で使われるため，モニタリングの特徴的な特質は，保護が必要な変化であるとみなす数値に制限を設けたりまたは閾値を設定するということである．

最近のいくつかの出版物では，鳥類の個体群モニタリングの一般的な側面が論じられている．これらには，「Status and Management of Neotropical Migratory Birds」（Finch and Stangel 1993），「Handbook of Field Methods for Monitoring Landbirds」（Ralph et al. 1993）および「Bird Census Techniques」（Bibby et al. 1992）があり，それらの全てにおいて，鳥類の個体群調査で使われる方法に関する詳細な解説が述べられている．Sauer and Droege(1990)は，渡り個体のカウントデータを含む研究の解析に広範な統計解析処理を実施することを提案している．Ralph and

Scott（1981）は，一般的な鳥類の個体群モニタリングのテーマに関する優れた参考文献を提示している．

モニタリングプログラムの確立

どのようなモニタリング計画においても，最も重要なことはその設計である．適切な計画設計は，柔軟に，体系的に，そして論理的にプログラムを組むことによって，モニタリングプログラムの効果を増大させ，コストを低減するものである（Jones 1986b）．モニタリングプログラムを設計するには，多くの手法がある（Spellerberg 1991, Usher 1991 または Ralph et al. 1993 参照）．最も単純な手法の1つは，フィールドワークを開始する前に3つの基本的な疑問に焦点を当てることである．それらは，"なぜ"，"何を"，"どのように"である（Roberts 1991）．"なぜ"は研究の目的のことであり，"何を"は収集が必要なデータのことである．そして，"どのように"はデータを収集し，解析するために用いられる方法のことである．

"なぜ"

最も単純な形式において，モニタリングプログラムの目的は，データの収集が必要とされる課題そのものなのである（Roberts 1991）．求められる答によって，どのようなデータを収集する必要があるか，また，それらを収集するにはどのような方法が利用できるのかが決定される．全ての潜在的なデータを収集することは，コストが高くなるため（Hellawell 1991），提示されている疑問に答えるのに必要なデータのみを収集することが現実的であることが多い．

"何を"

渡りの観察地点で収集される基本的データは，渡り個体の数と種類である．付随するデータとしては，気象条件と観察活動に関連する要因がある（前述参照）．しかし，ある観察地点でカウントする鳥種については，モニタリング開始前に選定しておく必要がある．種が異なると確認率が異なる（Sattler and Bart 1984）が，これは主に大きさの違い（小さな鳥はおそらく見つけられにくいため）と飛行力学（地上近くを飛行する鳥はおそらく確認されにくいため）によるものである．十分な人材を確保した調査を実施することが制限されることにより，いくらかの調査地でいくらかの種に関して，効果的なフルシーズンでのモニタリングができなくなることもあることを認識しておくことも重要である．例えば，北米西部では，標高の高い尾根上のモニタリング地点では，大雪で覆われることにより，秋のモニタリングのための季節的な継続観察が制限されることがあり，ケアシノスリ（*Buteo lagopus*）やハクトウワシ（*Haliaeetus leucocephalus*）のようなシーズン終盤の渡り個体のモニタリングができなくなることがある．

最初に，ごく一般的な目的を示すことがまず必要である．その後に，計画の実施や資金に関する限界，調査設計から生じる制限事項等のような，モニタリングプログラムの特別な事項に沿って，一般的な目的というものは修正または精査されることになる．実際に，どのように使われるかはっきりした考えなしに収集されたデータであっても，それが，何が課題とすべきか，あるいは課題であるのかを決定するのに役立つ場合がある（Roberts 1991）．

ある時期，ある特定の目的のために記録されたデータが，後日，別の課題に返答するのに有効であることが明らかになったという，Spellerberg（1991）が"回顧的"モニタリングと呼んだ現象が起きる場合も数多くある．したがって，たとえモニタリングプログラムの目的が，現在実行されている時点において，データを他の目的のために利用することを意図していないとしても，調査設計というものは，現在収集しているデータが将来のデータと比較される可能性があるようなものにすべきである．あるモニタリングプログラムのためのデータ収集手順を標準化する時には，そのデータの将来の使用の可能性について考慮しなければならない．

"どのように"

調査設計は，観察地点で使われる調査方法を考慮する必要がある．

渡り個体のカウントデータの統計的な妥当性は，データ収集がどの程度標準化されたものであるかどうか，そして使用されたサンプリング計画に大きく依存する．標準化されたデータ収集を行うには，渡り個体のカウントの変動原因をよく理解しておくことが必要であり，このことは，データ記録ガイドラインが適切かつ一貫して利用されるようにするためには，より集中的なトレーニングと常習的な管理が必要であることを意味するものである．たとえ完全なサンプリングが要求されるとしても，人員が不足していたら，これを実現することは不可能となるので，体系的なサンプリングスケジュールを構築することが必要である．猛禽類の渡り個体のカウントを計画する場合において，もう1つの些細ではあるが価値のある重要で注意深く考慮すべきこととして，もし主要な目的が個体群の変動を評価するためのしっかりしたデータを得ることであるなら，数十年に及ぶ標準化された年次活動が不可欠なことがあげられる．

いくつかの事例では，特別なモニタリング地点と関連した特有の飛行パターンが発生し得るため，観察地点に特化したデータ収集方法が必要になる．例えば，半島の観察地

点における複雑な多方向への移動では，渡り個体数の実際の個体数を推定するカウントよりも，活動指標を得る特別なカウント手順がしばしば必要となる．このような場合には，収集されたデータは，単一方向にしか移動しない地点で収集されたものと直接的には比較できないことを認識しておくことが必要である．このことは複数地点の地域評価にこれらのデータセットを直接統合することを不可能とするものではあるが，それでも質的な比較は可能である．他の事例では，地点特有の特性により，うまく合わせるために調整された方法で妥協する場合もある．もし観察地点のコーディネーターと出資者が，その場所での傾向を把握するための統計力が最重要であると考えるなら，地点に特有の毎年の指標の正確さと精度を上げるためのカウント方法を調整することが，最良の方法となり得るかもしれない．もう1つの方法として，もし，あるカウントを行うための主要な目的が地域モニタリングネットワークの1つの接点になっているなら，たとえそのことによって地点特有の精度が低下してしまうことになるとしても，地点間の方法論の整合性を最大限にしておくことがより重要な場合もある．

渡り個体のカウントデータの解読については，かなり多くの統計分析が行われる．これらの分析を妥当なものとするためには，データは特定の統計方法における固有の仮定に見合ったものでなければならない．解析するのに使われる可能性のある統計的検定の仮定に見合うかどうかを決めるのと同様に，サンプリングスケジュールの適否を決定するためにプロの統計専門家に相談することも必要な場合があるかもしれない（Lewis and Gould 2000）．さらに，特にシーズン内あるいはシーズン間にサンプリング活動が変化する事例において，真の個体群の変動を見出すために渡り個体のカウントデータの正確さと精度を最大限にするには，長期間の傾向を分析するための基礎をなす渡り活動の確固とした毎年の指標を引き出すための複雑な多変量解析モデルを採用する必要があるかもしれない（例えば，Hussell 1985, Hussell and Brown 1992 参照）．

Fish（2001）は，求められる課題と猛禽類の渡りのモニタリング活動を確立するために取り組まなければならない考慮すべき事項の総括を示している．

予備的なモニタリング調査

予備的なモニタリング調査は，いくつかの目的にとって役に立つ．また，特定の観察地点で，回答の得られる課題が何であるかを正確に判断することにも役立つ．さらに，どの場所でカウントを行うのが最良であるかを判断することにも役立つ．同様に，渡りシーズンの期間，特定の種の通過ピークを知ることができ，その地点に適した標準的なデータ収集方法等を確立するとともに，カウントする者を訓練することにも優れた方法が得られる．この探査的段階で収集されたデータは，試験的な統計解析やデータ管理を統合する手順，さらにシーズンの終わりに，データを要約するのに最良の方法を決定するためにも使える．また，長期間のモニタリング活動に影響をあたえることが予測される人材確保の問題や資金を確認する機会にもなる．

予備的なモニタリング調査の1つの側面は，特に注目しておかねばならない点である．それはカウント場所の決定である．いくつかの事例では，誰にも分かるはっきりとした単一のカウント地点である（例えば，山頂の観察地点または，狭くなった山の峠の1つ）．他の事例は，可能なカウント地点が数キロメートル以上広がっている場合である（例えば，沿岸の平原や湖沼，山間谷の観察地点）．予備カウント地点のトランセクトは，渡りをする猛禽類がよく見えるように線状の一定間隔にするか，あるいは気象や地形のパラメーターにしたがって階層に分けるかのどちらかによって決定できる．

長期的なモニタリングを実施するための最適場所を決めるためには，異なる場所で数年間にわたって飛行個体をモニタリングする必要があるかもしれない．例えば，Bednarz and Kerlinger（1989）は，特定の地点で渡りの動きのタイミングを十分に把握するのに，5年は必要かもしれないと示唆している．

謝　辞

初期の下書き原稿についてのコメントやアドバイスをしてくれた Laurie Goodrich, Kyle McCarty, Kristen Naimoli, Michele Pilzer, David Barber, David Bird, それに Andrea Zimmerman に感謝する．これは Hawk Mountain Sanctuary contribution to conservation science number 117 である．

引用文献

ALLEN, P., L.J. GOODRICH AND K.L. BILDSTEIN. 1995. Hawk Mountain's million-bird database. *Birding* 27:24－32.

―――, L.J. GOODRICH AND K.L. BILDSTEIN. 1996. Within- and among-year effects of cold fronts on migrating raptors at Hawk Mountain, Pennsylvania, 1934－1991. *Auk* 113:329－338.

BAUGHMAN, J.L. 1947. A very early notice of hawk migration. *Auk* 64:304.

BEDNARZ, J.C. AND P. KERLINGER. 1989. Monitoring hawk populations by counting migrants. Pages 328 — 342 in B. Pendleton [ED.], Proceedings of the Northeast Raptor Management Symposium and Workshop. National Wildlife Federation, Washington, DC U.S.A.

———, D. KLEM, L.J. GOODRICH AND S.E. SENNER. 1990. Migration counts at Hawk Mountain, Pennsylvania, as indicators of population trends, 1934 — 1986. *Auk* 107:96 — 109.

BIBBY, C.J., N.D. BURGESS AND D.A. HILL. 1992. Bird census techniques. Academic Press, London, United Kingdom.

BILDSTEIN, K.L. 1998a. Linking raptor-migration science to mainstream ecology and conservation: an ambitious agenda for the 21st century. Pages 583 — 610 in R.D. Chancellor, B.-U. Meyburg, and J.J. Ferrero [EDS.], Holarctic birds of prey. World Working Group Birds of Prey and Owls, Berlin, Germany, and ADENEX, Merida, Spain.

———. 1998b. Long-term counts of migrating raptors: a role for volunteers in wildlife research. *J. Wildl. Manage.* 62:435 — 445.

———. 2006. Migrating raptors of the world: their ecology and conservation. Cornell University Press, Ithaca, NY U.S.A.

——— AND R.A. COMPTON. 2000. Mountaintop science: the history of conservation ornithology at Hawk Mountain Sanctuary. Pages 153 — 181 in W.E. Davis, JR. and J.A. Jackson [EDS.], Contributions to the history of North American ornithology, Vol. II. Memoirs of the Nuttall Ornithological Club, Boston, MA U.S.A.

——— AND J.I. ZALLES. 2001. Raptor migration along the Mesoamerican land corridor. Pages 119 — 141 in K.L. Bildstein and D. Klem, JR.[EDS.], Hawkwatching in the Americas, Hawk Migration Association of North America, North Wales, PA U.S.A.

——— AND J.I. ZALLES. 2005. Old World versus New World long-distance migration in accipiters, buteos, and falcons: the interplay of migration ability and global biogeography. Pages 154 — 167 in R. Greenberg and P. Marra [EDS.], Birds of two worlds: the ecology and evolution of migratory birds. Johns Hopkins University Press, Baltimore, MD U.S.A.

BRETT, J. 1991. The mountain and the migration. Cornell University Press, Ithaca, NY U.S.A.

BUTCHER, G.S., B. PETERJOHN AND C.J. RALPH. 1993. Overview of national bird population monitoring programs and databases. Pages 192 — 203 in D.M. Finch and P.W. Stangel [EDS.], Status and management of Neotropical migratory birds. USDA Forest Service General Technical Report RM-229, Rocky Mountain Forest and Range Experiment Station, Fort Collins, CO U.S.A.

CARSON, R. 1962. Silent spring. Houghton Mifflin Company, Boston, MA U.S.A.

CHANCELLOR, R.D., B.-U. MEYBURG AND J.J. FERRERO [EDS.]. 1998. Holarctic birds of prey. World Working Group on Birds of Prey and Owls, Berlin, Germany, and ADENEX, Merida, Spain.

CLARK, W.S. 1999. A field guide to the raptors of Europe, the Middle East, and North Africa. Oxford University Press, Oxford, United Kingdom.

——— AND B.K. WHEELER. 2001. A field guide to hawks of North America, 2nd Ed. Houghton Mifflin, Boston, MA U.S.A.

DUNN, E.H. AND D.J.T. HUSSELL. 1995. Using migration counts to monitor landbird populations: review and evaluation of status. *Curr. Ornithol.* 12:43 — 88.

DUNNE, P., D. KELLER AND R. KOCHENBERGER. 1984. Hawk watch: a guide for beginners. Cape May Bird Observatory, Cape May Point, NJ U.S.A.

———, D.A. SIBLEY, AND C.C. SUTTON. 1988. Hawks in flight: the flight identification of North American migrant raptors. Houghton Mifflin, Boston, MA U.S.A.

FERGUSON-LEES, J. AND D.A. CHRISTIE. 2005. Raptors of the world: a field guide. Princeton University Press, Princeton, NJ U.S.A.

FINCH, D.M. AND P.W. STANGEL. 1993. Status and management of Neotropical migratory birds. USDA Forest Service General Technical Report RM-229, Rocky Mountain Forest and Range Experiment Station, Fort Collins, CO U.S.A.

FISH, A.M. 1995. How to measure a hawk migration—evolution of the quadrant system at the Golden Gate (Abstract). *J. Raptor Res.* 29:56.

———. 2001. More than one way to count a hawk: toward site-specific documentation of raptor-migration count field methods. Pages 161 — 168 in K.L. Bildstein and D. Klem, JR. [EDS.], Hawkwatching in the Americas. Hawk Migration Association of North America, North Wales, PA U.S.A.

FORSMAN, D. 1999. The raptors of Europe and the Middle East: a handbook of field identification. T. & A.D. Poyser. London, United Kingdom.

FULLER, M.R. AND J. MOSHER. 1981. Methods of detecting and counting raptors: a review. Estimating numbers of terrestrial birds. *Stud. Avian Biol.* 6:235 — 246.

——— AND J. MOSHER. 1987. Raptor survey techniques. Pages 37 — 65 in B.A. Giron Pendleton, B.A. Millsap, K.W. Cline and D.M. Bird [EDS.], Raptor management techniques manual. National Wildlife Federation, Washington, DC U.S.A.

——— AND K. TITUS. 1990. Sources of migrant hawk counts for monitoring raptor populations. Pages 41 — 46 in J.R. Sauer and S. Droege [EDS.], Survey designs and statistical methods for the estimation of avian population trends. Biological Report 90(1), USDI Fish and Wildlife Service, Washington, DC U.S.A.

———, W.S. SEEGAR AND L.S. SCHUECK. 1998. Routes and travel rates of migrating Peregrine Falcons *Falco peregrinus* and Swainson's Hawks *Buteo swainsoni* in the Western Hemisphere. *J. Avian Biol.* 29:433 — 440.

GAUTHREAUX, S.A., JR. AND C.G. BELSER. 2001. How to use Doppler weather surveillance radar to study hawk migration. Pages 149 — 160 in K.L. Bildstein and D. Klem, JR. [EDS.], Hawkwatching in the Americas. Hawk Migration Association of

North America, North Wales, PA U.S.A.

Génsbøl, B. 1984. Collins guide to the birds of prey of Britain and Europe, North Africa and the Middle East. Collins, London, United Kingdom.

Geyr von Schweppenburg, H.F. 1963. Zut Terminologie und Theorie der Leitlinie. *J. Ornithol.* 104:191 − 204.

Goldsmith, F.B. 1991. Monitoring for conservation and ecology. Chapman and Hall, London, United Kingdom.

Haugh, J.R. 1972. A study of hawk migration in eastern North America. *Search* 2:1 − 60.

Hawk Migration Association of North America. 1982. A beginner's guide to hawkwatching. Hawk Migration Association of North America, Medford, MA U.S.A.

Hellawell, J.M. 1991. Development of a rationale for monitoring. Pages 1 − 14 in F. B. Goldsmith [Ed.], Monitoring for conservation and ecology. Chapman and Hall, London, United Kingdom.

Hickey, J.J. [Ed.]. 1969. Peregrine Falcon populations: their biology and decline. University of Wisconsin Press, Madison, WI U.S.A.

Hoffman, S.W. and J.P. Smith. 2003. Population trends of migratory raptors in western North America, 1977 − 2001. *Condor* 105:397 − 419.

———, J.P. Smith and T.D. Meehan. 2002. Breeding grounds, winter ranges, and migratory routes of raptors in the mountain West. *J. Raptor Res.* 36:97 − 110.

Hussell, D.J.T. 1985. Analysis of hawk migration counts for monitoring population levels. Pages 243 − 254 in M. Harwood [Ed.], Proceedings of Hawk Migration Conference IV. Hawk Migration Association of North America, Lynchburg, VA USA.

——— and L. Brown. 1992. Population changes in diurnally-migrating raptors at Duluth, Minnesota (1974 − 1989) and Grimsby, Ontario (1975 − 1990). Ontario Ministry of Natural Resources, Maple, Ontario, Canada.

International Birdwatching Center Eilat. 1987. Eilat as an intercontinental highway for migrating birds. International Birdwatching Center - Eilat, Eilat, Israel.

Jones, K.B. 1986a. Data types. Pages 11 − 28 in A. Y. R. Cooperrider, R.J. Boyd, and H.R. Stuart [Eds.], Inventory and monitoring of wildlife habitat. USDI Bureau of Land Management Service Center, Denver, CO U.S.A.

———. 1986b. The inventory and monitoring process. Pages 1 − 10 in A. Y. R. Cooperrider, R.J. Boyd, and H.R. Stuart [Eds.], Inventory and monitoring of wildlife habitat. USDI Bureau of Land Management Service Center, Denver, CO U.S.A.

Kenward, R.E. 2001. A manual for wildlife radio tagging. Academic Press, San Diego, CA U.S.A.

Kerlinger, P. 1989. Flight strategies of migrating hawks. University of Chicago Press, Chicago, IL U.S.A.

——— and S.A. Gauthreaux. 1985. Flight behavior of raptors during spring migration in Texas studied with radar and visual observations. *J. Field Ornithol.* 56:394 − 402.

Klem, D., Jr., B.S. Hillegass and D.A. Peters. 1985. Raptors killing raptors. *Wilson Bull.* 97:230 − 231.

Leshem, Y. and Y. Yom-Tov. 1996. The magnitude and timing of migration by soaring raptors, pelicans, and storks over Israel. *Ibis* 138:188 − 203.

Lewis, S.A. and W.R. Gould. 2000. Survey effort effects on power to detect trends in raptor migration counts. *Wildl. Soc. Bull.* 28:317 − 329.

Liguori, J. 2005. Hawks from every angle. Princeton University Press, Princeton, NJ U.S.A.

Lott, C.A., T.D. Meehan and J.A. Heath. 2003. Estimating the latitudinal origins of migratory birds using hydrogen and sulfur stable isotopes in feathers: influence of marine prey base. *Oecologia* 134:505 − 510.

Martell, M.S., C.J. Henny, P.E. Nye and M.J. Solensky. 2001. Fall migration routes, timing, and wintering sites of North American Ospreys as determined by satellite telemetry. *Condor* 103:715 − 724.

Meehan, T.D., C.A. Lott, Z.D. Sharp, R.B. Smith, R.N. Rosenfield, A.C. Stewart and R.K. Murphy. 2001. Using hydrogen isotope geochemistry to estimate the natal latitudes of immature Cooper's Hawks migrating through the Florida Keys. *Condor* 103:11 − 20.

Meyburg, B.-U., and R.D. Chancellor [Eds.]. 1994. Raptor conservation today. World Working Group on Birds of Prey and Owls, Berlin, Germany.

——— and C. Meyburg. 1999. The study of raptor migration in the old world using satellite telemetry. Pages 1 − 20 in N.J. Adams and R.H. Slotow [Eds.], Proceedings of the 22nd International Ornithological Congress, Durban, South Africa, 16 − 22 August 1998. BirdLife South Africa, Johannesburg, South Africa.

Newton, I. 1979. Population ecology of raptors. Buteo Books, Vermillion, SD U.S.A.

——— and R.D. Chancellor. 1985. Conservation studies on raptors. ICBP Technical Publication 5, International Council for Bird Preservation, Cambridge, United Kingdom.

Pendleton, G.W. 1989. Statistical considerations in designing raptor surveys. Pages 275 − 280 in B. G. Pendleton [Ed.], Proceedings Northeast raptor management symposium and workshop. National Wildlife Federation, Washington, DC U.S.A.

Porter, R.F., I. Willis, S. Christensen and B.P. Nielsen. 1976. Flight identification of European raptors, 2nd Ed. Buteo Books, Vermillion, SD U.S.A.

Ralph, C.J. 1981. Terminology used in estimating numbers of birds. *Stud. Avian Biol.* 6:577 − 578.

——— and J.M. Scott [Eds.]. 1981. Estimating numbers of terrestrial birds. *Stud. Avian Biol.* 6:1 − 630.

———, G.R. Geupel, P. Pyle, T.E. Martin and D.F. Desante. 1993. Handbook of field methods for monitoring landbirds. USDA Forest Service General Technical Report PSW-GTR144, Pacific Southwest Research Station, Albany, CA U.S.A.

ROBERTS, K.A. 1991. Field monitoring: confessions of an addict. Pages 179 — 211 in F.B. Goldsmith [ED.], Monitoring for conservation and ecology. Chapman and Hall, London, United Kingdom.

RUELAS-INZUNZA, E., S.W. HOFFMAN, L.J. GOODRICH AND R. TINGAY. 2000. Conservation strategies for the world's largest known raptor migration flyway. Pages 591 — 596 in R.D. Chancellor and B.-U. Meyburg [EDS.], Raptors at risk. World Working Group for Birds of Prey and Owls, Berlin, Germany, and Hancock House Publishers, Surrey, British Columbia, Canada, and Blaine, WA U.S.A.

SATTLER, G. AND J. BART. 1984. Reliability of counts of migrating raptors: an experimental analysis. *J. Field Ornithol.* 55:415 — 423.

SAUER, J.R. AND S. DROEGE. 1990. Survey designs and statistical methods for the estimation of avian population trends. Biological Report 90(1). USDI Fish and Wildlife Service, Washington, DC U.S.A.

SENNER, S.E., C.M. WHITE AND J.R. PARRISH. 1986. Raptor conservation in the next 50 years. (Raptor Research Report 5). Raptor Research Foundation, Hastings, MN and Hawk Mountain Sanctuary, Kempton, PA U.S.A.

SHELLEY, E. AND S. BENZ. 1985. Observations of the aerial hunting, food carrying, and crop size of migrant raptors. Pages 299 — 301 in I. Newton and R.D. Chancellor [EDS.], Conservation studies on raptors. ICBP Technical Publication 5. International Council for Bird Preservation, Cambridge, United Kingdom.

SHIRIHAI, H., E. YOSEF, D. ALON, G.M. KIRWAN AND R. SPAAR. 2000. Raptor migration in Israel and the Middle East. International Birding and Research Center - Eilat, Eilat, Israel, and SPNI, Tel Aviv, Israel.

SMITH, N.G. 1980. Hawk and vulture migration in the Neotropics. Pages 51 — 65 in A. Keast and E. S. Morton [EDS.], Migrant birds in the Neotropics: ecology, behavior and conservation. Smithsonian Institution Press, Washington, DC U.S.A.

———. 1985a. Dynamics of the transisthmian migration of raptors between Central and South America. Pages 271 — 290 in I. Newton and R. D. Chancellor [EDS.], Conservation studies on raptors. ICBP Technical Publication 5. International Council for Bird Preservation, Cambridge, United Kingdom.

———. 1985b. Thermals, cloud streets, trade winds, and tropical storms: how migrating raptors make the most of atmospheric energy in Central America. Pages 51 — 65 in M. Harwood [ED.], Proceedings of Hawk Migration Conference IV. Hawk Migration Association of North America, Lynchburg, VA U.S.A.

SPAAR, R. 1995. Flight behavior of Steppe Buzzards (*Buteo buteo vulpinus*) during spring migration in southern Israel: a tracking-radar study. *Isr. J. Zool.* 41:489 — 500.

SPELLERBERG, I.F. 1991. Monitoring ecological change. Cambridge University Press, Cambridge, United Kingdom.

THOMPSON, D.B.A., S.M. REDPATH, A.H. FIELDING, M. MARQUISS AND C.A. GALBRAITH. 2003. Birds of prey in a changing environment. The Stationary Office, Edinburgh, United Kingdom.

TITUS, K., M.R. FULLER AND D. JACOBS. 1990. Detecting trends in hawk migration count data. Pages 105 — 113 in J.R. Sauer and S. Droege [EDS.], Survey designs and statistical methods for the estimation of avian population trends. Biological Report 90(1). USDI Fish and Wildlife Service, Washington, DC U.S.A.

———, M.R. FULLER AND J.L. RUOS. 1989. Considerations for monitoring raptor population trends. Pages 19 — 32 in B.-U. Meyburg and R.D. Chancellor [EDS.], Raptors in the modern world. World Working Group for Birds of Prey and Owls, Berlin, Germany.

USHER, M.B. 1991. Scientific requirements of a monitoring programme. Pages 15 — 32 in F.B. Goldsmith [ED.], Monitoring for conservation and ecology. Chapman and Hall, London, United Kingdom.

WHEELER, B.K. 2003a. Raptors of eastern North America. Princeton University Press, Princeton, NJ U.S.A.

———. 2003b. Raptors of western North America. Princeton University Press, Princeton, NJ U.S.A.

——— AND W.S. CLARK. 1995. A photographic guide to North American raptors. Academic Press, NY U.S.A.

WILLIMONT, L.A., S.E. SENNER AND L.J. GOODRICH. 1988. Fall migration of Ruby-throated Hummingbirds in the northeastern United States. *Wilson Bull.* 100:482 — 48.

YATES, R.E., B.R. MCCLELLAND, P.T. MCCLELLAND, C.H. KEY AND R.E. BENNETTS. 2001. The influence of weather on Golden Eagle migration in northwestern Montana. *J. Raptor Res.* 35:81 — 90.

YOSEF, R. AND L. FORNASARI. 2004. Simultaneous decline in Steppe Eagle (*Aquila nipalensis*) populations and Levant Sparrowhawk (*Accipiter brevipes*) reproductive success: coincidence or a Chernobyl legacy? *Ostrich* 75:20 — 24.

———, M.L. MILLER AND D. PEPLER. 2002. Raptors in the new millennium. International Birding and Research Center - Eilat, Eilat, Israel.

ZALLES, J.I. AND K.L. BILDSTEIN [EDS.]. 2000. Raptor watch: a global directory of raptor migration sites. Birdlife International, Cambridge, United Kingdom, and Hawk Mountain Sanctuary, Kempton, PA U.S.A.

付録1 猛禽類渡り調査の技術（代表的で適切な参考文献）（Kerlinger 1989 および Bildstein 2006 以後）

1. 猛禽類の渡り個体のカウント 一般的かつ広範に利用されている．安価で，実施することが比較的容易．渡り地点における渡りのタイミング，それに渡り個体数が記録される．ハビタット利用を証明するために使われる．低空飛行の渡り個体では偏りが発生．データは，観察者の疲労，観察者数，天候など，様々な要因に影響を受ける（Bednarz et al. 1990, Shirihai et al. 2000, Hoffman and Smith 2003）．

2. 捕獲とバンディング 一般的なものであるが，大きな労力が必要．渡り個体の出発地と目的地，そして経路を決定する．渡りの健全性のモニタリングや死亡の原因を決定する目的で，解剖学や生理学的な検査のために使われる．低率のバンド回収や再捕獲は小さなサンプルサイズの結果である．潜在的な年齢階層や性別階層の偏りがある．渡りの出発地の決定と渡りルートを記録するために，衛星追跡や羽毛の安定同位体分析（下記参照）を含む他の先端技術の利用が可能（Hoffman et al. 2002）．

3. マーキング 一般的ではない．安価で可能だが，捕獲方法によってはかなりな労力が必要である．ハビタット利用と個体の移動を記録．低い再発見率が問題．鳥自身によるマーカーの取り外しが結果に影響を与える（詳細は第13章）．

4. 伝統的なトラッキング法 あまり一般的ではない．高価で多くの労力が必要．ハビタット利用，滞在時間，渡りルート全体の地点ごとにある一時的な滞在場所での行動を確認する．渡り個体を追跡することは，通常困難である（Kenward 2001）．

5. 衛星追跡 ますます一般的になってきているが，非常に高価．個体の長距離の移動を，時には複数年記録できる．2004年半ばの時点では，発信機の大きさにより，大型の猛禽類（体重500g以上）にしか使用できない（Fuller et al. 1998, Meyburg and Meyburg 1999, Martell et al. 2001）．

6. モーターグライダーと飛行機 まれにしか使用されないし，高価，また多くの労力が必要．飛行行動の記録や渡り個体の地理的分布の決定．渡り個体の飛行行動に与える影響の把握．高空飛行の渡り個体では偏りが生じる（Kerlinger 1989）．

7. 行動の視覚的観察 安価で融通性はあるが，あまり一般的ではない．飛行行動を記録するために使用．低空飛行の渡り個体に偏りが生じる．

8. 写真と映像 まれかつ歴史的な方法であり，高価で多くの労力が必要．飛行行動の記録と地上観察者によってなされたカウントを立証するために使われる．画像を比較する際に注意しなければならない（Smith 1980, 1985a）．

9. レーダー 一般的ではなく，比較的高価であり，多くの労力が必要．飛行行動の記録と地理的分布を把握．移動性がやや制限される．結果は時々高く飛ぶ渡り個体に偏りを生じる．現在，渡り個体の識別を検証するには，視覚的観察が同時に必要とされる（Spaar 1995, Leshem and Yom-Tov 1996, Gauthreaux and Belser 2001）．

10. 羽毛の安定同位体分析 調査の新しい分野が急速に進展している．大きなサンプルサイズが要求されるが，渡りの捕獲において容易に得ることが可能．高価であり，検査のために設立された研究所は比較的少ないが，増えつつある．渡りを行っている幼鳥のサンプルについて，おおよその出生地や越冬地を特定するために使われる（Meehan et al. 2001, Lott et al. 2003, C. Lott and J. Smith 私信，第14章を参照）．

付録2 モニタリングと定義された監視（サーベイランス）

モニタリング 所定の標準または除外された規範からの逸脱の度合いに応じて，整合性の程度を確かめるために実施される間欠的（定期または不定期）な監視（Hellawell 1991）．

モニタリング ある時間枠内で，その状態の変化を検出するために使われる特定のパラメーターに関する体系的なデータの収集（Roberts 1991）．

監視（サーベイランス） 調査の継続的プログラムであり，時間を越えて直面する変動性や一連の状態または収集され調査結果（あるいは両方）を解明するため，時系列を示すのに実施される調査（Hellawell 1991）．

行動研究

GIORGIA GAIBANI AND DAVIDE CSERMELY
Dipartimento di Biologia Evolutiva e Funzionale,
Sezione Museo di Storia Naturale
Università di Parma, Via Farini 90, 43100 Parma, Italy

訳：井上剛彦

動物行動学：動物の行動への科学的アプローチ

　飛翔する猛禽類は実に魅力的である．1羽のワシのディスプレイ飛行や2羽の求愛中のチュウヒが見せる空中での獲物の受け渡し飛行，コシジロイヌワシ（*Aquila verreauxii*）がハンティングに成功する光景などは，どれをとっても観察そのものがとても感動的な経験といえる．これらの行動には，生物学者にとって，美しさ以上に興味深いものが数多く含まれており，それは主に猛禽類の生物学の生態学的な面に関係し，行動学的な面にも関係している．行動学的な面は，猛禽類研究者の間ではまだあまり研究されていない．
　この章では，フィールドと研究室内の両方で行われる，記述的，実験的な行動分析に用いられる方法や機材も含め，行動研究の方法についての入門的概論を猛禽類研究者に示したい．

はじめに（いくつかの前置き的な概念）

　動物行動学あるいは比較行動学は，まだ歴史が浅く，発展しつつある学問である．その名前は文字通り，"行動の研究"である．動物行動学は，たいていの場合，Konrad LorenzやNiko Tinbergenなどの動物行動主義心理学者から受け継いだものと考えられている．これら初期の研究者は，その研究の中で「行動は目に見える生物の特徴と同じように，自然淘汰の結果である．」としている．現時点で観察される行動が形づくられたのは，過去に自然淘汰が行われたということである．そのため，動物行動学においては，それぞれの種について，適応性を示す機能に関連付けて行動を考えることが大切である．その結果として，飼育下の個体よりも，野生の状態の動物の行動の方が理解されやすいのである．
　行動の直接的な原因に関する研究は，北米の行動主義心理学者とヨーロッパの動物行動学者との激しい論争から始まった．北米の学者は自然淘汰よりも学習力といった行動の修正の可能性に重点を置いており，ヨーロッパの学者は因果関係について推測し，特定の行動の適応性を示す機能を実験的に分析した．数十年後，論争は終結し，両学者とも，進化の結果である全ての行動は，先天的，経験的要素の両方から成り立っているとしている．

仮説の体系化

　猛禽類研究者は，研究対象となるものの行動は生物学の中心的なものであり，他の生物学的，生態学的パターンと同様に重要であることに常に留意しなければならない．長時間活動しない状態が見られるために，一見したところ，活発な行動パターンが見られることが少ないように思われる猛禽類の行動は，行動研究を行う研究者にとっての魅力を低減してしまうことがあるかもしれない．しかし，根気よく研究すると，猛禽類は多くのタイプの行動を示し，動物行動学は猛禽類の生物学を理解するのに極めて重要であることが分かってくる．
　動物行動学の研究を始める前に，研究者は，実験のゴール（到達点）と同様に，実験の出発点を定めなければならない．行動それ自体は"個体が何をするか"であるが，動物行動学の研究では，行動がどのように行われるかを単に記述することだけに留まってはいけない．問題とする行動パターンの発生に関して，何が，誰が，なぜ，どこで，いつ，といったことについての疑問を投げかけるべきである．(Lehner 1996)
　"何が"は，行動を一連の行動として，単に正確に記述

することである．これらの行動は特定の状況で個体が行う行動的レパートリーを形づくっており，概ね，動物生物学者が"行動目録"と呼ぶものに相当する．今日，これは，特定の種の行動リストまたは行動レパートリーと考えられている．

"誰が"は，行動している個体を特定することを意味する．これは，単に重複した記録を避けるためだけではなく，行動が，性，年齢，種類によって異なるため，重要である．また，行動が向けられている相手と同様に，行動するものの近くにいる個体の存在を知ることも重要である．

"どのように"は，ある止まり木から別の止まり木へどのように飛ぶのかといった，ゴールを定めた行動を個体がとる時の行動パターンの記述を示している．

"なぜ"は，動機づけ，または適応のことである．動機づけは，その個体が行動することそのものであり，一方，適応は進化的または生態学的意味をもっている．表面的には別々の概念だが，しばしば関連付けられる．

"どこで"は，行動の空間的な要素である．それは，行動が行われる地理的な場所，その生態系のなかでの場所，他の個体と関係する行動のなかでのある個体の相対的な位置を示している．

"いつ"は，行動の時間的な要素を示している．それには，1日，1年，または一生の間に起こる頻度や，一連の行動のなかでのそのパターンが起こるタイミングも含んでいる．

たいていの場合，"何が"という質問がどの動物行動学の研究でも出発点と考えられている．しかし，上記の全ての質問が扱われなければならない．"どこで"，"いつ"というこれらの質問は"何が"という質問のあとにくる傾向があるというのは十分論理的であるのに対して，"どのように"と，とりわけ"なぜ"は最も答えの出にくいものであることが多い．次に，行動研究のために有益とされる情報を収集するのに必要な手法の概略について説明する．

データ収集

仮説を検証し，研究の目標に到達するためには，統計的に分析し，他の研究者のデータと比較ができるデータを得ることが不可欠である．したがって，データ収集を行う前に，何をどのように研究するのかを評価し，厳密に計画を立てることが必要である．

調査のレベル

何を研究するかについては，ある種に見られる様々なタイプの行動を分析することから，いくつかの種の特定の行動について分析することまで，幅広く選択できる．どの場合においても，研究対象となる種は，以下のような基本的な特徴をもっていなければならない．

適しているかどうか　その種が行動パターンを反復し，かつそれが観察可能でなければならない．調査対象が個々に認識できる場合，またはそのために標識されている場合には，より適していると言える．

有効性　個体は近づきやすい必要があり，また，観察は行動に影響を与えることなく実行されなければならない．飼育状態の個体について研究する場合は，捕獲許可や飼育許可を適切に取得する必要がある．

適応性　もし，研究が飼育下での状態を必要とする場合は，その種に問題となっている行動を変えることがないように，個体がその状況に順応できることが必要である．

背景についての情報　研究者は，どのように個体に近づくのが最良か，どのように研究を計画するかについて，種について文献調査をしっかり行い，決定しなければならない．

研究者は，その研究の目標によって，野生状態で研究するのか，飼育状態で研究するのか，あるいは両方で行うのかを決めるべきである．飼育状態での個体の研究の場合，研究者は，環境を操作して，変化させることができる．しかし，不自然な環境によって，行動が変化する危険性がある．反対に，野生状態の対象個体を研究した場合，研究者は自然な行動をそのまま観察することができるが，動物のリズム，活動の周期に合わせる必要があり，さらに，自然界のおびただしい変化にうまく対応できないかもしれない．飼育状態での研究と野生状態での研究は，どちらにも長所と短所があるので，両方の状況での研究が理想的と言える．

また，行動を単純に記述するのか（記述的研究），1つまたはいくつかの仮説を検証するためにデータを収集するのか（分析的研究）を決めなければならない．後者を取るのであるならば，1つの行動の観察からデータ収集するのか（測定的研究），環境や動物を操作することによってデータを収集するのか（操作的研究），または両方を行うのかを決める必要がある．これらの2つの全く異なる方法の中間的なものも数多く存在する．Lehner（1996）は次のように指摘している．「記述的なフィールドでの研究から操作的な研究室での実験まで，動物行動学の研究は連続的に様々に分類できる．」

研究を始める前に，どの方法を用いるのかを注意深く考えるべきである．次に，研究を実施する方法を決定するの

に役立つ記録やサンプル抽出のルールを示す．このルールは，記述的研究，測定的研究，操作的分析研究など，全ての動物行動学の研究に適用することができる．

行動記述（describing behavior）

動物行動学の研究においては，他の研究者のデータと比較可能なデータを得るために，行動は明瞭でかつ正確に記述されなければならない．そのため，研究を開始する前に，観察して記録する行動のカテゴリーを演繹的に選択し，それを明瞭にかつ正確に定義することが重要である．予備的な研究やエソグラムの作成は大いに役立つ．猛禽類のためのアクチグラム（actigram）あるいはエソグラムの標準的な様式が Walter（1983）の文献に記載されている．Martin and Bateson（1993）は次の2つの行動パターンの型が識別できると考えることが重要であると述べている．

"event（出来事）"は，例えば個々の身体の動きや鳴き交わしなど比較的短い行動パターンで時間的に"点"として考えることができるものである．"出来事"の最も関連のある要素はその行動が起こる頻度である．

"state（状態）"は長く続く行動や姿勢など，比較的長い行動パターンで，その重要な要素はその行動の続く長さである．

行動カテゴリーの選択

それぞれの行動は，いくつかの動きと姿勢の連続で表されるため，明確な測定を行うことは困難である．したがって，データ収集を始める前に，収集が容易にかつ正確に行えるように，全ての行動をカテゴリーに分けておくことを薦める．例えば，猛禽類のハンティングを記述・測定するために，その行動を様々な構成要素（探餌，追跡，捕獲，処理，摂食）に分けた方がよい．カテゴリーのタイプとその数は行動の種類，研究の最終目的および調査のレベルと関係しており，Martin and Bateson（1993）はこれらのカテゴリーを特徴付けるいくつかの事項について述べている．

カテゴリーの数　カテゴリーの数は研究目標と関連した行動について十分に詳細な描写ができるだけの数が必要である．

定　義　それぞれのカテゴリーは明確に，正確かつ普遍的な方法で，このカテゴリーに分類される理由は何か（明確な定義）ということ，および評価すべき方法を述べること（操作的な定義）により，定義すべきである．

独立性　カテゴリーは独立しているべきであり，それぞれの行動パターンは唯一のカテゴリーに分類しなければならない．

同質性　同じカテゴリーの行動パターンは，同じ性質を示す必要がある．Cresswell（1996）は研究の中でハイタカ（*Accipiter nisus*），ハヤブサ（*Falco peregrinus*）およびコチョウゲンボウ（*F. columbarius*）の行動パターンを非常に正確に定義している．

（1）*ハンティング*．獲物が居そうな場所において，攻撃するあるいは攻撃できる態勢で目的をもって飛翔すること．ハイタカでは，直接，獲物を猛追することや，素早く低空を等高線に沿って飛行すること，獲物を押さえるための接近飛行のことである．ハヤブサでは，獲物がハヤブサをモビングしている時を除いて，獲物の群れと一緒に飛ぶことあるいは群れを通り抜ける飛行全てを意味する．コチョウゲンボウでは，攻撃が見られた飛行だけをハンティングとする．

（2）*ハンティング/移動*．獲物が居そうな場所において，ハンティングと判断できなかった全ての飛行とする．例えば，コチョウゲンボウでは，数多くの攻撃を伴う明らかなハンティング中と同様に，長い時間続く行動の中で，止まりの間の移動する低空の素早いハンティング飛翔もこの分類とする．

（3）*止まり*．地面あるいはあるものに止まっていること．採食あるいは獲物を捕獲するために費やされた時間は含めない．

（4）*採　食*．獲物をついばむことや食べること．

行動記述のタイプ

行動記述には，基本的に2種類のタイプがある（Martin and Bateson 1993, Lehner 1996）．すなわち，経験的な記述と機能的な記述である．

経験的記述（すなわち，構成に基づく記述）　一連の姿勢や身体の動きに注釈を付けながら，その行動がどのように細分されているのかに基づいて行動を記述する．例えば，"イヌワシ（*Aquila chrysaetos*）が翼を開いたままで飛行している"という例である．この記述タイプは特に予備調査やエソグラム作成の際に有用である．しかし他の状況ではほとんど役立たない場合や余計なものとなる時がある．

機能的記述（すなわち，機能に基づく記述）　一連の姿勢や動きを伴う機能的な結果に従って行動を記述する．この場合の例として"イヌワシが滑空している"という例を取り上げる．機能的記述は，観察者が観察した行動を主観的に理解してしまうことがあり，注意が必要である．例えば，前の例を考えてみると，観察者はイヌワシの行動の目的から，"イヌワシはハンティングのために滑空してい

る"あるいは簡単に"イヌワシはハンティングをしている"と書くことができる．データを収集している間に行動目的を解釈することは結果として間違ったあるいは不完全な情報となり，データ処理の段階で混乱してしまうことがある．行動を記述している間，研究者は行動の原因や目的を暗示するような形容詞や定義を絶対に使用してはならない．

これら2つの記述法の違いは重要ではあるが，常に明確であるとは限らない．また時には，同じ研究において両方の記述法を使う方が適当な場合もある．

サンプリングを行う時のルール

サンプリングは生態学研究の核心である．そのルールはそれぞれの研究の目的とする項目により異なってくる．その項目は実験デザインや記録の対象となる行動単位（出来事，状態あるいは両方），必要な観察精度や調べたい疑問などである．

ad libitum sampling（アドリブサンプリング）

この方法は出来事と状態を記録するのに用いられる．実際，このサンプリングルールでは，研究者は観察中に見られる全個体の全ての行動パターンを記録することになる．言い換えれば研究者は見られる行動パターンや対象の数に制限なく，観察されるもの全てを記録するものである．見えるもの全てを記録する場合に，2つの問題が考えられる．1つは，観察者が頻回な行動や目立つ行動（すなわち，他よりも注意を引くもの）を記録しがちになり，まれな行動を見落とす可能性があるということである．2つ目の問題は，この方法はたいへん厳密で骨が折れることである．このサンプリングルールは，量的なデータ収集にはほとんど役に立たないが，予備調査あるいはエソグラムをまとめる際には特に有用となる．

focal-animal sampling

この方法は，単独の個体に焦点を当て，この個体が示す全ての行動パターンの頻度と継続時間を記録することである．この場合，制限要素としては，観察されるのは対象とした個体のみであり，ここでは記録される行動の回数には制約がないということである．時には，研究者はペアやグループに焦点を当てて行動記録を行う場合もあり，このような場合には，記録はより難しくなり，研究者は重要な情報を記録することができないリスクを冒すこととなる．対象個体は，ある特徴を基本としてランダムに選ばれる．focal-animal sampling法は，出来事と状態を記録するのに有用である．Tolonen and Korpimäki（1994）は，この方法を用いて，数ペアのチョウゲンボウ（*Falco tinnunculus*）の育雛行動について調査を行った．その研究では，それぞれの雄について，求愛期と抱卵期間中は6〜8時間，育雛期間中は4〜6時間，雄の行動（抱卵または抱雛，方向を定めた飛行，飛行ハンティング，帆翔）に関係した行動カテゴリーが記録された．

all-animal sampling

all-animal samplingでは，観察者は個体の集まりが示す，ある行動カテゴリーの発生を記録する．ここでの制限要素は，観察する行動または状態の数であり，ここでは個体の数には制約がない．この方法は，出来事と状態の両方を記録するのに用いられる．Sergio（2003）は，ニシトビ（*Milvus migrans*）のコロニーを観察し，観察セッションごとに，ハンティングの試みと関係した出来事を記録することによって，ニシトビの探餌行動に対する天候の影響を評価した．

記録を取る際のルール

調査では，1つのサンプリング方法（focal-animal sampling, all-animal samplingまたはアドリブサンプリング）が，次の記録方法（連続記録サンプリング法，タイムサンプリング法）の1つと組み合わせて利用されることが多い．

continuous-recording sampling（連続記録サンプリング）

これは，サンプリング中の行動と行動カテゴリーについて，始まりと終わりの時刻，順序とかかった時間などの様々な媒介変数を記録するいくつかの方法である．得られるデータは膨大かつ正確なものであり，観察者に要求される努力は極めて大きい．

all-occurrences sampling この方法は，"event-sampling"または"complete record sampling"とも呼ばれる．この方法では，ある行動または行動範疇に関する全ての行動の頻度とその割合を記録する方法である．通常，出来事を記録するのに用いられ，頻繁には起こらないが簡単に観察できる行動パターンの同時発生性または割合を評価するのに有用である．特別な行動や状態の全行動記録に実際的な困難性がある場合には，focal-animal samplingと組み合わせて利用される．その1例がMougeot（2000）の文献に見られ，そこでは26ペアのアカトビ（*Milvus milvus*）を用いて，テリトリー侵入と交尾パターンについて調査が行われた．それぞれの観察期間（平均1.6時間）ごとに，Mougeotは1ペアに注目し，連続的に個体識別するとともに，引き起こされる様々な行動パターン（種内干渉，交尾，雄による獲物運搬，繁殖テリトリー内での雄と雌の滞在時間）を記録した．

sequence sampling（連続サンプリング） 連続サンプリングは，主に個体，ペアまたはグループにおいて，連

続して見られる行動パターン（例えば，求愛ディスプレイ，ハンティングの際のディスプレイ）の調査に用いられる．サンプリング中，観察者は，時間や頻度に関係なく見られる一連の行動を全て記録する．通常，サンプリングの始めと終わりは行動の開始と終了で決められる．サンプリング時間は，行動の頻度とタイプに応じて選定すべきである．この方法は，出来事と状態の両方を記録するのに用いられる．Edut and Eilam（2004）は，メンフクロウ（*Tyto alba*）の攻撃を受けているシャカイハタネズミ（*Microtus socialis*）とカイロトゲネズミ（*Acomys cahirinus*）の目まぐるしい動きを調査した．それぞれ3時間の実験の間，フクロウが最初の攻撃を開始してからネズミを捕えるまでの間，フクロウとネズミの両方の連続した行動が記録された．

sociometric matrix〔集団構造を量的に測定する表，計量社会学的入力表（行列）〕　これは，群の中の個体の行動順序と周期性を見るのに用いられるデータを図表化するための手法である．Csermely and Agostini（1993）はリハビリテーションを終え，お互いの個体を認識しているメンフクロウのグループ内の社会的，好戦的な干渉行動について調べた．フクロウは個体識別され，最初に引き起こした行動は7種類，アクションを受けた鳥の行動は8種類が記録された．それぞれの干渉行動は，行動を仕掛けた個体と仕掛けられた個体の両方の行動からなる一対の行動として特徴付けられた．行動は56（7×8）個のセルからなる表にまとめられた（表7-1）．表は通常，左から右に読み，鳥が起こした行動の頻度を横列に，またそれに対応した鳥の行動の頻度を縦列に記載する．

この計量社会学的入力表（行列）は，データを整理するためだけに用いる方法であり，統計で用いられる分割表とよく似ているが，同じではないことに気をつけることが大切である．

time sampling methods（タイムサンプリング法）

この方法は，行動をサンプリング中に連続してではなく，定期的に記録する方法である．観察期間は，行動を記録する時間ごとに間隔を空けて分割される．この方法は連続記録法よりも情報量は少ないが，観察者は比較的楽に実施できる．また観察者が専門家でない場合でも使えるし，さらに，いくつかの対象個体または行動を同時に観察することも可能である．

one-zero sampling　この方法は，"fixed-interval time-span sampling" または "Hansen system" と呼ばれている．観察者は10〜60秒間という短い観察時間中に，ある行動が起これば1点，なければ0点を付ける．出来事と状態の両方記録する場合に用いられるが，通常は，とりわけすぐに終わってしまう行動を調査する際に状態を記録するのに使われる．サンプリング間隔と観察時間は，調査する行動のタイプを考慮して慎重に決めなければならない．普通はサンプリング間隔が短いほど対象となる記録は正確になる．多くのカテゴリーの行動を同時に記録するのは難しいため，サンプリングの間隔は観察時間の長さと記録する行動パターンの数との妥協案となる．この方法で大きく制限されることは，行動の実際の頻度と時間を測れないことである．何人かの研究者（例えば，Altmann 1974）は，

表7-1　Csermely and Agostini（1993）の文献からのデータを用いたsociometric matrix（計量社会学的入力表）による例*

行動	威嚇	羽繕い	体接触	移動	嘴の接触	攻撃	後退	反応なし	合計
威嚇	0	0	0	0	1	0	1	4	6
接近	2	3	7	0	18	3	0	0	33
羽繕い	0	7	0	0	5	0	0	23	35
体接触	0	0	0	1	4	1	5	26	37
押しのけ	0	3	8	0	2	1	3	11	28
嘴の接触	0	2	3	0	0	0	19	31	55
攻撃	0	0	0	0	0	0	6	2	8
合計	2	15	18	1	30	5	34	97	202

* 鳥が起こした行動を左の欄に書き，その行動を受けた鳥の行動（反応）がその欄の最上欄に書かれている．この例では，各欄はそれぞれの相互反応のために記録された行動変化の頻度を示している．例えば，ある鳥が他の鳥を押しのけようとした場合，その押しのけられようとした鳥の反応として，体の接触が見られるが，これは8回記録されている．この観察では全部で202の反応が記録されている．

instantaneous and scan sampling（瞬間サンプリング）

instantaneous sampling は，"point sampling"，"fixed-interval time point sampling"，"on-the-dot sampling"または"time sampling"と呼ばれている．観察者は，定点でサンプリング中に1個体が行う行動を記録する．この方法は状態を記録するには有益であるが，出来事と記録を取る時刻（time-points）は瞬間であり，出来事が記録を行うその時間ちょうどには起こりにくいため，出来事の記録には向かない．

scan sampling は，観察者が定点で複数の個体の行動を記録する instantaneous sampling の1つの形である．この方法は，個体が特定の行動に使った時間の割合を推定するのに重要である．室内実験において，Palokangas et al. (1994) は，雌のチョウゲンボウが羽毛の鮮やかな雄を好むのかどうかについて調査を行った．それぞれの雌は，前に置かれた籠の中の2羽の雄のどちらかを選ぶように設定された．15分間の観察時間中，調査者は1分ごとに雌がどちらの雄を見ているかを記録した．

方法には関わらず，それぞれのサンプリング時間は，常に他の生態学調査のデータと比較できることが重要である．その長さは，研究する行動タイプと出現頻度により異なってくる．サンプリング中，対象個体が観察者の視野から外れた場合には，その動作時間を推定するとともに，データ処理の際にそのことを考慮しなければならない．このような場合，われわれは Lehner (1996) が提唱しているガイドラインを参考にすることにしている．

結局，対象行動を正確に調査するためには，サンプリングと記録の方法を決定する前に予備調査を行うことが良い考えであることを強調する必要があるということである．さらに，データ収集の最初の調査を行っている間に，観察記録者の能率は向上する傾向があることが分かっている〔observer drift（訳者注：観察者の理解や能力が変化すること），Martin and Bateson 1993〕．したがって，実験を始める前にデータ収集方法について，自分で勉強することを薦める．このことにより，研究している間にデータの信頼性が変わってしまう可能性を軽減できるものと思われる．

データが集まった時点で，なぜ行動が行われたのかを説明することはかなり困難であるかもしれない．動物の行動はハビタット，季節，ホルモン，遺伝，系統など多くの要因に影響される．したがって，生態学的な研究を計画する際には研究者はこれらの要因を考慮に入れる必要がある．

フィールドおよび飼育下におけるデータ収集の例

猛禽類の行動を調査するのには数多くの様々な方法がある．全ての種は独自の適応力を備えており，同じ環境刺激であっても異なった反応を示す．この章では，フィールドと飼育下における猛禽類の行動を調査するために用いられるツールについて記述する．この章は完璧なものではないため，動物行動学の研究を始めようとする者にとっては紹介程度の内容と考えてもらいたい．

ペア相手の選択

ペア相手の選択は，動物行動学では最も研究されてきた行動の1つである．ほとんどの例では，雌による選択という点に注目が集められてきたが，それでもやはり，どの要因が雄による選択に影響を与えているのかを知ることが大切である．特に，猛禽類ではよく見られる雌雄ともに育雛に参加する一夫一妻制の種については，このことは重要である．

ペア相手の選択は，年齢や外見（例えば，身体の大きさ，体型，羽衣の色と鮮やかさ），寄生虫の負荷，ハンティング能力，テリトリーの特質などのパートナーのもついくつかの特徴に影響を受けている．しかし，これらの要因（例えば，テリトリーの質，ハンティングの能力，羽衣の鮮やかさ，一般的な健康状態，寄生虫の負荷など）のほとんどは，それぞれが互いに関連していることから，各要因が及ぼす影響を区別し，正しい結論を引き出すために，研究計画を練る段階でこれらの関係を考える必要がある．

野外での調査の場合には，個体を標識したうえで（例えば，カラーリング，翼タグ，羽毛染色，電波発信器など），形態測定データまたは生理学的検体（例えば，血液），あるいは両方を収集する必要がある．猛禽類の捕獲と標識については，この本の第12章と第13章で詳しく説明されている．

標準化された観察法（focal-animal sampling または all-animal sampling）により，観察者はある行動が雄の選択に影響を与えているのかどうかを確かめることができる．Village (1985) は春にチョウゲンボウが到着するそれぞれの日を記録した．全ての個体は，個体識別を行い，越冬個体との区別をするために，前年に標識され，年齢の把握（当年生まれかそれ以上か）が行われた．最後に到着したパートナーが初めて観察された日がペアになった日と考えられた（訳者注：先に到着した個体はペアにならずにどこかに行ってしまい，最終的にペアとして居ついた個体は最

後に到着した個体ということになる）．ペアになった日は，各テリトリーへの到着日と年齢に基づき，同類交配の日を示している．

　標識することにより，ペア相手選択の研究において重要な要素と考えられるつがい外交尾や複婚（多婚，一夫多妻または一妻多夫）の発生の可能性を記録するのにも役立つ．

　猛禽類の求愛では，アクロバットのようなディスプレイ飛行が見られ，そこでいくつかの要素，例えば雄のハンティングの能力などによって相手の質が評価されるが，飼育下でも調査は可能である．いくつかの鳥籠で構成される実験施設で，1つに選ぶ側の鳥を入れ，その前に評価されるあるいは選ばれる側の複数の鳥を入れることにより実験できる．選ばれる側の鳥の入った鳥籠は，放射線状に1列に並べられる（図7-1）．選択は，ただ単に各籠への訪問したあるいは気に入った相手を見るために体の向きを変えたということにより決定される．このような実験は結局，多くの動物で見られるレック行動（訳者注：雄の繁殖ディスプレイ行動）の反復実験である（Höglund and Alatalo 1995）．

　個体は身体や行動の特徴により評価される．それぞれのケースにおいて個体の違いを示す項目の数を決めることが重要である．Palokangas et al.（1994）は，チョウゲンボウの雄の羽色の鮮やかさに関する雌の好みについて調査した．調査は，真ん中を壁で仕切られた室内で行われた．仕切られた部屋の中にはそれぞれ1羽ずつの雄を入れ，他の個体は見えないようにされた．雌は部屋の中央に置かれた小さな籠に入れ，籠の中から雌だけが一方的に見えるような窓が付けられた．それぞれの雌には15分間，雄を見せ，両方の雄を選択評価させた．この間，調査者は1分ごとに雌がどの雄を見ているかを記録した．

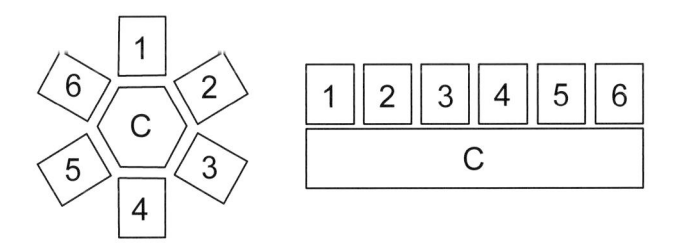

図7-1 Cに入っている鳥は，1〜6の籠に入っている雄の中からどの鳥を選ぶのかを実験的に調べた調査．どの鳥に対してより長く，頻回に見ていたか，あるいは近づいていたかで評価する．

親による雛の世話（養育行動）

　猛禽類のほとんどは一夫一妻であり，協同で育雛するため，親の養育行動や養育努力に関しては興味深い研究対象生物となり得る．養育行動を量的に評価するために，次のようないくつかの項目が観察記録されなければならない．それは，親鳥と雛の生存率，親鳥が抱卵と抱雛に費やした時間，食物の供給率（時間単位での巣への獲物の搬入個数で測定される），そして防衛行動である．Tolonen and Korpimäki（1995）は，巣箱の屋根の上にカバーを置き，その下にマツテン（*Martes martes*）の剥製を置いて，チョウゲンボウの巣の防衛行動を調査した．カバーを外して5分間，雄と雌のそれぞれの防衛行動が記録された．攻撃の激しさは6段階に区分して評価された．なお，データは，少なくともペアのどちらかの個体が捕食者であるテンに明らかに反応を示した時点から記録した．

社会行動

　何種類かの猛禽類は社会性をもっており，少なくとも群居性である．エレオノラハヤブサ（*Falco eleonorae*）は社会的採食戦略を示し，ヒメチョウゲンボウ（*F. naumanni*）はコロニーをつくって繁殖し，さらには，アカトビは集団で塒を形成する．社会行動に焦点を当てた研究では，羽衣の特徴やマーカー（カラーリング，翼タグ，羽毛染色，ラジオトラッキングのための電波発信器）による個体識別が必要である．Hiraldo et al.（1993）は，越冬中の集団塒にいる46羽のアカトビに発信器の付いた翼タグで標識し，年齢（若鳥または成鳥）と生息状態（越冬または周年生息）により，4つの集団に分類し，塒から出ていく時間と戻ってくる時間，飛翔方向，個別行動か集団行動か，グループのリーダーがいるのかどうかについて，all-animal samplingを行った．研究者は，食物を探し出すのに成功したかどうかの基準として，前日からの食物を食べる時間を設定し，30分間以上食べていた場合を高い成功，5分間未満の場合を低い成功とした．記録されたデータでは，塒での行動は食物情報が集まるセンター〔すなわち，トビが仲間から食物のある場所の情報を得ている場所であるということ（Ward and Zahavi 1973参照）〕として機能しているという仮説を支持することができなかった．

　飼育下で，身体リハビリテーションを行っているような間，猛禽類は，不自然な密度で飼われていることに起因する異常行動を見せることなく，たいていの場合，集団で飼育することが可能である．この状況における，鳥が相互に影響する行動のレパートリーと変化についての詳細な分析

表 7-2 好戦的な行動の頻度による個体のランク付けを行うために用いた仮定上の事例[*]

行動した個体	行動を受けた個体						合計
	A	B	C	D	E	F	
A	−	5	2	0	0	0	7
B	9	−	12	0	0	0	21
C	7	3	−	1	2	0	13
D	3	0	4	−	3	0	10
E	0	0	0	1	−	0	1
F	0	0	0	0	0	−	0
合計	19	8	18	2	5	0	52

[*] 左欄に行動した個体識別した鳥を，欄の最上部欄にはその行動を受けた側の鳥を示す．この例では，Cの鳥はAの鳥に対して，7回の干渉行動を起こした．鳥Bは最も頻回に行動した個体で，鳥Aは最も行動を受けた個体である．鳥Fはどの鳥からも行動を受けなかった．データは6個体の社会構造を立証するのに用いられる．

は，群居を強いられる場合の負の影響を予測するのに有用なツールである．

　個体間の種内干渉行動は，同じ鳥舎に飼われている鳥の行動変化を記録することによって評価ができる．各個体は，カラーリングや翼タグでの個体識別が必要であり，観察者は最初に鳥の行動を分類してリスト化しておくとよい．これで観察を始められるようになる．観察は，十分な時間（例えば，1〜2時間）行われるべきであり，数日間のほとんどの活動をカバーできるようにさらに時間を取るべきである．Csermely and Agostini（1993）は，リハビリテーションを行ったメンフクロウを用いて，すでにこの行動を行うグループとの間で見られる社会的な好戦行動を記録し，同種の変わった行動の伝播による変化の可能性を観察することにより調査した．彼らは，行動している鳥の個体識別と行動した鳥のそれに反応する鳥の行動パターンを記録した．

　次に，データは，行動した鳥と行動の変化の両方を分析するために表に入力される．最初の表では，調査者は攻撃回数により鳥のランク付けを行い（表7-2），社会分類をまとめる．次の表では，ある行動がある反応を引き起こす可能性について確かめてみる（表7-1）．後者により，ある行動を起こした鳥の行動パターンがある反応を引き起こす可能性を検討することになる（図7-2）．

テリトリー行動

　テリトリー行動の研究は，通常，対象となる鳥の侵入個体に対する行動（好戦的な誇示行動や身体攻撃）の観察，記録による．当然，このためには個体識別が必要である．

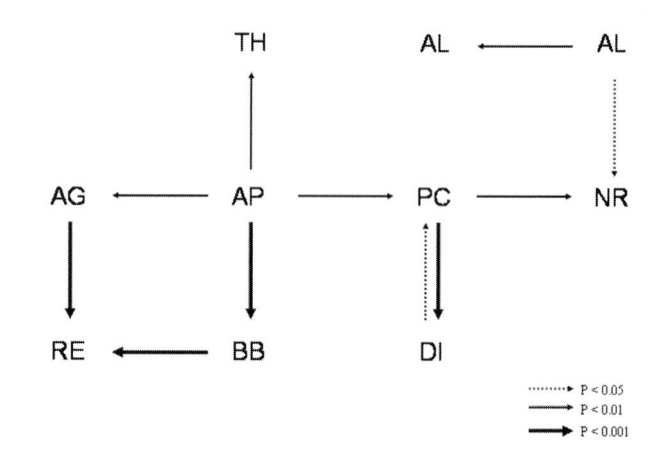

図 7-2 個体間の行動順位調査の結果の例．ある鳥の行動はその後，他の鳥の反応を引き起こす可能性が数値分析と図にまとめたフローチャートに似た図により確かめられた．矢印（実線，細線，点線）はそれぞれ連続した反応が起こる可能性とその方向を示している．
AG：攻撃，AL：羽繕い，AP：接近，BB：嘴の接触，DI：押しのけ，NR：反応なし，PC：体接触，RE：後退，TH：威嚇．
〔Csermely and Agostini（1993）より〕

電波発信器が使われている場合は，動きと行動範囲が分かるだけなので，ラジオトラッキングだけでは十分でないことを認識しておくことが重要である．テリトリー行動を詳細に調査するには，目視観察が必要である．Newton and Marquiss（1991）は，個体の入れ替わりが隣接個体や単独個体の動きにどのように作用するのかを確認するために，ハイタカの雌と雄をテリトリー内で捕獲して移動させた．

この問いに答えるため，周辺地域の全てのテリトリー内の個体には足環が装着され，継続調査された．この方法で，筆者は，個体群の中には繁殖していない単独個体が雌雄両方とも生息しており，スペーシング行動が繁殖密度を制限していることを確認した．

飼育下で好戦的な干渉行動を評価することは，目視による直接観察あるいはブラインドを使ってのビデオ撮影により，容易に行うことができる．干渉の中で行われる一連の行動を見分ける予備観察が必要である．1日のうちで異なった時間帯に実施される観察では，攻撃する鳥と攻撃される鳥によって行われるパターンはもちろんのこと，行動する鳥を識別し，行動の頻度を記録する必要がある．また，争いの重要な原因と考えられる食物（防衛すべき資源である食物）がある場合とない場合の行動の違いを観察することが賢明である．

上述したように，データは，予測よりも頻回に干渉した鳥の組合せや著しい行動変化を評価するために，表に入力されるのである．その結果，まずそれぞれの鳥の優先指標を計算して，個体の上下関係を把握するための社会関係を明らかにすることが可能となる（Crook and Butterfield 1970）．その次に，行動を起こした鳥の行動パターンが対象の鳥に反応行動を引き起こす可能性を表すフローチャートに似た図式を作成することができる（図7-2）．

Csermely and Brocchieri（1990）は，12の社会的な攻撃行動パターンと3つの鳴き交わしパターンを見分けることによって，リハビリテーション後の飼育下のノスリ（*Buteo buteo*）の個体間における種内干渉の研究を行った．行動を起こした個体に最も頻回に見られた行動パターンは，威嚇や足蹴り，走り寄り，略奪行為などの攻撃干渉と関連していた．その際には，攻撃されたまたは後退する個体は，基本的に後退または走り寄りながら反応していた．鳥舎の中に食物がある場合には，食物から離れたところで略奪と走り寄りが最も多く見られ，そこでは怪物のグリフォン（訳者注：上半身は翼をもつワシ，下半身はライオンという伝説上の生物）のような姿勢が最も頻繁に観察された．

捕食行動

自然界におけるハンティング行動の調査は，ハンティングする個体を追跡することが難しいために往々にして骨が折れる仕事である．したがって，多くの調査では巣に搬入された獲物や止まり木の下に落ちている獲物から間接的にハンティング行動を評価している．直接観察によってのみ，ハンティングの試み回数における成功割合として計算されるハンティング成功率のような探餌行動の情報を得ることができる．

Jenkins（2000）は，ハンティング成功と営巣環境との関係を16ペアのアフリカに生息するハヤブサ（の亜種）〔African peregrine falcons（*F. p. minor*）〕を対象に調査した．ハンティング行動をいくつかのカテゴリーに分類した後，ペアの両方の個体について focal-animal sampling を使って調査した．調査では，攻撃を仕掛けた回数，ハンティングの方法（止まり木からのハンティングまたは空中でのハンティング）および捕らえた獲物のタイプを記録した．観察期間は，繁殖期と非繁殖期，時間帯に分けて整理された．その結果，Jenkinsは，巣のある崖の高さが捕食の成功に影響していると結論付けた．

Cresswell et al.（2003）は，複数のペアに2種類のタイプの獲物モデルを提供することで，野外のハイタカが選択的に用心深い鳥を襲うのかそれとも警戒していない鳥（すなわち，採食中）を襲うのかについて試験を行った．2つのタイプとは，3週齢のニワトリ（*Gallus gallus*）の剥製と樹脂製のアオカワラヒワ（*Carduelis chloris*）の成鳥である．それぞれのタイプのモデルにおいて，半数は警戒する野生の鳥を模して頭を上げた姿勢，残り半分は食物を啄む際の頭を下げた姿勢で固定された．モデルは低い植物の茂る地面にワイヤーで固定された．それぞれ一対のモデルは自動撮影カメラに連結され，どのモデルがどの方向から攻撃されるのかを写真で記録した．

捕食行動は，飼育下でも調査できる．飼育下では，野外よりも近くで詳細まで観察できるし，様々な条件も調整できる．調査ではハンティングと捕獲の方法，獲物の認識，異なった獲物のタイプによって引き起こされる刺激に対する異なった反応，飼育下で生まれた個体の行動の順序についてその発達や上達について調べることができる．

飼育下で捕食行動を調査するには，個体間の競争を避けるために個別の飼育小屋に入れて行うのがよい．小屋は個体の大きさを考えて十分な広さがあり，できるだけ本来の行動に近い攻撃行動が取れるようにしておく必要がある．また，小屋には止まり木を限定して取り付け（小屋の一方の壁に1ヵ所の止まり木を付けると最もうまくいく），攻撃が固定された地点から始められるようにしておく．餌は止まり木の反対側か小さな箱に入れて地面かテーブルの上に置く．小屋は猛禽類がすぐに攻撃しない場合に，餌動物が逃げ出さないようにつくっておく必要がある．正面は餌動物の動きにあわせて動けるように透明にするが，同時に入れ物の存在と高さを認識できるようにストライプを入れるなどのなんらかの処理をすべきである．

鳥舎にできるだけ近い場所に，マジックミラーの窓を取り付けたブラインドを，できれば獲物のすぐ裏側に設置し，攻撃行動を直接観察またはビデオ録画ができるようにする．記録される行動パターンは，探餌飛行や羽繕い，止まり木での動き（闘争パターンと判断できるものも含む）から実際の一連の攻撃行動まで幅が広い．観察では，攻撃滑空，着地の方法（獲物に直接舞い降りたのか，あるいは獲物の傍に着地したのか），捕殺の"武器"（嘴，爪，その両方），獲物のどの部分が掴まれたのか，獲物が逃げようとしたかなどについて記録する．鳥舎の説明や行動記録については，Csermely et al.（1989, 1991, 図7-3）に詳しく説明されている．

行動の記載には，調査開始からの待ち時間や羽繕いなどそれぞれの行動の頻度，累積時間などの時間計測も同時に行う必要がある．ハンティングに成功した場合，食べ始めるまでの時間も計測し（食べ始めるまでの待ち時間も考慮），また鳥舎のどこでどのような重要な行動が行われたのかも記録しておく必要がある．これらの行動は，直接観察とビデオ撮影の両方を行いながら，チェックシートとストップウォッチを使って記録される．見えない行動や行動の持続時間，頻度を自動的に追跡するevent recorderと呼ぶ記録装置も有用である．

このように生きた獲物を使って行う研究における倫理上の問題については，常に念頭に置き，適切な許認可が必要かを確認しておく必要がある．飼育下の猛禽類に餌付けを行い，死肉（生き餌でない食物）を食べるようにすることは容易であり（Csermely 1993, Csermely and Gaibani 1998, Shifferman and Eilam 2004），死肉を採食する際の彼らの攻撃順序は生きた獲物に対する行動と似ている．飼育下での調査は，捕食行動の知見を得るために行われるのであるが，またこの調査はリハビリテーションした鳥の捕食能力を評価するのにも有効である．ただし，後者では，その動物がうまく生きていくことができるという観点から，通常は，生きた獲物を利用することが必要である（Csermely 2000を参照）．

行動と保護

文献上で何人かの著者（例えば，Caro 1998, Gosling and Sutherland 2000）が，保護管理戦略を確実に行うためには保全生物学における動物行動学の必要性を指摘している．特にGosling and Sutherland（2000）は，次のように述べている．「行動研究と保護は互いに密接に関係している．この両者の相互関係は様々なレベルで現れる．例えば，保護するという高い優先性は行動学の研究に理論的に正当性を与え，研究を行うことを正当化することが重要になってきている．行動研究はまた，難しい保護問題に，非常に重要で新たな洞察力をもたらす．おそらく最も重要なことは，行動研究で個体群の中の個体の行動を進化論的に理解することによって，変化した環境下における反応をもっと高度なレベルの過程における場合よりも自信をもって予測することができる．」

猛禽類をそのハビタット内で効果的に保護していくためには，その種の営巣場所および獲物の選択性とそれらに関連した行動を理解することが必要である．適正な広さの保護エリアを設立するためには，資源を巡る種内と種間競合の両方の要素はもちろんのこと，問題となっている種の行動についても知らなければならない．動物行動学の調査は，しばしば膨大な時間と経費が必要となるが，良くない計画によるプロジェクトの失敗は，経済的にさらに不都合をもたらすものである．

不幸なことに，これらのことは一般的な目標であるにもかかわらず，動物行動学と保護管理は未だに限られた部分でしか相互に交流し合っていない．動物行動学的な研究の保護への適用が見いだせていないあまりにも多くの事例があり，また，保護プロジェクトが猛禽類の行動を十分に考慮せずに計画されていることも多い．保護のことを念頭に置きながら行動分析を行えば，野外および飼育下ともに猛禽類の管理を成功させる可能性を高めることができる．

猛禽類のリハビリテーション

リハビリテーションセンターにおいては，明らかに獣医学的なケアが基本となる．そうではあるものの，リハビリテーションの成功を保証するだけのケアが十分でない場合がある．飼育状態は，極端に猛禽類にストレスを与えるこ

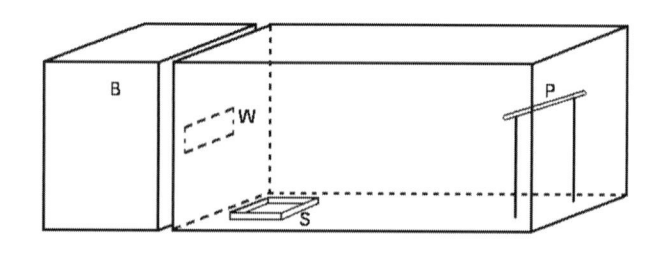

図7-3 捕食実験のための鳥舎の図．餌を載せる台（S）は鳥が止まる唯一の止まり木の反対側に置いてある．餌に近接して片方窓のブラインド（B）があり，観察者はその裏側から対象動物と餌動物の両方の行動を記録する．

とがあり，リハビリテーションを遅らせるなど様々な阻害要因となる．それゆえに，鳥舎の最低限の大きさ，最大の収容密度，同居が可能か，餌をどのように与えるかなどを推定するため，それぞれの種の行動面を考慮することが重要である．

飼育下繁殖と野外への放鳥

絶滅のリスクの高い猛禽類に対しては，野外個体群を飼育下個体群から生まれた個体によって増強することが可能である．野外および飼育下での繁殖行動の研究は，適正な環境を確保し，繁殖成功しているペアの飼育技術を向上させていくのに非常に重要である．同時に，動物行動の研究によって，飼育下で生まれた若い個体が正常に行動し，野外で生存して繁殖していくことができるかを見極めることも可能である．雛が人工育雛である場合，特にタカ目では，刷り込みあるいは刷り込みに似た社会関係形成により重大な問題が起こる（Jones 1981 を参照）．この問題を少しでも減少させるかあるいは避けるための対処方法は成鳥の頭部に似せてつくられた，手を入れて操るパペットを用いて給餌することである．このようにすることによって，雛が人間に間違った刷り込みをされることなく，将来の繁殖行動における問題を避けることができるのである．この給餌の際のパペットの使用が普及したのは，動物行動学の成果である（Gosling and Sutherland 2000）．一方，人工育雛されるグループでは雛同士がお互いに刷り込みされるため，結果として取り返しの付かない事態に陥る可能性は低い（D.M. Bird 未発表データ）．

さらに，個体補充または再導入の場合には，個体を放鳥することだけで終わってはいけない．それだけでなく，プロジェクトが成功しているかどうかを評価するために長期間に及ぶ放鳥後のモニタリングが必要である（Csermely 2000 を参照）．放鳥した個体の行動を調査することにより，新たな環境に関係した問題や解決のための着眼点が見えてくる．特に応用動物行動学は，猛禽類が野外で遭遇する可能性のある危険を避けるために利用できる．その1例としては，Wallace（1997）がロサンゼルス動物園においてカリフォルニアコンドル（*Gymnogyps californianus*）で行った実験がある．その事例では，飼育下で人工育雛された若い個体を，電気を通した偽の電柱を利用して，放鳥後に電柱に止まらないように条件付けを行ったというものである．

結　論

まとめると，猛禽類の行動を研究することは，猛禽類の管理と保護に大いに役立つものであるということである．しばしば見落とされることもあるが，この重要な項目は，野外と飼育下の両方において，猛禽類を適切に保護する役目を必ず果たしていくものと思われる．

引用文献

ALTMANN, J. 1974. Observational study of behavior: sampling methods. Behaviour 49:227 – 267.

CARO, T. [ED.]. 1998. Behavioural ecology and conservation biology. Oxford University Press, New York, NY U.S.A.

CRESSWELL, W. 1996. Surprise as a winter strategy in Sparrowhawks *Accipiter nisus*, Peregrines *Falco peregrinus* and Merlins *F. columbarius*. Ibis 138:684 – 692.

——, J. LIND, U. KABY, J.L. QUINN AND S. JAKOBSSON. 2003. Does an opportunistic predator preferentially attack nonvigilant prey? Anim. Behav. 66:643 – 648.

CROOK, J.H. AND P.A. BUTTERFIELD. 1970. Gender role in the social system of *Quelea*. Pages 211 – 248 in J.H. Crook [ED.], Social behaviour in birds and mammals. Academic Press, London, United Kingdom.

CSERMELY, D. 1993. Duration of rehabilitation period and familiarity with the prey affect the predatory behaviour of captive wild kestrels, *Falco tinnunculus*. Boll. Zool. 60:211 – 214.

—— 2000. Rehabilitation of birds of prey and their survival after release. Pages 303 – 312 in J.T. Lumeij, J.D. Remple, P.T. Redig, M. Lierz and J.E. Cooper [EDS.], Raptor biomedicine III, including bibliography of diseases of birds of prey. Zoological Education Network, Inc., Lake Worth, FL U.S.A.

—— AND N. AGOSTINI. 1993. A note on the social behaviour of rehabilitating wild Barn Owls (*Tyto alba*). Ornis Hungarica 3:13 – 22.

—— AND L. BROCCHIERI. 1990. Type of housing affects social and feeding behaviour of captive buzzards (*Buteo buteo*). Appl. Anim. Behav. Sci. 28:301.

—— AND C. GAIBANI. 1998. Is the foot squeezing pressure by two raptor species a tool used to subdue their prey? Condor 100:757 – 763.

——, D. MAINARDI AND N. AGOSTINI. 1989. The predatory behaviour of captive wild kestrels, *Falco tinnunculus*. Boll. Zool. 56:317 – 320.

——, D. MAINARDI AND N. AGOSTINI. 1991. Predatory behaviour in captive wild buzzards (*Buteo buteo*). Birds Prey Bull. 4:133 – 142.

EDUT, S. AND D. EILAM. 2004. Protean behavior under Barn Owl attack: voles alternate between freezing and fleeing and spiny mice flee in alternating patterns. *Behav. Brain Res.* 155:207 − 216.

GOSLING, L.M. AND W.J. SUTHERLAND [EDS.]. 2000. Behaviour and conservation. Cambridge University Press, Cambridge, United Kingdom.

HIRALDO, F., B. HEREDIA AND J.C. ALONSO. 1993. Communal roosting of wintering Red Kites *Milvus milvus* (Aves, Accipitridae): social feeding strategies for the exploitation of food resources. *Ethology* 93:117 − 124.

HÖGLUND, J. AND R.V. ALATALO. 1995. Leks. Princeton University Press, Princeton, NJ U.S.A.

JENKINS, A.R. 2000. Hunting mode and success of African peregrines *Falco peregrinus minor*: does nesting habitat quality affect foraging efficiency? *Ibis* 142:235 − 246.

JONES, C.G. 1981. Abnormal and maladaptive behaviour in captive raptors. Pages 53 − 59 in J.E. Cooper and A.G. Greenwood [EDS.], Recent advances in the study of raptor diseases. Chiron Publications, Keighley, United Kingdom.

LEHNER, P.N. 1996. Handbook of ethological methods, 2nd Ed. Cambridge University Press, Cambridge, United Kingdom.

MARTIN, P. AND P. BATESON. 1993. Measuring behaviour: an introductory guide, 2nd Ed. Cambridge University Press, Cambridge, United Kingdom.

MOUGEOT, F. 2000. Territorial intrusions and copulation patterns in Red Kites, *Milvus milvus*, in relation to breeding density. *Anim. Behav.* 59:633 − 642.

NEWTON, I. AND M. MARQUISS. 1991. Removal experiments and the limitation of breeding density in Sparrowhawks. *J. Anim. Ecol.* 60:535 − 544.

PALOKANGAS, P., E. KORPIMÄKI, H. HAKKARAINEN, E. HUHTA, P. TOLONEN AND R.V. ALATALO. 1994. Female kestrels gain reproductive success by choosing brightly ornamented males. *Anim. Behav.* 47:443 − 448.

SERGIO, F. 2003. From individual behaviour to population pattern: weather-dependent foraging and breeding performance in Black Kites. *Anim. Behav.* 66:1109 − 1117.

SHIFFERMAN, E. AND D. EILAM. 2004. Movement and direction of movement of a simulated prey affect the success rate in Barn Owl *Tyto alba* attack. *J. Avian Biol.* 35:111 − 116.

TOLONEN, P. AND E. KORPIMÄKI. 1994. Determinants of parental effort: a behavioural study in the Eurasian Kestrel, *Falco tinnunculus*. *Behav. Ecol. Sociobiol.* 35:355 − 362.

——— AND E. KORPIMÄKI. 1995. Parental effort of kestrels (*Falco tinnunculus*) in nest defense: effects of laying time, brood size, and varying survival prospects of offspring. *Behav. Ecol.* 6:435 − 441.

VILLAGE, A. 1985. Spring arrival times and assortative mating of kestrels in South Scotland. *Anim. Ecol.* 54:857 − 868.

WALLACE, M. 1997. Carcasses, people, and power lines. *Zoo View* 31:12 − 17.

WALTER, H. 1983. The raptor actigram: a general alphanumeric notation for raptor field data. *Raptor Res.* 17:1 − 8.

WARD, P. AND A. ZAHAVI. 1973. The importance of certain assemblage of birds as "information-centres" for food-finding. *Ibis* 115:517 − 534.

食　性

CARL D. MARTI
Raptor Research Center,
Boise State University, Boise, Idaho 83725 U.S.A.

MARC BECHARD
Department of Biology,
Boise State University, Boise, Idaho 83725 U.S.A.

FABIAN M. JAKSIC
Center for Advanced Studies in Ecology and Biodiversity,
Catholic University of Chile,
P. O. Box 114-D, Santiago CP 6513677, Chile

訳：中野　晋

はじめに

　野生生物の管理者は当初，狩猟動物と家畜に対する猛禽類の影響を評価するために猛禽類の食性に関心をもつに至ったのだが（Fisher 1893, Errington 1930），生態学者はすぐに，猛禽類の食性を研究することには他の価値があることを見出した．つまり，猛禽類が何を，どのように，いつ，そしてどこで食べているかといったことは，猛禽類自体の生態的関係を理解する際にだけでなく，群集生態学を理解するためにも重要であるということである．猛禽類の食性を研究することは，猛禽類の生態系におけるニッチや群集構造を理解するのに役立つだけでなく，獲物の分布，量，行動，脆弱さに関して価値ある情報を得ることができる（Johnson 1981, Johnsgard 1990, 2002, del Hoyo et al. 1994, 1999）．猛禽類が獲物の密度を制限し得るものかどうかについての議論は今日も続いている．Valkama et al.（2005）は，北米も含めながらヨーロッパの文献に重点を置いたこのような話題に関する文献の総括をまとめている．

　この章では，猛禽類の食性を分析，解析する方法を提示するとともに，それに関連する注意すべき事項，長所と短所，さらにはバイアスについて議論する．ペレットの分析，胃の内容分析，巣の中の食べ残しの獲物の検査，巣に持ち込まれる獲物の直接観察や写真観察，さらにはデータ収集間隔を延長するために行う巣内雛の拘束などから得られる獲物の分析方法を紹介する．獲物の同定手順および食性の多様性，希薄さ，獲物の重量，食性の重複度，安定同位体法によって，猛禽類の食性を解析し，その特徴を把握するための方法について，そのために必要なサンプルサイズがどの程度必要かということを評価する指針とともに説明する．獲物の個体群の構成，密度，脆弱さを評価する方法は，猛禽類の食性の研究と密接に関連があるが，この章では十分に示すことができない．こうした話題の入門としては，Fitzner et al.（1977），Otis et al.（1978），Burnham et al.（1980），Schemnitz（1980），Call（1981），Johnson（1981），Hutto（1990），とValkama et al.（2005）を参照のこと．また，猛禽類の食物に関する参考文献を含む文献目録もこの章の主題に役立つ．Olendorff and Olendorff（1968），Earhart and Johnson（1970），Clark et al.（1978），Sherrod（1978），Pardinas and Cirignolli（2002），とValkama et al.（2005）から広範囲な情報が得られる．

分析手順

　特定の課題を解決するに際し，どのような手法を選択すべきかを示すために，それぞれの技術の長所と短所を以下に説明する．ただし，どのような手法であろうとも，サンプル採集は食性研究において重要視されるべきである．というのは，不十分なサンプリングは，誤った結論を

導き出してしまうからである（Errington 1932）．食性に関する情報は，複数の個体，巣，さらには研究目的によって，複数の季節または年から集められなければならない（Korpimaki et al. 1994）．サンプルサイズがあまりに少ないとか，獲物の1種が地域的あるいは一時的に増えている状態（例えば，個体数の急増）にあるとか，あるいは1羽またはペアがある特定の獲物に特化している（例えば，独特の行動）というような場合には，普遍的な食性データは得られない．

　適当なサンプルサイズを得ることは重要ではあるが，研究を開始する前に，それを決定することが困難なこともある．多様な食性を有する猛禽類の食性を的確に把握するには，均一な獲物を捕食している猛禽類よりも多くのサンプルが必要となる．季節変化，種間，種内による食性の違いを研究するためには，さらに多くのサンプルを必要とする．研究者は，食性において非常に少ない割合の獲物さえ明らかにすることが重要なのか，あるいは，捕食される獲物の個体数または摂取量のどちらかから，どの種が猛禽類の食性の主体を占めているのかを把握することがより重要なのかどうかを考えなければならない．これらの課題に対する答えは，研究目的によって異なる．Morrison（1988）およびGotelli and Colwell（2001）を参照のこと．また，データセットのサイズと性質を定量化し，評価，正当化することに関する議論は以下に示す．また，Eckblad（1991）の文献は，生物学的研究を行うのにはどれくらいのサンプルが必要であるかを決定するのに参考になる．さらに，以下では食性の多様性と豊かさに関連するサンプルサイズを含むシミュレーションも示している．大部分の生物学的解析と同様に，統計学的な留意点は猛禽類の食性解析においても不可欠なものである（Sokal and Rohlf 1995）．

吐き出されたペレットの分析

　ミサゴ（*Pandion haliaetus*）は顕著な例外であるが，大部分の猛禽類は，骨や歯，鱗，毛，羽毛，角質とキチン質などからなる獲物の消化できない残留物としてペレットをつくり出す．これらの材料はいったん，胃にぎっしり詰まって，通常，毎日吐き出される．ペレット内の残留物を同定することにより，猛禽類の食性に関する質，量の両方の情報を得ることができる．この方法は1世紀以上（Fisher 1893）使われているが，Errington（1930, 1932）の応用的な研究がその使用をさらに促進した．初期段階には何人かの専門家がペレット分析の技術を完全に否定したが（Brooks 1929），現在では，大部分の種に有効であると広く認められている．一般に，ペレットの分析は，フクロウ類において最も信頼できる（Errington 1932, Glading et al. 1943）ものの，タカ目では，飲み込む前に獲物を切断し，全ての部分を摂取するわけではないので，信頼性が落ちる．タカ目はまた，フクロウ類よりも骨の消化率が高い（Duke et al. 1975, Cummings et al. 1976）．フクロウ類は獲物全体，もしくは大部分を飲み込もうとするため，同定できない残留物は少ない（Errington 1932, Duke et al. 1975）．Errington（1932）は若いフクロウ類だけがかなり骨を消化すると思っていたが，Raczynski and Ruprecht（1974）とLowe（1980）は成鳥においても消化に起因していると思われるかなりの量の骨の損失があることを報告した．ただし，どちらの研究も，正確に評価するための解析手順に関する詳細を示していない．他に，飼育下のフクロウ類に与えられた全ての食物がペレットの分析の結果に表れるわけではないという報告もある（Errington 1932, Glading et al. 1943, Southern 1969）．一方で，Mikkola（1983）は，食べたものとペレットの中の残留物に非常に緊密な相関関係があることを発見している．そして，Duke et al.（1975）とCummings et al.（1976）は，フクロウ類が骨を消化しない，もしくは消化したとしてもその量はわずかであることを示した．

　食虫性の猛禽類には異なる問題がある．たとえ，全ての獲物が普通に飲み込まれるとしても，キチン質の部分は小さな破片に細分化されるために同定することが困難である．さらに，キチン質の消化は，アメリカチョウゲンボウ（*Falco sparverius*）とヒガシアメリカオオコノハズク（*Megascops asio*）で少なくともわずかには見られる（Akaki and Duke 1999）．

　1回の摂食では食べきれない大きな獲物（例えば，ワシ類や大きなノスリ類，またはワシミミズク属のフクロウ類により食べられるノウサギ類やアナウサギ類）のペレットは，量的な問題を提起する．ペレットが1個しか残っていなかった場合，大きな獲物を1回の摂食で一部だけ食べたということか．または，同定可能なペレットが複数個残っている場合，猛禽類は後で戻ってきて，残りを食べたということか．事実，何種類かの猛禽類は大きな獲物を捕獲した後，何回も食べに戻ってくる（Bowles 1916, Brown and Amadon 1968）．このため，ペレット分析だけで食性を判断するのであれば，獲物となった大きな動物の個体数は過小評価されるであろう．また，巣内雛に持ってこられる大きな獲物は，実際に食べられる全ての獲物に比べて確認機会が多くなる．また，残留物は数羽の雛のペレットの中に，場合によっては，成鳥のペレットの中にも残っているかもしれない（Bond 1936, Collopy 1983a）．

ペレットを集めるために最も効率的な調査は，営巣場所と塒を探し出すことである．同じ場所において連続的に採集すれば，より多くのサンプルが得られ，猛禽類の種の確認にも間違いがなく，そして，季節または年，もしくは両方の食性の傾向が分かる．ただし，この方法によるデータの蓄積は，全ての猛禽類には通用しない．いくらかの種は長い期間，1ヵ所の塒に滞在するので〔例えばメンフクロウ（Tyto alba）とトラフズク（Asio otus）〕，多数のペレットが採集できる（Marks and Marti 1984）．しかし，他の多くの種は広い区域でペレットを吐き出すため〔例えば，ハイイロチュウヒ（Circus cyaneus）とコミミズク（Asio flammeus）〕，十分な量のサンプルの収集は困難である（Errington 1932, Craighead and Craighead 1956, Southern 1969, Ziesemer 1981）．統計的な検定を実施するためには，独立したサンプリングが不足することに起因する問題を減らす必要があり，できるだけ多くの巣，塒，もしくは両方からペレットを集めることが重要である．

ペレットのサイズや形が特徴的な種もいるが，多くの場合はそうではない．フクロウ類については，ペレット識別ガイドが利用できる（Wilson 1938, Burton 1984）．しかし，外見だけで異なる種のペレットから1種のものだけをより分ける確実な方法はない．ペレットを吐き出した種を確実に特定するためには，調査対象としている個体によって使用されていることが分かっている巣，塒，止まり木で新しいペレットだけを集めなければならない．同じ営巣場所でも異なる期間であれば，しばしば異なる種によって使用されるため，研究のために新たなペレットを採集するのであれば，全ての古いペレットは除去しなければならない．

また，ペレットが吐き出されたおよその日付が分かる場合に，食性データは最も価値あるものとなる．それゆえに，ペレットが自然状態においてどのぐらいの期間，形状を留めているかという知見が重要となる．湿気や無脊椎動物，それに菌類は，露出した状況では，より早くペレットを分解する（Philips and Dindall 1979）．開けた環境下では，大部分のペレットは1年未満で分解される（Wilson 1938, Fairley 1967, Marti 1974）．樹洞，洞穴または建物のような何かに覆われた場所では，より長く維持されるかもしれない．ペレットがどれくらい形状を留めるかという疑問があるならば，研究している地域においてペレットの耐久性を把握するための実験が必要かもしれない．

ペレットを分解するための方法は，分析されるペレットの数と分析の目的によって，異なる方法を選択すべきである．ペレットの量が少ない場合，あるいは，急に実務的な管理情報（例えば，猛禽類の主要な獲物となる種の把握，もしくは特定の獲物となる種に与える猛禽類の影響の把握）が必要となった場合には，ペレットは手で個々に分解してもよい．毛と羽毛は，骨，歯や他の同定可能な残留物から分けてすきとる．鉗子と解剖用の針は，こうした作業のための道具として役に立つ．ペレットの量が多い場合，あるいは，食性の詳細な研究結果が必要であるならば，固形物はより慎重に毛と羽毛から切り離されなければならない．これは，ペレットを水に浸して，洗えばよい．より効果的な技術として，水酸化ナトリウムで毛と羽毛を分解する方法がある（Schueler 1972）．この方法は非常に効果的である．1リットルの水に対して100mlの水酸化ナトリウムの結晶を溶かした溶液をつくっておき，ペレットの2～3倍のボリュームの溶解液にペレットを入れる．そして，毛が骨から完全に離れてスクリーン〔1/4インチ（6.35mm）のメッシュ〕を通っていくように2～4時間，溶解液にペレットを浸しておき，時折ゆっくりかき混ぜる．洗う際にはスクリーンを通り抜けるどんな破片も見逃さないように，容器の上で行わなければならない．そして，残ったものを洗ったうえで容器に移し，サンプルとして加える．この手法であれば，非常に小さく繊細な骨でも傷つけることはない．また，より小さな破片を見つける確率は，乾燥状態のペレットの分析よりも非常に高い．歯が溶けてしまうと哺乳類の識別の可能性が低下するため，ペレットは水酸化ナトリウム溶液に4時間以上浸しておいてはいけない．キチン質の材料は水酸化ナトリウムによっては分解されず，簡単に回収される．しかし，どんな毛または羽毛でも分解される．このため，毛または羽毛を用いて獲物を特定する必要があれば，この手法を使ってはならない．

頭蓋骨と歯は哺乳類の獲物を同定し，個体数を数えるために最も有効である．そして，多くの場合，虫眼鏡または低倍率の顕微鏡は獲物を調べる際に必要である．大きな獲物の個体数を数えるためには，手足の骨と骨盤帯も役に立つ．これらからの種の検索表は，小さな哺乳類を同定するのに役立つかもしれない（Stains 1959, Glass 1973, DeBlase and Martin 1974）．しかし，ペレットの頭蓋骨は壊れていて，検索に必要な部分をなくしていることが多く，他で収集された骨格標本や研究者の経験は，通常，検索表よりも役に立つ．それゆえに，骨格標本と頭蓋骨を並べて比較することが推奨される．ペレットからの哺乳類の毛も，骨を消化してしまうか，または骨を飲み込まない猛禽類の獲物を同定するのに利用できることがある．しかし，獲物の摂取量を定量化するために，毛はほとんど役に立たない．Adorjan and Kolenosky（1969）とMoore et al.

（1974）は哺乳類の毛から種を同定するための検索表をつくった．そして，Korschgen（1980）は毛の標本をつくるための方法を示している．ペレットの羽毛は，毛と同じかそれ以上に大きな問題がある．種を特定する前に一般的にはペレットから回収する羽毛はクリーニングを必要とする．Sabo and Lay-bourne（1994）は，識別前に必要となる個々の羽毛についての準備作業の内容と種の特定のための手がかりを示している．

　小さな哺乳類は主に頭骨を数えることで，ペレットサンプルから個体数を把握するが，特に獲物の頭骨がない場合は歯骨と脚の骨でこれを補う．より大きな哺乳類の場合は，断片（頭，歯骨，骨盤と手足の骨の上部）をサンプルから集め，それから，1つ1つ接合していって個体数を推定する（Mollhagen et al. 1972 詳細参照）．この手順は，獲物の全ての部分が食べられた，そして，ペレットに含まれる全ての残留物が回収されたという仮定に基づいている．このような方法では，おそらく個体数は少なめにカウントされることになる．できれば，別の手法を補完的に使った方がよい．

　獲物が鳥類の場合，種を特定することは，羽毛や嘴，足からも可能であるが，往々にして，多くの部分の標本がないと識別するのは難しい．ペレットの内容から鳥類の個体数を数えるには，頭蓋骨，胸骨と骨盤が最も役立つ．また，多くの標本を利用できる専門家は，骨の断片と個々の羽毛から属または種を特定することができることもある．

　両生類の骨と魚類や爬虫類の鱗は，同定のために保持しておくべきである．巣とその周囲において魚類の鰓を回収することにより，ミサゴの獲物が特定されている（Newsome 1977, Prevost 1977, Van Daele and Van Daele 1982）．これらの分類群に関して同定を行うには，標本との比較や専門家に意見を聞くことを推奨する．

　昆虫類と他の無脊椎動物の獲物にも問題がある．節足動物の外骨格は猛禽類によって唯一消化されない部分であるが，しばしば，細かくバラバラになっており，検索表はほとんど役に立たない．このため，よくできた標本との比較や専門家の意見を聞くことは，それらの残留物を同定する一番の近道である．

　ペレットの分析は，他の方法よりも比較的少ない出費や時間ですみ，または猛禽類に対しても干渉が少ないうえに多くのサンプルが得られるといった点や，しばしば同じ鳥から，季節または経年もしくは両方の食性の傾向を得ることができるといった利点がある．欠点として，いくつかの猛禽類の種（特にタカ目）のペレットには必ずしも同定に必要な重要な部分が含まれないということがあげられる．

このため，大きな獲物を食べる大部分のタカ目の猛禽類や大型のフクロウ類のペレットの分析は信頼性が低い．また，ペレットの分析は，中小のフクロウ類，例えば，キンメフクロウ（*Aegolius funereus*）（Korpimaki 1988）とスズメフクロウ（*Glaucidium passerinum*）（Kellomaki 1977）にはすぐれた技術であるが，食虫性のフクロウ類，例えばアナホリフクロウ（*Athene cunicularia*）とアメリカコノハズク（*Megascops flammeolus*）についてはやや信頼性が落ちる．というのは，残留物が小さいうえに昆虫類からなるペレットは早く分解してしまうからである（Marti 1974）．主食は小さな齧歯類であるが，代替食物として多くの昆虫類を捕食するチョウゲンボウ（*Falco tinnunculus*）の食性変化を研究するのには，ペレット分析はよい方法である（Korpimaki 1985, Itamies and Korpimaki 1987）．このため，タカ目の猛禽類の食性のいくつかの調査はペレットの分析だけによって行われてきているが（Sherrod 1978 参照），われわれは，ペレットの分析のデータの正確さをチェックするための第2の方法を採用することを推奨する．他方，Ritchie（1982）は，主に巣に残される獲物の残渣による研究を補完する方法として，ペレットの分析を利用することを薦めている．

消化器官の内容物

　猛禽類の食性に関する初期段階の大部分の研究においては，猛禽類の胃の中にある獲物の残留物が調べられていた（Fisher 1893, McAtee 1935）．しかし，道路で死んだ猛禽類のように死んだ個体を利用できるような場合を除けば，この方法は，現代の研究または保護管理の実務において使用することはできない．ほとんどの猛禽類の個体数は比較的少ないので，食性を把握するために十分なサンプルの数を集めるために多くの猛禽類を殺すということは極めてよくないことである．この方法を使用しても，個々の猛禽類から得られるデータの量は，他の全ての使用可能な方法と比較して最も少ない．胃内容の分析手法は，単に死んだ猛禽類の胃とそ嚢を開き，中身を調べるというものである．獲物の同定と定量化は，ペレットの分析の項で示される手法と類似している．分析をすぐに実施できないのであれば，実施するまで，胃を凍らせるかまたは10%のホルマリンを用いて保存することができる（Korschgen 1980）．

　生きている猛禽類の胃内容を調べることが必要な研究では，嘔吐を促す技術を検討すべきである（Tomback 1975）．Pulin and Lefebvre（1995）は29科137種の鳥類について酒石酸アンチモンカリウム（催吐剤）を使用

したが，この技術はどうも猛禽類では試されておらず，安全性は確保されていない．Rosenberg and Cooper (1990) は消化管を洗浄するか，催吐剤の代わりに温水で強制的に吐かせることを薦めている．

猛禽類を殺すことなく，新鮮な食物を調べる他の方法としてタカ目の猛禽類の巣内雛もしくは捕獲個体のそ嚢をマッサージして食物を吐かせる方法がある（ただし，フクロウ類にはそ嚢がない）(Errington 1932)．しかしながら，猛禽類の雛を扱かった経験がほとんどない研究者は，食道に損傷を与える危険性があるため，この方法は避けた方がよい (Sherrod 1978)．

獲物の食べ残し

巣の調査による獲物の食べ残しの確認は，それ自体，または他の技術との併用で効果的なことが明らかとなっている (Craighead and Craighead 1956, Smith and Murphy 1973, Collopy 1983a)．土地管理局 (BLM) の職員の研究によると (USDI 1979)，全ての獲物の食べ残しとペレットを集めるために，4～6日おきに数種類のタカ目の猛禽類の巣に入り，新しい獲物は目印として頭，足，尾を回収し，それ以外の部分は巣に残している．その後，各々の回収物は種が同定され，個体数が確認されている．Collopy (1983a) は，イヌワシ (*Aquila chrysaetos*) の巣から，類似した方法によって食べ残しを回収した．これらのサンプルは，巣の直接の観察において見たものと種構成においてあまり違わなかったが，獲物の摂取量についてはかなり過小評価していたことが分かった．Rutz (2003) は，雄のオオタカ (*Accipiter gentilis*) をラジオトラッキングし，オオタカが殺した全ての鳥の位置を特定した．この結果により，目視観察では獲物の食べ残しを発見することは難しく，食性を把握するうえで偏った結果となってしまうことが示された．

猛禽類の巣から獲物の食べ残しを回収して分析する際に留意すべき事項を示しておかねばならない．より大きく重い骨は，より長期間，巣で形状を留めている可能性があり，大きな獲物の種類は過大評価される可能性がある．K. Steenhof（私信）は，5日以下の収集間隔がこの問題を減らすのに望ましいとしている．小さな獲物の骨ほど高い率で食べられてしまうか (Mollhagen et al. 1972)，または巣材の中で失われるので，食性においてそれらの種の割合を過小評価している場合がある．Snyder and Wiley (1976) は，類似した状況がカタアカノスリ (*Buteo lineatus*) の巣でも見られるとしている．Bielefeldt et al. (1992) によると，巣の近くでクーパーハイタカ (*A. cooperii*) の獲物の食べ残しを回収したところ，92% は鳥類であったが，直接，巣内雛に運搬される獲物を観察した場合では，鳥類の割合は51～68% であり，鳥類の割合を過大評価していたことになる．さらに，彼らのウィスコンシンおよびその他での研究では，巣内雛に運搬される鳥類の獲物の大部分は雛であった．したがって，これらの結果は，成鳥の質量を使って鳥類の摂取量を計算するといった間接的な手法では，獲物の中で鳥類の割合に誤差が生じてしまうという可能性を示唆している．

巣から獲物の食べ残しを集めることに関して留意すべき大きな問題の1つとして，猛禽類への妨害がある．気象状況が雛にとってよくない時には，成鳥を巣から遠ざけるべきではない．さらに，巣における通常の行動を妨げる妨害は，どのようなものでも過度に与えてはならない．こうしたことに注意を払う必要がある（第19章参照）．もう1つの危険性として，巣に何度も行った場合，いくらかの猛禽類については捕食者を巣に誘引する可能性を高めてしまうといったことがある．

また，獲物の食べ残しはハヤブサ類，ハイタカ類，スズメフクロウ属のフクロウ類といった種については獲物の解体場所で回収される可能性がある．しかし，特にペレット分析と一緒にこの方法を使用する時，そのような回収物を同定するには特別の注意が必要である．Reynolds and Meslow (1984) は3～6日おきにクーパーハイタカの巣とその近くの解体場所からペレットと獲物の食べ残しを回収した．そして，Boal and Mannan (1994) は，オオタカの研究の際に同じ方法を使用した．彼らはそれぞれの地点から回収した全ての材料から尾羽，風切羽と嘴，また哺乳類の頭骨の破片と足を整合し，獲物の形を元に復元し，個体数をカウントしようとした．しかし，Zicscmcr (1981) は，解体場所を探すことによって回収される獲物のタイプごとに個体数に大きな誤差が生じることを発見した．というのは，鳥類は羽毛が大きく散らばるために見つかりやすく，また1回で食べきれない大きな獲物の場合は，哺乳類による死肉捕食のために消失してしまうことが多いからである．

さらに，猛禽類には余った獲物を保存する種があり，このような獲物も食性の情報源となり得る．Korpimaki (1987a) は，キンメフクロウが巣となっている樹洞に主に繁殖期の間，獲物を保存するとしている．しかし，スズメフクロウは主に冬に獲物を保存する (Solheim 1984)．食物の保存については，オナガフクロウ (*Surnia ulula*) (Ritchie 1980) とメンフクロウ (Marti et al. 2005)，エレオノラハヤブサ (*F. eleonorae*) (Vaughan 1961)，コチョ

ウゲンボウ（*F. columbarius*）（Pitcher et al. 1979）とアメリカチョウゲンボウ（Collopy 1977）において記録がある．

直接観察

　直接観察は，多くの調査時間を必要とするが，他の手法に勝るいくつかの利点を有している．この方法は，多くの場合，巣の近くでブラインドを用い，観察者は姿を隠して調査するというものである（Collopy 1983a, Sitter 1983, Younk and Bechard 1994, Rosen-field et al. 1995, Real 1996, Dykstra et al. 2003, Meyer et al. 2004）．他の方法としては，望遠鏡を用いて車両から猛禽類を探してまわるような時に，探餌している猛禽類を直接観察するというものがある（Wakeley 1978, Bunn et al. 1982, Beissinger 1983, Collopy 1983b）．この際，最も納得のいく手法は，1日中または夜中続けて観察することである．こうした場合，通常，獲物が運搬されない時間も多く含まれる．観察をより短い時間で実施しようとするのであれば，観察対象となる種の行動が活発な時間帯を全て含むように，ランダムな時間配分で観察しなければならない．

　いくらかの研究者は他の方法よりも直接観察を好むが（Snyder and Wiley 1976, Collopy 1983a, Sitter 1983），それは，ペレットが食性を正確に表さない種に対して用いる場合には最高の技術であるかもしれないからである．Southern（1969）は，モリフクロウ（*Strix aluco*）の直接観察によって，雛にミミズを与えているということを発見した．これは，ペレット分析からは分かっていなかった事実である．Collopy（1983a）は，直接観察が獲物の摂取量を推定する際に最高の手段であるとしている．というのは，獲物の数とサイズの両方が正確に測定されるからである．

　ブラインドからの直接観察は，行動に関して有益なデータが得られるが，それと同様に猛禽類の食性に関しても，最も完全で正確な情報が得られる手法の1つである．主要な欠点は，十分なサンプルを得るためには，時には不快な状況の下で，大変多くの観察時間を必要とすることである．ブラインドは，猛禽類への妨害を減らすために，数日間の短い期間につくられなければならない．ブラインドをつくるには，ずっと使われてきた巣の場所で巣が使われるようになる前が最もよい時期である．しかし，対象個体が調査しようとする年にその場所を選ばない場合があるということは覚悟しておかなければならない．いくつかの種，なおさらいくらかの個体では妨害に敏感で，巣の近くに置かれるブラインドを許容しない可能性がある．一方，2m程度の距離のブラインドを受け入れるものもいる（Geer and Perrins 1981）．摂取される獲物のサイズもブラインドから巣までの距離に関して考慮すべきもう1つのポイントである．食虫性の種は獲物を特定するためにブラインドを近い位置に設置する必要があるが，ワシ類の獲物は最高40m離れても特定することができる（Collopy 1983a）．R. Reynolds（私信）は，観察によって獲物となる小さな脊椎動物のサイズを推定することは難しいと警告している．Sitter（1983）は，わずかに巣を越える高さでおよそ15m離れた位置からソウゲンハヤブサ（*F. mexicanus*）の巣を観察するのを好んだ．R. Glinski（私信）は，猛禽類への妨害を減らすために巣の高さよりもわずかに下方にブラインドを設置した．また，ブラインドと巣の間の距離に関係なく，双眼鏡または望遠鏡は通常，獲物を同定するために必要である．

　樹洞性の種も直接観察できるが，いくらか営巣場所の形状を改造する必要があるかもしれないし，この方法を行う場合には格別の注意を払わなければならない．雛に運ばれる獲物が見られるように，Southern（1969）は，部分的に切断面のある巣箱を使った．Smith et al.（1972）は，マジックミラーをアメリカチョウゲンボウの巣のある樹洞に取り付けた．そして，われわれのうちの1人はメンフクロウの巣箱に同じようにマジックミラーを取り付け，ブラインドから観察した（Marti 1989）．

　夜行性の種は，明らかに，より観察が難しい．夜間観察用の光増幅機能のある望遠鏡またはゴーグルは，この問題の解決策として最も優れているが高価である．DeLong（1982）は，トラフズクの巣で，それらを使った調査によって良い成果を得ている．より単純でよりコストが低い手法として，巣を人工の明かりで明るくすることがある．Southern（1969）は，モリフクロウの巣に赤ランプを設置しても対象個体の行動を妨げないとしているし，また巣のある樹洞のすぐ外側に，または巣箱の中でさえ，6ボルトの明るい電球を使用してもメンフクロウの行動に変化をもたらさなかったという報告がある（Marti 1989）．しかし，10～60mの距離で，7倍×50mmの双眼鏡を用いた観察では，巣内雛への親鳥からの獲物運搬は分かったけれども，獲物の種別は同定できなかった．一方，先に述べたように，メンフクロウの巣箱の裏にマジックミラーを取り付け，上から照らした場合，獲物運搬はマジックミラーを通して観察され，種は簡単に同定された．

　繁殖していない猛禽類については，獲物の捕獲を観察し記録することは非常に困難である．というのは，移動性が高いのと，多くの種については隠密性の習性を有しているからである．Roth and Lima（2003）は，冬にクーパーハ

イタカをラジオトラッキング法を用いて追跡し，179回の攻撃，そのうち35回の成功を観察した．また，捕らえられた獲物についても識別した．

巣内雛の拘束

成鳥による獲物運搬はより簡単に調査できるため，雛を通常の巣立ち時期を越えて4～10週間，巣の近くの地上につなぎとめることにより，さらに多くの食性に関する情報が得られる（Errington 1932）．雛をつなぎとめる方法は，鷹狩りの足緒を用いるのと同様である．Petersen and Keir（1976）は，地上から離した台に雛をつなぐといった方法を使用したが，この間に雛の50%程が捕食者により失われた．また，雛が台の端から落ちて吊るされることがないように，ロープの長さを調節しなければならない．Selleck and Glading（1943）は雛のいる巣の上にケージを置いた．この方法を用いることにより，親鳥に獲物をケージの外に置かせて獲物の種類を同定し，カウントできるようにした．巣の上にケージを置くという方法は，メンフクロウでは有効であったが，ハイイロチュウヒではうまくいかなかった．これは，これら2種の獲物運搬の習性の違いによる．Sulkava（1964）は，フィンランドでオオタカにこの方法を用いて成功した．

これらの方法は，他の方法では食性データを得ることが難しい猛禽類の研究には有効であるが，慎重にかつ十分な注意を払って使用しなければならない．雛の被捕食，育雛放棄，通常の行動発達への妨害といった危険性を内在していることに留意する必要がある．

写真とデジタル映像記録

野生動物の活動を観察するためにフィルムからデジタルに至るまでシステムが発達してきており，例えば，光電池を使って写真を自動的に撮影する方法（Dodge and Snyder 1960, Osterberg 1962, Cowardin and Ashe 1965, Browder et al. 1995, Danielson et al. 1996），ブラインドに入っている観察者がシャッターを切る方法（Wille and Kam 1983），および自動的にサンプリングできる間欠撮影方式（タイムラプス）のカメラまたはビデオレコーダーを使う方法がある（参照文献は下に記述）．

一眼レフ35mmカメラは，猛禽類の食性観察のために最初に使用されたが，遠隔操作または自動撮影もしくは両方を行うために，多くの付属品を必要とした（例えば，自動フィルム巻き上げ器，望遠もしくは接写レンズ，長巻フィルムと無線シャッターなどである）．35mmカメラの使用者は，獲物を識別するために良好な画像が得られるが，器材，フィルム，現像の費用は高いと報告している．この方法（他の類似した方法も同様）のもう1つの欠点は，多くの写真の露出がアンダーもしくはオーバーとなってしまい，獲物を同定するのには十分な鮮明さで写真が撮れないということである．

もう1つの観察の方法として，間欠撮影カメラ（タイムラプスカメラ）を用いてサンプリング期間を通して一定の間隔にセットし，1つもしくは複数の画像を自動的に撮影するというものがある．間欠撮影技術はTemple（1972）が，通常1～5分ごとに1枚の画像を撮るようにセットして猛禽類の巣に設置するというスーパーエイトカメラを用いた最初の可搬型のシステムを報告した1970年代の初めから猛禽類の食性を研究するのに用いられるようになった．類似したシステムは，様々な繁殖中の猛禽類の研究に用いられた（Enderson et al. 1972, Franklin 1988, Tommeraas 1989, Hunt et al. 1992）．しかし，スーパーエイトカメラはもはや容易には入手できず，フィルムを見つけたり，現像したりするのは困難である．

いくつものビデオ-カメラシステムが，昼行性の猛禽類の食性を記録するために使うことができるようになった（Kristan et al. 1996, Delaney et al. 1998, Booms and Fuller 2003a）．Lewis et al.（2004a）は，1つのディープサイクルバッテリーを電源とした小型ビデオカメラ，間欠撮影ビデオレコーダー（タイムラプスビデオレコーダー）と13cmの携帯テレビからなるビデオ監視システムを設計し，オオタカの食性を記録した．

間欠撮影ビデオ監視システムの最近の進歩により，ビデオによる観察は，猛禽類の食性を記録するのに非常に有効な方法となってきた．研究対象の種が妨害に敏感であるならば，記録装置と電源は巣から離して置くことができるし，バッテリーとテープは1日に1回または2～3日に1回の間隔で交換すればよいようにすることもできる．間欠撮影ビデオ映像は融通が利き，画像を撮影するのに，標準的な8時間のVHSビデオテープを用いてリアルタイム（毎秒20画像）からコマ落しの960時間（毎秒0.25画像）まで間隔を変更できるオプションがある．獲物運搬の画像が最大限得られ，同時に，ビデオテープの交換間隔を最大とするために，日によって撮影間隔を変更するなど様々な間隔での記録をプログラムすることができる．

バッテリーの日常的な交換が難しいならば，太陽電池式の監視システムが有効である．Booms and Fuller（2003a）は，グリーンランドのシロハヤブサ（*F. rusticolus*）の巣への獲物運搬を記録するために，太陽電池，間欠撮影方式のSentinel All-Weather Video Surveillance Systems（全天

候型番兵監視ビデオシステム）（Sandpiper Technologies Inc., Manteca, カリフォルニア）を使った．ビデオカメラは巣から1m以内の場所に取り付けられた．そして，他の全ての器材は巣のある崖の下に設置され，カメラの映像は，間欠撮影方式のビデオレコーダーに記録された．記録装置は，親鳥によって気づかれない間に，簡単で安全にテープを取り替えられる場所に置かれた．カメラは抱卵期の中間〜後半に設置され，雛が巣立つまで巣には二度と行くことはなかった．

営巣地付近での妨害の繰り返しに敏感な種には，太陽電池と無線波を組み合わせた画像送信型ビデオシステムが有効である．これらのシステムは営巣場所から離れた受信局まで映像信号を送ることができ，ビデオテープまたはバッテリーを交換するために営巣地に行く必要がないので営巣場所での妨害は最小限となる．Kristan et al.（1996）は，カリフォルニアでミサゴの巣に運ばれる獲物の記録にそのようなシステムを使用したが，最高8km離れても確実に機能した．システムのコストはおよそ6,100 U.S.ドルであったが，その間にかけなくて済んだ調査員の時間はかなりのものであった．

赤外線発光ダイオードと間欠撮影ビデオレコーダーを備えている小型・赤外線高感度ビデオカメラを用いたシステムは，フクロウ類のいくつかの種の食性を記録するのに効果的であることが分かっている．Proudfoot and Beasom（1997）はアカスズメフクロウ（G. brasilianum）の巣への獲物運搬を記録するため，このようなカメラと光源を使った．そして，Delaney et al.（1998）は，ニシアメリカフクロウ（S. occidentalis）の研究を行うのに類似のシステムを使用した．真っ暗闇では，6つの赤外線発光ダイオードを用いれば最大3mの距離が有効な撮影範囲であった．ビデオ画像は，同軸ケーブルを通してカメラから接続している間欠撮影VHSレコーダーを使って記録された．各々のテープは毎秒5画像を撮影し，24時間記録された．これらのカメラシステムは，12ボルトのディープサイクルバッテリーまたは12ボルトの密閉型ジェル-セルバッテリーのどちらからでも電源が得られた．後者はしっかりした構造で，背負って運ぶ間にバッテリー溶液が流出する可能性が少ない．Oleyar et al.（2003）は，アメリカコノハズクの食性を研究するために計画した安価なカメラシステムを報告している．このシステムでは，8mmのビデオカメラに小型ピンホール・赤外線カメラと1つの赤外線発光ダイオードを使って獲物運搬を記録した．このシステムには，6ボルトのビデオカメラバッテリー，赤外線ダイオードのための1.5ボルトのバッテリーとカメラ用の9ボルトのバッテリーの3種類のバッテリーから電源が供給された．カメラは毎夜稼働し，通常2時間程度，バッテリー容量が失われるまで連続して記録することができた．

ビデオテープに記録される画像は，ビデオデッキとカラーテレビモニターを使って見ることができる．多くのビデオデッキは異なる速度での再生と，画像の点検のための一時停止ができる．

データ収集方法の比較

猛禽類の種が異なれば，食性に関するデータを偏りなく収集する方法も異なることは，前述のとおり明らかである．多くの研究者が同じ種について複数の方法を使用して，どの方法が最高か，そして，どういう場合に複数の方法を使用すべきかについて考えを示している．Pavez et al.（1992），Real（1996），およびSequin et al.（1998）は，ワシノスリ（Geranoaetus melanoleucus），ボネリークマタカ（Hieraaetus fasciatus）とイヌワシの巣の直接観察をそれぞれ実施し，目視観察によりカウントした結果とペレットおよび獲物の食べ残しから識別した獲物とを比較した．ワシノスリでは，ペレットの内容によると鳥類を過少評価し，観察によると昆虫類を過大評価したが，獲物の食べ残しでは昆虫類を過少評価した．ボネリークマタカの場合，巣内雛が巣にいる間は，新しい食べ残しが回収され，繁殖活動が終わった後に古い食べ残しを回収するという具合に回収には2つの方法が採用された．古い獲物の食べ残しのみが回収される場合，観察の結果とかなり異なることから，ペレットも回収された．その結果，Real（1996）は，ペレットの分析がボネリークマタカの食性を研究するために最も効率的な方法であると結論づけた．Sequin et al.（1998）は，直接観察ができないのであれば，ペレットの分析と獲物の食べ残しの分析結果を組み合わせることが最も良い方法であると薦めている．Mersmann et al.（1992）はハクトウワシ（Haliaeetus leucocephalus）の研究において3つの技術を比較した．直接観察ではウナギ類のように簡単に同定される種に偏った結果が得られたものの，他の方法によってはあまり確認されない小さく柔らかい身体をもった魚類の摂取量を記録することを可能としていた．Mersmann et al.（1992）は，飼育下のワシを用いることにより，魚類はペレットの分析では過少評価され，大部分の鳥類と哺乳類は検出されるという結果を発見した．飼育下のワシの食べ残しの獲物の分析では，鳥類，中型の哺乳類，それに大きな骨の多い魚類を過大評価し，小さな哺乳類と小さな魚類は，過少評価された．

Sharp et al.（2002）とMarchesi et al.（2002）は，オ

ナガイヌワシ（Aquila audax）とワシミミズク（Bubo bubo）について，それぞれペレットの分析と獲物の食べ残しから得られる食性について比較した．Sharp et al.（2002）は2つの方法からデータを組み合わせることは，食性を偏って判定する結果となる可能性があると結論し，2つの方法から得られる結果は別々に報告するよう薦めている．他方，Marchesi et al.（2002）は，2つの技術からデータを組み合わせるが，同じように蓄積されたサンプルにおける各々の方法の相対的な寄与率を示すことを薦めている．そして，彼らは，獲物の食べ残しでは，鳥類と大きな獲物では概して過大に評価され，哺乳類は過少評価され，魚類を検出することはできないということを見出した．ペレットは，食性のより現実に近い状況を明らかにしてくれたが，獲物の食べ残しで同定される多くの鳥類を確認することはできなかった．

Taylor（1994）は，メンフクロウの食性の研究において，連続的な写真撮影により巣に運ばれる獲物の観察と同期間のペレットの内容の比較を行ったが，その結果は非常に近似していた．オオタカとシロハヤブサの食性において獲物の食べ残しの回収，ペレットの内容および獲物運搬のビデオ映像の比較を行ったところ，ビデオ映像が最も完全で詳細かつ偏りの少ないデータを提供していた（Booms and Fuller 2003b, Lewis et al. 2004b）．そのうえ，Lewis et al.（2004b）によると，そのビデオ映像装置とそのメンテナンスにかかるコストは，ブラインドから人が観察する長い期間に要する人的資源にかかるコストと比較して，費用対効果がすぐれているとしている．

猛禽類の食性の解析

定量化

猛禽類の食性は，様々な方法により定量化することができるが，手法の選択は必要性と目的によって決まる．一般的な方法の1つに，全てのサンプルから獲物の分類ごとに出現頻度（%）を計算する手法がある．各々の獲物の個体数を数えることができない場合には，全てのサンプルのうち，それぞれの獲物の種類が出現するサンプル（例えば，ペレットまたは巣で得られる獲物）の割合を計算することにより定量化できる．食性についてはまた，摂取される獲物の総重量（摂取量）に占める獲物のタイプごとの相対的な寄与率によっても定量化することができる．出現頻度による方法と摂取量による方法は，両方に意味がある．例えば，頻度データは猛禽類が様々な獲物に与える相対的な影響に関する情報が得られる．摂取量については，猛禽類の食性における獲物の種ごとの相対的重要度に関するより正確な評価が得られる（例えば，ノウサギ類1個体は，多くのネズミ類と同等の熱量が得られる）．

獲物（種またはその他の分類群）の個体数に基づく出現頻度は，分類されたカテゴリー内の個体数をサンプルの総個体数で割ることによって計算される．獲物が毛や羽毛で同定された時は，サンプルから個体数をカウントすることは不可能である．このように個々の獲物の個体数を数えることができない場合は，ペレットにおける出現頻度が使えるかもしれない．これは，例えば，各々の種類の獲物が見つかったペレットの数をサンプルでのペレットの総数で割ることによって計算されるといった方法がある．しかし，この手法を使って食性のデータを解析する欠点として，以下に示すように，これらのデータがニッチ計量（niche metrics）の算出に用いることができないということである．

食物サンプルにおける獲物の摂取量（バイオマス）は，一般的には各々の獲物種の個体数とその獲物の平均重量を乗算することによって推定される．そして，摂取量は，消費される総重量に各獲物種（または，その他の分類群）が寄与した割合として表される．このため，個々の獲物の重量情報が必要となるが，これはいくつかの情報源から得ることができる（Smith and Murphy 1973, Marti 1974, Brough 1983, Steenhof 1983, Dunning 1984）．しかし，より正確に重量を把握するためには，地域的な獲物の実例を知っておくことが望ましい．多くの場合，摂取量をより正確に推定するためには，年齢と性によって異なる重さを用いるべきである．もし，ある猛禽類が特定の種の平均サイズではない獲物を選好するのであれば，上記の方法による摂取量の推計には誤差が生じる（Santibanez and Jaksic 1999）．実際に食べられた獲物が，直接観察もしくは巣における全部の獲物の検査，またはカメラ画像により測定されるか推定されることにより，より正確な重量が得られることがある．獲物の重量はまた，獲物の食べ残し（Diller and Johnson 1982, Woffinden and Murphy 1982）やペレット（Boonstra 1977, Goszczynski 1977, Morris 1979, Nilsson 1984）における骨の寸法から推測することができる．Fairley and Smal（1988）は，ペレットで見つかる骨の測定値から獲物全体を正確に推定するための補正係数を示した．Norrdahl and Korpimaki（2002）は，特に小さな哺乳類の体重は年によって大きく違うと警告しており，もし実際にこうしたことが現地でみられるのであれば，猛禽類によって消費される獲物の摂取量を推定

する際に考慮すべきである．

　Wijnandts（1984）は，電子秤をつけた台に巣内雛のいるトラフズクの巣を乗せて，雛に運ばれる獲物の重量のデータを得た．彼は，獲物の重量の正確性は，風速と支えている木の安定性に依存するが，通常±2gに収まると報告している．この技術は，多くの猛禽類に適用できそうである．

多様性

　多様性とは，群集構造の表現方法の1つであり，生物（種またはより高い分類群）のグループ内のカテゴリーの数とカテゴリー内の個体数の関係によって特徴づけられる（Magurran 1988）．多様性測定は，猛禽類の食性における獲物の種のような集合体の構造を調べるためにも用いられる．適切な使い方をすれば，多様性指数は大量のデータを1つの値として要約することができる．これらの指数はニッチの幅（ハビタットの容量）を定量的に示すものとして使用され（Pielou 1972, Hurtubia 1973），さらには，猛禽類の食性を特徴づけて比較するというようなことにも用いられる（Jaksic et al. 1982, Marks and Marti 1984, Steenhof and Kochert 1985, Bellocq 2000）．また，Korpimaki（1987b, 1992）は，食性の多様性の変動を繁殖分布密度や繁殖成功率の変動と関連づけた．

　以下のとおり，多様性と獲物のニッチの幅という用語を同義語として扱う．多様性は，2つの構成要素，すなわち，豊かさ（獲物のカテゴリー数，種数，その他の要素の数）と均等度（どの程度一様に，様々な種類の獲物が含まれているか）からなる（Margalef 1958, Pielou 1966）．もし，多くの種がほとんど等しい数で含まれるならば，その猛禽類の食性には高い多様性があるということになる（すなわち，より幅広い食物ニッチを表している）．逆に言えば，種構成が単純であるかまたは種ごとの量に大きな差異が認められる場合には，多様性は低い（より狭い食物ニッチ）．

　多様性指数を計算するためには，データ収集の際，いくつかの仮定が厳しく設定されなければならない．これらに関する詳細は，Pielou（1969），Brower and Zar（1984）とHair（1980）を参照するとよい．異なる評価を示す多様性指数が多く発表されているが，いくらかの専門家はこれらの指数は価値がないという意見を出している（Hurlbert 1971）．その一方，他の研究者はそれらが非常に有効であることを見出している（Hill 1973）．多様性の測定に関する問題の包括的な説明は，ここでは十分にはできない．したがって，これらの指数を使用する際の背景，問題点，注意事項についてはGreene and Jaksic（1983），Kinako（1983）とGhent（1991）を参照するとよい．

　Greene and Jaksic（1983）は，多様性指数を率直に分かりやすく説明している．あたりまえのことであるが，詳細な分類（種または属に獲物を同定すること）と粗い分類（科または目に獲物を分類すること）を比較して，詳細に分類が行われた方がより大きなニッチの幅を示す．そして，詳細に分類された場合，猛禽類が影響を及ぼす獲物の範囲を把握することができる．しかしながら，獲物を粗く分類した場合には，ニッチの機能を比較するには有効かもしれない．というのは，猛禽類の種間の比較において，粗い分類でより幅広いニッチを有しているということは，より多様な獲物を利用できる捕食者であることを示すかもしれないからである（例えば，捕獲と処理において多くの異なる種類の方法を必要とする獲物を摂食することができる捕食者であることを示す）．

　多くの多様性の計測方法が考案され，現在も用いられている（Washington 1984）．Brower and Zar（1984），Hair（1980），また，Ghent（1991）は一般的に用いられる指数の多くを示し，それらを比較しているので，参照するとよい．ここでは最も広く使用されるいくつかの指数のみを扱う（これらと以下の均等度指数の計算の例は，付録1に示す）．

　Simpson（1949）は，以下に示す豊かさと均等度を取り入れた指数を最初に考案した．

$$D = \Sigma p_i^2$$

ここで，"p_i"は調査されている種iの個体数が群集の全個体数に占める割合である．この指数は，0～1までの範囲で示される．この計算式で計算される時，シンプソン指数は実際に，占有率を示す（すなわち，より大きな数値は，個体群の多様性が低いことを示す）（Whittaker 1965）．例えば，1，2種類の獲物によってほぼ占有される猛禽類の食性はシンプソン指数では，評価は1に近い値となる．一方で，獲物のタイプがより均等に分布している場合（より高い多様性），食性の評価はゼロにより近い値となる．シンプソン指数をもっと分かりやすい多様性の評価（すなわち，指数のより大きな値は，より大きな多様性を示す）に変換するために，$1/D$（Levins 1968）または$1-D$（Odum 1983）を計算することは，一般的である．Ghent（1991）は，シンプソン指数が多様性を適切に，また最も単純に把握できる指数であるため，これを使用することを薦めている．

　シャノン指数（Shannon and Weaver 1949）は，生態学の分野で広く用いられるもう1つの多様性の測定方法である．その計算式は以下の通りである．

$$H' = -\Sigma p_i \log p_i$$

ここで，"p_i"はサンプルにおける全個体数に占める個々の種の個体数の割合を表す．H'（または真数 H'）の数値が大きければ，サンプルの多様性はより大きい．整合性がずっと維持される限り，どんな対数関数ベースでも使うことができる．しかし，異なる対数関数ベースで計算される指数は，それらの比較に意味をもたせるためには同じベースに変換しなければならない．Brower and Zar（1984）は，適当な転換率をリスト化している．H' の真数はサンプルにおける獲物の分類の数に比例するため，多様性の目安として，H' より容易に説明できる（Hill 1973, Alatalo and Alatalo 1977）．

DeJong（1975）は，シンプソン指数とシャノン指数のいずれも豊かさと均等度の両方の要素を含むが，シンプソン指数よりシャノン指数の方が豊かさにほぼ2倍の比重を置くとしている．逆に言えば，シンプソン指数はシャノン指数よりも均等度により大きく影響される．Colwell and Futuyma（1971）は，異なる種間もしくは異なる地理的地域において同じ種の食性の有意な比較を可能とする食物ニッチの幅（food-niche breadth：FNB）を標準化する以下のような測定方法を開発した．

$$FNB_{sta} = (B_{obs} - B_{min}) / (B_{max} - B_{min})$$

ここで，B_{obs} はシンプソン指数の逆数であり，B_{min} は可能なニッチの最小幅（minimum niche breadth possible）（= 1），B_{max} は可能なニッチの最大幅（maxiimum niche breadth possible）（= N）．例えば，広範囲に分布する猛禽類について，獲物の数が地理的に異なる地域間において，食物ニッチの幅を比較する場合など，その使用例についてはJaksic and Braker（1983）とMarti（1988）を参照するとよい．

食性の多様性を計算する際に，適当なサンプルサイズを決定するのに簡単な方法は存在しない．サンプルサイズが大きくなれば，よりまれな獲物を含みやすい．よって，この場合，多様性も増加する（しかし，まれな獲物を含まないことはシャノン指数ではほとんど影響がない（Brower and Zar 1984）．しかし，獲物の密度，種の数と利用しやすさなど多くの要因は，状況をより複雑にする．例えば，狭い食物ニッチの幅が推定された大きな食性サンプルは，少数の獲物種だけが捕食者にとって利用できたことを示すかもしれない．反対に，利用できる獲物の種類は多いが，捕食者にとって少数の獲物種が特に豊富だったかまたは利用しやすかったということを示すかもしれない．また，獲物の搾取または干渉のどちらによるにしても，競争は捕食者の獲物種をどのように利用するかに影響を与えることがあり，食性の多様性を変化させることがある．食物ニッチの幅における競争の影響に関するより詳しい文献は存在するが，この章ではこの程度の記述に留めておく．

猛禽類の食性において獲物のタイプの数を適正に把握するために必要なサンプルサイズを決定する1つの方法は，サンプルが増えるにつれて増える新しい獲物種の数をグラフにしていくことである．というのは，漸近線に達する時，十分なサンプルサイズが得られたことになるからである（Heck et al.1975, Gotelli and Colwell 2001）．サンプルサイズが増加するにつれて，より多くの種が記録されて，最初は種数のカーブが急速に伸びていくが，種数の増加が穏やかになるにつれて珍しい種が含まれるようになる．希少種を発見するのに必要なサンプルサイズを予想するための公式については，Green and Young（1993）を参照するとよい．

ここで，サンプルの個体群における食性の豊かさと多様性を推定するために必要となるサンプルサイズを例示するために，いくつかの種の個体群（付録2）を示す．これらのうちの2つは，仮定の個体群である．他は，メンフクロウの個体群から得られた実際の食性のデータのサンプルである．それぞれの個体群において，5〜500個体の範囲で5個体ずつ増加するサンプルから無作為にサンプルを抽出しては入れ替えた．中位の獲物タイプ（豊かさ）と中位のサンプル多様性（シンプソン指数の逆数）が各々のサンプルサイズで100回繰り返し計算された．図8-1の結果は，種の豊かさが非常に低い（5，個体群A，付録2）時には，20個体以下のサンプルにおいて，すでに出現する可能性のある全ての種を含むことを示す．種の豊かさが2倍の10になる時（個体群B，付録2），出現する可能性のある全ての種を含むためには50個体のサンプルが必要となる（図8-2）．仮定された個体群AとBは，最大の均等度（すなわち，全ての獲物は，正確に同じ個体数である）をもつ．対照的に，個体群C（付録2）は29の獲物の種類があるが，2つの種が優占し，6種が一般的である．この場合，20未満のサンプルサイズで，この6種を含む．しかし，多くの獲物種の個体数が少ないため1,000のサンプルサイズでも出現する可能性のある獲物種のおよそ50%を含むだけである．

多様性を推定しようとする時，状況は反対となる．最大の均等度をもつ2つの個体群（AとB）は，漸近線に達するには100以上のサンプルサイズを必要とする．サンプルサイズが100以上となると，新たに得られる情報はわ

136   8. 食　性

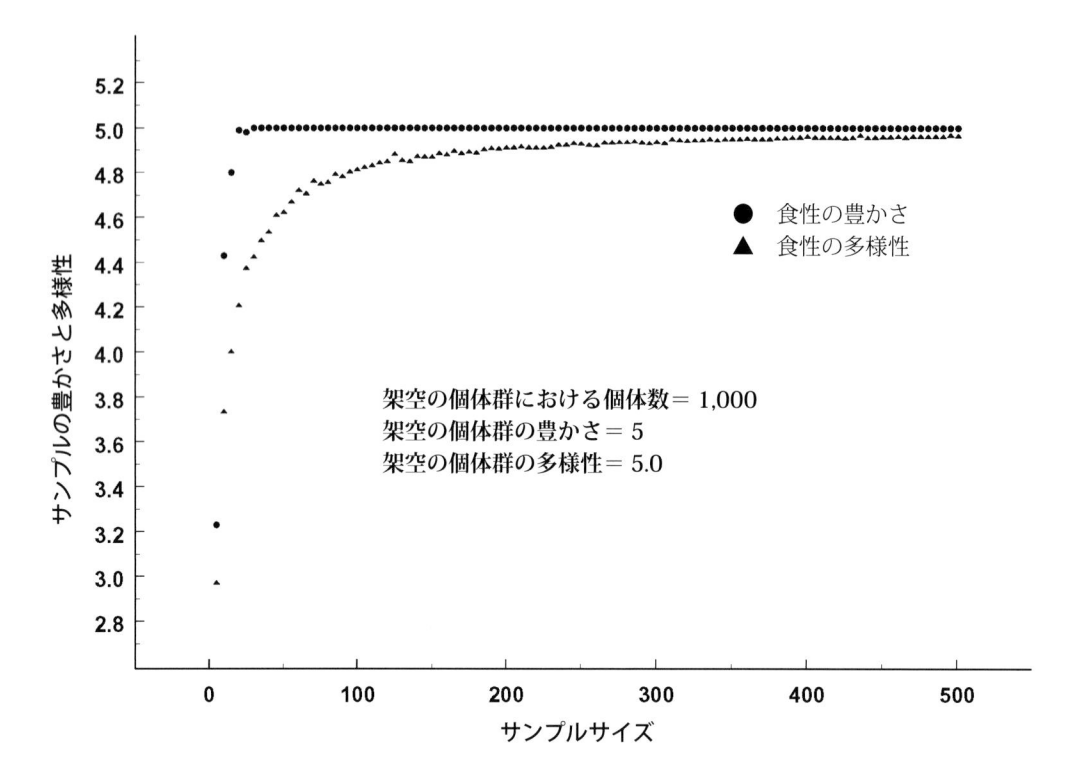

図 8-1　サンプルの個体群を十分に特徴づけるために必要なサンプルサイズを例示するための，低い豊かさと高い均等度をもつ架空の個体群から得られる，食性の豊かさと多様性．

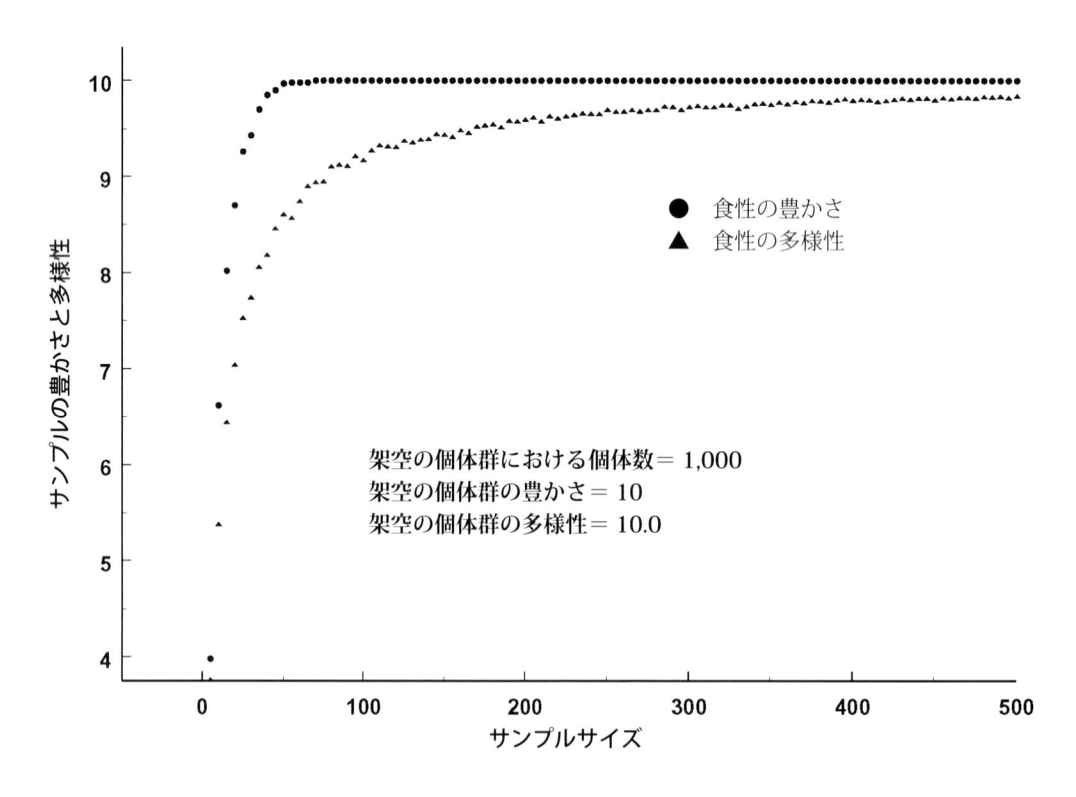

図 8-2　サンプルの個体群を十分に特徴づけるために必要なサンプルサイズを例示するための，より高い豊かさと高い均等度をもつ架空の個体群から得られる，食性の豊かさと多様性．

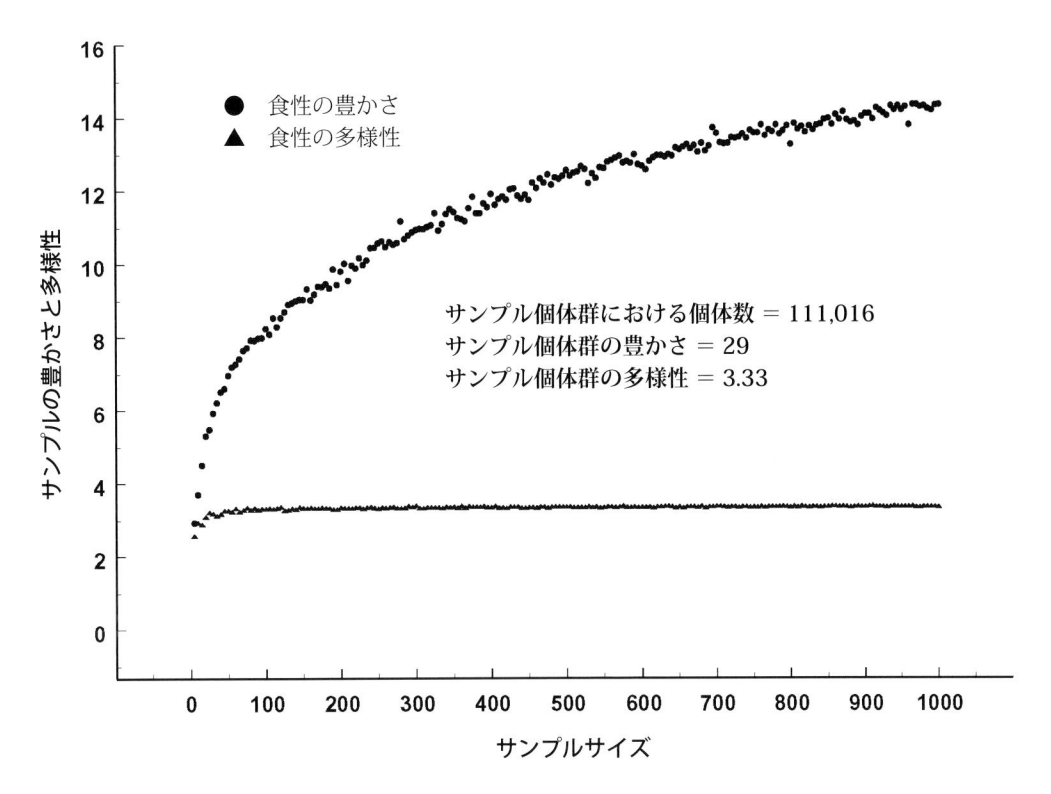

図 8-3 サンプルの個体群を十分に特徴づけるために必要なサンプルサイズを例示するための，高い豊かさと低い均等度をもつ実際の個体群から得られる，食性の豊かさと多様性．

ずかである．そして，500個体のサンプルでさえ個体群の真の多様性の推計にまだ達しない（図8-1，図8-2）．対照的に，個体群Cは多様性を正しく推定するために50〜100個体のサンプルのみが必要である．そして，それ以上に大きなサンプルがあっても多様性に関して新たな情報は得られない（図8-3）．

しばしば，生物学者は，猛禽類の食性における一般的または優占的な種（すなわち，それらはエネルギーに大きな貢献をする種）を特定することに興味をもつ．滅多に捕獲されない獲物の種類は，付随的に関心を示されるに過ぎない．というのは，そうした種類は猛禽類の食性において最も広い範囲において存在するが，エネルギー摂取量にはほとんど貢献しないからである．このため，100個体の獲物のサンプルがあれば，猛禽類の食性についておおよその把握を行うのには十分であると言える．しかし，このことは，そんなに小さなサンプルが常に十分であると言っているのではない．もし，目標が変動（例えば，地理的または時間的）を把握することであるならば，異なる個体の猛禽類から，または，異なる時間（季節，年）から100以上のサンプルが必要である．

前述のように，多様性指数はサンプルの豊かさと均等度を含む．しかし，しばしば2つの構成要素は別々に計算されることが望ましい．豊かさは単に猛禽類の食性の種（またはその他の分類群）の数として表される．そして，均等度または均衡度を計算するいくつかの手法が開発されてきた（Pielou 1969, Hurlbert 1971, Hill 1973）．よく使用されるPielouの指数は以下のとおりである．

$$J' = H' / H max'$$

ここでH'は，シャノン指数から計算される多様性の値である．H max'は，H'の計算において使われるのと同じ対数関数ベースによる種数の対数（種の豊かさ）である．種の豊かさ（例えば，実際に猛禽類に食べられる獲物の種数）が食性のサンプルにおいてしばしば過小評価されるので，J'は均等度を過大評価する傾向がある．Alatalo(1981)は，Hill（1973）の比率を修正して均等度のより分かりやすい計算方法を開発した．

$$F = (N_2 - 1) / (N_1 - 1)$$

ここで，N_1はシャノン指数（H'）の真数であるり，N_2はシンプソン指数の逆数（1/D）である．Alatalo（1981）は，均等度には数学的な定義は1つもないと警告する．とい

うのは，各々の計算は，豊かさの分布について異なる方法により異なる特性に比重を置く．もう1つの手法として，獲物の出現頻度と相対的な入手しやすさを比較する，Ivlev（1961）の選択性指数がある．

$$S = (r - p) / (r + p)$$

ここで r は，捕食者により捕獲される獲物の割合である．そして，p は猛禽類が利用できる同じ獲物の割合である．この指数は，−1〜+1の範囲で変動する．値が+1, 0, 1に近ければ，それぞれ，獲物タイプの利用できる割合がそれ以上，同じ，それ以下ということを示す．この方法は，猛禽類の獲物の選択性に関する実験的研究に適用された(Marti and Hogue 1979). Ivlev の手法は有効であるが，1回につき1つずつ獲物種を比較するだけであり，全ての獲物の利用しやすさを同時に比較することはできない．

上述の指数と多くの他の多様性指数の主要な欠点は，それらは全ての資源が等しく利用できると仮定しているということである．もし，獲物の利用しやすさに関する正しいデータが得られるならば，資源の利用しやすさを考慮した方法が開発され，使用が検討されるべきであろう（Petraitis 1979, 1981, Feinsinger et al. 1981, Bechard 1982)．こうした手法があったとしてもまだ問題が1つ残っている．というのは，猛禽類は，調査者と同じような見方で獲物の利用しやすさを見比べているのか，ということである．これは，その他のいかなる方法による食性の多様性の測定においても同様の問題が起こり得る．というのは，猛禽類が実際に識別している獲物の違いは，調査者が選択する獲物カテゴリー（種もしくはその他）と対応しているのか，ということである．獲物の選択性については，猛禽類によって捕らえられる獲物の識別結果と，周辺でのライブトラップまたはスナップトラップによる哺乳類または鳥類のセンサス，もしくは両方による獲物の利用可能性を比較することによって，研究が行われてきている（Kellomaki 1977, Koivunen et al. 1996a, 1996b).

相対的重要度指数

相対的重要度指数（IRI）は，食性サンプルを特徴づける3つの方法を結合したもう1つの合成式である．①サンプルにおける獲物の数，②サンプル内の種ごとの体積または質量，③サンプル内での獲物の種ごとの出現頻度（例えば，問題の獲物が含まれるペレットのサンプル内での割合）．この指数は，最初は漁業の文献（Pinkas 1971, Pinkas et al. 1971）で紹介され，陸上の捕食者にはめったに使われてこなかったが，近年，Hart et al.（2002）は，鳥類を含むより広い範囲での利用を薦めている．IRI は，以下の式で計算される．

$$IRI = (N + V) F$$

ここで N =数的割合，V =体積割合，F =出現頻度である．Martin et al.（1996）は，この式を使って野生のネコの食性の分析において体積を質量の代わりにした．Hart et al.（2002）は，この指数をメンフクロウに適用したが，これは，われわれが知る猛禽類のために利用した唯一の事例である．しかし，この方法は猛禽類研究者にとって貴重な手法となる可能性がある．

希薄化

（訳者注：希薄化（rarefaction）とは異なるサンプルサイズから計算された種の多様性を標準化および比較するための統計的手法）

希薄化は与えられたどんな集団からでもランダムに抽出した個々のサンプルにおける特定の種の存在の期待値を推定する統計的な方法であって，強力な標準化手法である（Gotelli and Colwell 2001)．希薄化は群集構造を定義づけるための適切な手法であって，様々な生態系における群集間の種の豊かさを比較する際に使われてきた．希薄化によって群集の多様性を推定すると，全てのサンプルのサイズをそろえることにより発生する種の豊かさを計算することの困難さを避けることができるようになる（Hurlbert 1971, Heck et al. 1975).

より大きなサンプルはより多くの種を含むものであり，同じ個体群からより小さなサンプルの中で種数の期待値が推定されることは興味深い．ある集団に含まれる各々の種の個体数から，ランダムに抽出されたそれぞれのより小さな組に含まれる種の数を反映するシリーズを計算することができる．この方法は，種の豊かさだけでなく，このパラメータに関する信頼限界をも推定する（Heck et al. 1975)．こうすることで，統計学的に異なる種の豊かさにおける猛禽類の食性を比較することができる．この手法により，相対的な豊かさの蓄積率を図で示す希薄化の曲線を生成することができる．したがって，食性の均等度は，曲線の険しさと交点を調べることによって比較することができる（James and Rathbun 1981)．希薄化の曲線がより急であるほど，一般的に均等度はより高い．

特に生産性のような要因と食物網の連結性に関する基準の間に推定される関係を判定しようとする時，食物網の構造の研究は希薄化の手法の使用に大きく依存する．例えば，Arim and Jaksic（2005）は，同定された獲物の総数

は，種ごとに推定された栄養的に関係のある数に影響を与え，希薄化の手法によってサンプルサイズにおける変化が与える影響をコントロールすることに気づいた．猛禽類の食性における獲物のタイプを考慮することにより，いくつかの希薄化の手法が導かれるかもしれない（例えば，脊椎動物のためのものと無脊椎獲物のためのもの）．そして，両方の希薄化から期待される豊かさがその次に加えられることになる．より雑食性の強い猛禽類のために，第3の獲物タイプでさえも使われるかもしれない．希薄化に関する計算機には，オンラインでアクセスすることができる．www2.biology.ualberta.ca/jbrzusto/rarefact.php（最後のアクセスは2007年1月11日）．

獲物の平均重量

捕食性の鳥類の食性も，食性サンプルにおける全ての獲物に関する平均質量を推計することによって定量化することができる．この総平均は全ての種類の獲物の総個体数と平均質量を乗算し，次にこれらの総数を合計して，サンプルにおけるそれぞれの獲物の総質量の合計で除することによって計算される．獲物の総平均質量を推定することには，いくつかの潜在的な問題がある．食べられる獲物の質量は，しばしば平均値よりも片方に偏っており，猛禽類の獲物の質量の分布は正規分布に従うと仮定することはできない．また，上述された方法で計算された獲物の平均質量は，たとえ低い頻度で発生する種であったとしても，獲物が非常に大きいとか非常に小さいということに影響されやすい．これらの状況から起こる問題は，獲物の総平均質量を計算する前に，個々の獲物の種の平均質量をログ変換することによって，最小にすることができる．ログ変換した質量の再変換した平均（真数）は，"幾何平均"と呼ばれている（Sokal and Rohlf 1995）．

獲物の平均質量の推計も，前述の摂取量の定量化について示されたものと同じ問題と誤差が生じる．しかし，こうした事情があるにもかかわらず，この手法は多くの猛禽類の食性を特徴づけたり，比較したりするのに用いられ，うまくいっている（Storer 1966, Jaksic et al. 1981, Marks and Marti 1984, Steenhof and Kochert 1985）．

食性の重複

2つの猛禽類の種間の食性を比較するもう1つの有益な手法として，共通に利用する獲物の種の程度を示す，食性の重複度または類似度がある．食性の重複度は，異なる種の食性の比較や異なる地域または時間における同じ種の食性の比較，もしくは他の類似した比較に用いることができる．そのような比較を定量的に行うためには，客観的な計算方法が必要であり，多くの手法が提唱されてきた（Levins 1968, Schoener 1968, Pianka 1973, Hurlbert 1978）．しかし，どの方法が優れているかについてかなりの意見の相違がある（Ricklefs and Lau 1980, Slobodchikoff and Schulz 1980, Linton et al. 1981）．特に種間競争の計算手法としての利用に関して，重複度の解釈は意見が一致していない．ニッチの重複は競争の指標として広く用いられてきたが（MacArthur and Levins 1967, Cody 1974, May 1975），そのような使用は非難されている（Colwell and Futuyma 1971, Pianka 1974, Abrams 1980）．2種以上の猛禽類の食性の高い重複は，競争の指標ともなるが，両方の種によって豊かな食物資源が競争なしで利用されるという結果もあり得る（Lack 1946, Pianka 1974）．一方で，低い重複は先に起こった競争による相互作用が原因となった相違の指標として見なされてきた（Lawlor 1980）．しかし，食性重複の変化は，重複度よりも競争に関することをより明らかにするのかもしれない（Schoener 1982, Steenhof and Kochert 1985）．Korpimaki（1987）は，トラフズクとチョウゲンボウの食性が重なり，近接して繁殖している場合には，両種の繁殖成功率を減少させるということを見出した．Schoener（1982）は，食性の重複に関する研究についての報告の中で，重複の変化はしばしば季節間で発生し，そして，毎年変わっていくものであり，多くの場合，食べ物の少ない時期には重複は少なくなると結論付けている．Pianka（1973）の指数は，猛禽類の食性を比較する際に広く用いられ，以下の式で計算される（Jaksic et al. 1981, Steenhof and Kochert 1985, Marti et al. 1993a,b）．

$$O = \Sigma\, p_{ij} p_{ik} \sqrt{\,}\sqrt{\,} (\Sigma\, p_{ij}^2,\ \Sigma\, p_{ik}^2)$$

ここで，p_{ij}とp_{ik}はそれぞれ猛禽類のjとkという種の食性における獲物の種類（またはその他の分類群）の割合である．得られる値は，0（重複がないことを示す）～1（完全な重複を示す）の範囲に収まる．この重複度指数の計算の実例は，付録1に含まれる．

数人の研究者は，2つの種による資源の共通利用部分をより正確に計算するために，利用しやすさまたは豊かさを測定する方法を考案した（Colwell and Futuyma 1971, Hanski 1978, Hurlbert 1978）．これらの方法を利用するのに適したデータを得ることができる猛禽類の研究は少ないものと思われるが，資源の重複度を調べている研究者はこういったものが存在することを知っておいた方がいいだろう．

群集栄養生態学

上述の技術は，栄養に関する要因がどのように生態学的に群集構造に寄与しているか，理解することに有効な場合がある（Jaksic et al. 1981, Jaksic and Delibes 1987, Jaksic 1988, Bosakowski and Smith 1992, Marti et al. 1993a,b; Korpimaki and Marti 1995, Aumann 2001）．同様に，それらは2つの種の生態学的役割を比較することに使える可能性がある（Marks and Marti 1984, Donazar et al. 1989, Marti and Kochert 1995, Burton and Olsen 2000, Hamer et al. 2001）．加えて，気候など外的要因と対比して捕食と競争の役割を解明しようという食物連鎖の構造の研究は，まだまだこれらの明らかに時代遅れの技術に依存している部分が大きい（Lima et al. 2002, Arim and Jaksic 2004）．

猛禽類の食性分析における安定同位体の利用可能性

獲物の構成についての判定には消化能力と獲物の性質（すなわち，身体の柔らかさと堅さ）に大きく依存するため，従来の食性の評価方法（例えば，胃内容，獲物の食べ残し，ペレットと糞便）による鳥類の栄養関係の分析は，難しく，とっつきにくく，さらに偏りを生じることになる．この偏りを解消するために，安定同位体を用いた補完的な手法が使用されるようになってきた．この手法は，採食者の蛋白質に含まれる窒素〔15N/14N（従来は，δ15Nと表記）〕と炭素（13C/12CまたはδC13と表記）の安定同位体の比率と，獲物の窒素と炭素の安定同位体の比率との相関を用いるものである（DeNiro and Epstein 1978, 1981, Peterson and Fry 1987）．

窒素の場合，δ15Nの表記は食物連鎖の中での連続的なレベルに応じた濃縮段階を示す（Hobson et al. 1994, Sydeman et al. 1997）．結果として，比較的高い栄養段階にある捕食者は，それに対応してδ15Nの割合も上がる．炭素の場合，δ13Cの値も，栄養段階によって増加する傾向を示すかもしれないが，δ15Nのそれより小さい範囲でしか増加しない（Hobson and Welch 1992）．しかしながら，δ13Cの値は，食物連鎖の中で炭素の起源についての情報を得ることができる．例えば，海洋系か淡水系かの区別（Mizutani et al. 1990），あるいは，海鳥類の獲物が沿岸か水底か遠洋かといった区別のようなものがある（Hobson et al. 1994）．

ここ数十年の間に，鳥類の栄養生態と栄養の移動の研究のために安定同位体分析を用いることが非常に増加した．この分野における重要な進歩のうちの1つとして，鳥の羽毛の安定同位体分析のようなサンプルを破壊しない手法を開発したことがあげられる（Mizutani and 1990, Hobson and Clark 1992）．全ての海鳥類の調査に適用された複数の安定同位体分析は，種内および種間の栄養関係に関する重要な推察を与えることになった．さらに，空間的かつ時間的スケールの両方において栄養に関する相互作用を解明した．二重同位体複数源合体モデル（Dual-isotope multiple-source mixing model）は，肉食の哺乳類（Ben-David et al. 1997），海鳥類（Hobson 1995, Schmutz and Hobson 1998），陸と海を行き来する鳥類（Harding and Stevens 2001）の食性における獲物について，分類ごとの割合を定量化するために開発されてきた．このように，食性と群集の栄養構造の研究において安定同位体の利用は有効である．現在まで，このような分析は猛禽類には試みられていないが，これらの手法から得られる情報は重要なはずである．安定同位体分析に関するさらなる情報は，第14章（パートC）を参照のこと．

結論

時間と労力と経費を大きく投資すれば，それに対応して高品質な食性データが得られるとは限らない．他の研究と結果を比較できるようにするため，データの収集方法を標準化（現地調査の際でも可能である）することが望ましい．そして，研究が評価され，他の研究とも比較されるように，方法と結果は詳述すべきである．また，群集分析の手法がどんなに技術的に向上し，洗練されるようになっても，それらは前述のような低レベルの技術手法に依存するはずである．言い換えれば，データが偏りなく集められない限り，以降の高度な解析は意味のある結果をもたらさないということである．

謝辞

猛禽類の探餌に関する現地観察でお世話になったJ.A Mosher and R.L. Glinski，そしてこの章に含まれるいくつかの参考文献を提供してくださったB.A. Millsapに感謝する．K. Steenhof and R.T. Reynoldsにはこの章の第1版をチェックしてもらい，そして，匿名の論評者にはこの版に対して価値ある増補内容を提案してもらった．Bret Harveyには，食性データにおける獲物の豊かさと多様性を推定するのに必要なサンプルサイズを説明する図を作成するために用いた，コンピュータコードを書いてもらった．われわれは，彼らのご協力に対して感謝したい．FMJ

は，応用生態・生物多様性研究所センターによる補助金FONDAP-FONDECYT 1501-0001 の支援に感謝したい．CDM は，この章を書くに当たり，後方支援をしていただいたボイシ州立大学の猛禽類研究センターにも感謝したい．

引用文献

ABRAMS, P. 1980. Some comments on measuring niche overlap. *Ecology* 61:44 – 49.

ADORJAN, A.S. AND G.B. KOLENOSKY. 1969. A manual for the identification of hairs of selected Ontario mammals. *Ont. Dep. Lands For. Res. Rep. Wildl.* 90.

ALATALO, R.V. 1981. Problems in the measurement of evenness in ecology. *Oikos* 37:199 – 204.

——— AND R. ALATALO. 1977. Components of diversity: multivariate analysis with interaction. *Ecology* 58:900 – 906.

AKAKI, C. AND G.E. DUKE. 1999. Apparent chitin digestibilities in the Eastern Screech-Owl (*Otus asio*) and American Kestrels (*Falco sparverius*). *J. Exper. Zool.* 283:387 – 393.

ARIM, M. AND F.M. JAKSIC. 2005. Productivity and food web structure: association between productivity and link richness among top predators. *J. Anim. Ecol.* 74:31 – 40.

AUMANN, T. 2001. An intraspecific and interspecific comparison of raptor diets in the south-west of the Northern Territory, Australia. *Wildl. Res.* 28:379 – 393.

BECHARD, M.J. 1982. Effect of vegetative cover on foraging site selection by Swainson's Hawk. *Condor* 84:153 – 159.

BECK, T.W. AND R.A. SMITH. 1987. Nesting chronology of the Great Gray Owl at an artificial nest site in the Sierra Nevada. *J. Raptor Res.* 21:116 – 118.

BEISSINGER, S.R. 1983. Hunting behavior, prey selection, and energetics of Snail Kites in Guyana: consumer choice by a specialist. *Auk* 100:84 – 92.

BELLOCQ, M.I. 2000. A review of the trophic ecology of the Barn Owl in Argentina. *J. Raptor Res.* 34:108 – 119.

BEN-DAVID, M.R., W. FLYNN AND D.M. SCHELL. 1997. Annual and seasonal changes in diets of martens: evidence from stable isotope analysis. *Oecologia* 111:280 – 291.

BIELEFELDT, J., R.N. ROSENFIELD AND J.M. PAPP. 1992. Unfounded assumptions about diet of the Cooper's Hawk. *Condor* 94:427 – 436.

BOAL, C.W. AND R.W. MANNAN. 1994. Northern Goshawk diets in ponderosa pine forests on the Kaibab Plateau. *Stud. Avian Biol.* 16:97 – 102.

BOND, R.M. 1936. Eating habits of falcons with special reference to pellet analysis. *Condor* 38:72 – 76.

BOOMS, T.L. AND M.R. FULLER. 2003a. Time-lapse video system used to study nesting Gyrfalcons. *J. Field Ornithol.* 74:416 – 422.

——— AND M.R. FULLER. 2003b. Gyrfalcon diet in central west Greenland during the nesting period. *Condor* 105:528 – 537.

BOONSTRA, R. 1977. Predation on *Microtus townsendii* populations: impact and vulnerability. *Can. J. Zool.* 55:1631 – 1643.

BOSAKOWSKI, T. AND D.G. SMITH. 1992. Comparative diets of sympatric nesting raptors in the eastern deciduous forest biome. *Can. J. Zool.* 70:984 – 992.

BOWLES, J.H. 1916. Notes on the feeding habits of the Dusky Horned Owl. *Oologist* 33:151 – 152.

BROOKS, A. 1929. Pellets of hawks and owls are misleading. *Can. Field-Nat.* 43:160 – 161.

BROUGH, T. 1983. Average weights of birds. Minist. Agric., Fish. and Food, Surrey, United Kingdom.

BROWDER, R.G., R.C. BROWDER AND G.C. GARMAN. 1995. An inexpensive and automatic multiple-exposure photographic system. *J. Field Ornithol.* 66:37 – 43.

BROWER, J.E. AND J.H. ZAR. 1984. Field and laboratory methods for general ecology. W.C. Brown, Dubuque, IA U.S.A.

BROWN, L.H. AND D. AMADON. 1968. Eagles, hawks and falcons of the world, Vols. I and II. Country Life Books, United Kingdom.

BUNN, D.S., A.B. WARBURTON AND R.D.S. WILSON. 1982. The Barn Owl. Buteo Books, Vermillion, SD U.S.A.

BURNHAM, K.P., D.R. ANDERSON AND J.L. LAAKE. 1980. Estimation of density from line transect sampling of biological populations. *Wildl. Monogr.* 72.

BURTON, A.M. AND P. OLSEN. 2000. Niche partitioning by two sympatric goshawks in the Australian wet tropics: ranging behaviour. *Emu* 100:216 – 226.

BURTON, J.A. [ED.]. 1984. Owls of the world. Tanager Books, Dover, NH U.S.A.

CADE, T.J. 1982. The falcons of the world. Cornell University Press, Ithaca, NY U.S.A.

CAIN, S.L. 1985. Nesting activity time budgets of Bald Eagles in southeast Alaska. M.S. thesis, University of Montana, Missoula, MT U.S.A.

CALL, M.W. 1981. Terrestrial wildlife inventories—some methods and concepts. USDI Bureau of Land Management Tech. Note 349. Denver, CO U.S.A.

CLARK, R.J., D.G. SMITH AND L.H. KELSO. 1978. Working bibliography of owls of the world. National Wildlife Federation Science Technical Series no. 1. National Wildlife Federation, Washington, DC U.S.A.

CODY, M.L. 1974. Competition and the structure of bird communities. Princeton University Press, Princeton, NJ U.S.A.

COLLOPY, M.W. 1977. Food caching by female American Kestrels in winter. *Condor* 79:63 – 68.

———. 1983a. A comparison of direct observations and collections of prey remains in determining the diet of Golden Eagles. *J. Wildl. Manage.* 47:360 – 368.

———. 1983b. Foraging behavior and success of Golden Eagles. *Auk* 100:747 – 749.

COLWELL, R.K. AND D.J. FUTUYMA. 1971. On the measurement of niche breadth and overlap. *Ecology* 52:567 − 576.

COWARDIN, L.M. AND J.E. ASHE. 1965. An automatic camera device for measuring waterfowl use. *J. Wildlife Manage.* 29:636 − 640.

CRAIGHEAD, J.J. AND F.C. CRAIGHEAD, JR. 1956. Hawks, owls and wildlife. Stackpole Co., Harrisburg, PA U.S.A.

CUMMINGS, J.H., G.E. DUKE AND A.A. JEGERS. 1976. Corrosion of bone by solutions simulating raptor gastric juice. *Raptor Res.* 10:55 − 57.

DANIELSON, W.R., R.M. DEGRAFF AND T.K. FULLER. 1996. An inexpensive compact automatic camera system for wildlife research. *J. Field Ornithol.* 67:414 − 421.

DEBLASE, A.F. AND R.E. MARTIN. 1974. A manual of mammalogy. W.C. Brown, Dubuque, IA U.S.A.

DEJONG, T.M. 1975. A comparison of three diversity indexes based on their components of richness and evenness. *Oikos* 26:222 − 227.

DEL HOYO, J., A. ELLIOTT AND J. SARGATAL [EDS.]. 1994. Handbook of the birds of the world, Vol. 2. New World vultures to guineafowl. Lynx Edicions, Barcelona, Spain.

———, A. ELLIOTT AND J. SARGATAL [EDS.]. 1992. Handbook of the bird of the world, Vol. 5. Barn-owls to hummingbirds. Lynx Edicions, Barcelona, Spain.

DELANEY, D.K., T.G. GRUBB AND D.K. GARCELON. 1998. An infrared video camera system for monitoring diurnal and nocturnal raptors. *J. Raptor Res.* 32:290 − 296.

DELONG, T.R. 1982. Effect of ambient conditions on nocturnal nest behavior in Long-eared Owls. M.S. thesis, Brigham Young University, Provo, UT U.S.A.

DENIRO, M.J. AND S. EPSTEIN. 1978. Influence of diet on the distribution of carbon isotopes in animals. *Geochim. Cosmochim. Acta* 42:495 − 506.

——— AND S. EPSTEIN. 1981. Influence of diet on the distribution of nitrogen in animals. *Geochim. Cosmochim. Acta* 45:341 − 351.

DILLER, L.V. AND D.R. JOHNSON. 1982. Ecology of reptiles in the Snake River Birds of Prey Area. Final Report submitted to USDI Bureau of Land Management, Boise, ID U.S.A.

DODGE, W.E. AND D.P. SNYDER. 1960. An automatic camera device for recording wildlife activity. *J. Wildl. Manage.* 24:340 − 342.

DONAZAR, J.A., F. HIRALDO, M. DELIBES AND R.R. ESTRELLA. 1989. Comparative food habits of the Eagle Owl *Bubo bubo* and the Great Horned Owl *Bubo virginianus* in six Palearctic and Nearctic biomes. *Ornis Scand.* 20:298 − 306.

DUKE, G.E., A.A. JEGERS, G. LOFF AND O.A. EVANSON. 1975. Gastric digestion in some raptors. *Comp. Biochem. Physiol.* 50A:649 − 656.

DUNNING, J.B. 1984. Body weights of 686 species of North American birds. *West. Bird-Banding Assoc. Monogr.* 1.

DYKSTRA, C.R., J.L. HAYS, M.M. SIMON AND F.B. DANIEL. 2003. Behavior and prey of nesting Red-shouldered Hawks in southwestern Ohio. *J. Raptor Res.* 37:177 − 187.

EARHART, C.M. AND N.K. JOHNSON. 1970. Size dimorphism and food habits of North American owls. *Condor* 72:251 − 264.

ECKBLAD, J.W. 1991. How many samples should be taken? *BioScience* 41:346 − 348.

ENDERSON, J.H., S.A. TEMPLE AND L.G. SWARTZ. 1972. Time-lapse photographic records of nesting Peregrine Falcons. *Living Bird* 11:113 − 128.

ERRINGTON, P.L. 1930. The pellet analysis method of raptor food habits study. *Condor* 32:292 − 296.

———. 1932. Technique of raptor food habits study. *Condor* 34:75 − 86.

FAIRLEY, J.S. 1967. Food of long-eared owls in north-east Ireland. *Br. Birds* 60:130 − 135.

———, C. M., AND C. M. SMAL. 1988. Correction factors in the analysis of the pellets of the Barn Owl *Tyto alba* in Ireland. *Proc. R. Ir. Acad. Sect. B Biol. Geol. Chem.* 88:119 − 133.

FEINSINGER, P., E.E. SPEARS AND R.W. POOLE. 1981. A simple measure of niche breadth. *Ecology* 62:27 − 32.

FISHER, A.K. 1893. The hawks and owls of the United States in their relation to agriculture. *U.S. Dep. Agric. Div. Ornithol. Mammal. Bull.* 3.

FITZNER, R.E., L.E. ROGERS AND D.W. URESK. 1977. Techniques useful for determining raptor prey-species abundance. *Raptor Res.* 11:67 − 71.

FRANKLIN, A.B. 1988. Breeding biology of the Great Grey Owl in southeastern Idaho and northwest Wyoming. *Condor* 90:689 − 696.

GEER, T.A. AND C.M. PERRINS. 1981. Notes on observing nesting accipiters. *Raptor Res.* 15:45 − 48.

GHENT, A.W. 1991. Insights into diversity and niche breadth analyses from exact small-sample tests of the equal abundance hypothesis. *Am. Midl. Nat.* 126:213 − 255.

GLADING, B., D.F. TILLOTSON AND D.M. SELLECK. 1943. Raptor pellets as indicators of food habits. *Calif. Fish Game* 29:92 − 121.

GLASS, B.P. 1973. A key to the skulls of North American mammals. Oklahoma State University, Stillwater, OK U.S.A.

GOSZCZYNSKI, J. 1977. Connections between predatory birds and mammals and their prey. *Acta Theriol.* 22, 30:399 − 430.

GOTELLI, N.J. AND R.K. COLWELL. 2001. Quantifying biodiversity: procedures and pitfalls in the measurement and comparison of species richness. *Ecol. Letters* 4:379 − 391.

GREEN, R.H. AND R.C. YOUNG. 1993. Sampling to detect rare species. *Ecol. Appl.* 3:351 − 356.

GREENE, H.W. AND F.M. JAKSIC. 1983. Food-niche relationships among sympatric predators: effects of level of prey identification. *Oikos* 40:151 − 154.

HAIR, J.D. 1980. Measurement of ecological diversity. Pages 265 − 275 *in* S.D. Schemnitz [ED.], Wildlife management techniques manual, 4th Ed. The Wildlife Society, Washington, DC U.S.A.

HAMER, T.E., D.L. HAYS, C.M. SENGER, M. CLYDE AND E.D. FORSMAN.

2001. Diets of Northern Barred Owls and Northern Spotted Owls in an area of sympatry. *J. Raptor Res.* 35:221 − 227.

HANSKI, I. 1978. Some comments on the measurement of niche metrics. *Ecology* 59:168 − 174.

HARDING, E.K. AND E. STEVENS. 2001. Using stable isotopes to assess seasonal patterns of avian predation across a terrestrial-marine landscape. *Oecologia* 129:436 − 444.

HART, R.K., M.C. CALVER AND C.R. DICKMAN. 2002. The index of relative importance: an alternative approach to reducing bias in descriptive studies of animal diets. *Wildl. Res.* 29:415 − 421.

HECK, K.L., JR., G. VAN BELLE AND D. SIMBERLOFF. 1975. Explicit calculation of the rarefaction diversity measurement and the determination of sufficient sample size. *Ecology* 56:1459 − 1461.

HILL, M.O. 1973. Diversity and evenness: a unifying notation and its consequences. *Ecology* 54:427 − 432.

HOBSON, K.A. 1995. Reconstructing avian diets using stable-carbon and nitrogen isotope analysis of egg components: patterns of isotopic fractionation and turnover. *Condor* 97:752 − 762.

——— AND R.W. CLARK. 1992. Assessing avian diets using stable isotopes II: factors influencing diet-tissue fractioning. *Condor* 94:189 − 197.

——— AND H.E. WELCH. 1992. Determination of trophic relationships within a high Arctic marine food web using σ 13C and σ 15N analysis. *Mar. Ecol. Prog. Ser.* 84:9 − 18.

———, J.F. PIATT, AND J. PITOCCHELLI. 1994. Using stable isotopes to determine seabird trophic relationships. *J. Anim. Ecol.* 63:786 − 798.

HUNT, W.G., J.M. JENKINS, R.E. JACKMAN, C.G. THELANDER AND A.T. CERSTELL. 1992. Foraging ecology of Bald Eagles on a regulated river. *J. Raptor Res.* 26:243 − 256.

HURLBERT, S.H. 1971. The nonconcept of species diversity: a critique and alternative parameters. *Ecology* 52:577 − 586.

———. 1978. The measurement of niche overlap and some relatives. *Ecology* 59:67 − 77.

HURTUBIA, J. 1973. Trophic diversity measurement in sympatric predatory species. *Ecology* 54:885 − 890.

HUTTO, R.L. 1990. Measuring the availability of food resources. *Stud. Avian Biol.* 13:20 − 28.

ITÄMIES, J. AND E. KORPIMÄKI. 1987. Insect food of the Kestrel, *Falco tinnunculus*, during breeding in western Finland. *Aquilo Ser. Zool.* 25:21 − 31.

IVLEV, V.S. 1961. Experimental ecology of the feeding of fishes. Yale University Press, New Haven, CT U.S.A.

JAKSIC, F.M. 1988. Trophic structure of some Nearctic, Neotropical and Palearctic owl assemblages: potential roles of diet opportunism, interspecific interference and resource depression. *J. Raptor Res.* 22:44 − 52.

——— AND H.E. BRAKER. 1983. Food-niche relationships and guild structure of diurnal birds of prey: competition versus opportunism. *Can. J. Zool.* 61:2230 − 2241.

——— AND M. DELIBES. 1987. A comparative analysis of food-niche relationships and trophic guild structure in two assemblages of vertebrate predators differing in species richness: causes, correlations, and consequences. *Oecologia* 71:461 − 472.

———, H.W. GREENE AND J.L. YANEZ. 1981. The guild structure of a community of predatory vertebrates in central Chile. *Oecologia* 49:21 − 28.

———, J.E. JIMÉNEZ AND P. FEINSINGER. 1990. Dynamics of guild structure among avian predators: competition or opportunism? *Acta XX Congressus Internationalis Ornithologici* 20:1480 − 1488.

———, R.L. SEIB AND C.M. HERRERA. 1982. Predation by the Barn Owl (*Tyto alba*) in mediterranean habitats of Chile, Spain and California: a comparative approach. *Am. Midl. Nat.* 107:151 − 162.

JAMES, F.C. AND S. RATHBUN. 1981. Rarefaction, relative abundance, and diversity of avian communities. *Auk* 98:785 – 800.

JOHNSGARD, P.A. 1990. Hawks, eagles, and falcons of North America. Smithsonian Institution Press, Washington, DC U.S.A.

———. 2002. North American owls. Smithsonian Institution Press, Washington, DC U.S.A.

JOHNSON, D.R. 1981. The study of raptor populations. University of Idaho Press, Moscow, ID U.S.A.

KELLOMAKI, E. 1977. Food of the Pygmy Owl *Glaucidium passerinum* in the breeding season. *Ornis Fenn.* 54:1 – 29.

KINAKO, P.D.S. 1983. Mathematical elegance and ecological naivety of diversity indexes. *Afr. J. Ecol.* 21:93 − 99.

KOIVUNEN, V., E. KORPIMÄKI AND H. HAKKARAINEN. 1996a. Differential avian predation on sex and size classes of small mammals: doomed surplus or dominant individuals? *Ann. Zool. Fennici* 33:293 − 301.

———, E. KORPIMÄKI, H. HAKKARAINEN AND K. NORRDAHL. 1996b. Prey choice of Tengmalm's Owls (*Aegolius funereus funereus*): preference for substandard individuals? *Can. J. Zool.* 74:816 − 823.

KORPIMÄKI, E. 1985. Diet of the Kestrel *Falco tinnunculus* in the breeding season. *Ornis Fenn.* 62:130 − 137.

———. 1987a. Prey caching of breeding Tengmalm's Owls *Aegolius funereus* as a buffer against temporary food shortage. *Ibis* 129:499 − 510.

———. 1987b. Dietary shifts, niche relationships and reproductive output of coexisting Kestrels and Long-eared Owls. *Oecologia* 74:277 − 285.

———. 1988. Diet of breeding Tengmalm's Owls, *Aegolius funereus*: long-term changes and year-to-year variation under cyclic food conditions. *Ornis Fenn.* 65:21 − 30.

———. 1992. Diet composition, prey choice, and breeding success of Long-eared Owls: effects of multiannual fluctuations in food abundance. *Can. J. Zool.* 70:2372 − 2381.

——— AND C.D. MARTI. 1995. Geographical trends in trophic characteristics of mammal-eating and bird-eating raptors in Europe and North America. *Auk* 112:1004 − 1023.

———, P. Tolonen and J. Valkama. 1994. Functional responses and load-size effect in central place forager: data from the kestrel and some general comments. *Oikos* 69:504 − 510.

Korschgen, L.J. 1980. Procedures for food-habits analyses. Pages 13 − 127 *in* S.D. Schemnitz [Ed.]. Wildlife management techniques manual, 4th Ed. The Wildlife Society, Washington, DC U.S.A.

Kristan, D.M., R.T. Golightly and S.M. Tomkiewicz. 1996. A solar-powered transmitting video camera for monitoring raptor nests. *Wildlife Soc. Bull.* 24:284 − 290.

Lack, D. 1946. Competition for food by birds of prey. *J. Anim. Ecol.* 15:123 − 129.

Lawlor, L.R. 1980. Overlap, similarity, and competition coefficients. *Ecology* 61:245 − 251.

Levins, R. 1968. Evolution in changing environments. Princeton University Press, Princeton, NJ U.S.A.

Lewis, S.B., P. Desimone, M.R. Fuller and K. Titus. 2004a. A video surveillance system for monitoring raptor nests in a temperate rainforest environment. *Northwest Sci.* 78:70 − 74.

———, M.R. Fuller and K. Titus. 2004b. A comparison of three methods for assessing raptor diet during the breeding season. *Wildlife Soc. Bull.* 32:373 − 385.

Lima, M., N.C. Stenseth and F.M. Jaksic. 2002. Food web structure and climate effects on the dynamics of small mammals and owls in semiarid Chile. *Ecol. Let.* 5:273 − 284.

Linton, L.R., R.W. Davies and F.J. Wrona. 1981. Resource utilization indexes: an assessment. *J. Anim. Ecol.* 50:283 − 292.

Lowe, V.P.W. 1980. Variation in digestion of prey by the Tawny Owl (*Strix aluco*). *J. Zool., London.* 192:283 − 293.

MacArthur, R. and R. Levins. 1967. The limiting similarity, convergence, and divergence of coexisting species. *Am. Nat.* 101:377 − 385.

Magurran, A.E. 1988. Ecological diversity and its measurement. Princeton University Press, Princeton, NJ U.S.A.

Marchesi, L., P. Pedrini and F. Sergio. 2002. Biases associated with diet study methods in the Eurasian Eagle-Owl. *J. Raptor Res.* 36:11 − 16.

Margalef, D.R. 1958. Information theory in ecology. *Gen. Syst.* 3:36 − 71.

Marks, J.S. and C.D. Marti. 1984. Feeding ecology of sympatric Barn Owls and Long-eared Owls in Idaho. *Ornis Scand.* 15:135 − 143.

Marti, C.D. 1974. Feeding ecology of four sympatric owls. *Condor* 76:45 − 61.

———. 1988. A long-term study of food-niche dynamics in the Common Barn-Owl: comparisons within and between populations. *Can. J. Zool.* 66:1803 − 1812.

———. 1989. Food sharing by sibling Common Barn-Owls. *Wilson Bull.* 101:132 − 134.

——— and J.G. Hogue. 1979. Selection of prey by size in Screech Owls. *Auk* 96:319 – 327.

——— and M.N. Kochert. 1995. Are Red-tailed Hawks and Great Horned Owls diurnal-nocturnal dietary counterparts? *Wilson Bull.* 107:615 − 628.

———, E. Korpimäki and F.M. Jaksic. 1993a. Trophic structure of raptor communities: a three-continent comparison and synthesis. Pages 47 − 137 *in* D. M. Power [Ed.], Current ornithology, Vol. 10. Plenum Press, NY U.S.A.

———, A.F. Poole and L.R. Bevier. 2005. Barn Owl (*Tyto alba*). *In* The birds of North America Online (A. Poole, ed.). Ithaca: Cornell Laboratory of Ornithology; The Birds of North American Online database: <http://bna.birds.cornell.edu/BNA/account/Barn_Owl/> (1 June 2007).

———, K. Steenhof and M.N. Kochert. 1993b. Community trophic structure: the roles of diet, body size, and activity time in vertebrate predators. *Oikos* 67:6 − 18.

Martin, G.R., L.E. Twigg and D.J. Robinson. 1996. Comparison of the diet of feral cats from rural and pastoral Western Australia. *Wildl. Res.* 23:475 − 484.

May, R.M. 1975. Some notes on estimating the competition matrix, α. *Ecology* 56:737 − 741.

McAtee, W.L. 1935. Food habits of common hawks. *U. S. Dep. Agric. Circ.* 370.

Mersmann, T.J., D.A. Buehler, J.D. Fraser and J.K.D. Seegar. 1992. Assessing bias in studies of Bald Eagle food habits. *J. Wildl. Manage.* 56:73 − 78.

Meyer, K.D., S.M. McGehee and M.W. Collopy. 2004. Food deliveries at Swallow-tailed Kite nests in southern Florida. *Condor* 106:171 − 176.

Mikkola, H. 1983. Owls of Europe. Buteo Books, Vermillion, SD U.S.A.

Mizutani, H., M. Fukuda, Y. Kanabya and E. Wada. 1990. Carbon isotope ratio reveals feeding behavior of cormorants. *Auk* 107:400 − 403.

Mollhagen, T.R., R.W. Wiley and R.L. Packard. 1972. Prey remains in Golden Eagle nests: Texas and New Mexico. *J. Wild1. Manage.* 36:784 − 792.

Moore, T.D., L.E. Spence and C.E. Dugnolle. 1974. Identification of the dorsal guard hairs of some mammals of Wyoming. Wyoming Game and Fish Department, Cheyenne, WY U.S.A.

Morris, P. 1979. Rats in the diet of the Barn Owl (*Tyto alba*) *J. Zool., Lond.* 189:540 − 545.

Morrison, M.L. 1988. On sample sizes and reliable information. *Condor* 90:275 − 278.

Newsome, G.E. 1977. Use of opercular bones to identify and estimate lengths of prey consumed by piscivores. *Can. J. Zool.* 55:733 − 736.

Nilsson, I.N. 1984. Prey weight, food overlap, and reproductive output of potentially competing Long-eared and Tawny owls. *Ornis Scand.*15:176 − 182.

Norrdahl, K. and E. Korpimäki. 2002. Changes in individual quality during a 3-year population cycle of voles. *Oecologia* 130:239 − 249.

Odum, E.P. 1983. Basic ecology. W.B. Saunders, Philadelphia, PA U.S.A.

Olendorff, R.R. and S.E. Olendorff. 1968. An extensive

bibliography of falconry, eagles, hawks, falcons, and other diurnal birds of prey. Published by the authors, Ft. Collins, CO U.S.A.

OLEYAR, M.D., C.D. MARTI AND M. MIKA. 2003. Vertebrate prey in the diet of Flammulated Owls in northern Utah. *J. Raptor Res.* 37:244 − 246.

OSTERBERG, D.M. 1962. Activity of small mammals as recorded by a photographic device. *J. Mammal.* 43:219 − 229.

OTIS, D.L., K.P. BURNHAM, G.C. WHITE AND D.R. ANDERSON. 1978. Statistical inference from capture data on closed animal populations. *Wildl. Monogr.* 62.

PARDINAS, U.F.J. AND S. CIRIGNOLI. 2002. Bibliografia comentada sobre los analisis de egagropilas de aves rapaces en Argentina. *Ornitol. Neotrop.* 13:31 − 59.

PAVEZ, E.F., C.A. GONZÁLEZ AND J.E. JIMÉNEZ. 1992. Diet shifts of Black-chested Eagles (*Geranoaetus melanoleucus*) from native prey to European rabbits. *J. Raptor Res.* 26:27 − 32.

PETERSON, B.J. AND B. FRY. 1987. Stable isotopes in ecosystem studies. *Annu. Rev. Ecol. Syst.* 18:293 − 320.

PETERSEN, L.R. AND J.R. KEIR. 1976. Tether platforms-an improved technique for raptor food habits study. *Raptor Res.* 10:21 − 28.

PETRAITIS, P.S. 1979. Likelihood measures of niche breadth and overlap. *Ecology* 60:703 − 710.

―――. 1981. Algebraic and graphical relationships among niche breadth measures. *Ecology* 62:545 − 548.

PHILIPS, J.R. AND D.L. DINDAL. 1979. Decomposition of raptor pellets. *Raptor Res.* 13:102 − 111.

PIANKA, E.R. 1973. The structure of lizard communities. *Annu. Rev. Ecol. Syst.* 4:53 − 74.

―――. 1974. Niche overlap and diffuse competition. *Proc. Natl. Acad. Sci. U.S.A.* 71:2141 − 2145.

PIELOU, E.C. 1966. Species diversity and pattern diversity in the study of ecological succession. *J. Theor. Biol.* 10:370 − 383.

―――. 1969. An introduction to mathematical ecology. Wiley-Interscience, New York, NY U.S.A.

―――. 1972. Niche width and niche overlap: a method for measuring them. *Ecology* 53:687 − 692.

PINKAS, L. 1971. Food habits study. *Fish. Bull.* 152:5 − 10.

―――, M.S. OLIPHANT, AND I.L.K. INVERSON. 1971. Food habits of albacore, bluefin tuna, and bonito in California waters. *Fish. Bull.* 152:11 − 105.

PITCHER, E., P. WIDENER AND S.J. MARTIN. 1979. Winter food caching in Richardson's Merlin *Falco columbarius*. *Raptor Res.* 13:39 − 40.

PREVOST, Y.A. 1977. Feeding ecology of Ospreys in Antigonish county, Nova Scotia. M.S. thesis, McGill University, Montreal, Quebec, Canada.

PROUDFOOT, G.A. AND S.L. BEASOM. 1997. Food habits of nesting Ferruginous Pygmy-Owls in southern Texas. *Wilson Bull.* 109:741 − 748.

PULIN, B. AND G. LEFEBVRE. 1995. Additional information on the use of tartar emetic in determining the diet of tropical birds. *Condor* 97:897 − 902.

RACZYNKI, J. AND A.L. RUPRECHT. 1974. The effect of digestion on the osteological composition of owl pellets. *Acta Ornithol.* 14:25 − 38.

REAL, J. 1996. Biases in diet study methods in the Bonelli's Eagle. *J. Wildl. Manage.* 60:632 − 638.

REYNOLDS, R.T. AND E.C. MESLOW. 1984. Partitioning of food and niche characteristics of coexisting *Accipiter* during breeding. *Auk* 101:761 − 779.

RICKELFS, R.E. AND M. LAU. 1980. Bias and dispersion of overlap indexes: results of some Monte Carlo simulations. *Ecology* 61:1019 − 1024.

RITCHIE, R.J. 1980. Food caching behavior of nesting wild Hawk Owls. *Raptor Res.* 14:59 − 60.

―――. 1982. Porcupine quill and beetles in Peregrine castings, Yukon River, Alaska. *Raptor Res.* 16:59 − 60.

ROSENBERG, K.V. AND R.J. COOPER. 1990. Approaches to avian diet analysis. *Stud. Avian Biol.* 13:80 − 90.

ROSENFIELD, R.N., J.W. SCHNEIDER, J.M. PAPP AND W.S. SEEGAR. 1995. Prey of Peregrine Falcons breeding in West Greenland. *Condor* 97:763 − 770.

ROTH, T.C., II. AND S. L. LIMA. 2003. Hunting behavior and diet of Cooper's Hawks: an urban view of the small-bird-in-winter paradigm. *Condor* 105:474 − 483.

RUTZ, C. 2003. Assessing the breeding season diet of Goshawks *Accipiter gentilis*: biases of plucking analysis quantified by means of continuous radio-monitoring. *J. Zool. London.* 259:209 − 217.

SABO, B.A. AND R.C. LAYBOURNE. 1994. Preparation of avian material recovered from pellets and as prey remains. *J. Raptor Res.* 28:192 − 193.

SANTIBÁÑEZ, D. AND F.M. JAKSIC. 1999. Prey size matters at the upper tail of the distribution: a case study in northcentral Chile. *J. Raptor Res.* 33:170 − 172.

SCHEMNITZ, S. D. [ED]. 1980. Wildlife management techniques manual. The Wildlife Society, Washington, DC U.S.A.

SCHMUTZ, J.A. AND K.A. HOBSON. 1998. Geographic, temporal, and age-specific variation in diets of Glaucous Gulls of western Alaska. *Condor* 100:119 – 130.

SCHOENER, T.W. 1968. The *Anolis* lizards of Bimini: resource partitioning in a complex fauna. *Ecology* 49:704 − 726.

―――. 1982. The controversy over interspecific competition. *Am. Sci.* 70:586 − 595.

SCHUELER, F. W. 1972. A new method of preparing owl pellets: boiling in NaOH. *Bird-Banding* 43:142.

SELLECK, D.M. AND B. GLADING. 1943. Food habits of nesting Barn Owls and Marsh Hawks at Dune Lakes, California; as determined by the "cage nest" method. *Calif. Fish Game* 29:122 − 131.

SEQUIN, J.F., P. BAYLE, J.C. THIBAULT, J. TORRE AND J.D. VIGNE. 1998. A comparison of methods to evaluate the diet of Golden Eagles in Corsica. *J. Raptor Res.* 32:314 − 318.

SHANNON, C.E. AND W. WEAVER. 1949. The mathematical theory of communication. University of Illinois Press, Urbana, IL U.S.A.

SHARP, A., L. GIBSON, M. NORTON, A. MARKS, B. RYAN AND L. SEMERARO. 2002. An evaluation of the use of regurgitated pellets and skeletal material to quantify the diet of Wedge-tailed Eagles, *Aquila audax*. *Emu* 102:181 — 185.

SHERROD, S.K. 1978. Diets of North American falconiformes. *Raptor Res.* 12:49 — 121.

SIMPSON, E.H. 1949. Measurement of diversity. *Nature* 163:688.

SITTER, G. 1983. Feeding activity and behavior of Prairie Falcons in the Snake River Birds of Prey Natural Area in southwestern Idaho. M.S. thesis, University of Idaho, Moscow, ID U.S.A.

SLOBODCHIKOFF, C.N. AND W.C. SCHULZ. 1980. Measures of niche overlap. *Ecology* 61:1051 — 1055.

SMITH, D.G. AND I.R. MURPHY. 1973. Breeding ecology of raptors in the eastern Great Basin of Utah. *Brigham Young Univ. Sci. Bull. Biol. Ser.* 18:1 — 76.

———, C.R. WILSON, AND H.H. FROST. 1972. The biology of the American Kestrel in central Utah. *Southwest. Nat.* 17:73 — 83.

SNYDER, N.F.R. AND I.W. WILEY. 1976. Sexual size dimorphism in hawks and owls of North America. *Ornithol. Monogr.* 20.

SOKAL, R.R. AND F.I. ROHLF. 1995. Biometry. W.H. Freeman, New York, NY U.S.A.

SOLHEIM, R. 1984. Caching behaviour, prey choice and surplus killing by Pygmy Owls *Glaucidium passerinum* during winter, a functional response of a generalist predator. *Ann. Zool. Fennici* 21:301 — 308.

SOUTHERN, H.N. 1969. Prey taken by Tawny Owls during the breeding season. *Ibis* 111:293 — 299.

STAINS, H.I. 1959. Use of the calcaneum in studies of taxonomy and food habits. *J. Mammal.* 40:392 — 401.

STEENHOF, K. 1983. Prey weights for computing percent biomass in raptor diets. *Raptor Res.* 17:15 — 27.

———. AND M.N. KOCHERT. 1985. Dietary shifts of sympatric buteos during a prey decline. *Oecologia* 66:6 — 16.

STORER, R.W. 1966. Sexual dimorphism and food habits in three North American accipiters. *Auk* 83:423 — 436.

SULKAVA, S. 1964. Zur Nahrungsbiologie des Habichts, *Accipiter gentilis* (L.). *Aquilo Ser. Zool.* 3:1 — 103.

SYDEMAN, W.J., K.A. HOBSON, P. PYLE AND E.B. MCLAREN. 1997. Trophic relationships among seabirds in central California: combined stable isotope and conventional dietary approach. *Condor* 99:327 — 336.

TAYLOR, I. 1994. Barn Owls. Cambridge University Press, Cambridge, United Kingdom.

TEMPLE, S.A. 1972. A portable time-lapse camera for recording wildlife activity. *J. Wildl. Manage.* 36:944 — 947.

TOMBACK, D.F. 1975. An emetic technique to investigate food preferences. *Auk* 92:581 — 583.

TØMMERAAS, P.J. 1989. A time-lapse nest study of a pair of Gyrfalcons *Falco rusticolus* from their arrival at the nesting ledge to the completion of egg laying. *Fauna Nor. Ser. C* 12:52 — 63.

UNITED STATES DEPARTMENT OF THE INTERIOR. 1979. Snake River birds of prey special research report to the Secretary of the Interior. USDI Bureau of Land Management, Boise, ID U.S.A.

VALKAMA, J., E. KORPIMÄKI, B. ARROYO, P. BEJA, V. BRETAGNOLLE, E. BRO, R. KENWARD, S. MAÑOSA, S.M. REDPATH, S. THIRGOOD AND J. VIÑUELA. 2005. Birds of prey as limiting factors of gamebird populations in Europe: a review. *Biol. Rev.* 80:171 — 203.

VAN DAELE, L.J. AND H.A. VAN DAELE. 1982. Factors affecting the productivity of Ospreys nesting in west-central Idaho. *Condor* 84:292 — 299.

VAUGHAN, R. 1961. *Falco eleonora*. *Ibis* 103a:114 — 128.

WAKELEY, I.S. 1978. Hunting methods and factors affecting their use by Ferruginous Hawks. *Condor* 80:327 — 333.

WASHINGTON, H.G. 1984. Diversity, biotic, and similarity indexes: a review with special relevance to aquatic ecosystems. *Water Res.* 18:653 — 694.

WHITTAKER, R.H. 1965. Dominance and diversity in land plant communities. *Science* 147:250 — 260.

WIJNANDTS, H. 1984. Ecological energetics of the Long-eared Owl (*Asio otus*). *Ardea* 72:1 — 92.

WILLE, K. AND K. KAM. 1983. Food of the White-tailed Eagle *Haliaeetus albicilla* in Greenland. *Holarct. Ecol.* 6:81 — 88.

WILSON, K.A. 1938. Owl studies at Ann Arbor, Michigan. *Auk* 55:187 — 197.

WOFFINDEN, N.D. AND I.R. MURPHY. 1982. Age and weight estimation of leporid prey remains from raptor nests. *Raptor Res.* 16:77 — 79.

YOUNK, J.V. AND M.J. BECHARD. 1994. Breeding ecology of the Northern Goshawk in high-elevation aspen forests of northern Nevada. *Stud. Avian Biol.* 16:119-121.

ZIESEMER, F. 1981. Methods of assessing Goshawk predation. Pages 44 — 151 *in* R.E. Kenward and I.M. Lindsay [EDS.], Understanding the Goshawk. Int. Assoc. Falconry Conserv. Birds Prey, Fleury en Biére, France.

付録1 架空の猛禽類の食性に関する多様性と均等度指数の計算と2個体の架空の猛禽類の食性の重複度の計算の例示

食性A（猛禽類 j）

	餌の種類 (n_i)	餌の豊かさ (p_i)	相対的豊かさ $\log_e p_i$
A	105	0.40	−0.91
B	98	0.37	−0.99
C	32	0.12	−2.09
D	25	0.10	−2.34
E	1	0.004	−5.52
合計	261	1.00	—

食性B（猛禽類 k）

	餌の種類 (n_i)	餌の豊かさ (p_i)	相対的豊かさ $\log_e p_i$
A	52	0.18	−1.73
B	40	0.14	−1.99
C	115	0.39	−0.94
D	87	0.30	−2.34
E	0	0.0	−1.22
合計	294	1.00	—

食性の多様性の計算

シンプソン指数の逆数による食性Aのデータにおける食性多様性（食物環境容量）：

$$D = 1/\sum p_i^2$$
$$= 1/((0.402)^2 + (0.375)^2 + (0.123)^2 + (0.096)^2 + (0.004)^2)$$
$$= 1/(0.162 + 0.141 + 0.015 + 0.009 + 0.00002)$$
$$= 1/0.33$$
$$= 3.03$$

シャノン指数による食性Aのデータにおける食性多様性（食物環境容量）：

$$H' = -\sum p_i \log p_i$$
$$= -[(0.402 \log 0.402) + (0.375 \log 0.375) + (0.123 \log 0.123) + (0.096 \log 0.096) + (0.004 \log 0.004)]$$
$$= -[(0.402(-0.911)) + (0.375(-0.994)) + (0.123(-2.095)) + (0.096(-2.343)) + (0.004(-5.521))]$$
$$= -[-0.366 - 0.373 - 0.258 - 0.225 - 0.022]$$
$$= 1.24$$

食性の均等度の計算

Pielouの指数による食性Aのデータにおける食性の均等度

$$J' H' / H \max'$$
$$= 1.24 / H \max'$$
$$= 1.24 / 1.609$$
$$= 0.77$$

Hillの指数（Alatalo修正）による食性Aのデータにおける食性の均等度

$$F = (N_2 - 1)/(N_1 - 1)$$
$$= (1/D - 1)/(\text{antilog } H' - 1)$$
$$= (1/0.327 - 1)/(3.45 - 1)$$
$$= 2.06 / 2.45$$
$$= 0.84$$

食性の重複度の計算

Piankaの指数による食性AとBの重複度

$$O = \sum p_{ij} p_{ik} / \sqrt{(\sum p_{ij}^2 \cdot \sum p_{ik}^2)}$$
$$= ((0.40 \times 0.18) + (0.37 \times 0.14) + (0.12 \times 0.39) + (0.1 \times 0.3) + (0.004 \times 0)) /$$
$$\sqrt{((0.16 + 0.14 + 0.01 + 0.01 + 0.00002) \times (0.03 + 0.02 + 0.15 + 0.09))}$$
$$= (0.07 + 0.05 + 0.5 + 0.03) / \sqrt{(0.33 \times 0.29)}$$
$$= 0.2 / 0.09$$
$$= 0.2 / 0.31$$
$$= 0.64$$
$0.64 \times 100 = 64\%$ 食性の重複度

付録 2　多様性，均等度，食性の重複度の計算の例示のための食性サンプル

個体群 A（架空）

種	個体数
1	200
2	200
3	200
4	200
5	200

種の豊かさ＝ 5
食性の多様度＝ 5.0(1/D)
個体群の個体数＝ 1,000

個体群 B（架空）

種	個体数
1	100
2	100
3	100
4	100
5	100
6	100
7	100
8	100
9	100
10	100

種の豊かさ＝ 10
食性の多様度＝ 10.0(1/D)
個体群の個体数＝ 1,000

個体群 C〔ユタメンフクロウ（*Tyto alba*）の実際の食性情報〕

種	個体数
カワリトガリネズミ（*Sorex vagrans*）	4,223
オオクビワコウモリ（*Eptesicus fuscus*）	7
ホオヒゲコウモリ属（*Myotis spp.*）	8
ヤマワタオウサギ（*Sylvilagus nuttalli*）	3
モグラホリネズミ（*Thomomys talpoides*）	649
ネバダポケットマウス（*Perognathus parvus*）	2
セイブカヤマウス（*Reithrodontomys megalotis*）	6,517
シカシロアシマウス（*Peromyscus maniculatus*）	6,853
サンガクハタネズミ（*Microtus montanus*）	41,527
アメリカハタネズミ（*Microtus pennsylvanicus*）	42,718
マスクラット（*Ondatra zibethicus*）	40
ドブネズミ（*Rattus norvegicus*）	308
ハツカネズミ（*Mus musculus*）	6,193
オナガオコジョ（*Mustela frenata*）	1
コオニクイナ（*Rallus limicola*）	4
カオグロクイナ（*Porzana carolina*）	76
フタオビチドリ（*Charadrius vociferus*）	1
アメリカソリハシセイタカシギ（*Recurvirostra americana*）	1
タシギ（*Gallinago gallinago*）	16
ドバト（*Columba livia*）	23
ユタメンフクロウ（*Tyto alba*）	1
ハシナガヌマミソサザイ（*Cistothorus palustris*）	36
ホシムクドリ（*Sturnus vulgaris*）	382
ニシマキバドリ（*Sturnella neglecta*）	11
ムクドリモドキ科で分類不明のもの	198
イエスズメ（*Passer domesticus*）	146
中型スズメ目で分類不明のもの	455
小型スズメ目で分類不明のもの	603
分類不明の昆虫類	14

種の豊かさ＝ 29
食性の多様度＝ 3.33（1/D）
個体群の個体数＝ 111,016

ハビタットサンプリング

9

LUIS TAPIA
Department of Animal Biology, Faculty of Biology,
University of Santiago de Compostela, Santiago de Compostela,
Campus sur, s/n 15782, Galicia, Spain

PATRICIA L. KENNEDY
Eastern Oregon Agricultural Research Center and
Department of Fisheries & Wildlife,
Oregon State University, P.O. Box E, Union, OR 97883 U.S.A.

R. WILLIAM MANNAN
Biological Sciences East, School of Natural Resources,
University of Arizona, Tucson, AZ 85721 U.S.A.

訳：村手達佳

はじめに

　動物たちがランダムに分布せず，その分布に偏りが生じている要因を明らかにすることは，長い間，生態学の主要な研究目的の1つとなってきた（Cody 1985, Wiens 1989a）．生物とハビタットとの関係を扱う研究者は，どこに生息するかを生物自らが選択していると推測しており（Cody 1985），生物の分布や，個体数，個体群の統計的諸量と，様々な環境要素との間に相関関係が見出せるものと考えている（Buckland and Elston 1993, Morrison et al. 1998, Rushton et al. 2004, Guisan and Thuiller 2005）．このような相関関係を探る研究は，ハビタット選択の研究において，数多く行われてきたが（Anderson and Gutzwiller 1994, Litvaitis et al. 1994, Garshelis 2000, Jones 2001），生息する場所を選択する際の行動様式に関してはあまり関心が向けられてこなかった．

　個体群を管理する際には，ハビタットを管理または維持することが重要となることから（Anderson and Gutzwiller 1994），ハビタット利用はしばしば保全計画や管理計画の基本的な要素として取り扱われている（Anderson et al. 1994, Edwards et al. 1996, Norris 2004）．これらの計画の基礎となっている仮定は，生物は自らが選好するハビタットにおいて，繁殖と生存により良い成績をもたらすということである．しかし，対象とする種や対象とする個体群にふさわしいハビタット構成を評価する分析作業は，野生生物の管理に不可欠な事項であるにもかかわらず，十分な成果を得ることが困難であり，問題が発生することも少なくない．一方，これらの分析作業を通じて，多くの問題点が認識されるとともに，問題点に関する様々な検討がなされており，これらの検討結果は，サンプリング計画やサンプリング手法を発展させる原動力となっている（Anderson and Gutzwiller 1994, Litvaitis et al. 1994, Garshelis 2000, Jones 2001, Hiirzel et al. 2002, Guisan and Thuiller 2005, MacKenzie et al. 2006）．本章では，猛禽類に関するハビタット研究の内容および目的のほか，猛禽類のハビタットを測定する手法について述べたい．なお，猛禽類のハビタット研究は，本質的にはその他の生物のハビタット研究と同じであることから，猛禽類に関する研究計画を策定する際に，様々な生物種のハビタットに関する研究成果（文献）を活用することができる．

用　語

　ハビタットに関連する用語は十分に定義付けられていない．例えば，よく用いられている用語である"ハビタット利用"（すなわち，どこに生息しているか）と"ハビタット選択"（すなわち，どこを選択しているか）でさえ，その意味や使われ方の区分は不明瞭である（Garshelis 2000, Jones 2001）．したがって，本章で，ハビタット

サンプリングについて論じるためには，まず用語を明確に定義付けておく必要がある．猛禽類のハビタット研究のための用語としては，Hall et al.（1997），Morrison et al.（1998）および Kennedy（2003）に基づく以下があげられる．

ハビタット（habitat）：猛禽類によって占有されたエリアに存在する資源と状態のこと．Grinnell のニッチの概念によれば，猛禽類のハビタットは，"ニッチ"と同義である．

ハビタット利用（habitat use）：一定地域の一定時間における物理的および生物学的な構成要素の集合体（すなわち，資源）を猛禽類が利用する方法のこと．

ハビタット量（habitat abundance）：一定地域の一定時間におけるハビタットの総量のこと．

ハビタット利用可能度（habitat availability）：一定地域の一定時間における猛禽類が利用可能なハビタットの総量のこと．

ハビタット選択（habitat selection）：様々な環境スケールの中で，どのハビタットを利用するかについて，生得的もしくは後天的，または双方の反応により引き起こされる階層的なプロセスのこと．

ハビタット選好性（habitat preference）：エリアの不均一な利用に繋がる猛禽類によるハビタット選択のプロセスの結果のこと．

ハビタットの質（habitat quality）：猛禽類の生存や繁殖に適した状態を供するハビタットの相対的な能力のこと．

景観（landscape）：猛禽類の移動，定着，繁殖から死亡に至る環境パッチのモザイクのこと．原則として，猛禽類が生息する地域の景観は，猛禽類の生息に適したパッチと不適なパッチがモザイク状に分布している．なお，その分布図は，研究対象の猛禽類に適したスケールとする必要がある．

目　的

生態学的な研究計画を策定する際，まず初めに，研究の目的を明確にする必要がある（Starfield 1997）．目的を設定する際には，研究の方向性を定めたうえで，不確実性をどの程度まで許容するかを決定しておく必要がある．さらに，生態学および保護管理活動を実施していくうえで，その研究がどのように役立つかを明確にしておかなければならない．答えるべき疑問は何か．生態学的なプロセスの理解はどのように深めていくのか．調査対象種の生息に必要な条件は何か．研究の焦点は何か．研究対象は個体群か，種（全ての個体群）か，または群集か．時間的および空間的なスケールはどのように考えるか．といった課題である．

多くのハビタットに関連する研究は，パターンを探索するものであり，生態学的なプロセスに基づく仮説を実験によって検証するものではない．このため，目的は多くの場合，課題または統計的仮説の形式で示される．ハビタット選択のプロセスに関する説明を仮説演繹法によって検定する場合は（例えば，野外実験），Romesburg（1981）によって定義付けられたように，研究仮説の検定による検証が適切な目的となるであろう．

研究計画策定のための検討事項

Ford（2000），Quinn and Keough（2002）および Williams et al.（2002）は，研究計画の策定に関する優れた基本概念を示している．パターンの探索を必要とするハビタット研究の計画を策定する際に，最初に考慮すべき重要な要素は，研究の推論の幅を決定すること，およびランダムで十分な量のサンプリング手法を検討することである．以下に，ハビタット研究および研究計画策定を行う際の主要な概念および実践的な考え方を示す．

時間および空間スケール

生態学的なプロセスを説明する要素は，多くの場合，スケール依存性を有している（Wiens et al. 1987，Mitchell et al. 2001，Sergio et al. 2003）．例えば，個体群は通常，ある景観のなかで，ハビタットが空間的および時間的にどのように分布しているかによって影響を受けている（Wiens 1989b，Levin 1992，Corsi et al. 2000，Martínez et al. 2003）．したがって，研究計画は，対象種がハビタットパッチを知覚し，パッチ間を移動する能力と整合性が取れたものでなくてはならない．また，研究者は，ハビタットの特徴が影響を及ぼす様々なスケールについて検討しておく必要がある（Litvaitis et al. 1994，Pribil and Picman 1997，Morrison et al. 1998，Rotenberry and Knick 1999，Sánchez-Zapata and Calvo 1999，Mitchell et al. 2001）．例えば，繁殖期の猛禽類については，少なくとも3つのレベルの空間スケールが用いられる．すなわち，営巣地（nest area），巣外育雛エリア（post-fledging family area：PFA）および探餌エリア（foraging area）である（図 9-1）．営巣地は，一般的に，巣の周辺のごく近傍の範囲として定義付けられ，しばしば代替となる巣を含み，複数年にわたり連続的に利用されることもある範囲を示す．巣外育雛エリアは，営巣地を取り囲むように広がり，幼鳥の巣立ちから，親鳥からの食物に依存しなくなるまで

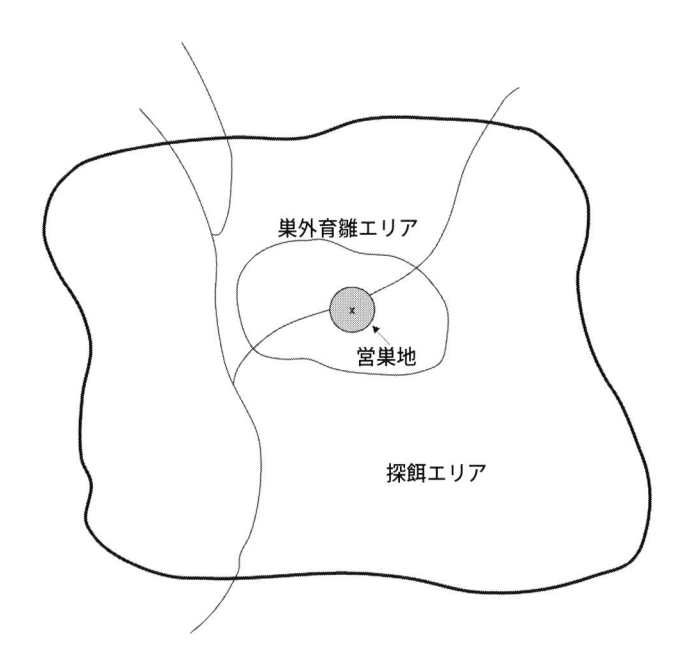

図 9-1 ある流域の猛禽類の巣における 3 つのレベルの空間的な構成（営巣地，巣外育雛エリア，探餌エリア）の概念図（Spuires and Kennedy 2006 より引用）．（エリアタイプの定義に関する箇所を参照のこと．）

の間に，幼鳥と親鳥によって利用されるエリアとして定義付けられる．探餌エリアは，食物を供給する成鳥によって利用されるエリアであり，一般的には，営巣地と巣外育雛エリアを含む，繁殖期間中の行動圏である．以下に，オオタカ（*Accipiter gentilis*）を例にして，これらのエリアのサイズを示すとともに，営巣場所のハビタットがスケールの違いによって変化することを説明する．

北米では，オオタカの営巣地は一般的には 20ha よりも小さい（DeStefano et al. 2006, Squires and Kennedy 2006）．また，巣外育雛エリアの平均的なサイズは，地域の環境の状態によって 60 〜 170ha と幅がある（Kennedy et al. 1994, McClaren et al. 2005）．さらに，繁殖期間中の行動圏は，性別，ハビタット特性，行動圏の推定方法によって，570 〜 5,300ha と大きく変化する（Squires and Kennedy 2006）．

McGrath et al.（2003）は，オオタカを対象として，営巣場所のハビタットに対する森林管理による影響を評価する手法を開発することを目的として，様々な空間スケールで営巣場所のハビタットを評価している．この研究では，1992 〜 1995 年に，太平洋岸北西地区の内陸部において，4 ヵ所の調査地で，営巣場所のハビタットを比較検討している．彼らは，撹乱後の林分の発達の段階の違いを表現する 4 段階の林分構造を用いている．82 巣および 95 ヵ所のランダムに設定した対照地点の周辺で，1 〜 170ha（巣外育雛エリアスケール，探餌ハビタットは解析されていない）の範囲内の 8 パターンのハビタットスケールで解析している．調査成果のうち，いくつかのキーポイントが本章と関連している．①オオタカの利用可能なハビタットから営巣場所を区別する能力は，景観スケールが大きくなるにつれて低下する．② 1ha スケールでは，林分の発達段階のうち，"高木層の淘汰段階"（自己間引きが始まり，新たな侵入はなく，樹冠を形成する木本は優占種および付随する種へ分化する）は選好されているが，"低木層の再侵入段階"（更新による林床植生の成立および継続する高木層における競合）および"老齢林段階"（高木の不規則な立ち枯れ，低木層の成長による高木層への補充）は，それらの利用可能度に比例して用いられている．③より大きなスケールでは，高木層の淘汰および低木層の再侵入で構成される林分の発達の中間段階（双方の林冠のうっ閉度が 50% を超える）が選好され，スケールが大きくなるにつれて，利用されているハビタットタイプが増加することが示唆される．

空間スケールの違いがハビタットの特徴へ及ぼす影響は，種によって異なっており，身体の大きさ，移動性および生活史の要求性によって変化する傾向がある．したがって，一般的に用いられている用語であるマクロハビタットおよびマイクロハビタットは相関関係にあるといえる．つまり，比較的広い範囲となる移動性の高い種のマクロハビタットの特徴は，移動性の低い種に比べて，より広い範囲で特徴付けられるものと考えられる．しかし，猛禽類については，移動性が限られた種であっても，広大なエリアを素早く移動することができるため，マイクロスケールでハビタットを評価する際には，猛禽類の位置と時間を正確に記録することが重要な事項となる．例えば，利用された植生タイプを決定する際には，正確な鳥類の位置が必要となる（Withey et al. 2001）．また，どの程度位置を正確にサンプリングするかは，植生パッチの大きさおよび分布と関連する．

猛禽類のハビタット選好性は，時間的にも変化する．したがって，ハビタットの研究や管理計画においてハビタットを記述する際には，時間的な変化を考慮する必要がある．例えば，比較的長い時間スケールでは，猛禽類のハビタットにおける植生遷移や植生の撹乱（年単位の場合）の影響について検討する必要がある．これに対して，短い時間スケールでは，獲物を捕らえようとしたといった瞬間的な行動と植生との関係を評価する研究が事例としてあげら

れる.

特定の時期に特定のハビタットを利用する種については，1年を通じたハビタット利用を評価することによって，ハビタット選好性を評価することができる．例えば，オオタカは，営巣期よりも冬季に，より広い範囲のハビタットを占有しているため，繁殖期のハビタットの評価だけでは，オオタカのハビタットパターンを十分に説明することはできない．オオタカについては，成熟した森林ハビタットに依存性の高い種なのかどうかという問題が保護管理を行ううえで熱心に議論されているが，Squires and Kennedy (2006)のオオタカの生態学に関する近年の報告によれば，成熟した森林ハビタットへの依存性は，季節と個体の定住性によって異なると結論付けられている．オオタカは，渡りを行う個体と渡りを行わない個体が存在する．ある個体は1年を通じて営巣テリトリーを占有し，そのほかの個体は越冬期に季節的な移動を行っている(Berthold 1993)．営巣期に成熟した森林を選好し，越冬期の行動圏が営巣地を含むという個体が存在していることが知られているが（Boal et al. 2003, 2005），そのような個体は周年にわたって成熟した森林を選好しているものと思われる．一方，移動を行う個体の越冬期におけるハビタット利用のパターンに関するデータは限られているものの，営巣テリトリーを離れると，森林のハビタットだけでなく，森林でないハビタットも利用することが分かっている．

ハビタット研究における環境の特徴の選択および測定

ハビタット特性

生物学者は，特定の生物が生息していることもしくは生息していないこと，または生息数と関連する様々な環境の特性を測定し，生物が生息していくうえで必要な条件やハビタットの重要な要素と関連する特性や特徴を推定している．例えば，植生は，小型哺乳類の隠れ場所を提供するだけでなく，同様に，猛禽類への獲物の供給場所となっている（Preston 1990, Madders 2000, Ontiveros et al. 2005）．このため，ハビタットの研究を始める前に，どのような環境の特徴を測定するのかを決めておくことが重要となる（Anderson and Gutzwiller 1994）．測定可能な環境の特徴は極めて多く，また，データ収集および解析には時間を要することから，サンプリングする特徴の数は限定しなくてはならない．測定する特徴を選択する際には，文献を参照することにより，対象とする種にとって重要な要素（または関連する要素）を明らかにするだけでなく，専門家に相談したり，また場合によっては，予備的なサンプリングを行ったりすることが重要である（Anderson and Gutzwiller 1994）．選択された特徴は，研究の目的を満たすだけでなく，生物学および保全にとって有効なものでなくてはならない（Morrison et al. 1998, Morrison 2001, MacKenzie et al. 2006）．

猛禽類のハビタット研究の一部として測定されるハビタットの特徴は極めて多く，また研究が行われる環境によってその種類は変化する．傾斜，標高，植生被覆，水域の分布，開発，土壌タイプ等の地形学的な特徴は，多くの環境下で関連する（Sutherland and Green 2004）．森林環境においては，樹木の種類やサイズ，密度，樹形，階層構造が一般的な測定項目である．また，開放的な環境下における猛禽類のハビタットの詳細な測定項目については，文献には多くの記載はないが，林床植生，可視性および止まり位置の数が変数として用いられることが多い．

猛禽類のハビタットの特徴を測定する手法は，森林官や地域管理官，その他の専門の土地管理官が用いる手法と同じことが多い．このような広く用いられている標準的な手法には，2つの長所がある．1つは，これらの手法により収集された基本的な情報がすでに多くのエリアで存在することである．もう1つは，猛禽類のハビタットの特徴が，土地管理官の用語で表現されていることである（Mosher et al. 1987）．一方，これらの手法の短所としては，その多くが，それぞれの国や地域で，独断的に区分された変数が用いられていることである〔例えば，U.S. Forest Service（米国森林局）が定めた立木密度区分〕．そのため，猛禽類のハビタット研究においてこれらの手法を用いると，広範囲な地域において比較するには無理が生じるだけでなく，広範囲にわたる共通した重要なハビタットの変数を明らかにすることが難しくなる（Penteriani 2002）．また，土地管理に用いられるこれらの変数は，マイクロスケールの変数である傾向があり，マクロスケールの情報を得るためには一般的に追加的な対応が必要となる（Oldemeyer and Regelin 1980, Bullock 1998, Morrison et al. 1998）．

ハビタット構造の重要な構成要素の1つとして，空間的異質性またはパッチ性（patchiness）があげられる．このような変数は，植生や地形学的特徴の数値情報だけでなく，それらの空間における分布情報を統合して表現したものである．ハビタットの異質性は，大まかなスケール（例えば，被覆タイプ間の異質性）と細かいスケール（例えば，被覆タイプ内の異質性）の双方で検討することができるほか，水平方向と垂直方向のいずれでも表現することができる．異質性またはパッチ性を評価する際のスケールと手法を選択する際には，常に生物の視点で検討し，調査者の感覚に基づいてはならない（Morrison et al. 1998）．異質性

を測定する手法は，様々なスケールに対応した多くの手法が開発されている（Anderson and Gutzwiller 1994）．

利用と利用可能度

ハビタット選好性とハビタット選択を研究する際には，生物によって利用されたハビタットや利用されなかったハビタット，または利用された範囲や利用の内容を評価するための計画やサンプリング手法を検討する必要がある．例えば，生物学者は，ある個体の行動圏内に存在する特徴を，1羽の鳥が利用した特徴であると推定する．ただし，実際には，ハビタットとは関連しない現象のために，その鳥がハビタットのある特徴を利用しないのかどうかについては，研究者は分からないことが多い（Cody 1981, 1985）．そのような現象の例として，巣の破壊や，種間競争，種内誘引，人間による生息妨害があげられる（Newton 1998, Sutherland and Green 2004）．一方，このような現象が，個体によるハビタット選択や関連する研究から導かれる推論にどの程度の影響を及ぼすかは明らかになっていない．また，ハビタットの構造的な特徴（例えば，被覆植生）と利用に関するその他の特徴（例えば，獲物）との関係については，行動とハビタット解析を結びつけることによって推定できることがある（Bechard 1982, Bustamante et al. 1997, Selas 1997b, Thirgood et al. 2002, Amar and Redpath 2005）．この推定結果は，ハビタット選択と関連すると仮定された特徴（例えば，獲物，営巣場所）を実験的に操作したり，操作による個体の反応をモニタリングすることにより，補強することもできる（Marcström et al. 1988）．そして，この研究における空間スケールおよび時間スケールは，いずれもハビタット利用可能度の把握に影響する（Orians and Wittenberger 1991, Levin 1992, Anderson and Gutzwiller 1994, Sutherland and Green 2004）．

猛禽類の個体数と分布

ある種が必要とするハビタットを評価するために，研究者は一般的にハビタット利用を研究し，それからハビタット選択やハビタット選好性を推定する．これは，生物は自らが選好するハビタットにおいて，繁殖と生存により良い成績をもたらすであろうとの考え方に基づいたものである．このアプローチは，選好性は適応度および個体群成長と関連があるということを前提としている（Garshelis 2000）．猛禽類を含む陸生脊椎動物のハビタットの必要条件の研究において，在不在（presence-absence）や生息数は，適応度を測定する手法として適切であると考えられてきた（Litvaitis et al. 1994, MacKenzie 2005, しかし，Van Horne 1983も参照のこと）．近年のモデリングを用いた解析手法（Guisan and Thuiller 2005, MacKenzie et al. 2006）の進展により，在不在のデータが，保全対象種にとって価値のあるハビタットを抽出する等の様々な状況に活用できるようになっている（MacKenzie 2005）．在不在のデータは容易に収集できることから，多くの場合，極めて多くのデータが収集されている（Pearce and Ferrier 2001, MacKenzie 2005）．そして，豊富なデータは，ハビタット研究を進めるうえでの強みとなっている（Gibbons et al. 1994）．分布と生息数の正の相関は多くの分類群で確認され，この関係は，保全対象種の状態を評価するため等に利用されている（Kennedy 1997, DeStefano 2005）．一方，パッチ状に分布することの多い繁殖のためのハビタットでは，生息数と分布の関係が，明確に定義付けられない傾向がある（Venier and Fahrig 1996）．

ハビタットの質の評価

対象種にとって質の高いハビタットとは，比較的高い生存率と繁殖率を維持する資源を有しているハビタットと考えることができる．ハビタットの質を評価する手法として，エリア内におけるこのような資源の存在を直接測定すること（例えば，獲物の種類の数や営巣場所）があげられる．しかし，この場合，対象種が必要とする資源が把握されており，さらに資源が測定可能でなければならない（上記参照）．また，ハビタットの質の評価方法のその他のアプローチとしては，個体群の健全性を指標とした考え方があげられる．前の段落で示したとおり，猛禽類における在不在の情報は，ハビタットの調査を行ううえで一般的によく利用されている調査項目の1つである．しかしながら，猛禽類が生息しているエリアは，そのエリアがある種の生息に必要なハビタットから構成されていることを示唆するものの，そのエリア内のハビタットの質が十分かどうかまでは判断できない．これに対して，あるエリアにおける対象種の生息数の測定結果は，そのエリアにおけるハビタットの相対的な質を示唆することが多い．ただし，状況によっては，誤った結論を導くこともある（Van Horne 1983）．なぜなら，生息数の測定結果のみでは，ハビタットのソースとシンク〔訳者注：ハビタットのソースとは，対象種のハビタットとして質が高く，内的自然増加率が0より大きく，他のハビタットへの余剰個体の供給源（ソース）となっているハビタットを，シンクとは，ハビタットとして質が低く，内的自然増加率が0より小さく，余剰個体の掃きだめ（シンク）となっているハビタットを指す〕を区別することはできないからである（Pulliam 1988を参照のこと）．

対象種のハビタットの質を評価する最も良い指標は，生産力または生存率を推定すること，および双方を組み合わ

せること（例えば，個体群の変動率，λ）である．しかしながら，これらを短期間の研究で測定することは困難である．特に，生存率の推定は短期間の研究では問題が生じることが多いため（例えば，Diffendorfer 1998），一般的に，標識された個体（例えば，足環や電波発信器を装着する）を長期間にわたりモニタリングしなければならない．長期間に及ぶ標識調査プログラムは，特にハビタットの質を評価するために有効であることから，小さな空間スケール（研究のための経費はより安価）と大きな空間スケール（より高価）の双方で行われている．

広範囲の空間スケールで動物を標識した長期間に及ぶ研究の事例として，米国北西部におけるニシアメリカフクロウの北アメリカ西部に生息する亜種（*Strix occidentalis caurina*）に焦点を当てた大規模な研究があげられる．Anthony et al.（2006）は，ニシアメリカフクロウの北アメリカ西部に生息する亜種について，ワシントン州，オレゴン州およびカリフォルニア州における本亜種の分布域全体の約12％に及ぶ地域を網羅する14ヵ所の調査地において，1985～2003年に収集したデータを用いて，個体群統計学的データの解析を行った．32,054回の捕獲と11,342個体の標識個体の再捕獲に基づく大規模な解析が行われ，本亜種の生息域全体における個体群動態や，ハビタットの質の重要性が評価されている．このような研究は，研究のための経費が膨大となること等からほとんど行われていない．このような調査事例の多くは，絶滅のおそれのある種や絶滅の危機にさらされている種を対象としたものである．

長期間に及ぶ標識調査プログラムについては，比較的小さな空間スケールでも成功している事例がある．例えば，コチョウゲンボウ（*Falco columbarius*）については，カナダのサスカチュワン州サスカトゥーン市において10年間に及ぶ標識およびモニタリングが行われ，個体群存続可能性（James et al. 1994）および生涯繁殖成績（Espie et al. 2004）と営巣場所の質との関係が評価されている．同様に，クーパーハイタカ（*Accipiter cooperii*）については，米国アリゾナ州ツーソン市の40～80ヵ所の繁殖場所において，10年間以上に及ぶ標識と再捕獲を用いた調査が行われ，エコロジカルトラップ（ecological traps）（Boal 1997），ソース‐シンク動態（source-sink dynamics）（R. W. Mannan et al. 私信）および出生地のハビタットのインプリンティング（natal-habitat imprinting）（Mannan et al. 2007 未発表データ）に関連する論点の検討が行われている．

ハビタットサンプリングの実施

猛禽類の個体数は，繁殖地および塒のハビタット利用可能度による（Newton 1979）マイクロスケールレベルで制限されていることが多いため（Bevers and Flater 1999），ハビタット利用とハビタット選好性に関する多くの研究が営巣場所および塒で行われてきた（Thompson et al. 1990, Reynolds et al. 1992, Mañosa 1993, Cerasoli and Penteriani 1996, Gil-Sánchez et al. 1996, Iverson et al. 1996, Selas 1997a, Mariné and Dalmau 2000, Martínez and Calvo 2000, Finn et al. 2002, Penteriani 2002, Poirazidis et al. 2004, Squires and Kennedy 2006）．一方，巣外育雛エリア（Daw and DeStefano 2001, McGrath et al. 2003）や探餌エリア（Bosakowski and Speiser 1994, Sergio et al. 2003, Boal et al. 2005, Tapia et al. 2007），出生地からの分散期に利用されるエリア（Ferrer and Harte 1997, Mañosa et al. 1998, Balbontín 2005）のような広い空間スケールにおける営巣活動とハビタットとの関係についての調査は，あまり行われていない．

以下に，猛禽類を対象とした研究において，どのようにハビタットを測定するかを説明する．ここでは，狭いエリアから順に，活動ポイント（activity points），活動サイト（activity sites）および活動エリア（activity areas）について示す．

活動ポイント

繁殖期における巣の構造や巣材は，森林性猛禽類を対象とした研究でしばしば測定されている活動ポイントの1つである（Cerasoli and Penteriani 1996, Siders and Kennedy 1996, Selas 1997a, Reich et al. 2004）．このほか，営巣木，止まり位置，塒および探餌場所では，様々な測定を行うことが可能である（表9-1）．ただし，森林環境において，このような場所（すなわち，活動ポイント）を確認することは一般的に困難であることから，徹底的な野外観察（Rutz 2003, Leyhe and Ritchison 2004）や，電波発信器により目撃率を高めた目視観察を行う調査が必要となることが多い（例えば，Mannan et al. 2004）．一方，森林以外の開けた環境においては，猛禽類がハンティングをしたり，止まったりする場所を確認することは比較的容易であるが（Leyhe and Ritchison 2004），研究者は，このような開けた環境であっても，これらの場所を100％確認することは不可能であると考えておかなければならない（MacKenzie et al. 2006, P. Kennedy et al., 未発表データ）．

表9-1　森林，開放的な農村地域および崖における猛禽類の活動ポイントで一般的に測定される変数

変　数	注釈と参考文献
森林環境における巣	
枝を積み上げた巣または洞性の巣	
巣の大きさ	巣と産座の長さ，幅および深さ（m）（Lokemoen and Duebbert 1976, Schmutz et al. 1980）．
巣の開放度（nest openness）（原文では nest access distance）	（巣の外縁の長さ）−（巣を支える枝の直径の合計／巣を支える枝の数）により算出する（Bednarz and Dinsmore 1982, Morris et al. 1982）．
巣の表面積	巣の上部を cm^2 単位で測定する（Morris et al. 1982）．
巣の体積	巣全体および産座の双方を cm^3 単位で測定する（Morris et al. 1982）．
巣から幹までの距離	巣から主要な幹までの距離を m 単位で測定する（Bednarz and Dinsmore 1982）．
巣を支える枝の数	（Bednarz and Dinsmore 1982）．
巣を支える枝のサイズ	サイズのカテゴリーを利用する（Bednarz and Dinsmore 1982）．
洞性の巣の測定	洞性の巣の測定に関連する変数（穴の直径，穴の深さ，開口部の大きさ，開口部の露出，樹洞の数等）．Korpimaki（1984），Mariné and Dalmau（2000）および Rolstad et al.（2000）を参照のこと．
位置の可視性	
巣の遮蔽性	spherical densiometer（うっ閉度を測定するための機材）や，通常の写真撮影，カテゴリーによる区分によって巣で測定されてきた（Moore and Henny 1983）．近年発展している画像解析が有効である（Ortega et al. 2002, Luscier et al. 2006）．
林冠による巣の被覆	spherical densiometer（うっ閉度を測定するための機材）により巣の上部の林冠の被覆を測定する（Moore and Henny 1983, Siders and Kennedy 1996）．近年発展している画像解析が有効である（Ortega et al. 2002, Luscier et al. 2006）．
巣の上部や巣の周辺の植生の隙間	Green and Morrison（1983）．
営巣木	
胸高直径	胸高直径（dbh）を cm 単位で直径巻尺や Biltmore（訳者注：胸高直径や樹高を測定するための定規状の機材のこと．Biltmore Stick ともいう）で測定する（Morris et al. 1982, Hubert 1993）．
樹高	通常，クリノメーター（Haga type altimeter）により m 単位で測定する（Reynolds et al. 1982, Rosenfield et al. 1998）．
樹種	利用状況を記載し，選好性を明らかにする（Rottemborn 2000）．
樹齢	地位指数表（site index table）や成長錐により推定する（Tjernberg 1983, Selas 1996, Siders and Kennedy 1996, Selas 1997a）．
巣，止まり位置および塒位置の高さ	雛を標識する際に巻尺で直接測定するか，クリノメーターにより巣から 10m 離れた位置から測定する（Titus and Mosher 1981, Cerasoli and Penteriani 1996）．
営巣木における巣の高さの割合	（巣の高さ／営巣木の樹高）× 100 で算出する（Titus and Mosher 1981, Morris et al. 1982, Cerasoli and Penteriani 1996, Rosenfield et al. 1998）．
樹冠内における巣の高さの割合	（巣の高さ／平均的な樹冠の高さ）× 100 で算出する（Devereux and Mosher 1984）．
傾斜	パーセントで表記する（Selas 1996, Rosenfield et al. 1998）．
標高	営巣場所の標高（m）は，高度計，地形図または GIS データベースにより把握する（Garner 1999）．
標高の分類	巣の存在位置および対照地の位置を，低標高帯，中標高帯，高標高帯に区分する（Selas 1996）．
営巣木の健全性	枯死もしくは病気，または生育もしくは枯死の割合を推定する（Moore and Henny 1983, Devereux and Mosher 1984）．
巣までの距離	巣の選好性に影響する可能性のある景観要素のことであり（Speiser and Bosakowski 1987, Iverson et al. 1996, Penteriani 2002），一般的には m または km 単位で測定する．
止まり位置または塒位置	
止まり位置の種類	ポール，木，フェンスの柱，風車等（Preston 1980, Holmes et al. 1993）．
止まり位置の数	対象エリアにおける止まり位置の数と種類を計数する（Janes 1985, Holmes et al. 1993）．
微気象	気温，明るさ，風速等（Barrows 1981, Keister et al. 1985）．

表 9-1　（つづき）

変　数	注釈と参考文献
止まり位置または塒位置の防御	気象影響からの回避性に関するランク付けされた変数（Hayward and Garton 1984）．
幹までの距離	止まり位置または塒位置から，枝に沿った幹までの距離（Hayward and Garton 1984）．
樹種，止まり位置の種類	位置の材質の詳細（Marion and Ryder 1975, Steenhof et al. 1980, Hayward and Garton 1984, Leyhe and Ritchison 2004）．
位置の大きさ	営巣木で測定する変数と同様（Steenhof et al. 1980）．
位置までの距離	止まり位置または塒位置の選好性に影響する可能性のある景観要素のことであり（Thompson et al. 1990, Rottenborn 2000），一般的には m または km 単位で測定する．

開放的な環境における巣

場所における植物種	（Bullock 1998, Sutherland 2000）．
営巣場所の可視性	巣からの複数の同距離地点から，巣内が見えなくなるまでの距離を測定する（Simmons and Smith 1985, Amat and Masero 2004）．

崖の巣

巣（またはスクレイプ*）の位置	岩棚上，裂け目，枝を積み重ねた巣，窪みまたは洞穴の中と記録する（Cade 1960, Ratcliffe 1993）．
巣の位置の測定	岩棚または洞穴の長さ，幅，高さおよび深さ（Squibb and Hunt 1983, Ratcliffe 1993）．
巣材	巣の材質を記録する．例えば，砂，砂礫，土，植生等（Cade 1960, Ratcliffe 1993）．
岩石の種類	種類を記録する．例えば，花崗岩，頁岩，土壌等（Cade 1960, Ratcliffe 1993, Gainzarain et al. 2002, Hirzel et al. 2004）．
オーバーハング	カテゴリーに区分し記録する（例えば，オーバーハング：＞90度，垂直，開放：＜90度）（Squibb and Hunt, 1983），またはサイズと角度を測定するために，巻尺およびクリノメーターを利用する．
巣付近の植生	植生タイプおよび巣（またはスクレイプ*）までの距離を記録する（Ratcliffe 1993）．
崖の基部および頂上部の植生および植生群落	植物の種類をリストアップし，植生群落を示す（Cade 1960, Ratcliffe 1993, Martínez and Calvo 2000, Martínez et al. 2003）．
崖における巣の高さ（または巣の高さの割合）および水域からの巣の高さ	測定する（巻尺，ロープの長さ，トランジット，または写真の地形図との比較），または推定する（Cade 1960, Burnham and Mattox 1984, Donázar et al. 1993）．
崖の頂上部（崖の縁）および崖の基部から巣までの距離	測定または推定する（Cade 1960, Ratcliffe 1962, Ratcliffe 1993）．
巣の露出方向	巣（スクレイプ*，開口部）の面する方向（Ratcliffe 1962, Ratcliffe 1993）．
崖の標高	場所の海抜標高．多くの場合，地形図から読み取る（Ratcliffe 1962, Burnham and Mattox, 1984, Gainzarain et al. 2002）．
崖の方位	崖が面している方向（方位）を，主要な崖の面と垂直となる角度として，コンパスにより測定する（または地形図から読み取る）（Ratcliffe 1962, Donázar et al. 1993）．
崖の高さおよび長さ	巻尺，ロープ，クリノメーターと距離計による距離と角度，または地形図もしくは航空写真により測定することができる．または推定し，カテゴリーに当てはめる（Ratcliffe 1993, Ontiveros 1999, Martínez and Calvo 2000）．
崖の高低差	崖の最高標高－崖の最低標高（Donázar et al. 1993）．
崖の傾斜	計測する（クリノメーター），またはカテゴリーに当てはめる（例えば，＞90度，80〜90度等）（Ratcliffe 1962, Ratcliffe 1993）．
崖と周辺の地形との関係	一般的な表現で記載する（Ratcliffe 1993, Martínez and Calvo 2000）．
向かい合う谷までの距離および方向，向かい合う谷の標高（傾斜）	野外で測定する，もしくは地形図を利用する（Donázar et al. 1993），または GIS を利用する．
人間活動までの距離	野外で測定する，もしくは地形図を利用する（Donázar et al. 1993, Ratcliffe 1993, Ontiveros 1999, Martínez and Calvo 2000），または GIS を利用する．
最短となる隣接する巣までの距離	測定する，もしくは地形図を利用する（Gil-Sánchez et al. 1996, Martínez and Calvo 2000），または GIS を利用する．

* 訳者注：スクレイプとは，巣材を用いず，地面に窪みが付けられただけの巣のこと．

開けたハビタットにおける猛禽類の研究では，多くの場合，マクロスケールでハビタット測定が行われており，活動ポイント周辺の詳細なマイクロハビタットの測定結果が報告されている事例は少ない（Salamolard 1997, Martínez et al. 1999, Arroyo et al. 2002）．そのような事例としては，繁殖期の多くの猛禽類にとって重要となる崖の岩棚や小さな洞穴があげられる（Cade et al. 1988, Donázar et al. 1989, Donázar et al. 1993, Ratcliffe 1993, Thiollay 1994, Carrete et al. 2000, Rico-Alcázar 2001, McIntyre 2002）．そのほか，崖では，多くの特徴が測定され，報告されている（表9-1）．

活動ポイントにおけるハビタットの測定は，繁殖期以外の時期にも行うことが可能である．例えば，土地被覆タイプ（永年牧草地，作物耕作地，耕作地，森林）や止まり位置の種類（木，ポール，地上）（Plumpton and Andersen 1997, Canavelli et al. 2003）に関連する測定は，非繁殖期のハビタット利用のパターンを説明するうえで有効となる．

活動サイト

活動サイトの例として，活動ポイントを取り巻く様々な大きさに切り取った区画があげられる（Hubert 1993, McLeod et al. 2000）．活動サイトでは，森林構造や，森林構成，標高，傾斜，方位，土壌タイプ，水域からの距離，伐採地や林内の空き地からの距離といった地形学的な特徴が測定されることが多い（表9-2）．フェンスの杭に止まったり，建造物を塒や営巣場所として利用したりする猛禽類では（Bird et al. 1996, Leyhe and Ritchison 2004），居住地からの距離も重要な測定項目の1つとなる．これらの距離を測定する際には，活動サイトの境界を越えることも多いが，境界を越えたデータについても，このスケールのデータとともに収集しておく必要がある．

様々なハビタットの特徴のうち，どの特徴が重要かを判断することは困難であることから，生物学者は，活動サイトにおいて多くの特徴を測定することになる（Mosher et al. 1987）．しかし，上記のとおり，散弾銃的なデータ収集（"shotgun" approach to data collection）は，最良の計画戦略とはいえない．また，変数の選択は，研究目的に基づいたものでなければならず，生物学および保全の観点から意味のあるものでなければならない．森林性猛禽類の営巣地における重要なハビタットの特徴として，しばしば取り扱われる変数としては，サイズ階級ごとの立木密度，林冠のうっ閉度および胸高断面積合計があげられる（Selas 1996, Siders and Kennedy 1996, Daw and DeStefano 2001）．これらの変数の測定は，林分の発達段階と関連することが多い．低木林や林床植生等の変数は，あまり重要でないと捉えられることが多い（しかし，Boal et al. 2005 も参照のこと）が，ハンティングのための止まり位置周辺では，重要な特徴の1つとして扱われる（Farrel 1981, Leyhe and Ritchison 2004）．

活動サイトを切り取る際の区画の大きさ，形および配置を選択することは，野外研究を行ううえで極めて重要な事項であり，猛禽類のハビタットに関する文献で様々な選択手法が説明されている．区画の大きさについては，0.04ha（Armstrong and Euler 1982, Siders and Kennedy 1996, Rosenfield et al. 1998）〜0.75ha（Tjernberg 1983, Poirazidis et al. 2004），さらには64ha（P. Kennedy et al. 未発表データ）まで幅がある．

活動エリア

活動エリアは，活動サイトと類似しているが，より広い範囲を取り囲んだエリアを示す．例えば，活動エリアは，行動圏を十分に包含する大きさのエリアとして示される（例えば，半径1km）．活動サイトで測定されるハビタットの特徴は，活動エリアにおいても測定することができるが（McGrady et al. 2002, Bosch et al. 2005, Tapia et al. 印刷中），活動エリアでの測定は，活動サイトと比較すると粗くなる傾向がある．例えば，活動エリアでは，植生は，優占種の抽出や，植生群落の被覆の割合として表現される．また，土地利用や土地被覆タイプの被覆の割合が用いられることもある（Mosher et al. 1987, 表9-3）．

近年，リモートセンシング技術と地理情報システム（GIS）が急速に発達し，ますます大きな空間スケールとなりつつある環境データの処理と管理に大きく貢献している（Koeln et al. 1994, Bullock 1998, Corsi et al. 2000）．リモートセンシングは，傾斜，標高，その他の地形学的な特徴等の活動エリアにおけるマクロハビタットの特徴の収集に有効な技術である．しかし，リモートセンシングデータからは，多くの植生に関する変数（例えば，林分の発達，エリアの状態）を正確に把握することができないこと等から，リモートセンシングを野外調査に完全に置き換えることはできない．また，リモートセンシングにより正確に測定できる測定項目についても，正確さの精度を数値化しておくために，現地調査が必要となる．

獲物の量

獲物の量とその利用可能度は，猛禽類の個体数を制限することが知られている（Newton 1979, Newton 1998, Dewey and Kennedy 2001）．その結果，猛禽類のハビタットの必要条件は，獲物の分布と関連することが多くなっている．多くの猛禽類では，捕食行動を観察することが難し

表 9-2 森林環境における猛禽類の活動サイトで測定される植生の構造と植生に関する変数

変　数	注釈と参考文献
植物の種の豊かさおよび多様性指数	区画内の植物の種類の記録（Titus and Mosher 1981），および種ごとの確認率の記録（MacKenzie et al. 2006）．
樹木の種の重要度	重要度を算出するために，樹種の相対的な密度と頻度を記録する（Morris and Lemon 1983）．
サイズ，階級および種ごとの立木密度（tree-stem density by size, class, and species）	種ごとに，区画内の全ての樹木の胸高直径を記録することにより直接測定する．異なるサイズ階級をまとめたり，重要度を算出するためにデータを利用する（Titus and Mosher 1981, Morris and Lemon 1983, Selas 1996, Selas 1997a）．区画を行わないサンプリング手法においても，同様の情報を算出することができる（Reynolds et al. 1992, Siders and Kennedy 1996）．
低木層の密度	指数を用いたり，胸高直径または樹高の基準に従って区画内を調査することにより測定する（Titus and Mosher 1981, Morris and Lemon 1983, Rosenfield et al. 1998）．多くの手法が利用できる（Oldemeyer and Regelin 1980, Bullock 1998）．
樹間距離（m）	（Siders and Kennedy 1996, Penteriani and Faivre 1997）．
立木密度（tree density）	1ha 当たりの樹木の個体数（Rosenfield et al. 1998, Garner 1999），またはサイズ階級ごとの個体数（Siders and Kennedy 1996）．
平均胸高直径	調査区画における樹木の胸高位の直径（cm）の平均（Mañosa 1993, Rosenfield et al. 1998）．
胸高断面積合計（m^2/ha）	単位面積当たりの樹木の胸高直径から計算することができる（Morris and Lemon 1983, Mañosa 1993, Cade 1997, Rosenfield et al. 1998），または角度計により測定する．
樹高階級	樹高階級ごとの樹木の集計（Penteriani 2002 の改訂版を参照のこと）．
林分構造の階級	枯死木または瀕死の樹木を分類するために用いる（Devereux and Mosher 1984, Selas 1996）．
樹冠量（crown volume）	高さおよび形態のカテゴリーによって，量を決定する（Moore and Henny 1983）．
樹冠長（crown depth）	樹高の割合として表現する（Reynolds et al. 1992）．
森林の階層構造	林冠および林床における各階層の数（Reynolds et al. 1992）．
林冠量（canopy volume）（m^3）	（Penteriani and Faivre 1997）．
林冠被度（canopy cover）	樹冠が重なり合うために，多数の樹木により被覆される可能性のある面積を測定する．一般的には被覆される割合で表現する（Reynolds et al. 1982, 1992, Penteriani and Faivre 1997）．
林冠，低木層および林床植生のうっ閉度	GRS 濃度計（GRS densitometer）により測定する（K.A. Stumpf，未発表データ）．近年発展している画像解析が有効である（Ortega et al. 2002, Luscier et al. 2006）．
止まり位置における被覆の割合	巣で測定する変数と同様（Leyhe and Ritchison 2004）．
止まり位置における立木密度	巣で測定する変数と同様（Leyhe and Ritchison 2004）．
止まり位置における植生高	止まり位置周辺の林床植生および低木林の全体の高さを m 単位で測定する（Leyhe and Ritchison, 2004）．
植生断面	密度表は，高さごとの植生の量を算出するために利用できる（Nudds 1977, Bullock 1998）．多数の変数とカテゴリーをつくり出すことができ，より定量的な方法を用いることができる（Blondel and Cuvillier 1977）．
樹木間の異質性	平均的な樹木間の距離および変化性の指数（Roth 1976）．
水平的な多様性およびハビタットの異質性	事例と手法は，Litvaitis et al. 1994 を参照のこと．

表9-3　猛禽類の活動サイトおよび活動エリアで測定される地形学的な土地被覆や土地利用に関する変数

変数	注釈と参考文献
標高	高度計による実測や地形図によって測定する（Donázar et al. 1993, Penteriani and Faivre 1997, Martínez et al. 2003），またはデジタルマップおよびGISを用いた数値標高モデルによる変数の解析により把握する（Tapia el al. 2004, López-López et al. 2006）.
斜面勾配の角度および斜面の露出（%）	クリノメーター，アブニー水準儀（測量用クリノメーターの一種）もしくは水準器によって測定する（Titus and Mosher 1981, Reynolds et al. 1982, Penteriani 2002），またはデジタルマップおよびGISを用いた数値標高モデルによる変数の解析により把握する（Tapia et al. 2004, López-López et al. 2006）.
方位	ポイントやサイト方向の方位，斜面からの方位，最も大きい開放的な植生の方位（Titus and Mosher 1981, Reynolds et al. 1982, Selas 1996）.
水域のタイプ	分類する（一時的なものか永久的なものか，渓流，河川，沼，湖，大きさの分類，1ha，1.1～5ha等）（Reynolds et al. 1982）.
水域またはその他の景観要素までの距離	巻尺や歩測で測定する．季節的な水域または永久的かを記録する（Morris and Lemon 1983）．またはデジタルマップおよびGISを用いた数値標高モデルによる変数の解析により把握する.
土壌-森林または土地の生産性指数（soil-woods or land productivity index）	猛禽類の利用と，土地被覆や土地生産性指数との関係については，Newton et al.（1981）を参照のこと.
土地被覆または土地利用	猛禽類のハビタットの研究では，マクロな変数の集合体を得ることが最も一般的である．通常は，活動サイトにおける一般的なハビタットタイプにより分類する（例えば，牧草地，耕作地，植林地，水域，耕作地と森林の境界）．多くの研究で利用されている（Bullock 1998, Sutherland and Green 2004を参照のこと）.
土地被覆の量	haもしくはkm^2単位で測定する，またはカテゴリーに区分する．ラジオテレメトリー（Selas and Rafoss 1999, Newton 1986），目視観察（Tapia et al. 2004），または行動圏の境界もしくはポイントが集中した範囲により描出される区画を測定する間接的な手法（Moorman and Chapman 1996）により把握されるハビタット利用に基づき，算出することができる.
土地の起伏を示す指数（relief index）	活動ポイント周辺の等高線の数に基づく地形変化の指数（González et al. 1990, Donázar et al. 1993）.
Baxter-Wolfeの点在度	トランセクト沿いのハビタットタイプの変化の数により決定する（Litvaitis et al. 1994）.
被覆タイプの面積	利用可能な衛星画像のコンピューターによる解析を含む画像解析．画像の解像度はピクセルサイズにより決まる（Andries et al. 1994）.
人為的な生息妨害	住宅地，建造物，道路等までの距離と数（Tapia et al. 2004, 2007, Balbontín 2005）.
被覆タイプおよび獲物との関連	被覆タイプと猛禽類の利用に関連する獲物の量の指数（Bechard 1982, Thirgood et al. 2003, Ontiveros et al. 2005）.

いため，ハビタット利用への獲物の影響については，多くの場合は，活動エリアレベルの空間スケールで，獲物の量の測定結果と，植生区分や土地利用区分ごとの猛禽類の利用を比較することによって推定されることが多い（Graham and Redpath 1995, Marzluff et al. 1997, Selas 1997b, Bakaloudis et al. 1998, Ontiveros et al. 2005）．猛禽類によって利用された土地利用区分と植生区分は，獲物の量と関連付けられることが多いが（Selas and Steel 1998, Ontiveros et al. 2005），植生の密度によって，これらの関係が不明瞭になることに留意する必要がある．獲物の量にかかわらず，植生が疎な場所では捕食が多くなることがあることから（Bechard 1982, Thirgood et al. 2003, Ontiveros et al. 2005），可能なかぎり，獲物の量と獲物の利用可能度を区分して検討する必要がある（Mosher et al. 1987）．

データの解析

ハビタット選好性を評価するための統計学的な手法は，多種多様であり，それぞれ精度や適用性が異なっている（Alldredge and Ratti 1986, 1992, Titus 1990, Manly et al. 1993, MacKenzie et al. 2006）．野生生物のハビタットの関連性についての多変量の性質を解析する手法として（Corsi et al. 2000），一般化線形モデル，ベイズ法，分類木（分

類ツリー法）のほか，重回帰分析，正準相関分析，主成分分析および判別分析といった多変量統計解析があげられる（Donázar et al. 1989, Kostrezewa 1996, Morrison et al. 1998, González-Oreja 2003）．

ハビタットの特徴は，線形または非線形の効果をもっている場合があり，これらの効果は，生物の個体数に付加的または倍加的な影響を及ぼす可能性がある．ハビタットの複雑な関連性を調べることが可能となる解析手法としては，単純な線形の関係（例えば，単相関）を推定する手法が望ましい．一方，サンプルサイズが不十分で，予測変数が多すぎる場合には，多変量解析を用いる際に問題が発生することが多い（過度にパラメータ化されたモデル）（Morrison et al. 1998）．また，モデルが複雑であったり，サンプルが不十分であったりする場合には，誤った結果を導きやすい．解析に必要となるサンプルサイズは，研究対象のシステムと効果量（effect size）によって異なるが，多変量解析における最低限のサンプルサイズは概ね20個で，解析の変数に応じて3～5個を追加する．Morrison et al.（1998）は，変数ごとに5～10個の追加的なサンプルを用いることによって，より十分なサンプルサイズを確保することができるとしている．しかし，たとえサンプルサイズが十分であっても，計画が不十分であったり，サンプルにバイアスがかかったりしている場合には適切な解析結果は得られない．近年，多くの生物学者が，生物学的な有意差を決定するための統計的な有意性（および任意または事前のp値）の利用から，赤池情報量基準（AIC）（Anderson et al. 2000, Jongman et al. 2001）のようなモデルを選択する手法によって求められた，競合する複数のアプリオリモデルの利用に移行している（Anderson et al. 2000, Jongman et al. 2001）．これらの解析を行う際には，まず，利用する統計的手法の必要条件と制限事項を十分に理解しなくてはならない（Manly 1993, Morrison et al. 1998）．

近年，猛禽類やその他の脊椎動物の分布を統計的に解析する手法（すなわち，分布図の作成）が一般的になってきている（Bustamante 1997, Sánchez-Zapata and Calvo 1999, Sergio et al. 2003, Rushton et al. 2004）．このような分布図の有用性はやや限定されるものの（Donald and Fuller 1998, Sutherland 2000），生物の存在を推定する際に有効であり，ハビタットの適合性を評価する際に用いられることが多い（Osborne and Tigar 1992, Tobalske and Tobalske 1999, Jaber and Guisan 2001, Bustamante and Seoane 2004, Tapia et al. 2004, および印刷中）．この解析手法を説明するため，Ourense 州（7,278km^2，スペインの北西のガリシア地方の南東に位置する）における過去と現在のイヌワシ（*Aquila chrysaetos*）の分布図の解析事例を示すことにする．

イヌワシの現在の分布は，1997～2002年の春季に，州内で繁殖ペアを探索することによって推定されている．また，過去の分布は，出版物からの情報や，生物学者や狩猟番人による過去の野外調査結果によって推定されている．土地利用，人為的活動の程度，地形の不規則性およびハビタットの異質性といった環境変数が，ハビタットの特質をモデル化するために選択されている．これらの変数は10km^{2}のグリッドごとに示されている．これらの環境変数は，GISソフトを用いて，1:50,000スケールのデジタルマップから取得されている．イヌワシの分布は，①現在（1997～2002年），②過去（1960年代および1970年代）および③現在と過去の統合の3つの時期ごとに解析されている．従属変数として，イヌワシの在不在のデータを用いて，各時期におけるロジスティック回帰分析が行われている．なお，Ourense 州のイヌワシの分布は，完全に把握されており，分布が不明となっている場所は存在しないことが分かっている（Hirzel et al. 2002, Bustamante and Seoane 2004）．検討された空間スケールにおいて，繁殖期におけるハビタットの適合性を最も的確に示す予測変数は，高低差の大きさを指標する地形的な変数である．これらの解析によって描かれた分布図は，10km^{2}グリッドにおけるイヌワシの生息可能性の推定結果を示したものである．

保護管理者はこのモデルを次のように利用できる．①各グリッドにおける林業や，採鉱，火災の影響を想定し，環境へのインパクトを効果的に評価する，②獲物の密度と獲物の利用可能度を高める管理を行うための低木林を抽出する，③イヌワシの生息を脅かす要因の存在（例えば，風力発電施設，電線等）をモニタリングするためのエリアを年ごとに抽出する，④イヌワシの生息を脅かす可能性のある野外レクリエーション活動を規制する，⑤崖や岩の露出といった潜在的に営巣に適した位置をデータベース化する．なお，新しい分布図を作成したり，再導入に適した範囲の拡大や，縮小，抽出を行ったり，保護エリアを策定するための基礎データとしたりするために，営巣地の位置に関する情報は毎年更新する必要がある．

結　論

本章の終わりにあたって，今日においても全く色褪せていない本書の初版（1987年に出版）からの引用で締めく

くりたい.「近年の文献によって明らかになっているように,猛禽類のハビタット研究は,ますます厳密さが求められるようになってきている.より正確でより的確な論点に対する回答が必要であり,生態学的な説明や保護管理へ適用することが目的であるかどうかにかかわらず,多くの場合,統計学的な視点での検討が必須となっている.政府機関へ提出する原稿や報告書は,ますます厳密な手法の検討や統計解析が必要とされるようになっている.サンプルサイズの問題や地域によって手法の適用が制限されることを踏まえると,研究者は,共同研究の実施の可能性や,実証されている手法や測定手法の適用を検討するべきである.データを集約することにより,データの価値が高まり,そのことにより巨大で共有されることになったデータベースに,より複雑な統計解析を適用することが可能となる.」(Mosher et al. 1987:93)

謝 辞

この章を記述している間,Luis Tapia はガリシア自治州政府(Xunta de Galicia)からポストドクター助成金による支援を受けた.また,David Bird には,本章の投稿を忍耐強く待っていただき,感謝している.

引用文献

ALLDREDGE, J.R. AND J.T. RATTI. 1986. Comparison of some statistical techniques for analysis of resource selection. *J. Wildl. Manage.* 50:157－165.

―― AND J.T. RATTI. 1992. Further comparison of some statistical techniques for analysis of resource selection. *J. Wildl. Manage.* 56:1－9.

AMAR, A. AND S.M. REDPATH. 2005. Habitat use by Hen Harriers *Circus cyaneus* in Orkney: implications of land-use change for this declining population. *Ibis* 147:37－47.

AMAT, J.A. AND J.A. MASERO. 2004. Predation risk on incubating adults constrains the choice of thermally favourable nest sites in a plover. *Anim. Behav.* 67:293－300.

ANDERSON, S.H. AND K.J. GUTZWILLER. 1994. Habitat evaluation methods. Pages 254－271 in T.A. Bookhout [ED.], Research and management techniques for wildlife and habitats. The Wildlife Society, Bethesda, MD U.S.A.

ANDERSON, D.R., K.P. BURNHAM AND W.L. THOMPSON. 2000. Null hypothesis testing: problems, prevalence, and an alternative. *J. Wildl. Manage.* 64:912－923.

ANDRIES, A.M., H. GULINCK AND M. HERREMANS. 1994. Spatial modeling of the Barn Owl *Tyto alba* habitat using landscape characteristics derived from SPOT data. *Ecography* 17:278－287.

ANTHONY, R.G., E.D. FORSMAN, A.B. FRANKLIN, D.R. ANDERSON, K.P. BURNHAM, G.C. WHITE, C.J. SCHWARZ, J.D. NICHOLS, J.E. HINES, G.S. OLSEN, S.H. ACKERS, L.S. ANDREWS, B.L. BISWELL, P.C. CARLSON, L.V. DILLER, K.M. DUGGER, K.E. FEHRING, T.L. FLEMING, R.P. GERHARDT, S.A. GREMEL, R.J. GUTIERREZ, P.J. HAPPE, D.L. HERTER, J.M. HIGLEY, R.B. HORN, L.L. IRWIN, P.J. LOSCHL, J.A. REID AND S.G. SOVERN. 2006. Status and trends in demography of Northern Spotted Owls, 1985－2003. *Wildl. Monogr.* 163:1－48.

ARMSTRONG, E. AND D. EULER. 1982. Habitat usage of two woodland Buteo species in central Ontario. *Can. Field-Nat.* 97:200－207.

ARROYO, B., J. GARCÍA AND V. BRETAGNOLLE. 2002. Conservation of the Montagu's Harrier (*Circus pygargus*) in agricultural areas. *Anim. Conserv.* 5:283－290.

BAKALOUDIS, D.E., C.G. VLACHOS AND G.J. HOLLOWAY. 1998. Habitat use by Short-toed Eagles *Circaetus gallicus* and their reptilian prey during the breeding season in Dadia Forest (northeastern Greece). *J. Appl. Ecol.* 35:821－828.

BALBONTÍN, J. 2005. Identifying suitable habitat for dispersal in Bonelli's Eagle: an important issue in halting its decline in Europe. *Biol. Conserv.* 126:74－83.

BARROWS, C.W. 1981. Roost selection by Spotted Owls: an adaptation to heat stress. *Condor* 83:302－309.

BECHARD, M.J. 1982. Effect of vegetative cover on foraging site selection by Swainson's Hawk. *Condor* 84:153－159.

BEDNARZ, J.C. AND J.J. DINSMORE. 1982. Nest-sites and habitat of Red-shouldered and Red-tailed hawks in Iowa. *Wilson Bull.* 94:31－45.

BERTHOLD, P. 1993. Bird migration: a general survey. Oxford University Press, New York, NY U.S.A.

BEVERS, M. AND C.H. FLATHER. 1999. The distribution and abundance of populations limited at multiple spatial scales. *J. Anim. Ecol.* 68:976－987.

BIRD, D.M., D.E. VARDLAND AND J.J. NEGRO [EDS.]. 1996. Raptors in human landscapes: adaptations to built and cultivated environments. Academic Press, San Diego, CA U.S.A.

BLONDEL, J. AND R. CUVILLIER. 1977. Une methode simple et rapide pour decride les habitats d'oiseaux: le stratiscope. *Oikos* 29:326－331.

BOAL, C.W. 1997. An urban environment as an ecological trap for Cooper's Hawks. Ph.D. dissertation, University of Arizona, Tucson, AZ U.S.A.

――, D.E. ANDERSEN AND P.L. KENNEDY. 2003. Home range and residency status of Northern Goshawks breeding in Minnesota. *Condor* 105:811－816.

――, D.E. ANDERSEN AND P.L. KENNEDY. 2005. Foraging and nesting habitat of Northern Goshawks in the Laurentian Mixed Forest Province, Minnesota. *J. Wildl. Manage.* 69:1516－1527.

BOSAKOWSKI, T. AND R. SPEISER. 1994. Macrohabitat selection by nesting Northern Goshawks: implications for managing eastern forests. *Stud. Avian Biol.* 16:46－49.

BOSCH, J., A. BORRAS AND J. FREIXAS. 2005. Nesting habitat

selection of Booted Eagle *Hieraaetus pennatus* in Central Catalonia. *Ardeola* 52:225 – 233.

BUCKLAND, S.T. AND D.A. ELSTON. 1993. Empirical models for spatial distribution of wildlife. *J. Appl. Ecol.* 30:478 – 495.

BULLOCK, J. 1998. Plants. Pages 111 – 138 in W.J. Sutherland [ED.], Ecological census techniques. Cambridge University Press, Cambridge, United Kingdom.

BURNHAM, W.A. AND W.G. MATTOX. 1984. Biology of the Peregrine and Gyrfalcon in Greenland. *BioScience* 14:1 – 25.

BUSTAMANTE, J. 1997. Predictive models for Lesser Kestrel (*Falco naumanni*) distribution, abundance and extinction in southern Spain. *Biol. Conserv.* 80:153 – 160.

—— AND J. SEOANE. 2004. Predicting the distribution of four species of raptors (Aves: Accipitridae) in southern Spain: statistical models work better than existing maps. *J. Biogeogr.* 31:295 – 306.

——, J.A. DONÁZAR, F. HIRALDO, O. CEBALLOS AND A. TRAVAINI. 1997. Differential habitat selection by immature and adult Grey Eagle-buzzards *Geranoaetus melanoleucus*. *Ibis* 139:322 – 330.

CADE, B.S. 1997. Comparison of tree basal area and canopy cover in habitat models: subalpine forest. *J. Wildl. Manage.* 61:326 – 335.

CADE, T.J. 1960. Ecology of the Peregrine and Gyrfalcon populations in Alaska. *Univ. Calif. Publ. Zool.* 63:151 – 290.

——, J.H. ENDERSON, C.G. THELANDER AND C.M. WHITE [EDS.]. 1988. Peregrine Falcon populations: their management and recovery. The Peregrine Fund, Boise, ID U.S.A.

CANAVELLI, S.B., M.J. BECHARD, B. WOODBRIDGE, M.N., KOCHERT, J.J. MACEDA AND M.E. ZACCAGNINI. 2003. Habitat use by Swainson's Hawks on their austral wintering grounds in Argentina. *J. Raptor Res.* 37:125 – 134.

CARRETE, M., J.A. SÁNCHEZ-ZAPATA AND J.F. CALVO. 2000. Breeding densities and habitat attributes of Golden Eagles in southeastern Spain. *J. Raptor Res.* 34:48 – 52.

CERASOLI, M. AND V. PENTERIANI. 1996. Nest-site and aerial meeting point selection by Common Buzzards (*Buteo buteo*) in Central Italy. *J. Raptor Res.* 30:130 – 135.

CODY, M.L. 1981. Habitat selection in birds: the roles of vegetation structure, competitors and productivity. *BioScience* 31:107 – 113.

——. 1985. Habitat selection in birds. Academic Press, Orlando, FL U.S.A.

CORSI, F., J. LEEUW AND A. SKIDMORE. 2000. Modeling species distribution with GIS. Pages 389 – 434 in L. Boitani and T.K. Fuller [EDS.], Research techniques in animal ecology: controversies and consequences. Columbia University Press, New York, NY U.S.A.

DAW, S.K. AND S. DESTEFANO. 2001. Forest characteristics of Northern Goshawk nest stands and post-fledging areas in Oregon. *J. Wildl. Manage.* 65:59 – 65.

DESTEFANO, S. 2005. A review of the status and distribution of Northern Goshawks in New England. *J. Raptor Res.* 39:342 – 350.

——, M.T. MCGRATH, S.K. DAW AND S.M. DESIMONE. 2006. Ecology and habitat of breeding Northern Goshawks in the inland Pacific Northwest: a summary of research in the 1990s. *Stud. Avian Biol.* 31:75 – 84.

DEVEREUX, J.C. AND J.A. MOSHER. 1984. Breeding ecology of Barred Owls in central Appalachians. *J. Raptor Res.* 18:49 – 58.

DEWEY, S.R. AND P.L. KENNEDY. 2001. Effects of supplemental food on parental care strategies and juvenile survival of Northern Goshawks. *Auk* 118:352 – 365.

DIFFENDORFER, J.E. 1998. Testing models of source-sink dynamics and balanced dispersal. *Oikos* 81:417 – 433.

DONALD, P.F. AND R.J. FULLER. 1998. Ornithological atlas data: a review of uses and limitations. *Bird Study* 45:129 – 145.

DONÁZAR, J.A., O. CEBALLOS AND C. FERNÁNDEZ. 1989. Factors influencing the distribution and abundance of seven cliff-nesting raptors: a multivariate study. Pages 545 – 551 in B.-U. Meyburg and R.D. Chancellor [EDS.], Raptors in the modern world. World Working Group for Birds of Prey and Owls, London, United Kingdom.

——, F. HIRALDO AND J. BUSTAMANTE. 1993. Factors influencing nest site selection, breeding density and breeding success in the Bearded Vulture (*Gypaetus barbatus*). *J. Appl. Ecol.* 30:504 – 514.

EDWARDS, T.C., E.T. DESHLER, D. FOSTER AND G.G. MOISEN. 1996. Adequacy of wildlife habitat relation models for estimating spatial distributions of terrestrial vertebrates. *Conserv. Biol.* 10:263 – 270.

ESPIE, R.H.M., P.C. JAMES, L.W. OLIPHANT, I.G. WARKENTIN AND D.J. LIESKE. 2004. Influence of nest-site and individual quality in breeding performance in Merlins *Falco columbarius*. *Ibis* 148:623 – 631.

FARREL, L. [ED.]. 1981. Heathland management. Nature Conservancy Council, Peterborough, United Kingdom.

FERRER, M. AND M. HARTE. 1997. Habitat selection by immature Spanish Imperial Eagles during the dispersal period. *J. Appl. Ecol.* 34:1359 – 1364.

FINN, S.P., D.E. VARLAND AND J.M. MARZLUFF. 2002. Does Northern Goshawk breeding occupancy vary with nest-stand characteristics on the Olympic Peninsula, Washington? *J. Raptor Res.* 36:265 – 279.

FORD, E.D. 2000. Scientific method for ecological research. Cambridge University Press, Cambridge, United Kingdom.

GAINZARAIN, J.A., R. ARAMBARRI AND A.F. RODRÍGUEZ. 2002. Population size and factors affecting the density of Peregrine Falcon (*Falco peregrinus*) in Spain. *Ardeola* 49:67 – 74.

GARNER, H.D. 1999. Distribution and habitat use of Sharp-shinned and Cooper's Hawks in Arkansas. *J. Raptor Res.* 33:329 – 332.

GARSHELIS, D.L. 2000. Delusions in habitat evaluation: measuring use, selection, and importance. Pages 111 – 164 in L. Boitani and T.K. Fuller [EDS.], Research techniques in animal ecology: controversies and consequences, Columbia University Press, New York, NY U.S.A.

Gibbons, D., S. Gates, R.E. Green, R.J. Fuller and R.M. Fuller. 1994. Buzzards *Buteo buteo* and Ravens *Corvus corax* in the uplands of Britain: limits to distribution and abundance. *Ibis* 137:S75 − S84.

Gil-Sánchez, J.M., F. Molino Garrido and S. Valenzuela Serrano. 1996. Selección de hábitat de nidificación por el Águila perdicera (*Hieraaetus fasciatus*) en Granada (SE de España). *Ardeola* 43:189 − 197.

González, L.M., J. Bustamante and F. Hiraldo. 1990. Factors influencing the present distribution of the Spanish Imperial Eagle Aquila adalberti. *Biol. Conserv.* 51:311 − 319.

González-Oreja, J.A. 2003. Aplicación de análisis multivariantes al estudio de las relaciones entre las aves y sus hábitats: un ejemplo con paseriformes montanos no forestales. *Ardeola* 50:47 − 58.

Graham, I.M. and S.M. Redpath. 1995. The diet and breeding density of Common Buzzards Buteo buteo in relation to indices of prey abundance. *Bird Study* 42:165 − 173.

Green, G.A. and M.L. Morrison. 1983. Nest site characteristics of sympatric Ferruginous and Swainson's Hawks. Murrelet 64:20 − 22.

Guisan, A. and W. Thuiller. 2005. Predicting species distribution: offering more than simple habitat models. *Ecol. Letters* 8:993 − 1009.

Hall, L.S., P.R. Krausman and M.L. Morrison. 1997. The habitat concept and a plea for standard terminology. *Wildl. Soc. Bull.* 25:173 − 182.

Hayward, G.D. and E.O. Garton. 1984. Roost habitat selection by three small forest owls. *Wilson Bull.* 96:690 − 692.

Hirzel, A.H., J. Hauser, D. Chessel and N. Perrin. 2002. Ecological-niche factor analysis: how to compute habitat-suitability maps without absence data? *Ecology* 83:2027 − 2036.

———, A.H., B. Posse, P.A. Oggier, Y. Crettenand, C. Glenz and R. Arlettaz. 2004. Ecological requirements of reintroduced species and the implications for release policy: the case of the Bearded Vulture. *J. Appl. Ecol.* 41:1103 − 1116.

Holmes, T.L., R.L. Knight and G.R. Crag. 1993. Responses of wintering grassland raptors to human disturbance. *Wildl. Soc. Bull.* 21:461 − 468.

Hubert, C. 1993. Nest-site habitat selected by Common Buzzard (*Buteo buteo*) in Southwestern France. *J. Raptor Res.* 27:102 − 105.

Iverson, G.C., G.D. Hayward, K. Titus, E. Degayner, R.E. Lowell, D.C. Crocker-Bedlford, P.F. Schempf and J. Lindell. 1996. Conservation assessment for the Northern Goshawk in southeast Alaska. USDA Forest Service General Technical Report, PNW-GTR-387, Pacific Northwest Research Station, Portland, OR U.S.A.

Jaber, C. and A. Guisan. 2001. Modeling the distribution of bats in relation to landscape structure in a temperate mountain environment. *J. Appl. Ecol.* 38:1169 − 1181.

James, P.C., I.G. Warkentin and L.W. Oliphant. 1994. Population viability analysis of urban Merlins. [Abstract]. *J. Raptor Res.* 28:47.

Janes, S.W. 1985. Habitat selection in raptorial birds. Pages 159 − 188 in M.L. Cody [Ed.], Habitat selection in birds. Academic Press, San Diego, CA U.S.A.

Jones, J. 2001. Habitat selection in avian ecology: a critical review. *Auk* 118:557 − 562.

Jongman, R.H.G., C.J.F. Ter Braak and O.F.R. Van Tongeren. 2001. Data analysis in community and landscape ecology. Cambridge University Press, Cambridge, United Kingdom.

Keister, G.P., R.G. Anthony and H.R. Holbo. 1985. A model of energy consumption in Bald Eagles: an evaluation of night communal roosting. *Wilson Bull.* 97:148 − 160.

Kennedy, P.L. 1997. The Northern Goshawk (*Accipiter gentilis atricapillus*): is there evidence of a population decline? Special issue on responses of forest raptors to management: a holarctic perspective. *J. Raptor Res.* 31:95 − 106.

———. 2003. Northern Goshawk conservation assessment for Region 2, USDA Forest Service. www.fs.fed.us/r2/projects/scp/assessments/northerngoshawk.pdf (accessed 1 November 2006).

———, J.M. Ward, G.A. Rinker and J.A. Gessaman. 1994. Postfledging areas in Northern Goshawk home ranges. *Stud. Avian Biol.* 16:75 − 82.

Koeln, G.T., L.M. Cowardin and L.S. Laurence. 1994. Geographic information systems. Pages 540 − 566 in T. A. Bookhout [Ed.], Research and management techniques for wildlife and habitats. The Wildlife Society, Bethesda, MD U.S.A.

Korpimaki, E. 1984. Clutch size and breeding success of Tengmalm's Owl *Aegolius funereus* in natural cavities and nest boxes. *Ornis Fenn.* 61:80 − 83.

Kostrezewa, A. 1996. A comparative study of nest-site occupancy and breeding performance as indicators for nesting-habitat quality in three European raptor species. *Ethol. Ecol. Evol.* 8:1 − 18.

Levin, S.A. 1992. The problem of pattern and scale in ecology. *Ecology* 73:1943 − 1967.

Leyhe, J.E. and G. Ritchison. 2004. Perch sites and hunting behavior of Red-tailed Hawks (*Buteo jamaicensis*). *J. Raptor Res.* 38:19 − 25.

Litvaitis, J.A., K. Titus and E.M. Anderson. 1994. Measuring vertebrate use of terrestrial habitats and foods. Pages 254 − 271 in T.A. Bookhout [Ed.], Research and management techniques for wildlife and habitats. The Wildlife Society, Bethesda, MD U.S.A.

Lokemoen, J.T. and H.F. Duebbert. 1976. Ferruginous Hawk nesting ecology and raptor populations in northern South Dakota. *Condor* 78:464 − 470.

López-López, P., C. García-Ripollés, J.M. Aguilar, F. García-López and J. Verdejo. 2006. Modeling breeding habitat preferences of Bonelli's Eagle (*Hieraaetus fasciatus*) in relation to topography, disturbance, climate and land use at different spatial scales. *J. Ornithol.* 147:97 — 106.

LUSCIER, J. D., W. L. THOMPSON, J. M. WILSON, B. E. GORHAM, AND L.D. DRAGUT. 2006. Using digital photographs and object-based image analysis to estimate percent ground cover in vegetation plots. *Frontiers Ecol. Environ.* 4:408 — 413.

MACKENZIE, D.I. 2005. What are the issues with presence-absence data for wildlife managers? *J. Wildl. Manage.* 69:849 — 860.

———, J. D. NICHOLS, J.A. ROYLE, K.H. POLLOCK, L.L. BAILEY AND J.E. HINES. 2006. Occupancy estimation and modeling. Academic Press, Boston, MA U.S.A.

MADDERS, M. 2000. Habitat selection and foraging success of Hen Harriers *Circus cyaneus* in west Scotland. *Bird Study* 47:32 — 40.

MANLY, B., L. MCDONALD AND D. THOMAS. 1993. Resource selection by animals. Chapman and Hall, London, United Kingdom.

MANNAN, R.W., W.A. ESTES AND W.J. MATTER. 2004. Movements and survival of fledgling Cooper's Hawks in an urban environment. *J. Raptor Res.* 38:26 — 34.

———, R.N. MANNAN, C.A. SCHMIDT, W.A. ESTES-ZUMPF AND C.W. BOAL. 2007. Influence of natal experience on nest site selection by urban-nesting Cooper's Hawks. J. Wildl. Manage. 71:64 — 68.

MAÑOSA, S. 1993. Selección de hábitat de nidificación en el Azor (*Accipiter gentilis*): recomendaciones para su gestión. *Alytes* 6:125 — 136.

———, J. REAL AND J. CODINA. 1998. Selection of settlement areas by juvenile Bonelli's Eagle in Catalonia. *J. Raptor Res.* 32:208 — 214.

MARCSTRÖM, V., R.E. KENWARD AND E. ENGRE. 1988. The impact of predation on boreal Tetraonids during the vole cycles: an experimental study. *J. Anim. Ecol.* 57:895 — 872.

MARINÉ, R. AND J. DALMAU. 2000. Uso del hábitat por el Mochuelo boreal (*Aegolius funereus*) en Andorra (Pirineo Oriental) durante el período reproductor. *Ardeola* 47:29 — 36.

MARION, W.R. AND R.A. RYDER. 1975. Perch-site preferences of four diurnal raptors in northeastern Colorado. Condor 77: 350 — 352.

MARTÍNEZ, J.E. AND J.F. CALVO. 2000. Selección de hábitat de nidificación por el Búho real (*Bubo bubo*) en ambientes mediterráneos semiáridos. *Ardeola* 4:215 — 220.

MARTÍNEZ, J.A., G. LÓPEZ, F. FALCO, A. CAMPO AND A. DELA VEGA. 1999. Hábitat de caza y nidificación del Aguilucho cenizo (*Circus pygargus*) en el Parque Natural de la Mata-Torrevieja (Alicante, SE de España): efectos de la estructura de la vegetación y de la densidad de presas. 46:205 — 212.

———, D. SERRANO AND I. ZUBEROGOITIA. 2003. Predictive models of habitat preferences of Eurasian Eagle Owl *Bubo bubo*: a multiscale approach. *Ecography* 26:21 — 28.

MARZLUFF, J.M., B.A. KIMSEY, L.S. SCHUEK, M.E. MCFADZEN, M.S. VEKASY AND J.C. BEDNARZ. 1997. The influence of habitat, prey abundance, sex, and breeding success on ranging behavior of Prairie Falcons. *Condor* 99:567 — 584.

MCCLAREN, E.L., P.L. KENNEDY AND D.D. DOYLE. 2005. Northern Goshawk (*Accipiter gentilis laingi*) post-fledging areas on Vancouver Island, British Columbia. *J. Raptor Res.* 39:253 — 263.

MCGRADY, M.J., J.R. GRANT, I.P. BAINBRIDGE AND D.R.A. MCLEOD. 2002. A model of Golden Eagle (*Aquila chrysaetos*) ranging behaviour. *J. Raptor Res.* 36(Suppl.):62 — 69.

MCGRATH, M.T., S. DESTEFANO, R.A. RIGGS, L.L. IRWIN AND G.J. ROLOFF. 2003. Spatially explicit influences on Northern Goshawk nesting habitat in the interior Pacific Northwest. *Wildl. Monogr.* 154:1 — 63.

MCINTYRE, C.L. 2002. Patterns in nesting area occupancy and reproductive success of Golden Eagles (*Aquila chrysaetos*) in Denali National Park and Preserve, Alaska, 1988 — 99. *J. Raptor Res.* 36(Suppl.):50 — 54.

MCLEOD, M.A., B.A. BELLEMAN, D.E. ANDERSEN AND G.W. OEHLERT. 2000. Red-shouldered Hawk nest site selection in north-central Minnesota. *Wilson Bull.* 112:203 — 213.

MITCHELL, M.S., R.A. LANCIA AND J.A. GERWIN. 2001. Using landscape-level data to predict the distribution of birds on a managed forest: effects of scale. *Ecol. Appl.* 1:1692 — 1708.

MOORE, K.R. AND C.H. HENNY. 1983. Nest site characteristics of three coexisting Accipiter hawks in northeastern Oregon. *Raptor Res.* 17:65 — 76.

MOORMAN, C.E. AND B.R. CHAPMAN. 1996. Nest-site selection of Red-shouldered and Red-tailed Hawks in a managed forest. *Wilson Bull.* 108:357 — 368.

MORRIS, M.M.J., B.L. PENAK, R.E. LEMON AND D.M. BIRD. 1982. Characteristics of Red-shouldered Hawk, *Buteo lineatus*, nest sites in southwestern Quebec. *Can. Field. Nat.* 96:139 — 142.

——— AND R.E. LEMON. 1983. Characteristics of vegetation and topography near Red-shouldered Hawk nests in southwestern Quebec. *J. Wildl. Manage.* 47:138 — 145.

MORRISON, M.L. 2001. A proposed research emphasis to overcome the limits of wildlife-habitat relationship studies. *J. Wildl. Manage.* 65:613 — 623.

———, B.G. MARCOT AND R.W. MANNAN. 1998. Wildlife-habitat relationships: concepts and applications. University of Wisconsin Press, Madison, WI U.S.A.

MOSHER, J.A., K. TITUS AND M.R. FULLER. 1987. Habitat sampling, measurement and evaluation. Pages 81 — 97 in B.A. Giron Pendleton, B.A. Millsap, K.W. Cline, and D.M. Bird [EDS.], Raptor management techniques manual. National Wildlife Federation, Washington, DC U.S.A.

NEWTON, I. 1979. Population ecology of raptors. T. & A.D. Poyser, London, United Kingdom.

———. 1986. The Sparrowhawk. T. & A.D. Poyser, Calton, United Kingdom.

———. 1998. Population limitation in birds. Academic Press, London, United Kingdom.

———, M. MARQUISS, AND D. MOSS. 1981. Distribution and breeding of Red Kites in relation to land-use in Wales. *J. Appl. Ecol.* 19:681 — 706.

NORRIS, K. 2004. Managing threatened species: the ecological toolbox, evolutionary theory and declining-population paradigm. *J. Appl. Ecol.* 41:413 — 426.

NUDDS, T.D. 1977. Quantifying the vegetative structure of wildlife cover. *Wildl. Soc. Bull.* 5:113 — 117.

OLDEMEYER, J.L. AND W.L. REGELIN. 1980. Comparison of 9 methods of estimating density of shrubs and saplings in Alaska. *J. Wildl. Manage.* 38:280 — 282.

ONTIVEROS, D. 1999. Selection of nest cliffs by Bonelli's Eagle (*Hieraaetus fasciatus*) in southern Spain. *J. Raptor Res.* 33: 110 — 116.

———, J.M. PLEGUEZUELOS AND J. CARO. 2005. Prey density, prey detectability and food habits: the case of Bonelli's Eagle and the conservation measures. *Biol. Conserv.* 123:19 — 25.

ORIANS, G.H. AND J.F. WITTENBERGER. 1991. Spatial and temporal scales in habitat selection. *Am. Nat.* 137:S29 — S49.

ORTEGA, C.P., J.C. ORTEGA, F.B. SFORZA AND P.M. SFORZA. 2002. Methods for determining concealment of arboreal bird nests. *Wildl. Soc. Bull.* 30:1050 — 1056.

OSBORNE, P.E. AND B.J. TIGAR. 1992. Interpreting bird atlas data using models: an example from Lesotho, Southern Africa. *J. Appl. Ecol.* 29:55 — 62.

PEARCE, J. AND S. FERRIER. 2001. The practical value of relative abundance of species for regional conservation planning: a case study. *Biol. Conserv.* 98:33 — 43.

PENTERIANI, V. 2002. Goshawk nesting habitat in Europe and North America: a review. *Ornis Fenn.* 79:149 — 163.

——— AND B. FAIVRE. 1997. Breeding density and nest site selection in a Goshawk *Accipiter gentilis* population of Central Apennines (Abruzzo, Italy). *Bird Study* 44:136 — 145.

PLUMPTON, D.L. AND D.E. ANDERSEN. 1997. Habitat use and time budgeting by wintering Ferruginous Hawks. *Condor* 98: 888 — 893.

POIRAZIDIS, K., V. GOUTNER, T. SKARTSI AND G. STAMOU. 2004. Modeling nesting habitat as a conservation tool for the Eurasian Black Vulture (*Aegypius monachus*) in Dadia Nature Reserve, northeastern Greece. *Biol. Conserv.* 111:235 — 248.

PRESTON, C. 1980. Differential perch site selection by color morphs of the Red-tailed Hawk. *Auk* 97:782 — 789.

———. 1990. Distribution of raptor foraging in relation to prey biomass and habitat structure. *Condor* 92:107 — 112.

PRIBIL, S. AND J. PICMAN. 1997. The importance of using the proper methodology and spatial scale in the study of habitat selection by birds. *Can. J. Zool.* 75:1835 — 1844.

PULLIAM, H.R. 1988. Sources, sinks, and population regulation. *Am. Nat.* 132:652 — 661.

QUINN, G.P. AND M.J. KEOUGH. 2002. Experimental design and data analysis for biologists. Cambridge University Press, Cambridge, United Kingdom.

RATCLIFFE, D. 1962. Breeding density in the Peregrine Falcon *Falco peregrinus* and Raven *Corvus corax*. *Ibis* 104:13 — 39.

———. 1993. The Peregrine Falcon. T. & A.D. Poyser, London, United Kingdom.

REICH, R.M., S.M. JOY AND R.T. REYNOLDS. 2004. Predicting the location of northern goshawk nests: modeling the spatial dependency between nest locations and forest structure. *Ecol. Model.* 176:109 — 133.

REYNOLDS, R.T., E.C. MESLOW AND H.M. WIGHT. 1982. Nesting habitat of coexisting Accipiter in Oregon. *J. Wildl. Manage.* 46:124 — 138.

———, R.T. GRAHAM, M.H. REISER, R.L. BASSETT, P.L. KENNEDY, D.A. BOYCE, G. GOODWIN, R. SMITH AND E.L. FISHER. 1992. Management recommendations for the Northern Goshawk in the southwestern United States. USDA Forest Service General Technical Report RM-217, Rocky Mountain Forest and Range Experiment Station, Ft. Collins, CO U.S.A.

RICO-ALCÁZAR, L., J.A. MARTÍNEZ, S. MORÁN, J.R. NAVARRO AND D. RICO. 2001. Preferencias de hábitat del Águila-azor perdicera (*Hieraaetus fasciatus*) en Alicante (E de España) a dos escalas espaciales. *Ardeola* 48:55 — 62.

ROLSTAD, J., E. ROLSTAD AND Ø. SETEREN. 2000. Black Woodpecker nest sites: characteristics, selection and reproductive success. *J. Wildl. Manage.* 64:1053 — 1066.

ROMESBURG, H.C. 1981. Wildlife science: gaining reliable knowledge. J. Wildl. Manage. 45:293 — 313.

ROSENFIELD, R.N., J. BIELEFELDT, D.R. TREXEL AND T.C.J. DOOLITTLE. 1998. Breeding distribution and nest-site habitat of Northern Goshawks in Wisconsin. *J. Raptor Res.* 32:189 — 194.

ROTENBERRY, J.T. AND S.T. KNICK. 1999. Multiscale habitat associations of the Sage Sparrow: implications for conservation biology. *Stud. Avian Biol.* 19:95 — 103.

ROTH, R.R. 1976. Spatial heterogeneity and bird species diversity. *Ecology* 57:773 — 782.

ROTTEMBORN, S. 2000. Nest-site selection and reproductive success of urban Red-shouldered Hawks in central California. *J. Raptor Res.* 34:18 — 25.

RUSHTON, S.P., S.J. ORMEROD AND G. KERBY. 2004. New paradigms for modeling species distributions? *J. Appl. Ecol.* 41:193 — 200.

RUTZ, C. 2003. Assessing the breeding season diet of Goshawk *Accipiter gentilis*: biases of plucking analysis quantified by means of continuous radio monitoring. *J. Zool., Lond.* 159: 209 — 217.

SALAMOLARD, M. 1997. Utilisation de l'espace par le busard cendré *Circus pygargus*. *Alauda* 65:307 — 320.

SÁNCHEZ-ZAPATA, J.A. AND J.F. CALVO. 1999. Raptor distribution in relation to landscape composition in semi-arid Mediterranean habitats. *J. Appl. Ecol.* 36:254 — 262.

SCHMUTZ, J.K., S.M. SCHMUTZ AND D.A. BOAG. 1980. Coexistence of three species of hawks (*Buteo* spp.) in the prairie-parkland ecotone. *Can. J. Zool.* 58:1075 — 1089.

SEAVY, N.E. AND C.K. APODACA. 2002. Raptor abundance and habitat use in a highly disturbed forest landscape in western

Uganda. *J. Raptor Res.* 36:51 − 57.
SELAS, V. 1996. Selection and reuse of nest stands by Sparrowhawks *Accipiter nisus* in relation to natural and manipulated variation in tree density. *J. Avian Biol.* 27:56 − 62.
———. 1997a. Nest-site selection by four sympatric forest raptors in southern Norway. *J. Raptor Res.* 31:16 − 25.
———. 1997b. Influence of prey availability on re-establishment of Goshawk *Accipiter gentilis* nesting territories. *Ornis Fenn.* 74:113 − 120.
——— AND C. STEEL. 1998. Large brood sizes of Pied Flycatcher, Sparrowhawk and Goshawk in peak microtine years: support for the mast depression hypothesis. *Oecologia* 116:449 − 455.
——— AND T. RAFOSS. 1999. Ranging behaviour and foraging habitats of breeding Sparrowhawks *Accipiter nisus* in a continuous forested area in Norway. *Ibis* 141:269 − 276.
SERGIO, F., P. PEDRINI AND L. MARCHESI. 2003. Adaptive selection of foraging and nesting habitat by Black Kites (*Milvus migrans*) and its implications for conservation: a multi-scale approach. *Biol. Conserv.* 112:351 − 362.
SIDERS, M.S. AND P.L. KENNEDY. 1996. Forest structural characteristics of Accipiter nesting habitat: is there an allometric relationship? *Condor* 98:123 − 132.
SIMMONS, R. AND P.C. SMITH. 1985. Do Northern Harriers (*Circus cyaneus*) choose nest site adaptively? *Can. J. Zool.* 63:494 − 498.
SQUIBB, R.C. AND V.P.W. HUNT. 1983. A comparison of nesting ledges used by seabirds on St. George Island. *Ecology* 64:727 − 734.
SQUIRES, J. AND P.L. KENNEDY. 2006. Northern Goshawk ecology: an assessment of current knowledge and information needs for conservation and management. *Stud. Avian Biol.* 31:8 − 62.
SPEISER, R. AND T. BOSAKOWSKI. 1987. Nest site selection by Northern Goshawks in northern New Jersey and southeastern New York. *Condor* 89:387 − 394.
STARFIELD, A.M. 1997. A pragmatic approach to modeling for wildlife management. *J. Wildl. Manage.* 61:261 − 270.
STEENHOF, K., S.S. BERLINGER AND L.H. FREDRICKSON. 1980. Habitat use by wintering Bald Eagles in South Dakota. *J. Wildl. Manage.* 44:798 − 805.
SUTHERLAND, W.J. 2000. The conservation handbook: research, management & policy. Blackwell Science, London, United Kingdom.
——— AND R.E. GREEN. 2004. Habitat assessment. Pages 251 − 268 in W.J. Sutherland, I. Newton, and R.S. Green [EDS.], Bird ecology and conservation: a handbook of techniques. Oxford University Press, Oxford, United Kingdom.
TAPIA, L., J. DOMÍNGUEZ AND L. RODRÍGUEZ. 2004. Modeling habitat selection and distribution of Hen Harrier (*Circus cyaneus*) and Montagu's Harrier (*Circus pygargus*) in a mountainous area in Galicia (NW-Spain). *J. Raptor Res.* 38:133 − 140.

———, J. DOMÍNGUEZ AND J. RODRÍGUEZ. In Press. Modeling habitat use and distribution of Golden Eagle *Aquila chrysaetos* in a low-density area of the Iberian Peninsula. *Biodivers. Conserv.*
THIOLLAY, J.M. 1994. Family Accipitridae. Pages 52 − 205 in J. del Hoyo, A. Elliot and J. Sargatal [EDS.], Handbook of the birds of the world, Vol. 2. New World vultures to guineafowl, Lynx Edicions, Barcelona, Spain.
THIRGOOD, S.J., S.M. REDPATH, S. CAMPBELL AND A. SMITH. 2002. Do habitat characteristics influence predation on Red Grouse? *J. Appl. Ecol.* 39:217 − 225.
———, S.M. REDPATH AND I.M. GRAHAN. 2003. What determines the foraging distribution of raptors on heather moorland? *Oikos* 100:15 − 24.
THOMPSON, W.L., R.H. YAHNER AND G.L. STORM. 1990. Winter use and habitat characteristics of vulture communal roosts. *J. Wildl. Manage.* 54:77 − 83.
TITUS, K. 1990. Statistical considerations in the design of raptor population surveys. Pages 195 − 202 in B.G. Pendleton, M.N. LeFranc, Jr., B.A. Millsap, D.L. Krahe, M.A. Madsen, and M.A. Knighton [EDS.], Proceeding from the midwestern raptor management symposium and workshop. National Wildlife Federation, Washington, DC U.S.A.
——— AND J.A. MOSHER. 1981. Nest site habitat selected by woodland hawks in the central Appalachians. *Auk* 98:270 − 281.
TJENBERG, M. 1983. Habitat and nest site features of Golden Eagles (*Aquila chrysaetos*) (L.), in Sweden. *Swedish Wild. Res.* 12:131 − 163.
TOBALSKE, C. AND B.W. TOBALSKE. 1999. Using atlas data to model the distribution of woodpecker species in the Jura, France. *Condor* 101:472 − 483.
VAN HORNE, B. 1983. Density as a misleading indicator of habitat quality. *J. Wildl. Manage.* 47:893 − 901.
VENIER, L.A. AND L. FAHRIG. 1996. Habitat availability causes the species abundance-distribution relationship. *Oikos* 76:564 − 570.
WIENS, J.A. 1989a. The ecology of bird communities. Cambridge University Press, Cambridge, United Kingdom.
———. 1989b. Spatial scaling in ecology. *Funct. Ecol.* 3:385 − 397.
———, J.T. ROTENBERRY AND B. VAN HORNE. 1987. Habitat occupancy patterns of North American shrubsteppe birds: the effects of spatial scale. *Oikos* 48:132 − 147.
WILLIAMS, B.K., J.D. NICHOLS AND M.J. CONROY. 2002. Analysis and management of animal populations. Academic Press, San Diego, CA U.S.A.
WITHEY, J.C., T.D. BLOXTON AND J.M. MARZLUFF. 2001. Effects of tagging and location error in wildlife telemetry studies. Pages 43 − 75 in J.J. Millspaugh and J.M. Marzluff [EDS.], Radio tracking and animal populations. Academic Press, San Diego, CA U.S.A.

巣への接近調査

JOEL E. PAGEL
Santa Cruz Predatory Bird Research Group,
100 Shaffer Road, Santa Cruz, CA 95060 U.S.A.

RUSSELL K. THORSTROM
The Peregrine Fund,
5668 West Flying Hawk Lane, Boise, ID 83709 U.S.A.

訳：一瀬弘道

崖や樹木における調査技術

　猛禽類の巣や卵，巣内雛に安全に接近し，調査することを検討する際，猛禽類は，樹木，崖，あるいは崖に類似した構造物（橋，ビル，タワー等）のような特殊な環境下で営巣していることを念頭に置く必要がある．このため，巣へ接近する調査は，次のような研究者が実施しなければならない．①地上からの高さを怖がらない，②調査対象種の正確な知識とハンドリングの経験をもつ，③安全に登攀と懸垂下降を行う技術に十分に精通している．

　食性調査のために，ハンティングで使用される止まり場所を調べるのと同じように，巣へ接近する場合には，巣や岩棚の位置だけでなく，巣の近年の状態について十分に調べたうえで取り組む必要がある（第19章参照）．そして，巣を探索しながら登攀あるいは懸垂下降を行うことは，猛禽類とクライマーの双方に危険が及ぶ可能性のある行為となる．クライマーが巣へスムーズに接近するためには，適切なスケールで撮影された写真に巣の正確な位置を記録したり，観察地点から巣への方位を記録したり，あるいは，地上から監視する者を設けたりすること等が有効である．

機　材

スタティックロープ，セミスタティックロープおよびダイナミックロープ

　スタティックロープ（static rope，訳者注：ロープの伸び率が低く，墜落時の衝撃を吸収できないロープ），セミスタティックロープ（semi-static rope，訳者注：ヨーロッパの規格ではスタティックロープと同じ製品）およびダイナミックロープ（dynamic rope，訳者注：ロープ自体が伸びることで衝撃を吸収するロープ）は，樹木や崖における調査を行う際，それぞれの特徴を踏まえ，用途に応じて使い分けられている．スタティックラインは伸縮性が低く，耐久性が高いことから，長距離（70m以上）の懸垂下降や，樹木での作業には適しているが，小規模の崖での作業には不向きである．スタティックラインはかさばり，かつ曲げにくいことから，短距離の巣への接近には使いにくい．また，短距離でも長距離でも，落下する可能性のあるリードクライミングには，スタティックラインは使用するべきでない．

　ダイナミックロープは，崖の巣へ懸垂下降する時や，登攀する時に標準的に使用されている．様々な距離（使用するロープの長さによって距離が決まる）の巣への接近調査に使用されている．ただし，ダイナミックロープは，もとのロープの長さの7～10%まで伸長する特徴があり，長い懸垂下降の時にはよく弾むため，クライマーや調査対象種の上に落石を発生させやすい．巣への接近調査では，10.5～11mmのロープが一番使いやすく，細くても8.0～9.5mmのものを使用する．ロープを2重にしたとしても，それより細いロープの使用は避けるべきである．

　ロープは，50m，60mおよび70mといった標準的な長さのものや，最大200mまでの長さのロールが販売されている．長いロープは，崖にある猛禽類の巣の作業にとても役に立つが，重くてかさばる傾向がある．一方，短いロープは，小規模な樹木や崖での作業に対して，重さ，扱いやすさ，および速やかな登攀や懸垂下降を行うといった面で，より適している場合がある．

　ドライロープと呼ばれる防水加工されたロープが販売さ

れている．防水加工はロープの寿命を伸ばし，扱いやすくさせ，湿った状況下でもロープに付着する水分量を低減させる効果がある．ドライダイナミックロープは，ほとんどの猛禽類の崖の巣での作業において，最もよく使用され，様々な場面で選択されるロープである．ロープバッグは，樹木へ登攀する場合や藪に覆われた場所や傾斜した地形で懸垂下降する場合，巣に滞在している間にロープを収納するために使用する機材である．従来のロープの束は，崖からロープを投げ降ろす時，森林の樹冠からロープを降ろす時，またはロープを使用前に下に置いている時に，よくもつれるので，登攀時間および調査対象種にストレスを与える時間を長引かせる．このような場合，ロープをまとめる際にクイックコイル法（quick-coil method）を利用することにより，巣への接近作業を迅速に行うことが可能となる（図10-1）．他の登攀機材と同様，ロープはクライミングだけに使用し（例えば車の牽引には使用してはいけない），適切に保管と手入れを行い，擦り切れや損傷を頻繁に点検（クライミング前とクライミング後に行う）し，さらに，必要に応じて交換しなければならない．

ハーネスと装備バッグ

　ロッククライミング用ハーネスは，ほとんどの猛禽類の巣での作業に適している．樹木作業用の専用ハーネスは，クライマーが樹上にいる間，身体が後ろに反りかえるのを支えるためのランヤード〔lanyard, 訳者注：引き綱．命綱の役割も果たす．ウェビング（後述）や，芯にワイヤーが織り込んであるロープ等でつくられているものがある〕を取り付けられる金属性のDリング（D-ring, 訳者注：D環ともいう）を備えている．ハーネスは，ピッタリと身体にフィットし，レッグループとダブルバックルが付いているものを選択するべきである．そして，ハーネスを装着する際には，服を着すぎないようにする必要がある．また，全ての装備は，クライミングの前後に状態をチェックし，必要に応じて破棄しなければならない．樹木登攀用ハーネス（tree-climbing harness）は，樹木を早く登攀する際に，より実用的となる機材である．巣へのクライミングに使用する装備バッグは，ロープにぶら下がっている時でも扱いやすく，ロープやハーネスに留めるための多数の輪があり，2つのファスナーがあるものを選択するべきである．バックパックは，登攀中に体のバランスポイントを変えてしまうことがある．このため，バンドリアバッグ（bandolier bag）や，大きなファニーパック（ハーネスに取り付けられるランヤード付きのウエストポーチ），ハーネスに直接装着または引っ掛けることが可能な閉じることのできるナイロン製のクライミング用バケツ（climbing bucket）を利用することが望ましい．

ヘルメットおよびその他の身体保護のための機材

　クライミング用ヘルメットは，巣へクライミングする際に，標準装備するべき機材である．ロッククライミング用のヘルメットは，安価であり快適に使用できる．ホッケー用のヘルメットは，プラスチックやワイヤー製のフェイスガードが付いており，樹木を登攀する際に，木の枝や，猛禽類による攻撃から，顔面を守るために従来から利用されている．また，大型のハイタカ属やワシ類の巣へのクライミングの際，クライミング前に対象とする巣を使用している成鳥を捕獲しない場合には，首の防御も考えておくべきである．

　手袋は，樹木での登攀時には使用することが望ましいが，岩でのフリークライミング時には使用しない方がよい．フィンガーレスグローブ（指なしグローブ）は，懸垂下降時に役に立つ場合がある．巣内雛をハンドリングする際には，成長途中の羽毛にダメージを与えないように，手袋を取り外さなければならない．また，ゆったりとしたルーズな服や長い髪は，木の枝や懸垂下降用の機材に絡まる可能性があるため，確実に固定しておかなければならない．髪が肩より長い場合には，懸垂下降する前に，髪を束ねて，シャツの中へ押し込んでおく必要がある（束ねられた髪は，頭部や首に猛禽類が攻撃してきた場合には，特別なクッションの役割を果たす）．アイプロテクション（eye protection, 訳者注：目を保護するメガネ）は，砂やその他の破片の落下がある場合に役立つ．

　頑丈なハイキング用のブーツや靴は，ほとんどの猛禽類の巣へのクライミングに適している．粘着力のある靴底のロッククライミングシューズは，崖に架けられた巣へフリークライミングで登攀する場合および巣までの間にオーバーハングしている場所がある場合，または岩盤の側面を水平移動する場合に有用である．

懸垂下降と登攀の機材

　懸垂下降と登攀の機材を選ぶ際の重要なポイントは，取扱いが簡単で，単純で，さらに扱いやすいということである．下降機材は，エイト環（訳者注：8の字形の金属製の下降器で，懸垂下降に用いられる．ロープを通して摩擦を生じさせることにより，速度が調節できる．クライマーの安全確保にも使用される），ビレイプレート（belay plate, 訳者注：ロープを通す穴が開いている板状の金属製のもの．ロープに強い屈曲を加えることによって，ロープの流れを止めることが可能）や，ビレイコントローラー（belay controller, 訳者注：様々な形状のものがあるが，ビレイプレートと同様の原理によってロープの流れを調整する

図 10-1 クイックコイル法（a 〜 e）．3 重の小さめのコイルをつくる（a）．次に輪をつくり，コイル上部の下方へロープを通す（b）．輪の上を通すように輪をつくる（c）．続けて，ロープ全体に輪を上下してつくっていく（d）．この作業が済んだ後は，ロープが絡まっているように見えるが（e），崖の上からロープを投げ降ろす時やリードクライミングの際にロープを引き上げる時に，簡単に解くことができる．

もので，穴の径や深さによって操作性に差がある），より機械的な懸垂下降器等，多くの種類があるが，いずれも有用である．洞窟用のディッセンダー〔訳者注：安全確保および懸垂下降用の器具の総称．ロープを締めつけることによって下降中に停止できるもの．洞窟用のものとしては，"ストップ"（製品名）が世界で最も使用されているディッセンダーの1つ〕は，とても長い下降を行う場合や，濡れて汚れたロープを使用する場合に利用できるが，重いだけでなく，適切に利用するためには相当な練習が必要となる．これらの機材やビレイコントローラーは，薄暗い条件下でも，クライマーが疲労している場合でも，簡単に使用できるものが望ましい．クライマーが起こし得る唯一の過ちは，ハーネスに機材をつけ忘れることである．ディッセンダーは，西洋ナシ型の大型のロック式カラビナにより，クライミングハーネスに装着しなければならない．ただし，ロック式カラビナでさえ，想定外に開いてしまうことがあるため，2つのロック式カラビナを用い，2つのカラビナの開き口を正反対に装着して使用することが望ましい．

アッセンダー（訳者注：登高器の器具の総称．ロープを登るのに使用される器具で，複数の針の付いたカムがロープに食い込み，滑りを押さえる構造になっている）は，クライミングの前後に点検を行う必要がある．アッセンダーは，容易に手にフィットするものを選択し，適切に体重がかけられるように，上部と下部の器具を取りつける必要がある．プルージックとは，幅5～6mm，長さ1.4m程度の登山用スリングを使用し，ロープの周りにプルージックノット〔訳者注：プルージック博士が考案したもの．原理は結び（ノット）ではなく，ひっかけ（ヒッチ）である．このヒッチは，荷重がかかると締まってロープに固定され，荷重をかけなければヒッチが自由にスライドできるものである〕を3～4回巻いて，輪をつくってハーネスに引っ掛けて，吊り下がる方法である．プルージックは，ディッセンダーと併せて使用する必要がある．下降中には，空いている方の手で，プルージックノットのあるロープの周りを緩めておくことができる．そして，クライマーが枝，岩，鳥に当たったり，下降中のロープをつかみ損ねてしまったりしても，このノットがきつく締まり，落下による負傷を軽減させる．アッセンダーもこのような目的で使用されるが，激しく落下した場合にロープを切断もしくは損傷したり，金属疲労によって破損したりすることがあるので，アッセンダーは薦められない．岩場や樹木にロープを固定して登攀する際に，プルージックを，安全確保の手段として用いることもできる．クライマーは，登攀する際に押し上げる方の上部のアッセンダーのロープの上側，または下部のアッセンダーのロープの下側に，プルージックノットをつくる．アッセンダーが滑ったり，落下したりした場合に，プルージックノットはロープにきつく締まり，クライマーをロープにつなぎ止める．クライマーは，2本目の安全確保用のロープにプルージックを取り付けてもよいし，登攀中にひと休みする時に，ロープを自分の高さに保持するために，プルージックをロープに通して引っ張ってもよい．登攀中のクライマーの体重がロープに加わっている場合には，ロープの所々でプルージックをつくる必要はない．クライマーは，ビレイ（訳者注：ロープで結び合った相手の墜落を，安全確保器などの摩擦を利用しロープの流れを止める操作）なしで，懸垂下降や登攀ができるような熟練者にならなければならない．

支　点

崖の巣での作業では，巨石，樹木，深く根を下ろした低木の茂みのような自然のものを支点として利用する．橋やその他の建造物に登攀する際には，車両のフレーム，道路のガードレール，建築物の梁等が支点として利用される．自然の支点が使用できない場合は，スリング（訳者注：ロープもしくはテープ状の紐を輪にしたもの），カムデバイス（訳者注：墜落を止める安全確保の支点となる用具の1つ．岩の割れ目等に差し込み，カムの作用で固定する）や車輪止めブロックが使用できる．自然の支点や支点として利用可能な裂け目がない場合には，堅い地面に，少なくとも2m間隔で，鉄筋もしくはコンクリート製の杭（7mm×1.5m）を3本以上，1mほど打ち込み，懸垂下降のための支点をつくり出すことができる．崖の巣での作業を行う際，クライマーの安全確保のため，ボルトやハーケンが必要となる場合もある．ただし，ハーケンは岩を傷つけるため，代替手段が存在しない場合に限り使用するようにしなければならない．また，毎年，同じ崖の巣での作業を行うのであれば，クライマーが安全に作業することができるようになるように，取り外し可能であるか，目立たない常設のボルトを設置することを検討するとよい．なお，安全確保のための常設物の設置や，クライミングの練習は，営巣への影響が想定されない営巣期以外の時期に実施すべきである．

ジムや管理された野外の施設における認定インストラクターによる"クライミングコース"は，巣へ安全に接近する方法を学ぶ良い出発点となる．しかしながら，それらの場所では，高所における身体的および精神的な能力を向上させることに繋がると考えられる様々な条件下における本物の岩場や樹木でのクライミングは行われない．結び方，スリング，分散支点（self-equalizing anchors，訳者注：

荷重を 2～3 方向に分散させた支点），カムデバイス，車輪止めブロック，ハーケンや鉄筋に関する高度な知識は，クライマーと猛禽類の安全の双方に不可欠なものである．支点についての詳細は，Long（1993）を参照のこと．

技　術

樹木や崖の営巣地における下降と登攀は，本質的に危険な作業である（図 10-2）．落下物，不安定な岩，腐食した枝，刺す昆虫類，攻撃的な猛禽類，そして未熟な技術のクライマーは，これらの作業を行う際の危険を増大させる一因となる．オオタカ（*Accipiter gentilis*）やアレチノスリ（*Buteo swainsoni*），アカオノスリ（*B. jamaicensis*），オウギワシ（*Harpia harpyja*），アメリカチョウゲンボウ（*Falco sparverius*），数種のフクロウ類は林内で研究者を攻撃する可能性がある．また，ハクトウワシ（*Haliaeetus leucocephalus*）やアカオノスリ，コシジロイヌワシ（*Aquila verreauxii*），ハヤブサ（*F. peregrinus*），数種のフクロウ類は，営巣活動が行われている営巣地付近の崖を登攀中のクライマーを攻撃する可能性がある．都市に営巣する猛禽類は，人間を見慣れていて，人間に対する恐怖心が希薄であるため，クライマーに対して攻撃する傾向が特に強い．ハイタカ属とワシ類は攻撃的であり，クライマーの背中や，首，後頭部を襲ってくることから，軽量のバックパックとヘルメットが保護のために必要になることがある．フクロウ類は，顔面と目に向かってくる傾向がある．アレチノスリやアカオノスリも隙をみてクライマーの顔面を攻撃してくる．このような場合，クライマーは，顔面の怪我を防ぐために，保護用のメガネやヘルメット装着型のホッケー用のフェイスマスクを利用するとよい．イヌワシ（*Aquila chrysaetos*）やソウゲンハヤブサ（*F. mexicanus*），メンフクロウ（*Tyto alba*）は，営巣地での作業を行う際，営巣地の高空まで飛翔したり，姿を消したりする．カリフォルニアコンドル（*Gymnogyps californianus*）とハヤブサは，巣内での作業中，クライマーを監視するために，岩棚の巣に戻ってくることがある．このような場合，ハヤブサでは，慎重に行えばバンディングのために手掴みすることさえ可能となる．

研究者は，巣に入る前に，次のようなことを考慮する必要がある．例えば，雛の日齢等の調査対象種の営巣状況，巣での作業を行うタイミング，厳しい気象条件下に雛がさらされること，巣への接近と巣における作業に起因する猛禽類やその他の生物〔営巣中のスズメ目の鳥類，海鳥，シロイワヤギ（*Oreamnos americanus*），ヒツジ，ヘビ類，刺す昆虫類〕への影響，巣のもろさ，樹木と岩の種類，コケの有無，天候状態，落下物および滝の有無である．さらに，雛が巣から飛び立ってしまった場合や，クライマーが落下したり，その他の事故が発生したりした場合の救済措置を検討しておく必要がある．また，営巣地における過度の生

図 10-2　クライマーは，岩場や樹木の巣に滞在する時には，常にロープ（命綱）と繋がったままでいるべきである（撮影 David Pitkin）．

息妨害を低減するために，適度に安全性を考慮したうえで，迅速に営巣地での作業を行うことが重要である．また，巣での作業を行う際の猛禽類への生息妨害に関して考慮すべき事項については，第 19 章のほか，Olendorff（1971），Fyfe and Olendorff（1976），Olsen and Olsen（1978）および Grier and Fyfe（1987）に適切に示されている．さらに，登攀技術に関する追加的な情報は，Robbins（1970），Dial and Tobin（1994），Benge and Raleigh（1995），Jepson（2000）および Dial et al（2004）に示されている．

樹上の巣へ接近する技術

　樹木に営巣する猛禽類を研究する場合には，特有の問題が生じる可能性を考慮しなければならない．樹上の巣というものは架巣可能な環境が限定されるものの，良好な営巣場所というものは，卵や巣内雛，親鳥までが捕食者から保護される（Newton 1979）．多くの猛禽類が樹上に架巣する理由は，樹木が巣材を積み上げるための土台を提供したり，捕食者の侵入を制限する自然の空間を提供したり，猛禽類が空中から簡単に巣へ接近できるからである．したがって，樹上に営巣する猛禽類は，温帯と熱帯の双方において，数多く存在する．樹上の猛禽類の巣へ接近することは，特に樹冠の高い位置に巣がある場合には，研究者にとって大きな挑戦的な作業となる（図 10-3）．樹木を登攀する際には，ヘビ類やミツバチ類，スズメバチ類，サソリ類，その他の咬んだり刺したりする昆虫類といった危険があるだけでなく，枝が腐っていて落下する可能性があること等に注意しなければならない．

　営巣木に登り，巣まで到達する方法を検討する際には，樹上での経験に加えて，専門的なロッククライミングの技術および機材が必要となる．樹木を登攀する際には，樹木のどこに巣または樹洞があるかによって，様々な登攀方法から適切な方法を選択する必要がある．例えば，枝から枝へ手を使ってフリークライミングする方法，幹を両手で抱きながら登る方法，ツル植物をつかんで登る方法，伸縮可能な梯子を使って登る方法，専門の登攀機材を使ってロープを登る方法，D リングとランヤード付きの特別なハーネスベルトを使ってクライミングスパー（スパイク）〔climbing spurs（spikes），訳者注：昇柱器のようなもの．両足の内側に付いた短い爪を，樹の表面に食い込ませ，枝に足を掛けるのと同じ姿勢で登り降りできる）を使って登る方法等がある．クライマーの助手や監視者は，落下物（例えば，木の破片，枝，機材等）に備え，保護用のヘルメットを着用するとともに，クライマーが作業している範囲から離れている必要がある．

図 10-3　猛禽類の巣へ接近するために樹木を登攀する際には，技術や，調査対象種に関する知識，枝の強度に関する情報，そしてちょっとした度胸が必要となる．

樹木へのフリークライミング

　樹木へのフリークライミングを行う際には，最大限に注意を払い，かつ自らの能力を知ることが重要である．手足を使い，樹木や枝，ツル植物に全体重を支えることにより，巣へのフリークライミングを安全に行うことができる（図 10-4）．次いで，登攀を行ううえで重要な事項は，常に，登攀対象との 3 点確保を行うことである（例えば，両手と片足を確保する等）．巣や巣の直下，登攀中に休憩する時には，安全性の向上のため，クライマーと樹木を密着させることを目的として，ウェビング（Webbing，訳者注：テープ状に織り込まれた丈夫な紐のことで多くの種類があり，ここではこれがロープの代わりとして使用されている）やロープを利用する．また，フリークライミングの際には，湿った状態，咬んだり刺したりする昆虫類の生息する樹木，攻撃的な猛禽類，棘，弱ったり枯死している枝，ツル植物，樹の幹等，全ての状況下で最大限の注意を払わなければならない．

図10-4 巨木のフリークライミングも可能であり、安全に行うことができる。クライミングスパーとフェイスマスクのあるヘルメットを使用することにより、クライマーの安全性が向上する。

伸縮可能な梯子と tree bicycle の使用

　樹木の専門家が用いる組立式の梯子は、真っ直ぐに立った樹木で20mの高さまで登攀することができるが、正しく使用するためにかなり練習しなければならず、また、組立作業に時間がかかる。このような特徴から、この梯子は、営巣期が終了した後に最もよく使用される。この梯子は人里離れた調査地へ持ち運ぶのが困難であり、また、高価である。さらに、この組立式の梯子は、樹木の高さや樹木の幹の最大直径、樹木の幹から派生する枝の量（少ない必要がある）により、使用が制限される。このほか、樹木登攀用でない梯子は、短い距離の登攀に使われることがあるが、慎重に使用する必要があるだけでなく、枝や幹に傾けるように設置する必要があり、さらに、基部のぐらつきを抑えるため助手が梯子を踏みしめたり、しっかりと掴んだりしなければならない。Swiss tree-climbing bicycles（baumvelo）（訳者注：樹木用の登攀器の1つ）は、樹木にダメージを与えることがなく、植林にあるような真っ直ぐな幹の樹木で使用することができる（Seal et al. 1965, Yeatman and Nieman 1978）。しかし、tree-climbing bicycle を使って樹冠に到達した後、クライマーはフリークライミングしなければならない。また、tree-climbing bicycle は梯子より持ち運びに便利であるが、クライミングスパーより扱いにくい。

クライミングロープ

　固定したロープによる登攀は、頑丈な（生きた）枝に、紐を投げるか撃って通した後、迅速かつ安全に行うために欠くことのできない手法である。固定したロープによる登攀は、崖の営巣場所から抜け出る時にも使用される。アッセンダーは、個々のクライマーに合わせたウェビングを使って、適切に調整しておく必要がある。1つ目の技術であるフロッグシステムと呼ばれる登攀手法は、両脚を使って登攀する。アッセンダーには、フットループのほか、クライマーのハーネスと結合された安全確保用のウェビングが装着されている。この手法では、アブミの上に立ち、足を持ち上げる同時に、反対側のアッセンダーを押し上げて登攀を行う。2つ目の技術であるシングルフットシステムは、一方のアッセンダーを、長さが40～50cmで幅が1cmのウェビングによりハーネスに装着する。このアッセンダーにはフットループはつけない。もう1つのアッセンダーは、クライマーが足を踏ん張るために使用される。この手法を練習することにより、迅速に登攀することが可能となり、また、揺れや回転を減少させるために、片方の足を崖や樹上へ固定することもできるようになる。さらに、この手法により、はね上がりが減少し、毎分25～30mの上昇率で登攀することが可能となる。クライマーの身体的能力は軽視すべきではない。営巣場所における作業や標識を行うために、崖の上にある巣に出入りする場合に、研究者は毎分、最低でも15mの上昇率で登攀できる能力が必要となる。固定されたロープによる登攀を行う際には、営巣場所で最初に使用する前に、かなり練習しなければならない。そして、スタティックロープ、アッセンダー、ディッセンダー、ウェビング、結び方、ハーネス等の専門的なロッククライミング用機材の十分な使用経験が必要となる。

　巨木にある巣については、10～50mの高さまたは最も低い位置の枝に、錘のついた紐を投げるか撃って通さなければならない。この紐（モノフィラメントあるいはコード）の設置手法は、先端部に錘を付けて投げたり、スリングショット（訳者注：パチンコの種類の1つ）を利用したり（釣り用のリールとともに使用することもある）、クロスボウ（訳者注：専用の矢を板ばねの力で発射する弓の種類の1つでボウガンとも呼ばれる）やコンパウンドボウ（訳者

注：アーチェリーの弓の種類の1つで的中率が高く最も普及している）を利用したり（釣り用のリールとともに使用することもある），犬のトレーニング用のシューティング機材を利用したり，フリークライミングやクライミングスパーにより登攀したりと様々な手法が存在する（Tucker and Powell 1991, Ness 1997, Jepson 2000）．錘の付いたモノフィラメントの紐を枝の上に撃ち，3mmのコードを結んで引き上げ，さらに，クライミングロープを結んで枝を通過させ，登攀側とは反対側に付いているコードを解く．電気技師用のテープは，モノフィラメントとコードあるいはコードとクライミングロープを結合する際に，結合部の結び目が枝の上部をスムーズに通り抜けるように，結び目に巻くことがある．また，枝を保護するために，スリップノット（slipknot，訳者注：引き結び）を使って，ロープカバーを枝へ引き上げることもある．その場合，ロープカバーを適切な位置まで引き上げた後，スリップノットを引っ張り，ロープから外す．このようなクライミング技術については，Jepson（2000）に詳細に示されている．また，このような技術は，熱帯林においてトラップにより猛禽類を捕獲する際にも使用されている（Thorstrom 1996）．

クライミングスパー

　研究者は，質の良いクライミングスパーとスパイクもしくはギャフを入手したうえで，猛禽類の巣へ接近する前に，十分に練習しておかなければならない．また，樹木用のクライミングスパーを利用する場合には，樹木に与える損傷についても，十分に検討しておかなければならない．巣での作業を行う前に十分に練習し，全体のバランスを取ることに慣れ，幹の周りに回したランヤードをハーネスに取り付け，背を反らせる感覚を得ておく必要がある．クライミングスパーは，様々な爪の長さのもの（ポール用か樹木用）があり，新しいモデルの多くは，脚の長さに応じて調整が可能であり，快適性を高めるためのパッドが付けられている．また，クライミングスパーを使用する際には，足を保護するために，固いゴム底のブーツを履くことが望ましい．爪の長さは，樹皮の厚さに合ったサイズとなっており，クライマーにフィットするように調整することが可能なストラップが付いている必要がある．また，クライマーは，樹木や枝の下または周囲に，ランヤードやロープ，コードを投げる場合に，手を保護するためのグローブを使用する必要がある．このような登攀技術については，Jepson（2000）に詳細が示されている．薄い樹皮の樹木にクライミングスパーで登攀した際には，登攀による樹木の穴や傷が，害虫による被害や病気となる可能性を引き起こすことから，樹木の手入れが必要となる．また，クライマーは，樹木を覆うツル植物や，枝ぶりの変化等，あらゆる状況やあらゆる条件のもとで，クライミングスパーを使って登攀する練習を行う必要がある．樹上で枝を上下に移動する際には，2番目のランヤードやロープ，ロック式カラビナの付いたウェビングを使用することによって，主要な登攀ラインを枝の上下に安全に移動させることができるようになる．Dial et al.（2004）は，営巣木へ真っ直ぐに登攀することが困難な巨大な樹冠を有する森林内において，効果的に使用することのできる"クロスボウから放たれたロープを掴み取る特殊な機材"を用いた樹上での移動技術を開発した．クライミングスパー，ハーネスおよびランヤードは，人里離れた調査地への運搬に適している．また，クライミングスパーによる登攀は，営巣木の巣までの幹に枝やツル植物が存在しない場合には，素早く行うことができる．

　樹木を登攀する際には，樹皮の下，樹洞の中，あるいは枝に，アリ類，サソリ類，ムカデ類，スズメバチ類やミツバチ類が存在する可能性があることに十分に注意しなければならない．また，クライマーは，速やかに降下できるように，安全な枝にかけられ，さらに地上の助手（監視者）によって確保されたロープ，あるいは助手にスタティックラインを引き上げさせるための紐を持たせて登攀することが望ましい．この手法は，巣もしくは樹洞の巣に接近するために，適切な位置にスタティックラインを引き上げる際，ラインやロープに対しても利用することができる（Thorstrom 1996）．

　巣や樹洞の巣へ接近する際には，特に注意が必要である．地上に監視者を配置することによって，巣内雛が巣から落ちたり，飛び降りたりすること等に対するクライマーの警戒を補助することができるし，また，巣内雛にそのような事態が発生した場合に，迅速に巣内雛を回収することが可能となる．巣内雛が飛び降りてしまった場合には，クライマーは登攀を中断するとともに，巣内雛が着地した場所を突き止め，監視者に巣内雛を回収させるように指示する必要がある．優しい口調で，話したりハミングしたりしながら登攀することによって，クライマーが巣の高さに予期せずに突然出現するよりも，巣内雛の恐怖心を抑えることができる．また，監視者は，親鳥がクライマーに向かって急降下してくる場合に，クライマーへ体勢を整えるように準備させるためにも有効である．巣内雛が不安定な状態である場合には，クライマーは，登攀を続けるべきかどうかを慎重に判断しなければならない．

　巣に到達した際には，巣の下方から巣内の状況を確認するために，小型の手鏡やポールに取り付けた鏡を用いるとよい．また，小型のフラッシュライトは，樹洞内や洞穴内

の巣を確認する際に有効である．クライマーは，巣へ到着したら，まず，安全な位置で落ち着くことである．そして，枝が折れたり，クライミングスパーの爪が滑ったりした場合等にも，長距離の落下が生じないように，モンキーテイル（訳者注：丈夫なテープ状の紐．安全確保や体の安定等に使用される）やリムループ（訳者注：丈夫なテープ状の紐．安全確保や体の安定等に使用される．しかし，モンキーテイルやリムループは，現在は一般的に使用されてはおらず，本文で述べられているような状況においては，スリングやウェビング等をカラビナとともに使用することが多い）等により適切に身体を固定し，安全を確保する必要がある．アブミ（すなわち，短い縄梯子のこと）や輪状のウェビングは，巣へ入る作業を円滑に行うため，巣の上部の枝に固定し，巣へ投げ入れて利用する．これらは，特に，巣材によって辺縁部が垂れ下がったような形状となっている大型の巣へ入る際に有効である．クライマーは，手または金属製のフック（巣内雛の脚周辺に引っ掛けて，巣内雛をクライマーの方へ引っ張ることができる）を使って，巣の端へ巣内雛を引き寄せる必要がある．巣内雛に標識したり，測定したり，採血したりする作業は，クライマーが樹上で安定した状態を維持している場合は，樹上で行うことができる．ただし，多くの場合は，巣内雛を地上へ降ろし，助手が雛や成鳥をハンドリングすることになる．巣内雛を地上へ降ろす際には，丸みがあり，パッド付きで，通気性のあるチックバック（chick bag）や，バックを収容する軽量な木製あるいはプラスチック製の箱に，クライマーの近くで滑車やカラビナと繋げたラインを，枝を通して取り付けて，作業を行うことが望ましい．その際，営巣木の幹から離して作業することが望ましい．クライマーは，大型の猛禽類の巣であっても，巣に座ったり，立ったりしてはいけない．

営巣場所から降下する際には，登攀か懸垂下降もしくはその両方が必要となる．懸垂下降の場合は，クライマーは，しっかりとした枝に自由に動かせるようにロープを通し，地上からロープを引っ張り降ろせるようにしなければならない．また，樹木を損傷させないために，枝の上部にはロープスリーブ（rope sleeve）を使用するべきである．

崖の巣へ接近する技術

シングルロープによる懸垂下降は，崖の巣へ接近する際の最も安全な手法ではないと考えるべきである．レクリエーションやプロのクライミングでのほとんどの事故は，懸垂下降中に発生する．筆者の1人も，落石により体重の掛かったロープが切れたり，鋭利な岩の上を通過する時にシース（sheath，訳者注：クライミング用ロープの外皮）が切れたりした事例を経験している．したがって，落石や鋭い岩が存在する可能性があったり，対象とする猛禽類が攻撃してくる可能性があったりする場合に，研究者が懸垂下降する際には，2本のロープを使用する必要がある．1本目は懸垂下降用のロープ，2本目は安全確保用のロープである．異なった2色のロープを使用すると，作業しやすくなる．

懸垂下降は，崖の上部へ接近しやすい場所であれば，崖の巣へ到達する最も効果的な方法である．理想的には，下降のためのラインを結んで止めたところ（支点）から巣へ真っ直ぐに降ろし，下降時の水平方向の移動幅を最小限とすべきである．また，監視者によるクライマーとの視覚的あるいは無線機を用いたコミュニケーションが有効となる場合が多い．営巣場所となっている崖の多くでは，不安定な岩や岩屑が存在し，これらがクライマーの不注意やロープが接触することによって落下することがある．このような不安定な岩等が存在するルートを下降する際には十分に注意しなければならない．また，クライマーや巣内雛，卵に不安定な岩が落下しないよう，クライマーの上部でロープが岩に接触している箇所に十分に注意する必要がある．営巣活動中の巣の上へ直接下降すべきではない．巣から1m程度外側の崖を懸垂下降し，巣を速やかに通り過ぎたうえで，巣よりも1～8m下方の巣内雛から死角となる位置まで下降する必要がある．この位置でロープにアッセンダーを装着し，巣へ入る前に巣内雛を収納するバッグ（banding bag）を準備することが望ましい．巣を通り過ぎる際に，雛が飛び降りようとする行動が見られたり，標識するには若すぎたり，日齢が進み過ぎたりしていた場合には，クライマーは，速やかに登攀により巣から退去するか，可能であれば，地上まで懸垂下降する必要がある．

巣内雛を隅へ追い詰めることのできる位置となる営巣棚や巣と同じ高さへ接近する際には，巣内雛を逃がすことなく捕獲するために，統制された素早い作業が必要となる．崖上の枝でつくられた巣を対象とする場合は，巣の高さまでの移動をより迅速に行ったうえで，巣内雛の強制巣立ちを防ぐために両手が使えるようにして，営巣棚の前方へぶら下がる必要がある．この技術は，かなりの練習とバランスを必要とする．ほとんどの猛禽類の巣に入る場合において，その時期は，巣内雛の体温調節能力がついた後で，かつ綿羽の大部分がなくなる前に実施する必要がある（巣内雛を強制巣立ちさせないために，第19章参照）．

崖がオーバーハングしている箇所付近，または崖や樹木の別の場所に移動する場合には，振り子状の降下が必要となる場合がある．クライマーは巣の下方へ下降した後，数

メートル程度，振り子のように揺り動かし，岩棚や巣の下部の岩の裂け目，目標とする樹木まで移動する．一般的なリードクライミングは営巣場所よりも上部から行われる．崖で側面を後方へ振り動かす必要がある時や，巣における作業が終了し，巣から下降用のラインへ移動する時には，特別な注意が必要となる．

　クライマーは，営巣棚に安全確保したり，営巣棚へ下降したりすることがあるが，いずれも以下の理由からいかなる状況においても行うべきでない．すなわち，クライマーや調査対象種への落下物の原因となったり，ロープの摩耗を促進させたり，営巣棚からの自己脱出または素早い登攀を不可能とすることによって，巣に入っている時間を不適切なものにしてしまうからである．

　崖の巣への登攀は，崖への移動が比較的容易な場合で，かつ巣の地上高が 8m 以下の場合には，梯子が有効である．梯子を利用する際には，梯子の足場をしっかりと固定するか，または助手に支えさせる必要がある．

　崖の巣の登攀では，リードクライミングが利用されることがある．岩の裂け目や小さな岩棚あるいは岩の突起を掴んで，巣まで登攀するこの登攀方法は，オフシーズンに，難しいルートや傾斜角度を把握するための登攀を行っていない場合や登攀が容易でない場合に，ゆっくりと登攀する方法である．怪我の原因となるような長距離の落下を防ぐために，例えばチョック類（chock，訳者注：一般的にはナッツ類という．岩の割れ目等に差し込み，岩に食い込ませて使用する）やカムデバイス類等のような適切なプロテクション用具（protection device，訳者注：墜落を止める安全確保の支点となる用具）を崖に設置する場合が多い．このようなプロテクション用具を営巣棚の下部に直接設置することにより，アブミを利用して岩棚へ接近できるようになったり，また巣の外側から安全に追加的な計測を行うことが可能になったりする．また，固定ボルト，チョック類，または岩や植物を巻いて使うスリング等のプロテクション用具は，巣から地上への懸垂下降に利用するために，営巣棚に残しておくことが望ましい．

　ワシ類やミサゴ（Pandion haliaetus）は，海岸の，あるいは海から突き出た柱状の岩の最上部に営巣することがある．このような場所では，登山用のロープや従来型の梯子は利用できないことが多い．Chubbs et al.（2005）は，このような場所の巣へ接近するための携帯可能なアンカーボルトを用いた梯子（anchorbolt ladder）について記述している．

ビル，タワーおよび橋

　人工構造物の巣に接近する場合は，ビルや橋の管理人と，接近する手法や接近するための許可，結束支点，現地の危険要因等について，事前に協議しておく必要がある．また，地方自治体に巣への登攀について事前に周知することにより，テロリストや破壊者，自殺しようとしている人と間違われないようにしておく必要がある．

　橋の登攀を行う際には，橋特有の危険について十分に考慮する必要がある．例えば，突然の突風や突風が橋の上部構造物を通過する際の風のパターンは予測不可能である．また，雨と朝露は，橋やビルの表面を特に滑りやすい状態に変えてしまう．人工構造物への登攀を行う際には，橋の上部構造物にボルトや溶接で安全に固定されている頑強な金属性の構造物，ビルの窓を清掃する際に利用する支柱，タワーの梯子やタラップ等を結束点として利用して，ロープ等を接続しておく必要がある．錆びた金属や梁の辺縁部は，鋭くなっていたり，溶接が雑になったりしており，突然の落下やスリップによってかかる重さで，ロープやウェビングを簡単に切断してしまう．このため，構造物へはロープ等を複数箇所で接続しておくことが望ましい．巣を防衛する猛禽類は，橋の上部構造物や発電所のタワーの辺縁部周辺を通り抜けて飛翔し，突然，クライマーを攻撃してくる可能性がある．このようなことが想定される場合は，1人以上の監視者を設置する必要がある．

　都市部に架けられている巣は，メディアの取材対象となることが多いが，クライマーはメディアに巣を紹介する前に，様々な影響を考慮しておかなければならない．例えば，メディアが巣へ接近する内容を取材するのであれば，様々な人への影響を踏まえ，安全性を確保した適切な登攀手法を用いる必要がある．また，猛禽類の安全を最優先とすべきである．カメラ撮影者と撮影内容について話し合い，登攀する前に，地上におけるルールを決めておく必要がある．ほとんどのメディア関係者は信頼でき，適切な観点に基づいて，あなたのプロジェクトを報道したいと考えているが，なかには，注意力が不足し，猛禽類や彼ら自身の安全を軽視する者もいる．事故が発生した場合には，あなたの責任となるのである．対象とする猛禽類やメディア関係者の事故が原因となり，研究の許可を失い，調査地へ接近することができなくなり，プロジェクトを交代させられたり，プロジェクトが中止になったりすることもある．

　橋やビル，タワーを登攀する場合には，その下方に，人やボート，自動車が存在する可能性があることを十分に考慮する必要がある．このため，全ての機材を，クライマーとランヤードでしっかりと結合しておかなければならない．そして，棚状の構造物や梁を歩く時には，岩，小さな石，ゆるんだボルト，破片といった落下物を落さないよう

に，最大限の注意を払わなければならない．

　登攀機材と安全な登攀手法に関する技術と能力を身に付けることは，巣へ接近する作業を行う前に行っておくべき"必須事項"である．営巣活動中の巣へ接近する作業は，技術を新たに習得する練習の場ではない．身体の健康と精神の明晰さは，樹木や崖の高所にある巣へ接近する作業において重要な事項である．登攀前と登攀中に，安全に判断するためのスタミナ，体力，機敏さ，そして明晰さを身に付けるためにはかなりの練習と準備が必要となる．樹木や崖の巣への接近が初めてである場合，あるいは以前に研究したことのない種の巣へ接近する場合には，巣への接近の準備をする前に，これらの知識や経験のある生物学者，樹木栽培の専門家，植物学者，造林学の研究者等を探し，登攀技術等に関する情報を入手すべきである．このような専門家との話し合いは，長期間におよぶ検討時間を省き，猛禽類に悪影響を与えるリスクを減少させることができることがある．さらに，突然の，あるいは予想外のあなたの死を回避する効果もあるものと考えられる．

謝　辞

　われわれは，Janet Linthicum，Joe Papp および Pete Bloom による本章の早い段階での情報提供やコメントに感謝している．また，Keith Bildstein，David Bird，Ron Jackman，Brian Latta，Allan Mee，Randy Waugh，Amira Ainis および Shale Pagel からのコメントは，原稿の改善に有益であった．

引用文献

BENGE. M. AND D. RALEIGH. 1995. Rock: tools and techniques. Elk Mountain Press, Carbondale, CO U.S.A.

CHUBBS, T.E., M.J. SOLENSKY, D.K. LAING, D.M. BIRD AND G. GOODYEAR. 2005. Using a portable, anchorbolt ladder to access rock-nesting Osprey. *J. Raptor Res.* 39:105 – 107.

DIAL, R. AND S.C. TOBIN. 1994. Description of arborist methods for forest canopy access and movement. *Selbyana* 15:24 – 37.

———, S.C. SILLETT, M.E. ANTOINE AND J.C. SPICKLER. 2004. Methods for horizontal movement through forest canopies. *Selbyana* 25:151 – 163.

FYFE, R.W. AND R.R. OLENDORFF. 1976. Minimizing the dangers of studies to raptors and other sensitive species. *Can. Wildl. Serv. Occ. Paper* 23.

GRIER, J.W. AND R.W. FYFE. 1987. Preventing research and management disturbance. Pages 173 – 182 in B.A. Giron Pendleton, B.A. Millsap, K.W. Cline, and D.M. Bird [EDS.], Raptor management techniques manual. National Wildlife Federation, Washington, DC U.S.A.

JEPSON, J. 2000. The tree climber's companion, 2nd Ed. Beaver Tree Pub., Longville, MN U.S.A.

LONG, J. 1993. How to rock climb: climbing anchors. Chockstone Press, Inc., Evergreen, CO U.S.A.

NESS, T. 1997. Bow and arrow tree entry. www.newtribe.com/technical.html (last accessed 8 August 2006).

NEWTON, I. 1979. Population ecology of raptors. Buteo Books, Vermillion, SD U.S.A.

OLENDORFF, R.R. 1971. Falconiform reproduction: a review. Part 1. The pre-nestling period. Raptor Research Foundation Report No. 1.

OLSEN, P. AND J. OLSEN. 1978. Alleviating the impact of human disturbance on the breeding Peregrine Falcon. 1. Ornithologists. *Corella* 2:1 – 7.

ROBBINS, R. 1970. Basic rockcraft. La Siesta Press, Glendale, CA U.S.A.

SEAL, D.T., J.D. MATTHEWS AND R.T. WHEELER. 1965. Collection of cones from standing trees. Forestry. Record no. 39. Forestry Commission, London, United Kingdom.

THORSTROM, R.K. 1996. Methods for capturing tropical forest birds of prey. *Wildl. Soc. Bull.* 24:516 – 520.

TUCKER, G.F. AND J.R. POWELL. 1991. An improved canopy access technique. *North. J. Appl. For.* 8:29 – 32.

YEATMAN, C.W. AND T.C. NIEMAN. 1978. Safe tree climbing in forest management. Canada Department of Fisheries and Environment, Forestry Service, Ottawa, Canada.

繁殖成功率（繁殖率）と生産力の評価

KAREN STEENHOF
U.S. Geological Survey,
Forest and Rangeland Ecosystem Science Center,
Snake River Field Station, 970 Lusk Street, Boise, ID 83706 U.S.A.

IAN NEWTON
Centre for Ecology and Hydrology,
Monks Wood, Abbots Ripton, Huntingdon,
Cambridgeshire PE28 2LS, United Kingdom

訳：一瀬弘道

はじめに

　猛禽類の増殖率の研究は，猛禽類の個体群の状態と個体群に影響を与える要因を評価するうえで重要である．繁殖成功率と生産力を推定することは，猛禽類の個体群統計学の唯一の構成要素を知るうえでの手掛かりとなる．個体は，繁殖により地域個体群に加えられ，死亡により差し引かれる．移入と移出も個体群統計学の要素であり，地域個体群における年ごとの動向を確定する．増殖率は，個体群動態の他の構成要素よりも算出しやすく，適切に計画された調査を実施することにより，猛禽類の個体群の状態と様々な環境要因との関係を推察することが可能となる．偏りのない増殖率のデータというものは，異なる地域や異なる年の個体群間における比較を可能とするものである．これらを比較することにより，土地利用，汚染レベル，人間活動，天候や獲物の供給といった様々な自然現象等の相違の程度を検討することが可能となる．このような調査は，絶滅の恐れのある種や減少している種について，効果的な保全対策を特定するのに必要不可欠となるものである．また，繁殖に関するデータは，土地利用の変化による繁殖個体群への影響を推定したり（U.S. Department of Interior 1979），汚染物質による影響を記録したり（Newton 1979, Grier 1982），あるいは現状の生存率で個体群が持続されるほど十分に繁殖しているかの評価（Henny and Wight 1972）に活用されている．さらに，増殖率に関する情報は，絶滅の危機に瀕した猛禽類の種リストの作成やカテゴリー区分の選定，あるいは鷹狩り用として用いるために普通に多く生息する種を捕獲してもよいかどうかを判断するのにも役立てることができる．しかしながら，調査を計画し，開始する時に，調査目的を明確に設定していない場合には，増殖率の利用価値は低下する．また，繁殖成功率や生産力の年変動は，猛禽類では一般的であり，短期間における生産力の減少は，長期間の個体群の安定には影響を及ぼさない．

　この章の主な目的は次の4つである．①異なる時間や場所で収集したデータの比較を容易にする標準的な定義を定めること，②猛禽類の繁殖成功率や生産力の算出に必要となる情報の種類を特定すること，③様々な野外調査技術の利点と不利点を評価すること，④偏りを最小限にするための手順や解析方法を提案すること．なお，付録1に，参考資料として専門用語集を示した．

コンセプトと定義

　猛禽類は，若鳥を生産するために，いくつものステージを成功裏に経ていかねばならない．まず，特定地域に定着し，**営巣テリトリー**（nesting territory）を形成し（太字の用語は，付録1で定義を示している），ペア相手を獲得

11. 繁殖成功率（繁殖率）と生産力の評価

しなければならない．さらに，造巣，産卵，孵化，育雛と継続していかなければならない．この過程において，いずれのステージにおいても失敗してしまう可能性がある．

繁殖に関するデータの解析において，営巣テリトリーとは，ペア形成しているペアの行動圏の中に1つかそれ以上の巣（もしくは**スクレイプ**：卵が産み落とされるくぼみ）を包含する，または，かつて包含していたエリアである．営巣テリトリーという用語は，防衛されるエリアのような動物行動学的により限定的に定義付けられているものと混同しないようにすべきである．猛禽類の営巣テリトリーとは，少なくとも1ヵ所以上の巣が確認され（通常は，その後の年にもそれは存在する），同時に1ペアのみしか繁殖していない限定されたエリアとして考えられている（Newton and Marquiss 1982）．同じ営巣場所を何年にもわたって使用し，巣の周辺の狭い範囲のみを防衛するコロニー性の種についても，この営巣テリトリーの概念は当てはまる．

営巣テリトリーを守ることのできない個体は，**放浪個体（フローター）**として知られている．放浪個体は，通常，ペア形成せず，繁殖しない（Postupalsky 1983）．このようなテリトリーをもたない個体の個体数を計数することは困難であり，また，それらの個体は大きな移動性を有するため，通常，**繁殖成功率（繁殖率）**と**生産力**の解析から除外される．一方で，個体群動態の解析においては，これらの個体を考慮することが，場合によっては可能なこともある（例えば，Kenward et al. 1999, Newton and Rothery 2001）．

一部の個体は，ペア形成をしていなくても営巣テリトリーを構えることがある．Postupalsky（1983）は，営巣しているペアの集計から単独でテリトリーをもつ個体を除外するよう提案した．しかし，これは，ほとんど現実的ではない．巣の確認を行った時に1個体しかいなくても，もう1個体は他の場所にハンティングに行っているのかもしれないので，本当に1個体の成鳥だけによるテリトリーなのかを見分けるのは困難であるからである．また，単独個体は，ペア相手をすぐに獲得するかもしれず，一時的な単独状態であるだけのこともよくある．

ペアによっては，何日かもしくは数週間だけ，テリトリーを占有し，造巣行動を行ってもやめてしまうことがある．営巣テリトリーを占有している全ての猛禽類が，毎年，産卵するというわけではないということである．産卵に影響を与える主な要因は，食物供給であり，食物供給の低い年には，個体群の中でテリトリーをもつペアの多くは，産卵に失敗する（Newton 2002）．したがって，異なる年における産卵するペアの割合は，食物供給量の変化に対する個体群の反応を測定するのに重要な項目である（Steenhof et al. 1997）．

テリトリーを占有している個体でも，産卵後に放棄するかもしれないし，捕食，天候もしくは他の要因により，卵を失ってしまうこともある．また，卵が孵化した後も，雛は，様々な日齢において，様々な要因によって死亡する可能性がある．飛行できるほど十分に成育した雛を，少なくとも1羽育てたペアを，**繁殖成功**したとすることが多い．当然ではあるが，その後，幼鳥が自由に飛び回ることができても，親鳥からまだ食物をもらっているステージで死亡することもある（Marzluff and McFadzen 1996）．このステージにおける幼鳥の死亡については，別の詳細な研究で測定されるか，もしくは通常，幼鳥に足輪を付けた時点を起点として計算される幼鳥の生存率の推定で示される．

様々なステージに到達するペアの割合は，猛禽類の異なる個体群，あるいは個体群の中の異なる小集団を比較するための有効な基礎情報となり得る．最も有効な比較は，若鳥を生産するテリトリーを有するペア（または占有されたテリトリー）の割合に基づくものであるが，現実的な理由から，多くの研究では，若鳥を生産することとなる産卵するペアの割合に関する情報のみを利用している．しかし，特定の場所の営巣テリトリーに強い執着を示す種〔例えば，ワシ類やミサゴ（*Pandion haliaetus*）〕に関する長期間に及ぶ情報を取得している研究者は，特定の年におけるテリトリーを有するペアまたは占有されたテリトリーの数に基づいて，繁殖成功率や生産力を報告することが可能である（Brown 1974, Postupalsky 1974）．一方，短期間の調査または執着性の弱い猛禽類についての調査および研究においては，産卵するペアに基づいて，繁殖成功率と生産力を報告する必要がある．一夫多妻または一妻多夫の種〔例えば，チュウヒ類，モモアカノスリ（*Parabuteo unicinctus*）等〕についての繁殖成功率と生産力は，ペア形成したテリトリーをもつ雌ごとに，あるいはペア形成した雄ごとに報告されることが多い．

繁殖成功に至ったペア当たりの生産された幼鳥の個体数のみに基づく生産力の推定は，誤った解釈をもたらす可能性がある．なぜなら，繁殖成功に至るペアは，ほとんどのペアが繁殖に失敗した年でさえ，平均的な個体数の幼鳥を生産することが多いからである．一方で，**巣立ち時の一腹雛数**は，研究の目的によっては，いくつかの推定の計算に有効な要素となる（Steenhof and Kochert 1982, 下記参照）．

繁殖努力量を分類するための基準

　研究者が特定のペアや営巣テリトリーの状態を誤って解釈してしまうか，卵もしくは雛の数を間違えて数えてしまう場合に，**測定誤差**が生じる．巣内の状態を正しく判断したり，雛の数を計測したりする能力は，フィールドの状態，観察者の経験，天候等の様々な要因によって変化する．これらの要因が一定でないことから，測定誤差を反映した違いと，生産力の実際の違いを判断することが困難となってしまうことがある．Fraser et al.（1984）は，チペワ川国有林で，ハクトウワシ（Haliaeetus leucocephalus）の航空機調査による測定誤差の問題を解析した．彼等は，同年に2ステージの実験的な調査を3回行うことによって，占有されたテリトリー，産卵ペアおよび巣立ち雛を計数する際のミスに起因する誤差率を算出した．そして，この情報を用いて，年ごとの生産力の実際の違いを検証することを可能とする標準誤差の推定値を算出した．測定誤差に起因するばらつきの推定値を把握するために実験的な調査を行うということは，各調査地および各個体群において繰り返される，部位（場所）に特異的な特徴を推定することになる．この手法は，テリトリーを有する全てのペアが把握されている状況で，最も有効となる．

テリトリー占有

　テリトリーが占有されているという証拠は，ペア形成していると思われる2個体や，テリトリー防衛を行う1羽以上の成鳥，巣に執着する行動，あるいは，その他の繁殖に関する行動の観察が基本となる．産卵または雛の養育を示唆する情報は，テリトリー占有の明確な証拠の1つとなる．種類によっては，直近につくられたり，補修されたり，もしくはきれいに仕上げられた巣の存在を，それらの活動が明確にその種が関与しているとみなせるのであれば，テリトリーを占有していることの証拠の1つとすることができる．ただし，時には，新旧の巣材を区別することが困難な場合があることから，この基準を適用する時には注意が必要である．新鮮な青葉や折られたばかりの枝，古い風化した巣材の上に積み重ねられた新しい巣材の層は，直近に巣を補修したことを示唆していることが多い．

　種類によっては，他のテリトリーへ移動する前や，"放浪"生活へ戻る前に，ごく短期間のみ（おそらく1日未満），テリトリーを占有することがある．したがって，調査で安易に見逃されたり，同じ調査地域においてあるテリトリーから他のテリトリーへ移動することにより，重複して計数されてしまったりすることがある．特にチュウヒ類については，このことで問題が生じることが多い．なぜなら，渡りの時期に，異なる個体が，営巣環境が存在するエリアの上空で，異なる日に，スカイダンス（訳者注：空中で行われるディスプレイの一種）を行うことがあるからである（例えば，Hamerstrom 1969）．幸いにも，これは大部分の種では問題でないように思われる．というのは，いったん，テリトリーが占有されれば，少なくとも営巣に失敗するか，あるいは雛が独立するまで，占有テリトリーに留まるように思われるからである．

　イヌワシ（Aquila chrysaetos）（Watson 1957）やハヤブサ（Falco peregrinus）（Mearns and Newton 1984）のように，同じテリトリーを毎年のように繰り返し再利用する長寿命の種においては，ある年にペアが占有していたテリトリーの比率の推定結果が，営巣する個体群の大きさや状態に関する有効な指標となる．ただし，年間を通じて特定の営巣テリトリーに執着しない種については，この推定方法では，誤った解釈をしてしまう可能性がある．なぜならば，アナホリフクロウ（Athene cunicularia）（Rich 1984），オナガフクロウ（Surnia ulula）（Sonerud 1997），コミミズク（Asio flammeus）（Village 1987），アカアシノスリ（Buteo regalis）（Lehman et al. 1998）等のように，通常，断続的または一時的に営巣テリトリーを使用している種では，著しく過小評価してしまう恐れがあるからである．これらの種やこれらに類似した種においては，過去に占有されていたテリトリーだけでなく，年ごとに調査地域内の全ての潜在的な営巣環境をサンプリングする調査計画を策定しなければならない．

　多くの種については，ある年に占有されたことのある過去に知られている全てのテリトリーを把握するということはあまりない．ある期間を通じて，いくつかのテリトリーは，毎年（または，ほとんど毎年）使われるかもしれず，一方で，他のテリトリーは不定期かもしくは非常にまれにしか使われないかもしれない．言い換えると，あるテリトリーは個体群レベルが明らかになった時点においてたまたま予測されたよりも頻繁に使用されるかもしれないし，その他のテリトリーはそれほど頻繁には使用されないかもしれないからである．これにより，長期間，調査を行っている研究者は，"定期および不定期"というように，テリトリーのカテゴリーを区分するようになった．一般的には，"定期"なテリトリーを占有する個体は，より不定期に使用されるテリトリーを占有する個体よりも頻繁に繁殖成功し，占有と営巣成功には相関関係があった（Newton 1991, Sergio and Newton 2003）．多くの猛禽類は，雛

を巣立たせるチャンスが高くなる特定のテリトリーを選択する能力があるようである．

産　卵

　営巣テリトリーを占有する猛禽類の全てのペアが，毎年，産卵するというわけではない（上記を参照のこと）．産卵は，卵，雛，抱卵中の親鳥，新しい卵の殻，その他の産卵したことを示唆するフィールドサイン等に基づいて，確認することができる．しかし，ハクトウワシのようないくつかの種においては，実際に産卵していなくても，抱卵姿勢をとることがあることに注意する必要がある（Fraser et al. 1983）．

産卵日

　1卵目の産卵日は，通常，その鳥の繁殖を行うタイミングの基準となる．産卵日は，繁殖成功と多くの場合，相関があることから有効なデータである．すなわち，繁殖シーズンの中で，最も早い時期に産卵した個体は，最もよく繁殖成功に至る．また，産卵日は，いくつかの**営巣活動残存率モデル**（nest survival models，訳者注：nest survivalとは付録1の用語集にあるとおり，初卵産卵日から繁殖成功とみなせる巣内雛の標準的な日齢に達するまで到達する確率であり，狭義の繁殖成功率といえるものである．訳語に関しては，いわゆる繁殖成功率との混同を避けるため，巣内における産卵から巣立ちまでの繁殖活動には営巣活動を用いることとし，営巣活動成功率，営巣活動継続率などが考えられたが，原語のsurvivalの意を考慮して"営巣活動残存率"とした）に必要となる，極めて重要なデータ要素である（Dinsmore et al. 2002）．1卵目を産卵するまさにその日に，調査者が巣を訪れるということは滅多にないため，産卵日は通常，繁殖サイクルの後のステージからさかのぼって，間接的に算出される．産卵日を間接的に算出するための日数の差としては，連続する産卵の間隔（ほとんどの猛禽類では2日間）や**抱卵期間，巣内育雛期**に確認された巣では雛の日齢が用いられる．いくつかの種では，巣内雛の日齢を，体重または身体の大きさから推定することができる（例えば，Petersen and Thompson 1977, Bortolotti 1984）．日齢の手掛かりとなる写真（例えば，Hoechlin 1976, Moritsch 1983a,b, 1985, Griggs and Steenhof 1993, Boal 1994, Priest 1997, Gossett and Makela 2005）も，雛の日齢を把握するために有効である．また，産卵期に確認調査を繰り返すことも，抱卵開始日の推定に有効である（Millsap et al. 2004）．この確認調査を行わない場合，抱卵中に繁殖に失敗したペアの産卵日を推定することが困難となることが多い．研究者は，しばしば，繁殖の失敗がある特定のステージに起こったものと推測するものであり，抱卵の最中における失敗が最も一般的である．また，継続して巣の確認を行っていた期間の途中で失敗する場合は，最後に確認したステージが，繁殖が失敗したステージとなる．放棄された卵が巣に残されている場合には，胎子の発育ステージを確定するために検卵（Weller 1956）することによって，卵の発育進行ステージを推定できることがある．ただし，その場合でも，どのくらいの期間，巣内で卵が抱卵されていなかったのかは，観察者には依然として把握できないことが多い．

一腹卵数

　各ペアの産卵数は有用ではあるが，総合的な生産力の評価の中では，不可欠なものというわけではない（Brown 1974）．猛禽類の多くの種の巣は，崖の上や樹上にあるため，全ての巣に容易に接近することは不可能であり，一腹卵数を記録することは困難か不可能であることが多い．そのうえ，抱卵中の巣を訪れることによって，猛禽類によっては悪影響が及ぶことがある．このため，至近距離からの卵数の確認が，時々，繁殖の失敗率の増加と関連する（Luttich et al. 1971, Steenhof and Kochert 1982, White and Thurow 1985，第19章）．これらの理由により，鳥類の繁殖成功に関する従来の確認方法である，孵化した卵の巣立ち雛にまで発育する割合は，しばしば得ることが不可能である．一方で，一腹卵数のデータは，食物供給やその他の環境影響に対する個体群の反応メカニズムについて，より一層の手掛かりを与えてくれるものである．

繁殖成功率と生産力

　繁殖成功率は，営巣もしくは産卵したペアのうち，**巣立ち日齢**（すなわち，完全に羽毛がはえそろった雛が，自発的に初めて巣から出る日齢）までに雛を養育したペアの割合として定義される．イヌワシやモリフクロウ（*Strix aluco*）のように，産卵しない割合が比較的高い種では，テリトリーをもつペア当たりの成功率と，産卵したペア当たりの成功率との違いが大きくなることがある（Southern 1970, Steenhof et al. 1997）．それは，テリトリーをもつペアの全てもしくはほとんどが産卵する種においては，それほど重要なことではない（Steenhof and Kochert 1982）．

　多くの研究では，幼鳥の初飛行（巣立ち）が行われるその当日に，それぞれの巣を確認に訪れることは不可能である．また，雛が巣立った後，巣立ち雛を見つけるのが難し

い場合もある．雛が巣立ち日齢に近づいた時期に，研究者が至近距離まで近づきすぎると，雛は巣立ちできるほど成長していない状態で巣から逃げようとする傾向がある．このステージでまだ飛べない場合，雛は地上にパタパタと落ちてしまい，研究者によって回収されないと，捕食や溺死の危険にさらされることになる．このような理由から，雛が巣立つと想定される1週間以上前に，巣を確認することが賢明である．したがって，猛禽類のほとんどの研究では，巣立ち前の段階で，巣内に十分発育した雛を観察した時点で，ペアが繁殖に成功したものとみなしている．しかし，何日齢であっても巣内雛の滞在する巣を繁殖成功とみなすと，育雛間の後期に起こり得る死亡の可能性を考慮することができないため，繁殖成功を過大評価してしまうことになる．研究者は，巣立ちしたか巣立ちが近い巣を十分に確認できない場合には，営巣活動残存率モデル（下記を参照のこと）を考慮するべきである．

　研究者が，繁殖成功について，年ごと，地域ごとまたは処置ごとに比較したいのであれば，繁殖成功とみなす巣内雛の標準的な最低限の日齢を確定しておく必要がある．この基準となる日齢は，雛が十分に成長しているが，飛翔するには幼く，研究者が安全に巣に入ることができ，そして，実際に巣立ちするまでの死亡率が最小限となるようなステージにすべきである．Steenhof（1987）は，昼行性の猛禽について，少なくとも1羽の巣内雛の日齢が巣立ちの平均日齢の80％に達した場合にのみ，繁殖が成功したとみなすように提言した．この日齢から初飛行までの死亡率は，一般的にはごくわずかである（Millsap 1981）．さらに，この時期の雛は，遠方から数えるのに十分なくらい成育している．スネークリバー峡谷に営巣するソウゲンハヤブサ（*F. mexicanus*），イヌワシおよびアカオノスリ（*B. jamaicensis*）については，巣立ちの80％日齢は，ほとんどの雛が標識される日齢と一致している（Steenhof and Kochert 1982）．初飛行する日齢の80％という基準は，アカクアシノスリ，ハイイロチュウヒ（*Circus cyaneus*）（Lehman et al. 1998），タニシトビ（*Rostrhamus sociabilis*）（Bennetts et al. 1998）およびオオタカ（*Accipiter gentilis*）（Boal et al. 2005）を含む，様々な種類の猛禽類の研究において，繁殖成功率の決定に用いられてきた．繁殖成功率を評価するためのより低い基準（巣立ちの70％または75％の日齢）は，巣立ちの日齢が個体によって大きく異なる種〔すなわち，クーパーハイタカ（*A. cooperii*）のように性的二型の大きな猛禽類〕や，研究者が巣を確認した時に，巣立ちできるほど成長していない状態で巣から離れてしまう傾向が強い種においては，より適切であると

考えられる．Millsap et al.（2004）は，ハクトウワシについて，8週間に達した日齢の雛か，巣立ちの日齢の約70％に達した雛の存在する巣を繁殖成功とみなし，米国魚類野生生物局（2003）は，ハヤブサについて，少なくとも28日齢の雛か，巣立ちの日齢の約65％の雛の存在するペアを，繁殖成功とみなしている．北米に生息する大部分の猛禽類の巣立ち日齢に関する情報は，Birds of North America website（http://bna.birds.cornell.edu/BNA/）で確認することができる（Poole 2004）．世界の他の地域における猛禽類の巣立ち日齢に関するデータは，Newton（1979）およびCramp et al.（1980）に示されている．研究者が，繁殖の成功を評価する最低限の日齢を決定し採用する時は，研究対象の種に関するより最近の情報を参照し，巣立ち日齢の変動幅や撹乱に対する影響の受けやすさについての最も有効な情報を用いるべきである．

　生産力（すなわち，繁殖成功と評価される最低限の日齢に達した雛の数）は，通常，1ペア単位で報告される．幼鳥の性比が1対1の割合の場合，ペア当たりの若鶏の数は**繁殖力**（1羽の雌親によって生産される雌の数）に相当し，1つの基準として，個体群統計学の広範の評価の中に組み込まれる（例えば，Blakesley et al. 2001, Seamans et al. 2001）．幼鳥は，巣を離れた後も，独立して巣の付近から離れて分散していくまでの数週間〜数ヵ月間，通常，両親（または，片方の親）に依存し続ける．**巣外育雛期**の間，幼鳥の滞在場所の探索が困難となることがある（Fraser 1978）．幼鳥が巣から離れてしまった後での計数は，幼鳥を見逃しやすく，生産された子の数を過小評価しやすいことから，信頼できない．ただし，フクロウ類については，多くの種で飛べるようになるかなり前に幼鳥が巣を離れ（Forsman et al. 1984），その日齢はしばしば個体によって違いがある（Newton 2002）ため，この時点における評価は特別な課題となる．つまり，研究者は，巣から離れる幼鳥の数は，営巣テリトリーから分散して生存する幼鳥の数と必ずしも相関するとは限らないことに留意する必要がある（Marzluff and McFadzen 1996）．

繁殖失敗

　巣で確認される痕跡は，繁殖失敗の要因を推察するために有効となることがある．そのような痕跡として，無傷の冷たい卵，壊れた卵，卵殻片，死亡した雛，雛の体の一部，または巣を襲ったと考えられる捕食動物の毛や羽毛が含まれる．孵化しなかった卵は，受精率や汚染物質レベルの分析に使用することができる．このような方法により，失敗の要因を割り当てることができることが多いが，あくまでも最も確からしい要因が推測できるだけであり，本来の要

因が把握できるわけではないことを念頭に置いておくことが重要である．例えば，雌が食物不足によって，卵を放棄し，捕食者により卵が食べられ，巣に卵殻片が残った場合，失敗の本来の要因は食物不足であるが，推察される失敗の要因は，卵が捕食される前に巣を訪れるか，後に巣を訪れるかによって，放棄あるいは捕食によるものとして記録されてしまうと考えられる．それにもかかわらず，繁殖失敗の要因を推察することは，農薬により引き起こされた卵殻の薄化や破卵を含む，保護上の問題点を明らかにすることに役立つものであることが判明している（Ratcliffe 1980）．

再産卵と 2 回目の産卵

比較的短い繁殖周期および長い営巣期を有する猛禽類の種のなかには，繁殖周期の初期（産卵期もしくは抱卵の初期）に繁殖失敗したペアが，時々やりなおして，もう 1 回，一腹卵を産むことがある．これは，通常，同じテリトリー内の異なった巣で行われる．研究者は，この可能性について認識しておくべきであり，それらしい状況下では，再産卵の有無を確認する必要がある．巣内育雛段階で繁殖に失敗したペアでは，通常，再産卵は行われない．おそらく，繁殖シーズンのその段階においては，繁殖シーズンが終わるまでに雛を育てる時間が不足するからであると考えられる．一方，モモアカノスリ（Bednarz 1995），アメリカチョウゲンボウ（*F. sparverius*）（Steenhof and Peterson 1997），メンフクロウ（*Tyto alba*）（Marti 1992），トラフズク（*A. otus*）（Marks and Perkins 1999）などの温帯域に生息する少なくとも 15 種（Curtis et al. 2005）については，ペアが 1 年間に一腹卵よりも多く生産することがある．タニシトビは，営巣を継続するために必ずしもペア形成したままである必要はなく，片方の親が幼鳥を養育する間に，もう一方の親は移動し，時には再びペア形成して別の場所で営巣する（Beissinger and Snyder 1987）．これらの状況については，それぞれ特別な注意や解釈が必要となる．

フィールドでの技術

猛禽類の調査は，徒歩，地上車，固定翼機，ヘリコプターまたはボートにより実施される（第 5 章を参照のこと）．繁殖している猛禽類とその巣の場所を探索するためのこれらの調査技術の有効性と精度は，調査対象種，営巣環境，研究者の経験，調査地域の地形や植生，そして研究の目的によって異なる．特別な状況下においては，調査技術を組み合わせることが最適となることがある．

崖もしくは樹上の巣が確認されている場合，次の 3 つの方法のうち，どれか 1 つの方法で地上から確認することができる．①望遠鏡か双眼鏡を使った遠方からの観察，②ロープまたは梯子を使って巣に接近して調べる，③伸縮自在のポールに取り付けた鏡等を使い，近距離から巣内を調べる（Parker 1972）．15m の長さのポールに取り付けられた鏡が，森林性の猛禽類の巣の中を調べる際に役立つことが確かめられている（Millsap 1981）．また，より短いポール（5m 以下）が，航路標識ポストに営巣するミサゴの繁殖成功の確認に効果的に用いられている事例がある（Wiemeyer 1977）．双眼鏡や望遠鏡は，崖の観察には望ましいが，上方から巣を見下ろす際に，視界を遮る複雑な地形や密集した植生がある場所では役立たない．遠距離からの観察は，抱卵中の個体もしくは雛の存在を確認するのに適切な方法であるが，雛数の計数（特に，はっきりと巣内が見えない場合）には，役に立たないことが多い．

遠方からの雛の計数は，成鳥が巣上で抱雛したり，雛を日光から保護したりしている場合には，特に難しくなる．巣への登攀は，雛の計数の間違いを低減させる最良の方法であるが，多大な時間を必要とする危険な行為でもある（第 10 章を参照のこと）．登攀は特別なトレーニングを必要とするし，巣へ登攀する行為はその鳥へ悪影響を与えることもある（Ellis 1973, Kochert et al. 2002，第 19 章）．むき出しの場所に大きな巣をつくる大型猛禽類に対しては，繁殖を判定するための上空からの調査が最適である．生産力に関する上空からの調査は，ミサゴ（Carrier and Melquist 1976），ハクトウワシ（Postupalsky 1974, Fraser et al. 1983）およびイヌワシ（Boeker 1970, Hickman 1972）について，効果的に実施されている．状況によっては，ミサゴの繁殖成功率や生産力を確認するためのヘリコプター調査は，地上での調査よりも費用対効果が大きくなることがあり（Carrier and Melquist 1976），また，ミサゴの繁殖しているペアや巣立った雛の数を確認するための固定翼機による調査は，地上での計数と同じくらい正確に計数することができる（Poole 1981）．営巣しているイヌワシについての固定翼機とヘリコプターの両方を使用した調査では，地上からの判断よりも，より効果的で費用対効果がある場合もある（Boeker 1970, Hickman 1972, Kochert 1986）．

速く飛行する固定翼機よりも，ゆっくり飛行する航空機の方が，雛の日齢の判断と計数を正確に行うことが容易である（Hickman 1972, Carrier and Melquist 1976）．例えば，イヌワシの生産力についての調査は，セスナ 180 シリーズ（時速 110 〜 180km で飛行する）のような速い飛行機よりも，時速 70 〜 120km で飛行することのでき

る Piper Super-Cub のような遅く飛行する飛行機の方が経済的である（Hickman 1972）．Watson（1993）は，ハクトウワシへの影響を最小限に抑えるため，防音装置の付いたタービンエンジンのヘリコプターを推奨している．ヘリコプターを使用しても，研究者は完全な一腹雛数を常に計数できるとは限らず，上空からの調査を補完するための地上からの調査が必要となることもある．最も小さな固定翼もしくは回転翼の飛行機は，繁殖シーズンの初期に，営巣しているペアを探索するために使用することができるが，雛数を計数する調査には，ゆっくりと飛行する Super-Cub やヘリコプターが望ましい．操縦性を良くする風の弱い時に飛行を計画することにより，データの精度を高めることができる（Carrier and Melquist 1976）．ハクトウワシへの影響を最小にし，安全性とデータの信頼性を最大にするために，Watson（1993）は，無風で，乾燥した日にヘリコプターの飛行を行い，巣ごとに費やす時間を 10 秒未満とし，少なくとも巣から 60m 離れた位置に滞在し，必要に応じて双眼鏡を使用することを推奨している．

人工的な営巣場所

猛禽類の多くの種が，営巣場所の不足が営巣密度を制限している地域で繁殖している．したがって，人工的な営巣場所（種に応じて，巣箱や巣台）を提供することにより，営巣密度を高めることができ，また，繁殖成功率と生産力に関するデータを効率的な方法で収集できるようになる．これは，人工的な営巣場所は，全ての設置場所が把握されており，さらに，アクセスが容易な場所に設置することができるため，毎回の訪問時に巣の中身を容易に確認することができるからである．したがって，人工的な営巣場所は，データ収集の極めて効率的な手法として用いられている〔例えば，巣箱に営巣した 100 ペア以上のチョウゲンボウ（*F. tinnunculus*）の調査（Cavé 1968 を参照のこと）〕．ただし，人工的な営巣場所における繁殖成功率は，自然の場所（安定していなかったり，保護されていなかったり，あるいはその逆の場合）とは同じでない可能性がある．

データ収集のタイミング

繁殖サイクルのいかなるステージにおいても，猛禽類の巣へ訪れることによって，有用な情報を得ることができる．ただし，雛数や生産力についての適正な情報を得るためには，少なくとも 2 回巣へ訪れることが必要となる．1 回目は繁殖サイクルの開始時（産卵時期頃が望ましい）であり，2 回目は巣内育雛期の後期（雛が巣立つ直前が望ましい）である．全てのペアが同時に営巣を開始するわけではなく，ペアによって繁殖段階がずれるため，これらの望ましい調査時期は調整が必要となる．営巣している猛禽類の飛行機からの調査では，短い期間に全てのペアを確認することが可能である．一方，地上からの調査による巣の確認は，**繁殖期**のほとんどの時期を通じて行う必要があるかもしれない．第 1 段階の確認の目的は，営巣テリトリーをもつペアの数と，（産卵後に行う場合には）産卵したペアの数を計数することである．何人かの研究者は，一腹卵の最後の卵が産まれた後で，かつ一腹雛の初めの雛が孵化する前（Fraser et al. 1983）に，また，多くの繁殖失敗が発生する前に，これらの確認を行っている．落葉樹林地においては，より簡単に巣を観察することのできる展葉の前に，初期の調査が実施されている（Fuller and Mosher 1981）．

第 2 段階の調査の目的は，繁殖に成功したペアの数と十分に成長した雛の数を計数することである．確認するタイミングは，ここでも調整が必要となる．この場合は，一腹雛の最後の雛が繁殖成功とみなせる最低限の日齢に達している日と，一腹雛の最初の雛が巣を離れる日の間となる．この確認は，近距離からの観察を伴うことから，驚いた雛が巣立ちできるほど成長していない状態で巣から飛び出さないように注意することが必要である．飛行機または遠方の見晴らしの良い地点からの確認を行う場合には，正確に計数するために，雛が十分に成長する巣立ちの直前に計画する必要がある．

全ての巣の確認を計画する際には，猛禽類の地域個体群の繁殖サイクル（nesting chronology）に関する情報を，考慮する必要がある．特に，温暖な気候の地域や，繁殖期が長期に及ぶ種では，個体群の中で，産卵日が大きく変動することがある．繁殖サイクルに大きな変動幅が存在する場合には，2 回以上の調査が必要になることがある（Postupalsky 1974）．同様に，複数の種類を調査対象とする場合にも，種ごとに異なる繁殖サイクルに対応するように，2 回以上の調査が必要になることもある．繁殖サイクルが知られていなかったり，種内での変動幅が大きい場合には，巣内雛の日齢を判断したり，最後の調査の予定日を決定したりするために，雛が孵化した後で，かつ雛が巣を離れる前に，中間時の調査が必要となる場合がある．

偏った推定を回避する解析手法

多くの研究においては，繁殖成功率と生産力の推定は，ある地域に営巣する全ての個体群を対象とするのではなく，サンプリングされたいくつかのペアに基づいて行われている．**サンプリング誤差**は，観察したペアが個体群全体

を代表するものでない場合に生じる誤差である．研究対象とする変数に関する偏りのない推定結果を得るために，十分な大きさのサンプルを収集することは，研究者の最大の課題となっている．ほとんどの猛禽類の巣は，アクセスが比較的困難であり，広範囲に分散しているため，確認された時期や手法に関わらず，確認された全てのペアを生産力の推定に用いる傾向がある．このアプローチに伴う問題点は，ペアが確認される可能性が，ペアの生息する場所または繁殖状況と直接的もしくは間接的に関連することが多いことである．例えば，樹上の低い位置にある巣，道路の近くや開けた場所にある巣は，確認されやすいが（Titus and Mosher 1981），それらの生産力は，巣の高さ（例えば，捕食動物の近づきやすさ）や道路の近接性（例えば，交通事故死した獲物の利用しやすさ）に関連する要因によって影響を受ける可能性がある．

　鳥類の繁殖を評価する研究を計画する際に，共通のより深刻な問題点は，産卵しない，または早期に繁殖失敗したペアは，繁殖成功に至るペアよりも確認されにくい傾向があるということである（Newton 1979）．産卵しないペアは，産卵しているペアよりも営巣場所付近に滞在する時間が短く，繁殖に成功しないペアは，繁殖期の進行に伴い，巣付近に滞在する時間が短くなる（Fraser 1978）．営巣しないペアや繁殖に成功しないペアは，より広い行動圏をもち（Marzluff et al. 1997），さらに，繁殖に成功しないペアは（特に渡りをする個体群では），繁殖に失敗するとすぐにその地域から完全に飛去することさえある．巣内雛の滞在している巣は，雛や警戒する親鳥のよく聞こえる鳴き声のほか，巣の周囲に漆喰のように目立つ白い糞が付着しているため，確認されやすい．営巣期の遅い時期に開始された調査では，早い時期に繁殖に失敗したペアを見落とす傾向があるため，繁殖成功率と生産力を過大評価する可能性がある．同様に，営巣期を通して，様々なステージで確認された巣のデータを単純に収集していく調査においても，繁殖成功を過大評価することになる（Mayfield 1961, 1975, Miller and Johnson 1978）．これらの状況では，確認された全てのペア数の合計に対する，繁殖成功したペア数の割合は，明らかに限られた価値しかなく，**みかけの繁殖成功率**に相当する（Jehle et al. 2004）．

　バイアスを最小限にするための１つのアプローチとして，営巣期の前に確認されたペアのみを解析対象とするか，十分なバックグラウンドデータが利用できる場合には，営巣期の前に無作為に対象ペアを選択する方法があげられる（Steenhof and Kochert 1982）．このアプローチでは，選択された全てのペアの繁殖成功を確認する必要があるが，産卵したが繁殖に成功しなかったペアと産卵しなかったペアを区別する必要はない．また，このアプローチは，伝統的に利用されている営巣テリトリーを再利用する傾向のある種（例えば，イヌワシ）について，十分な過去の情報がある場所においてのみ実用的となる．この方法は，他の多くの猛禽類の種やテリトリーに関する過去の情報が不足している短期間の調査には適していない．研究者によっては，営巣期の初期に確認された産卵するペアのみを，繁殖成功率の推定に用いることにより，バイアスを最低限にすることを試みている（Steenhof and Kochert 1982）．しかし，このアプローチは，サンプルサイズを大幅に減少させることになる．産卵前に全てのペアを確認することが困難な場合には，研究者は，産卵したペアの成功率を推定するために，営巣活動残存率モデルの利用を検討すべきである．

　Mayfield（1961）は，繁殖サイクルの様々な段階で（時には，繁殖サイクルの段階が不明な場合）確認された巣からのデータを取り込み，繁殖成功率の推定を行う方法を開発した．Mayfield のモデルは巣が観察されている期間における**日々の営巣活動残存率**（daily nest survival）を算出し，さらに全ての巣についての一定の残存率を仮定することによって，**営巣期間**の全期間を通じた全ての巣の残存率を推定する．いくつかの猛禽類の研究において，繁殖成功率の評価を行うために，Mayfield の方法が用いられている（例えば，Percival 1992, Bennetts and Kitchens 1997, Barber et al. 1998, Griffin et al. 1998, Lehman et al. 1998）．近年，営巣期間を通じた一定の日々の生存率に関する Mayfield の仮定（Mayfield's assumption）を必要としない，より高度な営巣活動残存率モデルが開発されている（Dinsmore et al. 2002, Rotella et al. 2004, Shaffer 2004）．Mayfield のオリジナルモデルとは異なり，新しいモデルでは，営巣活動残存率に影響を与える可能性のある様々な空間的および時間的な因子の重要性を評価することを可能とする，多くの分類別の連続的な共変量を含めることができる．また，新しい方法では，尤度に基づいた情報論的方法によって競合モデルを評価することが可能となる（Akaike 1973, Burnham and Anderson 2002）．営巣活動残存率モデルは，MARK プログラム（White and Burnham 1999）や SAS（Rotella et al. 2004）で実行することができる．

　営巣活動残存率モデルでは，営巣期間の少なくとも異なった２日間の巣の状況が把握されている限り，営巣期の様々な時期に確認された巣のデータが利用できる．可能であれば，巣の確認は，繁殖サイクルの全てのステージを

包含するトータルなスパンで実施すべきである．営巣活動残存率モデルを利用する場合には，少なくとも以下の情報が必要となる．①巣を確認した日付とその時の巣の状況，②最後に巣を確認した日付とその時の状況，③最後に確認した日に繁殖が失敗していた場合には，営巣活動が継続していたことを最後に確認した日付．また，研究者は，調査対象種の"営巣期間"の継続期間を把握する必要がある．この継続期間は，最初の産卵から，最初の雛が**繁殖成功とみなせる最低限の日齢**まで到達するまでの期間と定義することができる．調査対象種の適切な営巣期間を算出するためには，最初の巣立ちの平均の日齢に加えて，産卵期間と抱卵期間を考慮する必要がある．これらの各変数に関する情報として，Newton（1979），Cramp et al.（1980）およびPoole（2004）を利用することができる．新しい営巣活動残存率モデルは，主に地上または地上付近に営巣するカモ類，シギ・チドリ類およびスズメ目の鳥類に利用されている（Dinsmore et al. 2002, Jehle et al. 2004, Rotella et al. 2004, Shaffer 2004）．樹上や崖に営巣する種が含まれる猛禽類の研究は，多くの巣が遠方から観察されるという点で，地上に営巣する鳥類の研究とは異なっている．巣に存在する物は必ずしも確認できるとは限らず，抱卵中に繁殖が失敗した場合には，営巣活動が継続していた段階が推定できないことが多い．さらに，多くの猛禽類では，営巣期が長く，多くの幼鳥が巣立ち後も巣または巣の付近に滞在し続ける．一般的に，研究者は猛禽類の巣をそれほど頻繁には確認せず（各営巣期に，わずかに2〜3回程度のこともある），巣を確認する間隔は，スズメ目の鳥類やシギ・チドリ類，カモ類の研究よりも普通は長い．これらのことから，新しい営巣活動残存率モデルを猛禽類に適用することは挑戦的であるとも言える．また，巣を初めて確認した時の繁殖が継続していた期間を把握する必要のある営巣活動残存率モデルは（例えば，Dinsmore et al. 2002），猛禽類に関しては有効でないかもしれない．さらに，巣の確認間隔が長い研究においては，天候等の時期特異性の変数の影響を評価する可能性が限定されるものと考えられる．最後に，産卵しなかったペアの営巣期間がいつ始まったのかを明確にすることが困難であるため，営巣活動残存率モデルは，産卵したペアの繁殖成功率を推定するためだけに用いるべきであることを述べておく．

現在のところ利用できる営巣活動残存率モデルは，卵や雛の個々の生存率は推定しない．したがって，生産力を推定するためには，繁殖成功率の推定と巣立ち時の平均的な一腹雛数を組み合わせなければならない．テリトリーを有するペア当たりの生産力の推定を行うためには，この結果を，産卵するペアの割合の独立した推定結果と組み合わせなければならない（Steenhof and Kochert 1982）．成果として得られる生産力の推定結果の分散は，Goodman（1960）に示されている計算式により算出することができる．

謝　辞

この章は，米国アイダホ州ボイシのSnake River Field Station, Forest and Rangeland Ecosystem Science Centerおよび英国ハンティンドンのCentre for Ecology and Hydrologyの貢献によるものである．Jon Bart, Mike KochertおよびMatthias Leuとの議論は，この章のアイデアを発展させるための助けとなった．これらの方々に感謝するとともに，初期の草稿段階で，原稿について論評や意見を頂いたDavid E. Andersen, Robert E. Bennetts, Robert N. Rosenfield, William E. StoutおよびS. Postupalskyに感謝する．

引用文献

AKAIKE, H. 1973. Information theory and an extension of the maximum likelihood principle. Pages 267 − 281 in B. Theory, N. Petrov, and F. Csaki, [EDS.], Second International Symposium on Information. Akademiai Kiado, Budapest, Hungary.

BARBER, J.D., E.P. WIGGERS AND R.B. RENKEN. 1998. Nest-site characterization and reproductive success of Mississippi Kites in the Mississippi River floodplains. *J. Wildl. Manage.* 62:1373 − 1378.

BEDNARZ, J.C. 1995. Harris' Hawk (*Parabuteo unicinctus*). No. 146 in A. Poole and F. Gill [EDS.], The Birds of North America. The Birds of North America, Inc., Philadelphia, PA U.S.A.

BEISSINGER, S.R. AND N.F.R. SNYDER. 1987. Mate desertion in the Snail Kite. *Anim. Behav.* 35:477 − 487.

BENNETTS, R.E. AND W.M. KITCHENS. 1997. The demography and movements of Snail Kites in Florida. USGS/BRD Tech. Rep. No. 56, Florida Cooperative Fish and Wildlife Research Unit, University of Florida, Gainesville, FL U.S.A.

———, K. GOLDEN, V.J. DREITZ AND W.M. KITCHENS. 1998. The proportion of Snail Kites attempting to breed and the number of breeding attempts per year in Florida. *Fla. Field Nat.* 26:77 − 83.

BLAKESLEY, J.A., B.R. NOON AND D.W.H. SHAW. 2001. Demography of the California Spotted Owl in northeastern California. *Condor* 103:667 − 677.

BOAL, C.W. 1994. A photographic and behavioral guide to aging nestling Northern Goshawks. *Stud. Avian Biol.* 16:32 − 40.

———, D.E. ANDERSEN AND P.L. KENNEDY. 2005. Productivity and

mortality of Northern Goshawks in Minnesota. *J. Raptor Res.* 39:222 — 228.

BOEKER, E.L. 1970. Use of aircraft to determine Golden Eagle, *Aquila chrysaetos*, nesting activity. *Southwest. Nat.* 15:136 — 137.

BORTOLOTTI, G.R. 1984. Criteria for determining age and sex of nestling Bald Eagles. *J. Field Ornithol.* 55:467 — 481.

BROWN, L. 1974. Data required for effective study of raptor populations. Pages 9 — 20 in F.N. Hamerstrom, Jr., B.E. Harrell, and R.R. Olendorff [EDS.], Management of raptors. Raptor Research Report No. 2, Raptor Research Foundation, Inc., Vermillion, SD U.S.A.

BURNHAM, K.P. AND D.R. ANDERSON. 2002. Model selection and multimodel inference: an information-theoretic approach, 2nd Ed. Springer-Verlag, New York, NY U.S.A.

CARRIER, W.D. AND W.E. MELQUIST. 1976. The use of a rotor-winged aircraft in conducting nesting surveys of Ospreys in northern Idaho. *J. Raptor Res.* 10:77 — 83.

CAVÉ, A.J. 1968. The breeding of the Kestrel, *Falco tinnunculus* L., in the reclaimed area Oostelijk Flevoland. *Neth. J. Zool.* 18:313 — 407.

CRAMP, S., K.E.L. SIMMONS, R. GILLMOR, P.A.D. HOLLOM, R. HUDSON, E.M. NICHOLSON, M.A. OGILVIE, P.J.S. OLNEY, C.S. ROSELAAR, K.H. VOOUS, D.I.M. WALLACE AND J. WATTEL. 1980. Handbook of the birds of Europe, the Middle East and North Africa: the birds of the Western Palearctic. Oxford University Press, New York, NY U.S.A.

CURTIS, O., G. MALAN, A. JENKINS AND N. MYBURGH. 2005. Multiple-brooding in birds of prey: South African Black Sparrowhawks (*Accipiter melanoleucus*) extend the boundaries. *Ibis* 147:11 — 16.

DINSMORE, S.J., G.C. WHITE AND F.L. KNOPF. 2002. Advanced techniques for modeling avian nest survival. *Ecology* 83:3476–3488.

ELLIS, D.H. 1973. Behavior of the Golden Eagle: an ontogenic study. Ph.D. dissertation, University of Montana, Missoula, MT U.S.A.

FORSMAN, E.D., E.C. MESLOW AND H.M. WIGHT. 1984. Distribution and biology of the Spotted Owl in Oregon. *Wildl. Monogr.* 87:1 — 64.

FRASER, J.D. 1978. Bald Eagle reproductive surveys: accuracy, precision, and timing. M.S. thesis, University of Minnesota, St. Paul, MN U.S.A.

———, L.D. FRENZEL, J.E. MATHISEN, F. MARTIN AND M.E. SHOUGH. 1983. Scheduling Bald Eagle reproduction surveys. *Wildl. Soc. Bull.* 11:13 — 16.

———, F. MARTIN, L.D. FRENZEL AND J.E. MATHISEN. 1984. Accounting for measurement errors in Bald Eagle reproduction surveys. *J. Wildl. Manage.* 48:595 — 598.

FULLER, M.R. AND J.A. MOSHER. 1981. Methods of detecting and counting raptors: a review. *Stud. Avian Biol.* 6:235 — 246.

GOODMAN, L.A. 1960. On the exact variance of products. *J. Am. Stat. Assoc.* 55:708 — 713.

GOSSETT, D.N. AND P.D. MAKELA. 2005. Photographic guide for aging nestling Swainson's Hawks. BLM Idaho Tech. Bull 2005-01. Burley, ID U.S.A.

GRIER, J.W. 1982. Ban of DDT and subsequent recovery of reproduction in Bald Eagles. *Science* 218:1232 — 1235.

GRIFFIN, C.R., P.W.C. PATON AND T.S. BASKETT. 1998. Breeding ecology and behavior of the Hawaiian Hawk. *Condor* 100:654 — 662.

GRIGGS, G.R. AND K. STEENHOF. 1993. Photographic guide for aging nestling American Kestrels. USDI Bureau of Land Management. Raptor Research Technical Assistance Center, Boise, ID U.S.A.

HAMERSTROM, F. 1969. Aharrier population study. Pages 367 — 383 in J.J. Hickey [ED.], Peregrine Falcon populations: their biology and decline. University of Wisconsin Press, Madison, WI U.S.A.

HENNY, C.J. AND H.M. WIGHT. 1972. Population ecology and environmental pollution: Red-tailed and Cooper's hawks. Population ecology of migratory birds: a symposium. *USDI Wildl. Res. Rep.* 2:229 — 250.

HICKMAN, G.L. 1972. Aerial determination of Golden Eagle nesting status. *J. Wildl. Manage.* 36:1289 — 1292.

HOECHLIN, D.R. 1976. Development of golden eaglets in southern California. *West. Birds* 7:137 — 152.

JEHLE, G., A.A. YACKEL ADAMS, J.A. SAVIDGE AND S.K. SKAGEN. 2004. Nest survival estimation: a review of alternatives to the Mayfield estimator. *Condor* 106:472 — 484.

KENWARD, R.E, V. MARCSTRÖM AND M. KARLBOM. 1999. Demographic estimates from radio-tagging: models of age-specific survival and breeding in the Goshawk. *J. Anim. Ecol.* 68:1020 — 1033.

KOCHERT, M.N. 1986. Raptors. Pages 313 — 349 in A.L. Cooperrider, R.J. Boyd, and H.R. Stuart [EDS.], Inventory and monitoring of wildlife habitat. Chapter 16. USDI Bureau of Land Management Service Center, Denver, CO U.S.A.

———, K. STEENHOF, C.L. MCINTYRE AND E.H. CRAIG. 2002. Golden Eagle (*Aquila chrysaetos*). No. 684 in A. Poole, and F. Gill [EDS.], The Birds of North America. The Birds of North America, Inc., Philadelphia, PA U.S.A.

LEHMAN, R.N., L.B. CARPENTER, K. STEENHOF AND M.N. KOCHERT. 1998. Assessing relative abundance and reproductive success of shrubsteppe raptors. *J. Field Ornithol.* 69:244 — 256.

LUTTICH, S.N., L.B. KEITH AND J.D. STEPHENSON. 1971. Population dynamics of the Red-tailed Hawk (*Buteo jamaicensis*) at Rochester, Alberta. *Auk* 88:75 — 87.

MARKS, J.S. AND A.E.H. PERKINS. 1999. Double brooding in the Long-eared Owl. *Wilson Bull.* 111:273 — 276.

MARTI, C.D. 1992. Barn Owl (*Tyto alba*). No. 1 in A. Poole, and F. Gill [EDS.], The Birds of North America. The Birds of North America, Inc., Philadelphia, PA U.S.A.

MARZLUFF, J.M. AND M. MCFADZEN. 1996. Do standardized brood counts accurately measure productivity? *Wilson Bull.*

108:151 − 153.

———, B.A. Kimsey, L.S. Schueck, M.E. McFadzen, M.S. Vekasy and J.C. Bednarz. 1997. The influence of habitat, prey abundance, sex, and breeding success on the ranging behavior of Prairie Falcons. *Condor* 99:567 − 584.

Mayfield, H.F. 1961. Nesting success calculated from exposure. *Wilson Bull.* 73:255 − 261.

———. 1975. Suggestions for calculating nest success. *Wilson Bull.* 87:456 − 466.

Mearns, R. and I. Newton. 1984. Turnover and dispersal in a peregrine *Falco peregrinus* population. *Ibis* 126:347 − 355.

Miller, H.W. and D.H. Johnson. 1978. Interpreting the results of nesting studies. *J. Wildl. Manage.* 42:471 − 476.

Millsap, B.A. 1981. Distributional status of falconiformes in west central Arizona - with notes on ecology, reproductive success and management. Technical Note 355. USDI Bureau of Land Management, Phoenix District Office, Phoenix, AZ U.S.A.

———, T. Breen, E. McConnell, T. Steffer, L. Phillips, N. Douglass and S. Taylor. 2004. Comparative fecundity and survival of Bald Eagles fledged from suburban and rural natal areas in Florida. *J. Wild. Manage.* 68:1018 − 1031.

Moritsch, M.Q. 1983a. Photographic guide for aging nestling Prairie Falcons. USDI Bureau of Land Management, Boise, ID U.S.A.

———. 1983b. Photographic guide for aging nestling Red-tailed Hawks. USDI Bureau of Land Management, Boise, ID U.S.A.

———. 1985. Photographic guide for aging nestling Ferruginous Hawks. USDI Bureau of Land Management, Boise, ID U.S.A.

Newton, I. 1979. Population ecology of raptors. Buteo Books, Vermillion, SD U.S.A.

———. 1991. Habitat variation and population regulation in Sparrowhawks. *Ibis* 133 suppl. 1:76 − 88.

———. 2002. Population limitation in Holarctic owls. Pages 3 − 29 in I. Newton, R. Kavanagh, J. Olsen, and I. Taylor [EDS.], Ecology and conservation of owls. CSIRO Publishing, Collingwood, Victoria, Australia.

——— and M. Marquiss. 1982. Fidelity to breeding area and mate in Sparrowhawks *Accipiter nisus*. *J. Anim. Ecol.* 51:327 − 341.

——— and P. Rothery. 2001. Estimation and limitation of numbers of floaters in a Eurasian Sparrowhawk population. *Ibis* 143:442 − 449.

Parker, J.W. 1972. A mirror and pole device for examining high nests. *Bird-Banding* 43:216 − 218.

Percival, S. 1992. Methods of studying the long-term dynamics of owl populations in Britain. Pages 39 − 48 in C.A. Galbraith, I.R. Taylor, and S. Percival [EDS.], The ecology and conservation of European owls; proceedings of a symposium held at Edinburgh University. UK Nature Conservation; No. 5. Joint Nature Conservation Committee, Peterborough, United Kingdom.

Petersen, L.R. and D.R. Thompson. 1977. Aging nestling raptors by 4th-primary measurements. *J. Wildl. Manage.* 41:587 − 590.

Poole, A. 1981. The effects of human disturbance on Osprey reproductive success. *Colonial Waterbirds* 4:20 − 27.

——— [Ed.]. 2004. The Birds of North America Online. Retrieved January 15, 2005 from The Birds of North American Online database: http://bna.birds.cornell.edu/ Cornell Laboratory of Ornithology, Ithaca, NY U.S.A.

Postupalsky, S. 1974. Raptor reproductive success: some problems with methods, criteria, and terminology. Pages. 21 − 31 in F.N. Hamerstrom Jr., B.E. Harrell, and R.R. Olendorff [Eds.], Raptor Research Report No. 2. Management of raptors. Raptor Research Foundation, Inc., Vermillion, SD U.S.A.

———. 1983. Techniques and terminology for surveys of nesting Bald Eagles. Appendix D in J.W. Grier et al. [Eds.], Northern states Bald Eagle recovery plan. USDI, Fish and Wildlife Service, Twin Cities, MN U.S.A.

Priest, J.E. 1997. Age identification of nestling Burrowing Owls. Pages 127 − 127 in J.L. Lincer, and K. Steenhof [Eds.], The Burrowing Owl, its biology and management including the proceedings of the first international burrowing owl symposium. Raptor Research Report No. 9, Raptor Research Foundation, Allen Press, Lawrence, KS U.S.A.

Ratcliffe, D.A. 1980. The Peregrine Falcon. Buteo Books, Vermillion, SD U.S.A.

Rich, T. 1984. Monitoring Burrowing Owl populations: implications of burrow re-use. *Wildl. Soc. Bull.* 12:178 − 180.

Rotella, J.J., S.J. Dinsmore and T.L. Shaffer. 2004. Modeling nest-survival data: a comparison of recently developed methods that can be implemented in MARK and SAS. *Anim. Biodiversity Conserv.* 27:1 − 19.

Seamans, M.E., R.J. Gutiérrez, C.A. Moen and M.Z. Peery. 2001. Spotted Owl demography in the central Sierra Nevada. *J. Wildl. Manage.* 65:425 − 431.

Sergio, F. and I. Newton. 2003. Occupancy as a measure of territory quality. *J. Anim. Ecol.* 72:857 − 865.

Shaffer, T.L. 2004. A unified approach to analyzing nest success. *Auk* 121:526 − 540.

Sonerud, G. 1997. Hawk Owls in Fennoscandia: population fluctuations, effects of modern forestry, and recommendations on improving foraging habitats. *J. Raptor Res.* 31:167 − 174.

Southern, H.N. 1970. The natural control of a population of Tawny Owls (*Strix aluco*). *J. Zool. Lond.* 162:197 − 285.

Steenhof, K. 1987. Assessing raptor reproductive success and productivity. Pages 157 − 170 in B.A. Giron Pendleton, B.A. Mill-sap, K.W. Cline, and D.M. Bird [EDS.], Raptor management techniques manual. National Wildlife Federation, Washington, DC U.S.A.

——— AND M.N. KOCHERT. 1982. An evaluation of methods used to estimate raptor nesting success. *J. Wildl. Manage.* 46:885 – 893.

——— AND B. PETERSON. 1997. Double brooding by American Kestrels in Idaho. *J. Raptor Res.* 31:274 – 276.

———, M. N. KOCHERT, L.B. CARPENTER AND R.N. LEHMAN. 1999. Long-term Prairie Falcon population changes in relation to prey abundance, weather, land uses, and habitat conditions. *Condor* 101:28 – 41.

———, M.N. KOCHERT AND T.L. MCDONALD. 1997. Interactive effects of prey and weather on Golden Eagle reproduction. *J. Anim. Ecol.* 66:350 – 362.

TITUS, K. AND J.A. MOSHER. 1981. Nest-site habitat selected by woodland hawks in the central Appalachians. *Auk* 98:270 – 281.

U.S. DEPARTMENT OF THE INTERIOR. 1979. Snake River Birds of Prey Special Research Report to the Secretary of the Interior. USDI Bureau of Land Management, Boise District, Boise, ID U.S.A.

U.S. FISH AND WILDLIFE SERVICE. 2003. Monitoring plan for the American Peregrine Falcon, a species recovered under the Endangered Species Act. U.S. Fish and Wildlife Service, Divisions of Endangered Species and Migratory Birds and State Programs, Pacific Region, Portland, OR U.S.A.

VILLAGE, A. 1987. Numbers, territory size and turnover of Short-eared Owls *Asio flammeus* in relation to vole abundance. *Ornis Scand.* 18:198 – 204.

WATSON, A. 1957. The breeding success of Golden Eagles in the northeast highlands. *Scott. Nat.* 69:153 – 169.

WATSON, J.W. 1993. Responses of nesting Bald Eagles to helicopter surveys. *Wildl. Soc. Bull.* 21:171 – 178.

WELLER, M.W. 1956. A simple field candler for wildfowl eggs. *J. Wildl. Manage.* 20:111 – 113.

WHITE, C.M. AND T.L. THUROW. 1985. Reproduction of Ferruginous Hawks exposed to controlled disturbance. *Condor* 87:14 – 22.

WHITE, G.C. AND K.P. BURNHAM. 1999. Program MARK - estimation from populations of marked animals. *Bird Study* 46 Supplement:120 – 138.

WIEMEYER, S.N. 1977. Reproductive success of Potomac River Ospreys, 1971. Pages 115 – 119 in J.C. Ogden [ED.], Transactions of the North American Osprey Research Conference. Transactions and Proceedings Series No. 2. USDI National Park Service, Washington DC U.S.A.

付録1 繁殖成功率を評価する際に多用される用語集[*]

活動（active）　あいまいな用語であり，もともとは産卵したペアの巣を表現するためにPostupalsky（1974）により定義されたが，その後，その他の研究者に多くの異なる解釈で使用された．この用語は，明確に定義する場合を除き，現在は使用を避けた方がよい（S. Postupalsky, 私信）．

みかけの繁殖成功率（apparent nest success）　ある個体群のなかで，把握されている総ペア数に対する繁殖に成功したペア数の割合．

繁殖期（breeding season）　造巣（巣の修復を含む）または求愛の開始から，雛が独立するまでの期間．

巣立ち時の一腹雛数（blood size at fledging）　繁殖に成功したペアにより生産された雛の数．

一腹卵数（clutch size）　1巣に産卵された卵の数．

日々の営巣活動残存率（daily nest survival）　巣内で少なくとも1羽の雛または1卵が，ある1日を生き残る確率．

繁殖力（fecundity）　1羽の雌が生産する雌の雛の数．生産される雛の性比が1：1と仮定した場合，1ペア当たりに生産される雛の数で表すこともできる．

巣立ち（fledging）　羽毛がはえそろった雛が初めて自発的に巣を離れること．

放浪個体（フローター）（floaters）　特定の営巣テリトリーをもたず，繁殖しない亜成鳥または成鳥の羽衣をまとう個体．放浪個体は，生理的には繁殖する能力をもつと考えられるが，テリトリーもしくは営巣場所の不足により，繁殖できない．これらの個体は，通常はペア形成していない．

抱卵期（incubation period）　抱卵開始から孵化までの期間．その間，卵は親鳥によって，体温もしくはそれに近い温度に保たれる．

不定期なテリトリー（irregular territory）　他の多くの年と異なり，ある年にだけ占有される既知の営巣場所．

測定誤差（measurement error）　特定のペアまたは営巣テリトリーの状態の誤判断，もしくは卵または雛の数の不正確な計数．

繁殖成功とみなせる最低限の日齢（minimum acceptable age for assessing success）　繁殖成功と考えることができる巣における巣内雛の標準的な日齢．雛は十分に成長しているが，飛行にはまだ十分ではなく，研究者が安全に巣に入ることができる時期であり，その後の実際の巣立ちまでの死亡率が最小となる日齢．多くの種にとっては，雛が自らの意志で巣を離れる日齢の80％である．ただし，巣立ち日齢が相当異なる種または研究者による巣の確認時に時期尚早に巣を離れてしまう傾向の強い種では，65～75％の日齢とする．多くの場合，足環標識を行う日齢と同じである．

巣（nest）　卵を産み，雛を保護するために使用される，つくられた構造物または場所．

営巣期間（nesting period）　ある種において，1卵目の産卵から，少なくとも1羽の雛が繁殖成功とみなせる最低限の日齢に達するまでの期間．この期間は，日々の生存率の推定結果から，繁殖成功率を算出するために用いることができる．それは，繁殖成功とみなせる最低限の日齢の合計値，抱卵期間の平均値，および最初の産卵から抱卵の開始までの期間の平均値として算出することができる．

巣内育雛期（nestling period）　1卵目の卵の孵化から，1羽目の雛が自発的に巣を離れるまでの時期．

繁殖成功率（繁殖率）（nesting success）　あるシーズンに，少なくとも1羽の雛を，繁殖成功とみなせる最低限の日齢（上記を参照のこと）にまで養育したペアの割合．たとえ1回以上の繁殖を試みた場合においても同様．テリトリーをもつペア当たり，または産卵したペア当たりについて報告されることが多い．

営巣テリトリー（nesting territory）　ペア形成しているペアの行動圏内で，1つ以上の巣（もしくはスクレイプ）を包含している，または過去に包含していた場所．確認されている複数の巣を含む限定されたエリアで，通常は継続的に存在し，1回の繁殖では1ペア以上は存在しない場所である．

営巣活動残存率（nest survival）　1卵目の産卵の開始から，少なくとも1羽の雛が，繁殖成功とみなせる最低限

---

[*]この用語集における定義は，猛禽類の研究者に幅広く認められているが，全ての研究者が厳密に同じ用法で各用語を使用しているわけではない．したがって，複数の研究成果を比較する際には，注意が必要である．また，各用語を異なる文脈で馴染みのある一般的な用語として使用することを避けることが重要である．さらに，論文で手法を示す章で，慎重に用語を定義することが同様に重要である．これらのことによって，あなたの論文中の研究成果が他の研究者に正しく評価されやすくなり，他の研究者の研究成果と比較されることが容易となる．

の日齢に達するまで営巣活動が継続する確率．

非繁殖個体（nonbreeders）　放浪個体とテリトリーをもつ産卵しないペアの両方を示す，集合的な用語．

巣外育雛期（post-fledging period）　雛が巣から離れた（すなわち，巣立ち）時期から，親鳥の養育から独立するまでの期間．雛が標識された時期，または繁殖に成功したと考えられるほどに十分に成長した雛が確認された時期から算出されることもある．

前抱卵期（pre-incubation period）　1卵目の産卵から，抱卵開始までの期間．

生産力（productivity）　繁殖成功とみなせる最低限の日齢に達した雛の数．ある年におけるテリトリーをもつペア当たり，または占有されたテリトリー当たりの生産された雛の数として報告されることが多い．

定期的なテリトリー（定期的に利用されるテリトリー）（regular territory）　毎年，またはほぼ毎年，使用される既知の営巣テリトリー．

サンプリング誤差（sampling error）　個体群全体を代表しないペアが観察された時に発生する誤差．

スクレイプ（scrape）　ハヤブサ類，フクロウ類，新世界のハゲワシ類（巣を構築しない種）が卵を産む場所．卵が置かれる基材（腐食した樹木片，古いペレット，ちり，砂，砂利）のくぼみ．

繁殖成功〔successful（nest or pair）〕　少なくとも1羽の雛が，繁殖成功とみなせる最低限の日齢に達したこと．

捕獲方法

PETER H. BLOOM
Western Foundation of Vertebrate Zoology,
439 Calle San Pablo, Camarillo, CA 93012 U.S.A.

WILLIAM S. CLARK
2301 S. Whitehouse Crescent, Harlingen, TX 78550 U.S.A.

JEFF W. KIDD
Western Foundation of Vertebrate Zoology,
439 Calle San Pablo, Camarillo, CA 93012 U.S.A.

訳：山﨑　亨

12

はじめに

　渡り，分散，行動圏利用，解剖学，毒性物質の摂取などの多くの猛禽類の研究において，猛禽類を，検査のため，マーキングのため，またはその両方のために捕獲する必要がある．この章では，フィールドで実地試験済みの猛禽類の様々な捕獲方法について記述する．1981年に初版の「Raptor Management Techniques Manual」(Giron Pendleton et al. 1987)が発刊されて以降，新しく，根本的に異なるという猛禽類のトラップ様式は，ほとんど考案されていないが，いくつかの様式では改善が行われてきているし，重要なこととしては，北米以外での猛禽類の捕獲成功やトラップ方法に関する論文が報告されてきていることである．

　Joseph J. Hickey が「Birding with a Purpose」(Hamerstrom 1984)への前書きで述べているように，猛禽類捕獲者は概して一般大衆とは異なるものである．"お前さんは，オオカミ捕獲者，キツネ捕獲者，マスクラット捕獲者などのことは耳にしているだろう．猛禽類捕獲者は少し異なるぜ．はっきり言って，彼らは猛禽類の体重，換羽，その後の移動，寿命など，そのような全てのことを知りたいがために，猛禽類に足輪を付けたがっているんだ．心の底では，彼らは，動物界のピラミッドの頂点に立つ生物の野生らしさ，素晴らしい強さ，畏怖の念を抱かせる見事な飛翔を臆面もなく崇拝する者なのだ．私は彼らのことを子供じみているなどとは呼びたくないが，彼らは若々しい熱情ももち，いかなる困難に耐え，どのような苦労も惜しもうとしないだろう．"

　猛禽類捕獲に対する情熱と意気込みが捕獲成功に寄与している要因であるとはいえ，捕獲成功は，他の多くの要因にも大きく左右されるものである．チョウゲンボウ (*Falco tinnunculus*)，カタグロトビ (*Elanus caeruleus*)，ウタオオタカ類 (*Melierax* spp.)，カタアカノスリ (*Buteo lineatus*)のような種は捕獲が容易であるが，一方，多くのワシ類，トビ類，コンドル類などの猛禽類では，より高度な技術を必要とする．また，渡りの時に捕獲がより容易な種もいれば，営巣期に捕獲がより容易な種もいる．年齢も捕獲に影響する要因である．一般的には，幼鳥は成鳥よりも捕獲が容易であり，空腹状態の猛禽類は常にトラップに，より反応しやすいものである．堅実に捕獲を成功させるには経験が必要である．成功率の高い捕獲者というのは，渡り途中の猛禽類を捕獲できるだけでなく，営巣期に特定の個体も捕獲できるものであり，しかもどのような方法を用いようとも，常にその個体を傷つけたり，または繁殖失敗を引き起こしたりしないのである．

　捕獲容易な猛禽類であっても，時には捕獲することが困難なこともある．WSC (William S. Clark)は，イスラエルで羽蟻が雨上がりに大群をなして出現するようになると，ノスリの1亜種 (*B. buteo vulpinus*)はこれを捕食し，普通はうまくいくマウスやスズメを囮にしたトラップを完全に無視するようになる．その反対に，捕獲困難な猛禽類

でも，特に空腹である場合には往々にして捕獲できるのである．

捕獲成功率はしばしば季節によって変動するものである．例えば，アレチノスリ（B. swainsoni）は，北米では繁殖期には比較的容易に捕獲できるが，彼らが放浪している渡り時期には捕獲するのは難しい．その反対に，アシボソハイタカ（Accipiter striatus）は，渡りを行っている期間には，お決まりの渡りルートでは容易に捕獲できるが，繁殖期間中に捕獲することはずっと困難である．

どのトラップを使用するか，それをいつ使用するか，どのような囮を置くかについては，捕獲対象種の生態と行動に関する知識を有していることが必要となる．例えば，コチョウゲンボウ（F. columbarius）は，小さな dho-gaza trap に囮としてイエスズメ（Passer domesticus）を置くことで容易に捕獲できるが，アカオノスリ（B. jamaicensis）は，同じ囮を用いても bal-chatri の方がより頻繁に捕獲できる．これは，コチョウゲンボウは鳥を空中で飛行して追跡するのに適応しているのに対し，アカオノスリは，地上で哺乳類を捕らえるのに適応しているからである．Fuller and Christenson（1976）および Hertog（1987）はいくつかの異なるトラップの型を評価し，異なる捕獲方法の効果を定量化した．

捕獲成功は，猛禽類が"トラップ忌避（trap-shy）"になってしまうと制限されることがある．トラップ忌避は，発信機を交換するとか，体重の季節変化や換羽などを調査するために，特定の個体を再捕獲しなければならない場合には，深刻な問題となる．猛禽類がトラップ忌避となるのは，悪い経験や獲物を得られなかったという経験の結果によるものと思われる．トラップの形状，トラップの設置場所，使用する囮，人間との距離など，トラップ忌避になることに影響する事柄に関しては，トラップ忌避となった個体を捕獲する前に十分考慮しておかねばならない．

複数種を数多く捕獲しなければならない状況においては，作動を探知する発信機とともに，かすみ網，bal-chatri，Verbail など，いくつかのトラップを組み合わせて設置することにより，大きな成果をあげることができる．このように複数のトラップをセットするには，通常，2～5人が必要である．

トラップで捕獲されることは，猛禽類にストレスを与えることにはなるが，捕獲された個体が身体的に怪我をすることは滅多にない．トラップで怪我をしたり，死亡したりする原因で最も多いのは，捕食動物と天候である．猛禽類は，長時間トラップ内でもがくという状態になると，最高最低気温または被捕食によって死亡することもある．この章で論じるトラップを適切に使用すれば，滅多にひどい怪我を負わせたり，死に至らしめたりするということにはならないはずである．

猛禽類を取り扱っている間，その種や"性格"によっては，もがいたり，噛んだり，掴んだり，または鳴き声を発したりすることもある．例えば，ノスリ類と多くのフクロウ類は，取り扱われている間，ほとんどもがいたりしないし，滅多に鳴かないけれども，ハイタカ属のタカ類，特にオオタカ（A. gentilis）は，ほとんどずっともがいて鳴き声を発し，すぐに攻撃しようとする．ほとんどの猛禽類は，その嘴と爪で痛い傷を負わせることができるし，大型のタカ類とフクロウ類，ワシ類，コンドル類は重篤な怪我を引き起こすこともあり得る．ほとんどの種，特にワシ類では，爪が最も危険である．一般的に，たいていの種は噛まないものである．その例外としては，ハゲワシ類，カリフォルニアコンドル（Gymnogyps californianus），ウミワシ類（Haliaeetus spp.），オジロノスリ（B. albicaudatus）そしてハヤブサ類があげられる．

猛禽類を捕獲して取り扱う研究者は，国によって異なる適切な許可を受けなければならない．米国では，許可として州の許可と同様に，米国地質測量局鳥類マーキングおよび救護許可（U.S. Geological Service bird-marking and salvage permits）と絶滅危惧種の許可（endangered-species permits）がある．詳細は第25章を参照されたい．

捕獲方法とその活用

鳥類の捕獲方法に関する最初のバイブルは，Lincoln and Baldwin（1929）による「Manual for Bird Banders（バンダーのためのマニュアル）」というタイトルの小さな小冊子である．そこに記述されている約35種類のトラップと捕獲方法のうち唯1つ，Number 1 の leg-hold trap だけが猛禽類の捕獲に用いられていた．Stewart et al.（1945）は，様々な猛禽類用トラップに関して，最も初期における比較の1つを行っている．Beebe（1964）は，鷹狩りに利用するために捕獲する猛禽類に焦点をあてている．McClure（1984）と Bub（1995）は，世界で知られている，鳥類の捕獲方法のほとんどについて包括的概観を示している．今日では，猛禽類研究者は，20の様々な基本的なトラップ方式とそれらを工夫した多くの方法を選択肢として利用することが可能であるとともに，多くのトラップを，離れた地点から監視できるトラップ監視装置のような方法も利用することができる．

いくつかの国では，科学調査において生きた囮を使用

することを禁じており，いくらかの研究者は個人的理由から生きた囮を使用することを避けている．猛禽類研究者は，捕獲を行う予定の国において，生きた囮の使用が合法的かどうかを確認するとともに，囮を人道的に取り扱い，過度の危害やストレスにさらすようなことはしてはならない．米国では，全てではないにせよ，多くの大学では，生きた囮を用いる研究に許可を与えるための動物のケアと利用に関する委員会（Animal Care and Use Committees）を有しているし，少なくともカナダでは現在，倫理に関する小委員会（ethics sub-committee）の許可が必要である（D. Bird，個人的見解）．「研究における野鳥の利用に関するガイドライン（Guidelines to the Use of Wild Birds in Research）」は，The Ornithological Council の特別号（Gaunt and Oring 1999）として発行されたものであり，研究における野鳥のケアに関する勧告が記載されている．

トラップ監視装置

猛禽類の捕獲において，作動を探知する発信機とスキャニング（走査）受信機を利用することにより，猛禽類の捕獲成功率は大幅に向上したし，容易に全てのトラップを監視できるようになった．猛禽類が飛び込んだ（かかった）時に動くトラップと同じように，可動する部分のあるトラップはどれでも，これらの装置で監視することが可能となった．この方法には，20 個もの多くの bal-chatri，Verbail trap，Swedish goshawk trap などを広大なエリアに配置するライントラップ法（line trapping）がある（Bloom 1987）．トラップ監視装置は，Communications Specialists, Inc.（www.com-spec.com）から入手可能である．

トラップ監視装置を利用する前には，全ての個々のトラップは少なくとも 1 時間ごとに継続的な目視による監視と点検を行わなければならない．なぜなら，いくらかの個体は点検の合間の時間に，捕獲された後に逃げ出してしまい，そのために，作動してしまったトラップが残りの時間において作動しない状態になってしまうことがよくあるからである．また，トラップ監視装置は，トリガーが外れた直後に，作動したトラップのところに行くことを可能とするので，捕獲個体の死亡率を低下させることができる．

トラップ監視装置は，トラップが作動した時に発信機に装着していた磁石が外れ，発信を始めることにより，作動したことが受信機で認知されることになるという仕組みである．地形にもよるが，トラップの状態は 2〜3km またはそれ以上の距離から連続的に監視することができる．1988 年からトラップ監視装置を使用してきているわれわれ 2 人〔PHB（Peter H. Bloom），JFK（Jeff W. Kidd）〕は，カリフォルニアのオークの森林地帯や草原地帯において留鳥のカタアカノスリ，クーパーハイタカ（A. cooperii），メンフクロウ（Tyto alba）を捕獲する時にも，アルゼンチンの農耕地においてアレチノスリの越冬群を捕獲する時にも，またインドの熱帯雨林においてミナミカンムリワシ（Spilornis cheela）とカンムリオオタカ（A. trivirgatus）を捕獲する時にも，この方法が有効であることを確認した．インドでは，ほとんど 1 ヵ月間，カンムリオオタカを目撃することができなかったにも関わらず，われわれはトラップ監視装置を用いたライントラップ法を使用した後，2 日間で 6 個体を捕獲することができた．

音声の囮

録音した鳴き声をプレイバック（再生）する方法は，猛禽類を調査者の近くに誘き寄せて，猛禽類を識別して調査するのに利用することができる．また，プレイバック法はフクロウをかすみ網に誘き寄せるのにも利用できる．この方法は，現在，フクロウ類を捕獲して標識するステーションにおいて，渡り途中のアメリカキンメフクロウ（Aegolius acadicus）とアメリカコノハズク（Megascops flammeolus）を捕獲するのに利用されている（例えば，Erdman and Brinker 1997，Evans 1997，Whalen and Watts 1999，Delong 2003）．

さらに，プレイバック法は，メンフクロウ，ニシアメリカオオコノハズク（Megascops kennicottii），トラフズク（Asio otus），ニシアメリカフクロウ（Strix occidentalis），アメリカワシミミズク（Bubo virginianus），カタアカノスリ，オオタカ，クーパーハイタカを繁殖期に捕獲するのにも極めて高い成功率をあげているし（PHB，JWK），また，その他の種においても，プレイバックエリア内のかすみ網や他のトラップに呼び込むことによって捕獲成功率を高くしている．ただし，この方法を過度に使用することによって，成鳥の行動や繁殖成績が影響を受けないように，繁殖期間中の使用は制限することが重要である．

bal-chatri

このトラップは，猛禽類を捕獲するのに今日まで最も成功率の高い装置の 1 つであったため，かなりの関心が払われてきた．bal-chatri は，おおまかに言い換えると，"noosed umbrella（ヌースの付いた傘）"（Clark 1992）ということになる．つまり，モノフィラメントのヌース（輪なわ）が上面，側面，または両方に取り付けられ，中に囮の動物が入っている，ワイヤー製のケージである（図 12-1，Berger and Mueller 1959）．トラップの大きさと形

状は，捕獲する種によって異なる．代表的な囮は，ハツカネズミ（Mus musculus），クマネズミ（Rattus rattus），アレチネズミ（Gerbillus spp.），イエスズメ，ホシムクドリ（Sturnus vulgaris），カワラバト（Columba livia）である．このような代表的な囮が入手できない国や遠隔地では，セキショクヤケイ（家畜の鶏，Gallus gallus）またはカモ類（Anas spp.）を利用することができる．次のようないくつかの形式のものが広く使用されている．① quonset（カマボコ型）（Berger and Hamerstrom 1962, Ward and Martin 1968, Mersereau 1975），② cone（円錐型）（Kirsher 1958, Mersereau 1975），③ octagonal（八角形型）（Erickson and Hoppe 1979），④ box with apron（張り出し部分の付いた箱）（Clark 1967）．1つの改良型として，アメリカオオコノハズク類を捕獲するのに，頂上部にプレキシガラスを使用するという方法がある（Smith and Walsh 1981）．

多くのトラップは，その中に生きた囮を入れるので，捕獲者はトラップの設置に関しては慎重に考慮しなければならない．例えば，トラップが牧場の家畜によって踏みつけられるかもしれないし，自動車によって轢かれるかもしれないし，または人間によって持ち去られるかもしれないからである．その他の例としては，蟻が囮を殺すこともある．

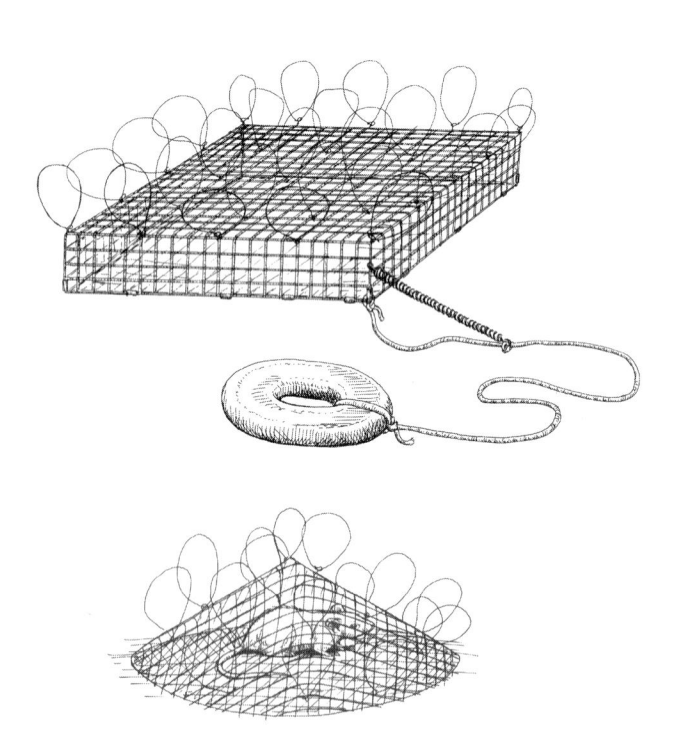

図 12-1 bal-chatri は，様々な形状で作成することができる．箱型の bal-chatri は，ハイタカの仲間，ノスリの仲間，フクロウ類に適し，円錐型のものはチョウゲンボウ類，アナホリフクロウに最適である．

構 造

メッシュとケージの大きさは捕獲する種と囮の動物の大きさによって決まる．ケージは，その中で囮が動き回る（走ったり，飛んだり）ことができるだけの大きさでなければならない．この囮の動きによって，猛禽類は囮に気づくのである．囮の動物が動き回る空間が広ければ広いほど，猛禽類は囮により早く気づくものである．

アメリカチョウゲンボウ（F. sparverius）用のものとしては，小型〜中型のハツカネズミは大きなメッシュだと逃げたり，ひっかかったりするので，1.3 cm よりも 0.6 cm メッシュの鋼製金網を薦める．ワシ類くらいまでの他のたいていの猛禽類では，1.3 cm メッシュの鋼製金網が最適である．大型のハイタカ属のタカ類，ノスリ類，大型のフクロウ類，モモアカノスリ（Parabuteo unicinctus）で quonset-shaped（カマボコ型）bal-chatri を使用する時は，1.3 cm メッシュの鳥小屋用金網または 2.5 cm メッシュの鶏舎用金網が用いられる．特に，比較的大きな囮（例えば，カワラバト）を用いる場合には，このような金網を用いる．大き目のメッシュは，特にトラップをかなり遠方に置く場合には，囮の動きを見えやすくすることができる．加えて，鳥小屋用金網と鶏舎用金網は，鋼製金網よりも曲げやすくて取り扱いやすいので，より作業がしやすい．一方，鳥小屋用金網と鶏舎用金網のトラップは，鋼製金網のトラップよりもへこみやすかったり，壊れやすかったりするし，ヌースは，鳥小屋用金網と鶏舎用金網には，鋼製金網のようにはしっかりとは取り付けにくい．この問題に対応するため，プラスチック（彫刻・模型制作用）接合材をヌース取り付け部分に塗布すれば，問題の大半は軽減できる．

鋼製金網の1面または側部，底部，上部のいくつかの面を縛り付けることによってケージができる．ケージの別の部分のフラップあるいは側面は，リングクリップ（Wiseman 1979）またはワイヤーでうまく固定することができる．囮を出し入れするための扉は，ヌースで邪魔されないように底部に取り付ける．

トラップをカモフラージュすることは重要である．トラップはヌースを取り付ける前にスプレーで塗色すべきである．その色としては，明るい緑（生きた植物の色），タン（枯れた植物の色）そして白（雪）である．つやのない色が光沢色よりも好ましい．

ヌースの付いた鋼製金網がケージから 15〜25 cm 張り出している部分があるものは，ケージの上に立つことを嫌う個体を捕獲する確率を上げる．この方法はアナホリフクロウ〔Athene（Speotyto）cunicularia〕を捕獲する場合には特に重要である．

囮で用いるハツカネズミは，bal-chatriの内側のヌースを引っ張ることがあり，また齧ることもあるし，時には自分自身がひっかかってしまうこともある．モノフィラメントの味を覚えたネズミは，捕獲作業の時間を無駄にしてしまうので，交換すべきである．また，ケージに短いモノフィラメントを入れておくと，ヌースを噛むことを減らすことができる場合もある．

いくつかの糸結び法が報告されている．Jenkins（1979）は，猛禽類の足または足指にいったんしっかり締まればそのままになって捕獲成功率を向上させる，引けば締まるという，スリップ・ノット（引き結び）を開発した．しかし残念ながら，ヌースの部分にこのような1回限りの結び方（結び目はケージに固定するためにも用いられる）を用いることは，偶発的に締まってしまった全てのヌースを取り替えたり，結びなおしたりしなければならないことを意味する．われわれは，ヌースには1つ結びという伝統的な方法を用い（Collister 1967），アンカーポイント（固定する部位）には本結びを用いている．この方法では，すばやく結べる簡単な結び法を採用することができる．しかし残念ながら，この方法は引けば締まるスリップ・ノットを用いる場合よりも，個体が逃げてしまいやすい．北米鳥類標識マニュアル（North American Bird Banding Manual）では，ヌースに1つ結びの変法を用い，アンカーポイントにはクリンチ結びを用いる方法をイラストで示している（Environment Canada and U.S. Fish and Wildlife Service 1977）．

われわれは，ワイヤーメッシュにヌースを装着する最適な方法は，対角線上に2つのワイヤーの結合部を通すことであるとしているJenkins（1979）に賛同する．垂直に立っているヌースは捕獲成功に極めて重要である．ヌース内で締めつけた太いペンを何回も上方にしっかりと強く引き上げることにより，ほとんどのヌースを垂直に立たせることができる．2つのワイヤーの接合部の結び目はヌースが最も垂直な位置になるまで回転させなければならない．プラスチック（彫刻・模型制作用）接合材もヌースを垂直に立たせるのに利用されることもある．接合剤を使用する時は，モノフィラメントが弱くならないよう気をつけねばならない．Berger and Mueller（1959）による図12-1は，どのようにヌースを取り付ければヌースが垂直に立った状態に保てるかのヒントになる．

ヌースの高さと間隔もまた重要である．小型の猛禽類では，3cm間隔に高さ4cmのヌースをつくっている．中型～大型の猛禽類では，5cm間隔に高さ5～6.5cmのヌースをつくる．ヌースの近接した列は，互い違いに配置する．

トラップが完成したら，隙間がないかを確認し，必要であればヌースをさらに追加装着する．ヌースは年月が経つと脆弱になる．特に，トラップがほこりだらけの地面やぬかるみで運ばれたり，あるいは長時間太陽にさらされたりした場合にはなおさらである．トラップがどれくらいもつかは使用時間によるが，われわれは，全てのヌースを毎年1～5回の頻度で交換している．

bal-chatriは比較的軽いトラップなので，捕まった個体がトラップごと飛ぶようなことがないだけの重さでなければならない．全てのトラップを常時監視下におくためには，0.7または1kgのバーベルの錘を1mのナイロン製の紐でトラップに取り付けることを薦める．多くの研究者は，錘を"衝撃吸収（shock-absorbing）"スプリングを用いてナイロン紐でbal-chatriに取り付けるよりも，bal-chatriの底または側面に直接取り付けている．直接取り付ける方法の問題は，トラップと錘の間にスプリングを取り付けるような構造ではないので，錘とヌースの両方ともに取り付け部分がより容易に壊れやすいということである．また，トラップに取り付けた錘は，1mの紐の先に取り付けた場合よりもトラップを目立ちやすくし，この結果，猛禽類がトラップに飛びかかる可能性を減少させることになる．軽い錘は，短い距離を引きずられるかもしれないが，重くて固定された錘の場合よりもヌースと猛禽類の足指にかかる負担は少ない．錘をトラップに直接取り付けるより，離して取り付ける場合の唯一の欠点は，自動車がトラップを落としていく場合に，よりゆっくりと走行しなければならないことである．トラップを1時間ごとに点検する場合には，トラップを固定物に結び付けるかまたは重い錘を用いることを薦める．これにより，トラップは引きずられにくくなる．トラップを固定物に結び付ける部分には，スプリングまたはその他の"衝撃緩衝器具（shock absorber）"を用いなければならない．衝撃緩衝器具は2つの機能を有する．1つは，ヌースが十分に強く引っ張られた場合に切れてしまうようなヌースにかかる強い荷重を軽減することであり，もう1つは，10分間以上，固定された物に対してもがき続けることにより，大出血を起こして死亡するかもしれないという猛禽類に対するリスクを軽減することである（個人的見解）．特にメンフクロウでは後者の事態が発生しやすい．スプリングは，猛禽類がbal-chatriと一緒に逃げてしまうことのないように，トラップと錘の間でナイロン製の紐を用いてしっかりと取り付けなければならない．

適用

bal-chatriは，非常に効果的で，用途が広く，また持ち運びに便利なトラップである．また，1年を通じて使用で

き，囮に誘い寄せられるたいていの種において 85% にも及ぶ高い成功率をあげている．ほとんどの北米の猛禽類は，この bal-chatri で捕獲されている．グアテマラでは，Thorstrom（1996）がタカ類，クマタカ類，ハヤブサ類，フクロウ類の 12 種をこの方法で捕獲しており，時には樹林の中でも捕獲している．インド，ケニア，南アフリカ，イスラエルにおいて，PHB，WSC，または両者が bal-chatri を用いて，トビ類，ハイタカ属のタカ類，ノスリ類，チュウヒ類，小型～大型のワシ類，ハヤブサ類，フクロウ類と，実に様々な種を捕獲している．bal-chatri で捕獲するのがより困難な種の 1 つがニシトビ（Milvus migrans）である．

　基本的な使用方法は 2 つある．1 つは，止まっている猛禽類のすぐそばに自動車でトラップを道路脇に置く，道路トラップ法（road trapping）である．もう 1 つは，10 ～ 15 個の bal-chatri を，捕獲対象の猛禽類がよく利用することが分かっている場所に，その猛禽類がやってくる前に置くというライントラップ法である．ライントラップ法は，特にフクロウ類や森林性の猛禽類に有効である．どちらの方法においても，トラップは通常，止まっている猛禽類を捕獲するために設置される．しかし，飛行しているハイタカ属のタカ類については，時折，例外的に用いられる．道路トラップ法は，乗用車やトラックが猛禽類を驚かせる傾向があるため，最小限の自動車の利用によって実施できる場合が最適である．とは言うものの，自動車の往来が頻繁な幹線道路沿いにおいて猛禽類を捕獲することも，実際には可能なのである．捕獲作業には，道路付近，電柱または電線の上に止まっている猛禽類を探しながら田舎道を走行することも含まれる．いったん，猛禽類が見つかれば，錘をつけた bal-chatri を道路の路肩に置く．自動車からトラップを落とす時間は最短にしなければならない．その一方で，ただ単に走行中の自動車から bal-chatri を投げるだけというのは，中にいる囮の動物に対して残酷であると見なされてしまうことになる．捕獲成功率を向上させるとともに，猛禽類と囮の動物に怪我を負わせないためには，次のことが必要である．①自動車を止めると猛禽類を驚かすことがよくあるので，トラップを落とす時は自動車を止めないこと，②自動車のドアは静かに閉めること，③かかったタカまたはフクロウが道路上にトラップをひきずっていかないように，錘とトラップは可能な限り道路の端から離れたところに設置すること，④トラップは，止まっている猛禽類から見て離れている側の自動車の出入り口から降ろし，猛禽類と反対側の道路脇に置くことにより，猛禽類にトラップをセットする場面を見えなくする．もし，自動車を止めなければならない場合，自動車から出てはいけない．全ての捕獲において，可能な限り，自分自身をトラップと無関係なような状態に保つことが最適な方法である．このことは，ほとんどの場合において，猛禽類にトラップと一緒にいる場面を見せないということで成し遂げることができる．多くの猛禽類は，最初は"ギフト用に包装した（gift-wrapped）"食物に疑いを抱き，トラップに降りてこないように思われる．そして長時間ためらった後，最終的にその場を去ってしまう．このようなことが続くことさえもある．時には，何回も繰り返しトラップに飛行して来るものの，トラップには触れなかったり，あるいはヌースにも絡まなかったりしているうちに，ついにはトラップへの興味を失ってしまうこともある．その場合には，2 つ目のトラップを何回も新たな場所に設置することによって興味を再喚起し，捕獲を成功させることが可能である．

　ライントラップ法は，道路トラップ法とは異なり，10 ～ 15 個の bal-chatri を設置する．目的に応じて次の 2 つの場所で設置される．①捕獲対象とした個体またはペアを捕獲する場合には特定のテリトリー内，②可能な限り多くの個体を捕獲するためには数 km^2 にわたる適当なハビタット内である．道路トラップ法と同じように，トラップは猛禽類から直接見える場所には設置してはならないが，その代わりにハンティングや休息用の止まり場であることが分かっている場所またはその可能性がある場所に設置する（例えば，雄または雌が巣から離れた時に過ごす巣の近くの止まり木）．全てのトラップは，1 時間ごとに点検するかまたはトラップ監視装置で監視する．トラップを点検し，かかった猛禽類は取り外して，トラップを再セットする（例えば，閉じてしまったヌースは再び広げる）．捕獲した猛禽類は，全てのトラップを点検し終わるまで捕捉しておく．

　ライントラップ法は道路トラップ法にはない 3 つの利点がある．①高い捕獲成功率，②トラップ設置場所に関して，より適当なハビタットを選択することができる，③いくつかのカモフラージュした設置場所を利用することにより，厄介なまたはトラップ忌避個体を効果的に捕獲できる．逆に 3 つの欠点もある．①捕食者がトラップにかかった個体を殺すことがある，②トラップにかかった個体は自由になるまでの時間が道路トラップ法に比べて長い，③捕獲される個体が限定的でなく，捕獲対象外の種が捕獲されることがある．最初の 2 つの欠点は，トラップが作動した時にすぐに捕獲者に信号を送るトラップ監視装置を用いることにより低減することができる．

　ライントラップ法の場合，bal-chatri を隠し，かつ反転

しないように地面に留めることができる場合，捕獲者はトラップ周囲の葉または草を取り除き，上部のヌースの間に葉または草を置くことにより，ヌースに何も絡まらないようにセットする．もし，トラップの場所を再発見できないほどたくさんの草や木の葉を使用したとしても，タカ類またはフクロウ類はあなたに代わってトラップを見つけてくれるものである．もし，個体が bal-chatri に対してトラップ忌避である場合には，各止まり場に2〜3個のトラップを使用すべきである．

　適切な囮の動物を用いることは重要である．ハト，ホシムクドリ，イエスズメは，ハイタカ属のタカ類を誘き寄せるのに最適である．時々，ハツカネズミまたはアレチネズミも利用される．ほとんどのハヤブサ類は，bal-chatri 内の囮に反応しない．1つの例外はアメリカチョウゲンボウであり，ハツカネズミまたはイエスズメを囮にした bal-chatri で容易に捕獲できる．ソウゲンハヤブサ（*F. mexicanus*）とオナガハヤブサ（*F. femoralis*）は，ハツカネズミ，アレチヌズミ，イエスズメまたはこれらを組み合わせた囮を用いた bal-chatri で容易に捕獲できる．しかし，ハヤブサ（*F. peregrinus*）とシロハヤブサ（*F. rusticolus*）（B. Anderson，私信）は，bal-chatri を用いても滅多に捕獲できていない．

　われわれの意見としては，ノスリ属の猛禽類を捕獲するのに最適な囮は，飼育されているハツカネズミとアレチネズミ，ハツカネズミとイエスズメ，または野生のハツカネズミと飼育されているハツカネズミの組合せである．B. Millsap（私信）は，アレチネズミとイエスズメの組合せにより，極めて高い成功率でクーパーハイタカを捕獲できたとしている．カワラバトも，クーパーハイタカ，オオタカ，モモアカノスリ，それに大型のノスリ類を捕獲するのに利用される．*Microtus*, *Peromyscus*, *Neotoma* spp. のようなたいていの野生のネズミは，あまり動かないため，誘き寄せるのには向いていない．ハイイロチュウヒ（*Circus cyaneus*）とオジロトビ（*Elanus leucurus*）は，ハツカネズミ，アレチネズミ，イエスズメを囮に用いた bal-chatris で捕獲されている．中型〜大型のフクロウ類は，ハツカネズミとアレチネズミを用いることで最も容易に捕獲できる．アメリカワシミミズクは，カワラバトを囮にすることで捕獲できる．メンフクロウ科に比べ，音よりもより視覚に頼ってハンティングを行うように思われるフクロウ科は，トラップ内に木の葉があろうがなかろうが bal-chatri 内の動物を襲うことができるが，メンフクロウ科は，囮が木の葉をかさかさと動かす音が聞こえなければ bal-chatri に襲い掛かることはほとんどない．

ハト，ホシムクドリ，イエスズメ，アレチネズミ，ハツカネズミは"標準的な"囮であるが，緊急時には他の種も使用できる（例えば，シマリス，リス，ウサギ）．しかしながら，たいていの野生の脊椎動物は，様々な州または連邦の法律によって保護されているので，きちんとした許可なしには使用してはならない．

bartos trap

　bow net と box trap の両方のコンセプトを融合させた，比較的新しい種類の猛禽類のトラップであり，bartos trap（Bartos et al. 1989）と呼ばれる．このトラップは，今日まで，広範には使われてこなかったけれども，オーストラリアのアカエリツミ（*Accipiter cirrhocephalus*）とニュージーランドアオバズク（*Ninox novaeseelandiae*）を捕獲するのに使用されてきている．このトラップは，小型の鳥を囮に用いて小型〜中型の森林性猛禽類を捕獲するのにかなり適しているように思われる．巣の近くの建物内または樹木の中で，ほとんどどのような高さでも吊り下げることができ，手助けを必要とせず，また折りたためるので容易に運ぶことができる．

bow net

　このトラップの様々なタイプのものが，フクロウ類，ワシ類，ハヤブサ類，チュウヒ類，ノスリ類，ハイタカ属のタカ類などの多くの種を捕獲するのに用いられてきている．このトラップは，2つの軽い金属製の半円形の bow で構成され，2つの bow の間には刺し網が張られている（図12-2）．蝶番とバネは基部で2つの半円形の bow を結合しており，下側の bow は地面に固定される．トラップをセットする時には，上側の bow を下側の固定された bow の上に引っ張り上げて，その位置で掛け金を掛ける．囮の動物としては通常，鳥が用いられ，トラップの半径の中心に置かれる．猛禽類が囮の鳥を掴んで握った時，引き金の紐を引っ張るブラインド内の人間（Meredith 1943, Mattox and Graham 1968, Clark 1970, Field 1970），またはリモートコントロール（Meng 1963, Jackman et al. 1994），あるいは囮を攻撃する猛禽類自身の行動（Tordoff 1954）によってトラップの引き金が作動する．bow net は，時には bal-chatri よりも優れていることがある．というのは，繋留した囮のハツカネズミは1本の引き金ワイヤーのみによって動き回るので，ケージ内に入れた囮よりも猛禽類をおびえさせることが少ないように思われるからである．

図 12-2 bow net は，猛禽類自身によって自動的またはブラインドから手動で作動させることができる．上に示している bow net のタイプは，手動で引き金を引くもので，bow を作動させるのにガレージのバネを用いている．

適用

より良い自動 bow net の 1 つは Tordoff（1954）によるものである．そのトラップは，もともと小型の猛禽類用につくられたものであるが，改良して大型の種にも同様に使用することができる．このトラップは，容易に隠すことができ，アメリカチョウゲンボウ，アメリカオオコノハズク類，アメリカワシミミズク，トラフズクで成功を収めている．Kenward and Marcstrom（1983）は，猛禽類に殺されて一部捕食された死体または剥製の鳥を囮として用いてオオタカを捕獲する方法として，自動 bow net の利用を報告している．このトラップは，カラスによって邪魔されたり，凍結によって動かなくなったりさえしなければ，概して有効なものである．

Clark（1970, 1976）は，米国のニュージャージー州の Cape May の鳥類標識ステーションにおいて数多く使用されてきている典型的な手動で作動させる bow net のことを報告している．ここでは，3 つの bow net が同時に使用されている．手動で作動させる bow net は，捕獲する種を選択することができる．北米では，アナホリフクロウと同様に，様々なワシ類，ハイタカ属のタカ類，ノスリ類，ハヤブサ類を捕獲するのに手動方式の bow net が使用されてきている．

Clark（1970）によると，捕獲者はブラインド内で待機する．2 本のラインが装着された皮製のジャケットをハーネス式に装着した 1 羽のハトを用意する．2 本のラインの内の 1 本は bow trap を通ってブラインドに達し，もう 1 本は囮用のポールの頂上部と基部のガイドを通り抜けてブラインドに戻ってくるようにする．2 本のラインはブラインド内で結合され，タカが空中に見えた時に，捕獲者は，囮の最初のラインを引っ張るだけで，簡単にハトを"飛行"させることができるのである．このようにハトを羽ばたかせることにより，"怪我を負って"いて容易に捕獲しやすい獲物のように見せかけることができるのである．

タカがハトに向かって攻撃または"stoop（獲物を急襲する状態）"の態勢になった時，囮に付けた 2 番目のラインの方に引っ張ることにより，ハトは bow trap の真ん中に引き戻される．タカにハトへの急襲と接近を続けさせておき，ブラインドから bow trap を作動させることによってタカは捕獲される．

ワシ類を含む大型の猛禽類を捕獲するのに有効なもう 1 つのタイプの bow net（Clark 1970, Field 1970）は，ガレージの戸に使用されるスプリングによって作動させる無線操作の装置である（Jackman et al. 1994）．このタイプのスプリングは，容易に入手できるし，非常に強力なものであり，スピードを調節することが可能である．bow を素早く作動させる強力なスプリングは，ワシを捕獲する時には特に重要である．というのは，その bow は大きいし，地面や植物で隠さねばならないので，その結果としてかなり重くなるからである．bow net を使用するための適切な訓練は必須である．というのは，bow がタイミングを外れて早く作動してしまった時に，猛禽類に当たり，重傷を負わせたり，死亡させたりすることがあるからである．とは言うものの 16 ～ 19 羽のハクトウワシ（*Haliaeetus leucocephalus*）と 30 羽の内 26 羽のイヌワシ（*Aquila chrysaetos*）が無線操作の bow net を用いることによって，怪我を負わせることなくうまく捕獲されている（Jackman et al. 1994）（図 12-2）．より近年に改良された折りたたみ式のものが，カリフォルニア州とアリゾナ州において数百羽のハクトウワシとイヌワシを捕獲するのに使用されてきている（Jackman et al. 私信）．

最後に，Q-net を紹介したい．これは大きなバンジーコード（訳者注：太いゴムなどの伸縮性のある素材でできたロープで，トラックの荷物の固定やバンジー・ジャンプなどにも使われる）で作動する大型の bow net で，ミナミカラカラ（*Caracara plancus*）のような死体を捕食する猛禽類を捕獲するのに用いられてきている（Morrison and McGhee 1996）．

箱トラップ

　箱トラップは，下に囮を入れたケージ，そして上に猛禽類を捕獲して閉じ込めておく部分のある，小部屋のトラップである（図12-3）．Meredith（1953）によって最初に報告されたSwedish goshawk trapは，その後，改良されてより持ち運びやすくなった（Meng 1971）．オオタカを捕獲する際のこのトラップの有効性は，Karblom（1981）とKenward and Marcstrom（1983）によって報告され，類似の小部屋型のトラップの比較がなされている．繁殖期に猛禽類を誘き寄せるために生きたフクロウを囮に用いるChardoneretトラップ（Redpath and Wyllie 1994）もうまくいく箱トラップである．また，Kenward and Marcstrom（1983）は，特定の状況下で捕獲するのにSwedish goshawk trapよりも，より効果的である可能性のある類似の小部屋型のトラップについて詳細な記述を行っている．

適　用

　Meng（1971）は，Swedish goshawk trap製造に用いる材料に関して優れた記述を行っている．Swedish goshawk trapは，グアテマラにおいて，オオクロノスリ（*Buteogallus urubitinga*）やアカエリクマタカ（*Spizaetus ornatus*）を捕獲するのに使用されたように（Thorstrom 1996），北米において，ほとんどの大型のタカ類（およびアメリカワシミミズク）を捕獲するのに用いられてきた．このトラップは，特にハヤブサ類を捕獲するのに有効である．というのは，ハヤブサ類はトラップの周囲を歩き回り，上部から中に入ろうとしない傾向があるからである（Meredith 1943）．囮の動物は，たいていカワラバトまたはホシムクドリである．動きを増加させ，よく見えるようにするために，2羽またはそれ以上の囮をトラップ内に入れ，トラップはよく目立つ場所に設置する．この方法による捕獲は，比較的時間がかかるものであるが，トラップ内に入った猛禽は逃げ出すことはできない．このトラップの最も重要な特性は，3時間もしくはそれぐらいごとにトラップをチェックするだけでよく，監視装置を用いてトラップをモニタリングすることもできることである．

　営巣期間中における捕獲では，巣から50～200mの間に2～3個のトラップを置くことがある．渡り期間中における捕獲では，猛禽類がハンティングのために止まる谷内または少し条件は劣るが多くの猛禽類が移動する尾根の電柱またはフェンスに沿って，0.5～1.0km間隔で5～10個のトラップを置く必要がある．

　われわれの内の1人（WSC）は，イスラエルのEilatにおいて，渡りで戻ってくる猛禽類を捕獲するのに5～10個の箱トラップを使用している．1シーズン中に，捕獲された653羽の猛禽類の内45羽がこのトラップによって捕獲され，その内訳は41羽がノスリ，2羽がハイタカ（*Accipiter nisus*），1羽がレバントハイタカ（*A. brevipes*），1羽がニシトビであった．翌年の同じ季節では，これより少ないトラップを用いたが，捕獲された445羽の猛禽類の内10羽がこのトラップで捕獲され，その内訳は7羽がノスリ，2羽がレバントハイタカ，1羽がハイタカであった．このトラップでは，ハツカネズミやイエスズメまたは両方が囮として用いられた．

キャノンネットおよびロケットネット

　キャノンネットとロケットネットは，ハゲワシ類，ワシ類，コンドル類を捕獲するのに用いられる．両方法はよく似ており，比較的高価なトラップであるが，大変効果的であり，1回の発射で多くの個体を捕獲することができる．このトラップは，鳥の上にかぶせる大きなネットを放出する，3～4個のキャノン（砲身）またはロケットからなる（Mundy and Choate 1973）．動物の死体が餌として使用

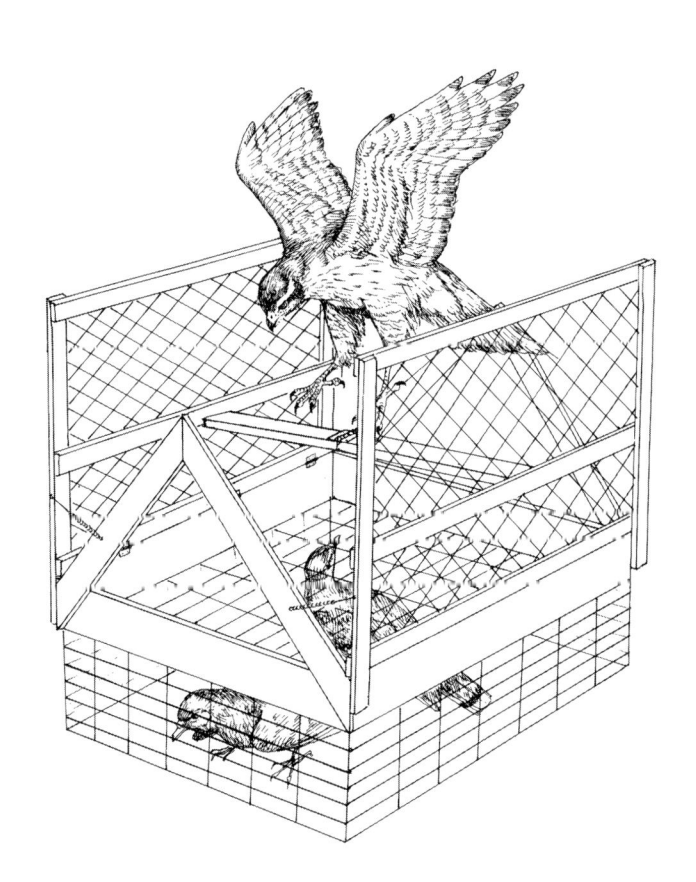

図12-3　オオタカが，カワラバトを囮としたSwedish goshawk trapの引き金となる棒に止まろうとしているところ．

される.

適　用

　この方法は火薬類を使用するため，キャノンネットとロケットネットは他のトラップよりも危険である．キャノンネットは，ロケットネットよりは少し危険性は少ないので，ここではロケットネットに関する議論はあまり行わない．しかし，キャノンネットに関する事項のかなりのことはロケットネットにも当てはまる．このトラップを作成するのは困難なので，製造元から購入することを薦める（例えば，Wildlife Materials Inc., www.wildlifematerials.com）．最も安全で，最もシンプルな形式のものは，Mundy and Choate（1973）の中に記述されている（J. Ogden and N. Snyder，私信）．その他の形式のものは，Dill and Thornsberry（1950），Grieb and Sheldon（1956），Marquardt（1960a,b），Thompson and DeLong（1967），Arnold and Coon（1972）に記述されている．ネットとメッシュのサイズは，捕獲対象とする猛禽類によって様々な大きさがある．10.2×20.3cmメッシュの15.2×15.2mのネットはワシ類を捕獲するのに適している．より細かなメッシュを用いると，ネットが空中に停滞している時間が長くなり，猛禽類を逃がしてしまうことになる．10.2×20.3cmメッシュは標準ではないので，10.2×10.2cmメッシュのネットを切断して穴を大きくすることにより作成しなければならない．起爆装置（雷管）を購入する前に取得しなければならない許可は，実施しようとする捕獲の1年前に申請しなければならない．

　キャノンネットは，水鳥，海鳥，岸辺に生息する鳥，スズメ目の鳥，ツル類，ライチョウ類など多くの種を捕獲するのに用いられてきた（Dill and Thornsberry 1950, Thompson and DeLong 1967, Arnold and Coon 1972）．より最近では，クロコンドル（*Coragyps atratus*），ヒメコンドル（*Cathartes aura*），コンドル（*Vultur gryphus*），カリフォルニアコンドル，ハクトウワシ，シロハラウミワシ（*H. leucogaster*）（Hertog 1987），イヌワシなどの猛禽類がこのトラップを用いて捕獲されている．キャノンネットは，同時に複数個体が集まる群居性の種に最も有効な捕獲方法の1つである．また，キャノンネットは，捕獲者が個体を選別して捕獲することも可能とする．この方法による捕獲の場合，捕獲対象としていない種の存在はほとんど問題とならない．なぜなら，そこで採食している捕獲対象外の種は，しばしば目的の種を誘き寄せるからである．

　ワシ類，ハゲワシ類，コンドル類の捕獲で最大の成果をあげるためには，餌の死体が動かないよう，杭で固定すべきである．理想的には，トラップサイトには捕獲を行う少なくとも1週間前に餌を置いておくべきであり，プロジェクトが終了するまで継続して餌を置かなければならない．夜間に出現するクマや野犬のような大型の死肉捕食動物が生息する場所では，死体は毎日終了時に回収するかまたは頻繁に死体を補充する必要があるかもしれない．観察は，近くのブラインドまたは約0.8km離れた地点から行わねばならない．標準的な餌動物は，実質的には中型〜大型動物のいかなる死体であってもよいと言える．腐敗した死体よりも新鮮な死体の方が猛禽類を惹きつけやすいようである．死産した子牛は酪農家から頻繁に入手することができる．

　1982〜1987年の間に，10羽のカリフォルニアコンドルが，死産の子牛を餌として用いたキャノンネットによって捕獲された（PHB，未発表データ）．ほとんどのコンドルは，同じ場所または異なる場所のいずれにおいても，キャノンネットを用いて再捕獲された．同じ期間に，43羽のイヌワシが捕獲され，その内の4羽は再捕獲であった．捕獲対象としたコンドルとイヌワシの中で逃げた個体は0であるという点で，トラップは100%有効であった．2〜4羽のイヌワシが1回の発射で捕獲されることやイヌワシとコンドルが同じ発射で同時に捕獲されることが数回あった．どちらの種においても，怪我や死亡という事故はなかった．イスラエルでは，キャノンネットの1回の発射で35羽のニシトビを捕獲している．また，イスラエルでは，空気圧を利用したキャノンネットで，小さな池に水を飲みに来たヨーロッパハチクマ（*Pernis apivorus*）を捕獲している（WC）．

　キャノンネットは，選択的かつ効果的であるけれども，大きな労働力を要する．最初の設置とサイトの準備には約4時間が必要である．1回の発射または発射の準備には約1時間かかる．各発射後にネットを伸ばして折りたたむのに4人が必要である．キャノンがきちんと配線され，正確な角度で飛行するかを確かめるためには，試験発射が必要であり，ネットが適切に展開するかどうかを確認しなければならない．

　準備にかなりの努力を費やすことが重要であるのと同じくらい，良好なトラップサイトを選定することが重要である．適当な大きさの，うまくカムフラージュされたブラインドをトラップから30〜60mの範囲に設置する．草の塊，枝，または両方をキャノンの周囲に置き，ネットは草で軽くカバーする．

　キャノンネットとロケットネットは，乾燥した燃料が存在すると容易に火事を引き起こす．もし野火の可能性がかなり高かったり，ハビタットが乾燥した植生で覆われてい

たりする場合には，谷内よりも尾根の方で実施すべきである．どこにトラップを設置しようとも，キャノンネットから5m以内の乾燥した草は全て刈り取り，この範囲は地面が裸出するようにしなければならない．キャノンネットから5m以上離れたところのネットが地上に覆いかぶさる範囲の草は，2cmまで刈り込まなければならない．緑色の草は刈り取る必要はない．

いったん，トラップをスタンバイさせ，目標としている猛禽類がトラップに近づいてきたら，日の出の約1時間前にブラインドに入らなければならない．ブラインド内では静かにしておくことが重要である．というのはワシ類，ハゲワシ類，コンドル類は極めて疑い深い性質があり，最終的に餌を食べ始めるまでに数時間も見続けることもしばしばあるからである．ちょっとした音や動きですら，捕獲者の存在を気付かせ，警戒させてしまうものである．

点火箱の上の起爆装置のボタンは，目標とする猛禽類が定位置に来た時，できれば猛禽類が死肉を食べるために頭を下げている時に押す．この時，4個の発射物が地上に落ちる場所に他の猛禽がいないことおよび空中にも猛禽がいないことを確認しておかねばならない．いったん，ネットが地上に覆いかぶさり，猛禽が捕捉されたら，ネットの下から取り出し，必要な処置を行う．ネットの下の猛禽は引き離し，お互いに噛んだり，爪で傷つけたりしないようにしなければならない．もし，多くの猛禽類が1回の発射で捕獲された時には，保管用の器具で拘束するか，またはまだネットの下にいる間は軽い毛布を被せなければならない．

cast lure and hand net

cast lure and hand net（訳者注：囮を放り投げ，そこに来た猛禽類を手網で捕獲する方法）は，カラフトフクロウ (*Strix nebulosa*)，ニシアメリカフクロウで有効であったが，他の接近しやすいフクロウ属の種でも成功するはずである．ccast lure and hand netは，地面を引きずってフクロウを誘い出すためのナイロン糸に取り付けた剥製の囮または生きたネズミを用いるか，あるいは単に捕獲者の足元に置く生きたネズミを利用する．フクロウが囮にやって来た時，魚用のたも網を素早く反転させてフクロウに覆い被せるのである．

適　用

道具は魚用のたも網（0.6×0.8mで1.5mの取っ手が付いている），釣竿，リールと10lb（10ポンドの荷重試験済）のテグス（Nero 1980）である．囮の動物は，剥製または生きたハツカネズミである．

カラフトフクロウを捕獲する方法として，Nero (1980) によって記述された cast lure and hand net 法は，その後，ニシアメリカフクロウを捕獲するのに用いられてきた．基本的には，モノフィラメントの釣り糸に取り付けた剥製のネズミがフクロウの方に向かって投げられ，リールで引っ張られる．囮が接近し，フクロウが囮に向かって飛行して襲いかかった時に，フクロウは魚用のたも網で捕獲されるのである．この方法は，地上に積雪がある時に，特にうまくいく．

dho-gaza

dho-gaza は，かすみ網または刺し網を2本のポールの間に張ったものである．猛禽類が網に突っ込んできた時に，ほとんど見えない網がポールと一緒に落ちるか（Harting 1898）またはポールから外れて落下する（Meredith 1943, Mavrogordato 1960, Hamerstrom 1963），あるいはポールに沿って下に滑り落ちるというものである（Clark 1981）．季節に応じて，アメリカワシミミズクまたは小鳥や齧歯類が囮として使用される（下記を参照）．2種類の使用方法があり，1つは大きな網で，主にテリトリーを構える成鳥を捕獲するために営巣期に使用されるものである（図12-4）．もう1つは，小型の鳥を囮に用いる小さい網で，主に渡りの期間中または越冬地で使用される（図

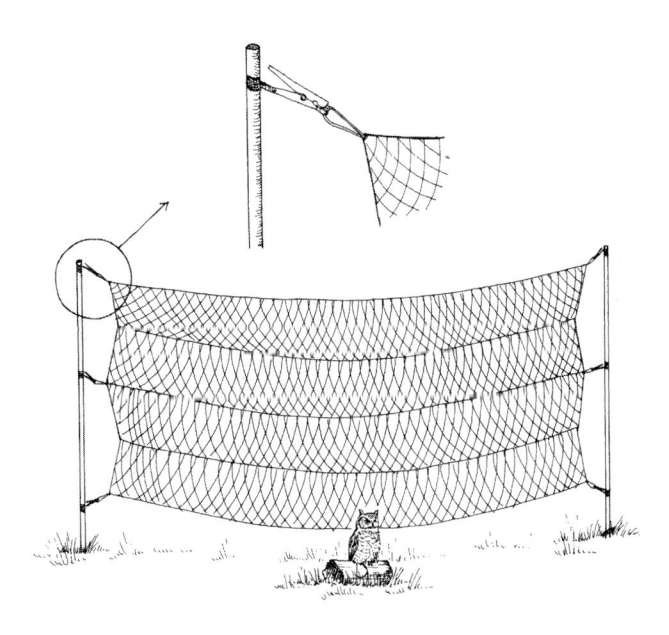

図12-4　テリトリーを有する成鳥の猛禽を誘き寄せるためのアメリカワシミミズクを用いた大きなdho-gaza．挿入図は，洗濯ばさみを用いて，テープタブとかすみ網のリングを接続している様子を表している．

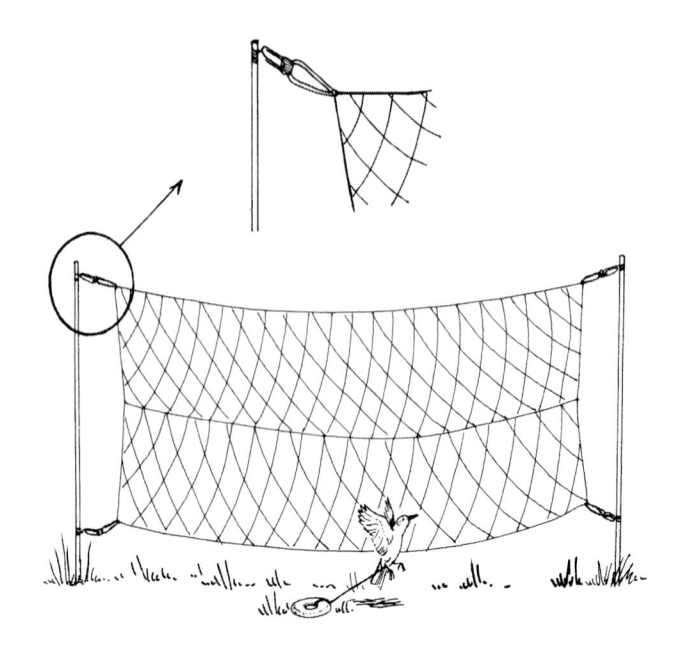

図 12-5 ハヤブサ類を捕獲するために，ホシムクドリを囮として用いた小型の dho-gaza．挿入図は，紙ばさみ（クリップ）を用いてテープタブとかすみ網のリングを接続している様子を表している．

12-5)．

改良された小型の dho-gaza は，Rosenfield and Bielefeldt（1993）によって記述されており，Jacobs and Proudfoot（2002）は，以前に他のトラップで捕獲されたトラップ忌避となった個体を再捕獲する確率を向上させるのに，この方法を用いている．近距離であれば，剥製の猛禽を用いても，テリトリー性の強いハイタカ属のタカ類の強い反応を引き出すことができる．

適用

われわれは，アルミニウム製の 1.9～3.7m または 2.6～4.7m の伸縮性のポールを用いている．それぞれのネット用に，直径（または 1 辺）1cm の補強棒を長さ 1m の 2 本に切断する．この 2 本の補強棒は，各伸縮ポールの固定用取り付け具として機能するように，地面に打ち付けられる．網を取り付けるポールは周囲に溶け込みように塗装（緑色と褐色のまだら模様）すべきである．長方形の 2.1×5.5m，10.2cm メッシュの網は大型の猛禽類，0.8×1.2～1.5m，10.2cm メッシュの網は中型の猛禽類，0.8×1.2～1.5m，6cm メッシュの網は小型の猛禽類に使用する．網は，免許をもった鳥類標識者が「North American Bird Bander」や「Journal of Field Ornithology」（www.avinet.com；AFO Mist Net Sales, Manomet Bird Observatory, P.O. Box 936, Manomet, MA 02345, U.S.A; EBBA Mist Nets, EBBA Net Committee c/o Gale Smith, 8861 Kings Highway, Kempton, PA 19529, U.S.A.）の広告に出ている販売元から入手が可能である．

各ポールに 3 個のバネ式洗濯ばさみの一部分に包装用ダクトテープを巻いて取り付け，そこから網を吊り下げる（図 12-4）．3 個の洗濯ばさみの内 1 個はポールの頂上部，1 個は中間部，そしてもう 1 個は下から 0.6m の位置に取り付ける．網のサイドには 5 個のループがあり，かすみ網として使用する際にポールを通すようになっている．dho-gaza では，3 個のループしか必要でないため，われわれは 2 番目と 4 番目のループをつくっている紐を切り取っている．残りの 3 個のループの端にダクトテープの 2.5cm のタブを巻き，鋏でコーナーを丸く切り取る．それからタブは各ポールに取り付けてある洗濯ばさみに挟ませる．この際に注意すべき点は，テープタブのみを洗濯ばさみに挿入し，網のループの一部は挟み込まないことである．というのは，もしループが洗濯ばさみに挟み込まれていると，猛禽が網に飛び込んで来た時に網が外れないからである．小型の dho-gaza（図 12-5）では，われわれは洗濯ばさみではなく，紙ばさみ（クリップ）を用いている．紙ばさみはゴムバンドでポールに縛り付ける．テープタブは 1.3cm の長さで，網の 4 隅に取り付け，紙ばさみに挟ませる．様々なタブの取り付け方法に関しては，Knittle and Pavelka（1994）を参照されたい．

網の下の隅の 1 ヵ所に，衝撃吸収用に 5m, 20lb モノフィラメントテグスを付け，そして反対側の端に約 100g の錘または錨のようなものを取り付ける．錨の大きさは，捕獲する猛禽類の大きさによる．長いテグスに取り付ける錨は，鳥の大きさに比べて比較的軽くてよい．網にかかった猛禽が浮揚しようとすると，錨が作用して，網が地上に落ちる．

かすみ網で作成した dho-gaza は，破損した時に補修できる．しかし，大きな補修（15cm の穴）を 5 回行った後の網は廃棄すべきである．かすみ網で作成した dho-gaza は，通常，交換が必要になるまでに 15 羽程度の中型または大型の猛禽類を捕獲することが可能である．刺し網はもっと長持ちするが，かすみ網に比べて見えやすい．

小型の dho-gaza は，渡りルート沿いの標識ステーションにおいて，しばしば bow nets と一緒に用いられる．そのような例として，週に数百羽の猛禽類が捕獲されるような場合に，刺し網がかすみ網の代わりとしてよく使用される．ステーションで最もよく使用されるタイプは，各 2 本のポールに網を張ったものを 2～3 セット設置し，その間に bow net を設置するというものである（Clark

1981). 猛禽が網にぶつかった時に，リングに取り付けた網がポールを滑り落ちるようになっている．詳細な内容に関しては，Clark（1981）を参照されたい．

営巣期間中において，アメリカワシミミズクを囮にした大型の dho-gaza を巣のそばに置けば，小型〜中型の猛禽類を捕獲するのに，おそらく最も効果的なトラップとなる．繁殖期に dho-gaza を用いることによって，多数の北米の猛禽類が捕獲されてきた．このトラップの効果に関する評価については，Bloom et al.（1992）を参照されたい．

アメリカワシミミズクとワシミミズク（*Bubo bubo*）は，捕獲しようとする猛禽類の潜在的な捕食者であるので，猛禽類の巣のそばで使用する場合には，特に効果的な囮である．囮として餌動物を用いる一般的なトラップでは捕獲が困難な猛禽類でも，巣のそばの生きたアメリカワシミミズクにはすぐに反応するかもしれないのである．ポーランドでカラフトワシ（*Aquila clanga*）の繁殖ペアが生きたワシミミズクを囮に用いた大型の dho-gaza で捕獲されたことがある（Meyburg et al. 2005）．営巣中の猛禽類は，標本や機械で動くフクロウにも反応するが，それほど活発ではない（Gard et al. 1989，Jacobs 1996）．そうであっても，機械で動くフクロウまたは標本のフクロウを使用すれば，囮または捕獲対象の個体を傷つけたり，死亡させたりするリスクを軽減させることができる（McCloskey and Dewey 1999）．

同種の個体を使用することは，営巣期の多くの猛禽類を強く刺激するもう 1 つの方法である（Elody and Sloan 1984）．特に，他の個体のテリトリー内に獲物を搬入した場合には強い刺激となる．この自然界ではあまり滅多に起きない状態は，網の近くで捕獲対象としている個体の営巣テリトリー内に，同種の個体を繋留し，その脚に 10cm の紐を付け，その端に小型の剥製の餌を結び付けることでつくりだすことができる．スペインにおいてニシカタジロワシ（*A. adalberti*），カリフォルニアにおいてイヌワシを捕獲する際に，同種の個体を囮として用いるために大型の dho-gaza が改良されてきた（V. Matarranz，私信）．後者の場合は，網は Spiderwire® line（www.spiderwire.com）を用いて手づくりされた．3 本組で，伸縮自在なカモフラージュしたポールが網を吊り上げるのに使用された．20 回の内 18 回で捕獲に成功し，このトラップの有効性は各捕獲サイトの状態に大きく関係していた．最初は餌なしで，アメリカワシミミズクを使用することを薦める．もし，猛禽類のペアがトラップ忌避となり，かつ再捕獲しなければならない時は，dho-gaza を新しいサイトに移し，餌と一緒に同種の個体を使用すべきである．ただし，全ての猛禽類が同種の個体に反応するとは限らない．例えば，アカオノスリは滅多に同種の個体に反応しない．

少なくともニシアメリカフクロウには効果的である，この方法のもう 1 つの変法は，枝に止まっているフクロウの雛を手捕りし，その雛を dho-gaza の真ん中に置き，そして生きているアメリカワシミミズクを雛の近くに置くという方法である．成鳥は，通常，直ちにアメリカワシミミズクに攻撃を行い，網に飛び込むものである．もし，残りのもう 1 羽の成鳥がなかなか攻撃しない場合には，アメリカワシミミズクの鳴き声の鳴き真似と巣内雛の動きを利用すれば，通常，このペアの残り 1 羽も誘き寄せることができる．

オオタカのような森林帯に生息する種では，営巣木から 50m 以内に，網とフクロウを置くことを薦める．網は，囮が営巣木または止まり場所と網との間に配置されるように設置しなければならない．フクロウには足皮（緒）を付け，0.6〜1m のロープを用いて，0.3×0.6m で重さが約 4.5kg ほどの，短くて移動可能な切り株または丸太に結びつける．フクロウは，網の広がりの中間地点で，網から 1.5m 前の所に設置する．可能な場合は常に，木のそばに少なくとも 1 本の支柱を置き，日陰場所に網を伸ばすようにする．木から約 1.8m の所（網の中央からやや内側）にフクロウを置く．これにより，攻撃してくる猛禽からフクロウを保護することができるし，猛禽を網の周りに行かせてしまうことなく，網を通過させるようにすることができる．もし可能なら，2 番目のポールも同じように木の隣に設置すべきである．これにより，ポールを幾分隠すことができ，日陰になれば，網はより見えにくくなるのである．猛禽がどちらからやってくるかを予測するように努め，それによって網をフクロウの上に被さらないように引っ張る．タカを保護するために，網の前後 9m 以内に大きな木，丸太，岩が入らないように dho-gaza を設置する．捕獲後に網を掃除するのに要する時間を軽減するために，設置する場所の地上から多くの枝，松ぼっくりなどを除去するかまたは交換用の新しい網をもっておく．網または"猛禽類が絡まって落下する地点"近くの木の枝も除去しておくべきである．

網は 1 枚よりも 2 枚使用すると，捕獲成功率を約 20% 上げることができる．いったん，タカがフクロウに向かって急襲し始めたら，網が良好な状態で目立たなければ，捕獲は事実上，保証されたようなものである．2 番目の網の主な利点は，特に森林帯において，より迅速な捕獲を可能とすることである．2 本の網と 4 本のポールを使用することの欠点は，トラップがより見えやすくなること，設置するのにほとんど 2 倍の時間がかかること，そして時にタ

力が両方の網に絡まることである．

　回復できない怪我を負い安楽死させられる運命にあるアメリカワシミミズクまたはアカオノスリが望ましい囮個体とされる．人道的な理由から，全盲または片眼が盲目あるいは片脚しかない個体は利用しないように警告しておく．翼を怪我してうまく機能回復ができない個体もまた同様の印象を与える．野外で風が吹くとたなびく羽毛をもつ剥製のフクロウは，プラスチック製のフクロウよりもうまく作用する．囮の個体をきちんと世話することが重要なことは，単に人道的なことだけではなく，そのような個体は容易には入手できないことからも明白である．例えば，囮の個体を暑い日射の下に長時間置けば，脱水症状を起こし，死亡してしまうことになる．

　囮のフクロウと急襲してくる猛禽類とが接触することはまれである．生きているアメリカワシミミズクを用いたdho-gazaで捕獲された1,400個体の猛禽類において，Bloom et al.（1992）は猛禽類の攻撃によって1羽の囮のフクロウが死亡し，1羽がボブキャット（*Lynx rufous*）によって殺され，2羽が脱水症状で死亡したことを報告している．ほとんどの場合，タカは自分のテリトリーからフクロウを追い出そうとするだけである．例外としては，オオタカ，アメリカワシミミズク，カラフトフクロウがあげられ，これらの猛禽類は，囮のフクロウに爪を絡ませてしまう．オオタカを捕獲する時には，大きい雌のアメリカワシミミズクを使用することを薦める．また，状況に応じて5～100mの距離から絶えずdho-gazaを監視することも薦める．

　抱卵期間中の捕獲は繁殖中断を引き起こす可能性があるので，ほとんどの種において，捕獲するのは，巣内雛期～巣立ち期の初期段階までの間が最適である．抱卵期に巣の放棄を軽減または排除する1つの方法は，トラップを巣から100m以上離れた場所に設置することである．これにより，抱卵個体ではなく，探餌に出かけた個体のみが捕獲されるということである．ハイタカ属，特にオオタカでは，ペアの両個体ともに捕獲することは難しいことであり，時間がかかることである．雌は，巣内雛期であれば，たいてい15分以内に捕獲できるが，捕獲が難しい雄は巣内雛が2週齢の時が最も容易である．

　開けたハビタットでのdho-gazaの使用は，その設置自身に問題を生じる．それは，見えやすいということと風の問題である．風の強い状態では，猛禽類はたいてい，風に向かって急襲してくるので，網は風に対して直角に設置しなければならない．場合によっては，風が比較的弱く，網が見えにくい日の出に捕獲するのが最適なこともある．夏の日の最も暑い時間帯または乾燥地域では使用は避けるべきである．

　大ざっぱに言えば，トラップは捕獲対象の猛禽が依然として反応している（一心に，見つめていたり，急襲したり，鳴き声を発したりしている）限り，または3時間までは，トラップはそのままにしておく．もし，その個体が3時間後にも依然として興味を示している場合は，われわれは後で戻ってきて，異なる場所にトラップを設置している．1カ所で時間を費やすことは，時間の浪費となり，過度にその個体を混乱させることになりかねない．

　小型のdho-gazaは，渡りの期間中および越冬地において，特に小型の猛禽類で最も効果的である．Clark（1981）は，ニュージャージー州において，1971～1979年に6,568羽の渡り個体を小型のdho-gazaで捕獲したと報告している．dho-gazaは，猛禽類の渡り個体の標識ステーションにおいては，bow netのバックアップ機能を果たすトラップとして広く使用されている（Clark 1981）．bow netの囮の鳥は猛禽類を誘き寄せ，その後に猛禽がbow netを通過する時にdho-gazaで捕獲される．イエスズメ，ホシムクドリ，ハトが最も普通に使用される囮である．

　北米では，チュウヒ類，ハイタカ属のタカ類，ノスリ類，ハヤブサ類，小型のフクロウ類などの渡りを行う様々な種の猛禽類が，小型のdho-gazaで捕獲されている（Jacobs and Proudfoot 2002）．イスラエルでは，より小型のハイタカ属のタカ類やハヤブサ類の渡り個体が捕獲されている．

　小型のdho-gazaを用いた道路での捕獲は，特にソウゲンハヤブサとコチョウゲンボウで効果的である．ソウゲンハヤブサの場合，トラップは，捕獲対象個体から60～120m離れたところに設置される．捕獲者の動きは，自動車を止めて，個体の反対側に出ることにより，見えにくくすることができる．地上にポールを立て，網を取り付け，囮の鳥またはハツカネズミを落とす作業を3分以内に完了しなければならない．地上が凍結する冬季には，ポールをまっすぐに立てるのに5cmの固定台が有効である．

　1～2セットのdho-gazaをすばやく設置するもう1つの方法は，1.2×1.2mのベニヤ板の基盤に，1～複数枚の網を張ってあるポールを取り付けるという方法である（B. Millsap，私信）．ベニヤ板の基盤の上に土を撒くことでトラップを見えにくくできる．

かすみ網

　前に述べたとおり，かすみ網は大型で，ほとんど見えない網であり，ポールの間に取り付け，鳥を絡ませるのに適

当なハビタットで設置するものである．ヨーロッパでは，何世紀にもわたって使用されているが，北米では 1925 年までは使用されていなかった (Grinnell 1925)．その後，MacArthur and MacArthur (1974) は，鳥の個体群研究においてその使用を広めた．かすみ網は多くの猛禽類，主に小型〜中型のフクロウ類と渡り期間中のタカ類を捕獲するのに使用されてきた (O'Neill and Graves 1977, Weske and Terborgh 1981)．Walkimshaw (1965) と Mueller and Berger (1967) はともに，かすみ網が渡り途中のアメリカキンメフクロウを捕獲するのに使用された研究のことを記述している．Smith et al. (1983) と Reynolds and Linkhart (1984) は，それぞれアメリカコノハズクとトラフズクを捕獲するのに，かすみ網を使用している．

機能的には大型の dho-gaza と似通っており，繁殖中のアメリカチョウゲンボウを捕獲するのに生きているアメリカワシミミズクを囮として用い，取り外しができないかすみ網が使用されたことがある (Steenhof et al. 1994)．かすみ網は，大型のノスリ類にも使用され，捕獲することはできたものの，これらの個体は網を破ったり，網に絡まって怪我をしたりしそうな状態であった．カナダと米国では，かすみ網の使用には政府の許可が必要である．

適用

北米では，免許をもった鳥類標識者なら，比較的安価なかすみ網をいくつかの販売者から入手することは可能である（www.avinet.com; AFO Mist Net Sales, Manomet Bird Observatory, P.O. Box 936, Manomet, MA 02345, U.S.A; EBBA Mist Nets, EBBA Net Committee c/o Gale Smith, 8861 Kings Highway, Kempton, PA 19529, U.S.A.）．支柱として，2 つのタイプのアルミニウム製の伸縮性のポールを薦める．1 つは，塗装用に用いられるもので，1.9 〜 3.7m である．もう 1 つは，水泳プールの清掃に用いられるもので，2.6 〜 4.7m である．両方とも，軽くて長い．ポールは地面に一部打ち込まれた補強棒の長さ 0.6 〜 1m の部分に直接取り付けられる．ポールをまっすぐに立てるために，ナイロンの紐を木または杭に縛り付ける．網は，網のポケットが水平に 1 列に並んでしまうことのないように，あまりにもピンと張り過ぎないようにしなければならない．もし網がピンと張りすぎていると，鳥は網から跳ね返ってしまう．

最も一般的な網の大きさは，2.1 × 12.8m と 2.1 × 18.3m である．メッシュのサイズは，5.8cm と 10.2cm（対角線上に伸ばした状態）のものが猛禽類には最も有効である（Bleitz 1970）．

われわれは，森林を通って渡る小型のフクロウ類を捕獲するのに，22 枚の長さ 12.8m，5.8cm メッシュの網を使用している．寒い夜は小型のフクロウ類にはストレスがかかるので，温度に応じて 1 〜 3 時間ごとに網を点検する．営巣期間中では，網は既知の営巣場所とハンティングエリアの間に存在するコリドーに設置する．

また，中型〜大型のフクロウ類を捕獲するには，長さ 12.8m で 10.2cm メッシュの網を使用している．湿地帯に設置した網は，特にメンフクロウ，トラフズク，コミミズク (*Asio flammeus*) に有効である．フクロウ類は，ケージまたは bal-chatri の中に乾燥した木の葉と一緒に入れた囮が置いてある網に誘き寄せられる．木の葉を一緒に入れておくことで，囮が動く音が聞こえるからである．また，ハツカネズミのチューチューという声を録音したテープを巣の下で低い音量で再生することによっても，フクロウ類を誘き寄せることができる．

かすみ網の一部のものは，空洞の中で塒をとっていたり，営巣していたりする猛禽類を捕獲するのに使用できる．静かに空洞に近寄り，入り口に網をかぶせることで，メンフクロウは容易に捕獲できる．営巣木または巣箱を軽くたたくと，フクロウはそこから出て行こうとして網に絡まるのである．

北米では，かすみ網は渡りをするハイタカ属のタカ類，ノスリ類，ハヤブサ類で使用されてきた (Clark 1970)．かすみ網は，bow net のバックアップとしても利用される．bow net 内の囮の鳥が猛禽類を誘き寄せ，その後，猛禽類が囮の上を通過する時にかすみ網に絡まるのである．アメリカチョウゲンボウとアシボソハイタカは，5.8cm メッシュの網で最もうまく捕獲できるし，クーパーハイタカとアカオノスリのような，より大きな種は，10.2cm メッシュの網で最もうまく捕獲できる．

われわれは，インドにおいて，昼間，塒場所に 6 枚の 3 × 18m，10cm メッシュのかすみ網を設置することによって，草原で夜間に塒をとる数羽のヒメハイイロチュウヒ (*Circus pygargus*) を捕獲した．網はそれぞれ 10m 離して設置した．われわれが日没 2 時間後に塒内を歩くと，チュウヒは網に飛び込んで来た．われわれのこうした行動にもかかわらず，この塒は，彼らがこの場所を去るまでの数週間にわたって，数百羽の個体によって使用された．

かすみ網は，熱帯雨林の猛禽類を捕獲するのには，特に効果的ということはないけれども（例えば，グアテマラで 15,360 時間網を張ったが，6 羽の猛禽類しか捕獲できなかった），ムシクイトビ (*Ictinia plumbea*) とオオクロノスリ (Thorstrom 1996) などの熱帯の種を捕獲するのには最適な捕獲方法の 1 つである．

手捕りとスポットライト

　ニシアメリカフクロウは，特に生きたハツカネズミを置けば，普通に手捕りすることができるが，たいていの場合，手捕りによる猛禽類の捕獲というのは計画しない．しかしながら，時々，研究者は，猛禽類が手捕りできる状態にあることに遭遇することがある．このような状況は，猛禽類が異常に興奮していたり，眠っていたり，ぼーっとしていたり，巣穴または塒穴にいたり，病気であったり，あるいは満腹状態にあるような時に起きることがある．Harmata（私信）は，風のない状態の時に満腹状態のワシ数羽を手捕りした．

　抱卵中または抱雛中に，皿状の巣で手捕りすることは避けるべきである．そのようなことを頻繁に行うことにより，特に抱卵中である場合には，営巣失敗を引き起こすことになるからである．また，成鳥の爪によって巣内の卵や雛に損傷を与えるリスクも高くなる．空洞に営巣する猛禽類が抱卵中である場合には，もしその個体が空洞内にいて落ち着くまで穴を一時的にふさぐことが可能な場合には，支障なく捕獲することができる．先端に穴をふさぐもの（例えば，bunched cloth（訳者注：束ねられるような布地）または paddle（卓球のラケットのようなもの）を取り付けた長いポールは，アメリカチョウゲンボウの巣穴をふさぐのに有効である（D. Bird，個人的見解）．

　スポットライト法は，多くの種類の鳥を捕獲するのに用いられてきた．基本的には，夜間に捕獲対象の鳥の眼にスポットライトを当て，手捕りまたはたも網で捕獲するというものである．

ヘリコプターと四輪駆動車

　イヌワシをヘリコプターで捕獲する方法は，Ellis（1975）によって考案され，その後，O'Hara（1986）による net-gun の使用を含む方法に発展した（下記を参照）．イヌワシはヘリコプターによって地上に降りるまで追跡され，ヘリコプターによって脅かされている間，頭を下にしてうずくまる状態になる（Ellis 1973）．それから，ヘリコプターはイヌワシの75m 手前に着陸して研究者を降ろした後，イヌワシの方に引き返し，イヌワシの10～15m 上空でホバリングする．そして，イヌワシは研究者によって背後から手づかみにされる．この方法は，非常に効率的であり（モンタナ州で2時間に4羽のイヌワシが捕獲された）（Ellis 1975），平坦な地形で，微風状態であれば，最もうまくいき，かつ安全な方法である．帆翔しているイヌワシよりも，止まっているイヌワシの方がより捕獲対象としやすい（Ellis 1975）．この技術は，イヌワシが家畜のいる牧場に集まっている時に，特に有効であり，短時間に捕獲してしまうのに適している．

　特定の環境下では，猛禽類を追跡し，捕獲するのに四輪駆動車を使用することが有効なことがある．この方法は，サウジアラビアの平坦な地形や波打つ地形が広がっている場所において使用され，52回の追跡の内48回でソウゲンワシ（*Aquila nipalensis*）が捕獲された．成功した全てのケースは，平均追跡時間は9分以内であり，15分以内に捕獲が完了していた（Ostrowski et al. 2001）．

ground-burrow trap

　ground-burrow trap（訳者注：地面の穴に仕掛けるトラップの総称で，生け捕り用トラップやヌースカーペットなどが含まれる）は，小型哺乳類の生け捕り用トラップを含む，数種の異なるタイプのトラップを用いた捕獲方法のことであり，アナホリフクロウ，時にはメンフクロウを捕獲するのに使用される．トラップは，巣穴の外側に置かれるケージ（Winchell 1999）またはヌースカーペット（Bloom 1987）と同様に，アナホリフクロウの巣穴の入口に置かれる（Martin 1971, Ferguson and Jorgensen 1981）（図12-6）．Ferguson and Jorgensen（1981:149）は，23×23×66cm の1個または2個のドアの付いた生け捕り用のトラップを推奨している（www.havahart.com, www.livetrap.com）．Winchell（1999）は，この方法に役に立つイラストを描いている．

　生け捕り用のトラップは，1日を通して定期的な点検が必要である．ヌースカーペットは，もしトラップ監視装置が設置されていなければ，15～60分ごとに点検しなければならない．両方の方法ともに，非常に効果的であり，Ferguson and Jorgensen（1981）は生け捕り用トラップを用いて，150工数（1人が1時間に行う仕事量）で49羽のフクロウを捕獲したと報告しており，そして，より取扱いに面倒が少ないヌースカーペットでは10工数で20羽のフクロウを捕獲した．

nest trap

　nest trap（訳者注：巣穴で捕獲する方法）には，自然の巣穴で繁殖しているヨコジマモリハヤブサ（*Micrastur ruficollis*）とクビワモリハヤブサ（*M. semitorquatus*）（Thorstrom 1996）および巣箱で繁殖しているアメリカチョウゲンボウ（Plice and Balgooyen 1999）を捕獲するのに使用されてきた wire hoop trap（訳者注：針金の輪によるトラップ）をはじめとして，自然界の穴に対応するい

図12-6　アナホリフクロウの止まり木と巣の周りに設置したヌースカーペット．

くつかのタイプがある．前述したとおり，巣穴の開口部にかすみ網の小片をかぶせることにより，樹林内や断崖に営巣するメンフクロウをうまく捕獲することが可能である．われわれは，長い台所用のトング（訳者注：物を挟む道具）と短いバーベキュー用のトングを用いて，巣穴の奥にいる雛，時には成鳥を"捕獲（挟む）"した．Thorstrom（1996）は，巣穴から猛禽類を引き出すのにnoose pole trap（すなわち，猛禽類が掴みかかる端に，皮が貼り付けられ，これにヌースが取り付けてある鋼製の棒）を用いた．

ネットガン

ネットガンは比較的高価ではあるが，網を前に飛ばすために火薬を用いる携帯用の三連銃を用いた効果的な装置である．いくつもの銃身のサブシステム，網，メッシュサイズがCoda Enterprises（www.codaenterprises.com）から入手可能である．ネットガンは，三角形または四角形の軽量なかすみ網から重張力の網まで，様々な網を発射することができる．網は，サイズとメッシュにもよるが，15〜22m飛ばすことが可能である．通常，ガンは手で持って発射させるが，リモートコントロールで発射させることも可能である．ネットガンは，大型の哺乳類や鳥類を捕獲するのに用いられてきているが，この方法で捕獲された猛禽類はワシ類だけである（O'Hara 1986）．ネットガンは容易に接近しやすい種や集団で餌をとる種において特に有効である．

ヌースカーペット

ヌースカーペット（図12-6）は，モノフィラメントのヌースが並んでいる，錘をつけた鋼製金網であり，捕獲効率を考慮して，よく利用する止まり木やその他の場所の上面に設置される（Anderson and Hamerstrom 1967, Collister 1967, Kahn and Millsap 1978）．衝撃吸収用のスプリング（例えば，10〜15cmの金属製のスプリングまたはゴム製の外科用チューブ）が，捕まった猛禽類の足指あるいはモノフィラメントへの負荷を軽減するため，錘の近くの紐に取り付けられる．

適　用

この方法の手本となったbal-chatriと同じように，ヌースカーペットの材料は，0.6cmまたは1.3cmメッシュの鋼製金網または鳥かご用の金網，10〜40lbモノフィラメント，ナイロン製の紐，金属製のバネまたは弾性チューブである．ヌースの高さはアメリカチョウゲンボウやアメリカオオコノハズク類のような小型の猛禽類には2.5〜5cmメッシュを用い，メンフクロウやアカオノスリのような中型の大きさの猛禽類には5〜7.5cmメッシュ，それよりも大型の猛禽類には10cmメッシュまたはそれよりも高いヌースを使用する．モノフィラメントは，小型の猛禽類には10lb，中型の猛禽類には20lb，大型の猛禽類には40lbのものを使用する．ヌースカーペットを取り付ける止まり場所の広さがカーペットの大きさを決定する．注意深く位置を決めることが重要である．

ヌースカーペットは，営巣期間と渡り期間に使用することが可能で，北米では，ハゲワシ類，トビ類，チュウヒ類，ハイタカ属のタカ類，ノスリ類，ワシ類，ハヤブサ類，フクロウを捕獲するのに用いられてきた．Thorstrom（1996）は，グアテマラにおいて，トビ類，タカ類，クマタカ類，ハヤブサ類，フクロウ類を捕獲するのにヌースカーペットを使用した．

Verbail trap（下記を参照）と同様に，ヌースカーペットは，囮動物を使用することはできるけれども，特に餌を必要とする訳ではない．本当に知っておかねばならない1つの事項は，捕獲対象とする猛禽類がハンティングの止まり場所として最も頻繁に利用する場所である．牧草地のような場所で捕獲を試みる時には，人工の止まり場所を立て

るとうまくいくことがある．高さ2.5m，10×10cmの1枚のフェンスの支柱の頂上に，高さ0.6m，直径2.5～5cmの枝またはダボを垂直に取り付ける方法は，多くの止まりハンティングを行う猛禽類を捕獲するのに理想的である．

われわれはハゲワシ類を捕獲するのに，長さ0.6m，10cm幅に切断した1.3cmメッシュの鋼製金網4枚を使用している．ヌースは本結びで鋼製金網に取り付け，垂直姿勢になるようにねじるか接着剤で固定する．鋼製金網の各片は1kgの錘と衝撃緩衝装置を取り付けた1mのナイロン製の紐に取り付けられる．それから，4枚のカーペットは，死体の前0.5～1m離れたところに設置される．全ての鋼製金網は，錘，衝撃吸収装置，ナイロン製の紐と一緒に，土または草で軽く，しかし完全に覆う．つまり，ヌースだけが直立して外に出ている状態にするのである．

ヌースカーペットは，ヒメコンドル，ダルマワシ（Terathopius ecaudatus）に有効であるが（Watson and Watson 1985），たぶん，他の死肉捕食の猛禽類にも有効であると思われる．アメリカチョウゲンボウでさえ，死肉を餌にしたヌースカーペットで捕獲されたことがある（Wegner 1981）．また，死んだウサギに巻きつけたヌースカーペットがケアシノスリ（Buteo lagopus）を捕獲するのに用いられている（Watson 1985）．A. R. Harmata（私信）は，メッシュから部分的に肉を押し出しておくと，ノスリ類とイヌワシは，餌として置いた死肉により関心をもつことを発見した．チョウゲンボウでは，ネズミの死体が餌として用いられ，ヌースはネズミの上に渡して両端が釘打ちされる2本の1本鎖ワイヤーに結び付けられる．Wegner（1981）は，この方法を用いて，2羽の成鳥のアカオノスリを捕獲した．Karblom（1981:140）は，オオタカを，いつもきまって羽毛をむしりとる場所で捕獲するのに，ヌースを取り付けた皮のストラップを殺したての死体または殺したてのように見せかけた死体の周りに巻いて使用した．また，ヌースカーペットは，捕獲対象の猛禽がハーネスを装着したハトを殺し，それを部分的に食べたもののハーネスに絡まなかった時にも用いられる．その猛禽がハトから飛び去ってしまったような時に，ヌースカーペットを死体に覆い被せるのである（Mavrogordato 1960，Webster 1976，個人的見解）．

アナホリフクロウは，0.6cmメッシュの鋼製金網で作成される5～15cmのヌースカーペットを用いて最も容易に捕獲される．約10本の4cmのヌース（10lb）が各鋼製金網1片にねじれ形配列で結び付けられる．次に，カーペットは，0.6mの長さのナイロン紐，外科用チューブまたはタイヤの中に入れるゴム製のチューブを用いて，錘または固定する物に取り付けられ，巣穴の入口内の3～30cmのところに設置される．このトラップは，雛が巣穴から外に出始めるものの，持続的な飛行ができない頃の育雛期間に最もうまくいく．巣内雛を捕獲しようとする場合には，もしトラップ監視装置が設置されないのであれば，巣穴は15～30分間隔で点検しなければならない．これを全てのフクロウが捕獲されるまで繰り返す．全ての巣内雛が捕獲されてしまうまで，捕獲した巣内雛は放鳥しない方が良いけれども，決して捕獲後3時間を越えて拘束してはならない．死んだハツカネズミを餌として用い，より大型のカーペットを巣穴の前のところに設置することも可能である．われわれは，これらの方法を用いて，500羽以上のアナホリフクロウを捕獲し，成鳥と巣立ち雛の両方ともにうまくいくことを確認できた．

ヌースカーペットを上にあげて使用する時には，Verbail trapの場合と同様な安全対策を講じることが必要である（下記を参照）（すなわち，錘のラインは地面に届かなければならないし，衝撃吸収装置も必要であるということ）．

ヌースを装着した魚

ヌースを装着した魚は，アラスカでハクトウワシを捕獲するのに，Robards（1967）によって初めて利用されて成功し，その後，Cain and Hodges（1989）とJack-man et al.（1993）によって改良が加えられた．ハクトウワシ，その他の魚食性のワシ類，カラフトワシ，ヨーロッパチュウヒ（Circus aeruginosus），ミサゴ（Pandion haliaetus）がこのヌースを装着した魚で捕獲されている．

適用

魚は，捕獲対象とする猛禽類が常に捕食している大きさと種のものを用いるべきである．内臓は取り除き，成形した発泡スチロールを中に入れ，魚が腹を上にして浮かぶようにする（Frenzel and Anthony 1982とJackman et al. 1993を参照）．約1m長の2本のモノフィラメントテグスを，摩擦が生じるように発泡スチロールの栓を通して，魚の口から挿入し，肛門から出す．そして，それぞれのモノフィラメントテグスの端に引き結びを行い，ヌースをつくる．ヌースは直径12cmとし，結び目は魚の肛門部にくるようにする．ヌースは，片側に1個ずつ，離脱できる接合方法で魚の胸ビレの部分に取り付けられ，ヌースは水面に横になった状態で浮いていることになる．魚の口から出ているモノフィラメントテグスの端は，リール付きの釣竿に付けた30lbモノフィラメントテグスに結びつけるか4.5kgの錨を取り付ける．

止まっているハクトウワシのボートでの接近に対する許容レベルは様々である．多くの個体は 0.4km 以内に接近すると飛び立つが，いくらかの個体はボートがその真下を通過しても平気なこともある．対象とする個体を発見すれば，ヌースを装着した魚をゆっくりと動くボートから水面に落とす．この場合，できれば個体の反対側から落とすのが望ましい．その個体が囮の魚に攻撃をかけ，持って行こうとした時に，片方または両方のヌースが足指を取り巻き，その結果，その個体は水面に落下する．そして魚に付けてあるモノフィラメントテグスをリールで巻きながら，ボートで接近して捕捉することになる．

この方法の変法として，浮かせる魚に付けたモノフィラメントテグスに 4.5kg の錨を取り付けるということがある．その錨は河川または湖の底に沈める．4.5kg よりも軽い錨は，水深が深い場所では使用してはならない．というのは，ワシが前に進もうとする勢いによって錨が水深の深い所にもって行かれ，ワシが溺れてしまうことになるかもしれないからである．ワシが魚を捕らえた時にヌースが切れてしまわないように，衝撃吸収装置を錘と魚またはヌースとの間に取り付けなければならない．衝撃吸収装置は，浮いている丸太（漂流物）に取り付けることができる．

このトラップは，ミサゴとハクトウワシの両種を捕獲するのに使用されてきた．Frenzel and Anthony（1982）は，囮の魚を襲うハクトウワシでは 100% 近くの効果があったと報告している．ヌースとモノフィラメントテグスを正確にセットすることが極めて重要であり，このトラップとわずかに異なるタイプのものを使用すると，捕獲成功率は低下するものである（Harmata 1985, Jackman et al. 1993）．失敗が起きるのは，足指がヌースに入らないかまたは一時的にさっと魚を捕らえようとした後に逃げてしまうという場合である．シロハラウミワシで使用されている，この方法の変法が Wiersma et al.（2001）によって報告されている．

ハーネスを装着したハト

ハトにハーネスを装着する方法（Webster 1976）は，ヌーストラップの変法である．元々，この方法は大型のハヤブサ類を捕獲するために考案されたものであるが，中型〜大型のハイタカ属のタカ類，ノスリ類，ワシ類，フクロウ類を捕獲するのにも有効である．ナイロン製のモノフィラメントでつくったヌースをハトに装着する皮製のハーネスに縛り付けるかまたは接着剤で取り付ける．ハトは，ハーネスの開口部から脚と翼が出ているので，歩いたり飛行したりすることができる．先端に 1 個の錘または錨が取り付けてある 1.5 〜 10m の紐をハーネスに接続する．この変法として，小型のハヤブサ類を捕獲するために，イエスズメとホシムクドリにハーネスを装着する方法があり（Toland 1985），ワシ類を捕獲するために，カモ，キジ，ウサギにハーネスが装着されることもある．

適 用

0.3cm の厚さの皮に，型紙を用いてハーネスの型取りをする．脚と翼を出すための穴の直径は，ハーネスを被せる個体が歩いたり飛行したりできるサイズとする．Webster（1976）は，この課題を打開するために，様々なサイズのハーネスを作成し，試しに使用してみることを提言している．両脚の後方で，ハーネスに小型の衝撃吸収用のスプリングを取り付けることにより，ヌースが切断することによって猛禽類が逃げてしまうことを軽減することができる．

bal-chatri のところで記述したのと同じようなヌースを作成後，ハーネスの小さな穴に通して取り付ける．複数の 1 つ結びは 1 個の大きな結び目に一緒に縛りつけ，穴からすり抜けないようにする．ヌースが最適な位置になるようにして，結び目をハーネスの内側で皮に接着剤で固着する．これに代わる方法としては，2 つの穴を 0.5cm 離してパンチで開け，bal-chatri のところで行ったようにヌースを結ぶというものである．ハーネスには，20lb モノフィラメンで作成された 25 個の 4cm ヌースが取り付けられる．6m の紐に棒切れのような 0.2kg の移動可能な錘を取り付けると，耕地ではうまくいく．固定式の移動不可能な錘は，水のそばのような状態の場合に使用する．

われわれの経験では，ハーネスを装着したハトによる捕獲成功率は 75 〜 85% である．ハトにハーネスを装着する方法は，世界中で，チュウヒ類，ハイタカ属のタカ類，ノスリ類，ハヤブサ類，ワシ類，フクロウ類などの様々な猛禽類を捕獲するのに使用されてきている．

この方法の利用例として最も典型的なものは，猛禽類を探して周辺道路や海岸を自動車で走り，捕獲しようとする猛禽類が見つかった時に，自動車の窓からハーネスを装着したハトを放り投げるという方法である．15m の長い引糸を用いると，ハトはいくらかの距離を飛行することができる．移動不可能な錘を取り付けた 1.5m の短い紐を使う方法は，潅木がびっしりと覆っているような場所で使用する．ノスリ類とアメリカワシミミズクは，通常，地上で獲物を捕獲するので，1.5m の紐はこれらの猛禽類を捕獲するのに最適である．逆に，ハヤブサ類は空中で獲物を襲うので，ハトが飛行している時にハヤブサ類の関心を惹くことになる．とは言っても，茂みがある状況で，長い紐を使用している場合には，囮の鳥が猛禽類に気づくと茂みに隠

れてしまうことがある．また，長い紐は潅木の中で絡まりやすい．ハトがより攻撃されやすい状態に見えれば，捕獲成功率は高くなる．

もう1つの効果的な使用方法は，標高の高い場所の小さな谷を渡っているノスリ類やハヤブサ類の下方に10～15羽のハーネスを装着したハトを置くという方法である．このような場合，ハトは，衝撃吸収装置と1kgの錘を取り付けた短い紐を用いて0.5～2km間隔で配置されるが，1時間ごとに見回るかまたは電子通信によるトラップ監視装置よって点検しなければならない．

Webster（1976）によって議論されているように，この方法の捕獲成否は，ハーネスを装着したハトの動きに左右される．野外で捕獲した野生のハトは，飼育下で育てられて滅多に飛ばされていないハトよりもたくましくて何度も飛ぼうとするので，最適の囮となる．

ヌースポール

ヌースポールというのは，釣り竿（Zwickel and Bendell 1967, Catling 1972），振り出し式（伸縮式）のポール（Reynolds and Linkhart 1984），または捕獲対象としているフクロウに届くのに十分な高さを確保するために先端に取り付ける竿やパイプである（Environment Canada and U.S. Fish and Wildlife Service 1977, Nero 1980）．ポールの先端に取り付けたナイロンモノフィラメントまたはワイヤーでつくられた大きな1本のヌースが，ポールの側面または真ん中に出ている紐またはワイヤーを引っ張ることで閉まるようになっている．

ヌースポールは，通常，ガラパゴスノスリ（*Buteo galapagoensis*）（Faaborg et al. 1980）や何種類かのフクロウ類などの人馴れした猛禽類でうまくいく．ヌースポールは，メンフクロウとアナホリフクロウの巣内雛を深い巣穴から取り出す場合にも利用されてきた（B. Millsap，私信）．

phai trap

phaiまたはpadam（Mavrogordato 1966, Carnie 1969, Webster 1976）は，まれにしか使用されないけれども，かなりの可能性をもっているもう1つの方法である．phaiは，ロープやホースに比較的丈の高いヌースを取り付け，その小型の輪に囲まれるように生きた囮を配置するものである（図12-7）．この方法で，大型のハヤブサ類が捕獲されているが，他の猛禽類も捕獲することができる．C.H. Channingによって考案された，より持ち運びしやすいものは，頂上部の回りに広げた状態で吊るした大きなヌースが付いていて，その中に囮の鳥が入っているケージである

図12-7 ホシムクドリを囮として用いたphai trapの輪状タイプのもので，ヌースの取り付け部としては庭用の散水ホースを利用している．

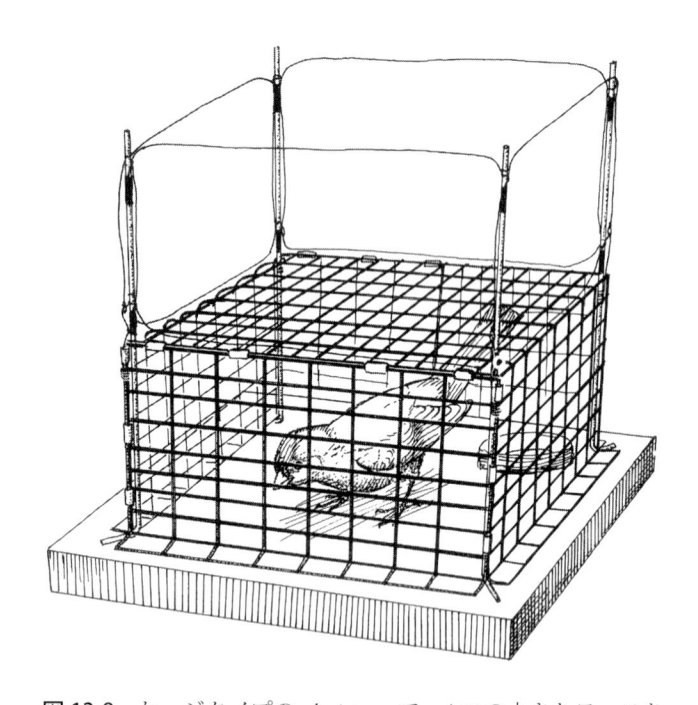

図12-8 ケージタイプのphai trapで，4つの大きなヌースを設置し，一般的にはハイタカ属の猛禽を捕獲するのに用いられる．

（図12-8）．このトラップは，ハイタカ属のタカ類を捕獲するのに最も効果的である．

適用

phaiトラップの輪状タイプのものは約25個の25lb, 直径15～20cmのモノフィラメントヌースからなる．直径が約1mの輪は，ナイロンまたはゴムホースまたはロープ片でつくられる．ミシン目を通して結び付けられたヌースは，約1.3cm間隔で隣接するヌースがお互いに重なる

ように，ホースに沿って配置される．ヌースは丈が高く，たわみやすいので，時々，長さ15cmのワイヤーまたは小枝がヌースを支えるために利用される．

　持ち運び可能なケージタイプのもの（図12-8）は，上述したヌースの輪とは異なり，bal-chatriやヌースカーペットの特徴を共有している．ケージは，メッシュサイズが1.3cmまたはそれ以上で，大きさが20×20×10cmの鋼製金網が，厚さ1.9cmで25×25cmのベニヤ板の上に取り付けられてつくられている．4本の20lbモノフィラメントでつくられたヌースが用いられる．曲がりやすいものの，比較的堅い20cmのゴム製の4本の竿が，ケージの各角に垂直に取り付けられる．各竿の10cmがケージの頂上よりも上に出る．長さ2cmの2本のはんだ（補修用に用いられる金属合金）で各竿の頂上部と底辺部を巻きつける．1本の大きなモノフィラメント製のヌースが各竿の基部に結びつけられ，輪を広げる．これにより，ヌースは4本の竿の頂上部と底辺部の両方において，すでに巻きつけられているはんだによって支持されることになる．タカがヌースにかかることによって離れてしまうまで，ヌースはこのはんだによって，開いて直立した状態が確保される．

　phaiは，囮として野生のハトとホシムクドリを用いることにより，ハヤブサとセーカーハヤブサ（*Falco cherrug*）（Carnie 1969）を捕獲するのに用いられた．われわれはこの方法が，死体を餌としてハゲワシ類やワシ類を捕獲するヌースカーペットと同じようには使用できるとは思っていない．止まっているハヤブサを見つけたら，動きが見られないように自動車を用いて，無難な距離の所にこのトラップを置く．少量の立っている草によってヌースは見えにくくなるし，土を用いてホースを隠すこともできる．

　最近，囮にウサギを用いてイヌワシを道路トラップ法で捕獲する際に，phaiが有効かどうかが試された．イヌワシは15～90分以内に反応を示し，3回の試み中2回で捕獲された（Latta et al.，私信）．

　止まった自動車からすぐに設置することが可能なphaiのケージタイプのものは，クーパーハイタカを捕獲するのに用いられてきており，オオタカ，大型のノスリ類，チュウヒ類，モモアカノスリを捕獲するのにもうまくいくはずである．

padded leg-hold trap

　padded leg-hold trap（訳者注：トラバサミのスプリングを叩いて弱くしたり，パッドを詰めたりすることにより，挟む力を低減したトラップ）は，死肉を捕食する猛禽類を捕獲するために，スプリングの力を弱くし，挟む部分にパッドをかませたleg-hold trap（いわゆるトラバサミ）を動物の死体のすぐ傍にいくつか置くものである（図12-9）．今日，この方法は，もっぱらハゲワシ類とワシ類を捕獲するのに用いられている．しかし，最初の頃は，ハイイロチュウヒやノスリ類のような小型の猛禽類を捕獲するのにも利用されていた（Lincoln and Baldwin 1929, Imler 1937）．

図12-9　サバクワタオウサギ（*Sylvilagus audubonii*）の死体の周囲に設置したpadded leg-hold trap．ワシ類を捕獲するのにうまくいく．（写真はJ. Kidd提供）

適　用

　最もよく使用されるトラップは，Number 3 double long spring leg-hold（Harmata 1985）である．新品のトラップのスプリングはワシの足指を破壊するほど強力なので，挟む部分はスプリングを弱くするかパッドを詰めるか，またはできる限りその両方を施すべきである．挟む力を弱くするには，重いハンマーで折り曲げ部近くの両方のスプリングを2回叩けばよい．2本のコイルスプリングが使用されているトラップでは，閉まる力を弱くするために，スプリングの1つを取り去ればよい．挟み部の一方をネオプレン（訳者注：クロロプレンゴムという，広く工業分野で使用されている合成ゴムで，ネオプレンは商品名）または皮で巻き，さらに厚みが約0.6cmになるまでフリクションテープ（訳者注：ブラックテープとも呼ばれる絶縁用のゴム引布粘着テープ）を巻く（Imler 1937, Stewart et al. 1945）．A. Harmata（私信）は，この方法を大々的に使用してきており，適切なパッド対策を行うことの重要性を強調している．適切なパッド対策を行うことにより，挟み部の閉まるのを遅くしてしまいやすいスプリングの力の減弱化を行う必要がなくなるかもしれない．

leg-hold trap は，ハクトウワシとイヌワシの両種を捕獲するのに使用され，成功している（Niemeyer 1975, Adkins 1977, Harmata and Stahlecker 1977, Harmata 1985, M. Lockhart, 私信）．インドにおいて，われわれは死んだヤギと魚を用いて，湿地でカラフトワシとカタジロワシ（*A. heliaca*）を捕獲する場合およびヒツジを用いてエジプトハゲワシ（*Neophron percnopterus*）とベンガルハゲワシ（*Gyps bengalensis*）を捕獲する場合に，この padded leg-hold trap を用いた．Number 3 trap は足の骨を折ってしまう可能性があるので小型の種ではお薦めできないが，より小型の改良されたトラップ（例えば，Number 1 と Number 2）なら中型～大型のタカ類に怪我を負わせることなく捕獲することができるかもしれない．Imler（1937）は，ポールの上またはウサギの死体の回りに Number 1 trap を設置することにより，アカオノスリ，ケアシノスリ，ソウゲンハヤブサ，アメリカワシミミズクを捕獲した．しかし，ハイイロチュウヒ，アレチノスリ，アメリカチョウゲンボウでは，捕獲中にひどい怪我が生じたと報告している．Stewart et al.（1945）も，ポールの頂上部に padded leg-hold trap を設置して猛禽類を捕獲しようとしたが，捕獲した個体の数羽が脚に怪我を負ったことから，この方法は満足のいくものではなかったとしている．たぶん，これはスプリングを減弱化していないトラップを使用したことによるものだと思われる．padded leg-hold trap は，継続的に監視するかまたは電子通信によるモニターによって監視しなければならない．動物の丸ごとの死体は，ワシ類を誘き寄せるのに用いられるが，ウサギやシカの脚のような動物の一部分もうまくいくものである．魚は，ハクトウワシを捕獲しようとする時に用いられる．囮は，ワシが頻繁にやってくる場所で杭につないで，以前に捕食されていたかのように見せかけ，より関心を惹くために一部を切り取り，肉を見せる．引き抜いた毛や羽毛を死体の周囲に巻き散らかすことによっても囮の効果をより増強させることができる．

囮の大きさに応じて，2～6個のトラップをその周囲に設置する．トラップごとに窪みを掘り，トラップは囮から2.5～50cm の所に設置する．引き金がわずかな力で作動するのではなく，最大限の圧力がかかった時に作動するようにセットすることが重要である（A. Harmata, 私信）．

トラップを隠す前に，引き金のパンは，トラップをカムフラージュするためにかける土が引き金のパンの下に詰まってしまうのを防ぐ目的で，挟み部の下に広げる12×12cm の布片で覆う．それから，トラップの全ての部分はさらさらとした土や草で覆う．凍結してしまう可能性があるので，雪は使用してはならない．各トラップには1kg の錘を，衝撃吸収装置を付けた1.5m の紐で取り付ける．いくらかの研究者（例えば，Harmata 1985）は，錘の代わりに，トラップ固定用の鎖を用いて2個のトラップを一緒につないでいる．この方法は，強風の時や丘陵または山岳地形の所では使用してはならないし，水の近くでは注意して使用すべきである．

この方法の主な欠点は，対象としていない小型の種も死体に誘き寄せられてしまい，もしトラップにかかると脚に重傷を負ってしまう可能性があることである．leg-hold traps にかかる対象としていない個体の数を減少させるには，踏み板の下に7.6cm のグラスファイバーのインサレーション（中仕切り）を入れればよい．そうすることによって引き金を作動させるのに，より重い圧力を必要とするようにできるからである（Harmata 1985）．

pit trap

pit trap（訳者注：穴を掘って，捕獲者がその中に入り，やってきた猛禽類を手づかみにする方法）には2つの基本的なタイプがある．両方とも，囮を近くに置いて，穴に人間が入ることが必須である．pit trap または "dig-ins"（Webster 1976）と呼ばれるこの方法は，渡り時期に海岸でハヤブサを捕獲する時は，通常，浅い一時的な穴が用いられるが，ワシ類を捕獲する時には，深い穴を用い，繰り返し使用される．ハヤブサ類を引き寄せるには野生のハトが用いられ，ワシ類，ハゲワシ類，コンドル類を誘き寄せるには大きな死体を用いる．捕獲対象とする猛禽類の片脚または両脚を穴の中にいる人間が手づかみにする．

適　用

人間が横たわって隠れられるだけの深さの浅い穴を海岸に掘る．それから，人間がその穴の中にうつ伏せまたは仰向けに横たわり，頭と肩を除いて埋めてしまい，頭と肩には約35×50cm の籠を被せて隠す（M.A. Jenkins, 私信）．

ワシ類やハゲワシ類を pit trap で捕獲するには，より多くの材料と労力を必要とする（図12-10）．間口が0.9×1.8m で深さが1m の穴を固い土の所に掘る．1.9cm の厚さで2×2.4m の広さの海洋用の塗料で塗装された屋外用合板が穴に被せるのに用いられる．穴の壁は，厚さ1cm の屋外用合板で支持され，土砂滑りを防ぐために，角部で垂直に釘打ちする5.1×10.2cm で0.9m の木製の梁で補強する．穴の前と後ろで，1本の梁を垂直の梁の間に挟み込んで釘打ちし，放牧地や自動車が上を通過するかもしれない所では，屋根を補強するために2本の10.2×10.2cm の横梁を使用する．穴と同じ幅の1枚の扉は，覆

図 12-10 ワシ類を捕獲するのに用いられる pit trap の構造．完成したら，刈り取った草をバスケット，ドア，捕獲のための隙間，最前面にかける．大きな動物の死体を囮として用いる．（写真は P. Bloom 提供）

いの合板の片方の端を切って作成する．そして，扉が開いた時に，残骸が中に落ち込んでこないように，梁の枠を扉の辺縁の周囲に釘打ちする．扉は後方で蝶番によって留め，直径 25cm の穴を扉の真ん中に開ける．高さ 30cm，直径 35cm の籠をその穴の上に逆さまにした状態でワイヤーを用いてしっかりと固定する．扉と前面の壁の上部との間にある，幅 0.8m，15～20cm の合板の開口部は，猛禽類をそこから手づかみにする空間となる．囮の死体は，捕獲開口部の約 0.3m 前のところで浅い窪みに置く．この構造により，捕獲者は頭を籠の中に入れて，穴の中でひざまずくかまたは座ることができ，猛禽類をすぐに掴めるように両手を開口部の内側に置いて，開口部を通して観察し続けることができる．共同作業者がいない場合は，扉は，幅と長さが扉よりも 12cm 大きい合板をフレームの梁にビス留めすることによって保護する．

隠れ場が完成したら，屋根の上に土を 10cm の厚さにか

ける．扉，籠，捕獲する時の空間には植物，できれば草を十分にかけ，しっかりとカモフラージュしなければならない．1本の止まり木を屋根の上に設置してもよい．ワシ類は頻繁に止まり木に降りるので，穴の中にいる捕獲者はワシが来たことを知ることができる．屋根の上に潅木や多くの草を追加してかけることにより，トラップは風景に完全に溶け込んでしまう．春の雨の後に生育する植物は，カモフラージュの最後の仕上げとなる．pit trapは，他の多くのトラップと異なり，適切に作成されれば，完全に目立たないものとなる．

pit trapは，海岸部での渡り期に，ハヤブサ類を捕獲するのに一般的に用いられるし，繁殖地において，成鳥や巣立ち雛を捕獲するのにも利用できる．ハトは，捕獲者が持つ1～5mの紐に結び付ける．ハトは砂の上を歩き回るだけなので，通過中のハヤブサまたはできれば止まっているハヤブサの気を惹くために引っ張って動かす．また，ハヤブサが飛行していくのが見えた時には，籠からハトを放り投げることもある．ハヤブサがハトに向かって急襲を開始し始めたら，籠の中に隠れている捕獲者の方に向けてハトを引っ張る．ハヤブサがハトを掴んだら，捕獲者は両手でハヤブサを手づかみにする．

pit trapは，ハヤブサ類を捕獲するのには，他の方法（例えば，ハーネスを取り付けたハト，dho-gaza）ほどは効果的ではないが，捕獲する猛禽類を選択できるという利点がある．

ハクトウワシとイヌワシをpit trapで捕獲するというのは，少なくともアメリカ先住民の16部族によって利用された古くから知られた方法であり，よく試された方法でもある（Wilson 1928）．前もって囮を置いておくと，早く捕獲することができる．ウサギ，シカ，子牛，水鳥などの死体が囮として使用できる．死体は切り開き，部分的に羽毛を引き抜くとか皮を剥いで肉を露出させ，あたかもその死体がすでに捕食されているように見せかける．成獣のシカのような大型の死体は，ワシを手の届くところの位置で，死体の上に立たせるようにするため，凍結して半分に切断する．死体を置く位置は，ワシ類では籠から約15～30cm，ハゲワシ類では籠から170cmのところである．ワシ類が死体を発見して採食始めるまでに，通常，12時間～4日間を要する．

トラップには，日の出1時間前には入るべきであり，これによって，近くで塒をとっているかもしれないワシ類に人間の活動が見えないようにすることができる．対象個体が捕獲できたとか捕獲を終えるという場合でなければ，決して，昼間に，トラップ内の人間をトラップから出させるべきではない．ワシがいる限り，可能ならば，観察者もトラップサイトから去るべきではない．捕獲者は，腕を広げ，頭を籠の中に入れた姿勢でじっと待っているよりは，籠の下で，より快適な姿勢で待っている方がよっぽど楽なのである．ワシ類が地上に着地する時には，翼の音がするので，捕獲者はそれによって，ワシ類の接近に十分気付くことができる．穴の中では，ワシ類を驚かすことにつながるいかなる音も小さくするように特別の用心をしなければならない．

1羽のワシまたはハゲワシが死体に接近したら，捕獲者は，穴の前端でひざまずき，頭を籠の中に入れ，その個体の脚をつかむ開口部の端に両手を置いて，捕獲体制を取る．穴の中での全ての動きはゆっくりと行わねばならない．そのワシがちょうど良い場所にやってくるには数分かかることもある．捕獲者は，状態を的確に見定めるため，籠の中の小さな穴または捕獲用開口部を通して，その動きをみることができる．そのワシまたはハゲワシが捕食を開始し，捕獲できる範囲内にいれば，捕獲者は片脚または両脚のふ蹠をつかむ．その個体が飛ぼうとして前方に動いた時には，胸から地面に倒れることになる．この段階では，捕獲者は2つの選択肢がある．1つは，立ち上がり，穴から出てその個体を捕獲する行動を続けるというものである．もう1つは，数羽のワシが近くに立っており，もっと多くのワシを捕獲する必要がある場合であり，そのワシをゆっくりと注意深く引っ張って穴の中に入れ込むというものである．この作業は，残りのワシを驚かせることのないように行わなければならない．そして，この作業は，そのワシの両脚を片手で持ち，両翼を引き寄せてもう一方の手で抱き込み，肘で少しだけ扉を上げて，そのワシを中に取り込むことによって完了する．そして，速やかに捕獲開口部の前に植物を再配置する．捕獲した個体の爪と脚をダクトテープで巻き，両翼は一緒に折りたたんで固定した後，拘束用器具（Evans and Kear 1972, Passmore 1979）に収容する．われわれはこの方法で，5分間に2羽のイヌワシを捕獲したが，この方法はあらかじめ囮を置いておき，数羽のワシが数日間捕食し続けている場合にうまくいく．pit trapは，今日では滅多に利用されないが，それはたぶん，leg-hold trapまたは無線操作のbow-netの方が簡単で効果があることによるものと思われる．われわれは，pit trapはワシ類，ハゲワシ類，コンドル類を捕獲するのに最も安全で最も効果的な方法であると信じている．もし，捕獲者が有能な人であれば，捕獲成功率はほぼ100%であると言ってもよい．ワシ類をpit trapで捕獲する方法は，キャノンネットやロケットネットを使用するよりも，多くの面で優れている．

キャノンネットやロケットネットは 1 回発射することにより，1 羽より多くのワシを捕獲することができるけれども，これらの方法は火事を起こしたり，死亡事故を引きこしたりする可能性がある．pit trap はいったん設置してしまえば，開口部と pit の前に死体を置けばいつでも捕獲が可能なのである．

1985～1987 年に，125 羽のイヌワシと 1 羽のハクトウワシが南カリフォルニアにおいて，5 つの pit trap で捕獲された．18 羽は 2～3 回，再捕獲されていた．5 羽のカリフォルニアコンドルが 1984～1986 年（PHB）に pit trap で捕獲された．穴の中の音または捕獲者が我慢できずに目立つ手の動きをしてしまったために，たまに数羽のワシ類やコンドル類を取り逃がすことはあったものの，死体に誘き寄せられた 31 羽のイヌワシを，連続的に失敗することなしに捕獲することができた．一般的に言えば，pit trap でワシ類を取り逃がす主たる理由は，捕獲者の経験不足または我慢不足である．たいていの場合，捕獲しようとする猛禽が重要であるならば，時間をかければうまくいくものである．

インドでは，カラフトワシがヤギを囮にしたトラップに定期的に平気でやってくるし，ベンガルハゲワシとミミハゲワシ（*Sarcogyps calvus*）も，数 cm しか離れていないトラップ内に人間がいるにもかかわらず，死体を捕食する（PHB）．

pit trap を使用する場合，いくらかの危険も存在する．自動車がその場所に走って来ないことを，特に海岸では十分に注意を払わなければならない．海岸をあちこち見渡すための人間を配置することにより，潜在的な危険を減少することができる．同様に，深い pit trap の場合では，捕獲場所に入ってくる自動車，ウマ，その他の有蹄動物が屋根を突き抜けて壊してしまうかもしれない．また捕獲者は，その地域に生息する毒をもったヘビや無脊椎動物にも気をつけなければならない．インドでは，大型の野生のイヌが何回も死体を持っていこうとしたことがあり，もし，筆者の 1 人がそれを持って放さないようにしなかったら，持っていかれていたかもしれない．

Verbail trap とその他のポールトラップ

Vernon Bailey がこのトラップを発明し（Stewart et al. 1945），しばしばポールトラップと呼ばれるものの 1 つである．Verbail trap は 2 つの部分から構成されている．1 つは止まり場所またはフェンスの支柱に取り付けたスタンドであり，もう 1 つはスプリングの形状になるようにスプリング鋼が注意深く曲げられた部分である（図 12-11）．

図 12-11 verbail trap は湿地帯，河口，草原のように止まり木が限られている場所でフクロウを捕獲する方法として最も効果的である．

猛禽類が引き金の上に止まった時，猛禽類の片脚または両脚を取り囲む直径 10cm のナイロン紐を閉じる鋼製のスプリングが作動する．スプリングは，たいてい，長さ 1～2.5m（止まる高さによって異なる）のナイロン紐で止まり木に縛り付けられ，この長さによって，猛禽類はトラップにかかった後に地上で休息することができる．

Verbail は，作成するよりも購入することを薦めるタイプのトラップの 1 つである．現在これを作成している業者は知らないけれども，中古の Verbail は時々インターネットで入手可能である．

Verbail は，育雛期および渡り期の両方で，多くの猛禽類で効果的に使用することができる．この方法の利点は，必要であれば使用することも可能ではあるが，基本的に囮を必要としないことである．Verbail は，止まり場所が限定されている場所において最も有効である．10.2×10.2cm，高さ 2.5m の複数の柱を，約 0.4km 間隔で適切な位置にまっすぐに立てるとうまくいく．湿地，砂漠，草原地帯のように，止まり場所が限定されているハビタットというのは，柱を立てるのに優れた場所であるが，周囲よりも高くなった丘に立てるフェンスの支柱も効果的である．育雛期間中のほとんどの研究では 1 本または 2 本のトラップを用いているが，渡り期間中または越冬地では同時に 10～20 本のトラップを使用するのが最適である．トラップは，極端に寒い時には継続して監視しなければならないし，また穏やかな気温の時には 1 時間ごとに点検しなければならない．さもなければ，トラップ監視装置を設置しなければならない．

育雛期間中または特定の個体を捕獲しようとしている時には，ハトまたは小型のネズミのような囮動物の使用が有効である．特に，Verbail がハーネスを取り付けたハトや bal-chatri のような他の捕獲方法と一緒に使用される時には有効である．タカまたはフクロウが囮に向かって飛行する時には，その個体は，しばしば近距離から囮を点検するために，近くの止まり木に降りるものである．他のトラップに近い位置にある止まり木に取り付けた Verbail はそのような状態の時にうまくいくのである．また，猛禽類が bal-chatri のようなトラップを攻撃することもよくあるが，トラップに接触する前にそれていってしまうこともある．近くの止まり木に取り付けた Verbail は，そういう場合にもう一度，捕獲のチャンスを与えてくれるのである．

Verbail trap は，チュウヒ類，ハイタカ属のタカ類，ノスリ類，ハヤブサ類を捕獲するのに使用されてきており，中型〜大型のフクロウでも大変効果的である（JWK, PHB）．

もっと大型の猛禽類では，両脚の間隔をかなり広げることがあり，止まる時に片脚または両脚が輪を踏んでしまい，うまく輪を閉じることができないということが起きるために，失敗が多くなる傾向がある．Verbail trap の部品の全てを比例して大きくすれば，アカオノスリや大型の種の捕獲効率を高めることができる．時々，小型のスズメ目の小鳥が，身体が小さいために捕獲されずにトラップを作動させてしまうことがある．

トラップにかかった猛禽類が Verbail によって捕獲された結果として死亡することは滅多にないが，捕食されてしまうことはある．4 羽のアメリカチョウゲンボウがアカオノスリによって，また 1 羽のメンフクロウとアメリカワシミミズクがコヨーテ（Canis latrans）によって殺されたことがある（PHB）．このような事態を避ける 1 つの方法は，各トラップを 30 分間隔で点検するか，できれば，トラップ監視装置を使用することである．露がひどい場所では，Verbail の下の湿った草によって，捕獲された猛禽類がびしょびしょになることがある．同様の事態は，どこのトラップにおいても突然の雨によって発生し得る．湿った個体は，ひどく冷え切ることによって，体温下降（低体温）を引き起こさないように，放鳥前に乾燥させねばならない．最後に，Verbail の上のスプリングは，閉じられた状態でかなりな張力を有しているので，このトラップをセットする人は，誤った作動による眼への危険性を認識しておかねばならない．したがって，顔をバネの近くに持っていくことは避けねばならない．トラップがセットされる時には，セットする者以外の人は，トラップの 1m 以内に入らないようにすべきである．

もう 1 つの手動によるポールトラップは，Dunk（1991）により報告されており，48 回の挑戦で 39 羽のオジロトビを捕獲しているが，そこに止まった他の猛禽類では，同程度の数を捕獲することはできなかった．

細長いゴムで作動する perch snare（止まり木に設置する輪なわ）は，どのように作動するかという点から言えば Verbail trap によく似ている（Prevost and Baker 1984）．このトラップは滅多に使用されないが，様々な昼行性と夜行性の猛禽類を捕獲できる大きな可能性を有しているように思われる．この装置を用いて，西アフリカで 120 羽ほどの多くのミサゴが捕獲され，その内の 17 羽は 2 回捕獲されているし，1 羽に関しては 5 回も捕獲されている（Prevost and Baker 1984）．

power snares

power snare（動力作動の輪なわ）は，テリトリーを構えているシロハラウミワシを捕獲するために Hertog（1987）によって初めて報告された方法であり，猛禽類自身によって作動するかまたは手動で作動させるかあるいはリモコンで遠隔的に作動させるものである．遠隔操作で作動させる power snare については Jackman et al.（1994）と McGrady and Grant（1996）によって報告されている．

餌を置いた場所で設置された遠隔操作で作動させるトラップにより，7 羽のハクトウワシの内 5 羽（Jackman et al. 1994）が捕獲された．巣の上で成鳥のイヌワシを捕獲する試みでは，75％ の成功率が得られている（McGrady and Grant 1996）．木製のフェンスの柱の上部に取り付けて使用するように改造された power snare は，イヌワシを捕獲するのに用いられた（Jackman et al., 私信）．このトラップは，潜在的に，昼行性の猛禽類，ワシ類，ハゲワシ類，それにたぶん，カラカラ類も含められると思うが，このような特に死肉を捕食する，複数種の猛禽類を捕獲するのに利用できるものと思われる．

walk-in trap

walk-in trap（立ち入りトラップ）は，数羽のハゲワシ類を同時に捕獲するために考案された，大型のケージトラップである（McIlhenny 1937, Parmalee 1954, 図 12-12）．このようなトラップは作成するのは容易であり，死体を囮として置けば大変有効である．

適用

ケージの大きさは様々であり，その地域の生息数および捕獲しようとする数によって決まる．通常，ケージは円形

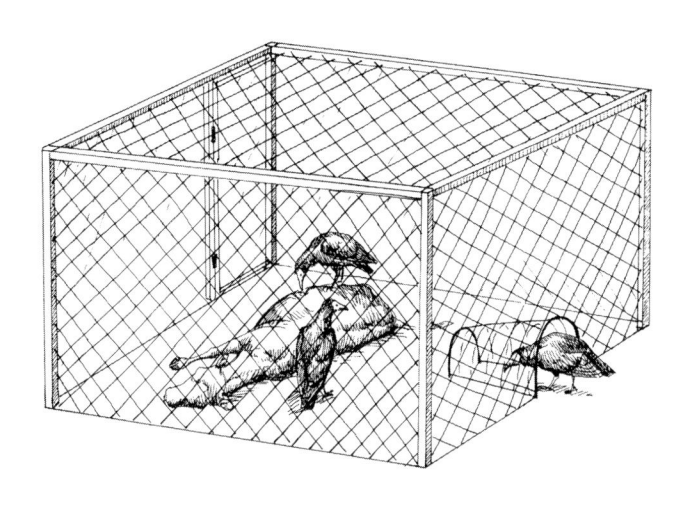

図 12-12 クロコンドルとヒメコンドルを捕獲するための walk-in trap.

であるが，四角形や長方形も可能である．ケージは，高さが 1.2 〜 1.8m で直径が 3 〜 12m ほどの様々なものがある (Parmalee 1954)．Henckel (1982) は，3 × 3m，高さ 1.8m のトラップを作成し，毎日 12 羽もの多くのハゲワシをうまく捕獲した．10cm サイズに編んだナイロン製のネットがトラップの天井部と側面を覆うのに使用される．底は床がない状態のままである．ハゲワシは，ケージの端に取り付けた 1 つの扉からトラップ内に入ってくる．ハゲワシは，出ていくのが困難となる 1 つの狭いじょうご状になっているところを通って内部に入る．

このトラップは，クロコンドルとヒメコンドルを捕獲するのに用いられてきたが，クロコンドルの方がより捕獲されやすい (Parmalee 1954)．このトラップは，捕食者が入らないようしておかねばならないし，餌と水の残存量に応じて，1 日または 2 日おきに点検しなければならない．いくつかの例による捕獲個体数は，トラップの大きさに比例している．1 例では，約 210 羽のハゲワシが 1 個のトラップで同時に捕獲されている (Parmalee 1954)．

われわれは，カリフォルニア州において，ヒメコンドルを捕獲するために，walk-in trap を 1 回につき 1 週間以上，3 回セットしたが，近くを飛行通過しただけだった．放鳥不可能な生きた 1 羽のヒメコンドルをトラップ内に置き，ようやく翌日に数羽のヒメコンドルがそこで捕獲された．

大きさを小さくし，側面からは殺されないように囮の鳥を繋いだこのトラップを用いることにより，渡り途中のハヤブサとコチョウゲンボウ (Meredith 1943) を捕獲することができたし，ハイタカ属のタカ類 (M. A. Jenkins, 私信) やハイイロチュウヒでも同じようにうまくいった．生きた囮を用いる場合には，地上の捕食者が問題となる．

要　約

与えられた条件下において，適切なトラップ法と囮を選定することは，特に初心者にとっては手腕が問われることである．トラップの有効性に関する定量的な研究は少なく，このテーマに関しては，かなりの仕事がやり残されている (Fuller and Christenson 1976, Bloom 1987, Bloom et al. 1992)．世界には，異なる捕獲方法の実験が待たれる，未だ生きたまま捕獲されたことのない多くの猛禽類の成鳥が存在している．

われわれは猛禽類の捕獲に関する重要な文献源を寄せ集める試みを続けてきたが，特定の猛禽類の野外研究に関する文献を徹底的に調べれば，新たな捕獲方法を見出すことにつながる可能性はある．追加情報に関心のある人は，ここで引用した文献を参考にすべきであるが，最も重要なことは，知識の豊富な捕獲者を探し出し，そしてその経験を学ぶことである．

謝　辞

35 年間，かなりな数の猛禽類熱狂者と親友達は，107 種に及ぶ 60,000 羽を越える昼行性と夜行性の猛禽類を捕獲することに当たり，われわれを支援するためにかなりの時間を費やしてくれた．これらの人達は，猛禽類を研究し，保護することに，物凄い献身性と情熱を有しており，全ての人に名前をあげてお礼を申し上げたいのだが，残念にもスペースの関係でそれは叶わない．しかし，われわれは，それが誰だか分かるし，読者の方も分かると思う．R. Thorstrom に関しては，熱帯の猛禽類捕獲者としての見識およびこの最新版を注意深く見直してくれたことに感謝したい．J. Nagata は，トラップと鳥の素晴らしい絵を描いてくれた．

PHB は，われわれとともに自然を愛し，長期間にわたって研究と保護の努力を支援し，励ましてくれた Rebecca Morales に感謝したい．

PHB と WSC は，インドでのわれわれの旅を支援してくれた David Ferguson と米国魚類野生生物局の国際保護部に感謝申し上げるとともに，われわれの旅行中に世話をしてくれた Vibhu and Nikita Prakash およびボンベイ自然史協会にもお礼を申し上げたい．WSC は，アフリカでの現地調査に行くための旅費に助成金を提供してくれたペンシルバニア州ピッツバークの国立鳥園に感謝申し上げる．

Communications Specialists 社の S. Porter は，われわれが調査で使用するトラップ発信機と受信機の改良を行う研究に多大なる支援してくれた．

最後に，多くの鷹匠，バンダー，そして，長期間にわたって，発想を惜しみなく与えてくれ続けた猛禽類を専門とする生物学者にお礼を申し上げたい．われわれはこの章を，猛禽類の世界に関して多くの人々に大変強い影響を与えてくれた Richard R. "Butch（タフガイ）" Olendorff に捧げたい．

引用文献

ADKINS, J. 1977. Bald Eagle capture and marking program. Pages 290 − 294 in Small game management report: 1976 − 1977. Washington Department of Game, Olympia, WA U.S.A.

ANDERSON, K.A. AND F. HAMERSTROM. 1967. Hen decoys aid in trapping cock Prairie Chickens with bow nets and noose carpets. J. Wildl. Manage. 31:829 − 832.

ARNOLD, K.A. AND D.W. COON. 1972. Modifications of the cannon net for use with cowbird studies. J. Wildl. Manage. 36:153 − 155.

BARTOS, R., P. OLSEN AND J. OLSEN. 1989. The Bartos trap: a new raptor trap. J. Raptor. Res. 23:117 − 120.

BEEBE, F.L. 1964. North American falconry and hunting hawks. North American Falconry and Hunting Hawks, Denver, CO U.S.A.

BERGER, D.D. AND H.C. MUELLER. 1959. The bal-chatri: a trap for the birds of prey. Bird-Banding 30:18 – 26.

——— AND F. HAMERSTROM. 1962. Protecting a trapping station from raptor predation. J. Wildl. Manage. 26:203 − 206.

BLEITZ, D. 1970. Mist nets and their use. Inl. Bird-Banding News 42:43 − 56.

BLOOM, P.H. 1987. Capturing and handling raptors. Pages 99 − 123 in B. A. Giron Pendleton, B.A. Millsap, K.W. Cline, and D.M. Bird [EDS.], Raptor management techniques manual. National Wildlife Federation, Washington DC U.S.A.

———, J. L. HENCKEL, E.H. HENCKEL, J.K. SCHMUTZ, B. WOODBRIDGE, J.R. BRYAN, R.L. ANDERSON, P.J. DETRICH, T.L. MAECHTLE, J.O. MCKINLEY, M.D. MCCRARY, K. TITUS AND P.F. SCHEMPF. 1992. The Dho-gaza with Great Horned Owl lure: an analysis of its effectiveness in capturing raptors. J. Raptor Res. 26:167 − 178.

BUB, H. 1995. Bird trapping and bird banding. (Translation from German by Hamerstom, F. and K. Wuertz-Schaefer.) Cornell University Press, Ithaca NY U.S.A.

CAIN, S.L. AND J.I. HODGES. 1989. A floating fish snare for capturing Bald Eagles. J. Raptor Res. 23:10 − 13.

CARNIE, S.K. 1969. A Middle Eastern hawking album. J.N. Am. Falconers Assoc. 8:30 − 44.

CATLING, P.M. 1972. An improved technique for capturing Saw-whet Owls. Ont. Bird Bander 8:5 − 7.

CLARK, W.S. 1967. Modification of the bal-chatri trap for shrikes. EBBA News 30:147 − 149.

———. 1970. Migration trapping of hawks (and owls) at Cape May, N.J. -third year. EBBA News 33:181 − 189.

———. 1976. Cape May Point raptor banding station -1974 results. N. Am. Bird Bander 1:5 − 13.

———. 1981. A modified dho-gaza trap for use at a raptor banding station. J. Wildl. Manage. 45:1043 − 1044.

———. 1992. On the etymology of the name Bal-Chatri. J. Raptor Res. 26:196.

COLLISTER, A. 1967. Simple noose trap. West. Bird Bander 42:4.

DELONG, J.P. 2003. Flammulated Owl migration project Manzano Mountains, New Mexico - 2003 report. HawkWatch International, Inc., Salt Lake City, UT U.S.A.

DILL, H.H. AND W.H. THORNSBERRY. 1950. A cannon-projected net trap for capturing waterfowl. J. Wildl. Manage. 14:132 − 137.

DUNK, J.R. 1991. A selective pole trap for raptors. Wildl. Soc. Bull. 19:208 − 210.

ELLIS, D.H. 1973. Behavior of the Golden Eagle: an ontogenic study. Ph.D. dissertation, University of Montana, Missoula, MT U.S.A.

———. 1975. First experiments with capturing Golden Eagles by helicopter. Bird Bander 46:217 − 219.

ELODY, B.I. AND N.F. SLOAN. 1984. A mist net technique useful for capturing Barred Owls. N. Am. Bird Bander 9:13 − 14.

ENVIRONMENT CANADA AND UNITED STATES FISH AND WILDLIFE SERVICE. 1977. North American bird banding manual, Vol. II. Environment Canada, Canadian Wildlife Service, Ottawa, Ontario Canada.

ERDMAN, T.C. AND D.F. BRINKER. 1997. Increasing mist net captures of migrant Northern Saw-whet Owls (Aegolius acadicus) with an audiolure. Pages 533 − 539 in R. S. Duncan, D.H. Johnson, and T.H. Nicholls [EDS.], Biology and conservation of owls in the northern hemisphere. USDA Forest Service General Technical Report NC-190, North Central Forest Experiment Station, St. Paul, MN U.S.A.

ERICKSON, M.G. AND D.M. HOOPPE. 1979. An octagonal bal-chatri trap for small raptors. Raptor Res. 13:36 − 38.

EVANS, D.L. 1997. The influence of broadcast tape-recorded calls on captures of fall migrant Northern Saw-whet Owls (Aegolius acadicus) and Long-eared Owls (Asio otus). Pages 173 − 174 in R.S. Duncan, D.H. Johnson, and T.H. Nicholls [EDS.], Biology and conservation of owls in the northern hemisphere. USDA Forest Service General Technical Report NC-190, North Central Forest Experiment Station, St. Paul, MN U.S.A.

EVANS, M. AND J. KEAR. 1972. A jacket for holding large birds for banding. J. Wildl. Manage. 36:1265 − 1267.

FAABORG, J., T.J. DE VRIES, C.B. PATTERSON AND C.R. GRIFFIN. 1980. Preliminary observations on the occurrence and evolution of polyandry in the Galapagos Hawk (Buteo galapagoensis). Auk 97:581 − 590.

FERGUSON, H.L. AND P.D. JORGENSEN. 1981. An efficient trapping technique for Burrowing Owls. *N. Am. Bird Bander* 6:149 — 150.

FIELD, M. 1970. Hawk-banding on the northern shore of Lake Erie. *Ont. Bird Bander* 6:52 — 69.

FRENZEL, R.W. AND R.G. ANTHONY. 1982. Method for live-capturing Bald Eagles and Osprey over open water. *U.S. Fish Wildl. Serv. Res. Infor. Bull.* 82 — 13.

FULLER, M. R. AND G. S. CHRISTENSON. 1976. An evaluation of techniques for capturing raptors in east-central Minnesota. *Raptor Res.* 10:9 — 19.

GARD, N.W., D.M. BIRD, R. DENSMORE AND D.M. HAMEL. 1989. Responses of breeding American Kestrels to live and mounted Great Horned Owls. *J. Raptor Res.* 23:99 — 102.

GAUNT, A.S. AND L.W. ORING [EDS.]. 1999. Guidelines to the use of wild birds in research, 2nd Ed. The Ornithological Council, Washington, DC U.S.A.

GIRON PENDLETON, B. A., B.A. MILLSAP, K.W. CLINE AND D.M. BIRD [EDS.]. 1987. Raptor management techniques manual. National Wildlife Federation, Washington, DC U.S.A.

GRIEB, J.R. AND M.G. SHELDON. 1956. Radio-controlled firing device for the cannon-net trap. *J. Wildl. Manage.* 20:203 — 205.

GRINNELL, J. 1925. Bird netting as a method in ornithology. *Auk* 42:245 — 251.

HAMERSTROM, F. 1963. The use of Great Horned Owls in catching Marsh Hawks. *Proc. XIII Int. Ornithol. Congr.* 13:866 — 869.

———. 1984. Birding with a purpose. The Iowa State University Press, Ames, IA U.S.A.

HARMATA, A.R. 1985. Capture of wintering and nesting Bald Eagles. Pages 139 — 159 in J.M. Gerrard and T.N. Ingram [EDS.], The Bald Eagle in Canada: proceedings of Bald Eagle Days, 1983. White Horse Plains Publ., Headingly, Manitoba, Canada.

——— AND D.W. STAHLECKER. 1977. Trapping and colormarking wintering Bald Eagles in the San Luis Valley of Colorado. Unpublished report.

HARTING, J.E. 1898. Hints on the management of hawks to which is added practical falconry. Horace Cox, London, United Kingdom.

HENCKEL, E.H. 1982. Turkey vulture study project. *N. Am. Bird Bander* 7:114.

HERTOG, A.L. 1987. A new method to selectively capture adult territorial eagles. *J. Raptor Res.* 21:157 — 159.

IMLER, R.H. 1937. Methods for taking birds of prey for banding. *Bird-Banding* 8:156 — 161.

JACKMAN, R.E., W.G. HUNT, D.E. DRISCOLL AND J.M. JENKINS. 1993. A modified floating-fish snare for capture of inland Bald Eagles. *N. Am. Bird Bander* 18:98 — 101.

———, W.G. HUNT, D.E. DRISCOLL AND F.J. LAPANSKY. 1994. Refinements to selective trapping techniques: a radio-controlled bow net and power snare for Bald and Golden Eagles. *J. Raptor Res.* 28:268 — 273.

JACOBS, E.A. 1996. A mechanical owl as a trapping lure for raptors. *J. Raptor Res.* 30:31 — 32.

——— AND G. A. PROUDFOOT. 2002. An elevated net assembly to capture nesting raptors. *J. Raptor Res.* 36:320 — 323.

JENKINS, M.A. 1979. Tips on constructing monofilament nylon nooses for raptor traps. *N. Am. Bird Bander* 4:108 — 109.

KAHN, R.H. AND B.A. MILLSAP. 1978. An inexpensive method for capturing Short-eared Owls. *N. Am. Bird Bander* 3:54.

KARBLOM, M. 1981. Techniques for trapping goshawks. Pages 138 — 144 in R.E. Kenward and I. Lindsay [EDS.], Understanding the goshawk. International Association for Falconry and Conservation of Birds of Prey, Oxford, United Kingdom.

KENWARD, R.E. AND V. MARCSTROM. 1983. The price of success in goshawk trapping. *Raptor Res.* 17:84 — 91.

KIRSHER, W.K. 1958. Bal-chatri trap for sparrow hawks. *News From Bird Banders* 33:41.

KNITTLE, C.E. AND M.A. PAVELKA. 1994. Hook and loop tabs for attaching a dho-gaza. *J. Raptor Res.* 28:197 — 198.

LINCOLN, F.C. AND S.P. BALDWIN. 1929. Manual for Bird Banders. United States Department of Agriculture. Misc. Pub. No. 58.

MACARTHUR, R.H. AND A.T. MACARTHUR. 1974. On the use of mist nets for population studies of birds. *Proc. Nat. Acad. Sci.* 71:3230 — 3233.

MARQUARDT, R.E. 1960a. Smokeless powder cannon with lightweight netting for trapping geese. *J. Wildl. Manage.* 24:425 — 427.

———. 1960b. Investigations into high intensity projectile equipment for net trapping geese. *Proc. Okla. Acad. Sci.* 41:218 — 223.

MARTIN, D.J. 1971. A trapping technique for Burrowing Owls. *Bird-Banding* 42:46.

MATTOX, W.G. AND R.A. GRAHAM. 1968. On banding Gyrfalcons. *J.N. Am. Falconers Assoc.* 7:76 — 90.

MAVROGORDATO, J.G. 1960. A hawk for the bush. Charles T. Branford Co., Newton, MA U.S.A.

———. 1966. A falcon in the field: a treatise on the training and flying of falcons. Knightly Vernon Ltd., London, United Kingdom.

MCCLOSKEY, J.T. AND S.R. DEWEY. 1999. Improving the success of a mounted Great Horned Owl lure for trapping Northern Goshawks. *J. Raptor Res.* 33:168 — 169.

MCCLURE, E. 1984. Bird Banding. The Boxwood Press, Pacific Grove, CA U.S.A.

MCGRADY, M.J. AND J.R. GRANT. 1996. The use of the power snare to capture breeding Golden Eagles. *J. Raptor Res.* 30:28 — 31.

MCILHENNY, E.A. 1937. A hybrid between Turkey Vulture and Black Vulture. *Auk* 54:384.

MENG, H. 1963. Radio controlled hawk trap. *EBBA News* 26:185 — 188.

———. 1971. The Swedish goshawk trap. *J. Wildl. Manage.* 35:832 — 835.

MEREDITH, R.L. 1943. Methods, ancient, medieval, and modern, for the capture of falcons and other birds of prey. Pages 433 − 449 in C.A. Wood and F.M. Fyfe [EDS.], The art of falconry. Stanford University Press, Stanford, CA U.S.A.
———. 1953. Trapping goshawks. *J. Falconers Club Am.* 1:12 − 14.
MERSERAU, G.S. 1975. Modifying the small raptor bal-chatri trap. *EEBA News* 38:88 − 89.
MEYBURG, B.-U., C. MEYBURG, T. MIZERA, G. MACIOROWSKI AND J. KOWALSKI. 2005. Family break up, departure, and autumn migration in Europe of a family of Greater Spotted Eagles (*Aquila clanga*) as reported by satellite telemetry. *J. Raptor Res.* 39:462 − 466.
MORRISON, J.L. AND S.M. MCGHEE. 1996. Capture methods for Crested Caracaras. *J. Field Ornithol.* 67:630 − 636.
MUELLER, H.C. AND D.D. BERGER. 1967. Observations on migrating Saw-whet Owls. *Bird-Banding* 38:120 − 125.
MUNDY, P.J. AND T.S. CHOATE. 1973. A detonator-propelled cannon net and its use to capture vultures. *Amoldia* 6:1 − 6.
NERO, R.W. 1980. The Great Gray Owl. Smithsonian Institution Press, Washington, DC U.S.A.
NIEMEYER, C. 1975. Montana Golden Eagle removal and translocation project. USDI Fish and Wildlife Service, Animal Damage Control. Unpublished Report.
O'HARA, B.W. 1986. Capturing Golden Eagles using a helicopter and net gun. *Wildl. Soc. Bull.* 14:400 − 402.
O'NEILL, J.P. AND G. GRAVES. 1977. A new genus and species of owl (Aves: Strigidae) from Peru. *Auk* 94:409 − 416.
OSTROWSKI, S., E. FROMONT AND B.-U. MEYBURG. 2001. A capture technique for wintering and migrating Steppe Eagles in southwestern Saudi Arabia. *Wildl. Soc. Bull.* 29:265 − 268.
PARMALEE, P.W. 1954. The vultures: their movements, economic status, and control in Texas. *Auk* 71:443 − 453.
PASSMORE, M.F. 1979. Use of Velcro for handling birds. *Bird-Banding* 50:369.
PLICE, L. AND T. BALGOOYEN. 1999. A remotely operated trap for American Kestrels using nestboxes. *J. Field Ornithol.* 70:158 − 162.
PREVOST, Y.A. AND J.M. BAKER. 1984. A perch snare for catching Ospreys. *J. Wildl. Manage.* 48:991 − 993.
REDPATH, S.M. AND I. WYLLIE. 1994. Traps for capturing territorial owls. *J. Raptor Res.* 28:115 − 117.
REYNOLDS, R.T. AND B.D. LINKHART. 1984. Methods and materials for capturing and monitoring Flammulated Owls. *Great Basin Nat.* 44:49 − 51.
ROBARDS, F.C. 1967. Capture, handling, and banding of Bald Eagles. Unpublished report submitted to USDI Bureau Sport Fishing and Wildlife, Juneau, AK U.S.A.
ROSENFIELD, R.N. AND J. BIELEFELDT. 1993. Trapping techniques for breeding Cooper's Hawks: two modifications. *J. Raptor Res.* 27:171 − 172.
SMITH, D.G. AND D.T. WALSH. 1981. A modified bal-chatri trap for capturing screech owls. *N. Am. Bird Bander* 6:14 − 15.
SMITH, J.C., M.J. SMITH, B.L. HILLIARD AND L.R. POWERS. 1983. Trapping techniques, handling methods, and equipment use in biotelemetry studies of Long-eared Owls. *N. Am. Bird Bander* 8:46 − 47.
STEENHOF, K., G.P. CARPENTER AND J.C. BEDNARZ. 1994. Use of mist nets and a live Great Horned Owl to capture breeding American Kestrels. *J. Raptor Res.* 28:194 − 196.
STEWART, R.E., J.B. COPE AND C.S. ROBBINS. 1945. Live trapping hawks and owls. *J. Wildl. Manage.* 9:99 − 105.
THOMPSON, M.C. AND R.L. DELONG. 1967. The use of cannon and rocket-projected nets for trapping shorebirds. *Bird-Banding* 38:2124 − 2128.
THORSTROM, R.K. 1996. Methods for capturing tropical forest birds of prey. *Wildl. Soc. Bull.* 24:516 − 520.
TOLAND, B. 1985. A trapping technique for trap wary American Kestrels. *N. Am. Bird Bander* 10:11.
TORDOFF, H.B. 1954. An automatic live-trap for raptorial birds. *J. Wildl. Manage.* 18:281 − 284.
WALKIMSHAW, L.H. 1965. Mist-netting Saw-whet Owls. *Bird-Banding* 36:116 − 118.
WARD, F.P. AND D.P. MARTIN. 1968. An improved cage trap for birds of prey. *Bird-Banding* 39:310 − 313.
WATSON, J.W. 1985. Trapping, marking, and radio monitoring Rough-legged Hawks. *N. Am. Bird Bander* 10:9 − 10.
WATSON, R.T. AND C.R.B. WATSON. 1985. A trap to capture Bateleur Eagles and other scavenging birds. *S.-Afr. Tydskr. Natuurnav.* 15:63 − 66.
WEBSTER, H.M. 1976. The Prairie Falcon: trapping the wild birds. Pages 153 − 167 in A. J. Burdett [ED.], North American falconry and hunting hawks. North American Falconry and Hunting Hawks, Denver, CO U.S.A.
WEGNER, W.A. 1981. A carrion-baited noose trap for American Kestrels. *J. Wildl. Manage.* 45:248 − 250.
WESKE, J.S. AND J.W. TERBORGH. 1981. Otus marshalli, a new species of screech-owl from Perú. *Auk* 98:1 − 7.
WHALEN, D.M. AND B.D. WATTS. 1999. The influence of audio-lures on capture patterns of migrant Northern Saw-whet Owls. *J. Field Ornithol.* 70:163 − 168.
WIERSMA, J.M., W. NERMUT AND J.M. SHEPARD. 2001. A variation on the 'noosed fish' method and its suitability for trapping the White-bellied Sea-eagle (*Haliaeetus leucogaster*). *Corella* 25:97 − 99.
WILSON, G.L. 1928. Hidatsa eagle trapping. *Anthropol. Pap. Am. Mus. Nat. Hist.* 30:101 − 245.
WINCHELL, C.S. 1999. An efficient technique to capture complete broods of Burrowing Owls. *Wildl. Soc. Bull.* 27:193 − 196.
WISEMAN, A.J. 1979. On building a better bird trap. *Bird-Banding* 51:30 − 41.
ZWICKEL, F.C. AND J.F. BENDELL. 1967. A snare for capturing Blue Grouse. *J. Wildl. Manage.* 31:202 − 204.

マーキング方法

DANIEL E. VARLAND
Rayonier, 3033 Ingram Street, Hoquiam, WA 98550 U.S.A.

JOHN A. SMALLWOOD
Department of Biology & Molecular Biology,
Montclair State University, Montclair, NJ 07043 U.S.A.

LEONARD S. YOUNG
1640 Oriole Lane Northwest, Olympia, WA 98502-4342 U.S.A.

MICHAEL N. KOCHERT
USGS Forest and Rangeland Ecosystem Science Center,
Snake River Field Station, 970 Lusk Street, Boise, ID 83706 U.S.A.

訳：山﨑　亨

はじめに

　この章では，マーキングプログラムの考案と実施において考慮すべき事項の議論を手始めに，目視による個体識別のための猛禽類のマーキングに関する技術を記述する．まず，猛禽類にとって安全で効果的である恒久的なマーカーを選定し，それについて記述する．このマーカーには，伝統的な足環，色の付いた足環，脚に付けるマーカー，ウィングマーカーがある．その次に，一時的なマーキング技術（例えば，ペイント，染色，挿し羽）について議論する．猛禽類にとって適切でない鳥類のマーキング技術は，この章では紹介しないが，Young and Kochert（1987）には記述されている．そのような例としては，頸に巻く輪，鼻に取り付けるサドルやディスク，皮膚への羽毛の移植があげられるが，これらだけにとどまるものではない．

マーキングプログラムの考案と実施において考慮すべき事項

マーカーの選定

　マーキングを実施する前に，注意深く計画をたてることが絶対に必要であり，生物学者はマーカーのタイプを選定する前に多くの重要な事項を考慮する必要がある（Marion and Shamis 1977, Ferner 1979, Barclay and Bell 1988, Nietfeld et al. 1996, Silvy et al. 2005）．考慮すべき事項としては，次のようなことがあげられる．①マーカーが個体に与える影響（マーカーの装着が苦痛やストレスを与えないか，マーカーが行動に影響を及ぼさないか，生存率を低下させないか，繁殖に影響を与えないか），②マーカーの耐久性と寿命（選択したマーカーが研究期間中に，その個体によって取り外されたり，損傷させられたりしなく，かつ野外環境で擦り切れたり，破れたりせずに，ずっと有効であるかどうか），③マーキングした個体が野外において識別できる距離と識別のしやすさ（マーカーを識別するために，目的の鳥にどの程度まで近づけるのか，そして植生がどの程度まで識別を妨げるのか），④個体と群のどちらを識別する必要があるのか，⑤マーカーの入手または作成する場合の材料の入手のしやすさ，⑥マーカーの装着のしやすさ，⑦マーカーの経費，⑧マーカーが他の研究の邪魔になったり，一般の人々の関心を惹起してしまったりするようなことがないかどうか，⑨マーカーの監督機関によって使用が許可されるかどうか．

　生物学者は，捕獲してマーキングしようとする鳥にマーキングが与える影響について，十分な認識をもっていなければならない（Murray and Fuller 2000）．マーキング技術に関して，影響や有効性に不安があれば，まず飼育下の

鳥を用いて試してみるべきである．飼育下での試験装着を行うことにより，マーカーとそれを装着した鳥を近距離で観察することが可能となり，マーカーの有効性とマーキングした個体への影響を評価することができる．

マーキング手順書の策定

注意深く計画を行うことは，マーキング目的を達成するのに役立つ．マーキングプログラムを計画するには，マーキング手順書を策定するか，あるいは，どこか別の場所ですでに利用されているものを採用するかしなければならない．手順書は種ごとのニーズによって異なるが，どのような手順書についても，それを有効なものとするには，次のようないくつかの基礎的なガイドラインに従うべきである．①手順書はできる限りシンプルであること．あまりにも複雑な計画によって，マーキング方法の実用性が低減されるものになってはならない．②手順書は研究の全ての側面のニーズを満たしていなければならない．③手順書は研究の期間を通して有効でなければならない．④手順書は対象種の完全な行動圏を考慮しなければならない．⑤外見が似通っている種〔例えば，イヌワシ（*Aquila chrysaetos*）とハクトウワシ（*Haliaeetus leucocephalus*）の亜成鳥〕については，1つのマーキング"ユニット"として取り扱い，管理されなければならない．⑥混同しやすいマーキング方法（例えば，ウィングマーカーと翼ストリーマー）については，同じように取り扱い，共通の手順書によって管理されなければならない．⑦研究を行う地域を管理している鳥類標識事務所（Bird Banding Office：BBO）が手順書を承認しなければならない．

まずは，現在実施されている鳥類のマーキングプログラムに関する情報を提供してくれる鳥類標識事務所や他の機関のインターネットウェブサイトにアクセスしてみることをお薦めする．

鳥類のバンディング機関とマーキングの許可

北 米

北米では，米国地質調査所（USGS）とカナダ野生動物保護局（CWS）が共同で管理している北米鳥類標識プログラム（North America Bird Banding Program）によって許可が与えられる．鳥類標識研究所〔BBL；USGS Patuxent Wildlife Research Center, Laurel, Maryland（www.pwrc.usgs.gov/bbl/）〕が米国における米国地質調査所の標識プログラムを運営し，鳥類標識事務所（BBO；National Wildlife Research Center, Ottawa, Canada）がカナダにおけるカナダ野生動物保護局（CWS）の標識プログラムを運営している．鳥類標識研究所と鳥類標識事務所はともに，有効な州の鳥類標識許可を有している研究責任者の存在を必要としており，もし調査員が別々に作業を行う場合，マーキングを手伝う全ての調査員は必要な準許可を得なければならない．準許可というのは，研究責任者による指示に従って鳥類をマーキングするための許可を各調査員に与えるものである．時には，従事者の代表として，1つの組織ごとの個別の仕事に与えられる許可を有する"ステーション"の指揮下で，マーキングプログラムを実施するための許可が個人に与えられることもある．鳥類標識研究所と鳥類標識事務所は，無料で支給される標準足環のみの装着を許可するのであり，他のタイプのマーカーを使用する際には，別の使用許可が必要となる．鳥類標識研究所と鳥類標識事務所は，そのマーカーの経費を提供したり，支援したりすることはない．州と地方の許可に関する要件に関しては，様々である．許可に必要な要件に関する情報は，マーキングを予定している地域の州または地方政府の野生動物機関から得られることもある．許可証と特別承認証は野外でのマーキング期間中，携行していなければならない．

他の地域

世界中どこにでも，政府または個人的に実施されるマーキングプログラムは存在するものである．許可が必要なところでは，米国やカナダと同じように，野外調査に先立って，必要な許可を得ておかなければならない．北米の鳥類足環と許可されたマーカーは，鳥類標識研究所と鳥類標識事務所による書面許可があればアメリカ大陸で使用できることもあるが，原則として，その使用は通常，北米の鳥類が渡りで通過または越冬するメキシコ，中米，南米でのみ許可されている．鳥類標識調査（bird banding）は，英国やヨーロッパではリンギング（ringing）と呼ばれており，英国鳥類学協会（BTO；www.bto.org）によって英国とアイルランドで組織・運営されている．鳥類標識ヨーロッパ連合（European Union for Bird Ringing：EURING；www.euring.org）は，ヨーロッパおよび世界各地における標識スキームに関する情報を提供してくれる，特に手助けとなる組織である．

調 整

同種または類似の種に，類似のマーキング計画を採用しようとする生物学者は，混乱を回避するための調整を行わなければならない．他の研究者と調整を図ることや注意を喚起することにより，マーキングした鳥類が他の生物学者によって観察される機会を増加させることにもつながると

いうものである．マーキングが計画されている地域において監督と許認可を与える責務を有している鳥類標識事務所は，類似のマーキング計画に関する情報を収集するのに優れた場所である．

マーキングした個体のサンプルの収集

マーキングを利用する基本的な研究に最も基礎的かつ重要な条件は，マーキングした個体のサンプルがその個体群の全体の状態を表しているということである（Brownie et al. 1985, Williams et al. 2002）．被捕獲確率は，しばしば捕獲方法，種内の異なる要素（すなわち，年齢，性別，社会的地位）およびトラップに対する行動的な反応といった要因によって影響を受けるものではあるけれども（Thompson et al. 1998），理想的には，研究対象の全ての個体は同じ被捕獲確率を有しているということである．このような理由から，猛禽類の研究において，サンプリング（マーキング）が無作為であるということはほとんどない．マーキングした個体の再捕獲を伴う研究においては，捕獲した個体は trap-happy（トラップ嗜好；捕獲されることに慣れ，再捕獲の確率が上がる）となったり，逆に trap-shy（トラップ忌避；捕獲されることを嫌がり，最初の捕獲後は再捕獲の確率が低下する）となったりするため（Thompson et al. 1998），データにバイアスを生じることにつながる．たいていの猛禽類は生まれつき警戒心が強く，トラップ嗜好であるよりも，はるかにトラップ忌避であることが多い．このため，トラップ忌避な個体を再捕獲するには，異なるトラップ方法を用いることが必要なこともある．

正確に偏りのないサンプルを得るには，無作為抽出または層化任意抽出した個体をエリア全体，研究の全期間中において追跡し，個体群を決定するために，よく調整された調査が実施されなければならない（Thompson et al. 1998, 第5章）．このことは常に可能とは限らないが，マーキングした個体のサンプルが個体群の状態を表している可能性を高めるための方法を，いかなる研究においても採用することである．例えば，完全な個体数がマーキングできない時には，その代わりに雛がマーキングされている巣を無作為に選定するという方法である．捕獲努力は，渡り時期の全期間において，平均的に割り当てられるものであり，捕獲場所は変更することができる．その手法というものは，状況やマーキング目的に応じて様々であるが，正確に確定した個体群から代表的なサンプルを収集するということの指針原則は同じことである．

個体群が定住性である場合には，個体群を正確に確定し，代表的なサンプル個体をマーキングするということはより容易である（Brownie et al. 1985）．しかし，渡りの期間中，マーキングしたサンプル個体が表す個体群の性質や大きさを究明するということは，不可能ではないとしてもかなり困難なことである．一般的に，生物学者は，標識ステーションにおいて，渡りの期間中，捕獲に傾注するものであるが，その場所は，しばしば渡りの観察場所と関連している（第6章参照）．これらの場所は，たいてい，渡りのコリドー（回廊）に位置しており，アクセスの実行性（例えば，道路に近いかどうか）を考慮に入れるべきである．これらのマーキングのための努力を含めた標識ステーションにおけるデータの収集は，大きな個体群からの"クラスタ抽出法（cluster sampling）"と表現される．

マーキング個体の再目撃データの収集

目撃データを集積するための適確なサンプリング計画は，マーキングした個体を代表サンプリングするのと同様に重要である．もし，マーキングされた個体が再目撃される可能性のあるエリア全体において，観察努力が一様に払われるのであれば，それはベストである．しかし，この条件は，エリアが広かったり，エリアの一部がアクセスしにくかったりする時には，ほとんど常に実現不可能となる．また，マーキングした個体の目撃が，他の生物学者，アマチュアの鳥類研究者，大量のデータを提供してくれる一般市民によって行われた場合，マーキングした個体を観察してそれを報告する人々が集中したり，または頻繁に観察に行ったりするような場所においては再目撃にバイアスがかかるのと同じように，この条件を守ることは不可能となる．

マーキングは，猛禽類の移動や資源利用に関する研究における他のデータ情報と一緒に用いることを薦める．伝統的なテレメトリーまたは衛星テレメトリーによる空間追跡は，マーキングした個体を体系的に観察することを可能とするものであり，体系的な観察が必要な研究では重要な補助技術となる（第14章参照）．マーキングが主要な技術として用いられなければならない場合には，サンプルサイズは，十分に大きく，マーキングした個体が行動すると思われる範囲は体系的に調査されるとともに，マーキングプログラムが研究される地域で十分に周知され，移動や資源利用に関する推測が一般的なパターンや傾向に限定されている状況でなければならないということを勧告しておく．

マーキングした動物に関する多くの観察例が未報告であるので（Williams et al. 2002），マーキング個体の目撃を報告してもらうためのマーキングプログラムと手順を説明した告知を行うことは有効である．しかし，告知を不均一

に行うと，マーキングプログラムが公表された地域に偏った報告を増やすことになる．告知は，長期間にわたって人々による類似の再目撃の可能性を高めるようにするため，プロジェクトの期間中，継続して行うべきである．

個体群動態研究における特別の考慮事項

生存（または，もし死亡と移出が混同されている場合には見かけ上の生存）は，死んで発見される，マーキングまたは足環を装着した個体の再回収（足環回収モデル band-recovery models）あるいは生存しているマーキングした個体の再捕獲または再目撃（標識再捕獲モデル mark-recaptured models）のデータを解析することにより，マーキング個体から推定することができる．これら2種類のデータは，組み合わせて利用される．足環回収モデルは，信頼できる結果を導き出すのには，かなり大量のサンプルが必要であるという理由から，滅多に猛禽類では用いられない．生存推定には，標識再捕獲モデル（例えば，Gould and Fuller 1995, Morrison 2003, Anthony et al. 2006）と死体回収と再捕獲を組み合わせたモデル（combined dead recovery-live recapture models）(Kaufman et al. 2003, Craig et al. 2005) がしばしば用いられる．19年以上にわたって足環を装着した約20,000羽のモリフクロウ（Strix aluco）のデータを利用して，Frances and Saurola（2002）は3種類の解析方法を用い，年齢ごとに生存率を計算したところ，巣内雛の時に足環を装着した個体については，死体回収と再捕獲を組み合わせたモデルが最適であったと結論付けた．

特に耐久性のある，視認しやすいマーカーの必要性というのは，マーキング個体の標識再捕獲研究にとって最も重要な条件である．年月の経過とともにマーキング技術が変化し，解析に様々なタイプのマーカーが取り扱われるようになっても，解析はそれでもなお困難なものである．また，マーカーの脱落は深刻な問題になることがある．もし，その可能性が存在するなら，2種類または3種類のマーキング計画を用いるべきである（McCollough 1990）．

標識再捕獲フレームワークでは，個体群サイズ（Gould and Fuller 1995），個体群変動率（Kaufman et al. 2003, Craig et al. 2005, Anthony et al. 2006），再目撃率（D. Varland，未発表データ）のような，その他の興味深いパラメーターも同じように推定される．また，インターネットから無料でダウンロードできる多くのソフトウェアパッケージは，標識再捕獲データを解析するのに有効である（www.phidot.org/software/）．Program MARK（White and Burnham 1999）は，標識再捕獲解析に優れたソフトウェアである．標識再捕獲の文献に関する有用な参考資料には，Thompson et al.（1998），Williams et al.（2002），Dinsmore and Johnson（2005）などがある．

マーカーの特徴

マーカーの特徴を議論する前に，各猛禽類が独特の羽衣や柔らかい体部の特徴をもっていることを指摘しておきたい．これには，コンドル類やハゲワシ類に見られるカーブンクル（訳者注：赤みがかった皮膚から突き出した肉冠様の突起物）などがあり，野外で個体識別に用いることができる（つまり，自然のマーカー）．モントリオールのSun Lifeビルで長年，営巣していた雌のハヤブサ（Falco peregrinus）は，胸部に独特の"えくぼ（dimple）"をもっており（Hall 1970），これによって個体識別することができた．R. Wayne Nelson は，営巣場所の成鳥のハヤブサを頬線とその他の身体の特徴から個体識別を行っていた（Nelson 1988）．最近では，究極の個体識別方法として，DNAフィンガープリントがある．

マーカーは，識別に色を利用するものであるが，しばしば数字や文字（英数字コード），時には記号と組み合わせて用いられることもある．下記に，再目撃の際の不明確さや混乱を最小限にするための色と文字の利用に関する一般的なガイドラインを示す．

色

できる限り，少ない種類の色を用いること．多くの色を用いると，観察者が間違いを犯す機会が増える．マーカーを悪条件下において，遠方から見なければならない調査では，可能なら，コントラストが明確な3色（例えば，赤色，白色，青色）のみを使用することを薦める．色を増やすことは，色を混同することにつながりかねない．よく慣れた観察者が，良好な条件下で，近距離でマーキングした個体を観察する場合であれば，色を増やすことは可能である．しかしながら，色を増やすということは，それが調査の目的を達成するのに不可欠であり，そしてデータを記号化するのが不可能な場合にのみ行うべきである．いかなる条件下でも，同じマーキングプログラムにおいて，特定の色の組合せは使用すべきではない．その組合せとは，赤色とオレンジ色，黄色と白色，ダークブルー（紺青）色と深緑色，紫色と青色である．色は明るくかつ目立つものでなければならない．薄いパステルカラーは使用すべきではない．暗い色は，明るくない時や暗い地面や植物の色調を背景にした時には見分けるのが困難なことがある（Lokemoen and Sharp 1985）．2色を組み合わせたマーカーは1色に見える可能性があること（Kochert et al. 1983），また遠

距離では2つの色が1色に融合して見えること（Anderson 1963）から，使用しないことを薦める．巣内雛に赤色のマーキングを行うと，兄弟間でのつつき合いを増大させるかもしれないので，避けるべきである．マーカーの色は，装着する種の体色と対照的なものでなければならない（例えば，黄色の足環はハクトウワシの黄色い脚ではよく見えない）．可能なら，対象とする猛禽類の羽衣や体の柔らかい部分に存在する色は使用すべきではない．

記　号

記号（文字，数字，図形）は，個体を識別する機会を増大する．しかしながら，これは，調査者がマーキングした個体の記号を常に読み取れるほどに十分に近距離で観察できるかどうかにかかっている．様々な観察機器を用いて，各記号が識別できる範囲を確認するという試験を実施することは有効である．色と同じように，使用する記号は，できる限り少なくすべきである．例えば，研究目的に必須でないデータは記号化すべきではないということである．同じプログラムの中では，混同しやすい記号は注意して使用しなければない（例えば，3と8またはCとOは，記号の一部分がはっきり見えない場合には容易に混同してしまう）．英数字は，一般市民が目撃した個体の報告に重要な役割を果たすように思われる場合には，使用を避けるべきである．というのは，そのような例として，番号列のみが好まれてしまうからである．

記号は類似性を減少させる様式で印字することがある．はっきりと見える図形（例えば，円形，三角形）は，英数字よりもより容易に識別されるものである（Lokemoen and Sharp 1985）．記号の色は，マーカーの色とできる限り対照的なものでなければならない．黒色あるいは白色のどちらかの記号がベストである．記号の印刷には，マーカー素材にしっかりと付着する，耐久性があって，色褪せしないペイントやインクを用いなければならない．マーキングペンや筆記用インクは使用すべきでない．というのは，これらの色は，比較的短期間に色褪せたり，不鮮明となったり，または劣化したりするからである．記号を保護するために，アクリルラッカーのような透明仕上げ剤を使用することは可能であるが，マーカーの反射性を増加させ，ある光線下ではキラキラ光り，識別を困難にすることがある．

色と記号の決定に関しては，注意深く考慮すべきである．特に，長期間にわたる研究を開始する時はなおさらである．

恒久的なマーカー

伝統的な足環（金属製）

猛禽類の野外研究では3種類の足環が使用されている（図13-1）．butt-end band〔切れ目入り足環（断面長方形）〕またはsplit-ring band〔切れ目入り足環（断面楕円形）〕は，足環を緩めたり，外したりするほどには嘴が強力でない小型の種に用いられる．butt-end bandは，ふ蹠の周囲に巻き，バンディング用のプライヤーを用いて，端がぴったりと均一に接合するまで締められる．よりぴったりと接合できるように，特別なdrilled banding plier（孔の開いた標識用プライヤー）が市販されているが，これは小型種にbutt-end bandを装着する場合にのみ利用可能である．lock-on band（端をかしめる足環）は，locking tab band（かしめ型タグ）としても知られており，中型〜大型（ワシ類を除く）の猛禽類に使用される．この足環は，猛禽類の脚に装着する際に，オーバーラップして閉める部分が必要である．lock-on bandは2つの金属製のつばがあり，一方が他方よりも長い．長い方のつばは，短い方のつばに折り重ねられ，後ろの部分に対してプライヤーでしっかりと押し

図13-1　（上段，左から）3種類の伝統的な足環：butt-end band〔切れ目入り足環（断面長方形）〕，lock-on band（端をかしめる足環），rivet band（リベット留め足環）．（下段，左から）2種類のカラーリング（色足環）：金属製カラーリング，非金属製カラーリング．（写真はD. Varland提供）

付けられ，その部分で足環が固定されることになる．rivet band（リベット留め足環）は，butt-end を取り外したり（Berger and Mueller 1960），時には lock-on band を外したりしてしまう（C. Niemeyer and R. Phillips，私信）ほど嘴が強力なワシ類に使用される．この足環は，まず手でぴったりとなるように閉じ，つばは小型のバイスプライヤーまたはラジオペンチで両端を押し付けた後に，ポップリベットでリベット固定される．

　鳥類標識研究所と鳥類標識事務所から提供される足環は，アルミニウム製または超硬の合金製である．これらの表面には，足環を回収した人が発見に関して報告できるように，特定の番号と2つの連絡方法が刻み込まれている．それは，無料の電話番号および 2007 年初めから住所に代わって記載されるようになったウェブサイトアドレス（www.reportband.gov）である．ヨーロッパでは，鳥類標識ヨーロッパ連合が発見記録を報告するのに，郵便住所に加えて，ウェブサイトアドレス（www.ring.ac）を足環に刻み込むという方法を試験的に採用している．

　伝統的な足環（金属製）は，猛禽類では，もっぱら再捕獲の場合に個体を明らかにすることに用いられてきたが，また，渡り，分散，寿命，死因の情報を蓄積していくためにも用いられてきている．足環の回収は，通常，個体が標識研究とは無関係な状況で，死亡または怪我をしているのが発見されたり，または報告されたりすることによって偶然に発生するものであるので，結果的にデータの集積量は低いことになる（例えば，Broley 1947, Kochert et al. 1983）．このことから，猛禽類への足環装着というのは，かなりな数の個体に足環を装着することが見込まれる，しっかりと計画されて組織的な努力を払うことが可能な調査の一部としての場合にのみ，用いるべきであると進言する．臨時的な足環装着は，猛禽類が他の理由で捕獲されたり，取り扱われたりすることになった場合あるいは生物学者が他の目的で巣に入った時における巣内雛への装着といったような場合にのみ行うべきである．ただし，新世界のハゲワシ類を除いて，マーカーや電波発信機を装着する個体には，伝統的な足環を装着すべきである．というのは，伝統的な足環も，時には距離によっては個体を識別できることもあるかもしれないからである．

　足環は，コンドル科（新世界）のハゲワシ類には使用してはならない．なぜなら，新世界のハゲワシ類は，体温調節（たぶん，そうだと思われる）のために脚に糞を排泄し（del Hoyo et al. 1994），その結果として，足環に糞が詰まり，脚を狭窄して血液循環を阻害するかもしれないからである（Henckel 1976）．これによって，足環より下方の脚と足に腫脹が生じ，最終的には脚を失うことにもなりかねないし（Henckel 1976），死に至る可能性もある．Houston and Bloom（2005）は，ヒメコンドル（*Cathartes aura*）の研究において，これらの種に伝統的な足環を装着することによって引き起こされる問題を避けるために，足環からウィングマーカーに変更したという報告書を出している．

　足環には様々な大きさがあり，最適な大きさのものを使用しなければならない．ゆるすぎる足環は，きちんとした足の動きを阻害したり，何かが絡まったりするし，きつすぎる足環は，脚を締め付けて損傷を与える．多くの猛禽類では，性的二型が顕著なので，雄と雌では異なるサイズの足環が必要なことも結構ある．同じ性であっても，個体間で大きさの違いあり，異なるサイズの足環が必要なこともある．標識調査者は，脚計測器を用いて脚を測定し，足環の適切な大きさを決定しなければならない〔脚計測器とプライヤーなど，その他の標識器具の供給先については，鳥類標識研究所のウェブサイト（www.pwrc.usgs.gov/bbl/）を参照されたい〕．ゆるすぎたり，きつすぎたり，または重なり合った足環は，取り外さなければならない．足環の装着過程で傷ついたり，完全な円でない状態で取り付けられたりした足環は取り外す必要性があるかもしれない．足環を取り外す時は，脚を傷つけないように，最大限の注意を払わねばならない．この時に，決して圧力を脚に加えてはならない．大き目の足環は，2個の小型のバイスプライヤーを用いて取り外すことができる．この方法については，Hull and Bloom（2001）の中で図と記述で説明されている．複数の足環を糸で数珠繋ぎにする時のように，足環の閉じてある端の両側で，足環とふ蹠の間に，2本のワイヤーを通すことによっても，足環を取り外すことができる．各ワイヤーの固定していない端を，標識用のプライヤーのように物を容易に掴めるものの回りに巻き，こうすることによって，足環を開くのに十分な力で反対側のワイヤーを引っ張ることができる．

　標識調査者は，鳥類標識研究所またはその他の標識組織によって対象種用に作成された足環がうまく適合していないことを発見した時には，供給会社にそのことを伝え，足環の大きさの改善を行うよう助言しなければならない．鳥類標識研究所は，鳥の安全性を確保するために，足環の大きさを常に最新の情報とするための作業を続けている（M. Gustafson，私信）．

　理想的には，猛禽類の巣内雛は，巣内雛期間（孵化から巣立ちまで）の 1/2 〜 2/3 の間に足環を装着すべきである（Fyfe and Olendorff 1976）．この時点というのは，ふ蹠が十分に発育していて，適切な足環の大きさを把握す

ることができる一方，雛が巣からジャンプすることによって強制巣立ちしてしまうほどには活動的ではないのである（Fyfe and Olendorff 1976）．もし，目的が生産力を評価することであるのなら，生産力の推定を行う時期が遅いほど，より正確な評価を行うことができる（第11章参照）．けれども，強制巣立ちを引き起こすような営巣期のかなり遅い時期に，巣内雛に妨害を与えないようにすることが最も重要なことである．つまり，巣内雛に足環を装着するために巣に近づいた時に，雛が十分に生長していないのに巣立ってしまいそうな場合には，足環装着は避けるべきである．

カラーリング（色足環）

カラーリングを用いて研究を行う場合，少なくとも1個の色付きの足環に加えて，1個の伝統的な足環を装着すべきであるが（図13-1），合計4個の足環（2本の脚に）よりも多くは装着してはならない．また，金属製の足環は積み重ねて使用してはならない．というのは，時間が経過すると下部が外側に開き，脚に損傷を与えることがあるからである．研究対象の全ての個体には，同じ個数の色付きの足環を付け，各脚には決まった個数の足環を付けるべきである．これにより，足環をなくした個体をすぐに識別することができる．2個の足環しか装着されない場合には，足環は両脚に装着し，観察者が足環を装着した個体をすぐに識別できるようにしなければならない．銀色の標準的なアルミニウム製の足環は，"色付き"の足環ともなり得る．隣り合う足環は，1個の足環が見えているのか2個の足環が見えているのかという混乱を避けるため，同じ色を用いてはならない（Howitz 1981）．基本情報（例えば，年齢，性別）は，配色計画の中で符合化されるべきであり（Howitz 1981），また，その計画は，足環が取れてもこの基本情報に支障をきたさないように考案されなければならない．しばしば一緒に見かける個体（例えば，ペア個体）は，似ていない色の組合せにすべきであり，そうすることによって，容易に個体識別できるようになるのである（Howitz 1981）．色の組合せは，データの構成を容易にするとともに，偶然に同じ色の組合せを2度使用するという機会を減らすために，体系的に行われなければならない．

色付きの足環には4種類のタイプがある．金属製の足環，非金属製の足環，塗装した足環，カラーテープで巻いた足環である．金属製と非金属製の色付きの足環の販売会社および製造業者のリストは鳥類標識研究所のウェブサイトに記載されている（www.pwrc.usgs.gov/bbl/）．

金属製の足環

色顔料は，足環を陽極とした陽極酸化法で，金属製の足環に付着される．陽極酸化処理された足環が色褪せしにくくする陽極酸化法は，1990年代初期に改善された（D. Cowen，私信）．そのような陽極酸化処理された足環は，Young and Kochert（1987）がマーキング技術に関する報告を行った時のものよりも，現時点では猛禽類研究にはより良い選択肢となっている．

色付きの金属製の足環は，何も刻みこんでいないものまたは英数字または記号を刻み込んだもの（図13-1）のどちらについても，カナダのエドモントンのACRAFT Sign and Nameplate Co. Ltd. を通じて，北米で購入が可能である．ACRAFTは，重複を避けるために，注意深く足環のコードを監視している．野外研究者による鳥類標識研究所への報告によると，これらの足環は，たいていは耐久性があり，色褪せしないようである（M. Gustafson，私信）．これらの足環を装着した猛禽類における，このことの唯一の例外がサンチィアゴ島のガラパゴスノスリ（*Buteo galapagoensis*）で発生している．これは，足環が溶岩で磨り減り，英数字が4～5年以内で読めなくなるというものである（K. Levenstein，私信）．色付きの金属製の足環は，汚れがその上に積み重なってくると読みにくくなる（D. Varland，個人的見解）．こういう状態になった時には，再捕獲して，その足環をきれいにする必要があるかもしれない．

金属製の足環は，鳥類標識研究所または鳥類標識事務所のアルミニウム製の伝統的な足環を陽極酸化処理して作成される．しかしながら，最初に鳥類標識研究所または鳥類標識事務所から承認を受けなければならない．これらの足環は，時間がたつといくらか色褪せてくる．どのくらいで色褪せてくるかを予測することはできない．というのは，その時期というのは，日光にさらされること，磨耗しやすい岩石，塩水などの要因によって変化するからである．D. Varlandは，ワシントン州の海岸部でハヤブサに装着した青色または赤色に陽極酸化処理された伝統的な足環では，ほとんどまたは全く色褪せは認められなかったとしている．一方，米国の中西部地域でハヤブサに装着した陽極酸化処理された伝統的な足環では，4年以内に色褪せが発生し，紫の足環がピンク色のように，金色の足環が銀色のように見えるようになったという報告がある（H. Tordof，私信）．

非金属製の足環

プラスチック，celluloid and Reoplex,，非プラスチックのポリ塩化ビニルDarvicが，非金属製の色付き足環を製

造するのに用いられる一般的な材料である（図 13-1）．足環に巻いて使用したり，重ねて使用したりする時には，足環の側面同士をしっかりと結合させるために，特別な接着剤が用いられる．非金属製の足環の販売会社は，たいていの場合，作成に必要な接着剤を提供してくれたり，購入に関する助言をしてくれたりする．

ラミネート加工した足環は，プラスチックの 2 層からなる．色の付いた表面の層が対照的な白色または黒色をした基層に結合させられる．英数字または記号は，この表層を削り取ることによって対照的な基層の色を引き出し，これによってラミネート加工した足環に刻印されるのである．ラミネート加工した足環は，ニシアメリカフクロウ (*Strix occidentalis*) での使用において，耐久性と保持性が示したと報告されているが（Forsman et al. 1996），その一方で，McCollough（1990）は強力な嘴をもったハクトウワシでは，保持性に欠け，装着した 118 個全てが 4 年以内に取れてしまったと報告している．カリフォルニア州では，ラミネート加工した足環を装着したアカオノスリ (*Buteo jamaicensis*) では，6 年以内に数羽の足環が取れてしまったという例がある（P. Bloom，私信）．これらの観察例は，ラミネート加工したプラスチック製の足環は，かなりの力を足環に与えることができる大型の猛禽類における長期間にわたる研究，または足環の消失がデータにバイアスをもたらすような研究においては，使用すべきではないことを示唆している．

塗装した足環

塗装した足環は，足環にうまく接着するフリーチップマニキュア（chip-free nail polish）で作成される（M. Gustafson，私信）．しかしながら，塗装は時間が経過するにつれて次第に消えていくし，また多くの個体を標識するには実用的ではない．塗装した足環を装着するのに用いるプライヤーは，塗装した表面を削り取らないようにマスキングテープを巻いておかなければならない．

カラーテープを巻いた足環

色付きの布テープを巻く足環は，短期間の個体識別に用いられるが，たいていの猛禽類はすぐにテープを引き裂いてしまう．このような足環は，傷病や病気のためのリハビリテーションが終了し，放鳥される猛禽類を識別するような場合に，たまに使用される．

要 約

足環に書いた文字記号を読み取れる最大距離は，足環の大きさ，光線の具合，装着している鳥の行動とハビタットによって異なる．足環の英数字コードは，ガラパゴスノスリ（K. Levenstein，私信）とハヤブサ（D. Varland，個人的見解）では，望遠鏡を使って 150m まで読み取れたとされており，ハクトウワシ（McCollough 1990）では，190m まで読み取れたという報告がある．とは言うものの，色付きの足環は大きさが小さいし，相対的に目立ちにくいので，対象とする個体が日常的に望遠鏡または双眼鏡を用いて比較的近距離から観察可能な研究における基礎的なマーキング手法としてのみに使用すべきである．

上述した理由に加え，色付きの足環は，コンドル科のハゲワシ類には使用してはならない．また，ふ蹠が羽毛で覆われているために足環が見えにくい種には適当ではないし，長時間，背の高い植物の中に立っていたり，ふ蹠が見えないような場所に止まったりする種には使用すべきではない．

脚マーカー（脚に付けるマーカー）

脚マーカーは，カラーリングと同じように使用することができる．脚マーカーを用いる研究では，伝統的な足環も装着すべきである．脚マーカーには 2 つのタイプがある．脚の周囲に巻いて装着するレッグフラッグと伝統的な足環に取り付ける足環タグ（標識）である（図 13-2）．脚マーカーは，その鳥の嘴と脚の両者によって，かなりな負荷がかかるところに取り付けられるので，脚マーカーには耐久性が必要である．

レッグフラッグ

レッグフラッグ（図 13-2）を作成するのに用いられる材料には，未使用のビニル（すなわち，リサイクル素材を用いていないビニル）（Bednarz 1987, Varland and Loughin 1992），Herculite®（Platt 1980, Warkentin et al. 1990），そして Darvic がある（図 13-2）．脚の長さを超えて伸張するレッグフラッグは，ハンティングと抱卵に関係する行動を阻害する可能性がある．長いジェス（訳者注：鷹狩りのタカの脚に付ける皮紐のこと）を装着している訓練されたハヤブサは，ジェスを獲物と間違えて略奪しようとする他の猛禽類にしばしば追いかけられることがある（Platt 1980）．脚より約 10cm 長く伸びた Herculite® 製のレッグフラッグが，コチョウゲンボウ (*Falco columbarius*) のハンティング成功率に，何ら影響を与えなかったという報告もある（Warkentin et al. 1990, I. Warkentin，私信）．かなり短いレッグフラッグ（約 1cm）が，コチョウゲンボウ（図 13-2），ソウゲンハヤブサ (*F. mexicanus*) に使用されてきた（Platt 1980）．また，アメリカチョウゲンボウ (*F. sparverius*, 3.5cm) (Varland and Loughin 1992) とモモアカノスリ (*Parabuteo unicinctus*, 2.5cm) (Bednarz 1987) でも使用された．

（図13-2）をハクトウワシに装着したが，ラミネート加工した足環よりも長く保持したと報告している（1年の足環の脱落率が，ラミネート加工した足環が35%であるのに対し，足環タグは0.6%だった）．これらのタグに刻まれた英数字は，220m離れた地点からも読むことができた．ビニルのHerculite® で作成された足環タグは，ワシントン州でマーキングされたハクトウワシでよく保持され，このタグを装着して放鳥された59個体では，7年間にわるモニタリング中に，1個のマーカーも取れなかった（J. Watson，私信）．

ウィングマーカー

ウィングマーカーには2つの基本的なタイプがある．どのように翼に装着するかによるタイプの違いであり，翼の基部をぐるっと巻く（周囲を巻く）方式とピアス（刺し通す）方式がある．様々な材料で作成されるマーカーは，翼膜そのものに装着するかまたはそれを巻くように装着される．巻く方式のマーカーは，翼の基部の翼膜部をぐるっと巻いて，マーカーの両端を翼の隙間の部分，ほとんどたいてい3列風切と肩羽の間で留めるものである（Kochert et al. 1983, 図13-3）．ピアス方式のマーカーは，通常，翼膜を刺し通して，ピンまたはクリップで翼に取り付けるタグやストリーマーである．ピアス方式のマーカーには，3つの一般的なタイプがある．翼の背面に1枚のタグを装着するもの（Smallwood and Natale 1998, 図13-4），翼の背面と腹面に2枚の分離したタグを装着するもの，翼の前縁を巻いて折り重ねる1枚のタグで翼膜の上と下の両方を固定するもの（Wallace et al. 1980）である．いくつかの方式では，ピンやクリップを用いず，マーカー自身が翼膜を刺し通すようになっている（Sweeney et al. 1985）．ウィングマーカーの大きさと形状は様々である．ウィングマーカーは，猛禽類の研究で使用される最も一般的なものの1つである．使用されるウィングマーカーは，遠方からでも識別しやすいように，比較的大きくて目立つものである．カリフォルニアコンドル（*Gymnogyps californianus*）（Meretsky and Snyder 1992），ニシトビ（*Milvus migrans*），アカトビ（*M. milvus*）（Viñuela and Bustamante 1992），ハイイロチュウヒ（*Circus cyaneus*）（Picozzi 1984），ノスリ（*B. buteo*）（Picozzi and Weir 1976），ニシカタジロワシ（*Aquila adalberti*）（Gonzalez et al. 1989）など多くの種で，ウィングマーカーを用いたマーキングがうまく行われている．

ハヤブサ類におけるウィングマーカーの評価は様々である．翼の基部を巻く方式のマーカーは，ハヤブサとソ

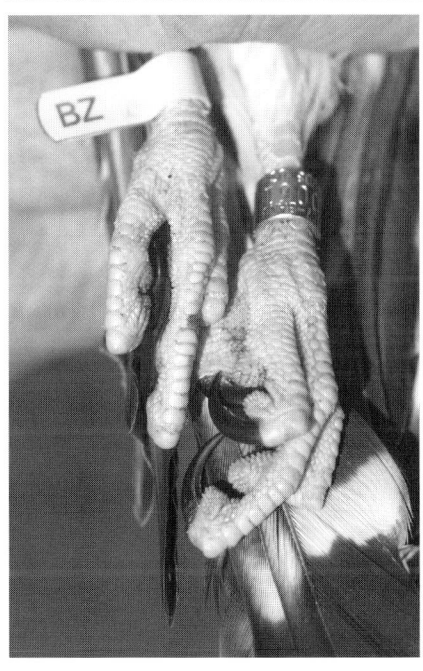

図13-2 ハクトウワシで，伝統的な足環に装着した足環タグ（上）（384日間装着していた）とコチョウゲンボウに装着したレッグフラッグ．〔写真はJ. Watson（上）とD. Varland（左）の好意による提供〕

レッグフラッグは，猛禽類では長期間保持しないことが多いので，その使用は短期間の研究に限定すべきである（Picozzi and Weir 1976, Platt 1980, I. Warkentin, 私信）．レッグフラッグは，正確な直径に調節しなければならない．ゆるすぎるレッグフラッグは，足からすり落ちたり，足指，枝，ワイヤーまたはその他の物に絡まったりするかもしれない．ゆるいマーカーは，装着した個体によって引きちぎられやすい．きつすぎるマーカーは，擦り傷や血行障害を引き起こす危険性がある．

足環タグ（標識）

McCollough（1990）は，メイン州において，足環タグ

図 13-3　翼の基部をぐるっと巻く方式のウィングマーカーを装着した成鳥のハクトウワシ（左）（H. Allen の好意による写真）．マーカーは翼の前縁をぐるっと巻き，その両端が 3 列風切と肩羽（右）の間で翼膜縁に沿って取り付けられる（右）（Kochert et al. 1983；N. Smallwood の好意による描画）．

ウゲンハヤブサでは，かなりの羽毛損耗と皮膚の擦り切れを引き起こし，皮膚潰瘍に至ることもある（Sherrod et al. 1981，Kochert et al. 1983）．翼の基部を巻く方式のマーカーを装着したアメリカチョウゲンボウでは，損傷は起こらずに，きちんとホバリングし，獲物を捕え，正常に繁殖したという報告もある（Mills 1975）．ピアス方式のウィングマーカーは，チョウゲンボウ（*F. tinnunculus*）（Village 1982）とアメリカチョウゲンボウ（Smallwood and Natale

図 13-4　ピアス方式のウィングマーカーを装着したアメリカチョウゲンボウ（左の写真）（C. Meyer の好意による写真）．この 1 枚のマーカーは，翼の上面に，モノフィラメントピンで翼膜を刺し通して装着される．この図では，モノフィラメントピンがよく分かるように実際に必要な長さよりも長く描画してある．実際の 2 枚の硬いプラスチックワッシャー間の幅は 4mm である（右の図）（Smallwood and Natale 1998；Smallwood の項による描画）．

1998）に，認められるような悪影響を与えなかった．ハヤブサ類は，長くて狭い翼をもち，羽ばたきが素早いので，マーカーの形状と装着方法は，特に重要である．

ウィングマーカーは，観察範囲がよく把握されており，小型であまり目立たない種類のマーカーでは識別できないような遠方からマーキングした個体を観察するような場合には，最適な方法である．そのような適用例としては，営巣場所への執着性に関する研究（Picozzi 1984），分散に関する研究（Miller and Smallwood 1997），越冬場所への執着性に関する研究（Harmata and Stahlecker 1993），社会的関係に関する研究（Mossman 1976）がある．ウィングマーカーは，行動学的研究において，個体を識別するのにとても効果的であり（Mendelsohn 1982），そして伝統的なラジオトラッキングが使用される，移動に関する研究に多くの補足的な情報を提供することも可能である（Meretsky and Snyder 1992）．

ほとんどのウィングマーカーは，3種類の材料の内のいずれかで作成される．3種類とは，ビニルコーティングしたナイロン布地（織物），室内装飾用プラスチック，半剛体のプラスチックである．ビニルコーティングしたナイロン布地（織物）は，メッシュのようなナイロン基質にビニルをコーティングしたものでできている．この材料は広く使用されてきており，様々な色彩と重量がある．ビニルコーティングしたナイロン類は耐久性があり，色褪せしにくい．ハクトウワシに装着されたこの材料のウィングマーカーは，22年間もの長期にわたって有効だった（McClelland et al. 2006）．しかし，ビニルコーティングしたナイロンのこれらの特徴には差があり（Nesbitt 1979, Kochert et al. 1983），同じ会社の同じ材料の色であってもかなり異なることがある．一般的に良い結果をもたらしている材料は，Herculite®, Stamoid PE, Suncote, TXN, Weym-O-Sealである（Furrer 1979, Nesbitt 1979, Kochert et al. 1983）．一方，Coverlite, Dantex, Facilonは，比較的早く色褪せしたり，劣化したりすることが知られている（Guarino 1968, Nesbitt 1979, Kochert et al. 1983）．最も普通に使用されているビニルコーティングしたナイロンであるSaflagでは，様々な結果が報告されている．Saflagは，早くかつ急激に色褪せし，比較的早く劣化することが観察されている（Nesbitt 1979, J. Smallwood個人的見解）．反対に，Saflag製のマーカーがアメリカヤマシギ（*Scolopax minor*）（Morgenweck and Marshall 1977）とオビオバト（*Columba fasciata*）の研究で2年間有効だったとの報告もある（Curtis et al. 1983）．

Masland DuranとNaugahydeのような室内装飾用プラスチックは，ビニルコーティングしたナイロン布地（織物）に比べて，長持ちの面でかなり劣る．これらの材料でつくられたマーカーはカールしやすい（Labisky and Mann 1962）．このような理由で，標識調査の目的のために，室内装飾用プラスチックを使用することはお薦めしない．

2～3の研究（例えば，Picozzi 1971, Mudge and Ferns 1978）において，幾分硬い積層プラスチック製のマーカーが使用されている．これらの材料は，とても耐久性に富み，色の保持に優れているが，荷重が加わると時々，ひび割れを起こす．ノスリでは，固定しているピンが通っているマーカーの穴とマーカーの端との間でプラスチックが破損することにより，時々，マーカーが落下している（Picozzi 1971）．積層プラスチック製のマーカーは，翼に重度な擦り傷を引き起こす可能性があるので，ハヤブサ類での使用には向いていない．

ウィングマーカーは，適切に大きさを決め，ぴったり合うように作成しなければならない．小さすぎるマーカーは，観察するのが困難になるし，あまりにも大きなマーカーは，飛翔の妨げになるかもしれない．Wallace et al.（1980）は，クロコンドル（*Coragyps atratus*）とヒメコンドルの巣内雛に同じ形状の2種類の大きさのマーカーを装着した．大型のマーカー（小型のマーカーに比べて，長さが1.5倍で表面積が1.9倍）を装着した巣内雛はマーカーを装着していない個体に比べ，2週間遅く巣立ちした．大型のマーカーは，翼の羽ばたきに非同時性を引き起こし，帆翔能力に影響を与え，飛行中に素早く羽ばたくこととなった．小型のマーカーを装着した巣内雛の巣立ち時期は，マーカーを装着していない巣内雛とほぼ同じであり，その飛行に不具合は見られなかった．マーカーはゆるく装着されると，刺激をもたらすことになったり，枝やその他の物に絡まったり，または落下したりする．逆に，あまりにもきつく装着されると，マーカーは羽毛の過度な損耗と翼の磨耗を引き起こす可能性がある．

Mudge and Ferns（1978）は，マーカーの大きさ（翼の上面に1枚のタグを装着するタイプ）を推定するための$T = 5.6L - 411$という方程式を開発した．$T=$タグ面積（mm^2），$L=$翼長（mm）であり，マーカーの幅：長さの比は3：7である．ビニルコーティングしたナイロン布地（織物）は，光る方が外側に向くようにカットしなければならない．そのような完全なマーカーは，翼の自然な曲線（形状）にフィットするものである．光る方を内側にしてカットしたマーカーは，個体に装着した時に，よりカールしやすく，フィットしにくいし，文字も読みにくい．積層プラスチック製のマーカーは，マーカーに熱を加えると，

望む形状に曲げることができるので，翼の曲線（形状）に合わせた曲線にすることができるかもしれない（Picozzi 1971）．

ピン，リベット，その他の固定器具用の穴は，ビニルコーティングしたナイロン製のマーカーに，皮革用パンチ，千枚通し，解剖用の針を用いて，ちょうど良い大きさの穴になるように開けなければならない．積層プラスチック製のマーカーへの穴は，細いビットを用いてドリルで開けねばならない．穴の周囲は，擦り切れを防止し，破れや破損によりマーカーが落ちてしまうことを防ぐために，ワッシャーまたはその他のもので補強しなければならない．

もし，マーキングする個体の数が少なくないのであれば，色のみで個体を識別することはできない．さらに，色の使用は，使用可能な色を制限している地方，国，国際的な協定によって管理されている．つまり，通常，色は一般的な情報を表すことに用いるべきであり，もし必要なら記号を個体識別用に用いるようにする．マーカーを装着しない翼をマーキング計画の一部分に組み入れるべきではない．これは，マーカーを落とした個体を誤って識別しないためである．1種類のデータを得るのに，2つのウィングマーカーの確認を必要とするようなマーキング計画は避けるべきである．これは，1つのウィングマーカーが落下したり，見えなかったりした時に，少なくともいくらかのデータを得られるようにしておくためである．もし，マーカーの色が1種類の情報のみを示すのに用いるのであれば，左と右のマーカーは同色にすべきである．もし，マーカーの色が2種類のデータを符号化するのに用いられるのであれば，各々の翼は別々の情報を示すものにしておかねばならない．個体を識別するための記号は，常に両方のマーカーともに同じでなければならない．

記号は，マーカーの露出部分全体に広がるほど極力大きくすべきである．翼の基部を巻く方式のマーカーは，一般的に羽繕いされ，そのためマーカーのある部分は不明瞭になるので，そこには文字をプリントすべきではない．普通のマーカーペンで書いた文字はすぐに消えやすいが，ペイント（美術＆工芸店で入手可能なペイントペン）は長くもつ（J. Smallwood，個人的見解）．Buckley（1998）は，ウィングマーカーとして用いた，ウシの耳標（訳者注：ウシを個体識別するために，耳に装着するプラスチックまたはポリウレタン製のタグのことで，数字やアルファベットが記されている）に刻印してある数字が時々消えてしまうと報告している．足環番号と研究者の住所を各々のマーカーの裏側にプリントしておけば，マーカーだけが回収された時に，その個体の同定と発見者からの通報を可能とする．

ウィングマーカーはいくつかの方法で装着されてきている．翼の基部を巻く方式のマーカーは，はとめ（Southern 1971），ホッチキス（Curtis et al. 1983），グロメット（訳者注：はとめと同じようなもので，布・ビニルなどに紐を通すための穴を補強する円形の金属製の輪のこと）（Servheen and English 1979），ポップリベット（Kochert et al. 1983）などで装着されてきている．ポップリベットは，アルミニウムや銅よりもステンレス製にすべきである．翼膜にピアス方式で装着するには，様々な固定具が使用されており，金属性のピンとワッシャー（Mudge and Ferns 1978），ナイロン製のピンとワッシャー（Village 1982），プラスチック製のウシの耳標（Wallace et al. 1980），ポップリベット（Stiehl 1983）が用いられてきている．固定具として用いられる材料は，Smallwood and Natale（1989）（図13-4）が使用したような80lb（80ポンドの荷重試験済）のモノフィラメント製の魚釣り用のテグスのように，平滑で翼膜を通過する部分が丸いものを使用しなければならない．これにより，ピンが回っても翼膜の穴の周囲の組織を傷つけないことになる．

ウィングマーカーをピアス方式で装着する時には，骨，筋肉，腱，血管を避けるために最大限の注意を払わねばならない．固定する時には，これらがよく見えるようにするために，翼を湿らせる目的でイソプロピルアルコールを使用する（Sweeney et al. 1985）．これは，刺し通す部分の消毒にも効果がある．もし，小さな血管が破れたとしても，出血はたいてい1～2滴程度である．ほんの1つかみの粉末のミョウバンまたはその他の血液凝固材を使用することで，たいていは即座に出血を止めることができる．固定器具は，上腕二頭筋から翼膜の前縁に向けて約1/3のところ（すなわち，上腕二頭筋に少し近いところ）において，肘の関節のわずかに遠位部の部位で，ピアス固定しなければならない（Smallwood and Natale 1989）（図13-5）．もし，固定器具が，翼膜に容易に穴を開けるほど十分には鋭利でない場合は，解剖用の縫い針のような器具を用いると，固定器具だけが通るだけの最小限の穴を開けることができる．固定器具は，その部分でマーカーをぴったりかつ確実に保持し，かつ血液循環を阻害したり，組織を損傷したりするほどきつくない状態でなければならない．ポップリベットは手で固着すべきである．リベットガンは，ポップリベットをあまりにも強く締めすぎて翼膜を挫滅することがあるので，使用すべきではない（Seel et al. 1982）．また，鳥が翼をたたんだ時に，マーカーが翼にどのように接触するかを確認すべきである．もし，翼をたたんだ時に，ワッシャーまたはその他の固定器具の鋭利な縁が上腕二頭筋を

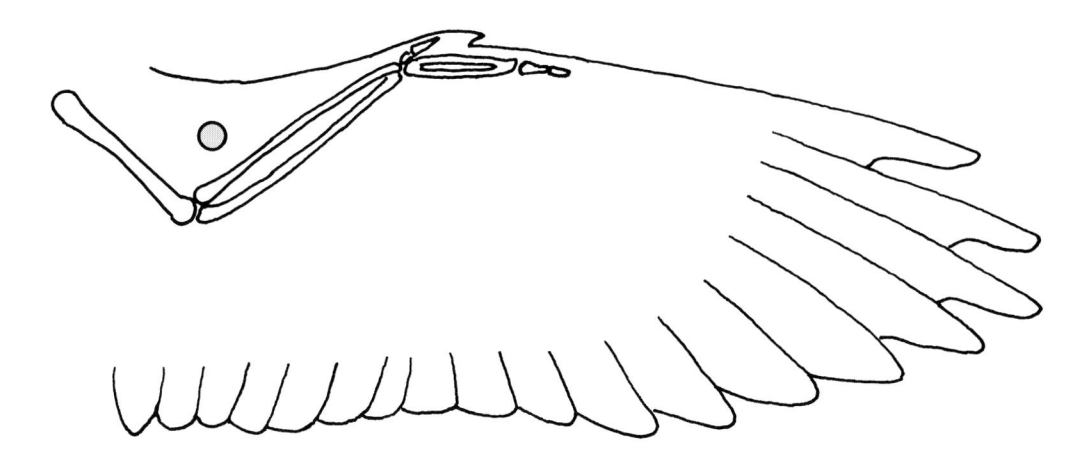

図13-5 ピアス装着を行う翼膜の部位（●部分）．上腕二頭筋と翼膜の前縁の位置関係を示す教科書を見ること．筋肉，腱，血管を避けるために，万全の注意を払わなければならない．（Smallwood and Natale 1998 から J. Smallwood が再描画したもの）

摩擦するような場合には，ウィングマーカー布地の一部を用いれば（ソフトワッシャーとして）（図13-4），傷の発生を軽減することができるかもしれない（Smallwood and Natale 1989）．

装着後の最初の数日または数週間は，おそらくはそれを取ろうとしているものと思われるのだが，マーカーを羽繕いしたり，引っ張ったりすることがあるかもしれない（Mills 1975, Sweeney et al. 1985）．1羽の成鳥のソウゲンハヤブサは，装着後10分以内にマーカーを取ってしまったし，また1羽の成鳥のアレチノスリ（Buteo swainsoni）は，マーキング後1週間以内にウィングマーカーを取り外した（Fitzner 1980, Kochert et al. 1983）．しかしながら，最初のこの時期を過ぎると，ほとんどのマーキングした個体はウィングマーカーを受け入れるものであり，過度に羽繕いしないものである（Sweeney et al. 1985, Watson 1985）．

翼の基部を巻く方式のマーカーとピアス方式のマーカーはともに，猛禽類ではうまくいくものであるが，後者の方にはある利点がある．翼の基部を巻く方式のマーカーは，マーカーを装着部位に保持するためには，ある程度まで羽毛が生育していることが必要とするのに対し，ピアス方式のマーカーは，より若い日齢の巣内雛にも装着することができるということである．ピアス方式のマーカーは，折り重ねタイプ以外のものでは，翼の先端に影響を与えることがない．この部分は，翼の基部を巻く方式のマーカーでは，組織の炎症が普通に認められる場所であり，翼の空気力学の観点から重要な意味をもつ場所である．また，ピアス固定器具は，翼の基部を巻く方式のマーカーで認められる，マーカーが翼の周りを回ってしまうということを防止する（Watson 1985, R. McClelland 私信）．

わずかな羽毛の擦り切れと翼膜の皮膚の肥厚が，猛禽類におけるウィングマーカーの影響として最も普通に報告されているものである（Kochert et al. 1983）．これらの影響は，マーカーが翼に接触することによる擦傷であり，たいていの場合は，ほとんどたいしたことではない．多くの研究者は，羽毛の擦り切れや組織の炎症は認められなかったと報告している（例えば，Hewitt and Austin-Smith 1966, Wallace et al. 1980）．実際，はっきりとした重度の擦過傷の発生というのは，翼の基部を巻く方式のマーカーを装着したハヤブサ類でのみ報告されているだけである（Sherrod et al. 1981, Kochert et al. 1983）．とは言うものの，その他の種においても，いくらかの個体では，時には擦過傷がひどくなることがあるという報告もある（Harmata 1984）．形状，材料，フィット性，装着方法の全てが，羽毛の擦り切れや組織の炎症に影響を及ぼす．適当な材料を用いたマーカーをぴったりと適切に装着すれば，ひどい擦過傷が発生する可能性は低くなる．

多くの生物学者が，適切に装着したウィングマーカーは飛翔に影響を与えなかったとしている（Hewitt and Austin-Smith 1966, Mills 1975, Wallace et al. 1980, Kochert et al. 1983）．一方，Howe（1980）は，ハジロオオシギ（Catoptrophorus semipalmatus）に装着した翼の基部を巻く方式のウィングマーカーが翼の空気力学的抵抗を増加させ，換羽期に異常な羽毛の生え変わりを引き起こしたと報告している．マーキングしたハジロオオシギは，何らかの不快症状を示唆するような，飛行中に頻繁に身体を

震わせる行動をとった．

ウィングマーカーは，いくつかの研究において，マーカー装着個体の生存率に影響を与えていなかったことが報告されている（例えば，Hewitt and Austin-Smith 1966, Kochert et al. 1983）．これとは反対に，マーキングしたハジロオオシギでは，明らかに渡り期間に被捕食と栄養的ストレスの影響をより受けやすいように思われ，そしてウィングマーカーがクロワカモメ（*Larus delawarensis*）とオビオバトの生存率を低下させているかもしれないという報告もある（Howe 1980, Curtis et al. 1983, Southern and Southern 1985）．ウィングマーカーを装着したアメリカチョウゲンボウでは，17 羽の内，1 羽のみ（6%）が捕獲後の年に越冬地に戻って来たのに対し，足環を装着したチョウゲンボウは 21 〜 27% が戻って来ていた（Bolen and Derden 1980）．上記の研究のいずれも，翼が比較的長いかまたは素早く羽ばたく，もしくはその両方の鳥であり，ウィングマーカーは翼の基部を巻く方式のマーカーであった．

ウィングマーカーがマーキングした個体の死亡につながったという事故の報告例が 1 件ある．1 羽のハクトウワシの巣立ち雛が巣からジャンプしたところ，マーカーの 1 つが枝に絡まり，その結果，死亡したというものである（Gerrard et al. 1978）．死亡に至らない悪影響も潜在的に存在する可能性はある．Sherrod et al.（1981）は，ウィングマーカーにより探餌するハヤブサが獲物に見えやすくなり，その結果，ハンティング成功率が低くなって死亡率が高くなる可能性があるかもしれないと示唆している．その一方，Kochert et al.（1983）によって試験されたウィングマーカーを装着したソウゲンハヤブサは，良好な栄養状態を示していた．

ウィングマーカーが猛禽類の繁殖行動や生殖に与える影響を検証する研究によると，その影響は，普通は無視できるものであるとしている．マーキングは，クロコンドルの営巣場所への執着性に影響を与えなかったし，テリトリーで捕獲され，ウィングマーカーが装着された成鳥のアレチノスリ 6 羽の内 5 羽は，翌春に彼らの営巣場所に戻って来た（Fitzner 1980, Wallace et al. 1980）．ペアの少なくとも 1 羽にマーカーが装着されているアカオノスリ，イヌワシ，アメリカチョウゲンボウ，ソウゲンハヤブサ，ワタリガラス（*Corvus corax*）の繁殖成績は，マーカーを装着していないペアとの間に有意な差はなかったという報告がある（Kochert et al. 1983, Phillips et al. 1991, Smallwood and Natale 1998）．Wallace et al.（1980）は，少なくとも成鳥の 1 羽にマーカーが装着されているペアの巣から，ヒメコンドルでは 8 羽全ての雛が，クロコンドルでは 3 羽の内 2 羽の雛が巣立ったのを観察している．

Harmata（1984:177）は，越冬地で捕獲したハクトウワシのペアにおいて，ウィングマーカーがペア関係を崩壊させたと示唆している．これとは反対に，ウィングマーカーを装着したイヌワシは，他の個体に受け入れられ，正常な繁殖活動の全てに参画していたという報告がある（Phillips et al. 1991）．

翼の配色は，例えばハゴロモガラス（*Agelaius phoeniceus*）のようなある種の鳥では社会関係に重要な役割をもつ（Smith 1972）．猛禽類では，翼の表面における自然でない色をした標識斑や翼の着色というものは，たぶん，社会的な関係を決定するのに重要なものではないと思われる．しかしながら，いくらかのチュウヒ類やチョウゲンボウ類など何種類かの猛禽類では，はっきりした色彩の性的二型を有しているので，体色は，概して社会行動，そして特に繁殖行動において重要な役割を果たすのかもしれない．そのような種は，色の付いたウィングマーカーに対する負の影響を特に受ける可能性があるかもしれない．マーキングしたアメリカチョウゲンボウは，正常に行動しているように見えているけれども（Mills 1975, Smallwood and Natale 1989），その結果は量的なデータに欠けている．潜在的な行動への影響がもっと十分に評価されるまで，ウィングマーカーは，意図しない結果を引き起こさないように十分な配慮をもって，注意深く使用すべきである．ウィングマーカーが使用される研究は，マーカーの効果の量的な解析が可能となるように計画されるべきである．マーキングそれ自体による影響と捕獲とハンドリングによる影響を正しく区別すること，そしてマーキングした個体の年齢，性，社会的状態による影響とマーカーの装着期間を評価することに，特に注意を払うべきである．

一時的なマーカー

染料，塗料，インク

染料と塗料は，ハクトウワシ（Southern 1963），イヌワシ（Ellis and Ellis 1975），コシジロイヌワシ（*Aquila verreauxii*）（Gargett 1973），シロフクロウ（*Bubo scandiaca*）（Keith 1964）など様々な猛禽類をマーキングするのに使用されてきた．この方法の主たる利点は，個体に何ら器具機材を装着しないことである．つまり，羽衣の色を単に変えるだけである．したがって，ほとんどの種において利用するのに適した方法であると言える．根本的な欠点

は，最も長持ちする染料，塗料，インクですら，次の換羽までしか有効でないということである．つまり，この方法は短期間の研究またはその個体を定期的に再捕獲できる場合にしか利用できないということである．適した利用方法としては，孵化直後（小さすぎて足環は装着できない）から巣立ちまでの巣内雛の各個体の発育の研究，巣内雛の行動の研究，観察が1年以内または翌年以降は対象でない場合の個体の季節的な集合に関する研究などがある．対象とする種の換羽のパターンに関する知識は，マーキングの有効期間を予測するのに重要である．一時的なマーカーは，アメリカキンメフクロウ（Aegolius acadicus）の換羽のパターンに関する研究で利用されている（Evans and Rosenfield 1987, E. Jacobs 私信）．

羽衣を効果的にマーキングするには，染料は羽毛に十分染み込み（すなわち，すぐに吸収されること），明色であり，数ヵ月間，退色または水洗に抵抗性がなければならない．マラカイトグリーン，ローダミンB特上品（明るいピンク），ピクリン酸（黄色）の3種の染料が一貫して良好な浸透性と色の輝きを発揮し，試された染料の中で最も色の保持性が優れている（Wadkins 1948, Bendell and Fowle 1950, Kozlik et al. 1959）．しかしながら，ピクリン酸は，長期間保管によって結晶化してしまうと，たまに破裂することがある．したがって，十分な注意を払って使用しなければならない．その他の染料は，効果は様々であるかまたは成績が良くない．Jones（1950）は，構成染料による異なった退色性によって引き起こされる個体識別上での問題点を指摘している．最も持続性の短い染料が最初に退色し，それよりも持続性の長い染料の色に変わっていく．このことから，染料は新たな色をつくり出すために混合してはならない．染料は，アルコール33%/水66%の溶液で使用する時に，最も効果的である（Wadkins 1948）．染料は，スプレー，ブラッシングまたは適当な羽毛を浸漬することによって使用される．最高の結果をもたらすのには，染料が完全に浸透することが必要である．染色した羽毛は，放鳥前には完全に乾いていなければならない．染色は明るい色の羽毛をもつ種で最も効果的である（Kozlik et al. 1959）．鳥類標識研究所は，羽毛は染色するとより早く損耗する可能性があるので，初列風切羽には使用しないように薦めている（M. Gustafson, 私信）．

ブラッシングとスプレーの両方ともに，羽衣を着色するのに使用されてきており，飛行機の模型用の塗料と明るい蛍光スプレー塗料が最もよく用いられている．Swank（1952）は，風切羽にのみ着色することを薦めている．塗料は，羽毛がくっついてしまうほど多量に使用してはならない．Petersen（1979）は，ある形状にマーキングすることおよび身体の他の部分にスプレー塗料が付着しないように，ボール紙の型紙を使用した．塗料は，個体を放鳥する前には必ず乾いていなければならない．

マーカーで用いられる毒性のない青色インクが，ウィスコンシン州で換羽パターンを調査するために，8,500羽以上のアメリカキンメフクロウに使用された（E. Jacobs, 私信）．そのインクは，2年間にわたり，再捕獲された時に認識することができた．

羽毛の継ぎ羽（feather imping）

継ぎ羽は，以前に換羽した羽毛から類似の部分を切り出し，これを破損した羽毛のなくなったしまった遠位端に差し入れることにより，破損した風切羽を修復するという，放鷹術で一般的に用いられている方法である（図13-6）．差し入れる羽軸は，両方の羽軸の内部にぴったりと合うピンまたは細いダボを用いて，破損した羽の羽軸に適切な位置で継がれる．さらに接着剤でしっかりと固着されることもある．この方法を用いるマーキングとしては，自然の羽

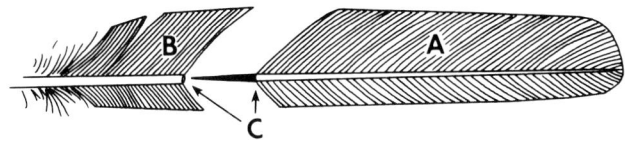

図13-6 継ぎ羽．尾羽に継ぎ羽したアメリカチョウゲンボウ（上，J. Smallwoodの好意による写真）．マーカー羽から突き出ている針（A）が，カットした羽軸（C）に接触するところまで，自然の羽（B）に差し込まれる（Wright 1939, in Young and Kochert 1987から描画）．

毛，たいていは尾羽を刈り込んだ後に，他種の羽毛に染色したりまたは鮮やかな色を付けたりした羽毛を継ぎ羽する方法がある（Wright 1939, Hamerstrom 1942）．目立ちやすくするために，マーカーの羽毛は自然の羽毛よりも長くすることもある（図13-6）．個体識別は，マーカーの色，差し入れた羽毛に付けた英数字または記号，そして尾羽の位置（左，中央，右）の組合せによって行われる．

羽毛の刈り込み

羽毛の刈り込み（feather clipping）は，1970年代にアフリカで大型の猛禽類をマーキングするのに使用されたが（Snelling 1970, Gargett 1973, Kemp 1977），その効果が不十分なため，それ以後は使用されていない（D. Oschadleus，私信）．この方法は，数本の隣接した羽毛の羽軸部分から羽弁を刈り込むことによって，翼または尾羽に"窓"をつくるものである．個体は，このマークの形状や位置に変化をもたせることによって識別される．刈り込みは，思慮深く実施されるべきであり，これにより飛行が妨げられることがあってはならない．この方法の主たる利点は，簡単であるということである．材料は不要であり，羽毛を染色することもない．刈り込みが行動に影響を与えることはなさそうである（Harmata 1984）．このマーキング方法の最大の欠点は，個体が止まっている時には見えないということである（Snelling 1970, Gargett 1973）．また，定期的に飛行しない種では，見えることが少ないため，使用が制限される方法となる．また，効果的に使用できる形状と位置の組合せは限られており（Gargett 1973），そのパターンは換羽で消失してしまうため，短期間のマーキング方法でしかない．なお，この方法は，北米ではほとんど関心をもたれていない．

謝　辞

われわれは，この原稿の初期草稿に対してコメントと提言をしてくれたMary Gustafson氏，Tracy Fleming氏，そしてPaul Doherty氏に感謝したい．そして，図13-3と図13-4の写真の解像度を上げてくれたNathan Smallwoodにも感謝したい．

引用文献

Anderson, A. 1963. Patagial tags for waterfowl. *J. Wildl. Manage.* 27:284 − 288.

Anthony, R.G., E.D. Forsman, A.B. Franklin, D.R. Anderson, K.P. Burnham, G.C. White, C.J. Schwarz, J. Nichols, J.E. Hines, G.S. Olson, S.H. Ackers, S. Andrews, B.L. Biswell, P.C. Carlson, L.V. Diller, K.M. Dugger, K.E. Fehring, T.L. Fleming, R. P. Gerhardt, S.A. Gremel, R.J. Gutierrez, P.J. Happe, D.R. Herter, J.M. Higley, R.B. Horn, L.R. Irwin, P. . Loschl, J.A. Reid and S.G. Sovern. 2006. Status and trends in demography of Northern Spotted Owls, 1985 − 2003. *Wildl. Monogr.* 163:1 − 48.

Barclay, R.M.R. and G.P. Bell. 1988. Marking and observational techniques. Pages 59 − 79 *in* T.H. Kunz [Ed.], Ecological and behavioral methods for the study of bats. Smithsonian Institution Press, Washington, DC U.S.A.

Bednarz, J.C. 1987. Successive nesting and autumnal breeding in Harris' Hawks. *Auk* 104:85 − 96.

Bendell, I.F.S. and C.D. Fowle. 1950. Some methods for trapping and marking Ruffed Grouse. *J. Wildl. Manage.* 14:480 − 482.

Berger, D.D. and H.C. Mueller. 1960. Band retention. *Bird-Banding* 31:90 − 91.

Bolen, E.G. and D.S. Derden. 1980. Winter returns of American Kestrels. *J. Field Ornithol.* 51:174 − 175.

Broley, C.L. 1947. Migration and nesting of Florida Bald Eagles. *Wilson Bull.* 59:3 − 20.

Brownie, C., D.R. Anderson, K.P. Burnham and D.S. Robson. 1985. Statistical inference from band recovery data - a handbook. USDI Fish and Wildlife Service Resource Publication No. 156, 2nd Ed. Washington, DC U.S.A.

Buckley, N.J. 1998. Fading of numbers from patagial tags: a potential problem for long-term studies of vultures. *J. Field Ornithol.* 69:536 − 539.

Craig, G.R., G.C. White and J.H. Enderson. 2005. Survival, recruitment, and rate of population change of the Peregrine Falcon population in Colorado. *J. Wildl. Manage.* 68:1032 − 1038.

Curtis, P.D., C.E. Braun and R.A. Ryder. 1983. Wing markers: visibility, wear, and effects on survival of Band-tailed Pigeons. *J. Field Ornithol.* 54:381 − 386.

del Hoyo, J., A. Elliott and J. Sargatal [Eds.]. 1994. Handbook of the birds of the world, Vol. 2. New World Vultures to Guineafowl. Lynx Edicions, Barcelona, Spain.

Dinsmore, S.J. and D.H. Johnson. 2005. Population analysis in wildlife biology. Pages 154 − 184 *in* C. E. Braun [Ed.], Research and management techniques for wildlife and habitats, 6th Ed. The Wildlife Society, Bethesda, MD U.S.A.

Ellis, D.H. and C.H. Ellis. 1975. Color marking Golden Eagles with human hair dyes. *J. Wildl. Manage.* 39:445 − 447.

Evans, D.L. and R.N. Rosenfield. 1987. Remegial molt in fall migrant Long-eared and Northern Saw-whet owls. Pages 209 − 214 *in* R.W. Nero, R.J. Clark, R.J. Knapton, and R.H. Hamre [Eds.], Biology and conservation of northern forest owls. USDA Forest Service General Technical Report RM-142, Rocky Mountain Research Station, Ft. Collins, CO U.S.A.

Ferner, J.W. 1979. A review of marking techniques for amphibians and reptiles. *Soc. Study Amphib. Reptiles Herpetol. Circ.* 9.

FITZNER, R.E. 1980. Behavioral ecology of the Swainson's Hawk (*Buteo swainsoni*) in Washington. Pacific Northwest Laboratory, Richland, WA U.S.A.

FORSMAN, E.D., A.B. FRANKLIN, F.M. OLIVER AND J.P. WARD. 1996. A color band for Spotted Owls. *J. Field Ornithol.* 67:507 − 510.

FRANCES, C.M. AND P. SAUROLA. 2002. Estimating age-specific survival rates of Tawny Owls-recaptures versus recoveries. *J. Appl. Stat.* 29:637 − 647.

FYFE, R.W. AND R.R. OLENDORFF. 1976. Minimizing the dangers of nesting studies to raptors and other sensitive species. *Can. Wildl. Serv. Occas. Pap.* 23.

FURRER, R.K. 1979. Experiences with a new back-tag for open-nesting passerines. *J. Wildl. Manage.* 43:245 − 249.

GARGETT, V. 1973. Marking Black Eagles in the Matopos. *Honeyguide* 76:26 − 31.

GERRARD, I.M., D.W.A. WHITFIELD, P. GERRARD, P.N. GERRARD AND W.I. MAHER. 1978. Migratory movements and plumage of subadult Saskatchewan Bald Eagles. *Can. Field-Nat.* 92:375 − 382.

GONZALEZ, L.M., B. HEREDIA, J.L. GONZALEZ AND J.C. ALONSO. 1989. Juvenile dispersal of Spanish Imperial Eagles. *J. Field Ornithol.* 60:369 − 379.

GOULD, W.R. AND M.R. FULLER. 1995. Survival and population size estimation in raptor studies: a comparison of two methods. *J. Raptor Res.* 29:256 − 264.

GUARINO, J.L. 1968. Evaluation of a colored leg tag for starlings and blackbirds. *Bird-Banding* 39:6 − 13.

HALL, G.H. 1970. Great moments in action: the story of the Sun Life falcons. Can. *Field-Nat.* 84: 209 − 230.

HAMERSTROM, F. 1942. Dominance in winter flocks of chickadees. *Wilson Bull.* 54:32 − 42.

HARMATA, A.R. 1984. Bald Eagles of the San Luis Valley, Colorado: their winter ecology and spring migration. Ph.D. dissertation, Montana State University, Bozeman, MT U.S.A.

—— AND D.W. STAHLECKER. 1993. Fidelity of migrant Bald Eagles to wintering grounds in southern Colorado and northern New Mexico. *J. Field Ornithol.* 64:129 − 134.

HENCKEL, R.E. 1976. Turkey Vulture banding problem. *N. Am. Bird Bander* 1:126.

HEWITT, O.H. AND P.J. AUSTIN-SMITH. 1966. A simple wing tag for field-marking birds. *J. Wildl. Manage.* 30:625 − 627.

HOUSTON, C.S. AND P. BLOOM. 2005. Turkey Vulture history: the switch from leg bands to patagial tags. *N. Am. Bird Bander* 30: 59 − 64.

HOWE, M.A. 1980. Problems with wing tags: evidence of harm to Willets. *J. Field Ornithol.* 51:72 − 73.

HOWITZ, J.L. 1981. Determination of total color band combination. *J. Field Ornithol.* 52:317 − 324.

HULL, B. AND P. BLOOM. 2001. The North American bander's manual for raptor banding techniques. The North American Banding Council, Point Reyes, CA U.S.A.

JONES, G.F. 1950. Observations of color-dyed pheasants. *J. Wildl. Manage.* 14:81 − 83.

KAUFFMAN, M.J., W.F. FRICK AND J. LINTHICUM. 2003. Estimation of habitat-specific demography and population growth for Peregrine Falcons in California. *Ecol. Applic.* 13:1802 − 1816.

KEITH, L.B. 1964. Territoriality among wintering Snowy Owls. *Can. Field-Nat.* 78:17 − 24.

KEMP, A.C. 1977. Some marking methods used on a variety of southern African raptors. *Safring News* 6:38 − 43.

KOCHERT, M.N., K. STEENHOF AND M.Q. MORITSCH. 1983. Evaluation of patagial markers for raptors and ravens. *Wildl. Soc. Bull.* 11:271 − 281.

KOZLIK, F.M., A.W. MILLER AND W.C. RIENECKER. 1959. Color-marking white geese for determining migration routes. *Calif. Fish Game* 45:69 − 82.

LABISKY, R.F. AND S.H. MANN. 1962. Backtag markers for pheasants. *J. Wildl. Manage.* 26:393 − 399.

LOKEMOEN, J.T. AND D.E. SHARP. 1985. Assessment of nasal marker materials and designs used on dabbling ducks. *Wildl. Soc. Bull.* 13:53 − 56.

MARION, W.R. AND J.D. SHAMIS. 1977. An annotated bibliography of bird marking techniques. *Bird-Banding* 48:42 − 61.

MCCLELLAND, B.R., P.T. MCCLELLAND AND M.E. MCFADZEN. 2006. Longevity of Bald Eagles from autumn concentrations in Glacier National Park, Montana, and assessment of wing-marker durability. *J. Raptor Res.* 40: *in press.*

MCCOLLOUGH, M.A. 1990. Evaluation of leg markers for Bald Eagles. *Wildl. Soc. Bull.* 18:298 − 303.

MENDELSOHN, J. 1982. The feeding ecology of the Black-shouldered Kite *Elanus caeruleus* (Aves: Accipitridae). *Durban Mus. Novit.* 13:75 − 116.

MERETSKY, V.J. AND N.F.R. SNYDER. 1992. Range use and movements of California Condors. *Condor* 94:313 − 335.

MILLER, K.E. AND J.A. SMALLWOOD. 1997. Natal dispersal and philopatry of Southeastern American Kestrels in Florida. *Wilson Bull.* 109:226 − 232.

MILLS, G.S. 1975. Winter population study of the American Kestrel in central Ohio. *Wilson Bull.* 87:241 – 247.

MORGENWECK, R.O. AND W.H. MARSHALL. 1977. Wing marker for American Woodcock. *Bird-Banding* 48:224 − 227.

MORRISON, J.L. 2003. Age-specific survival of Florida's Crested Caracaras. *J. Field Ornithol.* 74:321 − 330.

MOSSMAN, M. 1976. Turkey Vultures in the Baraboo Hills, Sauk County, Wisconsin. *Passenger Pigeon* 38:93 − 99.

MUDGE, G.P. AND P.N. FERNS. 1978. Durability of patagial tags on Herring Gulls. *Ringing & Migr.* 2:42 − 45.

MURRAY, D.L. AND M.R. FULLER. 2000. A critical review of effects of marking on the biology of vertebrates. Pages 15 − 64 *in* L. Boitani and T.F. Fuller [EDS.], Research techniques in animal ecology. Columbia University Press, New York, NY U.S.A.

NELSON, R.W. 1988. Do natural large broods increase mortality of parent Peregrine Falcons? Pages 719 — 728 in T.J. Cade, J.H. Enderson, C.G. Thelander, and C. White [EDS.], Peregrine Falcon populations: their management and recovery. The Peregrine Fund, Inc., Boise, ID U.S.A.

NESBITT, S.A. 1979. An evaluation of four wildlife marking materials. *Bird-Banding* 50:159.

NIETFELD, M.T., M.W. BARRETT, AND N. SILVY. 1996. Wildlife marking techniques. Pages 140 — 168 in T. A. Bookhout [ED.], Research and management techniques for wildlife and habitats, 5th Ed. The Wildlife Society, Bethesda, MD U.S.A.

PETERSEN, L. 1979. Ecology of Great Horned Owls and Red-tailed Hawks in southeastern Wisconsin. *Wis. Dep. Nat. Resour. Tech. Bull.* 111.

PHILLIPS, R.L., J.L. CUMMINGS AND J.D. BERRY. 1991. Effects of patagial markers on the nesting success of Golden Eagles. *Wildl. Soc. Bull.* 19:434 — 436.

PICOZZI, N. 1971. Wing tags for raptors. *The Ring* 68 — 69:169 — 170.

———. 1984. Breeding biology of polygynous Hen Harriers *Circus c. cyaneus* in Orkney. *Ornis Scand.* 15:1 – 10.

——— AND D. WEIR. 1976. Dispersal and cause of death of buzzards. *British Birds* 69:193 — 201.

PLATT, S.W. 1980. Longevity of Herculite leg jess color markers on the Prairie Falcon (*Falco mexicanus*). *J. Field Ornithol.* 51:281 – 282.

SEEL, D.C., A.G. THOMSON AND G.H. OWEN. 1982. A wing-tagging system for marking larger passerine birds. *Bangor Res. Station Occas. Pap.* 14.

SERVHEEN, C. AND W. ENGLISH. 1979. Movements of rehabilitated Bald Eagles and proposed seasonal movement patterns of Bald Eagles in the Pacific Northwest. *Raptor Res.* 13:79 — 88.

SHERROD, S.K., W.R. HEINRICH, W.A. BURNHAM, J.H. BARCLAY AND T.J. CADE. 1981. Hacking: a method for releasing Peregrine Falcons and other birds of prey. The Peregrine Fund, Inc., Ft. Collins, CO U.S.A.

SILVY, N.J., R.R. LOPEZ AND M.J. PETERSON. 2005. Wildlife marking techniques. Pages 339 — 376 in C.E. Braun [ED.], Research and management techniques for wildlife and habitats, 6th Ed. The Wildlife Society, Inc., Bethesda, MD U.S.A.

SMALLWOOD, J.A. AND C. NATALE. 1998. The effect of patagial tags on breeding success in American Kestrels. *N. Am. Bird-Bander* 23:73 — 78.

SMITH, D.G. 1972. The role of epaulets in the Red-winged Blackbird (*Agelaius phoeniceus*) social system. *Behaviour* 41:251 — 268.

SNELLING, J.C. 1970. Some information obtained from marking large raptors in the Kruger National Park, Republic of South Africa. *Ostrich* 8:415 – 427.

SOUTHERN, W.E. 1963. Winter populations, behavior, and seasonal dispersal of Bald Eagles in northwestern Illinois. *Wilson Bull.* 75:42 — 55.

———. 1971. Evaluation of a plastic wing marker for gull studies. *Bird-Banding* 42:88 — 91.

SOUTHERN, L.K. AND W.E. SOUTHERN. 1985. Some effects of wing tags on breeding Ring-billed Gulls. *Auk* 102:38 – 42.

STIEHL, R.B. 1983. A new attachment for patagial tags. *J. Field Ornithol.* 54:326 — 328.

SWANK, W.G. 1952. Trapping and marking of adult nesting doves. *J. Wildl. Manage.* 16:87 — 90.

SWEENEY, T.M., J.D. FRASER AND J.S. COLEMAN. 1985. Further evaluation of marking methods for Black and Turkey vultures. *J. Field Ornithol.* 56:251 — 257.

THOMPSON, W.L., G.C. WHITE AND C. GOWAN. 1998. Monitoring vertebrate populations. Academic Press, San Diego, CA U.S.A.

VARLAND, D.E. AND T.M. LOUGHIN. 1992. Social hunting in broods of two and five American Kestrels after fledging. *J. Raptor Res.* 26:74 — 80.

VILLAGE, A. 1982. The home range and density of kestrels in relation to vole abundance. *J. Anim. Ecol.* 51:413 — 428.

VIÑUELA, J. AND J. BUSTAMANTE. 1992. Effect of growth and hatching asynchrony on the fledging age of Black and Red Kites. *Auk* 109:748 – 757.

WADKINS, L.A. 1948. Dyeing birds for identification. *J. Wildl. Manage.* 12:388 — 391.

WALLACE, M.P., P.G. PARKER AND S.A. TEMPLE. 1980. An evaluation of patagial markers for cathartid vultures. *J. Field Ornithol.* 51:309 — 314.

WARKENTIN, I.G., P.C. JAMES AND L.W. OLIPHANT. 1990. Body morphometrics, age structure, and partial migration of urban Merlins. *Auk* 107:25 — 34.

WATSON, J.W. 1985. Trapping, marking, and radio-monitoring Rough-legged Hawks. *N. Am. Bird Bander* 10:9 — 10.

WHITE, G.C. AND K.P. BURNHAM. 1999. Program MARK: survival estimation from populations of marked animals. *Bird Study* 46 Supplement:120 — 139.

WILLIAMS, B.K., J.D. NICHOLS AND M.J. CONROY. 2002. Analysis and management of vertebrate populations. Academic Press, San Diego, CA U.S.A.

WRIGHT, E.G. 1939. Marking birds by imping feathers. *J. Wildl. Manage.* 3:238 — 239.

YOUNG, L.S. AND M.N. KOCHERT. 1987. Marking techniques. Pages 125 — 156 in B.A. Giron Pendleton, B.A. Millsap, K.W. Cline, and D.M. Bird [EDS.], Raptor management techniques manual. National Wildlife Federation, Washington, DC U.S.A.

空間追跡

A. ラジオトラッキング

訳：山﨑　亨

Sean S. Walls
Biotrack, 52 Furzebrook Road, Wareham, Dorset BH20 5AX,
United Kingdom

Robert E. Kenward
Centre for Ecology and Hydrology, Winfrith Technology Center,
Dorchester
Dorset DT2 8ZD, United Kingdom

　ラジオトラッキングは猛禽類の研究に不可欠なツールであるということが判明してきている．これは，営巣場所や特定の越冬地だけでなく，1年を通じて個体の行動を体系的に記録できるからである．ラジオトラッキングは，探餌，時，同種または異種の相互関係に関する地域固有の情報（geo-specific data）を，他の調査方法において生じる観察者の位置によるデータのバイアスがほとんどない状態で得ることを可能とする．単に巣にいたとか，または死亡しているのが見つかったという情報だけではなく，発信機を装着した全ての個体のデータは，繁殖率，生存，そして死亡原因の比例係数についての比較的バイアスの少ない評価を得ることに用いることができる．また，ラジオトラッキングは，長距離の分散や渡りの時期，ルート，行き先を明らかにするための唯一の方法であることもよくある．そのようなデータは，土地利用の変化による影響評価，放鳥プログラムの成功度のチェック，猛禽類が狩猟対象の動物に与える影響の定量的評価，野生動物の管理に関するその他の多くの調査にとって，不可欠なものである．最も重要なことは，ラジオトラッキングは，実験的な処置に関するデータを得るのに，たいてい，最も実用的な方法であり，それによって生物学的モデルをパラメーター化することができるということである．

　約40年前に始まった猛禽類に関するほとんどのラジオトラッキング（Southern 1964）は，VHF（Very High Frequency）機器によるものであった．しかし，最近20年において，発信機を直接追跡あるいはGPS（Global Positioning Systems）を介して追跡するために，人工衛星を利用するUHF（Ultra High Frequency）技術の確立がめざましい．このようなシステムは，VHF追跡の代用または補完の役割を果たすことが可能となった．

　VHF発信機は，約200ドル（米国）で購入でき，小型であるし（2.5gの発信機で約4ヵ月間，20gの発信機で約2～3年間送信する），また100～5,000m離れた距離からの手動のトラッキングによって，位置を正確に（一般的には，10～100m以内）推定することができる．人工衛星によるトラッキング用のUHF発信機は，1,000ドル以上と高価であり，位置情報ごとに追加の支払いが必要となる（普通，1日当たり12～24ドル）．自動トラッキングは，人件費を節減できるが，GPSタイプでない発信機では精度が比較的低く（例えば，200～2,000m），最小の15gの発信機では1日に60回の送信しか行えない．間欠的に送信するようにすれば，これらの発信機は，渡りルートのデータを得るのに特に適している．GPS発信機は，データの自動集積と高精度（例えば，10m）の両方の利点を有している．最近まで，軽量のGPS発信機は，寿命が短く，位置情報をダウンロードするのに回収しなければならなかったが，現在では，太陽電池式のGPSと衛星中継を組み合わせた30gの発信機が開発され，位置特定の頻度

次第ではあるが，より長期間にわたって正確な位置情報を提供できるようになった．とは言うものの，VHF 発信機は，小型〜中型の猛禽類を特定の場所において，長期間にわたって詳細にトラッキングするのには最適な方法であることには違いない．

　機器，野外調査の方法，解析技術は，広範囲にわたって概説されてきている（Kenward 2001, Millspaugh and Marzluff 2001, Fuller et al. 2005）．この章では，まず，回答するための的確な生物学的疑問が存在し，それに関する 1 つまたはそれ以上の参考にできる文献があり，フィールド技術に関して手助けをしてくれる，経験を積んだラジオトラッキング調査者がいるということを前提としている．したがって，一般的な計画に関するアドバイスに的を絞って解説を行いたい．

計　画

　対象とする動物に適切に発信機を装着し，有効なデータを取ることを確実にするのに必要とされる計画に関しては，White and Garrott（1990）およびその後の論文に詳細に記述されている．計画を検討するのに付け加えるもう 1 つのことは，付属的な情報を得る見込みに関することである．例えば，行動圏やハビタット利用を推定するための位置情報を収集する時，活動パターンや干渉に関する情報も得ることができる．もし，個体が繁殖しているのか死亡しているのかどうかをモニタリングするのに発信機を利用するのであれば，より活発に動いたり，より広い行動圏を有していたり，または特定の場所で探餌したりする個体がより死亡しやすいまたは繁殖力が低い傾向があるというようなことを検証することも可能である．そのような総体的なアプローチを行うことが，個体群の変動の基礎をなすメカニズムを理解することにつながるのである．ラジオトラッキング調査から得られる価値を最大限のものとするためには，着手の時点から，どのような付属的な疑問を調査することができるかについて検討しておくことが重要である．

移　動

　ラジオトラッキングデータを収集する時に念頭に置くべき最も重要な点は，位置情報の数よりも追跡する個体数の方がサンプルサイズとしては，はるかに重要であるということである．簡単に言えば，数少ない個体について，過剰に詳細なデータを得るよりも，多くの個体から適切な位置情報を得ることの方が望ましいということである．もし，従前の研究から標準化されたデータ収集に関する手引きが入手できないのであれば，どのくらいの頻度で位置を記録し，追跡する個体が移動したのか死亡したのかを確認すればよいのかということを評価するために，試験的な調査を実施することが必要である．

　もし，行動範囲またはハビタット利用が目的である場合，それは年ごとまたは季節ごとの推定のためであるのか，それとも連続した瞬間ごとの状況把握のためであるのか．もし，前者であるなら，位置情報は時間上のバイアスを避けるため，1 日の異なる時間帯で，1 週間に 1 〜 2 回記録すべきである．もし，後者であれば，自己相関の解析を行うことは，同じ場所と同じ時間での繰り返しなしに，どの程度の頻度で位置情報が記録できるかを判断するのに役立つ．全ての場合において，増分解析は，実際的な標準行動圏を作成するのに，どのくらいの位置情報が必要なのかを決定するのに役立つ（Kenward 2001）．もし，行動圏の外郭とコアに詳細な情報が要求されるのであれば，より多くの位置情報が必要となる（Robertson et al. 1998）．標準を確立するための試験的な調査後において，同じ期間に同じ率で収集される位置情報は，個体，個体群，場所，季節間における相違を確認するための信頼できる確固とした試験を可能とするものである．

　個体間の静的相互作用に関する研究は，行動圏のコアのオーバーラップまたは他のテリトリーの推定量に基づいている．動的相互作用に関する研究は，関係した個体あるいは集団時からの個体が集合しようとしているのかを見出す場合に，よりふさわしいものとなる．そのような解析では，データの漏れをなくすことができるように注意深い計画を行い，矢継ぎ早に異なる個体からの位置情報を標準化記録することが必要とされる（Kenward 2001）．

　ラジオトラッキングは，個体がいつ，どのように，どんな社会的または環境的状況において，研究エリアを越える遠距離の移動を行うかを明らかにすることによって，分散に関する研究に革命を起こした．分散に関するプロジェクトの初期段階では，対象としている個体がいつ移動を開始するのかを確かめるために，頻繁にその個体の位置をチェックすることが賢明な方法である．試験的な調査が主たる分散時期を明らかにした後には，トラッキングはあまり頻繁でなくてもよくなるけれども，時間のかかる仕事ではある．その後の各個体のトラッキングは頻度が少なくなるので，短期間の分散時期に限定した集中的な野外調査を行うことにより，同じ期間に，より多くの個体をトラッキングすることが可能となる．分散した猛禽類を探索する時には，追跡個体がある丘の頂上から去っていった後に

20kmまたはそれ以上の距離で，たとえ信号を検知できなかったとしても，地形的に高い位置の地点に行き，移動後のかすかな信号が受信できるという確信をもって行う必要がある．もし，自動車に5～10mのアンテナを立てることのできる空気圧式のマストを装備することができるのであれば，地上追跡調査は最も容易であるが，分散中に位置が分からなくなった個体を探索するのに最も経費的に効率的な方法は，飛行機の支柱（wing-struts）にアンテナを取り付け，空中から探すということかもしれない．

生存，死因の科学検査，繁殖

数年間の寿命がある発信機を装着した大型の留鳥の猛禽類について，生存率と繁殖率を推定するのには，頻繁に追跡調査する必要はない．1年間に3回のチェック，つまり，冬季，抱卵期，育雛期に各1回のチェックを行えば十分である．繁殖個体になる前の個体では，分散期における消失（追跡不能）を最小限にするため，より頻繁なチェックが必要である．死体はすぐに腐敗したり，捕食者に食べられたりするので，より頻繁なチェックは死亡原因を研究する場合にも必要である．それはそれとしても，頻繁に追跡調査を行うことにより，次のような死亡原因に区分することが可能となる．①人間によるもの（例えば，高感度分析による毒物の検出やX線による骨中の鉛の検出（Cooper 1978），②人工物に関係するもの（例えば，高架電線，道路，井戸など），③自然原因によるもの．もし，全ての発信機が，地形的に高い地点から感知できる場合であれば，生死監視センサーによって，素早く生死を確認することが可能であり，これにより，発見が必要な死亡個体を把握することができる．再導入またはリハビリテーションを行った個体をモニタリングする時には，チェックにより，解決できる課題を明らかにすることが可能となる．そのような場合では，頻繁にチェックすることにより，素早い治療行為が可能となり，そのことによって放鳥成功率が高まるということもあるのである．

全ての場合で，毎回の調査において，可能な限り全個体を探し出すということは必須のことである．もし，そうしなければ，死亡によって受信できなくなっているのに，個体がいなくなった場合に生存としてしまうのと同じように，短距離の移動を過剰評価してしまうリスクを冒してしまうことになる．発信機と探索調査が極めて信頼できる場合は，生存に関するデータは最も信頼できるものであり，さらに，もし信号が受信できなくなった個体の動向を確認するために，再目撃用の目視または他のマーカーが用いられているならば，これによってさらにバイアスを補正することができる．

解析

データ解析は，研究の開始時点で計画しておくべきであり，最適なデータ収集を行うための試験的な調査において，適切なソフトウェアが使用されることになる（計画を参照）．ソフトウェアは，データを表示するだけでなく，多くの動物における繰り返し解析を素早くかつ容易に行えるものでなければならない．ソフトウェアは，次の事項ができなければならない．①必要とされる全ての解析を可能とする．②必要とされる多量のデータを処理することができる（それはGPS発信機ではかなりな量になる）．③容易にデータが入力でき，解析結果をエクスポートできる．また，体系システムまたはe-mailによる支援を含めた適切なユーザーサポートを備えていなければならない．優れたソフトウェアは定期的にアップロードされるし，改良を確認するために，製造元と連絡を取り続けることも価値がある（Larson 2001）．ソフトウェアは，データを記録するのに最も有効な方法を明示してくれ，これによってノートパソコンやパームトップコンピューターからの過剰な再処理を回避することができる．

増分解析は行動圏研究を計画するのに必須であり，自己相関分析は瞬間的な状況の推定を行うのに便利である（移動を参照）．これらは，多くの個体から位置情報を効率的に収集する場合および極めて少ない個体からの不必要かつ擬似複製されたデータを回避する場合に役立ち，信頼できる統計的検査を可能とする．楕円およびそれほどではないにせよ，そのような輪郭をした行動圏のような，密度に基づいた行動圏推定量は，最も少ない位置情報だけでよいが，平滑化に関しては，粗野な環境（例えば，濃淡のむらがあるまたは管理された環境）に生息する種においては，単核ポリゴン（mononuclear polygons）やポリゴンクラスタ（cluster polygons）のようなリンケージに基づく推定量に比べるとあまり適当でない（Kenward 2001）．いったん，多くの鳥から標準化された行動圏が得られれば，どこで個体が確認されたかを比較することにより，個体にとって有効であると関連付けられるハビタットを定量化することが可能である．利用の可能性は，地図に基づいたものよりも，個体に基づいたもの（行動圏の外郭または活動中心周囲の円内）であるべきである．というのは，地図の境界は任意に決められるからである．ハビタット解析に関心のある者は，組成分析（Aebischer et al. 1993）と距離に基づいた分析（Conner et al. 2003）の両方ともに調べるべきである．生存解析を行うには，ソフトウェアは，スタガー入力

（staggered-entry）と検閲出力（censored exit）および年齢，性，ハビタットのような共変量（inclusion of covariates）を処理することを必要とする（例えば，White and Garrott 1990 および references in Millspaugh and Marzluff 2001 を参照のこと）．

機器・機材

ラジオトラッキングの機器・機材は，製造される前に注意深く仕様を決めなければならない．というのは，研究対象種とプロジェクトの目的の両方にとって，的確な周波数を発信させねばならないし，特別に設計されなければならないからである．とりわけ，発信機を装着する各猛禽類の福祉に及ぼす影響について，注意深い考慮がなされなければならない．捕獲と発信機装着は，しばしば季節的に実施されるものである．その結果，ほとんどの研究者が同じ時期に発信機を入手しようとするので，製造業者は何ヵ月か前の時期につくり置きすることになる．

受信機器

VHF 信号を受信するには，受信機とアンテナが必要であり，両方とも，野生動物のテレメトリーに関する国内法令に適合する適切な周波数を充足しなければならない．また，受信機は全ての発信機の周波数帯をカバー（10kHz 間隔が典型的である）するものでなければならない．次に重要な点は，受信感度である（すなわち，微弱な信号をきちんと拾えるかどうか）．受信感度に加えて，重量，防水性，あらかじめ設定された周波数をメモリーに記憶させてスキャン（走査）する能力などの全てが，実施上の重要な配慮事項である．野生動物研究用に特別に設計された受信機は，他の市場に出回るよく似た商品よりも価格が高く，500〜2,500 ドルであるが，より長期間作動し，扱いが容易である．例えば，最も大量生産されている"スキャニング（走査）"受信機は，たとえ信号が変化して，方角を見出すのに様々なボリュームを使用する必要性と対立したとしても，同じボリュームを維持することにより，1 つの信号の"周波数に合わせる"ように設計されている．受信機を購入する時は，発信機製造業者と受信機製造業者の両者ともに相談すべきである．

地上で猛禽類を追跡するのに，方角の精度と増幅率を最もよく兼ね備えているアンテナは，3 素子の八木アンテナである．折り曲げられる素子は，うっそうと繁茂する植生の中では取り扱いやすいし，自動車の中に置く時にも便利である．飛行機に取り付ける八木アンテナは，固定式の素子でなければならない．素子を追加すると受信と方向性を改善することができるが，マストに取り付けない場合には取扱いが厄介になる．自動車は走行中に微弱な信号受信の妨害を避けるために，雑音抑制装置を兼ね備えているか，またはディーゼルエンジンである必要がある．

行動およびその個体が採食場所や巣にいることを示す信号は，発信機にセンサーが組み込まれたものであれば，自動車による追跡を行わなくても記録を取ることができる．このことは，生理機能の記録を取る場合でも同じである．1 つの周波数に合わせた受信機から記録を取るのは簡単で，それほど経験を必要としないが，発信機を装着した複数の個体からサンプリングするには，プログラムで制御する記録装置が必要である．自動記録装置（ロガー）は，たいてい，複数の個体の周波数から探索を行い（接続した 1 台の受信機経由で），周波数ごとに受信されるパルスの特性を記録する．この方法で記録を取るのは，長期的には労力を低減できるけれども，機械（機器）のセットとデータの解析は簡単ではなく，必要となる時間を過小評価しないことが重要である．

発信機の種類と装着方法

発信機は，受信システムに準拠した周波数の信号を送信しなければならず，他の発信機とは周波数が約 10kHz 離れていなければならない．発信機製造業者は，研究者が利用できる受信機の周波数帯および他の研究者が使用しているために避けるべき周波数を知っておく必要がある．研究エリアにおける混信は，周波数を決定する前にチェックしておかなければならない．都市の周辺においては，長期間にわたる研究を続ければ，研究者の聴力に障害を与え得る多くの大きな音の外生信号が発生していることもある．

表 14-1 は，猛禽類における最も一般的な発信機の装着方法を示している．研究者は経験を積んだトラッキング調査者と発信機製造業者に，研究対象の種とプロジェクトに最適の方法を相談すべきである．発信機を装着する個体への影響を最小限にすることは，確固とした信頼できるデータの集積につながり，その結果，その鳥の福祉だけでなく，投稿できるしっかりとした論文作成にも役立つ（Murray and Fuller 2000）．発信機は，個体にとって不快を与えるものでなく，かつ完全に人道的配慮がなされたものでなければならない．依頼しようとする製造業者が，鋭いエッヂあるいは寒い気候の時に体温調節に障害を与える可能性のある表面を有していない発信機を製作するために必要な生物学的または種の必要要件に関する十分な知識を有していることを確認しておかねばならない．許容可能な上限に近

表 14-1　猛禽類への電波発信機の装着方法

技術	安全性	配慮事項
尾羽装着	重量が体重の 2% 未満で 2 枚以上の羽毛に装着されれば，ほぼ安全	羽毛は硬い羽軸（すなわち，完全に成育）でなければならないので，巣から出た巣立ち雛を捕獲しなければならない．追跡は，発信機を装着した羽毛が換羽で落下した時点で終了
バックパック	注意深く装着されないと危険	巣立ち直前の巣内雛に装着可能．数年間および換羽に左右されずに追跡可能．大型の発信機は，身体の上面の中央部に装着するのが最適
脚装着	悪影響は公式には報告されていないが，ハンティングに影響があるかもしれない	発信機は，補強と短いアンテナが必要であり，発信機の寿命と受信範囲は制限される．巣立ち雛に装着可能で，換羽に左右されずに追跡可能
翼膜装着	羽ばたきの遅い，大型の猛禽類でのみ可能	コンドル類と大型のハゲワシ類でうまくいっている

い重量の発信機とハーネスは，それぞれの装着方法において避けるべきである．許容可能重量は，対象とする鳥の重量と翼面加重によって異なり，これは，種，性，品種による影響を受ける．その鳥が問題なく装着できる重量によって使用する電池が決まり，これによって発信機の寿命（すなわち，作動期間）と発信距離が決まる．パルスが速い発信機の方が追跡するのは容易であり，パルスが強ければ，より広範囲から受信できる信号を発信することができる．しかしながら，その両方ともが電池容量にかかわってくる．パルスの間隔と強さを，追跡にはやや困難さを伴うものの，実用可能ではあるというレベルにまで減少させることによって，発信機の寿命を延ばすことは可能である（図14-1）．また，マイクロコントローラーは，夜間または渡りでは冬期間のように追跡が不要な期間に発信機の電源を切るのに用いられる．もし，そのようなコントローラーを用いるならば，マイクロコントローラーのバックグラウン

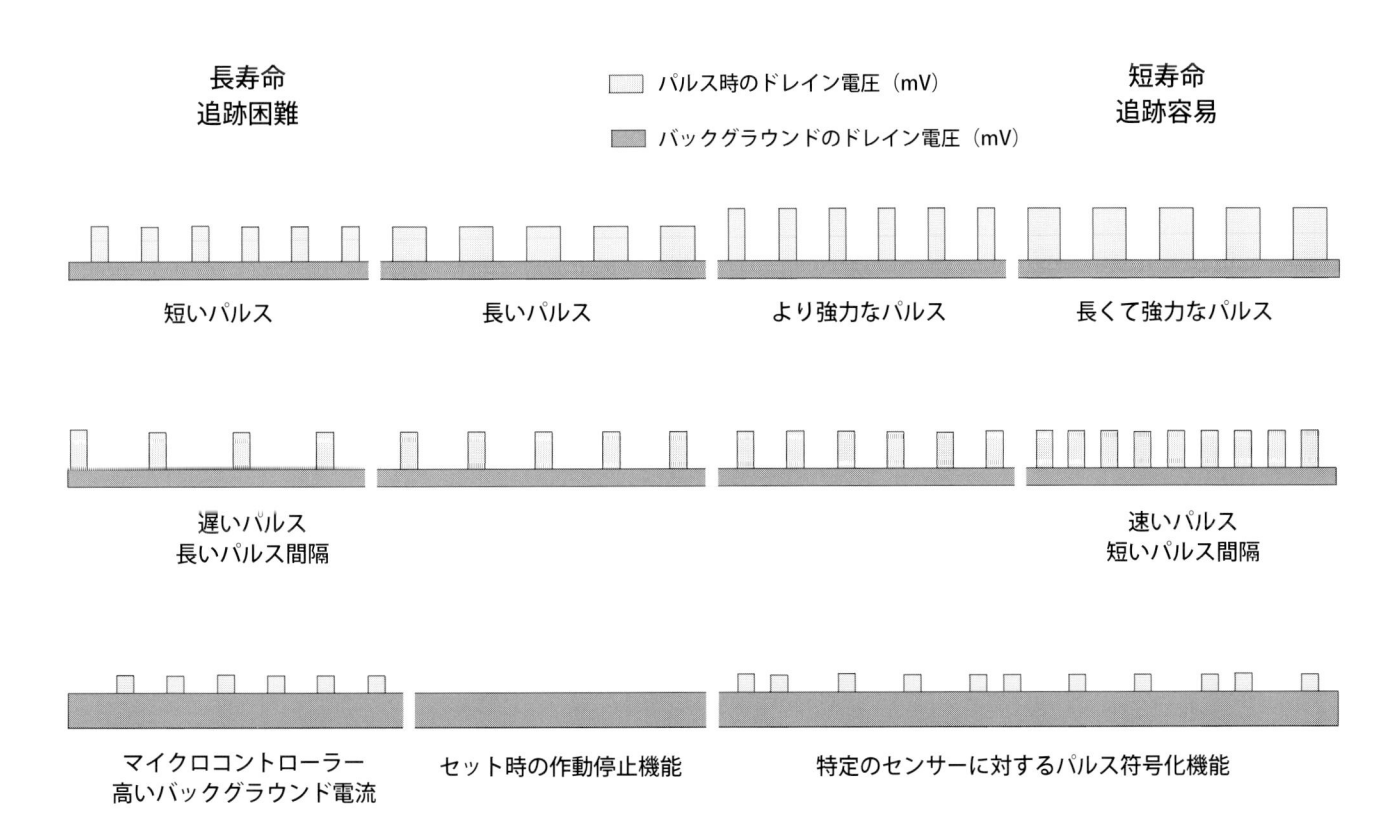

図 14-1　パルスの長さ，パルスの頻度，マイクロコントローラーが発信機の寿命に及ぼす効果および発信機の追跡の容易さ．

ド電流（図14-1）が信号の発信を停止させることによって節約できる電池容量を相殺してしまわないことを確認しておくことが重要である．

装着方法は，絡まることの可能性を最小限にしなければならないし，可能であれば，発信機が発信を終えた時に脱落するようにすべきである．融通の利かないガイドラインまたは製造業者からのアドバイスよりも，その種に関する知識がより重要である．可能であれば，潜在的な発信機の効果をあらかじめ試験すべきである（例えば，発信機を装着した個体と装着しない個体について，目視できるマーカーに依存しない再目撃データと比較することによって）．もし，これが不可能なら，影響のリスクがほとんどない，軽い重量の発信機を代わりに装着して比較するという試験を行うことを考慮すべきである．この場合，理想的には，同じ季節にマーキングした個体のグループと比較すべきである．そのようなことを実施することは，新しい方法またはリスクを有していることが分かっている方法を用いる場合には，特に重要である．また，"試験"は保全の前提にも基づいている．例えば，生存が他の方法（例えば，足環標識）で知られているよりも良好であるならば，発信機の影響はほとんど無視できるものである．最後に，もし，より軽い発信機を取り付けるなら，雌雄で体の大きさが異なる猛禽類においては，雌と対照的である雄であるということを思い起こすことは価値のあることである．

引用文献

AEBISCHER, A.E., P.A. ROBERTSON AND R.E. KENWARD. 1993. Compositional analysis of habitat use from animal radio-tracking data. *Ecology* 74:1313 – 1325.

CONNER, L.M., M.D. SMITH AND L.W. BURGER. 2003. Acomparison of distance-based and classification-based analyses of habitat use. *Ecology* 84:526 – 531.

COOPER, J.C. 1978. Veterinary aspects of captive birds of prey. The Steadfast Press, Saul, United Kingdom.

FULLER, M.R, J.J. MILLSPAUGH C.E. CHURCH AND R.E. KENWARD. 2005. Wildlife radiotelemetry. Pages 377 – 417 in C.E. Braun [ED.], Techniques for wildlife investigations and management, 6th Ed. The Wildlife Society, Bethesda, MD U.S.A.

KENWARD, R.E. 2001. A manual for wildlife radio-tagging. Academic Press, London, United Kingdom.

LARSON, M.A. 2001. A catalog of software to analyze radiotelemetry data. Pages 398 – 422 in J J. Millspaugh and J.M. Marzluff [EDS.], Radio tracking and animal populations. Academic Press, San Diego, CA U.S.A.

MILLSPAUGH, J.J. AND J.M. MARZLUFF [EDS.]. 2001. Radio tracking and animal populations. Academic Press, San Diego, CA U.S.A.

MURRAY, D.L. AND M.R. FULLER. 2000. Effects of marking on the life history patterns of vertebrates. Pages 15 – 64 in L. Boitani and T. Fuller [EDS.], Research techniques in ethology and animal ecology. Columbia University Press, New York, NY U.S.A.

ROBERTSON, P.A., N.J. AEBISCHER, R.E. KENWARD, I.K. HANSKI AND N.P. WILLIAMS. 1998. Simulation and jack-knifing assessment of home-range indices based on underlying trajectories. *J. Appl. Ecol.* 35:928 – 940.

SOUTHERN, W.E. 1964. Additional observations on winter Bald Eagle populations: including remarks on biotelemetry techniques and immature plumages. *Wilson Bull.* 76:222 – 237.

WHITE, G.C. AND R.A. GARROTT. 1990. Analysis of wildlife radio-tracking data. Academic Press, New York, NY U.S.A.

B. サテライトトラッキング（衛星追跡）

訳：山﨑　亨

Bernd-U. Meyburg
World Working Group on Birds of Prey,
Wangenheimstrasse 32, D-14193 Berlin, Germany

Mark R. Fuller
U.S. Geological Survey, Forest Rangeland Ecosystem
Science Center, Snake River Field Station, and
Boise State University Raptor Research Center,
970 Lusk Street, Boise, ID 83706 U.S.A.

はじめに

　衛星テレメトリー（訳者注：人工衛星を利用して野生動物等の位置情報等を遠隔的に測定する方法）は，猛禽類の渡りと生活史の研究に革命をもたらし，将来の研究においても貢献するものと思われる（表14-2）．これは，衛星テレメトリーを用いた追跡システムは，数年にわたって，世界中のどこであっても個体の位置を定期的に推定し，記録することができるからである．鳥における衛星テレメトリーは1980年代に始まった（Strikwerda et al. 1986）．その後，衛星テレメトリーは，Collecte Localisation Satellites（CLS）（訳者注：アルゴスシステムのオペレーター）などの例えばアルゴスシステムのようなUHF（Ultra High Frequency）技術によって実施されてきた．最近になって，発信機と全地球測位システム（GPS）の受信機が鳥に利用できるほど小型になった．場合によっては，GPS衛星テレメトリーは，近々に地上波VHFによる追跡に取って代わるかもしれない．

アルゴスシステム

　猛禽類研究のための衛星テレメトリーは，アルゴスシステムを利用してきた．個々の鳥には，Platform Transmitter Terminals（PTTs）と呼ばれる重量が5gまたはそれ以上の発信機を装着しなければならない．アルゴスシステムは，世界中のどこにおいても，PTTsから推定位置とセンサーデータ（例えば，電池の電圧，活動性，温度，気圧）を提供してくれる．運用の基礎はArgos User Manual（www.argosinc.com/system_overview.htm）に記載されている．最近の新たな情報はArgos Animal Tracking Symposium, 24 – 26 March 2003（CLS America 2003）のプロシーディングスから得ることができる．このプロシーディングスの入手先は，CD from CLS America. 1441 McCormick Drive, Suite 1050, Largo MD 20774である．

アルゴス発信機による位置の推定

　PTTsは，ドップラー現象を用いて位置が特定される．Polar-orbiting人工衛星（訳者注：極軌道衛星とも呼ばれ，北極と南極の上空を結ぶ円軌道を通る人工衛星のこと）は，アルゴス受信機を搭載している．人工衛星がPTTに接近すると，受信される周波数が，通常発信される周波数（401.650MHz）よりも高くなり，一方，PTTから遠ざかっていくと，人工衛星で受信される周波数は401.650MHzよりも低くなる．ドップラーカーブの屈折点，つまり受信される周波数と発信される周波数が同じである時には，発信機の位置は人工衛星の地上軌跡に対して垂直の位置となる．このシステムでは，人工衛星の地上軌跡の片側ごとに左右対称である，2つの可能性のあるPTTの位置を推定する．アルゴスは，これらの内からもっともらしい方を選択するが，生物学者はアルゴスによって選択された位置の妥当性を確認すべきである．

　PTT発信機とアルゴス衛星システムによる位置の推定は，位置クラス（location classes：LC）に割り当てられる．"位置推定の精度は，人工衛星通過の幾何学的な状態，発信機の振動子の安定性，収集される通信量と通過時のそ

表 14-2 衛星テレメトリーからのどのようなデータが情報をもたらすまたはもたらすことが期待されているかについての猛禽類に関する話題と疑問．いくつかの文献が紹介されているが，より多くの情報は U.S. Geological Survey Raptor Information System (http://ris.wr.usgs.gov/) で探すことができる．下欄に示すキーワードおよびその他のワードは，Raptor Information System にリストアップされている引用文献を探し出すのに用いられる．

年周移動	・Annual movements（Brodeur et al. 1996, Fuller et al. 2003, Meyburg et al. 2004b, Laing et al. 2005, Steenhof et al. 2005） ・Differences among years（Alerstam et al. 2006）
渡り	・Mapping routes of migrating raptors（Meyburg et al. 1995a, 1995b, Brodeur et al. 1996, Fuller et al. 1998, Ellis et al. 2001） ・Individual variation（Alerstam et al. 2006） ・Ecological barriers, leading lines (sea, mountains, deserts)（Meyburg et al. 2002, 2003） ・Bottlenecks; do all individuals pass a narrow area, at what time?（Fuller et al. 1998） ・Navigation and orientation（Hake et al. 2001, Thorup et al. 2003a, 2003b, 2006b） ・Migration period and timing（Schmutz et al. 1996, Kjellen et al. 2001, Meyburg et al. 2004b ・Age and sex differences, breeding status（Ueta et al. 2000, Ueta and Higuchi 2002, Hake et al. 2003, McGrady et al. 2003, Meyburg et al. 2005, 2006, Soutullo et al. 2006b） ・Speed and altitude of migration（Hedenström 1997, Kjellen et al. 2001） ・Variation throughout migration（Meyburg et al. 2006） ・Daily distances, travel rates（Fuller et al. 1998, Meyburg et al. 1998, Soutullo et al. 2006a） ・Daily behavior, stopovers (time of starting and stopping), hunting（Meyburg et al. 1998） ・Weather conditions（Meyburg et al. 1998, Thorup et al. 2003b, 2006a） ・Ecological conditions along migration routes
冬またはオーストラリアの夏	・Geographical situations of wintering grounds（Woodbridge et al. 1995, Martell et al. 2001, Haines et al. 2003, Higuchi et al. 2005, Steenhof et al. 2005） ・Discovery of unknown wintering grounds（Meyburg et al. 1998） ・Ranges on wintering grounds（McGrady et al. 2002） ・Fidelity to the same area in successive years（Fuller et al. 2003）
営巣期	・Home range size, habitat use, and territorial behavior（Meyburg et al. 2006） ・Dispersal, philopatry（Rafanomezantsoa et al. 2002, Steenhof et al. 2005） ・What accounts for later or earlier arrival in spring at the nest site (influence of weather during migration, later or earlier departure to wintering grounds)（Meyburg et al. 2007b） ・Pair continuity over a number of years（Meyburg 2007a） ・Behavior of nonbreeding adults, floaters (arrival, fidelity to nest site after failed nesting attempt, possible nomadism)（Meyburg 2007b）
未成鳥期の移動	・Return to breeding area or remain on the "wintering grounds"（Meyburg et al. 2004a） ・Ranging behavior（Meyburg et al. 2004a）
生存，死亡率，脅威	・Human activity（Eastham et al. 2000） ・Other causes（Goldstein et al. 1999, Hooper et al. 1999, Henny et al. 2000, Millsap et al. 2004, Steenhof et al. 2006） ・Fate of release birds（Rose et al. 1993, Launay and Muller 2003, Dooley et al. 2004）

分布状況によって異なる．このことは，具体的には1個の発信機が，その寿命が持続する間，複数のクラスにまたがる推定位置を有することを意味する．精度を示すクラスは推定され，値は次のように区分される．クラス3：緯度・経度の両方において150m以下，半径250m以下．クラス2：350m以下，半径500m以下．クラス1：1,000m以下，半径1,500m以下．クラス0：1,000m以上，半径1,500m以上．これらは1つのシグマ（訳者注：標準偏差）での試算値である．"（www.cls.fr/html/argos/general/faq_en.html）．

アルゴスによる位置推定の方法は，3つの主な仮定に基づいている．①送信頻度は人工衛星が通過している間，安定していること．②PTTは人工衛星が通過している間，動かないこと．③PTTの高度が明らかなこと．アルゴスに割り当てられたLC（位置クラス）は，通常，野生動物への利用に関係する誤差をかなり過小評価している．というのは，PTTが動物に装着している時には，これらの条件がある程度，阻害されるからである（例えば，Britten et al. 1999, Craighead and Smith 2003). 通常，アルゴスによる精度は，経度よりも緯度の方が良好である．与えられた精度（例えば，LC 1 では 1km）は，計算された位置（および LC 1 に帰属する位置）の全てが 1km 以内に収まるということを意味するのではなく，1つのシグマ（1つの標準偏差）について，全ての推定位置が名目上の精度範囲にあるということである．

最良の 2 つの LC（LC 2 と LC 3）は，通常，発信機を装着した鳥からは，時間にして 10 ～ 15% のみでしか得られないということを認識しておくことは重要である．これが起こる原因はいくつかあり，主な 1 つはアルゴスシステムが出力を基に設計されているが，多数の野生生物の PTT が 1W の出力を送信しないことにある．出力は，多くの場合，PTT の作動期間を長くするために電池を節約する目的で 0.15 ～ 0.25W にプログラムされる．ソーラー電池の PTT の出力は調整可能である（例えば，0.1 ～ 0.5W）．低下した放射電源では位置推定が少なくなり，その結果，アルゴスが最も正確に位置を推定できるデータはより少なくなるのである．

アルゴスは，定期的に標準的な LC（LC 3，LC 2，LC 1 上記参照）を提供しているだけでなく，補助的な LC（LC 0 > 1000m，LC A と LC B：位置の精度は推定できない，LC Z：無効な位置）も提供している．補助的な LC は，野生動物追跡から得られる標準的な LC がたいていの場合，極めてわずかなので，特に重要である．さらに，最良の LC クラスが最も精度の高い位置推定を含んでいるとは限らない．したがって，野生動物の研究者，特に鳥を追跡している人は，選択した適切なデータが得られる，可能な限り多くの位置推定を欲しいと思うのである．

決まったプロジェクトからの位置推定の誤差は，追跡している動物の移動の速さ，標高や高度の変化を伴う行動（www.cls.fr/manual/; 付録 2，Argos location を参照のこと），環境の相違（地形，植生，海洋，大気条件），およびデータの取得と解析のオプションによって著しく異なる．ユーザーは，アルゴスの要素（例えば，PTT の速度，高度）に関係した特性を指定するとともに，オプション（例えば，数値標高モデル，複数の人工衛星サービスの利用）の検討を行うことも必要であり，これにより，アルゴスは推定段階でこれらを組み込むことができるのである．また，ユーザーは，研究の諸条件や目的に対して，最大限の結果を引き出すための事項（例えば，PTT の出力，発信頻度）について，機器製造業者と相談すべきである．生物学者は，アルゴスシステムが研究目的に適切かどうかを決定すべきであり，特に 1km 以内の精度の位置を定期的に必要とするのであれば，このことはなおさらである．

アルゴス性能の制限

実際に PTT 送信を受信する際における重要な相違点がヨーロッパ地域とアジア（モンゴル，中国，日本）の間にあり，このため，受信は期待されるデータの 10% よりも少なくなってしまう．影響を受けるエリアは，おおよそ人工衛星の電波到達範囲（直径 5,000km 内）であり，南部イタリア地域に中心があるように思われる（Howey 2005）．その原因は，アルゴス作動周波数周囲にある，大きな影響を与える振幅の広帯域雑音であり，GPS モデルを含む全ての PTT に障害を引き起こし，影響を与える．そのため，人工衛星によって受信される信号の数は，本質的に制限されることになる（Gros and Malardé 2006）．ユーザーは，特定の要件を検討し，アルゴスシステムの効果を最適にうまく利用するために，CLS に相談することを薦める．

アルゴスデータの検証手順

研究者は，解析方法を選択する前に，位置推定を注意深く検査し，フィルタにかけなければならない．フィルタリングまたはデータの検証手順には，通常，動物の移動能力と行動（例えば，最大速度，渡りに対する局所的な移動；Hays et al. 2001）に基づく基準の確立および位置推定間における時間と距離の関係に関するアルゴスデータの検査が含まれる．多くの LC 0，LC A，LC B クラスの位置は，フィルタリングによって廃棄する必要があるかもしれないが，いくらかの LC 1，LC 2，また LC 3 クラスの位置であってもその必要があることもあるかもしれない．注意深くスクリーニングを行えば，いくらかの LC 0，LC A，LC B クラスの位置も，その動物が位置推定間の期間に移動したことが考えられる距離内に存在し，また論理上の方向内に存在するということを明らかにするかもしれない．

猛禽類の研究者は，アルゴスから得られる位置は推定であり，その精度と適合率は，ほとんど情報のない動物および環境要素によって差があることを認識しておかねばならない．われわれの経験では，精度の高い LC（LC 2 と LC 3）の比率は，PTT を装着した動物ごとに差があることが分かっている．したがって，各研究者は，研究目的，対象種，環境について基準を確立し，解析に用いる位置推定を選択する時に，その基準を適応するということを薦める．

アルゴスシステムによるデータの発信

PTT は 32 に及ぶセンサーからコード化された識別情

報とデータを送信する．信号は，0.36秒より短いパルス幅でデジタル的にコード化され，パルス間隔は，通常，40～90秒である．発信予定（すなわち，作動サイクル）は，PTTの電池寿命を長くするために，ある期間（例えば，季節）にのみより多くの発信をさせるなどをプログラムすることができる．

　PTTからの発信は，極軌道衛星で受信され，フランスと米国にある処理センターに繰り返し伝えられる．処理されたデータの記録は，約4時間前に受信されたデータにインターネットでアクセスするなど様々な形式でユーザーに配布される．アルゴスからのデータの取得に必要な経費は，国とアルゴス間での合意によって差がある．経費は，作動している各PPTの利用について，1日当たりの利用時間，自動データ配信サービス（emailによるデータ配信），FAX，テルネット，アルゴスのウェブサイトからのデータの取得，1月ごとのCDによる配布に対する費用によって査定される．

発信機のGPS位置情報

　GPSは数メーター以内という正確さで位置情報を与えてくれる．GPS受信機は，アルゴスPTTと統合することができる．1台のGPS受信機は，少なくとも4個の人工衛星からの発信機を収集し，位置（3次元で），速度，時刻をコンピューターで計算することができる．GPSユニットは，あらかじめ設定した間隔でデータを収集するようにプログラムすることができる．データはメモリーに蓄積され，そのユニットからダウンロードするか（通常は再捕獲が必要）またはPTTメッセージにコード化して組み入れ，アルゴスシステムを介してユーザーに伝達される．GPS推定情報は，PTTの作動サイクルの"定刻"にアルゴスに発信される．

　GPS受信機はかなりのエネルギーを必要とする．このため，鳥の研究に電池を用いる場合には，発信機の大きさと寿命の制限に影響を与える．電池式に対し，ソーラー電池式のGPS-PTTの重量は22gと軽い．これらのユニットはセンサーと12チャンネルのGPS受信機が組み入れられている．

PTTの選択

　ユニットを選定する時に極めて重要な考慮事項というのは，PTTの大きさと重量がどの程度であり，装着がその個体に影響を与えるかどうかということである（Murray and Fuller 2000）．衛星テレメトリーに必要なエネルギーを考慮すると，ユニットの最小重量は約5g程度となる．発信機の重量は，鳥が移動のために費やさねばならないエネルギーを増加させる．電池重量とソーラー電池のためのパネル面積もユニットの大きさを制限する要素となる．

　発信機の電源を電池またはソーラー電池のどちらにするかは，研究を計画する初期の段階で決定しなければならない．電池式のPTTは，一般的に性能が安定しているが，作動期間がかなり短いという欠点がある．このため，長期間の研究（3年以上）を行うということは，普通，不可能である．30～90gの電池式のPTTを用いた場合，放射電力や作動サイクルにもよるが，通常，6～18ヵ月間，位置情報を受診することができる．ソーラー電池式の発信機は，数年にわたって位置情報を供給することが可能であり，データの定期性については，ソーラーパネルが電池を充電するのに十分な明るさがあるかまたはコンデンサが無線信号を発信するだけのエネルギーを有しているかに依存する．ソーラー電池式のGPS-PTT発信機は，PTTよりも多くのエネルギーを必要とする．したがって，これらの発信機を再充電することは，なおさらより深刻な問題である．最小限のPTT機能を確保するための明るさを阻害するほどまで，羽毛がソーラーパネルを覆うことのないように注意しなければならない．また，キャノピィの下や洞穴に営巣するようなハビタットを利用する鳥もソーラーによる再充電に影響を与える．

　太陽電池式と電池式のどちらのPTTを用いるかの決定は，地形と研究対象種の考えられる移動だけによるのではなく，予算，その種の生活史，研究の目的（長期間なのか短期間なのか）などについても考慮して行うべきである．2007年におけるPTTの値段は約3000ドル（米国），そしてGPS-PTTの価格は約4000ドルである．数年にわたるデータの配布経費（上述）は，いかに発信機がプログラムされているのかまたどのようなアルゴスサービスが利用されるのかにもよるが，発信機の価格と同じかそれよりも高額となることもある．

発信機の装着

　電波発信機は，尾羽，脚，翼に装着することができるが，多くの研究ではハーネスを用いて背中に装着されている（Fuller et al. 2005）．これらの"バックパック方式"は，重い発信機を用いる場合に最適な揚力部位の近くに装着できるという利点がある．また，発信機を巣立ち直前の巣内雛に装着することができ，数年間追跡することができる．ほとんどの研究者は，ハーネスの材料としてテフロンリボンを使用しているが，いくらかの猛禽類〔例えば，カタジロワシ（*Aquila heliaca*），アシナガワシ（*A. pomarina*），

ソウゲンハヤブサ（Falco mexicanus）は，嘴でテフロンの紐を引っ張って切り開くことにより，発信機を取ってしまうことが分かった（Steenhof et al. 2006）．バックパックで装着するソーラーパネルを覆うことによる潜在的な羽毛の問題は，羽毛ガード（Snyder et al. 1989）またはソーラーパネルを持ち上げるために発信機の底部に厚いネオプレンゴムを組み合わせることにより，克服できるかもしれない．ただ，これらの改良を施すことは，空気力学的な障害を生じさせ，飛行に必要なエネルギーを増加させるかもしれない．

何が発信を停止させるのか

製造業者は，発信機を停止させるユニットをプログラムすることが可能であるが，たぶん，多くの研究者は，できる限り長期間にわたって発信を受信したいものである．電池式のユニットは，電池の電圧情報を発信するので，電池のエネルギーがなくなることを予測できる．しかし，往々にして予測期間よりも早く受信できなくなることがあり，何が起きたのだろうかという疑問を抱くことになる．データを受信できなくなる原因を突き止めることは，往々にして困難である．

幼鳥と未成鳥の個体は，多くの場合，"自然的原因"により死亡するかまたは人為的迫害によって死亡する．成鳥もまた，世界の多くの地域ではひどい迫害を受けることがあるし，あるいは感電，衝突などで死亡することもある．しかしながら，その個体の目撃，再捕獲またはかなり後になって死んでいるのを発見したことがあることから，われわれは，その個体が生きているにもかかわらず，数個のソーラー電池式PTTがダメになってしまったということを確認している．いくらかの例では，われわれまたは製造業者は，受信できなくなった原因を特定することはできなかった．研究計画では，発信機を装着した鳥の死亡および発信機の不具合についても考慮すべきである．

われわれの長期間追跡の記録は，1羽の雌のカラノトワシ（A. clanga）である．この個体は，1999年7月にPTTを装着し，2007年8月でもまだデータを送信している．1羽の雄のアシナガワシは，発信機装着後，ほぼ6年目で繁殖場所に戻る途中に，はるかイスラエルまで追跡された．その個体が1ヵ月後にドイツに到着した時に観察したところ，アンテナの取れたPTTが付いていた．1羽のミサゴ（Pandion. haliaetus）もまたわずか数ヵ月後にアンテナを消失または取り去っていた．1年後に営巣場所に戻ってくる繁殖成鳥においては，発信機の不具合の原因を確認するのは比較的容易である．死亡した鳥または鳥から脱落した状態で発信しているPTTの位置を突き止めるいくつかの方法がある（Howey 2002, Bates et al. 2003, Peske and McGrady 2005）．PTTを探し出せば，価値ある生物学的情報を得ることができるし，ほとんどのユニットは約300～500ドルで再生して再使用できるので，費用対効果がある．

追跡のためのオプション

最後にもう1度述べるが，衛星テレメトリーは，猛禽類をマーキングする多くの方法の内の1つである．テレメトリーを用いる前に，われわれは，調査者に対し，次の2点に関して慎重に熟考するように促している．①目的，②鳥に発信機を装着することの効果の可能性とその結果に対する影響．文献によって，衛星テレメトリーが有効な情報をもたらした研究に関する多くの例を知ることができる（表14-1）．製造業者にオプションについて相談することは，極めて有益なことであり，発信機と受信機の機能を最大限に引き出すためのプログラムにとって特に重要なことである．

謝　辞

われわれは，原稿の草稿に有益なコメントを与えてくれた A. Aebischer, P. Howey, B.D. Chancellor そして K. Bates に感謝申し上げる．

引用文献

ALERSTAM, T., M. HAKE AND N. KJELLÉN. 2006. Temporal and spatial patterns of repeated migratory journeys by Ospreys. *Anim. Behav.* 71:555－566.

BATES, K., K. STEENHOF AND M.R. FULLER. 2003. Recommendations for finding PTTs on the ground without VHF telemetry. Proceedings of the Argos Animal Tracking Symposium, 24－26 March 2003, Annapolis, Maryland. Available on a CD from Service Argos, Inc., Largo MD U.S.A.

BRITTEN, M.W., P. L. KENNEDY, AND S. AMBROSE. 1999. Performance and accuracy evaluation of small satellite transmitters. *J. Wildl. Manage.* 63:1349－1358.

BRODEUR, S., R. DÉCARIE, D.M. BIRD AND M.R. FULLER. 1996. Complete migration cycle of Golden Eagles breeding in northern Quebec. *Condor* 98:293－299.

CLS AMERICA. 2003. Proceedings of the Argos Animal Tracking Symposium, 24－26 March 2003, Annapolis, Maryland. CLS America, Largo, MD U.S.A.

CRAIGHEAD, D. AND R. SMITH. 2003. The implications of PTT location accuracy on a study of Red-tailed Hawks. Proceedings of the Argos Animal Tracking Symposium, 24－26 March

2003, Annapolis, Maryland. Available on a CD from Service Argos, Inc., Largo MD U.S.A.

Dooley, J.A., P.B. Sharpe and D.K. Garcelon. 2004. Abstract: Monitoring movements and foraging of Bald Eagles (*Haliaeetus leucocephalus*) reintroduced on the northern Channel Islands, California using solar Argos/GPS PTTs and VHF telemetry. Pages 26 — 27 in Program and abstracts: Raptor Research Foundation-California Hawking Club annual meeting, Bakersfield, California, 10 — 13 November 2004. Raptor Research Foundation, Clovis, CA U.S.A.

Eastham, C.P., J.L. Quinn and N.C. Fox. 2000. Saker *Falco cherrug* and Peregrine *Falco peregrinus* falcons in Asia; determining migration routes and trapping pressure. Pages 247 — 258 in R.D. Chancellor and B.-U. Meyburg [Eds.], Raptors at risk. World Working Group on Birds of Prey and Owls, Berlin, Germany and Hancock House, London, United Kingdom.

Ellis, D.H., S.L. Moon and J.W. Robinson. 2001. Annual movements of a Steppe Eagle (*Aquila nipalensis*) summering in Mongolia and wintering in Tibet. *Bombay Nat. Hist. Soc.* 98:335 — 340.

Fuller, M.R., W.S. Seegar and L.S. Schueck. 1998. Routes and travel rates of migrating Peregrine Falcons Falco peregrinus and Swainson's Hawks *Buteo swainsoni* in the western hemisphere. *J. Avian Biol.* 29:433 — 440.

———, D. Holt and L.S. Schueck. 2003. Snowy Owl movements: variation on the migration theme. Pages 359 — 366 in P. Berthold, E. Gwinner, and E. Sonnenschein [Eds.], Avian migration. Springer-Verlag, Berlin, Germany.

———, J.J. Millspaugh, K.E. Church and R.E. Kenward. 2005. Wildlife radio telemetry. Pages 377 — 417 in C.E. Braun [Ed.], Techniques for wildlife investigations and management, 6th Ed. The Wildlife Society, Bethesda, MD U.S.A.

Goldstein, M.I., T.E. Lacher, Jr., B. Woodbridge, M.J. Bechard, S.B. Canavelli, M.E. Zaccagnini, G.P. Cobb, E.J. Scollon, R. Tribolet and M.J. Cooper. 1999. Monocrotophos induced mass mortality of Swainson's Hawks in Argentina, 1995 — 96. Ecotoxicology 8:201 — 214.

Gros, P. and J.-P. Malardé. 2006. Argos performance in Europe. *Tracker News* 7:8.

Haines, A.M., M.J. McGrady, M.S. Martell, B.J. Dayton, M.B. Henke and W.S. Seegar. 2003. Migration routes and wintering locations of Broad-winged Hawks tracked by satellite telemetry. *Wilson Bull.* 115:166 — 169.

Hake, M., N. Kjellén and T. Alerstam. 2001. Satellite tracking of Swedish Ospreys *Pandion haliaetus*: autumn migration routes and orientation. *J. Avian Biol.* 32:47 — 56.

———, N. Kjellén and T. Alerstam. 2003. Age-dependent migration strategy in Honey Buzzards *Pernis apivorus* tracked by satellite. *Oikos* 103:385 — 396.

Hays, G.C., S. Akesson, B.J. Godley, P. Luschi and P. Santidrian. 2001. The implications of location accuracy for the interpretation of satellite-tracking data. *Anim. Behav.* 61:1035 — 1040.

Hedenström, A. 1997. Predicted and observed migration speed in Lesser Spotted Eagle *Aquila pomarina*. Ardea 85:29 — 36.

Henny, C.J., W.S. Seegar, M.A. Yates, T.L. Maechetle, S.A. Ganusevich and M.R. Fuller. 2000. Contaminants and wintering areas of Peregrine Falcons, *Falco peregrinus*, from the Kola Peninsula, Russia. Pages 871 — 878 in R.D. Chancellor and B.-U. Meyburg [Eds.], Raptors at risk. World Working Group on Birds of Prey and Owls, Berlin, Germany and Hancock House, London, United Kingdom.

Higuchi, H., H. Shiu, H. Nakamura, A. Uematsu, K. Kuno, M. Saeki, M. Hotta, K. Tokita, E. Moriya, E. Morishita and M. Tamura. 2005. Migration of Honey-buzzards *Pernis apivorus* based on satellite tracking. *Ornithol. Science* 4:109 — 115.

Hooper, M.J., P. Mineau, M.E. Zaccagnini, G.W. Winegrad and B. Woodbridge. 1999. Monocrotophos and the Swainson's Hawk. *Pesticide Outlook* 10: 97 — 102.

Howey, P. 2002. Useful tips - finding a lost PTT (part 2). Microwave Telemetry, Inc., Newsletter Winter 2000:4. (http://microwavetelemetry.com/newsletters.winter00_page4.pdf) (last accessed 7/6/2006).

———. 2005. Argos performance in Europe. *Tracker News* 6:8.

Kjellén, N., M. Hake and T. Alerstam. 2001. Timing and speed of migration in male, female and juvenile Ospreys *Pandion haliaetus* between Sweden and Africa as revealed by field observations, radar and satellite tracking. *J. Avian Biol.* 32:57 — 67.

Laing, D.K., D.M. Bird and T.E. Chubbs. 2005. First complete migration cycles for juvenile Bald Eagles (*Haliaeetus leucocephalus*) from Labrador. *J. Raptor Res.* 39:11 — 18.

Launay, F. and M.G. Muller. 2003. Falcon release and migration. *Falco* 22:22 — 23.

Martell, M.S., C.J. Henny, P.E. Nye and M.J. Solensky. 2001. Fall migration routes, timing, and wintering sites of North American Ospreys as determined by satellite telemetry. *Condor* 103:715 — 724.

McGrady, M.J., T.L. Maechtle, J.J. Vargas, W.S. Seegar and M.C. Porras Peña. 2002. Migration and ranging of Peregrine Falcons wintering on the Gulf of Mexico coast, Tamaulipas, Mexico. *Condor* 104:39 — 48.

———, M. Ueta, E.R. Potapov, I. Utekhina, V. Masterov, A. Ladyguine, V. Zykov, J. Cibor, M. Fuller and W.S. Seegar. 2003. Movements by juvenile and immature Steller's Sea Eagles *Haliaeetus pelagicus* tracked by satellite. Ibis 145:318 — 328.

Meyburg, B.-U., W. Scheller and C. Meyburg. 1995a. Migration and wintering of the Lesser Spotted Eagle *Aquila pomarina*: a study by means of satellite telemetry. *J. Ornithol.* 136:401 — 422.

———, J.M. Mendelson, D.H. Ellis, D.G. Smith, C. Meyburg and A.C. Kemp. 1995b. Year-round movements of a Wahlberg's Eagle *Aquila wahlbergi* tracked by satellite. Ostrich 66:135

—140.

———, C. MEYBURG AND J.-C. BARBRAUD. 1998. Migration strategies of an adult Short-toed Eagle Circaetus gallicus tracked by satellite. *Alauda* 66:39 — 48.

———, J. MATTHES AND C. MEYBURG. 2002. Satellite-tracked Lesser Spotted Eagle avoids crossing water at the Gulf of Suez. *Br. Birds* 95:372 — 376.

———, P. PAILLAT AND C. MEYBURG. 2003. Migration routes of Steppe Eagles between Asia and Africa: a study by means of satellite telemetry. *Condor* 105:219 — 227.

———, M. GALLARDO, C. MEYBURG AND E. DIMITROVA. 2004a. Migrations and sojourn in Africa of Egyptian Vultures (*Neophron percnopterus*) tracked by satellite. *J. Ornithol.* 145:273 — 280.

———, C. MEYBURG, T. BELKA, O. SREIBR AND J. VRANA. 2004b. Migration, wintering and breeding of a Lesser Spotted Eagle (*Aquila pomarina*) from Slovakia tracked by satellite. *J. Ornithol.* 145:1 — 7.

———, C. MEYBURG, T. MIZERA, G. MACIOROWSKI AND J. KOWALSKI. 2005. Family break up, departure, and autumn migration in Europe of a family of Greater Spotted Eagles (*Aquila clanga*) as reported by satellite telemetry. *J. Raptor Res.* 39:462 — 466.

———, C. MEYBURG, J. MATTHES AND H. MATTHES. 2006. GPS satellite tracking of Lesser Spotted Eagles (*Aquila pomarina*): home range and territorial behaviour. *Vogelwelt* 127:127 — 144.

———, C. MEYBURG AND F. FRANCK-NEUMANN. 2007a. Why do female Lesser Spotted Eagles (*Aquila pomarina*) visit strange nests remote from their own? *J. Ornithol.* 148:157 — 166.

———, C. MEYBURG, J. MATTHES AND H. MATTHES. 2007b. Spring migration, late arrival, temporary mate change and breeding success in the Lesser Spotted Eagle *Aquila pomarina*. *Vogel-welt* 128:21 — 31.

MILLSAP, B., T. BREEN, E. MCCONNELL, T. STEFFER, L. PHILLIPS, N. DOUGLASS AND S. TAYLOR. 2004. Comparative fecundity and survival of Bald Eagles fledged from suburban and rural natal areas in Florida. *J. Wildl. Manage.* 68:1018 — 1031.

MURRAY, D.L. AND M.R. FULLER. 2000. Effects of marking on the life history patterns of vertebrates. Pages 15 — 64 in L. Boitani and T. Fuller [EDS.], Research techniques in ethology and animal ecology. Columbia University Press, New York, NY U.S.A.

PESKE, L. AND M.J. MCGRADY. 2005. From the field: a system for locating satellite-received transmitters (PTTs) in the field. *Wildl. Soc. Bull.* 33:307 — 312.

RAFANOMEZANTSOA, S., R.T. WATSON AND R. THORSTROM. 2002. Juvenile dispersal of Madagascar Fish-eagles tracked by satellite telemetry. *J. Raptor Res.* 36:309 — 314.

ROSE, E.F., W. ENGLISH AND A. HAMILTON. 1993. Abstract: Paired use of satellite and VHF telemetry on rehabilitated Bald Eagles. *J. Raptor Res.* 27:92.

SCHMUTZ, J.K., C.S. HOUSTON AND G.L. HOLROYD. 1996. Southward migration of Swainson's Hawks: over 10,000 km in 54 days. *Blue Jay* 54:70 — 76.

SNYDER, N.F.R., S.R. BEISSINGER AND M.R. FULLER. 1989. Solar radio transmitters on Snail Kites in Florida. *J. Field Ornithol.* 60:171 — 177.

SOUTULLO, A., V. URIOS AND M. FERRER. 2006a. How far away in an hour? Daily movements of juvenile Golden Eagles (*Aquila chrysaetos*) tracked with satellite telemetry. *J. Ornithol.* 147:69 — 72.

———, V. URIOS, M. FERRER AND S.G. PEÑARRUBIA. 2006b. Post-fledging behaviour in Golden Eagles *Aquila chrysaetos*: onset of juvenile dispersal and progressive distancing from the nest. *Ibis* 148:307 — 312.

STEENHOF, K., M.R. FULLER, M.N. KOCHERT AND K.K. BATES. 2005. Long-range movements and breeding dispersal of Prairie Falcons from southwest Idaho. *Condor* 107:481 — 496.

———, K.K. BATES, M.R. FULLER, M.N. KOCHERT, J.O. MCKINLEY AND P.M. LUKACS. 2006. Effects of radio marking on Prairie Falcons: attachment failures provide insights about survival. *Wildl. Soc. Bull.* 34:116 — 126.

STRIKWERDA, T.E., M.R. FULLER, W.S. SEEGAR, P.W. HOWEY AND H.D. BLACK. 1986. Bird born satellite transmitter and location program. *Johns Hopkins APL Tech. Digest* 7:203 — 208.

THORUP, K., T. ALERSTAM, M. HAKE AND N. KJELLÉN. 2003a. Can vector summation describe the orientation system of juvenile Ospreys and Honey Buzzards? An analysis of ring recoveries and satellite tracking. *Oikos* 103:350 — 359.

———, T. ALERSTAM, M. HAKE AND N. KJELLÉN. 2003b. Bird orientation: compensation for wind drift in migrating raptors is age dependent. *Proc. Royal Soc. London, B* 270:S8 – S11.

———, T. ALERSTAM, M. HAKE AND N. KJELLÉN. 2006a. Traveling or stopping of migrating birds in relation to wind: an illustration for the Osprey. *Behav. Ecol* 17:497 — 502.

———, M. FULLER, T. ALERSTAM, M. HAKE, N. KJELLÉN AND R. STRANDBERG. 2006b. Do migratory flight paths of raptors follow constant geographical or geomagnetic courses? *Anim. Behav.* 72:875 — 880.

UETA, M. AND H. HIGUCHI. 2002. Difference in migration pattern between adult and immature birds using satellites. *Auk* 119:832 — 835.

———, F. SATO, J. NAKAGAWA AND N. MITA. 2000. Migration routes and differences of migration schedule between adult and young Steller's Sea Eagles *Haliaeetus pelagicus*. *Ibis* 142:35 — 39.

WOODBRIDGE, B., K.K. FINLEY AND S.T. SEAGER. 1995. An investigation of the Swainson's Hawk in Argentina. *J. Raptor Res.* 29: 202 – 204.

C. 安定同位体と微量元素

訳：山﨑　亨

Keith A. Hobson
Environment Canada, 11 Innovation Blvd.,
Saskatoon, Saskatchewan, S7N 3H5, Canada

はじめに

　猛禽類は比較的大型の渡り鳥なので，電波発信機・衛星発信機のどちらも装着するのに適している．ラジオトラッキングとサテライトトラッキングは，個体の移動および繁殖地，越冬地，渡り途中の滞在地間の関係を明らかにするのに最良の情報を提供してくれる（Webster et al. 2001）．しかし，経費および電池の寿命に加え，"再捕獲"が位置の特定場所となる全ての標識再捕獲法と同じように，トラッキングは，調査対象としている個体群を必ずしも代表してはいない最初に発信機を装着した個体による制約を受けてしまう．このことは，足輪や他の身体に装着する標識を利用する場合にも当てはまる．そのような懸案事項は，内因性のマーカーを利用することによっていくらかは克服することができる．というのは，内因性のマーカーというのは，最初のマーキングを必要とせず，再捕獲個体群のみに依存するからである（Rubsenstein and Hobson 2004）．対象とする内因性のマーカーには，遺伝子や他の分子マーカーと同じように，自然由来の安定同位体と微量元素のプロファイルが含まれる．ここでは，猛禽類の空間移動を追跡するための安定同位体と微量元素の利用に焦点を当てる．興味深いことに，猛禽類はこれらの技術の発達に顕著に関わってきているのである．

安定同位体

　同位体は原子核の中性子の数の違いによって原子質量のみが異なる元素の型である．一般的に，これらは同一の化学的性質を有しているが，質量の相違はそれらの中性子を含む分子に異なる力学的特性をもたらす．普通，どのような元素であっても，その安定同位体の存在量は，より一般的に存在する軽い型の元素に対する，よりまれな重い型の元素の比率で示される．生態学的利用に最も関心のある軽い元素の安定同位体の比率は，炭素が（$^{13}C/^{12}C$），窒素が（$^{15}N/^{14}N$），硫黄が（$^{34}S/^{32}S$），水素が（$^{2}H/^{1}H$），酸素が（$^{18}O/^{16}O$）である．ストロンチウム（^{87}Sr）や鉛（^{210}Pb）のように，より重い元素の同位体もまた特別に有効であるが，より複雑な分析手続きを必要とする．軽い元素の安定同位体の比率は，同位体比質量分析計（IRMS）によって測定され，デルタ（δ）表記法による国際標準に対する存在量で表される．そして，それらの標準値からの1000分の1の偏差値として報告される．これは，分析化学において非常に安定したものであり，高精度の測定が多くの研究所で日常的に行われている．有難いことに，自然界の生物地球化学プロセスは，安定同位体の存在量が異なる物質をもたらし，これらの相違が地域の食物網と相関性を有する有機物の起源を推測するのに利用されるのである．

　動物の研究に利用される全ての安定同位体の基本的な前提は，食物中の同位体の存在量は採食動物体内の同位体の存在量に直接関係しているということである．多くの場合，採食動物の組織は，比較的一定である同位体分別係数（discrimination factor）により，食物と関係して同位体の組成が異なる．この単純な関係が，安定同位体測定を一般的な食物網研究に，また特に渡りの追跡に利用する際における2つの重要な原理を提起する．まず，食物組織の同位体分別係数は，採食動物の組織特異性であり，これらの特異性は実験的に確立される必要性がある（Hobson and Clark 1992a）．次に，代謝的に活性な組織については，この関係は固定的なものではないが，組織中の元素の交替速度に関係する平衡時間定数に基づいているということである（Hobson and Clark 1992b）．それゆえに，同位体情報を解明する時には，組織の選択が基本的に重要なのである．例えば，Duxbury et al. (2003) は，巣内雛のハヤブサ（*Falco peregrinus*）の幼鳥の綿羽または幼鳥羽は，正確にその地域の食物を反映しているが，幼綿羽（出生した時の綿羽）

ではそうではないという実験的証拠を示している．渡り鳥の起源を推測する時には，3つの主要な要素が考慮されなければならない．①その源となる同位体特性およびこれがいかに空間的に，時間的に，または両方ともに変化しているのか，②その源を表すのに用いられる組織に関係のある同位体識別，③その組織の同位体の交替速度，の3要素である．

組織の選択

同位体測定に用いる組織は，代謝的に活性でも不活性でもよい．代謝的に活性な組織は，過去の起源とその組織に関連した元素の交替速度に依存する期間（window）の幅である"moving window"（訳者注：経時的に蓄積された特定の同位体が組織の代謝によって減少していく期間）をもたらす．肝臓や血漿のような代謝率の速い組織では，その期間は，ほぼ1週間程度である（Hobson and Clark 1992a）．筋肉と全血は遅い交替速度を有しており，その情報はほぼ6週間にも及ぶ期間の由来となる．骨コラーゲンは非常に遅い交替速度を有しており，数年以上の間の平均的な食性情報を提供することが可能である．渡り鳥の起源を推測するために代謝的に活性な組織を使用したい研究者が直面する課題は，基本的に野生の渡り鳥の正確な代謝的な交替速度が不明であるということである（Hobson 2005a）．

羽毛のケラチンや爪などの代謝的に不活性な組織は，成長期の特色を示す起源の情報を提供する（その形成過程において，内因性の条件がないと仮定すれば）．換羽周期がよく知られていない猛禽類のような場合には，1枚の羽毛の同位体測定が渡りの起源を決定するのに強力なツールとなり得る．羽毛を使用する不利な点は，羽毛が脱落した場合，羽毛が最初に生育した場所以外の場所で新しい羽毛が伸長することがあるということである．さらに，数種では換羽の周期がよく分かっていないし，確証することは困難ではあるけれども，繁殖に失敗した成鳥が繁殖場所を早く去り，渡り途中で換羽するという可能性もある．朗報としては，安定同位体法は，繁殖場所の起源と同様に換羽のパターンを決定するのにも利用できるということがある．Wassenaar and Hobson（2001）は，成鳥のオリーブチャツグミ（*Catharus ustulatus*）が実際の繁殖場所の南部で風切羽を換羽することを確認した．春に飛来する鳥の爪は，越冬場所における環境に関する価値ある同位体情報を提供してくれるかもしれない．というのは，爪は比較的ゆっくり生育し（Bearhop et al. 2003, Mazerolle and Hobson 2005），そのためにその数週間〜数ヵ月前の食性を表すからである．

同位体的ランドスケープ

幸いなことに，自然界で知られているいくつかの同位体パターンは，渡り鳥や他の生物の起源を推測するのに利用することができる．これらのパターンは，個々の同位体によっても変化するし，また，それらが様々な生物地球化学的な反応において，いかに作用するかによっても変化がある．われわれの目的にとっては，これらのパターンは，地域の生物群系または気候条件に関係する食物の痕跡にグループ分けすることができるし，"同位体的ランドスケープ（isotopic landscapes）"または下層の地質または降水の大陸的パターンに基づく大きなスケールでの同位体パターンに関係する食物の痕跡にもグループ分けすることができる．

自然界で最も研究され，よく知られている安定同位体パターンは，光合成回路と関係のある炭素の同位体特性である．この過程は，基本的に光合成が行われる間に，炭素の異なる分子が固定されるということに基づいており，その結果，3-（C-3）または4-（C-4）という炭素の分子基板を生み出し，いずれの場合にも ^{13}C と ^{12}C の異なる動きに対応する．C-3光合成経路を有する植物は，C-4またはCAM経路（訳者注：植物の光合成方式の1つであり，夜間に気孔を開けて CO_2 の取り込みを行い，昼間に気孔を閉じて水分の損失を最小限に抑える．乾燥した条件下や水分を得るのに困難な場所に成育する植物によく見られる方式）を有する植物よりも $\delta^{13}C$ 値が枯渇または低い組織をもっている．また C-3 植物は，水利用効率と関連した機序に基づく $\delta^{13}C$ の痕跡において著しい変化を示す（Lajtha and Marshall 1994 による総説）．その最終結果として，C-3 植物は一般的に，より冷涼または中湿性の条件下に比べて，より乾燥状態において ^{13}C がより豊富になるということである（例えば，Marra et al. 1998）．Hobson and Wassenaar（2001）は，米国南部とメキシコ北部において越冬するアメリカオオモズ（*Lanius ludovicianus*）は，純粋な C-3〜純粋な C-4 間の光合成構成に及ぶ食物網を有するエリアに起源があることを示した．しかしながら，われわれは，ほとんどの種についての分布域の多くのエリアにおける C-3 対 C-4 の生物群系の分布の有効な空間分解能の知見を有していないので，このモズのように野鳥の起源を推測するような情報を得るということはかなり限られている（しかし，Still et al. 2003 を参照のこと）．CAM植物は，北米では比較的まれであるが，乾燥地帯ではサボ

テンによって代表される植物である．Wolf and Martinez del Rio(2000)とWolf et al.(2002)は，ハジロバト(*Zenaida asiatica*)とナゲキバト(*Z. macroura*)が，サワロ(*Carnegiea gigantea*)（訳者注：米国南西部からメキシコ北部に分布する，高さ12mほどになるアメリカ最大のサボテン）にどの程度の依存性を有しているかを検査し，これを米国南西部に起源を有するハトの個体群のマーカーとして利用してきている．

C, N, H, O, Sを含む数種の元素の安定同位体は，1次生産に有効な無機性栄養素における同位体の相違によって，陸生と淡水の食物網に対して海洋の食物網は異なるため，その結果として，猛禽類の食物に入った海洋由来の物は同位体的に追跡することができる．Lott and Smith (2006)は，$\delta^{34}S$測定を利用することによって，海生の食物網との関係を説明付けるのに9種の異なる猛禽類（下記を参照）の羽毛の重水素同位体（δD）の値を補正することができたとしている．確かに，食性の再構成というのは，猛禽類が海鳥または海洋魚類を摂取したり，あるいは海洋哺乳類の死体を食べるということにも依存しており，いくらかの陸生の食物網は同位体的に海洋の食物網とオーバーラップはしているけれども（例えば，陸生の蒸発沈着物は海洋システムと同じような$\delta^{34}S$値をもっている），同位体法を使用することは，どちらかと言えば日常的であるべきである．

安定窒素同位体の比率（$\delta^{15}N$）は，栄養状況の指標として非常に有効である（Kelly 2000）．しかしながら，陸生システムでは，土地利用慣行によって，食物網における安定同位体の存在量が影響を受けることがある．その中でもとりわけ，農作業が高地と湿地帯システムの両方において$\delta^{15}N$の値を変えてしまう．土壌窒素は場所内および場所間で同位体的に変化があるが，農作業の過程によって，温帯林土壌よりも^{15}Nがより豊富な農業土壌となってしまう．そこでは，動物由来の肥料が存在しており，耕起と低い酸性の結果として，農業土壌からアンモニアのような同位体的に軽い窒素化合物がより多く揮発するのである（Nadelhoffer and Fry 1994）．

重水素

疑いもなく，北米における渡り鳥の起源を解明するのに有効な，最も可能性を有している1つの同位体は重水素である．その有効性は，降水における安定水素同位体の比率が南東部の高い値から北西部の低い値にまで全体的な勾配を有する全米のパターンを示しているという根拠に基づいている（図14-2）．この現象は，蒸発と降水が

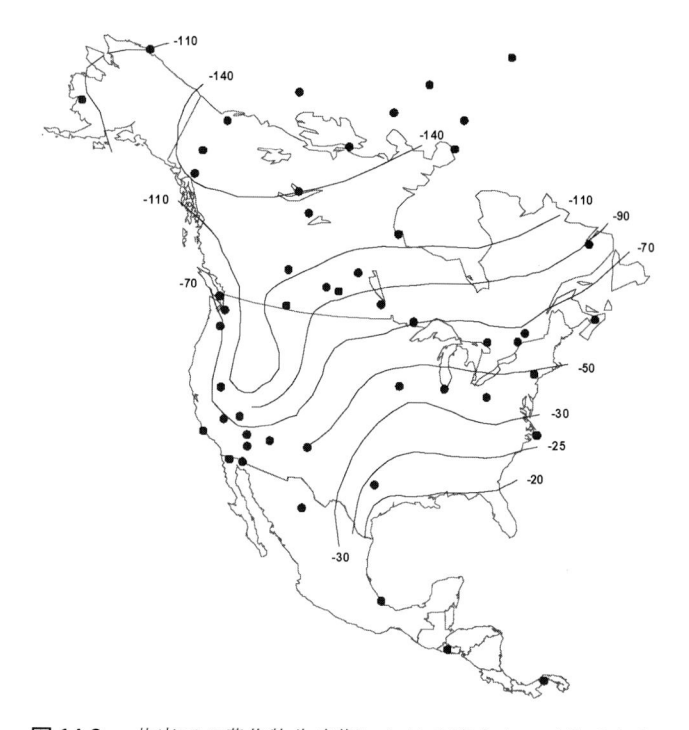

図14-2 北米での農作物生育期における降水中の平均重水素量（‰）パターン（Hobson and Wassenaar 1997から）．ドットは長期間にわたるサンプル採取場所を示す．同位体識別によって，これらの曲線に関連して羽毛中の重水素値は低下していくことを意味する．

より重い重水素を含んでいる水分子を排他的にまたは優先的に選別していく作用であり，また同様に，温度，相対湿度，海からの距離，標高による影響を受ける作用でもあるという事実に起因している（Bowen et al. 2005を参照）．Chamberlain et al. 1997とHobson and Wassenaar(1997)が初めて鳥に利用して以降，いくつかの研究により，農作物生育期における降水の平均δD値とその場所で成長した鳥の羽毛中の平均δD値の間には強い関係があることが確かめられた（Bowen et al. 2005）．Meehan et al. (2001)は，クーパーハイタカ（*Accipiter cooperii*）の羽毛を用いた猛禽類で最初の重水素による研究を行い，全米のパターンはフロリダを通って渡りをする鳥の出生地を推定するのに利用できることを確かめた．農作物生育期の重水素降水地図は，最近，ヨーロッパ用のものが作成された（Hobson 2003）．Duxbury (2004)は，出生地または換羽の起源にまで究極的に追跡をするという目的で，アナホリフクロウ（*Athene cunicularia*）とハヤブサの羽毛に関する同位体の基礎研究を行った．しかし，北米の猛禽類に関する最も包括的な羽毛の重水素地図は，Lott and Smith (2006)によって作成された．これらの著者は，北米全域の各地に起源を有する博物館の標本から羽毛のδD値を測定し，地

理情報システム（GIS）クエリーに準ずる便利なデジタル同位体表面図を提供している．

　国際原子力機関（International Atomic Energy Agency：IAEA）のデータベースに基づく，生育期における降水曲線地図を利用することに対してよくある質問は，kriged（訳者注：地球統計学の分野で考案されたkrigingと呼ばれる空間回帰的な手法によったものということ）（すなわち，地理的）関係のロバスト性である．ある年に，これらのパターンにどれくらいの変化が起きることが予測できるのか．これは返答するのに容易な質問ではない．というのは，このデータベースのためのサンプリング場所における地理的かつ一時的な表土は変化しやすいものだからである．Hobson and Wassenaar（1997）とHobson（2003）によって描かれたパターンは，約35年間のIAEAによる記録に基づいている．しかしながら，いくつかの検討結果により，少なくとも質的には，われわれがこれらに寄せる信頼は強化されてきている．最初は，降水情報における短期間の変化は，ある程度までは生育期自身の長期間にわたる平均化によって平滑化されるものである．それゆえに，多くのエリアでは，各羽毛の測定は，実質的には多くの降水事象の平均値を表すものであり，それによって短期間の変化を平滑化するようになるのである．このことは，降水量の少ない地域や時期または単一または総観的な降雨事象に支配されている地域においては，必ずしもそうなるというわけではない．さらに，地下水または貯水池が地域の食物網への水素の主要な源となっているところにも利用できない．長期間のデータが有効なヨーロッパの場所からなるグループでは，降水中の平均的な生育期のδDにおいて測定誤差の範囲内の非常にわずかな年間の変化しか示さなかったが，それに対して，他の場所，特に海岸の場所では，少なくとも3〜4回，大きな変化を示した（Hobson 2005b）．しかしながら，多数の潜在的な誤差の源があるにもかかわらず，長期間ににおける降水中の平均δD値が，ある年に成長した羽毛のδD値と実にうまく相関していることは注目に値するものであり，現在では，相関性がいくつかの研究グループによって独立的に示されている．この相関性が，気候変動のシナリオが描かれている未来でいかにうまく保持されるかは，むろん，分からないことではあるが，さらなる研究が重要な分野ではある（Hobson 2005a）．

　長期間の平均曲線地図の利用に代わるものとしては，関心のある特定の年に関心のある同位体のパターンを直接測定する方法（例えば，Hobson et al. 1999）と関心のある種または分類群について羽毛の同位体ベースマップを作成する方法がある（Duxbury 2004, Lott and Smith 2006）．

Meehan et al.（2003）は，クーパーハイタカの巣内雛において，成長した羽毛の方が，同じ場所で成長した親鳥の羽毛よりも重水素の値が低いということを確認した．年齢グループ間の食物の相違の可能性を含め，この結果に関しては，多くの説明が考えられる．もう1つの可能性は，成鳥で繁殖している猛禽類では，巣内雛期間にわたる蒸発冷却によって，重水素が相対的に多くなるということである（Meehan et al. 2003）．組織のδD値が起源に関係している場合，もし特別な状態が猛禽類に与えるかどうかを確かめるためには，飼育下の個体を用いた実験が必要である．

　最近，Smith and Dufty（2005）は，北米西部全域において，繁殖テリトリーの場所を示すと思われる羽毛に関して，オオタカ（Accipiter gentilis）の成鳥と巣内雛の羽毛のδD値を検査した．予測どおり，彼らは，緯度と海岸からの距離によって羽毛中の同位体δD値に一般的な減少があることを見出した．また，彼らは，Meehan et al.（2003）と同じように，同じ場所においては，巣内雛は成鳥よりも低いδD値を有することを確認した．位置や地域の温度を調整した後に，彼らは性に関係して，羽毛の同位体プロファイルにおいて個体間でかなりな差が存在することを発見した．成鳥の雌は雄よりもかなり高いδD値をもっていた．このようなパターンは，雛に食物を供給している間において，羽毛が成長している期間中に"仕事"（訳者注：巣内雛を養育するということ）を行っている猛禽類の蒸発冷却の相違に起因するものであるという仮説を支持する発見であった．彼らは，成鳥と幼鳥で異なる同位体のベースマップが描かれるために，羽毛を用いたさらなる研究がなされるべきであると提言している．

微量元素

　羽毛中の微量元素のパターンは，究極的には食物に由来し，同様に，食物は地表地質に強く影響されるので，それらが空間情報を提供してくれるのである．微量元素の利用は，鳥の渡りの追跡に地質から由来する痕跡を利用するための研究方法として，比較的早期から採用されている（早期の報告としては，Means and Peterle 1982, Kelsall 1984がある）．この方法は，非常に，直観的に理解しやすいという魅力がある．というのは，羽毛に含まれる多数の元素の相対的な量を測定することが可能であり，それによって，個体または個体群に特有の地質に由来する痕跡を得る機会が増加するからである．最近の分析技術の進歩により，As, Cd, Mg, Mn, Mo, Se, Sr, Co, Fe, Zn, Li, P, Ti, V, Ag, Cr, Ba, Hg, Pb, S, Ni, およびCuなどの

数多くの元素の羽毛中の濃度を日常的に測定することが可能となった．この技術が有効であることが示唆されていたにもかかわらず，この分野の研究は，信頼性に関するいくつかの懸念から10年前まではかなり見放されていた．これらの批判のいくらかについては，元素測定をより信頼性の高いものにするサンプル調製や測定技術の改善を通じて対処されてきているが，それでもまだ不信感は残っている．

地理的な起源を推測するために微量元素分析を利用するという最初の試みは，水鳥で行われた（例えば，Devine and Peterle 1968, Kelsall and Calaprice 1972, Kelsall et al. 1975, Hanson and Jones 1976, Kelsall and Burton 1979）．これらの研究では，成功度が様々であったが，その後，Parrish et al.（1983）によって優れた研究が行われ，羽毛中の5種類というわずかな微量元素を測定することによって，ハヤブサの個体群を3つの異なる出生地個体群として明瞭に区分した（図14-3, Barlow and Bortolotti 1988も参照）．しかしながら，他のいくらかの研究では，羽毛中の元素プロファイルは，年齢（Hanson and Jones 1976）と性（Hanson and Jones 1974, Kelsall and Burton 1979, Bortolotti and Barlow 1988）によって，個体群内においてかなりの変化があるという証拠を報告している．そのような変化の要因というのはよく分かっていないが，たぶん，羽毛の中に微量元素を分泌するのに影響を与えるホルモンや代謝のメカニズムに関係しているのだろうと思われる．そのような変化があるということは，個体群間の識別を困難にするとか，またはサンプリングのバイアスによる人為的な結果をもたらすかもしれないというために，その後もずっと問題であり続けている（Bortolotti et al. 1990）．

元素プロファイルにおける個体群内の変化で提起された疑念に加えて，適切な対処がなされていない，より基本的な問題というのは，そのようなプロファイルが異なる個体群間でどのように変化するかということである．例えば，Bortolotti et al.（1989）は，数百kmも離れたよく似た森林のハリモミライチョウ（Falcipennis canadensis）がよく似た羽毛の元素構成を有し，その一方で，異なる森林タイプに生息する隣接のハリモミライチョウは全く異なる元素構成を有しているということを発見した．同様に，Szép et al.(2003)は，ヨーロッパ全域の色々な場所で育ったショウドウツバメ（Riparia riparia）の個体群の羽毛は，コロニー内で年齢によって変化があり，元素プロファイル内の同一性と相違性は，独立しているコロニー間の距離には無関係であることを見出した．繁殖地，越冬地，中継地間の関係を明らかにするための微量元素プロファイルの価値は，何を解明しようとしているのかということ，および対象としている個体群がいかに空間的に分離しているのかということにかかってくるものと思われる．

コロニー性が高いまたは群れを形成する種では，羽毛中の微量元素構成によって，コロニーまたは繁殖場所の相違を明らかにすることが可能かもしれない．もし運が良ければ，そのような分野には有効な元素のフィンガープリントがあるかもしれない．より遠くまで分散する種では，起源の明白な結論を導き出すのに十分な，移動する全範囲の微量元素プロファイルを表すことはとても困難なことであると思われる．このことは，この分野の研究が良い成果をあげないということを示唆しているのではない．むしろそれよりも，大陸の重水素降水地図の利用とは対照的に，詳細な地理的情報なしには，特に地域的スケールにおいて予測される微量元素プロファイルの予報値を作成することはとても困難なことであろうということである．鳥の羽毛中の微量元素プロファイルは，将来の新しい優れた手法にとって有効であるかもしれない．例えば，Szép et al.(2003)は，

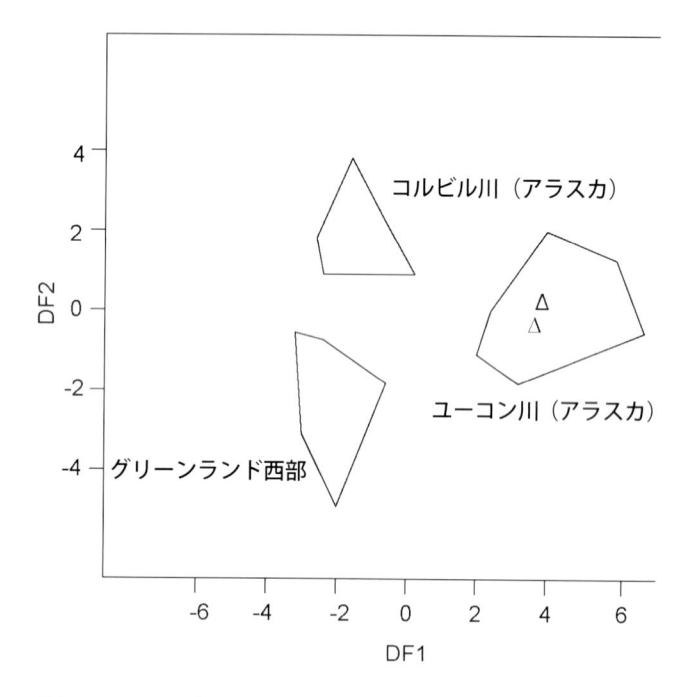

図14-3 ハヤブサの3つの個体群における微量元素の分域．判別関数スコアは，予測因子である14羽の巣内雛の羽毛の微量元素の濃度に基づいた．多角形は，各巣内雛サンプルの全外側境界を示し，△はテキサス州のSouth Padre Islandで捕獲された2羽の成鳥を示している．（Parrish et al. 1983から作成）（訳者注：DF1は判別関数1，DF2は判別関数2のことであり，x軸とy軸のスコアを示す．つまり，羽毛中の微量元素の蓄積度合いを利用して個体の由来区分を行うこと．）

微量元素分析が個体間におけるミクロな地理的相違に敏感であるために，この手法は，個体または小さなグループレベルでの渡りまたは越冬行動を解明するのに向いているかもしれないと提唱している．Bortolotti et al.（1990）は，微量元素プロファイルにおける年齢および性の影響がよく分かっているのであれば，研究している個体群内の元素パターンから個体群動態情報を得ることができるかもしれないと示唆している．

組織中の微量元素プロファイルを把握するための測定技術は，過去数十年間で，もの凄く進歩した．誘導結合プラズマ技術〔Inductively Coupled Plasma（ICP）techniques〕のような，いくらかの方法では，スペクトル分析の前にサンプルを液体に溶解することが必要である．それに対して，中性子放射化分析（Neutron Activation Technique）のような他の方法では，サンプルに放射線を照射するけれども破壊はしない．両方法ともに利点と欠点がある．一連の元素の同位体測定を行えるように，質量分析計をICP装置に結合させた最近のICP-MS技術の開発により，渡り追跡研究に関して，確かに大きな期待をもてるようになった．検査できる元素と同位体の種類を増やすことによって，多くの問題が解決され，より標準化されたMS技術がこれまで不可能だった同位体の痕跡を追跡することを可能にするものと思われる．

今後の方向性

北米とその他の地域において，猛禽類の食性と地理的な起源を追跡するために安定同位体と微量元素が利用されているということは，これらの方法が重要な手法であることを示唆しており，この目的のために羽毛を日常的に収集するといういくつかの研究が現在も行われている．疑いもなく，様々な羽毛の痕跡に関する正確な換羽パターンを把握することは，対象とする全ての種にとってすこぶる有益なことになるものと思われる．観念的に言えば，繁殖地と越冬地を示す羽毛を入手することにより，同じ個体から時間的および空間的な2つのサンプルについての分析を行うことが可能となるのである．猛禽類は飼育下で育てることができるので，実験個体における同位体と微量元素の動向を継続的に研究することが大いに期待される．

いくつかの重要な分野において，さらに継続的な研究が必要である（Hobson 2005a，Smith and Dufty 2005，Lott and Smith 2006）．繁殖期間中に羽毛が成長すると，羽毛中のδD値が高くなるかどうかを確認する必要のある猛禽類に関しては，いかにその猛禽類について適切な同位体のベースマップを作成するかということである（Lott and Smith 2006）．次に，降水と羽毛中のδD値における相違に関係する要因をより詳しく理解しなければならないし，個々の個体に起源をいかに割り当てるかについては，より正確な統計的手法を組み込まねばならない．間違いなく，GIS技術の実用化とベイズ統計は，猛禽類などの同位体研究に大いに組み込まれることになるものと思われる（例えば，Mazerolle et al. 2005，Wunder et al. 2005，Lott and Smith 2006）．猛禽類に関する生物学者と熱心な人達は，同位体と微量元素の技術に関係するいくつかの基礎的な疑問を明らかにするために，同位体的に同質な食物と水で育てられた個体を用いる必須の対照研究を支援するグループとして他に類をみない重要な位置を占めている．研究中の猛禽類の組織における蒸発冷却による濃縮を取り巻く課題はさておき，元素の交替速度および個体内および個体間での羽毛とその他の組織間における同位体分布のパターンに関するより基礎的な情報が必要である．

謝　辞

この概説を書き上げることを励ましてくれたDavid Birdに感謝申し上げるとともに，初期段階の原稿を校正してくださった匿名の書評者に感謝申し上げる．

引用文献

BARLOW, J.C. AND G.R. BORTOLOTTI. 1988. Adaptive divergence in morphology and behavior in some New World island birds: with special reference to *Vireo altiloquus*. Pages 1535 − 1549 in H. Ouellet [ED.], Acta XIX Congressus Internationalis Ornithologici, Ottawa, Ontario, 1986. National Museum of Natural Sciences, Ottawa, Ontario Canada.

BEARHOP, S., R.W. FURNESS, G.H. HILTON, S.C. VOTIER AND S. WALDRON. 2003. A forensic approach to understanding diet and habitat use from stable isotope analysis of (avian) claw material. *Functional Ecol.* 17:270 − 275.

BORTOLOTTI, G.R. AND J.C. BARLOW. 1988. Some sources of variation in the elemental composition of Bald Eagle feathers. *Can. J. Zool.* 63:2707 − 2718.

———, K.J. SZUBA, B.J. NAYLOR AND J.F. BENDELL. 1989. Mineral profiles of Spruce Grouse feathers show habitat affinities. *J. Wildl. Manage.* 48:853 − 866.

———, K.J. SZUBA, B.J. NAYLOR AND J.F. BENDELL. 1990. Intrapopulation variation in mineral profiles of feathers of Spruce Grouse. *Can. J. Zool.* 68:585 − 590.

BOWEN, G.J., L.I. WASSENAAR AND K.A. HOBSON. 2005. Application of stable hydrogen and oxygen isotopes to wildlife forensic investigations at global scales. *Oecologia* 143:337 − 348.

CHAMBERLAIN, C.P., J.D. BLUM, R.T. HOLMES, X. FENG, T.W. SHERRY

AND G.R. GRAVES. 1997. The use of isotope tracers for identifying populations of migratory birds. *Oecologia* 109:132 – 141.

DEVINE, T. AND T.J. PETERLE. 1968. Possible differentiation of natal areas of North American waterfowl by neutron activation analysis. *J. Wildl. Manage.* 32:274 – 279.

DUXBURY, J.M. 2004. Stable isotope analysis and the investigation of the migration and dispersal of Peregrine Falcons (*Falco peregrinus*) and Burrowing Owls (*Athene cunicularia hypugaea*). Ph.D. thesis. University of Alberta, Edmonton, Alberta, Canada.

———, G.L. HOLROYD AND K. MUEHLENBACHS. 2003. Changes in hydrogen isotope ratios in sequential plumage stages: an implication for the creation of isotope base-maps for tracking migratory birds. *Isot. Environ. Health Stud.* 39:179 – 189.

HANSON, H.C. AND R.L. JONES. 1974. An inferred sex differential in copper metabolism in Ross' Geese (*Anser rossi*): biogeochemical and physiological considerations. *Arctic* 27:111 – 120.

——— AND R.L. JONES. 1976. The biogeochemistry of Blue, Snow, and Ross' geese. *Ill. Nat. Hist. Surv. Spec. Publ.* 1.

HOBSON, K.A. 2003. Making migratory connections with stable isotopes. Pages 379 – 391 in P. Berthold, P. Gwinner, and E. Sannenschein [EDS.], Avian migration. Springer-Verlag, Berlin, Germany.

———. 2005a. Stable isotopes and the determination of avian migratory connectivity and seasonal interactions. *Auk* 122:1037 – 1048.

———. 2005b. Flying fingerprints: making connections with stable isotopes and trace elements. Pages 235 – 248 in R. Greenberg and P.P. Marra [EDS.], Birds of two worlds: the ecology and evolution of migratory birds. Johns Hopkins University Press, Baltimore, MD U.S.A.

——— AND R.W. CLARK. 1992a. Assessing avian diets using stable isotopes. II: factors influencing diet-tissue fractionation. *Condor* 94:189 – 197.

——— AND R.W. CLARK. 1992b. Assessing avian diets using stable isotopes. I: turnover of carbon-13 in tissues. *Condor* 94:181 – 188.

——— AND L.I. WASSENAAR. 1997. Linking breeding and wintering grounds of neotropical migrant songbirds using stable hydrogen isotopic analysis of feathers. *Oecologia* 109:142 – 148.

——— AND L.I. WASSENAAR. 2001. A stable isotope approach to delineating population structure in migratory wildlife in North America: an example using the Loggerhead Shrike. *Ecol. Applic.* 11:1545 – 1553.

———, L.I. WASSENAAR AND O.R. TAYLOR. 1999. Stable isotopes (δD and $\delta^{13}C$) are geographic indicators of natal origins of monarch butterflies in eastern North America. *Oecologia* 120:397 – 404.

KELLY, J.F. 2000. Stable isotopes of carbon and nitrogen in the study of avian and mammalian trophic ecology. *Can. J. Zool.* 78:1 – 27.

KELSALL, J.P. 1984. The use of chemical profiles from feathers to determine the origins of birds. Pages 501 – 515 in J. Ledger [ED.]. Proceedings of the 5th Pan-African Ornithological Congress, Lilongwe, Malawi 1980. South African Ornithological Society, Johannesburg, South Africa.

——— AND R. BURTON. 1979. Some problems in identification of origins of Lesser Snow Geese by chemical profiles. *Can. J. Zool.* 57:2292 – 2302.

——— AND J. R. CALAPRICE. 1972. Chemical content of waterfowl plumage as a potential diagnostic tool. *J. Wildl. Manage.* 36:1088 – 1097.

———, W.J. PANNEKOEK AND R. BURTON. 1975. Chemical variability in plumage of wild Lesser Snow Geese. *Can. J. Zool.* 53:1369 – 1375.

LAJTHA, K. AND J.D. MARSHALL. 1994. Sources of variation in the stable isotopic composition of plants. Pages 1 – 21 in K. Lajtha and R.H. Michener [EDS.], Stable isotopes in ecology and environmental sciences. Blackwell Scientific, Oxford, United Kingdom.

LOTT, C.A. AND J.P. SMITH. 2006. A GIS approach to estimating the origins of migratory raptors in North America using hydrogen stable isotope ratios in feathers. *Auk* 123:822 – 835.

MARRA, P.P., K.A. HOBSON AND R.T. HOLMES. 1998. Linking winter and summer events in a migratory bird using stable carbon isotopes. *Science* 282:1884 – 1886.

MAZEROLLE, D. AND K.A. HOBSON. 2005. Estimating origins of short-distance migrant songbirds in North America: contrasting inferences from hydrogen isotope measurements of feathers, claws, and blood. *Condor* 107:280 – 288.

———, K.A. HOBSON AND L.I. WASSENAAR. 2005. Combining stable isotope and band-encounter analyses to delineate migratory patterns and catchment areas of White-throated Sparrows at a migration monitoring station. *Oecologia* 144:541 – 549.

MEANS, J.W. AND T.J. PETERLE. 1982. X-ray microanalysis of feathers for obtaining population data. Pages 465 – 473 in Transactions of 14th International Congress of Game Biologists.

MEEHAN, T.D., C.A. LOTT, Z.D. SHARP, R.B. SMITH, R.N. ROSENFIELD, A.C. STEWART AND R.K. MURPHY. 2001. Using hydrogen isotope geochemistry to estimate the natal latitudes of immature Cooper's Hawks migrating through the Florida Keys. *Condor* 103:11 – 20.

———, R.N. ROSENFIELD, V.N. ATUDOREI, J. BIELFELDT, L. ROSENFIELD, A.C. STEWART, W.E. STOUT AND M.A. BOZEK. 2003. Variation in hydrogen stable-isotope ratios between adult and nestling Cooper's Hawks. *Condor* 105:567 – 572.

NADELHOFFER, K J. AND B. FRY. 1994. Nitrogen isotope studies in forest ecosystems. Pages 22 – 44 in K. Lajtha and

R.H. Michener [Eds.], Stable isotopes in ecology and environmental science. Blackwell Scientific, Oxford, United Kingdom.

Parrish, J.R., D.T. Rogers, Jr. and F.P. Ward. 1983. Identification of natal locales of Peregrine Falcons (*Falco peregrinus*) by trace element analysis of feathers. *Auk* 100:560 — 567.

Rubenstein, D.R. and K.A. Hobson. 2004. From birds to butterflies: animal movement patterns and stable isotopes. *Trends Ecol. Evol.* 19:256 — 263.

Smith, A.D. and A.M. Dufty, Jr. 2005. Variation in the stable-hydrogen isotope composition of Northern Goshawk feathers: relevance to the study of migratory origins. *Condor* 107:547 — 558.

Still, C.J., J.A. Berry, G.J. Collatz and R.S. DeFries. 2003. The global distribution of C3 and C4 vegetation: carbon cycle implications. *Global Biogeochemical Cycles* 17:1006 — 1029.

Szép, T., A.P. Møller, J. Vallner, B. Kovacs and D. Norman. 2003. Use of trace elements in feathers of Sand Martins *Riparia riparia* to identify molting areas. *J. Avian Biol.* 34:307 — 320.

Wassenaar, L.I. and K.A. Hobson. 2001. A stable-isotope approach to delineate geographical catchment areas of avian migration monitoring stations in North America. *Environ. Sci. & Technol.* 35:1845 — 1850.

Webster, M.S., P.P. Marra, S.M. Haig, S. Bensch and R.T. Holmes. 2001. Links between worlds: unraveling migratory connectivity. *Trends Ecol. Evol.* 17:76 — 83.

Wolf, B.O. and C. Martinez del Rio. 2000. Use of saguaro fruit by White-winged Doves: isotopic evidence of a tight ecological association. *Oecologia* 124:536 — 543.

———, C. Martinez del Rio and J. Babson. 2002. Stable isotopes reveal that saguaro fruit provides different resources to two desert dove species. *Ecology* 83:1286 — 1293.

Wunder, M.B., C.L. Kester, F.L. Knopf and R.O. Rye. 2005. A test of geographic assignment using isotope tracers in feathers of known origin. *Oecologia* 144:607 — 617.

エネルギー代謝論

CHARLES R. BLEM
Department of Biology, Virginia Commonwealth University, Richmond, Virginia 23284 U.S.A.

訳：江口淳一

　猛禽類のエネルギー代謝についての研究は，彼らの自然史を理解するうえで非常に重要である．最終捕食者として，また時にキーストーンとなる生物として，猛禽類は多くの生態系における重要な構成要素である．彼らは食物連鎖の頂点に位置していることから，重金属，殺虫剤，その他の安定化合物の最終的な蓄積場所となる可能性があり，それゆえ，生態系の健全性の重要な指標となる．生態学的なエネルギー代謝の解析方法について記述した初期の出版物は，猛禽類に言及していなかったが（Grodzinski et al. 1975），その後，その重要性が明らかになってきた．

　Gessaman（1987）は，猛禽類の代謝の研究において用いられる専門用語，技術，器材についての独立した総説を過去に記している．彼の素晴らしい概論は，この分野の仕事を始めようとする研究者全てにとっての出発点を包含しており，この論文の多くの部分は現在も適切な内容であり，代謝解析を含むプロジェクトを始める者はすべからく参考にすべき文献である．Gessamanはエネルギー代謝の測定について，当時可能であった方法を明確に示しており，また，その測定が，タカ類，フクロウ類，ワシ類，その他の猛禽類の活動の研究にどのように応用できるかという可能性も示している．私は，ここでそれらの測定技術について詳細に述べるつもりはなく，基本的な専門用語の一部を紹介することに留めたい．なぜならば，これらの測定技術のいくつかは，その後，利用者が使いやすいように改良されており，またそうでないものは，Gessamanが概説した時から変わっていないからである．一般的な鳥類の代謝についての文献を調べ直すためには，Gessaman（1973）やCalder and King（1974），Kendeigh et al.（1977），Walsberg（1983），Blem（1990, 2000, 2004），Dawson and Whittow（2000）らによる引用文献を参照のこと．

　猛禽類を対象としたエネルギー代謝の研究の数は，他の鳥類を対象とした研究と比較するとわずかである．これは，研究に十分な個体数の大型で肉食の鳥を飼育することが，種子を食べる小型の鳥と比べて，困難であることによるのかもしれない．同様に，元来，広い範囲を飛翔する大型の鳥をケージで飼育することは，小型のスズメ目の鳥をケージで飼育することよりも困難を伴うことである．さらに，その消費量を測定するために餌を準備しても，肉食の鳥は不消化物をペレットとしてしばしば排泄するために，猛禽類のエネルギー摂取量の測定は他の鳥よりも少し困難となるかもしれない．

専門用語と概念

　この章では一般的なかたちで，猛禽類の代謝の測定に用いられてきた方法について記述し，Gessaman（1987）以降の2，3の研究結果について極めて手短に要約する．より詳細を知りたい者は，Gessamanの論文，あるいは末尾の参考文献を参照のこと．

　エネルギー平衡の研究において考慮すべき1日の総エネルギー消費には多くの構成要素が存在する．歴史的にみると，これらの各構成要素を特定する用語はそれぞれの研究ごとに異なってきている．ここで用いる単語および概念は最も頻繁に使用されるものであり，最近の重要な鳥類のエネルギー代謝論についての総説（例えば，Gessaman 1973, 1987やKarasov 1990, Blem 2000, Dawson and Whittow 2000）と基本的に一致している．

　基本的に，鳥類が使用するエネルギーは以下のように要約できる．すなわち，総エネルギー摂取量（gross energy intake：GEI）＝代謝エネルギー（metabolized energy：ME）＋排泄物中のエネルギー〔排泄エネルギー（excretory energy：EXE）；糞，尿，ペレット；図15-1〕．総エネルギー摂取量のうち，代謝エネルギーになる割合は，代謝

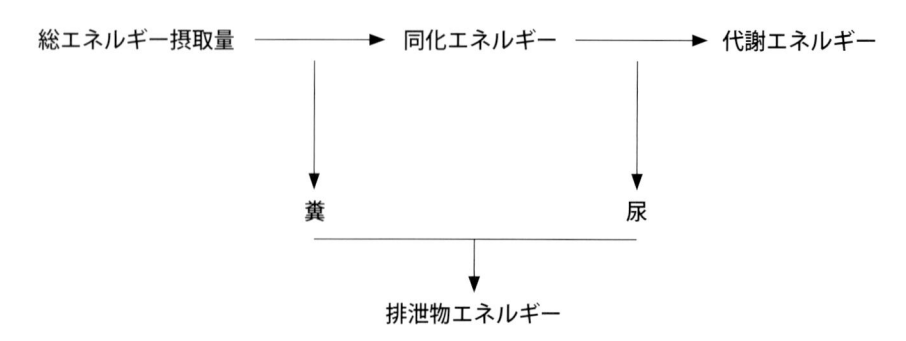

図 15-1　鳥の一般的なエネルギー平衡を示す模式図（Blem 2000 より改変）.

エネルギー係数（metabolized energy coefficient：MEC；Kendeigh et al. 1977, Karasov 1990）と呼ばれている．代謝の単位は単位時間当たりのキロジュール（kJ），あるいはワットで示されるべきであるが，昔の文献の多くは単位時間当たりの kcal で示されている（1kJ = 4.184kcal）．代謝エネルギーは，①基礎代謝率（basal metabolic rate：BMR），②体温調節（thermoregulation：T），③特異動的作用（specific dynamic action：SDA）（下記参照），④運動による動的エネルギー（work：W），⑤産生過程に関わるエネルギー（production：P）の総消費量である（図 15-2）．総エネルギー摂取量や排泄エネルギー量，産生物のエネルギー量は，食物消費の研究でボンベ熱量計によって測定する方法が代表的である（下記参照）．基礎代謝率や体温調節，特異動的作用，動的エネルギーのような代謝エネルギーの各構成要素は間接的な熱量測定法により測定され，酸素消費量または二酸化炭素産生量から代謝量が決定される（"間接的熱量測定法" を参照）．代謝エネルギー係数の値は，異なる食物の相対的なエネルギーを比較し，特徴付けるためにも用いることができる．例えば，同種の鳥でも，食物が異なれば，消費された時の代謝エネルギー係数は異なる．また，各食物の代謝エネルギー係数はその食物を摂取する鳥の種によっても異なるであろう．

　基礎代謝率は，正常体温における生物の酸素消費量または二酸化炭素産生量であり，①外気温がストレスにならない範囲（すなわち，高すぎず低すぎない範囲の温度．下記参照）に保たれ，②鳥の日内の活動周期の非活動期であり（すなわち，いくつかの種のフクロウでは夜間であり，他のほとんどのフクロウ類では日中である），③栄養を吸収した後の状態（直前に摂食しておらず消化管に餌がない状態）におけるものである．換羽や脂肪蓄積，繁殖活動などの大きな産生過程が起きてはおらず，鳥は低体温〔すなわち，体温（T_b）が正常範囲より低い〕であって

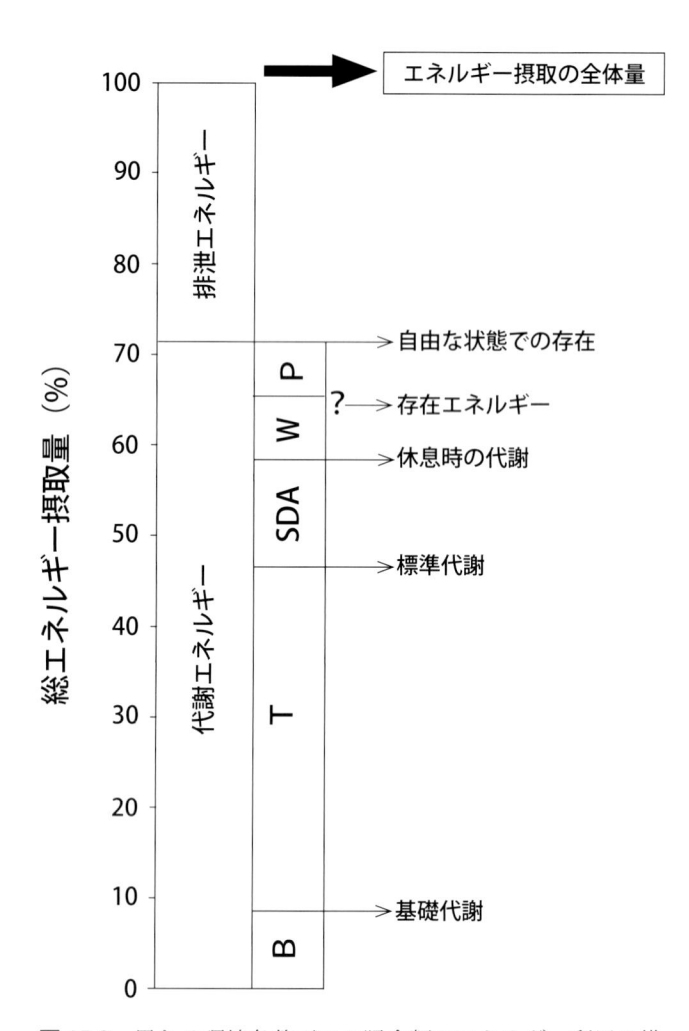

図 15-2　異なる環境条件下での猛禽類のエネルギー利用の構成要素（Blem 2000 より改変）．このモデルは，季節や鳥の個体ごとに変わるかもしれないある固有の最大のエネルギー使用量が存在することを想定している．P = tissue production energy：組織で産生されるエネルギー，W = energy expended in activities involving work：運動を含む活動により消費されるエネルギー，SDA = energy expended when food is being digested（specific dynamic action）：食物が消化される時に産生されるエネルギー（特異動的作用），T = cost of thermoregulation：体温調節で消費されるエネルギー，B = basal metabolism：基礎代謝.

はならない．基礎代謝率はストレスを受けていない正常な条件下で，内温動物が消費するエネルギーの最小量を想定したものである．また標準代謝（standard metabolism：SM）は，温度が及ぼす影響を含む点以外は，基礎代謝率の測定と同条件で測定した鳥の代謝率である．それゆえ，外気温（T_a）が低ければ，鳥は体温維持のために代謝熱をより産生することとなり，逆に外気温が高ければ，熱負荷が始まり体温を上昇させるので，それに伴って代謝が亢進する．標準代謝は断熱により変化するが，同じ綱（分類区分）に分類される鳥の間では有意な差がないことが明らかとなっている（Dawson and Whittow 2000）．体温調節のためのエネルギーの消費は鳥の体温と外気温の違いによる1つの機能であり，その鳥がいかにうまく断熱されているかということである．絶食時の代謝率（fasting metabolic rate：FMR）は基礎代謝率に呼吸測定装置の中での鳥の活動による代謝消費量を加えたものである．休息時の代謝率（resting metabolic rate：RMR）は通常，その鳥が相対的に非活動的な状態であり，外気温がある幅の間にある時に測定されるが，採食直後（すなわち，吸収後ではない，Kennedy and Gessaman 1991）の場合もあり得る．特異動的作用は，食物の消化によって産生される付加的なエネルギーである．これは，消化による発熱反応であり，食物の成分によって変化する．存在エネルギー（Kendeigh et al. 1977）は1羽の鳥が使うエネルギーの割合であり，採食や外気温の変化の影響を受けるが，鳥をケージに入れて動きを制限すると移動によるエネルギー消費は最小となる（Stalmaster and Gessaman 1982, Hamilton 1985a）．存在エネルギーは，通常，食物消費の研究（下記参照）により測定され，1日〜数日間測定する．自由に生活する鳥の代謝エネルギーは，存在エネルギーにその鳥の活動によるエネルギー消費，様々な産生過程のエネルギー消費，例えば換羽，脂肪蓄積，産卵，繁殖などのエネルギーを加えたものとなる．

方 法

鳥類の代謝を測定する主な方法としては，①間接的熱量測定法，②食物消費による研究，③二重標識水による研究，④上記の①と②の方法を繋げたテレメトリーを用いる方法，⑤エネルギー収支があげられる．

間接的熱量測定法と食物消費による研究（ボンベ熱量測定法による）は，今でも鳥類のエネルギー代謝率を測定する最も一般的な2つの方法である．間接的熱量測定法は，酸素消費量か二酸化炭素産生量あるいはこれらの両方を特殊なガス分析装置によって測定する方法である．その特別な技術は複雑であり，エネルギー消費量は測定に用いた方法に依存する（Gessaman 1987）．食物消費による研究はこれほど一般的ではないが，食物，排泄物，関連するあらゆる産生過程（産卵，バイオマスの変化，換羽など）のもつエネルギーを測定することにより，エネルギー代謝と産生によるエネルギー消費を定量化したある平均値を出すことができる．生物学的な材料がもつエネルギー量は，一般にボンベ熱量測定法により測定される．総エネルギー平衡は，エネルギー摂取と存在する全てのエネルギー消費の間で決まっていくものである．全てのエネルギー消費とは，①体温調節，②運動による動的エネルギー，③再生組織，例えば新しい羽衣，筋肉，脂肪としてのエネルギーの貯蔵などによるエネルギー消費，④維持のためのエネルギー消費である．エネルギーの貯蔵は，体組織全体の変化に依存して，エネルギー源にも，あるいはエネルギー・シンクともなり得ることに留意すべきである．

研究室での測定方法

間接的熱量測定法

間接的熱量測定法は，酸素消費量あるいは二酸化炭素産生量を定量する方法であり，一般には空気が流れる開放系の呼吸測定装置を用いる．この方法においては，実験対象の鳥を入れた暗い容器の中を吸引された空気が流れるか，あるいは鳥の頭部にマスクをしっかりと付けてその中の空気が引かれることにより，吐き出された全ての空気を漏れなく捕捉することができる評価系である．この容器あるいはマスクされた鳥を一定温度の小部屋の中に置くか，あるいは外気温をモニタリングする．一般的な配置（図15-3）では，通常，鳥が吸入する空気中から二酸化炭素と水を吸収する吸収体を含んでおり，同様な吸収体は鳥のいる容器を出た空気が酸素量測定装置に入る前にも設置されている．特殊な酸素測定装置，二酸化炭素検出器あるいはその両方によって各ガスの定量が可能になり，最終的には呼吸率が算出される．Gessaman（1987）は，この測定に用いられる鳥を入れる容器や鳥に付けるマスクの種類を示す数枚の写真と図を提示している．

呼吸測定装置の各構成要素の並べ方には多くの選択肢があるが，最も一般的な並べ方（図15-3）では，1台のポンプが外気を吸引するか，または呼吸測定装置の容器の中の混合ガスを制御する．空気を吸引することにより，酸素消費圧の測定に影響を及ぼす可能性がある空気圧の問題を除外できるかもしれない．Gessaman（1987）は，この話題について可能なバリエーションを示す多数の図を提供

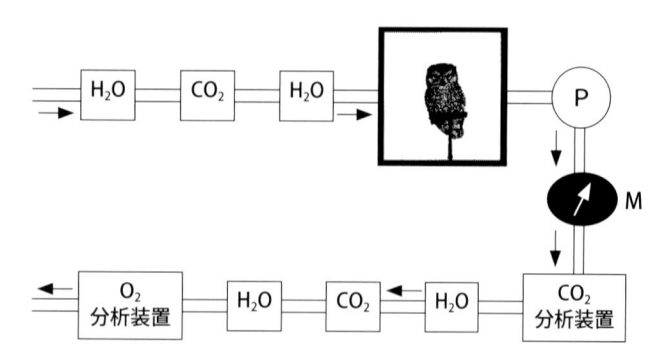

図15-3 酸素消費量，二酸化炭素産生量，あるいはその両方を測定するために用いる空気循環型の測定方式の典型例を示した呼吸量測定装置の一般的配置図．H_2O，CO_2と示してある四角は，それぞれ空気から水，二酸化炭素を除くための材料を含んだ管を示している．Pはポンプ，Mは流量計である．

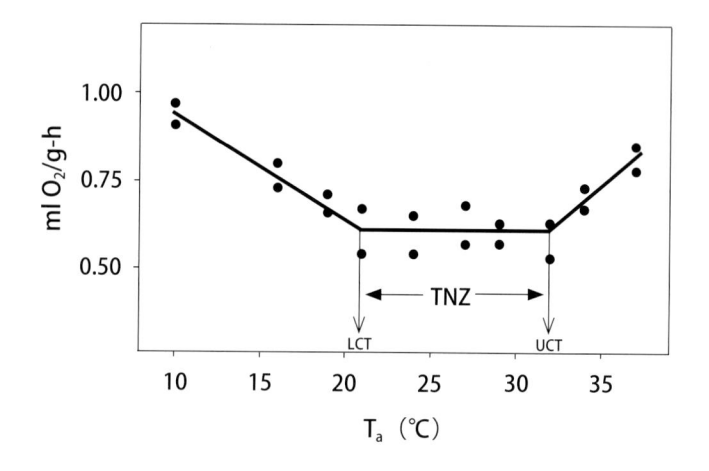

図15-4 空気循環型の呼吸測定系により測定したメンフクロウ（*Tyto alba*）の呼吸代謝．Edwards（1987）のデータから作図．TNZ＝中間温度帯，LCT＝下限温度，UCT＝上限温度．

しており，合わせてこれらのバリエーションが計算の方法にいかに影響を及ぼす可能性があるかを説明する表を示している．その基本となる機器は現在も有用であるが，近年のコンピューターのハード，ソフト両面の進歩により，現在では Gessaman の論文の頃にあった測定システムの多くの固有の問題点が解決され，研究者が測定装置を作成するにあたり，配管工や電気工，コンピューターのソフトウエアの専門家になる必要がなくなってきた．現在では，例えば Stable Systems©のような，ほとんど機器の故障もなく，電気やコンピューター・サイエンスの知識がなくても，完璧な機器の選択ができ，それらを購入することができる．

呼吸測定装置により測定される代謝率には，基礎代謝率や標準代謝率（standard metabolic rate：SMR），絶食時の代謝率，休息時の代謝率が含まれる．エネルギー消費率は酸素消費量あるいは二酸化炭素産生量から計算可能である．これには，呼吸商（respiratory quotient：RQ）の測定あるいは推定が必要である．呼吸商は（単位時間当たりに），産生された二酸化炭素量／消費された酸素量で示される体積比である．呼吸商が増加する時，酸素消費によるエネルギー当量は増加し，二酸化炭素は減少する（換算表については Gessaman 1987 を参照）．

飼育下の鳥を用いた，空気を流しての呼吸測定の研究からは，図15-4 に示すようなデータが得られる．すなわち，基礎代謝量は中位の温度帯（中間温度帯：thermal neutral zone：TNZ としても知られる）で測定され，体温調節のための代謝消費量は上限の温度以上あるいは下限の温度以下で測定される．中間温度帯の範囲内では，熱消失は一定であり，それゆえ，基礎代謝率も一定となる．そのバランスは，姿勢の変化や皮膚や上下肢へ流れる血液，あるいは流れてくる血液を短絡させることによってもたらされる断熱状態や，羽毛を毛羽立たせたり，寝かせたりすることで羽衣全体の厚みを調節することにより維持される．上限温度（UCT）は，温度調節が有効な上限を示す．代謝が上昇する（震えの開始による結果の1つである）よりも低い外気温が下限温度（LCT）である．上限温度以上の外気温では，熱の消耗が無効となるために体温上昇が起こり，急速に代謝率が上昇して結果的に体温が上昇する．下限温度以下では，外気温の逆方向の機能の1つとして，代謝率が増加し，羽衣の熱伝導度が上昇する．実験室での呼吸測定の研究は，放熱，対流あるいはその両方の収支を考慮していない典型例である．これらの要素は野外で生活している鳥のエネルギー消費を考えるうえでは重要である．なぜならば，風の動きは標準代謝を相対的に大きく増加させるかもしれず，一方，日に当たることにより，太陽放射の吸収により身体の熱が増大し，標準代謝を減少させるかもしれないからである．

標準代謝率と基礎代謝率は体全体の機能であることから，これらの代謝率は体重に特異的なものとして表されるのが一般的である．このことは，いくつかの計算上の困難を示すことになるかもしれない．なぜならば，代謝率は一般に正規分布とはならず，代謝量／体重は体重の影響を避けられないかもしれないからである（すなわち，大きさの異なる鳥の測定値を同じものとしてしまう，Blem 1984）．このような問題に気づいていない研究者たちは，可能な解決法として共分散解析の方法を確認すべきである．

コンダクタンス（conductance：C）は断熱の逆数であり，

断熱性が著しい鳥ではコンダクタンス値は小さくなる．外気温が下限温度以下の時，熱的なコンダクタンス（断熱度の逆数）は，$C = SM/(T_b - T_a)$ で計算できるが，肺や皮膚の表面からの蒸発に伴う熱の損失分を補正しなくてはならない．休眠状態（様々な低体温状態）にある個体では，この規則に従わない．新世界と旧世界のハゲワシ類（Bahat et al. 1998, Heath 1962 を参照）のいくつかの種では，周期的に一過性の体温低下が知られているけれども，これは例外的であり，他の猛禽類が体温を低下させて適応しているのかについては，ほとんど証拠がない（Gessaman 1972 を参照せよ）．

呼吸の測定は，猛禽類の生活について重要な様々な生理的，生態学的要因に洞察を与える．例えば，種が異なる猛禽類の温度調節についての許容量を比較する場合に，基礎代謝率や標準代謝率の測定を利用することが可能である（Graber 1962）．これは，異なる種，1年の異なる季節，地理的に分布が異なることにおける違いを比較するのに特に役に立つ（Wasser 1986, Blem 2000）．標準代謝は，隔離，大きさ，極端な温度にさらされていた時間，その個体の生化学的な状態の変化に伴って変化する．コンダクタンスの変化は，一般に羽衣の厚みの増減によって引き起こされるが，皮下脂肪の蓄積もまた断熱を少し変化させる原因となる（Blem 1990）．

さらに，温度に反応した一時的な生理的適応がある．新環境への順化（acclimation）は，一般的には研究室での実験条件下であり，外気温を上げたあるいは下げた状態が長時間続いた際に，これに反応して補償する生理的変化を含む．一方，順応（acclimatization）は自然環境における同様の変化であり，場合によっては季節における適応のように様々な環境の変化への順化を含む．

標準代謝の測定はしばしば体温調節の研究に応用されてきた（例えば，Chaplin et al. 1984）が，呼吸の測定も，卵の代謝（Hamilton 1985b）や巣にいる時（Keister et al. 1985），飛翔時のエネルギー消費（Gessaman 1980, Masman and Klaassen 1987），巣内雛の体温調節の発達（Kirkley and Gessaman 1990）の研究などに適用されている．

特定の活動のエネルギー消費の測定は，場合により，それらの各活動に費やされた時間の合計と組み合わせられることがある．その結果として算出されるエネルギー収支（Goldstein 1990）は，繁殖（Meijer et al. 1989），渡り（Smith et al. 1986），探餌（Tarboton 1978, Stalmaster and Gessaman 1984），営巣活動（Wakely 1978, Brodin and Jonsson 2003），一般的なエネルギー平衡（Koplin et al. 1980, Wijnandts 1984, Riedstra et al. 1998）あるいは鳥のその他の生活史における事柄といった生態学的な疑問に取り組むことができる．

食物 - 消費の研究

食物 - 消費の研究では，あらかじめ決められた時間の間に摂取された食物中のエネルギー量と産生された排泄物中のエネルギー量とが代謝率の計算に用いられる．これらは生物エネルギーの研究として引用されることが時々あり（Duke et al. 1973, Gessaman 1978, Kirkwood 1979, Collopy 1986 を参照），それらの研究では，糞，ペレット，食物，生体の構成要素などの項目のエネルギー含量がボンベ熱量測定法により測定される．ボンベ熱量計には数種類のものがあるが，最も一般的に見られる装置は Parr adiabatic 熱量計である．基本的にこの技術は既知量のある材料を純酸素で満たした特定のボンベ内で燃焼させる過程を含んでおり，結果としてその材料のカロリー当量（酸化熱）が kcal/g または J/g で算出される．生物学的物質の総エネルギー含量はその乾燥重量にそのカロリー当量を掛けることにより算出される．その結果は，適当な換算式により kcal から kJ へ換算でき，逆もまた可能である．ボンベ熱量測定法で最も重要な段階は，研究材料を乾燥させる方法である．もしも解析する材料が完全に乾燥していなかったら，熱量の測定値は低くなるであろう．また，もしも乾燥の過程で過剰な熱が材料に与えられた場合は，水ではなく揮発性成分が飛ぶか，材料の化学的組成が変わってしまうかもしれない．いくつかの研究がこの問題に取り組まれてきたが，幾分異なる結果となっている（例えば，Blem 1968）．脂肪を含む材料を乾燥するには，凍結乾燥が最も良い選択であると思われる．凍結乾燥機が使えず，オーブン乾燥で材料を乾燥させることによりエネルギー損失の危険がある場合は，ボンベ熱量計に燃焼促進剤を加えて測定することができる（Blem 1968）．このような測定値は材料中の水分含量と燃焼促進剤の添加分で補正しなくてはならない．

ボンベ熱量計は通常，ごく少量の一定分量（1g またはそれ以下）だけが測定可能であるため，食物や組織の大きな材料を測定する場合は，無作為のサンプリングが必要となる．例えば，小型の齧歯類のみを捕食しているある猛禽類の総エネルギー摂取量は，その齧歯類の生体を熱量に換算することにより，計算可能であろう（例えば，Collopy 1986）．これは，実際に食物となる哺乳類の死体を丸ごと乾燥させ，それを粉砕機あるいは強力な混合機を用いて完全にホモジナイズし，粉末標本とした一定分量を測定することにより算出するものである．獲物となったものの総エ

ネルギー含量は，乾燥総重量（g）×燃焼熱（/g）によって算出可能である．新鮮な食物の重量は水分含量のために補正しなくてはならない．つまり，水は食物の質量を増やすが，熱量は変化させないからである．同様な方法が，排泄物やペレットのエネルギー含量の測定に利用でき，これらと総エネルギー摂取量の差（総エネルギー摂取量－排泄物中のエネルギー量）から代謝エネルギーが測定される（図15-1）．代謝エネルギー係数は，排泄物中のエネルギー量によるエネルギーの損失の後，同化作用によって実際に抽出される総エネルギー摂取量の割合（％）によって定義される．鳥類の代謝エネルギー係数の測定は，糞が総排泄腔で尿と混ざるために複雑となる．それゆえ，排泄エネルギーは糞とペレットに残っているエネルギー（消化されていないもの）と尿として失われるエネルギー（消化されたもの）とが合計されたものとなる．エネルギー摂取量と排泄により損失するエネルギー量との差は，見かけ上の同化あるいは代謝された部分である．この代謝部分を総エネルギー摂取量で割ったものは見かけ上の代謝効率（metabolized coefficient）となる（Kendeigh et al. 1977, Karasov 1990も参照のこと）．この技術は様々な環境条件下での消化効率を評価することに利用可能であり（Tollan 1988），また，ある鳥が異なる食物からエネルギーを抽出する能力を定量化するのにも利用できる（Blem 1976a）．また逆に，この技術は異なる食物の利用効率（use efficiency：UC）を評価するのにも用いることができる（Karasov 1990）．利用効率の値はハチドリのような花の蜜を食する鳥（〜98％）とヒワのような種子を食する鳥（〜80％）で最も高いが，節足動物を食する猛禽類（77％）や脊椎動物を食する猛禽類（75％）においても非常に効率的である（Karasov 1990）．草や針葉樹の葉を食する草食の鳥ではこの利用効率は低く，しばしば40％以下となっている．

熱量測定の技術を用いることにより，身体の構成の変動をエネルギーとして変換することができるので，脂質の蓄積（Blem 1976b, 1990），捕食（Barrett and Mackey 1975, Wallick and Barrett 1976, Tabaka et al. 1996），若鳥の発育（Kirkley and Gessaman 1990, Lee 1998），換羽，卵形成，その他の生活史における現象（例えば，Pietiainen and Kolunen 1993, Weathers et al. 2001）におけるエネルギー代謝を定量化できる．獲物のエネルギー含量についての知識は，獲物の選択についての諸仮説を評価するのに用いることができる（例えば，Wallick and Barrett 1976, Postler and Barrett 1982, Kirkley and Gessaman 1990, Blem et al. 1993）．

エネルギーの蓄え，特に脂質の蓄えについては多くの種の鳥類で定量されてきたが，猛禽類を含む研究は少ない（しかし，Smith et al. 1986, Massemin et al. 1997を見よ）．貯蔵された脂質はトリグリセリド（triacylgrycerols）から構成されており，3つの脂肪酸の分子が1つのグリセロールの"背骨"に結合している．脂肪酸はその大きさ，カロリー含量が様々であるが，それを利用した時の効果は，その炭素鎖の長さよって変わるかもしれない（復習のためにBlem 1976b, 1990を参照せよ）．猛禽類のトリグリセリドの組成についての仕事はあるにはあるが，ほとんどないに等しい（Blem 1990）．大型の肉食の鳥類における脂質の保存と利用のパターンは，ストレスに対しての重要な適応に関する他にはない手がかりを示すかもしれないので，猛禽類のトリグリセリド動態が分かっていないことは残念なことである（Massemin and Handrich 1997）．脂肪の蓄えを増やしていく能力は，獲物が取れない期間が長く続く時や渡りの期間に生き延びる助けとなり，おそらく猛禽類における最も重要な適応の1つであるものと思われる．脂質は翼面に大きな加重をかけることなく，豊かなエネルギーの蓄えを提供するが，それは燃焼する時の熱が高いからであるとともに（9.0〜9.5kcal/g＝37.7〜39.7kJ/g），脂質の蓄積が多くの水の蓄積を伴わないためである．炭水化物，例えばグリコーゲンによるエネルギーの貯蔵は，脂質の約半分のエネルギー含量であり，グリコーゲンを1g蓄えるのに約3gの水の蓄積を伴う（Blem 2000, 2004）．

エネルギーの消費量は，猛禽類の成鳥（例えば，Gessaman 1972, Koplin et al. 1980, Hamilton 1985a），若鳥（例えば，Hamilton and Neill 1981, Collopy 1986, Kirkley and Gessaman 1990），そして卵（例えば，Hamilton 1985b, Meijer et al. 1989）で測定されている．多くの研究が代謝の基礎的な変動（Hayes and Gessaman 1980, 1982, Dann et al. 1989, Pakpahan et al. 1989）や代謝率に及ぼす身体の大きさの影響（Mosher and Matroy 1974），異なる種における代謝の比較（Graber 1962, Ligon 1969, Gatehouse and Markham 1970, Ganey et al. 1993）に焦点を当てている．飛行（Masman and Klaassen 1987）や成長（Lee 1998），体温調節（Arad and Bernstein 1988, Weathers et al. 2001），繁殖（Meijer et al. 1989, Brodin and Jonsson 2003），抱卵（Gessaman and Findell 1979），塒でじっとしている時（Keister et al. 1985, McCafferty et al. 2001），探餌している時（Wallick and Barrett 1976, Tarboton 1978, Postler and Barrett 1982, Beissinger 1983）におけるエネルギー消費も測定されて

きた．しかし，猛禽類の換羽や脂質の蓄積におけるエネルギー消費についての研究は見つけることができなかった．わずかな例としては，必要なエネルギーを見積もったり（例えば，Wakely 1978, Kirkwood 1979, Stalmaster and Gassaman 1982, Wijnandts 1984, Higuchi and Abe 2001）あるいはエネルギーの利用と比較したり（例えば，Graber 1962），飢餓状態や厳しい冬の条件あるいはその両方で生き残れる能力を評価したり（Koplin et al. 1980, Handrich et al. 1993a, b, Hohtola et al. 1994, Thouzeau et al. 1999）するのに，上記の技術のいくつかを組み合わせたものがあげられる．

野外での測定

これまで述べてきた研究の多くは飼育下の鳥類を用いた研究である．野外での研究はより困難を伴い，以下に記述するような特殊技術が必要となる．

二重標識水を用いた研究

それほど一般的ではなく，費用がかかるが，鳥を拘束しない状態（すなわち，自由な状態でのコスト）で，ある一定期間に消費する総エネルギー量を測定する方法として二重標識水を利用するものである．この方法は，水素と酸素の同位体H^*とO^*（一般的なものは^{18}Oと^3H）を試験する対象の鳥に投与し，その消失率を測定するものである．水素の同位体は，呼吸や尿の生成，皮膚からの蒸発により消失する．酸素の同位体は，水として消失するとともに，呼吸の代謝過程において産生される二酸化炭素にも使われて消失する．標識された酸素の消失率は，標識された水素の消失率よりも大きい．その結果として，より多くの二酸化炭素が産生される過程では，酸素と水素の標識体の減衰曲線の間の差が，より大きくなる（Ricklefs et al. 1986, Goldstein 1990 を参照）．

野外の条件で用いられる典型的な方法は，ある既知の量の二重標識水を鳥に投与するものである．二重標識水は投与後，その鳥の体液と全く等価となる．続いて，基準値を決めるために採血を行う．さらに時間が経った後で，2度目の採血を行い，同位体濃度の新しい値が測定される．2回の採血時における2種の標識体の減衰率の差から二酸化炭素の産生率を見積もることが可能となる．この技術は費用がかかるが，自然な行動，例えば飛行や繁殖活動などで鳥類が使うエネルギー量を測定し，1つの平均値を提供する．いくつかの例として，この方法を用いて，1日に消費するエネルギー量を測定したり（Masman et al. 1983），エネルギー代謝の性差を比較したり（Riedstra et al. 1998）したものがある．

テレメトリー法

心拍数や心電図，呼吸数などをモニタリングできる電波発信機（ラジオトランスミッター）の利用がしばしば可能である（例えば，Owen 1969, Johnson and Gessaman 1973）．十分に限定した環境下では，これらの装置を用いると鳥類の酸素消費率の信頼できる指標が得られる（Goldstein 1990）．初期の研究では比較的大型の電波発信機を体表に取り付けたものも含まれており，飛翔時に摩擦や翼への負荷が増えることになり，必要なエネルギー量の増加に寄与しただろうと考えられる（Gessaman et al. 1991 を参照）．現在の装置は，多くの情報を保存することができる小型のデータロガーと一緒に体腔内に埋め込むことが可能である．注意深くコントロールした条件下では，心拍数から酸素の取り込み量を見積もることも可能であるが，混乱をもたらす様々な課題をよく考えないといけないことは間違いない（Gessaman 1980, Gessaman et al. 1991）．

エネルギー収支

エネルギー収支は，鳥類の活動を継続的に観察し，特定な活動のエネルギー消費量の測定あるいは見積もりに置き換えることによって構築される．個体の1日の行動はそれぞれのエネルギー消費量がすでに測定あるいは見積もられているカテゴリーに分類され，さらに活動時間の産生物と各活動のエネルギー使用量を加えて，総エネルギー使用量が計算される（例えば，Solz 1984, Craig et al. 1988）．それほど複雑でないモデルの他にも，いくつかの種の鳥類については包括的なエネルギーモデルが，エネルギー摂取量や体温調節などの予測を含む複数の情報源からのデータと組み合わせて構築されている．これらのモデルは通常，生産的なユネルギー（P）と体温調節の生理的消費の測定が加えられ，エネルギー収支が見積もられる．

結論

猛禽類の代謝の測定方法はGessamanの総説（1987）以降，ほとんど変わっていない．そうでない事項としては，現在では装置の信頼性がより増しており，コンピューターのソフトウエアが著しく改善された点などがあげられる．現在の測定技術は使いやすいものとなっており，初心者であっても，かつての研究者が遭遇した多くの問題に取り組む必要はなくなった．安定同位体を用いる技術の改良の他には，研究者の武器となるものはほとんど増えてはいない．この分野の学問の進歩はゆっくりしており，猛禽類の生活史や生理，エネルギー代謝の研究は，非常に多くの観点か

ら未だ手付かずのままの状態なのである．

引用文献

ARAD, Z. AND M.H. BERNSTEIN. 1988. Temperature regulation in Turkey Vultures. *Condor* 90:913 − 919.

BAHAT, O., I. CHOSHNIAK AND D.C. HOUSTON. 1998. Nocturnal variation in body temperature of Griffon Vultures. *Condor* 100:168 − 171.

BARRETT, G.W. AND C.V. MACKEY. 1975. Prey selection and caloric ingestion rate of captive American Kestrels. *Wilson Bull.* 87:574 − 579.

BEISSINGER, S.R. 1983. Hunting behavior, prey selection, and energetics of Snail Kites in Guyana: consumer choice by a specialist. *Auk* 100:84 − 92.

BLEM, C.R. 1968. Determination of caloric and nitrogen content of excreta voided by birds. *Poult. Sci.* 47:1205 − 1208.

———. 1976a. Efficiency of energy utilization of the House Sparrow, *Passer domesticus*. *Oecologia* 25:257 − 264.

———. 1976b. Patterns of lipid storage and utilization in birds. *Am. Zool.* 16:671 − 684.

———. 1984. Ratios in avian physiology. *Auk* 101:153 − 155.

———. 1990. Avian energy storage. Pages 59 − 114 in D.M. Power [ED.], Current ornithology, Vol. 7. Plenum Press, New York, NY U.S.A.

———. 2000. Energy metabolism. Pages 327 − 341 in G.C. Whittow [ED.], Avian physiology. Academic Press, New York, NY U.S.A.

———. 2004. Energetics of migration. Pages 31 − 39 in C.J. Cleveland [ED.], Encyclopedia of energy. Elsevier, New York, NY U.S.A.

———, J.H. FELIX, D.W. HOLT AND L.B. BLEM. 1993. Estimation of body mass of voles from crania in Short-eared Owl pellets. *Am. Midl. Nat.* 129:282 − 287.

BRODIN, A. AND K.I. JONSSON. 2003. Optimal energy allocation and behaviour in female raptorial birds during the nestling period. *Ecoscience* 10:140 − 150.

CALDER, W.A. AND J.R. KING. 1974. Thermal and caloric relations of birds. Pages 259 − 413 in D.S. Farner and J.R. King [EDS.], Avian biology, Vol. 4. Academic Press, New York, NY U.S.A.

CHAPLIN, S.B., D.A. DIESEL AND J.A. KASPARIE. 1984. Body temperature regulation in Red-tailed Hawks and Great Horned Owls: responses to air temperature and food deprivation. *Condor* 86:175 − 181.

COLLOPY, M.W. 1986. Food consumption and growth energetics of nestling Golden Eagles. *Wilson Bull.* 98:445 − 458.

CRAIG, R.J., E.S. MITCHELL AND J.E. MITCHELL. 1988. Time and energy budgets of Bald Eagles wintering along the Connecticut River. *J. Field Ornithol.* 59:22 − 32.

DAAN, S., D. MASMAN, S. STRIJKSTRA AND S. VERHULST. 1989. Intraspecific allometry of basal metabolic rate: relations with body size, temperature, composition, and circadian phase in the Kestrel, *Falco tinnunculus*. *J. Biol. Rhythms* 4:267 − 283.

DAWSON, W.R. AND G.C. WHITTOW. 2000. Regulation of body temperature. Pages 343 − 390 in G.C. Whittow [ED.], Avian physiology. Academic Press, New York, NY U.S.A.

DUKE, G.E., J.G. CIGANEK AND O.A. EVANSON. 1973. Food consumption and energy, water and nitrogen budgets in captured Great Horned Owls (*Bubo virginianus*). *Comp. Biochem. Physiol.* 44A:283 − 292.

EDWARDS, T.C., JR. 1987. Standard rate of metabolism in the Barn Owl (*Tyto alba*). *Wilson Bull.* 99:704 − 706.

GANEY, J.L., R.P. BALDA AND R.M. KING. 1993. Metabolic rate and evaporative water loss of Mexican Spotted and Great Horned owls. *Wilson Bull.* 105:645 − 656.

GATEHOUSE, S.N. AND B.J. MARKHAM. 1970. Respiratory metabolism of three species of raptors. *Auk* 87:738 − 741.

GESSAMAN, J.A. 1972. Bioenergetics of the Snowy Owl (*Nyctea scandiaca*). *Arct. Alp. Res.* 4:223 − 238.

——— [ED.]. 1973. Ecological energetics of homeotherms. Utah State University Monograph Series 20. Logan, UT U.S.A.

———. 1978. Body temperature and heart rate of the Snowy Owl (*Nyctea scandiaca*). *Condor* 80:243 − 245.

———. 1980. An evaluation of heart rate as an indirect measure of daily energy metabolism of the American Kestrel. *Comp. Biochem. Physiol.* 65A:273 − 289.

———. 1987. Energetics. Pages 289 − 320 in B.A. Giron Pendleton, B.A. Millsap, K.W. Cline, and D.M. Bird [EDS.], Raptor management techniques manual. National Wildlife Federation, Washington, DC U.S.A.

——— AND P. R. FINDELL. 1979. Energy cost of incubation in the American Kestrel. *Comp. Biochem. Physiol.* 63A:57 − 62.

———, M.R. FULLER, P.J. PEKINS AND G.E. DUKE. 1991. Resting metabolic rate of Golden Eagles, Bald Eagles, and Barred Owls with a tracking transmitter or an equivalent load. *Wilson Bull.* 103:261 − 265.

GOLDSTEIN, D.L. 1990. Energetics of activity and free living in birds. *Stud. Avian Biol.* 13:423 − 426.

GRABER, R.R. 1962. Food and oxygen consumption in three species of owls (Strigidae). *Condor* 64:473 − 487.

GRODZINSKI, W., R.Z. KLEKOWSKI AND A. DUNCAN. 1975. Methods for ecological bioenergetics. IBP handbook No. 24. J.B. Lippincott, Philadelphia, PA U.S.A.

HAMILTON, K.L. 1985a. Food and energy requirements of captive Barn Owls. *Comp. Biochem. Physiol.* 80A:355 − 358.

———. 1985b. Metabolism of Barn Owl eggs. *Am. Midl. Nat.* 114:209 − 215.

——— AND A. L. NEILL. 1981. Food habits and bioenergetics of a pair of Barn Owls and owlets. *Am. Midl. Nat.* 106:1 − 9.

HANDRICH, Y., L. NICOLAS AND Y. LE MAHO. 1993a. Winter starvation in captive Common Barn-Owls: physiological states and reversible limits. *Auk* 110:458 − 469.

———, L. NICOLAS AND Y. LE MAHO. 1993b. Winter starvation in captive Common Barn-Owls: bioenergetics during refeeding. *Auk* 110:470 − 480.

Hayes, S.R. and J.A. Gessaman. 1980. The combined effects of air temperature, wind and radiation on the resting metabolism of avian raptors. *J. Therm. Biol.* 5:119 − 125.

─── and J.A. Gessaman. 1982. Prediction of raptor resting metabolism: comparison of measured values with statistical and biophysical estimates. *J. Therm. Biol.* 7:45 − 50.

Heath, J.E. 1962. Temperature fluctuations in the Turkey Vulture. *Condor* 64:234 − 235.

Higuchi, A. and M.T. Abe. 2001. Studies on the energy budget of captive Ural Owls *Strix uralensis*. *JPN J. Ornithol.* 50:25 − 30.

Hohtola, E., A. Pyornila and H. Rintamaki. 1994. Fasting endurance and cold resistance without hypothermia in a small predatory bird: the metabolic strategy of Tengmalm's owl, *Aegolius funereus*. *J. Comp. Physiol. B. Biochem. Syst. Environ. Physiol.* 164:430 − 437.

Johnson, S.F. and J.A. Gessaman. 1973. An evaluation of heart rate as an indirect monitor of free-living energy metabolism. Pages 44 − 54 in J.A. Gessaman [Ed.], Ecological energetics of homeotherms. Utah University Press, Logan, UT U.S.A.

Karasov, W.H. 1990. Digestion in birds: chemical and physiological determinants and ecological implications. *Stud. Avian Biol.* 13:391 − 415.

Keister, G.P., Jr., R.G. Anthony and H.R. Holbo. 1985. A model of energy consumption in Bald Eagles: an evaluation of night communal roosting. *Wilson Bull.* 97:148 − 160.

Kendeigh, S.C., V.R. Dolnik and V.M. Gavrilov. 1977. Avian energetics. Pages 127 − 204 in J. Pinowski and S.C. Kendeigh [Eds.], Granivorous birds in ecosystems. Cambridge University Press, Cambridge, United Kingdom.

Kennedy, P.J. and J.A. Gessaman. 1991. Diurnal resting metabolic rates of Accipiters. *Wilson Bull.* 103:101 − 105.

Kirkley, J.S. and J.A. Gessaman. 1990. Water economy of nestling Swainson's Hawks. *Condor* 92:29 − 44.

Kirkwood, J.K. 1979. The partition of food energy for existence in the Kestrel (*Falco tinnunculus*) and Barn Owl (*Tyto alba*). *Comp. Biochem. Physiol.* 63A:495 − 498.

Koplin, J.R., M.W. Collopy, A.R. Bammann and H. Levenson. 1980. Energetics of two wintering raptors. *Auk* 97:795 − 806.

Lee, C.H. 1998. Barn Owl: development and food utilization. *J. Trop. Agric. Food Sci.* 26:151 − 157.

Ligon, J.D. 1969. Some aspects of temperature relations in small owls. *Auk* 86:458 − 472.

Masman, D. and M. Klaassen. 1987. Energy expenditure during free flight in trained and free-living Kestrels (*Falco tinnunculus*). *Auk* 104:603 − 616.

───, S. Dann and H.J.A. Beldhuis. 1983. Ecological energetics of the Kestrel: daily energy expenditure throughout the year based on time-energy budget, food intake and doubly labeled water methods. *Ardea* 76:64 − 81.

Massemin, S. and Y. Handrich. 1997. Higher winter mortality of the Barn Owl compared to the Long-eared Owl and the Tawny Owl: influence of lipid reserves and insulation. *Condor* 99:969 − 971.

───, R. Groscolas and Y. Handrich. 1997. Body composition of the European Barn Owl during the nonbreeding period. *Condor* 99:789 − 797.

McCafferty, D.J., J.B. Moncrieff and I.R. Taylor. 2001. How much energy do Barn Owls (*Tyto alba*) save by roosting? *J. Therm. Biol.* 26:193 − 203.

Meijer, T., D. Masman and S. Daan. 1989. Energetics of reproduction in female Kestrels. *Auk* 106:549 − 559.

Mosher, J.A. and P.F. Matroy. 1974. Size dimorphism: a factor in energy savings for Broad-winged Hawks. *Auk* 91:325 − 341.

Owen, R.B., Jr. 1969. Heart rate, a measure of metabolism in Blue-winged Teal. *Comp. Biochem. Physiol.* 31:431 − 436.

Pakpahan, A.M., J.B. Haufler and H.H. Prince. 1989. Metabolic rates of Red-tailed Hawks and Great Horned Owls. *Condor* 91:1000 − 1002.

Pietiainen, H. and H. Kolunen. 1993. Female body condition and breeding of the Ural Owl *Strix uralensis*. *Funct. Ecol.* 7:726 − 735.

Postler, J.L. and G.W. Barrett. 1982. Prey selection and bioenergetics of captive screech owls. *Ohio J. Sci.* 82:55 − 58.

Ricklefs, R.E., D.D. Roby and J.B. Williams. 1986. Daily energy expenditure by adult Leach's Storm Petrels during the nesting cycle. *Physiol. Zool.* 59:649 − 660.

Riedstra, B., C. Dijkstra and S. Daan. 1998. Daily energy expenditure of male and female Marsh Harrier nestlings. *Auk* 115:635 − 641.

Smith, N.G., D.L. Goldstein and G.A. Bartholomew. 1986. Is long-distance migration possible for soaring hawks using only stored fat? *Auk* 103:607 − 611.

Soltz, R.L. 1984. Time and energy budgets of the Red-tailed Hawk *Buteo jamaicensis* in southern California. *Southwest. Nat.* 29:149 − 156.

Stalmaster, M.V. and J.A. Gessaman. 1982. Food consumption and energy requirements of captive Bald Eagles. *J. Wildl. Manage.* 46:646 − 654.

─── and J.A. Gessaman. 1984. Food consumption and foraging behavior of overwintering Bald Eagles. *Ecol. Monogr.* 54:407 − 428.

Tabaka, C.S., D.E. Ullrey, J.G. Sikarskie, S.R. Debar and P.K. Ku. 1996. Diet, cast composition, and energy and nutrient intake of Red-tailed Hawks (*Buteo jamaicensis*), Great Horned Owls (*Bubo virginianus*), and Turkey Vultures (*Cathartes aura*). *J. Zoo Wildl. Med.* 27:187 − 196.

Tarboton, W.R. 1978. Hunting and the energy budget of the Black-shouldered Kite. *Condor* 80:88 − 91.

Thouzeau, C., C. Duchamp and Y. Handrich. 1999. Energy metabolism and body temperature of Barn Owls fasting in the cold. *Physiol. Biochem. Zool.* 72:170 − 178.

Tollan, A.M. 1988. Maintenance energy requirements and

energy assimilation efficiency of the Australian Harrier. *Ardea* 76:181 − 186.

WAKELY, J.S. 1978. Activity budgets, energy expenditures and energy intakes of nesting Ferruginous Hawks. *Auk* 95:667 − 676.

WALLICK, L.G. AND G.W. BARRETT. 1976. Bioenergetics and prey selection of captive Barn Owls. *Condor* 78:139 − 141.

WALSBERG, G.E. 1983. Avian ecological energetics. Pages 161 − 220 in D.S. Farner and J.R. King [EDS.], Avian biology, Vol. 7. Academic Press, New York, NY U.S.A.

WASSER, J.S. 1986. The relationship of energetics of falconiform birds to body mass and climate. *Condor* 88:57 − 62.

WEATHERS, W.W., P.J. HODUM AND J.A. BLAKESLEY. 2001. Thermal ecology and ecological energetics of California Spotted Owls. *Condor* 103:678 − 690.

WIJNANDTS, H. 1984. Ecological energetics of the Long-eared Owl *Asio otus*. *Ardea* 72:1 − 92.

生理学

A. 胃腸管

訳：江口淳一

DAVID C. HOUSTON
Division of Environmental and Evolutionary Biology,
Institute of Biomedical and Life Sciences
University of Glasgow, Glasgow G12 8QQ, United Kingdom

GARY E. DUKE
Department of Veterinary Pathobiology,
College of Veterinary Medicine,
University of Minnesota, St. Paul, MN 55126 U.S.A.

胃腸管の生理と栄養

　鳥類の栄養と胃腸管（GIとも略される）の生理についての研究は，ほとんどが家禽を対象として行われてきた．猛禽類は肉食性であるため，家禽との比較対照の面で興味深い．第16章「生理学」の「A. 胃腸管」では，猛禽類の解剖や胃液分泌，消化管運動，ペレットの形成と排泄に関して，われわれのもつ知識を取りまとめ，猛禽類の生理について，これらの側面から研究する際に利用可能な研究技術について要約する．

胃腸管の生理

解剖学的考察

　機能をよりよく理解するために，解剖学に関するいくつかの概念をもつことは有益である．猛禽類の胃腸管は，多くの生物学者がよく知っている家禽のそれとは著しく異なっている（図16-1, Duke 1978）．シチメンチョウ類はよく発達したそ囊を有しているのに対して，多くの猛禽類のそ囊は発達が悪く，フクロウ類では全くそ囊がなく，単に食道が拡がったものがあるだけである．そ囊は分泌活動をほとんど行わず，主に食物を貯蔵する場所であり，いくつかのハゲワシ類でのみ例外的によく発達しており，1回の採食で体重の20%までも貯えることができる（Houston 1976）．猛禽類とサギ類以外の，シチメンチョウおよびほぼ全ての鳥類の胃には交互に収縮するペアをなす2つの筋肉があり，これで食物を擦りつぶす．猛禽類の食物である肉は，強力な機械的な粉砕は必要としないので，猛禽類は酸を分泌して酵素作用により食物の分解を開始する単純な筋胃を1つもっている．消化は小腸の中でも継続するが，ここは吸収の場所でもある．膵臓は，シチメンチョウでは十二指腸のループ全体にわたっているが，フクロウ類では半分を占めるだけであり，タカ類ではさらに小さい．猛禽類，ノクロウ類のいずれにおいても，小腸の全長は種によって少なからず異なるように思われる．身体の大きさの違いによる補正を行った後でも，獲物を捕獲するのに極めて急加速な飛行を必要とするハヤブサ類のような種では小さな腸をもっており，ワシ類，ノスリ類，トビ類のようなハンティングをする時にスピードや機敏性がそれほど必要ない種に比べて約半分以下の長さの腸となっている（Barton and Houston 1994a）．これは，極度に活動的なハンティング戦略を有するこれらの種の消化管の総重量を減少させるという1つの順応かもしれず，その結果としてこれらの種は消化の効率が低下し，獲物の選択が制限されることになったものと思われる（後述）．鳥類の盲腸は，大きさにとても差があり，通常，草食性の幾種かの鳥類でのみ目立っており，他の方法では消化できない植物の細胞壁を微生物が発酵する場所となっている（Klasing

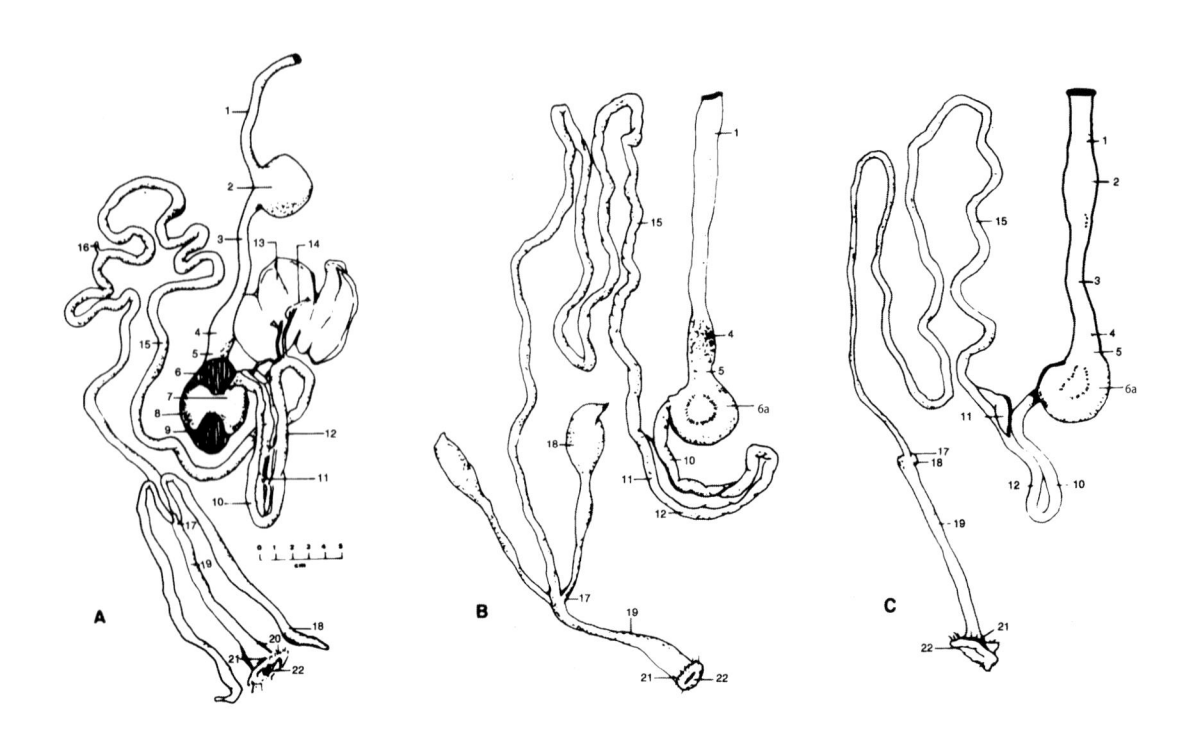

図 16-1 （A）家禽のシチメンチョウ，(B)アメリカワシミミズク，(C)アカオノスリ，の消化管．図に示されている（1）そ嚢の前方の食道，(2) そ嚢, (3) そ嚢の後方の食道, (4) 腺胃, (5) 峡部, (6) 筋胃の中間筋, (6a) 猛禽類の筋胃, (7) 筋胃の外側筋, (8) 筋胃の外側筋, (9) 筋胃の中間筋, (10) 近位十二指腸, (11) 膵臓, (12) 遠位十二指腸, (13) 肝臓, (14) 胆嚢, (15) 回腸, (16) メッケル憩室, (17) 盲腸回腸結合部, (18) 盲腸, (19) 結腸, (20) ファブリキウス囊, (21) 総排泄腔, (22) 孔，大弯．Duke (1978) より．

1998)．それゆえ，タカ類に盲腸がなくても驚くべきことではない．しかしながら，フクロウ類では盲腸が発達している（図16-1）．なぜ，アカオノスリ（*Buteo jamaicensis*）とほとんど同じものを食べるアメリカワシミミズク（*Bubo virginianus*）が，このように異なる盲腸の形態をもつのかは，明らかではない．おそらく，フクロウ類は一般に獲物を丸飲みするので，盲腸は獲物の腸内容にある植物性の物質を分解するのに使われるからであろう．フクロウ類の盲腸糞は，直腸からの排泄物と容易に見分けられる．1匹のマウスのみを食べさせたアメリカワシミミズクでは，この盲腸糞の排泄が3日に1度生じた（G. Duke 未発表データ）．この情報は，1羽のフクロウがある特定の場所にどの位長くとまっていたかを決定することに利用できるかもしれない．

胃の分泌と運動

消化液の分泌と腸管吸収については，猛禽類ではほとんど研究されていない．猛禽類では穀物食や雑食の鳥類よりも，胃液はより酸性度が高く（Duke et al. 1975），ペプシンをより多く含んでいる（Herpol 1964, 1967, Duke et al. 1975）ことが明らかにされており，タカ類の胃液のpHはフクロウ類よりも低い（すなわち，それぞれpH1.7とpH2.4, Duke et al. 1975）．極端な場合では，この強酸の状態により，ヒゲワシ（*Gypaetus barbatus*）は骨を主食にすることができ，骨という見込みのない食物を消化することが可能であることで知られている唯一の脊椎動物である（Houston and Copsey 1994）．

胃腸管の運動（すなわち，収縮性の活動）については，これまでに少なからず注目されてきた（Duke et al. 1976b, c, Rhoades and Duke 1977）．より近年では，この研究対象をより明らかにするために，飼育下のアメリカチョウゲンボウ（*Falco sparverius*）が用いられてきた（Duke 1997）．

猛禽類の胃腸管運動の研究にはいくつかの方法を用いることができる．①小型のひずみゲージ変換機（strain-gauge transducer：SGT）を外科的に胃腸管の外表面（漿膜面と呼ばれる）に縫合し，平滑筋の収縮活動をモニターする方法（Duke et al. 1976b, c），②双極の銀電極を同じく漿膜に埋め込み脱分極（収縮）に伴う電位変化を検出する方法（Duke et al. 1976c），③画像の増感を利用したX線検査（蛍光透視鏡の現代版の1つ），そして胃腸管の収縮をビデオモニターで見るか，あるいはビデオテープに観察結果を記録する方法（Duke et al. 1976c, Rhoades and Duke

1977）など．これらの装置により検出された生物の情報は生理学的な記録機器によって記録することができる．

飲み込まれた食物はタカ類のそ嚢の中に集まり，そしてゆっくり胃の中へ移動する．フクロウ類では，飲み込まれた食物はすぐに胃と食道下部を満たし，20〜30分後にその食物の全てが筋胃の中へ移動する（Rhoades and Duke 1977）．アメリカワシミミズクでは，胃と十二指腸の運動は同調しており，その胃・十二指腸の収縮の連続性はある収縮波（蠕動と呼ばれる）を含んでおり，初めは胃が動き，その後に十二指腸が動くようになっている（Kostuch and Duke 1975）．蠕動の収縮は，筋胃においてよりはっきりしており，大弯の周囲が平板化あるいはくぼむように動く（Kostuch and Duke 1975, Rhoades and Duke 1977）．

ペレットの形成と排泄

ペレットの形成と排泄は鳥類独特の胃腸管の現象であり，特に猛禽類，とりわけフクロウ類で発達している（Rea 1973）．ペレットの中に残っている食物残渣の解析は，多くの猛禽類に関する研究の中の重要な側面になっている（Mikkola 1983, Yalden 2003）．ペレットは胃の中で消化できない獲物の骨や毛，羽毛などから形成される（Reed and Reed 1928, Grimm and Whitehouse 1963, Kostuch and Duke 1975, Rhoades and Duke 1977）．フクロウ類のペレット中の獲物の残渣は，食べられた獲物の種を正確に反映する（Mikkola 1983）．しかし，ペレットの大きさには相当幅があり，奇妙なことに，食べたものの量との間に相関がない（Erikano 1973）．Raczynski and Ruprecht（1974）は，獲物の骨のいくつかは消化されており，また骨格のいくつかの部分は他の部分よりも消化が進んでいて，ペレット中の残渣から採食量を見積もると，飲み込んだ獲物の数よりも少なくなるだろうということを示している（第8章も参照のこと）．Duke et al.（1996）もまた，飼育下のアメリカチョウゲンボウを用いて，食べたものの断片やペレットの大きさ，ペレットを排泄する頻度が相当にばらつくことを見出している．ペレットの排泄には胃の運動と食道の蠕動の両方が関与し（Duke et al. 1976c），胃のみによる哺乳類の嘔吐あるいは反芻動物の食塊の逆流とはその発生機序が大きく異なっている（Duke et al. 1976c）．

フクロウ類の胃運動の観察から，採食あるいは空腹なフクロウ類に食べ物を見せるだけでも（Duke et al. 1976b），胃の収縮運動の頻度が2〜3倍に直ちに増加することが示されている．第1の機械的消化の段階では，比較的速く活発な運動が食べた物全体を筋胃へ移動させ，食物はばらばらにされ"ふやかされて"，その後，消化液とともに徹底的に混ぜられる．第2段階，つまり化学的消化の段階では，強度，頻度とも軽減した収縮が摂取物を消化液と静かに混ぜ合わせる．ほとんどの消化はこの段階で完了する．第3段階では，水分が胃から除かれ，ペレットが形成されて，排泄が起きる（Fuller and Duke 1978）．これらの段階の長さと採食からペレット排泄までの間隔（meal-to-pellet interval：MPI）は1羽のフクロウ類が食べたその総量によって直接変動することから，採食量を推定するのに使えるかもしれない．

3つの段階の長さを変化させてMPIに影響を与えるペレットの排泄を調節するその他の要因についてより詳しく知るために，床が急勾配になっている1×1×2mの大きさの容器の中に止まり木を吊るして，足緒を付けたフクロウ類を止まらせた．吐き出されたペレットは急勾配の床を転がり，針金でできた採集籠の中に落ちる．ペレットが1つその籠に落ちると籠の下にあるマイクロスイッチを直接押し下げ，それにより一連の流れが完了して別室にある記録機器のマーカーが作動する．このようにして，ペレットが落ちた正確な時間を記録した．

この方法を用いて6種のフクロウ類（表16-1）に1日

表16-1 フクロウ類における採食からペレット排泄までの平均時間（MPI）[*]

種	例数	MPI：平均値±標準誤差（時間）	ペレット数
ヒガシアメリカオオコノハズク（*Megascops asio*）	2	11.86 ± 0.22	29
アメリカワシミミズク（*Bubo virginianus*）	4	13.25 ± 0.29	36
シロフクロウ（*Bubo scandiaca*）	2	12.02 ± 0.72	35
アメリカフクロウ（*Strix varia*）	2	9.85 ± 0.44	25
コミミズク（*Asio flammeus*）	1	10.22 ± 0.12	132
アメリカキンメフクロウ（*Aegolius acadicus*）	1	10.04 ± 0.32	4

[*] Duke et al.（1976a）のデータを改変．

表 16-2 9:00 に給餌したアメリカワシミミズクとヒガシアメリカオオコノハズクの食物消費量（グラム乾重量/kg）と関連付けた摂食からペレット排泄までの平均時間（MPI）[*]

種	鳥の例数	獲物の量	MPI：平均値±標準誤差（時間）	ペレット数
アメリカワシミミズク（Bubo virginianus）	4	10	11.76 ± 0.46	4
		11〜15	12.49 ± 0.35	11
		16〜20	13.35 ± 0.51	12
		21〜25	14.71 ± 0.52	9
ヒガシアメリカオオコノハズク（Megascops asio）	2	30〜40	10.92 ± 0.25	9
		41〜50	11.88 ± 0.28	13
		51〜60	12.92 ± 0.41	6
		61〜70	13.75	1

[*] Duke et al.（1976a）のデータを改変.

につき夜明け2時間後（午前9時）から30分の間に，フクロウ類が望むだけの実験用のハツカネズミを食べさせた．MPIの長さは，身体の小さいフクロウ類ほど短かったが，しかし，より有意にMPIは食物の量と直接関係していたことから，食物を経口摂取した状態がペレットの排泄の調節に重要であることが示された（表16-2，Duke et al. 1976b）．

異なった構成の餌を与えたアメリカワシミミズクを用いた実験から，消化されていない胃内の食物（蛋白質あるいは脂肪）の存在がペレットの排泄を抑制しているように思われ，ペレットの排泄は消化が最後まで完了するまで起こらないだろうということが示唆されている（表16-3，Duke and Rhoades 1977）．また，胃粘膜上に残った消化されていないものはペレットの排泄に貢献するある種の刺激効果を併せもつかもしれない．しかしながら，他の要素もまた含まれるかもしれない．アメリカフクロウ（Strix varina）では，体重が10%減少するまで維持量レベル以下の餌を与えられた場合に，MPIが延長し，ペレットの大きさが小さくなることが知られている．ペレットの解析から，空腹なフクロウでは食物の消化がより完全であることが明らかになっており，これは空腹状態がMPIに影響するかもしれないことを示している（Duke et al. 1980）．コミミズク（Asio flammeus）では，食物がずっと見えていることがMPIを短縮するかもしれない（Chitty 1938）．

フクロウ類のMPIは環境刺激からも影響を受けるかもしれない．アメリカワシミミズクに夜明けあるいは夕暮れの30分間に望むだけのマウスを給餌した場合には，MPIは餌の量に直接関係しているが，食べた量に関わらず，夜

表 16-3 4羽のアメリカワシミミズクに2匹のマウス，2つのマウスの皮，あるいは2つのマウスの皮に様々な餌を詰めたものを15:00に食べさせた時の摂食からペレット排泄までの平均時間[a]

餌	餌全体の平均重量（g）	摂食からペレット排泄までの平均時間（時間）	ペレット数
25gのマウス2匹	50	15.52 ± 0.45	45
マウスの皮と頭蓋骨2匹分	15	15.26 ± 0.20	8
マウスの皮と固形飼料を2つずつ[b]	25	8.19 ± 0.26	11
固形飼料2つのみ[c]	10	2.75 ± 0.29	5
35gの馬肉を詰めたマウスの皮2つ	50	24.34 ± 1.02	10
9gの牛脂を詰めたマウスの皮2つ[b]	24	33.74 ± 2.28	11

[a] 表はDukeとRhoades（1997）から改変
[b] マウスの皮の中に固形飼料と肉と脂肪を入れて絹糸で縫い合わせた
[c] 固形飼料は強制給餌された

明けよりも夕暮れに食べた場合に MPI が長くなることが知られている（Duke and Rhoades 1977）．これはコミミズクでも同じであり（Chitty 1938），それゆえ，胃での消化やペレットの形成が起きる1日の周期の一部が MPI に影響している可能性がある．

　Kuechle et al.（1987）は上述の基礎的な情報の全てを利用し，テレメトリーを用いる技術を応用して，野外での研究を行った．野外のメンフクロウの尾羽に装着した発信機によって個体の動きをモニターし，埋め込んだひずみゲージ変換機からの信号によって鳥の胃運動をモニターして，①経口摂取の時刻，②排泄の時刻，③胃における消化の時間，④消費された量の見積もりを求めた．フクロウのハンティングの時の動きと採食時の動きを他の時の動きと区別することが可能であることは，フクロウの行動を理解する点において重要であり，野外のフクロウの1日の食物消費量の見積もりはフクロウのエネルギー代謝を理解するうえで非常に重要である．

　フクロウ類では，MPI は採食された量と直接相関があるが，タカ類ではペレットの排泄の主な刺激は夜明けであり，採食された量に関係しない（Balgooyen 1971, Duke et al. 1976b, 表16-4）．朝7時から明期となる部屋において，タカ類に午前11時に給餌した時の方が，午前9時に給餌した時よりも MPI が1〜2時間短くなる．アカオノスリなどを用いた別の研究では，朝7時から明期となる部屋において，給餌時間を8時から16時にシフトさせると（8時間遅くする），MPI はそれぞれ約22時間から約18時間へと変化し，排泄の遅れは4時間のみとなることから，鳥はその日のできるだけ早くに排泄するように"努めている"ことが示唆された（Fuller et al. 1978）．フクロウ類は，夜間でも昼間でもハンティングをするかもしれないが，タカ類は日光をハンティングに必要とすると理論立てられており（Fuller et al. 1978），それゆえ，タカ類は1日の早い時間にペレットを排泄する（すなわち，胃を空にする）ことによって，その日の残りの時間を新しい獲物のハンティングと採食のために取っておくという利益を得ている．タカ類を午後遅くに採食するように条件付けると，予測した採食時間の直前にペレットの排泄時間をシフトさせるという反応をする（Fuller et al. 1978）．

　Durham（1983）はアカオノスリでは，たとえ前日に採食していなくても，あるいは肉のみを食べて羽毛や毛，骨を食べていなくても，毎日夜明けにペレットの排泄が起きることを示している．それゆえ，タカ類では排泄運動は単に経口摂取した最終結果ではなくて，明らかに概日リズムの1つの表れである．タカ類とフクロウ類の間には他の違いもある．フクロウ類は普通，それぞれの食事ごとに1つペレットを排泄するが，一方，タカ類は1つのペレットを排泄する前に1〜3回食事をするかもしれない（Duke et al. 1975, 1976b）．獲物の骨はフクロウ類の成鳥の胃ではほとんど消化されないが，一方，タカ目の胃では，骨は実質的に完全に消化される（Errington 1930, Summer 1933, Glading et al. 1943, Clark 1972, Duke et al. 1975, 1976b）．これはタカ類の胃の pH がより低いことによる（Cumming et al. 1976）．フクロウ類の巣内雛も骨を消化する．

　胃と食道の収縮性活動の後に起こるアカオノスリのペレット排泄の機序は，アメリカワシミミズクのものと非

表16-4　午前7時に夜明け（明期）となる部屋で飼育したタカ類の摂食からペレット排泄までの平均時間[a]

種	鳥の例数	摂食からペレット排泄までの時間：MPI（時間）			
		9:00 に給餌 平均値±標準誤差	例数	11:00 に給餌 平均値±標準誤差	例数
ハクトウワシ（*Haliaeetus leucocephalus*）	3	21.7 ± 0.4	10	20.9 ± 0.38	10
オオタカ（*Accipiter gentilis*）	4	21.6 ± 0.83	9	20.6 ± 0.17	65
ハネビロノスリ（*Buteo platypterus*）	2	21.7 ± 0.14	13	20.8 ± 0.13	5
アカオノスリ（*B. jamaicensis*）	6	22.5 ± 0.09	72	20.4 ± 0.14	59
ケアシノスリ（*B. lagopus*）	3	21.7 ± 0.08	79	—	—
カンムリカラカラ（*Caracara cheriway*）	1	—	—	19.6 ± 0.08	14
アメリカチョウゲンボウ[b]（*Falco sparverius*）	1	23.6 ± 0.06	10	—	—

[a] Duke et al.（1976a）のデータから．
[b] およそ8:00 から明期．

常に類似しており（Durham 1983），経口摂取の運動と化学的消化，ペレットの産生という3つのはっきりした段階があり，そして排泄運動がある．メンフクロウ（*Tyto alba*）を用いて行われたようなテレメトリーによる研究を，アカオノスリあるいは他のタカ類で行えばとても役立つ管理上の情報が得られるだろう．

イオンと水分のバランス

猛禽類のイオンと水分のバランスについてはほとんど分っていないが，このテーマは飼育下にある鳥類の管理と関係している．体重が60g以上の鳥類，実際には全ての猛禽類では，ストレスが加わっていない個体の呼吸器表面と皮膚からの蒸発による水分の損失は，酸化的代謝の過程で産生される水分によって相殺することができる（Bartholomew and Cade 1957, 1963）．殺したての獲物の水分はそれゆえ，温度上のストレス，運動，あるいはその両方に関連する水分の損失に対応する（あるいは部分的に対応する）ために利用することが可能である．ほとんどの猛禽類は，飼育下において飲み水なしに生命を維持することができるし，交尾や産卵さえ可能である（Bartholomew and Cade 1957, 1963）．飼育下のアメリカワシミミズクは1日に体重の4.4〜5.3％を水分として必要とする（Duke et al. 1973）．この摂取量は Bartholomew and Cade（1963）が調べたミチバシリ類（*Geococcyx* spp.）を含む乾燥した環境に生息するために適応した21種の中で，2番目に低い．蒸発による水分の損失は，アメリカワシミミズクでは獲物から経口摂取する水の約45％となる（Duke et al. 1973）．

他の多くの鳥類と同様に，猛禽類は塩と水分の損失を腎-総排泄腔系と鼻にある塩腺の両方によって調節することができる．牛の心臓を与えられているアカオノスリの尿量は 30.2ml/day であり，ナトリウムとカリウムの濃度はそれぞれ 38mM/l と 61mM/l であった（Johnson 1969）．アカオノスリを用いた他の研究では，尿と塩腺からの分泌液ともに，より高いナトリウムとカリウム濃度を示し（それぞれ，尿で 206mM/l と 76mM/l，分泌液で 380mM/l と 20mM/l），同様のデータが他の8種のタカ目についても報告されている（Cade and Greenwald 1966）．機能的な塩腺は全てのタカ目で明らかに存在するが，フクロウ目では報告されていない．

栄養と食物代謝

栄養の要求

猛禽類の獲物の大部分は，小型の哺乳類と鳥類である．ほとんどの猛禽類の自然界での食性（質的な必要物）が広く研究されてきた．そのいくつかの例が表 16-5 に示されている．摂取された生物量（バイオマス）は，猛禽類のエ

表 16-5　北米の一般的な猛禽類における自然下での食物[a]

種	参考文献[b]	食物の割合（％）				
		小型齧歯類	大型哺乳類	鳥類	昆虫類	その他
ハイイロチュウヒ（*Circus cyaneus*）	1	98.4	0.3	1.0	—	0.3
カタアカノスリ（*Buteo lineatus*）	1	97.0	—	3.0	—	—
アカオノスリ（*B. jamaicensis*）	1	95.5	1.4	3.1	—	—
ケアシノスリ（*B. lagopus*）	1	98.1	—	1.9	—	—
アメリカチョウゲンボウ（*Falco sparverius*）	1	90.3	—	9.9	—	—
メンフクロウ（*Tyto alba*）	2	81.6	16.4	2.0	—	—
ヒガシアメリカオオコノハズク（*Megascops asio*）	1	3.4	—	6.3	0.3	—
アメリカワシミミズク（*Bubo virginianus*）	1	92.3	3.7	3.5	—	0.7
アナホリフクロウ（*Athene cunicularia*）	2	12.1	0.7	1.3	85.9	—
アメリカフクロウ（*Strix varia*）	3	53.2	7.8	24.2	4.8	10.0
トラフズク（*Aasio otus*）	1	100.0	—	—	—	—
コミミズク（*A. flammeus*）	1	99.3	—	0.7	—	—

[a] 食物はペレットを分析して決定した．死体からの肉や昆虫類の一部などの食物はタカ目では完全に消化されており，ペレットの中には見られない．
[b] 参考文献：1 = Craighead and Craighead（1956），2 = Marti（1969），3 = Errington（1932）．

ネルギー代謝とその環境への影響を理解するうえで最も重要である．それゆえ，獲物の種とその頻度のみではなく，その重さが分らなくてはならない．Steenhof（1983）が，猛禽類の獲物となる 35 種の哺乳類と 81 種の鳥類の体重を提供している．これには，ほとんどの場合，多数のサンプルから算出した平均値および成鳥（雄と雌とも比較）と幼鳥とに分けた平均値が含まれている．

2，3 の種の猛禽類では，野生下と飼育下の両方の条件で一定の体重を維持するために必要な総消費量（量的な必要物）が分っている（表 16-5）．ある個体の食物消費量は活動水準と外気温によって変化する．活動は，日の長さや獲物を捕れるかどうか，繁殖，営巣，妨害などの諸要素の影響を受ける．一般的にエネルギー消費は，鳥の活動量から直接影響を受けるのと同様に，同一種においては外気温と逆方向に，種間においては身体の大きさと逆方向に変化する（表 16-6）．

残念ながら，猛禽類が 1 日あるいは季節によって選択的に必要とする栄養分についてはほとんど分っていない．

表 16-6 米国のユタ州オグデン市における北米産猛禽類（成鳥）の異なる外気温の屋外状態での 1 年間の食物消費量

| 種 | 参考文献[a] | 食餌 | 体重 (g) | 1 日当たりの採食量 | | 外気温 (℃) |
				グラム	体重当りの割合	
ハクトウワシ（Haliaeetus leucocephalus）	2	マウス	3,870	219.8	5.6	27
	5	混合[c]	3,922	344.8	8.8	−10
	5	混合[c]	3,922	294.5	7.5	5
	5	混合[c]	3,922	265.2	6.8	20
オオタカ（Accipiter gentilis）	2	マウス	1,100	80.2	7.3	27
ハネビロノスリ（Buteo platypterus）	2	マウス	470	29.4	6.3	27
アカオノスリ（B. jamaicensis）	2	マウス	1,320	75.5	5.5	27
ケアシノスリ（B. lagopus）	2	マウス	1,020	48.0	4.7	27
アメリカチョウゲンボウ（Falco sparverius）	2	ヒヨコ	105	14.6	13.9	27
チョウゲンボウ（F. tinnunculus）	6	マウス	204	24.3	11.9	14
ハヤブサ（F. peregrinus）	1	マウス	680	60.6	8.9	27
シロハヤブサ（F. rusticolus）	1	マウス	880	70.3	8	27
メンフクロウ（Tyto alba）	3	マウス	603	60.5	10	—[b]
	6	ヒヨコ	262	28.3	10.8	14
ヒガシアメリカオオコノハズク（Megascops asio）	4	混合	153	39.0	25.4	6
ヒガシアメリカオオコノハズク	2	マウス	149	17.1	11.5	27
アメリカワシミミズク（Bubo virginianus）	2	マウス	1,770	71.2	4.0	27
	3	マウス	1,336	62.6	4.7	—[b]
シロフクロウ（B. scansiaca）	1	マウス	1,900	93.1	4.9	27
アナホリフクロウ（Athene cunicularia）	3	マウス	166	26.4	15.9	—[b]
アメリカフクロウ（Strix varia）	2	マウス	741	42.9	5.8	27
	4	混合	625	67.0	11.8	4
カラフトフクロウ（S. nebulosa）	4	混合	1,045	77.0	7.4	−10
トラフズク（Aasio otus）	3	マウス	291	37.5	12.9	—[b]
コミミズク（A. flammeus）	2	マウス	432	50.0	11.6	27
アメリカキンメフクロウ（Aegolius acadicus）	2	マウス	96	12.9	13.4	27

[a] 参考文献：1 = Duke et al.（1975），2 = Duke et al.（1976a），3 = Marti（1973），4 = Craighead an Craighead（1956），5 = Stalmaster and Gessaman（1982），6 = Kirkwood（1979）．
[b] データはユタ州オグデン市で野外で 1 年間飼育した際の平均値を示す．
[c] シロザケ（Oncorhynchus keta）とオグロジャックウサギ（Lepus californicus），マガモ（Anas platyrynchos）の混合．

しかしながら，いくつかの種の野生の齧歯類，飼育下の齧歯類，家禽に関するカロリーと栄養素の値が分っている（Bird and Ho 1976, Bird et al. 1982, 表 16-7）．これらのデータは，野生の獲物の相対的な栄養素やエネルギー量を評価するのに役立つ．

　脊椎動物の組織の栄養成分は比較的一定しており，1つの食物源としてその栄養バランスは鳥類が必要とする栄養バランスとかなり釣り合いがとれている（Klasing 1998）．それゆえ，猛禽類における2, 3の栄養障害の記述はあるものの，多くの猛禽類にとってマクロあるいはミクロな栄養素がその食物中で制限されているということはあり難い（Cooper 1978）．獲物の種間の大きな違いは，脂肪の相対的な割合であり，これは種間だけでなく，個体間や同一種における季節間でも差異が見られる．例えば，小型のスズメ目の鳥類のいくつかは，渡りの前には総体容積の50%まで脂肪を蓄えることができるので，それらの鳥類はエネルギー的に高品質な獲物となる．

　ほとんど全ての猛禽類は肉を摂取し，肉は比較的消化しやすいことから，全ての猛禽類が類似した消化効率を示すことが仮定できるかもしれない．しかしながら，これは事実ではないと思われる（Barton and Houston 1994b）．消化効率は約75%から82%まで変化し，これは消化管の長さと相関する．腸が短い種では，腸が長い種よりも食物を効率的に消化できない傾向があり，その結果として相対的により多くの獲物を毎日捕獲する必要がある．このことは，ハンティング戦略に関係するかもしれず，腸が短く消化効率の低い種では，飛行中の鳥を捕獲する割合が高く，急速に加速する能力が必要となる種である傾向が見られる

表 16-7　野生および家畜（家禽）の齧歯類，鳥類，昆虫における栄養レベルの部分的解析

		ラット[a]	マウス[a]	ニワトリ[a]	ヒヨコ[a]	スズメ[b]	野ネズミ[b]	バッタ[b]
動物数		10	30	10	30	11	13	89
平均体重（g）		325.7	26.7	386.7	41.2	27	32	0.21
乾重量（凍結乾燥）		34.4	35.4	33.5	27.6	31.6	35.7	31.9
粗脂肪（% 乾重量）		22.1	24.9	26.9	24.2	15.9	6.01	6.03
粗蛋白質（N × 6.25% 乾重量）		62.8	56.1	56.7	62.2	64.9	57.3	75.7
灰（% 乾重量）		10.0	10.4	9.5	7.4	10.6	10.1	4.8
粗繊維（% 乾重量）		2.4	1.7	2.0	0.8	0.43	3.85	—
総エネルギー（kcal/g 乾重量）		5.78	5.84	5.93	6.02	5.39	4.15	5.02
カルシウム（%）	乾重量	2.06	2.38	1.94	1.36	2.94	2.85	0.31
	湿重量	0.69	0.84	0.65	0.38	0.94	1.02	0.098
リン（%）	乾重量	1.48	1.72	1.40	1.00	2.35	2.66	1.27
	湿重量	0.51	0.61	0.47	0.28	0.74	0.95	0.41
カルシウム：リン比率		1.39	1.38	1.39	1.36	1.3	1.1	0.2
亜鉛（mg/kg）	乾重量	129.2	134.6	158.0	106.9	109.8	105.5	200.2
	湿重量	13.3	47.7	52.8	29.9	34.7	37.7	63.9
銅（mg/kg）	乾重量	4.5	8.0	4.5	3.2	12.6	13.7	50.3
	湿重量	1.5	2.8	1.5	0.9	3.98	4.89	16.1
マンガン（mg/kg）	乾重量	7.5	11.7	9.0	3.0	11.4	14.9	25.1
	湿重量	2.5	4.1	3.0	0.8	3.6	5.32	8.01
鉄（mg/kg）	乾重量	175.7	239.1	146.8	121.8	592.0	332.3	331.4
	湿重量	58.9	84.6	49.1	34.0	187.2	118.7	105.8
チアミン（mg/kg）	乾重量	13.3	—	8.5	16.0	—	—	—

[a] Bird and Ho（1976）
[b] Bird et al.（1982）；イエスズメ（*Psser domesticus*），アメリカハタネズミ（*Microtus pennsylvanicus*），バッタの一種（*Melanoplus femurrubrum*）

(Barton and Houston 1994a).このような種では，たとえ結果的に消化効率が悪くなろうとも，軽い体重，容積の小さい腸をもつことが有利なのかもしれない．なぜならば，より素早くなることによって，より多くの獲物を捕まえられるからである．しかしながら，腸が短い種は高エネルギー含量（高脂肪）の獲物を食べることを余儀なくされており，もしも低脂肪レベルの獲物を食べていると彼らの体重を維持できないという結論となる(Taylor 1991)．このことは，なぜ，多くのハヤブサ類が小型のスズメ目を選択的に食べ，死肉や低エネルギーの獲物を食べることはまれにしか見られないのかを説明するかもしれない．

フクロウ類の盲腸は食物の消化にほとんど貢献していないことは明らかである．なぜなら，アメリカワシミミズクが1匹のハツカネズミを代謝する能力は，盲腸を摘出してもしなくても有意な差がなかったからである(Duke et al. 1981)．水分バランスもまた，盲腸摘出による影響を受けなかった．

Kirkwood (1981) は，9種のフクロウ目と22種のタカ目について幾通りかの外気温下で幾種かの餌を与えた時の採食量を基にして，猛禽類の維持される代謝可能エネルギー (metabolizable energy：ME) を1次回帰方程式によって算出した．$ME = 110\ W^{0.679}$，ここでMEはkcal/day，W（重さ）はkg単位で表示．タカ目とフクロウ目のデータは別の回帰でまとめられたが，有意差はなかった．Wijnandts (1984) は，マウスまたはラットを餌とした飼育条件下で同様の計算を13種のフクロウ目と26種のタカ目について行った．代謝可能なエネルギーについては，既報の食物消費量のデータからマウスまたはラットのカロリー値を8.4kJ/g，代謝率を76%と仮定して計算した．タカ目，フクロウ目について導かれた1次回帰方程式はそれぞれ，$ME = 9.722\ W^{0.577}$ ($r = 0.918$)，$ME = 8.63\ W^{0.587}$ ($r = 0.958$) であり，ここでMEはkJ/bird/day，W（重さ）はg単位表示である．

要　約

われわれは，猛禽類の胃腸管生理についてなお，多くの学ぶべきことがある．猛禽類のエネルギー代謝の評価には，獲物を捕れるかどうか（集団の大きさと脆弱性の両面から），獲物の栄養価，猛禽類が代謝可能な割合などの全てを考慮しなくてはならない．独自な肉食性の習性をもつこれらの鳥類において，この分野の更なる研究は大きな成果に繋がるはずである．しかしながら，共著者であり2006年の鳥類の胃腸管生理の分野で世界を引っ張ってきたGary Duke氏の悲劇的な死により，彼の足跡を辿る者がすぐには世界に現れず，この分野で有意な進歩があるまでには，再びしばらく時間がかかることになるかもしれない．

謝　辞

私の共著者であり，鳥類の胃腸管生理の世界的権威であったGary Duke博士の思い出に本章を捧げる．この章は彼の重要な貢献なくしては，全くそっけないものとなっていたであろう．Garyは気持ちの暖かい気配りの人で，猛禽類を愛していた．また彼は，われわれ，猛禽類研究者の多くにとって卓越した助言者であった．またこの章の草稿を校閲してくれたNigel Bartonに感謝する．

引用文献

BALGOOYEN, T.G. 1971. Pellet regurgitation by captive sparrow hawks (*Falco sparverius*). Condor 73:382 − 385.

BARTHOLOMEW, G.A. AND T.J. CADE. 1957. The body temperature of the American Kestrel, Falco sparverius. *Wilson Bull.* 69:149 – 154.

—— AND T.J. CADE. 1963. The water economy of land birds. *Auk* 80:504 − 511.

BARTON, N.W.H. AND D.C. HOUSTON. 1994a. Morphological adaptation of the digestive tract in relation to feeding ecology of raptors. *J. Zool. Lond.* 232:133 − 150.

—— AND D.C. HOUSTON. 1994b. A comparison of digestive efficiency in birds of prey. *Ibis* 135:363 – 371.

BIRD, D.M. AND S.K. HO. 1976. Nutritive values of whole-animal diets for captive birds of prey. *Raptor Res.* 10:45 − 49.

——, S.K. HO AND D PARÉ. 1982. Nutritive values of three common prey items of the American Kestrel. *Comp. Biochem. Physiol.* 73A:13 − 515.

CADE, T.J. AND L. GREENWALD. 1966. Nasal salt secretion in falconiform birds. Condor 68:338 − 343.

CHITTY, D. 1938. Pellet formation in Short-eared Owls, *Asio flammeus. Proc. Zool. Soc. Lond.* 108A:267 – 287.

CLARK, R.J. 1972. Pellets of the Short-eared Owl and Marsh Hawk compared. *J. Wildl. Manage.* 36:962 – 964.

COOPER, J.E. 1978. Veterinary aspects of captive birds of prey. The Standfast Press, Gloucestershire, United Kingdom.

CRAIGHEAD, J.J. AND F.C. CRAIGHEAD, JR. 1956. Hawks, owls and wildlife. Dover Publications, Inc., New York, NY U.S.A.

CUMMINGS, J.H., G.E. DUKE AND A.A. JEGERS. 1976. Corrosion of bone by solutions simulating raptor gastric juice. *Raptor Res.* 10:55 − 57.

DUKE, G.E. 1978. Raptor physiology. Pages 225 − 231 in M.E. Fowler [ED.], Zoo and wild animal medicine, 1st Ed. W.G. Saunders Co., Philadelphia, PA U.S.A.

—— AND D.D. RHOADES. 1977. Factors affecting meal to pellet

intervals in Great Horned Owls (*Bubo virginianus*). *Comp. Biochem. Physiol.* 56A:283 − 286.

———, J.C. CIGANEK AND O.A. EVANSON. 1973. Food consumption and energy, water, and nitrogen balances in Great Horned Owls (*Bubo virginianus*). *Comp. Biochem. Physiol.* 44A:283 − 292.

———, A.A. JEGERS, G. LOFF AND O.A. EVANSON. 1975. Gastric digestion in some raptors. *Comp. Biochem. Physiol.* 50A:649 − 654.

———, O.A. EVANSON AND A.A. JEGERS. 1976a. Meal to pellet intervals in 14 species of captive raptors. *Comp. Biochem. Physiol.* 53A:1 − 6.

———, O.A. EVANSON AND P.T. REDIG. 1976b. A cephalic influence on gastric motility upon seeing food in domestic turkeys, Great Horned Owls (*Bubo virginianus*) and Red-tailed Hawks (*Buteo jamaicensis*). *Poult. Sci.* 55:2155 − 2165.

———, J.C. CIGANEK, P.T. REDIG AND D.D. RHOADES. 1976c. Mechanism of pellet ingestion in Great Horned Owls (*Bubo virginianus*). *Am. J. Physiol.* 231:1824 − 1830.

———, M.R. FULLER AND B.J. HUBERTY. 1980. The influence of hunger on meal to pellet intervals in Barred Owls. *Comp. Biochem. Physiol.* 66A:203 − 207.

———, J.E. BIRD, K.A. DANIELS AND R.W. BERTOY. 1981. Food metabolizability and water balance in intact and cecectomized Great Horned Owls. *Comp. Biochem. Physiol.* 68A:237 − 240.

———, A.L. TERElCK, J.K. REYNHOUT, D.M. BIRD, AND A.E. PLACE. 1996. Variability among individual American Kestrels (*Falco sparverius*) in parts of day-old chicks eaten, pellet size, and pellet egestion frequency. *J. Raptor Res.* 30:213 − 218.

———, J. REYNHOUT, A.L. TERElCK, A.E. PLACE, AND D.M. BIRD. 1997. Gastrointestinal morphology and motility in American Kestrels (*Falco sparverius*) receiving high or low fat diets. *Condor* 99:123 − 131.

DURHAM, K. 1983. The mechanism and regulation of pellet egestion in the Red-tailed Hawk (*Buteo jamaicensis*) and related gastrointestinal contractile activity. M.S. thesis, University of Minnesota, St. Paul, MN U.S.A.

ERKINARO, E. 1973. Seasonal variation of the dimensions of pellets in Tengmalm's Owl *Aegolius funereus* and the Short-eared Owl *Asio flammeus*. *Aquilo Ser. Zool.* 14:84 − 88.

ERRINGTON, P.L. 1930. The pellet analysis method of raptor food habit study. *Condor* 32:292 − 296.

———. 1932. Food habits of southern Wisconsin raptors, part I: owls. *Condor* 34:176 − 186.

FULLER, M.R. AND G.E. DUKE. 1978. Regulations of pellet egestion: the effects of multiple feedings on meal to pellet intervals in Great Horned Owls. *Comp. Biochem. Physiol.* 62A:439 − 444.

———, G.E. DUKE AND D.L. ESKEDAHL. 1978. Regulations of pellet egestion: the influence of feeding time and soundproof conditions on meal to pellet intervals of Red-tailed Hawks. *Comp. Biochem. Physiol.* 62A:433 − 438.

GLADING, B., D.F. TILLOTSON AND D.M. SELLECK. 1943. Raptor pellets as indicators of food habits. *Calif. Fish Game* 29:92 − 121.

GRIMM, R.J. AND W.M. WHITEHOUSE. 1963. Pellet formation in a Great Horned Owl: a roentgenographic study. *Auk* 80:301 − 306.

HERPOL, C. 1964. Activité proteolytique de l'appareil gastric d'oiseaux granivores et carnivores. *Ann. Biol. Anim. Biochem. Biophys.* 4:239 − 244.

———. 1967. Etude de l'activité proteolytique des divers organes du système digestif de quelques espèces d'oiseaux en rapport avec leur régime alimentaire. *Zeitschrift fur ver gleichended Physiologie* 57:209 − 217.

HOUSTON, D.C. 1976. Breeding of the White-backed and Ruppell's Griffon Vultures. *Ibis* 118:14 − 39.

——— AND J. COPSEY. 1994. Bone digestion and intestinal morphology of the Bearded Vulture. *J. Raptor Res.* 28:73 − 78.

JOHNSON, I.M. 1969. Electrolyte and water balance in the Red-tailed Hawk, *Buteo jamaicensis*. [Abstr.] *Am. Zool.* 9:587.

KIRKWOOD, J.K. 1979. The partitioning of food energy for existence in the Kestrel (*Falco tinnunculus*) and the Barn Owl (*Tyto alba*). *Comp. Biochem. Physiol.* 63A:495 − 498.

———. 1981. Maintenance energy requirements and rate of weight loss during starvation in birds of prey. Pages 153 − 157 in J.E. Cooper and A.G. Greenwood [EDS.], Recent advances in the study of raptor diseases. Chiron Publishers, Keighley, West Yorkshire, United Kingdom.

KLASING, K.C. 1998. Comparative avian nutrition. CAB International, Wallingford & New York, NY U.S.A.

KOSTUCH, T.E. AND G.E. DUKE. 1975. Gastric motility in Great Horned Owls. *Comp. Biochem. Physiol.* 51A:201 − 205.

KUECHLE, V.B., M.R. FULLER, R.A. REICHLE, R.J. SCHUSTER AND G.E. DUKE. 1987. Telemetry of gastric motility data from owls. Proceedings of the 9th international symposium on biotelemetry, Dubrovnik, Yugoslavia.

MARTI, C.D. 1969. Some comparison of the feeding ecology of four owls in north central Colorado. *Southwest Nat.* 14:163 − 170.

MIKKOLA, H. 1983. Owls of Europe. T. & A.D. Poyser, London, United Kingdom.

RACZYNCKI, J. AND A.L. RUPRECHT. 1974. The effect of digestion on the osteological composition of owl pellets. *Acta Ornithologica* 14:25 − 37.

REA, A.M. 1973. Turkey Vultures casting pellets. *Auk* 90:209 − 210.

REED, C.I. AND B.P. REED. 1928. The mechanism of pellet formation in the Great Horned Owl (*Bubo virginianus*). *Science* 68:359 − 360.

RHOADES, D.D. AND G.E. DUKE. 1977. Cineradiographic studies of gastric motility in Great Horned Owls (Bubo virginianus). *Condor* 79:328 − 334.

STALMASTER, M.V. AND J.A. GESSAMAN. 1982. Food consumption and energy requirements of captive Bald Eagles. *J. Wildl.*

Manage. 46:646 — 654.

STEENHOF, K. 1983. Prey weights for computing percent biomass in raptor diets. *Raptor Res.* 17:15 — 27.

SUMNER, E.L., JR. 1933. The growth of some young raptorial birds. *Univ. Calif. Publ. Zool.* 40:277 — 282.

TAYLOR, R., S. TEMPLE, AND D.M. BIRD. 1991. Nutritional and energetic implications for raptors consuming starving prey. *Auk* 108:716 — 718.

WIJNANDTS, H. 1984. Ecological energetics of the Long-eared Owl *Asio otus*. *Ardea* 72:1 — 92.

YALDEN, D.W. 2003. The analysis of owl pellets. The Mammal Society, London, United Kingdom.

B. 血液学

訳：江口淳一

DEBORAH J. MONKS
Brisbane Bird and Exotics Veterinary Service
Cnr. Kessels Rd. and Springfield St.
Macgregor, QLD 4109, Australia

NEIL A. FORBES
Great Western Referrals,
Unit 10 Berkshire House, Country Park Business Park
Shrivenham Rd., Swindon, Wiltshire, SN1 2NR, United Kingdom

はじめに

　疾病の診断と治療効果の評価を行う場合，血液学的な解析に頼ることが少なくない（Howlett 2000, Cooper 2002）．リハビリテーションセンターでは，臨床症状が出る前の疾病を検出する一助，放鳥前の個体の状態の評価，新しく入院した個体の予後の指標として，血液学的な変化を利用することができる．猛禽類の個体群の健康状態も同様に監視することが可能である．血液学を用いて，栄養状態，疾病，個体間における食物供給量の差異，様々なストレッサーによる免疫の抑制などの全てを検出することが可能である（van Wyk et al. 1998, Cooper 2002）．

　猛禽類は多くの食物連鎖の頂点に位置するため，彼らの健康状態は生態系全体の健康状態を反映し得る（Cooper 2002）．血液学的な変化は，ハビタットの質的な変化や獲物の豊富さを示すことができるし，汚染物質や毒物への曝露を示唆することもあるかもしれない（Hoffman et al. 1985, Mauro 1987, Bowerman et al. 2000, Seiser et al. 2000）．ハビタットの消失や分断化は，宿主と寄生虫のバランスを変化させることになり，いくつかの猛禽類の個体群が寄生虫にさらされることが多くなるという結果をもたらした．寄生虫の病原性が高くなっていることが示唆されることもあるかもしれない（Loye and Carroll 1995）．

　近年における血液の研究は，猛禽類の種における基準範囲を決定することに焦点が当てられてきた．多くの参考文献が性と年齢によるパラメーターを示している（Rehder et al. 1982, Ferrer et al. 1987, van Wyck et al. 1998, Bowerman et al. 2000）．ISIS（www.ISIS.org）やLYNX（Bennett et al. 1991）を含むコンピューター化されたデータベースを利用することも可能である．

　生化学的パラメーターについての議論はこの章の及ぶところではない．いくつかの包括的な参考文献がこの領域の詳細についての情報を提供している（Campbell 1994, Joseph 1999, Fudge 2000, Cooper 2002）．

採　血

血液学的試験に影響する生理的変動

　採血は，猛禽類の捕獲後，可及的速やかに他の作業よりも先に行うべきである．なぜなら，捕獲や拘束がストレスとなって白血球像を変化させてしまうことがあり（Wingfield and Farner 1982, Sockman and Schwabl 2001），白血球増加症や偽好酸球増加症，リンパ球増加症，リンパ球減少症という結果になってしまうかもしれないからである（Fudge 2000）．Parge et al.（2001）は，猛禽類におけるストレスのより高感度な指標として，偽好酸球あるいはリンパ球の数そのものよりも，偽好酸球数/リンパ球数の比率を用いることを提唱している．ただし，この比率の数値自体は猛禽類の種によって変わる可能性はある．白血球数も同時発症している疾病によって変動し得る（Howlett 2000, Parga et al. 2001）．

　研究者は他の生理学的な諸要因が血液学的指標に影響を及ぼすかもしれないということを意識すべきである．血液学的検査を計画した時には，以下に記載する変化を考慮しなくてはならず，そのように努めることによって，これらによる影響を最小限に留めることができる．①赤血球の産生は，外気温の上昇により減少する可能性があり，また季節によって変化するかもしれない（Hunter and Powers

1980, Rehder et al. 1982).②ヘマトクリット値は，血中アンドロジェン濃度が高いと増加し，あるいは血中エストロジェン濃度が高いと減少するかもしれない．③換羽により，雌雄ともヘマトクリット値は減少する（Sturkie 1976, Rehder et al. 1982）．④巣立ちまで，ヘマトクリット値とヘモグロビン量は雛の加齢とともに増加する（Rehder et al. 1982, Bowerman et al. 2000）．⑤ヘマトクリット値の性差について報告している研究もあるが，一方，性差がないとの報告もある（Sturkie 1976, Rehder et al. 1982, Dawson and Bortolotti 1997）．⑥ Rehder and Birds（1983）はアカオノスリにおけるヘマトクリット値と赤血球（red-blood-cell：RBC）数の日内変動を示した．⑦ある種の鎮静剤や麻酔薬も白血球像や末梢血像の変化を生じる（Mauro 1987, Fudge 2000）．これらのこと全てから，われわれは採血に関しては一貫性をもって行うことを薦める．

静脈穿刺の手順

体重が500g以下の鳥には，普通25ゲージの皮下組織用注射針と1mlまたは2mlの注射筒を用いて採血を行う．体重500g以上の鳥では23ゲージの注射針を用いるのが最適である（Cooper 2002）．非常に小さな鳥では静脈にメスで切れ目を入れて細いガラス管を用いて採血することができる（Dawson and Bortolotti 1997）．翼状針を用いると，採血中の鳥の動きの影響を減らすことができるかもしれない（Cooper 2002）．より小さなゲージの注射針は溶血の危険を増加させる．また，より太い針は血腫になるリスクを増大させる（Fudge 2000）．過度に陰圧にすると静脈虚脱を引き起こすかもしれない（Jennings 1996）．サンプルの凝血が1つの問題であるならば，抗血液凝固薬を用いるのが良いと主張する著者もいるが，静脈穿刺の前に注射筒の内にあらかじめ抗血液凝固薬を加えていると，血液サンプルが希釈されることになるかもしれない（Reder et al. 1982, Cooper 2002）．結果が一定しないという理由から，われわれは爪を切ることによる採血法を用いることは推薦できない（Campbell 1994）．採用する技術に関わらず，細菌の混入を防ぐために穿刺部は無菌的に保たねばならない（Fudge 2000）．

鳥類の総血液量は身体の容積の6〜12%の幅にあり，総血液量の5〜10%を超えない量を採血すべきである．これは，身体の容積の約0.5〜1%と等しい（Campbell 1988, Fudge 2000）．鳥が不健康だったり，ストレスが加わっていたりする場合には，採血量を減らすべきである（Cooper 2002）．

同じ個体から繰り返し採血する場合には，採血間隔を赤血球の補完に十分な時間となるように考慮しなければならない（Mauro 1987）．鳥類の赤血球の平均寿命は28〜45日である（Rodnan et al. 1957）．複数のアメリカチョウゲンボウから20週間にわたって血液量の10%を毎週採血したが，ヘマトクリット値の減少はみられなかったという報告がある（Rehder et al. 1982）．

不適切な保定は静脈の裂傷を起こしかねず，出血を長引かせる．血腫の形成は，失う血液量を少なからず増加させるかもしれない．この危険を減らすために静脈穿刺後，少なくとも1〜2分間は静脈穿刺部位を圧迫すべきであり，完全に止血されるまで，放鳥すべきではない．

標準的な静脈穿刺部位

経験不足な採血者の場合には血腫ができてしまうかもしれないことが1つの問題ではあるが，頸静脈は採血可能な最も太い静脈である（以下を参照のこと）．右頸静脈は左頸静脈よりも大きく，またより広い無羽域がある．この代りとなる一般的な血管は尺側皮静脈であり，これは肘を腹側に横切る血管である．もしも鳥が勢いよく暴れていたら，この血管からの採血は難しく，翼が傷つくだろう（骨折を含む）．また，小型の猛禽類では静脈を見つけることは必ずしも容易ではない．採血が原因で組織の医原性の外傷や採血後の不十分な圧迫止血の後で大きな血腫ができることがある．第3の採血に適した部位は，正中中足骨静脈であり，足根中足関節に近接して見られる．この血管は周囲に軟組織があるので，解剖学的に血腫ができにくい（Fudge 2000）．

モントリオールのマギル大学にある Avian Science Conservation Centre では，アメリカチョウゲンボウの採血を25年間も行っているが，太い頸静脈が好まれる採血部位となっている．1人が鳥の頭部をしっかりと保定し，静脈を露出する適当な位置をとれば，この方法で血腫ができることはまれである（I.Ritchite and D.M. Bird 私信）．

サンプルの準備

採血時には抗血液凝固薬が入っていない血液を用いて，血液塗抹標本を1，2枚作成すべきである．鳥類の血球は脆弱であり，乱暴な塗抹技術では同定できない細胞が多数できてしまう（Jennings 1996, Fudge 2000）．もしも湿気の影響を受けないように保つことができれば，風乾した未固定の塗抹標本は，72時間はもつだろう（Howlett 2000）．

購入が可能な人の小児科用の採血管は猛禽類の血液に非常に適している．その採血管は EDTA（ethylenediaminetetraacetic acid）入り，ヘパリン入り，添加物のないゲル入りとして購入可能であり，血液を指定の線まで満たすと，

抗血液凝固薬と正しい比率で採血ができる．的確な採血および血液を容器に移す前に注射針を注射筒から外すことにより，溶血を減らすことが可能である（Fudge 2000）．ヘパリンを塗った毛細管で採血した後は，プラスチシン（油土）を管の口に詰めて保管できる．

抗血液凝固薬の選択

採血を行う前に，血液の分析を行う研究室と連絡を取り，適切な抗血液凝固薬，保存法，その他の作業の情報を得るべきである．

血液学的分析に用いる血液は一般に EDTA の入った容器に採取される．EDTA に曝露されると，赤血球は 24 〜 48 時間で溶血する可能性があることに留意する必要がある．これは，猛禽類以外の鳥類のいくつかの種では顕著である（Campbell 1994）．ヘパリンは Romanowsky 染色への血液細胞の親和性に影響するかもしれず，また白血球，栓球を凝集させるかもしれない（Jennings 1996, Howlett 2000）．Fudge（2000）は，血液を自動分析する場合には，血液にクエン酸を加えると整合性が上昇することを見出した．

サンプルの保存と処理

採血からサンプル処理までは，できるだけ短い時間で行うべきであり，すぐに分析しない血液サンプルは，冷保存（約 4℃）すべきである．血液塗抹染色と判断は決まった 1 人の人間が行い，バラツキを最小限にすべきである．新しい染色方法も十分に使えると思うが，古典的なライト染色やギムザ染色，変法であるライトギムザ染色は，いずれも細胞の形態がよく分る（Campbell 1988, Fudge 2000, Samour et al. 2001, Cooper 2002, Kass et al. 2002）．

解析に影響する要因

ゆっくりと採血すること，組織の外傷，不十分な血液の混和，抗血液凝固薬入りのサンプル容器に血液を入れすぎたりすることなどにより，サンプル血の凝固が生じる．溶血や脂肪血症により，総蛋白質レベルを含む多くの血液学的，生化学的指標が変化することがある（Joseph 1999, Cooper 2002）．古い血液あるいは抗血液凝固薬の入った血液から作成した血液塗抹標本を用いたり，ホルマリンガスに曝露したり，使用期限切れの染色液で染色したりすると正確な血液細胞の同定ができないことがある（Fudge 2000）．低レベルの技術による塗抹や染色，作業者の経験不足，あるいは質の悪い顕微鏡を用いることにより，血液寄生生物の検出ができないことがある（Cooper 2002）．

採取した血液サンプルを海外に輸送する前には，絶滅のおそれのある野生動植物の種の国際取引に関する条約（CITES）と各国や各地方の法律を含む，関連する国際的な協定を考慮しなくてはいけない（Cooper 2002）．

血液学的パラメーター

猛禽類のそれぞれの種における"正常な"血液学的な数値をあげることはこの章の及ぶところではない．研究者は関連する査読を受けた出版物と特別な情報データベースを調べるべきである．一般的な情報については，Samour（2000），Cooper（2002），Redig（2003）に記載されている．

血漿中の総蛋白量

1 つの生化学パラメーターのみに注目することがしばしばあるが，血漿総蛋白量（TPP）の分析は赤血球系を完全に解釈するために必要なものであり，特に貧血の場合に必要である．蛋白質の電気泳動やフィブリノーゲンの定量も行うべきであろう．

赤血球系

赤血球系の評価には，ヘマトクリット値あるいは血中血球容積（Hct または PCV – l/l）とヘモグロビン（Hb – g/l），赤血球数（$\times 10^{12}$/l）とこれらから算出される平均赤血球容積（MCV），平均赤血球ヘモグロビン量（MCH），平均赤血球ヘモグロビン濃度（MCHC）などが含まれる．追加情報については，Howlett（2000）と Fudge（2000）の文献を参照のこと．

猛禽類のヘマトクリット値の許容範囲は，35 〜 55 l/l（0.35 〜 0.55）である（Fudge 2000, Cooper 2002）．見た限りでは健康そうな鳥でも，ヘマトクリット値が低いことがある（Rehder et al. 1981）．異常値であるかどうかは，TPP とフィブリノーゲン量とを合わせて解釈しなくてはならない（表 16-8 参照）．網状赤血球が 5 〜 10% 存在することは，生理学的に正常な範囲である．

貧血症は，網状赤血球の数を基に，再生性貧血と非再生性貧血に分けることができる．血液学者の中には，猛禽類で客観的に網状赤血球数を数えられる満足な方法はないという意見を固持する者も何名かいる．彼らは，血液塗抹染色標本を主観的に解析することを信じるよりも，多染性の血球の程度，そして，もしも存在するのであれば，正赤芽球，塩基好性正赤芽球，前赤芽球の数に注意している（M. Hart 私信）．一方，他の研究者はニューメチレンブルーやライト染色などの生体染色を満足して使用しており，特に網状赤血球を染色している（Fudge 2000）．貧血の場合に，網状赤血球の数が 5% 未満であると再生性が低く，10% より高いと再生性が良いことを示す（Cooper 2002）．また多染性の血球が 1 〜 5% よりも高いことも，適当な再生性を示していると言える．貧血症は病因学的にもあるいは赤

表16-8 赤血球系の変化

条件	血中血球容積	血漿総蛋白量（TPP）	フィブリノーゲン	血漿総蛋白量（TPP）：フィブリノーゲン比
脱水	増加	増加	増加	＞5
多血球血症	増加	正常	正常	1.5〜5.0
貧血症	減少	正常	正常または増加	原因により異なる
感染または炎症	正常	正常	増加	＜1.5

Joseph（1999）とFudge（2000）を基にする．

表16-9 赤血球の形態による貧血症の分類

	貧血のタイプ		
	正球性正色素性貧血	小球性低色素性貧血	大球性低色素性貧血
血中血球容積（PCV）	減少	減少	減少
平均赤血球ヘモグロビン濃度（MCHC）	正常	減少	減少
平均赤血球容積（MCV）	正常	減少	増加
多染性の血球	ない〜少ない	増加	増加
赤血球大小不同	ない〜少ない	正常〜増加	正常〜増加
考えられる原因	一般的には再生性がなく，赤血球産生が減少	鉄の不足，慢性的な失血，慢性疾患	急性の失血，鉛中毒の初期段階

Fudge（2000）を基にする．

表16-10 原因による貧血症の分類

不十分な赤血球産生	急性または慢性の失血	赤血球の破壊の増加
栄養不良	吸血性外寄生生物	血液寄生虫
マイコバクテリア症，アスペルギルス症を含む慢性疾患	消化器への寄生	細菌性敗血症
化学物質（鉛とアフラトキシン中毒症）	外傷	急性アフラトキシン中毒症
鉄と葉酸の欠乏	器官や新生物，腫瘍の破壊	毒血症
腫瘍		

Campbell（1994, 2000）とFudge（2000），Howlett（2000）を基にする．

血球の形態学的にも分類することが可能である（表16-9, 表16-10を参照）．同時に脱水が生じた場合には，貧血の徴候が隠されてしまうかもしれない．

ヘマトクリット値とTPPは慢性的な栄養不良によって低下する（Ferrer et al. 1987, Cooper 2002）．残念ながら，これらの変化を起こす絶食の程度や期間についてははっきりと分かっていない．ノスリ（*B. buteo*）では13日間飢えさせた状況において，これらのパラメーターは給餌を再開した時にのみ変化した（Garcia-Rodriguez et al. 1987）．逆に，アメリカチョウゲンボウでは5日間飢餓状態が続くと死亡することが典型的である（Shapiro and Weathers 1981）．Dawson and Bortolotti（1997）は，アメリカチョウゲンボウでヘマトクリット値からは巣立ち前の雛の生存を正確には予測できないことを見出した．身体の大きさ，種の生態学，発育段階もまた，不十分な栄養状態に抵抗する個体の能力に影響を及ぼす．

白血球像

白血球の構造と機能の詳細はここでは論じない．さらに情報を得たい読者はCampbell（1988, 1994）とFudge（2000）の文献を調べるべきである．

種ごとに参照できる範囲が確立されるべきではあるが，一般的にハゲワシ類とワシ類は白血球数（例えば，

表 16-11　猛禽類の白血球像の変化

白血球像の変化	考えられる病因
白血球の増加	マイコバクテリアを含む細菌感染，ストレス，外傷，毒，アスペルギルスを含む真菌感染，白血病
白血球の減少	圧倒的な細菌感染による骨髄の減少，ウイルス血症，骨髄減少
偽好酸球の増加	白血球像細菌感染，ストレス，アスペルギルスを含む真菌感染，毒血症
偽好酸球の減少	圧倒的な細菌感染，ウイルス血症，骨髄機能の抑制，欠乏性疾患
毒性による偽好酸球の変化（細胞質の好塩基性化，空胞化，脱顆粒，核崩壊，核融解）	敗血症，ウイルス血症，毒血症，重篤な感染
単球の増加	マイコバクテリアやアスペルギルスを含む感染，慢性疾患，組織の壊死
リンパ球の増加	感染や代謝疾患，腫瘍など
リンパ球の減少	ストレス，尿毒症，免疫系の抑制，腫瘍，ウイルス血症
反応性リンパ球	サルモネラやアスペルギルスを含む感染
好酸球の増加	血液への寄生を含む寄生，組織の崩壊，過敏症（疑わしい）
好酸球の減少	副腎皮質ホルモン，ストレス
好塩基球の増加	組織のダメージ，寄生（一致していない），感受性亢進（疑わしい），慢性疾患
フィブリノーゲンの増加	感染，炎症，出血
フィブリノーゲンの減少	肝不全
栓球の増加	出血に対する生体のリバウンド，栓球の需要に対する過度の反応（貪食を含む）
栓球の減少	末梢における過剰な需要，あるいは産生の減少（例えば，重篤な敗血症）

Campbell（1994, 2000）と Fudge（2000），Howlett（2000）を基にする．

WBC × 10^9/l）は，タカ類やハヤブサ類，フクロウ類よりも多い傾向を示すことは間違いない（N. Forbes 私信）．総白血球数，白血球分画の両方を得るべきである．白血球分画は絶対値としてもパーセンテージとしても示すべきである．また種特異的な正常値として参照できる範囲を調べるべきである．1つの規準として，ほとんどのフクロウ類においてリンパ球の割合の幅は 40 〜 70% であるが，一方，他の猛禽類では偽好酸球が最も一般的な細胞となる（Joseph 2000, Cooper 2002）．健康な猛禽類の好酸球の変動幅は 10 〜 35% と信じられている（Joseph 2000）．逆に，Samour et al.（1996）は好酸球が寄生虫症に密接に関連したものであり，"正常な"個体ではそのような割合にはならないことを見出した．表 16-11 ではいくつかの白血球の異常と可能性のある病因について一覧表にした．

血液寄生虫

発生率は，地理的，寄生虫と宿主の種によって変化するが，多くの猛禽類において血液寄生虫が見られる（Joseph 1999）．血液寄生虫は，TPP レベルを上昇させたり，白血球増加症や貧血症，あるいは死を引き起こしたりすることがある（Garvin 2003, Redig 2003）．表 16-12 は猛禽類における血液寄生虫と病原性に関連する詳細を，媒介動物，診断方法とともに一覧表にしたものである．Pierce（1989）は血液寄生虫のカラーの参考文献を記している．

管理についての考察

血液学的なパラメーターは，生理的変化，環境の変化に対して数時間〜数週間のうちに反応する．これらのパラメーターを決定することは容易であり，費用もかからず，その個体あるいは集団，いくつかの例ではその生態系の撹乱状態を示すことが可能である．もしも異常値が同定された場合には，より特別な試験〔生化学的解析や血清学的解析，毒性学的解析，ポリメラーゼ連鎖反応（PCR）などを含む〕を実施すべきである．

血液学の数値の正しい解釈には確立された"正常値"が必要である．しかし残念ながら，ここには大きな理解のズレが存在する．多くの種では"正常"値の幅が明確に定められておらず，また多くの猛禽類で栄養不足に付随する基本的な生理学的変化に関する情報が欠如している．データベース，印刷論文に示されている範囲，および研究施設か

表 16-12 猛禽類の血液寄生虫

種	感染場所と発生率	病原性の程度	媒介動物と感染	診断
ロイコチトゾーンの 1 種 (Hemosporidia)	末梢血中の赤血球，白血球 - 多くの種で比較的一般的，季節性の発症	一般的に病原性はないが，若い鳥や衰弱個体，大量に寄生された場合は発病し，場合により貧血で死亡することもある．	ブユの一種	色素に染まらない生殖母細胞が血液塗抹 - 赤血球の細胞質内に，場合により筋，心臓，脾臓，腎臓，肝臓の組織像に見られる．
ヘモプロテウスの 1 種 (Hemosporidia)	末梢血中の赤血球 - フクロウ目でより一般的	一般的に病原性はないが，若い鳥や衰弱個体，大量に寄生された場合は発病し，場合により貧血で死亡することもある．	シラミバエ科のハエとネッタイシマカ	血液塗抹標本 - 染色性の生殖母細胞が 50％以上の赤血球の細胞質内で見られる．
プラスモジウムの 1 種 (Hemosporidia 34 spp.)	赤血球，白血球，血小板，網状内皮細胞．ハヤブサ類，特にシロハヤブサ（*Falco rusticolus*）とその雑種で報告される	病原性にはバラツキがある．臨床上の徴候として，貧血，血栓症，呼吸困難，突然死．	ネッタイシマカ場合によりハマダラカ	血液塗抹標本 - 赤血球，白血球，血小板に染色性の生殖母細胞，等差体，分裂体が見られる．核の位置が中央からずれていることがある．未固定の脾臓，肝の組織切片．
ミクロファイラリア	血漿中に浮遊 - 多くの種で孤発性の発症報告あり	不明	不明	血液塗抹標本
バベシア (piroplasm)	末梢血中の赤血球 - ソウゲンハヤブサ（*Falco mexicanus*），セーカーハヤブサ（*F. cherrug*），メンフクロウ（*Tyto alba*），ヒゲワシ（*Gypaetus barbatus*）で少数の報告例	病原性には議論の余地あり．活動性の低下と場合により致死．	マダニ科カズキダニ属の一種	血液塗抹標本
アトキソプラズマの 1 種 (coccidia)	単核白血球 - ニシアメリカフクロウ（*Strix occidentalis*）で報告あり	一般に報告なし	胞子を形成したオーシストの経口摂取	赤褐色の細胞質内封入物質とぎざぎざの白血球の核．
トリパノソーマ (flagellated protozoma)	血漿中に浮遊 - 多くの種で報告	病原性は不明	吸血性節足動物	血液塗抹標本．バフィーコート（訳者注：血液を遠心分離した際にできる白血球の層）の検査．

Cooper（2002），Gutierrez（1989），Joseph（1999），Lacina and Bird（2000），Redig（2003），Remple（2003），Samour and Peirce（1996），Samour and Silvanose（2000）を基にする．

ら示されている範囲は，異なる測定方法によって，様々な臨床の状態で異なる例数の動物から得られた数字であるかもしれず，そのため数値を直接比較できないものかもしれないことにも留意すべきである．

結論

猛禽類の血液学は今や臨床獣医学において 1 つの重要な部分となっているが，野生の個体群を保護管理する 1 つの道具としてのその利用は，未だ限られている．個体群や保全医学への適用は，年齢や性，生理学的な変動を組み入れた"正常"値が不足していることによって今日まで進んでいなかった．研究がより進むことによって，血液学の技術利用は増加していくものと思われる．

引用文献

BENNETT, P.M., S.C. GASCOYNE, M.G. HART, J.K. KIRKWOOD AND C.M. HAWKEY. 1991. Development of LYNX: a computer application for disease diagnosis and health monitoring in wild animals, birds and reptiles. *Vet. Rec.* 128:496 – 499.

BOWERMAN, W.W., J.E. STICKLE, J.G. SIKARSKIE AND J.P. GIESY. 2000. Hematology and serum chemistries of nestling Bald Eagles (*Haliaeetus leucocephalus*) in the lower peninsula of MI, USA. *Chemosphere* 41:1575 – 1579.

CAMPBELL, T.W. 1988. Avian hematology and cytology. Iowa State University Press, Ames, IA U.S.A.

———. 1994. Hematology. Pages 176 – 198 in B. Ritchie, G. Harrison, and L. Harrison [EDS.], Avian medicine: principles and application. Wingers Publishing, Lake Worth, FL U.S.A.

COOPER, J.E. 2002. Methods of investigation and treatment. Pages 28 − 70 in J.E. Cooper [ED.], Birds of prey: health and disease, 3rd Ed. Blackwell Publishing, Oxford, United Kingdom.

DAWSON, R.D. AND G.R. BORTOLOTTI. 1997. Variation in hematocrit and total plasma proteins of nestling American Kestrels (*Falco sparverius*) in the wild. *Comp. Biochem. Physiol.* 117A:383 − 390.

FERRER, M., T. GARCIA-RODRIGUEZ, J.C. CARRILLO AND J. CASTROVIEJO. 1987. Hematocrit and blood chemistry values in captive raptors (*Gyps fulvus, Buteo buteo, Milvus migrans, Aquila heliaca*). *Comp. Biochem. Physiol.* 87A:1123 − 1127.

FUDGE, A.M. 2000. Laboratory medicine: avian and exotic pets. W.B. Saunders, Philadelphia, PA U.S.A.

GARCIA-RODRIGUEZ, T., M. FERRER, J.C. CARRILLO AND J. CASTROVIEJO. 1987. Metabolic responses of Buteo buteo to long-term fasting and refeeding. *Comp. Biochem. Physiol.* 87A:381 − 386.

GARVIN, M.C., B.L. HOMER AND E.C. GREINER. 2003. Pathogenicity of *Hemoproteus danilewskyi*, Kruse, 1890, in Blue Jays (*Cyanocitta cristata*). *J. Wildl. Dis.* 39:161 − 169.

GUTIERREZ, R.J. 1989. Hematozoa from the Spotted Owl. *J. Wildl. Dis.* 25:614 − 618.

HOFFMAN, D.J., J.C. FRANSON, O.H. PATTEE, C.M. BUNCK AND H.C. MURRAY. 1985. Biochemical and hematological effects of lead ingestion in nestling American Kestrels (*Falco sparverius*). *Comp. Biochem. Physiol.* 80C:431 − 439.

HOWLETT, J.C. 2000. Clinical and diagnostic procedures. Pages 28 - 42 in J.H. Samour [ED.]. Avian medicine. C.V. Mosby, London, United Kingdom.

HUNTER, S.R. AND L.R. POWERS. 1980. Raptor hematocrit values. Condor 82:226 − 227.

JENNINGS, I.B. 1996. Hematology. Pages 68−78 in P.H. Beynon, N.A. Forbes, and N.H. Harcourt-Brown [EDS.], BSAVA manual of pigeons, raptors and waterfowl. BSAVA Publishing, Cheltenham, United Kingdom.

JOSEPH, V. 1999. Raptor hematology and chemistry evaluation. *Vet. Clin. N. Am. Exotic Anim. Pract.* 2:689 − 699.

———. 2000. Disorders of leukocytes in the raptor. Pages 26 − 28 in A.M. Fudge [ED.], Laboratory medicine: avian and exotic pets. W.B. Saunders, Philadelphia, PA U.S.A.

KASS, L., G.J. HARRISON AND C. LINDHEIMER. 2002. A new stain for identification of avian leukocytes. *Biotechnic Histochemistry* 77:201 − 206.

LACINA, D. AND D.M. BIRD. 2000. Endoparasites of raptors: a review and an update. Pages 65 - 100 in J.T. Lumeij, J.D. Remple, P.T. Redig, M. Lierz, and J.E. Cooper [EDS.], Raptor biomedicine III. Zoological Education Network Inc., Lake Worth, FL U.S.A.

LOYE, J. AND S. CARROLL. 1995. Birds, bugs and blood: avian parasitism and conservation. *Trends Ecol. Evol.* 10:232 − 235.

MAURO, L. 1987. Hematology and blood chemistry. Pages 269 − 276 in B.A. Giron Pendleton, B.A. Millsap, K.W. Cline, and D.M. Bird [EDS.], Raptor management techniques manual. National Wildlife Federation, Washington DC U.S.A.

PARGA, M.L., H. PENDL AND N.A. FORBES. 2001. The effect of transport on hematologic parameters in trained and untrained Harris's Hawks (*Parabuteo unicinctus*) and Peregrine Falcons (*Falco peregrinus*). *J. Avian Med. Surg.* 15:162 - 169.

PEIRCE, M.A. 1989. Blood parasites. Pages 148 − 169 in C.M. Hawkey and T.B. Dennett [EDS.], Acolour atlas of comparative veterinary hematology: normal and abnormal blood cells in mammals, birds and reptiles. Wolfe Medical Publications, Ipswich, United Kingdom.

REDIG, P.T. 2003. Falconiformes (vultures, hawks, falcons, Secretary Bird). Pages 150 - 160 in M.E. Fowler and R.E. Miller [EDS.]. Zoo and wild animal medicine 5th Ed. Elsevier, St Louis, MI U.S.A.

REHDER, N.B. AND D.M. BIRD. 1983. Annual profiles of blood packed cell volumes of captive American Kestrels. *Can. J. Zool.* 61:2550 − 2555.

———, D.M. BIRD AND P.C. LAGUË. 1982. Variations in blood packed cell volume of captive American Kestrels. *Comp. Biochem. Physiol.* 72A:105 − 109.

REMPLE, J.D. 2003. Blood sporozoa of raptors: a review and update. Proceedings of European association of avian veterinarians, 22 − 26 April 2003, Tenerife, Spain.

RODNAN, G.P., F.G. EBAUGH, JR. AND M.R.S. FOX. 1957. Life span of red blood cell volume in the chicken, pigeon, duck as estimated by the use of Na(2)D,51 (04) with observation on red cell turnover rate in mammal, bird and reptile blood. *Blood* 12:355.

SAMOUR, J.H. [ED.]. 2000. Avian medicine. Mosby, London, United Kingdom.

——— AND M.A. PEIRCE. 1996. Babesia shortii infection in a Saker Falcon (*Falco cherrug*). *Vet. Rec.* 139:167 − 168.

——— AND C. SILVANOSE. 2000. Parasitological findings in captive falcons in the United Arab Emirates. Pages 117 − 126 in J.T. Lumeij, J.D. Remple, P.T. Redig, M. Lierz, and J.E. Cooper [EDS.], Raptor biomedicine III. Zoological Education Network, Lake Worth, FL U.S.A.

———, M. A. D'ALOIA, AND J. C. HOWLETT. 1996. Normal hematology of captive Saker Falcons (*Falco cherrug*). *Comp. Hematology Inter.* 6:50 − 52.

———, J.L. NALDO AND S.K. JOHN. 2001. Staining characteristics of the eosinophil in the Saker Falcon. *Exotic DVM* 3:10.

SEISER, P.E., L.K. DUFFY, A.D. MCGUIRE, D.D. ROBY, G.H. GOLET AND M.A. LITZOW. 2000. Comparison of Pigeon Guillemot, *Cepphus columba*, blood parameters from oiled and unoiled areas of Alaska eight years after the Exxon Valdez oil spill. *Mar. Poll. Bull.* 40:152 − 164.

SHAPIRO, C.J. AND W.W. WEATHERS. 1981. Metabolic and behavioural responses of American Kestrels to food deprivation.

Comp. Biochem. Physiol. 68A:111 – 114.

SOCKMAN, K.W. AND H. SCHWABL. 2001. Plasma corticosterone in nestling American Kestrels: effects of age, handling stress, yolk androgens, and body condition. *Gen. Comp. Endocrinol.* 122:205 – 212.

STURKIE, P.D. 1976. Body fluids: blood. Pages 102 – 121 in P.D. Sturkie [ED.]. Avian physiology, 4th Ed. Springer-Verlag. New York, NY U.S.A.

VAN WYK, E., H. VAN DER BANK AND G.H. VERDOORM. 1998. Dynamics of hematology and blood biochemistry in free-living African White-backed Vulture (*Pseudogyps africanus*) nestlings. *Comp. Biochem. Physiol.* 120A:495 – 508.

WINGFIELD, J.C. AND D.S. FARNER. 1982. Endocrine responses of White-crowned Sparrows to environmental stress. *Condor* 84:399 – 409.

C. 生 殖

訳：江口淳一

JUAN BLANCO
Centro de Estudios de Rapaces Ibéricas, Junta de Comunidades
de Castilla-La Mancha Sevelleja de la Jara, 45671 Toledo, Spain

DAVID M. BIRD
Avian Science and Conservation Centre, McGill University,
21, 111 Lakeshore Road, Ste. Anne de Bellevue,
Quebec, Canada H9X 3V9

JAMIE H. SAMOUR
Fahad bin Sultan Falcon Center, PO Box 55, Riyadh 11322,
Kingdom of Saudi Arabia

はじめに

　猛禽類の生殖器官の解剖と機能は今日までほとんど注目されずにきた．基礎的な情報，精子貯蔵嚢の存在とその存在場所，繁殖期間の長さなどについて，ほとんどの種において未だに不明なままである．この知識の欠如は猛禽類を飼育下で繁殖させるプログラムにおける繁殖成功率の改善を制限する要因となるだけでなく，野生の猛禽類の繁殖生態学の理解をより困難なものとしている．

　絶滅に瀕した猛禽類の種が増えることにより，それら猛禽類の生物医学と飼育下繁殖への関心が増大してきている．顕微鏡や現代の研究所の技術を用いて，さらに一層多くの猛禽類が精査されており，われわれは，このことが猛禽類の繁殖生理の研究に身を捧げている研究者とその研究の中において，より大きな関心の導火線となることを望んでいる．一方，読者は，家禽（Johnson 2000, Kirby and Froman 2000）や野鳥（Gee et al. 2004, Samour 2004）の生殖器系についての総説と同様に，アメリカチョウゲンボウ（*Falco aparverius*）（Bird and Buckland 1976, Bakst and Bird 1987）や Duke（1986）による猛禽類の生理学の一般的な総説のように，モデルとして多くの種で行われた利用可能な限られた研究について調べるべきである．

雌性生殖系

生殖管

卵巣と卵胞の成長，排卵

　大多数の鳥類とは違って，猛禽類は一般に機能する卵巣を2つもっている（Domm 1939）．この現象は多くの種の猛禽類で記録されているが（Venning 1913, Wood 1932, Boehm 1943, Snyder 1948），フクロウ目よりもハイタカ属でより広く見られるようである（Fitzpatrick 1934）．

　卵胞が成長する時，雌の体重は有意に増加する．この体重増加が達成できないと卵胞の完全な成長と産卵が妨げられるかもしれない（Newton 1979, Hardy et al. 1981）．しかし，最近のメンフクロウの研究では，繁殖の開始は身体の状態（例えば，体脂肪の増加）が引き金になるのではないことが示されている．実際，繁殖に先立って体重が気づくほど増加するのは，むしろ蛋白質代謝の変化の結果として水分が蓄積することによるらしい（Durant et al. 2000）．エネルギーを保存する戦略としての過剰な体脂肪の追加の"要求"についての解釈は再考されるべきである．卵胞の急速な成長段階には通常5～14日かかり，この間にエストロジェン受容体を介した1つの出来事として，卵胞の中で成長の階層の最も高いものがビデロジェニンと低密度のリポ蛋白とを取り込む．イヌワシ（*Aquila chrysaetos*）では糞中の総エストロジェン量はこの成長段階の間に非常に増加し（Staley 2003），階層的になる前段階の卵胞の外部卵胞膜細胞の増加活動とおそらく関連しているものと思われる．

他の鳥類と同様に（Wingfield and Farner 1978, Johnson 2000），ハヤブサ（*Falco peregrinus*），やイヌワシ，カタジロワシ（*Aquila heliaca*）では，最初の卵の排卵はエストロジェン値が最大になった直後に起こり，これはプロジェステロンとコルチゾールが上限となる時と一致している（J. Blanco 未発表データ）．血漿中の黄体形成ホルモン（lutenizing hormone：LH）とプロジェステロンもまた排卵初期に最大となる．

輸卵管

他の鳥類で記述されているのと同様に，猛禽類の輸卵管は5つの区別できる部分，つまり卵管漏斗，卵管膨大部，卵管峡部，卵殻腺部，腟部から構成されている（Gee et al. 2004）．輸卵管の大きさと容積は，繁殖期早期にステロイドホルモンによる調節を受けて，卵巣と並行して増加する．猛禽類では子宮腟部の精子貯蔵嚢の存在はほとんど実証されていない．アメリカチョウゲンボウ（Bakst and Bird 1987，図16-2）と他の猛禽類の種（Blanco 2002）では，頸管粘膜のひだの中のこれらの極めて微細な構造が観察されている．これらの管が精子の生存能力を維持し，受精部位へ持続的に放出させることにより，繁殖可能な期間を決定している．

卵

卵の生理と卵殻の変異，膜の特徴

排卵後，排卵された卵細胞は卵管漏斗に飲み込まれた後に（ここが受精する場所である），輸卵管を通って下降する．この過程は普通2日あるいはそれ以上続くが，鳥の大きさに依存し，卵とともに移動する多数の層が付加される．キューティクル，結晶化された層（外側は棚状，乳頭状になっている）と卵殻膜は，猛禽類の卵では簡単に区別することができる．卵殻孔の形態と大きさは種によって大きく異なり（Blanco 2001），結晶化層の外側とともに，分類学的に興味深いかもしれない．

タカ目では，身体の大きさが同じくらいのフクロウ目よりも大きな卵を産むと報告されている（Saunders et al. 1984）．興味深いことに，エレオノラハヤブサ（*Falco eleonorae*）（Wink et al. 1985）とニシトビ（*Milvus migrans*, Viñuela 1997）では体の容積は卵の幅と正の相関があるが，飼育下のアメリカチョウゲンボウ（Bird and Laguë 1982a）では相関しない．年ごとあるいは季節内のどちらにおいても産卵日にバラツキがあることがあることが，ハヤブサ（Burnham et al. 1984）とイヌワシ（Blano 2001）の飼育下個体，野生個体群ともに報告されており，この場合，時間とともに卵の長さ，幅，最初の容積が有意に減少する．

ストレス（Hughes et al. 1986）や外部の電磁場（Fernie 2000a），有機塩素系化合物と代謝物（復習のためにHickey and Anderson 1968, Ratcliffe 1970, Cooke 1979, Wiemeyer et al. 2001，第18章を参照のこと），重金属（Ohlendorf 1989, Blanco 2001），PCBs（ポリ塩化ビフェニル類）（Lowe and Stendell 1991, Fernie et al. 2000b）を含む一定の外因が卵殻の厚さと超微細構造の変化を引き起こし，同様に超微細構造と繊維の構成，殻膜におけるパターンの変化を起こす．

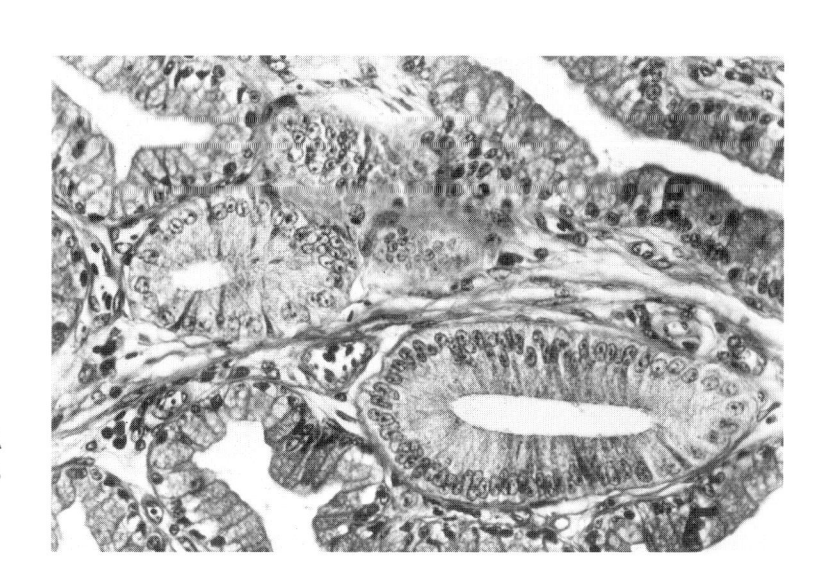

図16-2　精子貯蔵腺はアメリカチョウゲンボウで見つけられた．他のほとんどの猛禽類でも見られるであろう．

一腹卵数と補充産卵

一腹卵数はしばしば，系統発生と大きさや年齢を含む個体の素因の影響を受ける（Brommer et al. 2002）．世界的な視点からみると，オーストラレーシアに生息する幾種かのハヤブサ類では，産卵数は緯度で変化し，その地域の数種のワシ類と *Milvus* 属のトビ類（Olsen and Marples 1993）では同様に経度に従って変化する．

猛禽類が卵を産み直す能力は，飼育下個体，野生個体群（Birds and Laguë 1982a）のいずれにおいても，その個体数を増やすために管理する手法の1つとして用いられてきた（第23章参照）．アメリカチョウゲンボウでは，飼育下または野生下のいずれにおいても，卵を取り除いた後での補充産卵数は，最初の産卵数より少ないが，その受精率，孵化率，巣立ち成功率（Bird and Laguë 1982a, b, Bowman and Bird 1985）には違いがない．

雄性生殖系

雄の猛禽類の一対の生殖管は背側の体壁に沿って存在し，1つの精巣と精巣上体，家禽のいくつかの種で見られる回旋状の輸精管とは異なった真っ直ぐな輸精管から構成されている（J. Blanco 未発表データ）．精子の形成は卵胞刺激ホルモン（follicle-stimulating hormone：FSH）とテストステロン，セルトリ細胞およびこれらと精原幹細胞との相互作用に依存している．猛禽類の多くの種では，季節的な精巣の成長は通常45日までかかり，雌における卵巣の成長よりも長い期間となっている．FSHとLHは，テストステロンと同様に精子形成に必須である．精子形成の過程と精子がどの位の時間をかけて，輸精管を経由して輸送されるのかは分かっていないが，流体が吸収されて精子の濃度が高くなり，精漿となることは明らかである．精漿が含む電解質，蛋白質の組成は血漿のそれとは異なる（J. Blanco 未発表データ）．この過程の重要性については十分理解されていないが，*in vitro* において精巣の中の精子は卵黄内膜層を透過できることから，精子の受精能よりもその運動性に関係しているようである．

雄性配偶子

精液産生の期間とその質，影響を与える諸因子

精液を産生するのにかかる期間は，種と個体によってまちまちであるが，通常は3ヵ月近くかかる．Bird and Laguë（1977）は，飼育下のアメリカチョウゲンボウでは平均日数が74日であり，最長で103日であったと記載している．より長い例としてはハヤブサ（95日，Hoolihan and Burnham 1985），ワシ類（110日まで，Blanco 2002）が知られている．

カナダのモントリオールにおける飼育下のアメリカチョウゲンボウの実験では，精液の産生は，昼光への約12時間45分の曝露で始まり，約15時間45分の曝露ではでかなり低下した（Bird and Buckland 1976）．

射精の特徴は種や個体，採精の方法（Bird and Laguë 1976, Boyd et al. 1977, Weaver 1983），雄性生殖器の状態，栄養（Randal 1994），ある種の汚染物質（Bird et al. 1983），気候や風土（BirdとLaguë 1977）などによって大きく変わる．アメリカチョウゲンボウでは，$1mm^3$当たり31,000〜40,000の範囲の精子濃度と3〜14.6 μl の量が報告されている（Bird and Buckland 1976, BirdLague 1977, Brock 1986）．予想される通り，精液の量は種の大きさとともに増加する．ハヤブサの精液量は95 μl までにもなり（Hooolihan and Burnham 1985），1 μl 当たり，26,000〜81,000の範囲の精子濃度となる．

精子の産生は季節によっても変化する．繁殖期の間，精子濃度は初め増加し，繁殖期半ばでピークとなり，その後減少する．このパターンは長期的に変化する．精液中の多数の精原細胞と精細胞，異常な精子は，精巣の大きさがもはや最大ではなく，テストステロン濃度が正常時よりも低い繁殖期の初期と後期に存在する傾向がある．これは産卵前に最大頻度で交尾する時に確実に精子の質を最高にする必要性と関係している（Blanco et al. 2002）．

強制マッサージによる採精の過程で精液への尿の混入やその後に生じる精子へのダメージがしばしば生じる（Bird and Laugue 1977）．Fox（1995）は猛禽類の精液の様々な混入物の挿絵を含む有益な記述を提供している．改良された希釈剤は有害な影響を減らすのに役立つかもしれない（Blanco et al. 2002）．大腸菌（*Escherichia coli*）は猛禽類の精液に混入する微生物の中で最も一般的な細菌である．採精されたサンプルは，上行していく卵管炎の危険を避けるため，注意深く評価する必要がある（Blanco and Höfle 2004）．

人工授精

新鮮な精液を用いた人工授精は，猛禽類を含む様々な種の野生の鳥類ですでに成功している．この技術はいくつかの飼育下繁殖プロジェクトにおける管理方法の1つとして，希釈された新鮮な精液を用いて利用されてきた（Temple 1974, Samour 1986）．アメリカチョウゲンボウでは，人工授精による受精率は自然下の交配によるものと近似している（Bird 1976）．

精液の凍結保存

いくつかの種の猛禽類では，マッサージ法によって採取された精液を凍結保存後に利用して，子孫を得てきた（Gee 1983, Gee et al. 1985, Brock 1986, Parks et al. 1986, Samour 1988, Gee and Sexton 1990, Brock and Bird 1991, Knoweles-Brown and Wishart 2001, Wishart 2001）．浸透圧や凍結保存濃度，冷却速度などの条件を変えて比較検討した研究から，精液の耐性は，近い種の猛禽類でさえ，かなりの違いがあることが示されている（Blanco et al. 2000）．様々な凍結速度と手順については，Brock et al.（1983）やKnowles-Brown and Wishart（2001）に記述されている．

グリセロールあるいはそれに代わるものとして，DMSO（dimethyl sulphoxide）とDMA（dimethyl acetamide）が家禽以外の種の精液の凍結保存に広く使用されている．ハヤブサ類から採取した精液では，13.6%のグリセロール，6%，8%，10%のDMSO，または13.6%のDMAで上手く凍結保存できる（Brock and Bird 1991, Gee et al. 1993）．受精能力の評価は主に前進性の自動運動と人工授精後の受精率を基としている（Gee et al. 1985, Brock and Bird 1991, Gee et al. 1993）．アメリカチョウゲンボウでは，解凍後の自動運動の平均はグリセロールで41%，DMAで13%であった（Brock and Bird 1991）．解凍後の受精率はグリセロールを凍結保護物質として用いた場合には，ハヤブサで33.3%（Parks et al. 1986），アメリカチョウゲンボウで11.8%（Brock and Bird 1991）であった．

光周性と生殖ホルモン，内分泌撹乱化学物質

鳥類の性腺ホルモンレベルに対する光周性の影響は，一般的にはよく理解されているが，猛禽類におけるこの現象に関するわれわれの知識のほとんどは，飼育下のペアに人工的に光を当てて繁殖活動を引き起こしたものを基にしている（Willoughby and Cade 1964, Bird et al. 1980）．猛禽類の自然下での慨日リズムに関する知見はないが，他科の鳥類で得られたデータは関連しており，適用できるものと考えられる．

Nelson（1972）とSwartz（1972）は，シロハヤブサ（*Falco rusticolus*）やハヤブサのような北方で営巣する猛禽類を飼育下で繁殖させるためには光周性刺激が必要であること（すなわち，元の起源がより北方であればあるほど，より長い明期を必要とする）を最初に解明した人達である．もしも，人工光を用いて昼の長さを延ばすのであれば，生理的なショックを軽減させるためにできるだけゆっくりと昼の長さを変化させるべきである（Bird 1987）．人工的な光周性の変化を用いた試みの成功例の少なくとも1つとして，アメリカチョウゲンボウに連続した2回の春季の繁殖成功の間に，季節外れの繁殖をさせたという報告がある（Bird et al. 1980）．光周期を用いてチョウゲンボウの性成熟を促進させる試みには成功例もあれば，失敗例もある（Ditto 1996）．このような方法は，絶滅に瀕した種の繁殖プログラムにおいて子孫を増やすため，あるいは飼育下の猛禽類を含む実験的な研究においてデータを得る回転を早めるために用いることが可能と思われる．

われわれがもっている猛禽類の繁殖に関する内分泌についての知識の大部分は，血液採取と血漿中のホルモンの測定を礎としてきた．雌では，血漿中のコルチコステロンやプロジェステロン，エストラジオール17β，エストロンが求愛期および産卵期に最も高くなったが（Rehder et al. 1984, 1986），雄では，テストステロンを含むアンドロジェンの高い濃度が，攻撃性，テリトリー制，求愛，造巣，精巣の発達，精子形成に関与していた（Temple 1974の他，Rehder 1988も参照のこと）．アメリカチョウゲンボウの血漿中のLHに関する情報はDitto（1996）の論文を読めば記載されている．より最近では，ホルモンレベルの季節性（Bercovitz et al. 1982），人間による悪影響（Wasser et al. 1996），ステロイド排泄までの遅れ（Wasser et al. 1996），性別の判断（Bercovitz and Sarver 1988）を研究するために用いられてきている糞中ステロイドのモニタリングがホルモンレベルに関する情報を得るための安全で非観血的な方法である可能性を示している．

極端な温度に曝露すると，鳥類の生殖作用は制限され得る（Mirande et al. 1996）．また大きな温度変動は精子産生（Kundu and Panda 1990）や産卵や交尾の頻度（Bluhm 1985）を抑制したりすることがしばしばある．

猛禽類の繁殖に対する有機塩素系化合物が与える大きな影響はすでに広く証明されている（第18章を参照のこと）．多くの研究成果が，これらの化学物質が内分泌を撹乱するものとしても作用することを指摘している．例えば，Bowerman et al.（2003）の予備的検討結果は，必ずしもエストロジェンまたはアンドロジェンに類似した物質やあるいはこれらの拮抗作用をもつ物質でなくても，ホルモン系を撹乱する化学物質がGreat Lakes Basinに生息するハクトウワシ（*Haliaeetus leucocephalus*）の個体群の繁殖や催奇性に及ぼす影響に関連することを示唆している．飼育下のアメリカチョウゲンボウの繁殖行動の変化が，米国での使用がまだ禁止されていない最後の有機塩素系殺虫剤の1つであるジコホールへの曝露によって誘発された（MacLellan et al. 1996）．ホルモン系の撹乱により猛

禽類の繁殖に大きな影響を及ぼすその他の有機塩素系化合物類は，産業の副産物というかたちで猛禽類を汚染し，それにはPCBsが含まれる．飼育下のアメリカチョウゲンボウをPCBsに曝露するとより高頻度に攻撃的な求愛行動を行ったり，抱卵を放棄したりするようになった（Fernie et al. 2003）．PCBに曝露したチョウゲンボウでは，同腹の卵の斑点の変化も観察されている（Fisher et al. 2006）．ごく最近では，ブロム化した難燃剤が多くの家庭製品に使用されることによって生じた世界規模での食物連鎖におけるPBDEs（ポリ臭化ジフェニルエーテル）残留レベルの驚くべき上昇が注目されている（第18章）．1つのモデル種としてアメリカチョウゲンボウを用いることにより，これまでに多くの繁殖への影響が実証されてきたのである（Fernie et al. 2006を参照）．

要　約

絶滅に瀕した猛禽類の遺伝的多様性の維持ならびに野生個体群の回復において飼育下繁殖プログラムは極めて有益である．しかしながら，飼育下の繁殖成功には，その種の繁殖行動や生理，内分泌に関する知識が必要である．加えて，解剖学上あるいは配偶子や生理学的パラメーターの種特異的な差異が猛禽類の飼育下の繁殖個体群を維持するという課題をより複雑なものにしている．絶滅の危機に瀕した猛禽類の繁殖を管理するうえで必要となる，猛禽類が繁殖に当たって必要とする空間やその他の要素に関する主要な疑問のいくつかを解決するには，更なる研究が必要である．最後に，猛禽類の繁殖生理に関する知識を深めることは，彼らのハビタットに放出された化学物質が彼らの繁殖に及ぼす影響をより理解するために役立ち，最終的には猛禽類が生き残るために役に立つものと思われる．

引用文献

BAKST, M.R. AND D.M. BIRD. 1987. Localization of oviductal sperm storage tubules in the American Kestrel (*Falco sparverius*). *Auk* 104:321 − 324.

BERCOVITZ, A.B. AND P.L. SARVER. 1988. Comparative sex-related differences of excretory sex steroids from day-old Andean Condors (*Vultur gryphus*) and Peregrine Falcons (*Falco peregrinus*): non-invasive monitoring of neonatal endocrinology. *Zoo Biol.* 7:147 − 153.

——, J. COLLINS, P. PRICE AND D. TUTTLE. 1982. Noninvasive assessment of seasonal hormone profile in captive Bald Eagles (*Haliaeetus leucocephalus*). *Zoo Biol.* 1:111 − 117.

BIRD, D.M. 1987. Reproductive physiology. Pages 276 − 282 in B.A. Giron Pendleton, B.A. Millsap, K.W. Cline, and D.M. Bird [EDS.], Raptor management techniques manual. National Wildlife Federation, Washington, DC U.S.A.

—— AND R.B. BUCKLAND. 1976. The onset and duration of fertility in the American Kestrel. *Can. J. Zool.* 54:1595 − 1597.

—— AND P.C. LAGUË. 1976. Management practices for captive kestrels used as semen donors for artificial insemination. *Raptor Res.* 10:92 − 96.

—— AND P.C. LAGUË. 1977. Semen production of the American Kestrel. *Can. J. Zool.* 55:1351 − 1358.

—— AND P.C. LAGUË. 1982a. Forced renesting, seasonal date of laying and female characteristics on clutch size and egg traits in captive American Kestrels. *Can. J. Zool.* 60:71 – 79.

—— AND P.C. LAGUË. 1982b. Fertility, egg weight loss, hatchability, and fledging success in replacement clutches of captives kestrels. *Can. J. Zool.* 60:80 − 88.

——, P.G. WEIL AND P.C. LAGUË. 1980. Photoperiodic induction of multiple breeding seasons in captive American kestrels. *Can. J. Zool.* 58:1022 − 1026.

——, P.H. TUCKER, G.A. FOX AND P.C. LAGUË. 1983. Synergistic effects of Aroclor 1254 and Mirex on the semen characteristics of American Kestrels. *Arch. Environ. Contam. Toxicol.* 12:633 − 640.

BLANCO, J.M. 2001. Ultrastructural alterations of the egg shell and membranes in the Bonelli's Eagle (*Hieraaetus fasciatus*). Thesis, Universidad Complutense de Madrid, Facultad de Veterinaria.

——. 2002. Reproductive system in Meditarranean raptors, science and reproductive techniques. Informe Centro de Estudios de Rapaces ibéricas, JCCM.

—— AND U. HÖFLE. 2004. Bacterial and fungal contaminants in raptor ejaculates and their survival to sperm cryopreservation protocols. Proceedings of the 6th Conference of the European Wildlife Disease Association.

——, G.F. GEE, D.E. WILDT AND A.M. DONOGHUE. 2000. Species variation in osmotic, cryoprotectant and cooling rate tolerance in poultry, eagle and Peregrine Falcon spermatozoa. *Biol. Reprod.* 63:1164 − 1171.

——, G.F. GEE, D.E. WILDT AND A.M. DONOGHUE. 2002. Producing progeny from endangered birds of prey: treatment of urine contaminated semen and a novel intramagnal insemination approach. *J. Zoo Wildl. Med.* 33:1 − 7.

BLUHM, C.K. 1985. Social factors regulating avian endocrinology and reproduction. Page 247 in B.K. Follett, S. Ishii, and A. Chandola [EDS.], The endocrine system and the environment. Japan Scientific Societies Press, Tokyo, Japan and Springer-Verlag, Berlin, Germany.

BOEHM, E.F. 1943. Bilateral ovaries in Australian hawks. *Emu* 42:251.

BOWERMAN, W.W., D.A. BEST, O.P. GIESY, M.C. SHIELDCASTLE, M.W. MEYER, S. POSTUPALSKY AND J.G. SIKARSKIE. 2003. Associations between regional differences in polychlorinated biphenyls and dichlorodiphenyldichloroethylene in blood of nestling Bald Eagles and reproductive productivity. *Environ. Toxicol.*

Chem. 22:371–376.

BOWMAN, R. AND D.M. BIRD. 1985. Reproductive performance of American Kestrels laying replacement clutches. *Can. J. Zool.* 63:2590–2593.

BOYD, L.L., N.S. BOYD AND F.C. DOBLER. 1977. Reproduction of Prairie Falcons by artificial insemination. *J. Wildl. Manage.* 41:266–271.

BROCK, M.K. 1986. Cryopreservation of semen of the American Kestrel (*Falco sparverius*). M.S. thesis, McGill University, Montreal, Quebec, Canada.

——— AND D.M. BIRD. 1991. Prefreeze and postthaw effects of glycerol and dimethylacetamide on motilty and fertilizing ability of American Kestrel (*Falco sparverius*) spermatozoa. *J. Zoo Wildl. Med.* 22:453–459.

———, D.M. BIRD AND G.A. ANSAH. 1983. Cryogenic preservation of spermatozoa of the American Kestrel *Falco sparverius*. *Int. Zoo Yearb.* 23:67–71.

BROMMER, J.E., H. PIETIAINEN AND H. KOKKO. 2002. Cyclic variation in seasonal recruitment and the evolution of the seasonal decline in Ural Owl clutch size. *Proc. R. Soc. Lond. B Biol. Sci.* 269:647–654.

BURNHAM, W.A., J.H. ENDERSON AND T.J. BOARDMAN. 1984. Variation in Peregrine Falcon eggs. *Auk* 101:578–583.

COOKE, A.S. 1979. Changes in eggshell characteristics of the Sparrowhawk (*Accipiter nisus*) and Peregrine (*Falco peregrinus*) associated with exposure to environmental pollutants during recent decades. *J. Zool.* 187:245–263.

DITTO, M.M. 1996. Lutenizing hormone and the hastening of sexual maturity in the American Kestrel, *Falco sparverius*. Ph.D. Thesis, McGill University, Montreal, Quebec, Canada.

DOMM, L.V. 1939. Modifications in sex and secondary sexual characters in birds. Pages 227–327 *in* E. Allen [ED.], Sex and internal secretions, 2nd Ed. Williams and Wilkins, Baltimore, MD U.S.A.

DUKE, G.E. 1986. Raptor physiology. Pages 365–375 in M.E. Fowler and E. Murray [EDS.], Zoo and wild animal medicine, 2nd Ed. W.B. Saunders, Philadelphia, PA U.S.A.

DURANT, J.M., S. MASSEMIN, C. THOUZEAU AND Y. HANDRICH. 2000. Body reserves and nutritional needs during laying preparation in Barn Owls. *J. Comp. Physiol. B.* 170:253–260.

FERNIE, K.J., D.M. BIRD, R.D. DAWSON AND P.C. LAGUË. 2000a. Effects of electromagnetic fields on the reproductive success of American Kestrels. *Physiol. Biochem. Zool.* 73:60–65.

———, G.R. BORTOLOTTI, J.E. SMITS, J. WILSON, K.G. DROUILLARD AND D.M. BIRD. 2000b. Changes in egg composition of American Kestrels exposed to dietary polychlorinated biphenyls. *J. Toxicol. Environ. Health* 60:291–303.

———, G. BORTOLOTTI AND J. SMITS. 2003. Reproductive abnormalities, teratogenicity, and developmental problems in American Kestrels (*Falco sparverius*) exposed to polychlorinated biphenyls. *J. Toxicol. Environ. Health* 66:2089–2103.

———, L.J. SHUTT, R.J. LETCHER, I. RITCHIE AND D.M. BIRD. 2006. Changes in the growth, but not the survival, of American Kestrels (*Falco sparverius*) exposed to environmentally relevant levels of polybrominated diphenyl ethers. *J. Toxicol. Environ. Health, Pt. A.* 69:1541–1554.

FISHER, S.A., G.R. BORTOLOTTI, K.J. FERNIE, D.M. BIRD AND J.D. SMITS. 2006. Brood patches of American Kestrels altered by experimental exposure to PCBs. *J. Toxicol. Environ. Health, Pt. A.* 69:1–11.

FITZPATRICK, F.L. 1934. Unilateral and bilateral ovaries in raptorial birds. *Wilson Bull.* 46:19–22.

FOX, N. 1995. Understanding birds of prey. Hancock House, Surrey, British Columbia, Canada.

GEE, G.F. 1983. Avian artificial insemination and semen preservation. Pages 375–398 in J. Delacour [ED.], IFCB symposium on breeding birds in captivity. North Hollywood, CA U.S.A.

——— AND T.J. SEXTON. 1990. Cryogenic preservation of semen from the Aleutian Canada Goose. *Zoo Biol.* 9:361–371.

———, M.R. BAKST AND T.J. SEXTON. 1985. Cryogenic preservation of semen from the Greater Sandhill Crane. *J. Wildl. Manage.* 49:480–484.

———, C.A. MORREL, J.C. FRANSO AND O.H. PATTEE. 1993. Cryopreservation of American Kestrel semen with dimethylsulfoxide. *J. Raptor Res.* 27:21–25.

———, H. BERTSCHINGER, A.M. DONOGHUE, J.M. BLANCO AND J. SOLEY. 2004. Reproduction in nondomestic birds: physiology, semen collection, artificial insemination and cryopreservation. *Avian Poult. Biol. Rev.* 15:47–101.

HARDY, A.R., G.J.M. HIRONS AND P.I. STANLEY. 1981. The relationship of body weight, fat deposit and moult to the reproductive cycle in wild Tawny Owls and Barn Owls. Pages 159–163 in J.E. Cooper and A.G. Greenwood [EDS.], Recent advances in the study of raptor diseases. Chiron Publishers, Keighley, West Yorkshire, United Kingdom.

HICKEY, J.J. AND D.W. ANDERSON. 1968. Chlorinated hydrocarbons and eggshell changes in raptorial and fish-eating birds. *Science* 162:271–273.

HOOLIHAN J. AND W. BURNHAM. 1985. Peregrine Falcon semen: a quantitative and qualitative examination. *Raptor Res.* 19:125–127.

HUGHES, B.O., A.B. GILBERT AND M.F. BROWN. 1986. Categorisation and causes of abnormal egg shells: relationship with stress. *Br. Poult. Sci.* 27:325–337.

JOHNSON, A.L. 2000. Reproduction in the female. Pages 569–596 in P.D. Sturkie [ED.], Avian physiology, 5th Ed. Academic Press, San Diego, CA U.S.A.

KIRBY, J.D. AND D.P. FROMAN. 2000. Reproduction in male birds. Pages 597–615 in P.D. Sturkie [ED.], Avian physiology, 5th Ed. Academic Press, San Diego, CA U.S.A.

KNOWLES-BROWN, A. AND G.J. WHISHART. 2001. Progeny from cryopreserved Golden Eagle spermatozoa. *Avian Poult. Rev.* 12:201–202.

KUNDU, A. AND J.N. PANDA. 1990. Variation on physical characteristics of semen of the white leghorn under hot and humid environment. *Ind. J. Poult. Sci.* 25:195.

LOWE, T.P. AND R.C. STENDELL. 1991. Egg shell modifications in captive American Kestrels resulting from Aroclor 1248 in the diet. *Arch. Chem. Contam. Toxicol.* 20:519 − 522.

MACLELLAN, K.N.M., D.M. BIRD, D.M. FRY AND J. COWLES. 1996. Reproductive and morphological effects of O,P-Dicofol on two generations of captive American Kestrels. *Arch. Environ. Con-tam. Toxicol.* 30:364 − 372.

MIRANDE, C.M., G.F. GEE, A. BURKE AND P. WHITLOCK. 1996. Egg and semen production. Page 45 in D.H. Ellis, G.F. Gee, and C.M. Mirande [EDS.], Cranes: their biology, husbandry and conservation. National Biological Service. Washington, DC and International Crane Foundation, Baraboo, WI U.S.A.

NELSON, R.W. 1972. On photoperiod and captivity breeding of northern peregrines. *Raptor Res.* 6:57 − 72.

NEWTON, I. 1979. Population ecology of raptors. Buteo Books, Vermillion, SD U.S.A.

OHLENDORF, H.M. 1989. Bioaccumulation and effects of Selenium in wildlife. Pages 133 − 177 in L.W. Jacobs [ED.], Selenium in agriculture and the environment. SSSA Spec. Publ. No. 23. American Society of Agronomy and Soil Science, Madison, WI U.S.A.

OLSEN, P. AND T.G. MARPLES. 1993. Geographic variation in egg size, clutch size and date of laying of Australian raptors (Falconiformes and Strigiformes). *Emu* 93:167 − 179.

PARKS, J.E., W.R. HECK AND V. HARDASWICK. 1986. Cryopreservation of spermatozoa from the Peregrine Falcon: post-thaw dialysis of semen to remove glycerol. *J. Raptor Res.* 23:130 − 136.

RANDAL, N.B. 1994. Nutrition. Pages 63 − 95 in G.J. Harrison, L.R. Harrison, and B.W. Ritchie [EDS.], Avian medicine: principles and application. Winger Publishing, Inc., Lake Worth, FL U.S.A.

RATCLIFFE, D.A. 1970. Changes attributable to pesticides in egg breakage frequency and eggshell thickness in some British birds. *J. Appl. Ecol.* 7:67 − 115.

REHDER, N.B., P. C. LAGUË AND D.M. BIRD. 1984. Simultaneous quantification of progesterone, estrone, estradiol 17 β corticosterone in female American Kestrel plasma. *Steroids* 43:371 − 383.

———, D.M. BIRD AND P.C. LAGUË. 1986. Variations in plasma corticosterone, estrone, estradiol-17 β progesterone concentrations with forced renesting, molt and body weight of captive female American Kestrels. *Gen. Comp. Endocrinol.* 62:386 − 393.

———, D.M. BIRD AND L. SANFORD. 1988. Plasma androgen levels and body weights for breeding and non-breeding male kestrels. *Condor* 90:555 – 560.

SAMOUR, J.H. 1986. Recent advances in artificial breeding techniques in birds and reptiles. *Int. Zoo Yearb.* 24/25:143 − 148.

———. 1988. Semen cryopreservation and artificial insemination in birds of prey. Pages 271 − 277 in Proceedings of the 5th World Conference on Breeding Endangered Species in Captivity, Cincinnati, OH USA.

———. 2004. Semen collection, spermatozoa cryopreservation, and artificial insemination in non-domestic birds. *J. Avian Med. Surg.* 18:219 − 223.

SAUNDERS, D.A., G.T. SMITH AND N.A. CAMPBELL. 1984. The relationship between body weight, egg weight, incubation period, nestling period and nest site in the Psittaciformes, Falconiformes, Strigiformes and Columbiformes. *Aust. J. Zool.* 32:57 − 65.

SNYDER, L.L. 1948. Additional instances of paired ovaries in raptorial birds. *Auk* 65:602.

STALEY, A.M. 2003. Noninvasive fecal steroid measures for assessing gonadal and adrenal function in the Golden Eagle (*Aquila chrysaetos*) and the Peregrine Falcon (*Falco peregrinus*). M.S. thesis, Boise State University, Boise, ID U.S.A.

SWARTZ, L.G. 1972. Experiments on captive breeding and photoperiodism in peregrines and Merlins. *Raptor Res.* 6:73 − 87.

TEMPLE, S.A. 1974. Plasma testosterone titers during the annual reproductive cycle of Starlings (*Sturnus vulgaris*). *Gen. Comp. Endocrinol.* 22:470 − 479.

VENNING, F.E.W. 1913. Paired ovaries in the genus *Astur*. *J. Bombay Nat. Hist. Soc.* 22:199.

VIÑUELA, J. 1997. Adaptation vs. constraint: intraclutch egg-mass variation in birds. *J. Anim. Ecol.* 66:781 − 792.

WASSER, S.K., K. BEVIS, G. KING AND E. HANSON. 1996. Noninvasive physiological measures of disturbance in the Northern Spotted Owl. *Conserv. Biol.* 11:1019 − 1022.

WEAVER, J.D. 1983. Artificial insemination. Pages 19 − 23 in J.D. Weaver and T.J. Cade [EDS.], Falcon propagation: a manual on captive breeding. The Peregrine Fund, Inc. Boise, ID U.S.A.

WIEMEYER, S.N., D.R. CLARK, JR., J.W. SPANN, A.A. BELISLE AND C.M. BUNCK. 2001. Dicofol residues in eggs and carcasses of captive American Kestrels. *Environ. Toxicol. Chem.* 20:2848 − 2851.

WILLOUGHBY E.J. AND T.J. CADE. 1964. Breeding behavior of the American Kestrel (Sparrow Hawk). *Living Bird* 3:75 − 96.

WINGFIELD, J.C. AND D.S. FARNER. 1978. The endocrinology of a natural breeding population of the White-crowned Sparrow (*Zonotrichia leucophrys pugetensis*). *Physiol. Zool.* 51:188 − 205.

WINK, M., D. RISTOW AND C. WINK. 1985. Biology of Eleonora's Falcon (*Falco eleonorae*), 7: variability of clutch size, egg dimensions and egg coloring. *Raptor Res.* 19:8 − 14.

WISHART, G.J. 2001. The cryopreservation of germplasm in domestic and non-domestic birds. Pages 179 − 200 *in* P.F. Watson and W. V. Holt [EDS.], Cryobanking the genetic resource: wildlife conservation for the future? Taylor and Francis, London, United Kingdom.

WOOD, M. 1932. Paired ovaries in hawks. *Auk* 49:463.

病理学

A. 疾病

訳：齊藤慶輔

JOHN E. COOPER
School of Veterinary Medicine, The University of the West Indies
St. Augustine, Trinidad and Tobago

はじめに

　第17章のこの項では，野生あるいは飼育下にある猛禽類において，個体の健康状態や福祉，生存に悪影響を及ぼし，野生下で種の保存状況に影響しかねない感染性および非感染性の要因について取り上げる．毒性学についても簡単に触れているが，これについては，主に第18章でとりあげている．この章で取り扱う内容と，健康に関連する猛禽類の生物学的事項，すなわち，食性（第8章），繁殖成功率と生産力の評価（第11章），行動研究（第7章），生理学（第16章），エネルギー代謝論（第15章），そしてリハビリテーション（第23章）などとの間には重要な関連性がある．外部寄生虫と内部寄生虫は，第17章の別の項で扱われているが，必要に応じてこの章でもふれている．

　はじめに，"健康"と"疾病"を区別し，さらにいくつかの重要な用語を定義したい．

　"健康"は肯定概念であり，世界保健機関（WHO）により，人間に関して「病気や虚弱でないばかりでなく，肉体的，精神的，そして社会生活を営むうえで健全な状態」と定義されている．"疾病"〔disease：古い英語 dis＝欠ける，と ease（安心）から〕は，生物の全てもしくは一部に影響を及ぼす，正常な生理的機能の障害の意味でよく使われている．そのようなものとして，疾病は単に病原体の感染のみならず，一連の要因を背景としている場合もある．疾病の原因は，ウイルス感染や寄生虫感染を含む感染性のもの，または外傷に起因する損傷や変化，毒物，遺伝的要因，環境的ストレスなどの非感染性のいずれかによるものである．多くの場合，疾病の原因は多因性である．例えば，栄養が十分でない猛禽類（栄養失調，飢餓）は，他の個体よりも，真菌感染症であるアスペルギルス症によって死亡しやすい（Cooper 2002）．このような場合，後者が主たる死亡原因（すなわち，直接の死因）であると同時に，前者は第1原因（すなわち，誘発要因）である（Newton 1981）．ここでは，ダニや蠕虫などの後生動物を大寄生虫とするのに対し，細菌や原虫などの単細胞生物を寄生微生物とする点において，医療関係者よりも生態学者に好まれている専門用語を用いることとする．

　猛禽類における疾病の診断（検出および認識）と治療は，主として獣医師の職責であるが，この章で何度も出てくるように，解剖学者や生化学者，DNA技術者や動物学者など，他の分野を専門にしている人たちも，この仕事に貢献することができる．猛禽類における健康状態のモニタリングは診察とは別である．健康状態のモニタリングは，「鳥の群もしくは個体群のサーベイランス」という意味合いもあり，観察される猛禽類は多くの場合，正常に見える．このような場合，モニタリングを行う目的は，どのような細菌を保有しているか，ある生物に対する抗体をもっているか，ボディーコンディションスコア，羽衣の状態など，鳥の健康状態に関する情報を収集することにある．健康状態をモニタリングするための技術は，多くの場合，疾病の診断に使われるものと似ている．しかしながら，鳥類の生物学者や他の医療以外の分野を専門とする人たちがチームの欠くことのできない部分に参画することによって，最も良好な結果を得ることができる（Cooper 1993a）．

　この章が Giron Pendleton et al.（1987）によって初め

て示されてから20年が経過し，この間に猛禽類の生物学や病気（病的状態）または死因となる疾病に関する知見に非常に大きな進歩があり，日常的な健康のモニタリングの重要性は広く奨励され，実施されてきた（Cooper 1989）．

健康状態のモニタリングは，本質的に，猛禽類の個体群に重大な疾患や病原体が存在しないことを確認したり，もしも存在した場合には速やかに適切な行動をとれるようにしたりするための，早期警戒システムである．飼育下にある猛禽類の健康モニタリングは，現在では動物園やその他の組織で普通に行われており，特に個体数や分布に異変が認められたり，疑われたりした場合には，野生の猛禽類の研究としても実施されることも珍しくなくなってきている（Cooper 2002）．

野生の猛禽類の主な死亡・減少原因には，しばしばハビタットの破壊，人間による迫害，人間が関与する不慮の事故や中毒などの環境要因が含まれるが，そのほとんどは猛禽類においてはよく研究されている（Newton 1990, Zalles and Bildstein 2000）．それに対して，猛禽類の死亡原因としての感染症は，生物学者や獣医師による最善の努力にもかかわらず，評価することが難しいということが分かってきた．野生の猛禽類において感染性因子によってもたらされている，これらの重要な基本的な考えはNewton（1979）により集約され，2002年に同著者により改定された（Newton 2002）．Newtonは，感染性因子が猛禽類にもたらす恐れのある影響について考察し，個体群依存性と非依存性の疾病間に疫学上，重要な違いがあるとして，注意を喚起した．

他種における調査によって，鳥類の個体群が孤立したり，あるレベルにまで低下したりする場合，感染症（寄生虫疾患を含む）は，絶滅や存続に関連する可能性があるという証拠が多くなってきている．感染症の影響は，高い近親交配率がある場合には，個体間で感染症感受性が増加する恐れがあるため，より深刻なものになると思われる．世界の鳥類の何種かに見られる個体数の減少，そしてそれらの多くが生活に適した狭い区域に限局して生息している傾向があるということは，感染症が将来，より重要な影響力を有することを示唆している．猛禽類は，多くの食物連鎖の頂点における重要な位置を占めており，その結果として，とりわけ環境中に存在する(寄生虫を含む)感染性生物によって影響を受けやすい．小さな個体群は特に危険にさらされていると思われる．

近年，"野生動物疾病の生態学"は，それ自身が1つの項目として発展した（Hudson et al. 2002）．そして，この分野は，家畜や人間で新しい新興感染症が確認され，そのいくつかが野生動物をレゼルボアとしていたこと，および野生脊椎動物への大小寄生虫による悪影響が懸念されるようになったことから，部分的に促進されてきた．このような疾病の動態を理解するためには，多くの異なるバックグラウンドの科学者による野外調査が必要であるのと同様に，多くの場合，数学モデルの利用を必要とする．その結果，野生動物の個体群における宿主関係に関して，さらなる理解が深められている．この新しい研究は，これまでかなり議論されてきた野生猛禽類の生物学における様々な生命体の役割の評価に役立つと思われる．

ある人は，他の要因，主に非感染性のものの方が注意に値するとして，依然として野生の猛禽類の健康状態を研究する価値を疑問視している．議論する価値はあるものの，その立場は，飼育下にある猛禽類については絶対的である．このような状況により，感染症はとても難しい課題であると認識されている．敏速な検出は不可欠で，適切な健康モニタリング計画の中心である．多くの理由により，飼育下の猛禽類は疾病のない状態を保つことが望ましい．おそらく，野生に放す予定の鳥の感染症モニタリングすることのほうがもっと重要で，これは新たな環境に疾病が広がるのを最小限に抑えることとともに，そこで遭遇するかもしれない新手の生命体に屈することを防ぐという両方の意味合いがある．このような放鳥前や移動前の健康モニタリングやスクリーニングは，IUCNの再導入および獣医学専門家グループ（例えば，Woodford 2001を参照）によって推奨されており，現在では世界中の多くの保護計画において標準的なものとなっている．

以下，健康調査と呼ばれるものの一端として，疾病の調査および野生・飼育下の猛禽類のモニタリングの必要条件と技術について検討する．

健康調査の必要条件

有用な健康調査の前提条件は，①適切に訓練された人材，②適当な実験室と野外調査用品，そして③効果的に異分野にまたがった協力関係が含まれる．それぞれは順に議論され，コメントされている．

健康調査に求められる人材や装備は，計画されている調査の程度によって異なる．代表として選んだ個体数の鳥のみを検査したり，限られた種類の検査しか行わなかったりする（"スクリーニング"）基礎的な健康調査では，通常，小さな調査チームと最小限の設備で十分である．しかしながら，より大規模で集中的な調査では，通常，特別に訓練されたスタッフと適切な機器を備えた実験室が要求され

る．異なった学問分野にまたがった協力体制は，野外では特に重要であるが，室内実験においても有用である．必要な試験や分析の全てを，1人の人間や1ヵ所の施設が引き受けることはできないと思われ，例えば，毒物分析や分子的研究のためにいくつかの試料を他の場所に送らなければならないこともあるだろう．

人 員

慣例として，獣医師は，臨床もしくは病理学的な調査研究をコーディネートしなければならない．なぜならば，これらは診断法や調査技術などの役立つ知識をはじめとする，動物の疾病に関する幅広いトレーニングが必要とされるからである．また，もしも飼育動物や人間の健康に脅威となると診断されたり，その感染性因子が取り扱われたりした場合，このことは法的な意味合いももつかもしれない（下記参照）．獣医師を人員としては確保できないものの，電話やe-mailでアドバイスを受けられる場合，生物学者は1人もしくは限られた手伝いの下，作業を行わなければならない．このような場合，獣医学や医学の臨床検査センターで働いた経験のある人員を募集することが推奨される．このような人たちは，微生物学や寄生虫学，そして組織病理学的技能に関する適切な知識と理解力を兼ね備えていると思われるからである．

獣医師の指導なしに定期的に健康調査を行う調査員は，そのように行えるように訓練を受けるべきである．予測できない全ての出来事に立ち向かおうと努力するよりも，限られた数の処置方法を習得することのほうが望ましい．業務を点検・検証するため，独立調査においては，他の機関に定期的に試料を提出することによって品質の管理を行うべきである．

実験室と野外装備

その位置付けが疾病の研究または健康モニタリングであることに関わらず，猛禽類における全ての健康調査において，検査施設の存在は必須である．施設が，大学や獣医学研究センターなど，大きな複合組織に位置づけられている場合，より大きな成果を得ることができる．後者は通常，広範な専門分野や専門家を提供している．恒久的な検査機関を利用することが困難である場合（すなわち，隔離された地域で作業にあたっている場合），臨床検査を野外で行わなければならないかもしれない．電気や水道を使うことのできない，過酷な条件の地域でも，すぐに持ち運んで効果的に使うことができる，多くの臨床検査キットがCooper and Samourによって記載されている（1987）．基礎的な分析は，キットの機材や試薬をつかって野外でも実施できるが，その他のものに関しては，より専門的もしくは設備の整った検査室に試料を送付することが求められる．いつ，どこで調査が行われようとも，スタッフと見物人の安全に注意を払わなくてはならない（法律面を参照のこと）．

他者との効果的な協力

健康調査に関わる全ての人員が，1つのチームとして活動することは重要である（Cooper 1993a）．猛禽類の生物学者は，異なる専門分野の者が助言や援助をしてくれるかもしれないことを最初から知っていなければならない．一定の国や州または地方では，このような協力体制を構築することは難しくないが，より局地的もしくは国際的であった場合，特に所有権や財源に関する疑念や嫉妬が生じる可能性がある．これらの可能性について，調査者は注意すべきであり，敏感にならなければならない．近年，猛禽類の研究者やその他の研究者との協力関係がより親密になっているにもかかわらず（Cooper 1993a），猛禽類の疾病率や死亡率の研究に関する，しっかりとした調整能力のある国際組織は存在しない（Cooper 1983, 1989, 2002）．

技 術

以下に，猛禽類の健康調査やサンプリングを行う際に用いられる技術の概要を示す．検査法や剖検の詳細は後述する．

臨床技術

捕獲技術については第12章で検討されている．リハビリテーションの一環としてのサンプリングは第23章で網羅されている．

臨床検査とサンプリングの双方は，診断と健康のモニタリングに関する作業の一部である．この作業は，熟練した専門家によって，鳥への不快感，痛み，ストレスを最小限にとどめて行われなければならない．しっかりと練られた計画であるということは，必須である．臨床診断法の詳細情報は，猛禽類の医学や保護管理に関する最近の書物に載っている．Redig（2003）は，タカ目およびフクロウ目を取り扱ううえでの獣医学的な配慮事項について，素晴らしい目録を発表しており，より多くの情報を求める読者に対して，5人の権威者の仕事を紹介している．これらはHeidenreich（1997），Lumeij et al.（2000），Redig and Ackermann（2000），Samour（2000）およびCooper（2002）

である．

原則的に，臨床検査は次にあげる逐次段階を含む．①経歴（野生の鳥では生息環境，飼育鳥では管理状況），②観察，③臨床検査，④研究室での検査をするためのサンプル採取，⑤結果と診断，⑥治療と処置である．健康状態のモニタリングを行う際に推奨される記録用紙は，付録A-1に示す．

実験室内の検査

実験室内の検査は，臨床業務，検視（下記参照），そして環境試料の分析において，重要な役割を担う．実験室内の検査の例は，図17-1に示されている．

毒物学と化学分析は第18章で扱われているため，ここでは取り上げない．とはいうものの，病理学者は，分析や後の参照に有用なサンプルを確実に採取するために，毒物学者と親密に仕事をしなければならない．同じように，毒性検査（例えば，農薬分析）のために提供された鳥の死体は，肉眼検査や病理組織学的検査，そして微生物学的研究にも利用されるべきである．大寄生虫と寄生微生物あるいは肝臓や腎臓の基礎疾患など，化学毒素以外の要因もまた調査されるべきである．他の室内検査は，本章中で議論されるか，表で示されている．

特別な検査

猛禽類の健康状態に関するほとんどの研究では，前述した標準的な方法が利用可能であるが，巣や巣箱，鳥小屋，繁殖用部屋そして孵卵器内の微生物学および寄生虫学的検査などの追加的な実験室内検査も，大切であることが明らかになる場合もある．このような場所から，拭い標本を採取し，細菌や真菌の培養に供することができる．同じように，食物も微生物学や毒物学的分析の一方もしくは両方を検査することができる．繁殖用部屋と鳥小屋の換気は，煙試験によって評価することができ，その有効性は微生物学的な"落下細菌試験法"や，その他の特殊な空気サンプリング法によって計算することができる（Cooper 2002）．後で議論する，吐出されたペレットの臨床検査は猛禽類における健康状態の研究に特徴的な技術である．

検視もしくは病理解剖検査

検視の準備は極めて重要である．必要なステップは要約すると以下のようになる．

■ 剖検を行う必要性を判断する．それぞれが異なった目的をもつ，検査に関するいろいろなカテゴリーが表17-1に要約されている．

■ 人間や動物に感染症が広がるリスクを少なくするため，防護服や防御手段を含め，適切な設備や備品が使えるかを確認する（下記参照）．

■ 検視を執り行う人が，必要な技術と予防に関する知識を十分にもっていることを確実にする．

■ その種の一般生態や自然誌はもちろんのこと（Cooper 2003a），その種の正常な解剖学的構造にも精通していること（cf. King and McLelland 1984, Harcourt-Brown 2000）．

安全衛生

猛禽類は，取り扱う人間に危険を及ぼす可能性がある．これには，断崖で鳥を捕獲する際の危険，沼地やその他の湿地帯で死体を回収する際などの物理的な危険，毒物やホルムアルデヒドのような発癌性物質に接触することによる化学的な危険が含まれる．しかしながら，この章の趣旨としては，特に人獣共通感染症の潜在的な脅威や，通常，脊椎動物から人に伝搬する可能性がある疾病や感染に関係するものが安全衛生に該当する．猛禽類を含む鳥類からもたらされる可能性のある人獣共通感染症の論評は，何年か前に発表された（Cooper 1990）．西ナイルウイルスなどの新たな脅威が出現するのに伴い，多くの出版物が発刊された．Palmer et al.（1998）は，動物と人間双方の情報を含む人獣共通感染症に関する有用な一般参考文献を発表した．

調査者にとって，鳥類から感染する可能性のある人獣共通感染症の最新リストを得ることは有効かつ法的にも的を得た対応である．かつて人間にとって重要でないとみられていた感染性因子は，現在では潜在的に病原性を有してい

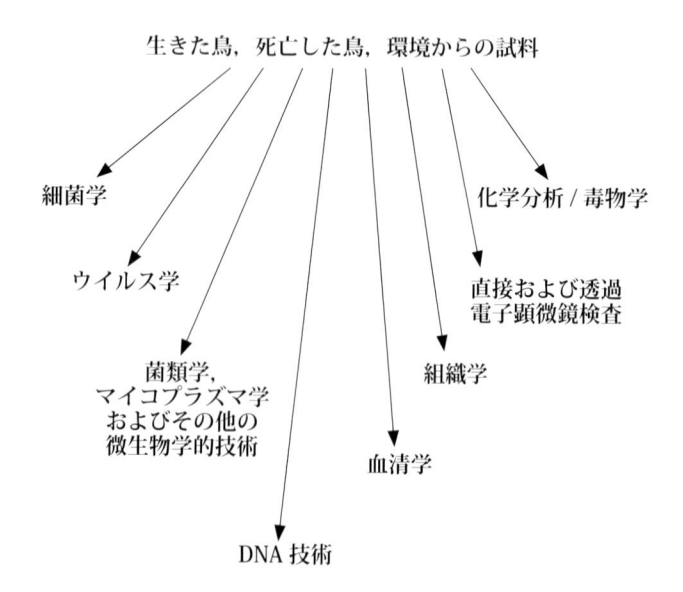

図17-1 生きた鳥，死亡した鳥，環境からの試料．

表17-1 猛禽類の検視におけるカテゴリー

目的	カテゴリー	コメント
死因究明	診断	通常の診断テクニックに従う
病気の原因を確かめる（死因究明までは要求しない）	診断的健康管理	通常は日常的なものを行うが，非致死的な変化を検知するため，詳細は検査と実験室内の試験が必要となる場合がある．
健康と思われる鳥における傷害や寄生虫の有無，脂肪蓄積や死体の組成などの他の要素に関する基礎情報の提供	健康管理	同上
訴訟事件に情報を提供するための調査，もしくは個体が生きている間にうけた可能性のある痛みや苦痛，または死亡の状況を明らかにするための調査	法医学的-法的	通常，上記のカテゴリーとは非常に異なる．警察もしくは剖検を要求した施行機関からの質問内容によってアプローチは異なる．厳密な"分析過程の管理／証明"がなされなければならない．全ての機材と包装材料は事件が終結するまで保管されなければならない（Cooper and Cooper 2007）．
臓器重量や組織の収集などの研究目的	調査	研究技術者の要求次第

ると認識されている．これらの多くが衰弱した宿主を巧みに利用する"日和見的な"種で，特に別の感染症（例えば，HIV-AIDS，マラリア等）に罹患した結果，免疫反応が抑制された個体，栄養不良または薬物によって免疫反応が抑制された個体に感染する．あらゆる猛禽類が人間にとって病原性をもつ生物の感染源となり得ると仮定することは，賢明である．もしもこの予防手段が執り行われ，適切な予防手段が講じられれば，生きた鳥や死んだ鳥の検査を行う際のリスクを最小限に抑えられる．

人獣共通感染症の拡散を防ぐために用いられる，特定の事前注意は状況によって異なる．ある国では，国の安全衛生に関する法律として，野生鳥類の研究（取り扱い，検視もしくは採材を含む）を行う雇用主に対し，事業が始まる前に"リスク評価"をまとめるよう求めている．調査員，獣医師，または技術者は，定められたルールを遵守する必要があり，適切な予防措置を執らなければならない．ある国では規則は存在しないか，不十分にしか行われていないかもしれない．それでもなお，調査員は同僚や補助員を保護する義務があり，感染症のリスクを最小限にするための行動記録を蓄積することが賢明である（Cooper 1996）．

剖検技術

鳥類の検視に関しては，多くの方法が提唱されてきた．あるものは，特定疾病の通常の診断のために獣医師によって考え出された（Wobeser 1981, Hunter 1989, Cooper 1993b, 2002, 2004）．その他のものは，野生鳥類の死亡率への興味があったり，採材をする必要があったりする鳥類学者によって考案された（van Riper and van Riper 1980）．特に専門的な助言を得ることが難しい地域で，野外作業を行う人のための基本的な技術はCooper（1983）によって詳細に記述されている．猛禽類の剖検を行ううえでの特異的な指針は，Cooper（2002）によってもたらされている．

剖検方法は，効率的で，再現可能でなくてはならない．検視は単純に"身体を開く"というものではない．これは構造化された作業であり，外貌と体内双方の観察を伴い，そして通常は詳細にわたる器官や組織の検査を行うものである．幼弱な鳥と胎子については別のアプローチが求められる（Cooper 2004bおよび以下）．

総合的な剖検は，測定値データの収集（付録A-2参照）に加え，一連の試験や分析を含む，"診断"と"健康モニタリング"の双方を網羅する調査で，時間を要することがある．希少で危機に瀕している種の猛禽類に関するものや，異常な状況で死亡したものであった場合，詳細で徹底的な作業が必要である．より典型的な状況下，貴重種と普通種が含まれている場合，全ての種に関して長期にわたる詳しい調査を行うことは現実的ではない．このような場合，後の調査に向けた適切な試料の採取に加えて，以下に紹介する簡略された検視プロトコールが実施できる．

■ 検体の受領をもって，履歴を記録し，鳥に固有の参照番号を付ける．これは優れた方法であるばかりでなく，法的行為が進行中であったり，起きたりする可能性がある場合に不可欠な措置（受け渡し記録の管理／証明を容易にする）である（Cooper and Cooper 2007）．

■ 鳥の外貌診察（嘴，口腔，耳道，脂腺，そして総排

泄孔を含む）．寄生虫，損傷，異常を記録（および定量）する．一般的な鳥類学的プロトコールを用いて，羽衣と換羽の評価を行う．

■ 鳥の体重測定．一般的な計測値を記録する．鳥の体重は，直線的な測定値〔すなわち，翼弦（carpus），ふ蹠長，嘴峰長，全頭長，そして胸骨長〕がない場合，限られた価値しかない．体重は最も重要で，全ての検査で測定されなくてはならない．

■ 鳥の胸骨全体を持ち上げ，または取り除き，腹側表面から解剖（開腹）する．内部臓器の表面を観察する．あらゆる損傷や異常を記録する．

■ 心臓，肝臓，および消化管を取り除き，清潔な（滅菌が望ましい）容器に取りのけておく．この時，食道と直腸を結紮し，内容物がこぼれないようにする．深部の内部臓器を観察する．全ての損傷と異常を記録する．

■ 肺，肝臓，腎臓の小片および，異常に見える全ての器官または組織（腫大，異常な色調，明確な病巣を有する等）を10%ホルマリン液で固定する．

■ 腺胃，筋胃，腸管の一部を開ける．肉眼と拡大鏡で，食物，その他の物質（例えば，ペレット），寄生虫，または病変を調べる．

■ 検体を少量の生理食塩水とともにペトリ皿に入れ，下部から照明をあてると，検査が容易になる．興味深い内容物や寄生虫は全て保存し，例えば，検査された腸管の割合を推定し，観察されたものの数を数えることにより，定量化するよう心がける．

■ 診察の後，その後に行う必要があるかもしれない追加検査によって結論が出るまで（下記を参照のこと），鳥の死体を凍結保存（または，もし1羽以上の鳥が入手できた場合には，いくつかを凍結し，その他をホルマリンで固定）する．

■ どのような状態で，どこに死体とサンプルが保存されているのかを記録し，後日さらに処理を進める必要があるのか，処分してもよいのかを記した覚え書きも含めておく．

検査を実施する際には，刃のついたメス，鋏，2組の鉗子などの適切な器具が使用されなければならない．小さな眼科用器具は，小型猛禽類の巣内雛を剖検する際に必要となるかもしれない．一方，より大型で頑丈な器具は，ワシ類のような大型の猛禽類用には使いやすいかもしれない．有鉤鉗子は切開の時に組織を挟むのに適しているが，組織学に供するサンプルについては痛めてしまう恐れがある．拡大鏡もしくは解剖用のルーペは，小型鳥類の検査では，小さな病変の検出には非常に有用である．

検視における主な要点は，①確認されたことや実施したことの全てを記録する，②サンプル採取，そして③その後の調査のための資料を保存することである．検視を実施する人にとって，最も重要な目的は，トレーニングや経験にかかわらず，観察と記録を行うことである．検視の最中に所見の解釈を試みるということは，そのことに起因する特有の危険を伴う．胸筋の損傷や肝臓の退色などのように，最初に何かとても重要であるように見えるものは，その後，あまり関係ないと判明する場合がある一方で，別の所見が違う原因を導き出すこともある．細菌学的検査は，通常3，4日のうちには結果が出ないけれども，これにより，筋肉の損傷や肝臓の退色を伴って死亡した鳥が実際は重篤な細菌感染症によって死んだことが判明することもある．それゆえ，全ての検査が完了するまで，結論を下さないことが賢明である．もしも暫定診断が必要であれば，それが暫定版であり，未決の検査結果によって後日，改訂される可能性があるという記載とともに発行されるべきである．猛禽類の死亡原因に関する多くの調査が，不十分な情報に基づく早まった判断によって信頼性を失ってきている．

"状態"の評価は，議論の余地があるものの，生存率と繁殖成功率に関する研究において，重要な指標とみなされている．鳥類のコンディションの調査においては，下記のようなことが含まれる．

■ 体重と直線的な測定との関連付け（上記を参照のこと）．何にも包まれていない死体は水分が徐々に蒸発するため，体重の減少を考慮しなければならない．

■ 皮下および体内脂肪量の評価とスコア付け．

■ 筋肉（特に胸筋）の大きさを肉眼的および組織学的に計測．

■ 例えば，TOBECシステム（Samour 2000）を使い，全身の計測を行う．

これら全ての方法は，それぞれ愛用者がいる．どれを使うかは，使われてきたプロトコールと利用可能な施設による．しかしながら，ある状態の評価は，1羽の鳥の調査の結果を他の鳥へと関連付けるために行われてきたということは重要である．したがって，手根の測定は，体重の測定と同様に，通常行われなくてはならない．採点評価システムは，視認できる脂肪の量や胸筋の大きさなどのパラメータ用に考案され，使用されなければならない．

スペースの問題で，全ての器官の詳細な議論を記載することはできないが，繁殖成功率の評価と測定において重要であるため，生殖器官に対する言及は行われるべきである（Newton 1998）．生殖器の注意深い検査は必須である．死亡した猛禽類の雌雄判別は，通常は困難ではない．しか

しながら，鳥が未成鳥であったり，まだ繁殖する状態になっていなかったりする場合，生殖腺を確認するのが難しいことがある．場合によっては，死後変化（自己融解）が発見を不可能にする．虫眼鏡の使用や強い反射光線が時にこれを助けるが，それでも難しい場合，性別を判定する目的で，腎臓の一部および推定される性腺を組織学的に検査することができる．常に，記録は卵巣または精巣の出現として記載されるべきである．タカ目では，右卵巣の痕跡の有無は，生物医学的データベースを発展させるために記録されるべきである．精巣は時に有色素性であるため，色調を記録しなければならない．可能ならいつでも，そして何羽かの鳥が検査・比較される場合には，性腺の大きさは計測値，重量，スコアとして記録されなければならない．卵巣における卵胞の発達の評価もまた重要である．

　生殖器官に関する他の所見は，さらなる情報をもたらしてくれる．容易に確認することができる，よく発達した左側の卵管は，通常，その鳥が卵を産んだことを示している．多くの種において，卵管の大きさと外貌に関する正確な資料は存在しない．器官の大きさは，計測値，重量，スコアとして記録されるべきである．

　生殖器官の調査は組織学的検査によって補足することができる．それらは性腺と管によって成り立っているが，これらを10%緩衝ホルマリン液で固定し，ヘマトキシリンとエオジンで染色した切片を作成する．計測と重量測定を行った後，生殖器官は後の検査のために固定することができる．

　臓器の重量測定，特に肝臓，心臓，脾臓，腎臓および脳は，常に実施するよう心がけるべきである．臓器重量の体重比の変化は，感染症や非感染症の際にしばしば見られる．

　上記を参照にした，検視中の試料の保存は，以下の理由で重要である．

■ 追加の調査を行うために，後に再び死体と向き合うことが必要になる可能性がある．これは必要であることが分かる．例えば，病理組織検査によって細菌感染症であることが判明した場合，原因となる生物を同定するために，固定されていない試料を採取し培養することが可能である．

■ 死体もしくは他の試料は法的（法医学的）な目的のために必要とされる場合がある．例えば，鳥の死に関する法的な訴えが起っている場合（Cooper and Cooper 2007）．

■ 調査研究のために試料が必要とされる場合がある．この要求は，博物館のための身体全体，学術的な皮膚標本，骨格や，肉眼および顕微解剖学における形態計測的な研究を目的とした，適切なサンプルの保有である．時には，鳥類の死体および（もしくは）組織は標準標本として必要とされる場合がある（下記を参照のこと）．

　死体，組織，標本の最終的な行き先は，調査が行われる前にあらかじめ考えておくべきである．適切な容器が必要になるし，どのように解剖するか，また身体と組織をどのように保存するかが決定されなければならない．例えば，組織学的検査のための組織は10%緩衝ホルマリン液内に保存しなければならないが，この方法はほとんどの微生物を殺し，DNAに損傷を与える．一方，凍結はほとんどの微生物とDNAを保存できるが，組織学的検査と電子顕微鏡検査の妨げになる．プラスチックやガラス製の容器は，ある種の毒物検査のためのサンプルを保存した場合，結果に影響を与える可能性がある．

　死体や組織を保存する施設は，どのような物がどれくらいの期間保存されるのかが決められている場合には，限定されるかもしれない．一般的に，鳥類の死体や組織は，検視に引き続き，4℃の冷蔵庫の中で5日間まで保存することができる．その後，もっと長く保存する必要がある場合には，−20℃で凍結するか，ホルマリン，エタノールもしくは両方の組合せで固定する．絶滅の危機に瀕している種，絶滅寸前の種，または固有種からの材料は，後学のため，または遡及的研究のために保存されるべきである（Cooper and Jones 1986, Cooper et al. 1998）．もし，その種を詳細に参照できるコレクションが存在するのであれば，肝臓を含む組織小片以外の死体は，ホルマリンで固定する．組織片は凍結するかまたはエタノールで固定する．

雛や卵を検視する際の配慮

　雛や若鳥の猛禽類を検査するのは，思ったほど簡単ではない．それらは単純に成鳥の小型版というわけではない．巣内雛の免疫器官はちょうど発達し始め，環境中の抗原に反応してきたところである（下記参照）．とりわけ猛禽類など就巣性の種の体温調節能力は，通常，ほとんど発達していない．これらおよびその他の特徴は，寒さのような物理的な要因などと同様に，特定の感染症に対する脆弱性が強化されてしまうかもしれないことを意味する．若鳥の調査は，本来は家禽のために発達した"初生雛"のための標準的な技術に従うべきである（Cooper 2002）．若鳥の検視における重要な点は，ファブリキウス嚢の検査，計測，そして採材である．この器官は総排泄孔に隣接して存在し，免疫機構の重要な要素で，その検査は若鳥の死亡や疾病を完全に調査するためには必須である．ファブリキウス嚢は胸腺と同様に，免疫系のもう1つの部位であり，検査，重量測定，計測して，後の検査のためにホルマリン固定さ

れなければならない．もしも調査者が若鳥の検査において，不確かな点を有している場合，経験豊富な鳥類病理学者にアドバイスを頼むべきである．これは卵や胎子についても該当する（下記参照）．

　猛禽類の卵の総合的な検査は，非常に専門的である．この分野に関するほとんどの知見は，家禽やその他のキジ目の鳥のもので，最近になってスズメ目やオウム目のものがもたらされた（Cooper 2002, 2003a）．残念ながら，卵の検査はしばしば標準的なプロトコールに従わない．例えば毒物学者は，とりわけ感染症や発育異常，そして抱卵の失敗に関心がある病理学者とは別の様式で，サンプルを採取し検査する．卵を検査するための特別な技術に関する，詳細な説明は付録A-3に掲載されている．推奨される報告様式は付録A-4に示されるとおりである．卵殻の厚さを計測することは，卵の繁殖能力の有無に関わらず，卵の検査を行ううえでの重要な部分である．色々な方法が用いられている．1つの有用な指針がRatcliffe（1970）によって示されている．卵殻は後学のために乾燥状態で保存されるべきである．

室内検査

　試料の室内検査は，病理解剖検査における不可欠な部分かつ環境問題の研究における有用な付属物であるとともに，臨床業務の重要な構成要素となっている．広範囲にわたる試験が，状況や利用可能な資源に応じて可能である．例えば，化学物質が流失した場所の近くで発見された猛禽類の死体は，細菌，真菌，ウイルスの培養を行うよりも，毒物学的検査が行われるということになりそうである．残念ながら，実験室内の検査は高価であり，あるものでは手が出せないこともある．財源的に，限られた数の鳥類サンプルの試験しか行えず，後の調査のために残りを保存することもある．このようなことが起きた場合には，調査者は死体と組織を適切に保存しなければならない（上記を参照のこと）．これには，安全上注意することも含まれる．例として，劣化させないためには40℃以下で保存しなくてはならないグルタルアルデヒドは，人間にとって有毒で，それ相応に取り扱わなくてはならない．鳥類の全身もしくは組織の調査試験の例をそれぞれ表17-2，表17-3に示した．リストにあげた技術のいくつかは，すぐに覚えることができるが（例えば，蠕虫や原虫などの寄生虫，細胞学的標本の作成など），その他は技術的な補助が必要である．

　しばしば出くわす問題は，どの標本を残し，そしてどのように保存すべきかを決断することである．図17-2は，検視の際に得られたサンプルの将来性と使用される様々な

表17-2　鳥類の生体や死体の調査試験

検査	生きた鳥	死んだ鳥
臨床検査	＋	－
検視	－	＋
X線検査	＋	＋
血液学検査	＋	＋／－[a]
生化学検査	＋	＋／－
微生物学検査	＋	＋
毒物学検査	＋／－	＋
組織学検査	＋／－	＋
電子顕微鏡検査	＋／－	＋
死体の化学分析	－	＋

[a] 試験結果は限定的．

方法を，考えられる範囲で図示したものである．材料が少ない時，"優先順位の決定"システムを設ける必要があるかもしれない．

調査結果の解釈

　結果の分析と解釈は問題を提起する場合がある．例えば，身体の中に鉛の弾を含むタカは，銃器によって殺されたと言い切れない．その弾が以前の致命的でない発砲に関係するもので，長期にわたって体内に存在しており，その鳥の死因とは関係がない可能性もある．また，死因とその要因となったかもしれないものを区別しなければならない（例えば，"主因"対"最大要因"）．例えば，鳥結核もしくは鳥痘に感染した鳥は，非常に削痩してハンティングができなくなる可能性があり，その結果，道路脇で死肉食をしている際に殺されることになる．問題の鳥はたぶん，外傷によって死亡したものと思われるが，最も顕著な病理学的所見は内臓に認められる抗酸性のマイコバクテリウム属菌ということになる．

　鳥類の外部もしくは内部から，寄生微生物や大寄生虫を見つけることもまた，人を誤らせる場合がある．時々，寄生虫は，獲物となる種（例えば，カラス科の鳥からのシラミ）または剖検室内の他の死体由来ということがある．そのような生物が本当に検体から分離されたものであったとしても，それらの関連は明白でないかもしれない．出血を伴った鳥の腸管内における回虫，または熱感と，腫脹した足から分離される細菌は，明らかに，ある意味がありそうに思える．しかし，そのような生物がそのような障害なしで見つかったならば，どうだろうか．それらは重要であろ

表 17-3　猛禽類由来のサンプルの実験室内検査

サンプル	検体（生きた鳥，死んだ鳥）	注釈
血液学検査や臨床化学検査，そして血液寄生虫を検出するための，適切な抗凝固剤を加えた血液．	通常生きた鳥からのみ．時折，少ないサンプルが死んだばかりの鳥から採取できる場合がある．	様々な血液検査を行うことができ，基準値のデータベースが設定されている．これは専門的で，Campbell（1995）および Hawkey and Dennett（1989）等によるものを含む標準教科書を参照すべきである．血液塗抹標本もまた有用であるが，良い標本を作成するためには経験が必要とされ，特に血液寄生虫の捜索や定量をする際に多く間違える可能性がある．Cooper and Anwar（2001），Feyndich et al.（1995），および Godfrey et al.（1987）が参考となる．
血清学的検査のための，抗凝固剤を入れていない血液（血清）	通常生きた猛禽類からのみ．たまに少量のサンプルが死んだばかりの鳥から採取できる場合がある．	血清学は，通常ウイルスその他の生物に対する抗体を検出するもので，疾病の診断と健康モニタリングの双方において重要な役割を担っている．様々な血清学的検査を行うことが可能であり，それぞれにおいて技能と解釈に関する技量が要求される．抗体価の上昇は通常，特定の生物への曝露を示すとみなされている．しかしながら，抗体価の上昇は時間がかかる場合があることに加え，ごく最近感染症に罹った鳥では出現しない可能性がある．
組織検査のため，10% ホルマリン（緩衝液を加えたものが好ましい）で固定した組織	鳥類の死体．時に生体生検を行うが，通常は真皮の病変または外科的に到達可能な部位のみ．	固定された組織は永久に保存することができ，後に検査することができる．慣例として，肺，肝臓，そして腎臓の組織（LLK）に加え，異常を示す器官または有用な情報をもたらすため重要と思われる器官（例：幼弱な鳥では，免疫状態に関する情報を得ることができる，ファブリキウス嚢と胸腺）を採取する．サンプルは，通常，20mm^2 を超えるべきでなく，固定液の体積は組織の 10 倍とするべきである． 小さな死体は，処理のために切開した後，丸ごと固定することができる．
透過型電子顕微鏡検査（TEM）のためにグルタルアルデヒドで固定した組織	同上	通常，同上であるが，極めて少量のサンプルのみが採取される．走査電子顕微鏡（SEM）は異なった技術を使用するが，ここでは検討しない．
細胞学的標本	同上	簡単に採取でき，処理も安価である（どのような獣医診療の場もしくは野外においても，ただちに実施可能）．結果が早く出る．通常，スタンプ標本もしくは塗抹標本からなり，組織に関する有用な情報を数分のうちにもたらすことができる．最初，サンプルを濾紙で拭き取り，余剰血液を取り除かなくてはならない．
ぬぐい標本，器官および組織のサンプル，そして微生物学的検査やその他検査のための標本．	生きているもしくは死んだ鳥，皮膚の損傷，口腔もしくは総排泄腔のぬぐい標本，内部臓器（死体のみ）．	通常，拭い標本とともに採取され（もしも他の場所に送らなければならない場合は，輸送培地中）．滲出液および漏出液のみならず，組織の一部も含まれる（Hunter 1989, Scullion 1989）．もしも培養ができない場合，グラム染色他で染色した塗抹標本が，しばしば有用な情報をもたらすことがある．
毒物分析のための組織	主に死亡した鳥であるが，小さなサンプルを生きた鳥からも採取することができる（例：農薬分析のための，血液もしくは筋肉の生検．重金属その他の分析のための羽毛標本）．	野生鳥類の死傷個体から，日常的に毒物分析のためのサンプルが採取され，保存されていることは重要である． 通常，毒物分析のためのサンプルは，後の分析のために凍結しておく．サンプルは，ただちに分析する予定がなくとも，後の検査のために採取し，保存しておくべきである．
寄生虫その他の検査のための，糞便（排泄物は便と尿酸塩を含む）	生きた鳥（排泄されたばかりの糞便）および死亡した鳥（総排泄腔から摘出されたもの）	糞便は，生きた鳥への妨害を最小限にとどめながら，疾病の診断や健康モニタリングのデータを得る手段となる（Cooper 1998）．猛禽類は保定されたり，取り扱われたりしている時，時々糞便をする．糞便の成分は内部寄生虫の検出に有用で，他の腸管内の変化に関する情報（例：食物の存在，未消化物，等），もしくは最近摂食した食物の起源を知ることができる．糞は細菌，真菌，およびウイルスの検出にも使われる．PCR を含む分子技術は，現在病原体の抗原を検出するために用いられており，DNA 技術に基づいた他の情報ももたらしている．糞便における尿酸塩成分は，腎臓の機能および腎臓系に関連する寄生虫の検査に用いることができる．どのような症例でも，新鮮なサンプルが最も信頼できる結果をもたらす．
胃およびそ嚢内容物	通常死亡した鳥から．胃およびそ嚢洗浄液は生きた鳥から得ることができ，物理的もしくは化学的手法により促吐することもできる．吐出されたペレットは有用な情報をもたらすことができる．	同上
羽毛	生きた鳥および死んだ鳥	損傷の検査，重金属分析，そしてミトコンドリア DNA を含む研究に利用できる（Cooper 2002）．

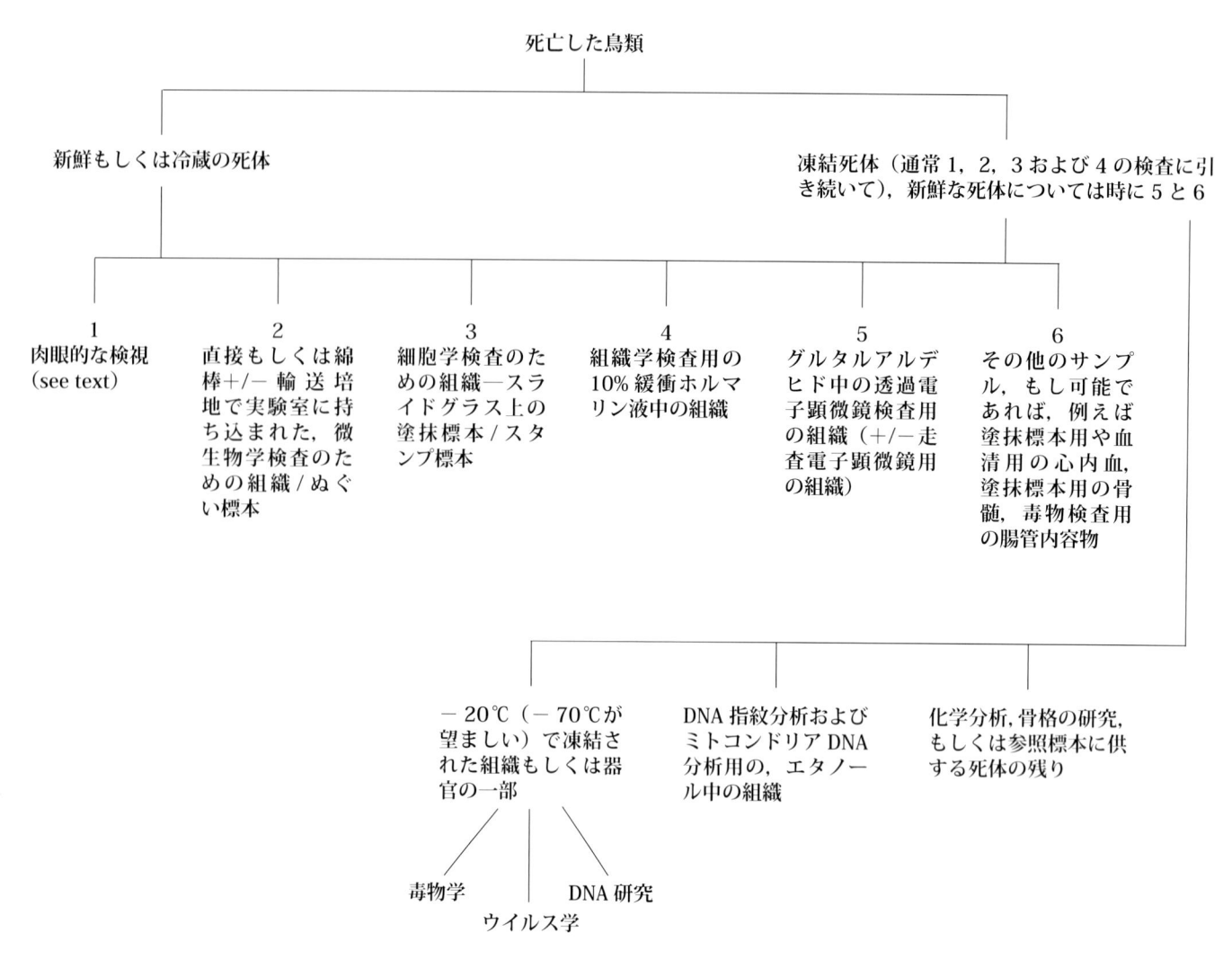

```
                         死亡した鳥類
                              │
          ┌───────────────────┴────────────────────┐
    新鮮もしくは冷蔵の死体                 凍結死体（通常1，2，3および4の検査に引
                                         き続いて），新鮮な死体については時に5と6
          │                                        │
  ┌───┬───┼───┬───┬───┐
  1   2   3   4   5   6
```

1. 肉眼的な検視 (see text)
2. 直接もしくは綿棒 +/− 輸送培地で実験室に持ち込まれた，微生物学検査のための組織/ぬぐい標本
3. 細胞学検査のための組織—スライドグラス上の塗抹標本/スタンプ標本
4. 組織学検査用の10%緩衝ホルマリン液中の組織
5. グルタルアルデヒド中の透過電子顕微鏡検査用の組織（+/−走査電子顕微鏡用の組織）
6. その他のサンプル，もし可能であれば，例えば塗抹標本用や血清用の心内血，塗抹標本用の骨髄，毒物検査用の腸管内容物

- −20℃（−70℃が望ましい）で凍結された組織もしくは器官の一部
  - 毒物学
  - ウイルス学
  - DNA研究
- DNA指紋分析およびミトコンドリアDNA分析用の，エタノール中の組織
- 化学分析，骨格の研究，もしくは参照標本に供する死体の残り

図17-2　鳥類の検視の際に採取されるサンプル

うか．野生の鳥における病原体の生態（Reece 1989）と宿主寄生体関係（Cooper 2001）についての多くは，依然として解明されないままである．それができるまで，質的・量的に調査結果を記録し，これらを鳥の身体状態および全身健康状態との関連づけを試みることが最良である．このことに関しては，飼育下の猛禽類から得られたデータが，傷病野生鳥類にとって有用な参考資料となり得る（Cooper 2003b）．

　鳥が人道主義的理由で殺された場合，もしくは検査のための新鮮な試料を得るために殺された場合，その死亡原因は"安楽死"である．そのような場合には，いかなる調査の狙いも，その鳥が病気の状態になったり，その鳥の行動に影響を及ぼしたりした可能性のある根本的な病変または要因を見つけることである．

　病変の解釈は特に難しい．間違いは，関係する様々な専門分野に慣れていない人によって容易に起きるものである．しかしながら，潜在的に病原性をもつ細菌の多量増殖が死体において認められた場合，必ずしもその生物が死亡原因であったことを意味しているわけではない．もし，その鳥が死んでから時間が経っていた場合，死後に組織内に侵入したかもしれないからである．同様に，間質性腎炎のような明らかな病変の発見も，必ずしも猛禽類が腎疾患によって死亡したことを示さない．腎障害は慢性的で，致命傷になるほど十分に重いものではない可能性がある．全ての場合において，結果の慎重な照合が必要であり，診断と結論は，利用できる全ての情報と所見を踏まえることによってのみ，なされるべきである．記録は不可欠であり，できれば，検索と分析を容易にするためにコンピュータ化すべきである．フィールドおよび他の予備データも，保存されなければならない．猛禽類の健康研究において，"診断

が必ずしも目的であるというわけではないことを思い起こすことは重要である．例えば，特に研究がより大きな，個体群のモニタリング計画の一部である場合，寄生虫感染または異常な性腺の明らかにマイナーな背景調査の結果が，はるかにより関連性があるかもしれない．

　上記のことから，専門用語に関しては注意しなければならないことは明らかである．"診断"は1つの事象であり，"死因"はまた別物である．そして潜在的な健康状態はさらにもう1つの事象である．肉眼的および実験室における所見は，要因となった可能性のある鳥が発見・検査された場所の背景，経過，状況，種・性・年齢の割合，そして天候などの背景因子の関係を考慮して解釈されるべきである．

　所見の解釈は，信頼できる基準値が不足していることによっても困難なことがある．例えば，近年，猛禽類の血液学や血液生化学に関する知見に大きな進歩が見られたが，利用できるデータは，大部分が飼育されていたり飼育下で繁殖したりした種または野外において詳細に研究されやすい種に関するものだけで，ある種に関しては利用できる情報が少量であったり，全く存在しないのである（Tryland 2006を参照）．同様に，既知の種に関する致死量以下と致死量に加えて，"正常"なバックグランド値が不足していることにより，毒物学研究は進展が阻害されていると言える．推定することは，時には可能であるが，それは決して理想的ではない．

　基礎的なデータがないことが懸念の原因となっている．例えば，猛禽類におけるほとんどの種の，器官重量の正常範囲および器官の体重比率は明らかになっていない．それでも，もしも正確な記録が収集蓄積され，研究結果が自由に広められれば，このような情報は簡単に集めることができる．このような知識の隙間を埋めるため，学部生，大学院生そして"アマチュア"のナチュラリストを含めた，全ての専門分野の科学者が関与する必要がある．様々な科の鳥類における宿主寄生虫関係に関する広範なデータベースもまた必要とされる（Cooper 2003b）．後者に病原性があるもしくはないと考えることにかかわらず，これらは，特定の種と関連した大寄生虫と寄生微生物に関する情報と同様に，宿主である猛禽類の基本的な生物学的パラメータを含まなければならない．役に立つ最初のステップは，その土地，国，地方に存在する寄生虫と関連する宿主のチェックリストをつくり上げることである．

　これらの警告はさておき，研究室内の検査結果を解釈するのに役に立ついくつかの参照文献が存在する．それらは，病理組織については Randall and Reece（1996），血液学に関しては Hawkey and Dennett（1989）および Campbell（1995），そして微生物学については Scullion（1989）と Cooper（Fudge 2000内に記載）などである．

法的考慮

　英国といくつかの他の国では，正式な診断を下すことは，死んだ鳥の検査結果としてでさえ，法律によって獣医業務に関わる法律で制限されている（Cooper 1987）．他にも，法的に考慮すべき問題が猛禽類の病理学にもある．健康と安全に関する法律は，臨床試験，サンプル採取，または検視をどこでどのように実施するかを指示することもある．人獣共通感染症が疑われる場合では，法律は危険度の査定を要求し，おそらく，携わる者全員について適切な保護（すなわち，衣類，器材，施設）がなされ，人員が適切に経験もしくは訓練を受けた場合にのみ剖検を実施することができる．法律は死体や標本の移動を制限するかもしれない（Cooper 1987, 2000）．国内では，通常，これらの法律により，主として郵便において適切な梱包と輸送が要求される．サンプルを1つの国から別の国へ移動させる場合は，特に CITES（絶滅のおそれのある野生動植物の種の国際取引に関する条約）などの保護に関する法律が適用される可能性があるため，状況はさらに複雑になる．受け入れ国の農務省庁は，輸送されてきた試料（特に病原性がありそうなもの）の種類が記載された書類を要求するものと思われる．もしも問題の猛禽類が CITES の対象であった場合，さらなる許可が必要になる．さらに，血液塗抹標本や DNA 研究のための組織などの小さなサンプルの移動も，他の国の仲間や研究機関にサンプルを送付したい人にとっては，欲求不満の原因を残すことになるだろう．最も小さなサンプルさえ，CITES の下では"確認できる派生物"のカテゴリーに分類され，それゆえ，適切な書類と認可が必要となる．特に問題のサンプルが重要な診断であるか法医学目的のために必要である場合，近年，そのような材料について免除を得るための動きがあった．CITES はこの問題を討議し続けている．執筆時点において導き出される結果として考えられることは，小さいが緊急性の高いサンプルのために"敏速な"システムの導入である（第25章参照）．猛禽類の健康研究に関係する人々は，関連した法律をよく知っておく必要があり，それを遵守すべきである．

　多くの国では，猛禽類の健康研究に関連する法律は存在しないか，または十分に実施されていない．そのような状況では，"組織内"のプロトコールの確立に向けて努力し，法的に拘束力はないものの，業務における高度の基準を保証するのに役立つガイドラインを発展させ，使用すること

は良い方法である（Cooper 1996）．全ての場合において，退屈で不都合な事態が生じても，猛禽類生態学の立場が法律または広く確立した専門的な協定を破ることによって果たされるべきではない．

結　論

健康研究は，飼育下および野生の両方ともにおいて，猛禽類の保護管理上の重要な要素となっている．とりわけ，重要性が増しているのは，健康状態のモニタリングである．猛禽類に携わる者は，この分野の発達，特に微生物と抗体の検出に今使える新しい技術について知っておく必要がある．

猛禽類の病気の研究と健康パラメータへの学際的なアプローチの価値は，過度に強調されることはない．何世紀もの間，ヨーロッパ，アラビア，そして極東において，猛禽類を飼育し，飛ばしたのは鷹匠だった．そして，彼らは猛禽類の自然史や健康障害の初期の徴候を見つけるための方法の多くを管理の下で知っていた．これらの人々はタカを健康にしておくことが病気を治療することより好ましいと常に主張し，そして，多くの初期の執筆物が適切な飼育管理を通して，これを達成するためにはどうしたらよいかをアドバイスしている（Cooper 2002）．フランス貴族Charles d'Arcussia は，鷹狩りについての最初の本を1598年（Loft 2003）に出版したが，病気の問題に対して爽快に前向きな取組みを行い，次のように主張した．「あなたがあなたのタカの健康を維持したいならば，経験豊富で，アドバイスによってあなたを前に導いてくれる人をガイドにするべきである．」この勧告は，今日でも意味を帯びたものとして存在している．猛禽類の生物学者は，フィールドノートや学術論文からインターネットにまでおよぶ先例のないほど多くの文献を利用することができ，過去30年の間に明らかにされた臨床医学や実験室内での検査に関する数々の発展を活用することができる．とは言うものの，われわれは孤立して働くことに対して慎重であり続けるべきで，その代わりに猛禽類の健康と疾病に対するわれわれの認識に寄与している，様々な専門分野で働く他の人々と協力する必要がある．

謝　辞

再びこの仕事に関わる機会を与えてくれた，友人のDavid Bird に感謝する．また，Sutherland, Newton, and Green（2004）編集の「Bird Ecology and Conservation」において，私が担当する章を部分的に引用することを許可してくれた Oxford University Press に深謝する．

引用文献

CAMPBELL, T.W. 1995. Avian hematology and cytology. Iowa State University Press, Ames, IA U.S.A.

COOPER, J.E. 1983. Guideline procedures for investigating mortality in endangered birds. International Council for Bird Preservation, Cambridge, United Kingdom.

——— [ED.]. 1989. Disease and threatened birds. Technical Publication No. 10. International Council for Bird Preservation, Cambridge, United Kingdom.

———. 1990. Birds and zoonoses. *Ibis* 132:181 − 191.

———. 1993a. The need for closer collaboration between biologists and veterinarians in research on raptors. Pages 6 − 8 in P.T. Redig, J.E. Cooper, J.D. Remple, and D.B. Hunter [EDS.], Raptor biomedicine. University of Minnesota Press, Minneapolis, MN U.S.A.

———. 1993b. Pathological studies on the Barn Owl. Pages 34 − 37 in P.T. Redig, J.E. Cooper, J.D. Remple, and D.B. Hunter [EDS.], Raptor biomedicine. University of Minnesota Press, Minneapolis, MN U.S.A.

———. 1998. Minimally invasive health monitoring of wildlife. *Animal Welfare* 7:35 − 44.

———. 2001. Parasites and birds: the need for fresh thinking, new protocols and co-ordinated research in Africa. *Ostrich Suppl.* 15:229 − 232.

———. 2002. Birds of prey: health & disease. Blackwell Science Ltd., Oxford, United Kingdom.

———. 2003a. Captive birds. World Pheasant Association and Hancock Publishing, London, United Kingdom.

———. 2003b. Jiggers and sticktights: can sessile fleas help us in our understanding of host-parasite responses? Pages 287 − 294 in Jesus M. Perez Jimenez [ED.], Memoriam of Prof. Dr. Isidoro Ruiz Martinez. University of Jaen, Spain.

———. 2004a. Information from dead and dying birds. Pages 179 − 210 in W.J. Sutherland, I. Newton, and R.E. Green [EDS.], Bird ecology and conservation. Oxford University Press, Oxford, United Kingdom.

———. 2004b. Apractical approach to the post-mortem examination of eggs, embryos and chicks. *J. Caribb. Vet. Med. Assoc.* 4:14 − 17.

——— AND M.A. ANWAR. 2001. Blood parasites of birds: a plea for more cautious terminology. *Ibis* 143:149 − 150.

——— AND C.G. JONES. 1986. A reference collection of endangered Mascarene specimens. *The Linnean* 2:32 − 37.

——— AND M.E. COOPER. 2007. Introduction to veterinary and comparative forensic medicine. Blackwell Publishing Ltd., Oxford, United Kingdom.

——— AND J. SAMOUR. 1987. Portable and field equipment for avian veterinary work. Proceedings of the European Committee of the Association of Avian Veterinarians, 19 −

24 May 1997, London, United Kingdom.

———, C.J. DUTTON AND A.F. ALLCHURCH. 1998. Reference collections in zoo management and conservation. *Dodo* 34:159 – 166.

COOPER, M.E. 1987. An introduction to animal law. Academic Press, London, United Kingdom and New York, NY U.S.A.

———. 1996. Community responsibility and legal issues. *Semin. Avian Exotic Pet Med.* 5:37 – 45.

———. 2000. Legal considerations in the international movement of diagnostic and research samples from raptors - conference resolution. Pages 337 – 343 in J.T. Lumeij, J.D. Remple, P.T. Redig, M. Lierz, and J.E. Cooper [EDS.], Raptor biomedicine III. Zoological Education Network, Lake Worth, FL U.S.A.

FEYNDICH A.M., D.B. PENCE AND R.D. GODFREY. 1995. Hematozoa in thin blood smears. *J. Wildl. Dis.* 31:436 – 438.

FUDGE, A.M. [ED.]. 2000. Laboratory medicine: avian and exotic pets. W.B. Saunders, Philadelphia, PA U.S.A.

GIRON PENDLETON, B. A., B.A. MILLSAP, K.W. CLINE AND D.M. BIRD [EDS.]. 1987. Raptor management techniques manual. National Wildlife Federation, Washington, D.C. U.S.A.

GODFREY, R.D., A.M. FEDYNICH AND D.B. PENCE. 1987. Quantification of hematozoa in blood smears. *J. Wildl. Dis.* 23:558 – 565.

HARCOURT-BROWN, N. 2000. Birds of prey: anatomy, radiology and clinical conditions of the pelvic limb. CD ROM. Zoological Education Network, Lake Worth, FL U.S.A.

HAWKEY, C.M. AND T.B. DENNETT. 1989. A colour atlas of comparative veterinary haematology. Wolfe, London, United Kingdom.

HEIDENREICH, M. 1997. Birds of prey: medicine and management. Blackwell, Wissenschafts-Verlag, Oxford, United Kingdom.

HUDSON, P.J., A. RIZZOLI, B.T. GRENFELL, H. HEESTERBEEK AND A.P. DOBSON [EDS.]. 2002. The ecology of wildlife diseases. Oxford University Press, Oxford, United Kingdom.

HUNTER, D.B. 1989. Detection of pathogens: monitoring and screening programmes. Pages 25 – 29 in J.E. Cooper [ED.], Disease and threatened birds. Technical Publication No. 10. International Council for Bird Preservation, Cambridge, United Kingdom.

KING, A.S. AND J. MCLELLAND. 1984. Birds, their structure and function. Ballière Tindall, London, United Kingdom.

LOFT, J. 2003. D'Arcussia's falconry: a translation. St. Edmundsberry Press, Suffolk, United Kingdom.

LUMEIJ, S.J., J.D. REMPLE, P.T. REDIG, M. LIERZ AND J.E. COOPER [EDS.]. 2000. Raptor biomedicine III. Zoological Education Network, Lake Worth, FL U.S.A.

NEWTON, I. 1979. Population ecology of raptors. Buteo Books, Vermillion, SD U.S.A.

———. 1981. Mortality factors in wild populations - chairman's introduction. Page 141 in J.E. Cooper, A.G. Greenwood, and P.T. Redig [EDS.], Recent advances in raptor diseases. Chiron, Yorkshire, United Kingdom.

———. [ED.]. 1990. Birds of prey. Facts on File, New York, NY U.S.A.

———. 1998. Population limitation in birds. Academic Press, London, United Kingdom.

———. 2002. Diseases in wild (free-living) bird populations. Pages 217 – 234 in J.E. Cooper [ED.], Birds of prey: health and disease. Blackwell Science Ltd., Oxford, United Kingdom.

PALMER, S.R., LORD SOULSBY AND D.I.H. SIMPSON [EDS.]. 1998. Zoonoses. Oxford University Press, Oxford, United Kingdom.

RANDALL, C.J. AND R.L. REECE. 1996. Color atlas of avian histopathology. Mosby-Wolfe, London, United Kingdom and Baltimore, MD U.S.A.

RATCLIFFE, D.A. 1970. Changes attributable to pesticides in egg breakage frequency and eggshell thickness in some British birds. *J. Appl. Ecol.* 7:67 – 113.

REDIG, P.T. 2003. Falconiformes (vultures, hawks, falcons, secretary bird). Pages 150 – 161 in M.E. Fowler and R.E. Miller [EDS.], Zoo and wild animal medicine, 5th Ed. Saunders, St. Louis, MI U.S.A.

——— AND J. ACKERMANN. 2000. Raptors. Pages 180 – 214 in T.N. Tully, M.P.C. Lawton, and G.M. Dorrestein [EDS.], Avian medicine. Butterworth-Heinemann, Oxford, United Kingdom.

REECE, R.L. 1989. Avian pathogens: their biology and methods of spread. Pages 1 – 23 in J.E. Cooper [ED.], Disease and threatened birds. Technical Publication No. 10. International Council for Bird Preservation, Cambridge, United Kingdom.

SAMOUR, J.H. 2000. Avian medicine. Mosby, London, United Kingdom.

SCULLION, F.T. 1989. Microbiological investigation of wild birds. Pages 39 – 50 in J.E. Cooper [ED.], Disease and threatened birds. Technical Publication No. 10. International Council for Bird Preservation, Cambridge, United Kingdom.

TRYLAND, M. 2006. "Normal" serum chemistry values in wild animals. *Vet. Rec.* 158:211 – 212.

VAN RIPER, C. AND S.G. VAN RIPER. 1980. A necropsy procedure for sampling disease in wild birds. *Condor* 82:85 – 98.

WOBESER, G.A. 1981. Necropsy and sample preservation techniques. Pages 227 – 242 in G.A. Wobeser [ED.], Diseases of wild waterfowl. Plenum Press, New York, NY U.S.A.

WOODFORD, M.H. [ED.]. 2001. Quarantine and health screening protocols for wildlife prior to translocation and release into the wild. OIE, VSG/IUCN, Care for the Wild International and EAZWV, Paris, France.

ZALLES, J.I. AND K.L. BILDSTEIN [EDS.]. 2000. Raptor watch: a global directory of raptor migration sites. Birdlife International, Cambridge, United Kingdom, and Hawk Mountain Sanctuary, Kempton, PA U.S.A.

付録 A-1　生きた猛禽類の健康モニタリング

種：_____　場所：_____　参照：_____
関係経歴：_____

モニタリングの状況
関係する鳥類の数：_____　詳細：_____
関係人員：_____
他のコメント：

所　見
行動様式：_____
観察者に気付かない鳥：_____
観察者に気付いている鳥：_____

検　査
臨床症状：_____
外傷もしくは外部の障害，際だった特徴：_____
羽衣，換羽，脂腺：_____
外部寄生虫：_____
　種：_____
　数：_____
体重：_____　手根骨長：_____

他の計測値：_____　コンディションスコア：_____

サンプル
　羽　毛：
　糞　便：
　スワブ（ぬぐい標本）：
　血　液：
　その他：

追跡調査

報告者：_____　日付：_____　時間：_____
補助者：_____

付録 A-2　死亡鳥の検視（剖検）

種：＿＿＿＿＿＿＿＿＿＿＿＿＿＿＿＿＿＿＿＿＿＿　　参照番号：＿＿＿＿＿＿＿＿＿＿＿＿＿＿＿＿＿＿＿

提出日：＿＿＿＿＿＿＿＿＿＿＿＿＿＿＿＿＿＿＿＿　　由来：＿＿＿＿＿＿＿＿＿＿＿＿＿＿＿＿＿＿＿＿＿

足環（リング）番号：＿＿＿＿＿＿＿＿＿＿＿＿＿＿　　その他の識別：＿＿＿＿＿＿＿＿＿＿＿＿＿＿＿＿

死亡の状況と関係する経緯：

要求（検視のカテゴリー）：診断（死亡または健康障害の原因），健康モニタリング，法医学検査，検査，その他：

技術面での特別な要求，死体もしくはサンプルの行方についての指示：

提出者：＿＿＿＿＿＿＿＿＿＿＿＿＿＿＿＿＿＿＿＿　　日付：＿＿＿＿＿＿＿＿＿＿＿＿＿＿＿＿＿＿＿＿＿

受領者：＿＿＿＿＿＿＿＿＿＿＿＿＿＿＿＿＿＿＿＿　　日付：＿＿＿＿＿＿＿＿＿＿＿＿＿＿＿＿＿＿＿＿＿

計測値　手根骨：＿＿＿＿＿＿＿＿　中足骨：＿＿＿＿＿＿＿　その他：＿＿＿＿＿＿＿　体重：＿＿＿＿＿

コンディションスコア：　肥満もしくは太っている / 良好 / 普通もしくは細い / 削痩

保存状況：　良い / 普通 / 悪い / 著しく自己融解

死後の保存方法：　冷蔵庫 / 室温 / 凍結 / 固定

外貌所見，脂腺，換羽状況，外部寄生虫，皮膚の状況，損傷，など：

肉眼所見　身体を開いた状態で，器官の位置と外観，損傷，など：

消化器系：

筋骨格系：

心臓血管系：

呼吸器系：

泌尿器系：

生殖器系：

リンパ系（ファブリキウス嚢と胸腺を含む）：

神経系：

付録 A-2　続き

採取された他のサンプル

_____	細菌　寄生虫　組織学　DNA　細胞学　その他（例：血清学）
_____	細菌　寄生虫　組織学　DNA　細胞学　その他（例：血清学）
_____	細菌　寄生虫　組織学　DNA　細胞学　その他（例：血清学）
_____	細菌　寄生虫　組織学　DNA　細胞学　その他（例：血清学）
_____	細菌　寄生虫　組織学　DNA　細胞学　その他（例：血清学）
_____	細菌　寄生虫　組織学　DNA　細胞学　その他（例：血清学）
_____	細菌　寄生虫　組織学　DNA　細胞学　その他（例：血清学）

実験室での所見

日付：_____　イニシャル：_____　報告先：_____

仮報告書（肉眼所見および即時的な実験室内検査所検に基づく．例：細胞学検査）

報告先：_____　日付：_____　時間：_____

最終報告（得られた全ての情報に基づく）

身体 / 組織の行方

破壊 / 凍結 / ホルマリン固定（その他）/　参考標本として保存 / 他の場所に送付

足環 / 標識の結末（適切な場合）

検視実施者：_____　日付：_____　時間：_____
補助者：_____

付録 A-3　猛禽類の未孵化卵に関する検査のプロトコール

卵の受け取り，研究室による参照番号および受領承認

↓ ↘

　　　　　　　　　　　　　　　　予備洗浄（記録）

↓ ↙

検卵（図示と記載）

↙　　　　　　　　　　　↘

予備洗浄　　　　　　　　　　　　　　**おそらく受精卵**

↓　　　　　　　　　　　　　　　　　　↓

重量測定，計測，外観の図示と記載　　　重量測定，計測，外観の図示と記載

↓　　　　　　　　　　　　　　　　　　↓

エタノール / メタノールで消毒　　　　　エタノール / メタノールで消毒

↓　　　　　　　　　　　　　　　　　　↓

割卵―現位置での検査，図示および記載；ペトリ皿に移し，必要に応じてサンプルを採取　　　割卵―現位置での検査，図示および記載；ペトリ皿に移し，必要に応じて組織検査，細菌検査などのためにサンプルを採取

↓　　　　　　　　　　　　　　　　　　↓

毒物検査などのために内容物を凍結　　　必要に応じて内容物を固定 / 凍結

↓　　　　　　　　　　　　　　　　　　↓

卵殻を乾燥，重量測定，保管　　　　　　卵殻を乾燥，重量測定，保管

↓　　　　　　　　　　　　　　　　　　↓

報告書書式の完成　　　　　　　　　　　報告書書式の完成

付録 A-4　猛禽類の卵および胎子の検査

参照番号：_____
受領（日付）：_____　（受領者）：_____
受領承認者：_____　日付：_____
梱包／包装の方法：
経歴：

卵／胎子の検査（検体ごとに記載する）
種：_____
所有者／由来：_____
割卵前の卵の総重量：_____　長径：_____　短径：_____
外貌：
検卵所見：
　胎子
　気室
　血管
　流動体
割卵所見：
内容物：
胎子：
　長さ（頭殿長）
　羊膜腔
　尿膜腔
　卵黄嚢
他のコメント：
微生物学的検査：
病理組織学的検査：
その他の検査：
他場所に送付：
乾燥した卵殻の重量：_____　厚さ（計測値もしくは指標）：_____
保存されたサンプル：

コメント

検査者：_____　日付：_____　時間：_____
補助者：_____

B. 外部寄生虫

訳：齊藤慶輔

JAMES R. PHILIPS
Math/Science Division, Babson College,
Babson Park MA 02457-0310 U.S.A.

はじめに

　ハエ類の吸血性の外部寄生虫は，ヌカカ，ブユ，クロバエ，シラミバエ，蚊，そしてチスイコバエである．猛禽類に寄生するその他の吸血性昆虫は，トコジラミ，ノミ，ある種のシラミなどがある．その他のシラミは羽毛を食物とする．通常には寄生性ではないものの，カツオブシムシ（Dermestidae）の幼虫がフロリダでタニシトビ（*Rostrhamus sociabilis*）の巣内雛の傷から発見され，またアフリカとヨーロッパでは他の猛禽類からも見つかっている（Snyder et al. 1984）．猛禽類における，クモ型類の外部寄生虫は，吸血性のマダニとダニで，羽毛成分を食べるダニと，ツツガムシを含むダニが組織を食物とする．ほとんどのダニが外部寄生虫であるが，ある種の皮膚ダニは皮膚の中に潜り込み，またあるものは呼吸器系でコロニーをつくる．直接的な病理学的影響以外に，猛禽類の外部寄生虫は間接的に病理学的影響を及ぼす．というのは，弱った宿主は，より感染症に罹りやすくなるからである．外部寄生虫が原因となった細菌や真菌の感染は創傷中で発生し，多くのハエ，マダニ，そしてダニはそれらの媒介動物にもなる．Philips（2000, 2006a,b）は，猛禽類における寄生性のダニについて論評し，筆者は猛禽類の宿主とダニ類の外部寄生虫について，オンラインのチェックリストを保持している．

　外部寄生虫が蔓延するレベルは，猛禽類の種間および種内で大きく異なる．猛禽類の外部寄生虫の取扱いには，収集，保存，そして同定が含まれ，その後，必要があれば罹患した鳥の治療と外部寄生虫を巣内や局所環境から減らすコントロール方法が施される．Clayton and Walther（1997）は，鳥類の外部寄生虫の採取や保存技術について概説している．Beynon et al.（1996）は，猛禽類に寄生する昆虫やダニの治療に役立つ6種類の外部寄生虫駆除剤の成分公式をリストにした．

　猛禽類とその巣は検査を実施し，直接的な病変や疾病が伝搬する原因として，外部寄生虫のモニタリングを行うべきである．絶滅の恐れのあるガラパゴスノスリ（*Buteo galapagoensis*）におけるシラミのように，猛禽類の外部寄生虫は，宿主の集団分化の素晴らしいマーカーとなり得る（Whiteman and Parker 2005）．絶滅の危機に瀕した猛禽類における，宿主特異性のある外部寄生虫は，彼ら自身の存続も危ぶまれる．

　昆虫および血液の充満したマダニやダニは，普通のダニよりもずっと肉眼的に目立つ．羽毛ダニは，時に砂粒のように，また0.25mmのツツガムシ類や皮膚ダニは"微塵"のように見える．種の同定では，多くの場合，外部寄生虫の解剖，特別な透過技術，スライド標本にする特殊な媒体，そして専門的な分類学的知識が必要とされる．猛禽類におけるダニ相の大部分は知られておらず，多くの新種が発見されずに残っている．以下に，猛禽類に寄生するハエ，トコジラミ，ノミ，シラミ，マダニ，そしてダニの類を記した．

双翅目（Diptera）

ヌカカ（Ceratopogonidae）

　Boorman（1993）は，吸血性のヌカカ属の成虫における，識別の要点を紹介している．

　ヌカカは時に"no-see-ums（見えない奴ら）"と呼ばれ，糸状線虫類，血液原虫であるヘモプロテウスとロイコチトゾーン，そしてThimiriウイルスを鳥類に伝搬する（Mullen 2002）．吸血の後，雌は湿った堆肥や肥料，木の穴にたまった水の周り，そしてマングローブの生える沼地に分布するハビタットで産卵する．雌は，宿主から吸引したり，ブラックライト灯と二酸化炭素を用いたライトトラップを使ったりすることによって採取することができる．虫は1～2％ホルマリンか70～80％アルコールの中で保存すること

ができる．これらの外部寄生虫をコントロールすることは難しい．ほとんどの網戸は効果がなく，幼虫を殺虫剤で殺すのも一般的でない．産卵場所を除去することと，成虫が最も活発な夕方に殺虫剤を霞や霧状にして一般的に適用することが，個体群を減少させることにつながる．

ブユ（Simuliidae）

Crosskey and Howard（1997）は，世界のブユ類の一覧表を提供している．ブユは鳥類におけるロイコチトゾーンの主な媒介動物で，トリパノソーマや糸状線虫類も伝搬する（Adler and McCreadie 2002）．Adler et al.（2004）は北アメリカにおけるブユ類の種，猛禽類および他の宿主，彼らが媒介するロイコチトゾーンの種をリストアップした．

ブユはアカオノスリ（*B. jamaicensis*）の巣内雛（Brown and Amadon 1968, Smith et al. 1998）やコチョウゲンボウ（*Falco columbarius*）の巣内雛（Trimble 1975）を殺し，ケープシロエリハゲワシ（*Gyps coprotheres*）の巣内雛を弱らせた（Boshoff and Currie 1981）．ブユは，猛禽類の頭頂部，背，そして肩で吸血する傾向がある．吸血は日中，開けた場所で行われ，ブユの成虫は宿主から吸引器を用いて採取することができる．または付箋のような形あるいは二酸化炭素を使ったトラップで捕獲できる．吸血後，雌は流水中に産卵する．液体中での保存は，分類するうえで重要な特徴を破壊してしまう．そのため，成虫は冷凍庫の中で5週間乾燥させた後，胸部をマイクロピンで留める必要がある（Crosskey 1993）．

ブユのコントロールは，主に幼虫を標的とし，昆虫病原性細菌である *Bacillus thuringiensis var. israelensis* が，手もしくは空中から水域に散布される．シェルターを備えることは，飼育下の鳥をブユから守ることの一助となる．

蚊（Culicidae）

世界の蚊は Knight and Stone（1977）によってリストアップされ，彼らによって増補された（Knight 1978, Ward 1984, Gaffigan and Ward 1985, Ward 1992）．これらには多くの地方による識別の手掛かりがあり，Darsie and Ward（2005）による米国とカナダの種，Mattingly（1971）による世界の属のキーポイントなどがある．蚊は鳥類にウイルスを伝搬し，これらには脳脊髄炎ウイルス，西ナイルウイルス，そしてポックスウイルスなどがある（Foster and Walker 2002）．彼らは鳥マラリア（*Plasmodium*）と糸状線虫類の媒介者でもある．吸血後，雌の蚊は，水面や浮いた植物の下の湿潤表面，湿った樹洞の壁などに産卵する（Service 1993）．蚊は，宿主および木陰の休息場所で吸引器を使って採取でき，二酸化炭素トラップやライトトラップなどでも捕獲可能である．標本は，液体の中で保存すべきではなく，胸部をマイクロピンで留めるべきである．

蚊の個体群をコントロールする取組みは，繁殖場所を減らすこと（軽油，有機リン殺虫剤，昆虫用の成長調整剤，もしくは *Bacillus thuringiensis var. israelensis* を使って水棲の幼虫を殺す），残った殺虫剤を成虫の休息場所に散布すること，そして有機リン殺虫剤，カルバメート，ピレトリン，合成ピレスロイドを直接噴霧するか煙霧で適用する．網戸は飼育鳥を保護することができる．

シラミバエ（Hippoboscidae）

Maa（1963）は世界のシラミバエをリストアップし，属と種群を鑑別するための手掛かりを発表した．

鳥類のハジラミは，しばしば flat flies（平らなハエ）と呼ばれ，妨害されるまで宿主の上に留まる傾向がある．また，時に感染した鳥を取り扱う人間を咬むことがある．幼虫は雌の体内で発育し，鳥の巣の中で蛹になる．そして生まれてすぐ，蛹につく．シラミバエは，咬むことによって，住血原虫，ヘモプロテウスとトリパノソーマを伝搬する．また，シラミ，外部寄生性の皮膚ダニ，*Strelkoviacarus*, *Microlichus*，そして *Myialges* を体表に乗せて，新しい鳥類宿主へと運ぶ（Philips 1990, Lloyd 2002）．シラミバエは西ナイルウイルスの検査で陽性と出たが，このウイルスおよびその他のウイルスの媒介動物としての役割は未確認である．数十のシラミバエの発生は猛禽類に害を与えないと思われるが，もしもそのレベルが80を超えた場合，猛禽類は削痩し，ハンティングができないほど弱る．シラミバエの大きさは4～7mmで，エアーネットや手で捕まえることができ，ピンで留めるかエタノール中に保存できる．感染した鳥は，ピレスロイド系殺虫剤の噴霧で治療が可能である．

ハエ蛆症を起こすハエ（Calliphoridae, Muscidae）

Sabrosky et al.（1989）は新北亜区の Nearctic *Protocalliphora* の識別の手掛かりと宿主のリスト，および旧北区の種についてのリストを提供している．Whitworth（2003, 2006）は *Protocalliphora* の蛹における種の鑑別のキーポイントを提供している．Furman and Catts（1982）は，ハエ蛆症を引き起こす様々なハエ属を鑑別するキーポイントを考え出した．

猛禽類の巣のハエは，全北区と東洋のクロバエ *Pro-*

tocalliphora（Calliphoridae），European carrion flies *Lucilia sericata* と *Calliphora*（Calliphoridae），そして熱帯のハエ *Philornis* と *Passeromyia*（Muscidae），これらの全てが巣もしくは巣内雛に産卵する．これらのハエの幼虫は，宿主の組織の中にもぐりこんでハエ蛆症の原因となり，吸血する（Baumgartner 1988）．耳腔，鼻，腹部表面，そして羽鞘が好まれる部位である．採食後，幼虫は宿主から落ち，彼らの摂食した血液を消化した後，蛹になる．

　ハエ蛆症は，ハイイロチュウヒ（*Circus cyaneus*）（Hamerstrom and Hamerstrom 1954），アシボソハイタカ（*Accipiter striatus*）（Delannoy and Cruz 1991），コシジロイヌワシ（*Aquila verreauxii*）（Gargett 1977），シロハヤブサ（*F. rusticolus*）（Poole and Bromley 1988），そしてソウゲンハヤブサ（*F. mexicanus*）（White 1963）の巣内雛を殺すことで知られており，そして，アカオノスリの巣内雛を弱らせ（Tirrell 1978），成長を長引かせる（Catts and Mullen 2002）．もし，蛆にとっての呼吸孔が石油ゼリーで塞がれたり，巣内雛の開口部が食塩水でフラッシングされたりすると，潜伏した幼虫は雛から撤退する．鉱物油は耳腔から幼虫を取り除くために使われる．蛆はエタノール内で保存されるまではそのままにしておく（Hall and Smith 1993）．そして，これらを沸騰直前の湯または酢酸（酢酸1に対して，90％エタノールを3の割合）の中に入れることにより，作業は完了することができる．巣材を切り開くことで，蛹を得ることができる．治療は幼虫を取り除くこと，そして抗生物質を傷に適用し，感染症を防ぐことである．巣はピレスロイドをまぶすことができる．

チスイコバエ（Carnidae）

　チスイコバエは，Arnett（2000）によってもたらされたハエ科を識別するキーポイントによって，同定することができる．Grimaldi（1997）は，種を考察したが，最もよく知られているのはトリチスイコバエ（*Carnus hemapterus*）であり，鳥類の宿主に関するリストを作成した．

　チスイコバエの幼虫は巣の中で死肉を食する．羽のない成虫は巣内雛の血液や皮膚の分泌物を吸う．蔓延は腋下部のかさぶたで特徴付けられる．大量感染は，メンフクロウ（*Tyto alba*）のPCV（訳者注：血中血球容積のことで，貧血の度合いを示す）を減少させる原因となり（Schulz 1986），チョウゲンボウ（*F. tinnunculus*）の体重を減少させる（Heddergott 2003）．また，アメリカキンメフクロウ（*Aegolius acadicus*）の巣内雛の死亡させる（Cannings 1986）．ハエはアメリカチョウゲンボウ（*F. sparverius*）にとっては無害なようである（Dawson and Bortolotti 1997）．チスイコバエは，北米，ヨーロッパ，アフリカ，そしてマレーシアで発生している．標本は宿主から手で，また巣においてツルグレン漏斗を使い巣材から抜き出すことができ（Mullen and O'Connor 2002），エタノールの中に保存することが可能である．殺虫剤の噴霧が宿主の治療や巣への蔓延をコントロールするために使われる．

トコジラミ（bed bugs）

　トコジラミ（Cimicidae）は宿主が生活する場所に産卵する．成虫と幼虫段階の両方で吸血を行う．1種が特異的に猛禽類を攻撃する．Mexican chicken bug（*Haematosiphon inodorus*）は，アカオノスリとソウゲンハヤブサの巣内雛（Platt 1975, McFadzen and Marzluff 1996）と同様に，ハクトウワシ（*Haliaeetus leucocephalus*）の巣内雛を殺した（Grubb et al. 1986）．また，カリフォルニアコンドル（*Gymnogyps californianus*）の巣内雛が早期に巣立つ原因となった（Brown and Amadon 1968）．swallow bedbug（*Oeciacus vicarious*）は，ソウゲンハヤブサの巣棚で発生する．このシラミは日中，巣の中や宿主の近くの割れ目に潜み，主に夜間に眼の近くや宿主の足や翼の付け根で吸血する．トコジラミは鉗子やツルグレン漏斗を使って採取することができるほか，巣材の解体，割れ目からピレスロイドや灯油をスプレーすることにより強制的に外に出して捕獲することができる（Schofield and Dolling 1993）．標本はエタノールの中に保存することができる．Usinger（1966）はこの科における種の同定のためのキーポイント，および宿主となる鳥類のリストを提供している．治療とコントロールは，宿主，巣，そして宿主近くの表面を，ピレスリンなどの殺虫剤をスプレーすることによって行える．

ノミ（Siphonaptera）

　地域における識別のキーポイントと宿主のリストが，カナダについては Holland（1985），また米国の一部については Benton and Shatrau（1965）および Lewis et al.（1988）によって提供されている．Lewis（1993）により医学的に重要な世界のノミ属についての識別のキーポイントが報告されている．Arnett（2000）はノミ科の識別，そして Lewis（1993）はより詳しい分類群の識別方法を提示している．

　成鳥の猛禽類に寄生するノミは血液を得るために宿主を咬み，宿主もしくはその巣に産卵する．幼虫は死肉を食す

る．通常，ノミは宿主の上よりも巣の中で見つけられる．例外は sticktight flea（*Echidnophaga gallinaacea*）で，頭部周辺の羽毛がない部分に，付着したまま過ごす．アナホリフクロウ（*Athene cunicularia*）は営巣中，特にノミがはびこるようである（Smith and Belthoff 2001）．ノミは宿主から，殺虫剤の粉末を用いて採取でき，巣材の解体またはツルグレン漏斗によっても抽出も可能である．ノミは 80% エタノール中で保存することができる．治療とコントロールはピレスリンの噴霧および成長調整剤を用いる（Lewis 1993, Durden and Traub 2002）．

ハジラミ（Mallophaga）

Price et al.（2003）は世界中の鳥類のハジラミのリストを作成した．これには宿主および宿主による属の鑑別方法も記載されている．

通常，ハジラミは直接接触によって伝搬するが，それほど頻繁ではないもののシラミバエによっても感染する．ハジラミの摂食によって羽毛が損傷され，蔓延に伴う引っ掻きにより，さらなるダメージを受けることがある．ハジラミの重度感染では貧血や体重の減少，そして死をもたらすことがある．ハジラミは宿主から鉗子を用いて採取することができるが，粉末状の殺虫剤を噴霧した後に羽毛をかき乱すことによっても収集できる（Clayton and Drown 2001）．剖検中，死体は洗剤で洗浄または剥皮するか，または皮膚と羽毛をトリプシンあるいは水酸化カリウムで溶解する（Furman and Catts 1982）．洗剤で洗浄してもハジラミを外に出すことはできるが，溶解ではほとんどのハジラミを滅ぼすことになる．洗浄後の溶液は，ふるいかフィルターにかけて，標本を採取する．標本は 95% のエタノールで保存する．殺虫剤の粉末と樹脂片が，治療とコントロールに有用である（Durden 2002）．

ダニ（Ixodida）

Varma（1993）は，ダニ科および属における識別のキーポイントを紹介している．

幼ダニ，若ダニ，そして成虫は，全て吸血性であり，異なる宿主にもつくことも珍しくない．個体は，宿主に 2 日もの長期間付着する（Sonenshine et al. 2002）．眼瞼と嘴の基部が通常の吸血部位である．ほとんどのダニは待ち伏せ型の寄生虫で，ゴミや土壌で見つかり，通過する宿主にしがみつく．鳥類の軟ダニ（Argasidae — *Argas* および *Ornithodoros*）といくつかのマダニ（Ixodidae — *Ixodes*）は巣や巣穴に生息する．ダニは，鳥スピロヘータ症とライム病を伝搬し，バベシア属の数種類の媒介動物でもある．バベシアは貧血の原因となる原生動物で，ソウゲンハヤブサでの発生が知られている（Croft and Kingston 1975）．彼らは，ウイルスや野兎病菌も鳥に伝搬する．ある種は唾液の中に毒素をつくり出し，麻痺を引き起こす．ダニは，ソウゲンハヤブサ（Webster 1944, Oliphant et al. 1976）とハヤブサ（*F. peregrinus*）（Schilling et al. 1981）の巣内雛を殺し，ダニ麻痺症が，オニアオバズク（*Ninox strenua*）（Fleay 1968）の成鳥をオーストラリアで死亡させたことがある．ダニは，宿主からの直接採取，巣材の解体やツルグレン漏斗による抽出，ブランケットやシートを植生上で引きずること，そして二酸化炭素トラップによって採集できる．軟ダニはエタノールで保存でき，Pampel's fluid（2ml の氷酢酸，6ml の 40% ホルマリン，30ml の蒸留水，そして 15ml の 95% エタノール）は，マダニの盾板模様の退色を妨げる．

ダニは鉗子を使って，注意深く宿主から取り除くが，この時，皮膚に埋まっている口器を確実に残さないことが重要である．個体を引き離すのに 1 滴のエタノールかオイルが使われる．ダニを取り除いた後，個体が結合していた場所には，抗生物質を塗布する．ピレスロイドの粉末はコントロールに有用である．

ダニ（Acarina）

吸血性のダニ

Varma（1993）は，最も重要な種である *Dermanyssus* と *Ornithonyssus* の，識別のキーポイントを紹介している．

Dermanyssus と *Ornithonyssus* に属する留巣性のダニと，これらよりは少し馴染みのない近縁種は，rhinonyssid に属するハナダニ類と同様に，血液を食する．rhinonyssid に属するハナダニ類は，鼻炎や副鼻腔炎を引き起こし，通常，宿主あたり数匹に限られる（Mullen and O'Connor 2002）．*Sternostoma* は気嚢を栓塞することがあり，喘鳴と死の原因となる．*Dermanyssus* と *Ornithonyssus* の個体群は，宿主に集結することがあり，貧血や体重の減少を引き起こす．Tropical fowl mites（*Ornithonyssus bursa*）は，通常，総排泄孔の近くで吸血し，タニシトビ（Sykes and Forrester 1983）の巣内雛と飼育下のハイタカ（*A. nisus*）を死亡させた．*Ornithonyssus* は脳炎ウイルスを伝搬し，*Dermanyssus* は白血球寄生性の原虫である *Lankesterella* を伝搬する（Box 1971）．ハナダニ類は，鼻孔を水でフラッ

シングすることにより，生きた宿主から採取することができる一方，*Dermanyssus* と *Ornithonyssus* は粉末状の殺虫剤を噴霧した羽毛をかき乱すことによって採集できる．また，巣材の解体やツルグレン漏斗を用いた抽出でも得ることができる．ダニは硬化するのを防ぐため，Oudemans' fluid（グリセリンが 5%，氷酢酸が 8%，そして 70% 濃度のアルコールが 87%）の中に保存するべきである．外部寄生性ダニの治療とコントロールは，ピレスロイドおよび他の殺虫剤の粉末もしくはピレスリン - ピペロニルブトキシドのスプレーによって行う（Ritchie et al. 1994）．

皮膚および組織食性のダニ

皮膚ダニの鑑別キーポイントは旧態依然，不完全，散在であり，あるいは時として存在しない．Krantz（1978）は，ダニにおける科の総合的な識別ポイントを提供している．

猛禽類における，皮膚または組織食性のダニは，肺や気嚢に寄生する *Pneumophagus*，鼻腔内に寄生する Ereynetidae，外鼻孔に寄生する Turbinoptidae，大腿部および下腹部の皮下に寄生する Hypoderatidae，羽柄に寄生する Syringophilidae，そして皮膚の内外に寄生する Analgidae, Cheyletiellidae, Epidermoptidae, Harpirhynchidae, Knemidocoptidae，および Trombiculidae（ツツガムシ類）がある．*Cheyletiellid* 属のダニも吸血を行い，*Epidermoptid* および *Harpirhynchid* 属のダニと同様に，浮腫や角化症，そして羽毛の脱落を引き起こし，皮膚の傷に 2 次的な感染症を引き起こす．*Knemidocoptes* は，外皮において鱗状の顔や脚を発症させる原因となる．*Strelkoviacarus* と *Microlichus* の雌は，シラミバエに便乗し，一方，*Myialges* はこれらのハエに産卵する．*Hypoderatid* 属のダニは巣の中で繁殖するが，彼らの成虫は摂食せず，短命である．ツツガムシ類の幼虫はしばしば皮膚炎の原因となり，若ダニと成体形は土壌の捕食者である．皮膚ダニは宿主における皮膚の掻爬や，検視の際の合成洗剤による洗浄で採取することができる．*Hypoderatid* 属のダニは皮膚下部の瘤として現れる．ツツガムシ類は，彼らを誘引するために黒色の円盤を，鳥の下の地上に置くことで採取することができる（Mullen and O'Connor 2002）．皮膚と組織侵入ダニは Oudemans' fluid の中に保存することができる．イベルメクチンは，鼻腔，皮膚，そして syringophilid では羽柄におけるダニの蔓延を治療することができる．

羽毛食性のダニ

13 科 22 属の羽毛食のダニが猛禽類に寄生する．Gaud and Atyeo（1996）は，世界における羽毛食性のダニの属を鑑別するキーポイントを発表している．

多くのダニが羽毛の中で生活し，真菌や脂質，細菌，そして羽毛の破片を食している．少数のダニは，羽軸と羽柄で生活し，髄質の細胞を食する．羽毛と羽柄のダニは翼の羽に最も多い．羽毛ダニは，殺虫剤の粉末を振りかけた羽毛をかき乱すことで採取できる．ほとんどの羽柄のダニでは，剖検の際，脱落した羽毛や羽柄の解体が必要である．Oudemans' fluid を保存の際に使うことができる．ピレスリンの粉末は羽毛のダニの個体数を減らすことができる．一方，ジクロルボスの害虫防除用細片もしくはイベルメクチンが治療や羽柄のダニの蔓延に使用することができる（Ritchie et al. 1994）．

羽毛の微生物学

猛禽類における羽毛の細菌学はほとんど知られていない．Hubalek（1974a,b, 1981）は，好ケラチン性およびその他の真菌をチョウゲンボウとヨーロッパのフクロウ類で調査した．一方，Rees（1967）はオーストラリアの猛禽類の羽毛で，2 種類の真菌の属を発見した．Pinowski and Pinowska（未発表データ）は羽毛の真菌についての文献を調査したが，羽毛の真菌は，ほとんどが休眠状態であり，まれにしか羽毛を破壊しないこと，さらに他の羽毛の外部寄生虫の数を加減しないこいとから，あまり重要でないと結論づけた．細菌も羽毛を劣化させる（Goldstein et al. 2004）が，Cristol et al.（2005）は，生きた鳥においては羽毛に影響を与える証拠を得ることはできなかった．北米の多くの鳥で，これらの細菌が検査されたが（Burtt and Ichida 1999, Muza et al. 2000），猛禽類ではこの点についてはまだ研究されていない．

引用文献

ADLER, P.H. AND J.W. MCCREADIE. 2002. Black flies (Simuliidae). Pages 163 – 183 in G.R. Mullen and L. Durden [EDS.], Medical and veterinary entomology. Academic Press, San Diego, CA U.S.A.

———, D.C. CURRIE AND D.M. WOOD. 2004. Black Flies (Simuliidae) of North America. Comstock, Ithaca, NY U.S.A.

ARNETT, R.H., JR. 2000. American Insects, 2nd Ed. CRC Press, Boca Raton, FL U.S.A.

BAUMGARTNER, D.L. 1988. Review of myiasis (Insecta: Diptera: Calliphoridae, Sarcophagidae) of Nearctic wildlife. *Wildl. Rehab.* 8:3 – 46.

BENTON, A.H. AND SHATRAU, V. 1965. The bird fleas of eastern North America. *Wilson Bull.* 77:76 – 81.

BEYNON, P.H., N.A. FORBES AND N.H. HARCOURT-BROWN. 1996.

Manual of raptors, pigeons and waterfowl. British Small Animal Veterinary Association, Iowa State University Press, Ames, IA U.S.A.

BOORMAN, J. 1993. Biting midges (Ceratopogonidae). Pages 288 – 309 in R.P. Lane and R.W. Crosskey [EDS.], Medical insects and arachnids. Chapman and Hall, London, United Kingdom.

BOSHOFF, A.F. AND M.H. CURRIE. 1981. Notes on the Cape Vulture colony at Potberg, Bredasdorp. *Ostrich* 52:1 – 8.

BOX, E.D. 1971. *Lankesterella* (*Atoxoplasma*). Pages 309 – 312 in J.W. Davis, R.C. Anderson, L. Karstad, and D.O. Trainer [EDS.], Infectious and parasitic diseases of wild birds. Iowa State University Press, Ames, IA U.S.A.

BROWN, L. AND D. AMADON. 1968. Eagles, hawks and falcons of the world. Vols. 1, 2. Country Life Books, Feltham, United Kingdom.

BURTT, E.H., JR. AND J.M. ICHIDA. 1999. Occurrence of feather-degrading bacilli in the plumage of birds. *Auk* 116:364 – 372.

CANNINGS, R.J. 1986. Infestations of *Carnus hemapterus* Nitzsch (Diptera: Carnidae) in Northern Saw-whet Owl nests. *Murrelet* 67:83 – 84.

CATTS, E.P. AND G.R. MULLEN. 2002. Myiasis (Muscoidea, Oestroidea). Pages 317 – 348 in G.R. Mullen and L. Durden [EDS.], Medical and veterinary entomology. Academic Press, San Diego, CA U.S.A.

CLAYTON D.H. AND D.M. DROWN. 2001. Critical evaluation of five methods for quantifying chewing lice (Insecta: Phthiraptera). *J. Parasitol.* 87:1291 – 1300.

——— AND B.A. WALTHER. 1997. Collection and quantification of arthropod parasites of birds. Pages 419 – 440 in D.H. Clayton and J.E. Moore [EDS.], Host-parasite evolution: general principles and avian models. Oxford University Press, Oxford, United Kingdom.

CRISTOL, D.A., J.L. ARMSTRONG, J.M. WHITAKER AND M.H. FORSYTH. 2005. Feather-degrading bacteria do not affect feathers on captive birds. *Auk* 122:222 – 230.

CROFT, R.E. AND N. KINGSTON. 1975. Babesia moshkovskii (Schurenkova 1938) Laird and Lari, 1957 from the Prairie Falcon, *Falco mexicanus*, in Wyoming; with comments on other parasites found in this host. *J. Wildl. Dis.* 11:230 – 233.

CROSSKEY, R.W. 1993. Blackflies (Simuliidae). Pages 241 – 287 in R.P. Lane and R.W. Crosskey [EDS.], Medical insects and arachnids. Chapman and Hall, London, United Kingdom.

——— AND T.M. HOWARD. 1997. A new taxonomic and geographical inventory of world blackflies (Diptera: Simuliidae). Natural History Museum, London, United Kingdom.

DARSIE, M.W. AND R.A. WARD. 2005. Identification and geographical distribution of the mosquitoes of North America, north of Mexico, 2nd Ed. University Press of Florida, Gainesville, FL U.S.A.

DAWSON, R.D. AND G. BORTOLOTTI. 1997. Ecology of parasitism of nestling American Kestrels by *Carnus hemapterus* (Diptera: Carnidae). *Can. J. Zool.* 75:2021 – 2026.

DELANNOY C.A. AND A. CRUZ. 1991. *Philornis* parasitism and nestling survival of the Puerto Rican Sharp-shinned Hawk (*Accipiter striatus venator*). Pages 93 – 103 in J.E. Loye and M. Zuk [EDS.], Bird-parasite interactions. Ecology, evolution and behavior. Oxford University Press, Oxford, United Kingdom.

DURDEN, L. 2002. Lice (Phthiraptera). Pages 45 – 65 in G.R. Mullen and L. Durden [EDS.], Medical and veterinary entomology. Academic Press, San Diego, CA U.S.A.

——— AND R. TRAUB. 2002. Fleas (Siphonaptera). Pages 103 – 125 in G.R. Mullen and L. Durden [EDS.], Medical and veterinary entomology. Academic Press, San Diego, CA U.S.A.

FLEAY, D. 1968. Night watchmen of bush and plain. Taplinger, New York, NY U.S.A.

FOSTER, W.A. AND E.D. WALKER. 2002. Mosquitoes (Culicidae). Pages 203 – 262 in G.R. Mullen and L. Durden [EDS.], Medical and veterinary entomology. Academic Press, San Diego, CA U.S.A.

FURMAN, D.P. AND E.P. CATTS. 1982. Manual of medical entomology. Cambridge University Press, Cambridge, United Kingdom.

GAFFIGAN, T.V. AND R.A. WARD. 1985. Index to the second supplement to "A Catalog of the Mosquitoes of the World", with corrections and additions. *Mosquito Syst.* 17:52 – 63.

GARGETT, V. 1977. A 13-year study of the Black Eagles in the Matopos, Rhodesia, 1964 – 1976. *Ostrich* 48:17 – 27.

GAUD, J. AND W.T. ATYEO. 1996. Feather mites of the world (Acarina: Astigmata): the supraspecific taxa. *Ann. Mus. Roy. Afr. Centr., Sci. Zoo.* 277, Parts I and II.

GOLDSTEIN, G., K.R. FLORY, B.A. BROWNE, S. MAJID, J.M. ICHIDA AND E.H. BURTT, JR. 2004. Bacterial degradation of black and white feathers. *Auk* 12:656 – 659.

GRIMALDI, D. 1997. The bird flies, genus Carnus: species revision, generic relationships, and a fossil Meoneura in amber (Diptera: Carnidae). *Amer. Mus. Nov.* No. 3190.

GRUBB, T.G., W.L. EAKLE AND B.N. TUGGLE. 1986. *Haematosiphon inodorus* (Hemiptera: Cimicidae) in a nest of a Bald Eagle (*Haliaeetus leucocephalus*) in Arizona. *J. Wildl. Dis.* 22:125 – 127.

HALL, M.J.R. AND K.G.V. SMITH. 1993. Diptera causing myiasis in man. Pages 429 – 469 in R.P. Lane and R.W. Crosskey [EDS.], Medical insects and arachnids. Chapman and Hall, London, United Kingdom.

HAMERSTROM, E. AND F. HAMERSTROM. 1954. Myiasis of the ears of hawks. *Falconry News and Notes* 1:4 – 8.

HEDDERGOTT, M. 2003. Parasitierung nestjunger Turmfalken *Falco t. tinnunculus* durch die Gefiederfliege *Carnus hemapterus* (Insecta: Milichiidae, Diptera). *Vogelwelt* 124:201 – 205.

HOLLAND, G.P. 1985. The fleas of Canada, Alaska and Greenland.

Mem. Entomol. Soc. Can. 30.

HUBALEK, Z. 1974a. Dispersal of fungi of the family Chaetomiaceae by free-living birds. I. a survey of records. *Ces. mykologie* 28:65 – 79.

———. 1974b. The distribution patterns of fungi in free-living birds. *Acta Sci. Nat. Brno* 8:1 – 51.

———. 1981. Keratinophilic fungi from the feathers of free-living birds. *Folia Parasitol.* 28:179 – 186.

KNIGHT, K.L. 1978. Supplement to a catalog of the mosquitoes of the world (Diptera: Culicidae). Entomological Society of America, College Park, MD U.S.A.

——— AND A. STONE. 1977. A catalog of the mosquitoes of the world (Diptera: Culicidae). Entomological Society of America, College Park, MD U.S.A.

KRANTZ, G.W. 1978. A manual of acarology, 2nd Ed. Oregon State University Book Stores, Corvallis, OR U.S.A.

LEWIS, R.E. 1993. Fleas (Siphonaptera). Pages 529 – 575 in R.P. Lane and R.W. Crosskey [EDS.], Medical insects and arachnids. Chapman and Hall, London, United Kingdom.

———, J.H. LEWIS, and C. MASER. 1988. The fleas of the Pacific Northwest. Oregon State University Press, Corvallis, OR U.S.A.

LLOYD, J.E. 2002. Louse flies, keds and related flies (Hippoboscoidea). Pages 349 – 362 in G.R. Mullen and L. Durden [EDS.], Medical and veterinary entomology. Academic Press, San Diego, CA U.S.A.

MAA, T.C. 1963. Genera and species of Hippoboscidae (Diptera): types, synonymy, habitats and natural groupings. *Pac. Ins. Monogr.* 6.

MATTINGLY, P.F. 1971. Contributions to the mosquito fauna of Southeast Asia XII. Illustrated keys to the genera of mosquitoes (Diptera): Culicidae). *Contrib. Amer. Entomol. Inst.* 7:1 – 84.

MCFADZEN, M.E. AND J.M. MARZLUFF. 1996. Mortality of Prairie Falcons during the fledging-dependence period. *Condor* 98:791 – 800.

MULLEN, G.R. 2002. Biting midges (Ceratopogonidae). Pages 163 – 183 in G. R. Mullen and L. Durden [EDS.], Medical and veterinary entomology. Academic Press, San Diego, CA U.S.A.

——— AND B.M. O'CONNOR. 2002. Mites (Acari). Pages 449 – 516 in G.R. Mullen and L. Durden [EDS.], Medical and veterinary entomology. Academic Press, San Diego, CA U.S.A.

MUZA, M.M., E.H. BURTT, Jr. AND J.M. ICHIDA. 2000. Distribution of bacteria on feathers of some eastern North American birds. *Wilson Bull.* 112:432 – 435.

OLIPHANT, L.W., W.J.P. THOMPSON, T. DONALD AND R. RAFUSE. 1976. Present status of the Prairie Falcon in Saskatchewan. *Can. Field-Nat.* 90:365 – 367.

PHILIPS, J.R. 1990. What's bugging your birds? Avian parasitic arthropods. *Wildl. Rehab.* 8:155 – 203.

———. 2000. A review and checklist of the parasitic mites (Acarina) of the Falconiformes and Strigiformes. *J. Raptor Res.* 34:210 – 231.

———. 2006a. A list of the parasitic mites of the Falconiformes. http://raptormites.babson.edu/falcmitelist.htm (last accessed 8 August 2006).

———. 2006b. A list of the parasitic mites of the Strigiformes. http://raptormites.babson.edu/owlmitelist.htm (last accessed 8 August 2006).

PLATT, S.W. 1975. The Mexican chicken bug as a source of raptor mortality. *Wilson Bull.* 87:557.

POOLE, K.G. AND R.G. BROMLEY. 1988. Natural history of the Gyrfalcon in the central Canadian Arctic. *Arctic* 41:31 – 38.

PRICE, R W., R.A. HELLENTHAL, R.L. PALMA, K.P. JOHNSON AND D.H. CLAYTON. 2003. The chewing lice: world checklist and biological overview. *Ill. Nat. Hist. Surv. Spec. Publ.* 24.

REES, R.G. 1967. Keratinophilic fungi from Queensland - II. Isolations from feathers of wild birds. *Sabouradia* 6:14 – 18.

RITCHIE, B.W., G.J. HARRISON AND L.R. HARRISON. 1994. Avian medicine: principles and applications. Wingers, Lake Worth, FL U.S.A.

SABROSKY, C.W., G.F. BENNETT AND T.L. WHITWORTH. 1989. Bird blowflies (Protocalliphora) in North America (Diptera: Calliphoridae) with notes on the Palearctic species. Smithsonian Institution Press, Washington, DC U.S.A.

SCHILLING, F., M. BOTTCHER AND G. WALTER. 1981. Probleme des Zeckenbefalls bei Nestlingen des Wanderfalken (*Falco peregrinus*). *J. Ornithol.* 122:359 – 367.

SCHOFIELD, C J. AND W.R. DOLLING. 1993. Bedbugs and kissing-bugs (bloodsucking Hemiptera). Pages 483 – 511 in R.P. Lane and R.W. Crosskey [EDS.], Medical insects and arachnids. Chapman and Hall, London, United Kingdom.

SCHULZ, T.A. 1986. Conservation and rehabilitation of the Common Barn-owl. Pages 146 – 166 in P. Beaver and D.J. Mackey [EDS.], Wildlife Rehabilitation, Vol. 5. Daniel James Mackey, Coconut Creek, FL U.S.A.

SERVICE, M.W. 1993. Mosquitoes (Culicidae). Pages 120 – 240 in R.P. Lane and R.W. Crosskey [EDS.], Medical insects and arachnids. Chapman and Hall, London, United Kingdom.

SMITH, B. AND J.R. BELTHOFF. 2001. Identification of ectoparasites on Burrowing Owls in southwestern Idaho. *J. Raptor Res.* 35:159 – 161.

SMITH, R.N., S.L. CAIN, S.H. ANDERSON, J.R. DUNK AND E.S. WILLIAMS. 1998. Blackfly-induced mortality of nestling Red-tailed Hawks. *Auk* 115:369 – 375.

SNYDER, N.F.R., J.C. OGDEN, J.D. BITTNER AND G.A. GRAU. 1984. Larval dermestid beetles feeding on nestling Snail Kites, Wood Storks, and Great Blue Herons. *Condor* 86:170 – 174.

SONENSHINE, D.E., R.S. LANE AND W.I. NICHOLSON. 2002. Ticks (Ixodida). Pages 517 – 558 in G.R. Mullen and L. Durden [EDS.], Medical and veterinary entomology. Academic Press, San Diego, CA U.S.A.

SYKES, P.W., JR. AND D.J. FORRESTER. 1983. Parasites of the Snail

Kite in Florida and summary of those reported for the species. *Fl. Field Nat.* 11:111 − 116.

TIRRELL, P.B. 1978. Protocalliphora avium (Diptera) myiasis in Great-horned Owls, Red-tailed Hawks, and Swainson's Hawks in North Dakota. *Raptor Res.* 12:21 − 27.

TRIMBLE, S.A. 1975. Habitat management series for unique or endangered species. Report 15. Merlin *Falco columbarius*. USDI Bureau of Land Management Tech Note 271.

USINGER, R.L. 1966. Monograph of Cimicidae. Thomas Say Foundation, Baltimore, MD U.S.A.

VARMA, M.R.G. 1993. Ticks and mites (Acari). Pages 597 − 658 in R.P. Lane and R.W. Crosskey [EDS.], Medical insects and arachnids. Chapman and Hall, London, United Kingdom.

WARD, R.A. 1984. Second supplement to "A Catalog of the Mosquitoes of the World: (Diptera: Culicidae)". *Mosquito Syst.* 16:227 − 270.

———. 1992. Third supplement to "A Catalog of the Mosquitoes of the World: (Diptera: Culicidae)". *Mosquito Syst.* 24:177 − 230.

WEBSTER, H., JR. 1944. A survey of the Prairie Falcon in Colorado. *Auk* 61:609 − 616.

WHITE, C.M. 1963. Botulism and myiasis as mortality factors in falcons. *Condor* 65:442 − 443.

WHITEMAN, N.K. AND P.G. PARKER. 2005. Using parasites to infer host population history: a new rationale for parasite conservation. *Anim. Conserv.* 8:175 − 181.

WHITWORTH, T.L. 2003. A key to the puparia of 27 species of North American *Protocalliphora* Hough (Diptera: Calliphoridae) from bird nests and two new puparial descriptions. *Proc. Entomol. Soc. Wash.* 105:995 − 1033.

———. 2006. Keys to the genera and species of blow flies (Diptera: Calliphoridae) of America north of Mexico. *Proc. Entomol. Soc. Wash.* 108:689 − 725.

C. 内部寄生虫

訳：齊藤慶輔

OLIVER KRONE
Leibniz-Institute for Zoo and Wildlife Research (IZW)
Alfred-Kowalke-Str. 17, D-10315 Berlin, Germany

はじめに

　内部寄生虫は，成長過程や成虫の段階で，宿主と呼ばれる動物の内部で生活する生物である．内部寄生虫は，単細胞の原虫，蠕虫（helminths），そして節足動物であり，動物の全ての器官に侵入する．原虫は，消化器と呼吸器，筋肉，血液，そして宿主の糞便中から発見される．いくつかの内部寄生性の蠕虫は終（最終）宿主の腸管内で摂取物を食したり，腸管や気管の粘膜層に取り付いて血液や上皮細胞を摂取したりする．他の蠕虫は特異的な器官もしくはその一部で発見される．ある蠕虫は，成長過程で，異なる内部臓器の間を移行する．寄生性の節足動物としては，マダニ，ダニ，ハエ，ハジラミ，そしてノミが，しばしば宿主の皮膚の上や羽毛で見つかる．少数の節足動物のみが宿主の内部臓器の中に入り込む．内部寄生性の節足動物としては，皮膚の層の内部や皮下に生息するダニや，内部臓器に侵入する幼虫期のハエ（蛆）が含まれる．

　この章の目的は，全ての内部寄生虫やその生活様式について説明することではなく，いくつかの関連する事例についての情報を提供することにある．

　寄生虫学な状況についての伝統的な考えでは，良い寄生虫は，宿主に対して削痩や死などの危害を加えないとしている．これは寄生虫自身も影響を受けるからである．確かに，長期間うまく適応している寄生虫は，しばしば本来の宿主に対して病原性が少ない一方，進化的に若い寄生虫は宿主をひどく傷つけることがある．とは言うものの，宿主と寄生虫の関係は動的で進化的なシステムであり，双方が相手のふるまいに応えて行動を起こすことが，ある意味で相互関係を維持しており，軍備競争に例えられる（Van Valen 1973）．Dobson et al.（1992）は，寄生性の蠕虫を，宿主からエネルギーを永続的に抜き取り，彼らの行動や繁殖成功に影響を及ぼす天敵として表現した．年齢，免疫状態，そして感染圧力にもよるが，寄生虫は宿主に対して異なった程度で侵入し，おそらく宿主への強い選択力をもつ．

　寄生は，様々な分類群において独自に発達した生活様式である．内部寄生虫は数百万年前に発達したと考えられている．最も古い寄生性の線虫（nematodes）は，始新世の琥珀中に封入された鞘翅目から見つかっている（Conway Morris 1981）．宿主と比較すると，寄生虫は，比較的単純な生命体で，それらの多くは進化の過程で"退化"してきたが，寄生虫は消化や移動が宿主から供給されるなどの利を得ている．条虫は，栄養に富んだ環境に生息しており（宿主の腸管），彼らの消化器を減弱し，食物を外皮（クチクラ）から再吸収することができる．また，寄生虫は，寄生性の生活様式に応えて，新しい能力を発達させた（例えば，宿主捜索メカニズム，宿主の免疫や消化能力に対する耐性，感覚器受容体などの新たな器官）．それらの適応の結果として，寄生虫のゲノムは近縁の自由生活型の寄生虫よりも大きく，そしてある時は，居住している宿主のものよりも大きい（Poulin 1998）．

　生活様式への適応として，寄生虫は，時に有性生殖と無性生殖を含む複雑な生活環を有している．有性生殖は通常，彼らが食物をあさる固有宿主の中で行われる．生育段階の内部寄生虫は，宿主を能動的もしくは受動的に去り，次の適切な環境に移動する．寄生虫の生活環は直接的もしくは間接的（すなわち，中間宿主を介するもの）である．複雑な生活環では，終宿主に到達するため，寄生虫に必要となる1種またはそれ以上の中間宿主を含むことも多い．有性生殖は通常，終宿主の中で，無性生殖は中間宿主内で起きる．次の宿主に移る過程で，多くの発育段階が失われることもある．宿主に感染する可能性を増やすため，寄生虫の繁殖力は進化の過程でしばしば増大した．その結果，ある種の線虫では200,000個，条虫では720,000個の卵を毎日産む（Crompton and Joyner 1980）．

　寄生虫は終宿主に到達するための戦略に関する多様性

を増大させた．彼らは，しばしばできるだけ多くの卵を生産しようとするが，これらの内のわずかしか成虫になれない．時々，中間宿主は，寄生虫によって操作され，捕食者の犠牲になりやすくなる．魚食性の鳥類に寄生する，吸虫類のいくつかの種は，最終中間宿主（魚類）の眼に移行して視力を低下させる（Odening 1969）．サルコシスティス属の原虫は，猛禽類を終宿主としており，中間宿主であるネズミや鳥の筋肉にシストを形成する．感染したネズミは行動を変化させ，感染していないネズミに比べて2倍もチョウゲンボウ（Falco tinnunculus）によって捕食されるようである（Hoogenboom and Dijkstra 1987）．寄生虫の感染による終宿主（猛禽類）の行動の変化も，また記載されている．実験的に感染させたアメリカチョウゲンボウ（F. sparverius）は，対照個体と比べて，繁殖期間中に飛翔行動の低下を示し，求愛行動の長期化も認められた（Saumier et al. 1991）．

寄生虫の感染が臨床症状を誘発するか否かは，免疫機能やホルモン状態，そして感染圧による．少量の回虫の感染は，例えば腸粘膜への刺激の原因になるが，必ずしも宿主の健康状態に影響を与えない．重度の感染は内腔を部分的にまたは完全にふさぎ，穿孔や破裂を引き起こすこともある．蠕虫の代謝産物もまた，宿主の健康に害を与える可能性がある．持続的な寄生虫感染は，宿主の免疫機構を弱らせ，それによって他の寄生虫が宿主内に入るのを可能にする．このような場合，寄生虫感染は要因疾病であると見なされる．

猛禽類の内部寄生虫

内部寄生虫は，頻繁に猛禽類から検出される．確かに，猛禽類のある個体群では，90％もの個体が蠕虫に感染している（例えば，Krone 2000, San-martin et al. 2004）．

猛禽類から発見された内部寄生虫には，原虫，線虫（nematodes），鉤頭虫（acanthocephala），吸虫（digenetic trematodes），条虫（cestodes），そして舌虫（pentastomida）がある．

ここでは広範な紹介を行うことにする．猛禽類で認められる内部寄生虫に関するさらに広範囲な概説は，Lacina and Bird（2000）によるものに記載されている．鳥類の蠕虫に関するより総括的なものは，Rausch（1983）によるもので得ることができる．猛禽類における寄生虫の生物学および治療についての情報は，Krone and Cooper（2002）を参照するとよい．

原虫

単細胞の寄生虫で，通常，非常に小さく，顕微鏡でのみ確認できる（図17-3）．原虫類の8つの綱のうち，2つが猛禽類の寄生虫として主要である．

トリコモナス

最も古くから知られ，猛禽類において最も重大な疾病の1つであり，"トリコモナス症"または"そ囊潰瘍"は，Zoomastigophorea綱に属する単細胞生物であるハトトリコモナス（Trichomonas gallinae）によって引き起こされる．これらの紡錘体から洋梨型をした小さな鞭毛原生動物類は，単純分裂によって増殖する．雛が親鳥からそ囊ミルクを給餌されることによる直接的な伝搬が，ハト目において認められる．寄生虫は，咽頭，食道，そしてそ嚢の粘膜層上もしくは内で生活している．猛禽類への感染は汚染された獲物によって起こる．ハトはトリコモナスの主たるレゼルボアであるが，スズメ目を含む他の鳥でも感染は起こり得る．濃い，黄色い，砕けやすい，チーズ様の病巣がしばしば感染が進んだ上部消化管の中で認められる．これらの膿瘍はピンポン球ほどの大きさにまで発達することがあり，存在する場所によっては，機械的に食物や呼吸を妨げることがある．鳥類を捕食している猛禽類の方が感染する可能性が高い．都会に住むオオタカの巣内雛は，しばしばこの病因を高い罹患率で咽頭にもっているが，臨床症状は示さない．病気の鳥は口内炎を発症し（例えば，口腔粘膜の炎症），食物を飲み込むことが困難である．そのような鳥は，しばしば脱水や飢餓状態になる．また，2次的な細菌感染は疾病の経過を複雑化，加速化させる．

トリパノソーマ

トリパノソーマ属の鞭毛をもつ血液原虫で，Zoomastigophorea綱に分類される．彼らの生活環は，間接型で，寄生虫はシラミバエに咬まれることによって伝染する．この属の鳥類に対する病原性は不明である．ほとんどの診断は，意図的にこの原虫を検査しようとしていない時に，血液塗抹標本を観察していて下されるものである．分類学的に不明確であるが，Bennett（1970）はTrypanosoma aviumが唯一確実に鳥類で認められると結論づけた．分子寄生虫学がこの課題を解明するのに役立つはずである．

ザルコシスティスとフェレンケリア

ザルコシスティス属とフェレンケリア属のコクシジウム類は，Sporozoea綱に属する（亜綱：Coccidia）．これらの原虫は腸管の粘膜層に生息し，ここで有性生殖する．終宿主の糞を介して排泄されるスポロシストは，中間宿主（ネズミ，鳥類）に摂食されなくてはならない．中間宿主内で

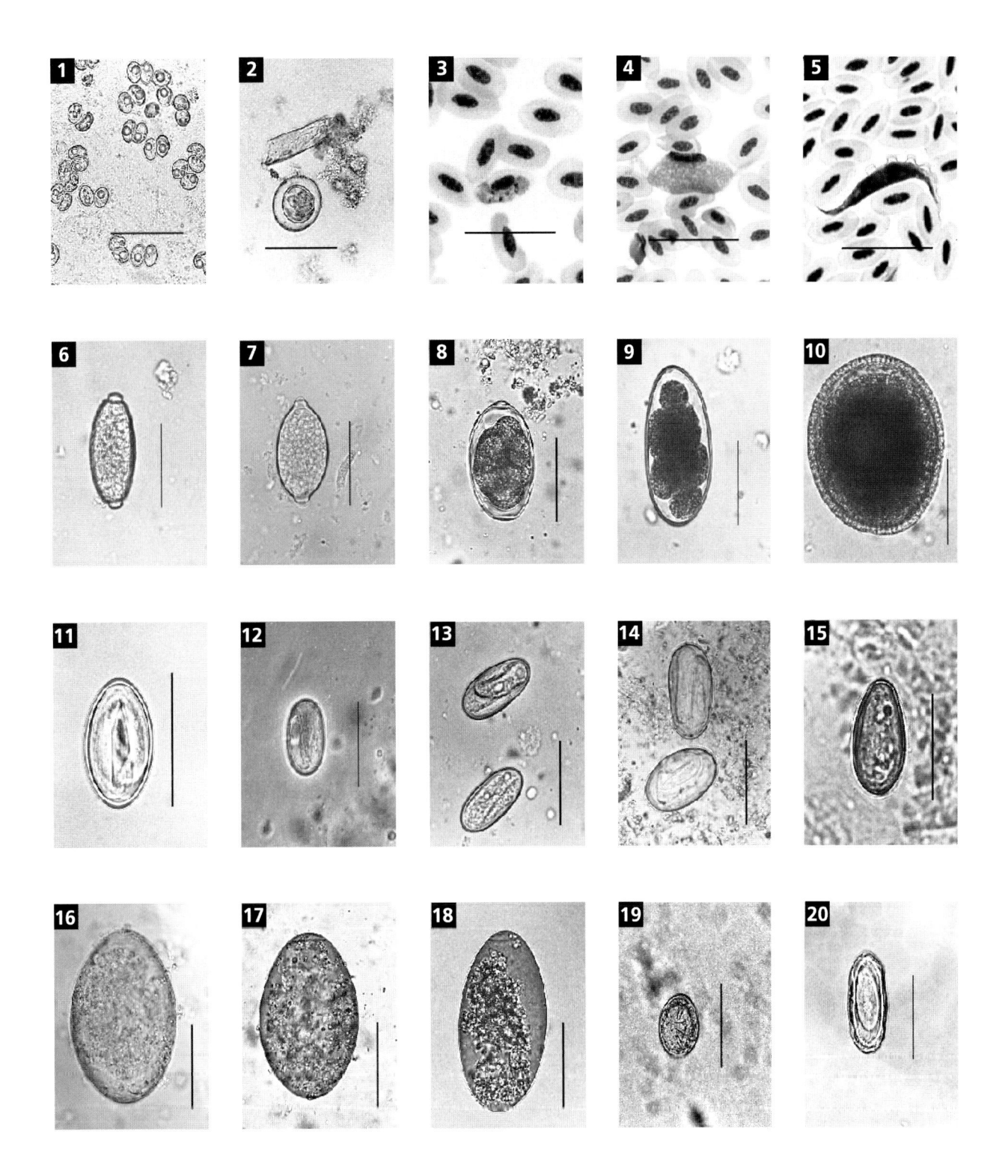

図 17-3　1 行目に示した全ての寄生性原虫は，倍率 1000 倍で撮影されている（スケール 50μm）．2 行目と 4 行目に示した蠕虫卵は倍率 400〜600 倍で撮影されている（スケール 50μm）．（1）ザルコシスティス属，（2）カリヨスポラ属，（3）*Haemoproteus* sp.，（4）*Leucocytozoon* sp.，（5）*Trypanosoma avium*，（6）*Capillaria tenuissima*，（7）*Eucoleus dispar*，（8）*Syngamus trachea*，（9）*Hovorkonema variegatum*，（10）*Porrocaecum* sp.，（11）*Microtetrameres cloacitectus*，（12）*Synhimantus laticeps*，（13）*Physaloptera alata*，（14）*Serratospiculum tendo*，（15）*Metorchis* sp.，（16）*Nematostrigea serpens*，（17）*Strigea falconispalumbi*，（18）*Neodiplostomum attenuatum*，（19）*Cladotaenia globifera*，（20）*Centrorhynchus* sp.

は，寄生虫は無性生殖により何回か増殖し，その後，筋肉内（Sarcocystis）や脳（Frenkelia）にシストを形成する．この寄生虫の生活環は，ネズミや鳥に含まれるシストが猛禽類によって摂食されると完成する．ザルコシスティス属とフェレンケリア属による感染は，ほとんど病原性をもたない．巣内雛は下痢，血便，削痩などの臨床症状を示すことがある．Odening（1998）はザルコシスティス属の7種をタカ目のものとして，4種をフクロウ目のものとしてリストアップした．彼はまた，フェレンケリア属はザルコシスティス属と同義語であると公言し，これはこれらが同じ形態をもっているだけでなく，発育上の特徴もその理由であると説明している．

カリヨスポラ

カリヨスポラ属（綱：Sporozoea）のコクシジウム類で，猛禽類の腸管内に生息する．寄生虫は糞便により排泄されるが，感染力を獲得するまでに数日間を要する．生活環は直接的であるが，中間宿主を介することもできる．猛禽類の繁殖センターでは，カリヨスポラの感染は，特に若い鳥でたびたび問題となる．現在までに14種以上のカリヨスポラが猛禽類から記載されている（Böer 1982, Klüh 1994, Upton et al. 1990）．

ロイコチトゾーン，ヘモプロテウス，プラスモディウム

これら3つの属全てが住血寄生虫であり，Sporozoea綱（亜綱：Coccidia）に分類されている．これらの寄生虫の有性生殖が行われる，吸血昆虫（蚊，シラミバエ，ブユ）が，媒介動物になっている．鳥類の宿主においては，寄生虫は特定の組織の中で無性生殖する．最後の段階でのみ，寄生虫は血中に出現し，感染するために吸血昆虫をもつ．プラスモディウムは，ロイコチトゾーンやヘモプロテウスよりも病原性を有している．プラスモディウムは，とりわけ，この寄生虫に対して免疫学的に適応していない地域（例えば，北極，南極，ヒマラヤ）から，鳥を移送した場合に問題を引き起こす．ヘモプロテウスの6種，ロイコチトゾーンの1種，そしてプラスモディウムの8種がタカ目でみられる．ヘモプロテウスの4種，プラスモディウムの9種，そしてロイコチトゾーンの1種がフクロウ目で発生することが知られている（Bennett et al. 1993, 1994, Telford et al. 1997, Valkiunas 1997）．

猛禽類では珍しい寄生原虫

ほとんど報告されていない，その他の住血寄生虫は，ヘパトゾーン属，ヘモグレガリナ属（亜綱：Coccidia），バベシア属（亜綱：Piroplasmia），およびリケッチア様生物である．トキソプラズマ ゴンディ（*Toxoplasma gondii*）は，広い範囲の脊椎動物を中間宿主として利用しており，おそらく猛禽類も含まれていると思われる（Lindsay et al. 1993）．

Cawthorn（1993）は，アイメリア（亜綱：Coccidia）の2種をタカ目で，4種をフクロウ目で報告しているが，後者のグループにはUpton et al.（1990）によって記載された新しい2つの新種は含まれていない．まれに報告されることがある，由来不明の原虫感染症がフクロウ類の腎臓から見つかっているが，炎症性の変化は引き起こしていない．Burtscher（1966）は3種のフクロウ類における腎臓のコクシジウム症をドイツで診断している．

蠕虫

寄生性蠕虫は，Platyhelminthes門とNemathelminthes門に属する．Pentastomida門の寄生性蠕虫はほとんど猛禽類では確認されていない．Platyhelminthes門のものは，猛禽類で確認されており，Trematoda綱とCestoda綱に属している．Trematoda綱Digenea亜綱に属するものと，Cestoda綱Eucestoda亜綱に属するものは，猛禽類の寄生虫学では主要である．線虫類はNemathelminthes綱に属し，Acanthocephalaを含む．

これらの後生動物の寄生虫は，通常，肉眼で見ることができる．線虫はよく発達した消化器官をもっており，吸虫類は不完全に発達した消化管を有している．多節条虫類と鉤頭虫類は外皮を介して消化する．

ほとんどの線虫（回虫）は長く，threadformed wormsは両側が尖っている．性は別であり，雌は通常，雄よりも大きい．胎生のものに加えて，卵生の種も存在する．生活環は非常に単純であるか（すなわち，直接型）または中間宿主と待機宿主（蓄積）の複合，あるいはその両方である（Anderson 2000, Lee 2002）．

鉤頭虫類（spiny-headed worms）は体部（時にはトゲのある）と先端の吻部に分けられる．吻部は，鉤をもっており，器官に取り付くのに使われる．性は別である．卵は鉤をもつ幼虫を含んでいる．猛禽類に寄生する鉤頭虫の発育環はしばしば間接的であり，中間宿主をもっている（例えば，バッタ類）．両生類，爬虫類，そして哺乳類などの"待機宿主"は，バッタ類を補食し，寄生虫が終宿主にたどり着く前に，幼虫を蓄積する．

二生吸虫類（吸虫類）は，通常，長円形かつ背腹に向けて平らで，2つの吸盤をもつ（すなわち，口を取り囲む口部の吸盤と腹部の吸盤）．二生吸虫類は主に雌雄同体である．例外として住血吸虫があげられる．ある種は自家受精することが可能である．卵は，比較的大型で，常に蓋もし

くはキャップをもつ．二生吸虫類の生活環は，扁形動物門のなかで最も複雑で，そして最も複雑な動物である（Cheng 1986）．

多節条虫類（サナダムシ）は次の3つの部位に分けられる．頭部（頭節），首（増殖部），そして横分体（片節の鎖）である．頭節は器官との結合する役割があり，一般的に鉤と吸盤をもっている．横分体は多節条虫で最も長い部分で，片節によってできている．1個の片は通常，完全な両性の生殖器をセットでもっており，虫体の後方に向かって成熟していく．最後の片節は受胎節（すなわち，卵で満ちている）である．卵は3対の鉤をもった幼虫（オンコスフェア）を含んでいる．ほとんどの多節条虫類は中間宿主を成長の過程で必要とする．

pentastomids（舌虫）は細長く，しばしば分節している．幼虫は，4本または6本の原始的な脚をもつ．成虫の pentastomids は2対の硬化した鉤を口部にもっている．雌は雄よりも大型である．卵は完全に発達した幼虫を含んでいる．通常，生活環が中間宿主を含むにもかかわらず，pentastomid に感染したベンガルハゲワシ（*Gyps bengalensis*）の1症例では，直接感染であるように思われた（Riley et al. 2003）．

サンプリング技術

サンプリング技術は生きた鳥と死んだ鳥で異なる．生きた鳥では，血液，唾液，粘膜の剥離，そして糞便が新鮮な状態で検査されるため，死体に比べて検査の質が高い．結果の解釈は難しい場合がある．これは，いくつかの寄生虫が末梢血や糞便中に，ある生育段階でのみ出現したり，特有の季節もしくは1日のサイクルに従ったりする場合があるからである（すなわち，血液塗末や糞便検査で陰性であっても，鳥が寄生虫に感染していないことを意味しているわけではない）．Doaster and Goater（1997）は，鳥類の条虫と原虫に関しての検体採取と定量化技術について，良い概説を提供している．

原　虫

ハトトリコモナスの検査では，湿った綿棒が鳥類の唾液や中咽頭の粘膜を採取するために使われる．この綿棒は温かい水の中で絞られ，陽性であった場合には，高度な運動性をもつ寄生虫が確認される．鞭毛虫はギムザ液で染められなくてはならない．もっと感受性の高い技術は，寄生虫を培地の中で培養する方法である．38℃で3日間，寄生虫を培養した後，培地を顕微鏡下に滴下することが推奨される．鳥の死体からトリコモナス属を採集することはできない．なぜならば，鞭毛虫は温度に敏感で，宿主が死亡して数分のうちに死亡してしまうからである．

トリパノソーマ属はしばしば古典的な血液塗抹で不定期に検出される（住血寄生虫を参照）．より信頼できる方法は，血液もしくは骨髄を血液寒天培地で培養することである．Kucera（1979）は野外で鳥類のトリパノソーマを診断するための簡単な方法として，小さなペニシリン瓶を用いる方法を発表している．

ザルコシスティス属またはカリヨスポラ属などのコクシジウム類は，終宿主の糞便もしくは腸管粘膜を用いて診断される．糞便の直接塗抹は多くの場合，コクシジウム類のオーシストを見つけるのに十分である．一般的な方法は高比重の溶液（すなわち，砂糖もしくは食塩の飽和溶液）を使った浮遊法である．マックマスター計算板（付録C-1参照）が，オーシストや蠕虫卵を定量するために使用できる．

新鮮な糞便サンプルは，寄生虫にとって最も質の高いステージを生み出す．新鮮なサンプルは鳥が排便をする場所の地上を（アルミ）ホイルでカバーすることによって入手できる．これは飼い鳥については簡単に実施できるが，野生の鳥に関しても既知の塒などで執り行うことができる．糞便の採取に際しては，直接塗抹を読みにくくしてしまう，尿の部分を取り除く必要がある．尿酸結晶は不透明で，寄生虫のステージが隠れてしまう恐れがある．もしもサンプルを郵送する場合には，壊れない，シールが施された容器が使われるべきである．もしも輸送に3日間以上かかる場合は，少量の4%等張緩衝ホルマリン（すなわち，検体自体の半分ほどの量）を細菌の増殖を防ぐために入れるのが望ましい．多くの場合，直接塗抹は寄生虫の発育段階を診断するのに十分であるが，時にはオーシストや虫卵検体を濃縮する必要がある．単純な浮遊法がサンプルを濃縮するのに使われる．猛禽類の糞便は，大量の植物性物質を含んでいないため，金属網フィルターで濾す必要はない．少量のサンプルを飽和砂糖水または食塩（NaCl）水で溶解し，大きな塊が全て壊れるまで攪拌し続けることが重要である．そして，30分間立たせておいた後，表面の膜をカバーグラスもしくはピペットを用いて採取し，検査に供する．検査液は遠心分離によって浮遊しない検体を底に濃縮させることができるが，多くの違った浮遊法が寄生虫の教科書に載っている．直接塗抹法では，少量の等張液（RLS）が検体を薄めるのを助け，卵やオーシストが簡単に見えるようになる．100～400倍の顕微鏡が寄生虫のステージを鑑別するのに適している．

コクシジウムのオーシストは，大きさと外見で診断さ

れる．オーシストは2つのスポロシスト（それぞれに4つのスポロゾイトを含む，Sarcocystis-type）または4つのスポロシスト（それぞれに2つのスポロゾイトを含む，Eimeria-type）からなる．ザルコシスティス属では，オーシストの細胞膜は非常に薄く，"二重卵"のような外観を呈する．ザルコシスティス属とフェレンケリア属（図17-3-1）は胞子形成し排泄するオーシストを使って鑑別することができない（すなわちスポロシストとスポロゾイトは見える）．カリヨスポラのオーシスト（図17-3-2）はずっと大きく，排泄時には胞子形成をしておらず，目玉焼きに似ている．かれらの胞子形成オーシストは1つのスポロシストを含んでおり，中に8つのスポロゾイトが含まれる．血液原虫は赤血球または白血球の細胞内，または両方（図17-3-3）あるいは血清中（図17-3-5）で見つけることができる．蠕虫の種の鑑別は，ほんの少しの例で可能であるに過ぎない．これには，*Capillaria tenuissima*（図17-3-6）と*Eucoleus dispar*（図17-3-7）が含まれ，両方は卵の表面で鑑別できる．前者は筋があり，後者は点が散在している．これら蠕虫科の卵には，特徴的なプラグのような突起がそれぞれの極にある．他の卵は科または属しか判別できない．Syngamidae科の卵と*Syngamus trachea*（図17-3-8）および多数の分割球を含む*Hovorkonema variegatum*（図17-3-9）．*Porrocaecum sp.* を含む回虫卵（図17-3-10）はゴルフボールのような外観をもち，くぼみのある表面はしばしばゴミがつきやすい．旋尾線虫卵（図17-3-11〜14）は非対称で，しばしば屈曲した子虫を含む．吸虫卵（図17-3-15〜18）は，卵の上部にある蓋によって特徴付けられ，ここから子虫（miracidium）が孵化する．猛禽類における，ほとんどの多節条虫類の卵（図17-3-19）は，すでに3対の鉤をもった子虫を含んでいる．鉤頭虫卵（図17-3-20）は3つの殻をもち，時に鉤が見える子虫を含む．マックマスター計算板（付録C-1参照）は卵または原虫のオーシストを数えるのに使うことができる．

住血寄生虫は通常，血液塗抹を使って検査される．血液塗抹を作成するには，可能であればシリンジと針を使って少量の血液を鳥から採取する．細い径のインスリン用の針は，最小限の傷を鳥の皮膚と血管に与えるに過ぎない．血液は，細胞が壊れないように，シリンジでゆっくりと引かれたり押されたりしなければならない．スライドの片一方の端に，血液の小滴を置く．2枚目のスライドは1枚目のスライドに血液を塗抹するために使われる．2枚目のスライドは，血液を端に沿って広がらせるために，水平にした最初のスライドと45度の角度で短い方の端を合わせて配置する．端についた血液とともに，スライドは水平のスライドを横切って押され，薄い血液塗抹を作成する．スライドの上で，薄膜が明瞭な縁を保ちながら，徐々に薄くなることが重要である．縁近くの単分子層が，個々の血液細胞と血液寄生虫を鑑別するのに使われる．空気乾燥させた血液塗抹は，作成後ただちに純メタノールで1分間固定すべきである．

蠕虫

内部寄生性の蠕虫は，虫を殺したり麻痺させたりする蠕虫駆虫薬を使って生きた鳥類から入手することができ，それらは24時間以内に糞中に排泄される（Cooper 2002, Heidenreich 1997を参照）．

最も確実な方法は，死亡した鳥を解剖して蠕虫を採取する方法である．リハビリテーションセンターもしくは野生動物の病院からの死体は，この目的のためによく用いられる．剖検を始める前に，鳥に関して，背景事情に関する正確な情報を入手する必要がある（すなわち，種，齢，性別，発見時の状況，場所，飼育，治療，日付，発見者の氏名と住所など）．この情報は，鳥から得られた生物学的なデータを評価するうえで役に立つ．鳥類と猛禽類の一般的な剖検のプロトコールが，Latimer and Rakich（1994）とCooper（2002）によってもたらされている．全ての内部臓器は，完全に検査されなければならない．ほとんどの蠕虫は消化管から見つかっている．したがって，中咽頭，食道，腺胃，筋胃，小腸，大腸，胆管，膵管，そして総排泄腔を縦方向に切開し，検査すべきである．消化管を大きなペトリ皿の上で，らせん状に整えて配置し，低倍率（6〜60倍）の実体顕微鏡の下で注意深く検査することは，最も小さな蠕虫ですら見逃さないことへの手助けとなる．気管，気嚢，体腔も実体顕微鏡を使って注意深く調べる必要がある．その他の内部臓器，例えば，肺，肝臓と胆嚢，そして腎臓は，移行子虫や寄生虫のシストを捜索するために，実体顕微鏡の下で剖検する．スタンプ標本を脾臓，肝臓，腎臓，そして肺から採取し，ギムザ液で染色して寄生原虫を調べる．腸管の粘膜を掻爬し，オーシストの存在を調べる必要がある．蠕虫は慎重に取り扱い，同定のために重要な特徴を破壊しないようにする．寄生虫は付着している側からやさしく取り除き，水道水もしくは通常の生理食塩水で洗浄する．新鮮な鳥から採取した蠕虫は，標準化された方法で殺さなければならない．蠕虫と鉤頭虫は，グリセリン（5％）：エタノール（70％）溶液の中で注意深く温めることで，収縮するのを防ぐ．吸虫類と多節条虫類は，固定する前は冷蔵庫の中で安置しておくことができる．吸

虫はBouin-solution（付録C-1参照）の中で24時間固定されるべきで，多節条虫類は10%ホルマリン液（中性緩衝）で殺して固定することができ，その後グリセリン（5％）：エタノール（70％）溶液の中で保存する．これらの溶液の使用は寄生虫の形態学的特徴を基に同定するのに役立つ．しかし，遺伝分析のためには適さない．遺伝子解析の目的のためには，DNA分析が可能になるまで，標本は純エタノール中で保存するか，または凍結保存する．

同定技術

寄生原虫を同定するためには，彼らを染色するか，さらなる発生をさせなくてはならない（例えば，胞子形成）．メタノールで固定された血液塗抹は，ギムザ液の中で20〜30分間染色される（付録C-1参照）．染色後，染色液の残りは水道水で洗い流し，蒸留水をかける．風乾後，血液塗抹標本は25倍，100倍，400倍，そして1000倍の倍率で顕微鏡を使って観察される．あるコクシジウム類の寄生虫は，胞子形成をせずに排泄される（例えば，*Caryospora*，*Eimeria*）．胞子形成をさせるために，糞便サンプルまたは粘膜掻爬サンプルは，水滴と一緒にスライドグラスの上に乗せられ，カバースリップで覆われる．この標本は湿らせたパルプ片とともにペトリ皿に載せられ，24〜48時間室温に置かれる．その後，同定は上記に示した文献に従って行われる．

古典的な蠕虫の同定方法は，身体の大きさ，口腔，針状体，オーナメント，吸盤，精巣，棘毛，鉤，吻などの形態学的特徴に基づいている．同定のために必要な内部構造は，線虫と鉤頭虫を乳酸フェノール-混合液（結晶フェノール20g，乳酸20ml，グリセリン10ml，蒸留水20ml）または乳酸グリセロール-混合液（等量の乳酸，グリセロール，そして蒸留水）に何分か入れることで，見えるようになる．吸虫と多節条虫類を鑑別するためには染色を行わなければならない．固定後，吸虫は2枚のスライドの間で圧平され，ミョーバンカーミン液で染色される（付録C-1参照）．吸虫の染色を行うためには，ピクリン酸は約24時間かけて70％エタノールで洗い流さなくてはならない．標本はその後，蒸留水を用いて洗浄され，ミョーバンカーミン液で10〜60分間染色された後，再度蒸留水で洗い流される．別の染色方法は，Gowerの酢酸カーミンを使うもので，Schell（1970）によって発表されている．標本を60％，70％，80％，96％エタノールで3〜10分間それぞれの濃度で連続して脱水する．その後，吸虫をn-プロパノールもしくはイソプロパノールで3〜10分間染色する．

その後，これらを，キシレンを使って10〜15分間透徹し，鑑別の前にカナダバルサムを使って封入する．多節条虫類は8分間塩酸カーミン液（付録C-1参照）で染められ，その後1%塩酸エタノール液に移される．多節条虫類の品質にもよるが，30分で色が変化する．多節条虫類はその後60％エタノールで洗浄され，脱水のために一連のより高い濃度のアルコール内に移される（70％エタノールに24時間入れることから始め，続いて96%で24時間脱水する）．最後に，標本は純プロパノールで10〜15分間洗浄され，キシロールで透徹し，その後カナダバルサムで封入する．Schmidt（1986）もまた，ヘマトキシリンを使った染色方法を発表している．全ての蠕虫は顕微鏡を使って，25倍，100倍，400倍，そして1000倍で観察される．内部（および外部）構造が鑑別のために使われるが，経験が要求される．

科および属レベル（ごくまれに種レベル）の，蠕虫類の有用な鑑別ガイドはほとんどないが，時々，英語以外の言語で見つけることができる．下記の参考資料のリストは有用であると思われる．キーポイントを用いた線虫類の鑑別は，Skrjabin（1953，1957，1963，1964，1965，1967，1968），Anderson et al.（1974a,b，1975a,b，1976a,b，1978a,b，1980a,b，1982），Hartwich（1975，1994），およびAnderson and Chabaud（1983）．AcanthocephalaはChochlova（1986）を使って鑑別できる．吸虫類はSkrjabin（1950，1959，1960，1971），Dubois（1968，1970），Gibson et al.（2002），およびJones et al.（2004）を使って鑑別が可能である．多節条虫類は，Abuladze（1964），Chertkova and Kosupko（1978），Schmidt（1986），およびKhalil et al.（1994）を使うことができる．珍しい内部寄生虫を鑑別するためには，しばしば解説の原本もしくは（もし手にはいるなら）改訂版を読まなくてはならない．これを行うには，とても頻繁に膨大な文献の検索を行わなくてはならない．

分子寄生虫学

分子寄生虫学は，新しい，かつ早く発展する学問分野である．下記に示した道具類は，利用できるものを小規模に選び出したものである．分子病理学の技術には，DNA塩基配列決定法が含まれ，分類学上の疑問に応えるばかりではなく，種の鑑別にも有用である（Gasser 2001）．寄生虫の起源のメカニズムを知るためには，系統発生学的な研究が必要で，標本の正確な種の同定が必要条件である（Blaxter 2001）．

寄生原虫は，リボソーム RNA の内部転写スペーサー region 1（ITS-1）のシークエンス（Marsh et al. 1999），もしくはリボソーム DNA の 18S 小サブユニット（SSU）（Jenkins et al. 1999）を比較することで可能である．Bensch et al.（2000）による PCR プロトコールは，Hellgren et al.（2004）と Waldenström et al.（2004）によって改訂されたものと同様に，鳥類の血液寄生虫であるヘモプロテウス，プラスモディウム，およびロイコチトゾーンのシトクロム b 遺伝子のシークエンスを増幅することができる．

線虫類の研究では，色々な分子マーカーを使用することができる．ゆっくり進化する，シトクロム c，グロブリン，RNA II ポリメラーゼ，熱ショック蛋白 70 の遺伝子は，より上の分類レベル（すなわち，目およびそれ以上）については有用である．リボソーム DNA は，SSU，28S，もしくは大サブユニットそして 5.8S シークエンスなどの保守的なコード配列や，極めて変りやすい非コード配列 ITS-1 と ITS-2（Blaxter 2001）が含まれる．変りにくい 5.8S シークエンスは，目もしくはそれ以上の系統発生的研究に適している（Chilton et al. 1997）．ITS シークエンスは属もしくは亜科レベルについて有用である（Chilton et al. 2001, Morales-Hojas et al. 2001）．

シトクロム c オキシダーゼ遺伝子 I（COI gene）は，あるタイプの吸虫（Wongratanacheewin et al. 2001, Pauly et al. 2003）および多節条虫類（Bowles and McManus 1994）を属や種レベルで鑑別するのに有用である．ITS-1 エレメントの 3' 末端は，異なった分類群の系統発生関係を解明するのに使うことができ（Schulenburg et al. 1999），ITS-1 シークエンス全体は，吸虫を種レベルで鑑別するのに有用である．少ない寄生虫を特異的なマーカーを用いて検出するなど，より感受性の高い方法を提供するため，分子法は形態学的に区別することができない（すなわち，隠れた）寄生虫の多様性に対して，より深い見識を得るのに貢献している．その結果，血液塗抹標本を使って発見される血液寄生虫感染などの古典的な方法ではしばしば見落とされることがあるため，原虫と後生動物の寄生虫感染などがより簡単に診断されることになるであろう．

引用文献

ABULADZE, K.I. 1964. Essentials of cestodology. Taeniata of animals and humans and diseases caused by them. 4 (Russian). Publisher Nauka, Moscow.

ANDERSON, R.C. 2000. Nematode parasites of vertebrates: their development and transmission. CAB Publishing, CAB International, Wallingford, Oxon, United Kingdom.

———— AND A.G. CHABAUD [EDS.]. 1983. CIH keys to the nematode parasites of vertebrates 10. Commonwealth Agricultural Bureaux, London, United Kingdom.

————, A.G. CHABAUD AND S. WILLMOTT [EDS.]. 1974a. CIH keys to the nematode parasites of vertebrates 1. Commonwealth Agricultural Bureaux, London, United Kingdom.

————, A.G. CHABAUD AND S. WILLMOTT [EDS.]. 1974b. CIH keys to the nematode parasites of vertebrates 2. Commonwealth Agricultural Bureaux, London, United Kingdom.

————, A.G. CHABAUD AND S. WILLMOTT [EDS.]. 1975a. CIH keys to the nematode parasites of vertebrates 3, part 1. Commonwealth Agricultural Bureaux, London, United Kingdom.

————, A.G. CHABAUD AND S. WILLMOTT [EDS.]. 1975b. CIH keys to the nematode parasites of vertebrates 3, part 2. Commonwealth Agricultural Bureaux, London, United Kingdom.

————, A.G. CHABAUD AND S. WILLMOTT [EDS.]. 1976a. CIH keys to the nematode parasites of vertebrates 3, part 3. Commonwealth Agricultural Bureaux, London, United Kingdom.

————, A.G. CHABAUD AND S. WILLMOTT [EDS.]. 1976b. CIH keys to the nematode parasites of vertebrates 4. Commonwealth Agricultural Bureaux, London, United Kingdom.

————, A.G. CHABAUD AND S. WILLMOTT [EDS.]. 1978a. CIH keys to the nematode parasites of vertebrates 5. Commonwealth Agricultural Bureaux, London, United Kingdom.

————, A.G. CHABAUD AND S. WILLMOTT [EDS.]. 1978b. CIH keys to the nematode parasites of vertebrates 6. Commonwealth Agricultural Bureaux, London, United Kingdom.

————, A.G. CHABAUD AND S. WILLMOTT [EDS.]. 1980a. CIH keys to the nematode parasites of vertebrates 7. Commonwealth Agricultural Bureaux, London, United Kingdom.

————, A.G. CHABAUD AND S. WILLMOTT [EDS.]. 1980b. CIH keys to the nematode parasites of vertebrates 8. Commonwealth Agricultural Bureaux, London, United Kingdom.

————, A.G. CHABAUD AND S. WILLMOTT [EDS.]. 1982. CIH keys to the nematode parasites of vertebrates 9. Commonwealth Agricultural Bureaux, London, United Kingdom.

BENNETT G.F. 1970. *Trypanosoma avium* Danilewsky in the avian host. *Can. J. Zool.* 48:803 – 807.

————, M.A. BISHOP AND M.A. PEIRCE. 1993. Checklist of the avian species of *Plasmodium* Marchiafava & Celli, 1885 (Apicomplexa) and their distribution by avian family and Wallacean life zones. *Syst. Parasitol.* 26:171 – 179.

————, M.A. PEIRCE AND R.A. EARLÉ. 1994. An annotated checklist of the valid avian species of *Haemoproteus, Leucocytozoon* (Apicomplexa: Haemosporida) and *Hepatozoon* (Apicomplexa: Haemogregarinidae). *Syst. Parasitol.* 29:61 – 73.

BENSCH, S., M. STJERNMAN, D. HASSELQUIST, Ú. ÚSTMAN, B. HANSSON, H. WESTERDAH AND R. TORRES PINHEIRO. 2000. Host specificity in avian blood parasites: a study of *Plasmodium* and *Haemoproteus* mitochondrial DNA amplified from birds. *Proc. R. Soc. Lond. B* 267:1583 – 1589.

BLAXTER, M.L. 2001. Molecular analysis of nematode evolution. Pages 1 – 24 in M.W. Kennedy and W. Harnett [EDS.],

Parasitic nematodes: molecular biology, biochemistry and immunology. CAB International, London, United Kingdom.

BÖER, B. 1982. Untersuchungen über das Vorkommen von Kokzidien bei Greifvögeln und die Entwicklung von zwei *Caryospora*-Arten der Falken (*Caryospora neofalconis* n. sp. und *Caryospora kutzeri* n. sp.). Veterinary Medicine dissertation, Hanover, Germany.

BOWLES, J. AND D.P. MCMANUS. 1994. Genetic characterisation of the Asian *Taenia*, a newly described taeniid cestodes of humans. *Am. J. Trop. Med. Hyg.* 50:33 — 44.

BURTSCHER, H. 1966. Nieren-Kokzidiose bei Eulen. *Wien. Tierärztl. Monat.* 53:654 — 666.

CAWTHORN, R.J. 1993. Cyst-forming coccidia of raptors: significant pathogens or not? Pages 14 — 20 in P.T. Redig, J.E. Cooper, J.D. Remple, and B. Hunter [EDS.], Raptor biomedicine. University of Minnesota Press, Minneapolis, MN U.S.A.

CHENG, T.C. 1986. General parasitology, 2nd. Ed. Academic Press, Inc., London, United Kingdom.

CHERTKOVA, A.N. AND G.A. KOSUPKO. 1978. The Suborder Mesocestoidata SKRJABIN, 1940. Pages 118 — 229 in K.M. RYZHIKOV [ED.], Essentials of cestodology. Tetrabothriata and Mesocestoidata / Cestodes of birds and mammals (in Russian). Publisher Nauka, Moscow, Russia.

CHILTON, N.B., H. HOSTE, G.C. HUNG, I. BEVERIDGE AND R.B. GASSER. 1997. The 5.8S rDNA sequences of 18 species of bursa nematodes (Order Strongylida): comparison with Rhabditid and Tylenchid nematodes. *Int. J. Parasitol.* 27:119 — 124.

———, L.A. NEWTON, I. BEVERIDGE AND R.B. GASSER. 2001. Evolutionary relationships of trichostrongylid nematodes (Strongylida) inferred from ribosomal DNA sequence data. *Mol. Phylogenet. Evol.* 19:367 — 386.

CHOCHLOVA, I.K. 1986. The acanthocephala of the terrestric vertebrates of the USSR (Russian). Publisher Nauka, Moscow, Russia.

CONWAY MORRIS, S. 1981. Parasites and the fossil record. *Parasitol.* 82:489 — 509.

COOPER, J.E. [ED]. 2002. Birds of prey: health and diseases, 3rd Ed. Blackwell Science Ltd, Oxford, United Kingdom.

CROMPTON, D.W. AND S.M. JOYNER. 1980. Parasitic worms. Wykeham, Publications Ltd., London, United Kingdom.

DOASTER, G.L. AND C.P. GOATER. 1997. Collection and quantification of avian helminths and protozoa. Pages 396 — 418 in D.H. Clayton and J. Moore [EDS.], Host-parasite evolution: general principles and avian models. Oxford University Press, Oxford, United Kingdom.

DOBSON, A.P., P.J. HUDSON AND A.M. LYLES. 1992. Macroparasites: worms and others. Pages 329 — 348 in M.C. Crawley [ED.], Natural enemies. Blackwell Scientific Publications, Oxford, United Kingdom.

DUBOIS, G. 1968. Synopsis des Strigeidae et des Diplostomatidae (Trematoda). *Mém. Soc. Neuchâtel. Sci. Nat.* 10:1 — 258.

———. 1970. Synopsis des Strigeidae et des Diplostomatidae (Trematoda). *Mém. Soc. Neuchâtel. Sci. Nat.* 10:259 — 727.

GASSER, R.B. 2001. Identification of parasitic nematodes and study of genetic variability using pcr approaches. Pages 53 — 82 in M.W. Kennedy and W. Harnett [EDS.], Parasitic nematodes: molecular biology, biochemistry and immunology. CAB International, London, United Kingdom.

GIBSON, D.I., A. JONES AND R.A. BRAY [EDS.]. 2002. Keys to trematoda, Vol. 1. CAB International and The Natural History Museum, London, United Kingdom.

HARTWICH, G. 1975. I. Rhabditida und Ascaridida. Die Tierwelt Deutschlands. 62. Teil. Gustav Fischer Verlag, Jena, Stuttgart, Germany.

———. 1994. II. Strongylida: Strongyloidea und Ancylostomatoidea. Die Tierwelt Deutschlands. 68. Teil. Gustav Fischer Verlag, Jena, Stuttgart, Germany.

HEIDENREICH, M. 1997. Birds of prey: medicine and management. Iowa State Press, Ames, IA U.S.A.

HELLGREN, O., J. WALDENSTRÖM AND S. BENSCH. 2004. A new PCR assay for simultaneous studies of *Leucocytozoon*, *Plasmodium*, and *Haemoproteus* from avian blood. J. Parasitol. 90:797 — 802.

HOOGENBOOM, I. AND C. DIJKSTRA. 1987. *Sarcocystis cernae:* a parasite increasing the risk of predation of its intermediate host, *Microtus arvalis*. *Oecologia* 74:86 — 92.

JENKINS, M.C., J.T. ELLIS, S. LIDDELL, C. RYCE, B.L. MUNDAY, D.A. MORRISON AND J.P DUBEY. 1999. The relationship of *Hammondia hammondi* and *Sarcocystis mucosa* to other heteroxenous cyst-forming coccidia as inferred by phylogenetic analysis of the 18S SSU ribosomal DNAsequence. *Parasitol.* 119:135 — 42.

JONES, A., R.A. BRAY AND D.I. GIBSON [EDS.]. 2004. Keys to the Trematoda, Vol. 2. CAB International and The Natural History Museum, London, United Kingdom.

KHALIL, L.F., A. JONES AND R.A. BRAY. 1994. Keys to the cestode parasites of vertebrates. CAB International, University Press, Cambridge, United Kingdom.

KLÜH, P.N. 1994. Untersuchungen zur Therapie und Prophylaxe der *Caryospora*-Infektion der Falken (Falconiformes: Falconidae) mit Toltrazuril sowie die Beschreibung von zwei neuen *Caryospora*-Arten der Falken (*C. megafalconis* n. sp. und *C. boeri* n. sp.). Veterinary Medicine dissertation, Hanover, Germany.

KRONE, O. 2000. Endoparasites in free-ranging birds of prey in Germany. Pages 101 — 116 in J.T. Lumeij, J.D. Remple, P. Redig, M. Lierz, and J.E. Cooper [EDS.], Raptor biomedicine III. Zoological Education Network, Lake Worth, FL U.S.A.

——— AND J.E. COOPER. 2002. Parasitic diseases. Pages 105 — 120 in J.E. Cooper [Ed.], Birds of prey: health and diseases, 3rd Ed. Blackwell Science Ltd, Oxford, United Kingdom.

KUCERA, J. 1979. A simple cultivation method for field diagnosis of avian trypanosomes. *Folia Parasitol.* 26:289 — 293.

LACINA, D. AND D. BIRD. 2000. Endoparasites of raptors: a review and an update. Pages 65 — 99 in J.T. Lumeij, D. Remple, P.T.

Redig, M. Lierz, and J.E. Cooper [Eds.], Raptor biomedicine III. Zoological Education Network, Lake Worth, FL U.S.A.

Latimer, K.S. and P.M. Rakich. 1994. Necropsy examination. Pages 356 – 381 in B.W. Ritchie, G.J. Harrison, and L.R. Harrison [Eds.], Avian medicine: principles and application. Wingers Publishing, Inc. Lake Worth, Florida.

Lee, D.L. [Ed.]. 2002. The biology of nematodes. Taylor and Francis, London, United Kingdom and New York, NY U.S.A.

Lindsay, D.S., P.C. Smith, F.J. Hoerr and B.L. Blagburn. 1993. Prevalence of encysted *Toxoplasma gondii* in raptors from Alabama. *Parasitol.* 79:870 – 873.

Marsh, A.E., B.C. Barr, L. Tell, D.D. Bowmann, P.A. Conrad, C. Ketcherside and T. Green. 1999. Comparison of the internal transcribed spacer, ITS-1, from *Sarcocystis falcatula* isolates and *Sarcocystis neurona*. *J. Parasitol.* 85:750 – 757.

Morales-Hojas, R., R.J. Post, A.J. Shelley, M. Maia-Herzog, S. Coscarón and R.A. Cheke. 2001. Characterisation of nuclear ribosomal DNA sequences from *Onchocerca volvulus* and *Mansonella ozzardi* (Nematoda: Filaroidea) and development of a PCR-based method for their detection in skin biopsies. *Internat. J. Parasitol.* 31:169 – 177.

Odening, K. 1969. Entwicklungswege der Schmarotzerwürmer. Akad. Verl. Geest & Portig K.-G., Leipzig, Germany.

———. 1998. The present state of species-systematics in *Sarcocystis* Lankester, 1882 (Protista, Sporozoa, Coccidia). *Syst. Parasitol.* 41:209 – 233.

Pauly, A., R. Schuster and S. Steuber. 2003. Molecular characterisation and differentiation of opistorchiid trematodes of the species *Opisthorchis felineus* (Rivolta, 1884) and *Metorchis bilis* (Braun, 1790) using polymerase chain reaction. *Parasitol. Res.* 90:409 – 414.

Poulin, R. 1998. Evolutionary ecology of parasitism. Chapman & Hall, London, United Kingdom.

Rausch, R.L. 1983. The biology of avian parasites: helminths. Pages 367 – 442 in D.S. Farner, J.R. King, and K.C. Parkes [Eds.], Avian Biology, Vol. VII. Academic Press, New York, NY U.S.A.

Riley, J, J.L. Oaks and M. Gilbert. 2003. *Raillietiella trachea* n. sp., a pentastomid from the trachea of an Oriental White-backed Vulture *Gyps bengalensis* taken in Pakistan, with speculation about its life-cycle. *Syst. Parasitol.* 56:155 – 161.

Sanmartin, M.L., F. Álvarez, G. Barreiro and J. Leiro. 2004. Helminth fauna of falconiform and strigiform birds of prey in Galicia, Northwest Spain. *Parasitol. Res.* 92:255 – 263.

Saumier, M.D., M.E. Rau and D.M. Bird. 1991. Behavioural changes in breeding American Kestrels infected with *Trichinella pseudospiralis*. Pages 290 – 313 in J.E. Loye and M. Zuk [Eds.], Bird-parasite interactions. Oxford University Press, Oxford, United Kingdom.

Schell, S. C. 1970. The trematodes. William C. Brown Co., Dubuque, IA U.S.A.

Schmidt, G.D. 1986. Handbook of tapeworm identification. CRC Press, Inc., Boca Raton, FL U.S.A.

Schulenburg VD, J.H., U. Englisch and J.W. Wagele. 1999. Evolution of ITS1 rDNA in the Digena (Platyhelminthes: trematoda): 3' end sequence conservation and its phylogenetic utility. *J. Mol. Evol.* 48:2 – 12.

Skrjabin, K.J. [Ed.]. 1950. The trematodes of animals and men / Essentials of trematodology 4, (in Russian). Publisher Akademy of Science, Moscow, Russia.

——— [Ed.]. 1953. The nematodes of animals and men / Essentials of nematodology 2, part 2, (in Russian). Publisher Akademy of Science, Moscow, Russia.

——— [Ed.]. 1957. The nematodes of animals and men / Essentials of nematodology 6, (in Russian). Publisher Akademy of Science, Moscow, Russia.

——— [Ed.]. 1959. The nematodes of animals and men / Essentials of trematodology 16, (in Russian). Publisher Akademy of Science, Moscow, Russia.

——— [Ed.]. 1960. The nematodes of animals and men / Essentials of trematodology 17, (in Russian). Publisher Akademy of Science, Moscow, Russia.

——— [Ed.]. 1963. The nematodes of animals and men / Essentials of nematodology 11, (in Russian). Publisher Akademy of Science, Moscow, Russia.

——— [Ed.]. 1964. The nematodes of animals and men / Essentials of nematodology 12, (in Russian). Publisher Akademy of Science, Moscow, Russia.

——— [Ed.]. 1965. The nematodes of animals and men / Essentials of nematodology 14, (in Russian). Publisher Akademy of Science, Moscow, Russia.

——— [Ed.]. 1967. The nematodes of animals and men / Essentials of nematodology 16, (in Russian). Publisher Akademy of Science, Moscow, Russia.

——— [Ed.]. 1968. The nematodes of animals and men / Essentials of nematodology 21, (in Russian). Publisher Akademy of Science, Moscow, Russia.

——— [Ed.]. 1971. The trematodes of animals and men / Essentials of trematodology 24, (in Russian). Publisher Akademy of Science, Moscow, Russia.

Telford, S.R., Jr., J.K. Nayar, G.W. Forrester and J.W. Knight. 1997. *Plasmodium forresteri* n.sp. from raptors in Florida and southern Georgia: its distinction from *Plasmodium elongatum* morphologically within and among host species and by vector susceptibility. *J. Parasitol.* 83:932 – 937.

Upton, S.J., T.W. Campbell, M. Weigel and R.D. Mcknown. 1990. The Eimeriidae (Apicomplexa) of raptors: review of the literature and description of new species of the genera *Caryospora* and *Eimeria*. *Can. J. Zool.* 68:1256 – 1265.

Valkiunas, G. 1997. Bird haemosporida. Acta Zool., Lithuanica 3 – 5, 608pp.

Van Valen, L. 1973. A new evolutionary law. *Evol. Theory* 1:1 – 30.

Waldenström, J., S. Bensch, D. Hasselquist and Ö. Östman. 2004. A new nested polymerase chain reaction method very efficient in detecting *Plasmodium* and *Haemoproteus* infections from avian blood. *J. Parasitol.* 90:191 — 194.

WONGRATANACHEEWIN, S., W. PIMIDONMING, R.W. SERMSWAN AND W. MALEEWONG. 2001. Opisthorchis viverrini in Thailand - the life cycle and comparison with *O. felineus*. *J. Parasitol.* 51:207 — 214.

付録 C-1　本文中で言及されている，各種溶液およびのマックマスター計算板用の処方

酸-カーミン液	カーミン 4g，蒸留水 15ml，濃塩酸 1.5ml をリービッヒ冷却器を用いて蒸留する．冷却後 95% エタノールを 85ml 加える．
ミョーバンカーミン液	硫酸アルミニウムカリウム 5g，カーミン 2g，蒸留水 100ml を 1 時間沸騰させる．冷却後，溶液を濾過し，保存のため少量のチモール結晶を加える．溶液は冷蔵保存する．
ブアン液	40% ホルマリン 1 に対し，飽和ピクリン酸溶液 3 を混和する．この溶液 10 に対し，氷酢酸 1 を混和する．
ギムザ液	ギムザ 10ml に対し，pH7.2 に調整された 190ml の蒸留水を，40℃で 10 分間混和する．
マックマスター計算板	ガラスもしくはプラスチック製の，特殊なスライドで，1 グラム当たりの寄生虫卵や原虫のオーシストを数えるために使用する．この基本的な方法は，寄生虫学の古典的な教科書に載っているが，国際連合食糧農業機関（FAO）のホームページからも入手できる．http://www.fao.org/ag/AGAInfo/resources/documents/Parasitoligy/EggCount/Purpose.htm（最終アクセス 2006 年 8 月 17 日）

毒 性 学

CHARLES J. HENNY
USGS Forest and Rangeland Ecosystem Science Center
3200 SW Jefferson Way, Corvallis, OR 97331 U.S.A.

JOHN E. ELLIOTT
Environment Canada, Pacific Wildlife Research Centre
5421 Robertson Road, RR1, Delta, BC, V4K 3N2 Canada

訳：齊藤慶輔

18

はじめに

　以前（1947～1985年）は，猛禽類における汚染物質による問題といえば，DDTやディルドリン，ヘプタクロル，クロルデンなどの塩素化炭化水素系（有機塩素系，CH）殺虫剤に関するものであった．現在これらの多くが，米国およびその他の多くの国で使用禁止となっている．このマニュアルの第1版（Peakall 1987）で紹介したその他の汚染物質には，水銀，鉛，ポリ塩化ビフェニル類（PCBs），酸性降下物（酸性雨）などがある．酸性雨は湖沼において十分に中和されないと，魚類の個体群に被害を与えるため，ミサゴ（*Pandion haliaetus*）やハクトウワシ（*Haliaeetus leucocephalus*）にも悪い影響をおよぼす．抗血液凝固性の殺鼠剤や有機リン酸（OP）殺虫剤による猛禽類の2次的な中毒も調査され始めた．1964年までにハヤブサ（*Falco peregrinus*）が米国東部から姿を消し，世界中のいたるところでその数を大幅に減らしたのは，第1にDDTが，そしておそらく他の有機リン剤によるものであった．その後，1972年にDDTの散布禁止や，ハヤブサの再導入のための多大な努力により，米国のハヤブサの個体数は回復し，1999年にはついに絶滅危惧種のリストから外された経緯については，最近出版された「Return of the Peregrine（Cade and Burnham 2003）」に詳しく紹介されている．

　現在における個々の汚染物質の相対的な重要度は，全体的にこのマニュアルの第1版の記述にそぐわないものとなってきており，そのうえ，新たな問題も浮上してきている．ある特定の立地条件では，有機リン剤が未だにいくつかの種に対し悪影響を及ぼし続けている〔例えば，1997～1988年にコロンビア川流域で繁殖したミサゴにおいて，当時，個体数は増加しつつあったにもかかわらず，DDTにより繁殖成功率が低下したり，卵殻が極端に薄くなったりしたのである（Henny et al. 2004）〕．

　この章では，猛禽類の個体群に悪影響を及ぼす可能性のある環境汚染物質を異なるクラスで分け，各汚染物質のクラスは，①構造と化学（何の物質であるか），②汚染源と利用のパターン（どこでどのように使われるのか），③結末と移行（環境中でどのように移動するのか），④毒性（基本的な作用機序は何か），⑤影響を及ぼす基準値（検査の対象となる臓器組織中における残留濃度と生化学的反応；表18-1），⑥野外での曝露と影響に関する調査手法（表18-2）である．

　文献により残留濃度の表記方法が異なるため，混同しないように注意されたい〔例えば，湿重量（wet weight：ww），乾燥重量（dry weight：dw），脂質重量（lipid weight：lw）〕．どの単位を用いているのか判断するため，文献中の"実験方法"の記述をよく読むこと．これらの単位の意味を理解することは極めて重要である．なぜなら，どのような状態で得られたデータかによって，報告される濃度が大幅に変化するからであり，検査した組織中の水分および脂質のパーセントの換算も同様である．濃度（C）は容易に換算することができる〔例：乾燥重量の濃度（C_{dry}）＝湿重量の濃度（C_{wet}）× 100/100 － 水分％〕．

表18-1 猛禽類における汚染物質の推定毒性閾値の例[a]

種	化学物質[b]	組織	作用[c]	値（湿重量単位）	出典[d]
ハクトウワシ (Haliaeetus leucocephalus)	DDE	卵	卵殻厚みの15%減少	16mg/kg	1
		卵	利用されているテリトリーにおける雛の数が0.7羽に減少	5.9mg/kg	2
		卵	繁殖率の顕著な減少	12mg/kg	3
		卵	胎子の死亡	5.5mg/kg	2
		血漿	卵中の濃度5.9mg/kgに相当する	41μg/kg	2
		脳	中毒状態の成鳥における最低値	212mg/kg	4
	ディルドリン	脳	中毒状態の成鳥における最低値	3.6mg/kg	5
	ΣPCBs	卵	雛の出生率の低下	20mg/kg	2
		血漿	卵中の濃度20mg/kgに相当する	189μg/kg	2
	TCD TEQs	卵	孵化におけるNOAEL	303ng/kg	2
		卵	抱卵中の卵におけるCYP1A誘導のNOAEL	135ng/kg	2
		卵	抱卵中の卵におけるCYP1A誘導のLOAEL	400ng/kg	2
オジロワシ (H. albicilla)	DDE	卵	繁殖率におけるLOAEL	6.0mg/kg	6
		卵	乾燥耐性の著明な減少	8.5mg/kg	6
		卵	利用されているテリトリーにおける雛の数が0.7羽に減少	10.5mg/kg	6
	ΣPCBs	卵	繁殖率におけるLOAEL	25mg/kg	6
	TCDD TEQs	卵	胎子死亡率におけるLOAEL	320ng/kg	6
ミサゴ (Pandion haliaetus)	DDE	卵	繁殖巣における雛数が0.8羽に減少	4.2mg/kg	7
	TCDD TEQs	卵	繁殖率におけるNOAEL	162ng/kg	8
		卵	孵化におけるNOAEL	136ng/kg	9
		卵	CYP1A誘導におけるNOAEL	36ng/kg	9
		卵	CYP1A誘導におけるLOAEL	130ng/kg	9
アメリカチョウゲンボウ (Falco sparverius)	PCB126	卵	胎子におけるLD_{50}	65g/kg	10
		卵	奇形および浮腫の顕著な増加	2.3g/kg	10
	PCB 77	卵	胎子におけるLD_{50}	688g/kg	10
	ΣPCBs	卵	生殖および内分泌検査値への影響	34mg/kg	11, 12
	HE	卵	繁殖率の低下	1.5mg/kg	13
ハヤブサ (F. peregrinus)	DDE	卵	繁殖率の低下	15〜20mg/kg	14
	ΣPCBs	卵	繁殖率の低下	40mg/kg	14
チョウゲンボウ (F. tinnunculus)	MeHg	脳	死亡	25〜33mg/kg	15
	MeHg	肝臓	死亡	50〜120mg/kg	15
アカオノスリ (Buteo jamaicensis)	MeHg	肝臓	死亡	20mg/kg	16

[a] 汚染物質のほとんどにおいて，その感受性の強さは種によって異なる．その他猛禽類以外の種について，多くの情報が入手可能である (Beyer et al. 1996 参照)．

[b] DDE = p,p'-ジクロロジフェニルジクロロエチレン (p,p'-dichlorodiphenyl-dichloroethylene), ΣPCBs = ポリ塩化ビフェニル (polychlorinated biphenyl) 類の総和, TCDD TEQs = 2,3,7,8-テトラクロロジベンゾパラジオキシン毒性等量 (tetrachlorodibenzo-p-dioxin), PCB 126 = 3,3',4,4',5-penta-CB (最も毒性の強いPCB類の1つ), PCB 77 = 3,3',4,4'-tetra-CB (最も毒性の強いPCB類の1つ), HE = ヘプタクロルエポキシサイド (heptachlor epoxide), MeHg = メチル水銀.

[c] NOAEL = 無毒性量 (no-observed-adverse-effect-level), LOAEL = 最小作用量 (lowest-observed-adverse-effect-level), LD_{50} = 半数致死量 (acute oral median lethal dosage).

[d] 出典：1 = Wiemeyer et al. 1993, 2 = Elliott and Harris 2002, 3 = Nisbet and Risebrough 1994, 4 = Garcelon and Thomas 1997, 5 = Prouty et al. 1977, 6 = Helander et al. 2002, 7 = Wiemeyer et al. 1988, 8 = Woodford et al. 1998, 9 = Elliott et al. 2001, 10 = Hoffman et al. 1998, 11 = Fernie et al. 2001, 12 = Smits et al. 2002, 13 = Henny et al. 1983, 14 = Peakall et al. 1990, 15 = Koeman et al. 1971, 16 = Fimreite and Karstad 1971.

表18-2 野外における猛禽類の生態毒性学調査において推奨される手法を用いた研究の例

関係する化学物質	サンプル源	手法	引用[a]
難分解性の有機汚染物質	卵	孵化しなかった卵もしくは卵殻の破片を化学分析のため回収（繁殖およびその他の調査と併用）	1, 2, 3
	卵	Sample egg technique（化学分析のための卵収集）（繁殖率およびその他の調査と併用）	4, 5, 6
	卵	新鮮卵の人工孵卵（卵黄嚢または兄弟卵の化学分析：形態学，組織学，生化学的検査）	7, 8
	卵	卵の交換実験（卵の収集と行動観察を同時に行うことができる．通常，繁殖調査，潜在的な影響調査その他の調査とあわせて実施する）	9, 10
	主要臓器：肝臓，腎臓，脳	死亡のモニタリング：死体もしくは瀕死の鳥を剖検および化学，生化学，組織学的検査のため収集する．	3, 11
	血液	捕獲：渡り鳥もしくは繁殖鳥，残留濃度	12, 13
水　銀	卵	Sample egg technique（上述）	14
	血液	巣内雛：残留濃度	14
	羽毛	成鳥および巣内雛：残留濃度	14
	肝臓，腎臓，脳	巣内雛：残留濃度	14
鉛	血液	巣内雛，成鳥：残留濃度，ALAD，プロトポルフィリン，ヘモグロビン	15, 16
抗コリンエステラーゼ殺虫剤	脳	コリンエステラーゼ活性：死体もしくは瀕死の鳥	17, 18
	血液	コリンエステラーゼ活性：死体もしくは瀕死の鳥	19
	血液	コリンエステラーゼ活性：捕獲した鳥	20
	そ嚢内容物	残留化学物質：死体もしくは生体から外科的に摘出，9羽の中毒症状の鳥	18, 21

注：ALAD = delta-aminolevulinic acid dehydratase.
[a] 出典：1 = Ratcliffe 1970, 2 = Newton and Galbraith 1991, 3 = Newton 1988, 4 = Blus 1984, 5 = Henny et al. 1983, 6 = Henny et al. 2004, 7 = Elliott et al. 1996a, 8 = Elliott et al. 2001, 9 = Wiemeyer et al. 1975, 10 = Woodford et al. 1998, 11 = Prouty et al. 1977, 12 = Henny et al. 1996, 13 = Court et al. 1990, 14 = DesGranges et al. 1998, 15 = Henny et al. 1991, 16 = Henny et al. 1994, 17 = Henny et al. 1987, 18 = Elliott et al. 1996b, 19 = Elliott et al. 1997b, 20 = Hooper et al. 1989, 21 = Henny et al. 1985.

塩素化炭化水素（CH）殺虫剤

化学および毒性学

Matsumura（1985）はこれらの合成有機系殺虫剤を以下のように特徴づけた．①炭素，塩素および水素，時に酸素原子が存在し，炭素−塩素結合をもつ，②炭素鎖（ベンゼン環を含む）が存在する，③必ず選択的な脂溶性を示す，④環境中で安定性を示す．上記の化合物は一般に環境中において分解され難く，食物連鎖の過程において（時に他の物質よりもさらに濃く），生物濃縮される．食物連鎖の頂点に位置する猛禽類，特に鳥食・魚食性の種では，特にこの危険にさらされやすい．大きく分けて，塩素化炭化水素殺虫剤には3種類がある．①DDTとその類似物〔メトキシクロル，ジコホール（ケルセン）などが含まれる〕，②リンデンなどのヘキサクロロシクロヘキサン（BHC）異性体，③シクロジエン化合物〔クロルデン，ヘプタクロル，アルドリン，ディルドリン（HEOD），エンドリン，トキサフェン，マイレックス，ケポン，エンドスルファン，テロドリン等〕．全て神経作動性の薬剤で，イオン透過性への作用（DDT類），神経受容体への作用物質として機能する（BHCおよびシクロジエン化合物）などの作用機序をもつ．

これらの化合物は，1940年代後半〜1950年代前半にかけて初めて使用された．その後わずかな例外を除き，1970年代もしくはその後まもなく，ほとんどの先進国で使用禁止となった．これら薬剤の主な用途は農業と病原体媒介生物の駆除であった．猛禽類の個体群中に長きにわたり存在する塩素化炭化水素殺虫剤の影響については多くの

報告があるが，いくつかの種において，個体群に壊滅的な影響をもたらした．これらの薬剤の難分解性，生物濃縮性，さらに国によっては蚊の駆除のため公衆衛生的な使用を続けたことなどにより汚染問題がなかなか解決しなかった．理論的には，猛禽類は薬剤の散布場所から遠く離れた場所にいても，以下の要因により塩素化炭化水素剤に汚染される可能性がある．①大気輸送〔カナダ北極圏で高濃度が検出された例（Barrie et al. 1992）〕，②獲物となる渡り性の動物が遠くの汚染源から薬剤をもたらす，③渡りをする猛禽類自身が遠くから汚染物質を運んでくる（Henny et al. 1982）．

基準値と手法

　DDT（およびその分解産物であるDDE），ヘプタクロル，ディルドリンおよび他の塩素化炭化水素殺虫剤は，生産力を低下させる（Lockie et al. 1969, Ratcliffe 1970, Henny et al. 1983）．この汚染物質が繁殖成功率を低下させることを確定するため，孵化しなかった卵の分析が今もなお続けられている（例えば，Wegner et al. 2005）．1960年に実施されたハヤブサの中止卵の分析は，猛禽類における汚染物質の影響に関する研究のさきがけである（Moore and Ratcliffe 1962）．Peakall（1987）が指摘したように，卵の分析は，調査対象（すなわちその中止卵）を直接に調べられることから，有利である．卵に残留する塩素化炭化水素剤は，その卵の母鳥における薬剤のレベルと直接的な相関を有する（Norstrom et al. 1985）．ただし，このことは必ずしも他の種類の汚染物質においても当てはまるわけではない．もし塩素化炭化水素類が孵化に悪影響を与えるのであれば，無作為抽出でなく孵化予定日を過ぎた後に，孵化せずに巣の中に残った卵における塩素化炭化水素剤濃度を測定した報告値は高い価を示すはずである．1腹卵において卵の孵化に塩素化炭化水素剤が影響を及ぼす可能性について評価し，個体群における汚染度を確認するためには，研究者はむしろ無作為に収集した"サンプル卵（1～2週間人工的に温める）"からの塩素化炭化水素剤の残留を調べる方を選ぶ（Blus 1984）．サンプル卵の採集は，ハクトウワシなど，ある種の猛禽では営巣放棄を引き起こす可能性があり，繁殖に悪影響を与えることになる（Grier 1969）．一方，ミサゴなど他の種では，卵の採集のために人が短時間巣に入ることによって巣を放棄することはめったにない．例えば，卵を採集された各ミサゴ通常1腹卵数3卵からの採集）の1繁殖巣当たりの巣立ち雛の減少数はわずか0.28羽であった（Henny et al. 2004，図18-1）．このグループの殺虫剤に対する卵の感受性の強さは種によって異なる．したがって，卵中の殺虫剤濃度について，全ての種に適用できるような診断値はない．例えば，DDEは4.2mg/kg（ww）以上でミサゴの繁殖に悪影響を与えるが（Wiemeyer et al. 1988），ハクトウワシではそれが5.9mg/kg（ww）以上であり（Elliott and Harris 2002），ハヤブサでは15～20mg/kg（ww）以上である（Peakall et al. 1990）．予想された通り，卵殻の薄化の程度は卵に蓄積されたDDEの濃度と関連があった．DDEは構造が似ているジコホールを除けば，卵殻を薄くすることが明らかになっている唯一の塩素化炭化水素系殺虫剤であり（Bennett et al. 1990），卵殻の薄化を起こす濃度は猛禽類の科によって，さらには同じ科の中でも種によって異なる（Peakall 1975）．通常，卵殻の薄化を調べるのに，博物館に保管されている，DDTがまだ使用されていなかった頃の卵の殻の厚さが基準に用いられた．

　CH系殺虫剤，特にシクロジエン類は鳥自体も殺すこともある．したがって，死んだ猛禽が見つかり，その原因としてこれらの殺虫剤が疑われる時は，脳中のCH残留濃度を分析したうえで，実験的に得られた診断基準値と比較すべきである（Beyer et al. 1996による基準を参照のこと）．Peakall（1996）は，連邦政府，州，研究者個人のネットワークを駆使し，1966～1983年までに米国で見つかったハクトウワシの死体の死因について取りまとめている．ディルドリンに起因する死亡の割合は，その使用の禁止を受けて減少していた（1966～1970年で13%，1971～1974年で6.5%，1975～1977年で3.0%，1978～1983年で1.7%）．1970年代後半および1980年代における死亡数の減少と出生数の増加し，それ以前の時代に大きな被害を受けて減少していたこれら種の個体数が増加に転じた．ディルドリンの毒性による影響を証明する最もよい例が，英国のハイタカ（Accipiter nisus）における長期にわたる研究である（Newton et al. 1986）．近年この研究データを再分析したところ，ディルドリンを多用していた地域の，少なくとも29%のハイタカが直接的なディルドリン中毒で死亡し，さらにそれが個体群の減少を招いたことが判明した（Sibley et al. 2000）．北米におけるディルドリンとDDTの卵中残留濃度およびこれらの薬剤の使用パターンの両方によるアシボソハイタカ（A. striatus）の個体数の経時的な推移に関する比較解析の結果，ディルドリン中毒が北米のハイタカ類にも及んでいた可能性を示す結果が得られた（Elliott and Martin 1994）．昔，公園や庭の芝生害虫を駆除するために使用されたクロルデンが未だに残留し，現在も小鳥や猛禽類，特にクーパーハイタカ（A. cooperii）に中毒を引き起こしている（Stansley and

図 18-1 数を増やしつつあるミサゴが，米国シアトル港のような，汚染の潜在的な危険地帯に再び進出してきた．ここでは，ミサゴは多くの汚染物質を量る指標生物として再度利用されている．前景にあるミサゴの巣の中に2つの卵があるのに注目してほしい．（写真：J. Kaiser, USGS）．

Roscoe 1999）．

血漿も猛禽類の個体群における塩素化炭化水素剤残留量の推移を長期間モニターし，その地域の曝露量を評価するのに用いることができる（Henny and Meeker 1981, Court et al. 1990, Elliott and Shutt 1993, Jarman et al. 1994）．渡りを行う種（猛禽類とその獲物の両方を含む）は，しばしば渡りの途中のあらゆる場所で塩素化炭化水素剤の曝露を受ける．テキサス州の沿岸地域で，渡りをするハヤブサが捕獲され，血漿中の DDE が測定された．この個体は米国を出発し，またそこへ戻ってくる旅の途中であった．Henny ら（1982）はこの時に測定された DDE は，主としてラテンアメリカで越冬中に蓄積されたものであると結論づけた．この調査は，繁殖地と越冬地の位置を特定するために衛星テレメトリー法を用いて，長期間にわたって継続された．その結果，北極圏で繁殖するハヤブサの体内のDDE が，1970 年代後半〜1994 年までの間に減少していることが確認された（Henny et al. 1996）．

塩素化炭化水素剤で継続されている研究には大きく分けて2種類がある．①過去に被害にあった種における，繁殖能力と個体数の長期モニタリング．卵もしくは血漿を収集し，残留塩素化炭化水素剤の分析に用いることが多い．②食性上（魚食性または鳥食性），もしくは情報が限られた地域に生息する，汚染の潜在的危険がある種における影響評価の2つである．

ポリ塩化ビフェニル類，ジベンゾダイオキシン類，ポリ塩化ジベンゾフラン類

化学と毒性学

ポリ塩化ビフェニル類（polychlorinated biphenyls：PCBs），ジベンゾダイオキシン類（dibenzo-p-dioxins：PCDDs），ポリ塩化ジベンゾフラン類（polychlorinated dibenzofurans：PCDFs）は，主に工業・商業で用いられていたものが環境中に放出されたものである．これらの物質は，他の物質に比べて分解しにくく，かつ揮発性であるため，地球上のあらゆる環境中に広がり，特に水中の食物連鎖を通じて生物濃縮された．生物相における PCB 濃

度の最高値のいくつかは，ワシ類およびハヤブサ類で報告されたものである．ひいてはこれが生産力の慢性的な低下をもたらし，猛禽類の個体数に影響を及ぼす潜在的要因になっているのではないかとして研究が継続されている．猛禽類を含む野生生物における汚染と影響については，Hoffman et al.（1996）やRice et al.（2003）がまとめた報告書がある．

PCB類は変圧器の生産，潤滑油や切削油，農薬，プラスチック，塗料等の材料など，様々な目的で利用された．10億kg以上が世界中で生産され，その1/3が環境中に放出された（Tanabe 1988）．1970年代後期からはほとんどの国でPCBの使用が禁止もしくは厳しく制限されるようになった．

PCDD類とPCDF類はいずれも，商業的に意図してつくられたものではなく，クロロフェノール系除草剤や塩素を含む物質の酸化時など，別の化学物質を合成する際の副産物である．家庭ゴミや産業廃棄物の焼却が，ダイオキシン類の世界的に主要な汚染源となっている．これらの廃棄物は，遠くまで搬送され，土壌や堆積物中に投棄されることがある（Czuczwa et al. 1984）．

ダイオキシン，フラン，PCB異性体のそれぞれの化学的・生物学的な性質は，塩素原子の数と位置で決まる（図18-2）．塩素原子の数が多いほど高い脂溶性を示し，分解されにくくなる．最も毒性の高いのは，塩素原子を2, 3, 7, 8（PCDD/Ds）もしくは3, 3', 4, 4'（PCBs）の位置にもつ異性体である．これらの同属体は形がより平面的で，Ahもしくはアリール炭化水素（arylhydrocarbon）受容体として知られる細胞タンパク質と容易に結びつき，様々な生体反応を引き起こす．

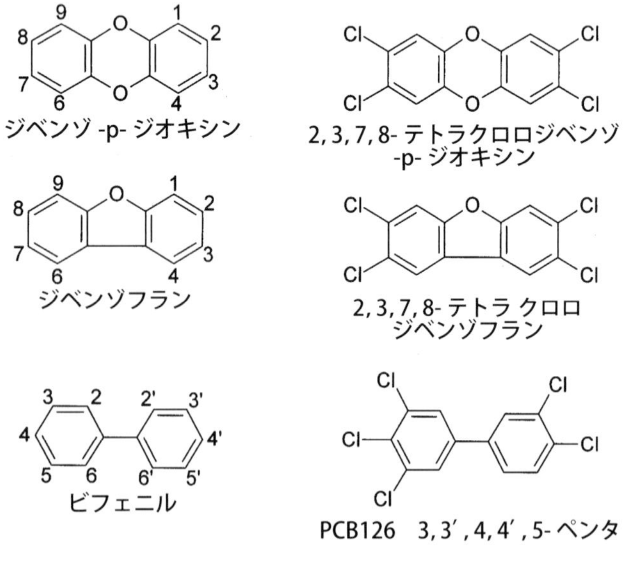

ダイオキシン類の毒性は，2, 3, 7, 8-TCDDと相対させたTCDD毒性等量Toxic Equivalents（TEQs）を用いて比較することが可能である（Van den Berg et al. 1998）．胎子や成長中の巣内雛は，TCDDの毒性に対し最も影響を受けやすい（Peterson et al. 1993）．実験室での研究では，チョウゲンボウ類などの猛禽類はウズラやニワトリに比べればPCB類への感受性は低いが（Elliott et al. 1990, 1991, 1997a），アジサシ（*Sterna hirundo*）よりは高い（Hoffman et al. 1998）．環境的に考えられる濃度のPCBをアメリカチョウゲンボウ（*F. sparverius*）に食べさせたところ，繁殖能力に影響がみられた．また，免疫や内分泌の検査値にも異常が認められた（Fernie et al. 2001, Smits et al. 2002）．分解性がより高いダイオキシンは，野外で曝露する機会は低くなるものの，難分解性のものよりも高い毒性があることが判明した．

中毒の影響については，米国五大湖で群れを形成する水鳥において詳しい野外調査が行われている．ダイオキシンのような化学物質に汚染されたカモメやアジサシ，ウの個体群においてGLEMEDS（五大湖胎子死亡・浮腫・奇形症候群）と呼ばれる，一連の症状が認められている（Gilbertson et al. 1991）．Bowerman et al.（1994）により，ハクトウワシの嘴の奇形が報告されたが，その発生率と汚染の度合いの間に量的な相関関係は認められなかった．しかしチョウゲンボウの卵に，五大湖のハクトウワシで測定されたよりもかなり少ない量のPCB-126を注入したところ，胎子に奇形と浮腫が発生し，この事実はハクトウワシの雛で観察された異常が，ダイオキシンのような化学物質によるものであるとする論争を支持するものであった（Hoffman et al. 1998）．

卵中に高濃度で存在するにもかかわらず，PCBの残留濃度と，ハヤブサ類やミサゴ，ハイタカ類などの猛禽類の個体群における重大な繁殖障害との関連を立証することは困難であった（Newton et al. 1986, Wiemeyer et al. 1988, Peakall et al. 1990, Elliott et al. 2001）．生産力と卵中のPCB濃度との統計学的な相関がハクトウワシで見いだされた．しかしながら，生産力により大きな影響をもたらすDDE（Wiemeyer et al. 1984, 1993）との強い相互相関は，この研究，そして他の研究でも判断が難しい要素であった．より最近になって，ハクトウワシに関する入手可能なデータを分析したところ，生産力とDDEとの間に有意な相関が示されたが，PCB類との間には認められ

図18-2 PCDD，PCDFおよびPCB類の構造

なかった（Elliott and Harris 2002）．スウェーデンのオジロワシ（*H. albicilla*）に関する長期の調査で，Helander et al.（2002）は，PCB類と胎子死亡率は相関するが，生産力とは関係しないことを発見した．Helander et al.（2002）のデータから，PCBが高濃度汚染域の*Haliaeetus*属の個体群に対し影響を及ぼしていることが，臨床検査実験値の裏付け（Hoffman et al. 1998, Fernie et al. 2001）を得て明らかになった．しかし，DDEのみならず，食物供給量などの環境要因等の繁殖への影響をここから除外するのは困難である（Dykstra et al. 1998, Elliott and Norstrom 1998, Elliott et al. 1998, Gill and Elliott 2003, Elliott et al. 2005a）．

いくつかの猛禽類において，ダイオキシン類による致死未満の影響について報告がある．ウィスコンシン州の河川にて繁殖していたミサゴの研究では，パルプ工場由来の2, 3, 7, 8-TCDDに汚染された地域の巣内雛は，汚染されていない地域に比べて成長が遅かったと報告されている（Woodford et al. 1998, 図18-3）．漂白クラフトパルプ工場の近くで繁殖しているミサゴとハクトウワシの双方において，2,3,7,8-TCDDの毒素当量への曝露に対して反応する酵素の1つである，シトクロムP450肝酵素（CYP1A）の誘導がみられたとの報告もある（Elliott et al. 1996a, 2001）．

図18-3　オレゴン州ポートランドのコロンビア川下流（河口から44マイル）にある製紙工場付近の，（米国沿岸警備隊の許可があれば）近づくのが簡単な水路標識の上につくられたミサゴの巣．ミサゴは主要な水系や湾に沿って，決まった間隔をとって営巣するため，汚染度を評価するための統計的または無作為な卵や血液サンプリングが可能である（写真：J. Kaiser, USGS）．

基準値と手法

猛禽類におけるPCB類や関連物質の曝露を調べるのにも，やはり卵の採取と分析が望ましい．産みたての卵と孵化しなかった卵のどちらを採取すべきかについての賛否両論，およびサンプル卵の利用手法については，塩素化炭化水素系殺虫剤（CH）の章での記述に準ずる．胎子の生存や巣全体の繁殖成功率などの診断基準となり得る，卵中のPCBや関連化合物の濃度は，ほとんどの種でまだはっきり分かっていない．卵中のPCBの閾値，例えばハヤブサで40mg/kg（ww）（Peakall et al. 1990）など，過去の分析手法を用いて推定されたものはある．ハクトウワシに関する既存のデータを再検討・再分析して，Elliott and Harris（2002）はハクトウワシの繁殖に影響を及ぼす総PCBの閾値は20mg/kg（ww）であると示唆した．Helander et al.（2002）は，オジロワシの繁殖におけるPCBの最小作用量は25mg/kg（ww）〔500mg/kg（lw）〕と断定した．卵交換計画〔詳細についてはPeakall（1987：325）および以下の記述を参照のこと〕と，通常の雛の成長率の測定とを組み合わせて，Woodford et al.（1998）は，ミサゴの卵の孵化における2,3,7,8-TCCDの無毒性量（NOAEL）は136ng/kg（ww）であると発表した．

鳥類におけるダイオキシン類の影響については，野生から採取した卵を人工孵卵する手法を用いても調べることができる．この方法を用いると，卵内因性の影響を，親鳥の抱卵行動（卵外因性）から切り離すことができ，孵化直後の雛のバイオマーカーを測定することも可能である．この手法により，Elliott et al.（2001）は，ミサゴの巣内雛でのTEQsの無作用量を調べ，肝CYP1A誘導におけるTEQsの最大無作用量を130ng/kg（ww）と断定した．ダイオキシン類の影響について，人工孵卵したハクトウワシの卵で研究が行われ（Elliott et al. 1996a），その後，最新の毒性等価係数を用いて限界値が再計算された（Elliott and Harris 2002）．その結果，無毒性量（NOAEL）は135ng/kg（ww），CYP1A誘導が起きた最小作用量（LOAEL）は400ng/kg，胎子でのNOAELは303ng/kgとなった．

繁殖成功率が慢性的に低い場合に，ダイオキシン様物質が果たす潜在的な役割を調べるため，野生の卵に実験的に手を加える方法もある．ただし，このような実験計画は複雑なうえ，営巣放棄や繁殖時期の同時性を失わせる危険もある．胎子の死亡は卵中の毒物（内因）だけでなく，汚染物質の影響による親鳥の不適切な抱卵（外因）によっても起き，また，その両方が原因となることもある．これらの要因は，清浄地の卵を汚染地域のものと交換する実験で切

り離すことができる．このような実験における親鳥と卵の組合せ（および期待できる結果）は以下のとおりである．清浄地-清浄地（通常繁殖），清浄地-汚染地域（内因のみ），汚染地域-清浄地（外因のみ），汚染地域-汚染地域（両要因）．このような実験がうまくいくには，食物の充足量などの生態学的な条件が清浄地と汚染地域とでほぼ同一でなくてはならない．実験の目的とする地域と，対照となる地域との卵を交換することにより，ミサゴの汚染物質の研究において価値の高い情報が得られた（Wiemeyer et al. 1975）．特に，営巣行動も仔細に観察するという方法を組み合わせて行った時に成果が得られた（Woodford et al. 1998）．巣の観察は，それが人間によるものであろうと，録画機器を用いたものであろうと，汚染物質と生態学的な変動要因とを区別するのに役立つことが分かった（Dykstra et al. 1998, Elliott et al. 1998, Gill and Elliott 2003）．猛禽類の巣内雛から採取する血液の汚染物質測定は，猛禽類に悪影響を与える心配が少なく，特に絶滅の危機にある個体群の調査に適する手法である（Elliott and Norstrom 1998, Olsson et al. 2000, Bower-man et al. 2003）．成鳥を巣で捕獲したり（Court et al. 1990, Newson et al. 2000），または渡りの途中で捕獲し（Elliott and Shutt 1993），採血してPCBへの曝露を調べることも可能である．血漿における診断値は分かっていないことが多いが，ハクトウワシでは，巣内雛の血漿中の総PCB値189μg/kg（ww）が卵における同20mg/kg（ww）に相応すると示唆されている（Elliott and Harris 2002）．

鉛

鉛化学と毒性学

鉛の採掘・精錬場や電池リサイクル工場，交通量の多い場所，都市部や工業地域，下水・廃棄物処理場，浚渫現場，狩猟圧の高い場所などが汚染源となる（Eisler 2000）．これらの汚染源の多くは局地的であるが，最近まで散弾銃の使用済み鉛弾や交通機関を原因とする鉛が，広い地域にわたって放出されてきた．有機鉛が添加されたガソリンの燃焼による直接的な結果として，道路脇の土壌中に含まれる鉛の量が増加した．約20年間にわたる段階的な廃止を経て，米国では自動車へのガソリンへの鉛添加が1996年に全面的に禁止された．1998年からは，欧州連合でも同様の規制が実施され，自動車における鉛入りガソリンが段階的に規制され，最終的には禁止されることになった．

スペイン東南部の郊外と都市部双方のチョウゲンボウ（$F.$ $tinnunculus$）の肝臓中の鉛濃度は，1995～97年から2001年までの間に劇的に減少した（Garcia-Fernandez et al. 2005）．

米国は1991年に水鳥猟における鉛散弾の使用を禁止した．鉛散弾は1990年代にカナダ，デンマーク，フィンランド，オランダ，ノルウェーでも同様に禁止され，オーストラリアとスウェーデンの一部でも使用禁止となった（各国の政策についてはMiller et al. 2002を参照のこと）．こうして2つの主要な汚染源が多くの国で解消もしくは軽減の方向に向かうこととなったが，環境中にすでに放出されてしまった鉛はまだそのままの状態であり，ほとんどの国において水鳥猟以外の狩猟では，未だに鉛散弾・ライフル弾が使用され続けている．

鉛は腎臓，骨，中枢神経系，造血組織の機能と構造に作用して，生化学的，病理組織学的，神経心理学的な悪影響や胎子毒，催奇形，繁殖障害を引き起こす（Eisler 2000）．猛禽類における鉛中毒は1970年代からかなり詳しく報告されている．鉛中毒状態もしくは鉛弾で撃たれた水鳥を食べることによる2次的な中毒が，越冬中のハクトウワシやイヌワシ（$Aquila$ $chrysaetos$）における鉛汚染の主流であると考えられている（Feierabend and Myers 1984）．食物として，特に狩猟鳥・動物を食べる陸上採餌性の猛禽類やスカベンジャーもまた，潜在的に鉛中毒のリスクがある（Kim et al. 1999, Clark and Scheuhammer 2003, Fry 2003, Wayland et al. 2003）．

基準値と手法

汚染の度合いによって鉛中毒では，沈うつ，呼気の悪臭，黄緑色がかった糞，非再生性貧血，嘔吐，下痢，運動失調，失明，てんかん様発作を含む特徴的な臨床所見がみられる（Gilsleider and Oehme 1982）．臨床症状までは現れないもしくは慢性的な鉛曝露では，ハンティング能力が低下したり，自動車や電線などの環境中の危険物で負傷しやすくなったりすることが多い．これは，なぜ多くの猛禽類が様々な外傷を負ってリハビリテーションセンターに収容されるのかを説明する一助となるかもしれない（Kramer and Redig 1997）．血中鉛濃度の範囲が0.2～0.6mg/kg（ww）では症状に表れない鉛曝露であり，0.61～1.2mg/kgでは臨床的な（治療可能な）鉛中毒である．さらに血液鉛濃度が1.2mg/kgを超えると致死的であるとされた（Kramer and Redig 1997）．血液パラメーター〔g-アミノレブリン酸脱水素酵素（ALAD），ヘマトクリット，プロポルフィリン，ヘモグロビン〕が野外の調査で用いられてきた．ALADが80％まで阻害されると，ヘモグロビンとヘマト

クリット値の減少も見られることが多い（Henny 2003 による引用文献を参照のこと）．Pain（1996）の発表による肝臓における鉛中毒の基準値は 2mg/kg（ww）未満（バックグラウンド値），2〜5.9mg/kg（症状を示さない曝露），6〜15mg/kg（臨床的な鉛中毒），15mg/kg を超える値（重篤な中毒）となる．

　鉛中毒は，少なくとも 14 種の猛禽類において報告されている．これらの個体は，鉛散弾もしくはライフル弾を体内に保有した動物（狩猟で撃たれた鳥獣を含む）を捕食もしくは死肉を食べていた．上記の猛禽類とは，カリフォルニアコンドル（*Gymnogyps californianus*），コンドル（*Vultur gryphus*），トキイロコンドル（*Saecoramphus papa*），ヨーロッパハチクマ（*Pernis apivorus*），ハクトウワシ，オジロワシ，オオワシ（*H. pelagicus*），ヨーロッパチュウヒ（*Circus aeruginosus*），アカオノスリ（*Buteo jamaicensis*），ケアシノスリ（*B. lagopus*），イヌワシ，ソウゲンハヤブサ（*F. mexicanus*），ハヤブサ，アメリカワシミミズク（*Bubo virginianus*）を指す（Locke and Friend 1992, Pain et al. 1994, Kim et al. 1999, Eisler 2000, Clark and Scheuhammer 2003）．入手可能な情報のほとんどは，米国，カナダ，ヨーロッパおよび日本からの報告によるものである．ほとんどの猛禽類がペレット（例えば，未消化の骨，毛，羽毛，そしてしばしば鉛散弾）を排出するが，この習性が鉛への曝露を軽減していることは明らかである．野外で収集したペレットからの散弾発見例が報告されている．5 羽のハクトウワシを用いた実験室での研究では，196 個の散弾を摂取して，死亡時に残っていたのがわずか 18 個であった例があった．鉛の滞留期間の中央値は 2 日であった（Pattee et al. 1981）．Henny（1990）は，これらやその他の研究の成果をもとに，もしペレットの排出というものがなければ，ハクトウワシは鉛の問題が明らかになる 100 年も前に，その生息域の一部で発生した鉛中毒のために絶滅していたかもしれないと結論付けた．すなわち，猛禽類の鉛汚染は，現状よりも，ずっと深刻な状況になる可能性もあったということである．

　種々の脅威，中でも特に鉛中毒の危険を避けるため，1987 年に現在残っている全てのカリフォルニアコンドルが飼育下に収容された．飼育下で孵化したコンドルの野外放鳥は 1992 年から始まったが，コンドル達が鉛弾片を摂取することがないよう，あらゆる努力をしたにもかかわらず，急性鉛中毒の発症が相次いで発生してしまった（Meretsky et al. 2000, Fry 2003）．カリフォルニアコンドルは軟部組織を好んで食べ，骨や毛，羽毛などはほとんど食べない（Snyder and Snyder 2000）ため，ペレットを排出する必要性が少ないだけでなく，鉛片を摂取する可能性もより高い．鉛は米国に限らず，世界中で問題になっている．日本の北海道においては，1998〜1999 年の間に 16 羽のオオワシと 9 羽のオジロワシが鉛弾を含むエゾシカ（*Cervus nippon*）の死体を食べたことによる鉛中毒で死亡した（Kurosawa 2000）．

　鉛鉱山を原因とする猛禽類の中毒は，米国のアイダホ州北部にある Coeur d'Alene（CDA，コーダレーン）鉛採掘・精錬工場で調査されている（Henny et al. 1991, 1994, Henny 2003）．水禽類は土砂をあさる習性があるため，最も鉛の影響を受けやすい（Beyer et al. 2000）．猛禽類は土砂を直接摂取することはないうえ，ほとんどの猛禽は，獲物である動物の骨（脊椎動物における鉛の主な蓄積場所である）まで食べることがない．これらことにより，CDA 流域に生息するミサゴ，タカ類およびフクロウ類における鉛鉱山由来の鉛汚染が，水禽に比べると低い理由が説明できる．

水　銀

化学と毒性学

　水銀の毒性については Scheuhammer（1987）の総説がある．水銀の毒性はそれが有機水銀か無機水銀であるかに依存する．無機水銀では，わずか何パーセントかが体内に吸収されるのみであるが，有機水銀では，そのほぼ全てが腸管から吸収される．無機水銀は自然界で生物的にも非生物的にもメチル化されてメチル水銀（MeHg）になり，水や食物から魚の体内に蓄積される．魚肉中に含まれる水銀のほぼ全てがメチル水銀である．メチル水銀は鳥類の神経組織の発達を妨げるため，魚食性の鳥は特に汚染のリスクが高い．

　歴史的に，水銀は金や銀の抽出や塩化アルカリ工業，電化製品製造，医薬品，農業用のための防カビ剤，パルプ製紙工業のための殺菌剤，プラスチック製造など広い分野で用いられてきた（Eisler 2000）．水銀を世界中のあらゆる環境中にまきちらしたその他の要因として，化石燃料の燃焼，銅や鉛の採鉱や再生産時，水銀鉱山の鉱滓からの流出，原子炉，製薬プラント，軍の管轄施設からの廃棄物，家庭の固形ゴミや医療廃棄物の焼却灰，捨てられた電池や蛍光灯などがあげられる（Eisler 2000）．水銀は大気に乗って遠くまで運ばれ，発生源となった場所からはるか離れた場所，例えばカナダの人里離れた湖などに汚染の被害を及ぼす（Lucotte et al. 1995）．1985 年以降，フロリダのエバー

グレーズ湿地の冠水土壌中では，それまでの何十年も前よりずっと早いペースで水銀が蓄積している．この増加は水銀が全地球的，さらに局地的に堆積してきていることによるものであり，似たような現象がスウェーデンや米国北部でも報告されている（Rood et al. 1995）．水銀濃度の増加により，多くの湖沼や河川での漁業が，人間の健康上問題があるとして，中止に追い込まれた．全体的にみて，水銀に汚染されている魚類や野生動物のハビタットの数は次第に増加している．湖沼における水銀濃度の増加は，大気中へ排出された水銀量の増加や中和機能がうまく機能しない状況での酸性雨などに起因する．

　猛禽類の水銀汚染は，特に1960年代〜1970年代にかけてのヨーロッパおよび北米で問題となった．さらに最近になって再び汚染のレベルが上昇している．過去には農業で種の防カビ用添付剤として利用されたアルキル水銀との関係に関心が集まった．この薬は種子食性の多くの鳥を死亡させただけでなく，猛禽類の2次中毒も引き起こした（Berg et al. 1966, Jenson et al. 1972）．アルキル水銀は1940年頃に導入されたが，スウェーデンでは1966年に種子粉衣剤としての使用が禁止された（Johnels et al. 1979）．水銀問題のほとんどは水生生態系と水生動物にかかわるものであるが，この防カビ剤はハイタカ，ノスリ（*B. buteo*），コチョウゲンボウ（*F. columbarius*），チョウゲンボウ等を含む陸上生物に汚染を及ぼす．

　水銀に対する現在の関心は以下のようなものである．①石炭火力発電所からの排気，特に，米国および北極圏・北東部およびカナダの近接地域．これは漁業資源および魚食性の野生動物を汚染している．②アマゾン川流域では鉱山から年間90〜120トンの水銀が地域生態系に排出されており（Nriagu et al. 1992），そこに生息する鳥類の繁殖個体群に影響を与えている．その中には猛禽類や，おそらく新熱帯区を行き来する渡り鳥（例えば魚食性で，北米東部で営巣するミサゴなど）も含まれる．③世界各地に局在する昔からの水銀鉱山，もしくはかつて抽出のため水銀が使用されていた金・銀の鉱山．

基準値と手法

　水銀のモニタリングには，卵や肝臓，腎臓，全血，羽毛などが用いられる（われわれは化学分析機関の職員に対し，羽毛に付着した微小な不純物を取り除くため，金属を含まないアルカリ性洗剤で洗浄するよう薦めた）．成長中の羽毛へのメチル水銀の移行は，鳥類における重要な水銀の封鎖（隔離）機序である．実際に，血液，卵および羽毛に含まれる水銀は，基本的にはその全てがメチル水銀である．博物館の標本から得た羽毛は，長期間にわたる水銀汚染について評価を行うのに用いられてきた．ただし，分析する羽毛の特性に一貫性をもたせることに留意する必要がある．死体となって見つかった多くの猛禽類の肝臓や腎臓について，通常は総水銀量（THg）のみが測定されてきた．"水銀中毒で死亡した"鳥において記録されたこのTHg濃度には，かなりのばらつきがあることが判明した．例えば，オジロワシでは，フィンランドにおいて肝臓で4.6〜27.1mg/kg ww，腎臓で48.6〜123.1mg/kg ww，ドイツにおいて肝臓で48.2mg/kg ww，91mg/kg ww，腎臓で120mg/kg ww，バルト海において肝臓で30mg/kg ww，11mg/kg ww，33mg/kg wwであった（Thompson 1996を参照のこと）．このばらつきは，総水銀量における無機水銀と，より毒性の高いメチル水銀との比率の違いによるものかもしれない．一時期，鳥類（特に海鳥）はメチル水銀（通常水銀が摂取されるのはこの形であり，容易に吸収される）を脱メチル化し，毒性の低い無機水銀の形で肝臓や腎臓に封じ込めると思われてきた．近年，肝臓や腎臓中の水銀の形態の分析が行われ，水銀の毒性とその封鎖の機序について新たな知見が得られた．ネバダ州のカーソン川沿い（古くから鉱業が行われてきた高汚染地域）に生息する水鳥に関する最近の研究によって，鳥における水銀毒の動態に関する興味深い事実が明らかになり，組織学的にもその影響が証明された（Henny et al. 2002）．卵における理論上の"作用基準値"は0.80mg/kg（ww）以下とされている（Heinz 1979, Newton and Haas 1988）が，Oehme（2003）の報告も参照されたい．Thompson（1996）は，過去に塩化炭化水素で報告されたような種差と同様に，全ての種にあてはめられるような卵中の水銀の基準値はないと，根拠のある示唆をしている．

　おそらく，猛禽類における水銀モニタリングについての最善のアプローチは，全血のサンプリング〔肝臓のメチル水銀量と1：1比という高い相関を示す（Henny et al. 2002）〕，または，羽毛が成長している時期の血中濃度と高い相関関係にある，雛の新しく生え揃った羽毛（全ての羽毛が同時に成長する）をサンプリングすることであると思われる．成鳥の羽毛の場合はもっと複雑であり，羽毛が成長している時には血液の濃度と相関するが（渡り鳥にとっては別々の場所での水銀曝露を表すことになるかもしれない），採集した羽毛が換羽サイクルのどの時点で成長したのかにより，（羽を介した）水銀浄化の程度が違ってくる．Heinz and Hoffman（2003）は，鳥が食物に含まれた高いレベルの水銀を摂取し始めると，わずか2〜3日でその卵に高レベルの水銀が排出されると報告している．

血液と成長中の羽毛においても，すみやかに高い濃度の水銀が認められるようになる．

有機リン酸およびカーバメート系殺虫剤

化学と毒性学

　塩化炭化水素系殺虫剤の多くが使用禁止になった時，作用期間は短いものの，より毒性の高い，コリンエステラーゼ（ChE）阻害作用をもつ有機リン酸系（OP）やカーバメート系（CB）殺虫剤が広くそれらにとって代わった．これらは，化学的にクラスの異なる 2 種類のエステル，すなわちリン酸もしくはホスホロチオ酸エステル（有機リン酸系）と，炭酸エステル（カーバメート系）の一般的な作用機序を基にした殺虫剤である（Ecobichon 1996）．このタイプの殺虫剤は 1950 年代～ 1960 年代にかけて初期型が開発された．一般に分解が早く，生物濃縮が生じないことで知られており，そのため中毒に罹った獲物を食べて生じる猛禽類の 2 次的な中毒のリスクが低いとされてきた．特に塩化炭化水素系化合物と比べた場合，有機リン酸系およびカーバメート系化合物の多くには高い急性毒性がある（少量で脊椎動物を死亡させる）けれども，これらの化合物では食物連鎖による生物濃縮は生じない．したがって，多数の猛禽類がこの高い急性毒性によって中毒に陥ったり，死亡したりした．この殺虫剤の急性毒による猛禽類の 2 次中毒は，主に獲物の胃腸に吸収されずに残った薬剤が原因と思われる（Hill and Mendenhall 1980, Hill 1999）．つまり，塩化炭化水素化合物を吸収した際には，組織や脂肪に蓄積される残留代謝物が重要視されるのと対象的である．猛禽類の 2 次的な有機リン酸中毒に関する初期の報告としては，ニュージーランドでパラチオンおよびフェンスルホチオンにより死亡したミナミチュウヒ（C. approximans）（Mills 1973），イスラエルでモノクロトホス（azodrin）中毒に罹ったハタネズミや鳥を食べて死亡した約 400 羽の猛禽類の例（Mendelssohn and Paz 1977）がある．

　有機リン酸やカーバメートの基本的な毒性は，中枢神経系および神経筋接合部におけるコリンエステラーゼ活性の阻害による神経系への障害であり，一般に急性の呼吸不全を起こして死亡する（O'Brien 1967）．有機リン酸もしくはカーバメートとコリンエステラーゼとの結合は比較的強固で，コリンエステラーゼによる神経伝達物質，アセチルコリンの不活化を阻害する．急性中毒時には次のような症状が見られる．元気消失，呼吸困難，気道分泌の極端な亢進（流涎），嘔吐，下痢，振戦，痙攣．これらは殺虫剤が直近に散布された場所で病気に罹った野生動物が発見された場合の中毒指標として有効である．しかし，他の神経毒による症状と区別できるような特異性はない（Hill 2003）．

基準値と手法

　有機リン系およびカーバメート系殺虫剤は病気の媒介動物の駆除や農業（林業や所有地の管理も含む）の際に使用される際，はからずも何百もの野生動物の死を招いてきた．これらの薬剤が散布された地域では，様々な種類の動物が死亡もしくは瀕死の状態で見つかった．上記の因果関係は状況的には明らかであったが，生化学的，化学的な立証がないために，それが原因だとは結論付けられなかった（Hill 2003）．診断の可否は，毒性もしくは汚染の指標となり得る脳におけるコリンエステラーゼ阻害を示し，かつ原因物質の存在を化学的に検出できるかにかかっている．Hill（2003）は，有機リン剤もカーバメート剤も組織中に蓄積しないため，最終段階の証明が難しいが，脳内のコリンエステラーゼの阻害を立証し，食べたものか組織のいずれかにコリンエステラーゼ阻害薬の存在を"検出"できれば，確定に近い診断をくだすことが可能であると指摘した．

　有機リン剤やカーバメート剤の汚染を受けていない猛禽類（正常値は種によって異なるために同じ種を用いる）から正常な脳のコリンエステラーゼ値が推定され，比較のための基準値として用いられている．いくつかの成書から北米の猛禽類（ハゲワシ類，タカ類，ワシ類，ハヤブサ類，フクロウ類から 10 種）における正常値を参照することができる（Hill 1988）．しかし，これらの値を比較値として用いる場合は，検査対象とする検体を同じ手法で測定することが必須である．同じ機器で正常値としての"対照検体"と一緒に測定することが望ましい．別のやり方として，適切なテクニックにより再活性化を起こし，阻害の程度を推定する方法がある．有機リン剤中毒の場合，in vitro（試験管内，生体外）ではオキシム 2-PAM によりコリンエステラーゼは再活性化された（Fairbrother 1996）．カルバミル化されたコリンエステラーゼ（より不安定）については，in vitro での加熱による再活性化をカーバメート中毒の迅速診断に用いることができる（Hill and Fleming 1982）．

　死んで発見された鳥において，控えめにみて全脳のコリンエステラーゼ活性が 50% まで阻害された値を示す場合，一般に，鳥の死因を抗コリンエステラーゼ阻害薬による中毒によるものと診断する．とはいうものの，野外において有機リン系殺虫剤で死亡した鳥類での活性が

70～95%阻害されていたという報告は珍しくない（Hill 2003）．それとは対照的に，鳥類がカーバメート系殺虫剤により死亡した場合，脳のコリンエステラーゼ活性の阻害がほとんど認められないことがしばしばある（コリンエステラーゼの値はほぼ正常～70%程度の阻害まで幅がある）．コリンエステラーゼ阻害の程度がより低いのは，死後に自然に酵素が再活性化したか（Hill 1989），もしくは脳の機能が完全に阻害される前に起きた，中毒初期の末梢神経系や生体調節機能の障害によって死亡した可能性がある．もし，直ちに分析ができない時には，コリンエステラーゼが分析できるようになるまで死体を凍結保存すべきである（−80℃が望ましい）．特にカーバメート中毒が疑われる場合はそのようにしなければならない．ただ，凍結保存を行うと，他の死因の分析が難しくなる（例えば感染症死など）．

有機リン剤やカーバメート剤散布に対する猛禽類の中毒禍は，通常2～3日間しか続かないが，例外もある．牛の血流中にいるウシバエを駆除するため，有機リン剤のファムフールが治療薬として用いられる（柄杓で直接牛の背中にかけて使用する）．ファムフールの使用後数ヵ月間にわたってカササギが死亡し，タカ類やフクロウ類も2次的な中毒により死亡した（Henny et al. 1985）．牛の毛に付着したまま吸収されなかったファムフールは，屋外で少なくとも3ヵ月間は残留し（1週間ごとに採取したサンプルによる），その牛の毛を飲み込んだカササギが死んだ．あるアカオノスリでは牛の治療後10日後に，カササギを摂食することによる2次中毒で死亡した．また別の個体は牛の治療後13日後頃に動けない状態で発見された．この個体の血漿中のコリンエステラーゼ活性は82%が阻害されていた．

血漿コリンエステラーゼ値は，脳中のそれよりも変動性が高く，検体をその種における基準値と比較して中毒の程度を測定するのに用いられる．血漿コリンエステラーゼを診断に利用する際は，測定の対象である非特異性コリンエステラーゼが，脳内のコリンエステラーゼよりも不安定で，阻害剤と分離しやすいことに注意しなければならない（Hill and Fleming 1982）．しかしながら，致死的となり得る急性中毒，少なくとも有機リン化合物の場合は，多くのハクトウワシ，およびその他の猛禽類において血漿コリンエステラーゼの完全な阻害が認められた（Elliott et al. 1997b, J. E. Elliott，未発表データ）．

1982～83年のファムフールに関する研究の実施以前は，有機リン剤やカーバメート剤の中毒に関して日常的な猛禽類の調査が行われることはなかった．1984年3月～1985年3月にかけて，ハクトウワシ8羽，アカオノスリ2羽，アメリカワシミミズク1羽が，フェンチオンとファムフールを含む有機リン系殺虫剤により死亡したことが確認された（Henny et al. 1987）．1989年および1990年には，カナダのブリティッシュコロンビア州のフレーザー川のデルタ地帯のハクトウワシとアカオノスリの事例が報告された（Elliott et al. 1996b）．死亡した猛禽のそ嚢の内容物は主にカモの体の一部分で占められ，その中には粒状の殺虫剤・カルボフランおよびフェンスルホチオンが含まれていた（図18-4）．Elliott et al.（1996b）は，その後の調査の結果も参考に，デルタ地域の低い土壌pH環境下で，カモに中毒死させるのに十分な量の粒状殺虫剤が散布後数ヵ月にわたって残留し，猛禽類にも2次中毒を引き起こしたと結論づけた（Wilson et al. 2002）．1992～1994

図18-4 カナダのブリティッシュコロンビア州フレーザー川デルタ地帯でカモの死体を食べるハクトウワシ．たった1羽のカモの死体が多くのハクトウワシやその他のワシタカ類を呼び寄せるため，この環境中の猛禽類に対して，最も重要な殺虫剤媒介源となり得る（写真：S. Lee, CWS）．

年の間に，同じ地域でさらに複数のハクトウワシとアカオノスリ1羽が，別の粒状有機リン殺虫剤であるホレートにより死亡した（Elliott et al. 1997b, 図18-5）．死亡したワシは農業用地というより，塒場所で多く発見された．粒剤の残留性に起因する2次中毒はフレーザー川のデルタ地帯に限ったことではなく，カリフォルニアでも似たようなシナリオの，カルボランによる数百羽の水鳥および数羽の猛禽類の中毒の報告がある（Littrell 1988）．

実験室において，14羽のアメリカチョウゲンボウに経皮的に"Rid-A-Bird（11%活性フェンチオンを原料とする）"に曝露させたイエスズメ（*Passer domesticus*）を与えてみたところ，全てのチョウゲンボウが3日以内に死亡した（Hunt et al. 1991）．そこからもう1つのシナリオとして，カリフォルニア中央部にある果樹園で越冬するアカオノスリが，数回にわたって果樹休眠期に噴霧された有機リン剤に経皮的に汚染されたことが考えられる（Hooper et al. 1989, Wilson et al. 1991）．

噴霧を受けたばかりの昆虫を猛禽類が食べた場合も同様に致死的な結果となる．アルゼンチンにおいて，北米から渡ってきた多数のアレチノスリ（*B. swainsoni*）がバッタ駆除作業の後に死亡した（Woodbridge et al. 1995）．1995～1996年にかけての南半球では夏の期間に，1回の中毒事故で3,000羽もの個体が死亡した．他に目撃された少なくとも18件の事故を合わせると，全部で5,000羽のアレチノスリが死亡したことになる（Canavelli and Zacagnini 1996）．有機リン系殺虫剤・モノクロトホス〔イスラエルで発生した，猛禽類における中毒死の最初の事例（Mendelssohn and Paz 1977）〕がこのアレチノスリ死亡事故の原因となった．その他の事故については，有機リン剤およびカーバメート剤による猛禽類の中毒，特にカナダ，米国，英国の事例に重点をおいた総論集（Mineau et al. 1999），および1985～1994年の米国で発行された成書を参照されたい（Henny et al. 1999）．原因となった製剤はわずか数種類に限られているが，現在でも有機リン剤やカーバメート剤の使用に伴い，しばしば猛禽類の中毒が起きている（Henny et al. 1999）．ほとんどの中毒事故において，英国の猛禽類の中毒は，有機リン剤およびカーバメート剤の故意の誤用に起因する事故の割合が高かった．他方，北米では故意の誤用による割合はより低く，乱用による事故と同様の頻度で，ラベルに表示されたとおりの使用で問題が発生していた（Mineau et al. 1999）．

脊椎動物駆除のための化学薬品

化学および毒性学

都市部で，そして農業の現場では，哺乳類，特に齧歯類や鳥の個体数をコントロールするために，様々な薬品が用いられてきた．多くの猛禽類が齧歯類やその他ジリスなどの小型哺乳類を捕食し，また，死体をあさる種もいるために，猛禽類における2次的な中毒のリスクは高いといえる．猛禽類の2次中毒はストリキニーネ（Reidinger and Crabtree 1974）および抗血液凝固薬による例（Hegdal and Colvin 1988, Newton et al. 1990, Stone et al. 1999）が報告されている．フルオロ酢酸ナトリウムのような化学物質（製品名1080）は，家畜の大敵の駆除への使用に登録が必要であるが，一方，特に塩化炭化水素化合物や抗コリンエステラーゼ殺虫剤は，多くの国において天敵駆除のため，広範囲にわたって違法に用いられており，多くの猛禽類が直接または間接的に中毒を起こしている（Mineau et al. 1999）．

ストリキニーネは脊髄反射の刺激に対する閾値を下げることで痙攣を惹起する薬剤である．鳥類には低濃度で毒性を示し，LD_{50}は2.0～24.0 mg/kg（ww）である．イヌワシでのLD_{50}は4.8～8.1 mg/kgである（Hudson et al. 1984）．ストリキニーネは北米でプレーリードッグなど，農地や森林の害獣とされていた小動物を駆除するため，穀物に混ぜた毒餌として広く用いられたが，保護獣の2次的な中毒の問題のため，米国境保護庁により1983年に地上での使用が禁止された．

図18-5　カナダのブリティッシュコロンビア州フレーザー川デルタ地帯で見つかったハクトウワシの幼鳥．コリンエステラーゼ阻害剤中毒の症状を呈している．散瞳，握り締めた趾，起立不能に注目．この個体はホレート中毒に陥った2日後に死亡した（写真：J. Elliot, CWS）．

現在，世界的には抗凝血剤が齧歯類の駆除剤として優勢である．これらは肝臓のビタミンK依存性の凝固因子の働きを阻害し，動物を致死的な大量出血により死亡させる．第1世代である4-ヒドロキシクマリンを主成分としたワルファリンに代表される抗凝血剤が1940年代から広く用いられた．しかし，多くの地域の齧歯類にこの薬品に対する耐性が生じてきた．続いて difenacoum, bromadialone, brodifacoum のような第2世代の製品が開発された．これらの薬品は農業用の建物や食料倉庫，都市などに住み棲み付いた齧歯類を駆除するため，広く使用された．第2世代の製剤は第1世代よりも効果が強く，難分解性で，標的以外の種に対してもより毒性が高かった．畑や森林での第2世代抗凝血剤の使用が増え，1080やリン化亜鉛のようなその他の農薬に置き換わっていった（Eason et al. 2002）．

時には野生動物が抗凝血剤によって被害を蒙る例が確認されることもあった（Mendenhall and Pank 1980, Townsend et al. 1981）．例えば，Duckett(1984)が，マレーシアのメンフクロウ（Tyto alba）の個体群が抗凝血剤より壊滅した例を報告している．米国のバージニア州における野外調査では，brodifacoum による果樹園のハタネズミ駆除により，少なくとも5羽の発信機を装着したヒガシアメリカオオコノハズク（Megascops asio）が死亡したことが判明した（Hegdal and Colvin 1988）．Newton et al. (1990) は，英国において死体で発見されたメンフクロウの10%において，肝臓に difenacoum または brodifacoum の残留を発見し，これらの化合物が個体群にとって潜在的な脅威であることを明らかにした．Stone et al. (1999) は，失血死した猛禽類26羽の肝臓に抗凝血剤の残留が認められたと報告した．そこで確認された抗凝血剤は，主に brodifacoum であったが，ワルファリンや diphacinone, bromadialone も認められた．これらの薬剤は2次的に摂取されたと推定され，様々な猛禽類が被害を受けたが，アメリカワシミミズク（13例）およびアカオノスリ（7例）の中毒例が最も多かった．

とりわけ brodifacoum は多くの地域で，島嶼の海鳥コロニーからネズミを駆除するために使用されたため，猛禽類や猛肉捕食動物が中毒のリスクを負った．ブリティッシュコロンビア州のランガラ島でのネズミ根絶計画の達成までの間，ハクトウワシが brodifacoum の曝露を受けたが，悪影響の証拠は認められなかった（Howald et al. 1999）．ニュージーランドの島のラット駆除計画では，2次的な brodifacoum の摂取により中毒を起こした野生生物の中にミナミチュウヒが含まれていた（Eason et al. 2002）．

手法

"脊椎動物の駆除計画"実施に伴い，猛禽類の衰弱や死亡を常にモニタリングするプログラムにより，薬物の曝露や中毒事故に関する有益な情報を得ることができる（Newton et al. 1990, Stone et al. 1999）．鳥類における各々の抗凝血剤に対する感受性には，種によりかなりの差異が存在する．このことが肝臓での薬剤残留濃度の診断値の設定を困難にしている．brodifacoum は他の薬剤に比べ，多くの猛禽類，特にフクロウ類にとって毒性が強い（Newton et al. 1990）だけでなく，より安定性かつ広範に使用されていることから，猛禽類にとって特に大きな潜在的脅威であることが明らかとなった．猛禽類の肝臓に残留する brodifacoum の検出はわずかであっても，この薬剤における地域個体群の致死的な中毒の潜在的可能性を示唆し，懸念の種となる．血液サンプル採取および血液凝固時間測定のための生体捕獲や危機に瀕している猛禽類個体群のテレメトリー調査などのより集中的なモニタリングの方法が，個々の環境を把握するために役立つと思われる（Colvin and Hegdal 1988, Howald et al. 1999）．

ロテノンその他殺魚剤

1930年代から米国とカナダの漁業管理において，30種類もの殺魚剤が広範にわたり用いられてきた．現在では4種類のみが一般的，もしくは選択的な魚類の駆除，もしくはサンプリングの用途として使用を許可されている（Finlayson et al. 2000）．一般的な殺魚剤として，アンチマイシンやロテノン（米国では最も広く用いられている）があげられる．ロテノンはマメ科（Leguminosae）の熱帯植物の根から取れる天然由来の物質である．これらの植物が自生する地域において，何世紀もの間，魚を獲るために用いられてきた．ロテノンは細胞レベルでの生化学的過程を阻害し，魚の呼吸に必要な血中酸素を利用できなくさせる（Oberg 1967）．

北米の漁業管理者らは，1930年代にロテノンを漁業管理のために使い始めた．1943年までに，米国の34の州およびいくつかのカナダの自治体において魚の個体数管理にロテノンが使用された．最初，この殺魚剤は湖沼で利用され，その後1960年代前半には河川でも使用された（Schnick 1974）．Finlayson et al. (2000) は，死んだ魚におけるロテノンの残留量はごくわずか〔<0.1mg/kg (ww)〕で，魚を食べた動物の消化管からすぐに吸収されることはないと報告した．魚食性の鳥や哺乳類によるロ

テノンの2次的な毒性については問題が認められなかった一方で，湖へのロテノン散布に伴って食物なる魚が減少し，魚食性の猛禽類やアビ類の繁殖成功率が低下した．Bowerman（1991）は，ミシガン州内陸部のハクトウワシの繁殖地において，雑魚の駆除のため巣から3.2km以内の場所でロテノンが散布された年およびその後2年間と，同じ場所で散布がなかった年とを比べた結果，生産率が有意に低下していた例を報告した（1繁殖巣における雛の数が0.57羽：1.30羽）．散布場所が営巣地から1km以内であった場合，生産率はさらに低下した（0.39羽：1.31羽）．ミシガン湖のほとんどの湖では，魚は手作業で駆除され，ロテノンは使われていなかった．カリフォルニア州はハクトウワシの営巣への影響を軽減するため，巣の卵をワシ回復プログラムのために合法的に移送した（カリフォルニア州漁業狩猟局1991年）．同様に，オレゴン州も1989年の秋にハイアット貯水池でロテノンを散布したことを受けて，1990年に営巣中のハクトウワシのペアに，補助的なサケの給餌を行った．このペアは1羽の雛を育てた（J. L. Kaiser，私信）．ミシガン州はアビに対する影響の軽減のため，雛が巣立つまでロテノンの散布を遅らせるようにした（Finlayson et al. 2000）．

ロテノンの使用との関係について，オレゴン州のミサゴで調査が行われた．ハイアット貯水池（ロテノン使用）およびホワードプレーリー貯水池（対照群）における営巣個体群について，散布前の2年間について調査した（Henny and Kaiser 1995）．1988年および1989年の生産率（雛の数/繁殖巣）はハイアット貯水池（1.48と1.44），ホワードプレーリー貯水池（1.50と1.50）とも似たような値であった．1989年の秋（ミサゴの飛去後）にロテインが散布されたが，魚が1匹もいなくなったハイアット貯水池（11巣）でも，ハワードプレーリー貯水池（29巣）でも，1990年の営巣数に明らかな変化はみられなかった．1990年の生産力は，対照池（2.07）の方がロテノンが散布された貯水池（1.00）よりも高く（C. J. Henny and J. L. Kaiser，未発表データ），ハイアット池における低い獲物運搬率との相関がみられた．1990年のハイアット池では，何羽かの雛が巣立ち前の早い時期に死亡した．さらに，1990年は雛の巣立ちにより日数がかかった．これは食物の不足によって成長が遅れたためであると考えられた．ミシガン州のハクトウワシの研究と同様に，ハイアット貯水池における生産率は魚の駆除後の2年目および3年目になって減少が見られた〔繁殖巣1巣における雛の数が0.55羽（1991年）ならびに1.09羽（1992年）〕．

ロテノンが与える影響の大きさは，以下の2つの要因が関係すると考えられる．①代替となる魚の供給源への距離，②補助給餌プログラムのタイミング．雑魚を駆除し，釣り用の魚（マス類やバス類など）が補充された後では，鳥が異なる種類の魚を捕まえるために漁法を変えなくてはならず，慣れないため捕獲も難しくなると思われる．ロテノンによる駆除の対象となるbullhead（カジカ類やナマズ類など頭の大きな魚の総称）やsucker（コイに近縁の数種を指す），chub（チャブ：コイ科の魚）は一般に数が豊富で水深が浅いところを好み，動きも遅い（すなわちこれらの魚は，ミサゴにとって捕獲しやすい条件をもつ）からである．

新たな汚染物質

ポリ臭化ジフェニルエーテル

難分解性の有機汚染物質（POPs）と呼ばれるグループには，塩化炭化水素系化合物やPCB類のような"遺産"として残留している汚染物質も含まれる．このグループは猛禽類にとって，明らかに最も大きな脅威であり，世界的な個体数の減少も引き起こした．有機汚染物質とされる化合物は，商業利用上において重要視されているものが多く，現在も大量に生産されているものもある．ポリ臭化ジフェニルエーテル（PBDEs）はプラスチックや布製品の難燃成分として広く用いられている．PBDE類は実験動物で甲状腺ホルモンや神経系に影響を与え（Danerud et al. 2001, Danerud 2003），また，多くの生態系において，食物となる魚や哺乳類，鳥類に生物蓄積と生物濃縮を起こした例が報告されている（de Wit 2002）．PBDEの残留はスウェーデンの猛禽類で報告がある（Jansson et al. 1993）．また，スウェーデン産のハヤブサの卵に様々なタイプの異性体（おそらく非蓄積性のタイプも含まれる）が検出されている（Lindberg et al. 2004）．1998～2000年に採集されたベルギーのコキンメフクロウ（*Athene noctua*）の卵にも，PBDE類が含まれていた（Jespers et al. 2005）．また，2000年と2001年にメリーランド州およびバージニア州（Rattner et al. 2004）で，さらに2002～2004年の間にワシントン州とオレゴン州（C. J. Henny，未発表データ）で採集されたミサゴの卵からもPBDE類が検出された．1991～1997年にかけてブリティッシュコロンビア州の主要河川沿いで収集されたミサゴの卵におけるPBDEの残留濃度は，この期間中に10倍も増加したため，もし今後も増加が続けば健康に影響を及ぼす可能性があると懸念された（Elliott et al. 2005b）．水酸化されたPBDEの代謝物

図 18-6 カナダのブリティッシュコロンビア州フレーザー川デルタ地帯にある巣のハクトウワシの幼鳥．巣立ち直前の幼鳥の体重は約 4 kg で，悪影響を与えることなく，汚染物質やバイオマーカーの測定に必要な血液を十分に採取することができる．サンプリングは雛が約 6 週齢になる頃に実施する（写真：D.Haycock，CVS）．

はチロキシン様物質として知られており，近年ブリティッシュコロンビア州とカリフォルニア州のハクトウワシの巣内雛の血液サンプルから検出されたという報告がある (McKinney et al. 2006，図 18-6)．五大湖のセグロカモメ (*Larus argentatus*) における汚染の模擬実験ため，抱卵中に濃度 1500 ng/g (ww) の PBDE の混合液を注入した卵から孵化したチョウゲンボウでは，レチノール，甲状腺および酸化ストレスパラメータにある程度の影響がみられた (Fernie et al. 2005)．

スルホン酸化パーフルオロ系化合物

パーフルオロオクタンスルホン酸 (PFOS) は防汚，防水剤"スコッチガード Scotchguard ™"の有効成分であり，パーフルオロオクタン酸は"テフロン Teflon®"および関連コーティング剤の製造に使用されている．2000 年，スリーエム (3M) 株式会社は 2002 年までに PFOS のスコッチガードへの使用を廃止すると確約した．他方，関連化合物の使用については米国環境保護庁の審査中と発表した．これらの化合物は C-C 結合をフッ素原子で置換した複合化合物として存在し，分析化学者にとっての 1 つの課題となっていた．これらは難分解性で，環境中に移行しやすい性質をもつ．類似構造をもつ化合物が，内分泌などいろいろな生物学的過程に影響を及ぼすことが証明されている．米国の様々な地域のハクトウワシの血液サンプルから高濃度の PFOS が検出された．ポーランドとドイツのオジロワシの肝臓でも同様であった (Kannan et al. 2001, 2002)．PFOS はチェサピーク湾のミサゴの卵からも見つかっている (Rattner et al. 2004)．これらの化合物が野鳥に深刻な影響を及ぼしているかどうかを立証するデータは今のところない．

ジクロフェナク製剤

定常的に死肉を食べるハゲワシ類に限らず，実はごく普通に多くの猛禽類が，悪天候や獲物が少ない時は死肉をあさる．この報告のいたるところで記述しているとおり，ワシ類やノスリ類は，特に死肉を捕食することによって，様々な汚染物質，特に鉛や種々の殺虫剤などの致死的な中毒の被害にあってきた．生粋の死肉捕食動物であるハゲワシ類は特に多くの化学物質の曝露を受けるリスクが高い．1990 年代に，インド半島において *Gyps* 属のハゲワ

シ類の個体数が壊滅的に減少した（Prakesh et al. 2003）．パキスタンのベンガルハゲワシ（*Gyps bengalensis*）の死亡率増加について実施された総合調査において，非ステロイド系解熱剤であるジクロフェナク製剤の曝露による腎障害が主な要因と判明した（Oaks et al. 2004）．ジクロフェナク製剤は，この地域で広く有蹄家畜の治療に用いられ，放置された死体は死肉捕食動物の格好の食物となった．ジクロフェナク製剤がインドにおけるハゲワシ類の減少の主な原因であり，またたぶん，これらの種の範囲を超えて広く影響を与えていることを示唆するさらなる証拠もある（Green et al. 2004）．ジクロフェナク製剤および類似薬の規制もしくは代替製剤の使用を薦める努力が現在進行中であるが，野生のベンガルハゲワシを救うのには，そしてもしかするとその他のハゲワシ類についてもいえることだが，もう間に合わないかもしれない（Green et al. 2004）．2006年5月に，インド医薬品管理局は，国内でのジクロフェナク製剤の獣医学領域での使用を3ヵ月以内に廃止すると通告した．

生物由来の毒物

水の華（algal bloom）は特に海ワシ類やミサゴにとってリスクの可能性があるものの，猛禽類に関する中毒の報告は見つからなかった．植物由来の毒の脅威の及ぶ先は海の生態系に限らない．1990年代初頭の米国南東部にて，ハクトウワシが avian vacuolar myelinopathy（AVM）と呼ばれる神経系の異常により死亡しているのが見つかった．同様の症状を示したアメリカオオバン（*Fulica americana*）と同じ何かを食べたせいだろうと思われた（Thomas et al. 1998）．近年，ごく普通に存在する外来種の水草であるクロモ（hydrilla）について増えるシアノバクテリアが AVM の原因であると指摘されている（Birrenkott et al. 2004, Wiley et al. 2004）．

このような中毒禍は自然に起きることがある．Halogenated dimethyl bipyrroles は自然由来であると信じられており，ハクトウワシや海鳥の組織での蓄積が確認されている海洋性クロモバクテリウムの生産物と，構造的に似ている（Tittlemier et al. 1999）．チョウゲンボウを用いた投薬実験によりその臨床的作用が実証されたが，これらの化合物は鳥類の個体群に影響を及ぼすような短期的な繁殖障害は起こさないという結論に達した（Tittlemier et al. 2003）．外来種，栄養，汚染物質などによる生態系における撹乱や汚染の増加は，気候変動と相まって，将来において同様の中毒現象を増加させる可能性がある．

新規に登録された化学物質

現在使用されている数千種類もの市販の化合物に加え，毎年新しい製品が導入されている．多くの監督省庁が，全ての殺虫剤と調合薬について，実用のための登録に先立ち，毒性と環境運命を広範囲にわたり評価するよう求めている（www.epa.gov/opptintr/newchems/pubs/expbased.htm）．内分泌撹乱性を有する化合物の開発や使用に関して，広範な新しいスクリーニングの必要性が浮上してきた．また，別のタイプの市販化合物についても試験を行う必要が生じてきた（Huet 2000, Gross et al. 2003）．これらの厳しい検査の手続きにもかかわらず，人口と経済活動の増加と相まって，新しい製品は量・化学的多様性ともに増加しており，これら新規の化学物質，もしくは薬品の新しい使用パターンが，将来環境上の脅威となることはほぼ確実である．

猛禽類，なかでも死肉を捕食する種は，新製品の化学薬品の使用に関して，市販前の試験が必要とされてはいるものの，生存を脅かす思わぬ脅威にさらされる機会がますます増えるものと思われる．曝露により卵殻の発育に及ぼした DDE による不測の影響やハゲワシ類のジクロフェナク製剤への高感受性などに鑑みて，これらの化学物質の生態学的な重要性のほとんどは，たとえ現在の比較的厳格な試験の手続きを経たとしても，事前に特定することはできなかっただろうと思われる．

結 論

毎年さらなる化学物質が登録されており，猛禽類は数え切れないほどの汚染物資にさらされていると思われる．1種類または1グループの汚染物質よる悪影響が終焉を迎える頃になると（通常は多くの調査や，使用の禁止もしくは制限の後で），他の汚染物質が問題となり，このサイクルが繰り返される．この惑星に生息する猛禽類は採食において様々な方法や特性をもっているが，ある種ではその特性が災いし，死の危険を招いている．一方で猛禽類の習性の中には，ある種の汚染物質の危険をかわす働きもする．フクロウ類や多くの猛禽類がペレットとして鉛弾を排出したり，メチル水銀の脱メチル化（多くの種，特に成鳥において）により，毒性の弱い形にしたりすることなどのことである．しかしながら，種全体もしくは個々の個体群をある種の汚染物質に対して，極めて危うい状況に陥らせるような，その他の習性もある（例えば，アレチノスリにおけるアルゼンチンの越冬地での群れ行動など）．ハゲワシ類，多くのワシ類やノスリ類などの死肉を捕食する種は特に，

鉛弾や殺虫剤，動物用医薬品などを含む動物の死体を食べて2次的に中毒を起こす危険性が高い．確かに，いくらかの種の個体群では，DDT禍から回復を果たしたものもある．ミサゴもその一種であり，人間の仕打ちに耐え，多くの汚染地域で再び営巣を始めた．何年も前から大きな河川，湾，河口部の健全状態を測るモニタリング役のさきがけとなり，指標生物として役立ってきた．猛禽類個体群のモニタリングが今まさに求められており，生産力が低かったり，死亡率が異常に高かったりする猛禽類を調査し，しかるべき機関に報告する必要がある．

この章の読者はその最前線に立っているのである．汚染問題に関する最初の報告者が，猛禽類の別の生物学的側面についてフィールドで調査している研究者であることは珍しくない．多くの実例があるがスペースの都合により紹介できないのが残念である．重要なのは，猛禽類の研究者は，常に警戒をおこたってはならないということである．

謝　辞

この章の執筆にあたり，草稿を精査し助言をくださったElwood F. Hill 氏ならびに D. Michael Fry 氏に対し感謝申し上げる．

引用文献

BARRIE, L.A., D. GREGOR, B. HARGRAVE, R. LAKE, D. MUIR, R. SHEARER, B. TRACEY AND T. BIDLEMAN. 1992. Arctic contaminants: sources, occurrence and pathways. *Sci. Total Environ.* 122:1 – 74.

BENNETT, J.K., S.E. DOMINGUEZ AND W.L. GRIFFIS. 1990. Effects of dicofol on Mallard eggshell quality. *Arch. Environ. Contam. Toxicol.* 19:907 – 912.

BERG, W., A. JOHNELS, B. SJÖSTRAND AND T. WESTERMARK. 1966. Mercury content in feathers of Swedish birds from the past 100 years. *Oikos* 17:71 – 83.

BEYER, W.N., G.H. HEINZ AND A.W. REDMON-NORWOOD [EDS.]. 1996. Environmental contaminants in wildlife — interpreting tissue concentrations. Lewis Publishers, Boca Raton, FL U.S.A.

———, D.J. AUDET, G.H. HEINZ, D.J. HOFFMAN AND D. DAY. 2000. Relation of waterfowl poisoning to sediment lead concentrations in the Coeur d'Alene River basin. *Ecotoxicology* 9:207 – 218.

BIRRENKOTT, H.H., S.B. WILDE, J.J. HAINS, J.R. FISCHER, T.M. MURPHY, C.P. HOPE, P.G. PARNELL AND W.W. BOWERMAN. 2004. Establishing a food-chain link between aquatic plant material and avian vacuolar myelinopothy in Mallards (*Anas platyrhynchos*). *J. Wildl. Dis.* 40:485 – 492.

BLUS, L.J. 1984. DDE in birds' eggs: comparison of two methods for estimating critical levels. *Wilson Bull.* 96:268 – 276.

BOWERMAN, W.W., IV. 1991. Factors influencing breeding success of Bald Eagles in upper Michigan. MA thesis, Northern Michigan University, Marquette, MI U.S.A.

———, T.J. KUBIAK, J.B. HOLT, D. EVANS, R.G. ECKSTEIN, C.R. SINDELAR, D.A. BEST AND K.D. KOZIE. 1994. Observed abnormalities in mandibles of nesting Bald Eagles (*Haliaeetus leucocephalus*). *Bull. Environ. Contam. Toxicol.* 53:450 – 457.

———, D.A. BEST, J.P. GIESY, M.C. SHIELDCASTLE, M.W. MEYER, S. POSTUPALSKY AND J.G. SIKARSKIE. 2003. Associations between regional differences in polychlorinated biphenyls and dichlorodiphenyldichloroethylene in blood of nestling Bald Eagles and reproductive productivity. *Environ. Toxicol. Chem.* 22:371 – 376.

CADE, T.J. AND W. BURNHAM [EDS.]. 2003. Return of the peregrine: a North American saga of tenacity and teamwork. The Peregrine Fund, Inc., Boise, ID U.S.A.

CALIFORNIA DEPARTMENT OF FISH AND GAME. 1991. Northern pike eradication project - Draft subsequent environmental impact report. Inland Fisheries Division, Sacramento, CA U.S.A.

CANAVELLI, S.B. AND M.E. ZACCAGNINI. 1996. Mortandad de aguilucho langostero (*Buteo swainsoni*) en la region pampeana: primera approximacion al problema. Instituto Nacional de Technologia Agropecuaria, Parana, Entre Rios, Argentina.

CLARK, A.J. AND A.M. SCHEUHAMMER. 2003. Lead poisoning in upland-foraging birds of prey in Canada. *Ecotoxicology* 12:23 – 30.

COLVIN, B.A. AND P.L. HEGDAL. 1988. Procedures for assessing secondary poisoning hazards of rodenticides to owls. Pages 64 – 71 in S.A. Shumake and R.W. Bullard [EDS.], Vertebrate pest control and management materials. American Society of Testing and Materials, Philadelphia, PA U.S.A.

COURT, G.S., C.C. GATES, D.A. BOAG, J.D. MACNEIL, D.M. BRADLEY, A.C. FESSER, R.J. PATTERSON, G.B. STENHOUSE AND L.W. OLIPHANT. 1990. A toxicological assessment of Peregrine Falcons *Falco peregrinus tundrius* breeding in the Keewatin District of the Northwest Territories, Canada. *Can. Field-Nat.* 104:255 – 272.

CZUCZWA, J.M., B.D. MCVEETY AND R.A. HITES. 1984. Polychlorinated dibenzo-p-dioxins and dibenzofurans in sediments from Skskiwit Lake, Isle Royal. *Science* 26:226 – 227.

DANERUD, P.O. 2003. Toxic effects of brominated flame retardants in man and wildlife. *Environ. Internat.* 29:841 – 853.

———, G.S. ERIKSEN, T. JOHANNESSON, P.B. LARSEN AND M. VILUKSELA. 2001. Polybrominated diphenyl ethers: occurrence, dietary exposure and toxicology. *Environ. Health Perspect.* 109 Supplement:49 – 68.

DESGRANGES, J.-L., J. RODRIQUE, B. TARDIF AND M. LAPERLE. 1998. Mercury accumulation and biomagnification in Ospreys (*Pandion haliaetus*) in the James Bay and Hudson Bay regions of Quebec. *Arch. Environ. Contam. Toxicol.* 35:330

— 341.

DE WIT, C.A. 2002. An overview of brominated flame retardants in the environment. *Chemosphere* 46:583 — 624.

DUCKETT, J.E. 1984. Barn owls (*Tyto alba*) and the 'second generation' rat baits utilized in oil palm plantations in Peninsula Malaysia. *Planter* 60:3 — 11.

DYKSTRA, C.R., M.W. MEYER, D.K. WARNKE, W.H. KARASOV, D.E. ANDERSEN, W.W. BOWERMAN AND J.P. GIESY. 1998. Low reproductive rates of Lake Superior Bald Eagles: low food delivery rates or environmental contaminants? *J. Great Lakes Res.* 24:32 — 44.

EASON, C.T., E.C. MURPHY, G.R.G. WRIGHT AND E.B. SPURR. 2002. Assessment of risks of brodifacoum to non-target birds and mammals in New Zealand. *Ecotoxicology* 11:35 — 48.

ECOBICHON, D.J. 1996. Toxic effects of pesticides. Pages 643 — 689 in C.D. Klaassen [ED.], Casarett and Doull's toxicology: the basic science of poisons, 5th Ed. McGraw-Hill, New York, NY U.S.A.

EISLER, R. 2000. Handbook of chemical risk assessment: health hazards to humans, plants and animals, Vols. 1-3. Lewis Publishers, Boca Raton, FL U.S.A.

ELLIOTT, J.E. AND M.L. HARRIS. 2002. An ecotoxicological assessment of chlorinated hydrocarbon effects on Bald Eagle populations. *Reviews Toxicol.* 4:1 — 60.

——— AND P.A. MARTIN. 1994. Chlorinated hydrocarbons and shell thinning in eggs of Accipiter hawks in Ontario, 1986 — 1989. *Environ. Pollut.* 86:189 — 200.

——— AND R.J. NORSTROM. 1998. Chlorinated hydrocarbon contaminants and productivity of Bald Eagle populations on the Pacific coast of Canada. *Environ. Toxicol. Chem.* 17:1142 — 1153.

——— AND L. SHUTT. 1993. Monitoring organochlorines in blood of Sharp-shinned Hawks Accipiter striatus migrating through the Great Lakes. *Environ. Toxicol. Chem.* 12:241 — 250.

———, S.W. KENNEDY, D.B. PEAKALL AND H. WON. 1990. Polychlorinated biphenyl (PCB) effects on hepatic mixed function oxidases and porphyria in birds. I. Japanese Quail. *Comp. Biochem. Physiol.* 96C:205 — 210.

———, S.W. KENNEDY, D. JEFFREY AND L. SHUTT. 1991. Polychlorinated biphenyl (PCB) effects on hepatic mixed function oxidases and porphyria in birds. II. American Kestrels. *Comp. Biochem. Physiol.* 99C:141 — 145.

———, R.J. NORSTROM, A. LORENZEN, L.E. HART, H. PHILIBERT, S.W. KENNEDY, J.J. STEGEMAN, G.D. BELLWARD AND K.M. CHENG. 1996a. Biological effects of polychlorinated dibenzo-p-dioxins, dibenzofurans, and biphenyls in Bald Eagle (*Haliaeetus leucocephalus*) chicks. Environ. Toxicol. Chem. 15:782 — 793.

———, K.M. LANGELIER, P. MINEAU AND L.K. WILSON. 1996b. Poisoning of Bald Eagles and Red-tailed Hawks by carbofuran and fensulfothion in the Fraser delta of British Columbia, Canada. *J. Wildl. Dis.* 32:486 — 491.

———, S.W. KENNEDY AND A. LORENZEN. 1997a. Comparative toxicity of polychlorinated biphenyls to Japanese Quail (*Coturnix c. japoniica*) and American Kestrels (*Falco sparverius*). J. Toxicol. Environ. Health 51:57 — 75.

———, L.K. WILSON, K.M. LANGELIER, P. MINEAU AND P.H. SINCLAIR. 1997b. Secondary poisoning of birds of prey by the organophosphorus insecticide, phorate. *Ecotoxicology* 6:219 — 231.

———, I.E. MOUL AND K.M. CHENG. 1998. Variable reproductive success of Bald Eagles on the British Columbia coast. *J. Wildl. Manage.* 62:518 — 529.

———, L.K. WILSON, C.J. HENNY, S.F. TRUDEAU, F.A. LEIGHTON, S.W. KENNEDY AND K.M. CHENG. 2001. Assessment of biological effects of chlorinated hydrocarbons in Osprey chicks. *Environ. Toxicol. Chem.* 20:866 — 879.

———, L.K. WILSON AND B. WAKEFORD. 2005b. Polybrominated diphenyl ether trends in eggs of aquatic and marine birds from British Columbia, Canada, 1979 — 2002. *Environ. Sci. Technol.* 39:5584 — 5591.

ELLIOTT, K.H., C.E. GILL AND J.E. ELLIOT. 2005a. The influence of tide and weather on provisioning rates of chick-rearing Bald Eagles in Vancouver Island, British Columbia. *J. Raptor Res.* 39:1 — 10.

FAIRBROTHER, A. 1996. Cholinesterase-inhibiting pesticides. Pages 52 — 60 in A. Fairbrother, L.N. Locke, and G.L. Hoft [EDS.], Noninfectious diseases of wildlife, 2nd Ed. University of Iowa Press, Ames, IA U.S.A.

FEIERABEND, J.S. AND O. MYERS. 1984. A national summary of lead poisoning in Bald Eagles and waterfowl. National Wildlife Federation, Washington, DC U.S.A.

FERNIE, K.J., J.E. SMITS, G.R. BORTOLOTTI AND D.M. BIRD. 2001. Reproduction success of American Kestrels exposed to dietary polychlorinated biphenyls. *Environ. Toxicol. Chem.* 20:776 — 781.

———, J.L. SHUTT, G. MAYNE, D.J. HOFFMAN, R.J. LETCHER, K.G. DROUILLARD AND I.J. RITCHIE. 2005. Exposure to polybrominated diphenyl ethers (PBDEs): changes in thyroid, vitamin A, glutathione homeostasis, and oxidative stress in American Kestrels (*Falco sparverius*). *Toxicol. Sci.* 88:375 — 383.

FIMREITE, N. AND L. KARSTAD. 1971. Effects of dietary methylmercury on Red tailed Hawks. *J. Wildl. Manage.* 35:293 — 300.

FINLAYSON, B.J., R.A. SCHNICK, R.L. CAITTEUX, L. DEMONG, W.D. HORTON, W. MCCLAY, C.W. THOMPSON AND G.J. TICHACEK. 2000. Rotenone use in fisheries management: administrative and technical guidelines manual. American Fisheries Society, Bethesda, MD U.S.A.

FRY, D.M. 2003. Assessment of lead contamination sources exposing California Condors. Final Report submitted to California Department of Fish and Game, Sacramento, CA U.S.A.

GARCIA-FERNANDEZ, A.J., D. ROMERO, E. MARTINEZ-LOPEZ, I. NAVAS, M. PULIDO AND P. MARIA-MOJICA. 2005. Environmental lead exposure in the European Kestrel (*Falco tinnunculus*) from southeastern Spain: the influence of leaded gasoline regulations. *Bull. Environ. Contam. Toxicol.* 74:314 — 319.

Garcelon, D.K. and N.J. Thomas. 1997. DDE poisoning in an adult Bald Eagle. *J. Wildl. Dis.* 33:299 — 303.

Gilbertson, M., T.J. Kubiak, J. Ludwig and G.A. Fox. 1991. Great Lakes embryo mortality, edema, and deformities syndrome (GLEMEDS) in colonial fish-eating birds: similarity to chick edema disease. *J. Toxicol. Environ. Health* 33:455 — 520.

Gill, C.E. and J.E. Elliott. 2003. Influence of food supply and chlorinated hydrocarbon contaminants on breeding success of Bald Eagles. *Ecotoxicology* 12:95 — 111.

Gilsleider, E. and F.W. Oehme. 1982. Some common toxicoses in raptors. *Vet. Hum. Toxicol.* 24:169 — 170.

Green, R.E., I. Newton, S. Schultz, A.A. Cunningham, M. Gilbert, D.J. Pain, and V. Prakesh. 2004. Diclofenac poisoning as a cause of vulture population declines across the Indian subcontinent. *J. Appl. Ecol.* 41:793 — 800.

Grier, J.W. 1969. Bald Eagle behavior and productivity responses to climbing to nests. *J. Wildl. Manage.* 33:961 — 966.

Gross, T.S., B.S. Arnold, M.S. Sepulveda and K. McDonald. 2003. Endocrine disrupting chemicals and endocrine active agents. Pages 1033 — 1098 in D.J. Hoffman, B.A. Rattner, G.A. Burton, Jr. and J. Cairns, Jr. [Eds.], Handbook of ecotoxicology, 2nd Ed. Lewis Publishers, Boca Raton, FL U.S.A.

Hegdal P.L. and B.A. Colvin. 1988. Potential hazard to Eastern Screech-Owls and other raptors of brodifacoum bait used for vole control in orchards. *Environ. Toxicol. Chem.* 7:245 — 260.

Heinz, G.H. 1979. Methylmercury: reproductive and behavioral effects on three generations of Mallard ducks. *J. Wildl. Manage.* 43:394 — 401.

——— and D.J. Hoffman. 2003. Mercury accumulation and loss in Mallard eggs. *Environ. Toxicol. Chem.* 23:222 — 224.

Helander, B.A., A. Olsson, A. Bignert, L. Asplund and K. Litzen. 2002. The role of DDE, PCB, coplanar PCB and eggshell parameters for reproduction in the White-tailed Sea Eagle (*Haliaeetus albicilla*) in Sweden. *Ambio* 31:386 — 403.

Henny, C.J. 1990. Mortality. Pages 140 — 150 in I. Newton [Ed.], Birds of prey: an illustrated encyclopedic survey by international experts. Golden Press Pty. Ltd., Silverwater, Australia.

———. 2003. Effects of mining lead on birds: a case history at Couer d'Alene Basin, Idaho. Pages 755 — 766 in D.J. Hoffman, B.A. Rattner, G.A. Burton, Jr. and J. Cairns, Jr. [Eds.], Handbook of ecotoxicology, 2nd Ed. Lewis Publishers, Boca Raton, FL U.S.A.

——— and J.L. Kaiser. 1995. Effects of rotenone use to kill "trash" fish on Osprey productivity at a reservoir in Oregon. *J. Raptor Res.* 29:58 (Abstract).

——— and D.L. Meeker. 1981. An evaluation of blood plasma for monitoring DDE in birds of prey. *Environ. Pollut.* 25A:291 — 304.

———, F.P. Ward, K. E. Riddle and R.M. Prouty. 1982. Migratory Peregrine Falcons *Falco peregrinus* accumulate pesticides in Latin America during winter. *Can. Field-Nat.* 96:333 — 338.

———, L.J. Blus and C.J. Stafford. 1983. Effects of heptachlor on American Kestrels in the Columbia Basin, Oregon. *J. Wildl. Manage.* 47:1080 — 1087.

———, L.J. Blus, E.J. Kolbe and R.E. Fitzner. 1985. Organophosphate insecticide (famphur) topically applied to cattle kills magpies and hawks. *J. Wildl. Manage.* 49:648 — 658.

———, E.J. Kolbe, E.F. Hill and L.J. Blus. 1987. Case histories of Bald Eagles and other raptors killed by organophosphorus insecticides topically applied to livestock. *J. Wildl. Dis.* 23:292 — 295.

———, L.J. Blus, D.J. Hoffman, R.A. Grove and J.S. Hatfield. 1991. Lead accumulation and Osprey production near a mining site on the Coeur d'Alene River, Idaho. *Arch. Environ. Contam. Toxicol.* 21:415 — 424.

———, L.J. Blus, D.J. Hoffman and R.A. Grove. 1994. Lead in hawks, falcons and owls downstream from a mining site on the Coeur d'Alene River, Idaho. *Environ. Monit. Assess.* 29:267 — 288.

———, W.S. Seegar and T.L. Maechtle. 1996. DDE decreases in plasma of spring migrant Peregrine Falcons, 1978 — 1994. *J. Wildl. Manage.* 60:342 — 349.

———, P. Mineau, J.E. Elliott and B. Woodbridge. 1999. Raptor poisoning and current insecticide use: what do isolated kill reports mean to populations? *Proc. Internat. Ornithol. Congr.* 22:1020 — 1032.

———, E.F. Hill, D.J. Hoffman, M.G. Spalding and R.A. Grove. 2002. Nineteenth century mercury: hazard to wading birds and cormorants of the Carson River, Nevada. *Ecotoxicology* 11:213 — 231.

———, R.A. Grove, J.L. Kaiser and V.R. Bentley. 2004. An evaluation of Osprey eggs to determine spatial residue patterns and effects of contaminants along the lower Columbia River, USA. Pages 369 — 388 in R.D. Chancellor and B.-U. Meyburg [Eds.], Raptors Worldwide. World Working Group for Birds of Prey and Owls, Berlin, Germany and MME, Budapest, Hungary.

Hill, E.F. 1988. Brain cholinesterase activity of apparently normal wild birds. *J. Wildl. Dis.* 24:51 — 61.

———. 1989. Divergent effects of postmortem ambient temperature on organophosphorus and carbamate-inhibited brain cholinesterase in birds. *Pest. Biochem. Physiol.* 33:264 — 275.

———. 1999. Wildlife toxicology. Pages 1327 — 1363 in B. Ballantyne, T.C. Marrs, and T. Syversen [Eds.], General and applied toxicology, Vol. 2, 2nd Ed. Macmillan Reference Ltd., London, United Kingdom.

———. 2003. Wildlife toxicology of organophosphorus and

carbamate pesticides. Pages 281 − 312 in D.J. Hoffman, B.A. Rattner, G.A. Burton, Jr. and J. Cairns, Jr. [Eds.], Handbook of ecotoxicology, 2nd Ed. Lewis Publishers, Boca Raton, FL U.S.A.

——— and W.J. Fleming. 1982. Anticholinesterase poisoning of birds: field monitoring and diagnosis of acute poisoning. *Environ. Toxicol. Chem.* 1:27 − 38.

——— and V.M. Mendenhall. 1980. Secondary poisoning of Barn Owls with famphur, an organophosphate insecticide. *J. Wildl. Manage.* 44:676 − 681.

Hoffman, D.J., C.P. Rice and T.J. Kubiak. 1996. PCBs and dioxins in birds. Pages 165 − 207 in W.N. Beyer, G.H. Heinz, and A.W. Redman-Norwood [Eds.], Environmental contaminants in wildlife: interpreting tissue concentrations. Lewis Publishers, Boca Raton, FL U.S.A.

———, M. J. Melancon, P.N. Klein, J.D. Eisemann and J.W. Spann. 1998. Comparative developmental toxicity of planar polychlorinated biphenyl congeners in chickens, American Kestrels and Common Terns. *Environ. Toxicol. Chem.* 17:747 − 757.

Hooper, M.J., P.J. Detrich, C.P. Weisskopf and B.W. Wilson. 1989. Organophosphorus insecticide exposure in hawks inhabiting orchards during winter dormant spraying. *Bull. Environ. Contam. Toxicol.* 42:651 − 659.

Howald, G.R., P. Mineau, J.E. Elliott and K.M. Cheng. 1999. Brodifacoum poisoning of avian scavengers during rat control on a seabird colony. *Ecotoxicology* 8:431 − 447.

Hudson R.H., R.K. Tucker and M.A. Haegle. 1984. Handbook of toxicity of pesticides to wildlife, 2nd Ed. U.S. Fish and Wildlife Service, Resour. Publ. 153, Washington, DC U.S.A.

Huet, M.-C. 2000. OECD activity on endocrine disrupter test guideline development. *Ecotoxicology* 9:77 − 84.

Hunt, K.A., D.M. Bird, P. Mineau and L. Shutt. 1991. Secondary poisoning hazard of fenthion to American Kestrels. *Arch. Environ. Contamin. Toxicol.* 21:84 − 90.

Jansson, B., R. Andersson, L. Asplund, K. Litzen, K. Nylund, U. Sellstrom, U.B. Uvemo, C. Wahlberg, U. Wideqvst, T. Odsjo and M. Olsson. 1993. Chlorinated and brominated persistent organic compounds in biological samples from the environment. *Environ. Toxicol. Chem.* 12:1163 − 1174.

Jarman, W.M., S.A. Burns, W.G. Mattox and W.S. Seegar. 1994. Organochlorine compounds in the plasma of Peregrine Falcons and Gyrfalcons nesting in Greenland. *Arctic* 47:334 − 340.

Jenson, S., A.G. Johnels, M. Olsson and T. Westermark. 1972. The avifauna of Sweden as indicators of environmental contamination with mercury and chlorinated hydrocarbons. *Proc. Internat. Ornithol. Congr.* 15:455 − 465.

Jespers, V., A. Covaci, J. Maervoet, T. Dauwe, S. Voorspoels, P. Schepens and M. Eens. 2005. Brominated flame retardants and organochlorine pollutants in eggs of Little Owls (*Athene noctua*) from Belgium. *Environ. Pollut.* 136:81 − 88.

Johnels, A.G., G. Tyler and T. Westermark. 1979. A history of mercury levels in Swedish fauna. *Ambio* 8:160 − 168.

Kannan, K., J.C. Franson, W.W. Bowerman, K.J. Hansen, J.D. Jones and J.P. Giesy. 2001. Perfluooctane sulfonate in fish-eating water birds including Bald Eagles and albatrosses. *Environ. Sci. Technol.* 35:3065 − 3070.

———, K., S. Corsolini, J. Falandysz, G. Oehme, S. Focardi and J.P. Giesy. 2002. Perflorooctanesulfonate and related florinated hydrocarbons in marine mammals, fishes and birds from coasts of the Baltic and the Mediterranean Seas. *Environ. Sci. Technol.* 36:3210 − 3216.

Kim, E-Y, R. Gato, H. Iwata, Y. Masuda, S. Tanabe and S. Fujita. 1999. Preliminary survey of lead poisoning of Steller's Sea Eagle (*Haliaeetus pelagicus*) and White-tailed Sea Eagle (*Haliaeetus albicilla*) in Hokkaido, Japan. *Environ. Toxicol. Chem.* 18:448 − 451.

Koeman, J.H., J. Garseen-Hoekstra, E. Pels and J.J.M. Degoeij. 1971. Poisoning of birds of prey by methylmercury compounds. *Meded. Faculteit, Landbouwweton* 36:43 − 49.

Kramer, J.L. and P.T. Redig. 1997. Sixteen years of lead poisoning in eagles, 1980 − 95: an epizootiologic view. *J. Raptor Res.* 31:327 − 332.

Kurosawa, N. 2000. Lead poisoning in Steller's Sea Eagles and White-tailed Sea Eagles. Pages 107 − 109 *in* M. Ueta and M. McGrady [Eds.], First Symposium on Steller's and White-tailed sea eagles in east Asia. Wild Bird Society, Tokyo, Japan.

Lindberg P., U. Sellstrom, L. Haggberg and C.A. de Wit. 2004. Higher brominated diphenyl ethers and hexabromocyclododecane found in eggs of Peregrine Falcons (*Falco peregrinus*) breeding in Sweden. *Environ. Sci. Technol.* 38:93 − 96.

Littrell, E.E. 1988. Waterfowl mortality in rice fields treated with the carbamate, carbofuran. *Calif. Fish Game* 74:226 − 231.

Locke, L.N. and M. Friend. 1992. Lead poisoning of avian species other than waterfowl, Pages 19 − 22 in D.J. Pain [Ed.], Lead poisoning in waterfowl. IWRB Special Publ. No. 16, Brussels, Belgium.

Lockie, J.D., D.A. Ratcliffe and R. Balbarry. 1969. Breeding success and organochlorine residues in Golden Eagles in west Scotland. *J. Appl. Ecol.* 6:381 − 389.

Lucotte, M., A. Mucci, C. Hillaire-marcel, P. Pichet and A. Grondin. 1995. Anthropogenic mercury enrichment in remote lakes of northern Quebec (Canada). *Water Air Soil Pollut.* 80:467 − 476.

Matsumura, F. 1985. Toxicology of insecticides, 2nd Ed. Plenum Press, New York NY U.S.A.

McKinney, M.A., L.S. Cesh, J.E. Elliott, T.D. Williams, D.K. Garcelon and R.J. Letcher. 2006. Novel brominated and chlorinated contaminants and hydroxylated analogues among North American west coast populations of Bald Eagles (*Haliaeetus leucocephalus*). *Environ. Sci. Technol.* 40:6275 − 6281.

MENDELSSOHN, H. AND U. PAZ. 1977. Mass mortality of birds of prey caused by Azodrin, an organophosphorus insecticide. *Biol. Conserv.* 11:163 — 170.

MENDENHALL, V.M. AND L.F. PANK. 1980. Secondary poisoning of owls by anticoagulant rodenticides. *Wildl. Soc. Bull.* 8:311 — 315.

MERETSKY, V.J., N.F.R. SNYDER, S.R. BEISSINGER, D.A. CLENDENEN AND J.W. WILEY. 2000. Demography of the California Condor: implications for reestablishment. *Conserv. Biol.* 14:957 — 967.

MILLER, M.J.R., M.E. WAYL AND G.R. BORTOLOTTI. 2002. Lead exposure and poisoning in diurnal raptors: a global perspective. Pages 224 — 245 in R. Yosef, M.L. Miller and D. Pepler [EDS.], Raptors in the new millennium. International Birding and Research Center, Eilat, Israel.

MILLS, J.A. 1973. Some observations on the effects of field applications of fensulfothion and parathion on bird and mammal populations. *Proc. New Zealand Ecol. Soc.* 20:65 — 71.

MINEAU, P., M.R. FLETCHER, L.C. GLASER, N.J. THOMAS, C. BRASSARD, L.K. WILSON, J.E. ELLIOTT, L.A. LYON, C.J. HENNY, T. BOLLINGER AND S.L. PORTER. 1999. Poisoning of raptors with organophosphorus and carbamate pesticides with emphasis on Canada, U.S. and U.K. *J. Raptor Res.* 33:1 — 37.

MOORE, N.W. AND D.A. RATCLIFFE. 1962. Chlorinated hydrocarbon residues in the egg of a Peregrine Falcon *Falco peregrinus* from Perthshire. *Bird Study* 9:242 — 244.

NEWSON, S.C., C.D. SANDAU, J.E. ELLIOTT, S.B. BROWN AND R.J. NORSTROM. 2000. PCBs and hydroxylated metabolites in Bald Eagle plasma: comparison of thyroid hormone and retinol levels. Proc. Internat. Conf. of Environ. Chem., Ottawa, ON, 7 — 11 May 2000.

NEWTON, I. 1988. Determination of critical pollutant levels in wild populations, with examples from organochlorine insecticides in birds of prey. *Environ. Pollut.* 55:29 — 40.

——— AND E.A. GALBRAITH. 1991. Organochlorines and mercury in eggs of Golden Eagles *Aquila chrysaetos* from Scotland. *Ibis* 133:115 — 120.

——— AND M.B. HAAS. 1988. Pollutants in Merlin eggs and their effects on breeding. *Br. Birds* 81:258 — 269.

———, J.A. BOGAN, AND P. ROTHERY. 1986. Trends and effects of organochlorine compounds in sparrowhawk eggs. *J. Appl. Ecol.* 23:461 — 478.

———, I. WYLLIE AND P. FREESTONE. 1990. Rodenticides in British Barn Owls. *Environ. Pollut.* 68:101 — 117.

NISBET, I.C.T. AND R.W. RISEBROUGH. 1994. Relationship of DDE to productivity of Bald Eagles *Haliaeetus leucocephalus* in California and Arizona, USA. Pages 771 — 773 in B.-U. Meyburg and R.D. Chancellor [EDS.], Raptor Conservation Today. Pica Press, Berlin, Germany.

NORSTROM, R.J., J.P. CLARK, D.A. JEFFREY, H.T. WONAND AND A.P. GILMAN. 1985. Dynamics of organochlorine compounds in Herring Gulls *Larus argentatus*: distribution of [^{14}C] DDE in free-living Herring Gulls. *Environ. Toxicol. Chem.* 5:41 — 48.

NRIAGU, J.O., W.C. PFEIFFER, O. MALM, C.M. MAGALHAES DE SOUZA AND G. MIERLE. 1992. Mercury pollution in Brazil. *Nature* 356:389.

OAKS, J.L., M. GILBERT, M.Z. VIRANI, R.T. WATSON, C.U. METEYER, B.A. RIDEOUT, H.L. SHIVAPRASAD, S. AHMED, M.J.I. CHAUDHRY, M. ARSHAD, S. MAHMOOD, A. ALI AND A.A. KHAN. 2004. Diclofenac residues as the cause of vulture population decline in Pakistan. *Nature* 427:630 — 633.

OBERG, K. 1967. On the principal way of attack of rotenone in fish. *Arch. Zool.* 18:217 — 220.

O'BRIEN, R.D. 1967. Insecticides action and metabolism. Academic Press, New York, NY U.S.A.

OEHME, G. 2003. On the toxic level of mercury in the eggs of *Haliaeetus*. Pages 247 — 256 in B. Helander, M. Marquiss, and W. Bowerman [EDS.], Sea Eagle 2000. Proceedings from an international sea eagle conference, Swedish Society for Nature Conservation, Stockholm, Sweden.

OLSSON, A., K. CEDER, A. BERGMAN AND B. HELANDER. 2000. Nestling blood of the White-tailed Sea Eagle (*Haliaeetus albicilla*) as an indicator of territorial exposure to organohalogen compounds: an evaluation. *Environ. Sci. Technol.* 34:2733 — 2740.

PAIN, D.J. 1996. Lead in waterfowl. Pages 225 — 264 in W.N. Beyer, G.H. Heinz, and A.W. Redman-Norwood [EDS.], Environmental contaminants in wildlife: interpreting tissue concentrations. Lewis Publishers, Boca Raton, FL U.S.A.

———, J. SEARS AND I. NEWTON. 1994. Lead concentrations in birds of prey from Britain. *Environ. Pollut.* 87:173 — 180.

PATTEE, O.H., S.N. WIEMEYER, B.M. MULHERN, L. SILEO AND J.W. CARPENTER. 1981. Experimental lead shot poisoning in Bald Eagles. *J. Wild. Manage.* 45:806 — 810.

PEAKALL, D.B. 1975. Physiological effects of chlorinated hydrocarbons on avian species. Pages 343 — 360 in R. Hague and V. Freed [EDS.], Environmental dynamics of pesticides. Plenum Press, New York NY U.S.A.

———. 1987. Toxicology. Pages 321 — 329 in B.A. Giron Pendleton, B.A. Millsap, K.W. Cline, and D.M. Bird [EDS.], Raptor management techniques manual. National Wildlife Federation, Washington, DC U.S.A.

———. 1996. Dieldrin and other cyclodiene pesticides in wildlife. Pages 73 — 97 in W.N. Beyer, G.H. Heinz, and A.W. Redman-Norwood [EDS.], Environmental contaminants in wildlife: interpreting tissue concentrations. Lewis Publishers, Boca Raton, FL U.S.A.

———, D.G. NOBLE, J.E. ELLIOTT, J.D. SOMERS AND G. ERICKSON. 1990. Environmental contaminants in Canadian Peregrine Falcons, *Falco peregrinus*: a toxicological assessment. *Can. Field-Nat.* 104:244 — 254.

PETERSON, R.E., H.M. THEOBALD AND G.L. KIMMEL. 1993. Developmental and reproductive toxicity of dioxins and related compounds: cross species comparisons. *Critical Rev.*

Toxicol. 23:283 — 335.

PRAKESH, V., D.J. PAIN, A.A. CUNNINGHAM, P.F. DONALD, N. PRAKESH, A. VERMA, R. GARGI, S. SIVAKUMAR AND A.R. RAHMANI. 2003. Catastrophic collapse of Indian White-backed *Gyps bengalensis* and Long-billed *Gyps indicus* vulture populations. *Biol. Conserv.* 109:381 — 390.

PROUTY, R.M., W.L. REICHEL, L.N. LOCKE, A.A. BELISLE, E. CROMARTIE, T.E. KAISER, T.G. LAMONT, B.M. MULHERN AND D.M. SWINEFORD. 1977. Residues of organochlorine pesticides and polychlorinated biphenyls and autopsy data for Bald Eagles, 1973 — 74. *Pestic. Monit. J.* 11:134 — 137.

RATCLIFFE, D.A. 1970. Changes attributable to pesticides in egg breakage frequency and eggshell thickness in some British birds. *J. Appl. Ecol.* 7:67 — 115.

RATTNER, B.A., P.C. MCGOWAN, N.H. GOLDEN, J.S. HATFIELD, P.C. TOSCHIK, R.F. LUKEI, JR., R.C. HALE, I. SCHMITZ-ALFONSO AND C.P. RICE. 2004. Contaminant exposure and reproductive success of Ospreys (*Pandion haliaetus*) nesting in Chesapeake Bay regions of concern. *Arch. Environ. Contam. Toxicol.* 47:126 — 140.

REIDINGER, R.F. AND D.G. CRABTREE. 1974. Organochlorine residues in Golden Eagles, United States: March 1964 — July 1971. *Pest. Monit. J.* 8:37 — 43.

RICE, C.P., P. O'KEEFE AND T. KUBIAK. 2003. Sources, pathways and effects of PCBs, dioxins and dibenzofurans. Pages 501 — 573 in D.J. Hoffman, B.A. Rattner, G.A. Burton, Jr. and J. Cairns, Jr. [EDS.], Handbook of ecotoxicology, 2nd Ed. Lewis Publishers, Boca Raton, FL U.S.A.

ROOD, B.E., J.F. GOTTGENS, J.J. DELFINO, C.D. EARLE AND T.L. CRISMAN. 1995. Mercury accumulation trends in Florida Everglades and savannas marsh flooded soils. *Water Air Soil Pollut.* 80:981 — 990.

SCHNICK, S. 1974. A review of the literature on the use of rotenone in fisheries. U.S. Fish and Wildlife Service, LaCrosse, WI U.S.A.

SCHEUHAMMER, A.M. 1987. The chronic toxicity of aluminum, cadmium, mercury and lead in birds: a review. *Environ. Pollut.* 46:263 — 295.

SIBLEY, R.M., I. NEWTON AND C.H.WALKER. 2000. Effects of dieldrin on population growth rates of sparrowhawks 1963 — 1986. *J. Appl. Ecol.* 37.540 — 546.

SMITS J.E., K.J. FERNIE, G.R. BORTOLOTTI AND T.A. MARCHANT. 2002. Thyroid hormone suppression and cell-mediated immunomodulation in American Kestrels (*Falco sparverius*) exposed to PCBs. *Arch. Environ. Contam. Toxicol.* 43:338 — 344.

SNYDER, N. AND H. SNYDER. 2000. The California Condor, a saga of natural history and conservation. Academic Press, London, United Kingdom.

STANSLEY, W. AND D.E. ROSCOE. 1999. Chlordane poisoning of birds in New Jersey, USA. *Environ. Toxicol. Chem.* 18:2095 — 2099.

STONE, W.B., J. OKONIEWSKI AND J.R. STEDELIN. 1999. Poisoning of wildlife with anticoagulant rodenticides in New York. *J. Wildl. Dis.* 35:187 — 193.

TANABE, S. 1988. PCB problems in the future: foresight from current knowledge. *Environ. Pollut.* 50:5 — 28.

THOMAS, N.J., C.U. METEYER AND L. SILEO. 1998. Epizootic vacuolar myelinopathy of the central nervous system of Bald Eagles (*Haliaeetus leucocephalus*) and American Coots (*Fulica americana*). *Vet. Pathol.* 35:479 — 487.

THOMPSON, D.R. 1996. Mercury in birds and terrestrial mammals. Pages 341 — 356 in W.N. Beyer, G. Heinz, and A.W. Redmon-Norwood [EDS.], Environmental contaminants in wildlife: interpreting tissue concentrations. Lewis Publishers, Boca Raton, FL U.S.A.

TITTLEMIER, S.A., R.J. NORSTROM, M. SIMON, W.M. JARMAN AND J.E. ELLIOTT. 1999. Identification and distribution of a novel brominated chlorinated heterocyclic compound in seabird eggs. *Environ. Sci. Technol.* 33:26 — 33.

———., J.A. DUFFE, A.D. DALLAIRE, D.M. BIRD AND R.J. NORSTROM. 2003. Reproductive and morphological effects of halogenated dimethyl bipyrroles on captive American Kestrels (*Falco sparverius*). *Environ. Toxicol. Chem.* 22:1497 — 1506.

TOWNSEND, M.G., M.R. FLETCHER, E.M. ODAM AND P.I. STANLEY. 1981. An assessment of the secondary poisoning hazard of warfarin to Tawny Owls. *J. Wildl. Manage.* 45:242 — 248.

VAN DEN BERG, M., L. BIRNBAUM, A.T.C. BOSVELD, B. BRUNSTRÖM, P. COOK, M. FEELEY, J.P. GIESY, A. HANBERG, R. HASEGAWA, S.W. KENNEDY, T. KUBIAK, J.C. LARSEN, F.X.R. VAN LEEUWEN, A.K.D. LIEM, C. NOLT, R.E. PETERSON, L. POELLINGER, S. SAFE, D. SCHRENK, D. TILLITT, M. TYSKLIND, M. YOUNES, F. WÆRN AND T. ZACHAREWSKI. 1998. Toxic equivalency factors (TEFs) for PCBs, PCDDs, and PCDFs for humans and wildlife. *Environ. Health Perspect.* 106:775 — 792.

WAYLAND, M., L. K. WILSON, J. E. ELLIOTT, M. J. R. MILLER, T. BOLLINGER, M. MCADIE, K. LANGELIER, J. KEATING, AND J. M. W. FROESE. 2003. Mortality, morbidity and lead poisoning of eagles in western Canada, 1986 — 98. *J. Raptor Res.* 37:8 — 18.

WEGNER, P., G. KLEINSTAUBER, F. BRAUM, AND F. SCHILLING. 2005. Long-term investigation of the degree of exposure of German Peregrine Falcons (*Falco peregrinus*) to damaging chemicals in the environment. *J. Ornithol.* 146:34 — 54.

WIEMEYER, S.N., P.R. SPITZER, W.C. KRANTZ, T.G. LAMONT AND E. CROMARTIE. 1975. Effects of environmental pollutants on Connecticut and Maryland Ospreys. *J. Wildl. Manage.* 39:124 — 139.

———, T.G. LAMONT, C.M. BUNCK, C.R. SINDELAR, F.J. GRAMLICH, J.D. FRASER AND M.A. BYRD. 1984. Organochlorine pesticide, polychlorobiphenyl, and mercury residues in Bald Eagle eggs 1969 — 79 and their relationships to shell thinning and reproduction. *Arch. Environ. Contam. Toxicol.* 13:529 — 549.

———, C.M. BUNCK AND A.J. KRYNITZKY. 1988. Organochlorine pesticides, polychlorinated biphenyls and mercury in

Osprey eggs 1970 — 1979 and their relationship to shell thinning and productivity. *Arch. Environ. Contam. Toxicol.* 17:767 — 787.

———, C.M. BUNCK AND C.J. STAFFORD. 1993. Environmental contaminants in Bald Eagle eggs 1980 — 1984 and further interpretations of relationships to productivity and shell thickness. *Arch. Environ. Contam. Toxicol.* 24:213 — 227.

WILEY, F.E., A.H. BIRRENKOTT, S.B. WILDE, T.M. MURPHY, C.P. HOPE, J.J. HAINS AND W.W. BOWERMAN. 2004. Investigating the link between avian vacuolar myelinopathy and a novel species of cyanobacteria. SETAC 2004, 14 — 18 November, Portland, OR U.S.A. (Abstract).

WILSON, B.W., M.J. HOOPER, E.E. LITTRELL, P.J. DETRICH, M.E. HANSEN, C.P. WEISSKOPF AND J.N. SEIBER. 1991. Orchard dormant sprays and exposure of Red-tailed Hawks to organophosphates. *Bull. Environ. Contam. Toxicol.* 47:717 — 724.

WILSON, L.K., J.E. ELLIOTT, R.S. VERNON AND S.Y. SZETO. 2002. Retention of the active ingredients in granular phorate, terbufos, fonofos, and carbofuran in soils of the Lowver Fraser Valley and their implications for wildlife poisoning. *Environ. Toxicol. Chem.* 21:260 — 268.

WOODBRIDGE, B., K.K. FINLEY AND S.T. SEAGER. 1995. An investigation of the Swainson's Hawk in Argentina. *J. Raptor Res.* 29:202 — 204.

WOODFORD J.E., W.H. KRASOV, M.E. MEYER AND L. CHAMBERS. 1998. Impact of 2,3,7,8-TCDD exposure on survival, growth, and behaviour of Ospreys breeding in Wisconsin, USA. *Environ. Toxicol. Chem.* 17:1323 — 1331.

管理と研究による妨害の軽減

Robert N. Rosenfield
Department of Biology, University of Wisconsin
Stevens Point, WI 54481 U.S.A.

James W. Grier
Department of Biological Sciences, North Dakota State University
Fargo, ND 58105 U.S.A.

Richard W. Fyfe
Box 3263, Fort Saskatchewan, Alberta, T8L 2T2 Canada

訳：村手達佳

はじめに

　研究者は，繁殖期に限らずいつでも，猛禽類に対して様々な形で生息妨害を引き起こしている可能性があり，そのために正確な調査結果が得られなくなる．例えば，生息妨害は，繁殖成功率やその他の行動を，正確に推定することの妨げとなる．したがって，生息妨害の影響を理解し，最小化することは，猛禽類の研究を行ううえで，また，研究対象となる猛禽類にとって望ましいことであるといえる．また，猛禽類の保護活動は，これまで極めて慎重に行われてきたことから，研究者や保護管理者が猛禽類に対して実際に及ぼした，あるいは及ぼす可能性のある負の影響に関する多くの情報が得られている．これらの状況を踏まえ，本章では，研究および保護管理に起因する猛禽類の生息妨害に関する問題点および実現可能な解決策について検討する．

　人間活動に伴う猛禽類に対する負の影響は多岐に及び，専門的および非専門的な出版物の双方で十分に報告されている．なかでも，有毒な化学物質による半致命的および致命的な影響については，様々な文献により紹介されている（Parker 1976, White et al. 1989, Goldstein et al. 1996, Mineau et al. 1999, Klute et al. 2003, Ratcliffe 2003）．また，その他の猛禽類の個体群への脅威に関する要因としては，森林伐採，農業，工業汚染，気候変動，レクリエーション活動および武器の試用による騒音に起因するハビタットの減少と質の低下のほか，銃猟，罠による捕獲，中毒による直接的な要因があげられる（Bildstein et al. 1993, White 1994, Fuller 1996, Kirk and Hyslop 1998, Brown et al. 1999, Fletcher et al. 1999, Wood 1999, Noon and Franklin 2002, Klute et al. 2003, Newbrey et al. 2005）．さらに，繁殖中の猛禽類に対する研究者の生息妨害の影響についても報告されている．例えば，巣へ登った後の営巣活動の中断（Boeker and Ray 1971, Luttich et al. 1971），繁殖成功率の低下（Wiley 1975, Buehler 2000），行動圏からの個体の消失（Andersen et al. 1986, 1990）等である．

　一方，近年，世界中で多くの猛禽類が，人間によって改変された環境に適応しており，電柱，建築物，煙突や橋等の人工構造物に営巣し（例えば，Bird et al. 1996），うまく繁殖するようになっている．これまで，猛禽類は，特に営巣活動期に，人間活動による生息妨害の影響を受けやすい分類群であるといわれてきたが（Newton 1979, Snyder and Snyder 1991, Roberson et al. 2002），森林性猛禽類の多くが，人間が居住する環境に生息し，うまく繁殖していることが，近年の研究成果によって明らかになっている．例えば，オオタカ（*Accipiter gentilis*）では，1999年に70ペアの繁殖テリトリーがドイツのベルリン市内で確認されている（Krone et al. 2005）．さらに実際，市街地が，ミシシッピートビ（*Ictinia mississippiensis*）（Parker 1996），アカオノスリ（*Buteo jamaicensis*）（Stout et al. 2006）やクーパーハイタカ（*Accipiter cooperii*）（Rosenfield et al. 1995, Boal and Mannan 1999）といった林や森林に生息する種が高密度に営巣する避難所としての役割を果たしていることが確認されている．

生息妨害の影響が少ない農村部に生息する猛禽類と，生息妨害の影響が比較的大きい都会等の市街地に生息する猛禽類では，行動や個体群構成が異なっていると報告されており，例えば，市街地に生息する猛禽類の方が，人間の存在に寛容であり，敏感度が低く，さらに攻撃的である（Götmark 1992, Steidl and Anthony 1996, Bielefeldt et al. 1998, Aradis and Carpaneto 2001, W.E. Stout and A.C. Stewart 私信，また Andersen et al. 1989 も参照のこと）．英国，中央ヨーロッパおよび日本では，オオタカが農村部の人間活動域から極めて近い位置に営巣することもあるが，これらの個体群が特に生息妨害の影響を受けているわけではない（Squires and Kennedy 2005）．また，例えば，ニシアメリカフクロウ（Strix occidentalis）の人間に対する従順な行動と反応は，このフクロウに対する直接的な人間の影響が大きくないことを示している（Gutierrez et al. 1995）．

一方，猛禽類に対する人間の負の影響についても，いくつかの報告がある〔例えば，Stalmaster and Newman 1978, Newton 1979, Keran 1981. The Birds of North America series（Poole 2004）の中の猛禽類の様々な種の説明を参照のこと〕．多くの文献では，人間による生息妨害は，営巣活動期，特に抱卵期間中に問題となることが示されている（例えば，Fyfe and Olendorf 1976, Boal and Mannan 1994, Roberson et al. 2002）．このような負の影響の低下を試みる保護管理手法として，巣の周辺にバッファーゾーンを設置すること，活動を時間的に制限すること等が報告されている（Stalmaster and Newman 1978, Suter and Jones 1981, Grier et al. 1983, Squires and Reynolds 1997, Erdman et al. 1998, Jacobs and Jacobs 2002, Watson 2004）．また，研究者による生息妨害を最小化する様々な調査手法が試みられている．例えば，観察ブラインドに移動するための目隠し用のトンネルの設置（Nelson 1970, Shugart et al. 1981），巣に行く時の調査時間の制限（Rosenfield and Bielefeldt 1993a, Squires and Kennedy 2006），観察者が何度も巣に行くことを止めたりまたは頻度を少なくしたりするための小型で静寂なカメラの巣の傍への設置（Booms and Fuller 2003, Rogers et al. 2005, Smithers et al. 2005）等を行っている．

しかしながら，営巣活動中の猛禽類に対する調査研究および保護管理活動に伴う生息妨害の影響を低減させる有効な手法はほとんど知られておらず，また，ほとんど報告もされていない（Gotmark 1992）．これは，生息妨害を定量化することが困難であり，さらに，研究者が一般的に生息妨害を定量的に記録していないことに起因する（しかし，Grier 1969, Busch et al. 1978, White and Thurow 1985, Crocker-Bedford 1990 も参照のこと）．また，猛禽類は比較的低い密度で営巣する傾向があり，生息妨害の影響を評価するために必要となる十分な量のデータを収集することが困難なことも，その原因の1つとなっている（Gotmark 1992, しかし，Riffel et al. 1996 も参照のこと）．そもそも，研究者による生息妨害そのものが，積極的な保護活動が展開されている様々な種の猛禽類での保護管理実績に関する報告書の中で言及されていない（Cade et al. 1988, Reynolds et al. 1992, Klute et al. 2003, Andersen et al. 2005）．一方，雛が孵化した後の短時間の観察，または育雛期間中にバンディングや電波発信機を装着するための成鳥の捕獲が，営巣放棄を引き起こさなかったとする1つの報告事例がある〔United States Fish and Wildlife Service（米国魚類野生生物局）1998〕．この報告事例では，このような生息妨害は，通常，北米に生息するオオタカ個体群の長期間の生存に影響を与える要素にはならないと結論付けている．

Grier（1969）は，カナダのオンタリオ州北西部におけるハクトウワシ（Haliaeetus leucocephalus）の巣に登攀する調査による懸念される影響に関して，3年間にわたる大規模な的確に管理された実験的な研究は，生息妨害を引き起こさなかったと報告している．同様に，Steenhof（1998）は，適切に計画された野外調査は，ソウゲンハヤブサ（Falco mexicanus）の個体群にほとんど影響を与えないことを示している．また，アイダホ州の Snake River Birds of Prey Natural Conservation Area における 24 年間に及ぶソウゲンハヤブサの研究の実施期間中に，巣を 1,555 回訪れたが，研究者に起因する卵または巣内雛の損失はわずかに 11 回（0.7%）のみであったことを示している（Steenhof 1998）．

同様に，ニシアメリカフクロウでは，2,065 回以上の捕獲を含む，数十万時間に及ぶ調査研究やモニタリングが行われているが，その間，落鳥は全くなく，ハーネス型の電波発信機の装着による繁殖への負の影響を除いては，調査活動による明確な影響はみられていない（Gutierrez et al. 1995, 下記を参照のこと）．また，猛禽類と猛禽類以外の鳥類の巣における研究者の生息妨害の影響について比較検討した結果，猛禽類以外の鳥類の方が，生息妨害の影響にはより敏感であったと報告されている（Gotmark 1992）．その差異が生じる1つの要因として，サンプル数が少ないと前置きしたうえで，猛禽類の研究者が巣を訪れる回数が比較的少なく，猛禽類の研究者の方が比較的生息妨害の生じにくい調査手法を利用していることがあげられている

(Gotmark 1992).

人間活動による生息妨害の問題は多種多様であり（Riffel et al. 1996），また，第20章で検討されていることから，本章では，研究者と保護管理者の活動により生じる可能性のある生息妨害に焦点を絞り込むものとする．これらの生息妨害に関する多くの文献では，繁殖する猛禽類の研究が取り扱われている．Fyfe and Olendorff（1976）は，営巣活動中の猛禽類の調査研究および保護管理による生息妨害に関する様々な問題を改善するための優れた提案を示している．以下に，Fyfe and Olendorff（1976）の提案を要約し，この提案に対する Gotmark（1992）の意見を考慮した修正版を示すとともに，われわれの推奨事項については，この本の他の箇所で示されている推奨事項と整合性を取るように試みた．

予備的な検討

研究者および保護管理者は，生息妨害の影響を最小化するために，プロジェクトを計画する際，野外活動により生じる可能性のある生息妨害の問題について，専門的な図書だけでなく，知識の豊富な専門家から学ぶことも重要である．生息妨害の影響については，全てが文献に示されているとは限らないため，研究者および保護管理者は文献のみに頼るべきではない（Gotmark 1992）．

生息妨害の問題は，種に依存する場合，場所に依存する場合，またはその双方に依存する場合が考えられる．例えば，White and Thurow（1985）は，ユタ州のアカケアシノスリ（*Buteo regalis*）が巣における生息妨害に極めて敏感であることを示している．また，アレチノスリ（*Buteo swainsoni*）では，全ての場所とは限らないものの，いくつかの地域においては，人間が抱卵期間中に巣を訪れることによって，営巣を放棄することがあると報告されている（Houston 1974, England et al. 1997）．一方，ウィスコンシン州のクーパーハイタカは，卵数を計数するために営巣木に登攀しても巣を放棄しないとの報告がある（Rosenfield and Bielefeldt 1993a）．これに対して，Erdman et al.（1998）は，その地域でクーパーハイタカと同属の関係にあるオオタカについて，抱卵中の個体を飛び立たせることに警告を与えている．彼らは，この実際の影響については報告していないが，卵数を計数するために巣に登るような行為が営巣を放棄させると考えていたため，巣には登っていない．

同一の個体群のなかでも，個体によって，人間の存在に対する反応は様々であり（Grier 1969, Andersen et al. 1989, McGarigal et al. 1991, Gotmark 1992），その反応の違いは，人間が接近する際の個体の行動と関係がある．例えば，タニシトビ（*Rostrhamus sociabilis*）では，採餌場所への接近には寛容であるが，巣の周辺への人間の侵入に対しては極めて神経質になる傾向がある（Snyder and Snyder 1991）．また，ハクトウワシでは，繁殖している個体は，繁殖していない成鳥と比較すると，人間の接近に対して，飛び立たない傾向がみられ，飛び立つ際の人間からの距離がより短くなる傾向がある（Steidl and Anthony 1996）．これらの反応に差異があることを踏まえ，猛禽類への生息妨害を適切に軽減させるためには，猛禽類の行動を注意深く観察し，ストレスの徴候が見られた場合には，直ちに作業を中断することが必要である．ストレスの徴候としては，長時間に及ぶ警戒声，成鳥が巣から長時間離れる行動〔この間，捕食者が巣へ接近できるようになる（Craighead and Craighead 1956）〕，または行動圏内における活動域の移動（Andersen et al. 1990）等があげられる．

猛禽類の研究者および保護管理者は，担当する機関から研究に必要な許可証を取得する必要がある．また，必要に応じて，動物を取り扱う機関から調査手法に関する承認を得る必要もある．米国およびカナダでは，野鳥は，渡り鳥条約法（Migratory Bird Treaty Act）および渡り鳥協定法（Migratory Bird Conservation Act）によって，保護されており，生息妨害，ハンドリング，収集，または野鳥を取り扱ういかなる方法を含む研究を行う場合には，北米における連邦政府，州政府，地方政府の関係機関から書面による承認を得る必要がある．北米における許可証の申請や野生生物の保護については，Little（1993）に詳細に示されている．また，米国魚類野生生物局の地方事務所，カナダ野生生物局（Canadian Wildlife Service）または地方政府の野生生物関係機関へ直接問い合わせて入手することもできる．さらに，研究者および保護管理者は，野外調査を含むプロジェクトについて，所属する組織の Animal Care and Use Committee（動物実験委員会）の承認が必要となる場合もある．

研究者および保護管理者は，ワークショップに参加することによって技術の利用に関する訓練を積むことが強く求められる．ワークショップでは，猛禽類の自然史と猛禽類の人間に対する敏感度について造詣の深い生物学者による野外訓練，巣の探索方法やモニタリング方法，巣の観察または登攀による繁殖データの収集方法に関する知識等を得ることができる（例えば，Jacobs and Jacobs 2002）．Erdman et al.（1998）は，ウィスコンシン州において，米国森林局の職員を対象として，オオタカの営巣に関するワークショップと野外トレーニングを行ったとこ

ろ，職員の関心と協力が生まれ，これらの職員により，国有林内で把握できたオオタカのテリトリー数が倍増したと報告している．このようなワークショップに関する情報は，Ornithological Societies of North America（北米鳥類学会）や Raptor Research Foundation（猛禽類研究財団）のニュースレターによって発信されている．また，政府の担当機関の事務所も，良い情報源となる．

　営巣場所における生息妨害のうち，不注意や間接的な要因によるものの1つとして，一般の人々に営巣場所の位置が知れ渡り，注目されてしまうことがあげられる．その結果，故意に猛禽類に危害を与えたり，密猟したりということになり，また，善意で営巣場所に滞在することによって，結果的に繁殖を妨げる等の問題が生じることになる．このような生息妨害を与える事例として，非許可の鷹匠，写真家，バードウォッチャーや動物学者，時には野生生物管理者があげられる．このような問題を防ぐため，いくつかの野生生物に関係する機関のなかには，営巣場所の位置に関する情報は機密情報とし，担当する土地管理者のみが利用できるように対応しているものもある．これらの問題は鳥類に対してだけではなく，その鳥類を研究する人に対しても，将来そこを利用することおよび営巣場所を保護するための経費への投資等に問題を引き起こすこととなる．この問題に対する最も有効な解決策は，営巣場所の位置に関する情報は，報告書，学位論文や科学論文を含めて，公開せず，機密とすることである．したがって，営巣場所の位置に関しては，情報公開の自由に関する法律や条令と対立するものの，特別保護の条件下に置くか，または一般に公開されないように，研究者や関連する機関のファイルに保管しておく必要がある．また，地図や位置を特定する情報は，様々な機関やファイルに分散させて保管し，処理を行った成果のみを中央の公的な場所に保管することも可能である．分散された情報は，許可されていない者が情報を入手することを妨げ，全ての情報の入手を困難とするとともに，許可されていない者の利用を感知しやすくする．Ellis（1982）は，"情報管理"として，情報の保護とプライバシーを確実とするための情報の取り扱いについて言及している．"情報管理"は，極めて重要な問題であり，全ての猛禽類研究者が留意すべき事項であるとしている．また，"情報管理"の目的は，生息妨害の影響を低下させることだけでなく，営巣場所の監視やその他の営巣場所の保護活動の必要性を大幅に低減させること，または排除することであるとしている．

営巣地における妨害を軽減させる基本的な推奨事項

営巣放棄

　営巣放棄は，予測が不可能な深刻な生息妨害である．一般的に，営巣放棄の可能性は，営巣活動のステージによって，または，種類によって，同種でも個体によって，さらには，おそらく性別によっても異なる．ただし，研究者による営巣放棄に関する報告事例は極めて少ない．これは，研究者が営巣放棄された巣を認識する前に，卵や雛が捕食されたり，死体が食べられたりするために，営巣放棄が過小に推定されている可能性がある（Gotmark 1992）．一般的に，妨害による営巣放棄は繁殖期の早い時期に発生し，繁殖期後期では起きにくいと考えられ，いくつかの調査事例もそのことを示している．例えば，ウィスコンシン州におけるクーパーハイタカの14年間に及ぶ研究では，330ヵ所の営巣地へ3～4ヵ月の間に3,000回以上訪れ，複数の生息妨害となり得る作業〔例えば，営巣期間の様々な時期における成鳥の捕獲（しばしば成功），および卵数の計数や巣内雛のバンディングのための巣への登攀〕を繰り返したにもかかわらず，研究者の生息妨害による営巣活動の失敗は4例のみ（1.2%）であった．これらの4例では，抱卵期間中に，研究者が約1時間巣に滞在した後に営巣放棄が発生している（Rosenfield and Bielefeldt 1993a, R. Rosenfield 未発表データ）．これらの事例では，雌のみが営巣を放棄し，その後も雄が約7～10日間，抱卵を試みた（結果的には失敗）と報告されている（R. Rosenfield 未発表データ）．

　育雛期の巣の周辺での人間活動に起因する営巣放棄はまれであり，強烈な生息妨害があった場合にのみ発生する．例えば，オオタカの巣の50～100m以内で，伐木，運搬等の伐採作業が行われると，巣内雛が20日齢にまで成長した段階でも営巣放棄に至ることがある（J. Squires 未発表データ）．孵化後では，研究者の存在に起因する営巣期間中の営巣放棄はほとんど知られていないが，ロッキー山脈の存在する3州において，イヌワシ（*Aquila chrysaetos*）の巣内雛にバンディングを行ったペアでは，バンディングを行わなかったペアと比較して，営巣場所を移動したり，翌年に営巣しなかったりする傾向があることが示されている（Harmata 2002）．同様の傾向が，カナダのブリティッシュコロンビア州の海岸で営巣するハクトウワシでも報告されている（D. Hancock 未発表データ）．一方，オンタリオ州のハクトウワシでは，数千回に及ぶ巣へ

の登攀を伴う研究が行われているが，巣内への登攀が行われた場合と行われなかった場合で，繁殖成功率に明確な差異はみられていない（Grier 1969）．また，ヒガシアメリカオオコノハズク（*Megascops asio*）とメンフクロウ（*Tyto alba*）では，抱卵期に巣箱で成鳥を捕獲する調査研究が実施されたが，生息妨害はほとんど生じなかったことが報告されている（Taylor 1991，K. Steenhof 私信）．

　抱卵前の早期の段階および抱卵期間においても，猛禽類の一部の種については，研究者による様々な生息妨害にかなり寛容である．例えば，Rosenfield et al.（1993b）は，ウィスコンシン州で，抱卵前の段階の夜明け前に，トラップに餌として鳥類を用いることにより，41ヵ所の造巣中の営巣場所で，38個体の成鳥のクーパーハイタカ（雄25個体，雌13個体）を捕獲している．クーパーハイタカが夜明けに出現すると予測された位置に，的確にトラップが設置されたことから，捕獲作業は迅速に行われている．また，クーパーハイタカは，研究者によってコントロールされた動く囮の鳥を素早く見つけ，概ね0.5時間以内で捕獲されている（あるいは捕獲に失敗）．この研究によって営巣を放棄した事例は全くなく，41ペアのうち98％が産卵に至っている．一方，捕獲を試みなかった127ペアでの産卵率は93％であった（Rosenfield and Bielefeldt 1993b）．

　ミシガン州のミサゴ（*Pandion haliaetus*）については，卵や雛の上に設置したドーム型のヌースカーペットトラップを用いて，35年間で400個体以上の成鳥を捕獲する研究が行われているが，この間，営巣放棄は全く発生していない（S. Postupalsky 私信）．ミサゴの成鳥は用心深いため，抱卵期間中には数分間以内で捕獲できるが，巣内育雛期間中の捕獲には1～2時間を要している．この研究では，捕獲作業は，常に，降雨のない時間帯に行われている．また，Houston and Scott（1992）は，サスカチュワン州において，ミサゴの成鳥を，ヌースカーペットトラップを用いて捕獲する研究を行い，悪影響はなかったと報告している．スコットランドの成鳥のハイタカ（*Accipiter nisus*）および西グリーンランドのハヤブサ（*Falco peregrinus*）では，スリップタイプのヌーストラップを用いて，巣で抱卵期間中に捕獲する調査研究が行われ，捕獲に起因する営巣放棄はみられていない（Newton 1986，W.G. Mattox 未発表データ）．成鳥のアメリカチョウゲンボウ（*F. sparverius*）を巣箱で捕獲する手法は，産卵期以外の時期であれば，生息妨害を滅多に引き起こさない一般的な手法である（K. Steenhof 私信）．また，その他の成鳥の猛禽類〔例えば，ニシアメリカオオコノハズク（*Megascops kennicottii*）やメンフクロウ〕については，抱卵期に巣箱で捕獲を行うことにより生息妨害がほとんど発生しないことが報告されている（K. Steenhof 私信）．

　ウィスコンシン州のクーパーハイタカについては，抱卵期間中に，囮としてフクロウ類を利用し，獲物の羽毛を引き抜く獲物処理場に設置したかすみ網を用いて捕獲する調査研究が行われている（Rosenfield and Bielefeldt 1993a）．雄が獲物の羽毛をむしり取り，雌に獲物を受け渡すための枝やその他の止まり場所は，通常，巣から約50～100mの巣から見通せない位置にある．雄は，獲物の羽毛をむしり取る場所に来るとすぐにペア相手の雌に鳴き声を発するとともに，囮のフクロウ類に注意を引き付けるため，その近くに隠れてクーパーハイタカの録音した警戒声を再生している研究者に対しても警戒する．捕獲対象となる雄は，フクロウ類を認識した後，通常15分以内に捕獲されるが，捕獲されなかった場合は，抱卵中の雌への影響を最小化するために，研究者は速やかに営巣場所を離れている．この研究により，40ヵ所の営巣場所で，35個体の雄のほか，偶然に7個体の雌（そのほかの33個体の雌は巣に留まっていた）が捕獲されているが，営巣の放棄はなかったと報告されている（R. Rosenfield and J. Bielefeldt 未発表データ）．このほか，ウィスコンシン州で成鳥雄のハネビロノスリ（*Buteo platypterus*）やアシボソハイタカ（*Accipiter striatus*）が獲物の受け渡し場所で捕獲されているが，営巣放棄はなかったと報告されている（E. Jacobs 私信）．

　猛禽類の研究者は，営巣期における行動研究のため，しばしば巣の付近にブラインドを設置する（例えば，Harris and Clement 1973，Kennedy and Johnson 1986，Bielefeldt et al. 1992，および第5章を参照のこと）．ブラインドは，巣内の様子を観察しやすくするため，多くの場合は育雛初期あるいは抱卵後期の好天時に，巣から5～20m離れた地点で，巣と水平かあるいはやや高い位置に設置される．ハイタカの獲物の種類を正確に把握するために，巣から2m以内の位置にブラインドを設置した事例もある（Newton 1978，Geer and Perrins 1981）．このように近距離にブラインドを設置した事例では，ブラインドに開けられた穴から，"挟み（トング）"によって，獲物である小鳥類を摘み取り，小鳥類に付いた足環を回収した後に，獲物を巣へ戻すことも可能になる（Geer and Perrins 1981）．最初のうちは，親鳥は"挟み（トング）"が伸びてくると飛び立つが，すぐに馴れ，研究者が取り除こうとする獲物を綱引きのように奪い合うようにさえなる．成鳥のソウゲンハヤブサでも，巣から2m以内の位置に設置したブラインドに寛容であったことが報告されている（Sitter 1983）．

営巣中の成鳥の猛禽類は，ブラインドの存在に馴れるだけでなく，ブラインドへの人間の出入りにも馴れることが報告されている（例えば，Geer and Perrins 1981, Steenhof 1998, しかし, Snyder and Snyder 1991 のタニシトビも参照のこと）．ブラインド設置の手法や人間の行動に対する成鳥の反応に関する詳細はほとんど報告されていないが，営巣放棄は極めてまれである．例えば，約1週齢の巣内雛の滞在する巣から約5m離れた位置に，約2時間でブラインドを設置し，成鳥の雌がブラインド設置後，20分以内に巣に戻り，営巣放棄が生じなかった事例が，ウィスコンシン州におけるハネビロノスリの3例，クーパーハイタカの5例および西グリーンランドにおけるハヤブサの4例で報告されている（Rosenfield 1983, Bielefeldt et al. 1992, Rosenfield et al. 1995, R. Rosenfield 個人的見解）．しかし，1973年のEllesmere島のシロハヤブサ（Falco rusticolus）の巣においては，木製のブラインドを巣から数百m離れた場所から約12mの位置へ移動させることによって，（雌でなく）雄が4羽の巣内雛を放棄している（D. Muir and D.M. Bird 私信）．このような事例を踏まえ，ブラインドは，親鳥への影響を低下させるため，1回当たりの作業時間を短時間（2時間よりも短く）にして連続的な日程で設置したほうがよい（Geer and Perrins 1981, Boal and Mannan 1994）．

　営巣中の成鳥の猛禽類は，一般的にはブラインドの周辺で通常通りに行動するが，成鳥雌のハネビロノスリが警戒声を発し，布製のブラインドへ突っかかり，爪でブラインドを突き破った事例がある（Rosenfield 1978）．また，西グリーンランドのハヤブサの成鳥雌が，巣の近傍に設置したブラインドに対し，鳴き声を発し，突っかかった事例もある．雌は，ブラインドのマジックミラーに写った自分の姿を巣から見て，自分自身を同種の侵入個体と判断したものと考えられ，その後，ミラーによる反射をなくすよう角度が変えられた（Rosenfield et al. 1995a, R. Rosenfield 個人的見解）．いずれの事例においても，雌はブラインド設置の3日後までには鳴き声を発する行動を止め，繁殖は成功している．これらの営巣場所では，雄もブラインドにより生息妨害を受けたと報告されている．ハネビロノスリの成鳥雄1羽とハヤブサの成鳥雄2羽は，ブラインド付近を飛翔する際に警戒声を発し，巣に入る際に躊躇する行動が観察されている（R. Rosenfield 個人的見解）．しかし，ブラインドの存在が，成鳥雄のハンティング行動や獲物運搬に悪影響を及ぼしたことを示唆するような行動は確認されていない（R. Rosenfield 個人的見解）．そのほか，クーパーハイタカについては，ブラインドから頻繁にハンドリングし，調査した巣内雛は，人為的な要因，特に猟銃によって死亡することが多いようであったと報告している1つの研究がある（訳者注：おそらく人慣れすることにより，巣立ち後に人間に近づくことが多いために殺されてしまう危険性が増すものと思われる）（Snyder and Snyder 1974）．

　営巣活動を記録するために，リモートカメラを利用した最近の技術を用いれば，ブラインドによる観察に比べて，猛禽類の巣における生息妨害による影響をより低下させることが可能となる（Delaney et al. 1998, Booms and Fuller 2003, Rogers et al. 2005）．カメラは静寂かつ小型（長さ12cm×幅4cm×高さ4cm）で，営巣木や近隣の木（Delaney et al. 1998），または，崖に架けられた巣については岩に（例えば，Booms and Fuller 2003, Rogers et al. 2005）設置される．タイムラプスビデオカメラを使用する場合，長い（75m）ビデオ・ケーブルを用いて，ビデオカメラと記録装置および電源装置を繋げ，これらの設置間隔を広げることにより，巣に滞在する成鳥から死角となる位置で，テープ交換ができるようになる（Delaney et al. 1998, Booms and Fuller 2003）．カメラの設置に対する営巣中の個体の反応は，種や個体により，あるいは設置する時期や，設置時間によって様々である．カメラ設置に要する時間は，抱卵中のニシアメリカフクロウのメキシコに生息する亜種における20巣では平均で42分間であり（Delaney et al. 1998），4～7日齢の巣内雛を育雛中のオオタカにおける10巣では約2時間である（Rogers et al. 2005）．また，抱卵期の中期から巣内育雛期の初期（巣内雛は5日齢）に，シロハヤブサの3ヵ所の崖の巣に設置した事例では，2～4時間を要している（Booms and Fuller 2003）．ニシアメリカフクロウのメキシコに生息する亜種（Delaney et al. 1998），クーパーハイタカ（Estes and Mannan 2003），シロハヤブサ（Booms and Fuller 2003）およびオオタカ（Lewis et al. 2004, Rogers et al. 2005）では，リモートカメラに起因する営巣放棄はみられなかったと報告されている．一方，Cain（1985）は，ハクトウワシの巣に，抱卵期の後期および巣内育雛期の初期にカメラを設置した後，3巣で営巣放棄が発生したと報告している．また，小型カメラが捕食者を引き付けたとの事例がある．これらのことから，カメラをカモフラージュしたり，隠したりすることが望ましい（Green 2004）．反対に，カメラの使用は，捕食者を遠ざけることになり，巣の捕食に関する研究ではバイアスをもたらす可能性があるとの指摘もある（Green 2004）．

　猛禽類の研究者は，森林性猛禽類の行動的な反応を確かめたり，存在を確かめたり，巣を発見したりするために，

しばしば，同種の鳴き声を再生する手法を用いる（例えば，Forsman 1983, Rosenfield et al. 1988, Mosher et al. 1990, McLeod and Andersen 1998，および第5章を参照のこと）．鳴き声を長時間再生することにより，成鳥の雌を繰り返し巣から飛び立たせるとともに，アメリカガラス（*Corvus brachyrhynchos*）のような鳥類の捕食者の興味を引くことにつながる可能性がある（R. Rosenfield 未発表データ）．このように，猛禽類の鳴き声の再生は，営巣放棄，卵や巣内雛の捕食，またはその双方を引き起こす可能性があるが，鳴き声の再生を利用する際に発生する可能性のある生息妨害の軽減に関する研究者による報告や推奨事項はほとんど存在しない．一方，営巣するオオタカの検出確率を評価する実験を行う際，鳴き声の再生が抱卵する雌に悪影響を及ぼし，卵の消失を引き起こすと考え，抱卵期には鳴き声の再生を行わなかった事例がある（Roberson et al. 2005）．また，この研究では，夜行性の捕食者〔すなわち，アメリカワシミミズク（*Bubo virginianus*）およびフィッシャー（*Martes pennanti*）〕による巣内雛への襲撃の可能性を低下させるため，日没の2時間前までに，鳴き声の再生を終了させている．

最後に，多くの猛禽類研究者は，繁殖している成鳥の移動やその他の行動を調べるため，電波発信機の装着やそれに関連する技術を利用している（Fuller et al. 1995，および第14章を参照のこと）．そのような研究では，抱卵期に，営巣活動中の成鳥が捕獲され，電波発信機が装着されることがある．例えば，西グリーンランドにおけるハヤブサの9年間に渡る研究では，600巣以上を対象として，卵の上に，ヌーズ・ジン・トラップ（noose gin trap）を設置し，成鳥（多くが雌）を捕獲し，電波発信機を装着している．この研究を通じて，営巣放棄は1例もなく，発信機が装着された成鳥と，捕獲や発信機の装着が行われていない成鳥の繁殖成功率に差異がなかったと報告されている（W. Mattox 未発表データ）．

成鳥を捕獲して電波発信機を装着する時期としては巣内育雛期がより一般的である．これは，捕獲して発信機を装着するために要する時間中に破損しやすい卵の生存率を低下させないようにするためであり，これにより営巣活動を再開させることが可能となる．研究者は，電波発信機が装着された個体の行動や生存率は，通常と変わらないと考えている（Conway and Garcia 2005）．電波発信機の重量が，装着された個体の体重と比較して小さい場合には，特にそのように考えられている（Reynolds et al. 2004）．電波発信機の装着による繁殖行動への影響が示された研究事例はいくつかあるが，営巣放棄の事例は存在しない．しかし，イヌワシについては，3繁殖シーズンのうちの1シーズンにおいて，繁殖率，占有テリトリー当たりの巣立ち雛数，一腹雛数などの生産力の低下が電波発信機の装着と関連があったとする報告がある（Marzluff et al. 1997）．また，Vekasy et al. (1996) は，ソウゲンハヤブサについて，繁殖率や一腹雛数では，電波発信機の装着による影響はないと報告しているが，変化する天候や獲物の存在量に関連して，ある年にバイアスが生じていたのかもしれないと示唆している．彼らは，発信機が装着された雌の生産力が低くなっていると疑っており，体内に卵をもっている雌は，発信機を装着することなく，速やかに放鳥している．これと関連する研究成果として，ニシアメリカフクロウに関して，電波発信機をバックパックで背負わせた個体の生産力は，足環を装着した個体よりも低かったとの研究事例がある（Foster et al. 1992）．また，オオタカについて，29個体の電波発信機が装着された成鳥のうち25個体が，幼鳥を巣立たせることに成功したものの，繁殖している雄の1年の生存率が，バックパック型の発信機が装着された個体よりも，尾羽型の発信機が装着された個体で低くなっていたとの報告がある（Reynolds et al. 2004）．電波発信機の装着の影響をできるかぎり小さくするため，発信機の装着方法を慎重に検討し，飼育された個体や非繁殖期の野生個体で実行し，さらに，必要に応じて，修正やテストを行うとともに，営巣活動を行う成鳥への発信機の装着期間を短縮させることも必要である（Fuller et al. 1995）．

繰り返しになるが，営巣活動期における調査活動への反応は，種によって異なる可能性がある．例えば，繁殖しているシロハヤブサの成鳥は比較的神経質であり，他の営巣中の猛禽類のようには，電波発信機の装着に容易に馴れない傾向がある．西グリーンランドにおいて，衛星受信型の発信機（PTT）が装着された1羽の雌のシロハヤブサは，雛に給餌しなくなり，雛は最終的に落鳥した（M. Yates and T. Maechtle 私信）．また，グリーンランドにおけるPTTを用いたその他の研究事例として，K. Burnham（私信）は，シロハヤブサの営巣放棄は確認していないが，巣内雛が約20～25日齢になるまでは成鳥に発信機を装着しなかった．これにより，繁殖している成鳥，特に雌が発信機を"受け入れられる"数時間を確保することが可能となる．

驚いた成鳥による卵や雛へのダメージ

抱卵中や小さな雛を抱雛している時期には，巣に滞在する成鳥は，人間の接近に対し，おそらく存在を知られないようにするため，しゃがみ込む反応を示すことが多い．また，抱卵中あるいは抱雛中の成鳥は，飛び立つ前に，巣の

端を注意深く歩くこともある．さらに，成鳥が突然驚かされ，急に逃げ出す際，卵や雛が足の間や下になり，産座の外側へ放り出されたり，巣の端や完全に巣の外側へ転がり出されたりすることがある．巣の端に転がった卵は，成鳥によって元の位置に戻されることはまずなさそうだが，雛の場合は，自力で戻ったり，成鳥によってピックアップされて産座に戻されたりすることがある（Olsen 1993）．また，成鳥が唐突に飛び立つ際に，卵に穴が開いたり，小さな雛が踏みつけられたりすることもある．とはいえ，このような状況が発生する可能性は極めてまれである．このような問題は，孵化直前か，孵化直後に発生する可能性が高い．このような時期には，成鳥はしっかりと巣に座り込んでおり（登攀者が半分まで営巣木に登るまで，あるいは崖を下りるまで巣に滞在し続けることもある），急に飛び立つ状況が発生しやすく，このような時には，小さく弱い雛は簡単に蹴飛ばされることになる．巣内が明瞭に確認できない場合には，雛の存在を示すそのほかのサインを見つけるか（巣の下の地面に，白い漆喰のような糞の痕跡を探すことにより），あるいは，巣が占有されていることを確認するために育雛中の成鳥の動きを誘発することを目的として営巣木を蹴飛ばし，巣が利用されていることを判断している．ただし，営巣木を蹴飛ばす手法は，成鳥が急に飛び立ち，卵や雛を転げ落とすアクシデントを引き起こす可能性もある．この可能性を低下させるために，巣内が視認可能な離れた観察場所を探し，双眼鏡や望遠鏡を用いて，巣内の状況を確認することの方が望ましい．この方法が利用できない場合は，1人が遠方からはっきりと目立つように，場合によっては音を発しながら，ゆっくりと近づき，成鳥に人間の存在を気付かせ，驚かせることなく，飛び立たせる方法がある．この際，真っ直ぐに巣へ向かうのではなく，寄り道しながら歩くことにより，ゆっくりと接近することになり，成鳥を驚かせる可能性も低くなる．営巣木を蹴飛ばす手法は，最終手段として用い，その場合でも，成鳥にゆったりとした移動を促すため，適度に強く，繰り返し蹴飛ばすことが望ましい．その際，別の観察者が，雛が転げ落ちることがないかをチェックしておく必要がある．巣内雛が巣から完全に叩き出された事例が2例のみ存在する（北米全体で様々な猛禽類の巣を何千回と訪れた中で）．これらのうちの1例では，R. Rosenfield（未発表データ）がクーパーハイタカの5日齢の雛を空中でキャッチし，無傷の雛を巣へ返し，この雛は最終的に巣立ちに至っている．

卵または雛の体温低下，体温上昇および水分損失

卵や小さな雛（7日齢未満）は，特に，親鳥が巣から離れた際の，体温低下，体温上昇や水分損失に弱い．ただし，一時的な卵の温度低下は，通常の野外調査を行う場合には深刻な問題となることはなく，種によっては，抱卵期間中に成鳥を捕獲しても大丈夫なことがある（上述の"営巣放棄"を参照のこと）．一腹卵数を調べるため，抱卵期間中に巣へ登攀する調査が行われる場合，登攀時の天候や卵数を計数している時のその他の状況は報告されないことが多い（Reynolds and Wight 1978, Janik and Mosher 1982, Andrusiak and Cheng 1997, Petty and Fawkes 1997）．ウィスコンシン州におけるクーパーハイタカでは，500巣以上を対象とした10分間以内の登攀が行われ，体温低下による営巣放棄や卵の消失はみられなかったと報告されている（R. Rosenfield and J. Bielefeldt 未発表データ）．この研究では，気温が18度以下の場合には巣への登攀は行われず，一腹卵数を計数するために巣に滞在している間に，雌が巣から離れた最長時間は20分間であったと推定されている．

暑い環境下または直射日光にさらされた巣における猛禽類の巣内雛は，温度調節や水分調整に関する厳しい状況に直面する．このようなストレスにさらされた個体は，上昇した体温を下げるために，あえぐように呼吸するため，呼吸性の水分不足に陥る可能性が高くなる．熱に起因して巣内雛が死に至った事例は，アカオノスリ（Fitch et al. 1946），ガラパゴスノスリ（*Buteo galapagoensis*）（deVries 1973），イヌワシ（Beecham and Kochert 1975）およびハヤブサ（Nelson 1969）で報告されている．多くの猛禽類では，巣内雛は親鳥から与えられる食物からのみ水分を得ている（代謝水を除く）（Kirkley and Gessaman 1990）ため，研究者が営巣場所に長時間留まることにより，巣内雛への給餌がなくなり，栄養分の摂取が減少することに加えて，巣内雛の水分バランスが危険にさらされることになる．成長した巣内雛は，影になった部分へ自ら移動することにより，直射日光を避けようとする．また，成鳥は，巣に直射日光が当たると，翼や尾羽を広げ，日陰をつくり，雛を直射日光から守る．熱のストレスを受けた巣内雛は，対流冷却の効果を高めるために，自ら巣の外縁部へ移動する傾向がある（Kirkley and Gessaman 1990）．雛は，生息妨害の影響を受けていない場合でも，熱によるストレスを受け，すでに限界に近い状態になっていることもある．その状況は場所によって様々である（例えば，体温低下は極寒地帯に多く，一方，水分欠乏は砂漠や草原地帯，体温上昇は低緯度地帯で発生する）が，直射日光に対してあえぐ行動は，低気温下でも発生する．例えば，2個体の17日齢のアカオノスリは，気温13℃，朝（8:30）の直射日光

下であえぎ始めていた（Kirkley and Gessaman 1990）．森林地帯の温度と湿度は，一般的に，雛に最も好まれる状態である．しかしながら，過度の状態は，どこでも起こり得ることから，常に考慮しておくべきである．風，降雨および直射日光は，状況を悪化させる要因となり得る．特に，シロハヤブサ，イヌワシおよびシロフクロウ（B. scandiaca）のように臆病な種では，巣内雛が悪い状況にさらされる可能性が高くなる．これらの種の親鳥は，侵入者が営巣地を去るまで，長時間離巣するのである．このような状況を避けるため，営巣場所へは可能な限り短時間で目立たないように訪れ，天候，太陽の位置や時間帯を十分に考慮する必要がある．また，可能であれば，孵化時や極端な天候時には巣を訪れず，日陰のない巣には，最も暑くなる時間帯には訪れないようにすることが必要である．不良な条件下に巣へ訪れた場合には，卵や雛を，毛皮の手袋や保護コンテナに置いたり，布や葉で覆ったりする必要がある．また，雛の体温調整能力が形成されるまでは，巣で成鳥の捕獲を行うべきでない（詳しくは，Steenhof et al. 1994，Erdman et al. 1998 を参照のこと）．さらに，成鳥が巣に戻って，通常の行動を再開することを可能とするように，捕獲は日没の約 2 時間前までには終える必要がある．

強制巣立ちおよび雛のバンディング

巣立ちは，雛が初めて巣を離れる行動である．多くの種では，巣立ちは，翼や尾羽の羽が十分に成長して，安定した飛翔が可能になるまでの，登る，ジャンプする，羽ばたき等の行動の組合せを含む漸進的経過である（Newton 1986，Rosenfield and Bielefeldt 2006）．北米およびヨーロッパに生息するいくつかの猛禽類のおおよその巣立ち日は，オンライン上で検索することができる〔Birds of North America accounts（Poole 2004），Newton（1979b）およびCramp and Simmons（1980）〕．多くの繁殖に関する研究において，研究者は巣で雛を計数するだけでなく，雛のバンディングを行っている．Fyfe and Olendorff（1976）は，雛のバンディングに最適な時期は，雛が巣立ちの 1/2 ～ 2/3 の日齢であると提案している．巣立ちの 1/2 日齢程度までは，雛の脚や足が十分に発達しておらず，足環が脚をずり落ち，足を包み込むような状態になってしまう．また，2/3 日齢に至るまでは，雛は，研究者が巣にいる間，あまり動き回らない傾向がある．この日齢では，雛は，ハンドリングされている間，あまりもがかず，このステージでのバンディングは比較的容易かつ迅速に進めることができる．このことによって，巣に滞在する時間を短縮することができる．一方，これよりも日齢を経た巣立ちに近い雛では，研究者が巣に到達すると，しばしば両翼を広げて，巣の反対側の端へ移動し，後方へ上体を反らし（しばしば不安定な状態で），防御の姿勢をとる．この日齢では，雛はちょっとしたことで驚き，巣立ってしまう．または飛び立とうとしたり，巣の縁や枝の上や崖棚に歩み寄ったりして，そこから落ちてしまうということで，強制巣立ちに至ることがある．このような巣からの落下やどこに落ちるかは，雛の日齢や状態によって異なる．このような結果として，強制巣立ちが起きると，常に怪我や落鳥のリスクがあり，捕食される危険が増す．

日齢を経た雛に対しては，手を雛の足元の高さでゆっくりと動かし，雛との接点を確実に確保するために，雛に手袋を掴ませることを推奨する．また，雛が今にも巣から飛び出そうとした場合には，頭（あまりにも目立ちすぎる）や肩を巣よりも高い位置に上げることなく，手のみを伸ばして，雛に手を掴ませるようにして 1 羽ずつ捕獲するとよい．このような場合，状況によっては，家禽用のホック（訳者注：鶏の脚にひっかけて手繰り寄せるための先端がループ状になっている金属製のポール）が有効に活用できる（Grier 1969）．また，雛の動きを抑制するため，日齢を経た雛をバックパックへ入れることも有効である．バックパックを閉じると，バックの内部が暗くなり，雛は落ち着き，静かになる傾向がある．雛が飛び立った場合には，飛去方向を注視し，雛を回収し，怪我がない場合には，すぐに巣へ戻すこと．その際，巣から飛び立った時と逆の順序で，身体は巣の上へあげないように飛び出した雛を巣に戻すとよい．一度巣からジャンプした雛は，再度巣からジャンプする傾向があることから，細心の注意を払うことが肝要である．そして，研究者はゆっくりと静かに巣から離れなければならない．強制巣立ちは，早い時期に巣を訪れることによって防ぐことができる．日齢を経た雛に出くわした場合には，そのままにしておくか，またはゆっくりと近づき，細心の注意を払ってハンドリングすることである．注意深く，ゆっくりとハンドリングすることにより，巣から飛び立つことから雛の気をそらし，雛に研究者の存在に慣らすことができるようになる．また，強制巣立ちの発生を避けるため，巣立ち予定日の 3 ～ 4 日前に，ブラインドからの観察を中止することを推奨する（Geer and Perrins 1981，Rosenfield et al. 1995）．

Steenhof（1987）は，繁殖率や生産力を調査するためには，巣立ちの約 80% の日齢で巣を訪れることが望ましいとしている．つまり，前述した 1/2 ～ 2/3 の日齢（Fyfe and Olendorff 1976）よりもやや遅い時期が良いとしてい

る．また，Steenhof and Newton（第11章）は，様々な猛禽類における生産力の調査や雛へのバンディングのために巣へ訪れる適切な標準的な時期を策定することを薦めている．一方，同種間でも，あるいは同種の個体群間でも，行動発達に時間的な差がみられる（すなわち，同じ個体群でも，ゆっくりと発達する個体や，早く発達する個体が存在する可能性がある）（Rosenfield and Bielefeldt 1993a, 2006, Curtis and Rosenfield 2006, S. Postupalsky 私信）．この時間的な差は，猛禽類には身体の大きさが逆の性的二型があるため，これによって説明できることがある．つまり，小さな雄は，雌よりも早く発達し，早く巣立つ．例えば，アカケアシノスリの雄の雛は，雌の雛よりも約10日早く巣から離れる（Bechard and Schmutz 1995）．80%日齢を一般的に広く適用すると，動き回る雛を捕獲することが難しくなる場合が起きるかもしれない．それにより，日齢を経た雛のハンドリングの安全が確保できないことになり，その結果，強制巣立ちを生じさせることになる．これらの全てのことにより，生産力の評価が不正確になってしまう．したがって，雛の計数や雛のバンディングは，ブリティッシュコロンビア州，ノースダコタ州やウィスコンシン州のクーパーハイタカでは雛が巣立ち日齢の約70%日齢で（Rosenfield and Bielefeldt 1999, 2006, Stout et al. 2007, A Stewart 未発表データ），ウィスコンシン州のカタアカノスリ（*Buteo lineatus*）では雛が巣立ち日齢の約65%日齢で（E. and J. Jacobs 未発表データ），ウィスコンシン州のアシボソハイタカでは雛が巣立ち日齢の55%日齢で（E. Jacobs and R. Rosenfield 未発表データ）行うことを推奨している．研究者は，巣を訪れる際，雛の発達には個体群による違いがあることを知っておく必要がある．また，まず，経験豊富な研究者とともにフィールドに出て，フィールドで巣内雛のハンドリング手法について学ぶべきである．

鳥類や哺乳類による捕食

Fyfe and Olendorff（1976）は，トウゾクカモメ類，カモメ類やカラス類が，研究者による巣の生息妨害の後，しばしば親鳥による擁護を受けていない巣の存在を視覚的に察知し，親鳥がいない間に巣を襲うことを示唆している．猛禽類以外の鳥類の研究では，研究者の存在を察知することや，研究者の後をつけることによって，研究者が訪れた巣を襲うことが示唆されているが，猛禽類の巣については，文献では直接的な証拠は示されていない（Gotmark 1992）．ただし，研究者がアメリカワシミミズクの巣に登攀した約30分後に，1羽のカラス類（*Corvus* sp.）が親鳥のいない状態のアメリカワシミミズクの小さな雛2羽のうちの1羽を巣から振り落とす行動が観察されている．この無傷の雛は巣へ戻されたが，数日後，これらの雛が巣の直下で死んでいるのが確認されている．この研究者は，研究者が巣に滞在したことより，カラス類が雛を攻撃し，落鳥に至ったと推定している（Craighead and Craighead 1956）．ブリティッシュコロンビア州のクーパーハイタカの成鳥は，研究者が営巣地付近に滞在している時，ヒメコバシガラス（*Corvus caurinus*）から頻繁にモビングされ，まれに攻撃されることはあるが，研究者が巣に滞在している間には，ヒメコバシガラスは巣にやってくることはなく，その後も，無防備となった卵や雛がヒメコバシガラスによって捕食されたことは確認されていない（A. Stewart and R. Rosenfield 個人的見解）．Gotmark（1992）は，鳥類による捕食が発生する時，捕食者は，研究者が巣に存在していることよりもむしろ，親鳥のいない状態の巣や雛に日和見的に反応していると指摘している．

哺乳類の捕食者は，研究者が巣を訪れた時に残す匂いの痕跡を伝って巣を発見している可能性があることが報告されている（例えば，Hamerstrom 1970, Poole 1981, Gawlick et al. 1988）．この問題は，地上営巣性の猛禽類では特に深刻な問題となる（Fyfe and Olendorff 1976）．また，哺乳類は，研究者が植生をかき分けてつくった小路を利用していると考えられることもある．一方，Gotmark（1992）は，研究者が巣に滞在したことにより，哺乳類による捕食が増大したことを示す事例をみつけることができなかったと報告している．さらに，研究者に起因する哺乳類による捕食事例も探すことができなかったと報告している．しかし，もし，植生を踏み分けた小路を残さないように用心することが有効と考え，さらに，研究者がそれを実行したのであれば〔Hamerstrom（1970）によって推奨されているように〕，そのようなことによって，研究者に起因する哺乳類による捕食が発生することがなくなったのかもしれないと記述している．最後に繰り返すが，営巣地への捕食者による興味を引き付けないために，研究者は営巣場所にいかなる調査の根拠も残すべきではない．

鳥類の誤った取り扱い

適切でないハンドリングを行うと，猛禽類も研究者もいずれもが怪我をする可能性がある．骨格，羽毛，爪が成長中の日齢を経た雛では，特に注意が必要である（第12章を参照のこと）．正しいハンドリングの手法は，野外で，十分に経験を積んだ者から学ぶことが最も良い．

その他の検討事項

観察者，研究者および保護管理者による猛禽類への生息妨害は，十分に注意することによってその影響を低下させることができる．例えば，1名ではなく，2名でチームを組み，特別な配慮のもとで，バンディングとマーキングを行う対応があげられる．2名で作業にあたることによって，研究者と猛禽類の双方の安全性を向上させることができる．また，記録，機材運搬等の作業効率が向上することによって，営巣地における滞在時間を短縮させることができる．さらに，Speiser and Bosakowski (1991) は，2名以上の観察者の存在は，営巣中のオオタカ（研究者へ攻撃することもある）と遭遇した際の攻撃性を低下させる効果があると報告している．

繁殖中の猛禽類の成鳥を捕獲する際に，dho-gaza トラップよりもかすみ網を利用することを主張する研究者もいる（第12章を参照のこと）．かすみ網は，捕獲した後，トラップが崩れてしまうようなことがなく，再セッティングが容易なことから，営巣場所における作業時間を短縮することができる．また，囮用のフクロウ類とトラップで捕獲された猛禽類の接触は，かすみ網ではまれであるが，dho-gaza トラップではしばしば発生し，どうしようもない状態に陥る可能性がある（Steenhof et al. 1994, Erdman et al. 1998）．営巣場所で成鳥を捕獲する際には，同種の鳴き声を再生することが薦められる．特に，視界の悪い森林では有効であり，親鳥がデコイに素早く気付き，営巣場所に滞在する時間を短縮することができる（Erdman et al. 1998, R. Rosenfield, 未発表データ）．しかし，Steenhof et al. (1994) は，アメリカワシミミズクの鳴き声を再生しても，アメリカチョウゲンボウの捕獲を効率化することには繋がらなかったと報告している．

多くの営巣中の猛禽類を対象として，生息妨害の影響を与えることなく，航空機やヘリコプターを用いた調査や研究が行われている（例えば，Grier et al. 1981, Kochert 1986, Andersen et al. 1989, Watson 1993, McLeod and Andersen 1998, Kochert et al. 2002）．ただし，低空を飛行する航空機に対する種ごとの反応性に関する知識は極めて重要であることから，経験のあるパイロットのみを採用しなければならない（Kochert 1986）．奇抜な研究として，White and Nelson (1991) は，営巣中の雄のハヤブサと雌のシロハヤブサのハビタットとハンティング行動（ハンティングのための急降下でさえも）を30〜50m離れた位置からヘリコプターで観察している．この調査手法は，猛禽類と観察者のいずれにとっても致命的な影響を与える可能性があるものの（何羽かのシロハヤブサはヘリコプターにアタックした），通常の調査手法では取得が不可能であった情報を得ることができたと報告している（第5章を参照のこと）．調査対象となっていた巣のうちの1つで，雛が調査終了の約3週間後に捕食されたことを報告している．しかし，このペアも他のペアも，翌年に同じ営巣場所を利用していた．

謝　辞

われわれの研究は，米国オーデュボン協会（National Audubon Society），全米野生生物連盟（National Wildlife Federation），カナダ野生生物局，米国魚類野生生物局，米国森林局，North Dakota Game and Fish Department, North Dakota, Wisconsin, and Great Lakes Falconers' Association, Personnel Development Committee およびウィスコンシン大学スティーブンスポイント校の Letters and Science Foundation より基金を受けた．また，われわれは，K. Burnham, W. Stout, W. Mattox, P. Kennedy, S. Postupalsky, E. Jacobs および A. Stewart に，研究者による生息妨害に関する情報提供や有益な考察を提供していただき，感謝している．D. Ellis, J. Bielefeldt, K. Steenhof, A. Stewart および K. Bildstein には，編集上の視点から原稿を修正していただいた．また，R. Rosenfield の所属する大学には，研究休暇を取ることを認めていただいた．

引用文献

ANDERSEN, D.E., O.J. RONGSTAD AND W.R. MYTTON. 1986. The behavioral response of a Red-tailed Hawk to military training activity *Raptor Res.* 20:65−68.

―――, O.J. RONGSTAD AND W.R. MYTTON. 1989. Response of nesting Red-tailed Hawks to helicopter overflights. *Condor* 91:296−299.

―――, O.J. RONGSTAD AND W.R. MYTTON. 1990. Home-range changes in raptors exposed to increased human activity levels in southeastern Colorado. *Wildl. Soc. Bull.* 18:134−142.

―――, S. DESTEFANO, M.I. GOLDSTEIN, K. TITUS, C. CROCKERBEDFORD, J.J. KEANE, R.G. ANTHONY AND R.N. ROSENFIELD. 2005. Technical review of the status of Northern Goshawks in the western United States. *J. Raptor Res.* 39:192−209.

ANDRUSIAK, L.A. AND K.M. CHENG. 1997. Breeding biology of the Barn Owl (*Tyto alba*) in the lower mainland of British Columbia. Pages 38−46 in J.R. Duncan, D.H. Johnson, and T.H. Nicholls [EDS.]. Biology and conservation of owls of the Northern Hemisphere. USDA Forest Service General Technical Report NC-190, North Central Research Station, St. Paul, MN U.S.A.

ARADIS, A. AND G.M. CARPANETO. 2001. A survey of raptors on Rhodes: an example of human impacts on raptor abundance and distribution. *J. Raptor Res.* 35:70 − 71.

BECHARD, M. J. AND J.F. SCHMUTZ. 1995. Ferruginous Hawk (*Buteo regalis*), No. 172 in A. Poole and F. Gill [EDS.], The birds of North America. The Birds of North America, Inc., Philadelphia, PA U.S.A.

BEECHAM, J.J. AND M.N. KOCHERT. 1975. Breeding biology of the Golden Eagle in southwestern Idaho. *Wilson Bull.* 87:506 − 513.

BIELEFELDT, J., R.N. ROSENFIELD AND J.M. PAPP. 1992. Unfounded assumptions about diet of the Cooper's Hawk. *Condor* 94:427 − 436.

———, R.N. ROSENFIELD, W.E. STOUT AND S.M. VOS. 1998. The Cooper's Hawk in Wisconsin: a review of its breeding biology and status. *Passenger Pigeon* 60:111 − 121.

BILDSTEIN, K.L., J. BRETT, L. GOODRICH AND C. VIVERETTE. 1993. Shooting galleries: migrating raptors in jeopardy. *Am. Birds* 47:38 − 43.

BIRD, D.M., D.E. VARLAND AND J.J. NEGRO [EDS.]. 1996. Raptors in human landscapes: adaptations to built and cultivated environments. Academic Press, London, United Kingdom.

BOAL, C.W. AND R.W. MANNAN. 1994. Northern Goshawk diets in ponderosa pine forests on the Kaibab Plateau. *Stud. Avian Biol.* 16:97 − 102.

——— AND R.W. MANNAN. 1999. Comparative breeding ecology of Cooper's Hawks in urban and exurban areas of southeastern Arizona. *J. Wildl. Manage.* 63:77 − 84.

BOEKER, E.L. AND T.D. RAY. 1971. Golden Eagle populations studies in the southwest. *Condor* 73:463 − 467.

BOOMS, T.L. AND M.R. FULLER. 2003. Time-lapse video system used to study nesting Gyrfalcons. *J. Field Ornithol.* 74:416 − 422.

BROWN, B.T., G.S. MILLS, C. POWELS, W.A. RUSSELL, G.D. THERRES AND J.J. POTTIE. 1999. The influence of weapons-testing noise on Bald Eagle behavior. *J. Raptor Res.* 33:227 − 232.

BUEHLER, D.A. 2000. Bald Eagle (*Haliaeeetus leucocephalus*), No. 506 in A. Poole and F. Gill [EDS.], The birds of North America. The Birds of North America, Inc., Philadelphia, PA U.S.A.

BUSCH, D.E., W.A. DEGRAW AND N.C. CLAMPITT. 1978. Effects of handling-disturbance on heart rate in the Ferruginous Hawk (*Buteo regalis*). *Raptor Res.* 12:122 − 125.

CADE, T.J., J.H. ENDERSON, C.G. THELANDER AND C.M. WHITE. 1988. Peregrine Falcon populations: their management and recovery. The Peregrine Fund, Inc., Boise, ID U.S.A.

CAIN, S.L. 1985. Nesting activity time budgets of Bald Eagles in southeast Alaska. M.S. thesis, University of Montana, Missoula, MT U.S.A.

CONWAY, C.J. AND V. GARCIA. 2005. Effects of radiotransmitters on natal recruitment of Burrowing Owls. *J. Wildl. Manage.* 69:404 − 408.

CRAMP, S. AND K.E.L. SIMMONS. 1980. Handbook of the birds of Europe the Middle East and North Africa, Vol. I. Oxford University Press, Oxford, United Kingdom.

CRAIGHEAD, J.J. AND F.C. CRAIGHEAD. 1956. Hawks, owls, and wildlife. Stackpole Co., Harrisburg, PA U.S.A.

CROCKER-BEDFORD, D.C. 1990. Goshawk reproduction and forest management. *Wildl. Soc. Bull.* 18:262 − 269.

CURTIS, O.E. AND R.N. ROSENFIELD. 2006. Cooper's Hawk (*Accipiter cooperii*). The Birds of North America Online. The Birds of North America Online database: http//bna.birds.cornell.edu/. Cornell Laboratory of Ornithology, Ithaca, NY U.S.A.

DELANEY, D.K., T.G. GRUBB AND D.K. GARCELON. 1998. An infrared video camera system for monitoring diurnal and nocturnal raptors. *J. Raptor Res.* 32:290 − 296.

DE VRIES, T. 1973. The Galapagos Hawk: an eco-geographical study with special reference to its systematic position. Ph.D. dissertation, Free University of Amersterdam, Netherlands.

ELLIS, D.H. 1982. The Peregrine Falcon in Arizona: habitat utilization and management recommendations. Institute for Raptor Studies Research Report I, Oracle, AZ U.S.A.

ENGLAN, A.S., M.J. BECHARD AND C.S. HOUSTON. 1997. Swainson's Hawk (*Buteo swainsoni*), No. 265 in A. Poole and F. Gill [EDS.], The Birds of North America. The Birds of North America, Inc., Philadelphia, PA U.S.A.

ERDMAN, T.C., D.F. BRINKER, J.P. JACOBS, J. WILDE AND T.O. MEYER. 1998. Productivity, population trend, and status of Northern Goshawks, *Accipiter gentilis atricapillus*, in northeastern Wisconsin. *Can. Field-Nat.* 112:17 − 27.

ESTES, W.A. AND R.W. MANNAN. 2003. Feeding behavior of Cooper's Hawks at urban and rural nests in southeastern Arizona. *Condor* 105:107 − 116.

FITCH, H.S., F. SWENSON AND D.F. TILLOTSON. 1946. Behavior and food habits of the Red-tailed Hawk. *Condor* 48:205 − 237.

FLETCHER, R.J., JR., S.T. MCKINNEY AND C.E. BOCK. 1999. Effects of recreational trails on wintering diurnal raptors along riparian corridors in a Colorado grassland. *J. Raptor Res.* 33:233 − 239.

FORSMAN, E.D. 1983. Methods and materials for locating and studying Spotted Owls in Oregon. USDA Forest Service General Technical Report PNW-GTR 162, Pacific Northwest Research Station, Portland, OR U.S.A.

FOSTER, C.C., E.D. FORSMAN, E.C. MESLOW, G.S. MILLER, J.A. REID, F.F. WAGNER, A.B. CAREY AND J.B. LINT. 1992. Survival and reproduction of radio-marked adult Spotted Owls. *J. Wildl. Manage.* 56:91 − 95.

FULLER, M.R. 1996. Forest raptor population trends in North America. Pages 167 − 208 in R.M. Degraff and R.I. Miller [EDS.], Conservation of faunal diversity in forested landscapes. Chapman Hall, NY U.S.A.

———, W.S. SEEGAR, J.M. MARZLUFF AND B.A. HOOVER. 1995. Raptors, technological tools and conservation. *Trans. N. Am. Wildl. Nat. Resour. Conf.* 61:131 − 141.

FYFE, R.W. AND R.R. OLENDORFF. 1976. Minimizing the dangers of nesting studies to raptors and other sensitive species. Occas. Paper No. 23. Canadian Wildlife Service, Ottawa, Ontario, Canada.

GAWLICK, D.E., M.E. HOSTETLER AND K.L. BILDSTEIN. 1988. Napthalene mothballs do not deter mammalian predators at Red-winged Blackbird nests. *J. Field Ornithol.* 59:189 — 191.

GEER, T.A. AND C.M. PERRINS. 1981. Notes on observing nesting accipiters. *J. Raptor Res.* 15:45 — 48.

GOLDSTEIN, M.I., B. WOODBRIDGE, M.E. ZACCAGNINI AND S.B. CANAVELLI. 1996. An assessment of mortality of Swainson's Hawks on wintering grounds in Argentina. *J. Raptor Res.* 30:106 — 107.

GÖTMARK, F. 1992. The effects of investigator disturbance on nesting birds. Pages 63 — 104 in D.M. Power [ED.], Current Ornithology, Vol. 9. Plenum Press, New York, NY U.S.A.

GREEN, R.E. 2004. Breeding biology. Pages 57 — 83 in W.J. Sutherland, I. Newton and R.E. Green [EDS.], Bird ecology and conservation: a handbook of techniques. Oxford University Press, New York, NY U.S.A.

GRIER, J.W. 1969. Bald Eagle behavior and productivity responses to climbing to nests. *J. Wildl. Manage.* 33:961 — 966.

———, J.M. GERRARD, G.D. HAMILTON AND P.A. GRAY. 1981. Aerial visibility bias and survey techniques for nesting Bald Eagles in northwestern Ontario. *J. Wildl. Manage.* 45:83 — 92.

———, F.J. GRAMLICH, J. MATTSSON, J.E. MATHISEN, J.V. KUSSMAN, J.B. ELDER AND N.F. GREEN. 1983. The Bald Eagle in the northern United States. Pages 41 — 66 in S.A. Temple [ED.], Bird Conservation. University of Wisconsin Press, Madison, WI U.S.A.

GUTTIERREZ, R.J., A.B. FRANKLIN AND W.S. LAHAYE. 1995. Spotted Owl (*Strix occidentalis*), No. 179 in A. Poole and F. Gill [EDS.], The Birds of North America. The Birds of North America, Inc., Philadelphia, PA U.S.A.

HAMERSTORM, F. 1970. Think with a good nose near a nest. *Raptor Res. News* 4:79 — 80.

HARMATA, A. 2002. Encounters of Golden Eagles banded in the Rocky Mountain West. *J. Field Ornithol.* 73:23 — 32.

HARRIS, J.T. AND D.M. CLEMENT. 1975. Greenland Peregrines at their eyries. *Medd. Grønl.* 205:1 — 28.

HOUSTON, C.S. 1974. Mortality in ringing: a personal viewpoint. *Ring* 80:215 — 220.

——— AND F. SCOTT. 1992. The effect of man-made platforms on Osprey reproduction at Loon Lake, Saskatchewan. *J. Raptor Res.* 26:152 — 158.

JACOBS, J.P. AND E.A. JACOBS. 2002. Conservation assessment for Red-shouldered Hawk on national forests for north central states. Unpublished Report, USDA Forest Service, Eastern Region. www.fs.fed.us/r9/wildlife/tes/ca-overview/docs/redshoulderedhawk_ca_1202final.pdf

JANICK, C.A. AND J.A. MOSHER. 1982. Breeding biology of raptors in the central Appalachians. *Raptor Res.* 16:18 — 24.

KENNEDY, P.L. AND D.R. JOHNSON. 1986. Prey-size selection in nesting male and female Cooper's Hawks. *Wilson Bull.* 98:110 — 115.

KERAN, D. 1981. The incidence of man-caused and natural mortalities to raptors. *Raptor Res.* 13:65 — 78.

KIRK, D.A. AND C. HYSLOP. 1998. Population status and recent trends in Canadian raptors: a review. *Biol. Conserv.* 83:91 — 118.

KIRKLEY, J.S. AND J.A. GESSAMAN. 1990. Water economy of nestling Swainson's Hawks. *Condor* 92:29 — 44.

KLUTE, D.S., L.W. AYRES, M.T. GREEN, W.H. HOWE, S.L. JONES, J.A. SHAFFER, S.R. SHEFFIELD AND T.S. ZIMMERMAN. 2003. Status assessment and conservation plan for the Western Burrowing Owl in the United States. USDI Fish and Wildlife Service, Biol. Tech. Publ. FWS/BTP-R6001-2003. Washington, DC U.S.A.

KOCHERT, M.N. 1986. Raptors. Pages 313 — 349 in A.L. Cooperrider, R.J. Boyd, and H.R. Stuart [EDS.], Inventory and monitoring of wildlife habitat. Chapter 16. USDI Bureau of Land Management Service Center, Denver, CO U.S.A.

———, K. STEENHOF, C.L. MCINTYRE AND E.H. CRAIG. 2002. Golden Eagle (*Aquila chrysaetos*), No. 684. In A. Poole and F. Gill [EDS.], The birds of North America. The Birds of North America, Inc., Philadelphia, PA U.S.A.

KRONE, O., R. ALTENKAMP AND N. KENNTNEN. 2005. Prevalence of *Trichomonas gallinae* in Northern Goshawks from the Berlin area of northeastern Germany. *J. Wildl. Dis.* 41:304 — 309.

LEWIS, S.B., P. DESIMONE, M.R. FULLER AND K. TITUS. 2004. A video surveillance system for monitoring raptor nests in a temperate rainforest environment. *Northwest Sci.* 78:70 — 74.

LITTLE, R. 1993. Controlled wildlife. Vol. 1, federal permit procedures; Vol. II, federally protected species; Vol. III, state permit procedures. Association of Systematic Collections, Washington, DC U.S.A.

LUTTICH, S.N., L.B. KEITH AND J.D. STEPHENSON. 1971. Population dynamics of the Red-tailed Hawk (*Buteo jamaicensis*) at Rochester, Alberta. *Auk* 88:75 — 87.

MARZLUFF, J.M., M.S. VEKASY, M.N. KOCHERT AND K. STEENHOF. 1997. Productivity of Golden Eagles wearing backpack transmitters. *J. Raptor Res.* 31:223 — 227.

MCGARIGAL, K., R.G. ANTHONY AND F.B. ISAACS. 1991. Interactions of humans and Bald Eagles on the Columbia River Estuary. *Wildl. Monogr.* 115.

MCLEOD, M.A. AND D.E. ANDERSEN. 1998. Red-shouldered Hawk broadcast surveys: factors affecting detection of responses and population trends. *J. Wildl. Manage.* 62:1385 — 1397.

MINEAU, P., M.R. FLETCHER, L.C. GLASES, N.J. THOMAS, C. BRASSARD, L.K. WILSON, J.E. ELLIOT, L.A. LYON, C.J. HENNY, T. BOLLINGER AND S.L. PORTER. 1999. Poisoning of raptors with organophosphorus and carbamate pesticides with emphasis on Canada, U.S. and U.K. *J. Raptor Res.* 33:1 — 37.

MOSHER, J.A., M.R. FULLER AND M. KOPENY. 1990. Surveying forest-dwelling hawks by broadcast of conspecific vocalizations. *J. Field Ornithol.* 61:453 – 461.

NELSON, M.W. 1969. Status of the Peregrine Falcon in the Northwest. Pages 61 – 72 in J.J. Hickey [ED.], Peregrine Falcon populations: their biology and decline. University of Wisconsin Press, Madison, WI U.S.A.

NELSON, R.W. 1970. Some aspects of the breeding behavior of Peregrine Falcons on Langara Island, B.C. M.S. thesis, Calgary University, Alberta, Canada.

NEWBREY, J.L., M.A. BOZEK AND N.D. NIEMUTH. 2005. Effects of lake characteristics and human disturbance on the presence of piscivorous birds in northern Wisconsin, USA. *Water Birds* 28:478 – 486.

NEWTON, I. 1978. Feeding and development of Sparrowhawk *Accipiter nisus* nestlings. *J. Zool., Lond.* 184:465 – 487.

———. 1979. Effects of human persecution on European raptors. *Raptor Res.* 13:65 – 78.

———. 1986. The Sparrowhawk. T. and A.D. Poyser, Calton, United Kingdom.

NOON, B.R. AND A.B. FRANKLIN. 2002. Scientific research and the Spotted Owl (*Strix occidentalis*): opportunities for major contributions to avian population ecology. *Auk* 119:311 – 320.

OLSEN, P. 1993. Birds of prey of Australia. Australian Museum and Angus & Robertson, Sydney, Australia.

PARKER, J.W. 1976. Pesticides and eggshell thinning in the Mississippi Kite. *J. Wildl. Manage.* 40:243 – 248.

———. 1996. Urban ecology of the Mississippi Kite. Pages 45 – 52 in D.M. Bird, D.E. Varland, and J.J. Negro [EDS.], Raptors in human landscapes: adaptations to built and cultivated environments. Academic Press, London, United Kingdom.

PETTY, S.J. AND B.L. FAWKES. 1997. Clutch size variation in Tawny Owls (*Strix aluco*) from adjacent valley systems: can this be used as a surrogate to investigate temporal and spatial variations in vole density. Pages 315 – 324 in J.R. Duncan, D.H. Johnson, and T.H. Nicholls [EDS.], Biology and conservation of owls of the Northern Hemisphere. USDA Forest Service General Technical Report NC-190, North Central Research Station, St. Paul, MN U.S.A.

POOLE, A. 1981. The effect of human disturbance on Osprey reproductive success. *Colon. Waterbirds* 4:20 – 27.

———. [ED.]. 2004. The Birds of North America Online database: http://bna.birds.cornell.edu/. Cornell Laboratory of Ornithology, Ithaca, NY U.S.A.

RATCLIFFE, D. 2003. Discovering the causes of Peregrine decline. Pages 23 – 33 in T.J. Cade and W. Burnham [EDS.], Return of the Peregrine: a North American saga of tenacity and teamwork. The Peregrine Fund, Inc., Boise, ID U.S.A.

REYNOLDS, R.T. AND H.M. WIGHT. 1978. Distribution, density, and productivity of accipiter hawks in Oregon. *Wilson Bull.* 90:182 – 196.

———, G.C. WHITE, S.M. JOY AND R.W. MANNAN. 2004. Effects of radiotransmitters on Northern Goshawks: do tailmounts lower survival of breeding males? *J. Wildl. Manage.* 68:25 – 32.

———, M.H. REISER, R.L. BASSETT, P.L. KENNEDY, D.A. BOYCE, JR., G. GOODWIN, R. SMITH AND E.L. FISHER. 1992. Management recommendations for the Northern Goshawk in the southwestern United States. USDA Forest Service General Technical Report RM-217, Rocky Mountain Forest and Range Experiment Station, Fort Collins, CO U.S.A.

RIFFEL, S.K., K.J. GUTZWILLER AND S.H. ANDERSON. 1996. Does repeated human intrusion cause cumulative declines in avian richness and abundance? *Ecol. Appl.* 6:492 – 505.

ROBERSON, A.M., D.E. ANDERSEN AND P.L. KENNEDY. 2002. The Northern Goshawk (*Accipiter gentilis*) in the western Great Lakes Region: a technical conservation assessment. Minnesota Cooperative Fish and Wildlife Research Unit, University of Minnesota, St. Paul, MN U.S.A.

———, D.E. ANDERSEN AND P.L. KENNEDY. 2005. Do breeding phase and detection distance influence the effective area surveyed for Northern Goshawks? *J. Wildl. Manage.* 69: 1240 – 1250.

ROGERS, A.S., S. DESTEFANO AND M.F. INGRALDI. 2005. Quantifying Northern Goshawk diets using remote cameras and observations. *J. Raptor Res.* 39:303 – 309.

ROSENFIELD, R.N. 1978. Attacks by nesting Broad-winged Hawks. *Passenger Pigeon* 40:419.

———. 1983. Nesting biology of Broad-winged Hawks in Wisconsin. M.S. thesis, University of Wisconsin-Stevens Point, Stevens Point, WI U.S.A.

——— AND J. BIELEFELDT. 1993a. Cooper's Hawk (*Accipiter cooperii*), No. 75. In A. Poole and F. Gill [EDS.], The birds of North America. The Birds of North America, Inc., Philadelphia, PA U.S.A.

——— AND J. BIELEFELDT. 1993b. Trapping techniques for breeding Cooper's Hawks: two modifications. *J. Raptor Res.* 27:170 – 171.

——— AND J. BIELEFELDT. 1999. Mass, reproductive biology, and nonrandom pairing in Cooper's Hawks. *Auk* 116:830 – 835.

——— AND J. BIELEFELDT. 2006. Cooper's Hawk (*Accipiter cooperii*). Pages 162 – 163 in N.J. Cutright, B.R. Harriman, and R.W. Howe [EDS.], Atlas of the breeding birds of Wisconsin. Wisconsin Society for Ornithology, Inc. Madison, WI U.S.A.

———, J. BIELEFELDT AND R.K. ANDERSON. 1988. Effectiveness of broadcast calls for detecting breeding Cooper's Hawks. *Wildl. Soc. Bull.* 16:210 – 212.

———, J.W. SCHNEIDER, J.M. PAPP AND W.S. SEEGAR. 1995. Prey of Peregrine Falcons breeding in West Greenland. *Condor* 97:763 – 770.

———, J. BIELEFELDT, J.L. AFFELDT AND D.J. BECKMANN. 1995. Nesting density, nest area reoccupancy, and monitoring implications for Cooper's Hawks in Wisconsin. *J. Raptor*

Res. 29:1 — 4.
RUTZ, C., A. ZINKE, T. BARTELS AND P. WOHLSEIN. 2004. Congenital neuropathy and dilution of feather melanin in nestlings of urban-breeding Northern Goshawks (*Accipiter gentilis*). *J. Zoo Wildl. Med.* 35:97 — 103.
SHUGART, G.W., M.A. FITCH AND V.M. SHUGART. 1981. Minimizing investigator disturbance in observational studies of colonial birds: access to blinds through tunnels. *Wilson Bull.* 93:565 — 569.
SITTER, G. 1983. Feeding activity and behavior of Prairie Falcons in the Snake River Birds of Prey Natural Area in southwestern Idaho. M.S. thesis, University of Idaho, Moscow, ID U.S.A.
SMITHERS, B.L., C.W. BOAL AND D.E. ANDERSEN. 2005. Northern Goshawk diet in Minnesota: an analysis using video recording systems. *J. Raptor Res.* 39:264 — 273.
SNYDER, N.F.R. AND H.A. SNYDER. 1974. Increased mortality of Cooper's Hawks accustomed to man. *Condor* 76:215 — 216.
——— AND H.A. SNYDER. 1991. Birds of prey: natural history and conservation of North American raptors. Voyageur Press, Inc., Stillwater, MN U.S.A.
SODHI, N.S., L.W. OLIPHANT, P.C. JAMES AND I.G. WARKENTIN. 1993. Merlin (*Falco columbarius*), No. 44 in A. Poole and F. Gill [EDS.], The birds of North America. The Bird of North America, Inc., Philadelphia, PA U.S.A.
SPEISER, R. AND T. BOSAKOWSKI. 1991. Nesting phenology, site fidelity, and defense behavior of Northern Goshawks in New York and New Jersey. *J. Raptor Res.* 25:132 — 135.
SQUIRES, J.R. AND R.T. REYNOLDS. 1997. Northern Goshawk (*Accipiter gentilis*), No. 298 in A. Poole and F. Gill [EDS.], The Birds of North America. The Birds of North America, Inc., Philadelphia, PA U.S.A.
SQUIRES, J.A. AND P.L. KENNEDY. 2006. Northern Goshawk ecology: an assessment of current knowledge and information needs for conservation and management. *Stud. Avian Biol.* 31:8 — 62.
STALMASTER, M.V. AND J.R. NEWMAN. 1978. Behavioral responses of wintering Bald Eagles to human activity. *J. Wildl. Manage.* 42:506 — 513.
STEENHOF, K. 1987. Assessing raptor reproductive success and productivity. Pages 157 — 170 in B.A. Giron Pendleton, B.A. Millsap, K.W. Cline, and D.M. Bird [EDS.], Raptor management techniques manual. National Wildlife Federation, Washington, DC U.S.A.
———. 1998. Prairie Falcon (*Falco mexicanus*), No. 346 in A. Poole and F. Gill [EDS.], The birds of North America. The Birds of North America, Inc., Philadelphia, PA U.S.A.
———, G.P. CARPENTER AND J.C. BEDNARZ. 1994. Use of mist nets and a live Great Horned Owl to capture breeding American Kestrels. *J. Raptor Res.* 28:194 — 196.
STEIDL, R.J. AND R.G. ANTHONY. 1996. Responses of Bald Eagles to human activity during summer in interior Alaska. *Ecol. Appl.* 6:482 — 491.
STOUT, W.E., R.N. ROSENFIELD, W.G. HOLTON AND J. BIELEFELDT. 2007. Nesting biology of urban Cooper's Hawks in Milwaukee, Wisconsin. *J. Wildl. Manage.* 71:366 — 375.
———, S.A. TEMPLE AND J.M. PAPP. 2006. Landscape correlates of reproductive success for an urban/suburban Red-tailed Hawk population. *J. Wildl. Manage.* 70:989 — 997.
SUTER, G.W., II AND J.L. JONES. 1981. Criteria for Golden Eagle, Ferruginous Hawk, and Prairie Falcon nest site protection. *Raptor Res.* 15:12 — 18.
TAYLOR, I.R. 1991. Effects of nest inspections and radiotagging on Barn Owl breeding success. *J. Wildl. Manage.* 55:312 — 315.
UNITED STATES FISH AND WILDLIFE SERVICE (USFWS). 1998. Northern Goshawk status review. U.S. Fish and Wildlife Service, Office of Technical Support, Portland, OR U.S.A.
VEKASY, M.S., J.M. MARZLUFF, M.N. KOCHERT, R.N. LEHMAN AND K. STEENHOF. 1996. Influence of radio transmitters on Prairie Falcons. *J. Field Ornithol.* 67:680 — 690.
WATSON, J.W. 1993. Responses of nesting Bald Eagles to helicopter surveys. *Wildl. Soc. Bull.* 21:171 — 178.
———. 2004. Responses of nesting Bald Eagles to experimental pedestrian activity. *J. Raptor Res.* 38:295 — 303.
WHITE, C.M. 1994. Population trends and current status of selected western raptors. *Stud. Avian Biol.* 15:161 — 172.
——— AND T.L. THUROW. 1985. Reproduction of Ferruginous Hawks exposed to controlled disturbance. *Condor* 87:14 — 22.
——— AND R.W. NELSON. 1991. Hunting range and strategies in tundra breeding peregrine and Gyrfalcon observed from a helicopter. *J. Raptor Res.* 25:49 — 62.
———, D.A. BOYCE AND R. STRANECK. 1989. Observations on *Buteo swainsoni* in Argentina, 1984 with comments on food, habitat alteration and agricultural chemicals. Pages 79 — 87 in B.-U. Meyburg and R.D. Chancellor [EDS.], Raptors in the modern world. World Working Group for Birds of Prey and Owls, London, United Kingdom.
WILEY, J.W. 1975. The nesting and reproductive success of Red-tailed Hawks and Red-shouldered Hawks in Orange County, California, 1973. *Condor* 77:133 — 139.
WOOD, P.B. 1999. Bald Eagle response to boating activity in northcentral Florida. *J. Raptor Res.* 33:97 — 101.

保全措置

RICHARD E. HARNESS
EDM International, Inc.
4001 Automation Way, Fort Collins, CO 80525-3479 U.S.A.

訳：中野　晋

はじめに

　長い歴史を振り返ってみても，人間の利益と猛禽類の存在との間における相克は，猛禽類に影響を与えてきた．直接的な影響としては，意図的な迫害，違法な取引や収集が含まれる．間接的な影響としては，故意ではないものの，猛禽類に負の影響を及ぼす恐れのある人間の活動が含まれ，それらは，たいてい，都市化や農薬の使用といったものを含めた技術的な進歩によってもたらされる．

　本章では，猛禽類に影響を及ぼす多くの人間活動のあらましを述べるとともに，負の影響に対する緩和策として用いられてきた保全措置を解説する．時折，複数の行為があいまって，1つの影響を与えることがあり，このために複数の保全措置が必要となるようなことが発生する．本章では，最も頻繁に記録されている人為的影響のいくつかの例を紹介している．この章は Postvit and Postvit（1987）に基づいており，詳細についてはそちらを参照されたい．

直接的な影響

　猛禽類に対する直接的な影響には，銃猟，罠猟，毒殺などが含まれる．自然的な死亡率と同じように，これらの迫害による猛禽類の死亡率は代償されることになるか，または付加的なものになってしまうかのいずれかになる（Newton 1979）．迫害による死亡が少ない時には，自然死亡に代わって代償的な死亡率が発生するだけで，全体的な死亡率は変化しない．迫害の程度が大きい時には，これが自然死亡に加わって，迫害による付加的死亡率が発生する．個体数が季節的に減少している繁殖の直前は，迫害の影響が最も顕著となりがちである（Newton 1979）．大きな種は小さな種よりも迫害に弱い．なぜなら，大きな種は低密度で生息し，繁殖率が低く，成熟するまでにより時間がかかるためである（Newton 1979）．

　開発や迫害によって個体数が減少している場合，法的保護や教育は最も適切な保全手段である．また，教育や市民参加は，猛禽類に対する偏見を晴らすためには，極めて重要である（Postovit and Postovit 1987）．迫害は猛禽類の個体群に対して多くの負の影響を与えてきたが，直接的な影響がいったん，減少もしくは取り除かれると，たいていの場合，この脅威から回復するものである（Newton 1979）．

銃猟と罠猟

　農場と狩猟鳥獣を猛禽類の被害から守るため，何世紀にもわたって，猛禽類は銃で撃たれたり，罠で捕らえられたりしてきた（Newton 1979）．その現象が広まるとともに，猛禽類の駆除は一般的なこととなり，賞金によって奨励さえされた．例えば，アラスカでは，サケ資源を守るため 1917 年から 1952 年にわたって 10 万羽以上のハクトウワシ（*Haliaeetus leucocephalus*）に対して，賞金が支払われた（Robards and King 1966）．最初の頃は，大型の猛禽類のみが迫害を受けていた．しかしながら，狩猟鳥や養鶏場が一般的になるにつれて，小型猛禽類が銃で撃たれたり，罠で捕らえられたりすることが増えていった（Newton 1979）．今日でさえ，ミサゴ（*Pandion haliaetus*）は養殖場の魚を保護するために殺され，ハゲワシ類は航空機へのバードストライクを防止するために空港の近辺で撃たれている．さらに，渡りのボトルネック（Xirouchakis 2003）となっている場所や道端沿いの電柱から（Olson 1999）レクリエーション目的で撃たれているし，違法な羽毛取引のために（Delong 2000）撃たれたりしている．

　大型の昼行性の猛禽類は目立つため，より頻繁に撃たれる（Snyder and Snyder 1974）．ハゲワシ類のような群れ

20

で生活する種は，特に集団単位で銃猟の影響を受けやすい（Newton 1979）．人間に対して用心深くない若鳥はより大きな危険にさらされている（Ellis et al. 1969）．

猛禽類は，罠の使用により意図的に殺されている（Brooker 1990）．罠は，巣や生きた餌もしくは死んだ餌の周囲，人工的な止まり木などに仕掛けられている．最も一般的な罠は，トラバサミにより脚を挟むものである．猛禽類がバネ罠の上に止まると，同時にハサミが噛みつき，死ぬかまたは取り外されて殺されるまで，その鳥は捉えられることになる．

保全に関する考察

今日，多くの国々がこのような無秩序な殺害から猛禽類を保護し，多くの猛禽類個体群への長期的な影響を最小化している．しかし，そのような保護活動にもかかわらず，迫害は一部続いており，特定の個体群〔例えば，カリフォルニアコンドル（*Gymnogyps californianus*）〕に影響を与えている（Cade et al. 2004）．猛禽類の捕食によって経済的被害を受ける事例〔例えば，放鳥場所において狩猟鳥を殺すオオタカ（Newton 1979）〕は存在するが，全体として猛禽類による捕食行為はおそらく取るに足らないものである．実際に猛禽類による経済的困窮が生じているところでは，土地所有者に対してその損害を賠償し，将来的な被害を防ぐために，彼らと協力していくことが最善である．猛禽類に対する偏見を取り除くには教育が極めて重要である（Postovit and Postovit 1987）．

毒　殺

いろいろな有害動物をコントロールするため，毒餌は合法的にも非合法的にも用いられている．これらの餌は意図的・非意図的に猛禽類を殺すものとなり得る．腐肉を食べる猛禽類が，別の動物用に仕掛けられた毒餌を食べる場合でも，毒餌の標的であった動物の毒に汚染された死骸を食べた場合（すなわち2次汚染）でも意図しない毒殺が生じる（Newton 1979）（詳細については下記の「間接的影響」や「農薬と汚染物質」を参照のこと）．

ハゲワシ類は，しばしば意図的な毒害の影響を受ける（Houston 1996）．これらの死肉捕食性の猛禽類（スカベンジャー）は群れで生活するため，一度に多くの個体を毒殺することは容易である（Ledger 1988）．ワシ類も，羊を殺させないようにするため，ストリキニーネのような猛毒で意図的に毒殺されることが時々ある（Brooker 1990, Newton 1990）．

鳥たちは毒を飲み込んだ後に飛び立ち，どこか別のところで死ぬことがある．その結果として，死因が明らかとならない．貯水タンクでの溺死は，鳥が毒を飲み込んだ後に，水を探し求めた場合に生じていると思われる（Mundy et al. 1992）．

保全に関する考察

銃猟と罠猟についてと同様に，猛禽類に対する偏見を除くためには，教育はとても重要である（Postovit and Postovit 1987）．毒殺による死亡が疑われる猛禽類の死骸を扱う際には注意が必要である．モノクロトホスのようないくつかの有機リン酸系の農薬は皮膚を通じて吸収される（EXTOXNET 1996）．したがって，汚染に害される可能性を抑えるため，死骸を扱うには手袋を用いるべきである．もし，すぐに毒による汚染であることが分かった時には，有機リン酸系，カルバミン酸系，殺鼠剤系化合物に対する解毒剤がある（オンタリオ州環境省 1995）．しかし，中毒に陥った鳥には，長期のリハビリテーションだけでなく，迅速かつ正確な診断が必要となる．

伝統的・文化的慣習

伝統的な集団の儀式には，動物の狩りや生贄を伴うことがある．通常，猛禽類は，食物資源としてはほとんど意味をもたないが，伝統的な儀式においては高い象徴的価値をもち，重要な役割を担っていることが多い（White 1913）．時には，このような信仰のために猛禽類が殺されることがある．例えば，ホピ族のイーグル氏族（Hopi Eagle Clan）のメンバーは，若いイヌワシ（*Aquila chrysaetos*）の生贄を必要とする儀式を年に一度行う．ワシの雛は窒息死させられる7月まで人の手で育てられる．ホピ族の信仰では，生贄にされたワシはホピ族の祈りの言葉を聖なる世界に持ち帰るとされている（Williams 2001）．南アフリカの伝統的な民俗伝承では，ハゲワシ類は鋭い視力をもっているので，未来まで見通すことができるとされている．密猟者はヒゲワシ（*Gypaetus barbatus*）の頭を狙って猟を行い，その頭は新しい公営宝くじに興じるギャンブラーに珍重される（Marshall 2003）．多くの近代文化は伝統的民族が伝統的慣習を行う権利を支持してきたが，絶滅危惧種の運命が危険にさらされている時には，そのような支持を得難いことがよくある．

保全に関する考察

教育は絶滅の危機に瀕したもしくは絶滅の恐れのある種を殺す慣習をやめさせる鍵であると，現代的な人々は考えることが多い．しかしながら，伝統文化に属する人たちは現代的な人々こそ伝統的信仰に関する教育を受ける必要があると信じているのかもしれない（Kaye 2001）．

間接的影響

間接的影響は非常に多く，多様であり，そしてしばしば負の影響となる．これらの影響は致死的かほぼ致死的なものとなり得る．ほぼ致死的な影響は，猛禽類に様々な面で作用するけれども，検出することは難しい（例えば，繁殖率の低下，卵殻の薄化現象）．加えて，一度，間接的影響が検出された時には，それを回復させることは難しいものである．直接的影響と異なり，猛禽類は多くの間接的影響を認識できず，避けたり，慣れたりすることはない（Postovit and Postovit 1987）．

ハビタットの消失，改変，分断化

人口増加によるハビタットの破壊と改変は猛禽類に影響を与えている（Newton 1979）．ハビタットの改変は，様々な面で生じている．ハビタットは完全に改変されてしまうかまたは著しく変化してしまうことがある．変化が生じた時，これらの地域に依存していた多くの動物は追いやられ，周辺地域で適したハビタットを見つけられないことがあり得る．

ハビタットの分断化は，ある地域における変化の増加と累積に起因する．ハビタットがより小さな単位に分割された場合，いくつかの種にとっては，より好ましくないハビタットとなり，相対的なハビタット容量も同様に減少し，より少ない個体数しか収容できなくなってしまう．ハビタットは長期間にわたってゆっくりと悪化し，ついにはふさわしい獲物，止まり場所，営巣場所が消滅してしまうこともあり得る．改変された環境に適応できる種もあるものの，在来種にとって，分断されたハビタットは元々存在した環境と同じ生産性は一般的に有しておらず，猛禽類の数も減少することとなる（Newton 1990）．

ハビタットの破壊は，猛禽類が直面している最も壊滅的な影響であろう．特有のハビタットや広大な行動圏を必要とする猛禽類は大きな危機に瀕している．都市・郊外・農村の拡大によるハビタットの変化は，ほとんどの場合において恒久的である．都市化は，人的影響を受けやすい種にとって代わって影響を受け難い種〔例えば，アメリカチョウゲンボウ（Falco sparverius），アカオノスリ（Buteo jamaicensis），アメリカワシミミズク（Budo virginianus）など〕に有利に働く傾向がある．多くの猛禽類は季節的な渡りを行うため，繁殖地・渡り経路・越冬地を考慮することが重要である．

保全に関する考察

広いテリトリーをもつ動物を保全するためには，土地を確保すべきである．土地を完全に買収するか，または使用制限の付いた保護区として守られるべきである（Delong 2000）．猛禽類の生息分布を理解して保全するためには，全体的な環境要素の必要性に関する知識は必要不可欠である．ハビタットの変化が種にもたらす影響についての評価は複雑であり，種ごとのニーズに注目する必要がある（Redpath 1995）．小さな空間規模で評価された個体群の構造と動態は，生態系全体にわたる個体群の特徴を反映したものではないであろう（Kareiva and Wennergren 1995）．

交　通

自動車による衝突死

猛禽類は多くの理由から道路に引き寄せられる．道路は，自動車との衝突により，死肉を安定的に供給しており（Platt 1976），一方で道脇の草刈りも行われる．車道に沿った電柱は，ハツカネズミ類，ハタネズミ類およびその他の齧歯類を捕食する猛禽類にハンティングや塒のための魅力的な止まり場所を提供する（Roberston 1930, Bevanger 1994）．寒い冬季の間，道路は熱と塩分の供給源となり，それはいずれも獲物を引き寄せる（Meade 1942, Dhindsa et al. 1988）．融雪剤は，大型動物も引き寄せ，道路事故により死肉を提供することとなる（Noss 1990）．道路沿いでハンティングを行うように適応した猛禽類は，自動車との衝突に関して特に危険にさらされている．

道路事故によって死亡した動物の死骸を鳥たちが定期的に食べている地域では，死骸を道路から取り除くべきである．常時，問題が発生する地域では，道路上で猛禽類に遭遇する可能性があるので，スピードを落とすようにドライバーに警告する標識を掲示することが望ましい（Delong 2000）．制限速度の引き下げも考えられる．

飛行機との衝突

鳥類と飛行機との衝突（バードストライク）は，人間の生命への危険となるだけでなく，世界の航空機産業に毎年数百万ドルもの費用を発生させている（Sodhi 2002）．飛行機と鳥類の衝突のほとんどは，カモメ科，ホシムクドリ（Sturnus vulgaris），ムクドリモドキ科であるが，猛禽類との衝突の記録も存在する（Lesham and Bahat 1999）．

イスラエルは，鳥類と飛行機の衝突事故を管理するにあたり，最も洗練されたプログラムの1つを有している．イスラエルは鳥類の渡りの主要なボトルネックにあたる

場所であり，年に2回，数百万羽の猛禽類がイスラエルの限られた空域を渡っていく（Shirihai et al. 2000）．モーターグライダー，小型無人飛行機，レーダーおよび地上からの観察者によって，鳥類の渡りのパターンは観察され地図化されている（Leshem and Bahat 1999）．「Bird Plagued Zones（鳥害発生地帯）」という地図は毎年更新され，軍のパイロットに提供されている．リアルタイムレーダーを用いて低高度飛行に関する空域の制限が設けられている（Leshem and Bahat 1999）．

米国では，飛行機による野生動物関連の事故を減少させることを目的に設立された組織である Bird-Wildlife Aircraft Strike Hazard Team（BASH：鳥類および野生動物と航空機衝突の危険処理チーム）が，鳥類回避モデルを開発した（U.S. Air Force 2004）．

植生管理とハビタット改変は，空港を鳥類や他の野生動物にとってより望ましくない場所にするために用いられる重要な手法である（Sodhi 2002）．多くの空港では，齧歯類や他の獲物の隠れ場を減らすために滑走路周辺の植生を刈っている．これは，猛禽類をそのエリアに引きつけないようにするためである．鳥類は騒音発生器や銃声により追われることがあるが，大きな騒音に慣れることがよくある（Sodhi 2002）．塒を使わせないことは重要であり，猛禽類による使用を妨げるために空港施設に"止まり防止装置"を取り付けることが時々ある（Transport Canada 2001）．しかしながら，いかなる"止まり防止装置"も，止まって獲物を狙う全ての種を阻止できるわけではない（Avery and Genchi 2004）．

エネルギーと通信施設

エネルギーと鉱山開発

エネルギー市場で，世界の総消費量は 2001〜2025 年の間に54%拡大すると予測されている（Energy Information Administration 2004）．中国やインドなどのアジア諸国を含む発展途上国が，世界のエネルギー消費の伸びに最も貢献するものと予測されている（米国エネルギー省 2004）．増加するエネルギー需要のため，より多くの土地が石油・天然ガス・石炭の探査と採取のために使用されるであろう．ダム，原子力発電所，そして再生可能なエネルギー源の数も増加していくであろう．

これらの資源の開発は直接的，間接的そして累積的な環境への影響を与えることになるであろう．これらの行為の多くは人里離れた場所で行われるため，猛禽類に負の影響が生じ得る（Murphy 1978）．猛禽類への影響には，ハビタットの分断と消失，攪乱による移住，獲物の減少が含まれる．エネルギー開発は営巣地，塒，探餌場所に影響を与え得る．間接的影響は，道路建設，土壌および植生の改変，増加する大気・水質汚染によって生じるであろう．

全ての巨大建設事業については，建設に先立って環境解析を実施・完了することが重要である．この解析には，土地，植生，水質，大気質，陸域および水域資源，人間との相互作用に関する基礎調査が含まれるべきである．規制官庁と近隣住民に対しては公開討論の場において，事業に対する意見を述べる機会が提供されるべきである．

基礎調査は猛禽類の巣に関しても実施されるべきであり，事業計画は猛禽類の生活史にも考慮すべきである．これらのデータは，施設の建設・運用・維持管理に言及した事業計画および環境アセスメントに組み入れられるべきである．自然再生計画は，それが適切な場合に進められるべきであり，そこには再緑化，事業区域外におけるハビタットの向上，さらに適切なところには人工巣の設置が含まれるべきである．土地管理が適切であれば，再生地域は猛禽類に繁殖可能なハビタットを提供する可能性がある（Yahner and Rohrbaugh 1998）．

建設後のモニタリングは，建設前に実施した保全措置の妥当性を正確に評価する唯一の方法であるため，エネルギー開発における非常に重要な要素である．アセスメントの継続により，保全行為が効果的でないと判断された場合に，是正措置を取ることが可能となる．

送電線による感電死

1970年代および1980年代初頭において，猛禽類の感電死を減少させるために北米における電力業界の取り組みが広まった．その問題の軽減についての予測はとても楽観的であったため，猛禽類の感電死は続いており，その数はかなりな数にのぼる可能性がある（Lehman 2001）．猛禽類の感電死は世界中で持続している問題であり，送電線による死亡のほとんどは死亡率の中で埋め合わされるものではあるが，地域によっては，特定の猛禽類の減少の原因となっている．例えば，スペインでは，感電死が，ドニャーニャ国立公園のニシカタジロワシ（*Aquila adalberti*）の個体数減少の原因であった（Ferrer and de la Riva 1987）．

感電死は，電柱の形状によって様々な状況で生じている（Janss and Ferrer 1999）．北米では，一般的に送電線は伝導性のない木製の電柱と腕木を用いてつくられている（図20-1）．ヨーロッパと他の多くの地域では，伝導性の鉄とコンクリートの支柱が，より一般的である（Janss and Ferrer 1999）．支柱は，しばしば鋼鉄製の腕木に結合され（図20-2），電線と腕木，電線と支柱，および電線と電線を接触させている（Janss and Ferrer 1999）．このタイプ

図 20-1　木製の配電構造（電柱）に止まったイヌワシ.

図 20-2　鉄製の腕木のあるコンクリート電柱上の猛禽類の巣.

の構造は，隙間が非常に狭くなっているため，多くの種類の鳥類に影響する．鋼柱の使用が米国においてより一般的になってきており，類似した問題が発生するようになった（Harness 1998）．

　感電死から猛禽類を保護する方法は，電力線構造のタイプと鳥類の大きさに依存する（APLIC 2006）．伝導性のある鉄，コンクリートの支柱および腕木を使用する地域では，鳥は止まるのに通電された 1 本の電線だけにしか触れることがないので，最も危ない隙間というのは，体長ほどの隙間がある場合である（Janss and Ferrer 1999）．こうした理由から，絶縁体がしばしば伝導性の構造との接触を防ぐために設置される．北米における電線間の接触を防ぐために使用される止まり防止装置（APLIC 2006）は，伝導体の構造上，あまり有効ではない（Janss and Ferrer 1999）．変圧器（図 20-3）のような装置は，一般に問題が多く，絶縁されたジャンパ線（通信用電線の一種）と保護のためのブッシングカバーが導入されるべきである（Janss and Ferrer 1999, van Rooyen 2000, Harness and Wilson 2001, Platt 2005）．

　多くの実用的な機器が地域レベルでも使用されるため，適切な保全方法を開発する前に，具体的な建設施工とハビタット利用が決定されるべきである（Mañosa 2001）．効果的な修復には電柱構造や危険にさらされている鳥類の

図 20-3　電気変圧器ポールに止まるアレチノスリ.

種，および他の要因（例えば，鳥類の行動，大きさ，年齢，獲物の種類，好まれるハビタット，季節，気象，風，地形）を周到に理解することが必要となる．次の3つの充実した参照文献がこれらの問題の解決の手引きとなる．「電力線からの鳥類の保護のための実施提案」〔Suggested Practices for Avian Protection on Power Lines: State of the Art in 2006（APLIC 2006）〕，「鳥類と電力線－衝突，感電，そして繁殖」〔Birds and Power Lines － Collision, Electrocution and Breeding（Ferrer and Janss 1999）〕，「電力線からの猛禽類保護のための実施提案」〔Suggested Practices for Raptor Protection on Power Lines: The State of the Art in 1996（APLIC 1996）〕．ヨーロッパでは，「警告：感電死！電力線での鳥類保護のための実施提案」（Caution: Electrocution! Suggested Practices for Bird Protection on Power Lines）が German Society for Nature Conservation（NABU：ドイツ自然保護協会）によって，ドイツ語，英語およびロシア語で出版されている．

図20-4 止まり防止装置は感電死のリスクを最小化するが，止まることのできる部分は残る．

電線との衝突死

猛禽類は空中でかなりの時間を過ごすものの，電線との衝突は他の種（Bevanger 1994）と比べて，比較的，まれな現象である（Bevanger 1994）．「電線に衝突する鳥類についての保全措置：最新技術1994年版（APLIC 1994）」〔Mitigating Bird Collisions with Power Lines: The State of the Art in 1994（APLIC 1994）〕に示されているように，猛禽類は，すぐれた視力をもったすばらしい飛翔能力を有する空中のハンターである．そのうえ，一般に，猛禽類は群れで飛翔することはない．ただし，猛禽類は素晴らしい視力をもつ機敏な鳥類ではあるが，何かに気を取られていたり，注意散漫になっていたりする時（例えば，テリトリー防衛や獲物追跡中など）は電線に衝突しやすくなる（Olendorff and Lehman 1986, Thompson 1978）．危機的な絶滅危惧種（例えば，カリフォルニアコンドル）のような場合を除けば，こうした散発的にまれに発生する電線衝突死は，猛禽類においては生物学的には，その死亡率は特に問題となることはない（Olendorff and Lehman 1986）．

常時，問題の発生する電線，敏感な種や希少種に影響しそうな電線については，電線をより目立ちやすくすべきである．鳥類の衝突死からの保護についての方法が示された文献として，「電線に衝突する鳥類についての保全措置：最新技術1994年版」〔Mitigating Bird Collisions with Power Lines: The State of the Art in 1994（APLIC 1994）〕があげられる．

電柱・電線を利用したハンティング

猛禽類は，電柱をハンティングの止まり木としてよく利用する（Benson 1981）．猛禽類がキジオライチョウ（*Centrocercus urophasianus*）のような敏感な種を狙う時には，電線やその他の人工構造物を利用して，ディスプレイをするライチョウの雄，営巣中の雌，巣の雛を捕獲すると考えられている（Connelly et al. 2004）．加えて，地上に営巣するアナホリフクロウ（*Athene cunicularia*）も同様の危険がある（Fitzner 1980）．

電柱に猛禽類が止まることを抑制するための多くの製品がある．これらの装置（三角形状の止まり防止装置，鋲など）は，特に鳥類の感電死を防ぐように設計されているが，全ての止まりの場所から猛禽類を排除するようにはなっていない（EPRI 2001）．既製品では止まりを防ぐことのできない場所が電柱には多く存在する（図20-4）．研究者たちの中には，危機的な状況にあるライチョウの繁殖地近辺では，猛禽類による捕食を防ぐために，電柱やその他の止まり場所を取り除くべきだという見解を示している者もいる（Connelly et al. 2000）．

電柱での営巣

電柱は，営巣の場所を提供することで猛禽類に正の影響を与えることがある．Steenhof et al.（1993）は，高圧線鉄塔上で営巣するアカオノスリ（*Buteo regalis*）は，自然の岩盤上で営巣するものよりも繁殖率が高いことを示した．ミサゴも電柱に営巣することで利益を得ている（Henny and Kaiser 1996）．Lee et al.（1979）によると，電線上で営巣する鳥類において電気や磁場による重大な悪

図 20-5　営巣の防止のためのアピトン製腕木.

図 20-6　二連の腕木に据え付けられた先細り棒状の止まり防止装置（Kaddas）.

図 20-7　止まり防止装置が設置された構造物上の猛禽類の巣（Tri-State G&T）.

影響はなかったと報告しているが，野生と飼育下の両方のアメリカチョウゲンボウに関する最近の研究を参照してもらいたい（例えば，Fernie et al. 2000）.

　猛禽類は，巣を架けるためにより広い台座を必要とするので，二連の腕木を好む傾向がある（EPRI 2001）.腕木が必要なところでは，猛禽類が営巣する場所をなくすために，2つの腕木を使わず，単独のアピトン製腕木とする（図 20-5）.既存の電柱を架け替える時は，猛禽類に営巣させないように棒状の止まり防止装置を使うことができる（図 20-6）.止まり防止装置は，営巣防止にはあまり効果はなく，巣を固定する留め具のような機能を果たして巣作りを容易にする可能性がある（図 20-7，EPRI 2001）.

　猛禽類が電柱など公共構造物に営巣することは，運用上の問題がなければ，必ずしも否定されるべきではない．もし，猛禽類の営巣活動が電力などの供給停止を引き起こすのであれば，事業者は敷地用地の端に台座のついた電気の通っていない電柱を建て，その台座に巣を移すべきである（APLIC 2006）.周辺の電柱は，巣立ち雛を感電の可能性から守るために架け替えられるべきである（Dwyer and Mannan 2004）.

風　車

　風力発電施設（図 20-8）は化石燃料発電の代替手段となる．しかしながら，この技術は，野生生物に対する危険がないわけではなく，猛禽類が衝突する恐れが増加しているものと考えられる（Estep 1989）.衝突の危険の増加要素としては，猛禽類の存在そのもののほか，獲物の集中，風車の設計，渡りルート，日々の移動経路，地形的特徴，風車の列の中でのそれぞれの立ち位置があげられる（Anderson et al. 1999b）.

図20-8 風車とプロングホーン〔エダツノレイヨウ（*Antilocapra americana*）〕.

米国・国内風力調整委員会（The National Wind Coordinating Committee）は，「風力発電と鳥類の相互作用に関する研究：手引き書」〔Studying Wind Energy/Bird Interactions: A Guidance Document（Anderson et al. 1999b）〕と題した実用的な文献を発表した．米国魚類野生生物局（USFWS）もまた，「風車が野生生物に与える影響の回避および最小化に関する臨時のガイドライン」〔Interim Gidelines to Avoid and Minimize Wildlife Impacts from Wind Turbines（USFWS 2003）〕を作成した．これらのガイドラインの主たる目的は次の3つである．①事業者が風力発電開発を続けるかどうか決定する際の支援，②野生動物による建設予定地における潜在的な利用場所の確認を必要とする建設前調査の決定手続きの記述，③建設後における実際の影響（もしくは影響がないことについて）の特定，定量化，確認のための建設予定地のモニタリングの推奨．USFWSはさらに，ガイドラインの一環として"潜在的影響指標（PII）"を開発した（USFWS 2003）．PIIは，風力発電計画地での鳥類とコウモリ類に与える影響の予測に使用するためのツールである．

通信タワー

通信タワー設置場所での鳥類の死は，より注目されつつある．昼行性の鳥類の中にはこうした建造物によって危険にさらされているものもあるが，猛禽類については，通信タワーへの衝突の記録はごく少ない（Avatar Environmental et al. 2004）．

ダムと水管理

ダムおよび関連している水管理行為は正と負の影響を有している．正の影響には，魚類，ワシ類，ミサゴにとってハビタットが加わるといったことがある（Henny et al. 1978, Steenhof 1978, Van Daele and Van Daele 1982, Grover 1984, Detrich 1985）．一般的には，魚食性の猛禽類はダム建設により利益を受ける（Postovit and Postovit 1987）．湛水後の河畔林の形成も，メキシコのクロノスリ（*Buteogallus anthracinus*）のようないくつかの種には利益をもたらす（Rodríguez-Estrella 1996）．

ダムの高さ（堤頂）や長さ，放水量，そして魚類の存在は，ハクトウワシにとって採食場としての適性度を決定する．放水時には，獲物は狭いエリアに集まるため，獲物の利用しやすさと捕食の増加につながる（Bryan et al. 1996）．水力発電時の放水は，ワシにとって捕食が容易な魚類の死体や傷ついた個体を流下させるので，重要である（Stalmaster 1987）．さらには，ダム直下流は，しばしば冬季でも凍結しないため，水鳥を誘引し，ワシも魚類を確保できる．貯水池周辺の止まり木の存在も，ワシやその他の猛禽類にとって重要な役割を果たしている（Stalmaster 1987, Brown 1996）．

貯水は，ハビタットを水域に変えてしまう行為であり，水位の変動は河畔のハビタットに依存する猛禽類に負の影響を及ぼす場合がある（Schnell 1979）．貯水池の水際に営巣する猛禽類はまた，貯水池内や周辺でのレクリエーション活動によって影響される（「レクリエーション活動による妨害」の項参照）．

ダム建設による湿地の改変は，種によってはハビタットを向上させることになるものの，いくつかの種にとっては負の影響を与える．湿地の改変によって最も高いリスクを有する種は，湿地に関係もしくは限定的に生息している種である．米国では，湿地管理が，自然にできた氾濫源に生息するスクミリンゴガイ（ジャンボタニシ，*Pomacea paludosa*）に依存しているタニシトビ（*Rostrhamus sociabilis*）

に悪影響を与えている．水位や流況の改変はまず貝に影響を与え，その後，トビに影響を与えている．

保全に関する考察

湿地の改変や創出を行う際には，先進的な計画としっかりした影響分析が推奨される．種ごとの保全措置は，影響を受ける種や，想定される影響の大きさ，事業の実施場所に応じて，個別に検討すべきである．長期の保全措置には，事業実施場所以外でのハビタットの向上や，営巣場所や集団塒，採食地等のような猛禽類が敏感な場所の近くにおける人的利用の制限および計画されている水管理体制の改善が含まれる．

林 業

猛禽類の森林への依存度は種によって様々であり，森林管理は幅広い影響を及ぼす（Postovit and Postovit 1987）．森林施業によっては，森林の構造や種組成に大きな変化を生じさせ，その結果として，猛禽類に正または負の影響を与える．例えば，Thiollay（1996）はインドネシア西部の保管林では，当初生息していた森林性猛禽類の個体群の1/4以下しか残っていないと報告している．一方，Reynolds et al.（1982）は，オレゴン州西部のハイタカ属の一部は森林伐採と植林の短周期化により利益を受けたことを指摘している．新たに建設された道路と歩道は人の立ち入りや人為的攪乱の増加，ハビタットのさらなる分断化を招く．

保全に関する考察

うまく管理された森林は，野生動物のハビタット確保と森林管理の目的を両立させる．特に配慮すべき事項は，樹木伐採の程度と森林更新の期間である（Postovit and Postovit 1987）．猛禽類は，森林の構造（倒木や樹冠，階層等）がその鳥類のニーズに見合うものであれば，管理された森林を利用することができる（Horton 1996）．このことを達成するためには，森林管理経営が及ぼす生態的影響を理解しておかなければならない．森林性猛禽類の管理はハビタット構成要素の多様性の保全も含む．Buchanan et al.（1999）は，例えば1ha当たりの総倒木数，低木の植被率，樹冠のうっ閉度，粗大な森林堆積物の被覆度がニシアメリカフクロウ（*Strix occidentalis*）にとって重要であると報告している．Finn et al.（2002）は，オオタカ（*Accipiter gentilis*）は高い林冠層を有し，地上が低木層に覆われている古くから使われている営巣場所をより好んで利用する傾向があると述べている．森林は獲物動物を保全するために管理されるべきであり，改変地は猛禽類を含めた非森林性の種に限られた資源を競い合う機会をもたらす

ことも認識しておかなければならない（Kenward 1996）．

また，森林で繁殖する神経質な猛禽類にとっては，既存の営巣場所の保護は重要である．これらの巣はリスト化して地図に落とし，それらの周辺に種ごとに適当な緩衝地帯を設置して，営巣場所を保障すべきである（Mooney and Taylor 1996）．営巣活動期間中における妨害は，巣の放棄のような様々な障害を引き起こすことにつながる多くの影響を猛禽類に与え得る（Newton 1979）．このため，樹木のマーキングや伐採等の森林施業は，巣の放棄の可能性を低減させるため，造巣期や抱卵期といった重要な期間を避けるべきである．

農 業

農業や放牧は，主にハビタットの改変により，猛禽類に影響を及ぼす．農業によってもたらされる変化は，正または負のどちらかに作用する（Postovit and Postovit 1987）．放牧と異なり，農業は，通常，ハビタットのより大きな改変を伴うため，猛禽類により多くの悪影響をもたらす（Postovit and Postovit 1987）．集約的な農業は，アカケアシノスリのような数種の猛禽類にとって，獲物の個体数の低下を招くが，放牧では，たいてい，多くの猛禽類がより適応している（Gilmer and Stewart 1983）．牧草地の"改善"のための在来低木林の除去（Hamerstrom 1974, Murphy 1978）や穴居性哺乳類等の獲物の駆除（Zarn 1974）は，猛禽類に重大な悪影響を与える．

農業活動は，農薬やその他の薬剤の使用によっても問題を引き起こす（Postovit and Postovit 1987）．それに加えて，農業に利用するため自然水源から水を搾取することは，数種の猛禽類に負の影響を与える（Gould 1985）．農業による利益としては，防風のために植樹することにより，猛禽類が営巣木や止まり木として利用することがあげられる（Postovit and Postovit 1987）．風車や住居等の農業用建造物は営巣場所を提供する（Olendorff 1973）．その他の農業による影響として，柵への衝突，貯水タンクでの溺死，家畜の死体処理があげられる（Anderson 1977, Ledger 1979, Newton 1990）．

柵への衝突

鉄条網はしばしば衝突，鉄線への絡み，有刺鉄線による刺傷等で猛禽類の事故死の原因となる（Anderson 1977）．また，アナホリフクロウの電気柵による死亡も報告されている（Staff and Wire Reports 1998）．

問題のあるエリアでは，市販のゆれる板等を用い，フェンスをより目立つようにすることで衝突を減らすことができる（Harness et al. 2003）．

貯水タンクでの溺死

猛禽類は，水浴びや水飲み，または止まりに，貯水タンクを使用することがある（Houston 1996）．さらに，猛禽類は，仮に獲物がその近辺に存在すれば，タンクに誘引されることもある（Craig and Powers 1976）．昼行性と夜行性の猛禽類ともに貯水タンクで溺れることが知られている（Anderson et al. 1999a）．

南アフリカでは，ケープシロエリハゲワシ（*Gyps coprotheres*）が，おそらくストリキニーネ中毒に起因する渇きを生じ（Mundy et al. 1992），貯水タンクでしばしば溺死している（Ledger 1979）．本種の群れ行動の性質は集団での溺死に関与しているかもしれない．最初に入ってしまった個体が翼で水を叩くことで，他の個体に採食の機会だと誤解させてしまい，引きつけることになるのかもしれない（Mundy et al. 1992）．

解決策として，貯水槽の中にプラスチックの浮きや木の厚板または枝を浮かべることがあげられる（Anderson et al. 1999a）．また，貯水槽を満杯にしておくことは，動物が逃げることの助けになる．農民にこの問題を指摘し，溺死体が水を汚染し，人や家畜にとって不適当な状態にすることを強調すれば，貯水タンクを改良することを納得してくれるはずである．

家畜の死体処理

多くの旧世界と新世界のハゲワシ類は，大きな有蹄動物の死体を食物にする（Houston 1996）．自然環境を農地に転換することにより，家畜は多くの野生の有蹄動物に代わってハゲワシ類にとっての食物となった．ハゲワシ類は，家畜の死体が得られる地域で，農地への移行に適応した（Houston 1996）．しかし，病気の蔓延を防ぐために死体が埋められるか，焼かれる場所では，これらを食物とすることは制限される．一部の地域では，近代的な農業が放牧を集約的な牧畜業に変え，その結果，死肉をあさることのできる死体が少なくなった．

多くのアフリカやアジアの都市では，衛生管理の向上により，死体に接する機会は減少してきている（Newton 1990）．さらに，牛海綿状脳症（BSE）のような病気への懸念のために，慣習的な死体処理方法を禁止する規制が導入されるかもしれない（Camina 2004）．

家畜の死体と関連した問題として，全身性鎮痛剤と非ステロイド性の抗炎症獣医用医薬品であるジクロフェナク（第18章）の使用がある．南アジアでのジクロフェナクの使用は，ベンガルハゲワシ（*Gyps bengalensis*）の内臓痛風の原因となることが分かっており，他のハゲワシ類でも同様のことが起こると考えられている．家畜への使用が始まって10年を少し越えたばかりで，ジクロフェナクは3種のハゲワシ類の絶滅に近い状態を引き起こす原因となったことが疑われている（Oaks et al. 2004）．

ハゲワシ類を保全するための試みとして，ハゲワシのための"レストラン"（大型動物の死体をハゲワシのための食物源として人工的に提供する場所）が数ヵ国で設置された．これらの場所では，定期的に汚染されていない食物が与えられる（Houston 1996）．このハゲワシレストランは，衝突や感電死のリスクを減らすために，フェンスや電力線のあるところから離れて設置されることが望ましい（Piper 2003）．プラスチックの袋や他の食べられないゴミはこうした場所には捨てられるべきではない（Piper 2003）．バルビツール剤（鎮痛剤）で安楽死された家畜の死体とジクロフェナクを含む死体は，死肉捕食性の猛禽類が間接的に毒を摂取しないように，除去しておかねばならない（Piper 2003）．

地域的に個体群を維持または補強することに加えて，ハゲワシレストランは，一般市民が給餌されるハゲワシ類を観察し，写真を撮る機会を与えるとともに，自然保護活動家には市民を啓発する場を与えることにより，ハゲワシ類の保全に寄与する．ハゲワシレストランは，一般的に哺乳類の死肉捕食動物を誘引するため，きちんと管理されることも必要である．最後に，レストランは，結果的に生じる嫌なにおいが周辺住民を不快がらせないように，設置計画されなければならない（Piper 2003）（詳細は第22章参照）．

農　薬

農薬は，猛禽類に対して比較的新しく出現した脅威である（詳細は第18章参照）．Newton（1979）が示しているように，第二次世界大戦後の1940年代に，安価で少なくともその当時は効果的な作物用殺虫剤や除草剤が開発されたため，広範囲にわたる農薬の使用が始まった．農薬は直接または間接的に鳥類を毒する．農薬はまた，獲物を減少させることにより，間接的な影響を与える場合もある（Rands 1985）．通常，地域個体群が直接的影響を受けるが，農薬は地方レベル，さらには世界的規模にわたって猛禽類に影響を与える可能性がある（Newton 1979）．

有機塩素系農薬

"有機塩素系"という単語は，炭素，塩素およびその他の元素からなる化合物を示す．有機塩素系化合物には，除草剤，殺虫剤，殺菌剤やPCBs（ポリ塩化ビフェニル）といった化成物がある．加えて，DDTとシクロジエン系農薬（例えばアルドリン，ジェルドリン，エンドリン，ヘプタクロー

ル）も含まれる（European Environment Agency 1995）.

Newton（1979）が示しているように，有機塩素系化合物は，非常に安定的で脂溶性であり，環境に残留する．有機塩素系農薬は，動物の脂肪組織で生物濃縮し，食物連鎖においてさらに濃縮していく．殺虫剤として使用される時には，これらの化学製品は広く散布されることになる．そして，離れた場所にいる鳥類やその他の動物さえも汚染に晒される可能性が増す．鳥類や魚類を捕食する猛禽類は，有機塩素系農薬による生物濃縮の危険が最も高い（Newton 1979）.

DDT（ジクロロ-ジフェニル-トリクロルエタン）

動物は，DDTを代謝によって，それよりも毒性が低いDDEに変える（Newton 1979）．脂肪内に有機塩素系農薬が留まり，食物不足の期間や渡りの時などのように脂肪が急激に新陳代謝しない限り，有機塩素系農薬は比較的毒性が弱い．このような急激な代謝が発生した時に，有機塩素系農薬が高濃度に存在すると，死亡するかもしれない（Newton 1979）．さらに，DDEは卵の破損を引き起こすような卵殻の薄化により，繁殖に大きな影響を与えることが分かっている（Newton 1979）.

ヨーロッパと北米におけるハヤブサ（*Falco peregrinus*）の先例のない減少は，DDTの広範囲にわたる使用により起こった（Ratcliffe 1967）．その後のこの合成農薬の使用に対する規制によって，卵殻の厚さが増し，同地域におけるハヤブサの繁殖成功率の劇的な増加をもたらしたことは間違いない（Newton 1979, Henny et al. 1999）．DDTの残留性（化学的半減期は15年）のために，米国のいくつかの流域では問題が残されている（Sharpe 2004）．もはや北米とヨーロッパでは広域的な利用は行われていないが，発展途上国では病原媒介虫を抑制するためにDDTを使用し続けている（Malaria Foundation International 2006，第18章も参照のこと）.

有機リン系農薬

現在，最も幅広く利用されている殺虫剤は，有機リン系農薬である（Pesticide News 1996，第18章）．有機リン系農薬は，比較的安価で，主に穀物を虫から"保護"するのに用いられる．有機リン系農薬は有機塩素系農薬よりも早く分解されるため，農業の害虫抑制において，大々的にこれにとって代わることとなった（Pesticide News 1996）．ところが，困ったことに，農業で使用される有機リン系化合物には，農業で使用される最も有害な化学物質も一部含まれており，脊椎動物と無脊椎動物の神経系に影響を及ぼす．

2次的な汚染を通じて有機リン系化合物に起因している鳥類の死亡の報告が多数ある（Henny et al. 1999）．アルゼンチンでは，農家がバッタの抑制のためにアルファルファ畑にモノクロトホスを使用した後，1996年に約20,000個体のアレチノスリ（*Buteo swainsoni*）が死んだ（Goldstein et al. 1999）．これらの猛禽類は，直接モノクロトホスに晒されたり，汚染されたバッタを食べたりすることによって死亡した．群れで行動し，衰弱した獲物を採食する猛禽類が，より大きな危険にされることになるものと思われる（Mineau et al. 1999）.

カーバメート系農薬

カーバメート系農薬は，除草剤，殺虫剤と殺菌剤を含む農薬として広く使われる合成薬品である．これらは有機塩素系農薬よりも環境中の残留性は低い．殺虫剤でカーバメート系農薬の1つであるカルボフランは，鳥類に非常に有毒である（EXTOXNET 1996）．鳥類は，カルボフランの顆粒が穀物の種に似ているため，これを飲み込むことで危険にさらされることになる（Erwin 1991）．もっぱら鳥類に及ぼしている危険に基づいて，カルボフランの顆粒の生産は広く排除されることとなったが，顆粒の使用は今日でも未だに続いている．猛禽類は，カルボフランに汚染された死体を捕食する時に，カルボフラン中毒の危険性にさらされることになる（Erwin 1991）.

殺鼠剤

殺鼠剤は農業において，殺虫剤の次によく使われる（第18章）．殺鼠剤は，内出血と最終的には死を引き起こす急性神経毒または抗凝血剤である（Corrigan and Moreland 2001）．ストリキニーネとリン化亜鉛は，代表的な急性毒素の例である（Corrigan and Moreland 2001）．ストリキニーネはタイリクオオカミ（*Canis lupus*）やキツネ類（Canidae），コヨーテ（*C. latrans*）といった肉食獣を抑制するために用いられる（Newton 1990）.

抗凝血性殺鼠剤は，ビタミンKの再生に関与する酵素を抑制し，最終的には血液凝固作用を低下させる．これが，全身にわたる毛細血管の透過性の増加を引き起こし，広範にわたる内出血をもたらす．たいていは，餌の摂取または何回かの採餌後，数日後に死に至る．より新しい抗凝血剤は，1回摂取するだけで死に至らしめてしまう（Corrigan and Moreland 2001）.

殺鼠剤の使用は，対象外の野生動物を直接的にあるいは2次的に中毒を引き起こさせることになり得る（Corrigan and Moreland 2001）．2次的な猛禽類の中毒は，合法的使用および違法な使用による場合ともに報告されている（Newton 1990）．猛禽類が2次的に抗凝血剤によって中毒に罹る機会は，直接的に急性毒素によって中毒になる機

会よりも多いと思われる．抗凝血剤は効果が発現してくるのが遅く（1～10日），中毒となった齧歯類はこの期間中，方向感覚を失って動きが鈍くなっているため，より捕食されやすいのである（Delong 2000）．

1080（モノフルオロ酢酸ナトリウム）

1080は，哺乳類に非常に有毒な水溶性塩である（Green 2004）．この薬品は，齧歯動物と肉食動物を抑制するために，1940年代に開発された．世界の使用の大部分はニュージーランドにおいて行われたものであり，オーストラリアでもそれより少ない量が使用されている（Green 2004）．オーストラリアでは，オポッサム類，ウサギ類，キツネ類，その他外来の有害な脊椎動物を抑制するのに用いられている．鳥類は1080に対して比較的高い耐性があるが，トビ類とワシ類が2次中毒により死に至ったことがある（McIlroy 1984）．

保全に関する考察

農薬を使用する土地所有者は，極めて戦略的かつ注意深く，農薬を試用しなければならない．農薬の使用は，全体的な害虫管理計画の1つの手法に過ぎないと考えられるべきである．良い害虫管理のカギは，適切な衛生管理や食物源の除去および適切な生物的防除の利用などである．全ての農薬は，法的に拘束力があるラベルに従って使用しなければならない．また，齧歯類の抑制に使用する場合については，2次汚染による被害を防ぐために，死体の探索や埋設，焼却を行うことが必要である（Corrigan and Moreland 2001）．顆粒状の毒薬は，しばしば鳥類が穀物と誤認してしまうため，制限すべきである（Henny et al. 1999）．

産業系汚染物質

ポリ塩化ビフェニル，ポリ臭素化ジフェニルエーテルや重金属のような汚染物質も，比較的最近現れた猛禽類への脅威である（第18章）．

PCBs（ポリ塩化ビフェニル）

PCBsは，変圧器と安定器における絶縁体として用いられる工業製品である．また，潤滑油やペンキの中の可塑剤としても使われる（Eisler and Belisle 1996）．農薬とは異なり，これらの薬品は周辺環境に意図的に放出されることはない．有機塩素系汚染物質は，環境中に残留し，多くの生物中で検出されている（Eisler and Belisle 1996）．鳥類においては，PCBsは胎子の死亡と奇形に関係があるとされている（Ludwig et al. 1996）．これらはまた，外因性内分泌撹乱化学物質（環境ホルモン）として，有機塩素系農薬の働きを強めることもある（Lincer 1994, Henny et al. 1999から引用）．今日，多くの産業は，PCBsの使用を制限するか，使用を取りやめている．それでも，未だに魚食性の鳥類から低いレベルのPCBsが検出されている（Braune et al. 1999）．

PBDEs（ポリ臭素化ジフェニルエーテル）

難燃剤は，多くの消費者製品で一般的に使用されている．最も頻繁に使われるものの1つは，ポリ臭素化ジフェニルエーテルまたはPBDEsとして知られている有機臭素系の化学薬品である（第18章）．PBDEsは多数の製品に含まれ，プラスチックや発泡製品に化学的に結合されるわけではないのでしばしば環境中に浸出する．PBDEsと他の有機塩素系の難燃剤（BFRs）は，PCBsに化学構造の点で似通っている．PCBsのように，それらは環境中で難分解性であり，脂肪に溶けて，食物連鎖によって生物濃縮される．

これらの化学物質による人間の健康への影響はまだよく研究されないが，実験動物では神経系にダメージを与えることが知られている．PBDEsは，スウェーデンでハヤブサの卵から検出されている（Lindberg et al. 2001）．

製造者はPBDEsの代用物質を開発することに取り組んでおり，欧州連合（EU）は2006年から電子製品における全てのPBDEsの使用を禁止した．類似した規制は，米国でも提案されている．

水銀

水銀は，陸域にも水域にも自然的に存在する元素である（第18章）．環境中の活性水銀の人為的な発生源は，石炭発電所，工業ボイラー，有害廃棄物の焼却と塩素製造がある．水銀は水域環境に入ると，微生物がそれをメチル水銀に変換する（Eisler 1987）．メチル水銀は水銀の毒性型であり，高い濃度では繁殖に重大な影響を与え，卵を腐らせることになる（Newton 1979）．メチル水銀は環境中で見つかる最も一般的な有機水銀であり，水と脂肪に溶け，生物の体内で濃縮される（Newton 1979）．

水域生態系の生物は，最も高い濃度のメチル水銀を保有する傾向がある（Eisler 1987）．その結果，ミサゴとウミワシ類を含む魚食性の猛禽類は，特にこの毒に脆弱である（Stjernberg and Saurola 1983）．

鉛

猛禽類は，散弾を飲み込んだ動物または鉛弾で撃たれた動物を捕食することによって鉛中毒となる（Kramer and Redig 1997, Henny et al. 1999, 第18章）．2次的な鉛の検出は，18ヵ国において35種の猛禽類で報告されているが（Miller et al. 2002），なかでも，使用後の弾丸と魚釣りの錘が，野生動物に最も多く検出されている

(Scheuhammer and Norris 1996, Henny et al. 1999). 水鳥は，水底で食物を探している間に鉛を飲み込んでしまう (Kramer and Redig 1997).

鉛を含む弾丸の破片は，猛禽類に負の影響を与える (Newton 1990). ワシ類は鉛弾の破片を含んだ死肉を食べて中毒となっている．鉛を飲み込んだ場合の反応は様々である．わずか 10 発の鉛弾がハクトウワシを死に至らしめることを示す研究がある (Pattee et al. 1981). 日本では，オオワシ (*Haliaeetus pelagicus*) とオジロワシ (*H. albicilla*) の両種が，シカの死体に含まれるライフル弾の鉛破片を食べたことで死亡している (Masterov and Saito 2003). カリフォルニアコンドルを含む死肉捕食性の猛禽類は，特に鉛中毒に脆弱である (Janssen et al. 1986). ワシ類とは異なり，コンドルは骨と毛または羽毛のような不消化物を定期的に"吐き出す"（ペレットとして吐き出すこと）ことがあまりないため，このことが鉛中毒の脅威を増大させている (Graham 2000).

直接的に死亡させることに加え，亜致死的な影響によって衰弱し，ハンティングができなくなることもある (Kramer and Redig 1997). もう 1 つの亜致死的な影響は，重篤な視覚障害を引き起こすことである (Redig 1979).

カナダと米国は水鳥のハンティングでの鉛弾の使用を禁止しているが，ワシ類はハンターに撃たれた陸生の狩猟の獲物から鉛を摂取することで，未だに鉛中毒に罹患している (Craig and Craig 1995, Kramer and Redig 1997). 鉛については，全ての環境状況において，より大きな注意が払われるようになっており，今日では，無鉛の散弾，無鉛のライフル弾，無鉛の釣りの錘が開発されているが，残念なことに未だ広く受け入れられてはいない (Graham 2000).

外来疾病

外来の種と疾病は，世界的な問題である．人間の流動性が増すにつれて，人間と関連した多くの生物は世界中至る所で分散し続けており，しばしば悪い影響を及ぼす．

多くの疾病（細菌性，ウイルス性，真菌性）と寄生虫（内部および外部）が，猛禽類を苦しめている (Cooper 1969，詳細は第 17 章の A を参照のこと). 猛禽類において，疾病の存在は飢餓など他の状態によって明らかにならないことがあるので，疾病の影響を正確に評価することは困難である．多くの猛禽類は単独生活の習性を有しているため，猛禽類では主要な病気の大発生をある程度回避できる可能性はある．しかし，集団で塒をとっている，または渡り途中のタカ類やハゲワシ類の間では，疾病や寄生虫が広がる可能性はある (Cooper 1990).

北米の鳥類の個体群に対する西ナイルウイルス (WNV) の影響が懸念されている．蚊が媒介するこの疾病が 1999 年にニューヨーク州で初めて確認されてから，ウイルスは 5 年で米国全土に広がった（米国地質測量局 2003). 昼行性猛禽類と夜行性猛禽類の両方ともに，WNV 感染症の高い感染率をもつことが報告されている (Fitzgerald et al. 2003). 米国では，アメリカワシミミズクとアカオノスリが特に WNV の影響を受けている (Saito et al. 2004).

1960 年代に水族館で用いるために米国に移入された水生植物のクロモ (*Hydrilla verticillata*) は，船の航行，発電，利水，および水質に有害であった．近年の現地での食物に関する研究により，外来クロモと付着藻類のシアノバクテリア（ラン色細菌）が，水鳥とそれを食べるワシ類における新たな鳥類の疾病に関係があるとされた (Wilde 2004). 付着藻類のバクテリアによって産生される神経毒は，1994 年に始まったハクトウワシの死亡に関して報告されている鳥類の空胞性髄鞘障害の原因であるかもしれない（米国・国立野生動物保健センター 2001).

保全に関する考察

WNV に対するワクチンが開発され，絶滅の危険があるか危機に瀕している種〔例えば，オナガハヤブサ (*Falco femoralis*)，カリフォルニアコンドル〕を含む飼育下で放し飼いにされている猛禽類に使用することが可能である．しかし，処置のために捕獲されねばならないので，ワクチンは野生の個体群には効果的ではないかもしれない．一方，飼育下の猛禽類での使用は，この疾病の野外個体群に対してもたらすリスクを低減することにつながるかもしれない．

レクリエーション活動による妨害

レクリエーション活動による猛禽類に対する妨害の影響は，種ごとに，あるいは妨害のタイプや程度，期間によって様々である (Preston and Beane 1996). 営巣中の鳥類は，特にこの妨害に影響されやすく，探餌パターンや探餌効率，そして繁殖成功率を変化させてしまうことにつながる可能性がある (Steidl 1995). いくらかの猛禽類の種は，人間環境にすぐに適応するが，その他の種はそうではない (Fletcher et al. 1999). 猛禽類は，車内にいる人間よりも徒歩で近づいてくる人間により神経質であることが研究によって示されている (Skagen 1980，第 19 章). 直接的な迫害を受けない鳥類は，人間活動に慣れていくかもしれないが (Keller 1989)，それは，活動の時期や範囲，関係する活動の種別といった多くの要因に左右されるものと思

保全に関する考察

　神経質な猛禽類のためには，営巣期間中に人為的影響から守るため，管理地区が設けられる（Olendorff et al. 1980）．第1（最重要）区域は，1年を通して極めて重要なハビタットを保護するために，および営巣期間中の全ての妨害を季節的に防ぐために，巣の周囲に設定される．低空飛行の航空機による妨害もこれに含められるかもしれない．より広い第2の区域は，一般的に営巣期間中の伐採や土地改変，建設工事のような極端な妨害を防ぐための付加的な緩衝地帯として設定される．第2の区域では，ハイキングやバードウォッチング，キャンプ，魚釣りのような規模の小さな活動は1年を通して許されているか，あるいは，一時的もしくは季節的な規制が設けられてもよい．

　都市化とレクリエーションの影響が増加するにつれて，人為的な妨害の程度とそれを管理する適切な方法の両方を決定するためのさらなる研究が必要となってくる．市民への教育は，レクリエーションの規制の理由を説明する極めて重要な要素である（Steenhof 1978）．

都市化

　Raptor Research Foundation（猛禽類研究財団）は，1993年に"Raptors Adapting to Human-Altered Environment"（人為的改変への猛禽類の適応）と銘打ったシンポジウムを開催し，その中で人為的環境改変地における猛禽類への正と負の両方の影響に関する研究成果が発表された．このシンポジウムの成果として発行された「Raptors in Human Landscapes」〔人為的環境における猛禽類（Bird et al. 1996）〕は，保全に関係するこの分野にとっての優れた参考文献である．

結　論

　猛禽類の研究が続けられるにつれ，さらなる影響と保全措置が明らかにされるものと思われる．猛禽類研究者はこれらの影響の発生源と見通しを判断することに直面するだけでなく，影響をなくすための生態学的かつ行政的なプロセスを定義することが，今後ますます求められてくるであろう．それを効果的に実施していくために，研究者は正確な科学と猛禽類保護活動家によって行われている保全推進活動を広めるための優れたコミュニケーション技術を用いる必要がある．

謝　辞

　私は，この章を更新する作業を手伝ってくれた人々に感謝したい．一番には原本を作成したBonnieとHoward Postovitに対してである．この章では，様々な影響と保全措置を研究したLori Nielsen and Joel Hurmenceから多大なる協力を得た．私はまた，Jerry Craig, Daniel Varland, Mike Kochertを含む原稿に対する助言を与えてくれた多くの人々に感謝する．Chuck Hennyは，産業汚染物質に対する貴重なアドバイスを提供してくれた．最後に，猛禽類の問題についての包括的な展望を提示してくれたChris van Rooyen, Mark Anderson, Jon Smallie, Albert Froneman, Reuven Yosef, Alvaro Camiña Cardenal, そしてIvan Demeterに感謝したい．

引用文献

ANDERSON, H.L. 1977. Barbed wire impales another Great Horned Owl. *Raptor Res.* 11:71 − 72.

ANDERSON, M.D., A.W.A. MARITZ AND E. OOSTHUYSEN. 1999a. Raptors drowning in farm reservoirs in South Africa. *Ostrich* 70:139 − 144.

ANDERSON, R., M. MORRISON, K. SINCLAIR, D. STRICKLAND, H. DAVIS, W. KENDALL AND NATIONAL WIND COORDINATING COMMITTEE. 1999b. Studying wind energy/bird interactions: a guidance document. National Wind Coordinating Committee, Washington, DC U.S.A.

AVATAR ENVIRONMENTAL, LLC, EDM INTERNATIONAL, INC., AND PANDION SYSTEMS, INC. 2004. Notice of Inquiry comment review: avian/communication tower collisions. Prepared for the Federal Communications Commission (FCC). 30 September 2004.

AVERY, M.L. AND A.C. GENCHI. 2004. Avian perching deterrents on ultrasonic sensors at airport wind-shear alert systems. *Wildl. Soc. Bull.* 32:718 − 725.

AVIAN POWER LINE INTERACTION COMMITTEE (APLIC). 1994. Mitigating bird collisions with power lines: the state of the art in 1994. Edison Electric Institute, Washington DC U.S.A.

———. 2006. Suggested practices for avian protection on power lines: state of the art in 2006. APLIC, Edison Electric Institute, and the California Energy Commission, Washington, DC U.S.A. and Sacramento, CA U.S.A.

BENSON, P.C. 1981. Large raptor electrocution and powerpole utilization: a study in six western states. Ph.D. dissertation, Brigham Young University, Provo, UT U.S.A.

BEVANGER, K. 1994. Bird interactions with utility structures: collision and electrocution, causes and mitigating measures. *Ibis* 136:412 − 425.

BIRD, D.M., D.E. VARLAND AND J.J. NEGRO. 1996. Raptors in human landscapes. Academic Press Inc., San Diego, CA U.S.A.

Braune, B.M., B.J. Malone, N.M. Burgess, J.E. Elliott, N. Garrity, J. Hawkings, J. Hines, H. Marshall, W.K. Marshall, J. Rodrigue, B. Wakeford, M. Wayland, D.V. Weseloh and P.E. Whitehead. 1999. Chemical residues in waterfowl and gamebirds harvested in Canada, 1987 — 95. Canadian Wildlife Service Technical report series No. 326, Canadian Wildlife Service, Ontario, Canada.

Brooker, M.G. 1990. Persecution of the Wedge-tailed Eagle. Page 196 in I. Newton [Ed.], Birds of Prey. Facts on File, New York, NY U.S.A.

Brown, R.D. 1996. Attraction of Bald Eagles to habitats just below dams in Piedmont North and South Carolina. Pages 299 — 306 in D.M. Bird, D.E. Varland, and J.J. Negro [Eds.], Raptors in human landscapes. Academic Press Inc., San Diego, CA U.S.A.

Bryan, A.L., Jr., T.M. Murphy, K.L. Bildstein, I.L. Brisbin, Jr. and J.J. Mayer. 1996. Use of reservoirs and other artificial impoundments by Bald Eagles in South Carolina. Pages 285–298 in D.M. Bird, D.E. Varland, and J.J. Negro [Eds.], Raptors in human landscapes. Academic Press Inc., San Diego, CA U.S.A.

Buchanan, J.B., J.C. Lewis, D.J. Pierce, E.D. Forsman and B.L. Biswell. 1999. Characteristics of young forests used by Spotted Owls on the western Olympic Peninsula, Washington. *Northwest Sci.* 73:255 — 263.

Cade, T.J., S.A.H. Osborn, W.G. Hunt and C.P. Woods. 2004. Commentary on released California Condors *Gymnogyps californianus* in Arizona. Pages 11 — 25 in R.D. Chancellor and B.U. Meyburg [Eds.], Raptors Worldwide. World Working Group on Birds of Prey and Owls, Berlin, Germany.

Camina, A. 2004. Consequences of bovine spongiform encephalopathy (BSE) on breeding success and food availability in Spanish vulture populations. Pages 27 — 44 in R.D. Chancellor and B.-U. Meyburg [Eds.], Raptors Worldwide. World Working Group on Birds of Prey and Owls, Berlin, Germany.

Connelly, J.W., M.A. Schroeder, A.R. Sands and C.E. Braun. 2000. Guidelines to manage Sage Grouse populations and their habitats. *Wildl. Soc. Bull.* 28:967 — 985.

———, S.T. Knick, M.A. Schroeder and S.J. Stiver. 2004. Conservation assessment of Greater Sage Grouse and sagebrush habitats. Unpublished report submitted to the Western Association of Fish and Wildlife Agencies, Cheyenne, WY U.S.A.

Cooper, J.E. 1969. Current work on raptor diseases. *Raptor Res. News* 3:94 — 95.

———. 1990. Infectious and parasitic diseases. Page 144 in I. Newton [Ed.], Birds of Prey. Facts on File, New York, NY U.S.A.

Corrigan, R.M. and D. Moreland. 2001. Rodent control: a practical guide for pest management professionals. GIE Publishing, Cleveland, OH U.S.A.

Craig, E.H. and T.H. Craig. 1995. Lead levels in Golden Eagles in southeastern Idaho. *J. Raptor Res.* 29:54 — 55.

Craig, T.H. and L.R. Powers. 1976. Raptor mortality due to drowning in a livestock watering tank. *Condor* 78:412.

Delong, J.P. 2000. HawkWatch International raptor conservation program: issues and priorities. HawkWatch International, Salt Lake City, UT U.S.A.

Detrich, P.J. 1985. Status of the Bald Eagle in California. Pages 81 — 83 in N. Venizelos and C. Grijalva [Eds.], Raptors. Proceedings of the 7th Annual Wildlife Conference, 4 — 6 February 1983. San Francisco Zoological Gardens and the California Academy of Sciences, San Francisco, CA U.S.A.

Dhindsa, M.S., J.S. Sandhu and H.S. Toor. 1988. Roadside birds in Punjab (India): relation to mortality from vehicles. *Environ. Conserv.* 15:303 — 310.

Dwyer J.F. and R.W. Mannan. 2004. Mitigating raptor electrocution in Tucson, Arizona. Abstract of paper presented at the 2004 Raptor Research Foundation Annual Meeting, Bakersfield, CA U.S.A.

Eisler, R. 1987. Mercury hazards to fish, wildlife, and invertebrates: a synoptic review. U.S. Fish and Wildlife Service Biological Report 8 (1.10), Contaminant Hazard Reviews Report 31.

——— and A.A. Belisle. 1996. Planar PCB hazards to fish, wildlife, and invertebrates: a synoptic review. U.S. National Biological Service Biological Report 31, Contaminant Hazard Reviews Report 31.

Electric Power Research Institute (EPRI). 2001. Distribution Wildlife and Pest Control, Technical Report 1001883, EPRI, Palo Alto, CA U.S.A.

Ellis, D.H., D.G. Smith and J.R. Murphy. 1969. Studies on raptor mortality in western Utah. *Great Basin Nat.* 29:165 — 167.

Energy Information Administration. 2004. International Energy Outlook 2004. U.S. Department of Energy, Washington, DC U.S.A. www.eia.doe.gov/oiaf/archive/ieo04/index.html (last accessed 11 May 2006).

Erwin, N. 1991. Carbofuran and bird kills: regulation at a snail's pace. *J. Pestic. Reform* 11:15 – 17.

Estep, J.A. 1989. Avian mortality at large wind energy facilities in California: identification of a problem. Staff report no. P700-89001. California Energy Commission, Sacramento, CA U.S.A.

European Environment Agency. 1995. Glossary. European Environment Agency, Copenhagen K, Denmark. http://glossary.eea.eu.int/EEAGlossary/O/organochlorines (last accessed 11 May 2006).

Extension Toxicology Network (EXTOXNET). 1996. Pesticide information profiles. Cooperative Extension Offices of Cornell University, NY, Oregon State University, OR, the University of Idaho, ID, the University of California at Davis, CA, and the Institute for Environmental Toxicology, Michigan State University, MI U.S.A. http://extoxnet.orst.edu/pips/carbofur.htm (last accessed 11 May

2006).

FERNIE K.J., D.M. BIRD, R.D. DAWSON AND P.C. LAGUË. 2000. Effects of electromagnetic fields on reproductive success of American Kestrels. *Physiol. Biochem. Zool.* 73:60 – 65.

FERRER, M. AND M. DE LA RIVA. 1987. Impact of power lines on the population of birds of prey in the Doñana National Park and its environments. *Ric. Biol. Selvaggina* 12:97-98.

—— AND G.F.E. JANSS. 1999. Birds and power lines; collision, electrocution and breeding, 1st Ed. Quercus, Madrid, Spain.

FINN, S.P., D.E. VARLAND AND J.M. MARZLUFF. 2002. Does Northern Goshawk breeding occupancy vary with nest-stand characteristics on the Olympic Peninsula, Washington? *J. Raptor Res.* 36:265 – 279.

FITZGERALD, S.D., J.S. PATTERSON, M. KIUPEL, H.A. SIMMONS, S.D. GRIMES, C.F. SARVER, R.M. FULTON, B.A. STEFICEK, T.M. COOLEY, J.P. MASSEY AND J.G. SIKARSKIE. 2003. Clinical and pathologic features of West Nile virus infection in native North American owls (Family Strigidae). *Avian Dis.* 47:602 – 610.

FITZNER, R.E. 1980. Impacts of a nuclear energy facility on raptorial birds. Pages 9 – 33 in R.P. Howard and J.F. Gore [EDS.], A workshop on raptors and energy developments. U.S. Fish and Wildlife Service, Boise, ID U.S.A.

FLETCHER, R.J., JR., S.T. MCKINNEY AND C.E. BOCK. 1999. Effects of recreational trails on wintering diurnal raptors along riparian corridors in a Colorado grassland. *J. Raptor Res.* 33:233 – 239.

GILMER, D.S. AND R.E. STEWART. 1983. Ferruginous Hawk populations and habitat use in North Dakota. *J. Wildl. Manage.* 47:146 – 157.

GOLDSTEIN, M.I., T.E. LACHER, JR., B. WOODBRIDGE, M.J. BECHARD, S.B. CANAVELLI, M.E. ZACCAGNINI, G.P. COBB, E.J. SCOLLON, R. TRIBOLET AND M.J. HOOPER. 1999. Monocrotophos-induced mass mortality of Swainson's Hawks in Argentina, 1995 – 96. *Ecotoxicology* 8:201 – 214.

GOULD, G.I., JR. 1985. A case for owls. Pages 14 – 21 in N. Venizelos and C. Grijalva [EDS.], Proceeding of the 7th Annual Wildlife Conference, 4 – 6 February 1983. San Francisco Zoological Gardens and the California Academy of Sciences, San Francisco, CA U.S.A.

GRAHAM, F., JR. 2000. The day of the condor. *Audubon* 102:46.

GREEN, W. 2004. The use of 1080 for pest control - a discussion document. Animal Health Board and the Department of Conservation, Wellington, New Zealand.

GROVER, K.E. 1984. Nesting distribution and reproductive status of Ospreys along the upper Missouri River, Montana. *Wilson Bull.* 96:496 – 498.

HAMERSTROM, F. 1974. Raptor management. Pages 5 – 8 in R.N. Hamerstrom, Jr., B.E. Harrell, and R.R. Olendorff [EDS.], Proceedings of the Conference on Raptor Conservation Techniques, 1973. Management of Raptors. Fort Collins, CO U.S.A. Raptor Research Report No. 2.

HARNESS, R. 1998. Steel distribution poles-environmental implications. Pages D1 1 – 5. 1998 Rural Electric Power Conference, St. Louis, Missouri, 26 – 28 April. Institute of Electricity and Electronic Engineers, Inc., New York, NY U.S.A. (Paper No. 98 D1).

——, AND K.R. WILSON. 2001. Electric-utility structures associated with raptor electrocutions in rural areas. *Wildl. Soc. Bull.* 29:612 – 623.

——, MILODRAGOVICH AND J. SCHOMBURG. 2003. Raptors and power line collisions. *Colo. Birds* 37:118 – 122.

HENNY, C.J., D.J. DUNAWAY, R.D. MALLETTE AND J.R. KOPLIN. 1978. Osprey distribution, abundance, and status in western North America: I. The northern California population. *Northwest Sci.* 52:261 – 271.

—— AND J.L. KAISER. 1996. Osprey population increases along the Willamette River, Oregon, and the role of utility structures, 1976 – 93. Pages 97 – 108 in D.M. Bird, D.E. Varland, and J.J. Negro [EDS.], Raptors in human landscapes. Academic Press Inc., San Diego, CA U.S.A.

——, P. MINEAU, J.E. ELLIOTT AND B. WOODBRIDGE. 1999. Raptor poisonings and current insecticide use: what do isolated kill reports mean to populations? in N.J. Adams and R.H. Slotow [EDS.], Proceedings of the 22nd International Ornithological Congress, Durban, Johannesburg. BirdLife South Africa, Johannesburg, South Africa.

HORTON, S.P. 1996. Spotted Owls in managed forests of western Oregon and Washington. Pages 215 – 231 in D.M. Bird, D.E. Varland, and J.J. Negro [EDS.], Raptors in human landscapes. Academic Press Inc., San Diego, CA U.S.A.

HOUSTON, D.C. 1996. The effect of altered environments on vultures. Pages 328 – 335 in D.M. Bird, D.E. Varland, and J.J. Negro [EDS.], Raptors in human landscapes. Academic Press Inc., San Diego, CA U.S.A.

IEZEKIEL, S., D.E. BAKALOUDIS AND C.G. VLACHOS. 2004. The status and conservation of Griffon Vulture *Gyps fulvus* in Cyprus. Pages 67 – 73 in R.D. Chancellor and B.-U. Meyburg [EDS.], Raptors Worldwide. World Working Group on Birds of Prey and Owls, Berlin, Germany.

JANSS, G.F.E. AND M. FERRER. 1999. Mitigation of raptor electrocution on steel power poles. *Wildl. Soc. Bull.* 27:263 – 273.

JANSSEN, D.L., J.E. OOSTERHUIS, J.L. ALLEN, M.P. ANDERSON, D.G. KELTS AND S.N. WIEMEYER. 1986. Lead poisoning in free-ranging California Condors. *J. Am. Vet. Med. Assoc.* 189:1115 – 1117.

KAREIVA, P. AND U. WENNERGREN. 1995. Connecting landscape patterns to ecosystem and population processes. *Nature* 373:299 – 302.

KAYE, E. 2001. Letter to the Editor. *Audubon.* http://magazine.audubon.org/letter/letter0105.html (last accessed 11 May 2006).

KELLER. V. 1989. Variation in the response of Great Crested Grebes *Podiceps cristatus* to human disturbance - a sign of adaptation? *Biol. Conserv.* 49:31 – 45.

KENWARD, R.E. 1996. Goshawk adaptation to deforestation: does Europe differ from North America? Pages 233 — 243 in D.M. Bird, D.E. Varland, and J.J. Negro [EDS.], Raptors in human landscapes. Academic Press Inc., San Diego, CA U.S.A.

KRAMER, J.L. AND P.T. REDIG. 1997. Sixteen years of lead poisoning in eagles, 1980 — 95: an epizootiologic view. *J. Raptor Res.* 31:327 — 332.

LEDGER, J. 1979. Drowning of Cape Vultures in circular water tanks in South Africa. Abstract of paper presented at International Symposium on Vultures, 23 — 26 March 1979, Santa Barbara Museum of Natural History, Santa Barbara, CA U.S.A.

——. 1988. Tackling the problem of vulture poisoning. *Bokmakierie* 40:4 — 5.

LEE, J.M., JR., T.D. BRACKEN AND L.E. ROGERS. 1979. Electric and magnetic fields as considerations in environmental studies of transmission lines. Pages 55 — 73 in R.D. Phillips et al. [EDS.], Biological effects of extremely low frequency electromagnetic fields. Conf 78106. National Technical Information Service, Springfield, VA U.S.A.

LEHMAN, R.N. 2001. Raptor electrocution on power lines; current issues and outlook. *Wildl. Soc. Bull.* 29:804 — 813.

LESHEM, Y. AND O. BAHAT. 1999. Flying with the birds. Yedioth Ahronoth & Chemed Books Ltd., Tel Aviv, Israel.

LINCER, J.L. 1994. A suggestion of synergistic effects of DDE and Aroclor 1254 on reproduction of the American Kestrel *Falco sparverius*. Pages 767 — 769 in B.-U. Meyburg and R.D. Chancellor [EDS.], Raptor Conservation Today. World Working Group on Birds of Prey and Owls, Berlin, Germany and Pica Press, London, United Kingdom.

LINDBERG, P., U. SELLSTRÖM, L. HÄGGBERG AND C. DE WIT. 2001. Polybrominated flame retardants (PBDEs) found in eggs of Peregrine Falcons (*Falco peregrinus*). Page 109 in Abstracts from the 4th Eurasian Congress on Raptors, 25 — 29 September 2001, Seville, Spain.

LUDWIG, J.P., H. KURITA-MATSUBA AND H.J. AUMAN. 1996. Deformities, PCBs, and TCDD-Equivalents in Double-crested Cormorants (*Phalacrocorax auritus*) and Caspian Terns (*Sterna caspia*) of the upper Great Lakes 1986 – 1991: testing a cause-effect hypothesis. *J. Great Lakes Res.* 22.172 — 197.

MALARIA FOUNDATION INTERNATIONAL. 2000. Malaria control campaign. www.malaria.org/DDTpage.html (last accessed 15 March 2006).

MAÑOSA, S. 2001. Strategies to identify dangerous electricity pylons for birds. *Biodiversity Conserv.* 10:1997 — 2012.

MARSHALL, L. 2003. Gamblers fuel trade in "lucky" vulture heads in Africa. *National Geographic News.* 25 February 2003. http://news.nationalgeographic.com/news/2003/02/0225_0302 25_SAvultures.html (last accessed 11 May 2006).

MASTEROV, V.B. AND K. SAITO. 2003. Problems of conserving Steller's Sea Eagle *Haliaeetus pelagicus* in the southern part of its home range and on its wintering grounds. Abstract from 6th World Conference on Birds of Prey and Owls, 18 — 23 May 2003, Budapest, Hungary.

MCILROY, J.C. 1984. The sensitivity of Australian animals to 1080 poison: VII. native and introduced birds. *Aust. Wildl. Res.* 11:373 — 385.

MEADE, G.M. 1942. Calcium chloride - a death lure for crossbills. *Auk* 59:439 — 440.

MILLER, M.J.R., M.E. WAYLAND AND G.R. BORTOLOTTI. 2002. Lead exposure and poisoning raptors: a global perspective. Pages 224 — 245 in R. Yosef, M.L. Miller, and D. Pepler [EDS.], Raptors in the New Millennium, Proceedings of the World Conference on Birds of Prey and Owls, International Birding and Research Center - Eilat, Eilat, Israel.

MINEAU, P., M.R. FLETCHER, L.C. GLASER, N.J. THOMAS, C. BRASSARD, L.K. WILSON, J.E. ELLIOTT, L.A. LYON, C.J. HENNY, T. BOLLINGER AND S.L. PORTER. 1999. Poisoning of raptors with organophosphorous and carbamate pesticides with emphasis on Canada, U.S. and U.K. *J. Raptor Res.* 33:1 – 37.

MOONEY, N.J. AND R.J. TAYLOR. 1996. Value of nest site protection in ameliorating the effects of forestry operations on Wedge-tailed Eagles in Tasmania. Pages 275 – 282 in D.M. Bird, D.E. Varland, and J.J. Negro [EDS.], Raptors in human landscapes. Academic Press Inc., San Diego, CA U.S.A.

MUNDY, P., D. BUTCHART, J. LEDGER AND S. PIPER. 1992. The vultures of Africa. Academic Press Inc., San Diego, CA U.S.A.

MURPHY, J.R. 1978. Management considerations for some western hawks. *Trans. N. Am. Wildl. Nat. Resour. Conf.* 43:241 — 251.

NATIONAL WILDLIFE HEALTH CENTER. 2001. Fact sheet: avian vacuolar myelinopathy: an unexplained neurologic disease. USDI Geological Survey, Madison, WI U.S.A.

NEWTON, I. 1979. Population ecology of raptors. Buteo Books, Vermillion, SD U.S.A

——. 1990. Birds of Prey. Facts on File, New York NY U.S.A.

NOSS, R. 1990. Ecological effects of roads. Pages 1 — 7 in J. Davis, [ED.], Killing roads: a citizen's primer on the effects and removal of roads. Earth First! Biodiversity Project Special Publication, Tucson, AZ U.S.A.

OAKS, J.L., M. GILBERT, M.Z. VIRANI, R.T. WATSON, C.U. METEYER, B.A. RIDEOUT, H.L. SHIVAPRASAD, S. AHMED, M.J.I. CHAUDHRY, M. ARSHAD, S. MAHMOOD, A. ALI AND A.A. KHAN. 2004. Diclofenac residues as the cause of vulture population decline in Pakistan. *Nature* 427:630 — 633.

OLENDORFF, R.R. 1973. The ecology of the nesting birds of prey of northeastern Colorado. U.S. International Biological Program Grassland Biome Tech. Rep. 211.

——, R.S. MOTRONI AND M.W. CALL. 1980. Raptor management the state of the art in 1980. USDI Bureau of Land Management, Denver, CO U.S.A.

—— AND R.N. LEHMAN. 1986. Raptor collisions with utility lines: an analysis using subjective field observations.

Unpublished Report submitted to Pacific Gas and Electric Company, San Ramon, CA U.S.A.

Olson, C.V. 1999. Hawk shooting: not just a problem of the past. Page 37 in Raptor Research Foundation Annual Meeting, program and abstracts, 3 — 7 November 1999, La Paz, Baja California, Sur, Mexico.

Ontario Ministry of the Environment. 1995. Pesticides safety handbook. Sustainable Production Branch, Saskatchewan Agriculture and Food Occupational Health and Safety Division of Saskatchewan Labour, Ontario, Canada.

Pattee, O.H., S. Wiemeyer, B.M. Mulhern, L. Sileo and J.W. Carpenter. 1981. Experimental lead-shot poisoning in Bald Eagles. *J. Wildl. Manage.* 45:806 — 810.

Pesticide News. 1996. Organophosphate insecticides. *Pestic. News* 34:20 — 21.

Piper, S.F. 2003. Vulture restaurants; conflict in the midst of plenty. 6th World Conference on Birds of Prey and Owls, 18 — 23 May 2003, Budapest, Hungary.

Platt, C.M. 2005. Patterns of raptor electrocution mortality on distribution power lines in southeast Alberta. M.S. thesis, University of Alberta, Edmonton, Alberta, Canada.

Platt, J.B. 1976. Bald Eagles wintering in a Utah desert. *Am. Birds* 30:783 — 788.

Postovit, H.R. and B.C. Postovit. 1987. Impacts and mitigation techniques. Pages 183 — 213 in B. A. Giron Pendleton, B. A. Millsap, K. W. Cline and D. M. Bird. [Eds.], Raptor management techniques manual. National Wildlife Federation, Washington, DC U.S.A.

Preston, C.R. and R.D. Beane. 1996. Occurrence and distribution of diurnal raptors in relation to human activity and other factors at Rocky Mountain Arsenal, Colorado. Pages 365 — 374 in D.M. Bird, D.E. Varland, and J.J. Negro [Eds.], Raptors in human landscapes. Academic Press Inc., San Diego, CA U.S.A.

Rands, M.R.W. 1985. Pesticide use on cereals and the survival of Grey Partridge chicks: a field experiment. *J. Appl. Ecol.* 22:49 — 54.

Ratcliffe, D.A. 1967. Decrease in eggshell weight in certain birds of prey. *Nature* 215:208 — 210.

Redig, P.T. 1979. Raptor management and rehabilitation. Pages 226 — 237 in Management of northcentral and northeastern forests for nongame birds. USDA Forest Service Gen. Tech. Rep. NC-51, North Central Forest Experiment Station, Minneapolis, MN U.S.A.

Redpath, S.M. 1995. Impact of habitat fragmentation on activity and hunting behavior in the Tawny Owl, *Strix aluco*. *Behav. Ecol.* 6:410 — 415.

Reynolds, R.T., E.C. Meslow and H.M. Wight. 1982. Nesting habitat of coexisting Accipiters in Oregon. *J. Wildl. Manage.* 46:124 — 138.

Robards, F.C. and J.G. King. 1966. Census, nesting, and productivity of Bald Eagles in southeast Alaska, 1966. U.S. Fish and Wildlife Service, Juneau, AK U.S.A.

Robertson, J.M. 1930. Roads and birds. *Condor* 32:142 — 146.

Rodríguez-Estrella, R. 1996. Response of Common Black Hawks and Crested Caracaras to human activities in Mexico. Pages 355 — 363 in D.M. Bird, D.E. Varland and J.J. Negro [Eds.], Raptors in human landscapes. Academic Press Inc., San Diego, CA U.S.A.

Saito, E.K., L. Sileo, D.E. Green, C.U. Meteyer, D.E. Docherty, G.S. McLaughlin, and K.A. Converse. 2004. Raptor mortality due to West Nile virus in several states, 2002. Page 39 in Raptor Research Foundation Annual Meeting Abstracts. 10 — 13 November 2004, Bakersfield, CA U.S.A.

Scheuhammer, A.M. and S.L. Norris. 1996. The ecotoxicology of lead shot and lead fishing weights. *Ecotoxicology* 5:279 — 295.

Schnell, J.H. 1979. Behavior and ecology of the Black Hawk (*Buteogallus anthracinus*) in Aravaipa Canyon (Graham/Pinal Counties), Arizona, 4th Progress Report submitted to USDI Bureau of Land Management, Safford, AZ U.S.A.

Shapiro, A.E., F. Montalbano, III and D. Mager. 1982. Implications of construction of a flood control project upon Bald Eagle nesting activity. *Wilson Bull.* 94:55 — 63.

Sharpe, P.B. 2004. Twenty-five years of Bald Eagle restoration in southern California and the continuing effects of DDT. Page 39 in Raptor Research Foundation Annual Meeting Abstracts, 10 – 13 November 2004, Bakersfield, CA U.S.A.

Shirihai, H., R. Yosef, D. Alon, G.M. Kirwan and R. Spaar. 2000. Raptor migration in Israel and the Middle East; a summary of 30 years of field research. International Birding and Research Center - Eilat, Eilat, Israel.

Skagen, S.K. 1980. Behavioral responses of wintering Bald Eagles to human activity on the Skagit River, Washington. Pages 231 — 241 in R.L. Knight, G.T. Allen, M.V. Stalmaster, and C.W. Servheen [Eds.], Proceedings of the Washington Bald Eagle Symposium. The Nature Conservancy, Seattle, WA U.S.A.

Snyder, H.A. and N.F.R. Snyder. 1974. Increased mortality of Cooper's Hawks accustomed to man. *Condor* 76:215 — 216.

Sodhi, N.S. 2002. Competition in the air: birds versus aircraft. *Auk* 75:400 — 414.

Staff and Wire Reports. 1998. Nets to protect birds from prison fences. www.prisonactivist.org/pipermail/prisonact-list/1998April/001686.html (last accessed 11 May 2006).

Stalmaster, M.V. 1987. The Bald Eagle. Universe Books, New York, NY U.S.A.

Steenhof, K. 1978. Management of wintering Bald Eagles. U.S. Fish and Wildlife Service Report FWS/OBS-78/79.

———, M.N. Kochert and J.A. Roppe. 1993. Nesting by raptors and Common Ravens on electrical transmission line towers. *J. Wildl. Manage.* 57:271 — 281.

Steidl, R.J. 1995. Human impacts on the ecology of Bald Eagles in interior Alaska. Ph.D. dissertation, Oregon State University, Corvallis, OR U.S.A.

Stjernberg, T. and P. Saurola. 1983. Population trends and management of the White-tailed Eagle in northwestern Europe. Pages 307–318 in D.M. Bird, N.R. Seymour, and J.M. Gerrard [Eds.], Biology and management of Bald Eagles and Ospreys: Proceedings of 1st International Symposium on Bald Eagles and Ospreys, Montreal, 28–29 October 1981. Macdonald Raptor Research Centre, McGill University and Raptor Research Foundation, Montreal, Canada.

Sykes, P.W. 1979. Status of the Everglade Kite in Florida 1968–1978. *Wilson Bull.* 91:495–511.

Thiollay, J.M. 1996. Rain forest raptor communities in Sumatra: the conservation value of traditional agroforests. Pages 245–261 in D. M. Bird, D. E. Varland, and J. J. Negro [Eds.], Raptors in human landscapes. Academic Press Inc., San Diego, CA U.S.A.

Thompson, L.S. 1978. Transmission line wire strikes: mitigation through engineering design and habitat modification. Pages 27–52 in M.L. Avery [Ed.], Impacts of transmission lines on birds in flight: proceedings of a workshop, Oak Ridge Associated Universities, Oak Ridge, Tennessee, 31 January–2 February 1978. USDI Fish and Wildlife Service, Washington, DC U.S.A.

Transport Canada. 2001. Sharing the Skies: an aviation industry guide to the management of wildlife hazards (TP 13549E). Transport Canada, Ontario, Canada.

U.S. Air Force. 2004. Bird/Wildlife aircraft strike hazard (BASH) management techniques. Air Force Pamphlet 91–212.

U.S. Department of Energy. 2004. International energy outlook 2004. Report No. DOE/EIA-0484. USDOE Office of Integrated Analysis and Forecasting, Washington, DC U.S.A.

U.S. Fish and Wildlife Service. 2003. Interim guidelines to avoid and minimize wildlife impacts from wind turbines. U.S. Fish and Wildlife Service, Washington, DC U.S.A. www.fws.gov/habitatconservation/wind.pdf (last accessed 11 May 2006).

U.S. Geological Survey. 2003. Fact sheet. effects of West Nile Virus. USDI Geological Survey, Washington, DC U.S.A..

Van Daele, L.J. and H.A. Van Daele. 1982. Factors affecting the productivity of Ospreys nesting in west-central Idaho. *Condor* 84:292–299.

Van Rooyen, C.S. 2000. Raptor mortality on powerlines in South Africa. Pages 739–750 in R.D. Chancellor and B.-U. Meyburg [Eds.], Raptors at risk. World Working Group on Birds of Prey and Owls, Berlin, Germany and Hancock House, Blaine, WA U.S.A.

White, J., [Ed.]. 1913. *Handbook of Indians of Canada*, Published as an Appendix to the Tenth Report of the Geographic Board of Canada, Ottawa, Canada.

Wilde, S.B. 2004. Avian vacuolar myelinopathy (AVM) linked to exotic aquatic plants and a novel cyanobacterial species. Abstract at the 2004 Joint Conference of the American Association of Zoo Veterinarians, Wildlife Disease Association, American Association of Wildlife Veterinarians. San Diego, CA U.S.A.

Williams, T. 2001. Golden Eagles for the Gods: if a species is essential to religious practices of Native Americans, why would they recklessly kill it? And why would the Feds encourage them? http://magazine.audubon.org/incite/incite0103.html (last accessed 11 May 2006).

Xirouchakis, S. 2003. Causes of raptor migration in Crete. Pages 849–859 in R.D. Chancellor and B.-U. Meyburg [Eds.], Raptors Worldwide. World Working Group on Birds of Prey and Owls, Berlin Germany and MME/Birdlife Hungary, Budapest, Hungary.

Yahner, RH. and R.W. Rohrbaugh Jr. 1998. A comparison of raptor use of reclaimed surface mines and agricultural habitats in Pennsylvania. *J. Raptor Res.* 32:178-180.

Zarn, M. 1974. Habitat management series for unique or endangered species. Report No. 11: Burrowing Owl (*Speotyto cunicularia hypugea*). USDI Bureau of Land Management Technical Note 250.

飼育下繁殖

JOSEPH B. PLATT
PCR Services Corp.
1 Venture Suite 150, Irvine, CA 92692 U.S.A.

DAVID M. BIRD AND LINA BARDO
Avian Science and Conservation Centre of McGill University
21,111 Lakeshore Road, Ste. Anne de Bellevue
Quebec, H9X 3V9 Canada

訳：波多野鷹

はじめに

猛禽類は何千年にもわたり，多くの文化圏において飼育されてきた．しかしながら，20世紀にいたるまで飼育下繁殖は行われなかったし，家禽のように生殖を管理されることもなかった（訳者注：厳密には19世紀後半にも記録がある．また，例外的ではあるが，16世紀ごろに朝倉宗滴がオオタカの繁殖に成功しているとされる．「戦国織豊期の社会と儀礼」二木謙一，2006年，吉川弘文館）．Cade（1986）は，鳥類飼育家，動物園，および鷹匠たちの記録をとりまとめ，1950年代までに15種が，1965年までには22種が飼育下で繁殖していると報じている．ただし，これらは組織的な計画のもとで行われたわけではなく，また必ずしも継続的に成功していたわけでもない．

"減少している種を救おう"という考えが，これらの非常に攻撃的な鳥を安定的に繁殖させるという困難に打ち勝つために必要な，資金と人材を集中させる触媒的な役割を果たした．ハヤブサ（*Falco peregrinus*）はDDTによって獲物が汚染されたため，北米とヨーロッパの営巣地から姿を消しつつあった（Ratcliffe 1980）．西側諸国は，食物連鎖の浄化に務めたが，それだけでハヤブサ，ミサゴ（*Pandion haliaetus*），ハクトウワシ（*Haliaeetus leucocephalus*）など，個体数の減少していた種が回復し得ただろうか．

1960年代初頭に，Willoughby and Cade（1964）は，多数の個体を用いた研究によって，アメリカチョウゲンボウ（*F. sparverius*）を飼育下で繁殖させ得ることを示した．

Raptor Research Foundation（猛禽類研究財団）は1966年に，主としてハヤブサの保護を目的とする鷹匠と生物学者によって結成された．そして，その組織の下で，様々な情報や工夫が個人ブリーダーと組織の間で交換された．北米では，政府と民間団体による共同の計画が開始された．大きなプロジェクトとしては，コーネル大学に根拠を置いていたPeregrine Fund（ハヤブサ基金），メリーランド州PatuxentのU.S. Fish and Wildlife Service（米国魚類野生生物局）のプログラム，アルバータ州WainwrightのCanadian Wildlife Service（カナダ野生生物局）の施設，サスカチュワン大学のSaskatchewan Co-operative Falcon Project（サスカチュワン・ハヤブサ保護協力計画），マギル大学のMacdonald Raptor Research Centre（マクドナルド猛禽類研究センター）が含まれていた．同時期に，ヨーロッパでは英国においてHawk Trustが創設され，ドイツにおいても鷹狩りおよび猛禽類の保護のため，大型猛禽類の繁殖を促進する様々な鷹匠グループが設立された．

10年もしないうちに，人工孵化や育雛の技術と同様に，繁殖ペアの行動と管理についての理解に関して重要な進歩があった．Cade（1986, 2000）による調査記事は，何百羽もの大型ハヤブサが毎年，生産されていて，少なくとも猛禽類の83種が1985年までに繁殖に成功したと報告している．

その成功は続いた．少なくとも13種で，個体群を再構築するには，飼育下繁殖とそれに関連する，野外で生産された卵の活用が極めて重要であることが証明された．それらには以下が含まれる．カリフォルニアコンドル（*Gymnogyps californianus*），ブリテン島のアカトビ

（*Milvus milvus*），ハクトウワシ，スコットランドのオジロワシ（*H. albicilla*），ヒゲワシ（*Gypaetus barbatus*），シロエリハゲワシ（*Gyps fulvus*），モモアカノスリ（*Parabuteo unicinctus*），モーリシャスチョウゲンボウ（*F. punctatus*），オナガハヤブサ（*F. femoralis*），ラナーハヤブサ（*F. biarmicus*），2つの大陸におけるハヤブサ，ヨーロッパにおけるメンフクロウ（*Tyto alba*）とワシミミズク（*Bubo bubo*）である．これら以外にも約1ダースの種において，小規模ではあるが飼育下繁殖が行われ，放鳥されてきた（Cade 2000）．

本章では猛禽類の飼育下繁殖を成功させるためのガイドラインの概要を提示する．猛禽類は多彩なグループであり，一般則が常に適用されるというわけではない．

人工授精と刷り込み（インプリンティング，imprinting）の利用は，訓練された猛禽類と彼らの取扱者の親交から生まれた，飼育下繁殖の1つの局面である．これらの個体は雌雄ともに，人間を繁殖相手として認識する．彼らは求愛し，交尾を誘い，里子を人と協力して育てる．繁殖におけるこの特別な局面については，文献（Weaver and Cade 1985, Fox 1995）によく示されており，ここでは論じない．本章に提示された猛禽類は，6つの大きなグループに分けられる．大型ハヤブサ類，小型ハヤブサ類，ワシ類，タカ類，フクロウ類，ハゲワシ類，コンドル類である．猛禽類の飼育下における増殖は大型ハヤブサ類で始まったので，以来ずっと，このグループが基準となっている．他のグループの多様な飼育下繁殖の実際については，後の節で補足する．それぞれのグループの中では，ケージのデザイン，給餌方式，繁殖行動，自然または人工的な孵卵・孵化，および育雛方法について検討する．読者が関心をもっている猛禽がどのグループであろうとも，おそらくは広範囲に応用できる技術を知るためには，本章全体を熟読する苦労は払うに足るはずだ．

全ての猛禽は政府機関によって保護されており，外来種の輸入は厳格に規制される（第25章を参照）．繁殖施設を立ちあげるために，猛禽を導入して育成するためにはどのような許可が必要か，計画を実行する前に必ず確認しなくてはならない．捕食者，泥棒，および心なき破壊者から猛禽を守るためのセキュリティについても，施設の構造と運営方法を考慮しておかねばならない．

繁殖個体群の確保

個体の入手

飼育下繁殖のための猛禽は，いくつかの方法で入手できる．野外から捕獲されることもあり，この方法は，特に種の保全計画の対象種において採用される（Cox et al. 1993）．野外からの採取／捕獲，あるいは他国からの輸入に際しては，特別な許可が必要である．鳥は，卵または雛の段階で採取／捕獲され，その後，人工育雛または現存する飼育下ペアに育てさせることができる．こうした個体は，飼育下に置かれることに慣れて育ち，一般的にうまく適応するものである（Weaver and Cade 1985, Toone and Risser 1988, Jenny et al. 2004）．幼い時から巣立ち時期までの期間，ずっと人工育雛すると，刷り込みによって，社会化における深刻な問題を引き起こす場合があるので，のちのち自然交尾による繁殖に用いるつもりならば，この方法は避けるべきである．他方，同種の2羽以上が一緒であれば，人工育雛であっても，同種の他個体に刷り込みされるはずだ．これらの雛は，巣外育雛時期に同じグループで飛翔用の小屋内に入れられるなら，人による刷り込みをなくすこともできる．少なくともアメリカチョウゲンボウにおいては，巣立ち後にグループで禽舎に放すことによって，人に対する刷り込みをなくすことが可能である（D. Bird 未発表知見）．むろん，パペット（訳者注：その猛禽の頭部そっくりに作成された指人形で，これを用いて雛への給餌や世話を行うことにより，人への刷り込みを避け，同種への刷り込みを確保する）も利用できる（「コンドル類とハゲワシ類」の項を参照）．

いくつかの種は，成鳥を捕獲した場合でも飼育下で繁殖する〔例えば，カリフォルニアコンドル（Wallace 1994, Harvey et al. 2003），アメリカチョウゲンボウ（D. Bird 未発表知見）〕けれども，大型ハヤブサ類では，やや困難を伴う（Weaver and Cade 1985）．障害が残ったために放鳥不可能となったフクロウ類は，障害の程度が極端に重くなければ，しばしば，自然交尾向けの種親として用いられてきた（McKeever 1979）．また，リハビリテーション中の絶滅危惧種の個体が精子供給者として使われることもある（Blanco et al. 2002）．新規に入手した個体は繁殖プログラムで活用する前に，全ていったん隔離し，疾病と寄生虫の有無について検査しなくてはならない（Toone and Risser 1988）．

通常，猛禽類の雌は，雄より大きく，攻撃的である．雄

の負傷や死亡事故のリスクを低減するために，雄を雌よりも数日ないし数週間早く，繁殖用の小屋に導入すべきである（Heidenreich 1997）．テリトリーを確保した雄は，新入りの雌に対してある程度の支配力を発揮できるかもしれないからである．そのような手段を用いたとしても，コチョウゲンボウ（F. columbarius）などのいくつかの種の雌は，長年の連れ合いを人には分からない理由で殺すことがある（D. Bird 未発表知見）．

性鑑別と系統

多くの猛禽類は大きさまたは羽衣において性的二型を示し，性別は容易に判断できる（D'Alori and Eastham 2000）．しかしながら，いくつかの種においては，大きさにも羽衣にも雌雄差がない．そうした場合，ブリーダーは，放射免疫測定法（ラジオイムノアッセイ法）によるテストステロンまたはエストロジェン検査のために，血液または排泄物を採取することになる（Saint Jalme 1999）．また，鳥類も標準的な血液DNA分析と染色体分析を用いて，性を鑑別することはできる（Saint Jalme 1999, Leupin and Low 2001）．ハクトウワシでは，腹腔鏡検査（Mersmann et al. 1992, Parry-Jones 2000）による性鑑別も行われてきている．個体間の行動や鳴き交わしを観察することによっても，性鑑別の手がかりをつかむことができる（McKeever 1979）．

小個体数で繁殖させていると，常に，近親交配のリスクが生じる．他の飼育下繁殖個体群から導入しても，それも近親交配から生まれた個体かもしれない．ひどく減少してしまっている野生個体群もまた，高い血縁度を有しているかもしれない．きちんとした記録を保存すべきであり，遺伝子フィンガープリント法（マイクロサテライトマーカー法）で，個体間の遺伝的関係を確かめることができる（Toone and Risser 1988）．KINSHIPのような血縁度解析プログラムは，近親交配を確実に減少させるため，ペア候補個体の血統検査に用いられてきている（Gautschi et al. 2003）．

大型ハヤブサ類

1983年に，ハヤブサ基金法人（Peregrine Fund Inc.：現在の拠点はアイダホ州ボイシにあるWorld Center for Birds of Prey）は，Jim Weaver and Tom Cade 共編による小冊子「ハヤブサの増殖．飼育下繁殖の手引き」（1985年に改訂）を出版した．同書には，William Burnham による「ハヤブサ卵の人工孵化」，Willard Hecks and Dan Konkel による「人工孵化と育雛」など，特に有用な章が含まれている．本章は，このマニュアル（Burnham et al. 1987）の初期の版を要約したものである．両者とも，大型ハヤブサ類および他の猛禽類の繁殖に関する一般則についての最良の情報源である．これらの資料から多くの重要な点を引き出し，より詳細をみなさんにお伝えしたい．

ケージのデザイン

ハヤブサ基金の繁殖施設は，以前はニューヨーク州イサカとコロラド州フォートコリンズにあり，現在はアイダホ州ボイシにあるが，それらの施設において，大型ハヤブサ類の繁殖に関する徹底的な研究がなされた．これらの施設構造は，現在，世界の多くの地域（例えば，中東，英国，ヨーロッパ，北米）において，かなり多くの個人的なハヤブサのブリーダーにとってモデルとされている．各室は基本的にハヤブササイズのハヤブサ類のために設計されており，他の施設はチョウゲンボウ類からワシ類までの猛禽類向けとなっている．建物中央には2階建ての通路があり，その両側に各室が並んでおり，通路と接する壁越しに観察や世話が行われる．建物は基本的に"ポール納屋"である〔訳者注：英米で一般的な"2×4のようなフレームで囲った耐力壁を主用する構造"ではなく，軸組構造（設計上，大空間を得やすい）の意味と思われる〕．一室の床面積は3×6mである．屋根は傾斜しており，中央通路と接する壁のところで6m，外壁際で4.2mの高さがある．外壁には切り欠きがあり，外側には二重の金網，内側には，外径1.3cmの肉薄の電線保護管を，芯々で6.2cm間隔に垂直に立ててある．このPVCパイプは鳥が金網に接触することを防ぐ．金網はパイプから15cm引っ込んだところに位置している．屋根は全体に覆われているが，採光と通風のために，（数室を横断して）9×3mは切り欠いてあり，金網とパイプでカバーされている．各室の内壁は合板だが，表面が滑らかで洗えるよう，塗装されている．床と巣棚には，角が丸くエンドウ豆大の砂利が敷き詰められている．巣棚の角は丸く，面積は狭すぎず，"柔らかな"着地ができるような表面にしてある．外壁の外側下部1mには金属板が貼られ，雪を防ぐようになっている．潜在的な捕食者と齧歯類から鳥を守るため，捕食者侵入防止フェンスが建物の外周沿いに埋設されている（Weaver and Cade 1985）．管理者が維持管理と繁殖ペアの観察のために床面にも巣棚にも接近しやすいよう管理用通路は2階建てにつくられている．1階2階とも，足音が響かないように通路はカーペットが敷かれている．飼育員は，計画的に設置されたマジックミラー越しに鳥を観察することができる

(Weaver and Cade 1985, Jenny et al. 2004).

　繁殖施設は2階建てであるが，上側の廊下に設置されたハッチドアのおかげで，室内に入ることなく，巣棚から卵を取り出すことが可能となっている．同様に，各室には，飼育員が中に入ることなく基本的な世話ができるよう，餌投入口があり，水浴び容器は引き出したり戻したりできるようになっている．水浴び容器を床面から上に離れた位置に設置すると，水に入る羽毛や食べ残しの餌の量を減らすことができる．餌は，傾斜したシュートを使って，上下両方の廊下から投入されようにすべきである（Jenny et al. 2004）．交尾行動を検出するマイクロホン（J. Weaver 私信），またはより望ましくは，モニターカメラがあると（K. McKeever 私信），ペアの行動が大いに監視しやすくなる．

　イサカの施設以降に建設された施設は，疾病の蔓延防止の観点から，同タイプの室をもつ，やや小規模の建物を複数並べることとした（Weaver and Cade 1985）．先に述べたように，ハヤブサ基金デザインは，他のブリーダーによって改良されてきた．より乾燥した気候下では，各室の屋根のほとんどの部分が完全に覆われるというのではなく，壁と同様にパイプ部分が主体であってもよい．ただし，屋根の一部は，隠れ場と日陰を鳥に提供するために，覆われるべきである．道路や人々からの騒音を避けることができない施設では，壁は金属や木材葺きとし，屋根を金網とパイプとすればよい．よりよい空気の循環が必要ならば，側壁に通気口を増設することも可能である．西ナイルウイルスのような蚊が媒介する病気から鳥を保護するために，ワイヤーメッシュの上に防虫網を置いてもよい（Weaver and Cade 1985, K. McKeever 私信）．

　World Center for Birds of Prey にあるオナガハヤブサ用の繁殖施設は，3×6.1m の床面積で，天床高は 4.3～5.5m（傾斜している）である．4.3cm 間隔のパイプでふさがれた壁の窓と，天窓2つを除くと，施設は隙間なく覆われた構造である（Jenny et al. 2004）．運動のために周回飛行ができるようになっている円形の大型のケージは，大型ハヤブサ類でうまくいっている（Heidenreich 1997）．シロハヤブサ（*F. rusticolus*）は直径20m以上，高さ6mの円形ケージで繁殖に成功してきている（Heidenreich 1997）．

　0.75×1.25m ～ 1.25×3m 程度の巣棚で，大型ハヤブサ類は繁殖に成功している（Parry-Jones 2000）．巣棚には，清潔な熱帯魚飼育用の砂または小砂利（図21-1）を敷き詰めなければならない．オナガハヤブサには，針葉樹（*Thuja* spp.，クロベ属またはネズコ属）のチップを敷き詰めた，0.6m² の巣箱を2個設置して選択できるようにしてやる（Jenny et al. 2004）．ケージ内の止まり木・止

図 21-1　淡色型シロハヤブサの雌が小砂利が敷かれた巣棚の上で"頭下げ交尾誘い行動"をとっている．シロハヤブサは疑いなく大型ハヤブサ類のなかで最も飼育下繁殖が難しいうちの1種である．

まり台は，上方に少なくとも1mの空間がなくてはならない．いくつかの枝状の止まり木は，見張り場所として使えるように，巣棚より高くなければいけない．平らな休み棚の上面，巣棚の縁には，着地の際に足を痛める可能性を減らすため，ヤシ繊維のマットまたは人工芝（ブランド名 AstroTurf．訳者注：ここでは，ポリピロピレン製のパネル状の人工芝）（ある種のカーペットは繊維が鳥の爪に引っかかり，絡みやすい）を設置すべきである（Weaver and Cade 1985, Jenny et al. 2004）．大きくて表面が滑らかな石を地上に置くと，これも止まり場として機能する．全ての止まり木・止まり台は，糞が他の止まり木・止まり台や水浴び容器に落ちないような位置に配置しなければならない．

　床表面からの迅速な排水と表面の乾燥のため，床には全面的に粗い砂利を敷き，その上にエンドウ豆大の小砂利を10cm 程度敷き詰める．鳥の光周期を調整しなければならなくなった場合や緊急時に備えて，鳥が止まったりぶつかったりしないような位置に，照明器具を設置する（Weaver and Cade 1985）．本来の適温より低温の禽舎に収容されている場合は，巣棚の縁にラインヒーターを貼ったり，止まり場付近にパネルヒーターを置くといったことが必要となることもある．

餌，給餌，および給水手順

World Center for Birds of Prey の施設にいる大型ハヤブサ類は，ウズラ，ニワトリの初生雛，5週齢のニワトリ若鳥を交互に与えられる．大きい飼料は小片に切って与える．給餌は日に1回である．寒冷な天候の時には，食べる前に凍ってしまわないよう，1日分を半分ずつ，2回に分けて与えることもある．ビタミンサプリメント（例えば，Avitron）は繁殖期に餌に添加する．繁殖期には，雄がペアの絆を強めるための雌への求愛給餌を行うことを促すために，小さめの餌をより頻繁に与える．水浴び容器は，大きく，広く，浅い器がよく，週に1度，あるいは必要時に交換する．毎回，清潔にした容器が使われなくてはいけない．寒い時期にはあるいは水浴び容器を撤去するべきかもしれない．

繁殖部屋でのハヤブサ類の捕獲

World Center for Birds of Prey では，清潔な部屋で繁殖させるために，繁殖期の終了直後および真冬の間には，ハヤブサを捕獲して移動させている．時には巣棚から卵を取り出すために，抱卵中の雌を捕らえて，しばらく保持しておかなくてはならないこともある．防衛的になった雌は卵を1つ，あるいは1腹分全部を破損してしまうことがある．雄が問題を起こすことは少ない．鳥は柄の長いタモ網で捕獲する．部屋に入る前にちょっとした物音を立てて予告してやれば，怪我の原因となりがちな，パニックに陥っての飛び立ちを予防することができる．

繁殖部屋に入り，網で捕らえたらすぐに，助手が手袋をはめた手を鳥に掴ませ，自分の爪で足に刺し傷をつくらせないようにする．刺し傷は軽度の足の感染症（小さいかさぶた，限定的な腫れ）の原因となり得る．ごくまれには深刻な慢性的な足の問題に繋がるので，そうなったら治療をしなければならないが，そうでない限り，ストレスを最小限にするため，特に何かをしないほうがよい．捕獲するとまれに翼を捻挫させてしまうこともある．数時間で治ることもあれば数週間かかることもある．餌を減らし，止まり場のいくつかを撤去して飛行を制限すれば回復は早められるかもしれないが，症状が長引く時には獣医師が検査すべきである．

鳥を清潔な部屋に移動させる時は，健康診断のよい機会でもある．爪はかなり短く切りつめる．嘴も徒長があれば整形する．作業はほんの数分で済むし，必要ならフードをかければよい（Burnham 1983）．

求愛行動

大型ハヤブサ類の求愛は，種によっても異なるが，一般的に，誇示飛行，鳴き交わし，求愛給餌などがあげられる．ハヤブサでは，雄が雌の側をかすめて飛ぶ，雌雄両方が巣棚の小砂利をひっかく，雄から雌への求愛給餌，雌が雄に対して餌鳴きする，餌を寄越せとばかりに雌が雄を追う，などの行動がある．求愛が進むにつれ，誇示行動や発声は，巣棚で行われることが増える．雄の"翼さげ"や雌の"頭下げ交尾誘い"行動（図21-1）．などが行われる．求愛ディスプレーの詳細に関しては，Weaver and Cade（1985），および Platt（1989）を参照のこと．

繁殖管理

大型ハヤブサ類は，性的成熟に達するのに2～3年を要する（Parry-Jones 2000）．種にもよるが，一般的には以下のようである．1腹卵数は2～6個，孵化日数は30～35日．雛は約6週間で巣立つ（Parry-Jones 2000）．理想的には，若鳥は，将来のペアリングがスムーズにできるよう，自然な社会化が行われ得る"追い込みケージ"に放されるべきである（Weaver and Cade 1985）．だが，特に個体数の少ない絶滅危惧種では，遺伝学的に貴重な個体の遺伝子を繋ぐために，ペアの組合せは飼育者によって決定したい場合もある．

ペアが成立してから繁殖が成功するまで数年かかることもあるし，中には成熟するのに他個体より長くかかる個体もある．経験豊富なブリーダーが扱えば，若いペアが最初のシーズンに成功する確率を高められるだろう（Jenny et al. 2004）．何年も失敗し続けているペアは切り離し，別の相手と組み合わせるほうがよい．ペア間の攻撃行動は監視されなくてはならないし，必要があれば分けるのがよい．鳥を脅かすのは少ないほどよい．理想的には，ケージ内に設置したマイクとモニターカメラがよいし，マジックミラーも使える．むろん併用してもよい（Weaver and Cade 1985）．

産卵数を増加させるには，最初の1腹を取り去ってダブルクラッチを強制する，あるいは，卵を少しずつ取り出して1腹の中で追加産卵を促すことだ．取り出した卵は人工孵化にまわす（Weaver and Cade 1985, Jenny et al. 2004）．このような方法は経験あるペアにのみに施すべきである．親に何か潜在的な問題がない限り，最初の繁殖時には自分たちで雛を育てる機会を与えるべきだ．人工孵化にまわした最初の1腹が孵化したら，親が抱いている2腹目の卵と取り替えて，親に育雛させることもできる．そ

の代わり，2腹目を人工孵化することになる．Burnham (1983)，Weaver and Cade (1985) はこの方法についてのよい情報源である（訳者注：簡単にいうと，後述の"自然"抱卵のメリットと，親が繁殖に関わる期間が1腹と同じになるため，体力の消耗が2腹目の"卵を生産する分だけ"増えるのにとどめられる，換羽が遅れない，ひいては翌年の発情が遅れることもない，というメリットがある）．

孵卵と孵化

特に別の方法を示している場合を除き，本章で人工孵化の詳しいやり方を理解してもらえるだろうし，そのやり方は全ての猛禽類で似通っている．

親鳥が卵を壊す心配がないなら，また，ダブルクラッチさせなくてよいのなら，親鳥に抱卵させてよい．雌雄はしばしば，協力して抱卵する（Weaver and Cade 1985）．人工孵化に取りかかる前に，いくつかの要素を検討しなければならない．まず初めに．人工孵化を用いる場合であっても，孵化率を高めるために，卵は，最初の1週間〜10日間は，"自然に"温められるのが理想的である（Burnham 1983，Weaver and Cade 1985，Jenny et al. 2004）．ニワトリの仮母を用いることも可能だが，ニワトリのための設備が必要となるし，どんなニワトリでもよいというわけではなく，特定の品種の中からよい個体を選び出さなければならない（Weaver and Cade 1985）．第2点目は．複数の卵を概ね同時に孵化させたいのならば，14〜15℃，湿度60〜80%，日に4回の転卵という条件で，5日までならば保存することが可能だ（Weaver and Cade 1985，Parry-Jones 2000）．野生状態では通常，最終卵，あるいはその1つ前の卵が産み落とされるまで，抱卵は始まらない．

人工孵化に使用される部屋は，できるだけ静かなところにあり，直射日光が入らず，気温の変動も穏やかでなくてはならない．直射日光や室温の変動は，孵卵器内の温度にも影響するからである（Weaver and Cade 1985，Parry-Jones 2000）．

孵卵器，孵化器，育雛器は，毎年シーズン前と，使用中には2週間に1度，清掃し，消毒しなくてはいけない．(Heck and Konkel 1985，Parry-Jones 2000)．その間は代替の孵卵器で孵卵を継続する．機材を清掃する時は可能な限り分解してからとし，細菌と真菌の両方に有効な薬剤（例えば，Hibiscrub，Virkon）で消毒しなくてはいけない．圧搾空気を用いて電気配線の埃も飛ばす（Weaver and Cade 1985，Parry-Jones 1998）．再組立てしたら，約20分間，ホルムアルデヒドガスか類似物質で燻蒸する（Weaver and Cade 1985）．使用開始まで数時間おけば，ガスは安全なレベルまで拡散すると考えられる（訳者注：有毒性や発ガン性，またガスを大気中に排出してよいのかという点には注意が必要である—毒性は自然に消えるのか否か，法令はどうなのか—，吸着するとしたらどうすべきか，などは，特に公的に，あるいは大規模に行われる場合，国内でさらに検討されるべきであろう）．

施設には最低3台の孵卵器を備えておくべきである．孵卵器として機能する1つ，孵化器として機能する1つ，3台目は予備である（Weaver and Cade 1985，Parry-Jones 2000）．孵卵器の多くは，数百〜数千ドルで買える．Peregrine Fund は最小クラスで清掃しやすい"Roll-X（ロールX）"卓上孵卵器を使用している（Burnham 1983，Weaver and Cade 1985）．全ての孵卵器には，二重温度制御システムがなくてはならない．もし第1のサーモスタットが安全な範囲に温度を保てなくなった時には，2番目のサーモスタットが作動する，ということである．

ハヤブサは，理想的な孵卵温度は，37.5℃であるように思われる（Heck and Konkel 1985）．加湿には，蒸留水を満たしたペトリ皿を孵卵機内に設置すればよく，その皿の大きさを変えれば，望ましい卵重減少率を実現するのに適切な湿度を調節することができる（Weaver and Cade 1985）．通常，人工孵化は湿度約30%で開始する（Burnham 1983，Weaver and Cade 1985，Parry-Jones 2000）．湿度をモニターするにはダイヤル湿度計を使用すればよい．

種によって，必要な転卵回数は異なるかもしれないが，いずれにせよ，卵は一定間隔で転卵されなければならない．孵卵器の自動転卵装置を使ってもよいし，手で転卵してもよく，併用してもむろんかまわない（Burnham 1983，Weaver and Cade 1985，Parry-Jones 2000）．転卵角は45度と90度の間であるべきだ．そして左右交互に回転させなくてはならない．破卵リスクを減らすために，転卵用の金網の格子は，卵サイズにあった目間のものとする．〔訳者注：孵卵器にはいくつかの方式がある．1つは温度の与え方で，上方に熱源がある平面孵卵器と，送風扇を備え庫内温度が均一な立体孵卵器—卵を入れる容器を複数段にすることができる．一段のこともあるが—と，やや特殊で高価な，"自然な"孵卵を模した接触式である．平面式の熱源をビニルで包んで空気圧でふくらませるようなものだ．また別に，転卵方法にも種類がある．卵収納容器の底が平らで，金属の格子がその上を往復するようになっていて，それに伴って卵が回転する方式．あるいは，卵収納容器の幅が調節できて卵を回らない程度に挟み，容器ごと傾けるもの．Roll-X は，立体＋金網格子という形式である．

37.5℃という温度は平面孵卵器には適用できない，立体孵卵器における数値であることに注意が必要．容器ごと傾ける転卵装置では，選択・調節すべきは格子の目間でなく卵を挟む力加減になる．そして，ペトリ皿の水は傾いたらみなこぼれてしまうから，湿度調節はまた別に考えることになる．実際に行う際には使用する孵卵器に合った運用，あるいは望む運用に合う孵卵器の導入を考えねばならない．なお，Roll-Xは英米で一世を風靡した"名機"だが，競合機種が増えた現在となっては積極的に選ぶ利点はなく，国内ではほとんど利用されていないと思われる．国内では，おそらく次ののの2つから選択することになる．①昭和フランキ製ベビーB：実績がある．平面，格子式．平面式なので温度調節が微妙，大きさの異なる卵の同時入卵は望ましくない．格子目間が限られる(特注は可能だが)．といったことから，極端に大きい，あるいは小さい卵の取り扱いにやや難点がある．また木製部があり，完全な消毒が困難．②ブリンシー社，オクタゴンシリーズ：立体，容器傾け型．温度調節は簡単だが，付属のデジタル温度計は全く信用できない．別途温度計（婦人用水銀体温計がよい）が必要．ヒーターのパワーが不足気味なので，室温中だと温度が安定しない．別の温源と別の制御系で30℃前後に保ったガラス温室などの中に設置し，残りの数℃分のみを孵卵器に行わせるとよい．消毒は容易．システム化されていて，温源部を別の下部と組み合わせて孵化器，育雛器としても使える．〕

自然孵化させている場合であっても，有精卵かどうかの検査を行うべきである．無精卵はすぐに取り除く．繁殖期が進みすぎていないのなら，追加産卵が期待できる．有精卵か否かは，光を利用した検卵法で判断できる（Burnham 1983）．殻が薄い卵や淡色の卵は白熱球で透かし見ることができるし，殻の厚い卵や濃色の卵でも紫外線灯を使った検卵器でならば検査できる（Weaver and Cade 1985）．良質の検卵器は卵を過熱させてしまうことも少ない．

卵が孵化するには，適切な量の水分を失っていく必要がある（Burnham 1983, Weaver and Cade 1985 を参照）．卵重は個別に計測・記録しなくてはいけない．適切な減少率となるように，卵を取り囲む空気の湿度を調節する．平均的に，ハヤブサの卵は，孵化時までに卵重の18%を失う．なお，嘴打ち前までに15%の減少である（Burnham 1983, Parry-Jones 2000）．卵重の減少率が急すぎる場合も，遅すぎる場合も，標準的な減少率に近づくように孵卵器の湿度を調整することで，減少を抑制または促進することができる（Heck and Konkel 1985）．Burnham (1983)，Weaver and Cade (1985)，Parry-Jones (2000) から，問題のある卵の検卵や卵重調整に関する詳細を得ることができる．（訳者注：実用のために，表計算ソフト用の計算式を掲げる．A1 セルに新鮮時の卵重を記した時に，A2 セルは，「=A1-A$1*0.15/35」とする．これは，35 日間で，15% の卵重減少を予想する場合である．"35" と "15" は種ごとに変化する．ただし，バラエティに富む種では実用的な数字は得られないかもれない．オオタカだと33～40 日もの幅がある．嘴打ち直前までの卵重減少率は中型種では本文にあるように 15% だが，大型種では 12，小型種では 18 程度とされる．前記の式は絶対参照になっているので，A36 までドラグすると日々の理想的な卵重が返される．）

嘴打ち開始48時間前，あるいはそれ以降に，卵の中の気室は拡張し（訳者注：内卵殻膜と外卵殻膜の間に隙間ができ，気室が突然広がる現象で，drawdown と呼ばれる），片側にずれ始める（Burnham 1983, Weaver and Cade 1985）．気室拡張以後は転卵すべきではない．嘴打ちが開始されたら，卵は，嘴打ちの傷がある面を上にして，孵化器に移して静置する（Weaver and Cade 1985）．ガーゼなどの柔らかい詰め物を各卵の下に置く．そして，各卵は金属の筒，ワイヤーメッシュやアクリル等の囲いで包み，雛が隣の雛や卵に触れないようにする．このように卵を個別に管理すれば，一夜のうちに2羽以上が孵化する場合でも確実な個体識別ができ，系統管理に問題を生じさせない．孵化器の湿度は55～60%にまで高める．温度は孵卵器と同等がよい（Burnham 1983, Weaver and Cade 1985, Parry-Jones 2000）．

嘴打ち開始から孵化までは，24～72時間かかる．平均すると50時間程度である（Burnham 1983, Heck and Konkel 1985）．頑張っている雛を傷つけないためには，手を出すのを我慢することが大切だ．卵内の雛では，卵黄嚢は体外に出ているが，孵化時までには体内に吸収されていなくてはならない．雛はまた，卵殻を概ね円形に割っていくために，卵の中でぐるりと1周，回転する必要がある．湿度が低すぎると，卵膜が雛の体に張り付き，動きを阻害してしまうことがある．同じ孵化器に先に孵化した雛がいて，それが鳴くと，卵内の雛は刺激されるように思われる．雛が孵化を終えたら，綿棒などにバシトラシンを含有する1%濃度のヨウ素入りの抗菌軟膏をつけてへそ（卵黄嚢吸収痕）を消毒してやる．その後，羽毛が乾いた段階で，殺菌済みのトウモロコシ軸のチップ（訳者注：トウモロコシの軸を原料にしたネコ砂，と思えばよい）を満たした育雛器（後述）に静かにおいてやる（Weaver and Cade 1985, Parry-Jones 2000）．Burnham (1983) あるいは

Heck and Konkel（1985）が，卵黄嚢を吸収しきれないまま孵化した個体の扱い，卵膜が乾燥してしまった時の対処法などを論じている．

育雛と人工育雛

育雛には2つのやり方がある．箱内温度一様型の育雛器では，雛のいる位置の温度は一定であるため，ブリーダーは，雛の快適性のために温度を変更していかなくてはならない．Kパッドと雛の上に吊したヒヨコ電球ならば，孵化したての雛は，暖かいところから涼しいところまで好きに動くことができる．雛は，トウモロコシチップを満たし，ペーパータオルを敷いた，浅いアルミのパン（浅鍋）に収容する．ペーパータオルは給餌の後に必ず交換する（Weaver and Cade 1985）．トウモロコシチップは，雛の脚が開いてしまうのを防ぐため，すり鉢状にくぼませる．直径25cmのアルミニウム製のリングまたは囲いを，雛の糞受けとしてパンを囲むように設置する．そして，全体を新聞紙の上に配置する．この方式だと掃除しやすい．当初は，1セットに2～4羽の鳥を収容できる（成長につれて少なくはなる）．湿度と温度（36℃）は常に監視し，必要に応じて調整する．寒いと感じれば雛は縮こまるし，暑ければだらりと身体を伸ばし，喘ぐ（Weaver and Cade 1985）．上に吊したヒヨコ電球で雛を保温することもできるが，当初は，脱水症状の予防のために，何か布を1枚かけておく（Heidenreich 1997）．消化不良にならないよう腹部を温めるための下部ヒーターも使用できる（Heidenreich 1997）．

Kパッド式育雛器は，トウモロコシチップを満たしたパンの中の支柱に，温水が循環する軟質パッドを渡して山形になしたものである．容器は38℃に保つ．パッドの下にガーゼでベッドをつくり，雛を乗せ，タオルで覆う．雛の成長に伴い，タオルは外してよいし，Kパッドの温水の温度も低下させる（Weaver and Cade 1985）．この育雛器においても，アクリルかアルミニウム製の円筒形の囲いを用いて，糞受けとする．必要に応じてトウモロコシチップは交換する．

おおよそ10～13日齢を過ぎ，雛が室温でアルミニウム製の糞受け（直径33cm）を備えた，トウモロコシチップを満たした容器（直径30cm）に2羽ずつ収容できるようになるまでに，温度は1日当たり1℃下げていく（Weaver and Cade 1985, Parry-Jones 2000, Jenny et al. 2004）．雛の脚が開がってしまうのを防ぐためにトウモロコシチップで窪みを形成する．2週齢を過ぎたら，人への刷り込みを予防するため，人との接触を制限しなくてはいけない（Jenny et al. 2004）．

孵化後8時間以内の雛には給餌してはならない．最も良い成長のために10日齢未満の雛には，殺したての成鳥のウズラ（Coturnix coturnix japonica）を与える（Heck and Konkel 1985）．ウズラは皮を剥き，頭，頸，消化管，翼と足（訳者注：ふ蹠以遠と思われる）を外す．肉は細かく挽き，使用時まで冷蔵する．むろん，調理は毎日行う．通常，夜間以外は3～5時間おきに給餌する．オナガハヤブサでは給餌回数は当初は5回とし，成長に伴って3回まで減らす（Jenny et al. 2004）．最終的には給餌は日に1回にする．より成長した雛には，6週齢のニワトリの挽いたもの50％，馬肉の挽肉50％に，ビタミン（特にD3）とミネラルのサプリメントを加えた餌を使うことができる．代替医学的だが，消化を助けるプロバイオティクス剤，例えばAvipro Paediatric（Vetark社）などを数日置きに与えてもよい（Parry-Jones 2000）．

餌は，給餌前に冷蔵温度から室温に戻すか，殺したての新鮮なものを用いる．嚥下を助けるため，肉はリンゲル液か0.9％生理食塩水で濡らしておく（Weaver and Cade 1985, Heidenreich 1997）．給餌には先丸のピンセットを用いる．親の鳴き真似をすると，雛が給餌を受け入れる助けとなり得る．大きい雛はなるべく，ボウルから自分で食べるように仕向ける．雛は満腹になっても餌乞いを続けるが，食べ過ぎさせてはいけない．雛の腹部が丸く，堅い時は，胃にまだ餌が残っているので，給餌を行わない．数日齢以降の雛には細かく挽いた骨を添加することが可能である．10日齢では，雛はボウルから自分で食べられるようになる．そのころから，ペレットができやすいように，挽肉には細かい体羽を混ぜるようにする．問題のある雛については，Heck and Konkel（1985），Weaver and Cade（1985），Parry-Jones（2000）を参照のこと．〔訳者注：Caあるいは細かい骨のかけらは，3日齢以前から与えるべきであるParry-Jones（1998）．自力採食に移行する時は，食べるのに疲れて十分に食べられないことがないよう，行動と体重増加を監視すること．少なくとも日に1回は胃が空っぽになるように，夜は最低8時間かそれ以上の無給餌期間を設ける．〕

小型ハヤブサ類

ケージのデザイン

例えば，アメリカチョウゲンボウの繁殖部屋の大きさは15.2×6.1×1.8m～1.5×1.2×1.2mまで幅が

ある (Bird 1982, 1985, 1987, Parks and Hardaswick 1987). かなり大きな屋外ケージはメリーランド州ローレルの Patuxent Wildlife Research Center で使用されている (Porter and Wiemeyer 1970, 1972). 木のフレーム, 金網またはポリエチリン板か合板の壁, 金網の屋根, 地面から離した上げ底式の金網の床という組合せで, 完璧な禽舎をつくることができる (Bird 1985). これらの小型猛禽類はストーブサイズ (訳者注: おそらく薪の調理ストーブなので, 1×1×1.5m ぐらい) の天井に金網を取り付けたダンボール箱に, 巣箱を取り付けただけでもうまく繁殖するものである (Fernie et al. 2000).

施設周辺が騒々しい場所では, しっかりとした1枚壁を使用すべきである (Bird 1985). 金網の屋根は, 太陽光と雨を防ぐ隠れ場をつくるため, 一部は合板で覆われるべきである. 基本的な調度は, 給餌孔, 巣箱, 直径2cm のロープの止まり木を1〜2本, 交尾用の5cm幅の木製の止まり木, 観察用のマジックミラーである. 巣箱は, 一般に25×25×36 (高) cm であり, 卵を検査するための点検口を備える (Bird 1985). 室内無加温, 排水孔を備えたコンクリート床の 6.1×6.1×2.4m (Bird 1985) のケージで, 雄なら雄, 雌なら雌だけまとめて, 20〜25羽のアメリカチョウゲンボウを越冬させられる. 糞の吸着用に, 床にはカンナ屑を敷き詰める.

アカガシラチョウゲンボウ (F. chicquera) は, 床面積 17m^2 の多角形, 高さ 2.4m のケージで, また, 3.6×3.6×2.4m の長方形のケージでの繁殖例がある (Olwagen and Olwagen 1984). 軸組には防腐処理済みの木材が使われ, プラスチックシートで視覚的に遮断されている. 繁殖ケージの床は 0.5cm ぐらいの小砂利が敷かれている. 屋根は金属製シートで覆われ, 1/3 は 25×50mm 目の金網であり, 自然採光が可能である. この多角形ケージのデザインでは, 壁は, 角だけが金属シートで覆われる. 日よけ布を金網のすぐ下に加えることもできる (Olwagen and Olwagen 1984).

アカガシラチョウゲンボウは他の鳥の巣を使用するので, 屋根の金属板部の下に, 人工巣あるいはカラスの古巣を設置する. 金網の給餌台, 容易に清掃できるプラスチックの水浴びトレイを設置する.

餌, 給餌, および給水手順

アカガシラチョウゲンボウには通常, 1日1羽当たり 30〜50g を給餌する. 餌としては, ニワトリの初生雛, 小型の燕雀類, 小型のハト, 大型のハト, マウスおよび牛肉がよい. 大きい餌は羽毛をむしり, 切って与える. Beefee (Centaur Laboratories [Pty] Ltd.) のようなビタミン・ミネラルの栄養補給飼料を4日ごとに加えてもよい (Olwagen and Olwagen 1984). いくつかの小型ハヤブサ類では, 補助飼料として, ミルワームやコオロギなどの昆虫を必要とすることもある. またいくつかの小型種では, 毛や綿羽が雛の消化管に悪影響を与えるので, 雛に給餌する親鳥にはこれらを除去した餌を与えるべきである (Parry-Jones 2000). 多くのブリーダーが小型ハヤブサ類にニワトリの初生雛を与えている (Heidenreich 1997). しばしば, アメリカチョウゲンボウは後者だけを与えられている (Bird and Ho 1976, Surai et al. 2001). 実際, モントリオールのマギル大学では, 34年間にわたって, ニワトリの雄の初生雛のみを用いて, 観察できる範囲では栄養上の問題なしに, アメリカチョウゲンボウを飼育・繁殖し続けている (D. Bird 未発表データ). しかし, 必要に応じて, 小型ハヤブサ類は, 実験用マウスか, 市販の動物園用の猛禽飼料 (訳者注: おそらく, 後出の, 馬肉に栄養補給飼料を加えた冷凍品) でも飼育することができる (Porter and Wiemeyer 1970, 1972).

冬期には給餌量を倍増させなければならないこともある. 餌が凍る気温であるなら, 日に2回給餌すべきである (Bird 1987). 汁っけたっぷりのニワトリの初生雛を与えられているアメリカチョウゲンボウは滅多に水を飲まない. 水浴びは氷点以上の気温の時だけでよい. 逆に暑い日に鳥たちにシャワーを提供することができるように, 繁殖ケージの金網屋根に芝の水やり用の穴あきホースをくくりつけておくのもよいだろう (Bird 1987).

求愛行動

求愛給餌は, 巣の点検や鳴き交わしと同じように, 一般的な求愛行動である (Olwagen and Olwagen 1984). アカガシラチョウゲンボウでは, 大きな餌を給餌台に固定しておくと, ペアが同時に食べるように仕向けることができ, ひいてはペアをより親密になるよう促すことができる (Olwagen and Olwagen 1984). 一般的には, 求愛給餌は雄が雌に与えることが多いが, アカガシラチョウゲンボウでは雌が雄に与える. 交尾はしばしば, うまくいった求愛給餌のあとに続けて行われる. ペアの絆が確立された後も, さらなる絆の強化のために, 求愛給餌は続けて行われることがある (Olwagen and Olwagen 1984). アメリカチョウゲンボウの求愛行動は, Willoughby and Cade (1964), Porter and Wiemeyer (1970, 1972) らによって報告されている.

繁殖管理

小型ハヤブサ類は，しばしば孵化後1年目から繁殖し，通常，2〜6個の卵を産む（Parry-Jones 2000）．ダブルクラッチも可能である．クラッチ間の間隔は10〜14日間（アメリカチョウゲンボウでは11日間，Bird 1987）である．いくつかのペアは，1シーズンに3〜4クラッチまでの産卵は可能であるし（Bird 1987），追加産卵するように卵を取り除いていると，最大で26個を産むこともある（D. Bird 未発表知見）．コチョウゲンボウなど，いくつかの種においては，傷つけ合うのを避けるために，繁殖期が終わったらペアを分けるべきである（Heidenreich 1997）．仲の悪いペアはいったん引き離し，あとで再ペアリングを試みる（Bird 1987）．

孵卵と孵化

人工孵化を開始するまで，最大1週間までなら，アメリカチョウゲンボウの卵は冷蔵庫で保管することができる．Marsh Farms 製 Roll-X 孵卵器を使用して，卵は37.5℃，湿度55％で孵卵する（Bird 1987）．1時間に1回動作する，孵卵器組み込みの自動転卵装置を使ってもよいし，日に最低4回以上，手で転卵するのでもよい．孵化が始まったら，卵は，孵化器として利用できるように36.9℃，湿度55％にセットした別の Roll-X 孵卵器に移す．孵化した雛がうろつき回らないよう，また雛の個体識別のために，卵は，鋭端がないようにマスキングテープで覆った，金網の筒囲いの中に収めて金網の上に置く（Bird 1987）．卵は，2日間は孵化器に置いておき，それから育雛器に移される．

育雛と人工育雛

雛は1羽ごとに，金網囲いで隔離しておいてもよいし，数羽をまとめてボウルに収容してもよい．表面には柔らかい紙ですり鉢状のくぼみを設けておき，紙は毎給餌後に交換する（Bird 1987）．アメリカチョウゲンボウでは最大5羽までを1グループにして，ヒヨコ電球の下で育てることができる．室温でも快適に過ごせるようになるまでの10〜14日間は，育雛器は加温しておく（Bird 1987）．

雛には，孵化後24時間以内に，ごく少量のピンクマウスから給餌を開始し，最初は1日4回給餌とする（Bird 1987）．数日以内に，嘴と脚を取り除き皮を剥いだニワトリの初生雛も与えられるようになる（Bird 1987）．時々，ビタミンサプリメントを加えてもよい．雛は2週齢で，器から自分で食べるようになり，そのころには，より大きな塊の餌を与えることができるようになる．

図 21-2 アメリカチョウゲンボウは繁殖が容易で，性を揃えた20〜30羽の群で越冬させることができる．

飛行可能になれば，アメリカチョウゲンボウ〔チョウゲンボウ（*F. tinnunculus*）でない〕は，ロープの止まり木を備えた，6.6×6.6×1.3m の大型飛行禽舎に，性別を統一した20〜30羽の群で放し，越冬させることができる（図 21-2）．床は，清掃時の排水が容易なコンクリートとしてもよい．あるいはまた，これらの小型ハヤブサ類で有効な，糞を吸収するためのカンナ屑を敷き詰めてもよい（D. Bird 未発表知見）．

ワシ類

ケージのデザイン

1.8×2.4×2.4m〜48×30×33m までの，いろいろな大きさのケージでワシ類の繁殖例がある．最もよく繁殖するのは，背が高くて，細長い禽舎である（Carpenter et al. 1987）．一般的なワシ類用ケージは，18〜34m^2 の床面積をもち，高さが2.5〜3m のものである（Heidenreich 1997）．オジロワシでは，7×8×5〜6（高さ）m の禽舎，および，9×13×5〜6（高さ）m のケージで繁殖したことがある（Carpenter et al. 1987）．Parry-Jones（1991）によると，鳥の大きさにもよるが，ワシ類用ケージとしてふさわしい最小サイズは，9×4.5×4.8m または3×6×3.6m ということになる．Patuxent Wildlife Research Center では，ハクトウワシは，22×11×5.5（高さ）m の禽舎で繁殖されたことがある（Carpenter et al. 1987）．ケージの柱は電信柱（訳者注：米国で一般的なものは長さ12m で，うち2m を埋設する）で組まれ，屋根の梁は木

製，壁と屋根は目間 2.5 × 5cm または 2.5 × 2.5cm のビニルコーティングされた溶接金網であった．悪天候からの保護のために，各ケージの少なくとも 1 つのコーナーは合板で覆う．巣台は 1.2 × 1.2m の大きさで地上高 3.7m で，その上方はアルミの屋根材で覆った．巣台側面板は高さ 34cm，巣台の底は 2.5 × 2.5cm の金網で，小枝と藁を満たした（Carpenter et al. 1987）．

ワシ類用ケージに設置する巣台は，幅 2.4m，長さ 4.5m，縁の高さ 23cm としてもよい（Parry-Jones 1991）．2.5 × 5m もの巣台は，通常，ケージ奥の壁にボルトで固定する（Parry-Jones 2000）．

潜在的な捕食者を避けるため，地下 1m のところに金網を埋設する（Carpenter et al. 1987）．木製の切り株は，給餌孔から投げ込まれた餌を食べるための台として役立つ．ワシ類用ケージの止まり場は，直径 30cm のマツの柱を垂直に立て，枝を摸した材を取り付けて自然な木のようにしたものとする（Parry-Jones 1991）．直径 6.6 〜 10cm，長さ 1.2 〜 5.5m の止まり木を掛け渡してもよい（Carpenter et al. 1987）．鳥の翼が傷むのを防ぐため，止まり木の周囲には十分な空間がなくてはならない（Parry-Jones 2000）．$4m^2$ の床面積で，高さ 2m の隠れ場を鳥に提供するべきである（Heidenreich 1997）．

餌，給餌，および給水

Patuxent では，ワシ類に対して，非繁殖期には週に 6 日，繁殖期には毎日，給餌している（Carpenter et al. 1987）．雛を育てている時には，日に 2 回給餌する．常に多少の余りが生じる十分な量を与える．ワシ類には，種に合わせて，家禽，魚，実験用哺乳動物などを丸ごと与える（Carpenter et al. 1987）．ニワトリの初生雛を給餌する場合には，ビタミンとミネラルを補わなければならない．また，冷凍すると（特に魚では），栄養が損なわれるおそれがあるので，ビタミンを添加すべきである（Carpenter et al. 1987）（訳者注：魚を与える際にはチアミナーゼ活性にも注意し，ビタミンの中でも，特に B1 が不足しないようにしなくてはならない．ただし，特にフクロウ類で，時には他のグループでも，ビタミン B 複合体は毒性を示すことがある．補う場合はビタミン B1 単味とすべきである）．飲み水のためまた水浴びのために，いつも水が使えるようにしておかなくてはいけない．

求愛行動

ワシ類の求愛行動には，テリトリー行動，造巣，相互羽繕い，隣り合っての就時，および交尾が含まれる．ブリーダーは，よりよい結果を得るため，求愛行動がどのように進行していくかを理解するべきである．ワシ類の求愛行動に関する詳細に関しては，Carpenter et al.（1987），Heidenreich（1997），Parry-Jones（2000）を参照するとよい．

繁殖管理

ワシ類のいくつかの種では 1 腹卵数は 1 個であるが，そうでない種では最大 5 個まで産む（Parry-Jones 2000）．抱卵期間は 61 日間にも及ぶこともある．大型種では巣立ちまでに 6 ヵ月を要するものもある．いくつかの種では複数の雛を同時に育てるが，他の種では，親は最初に孵化した 1 羽だけを世話し，弟妹は育てようとせずに死なせてしまう．複数の雛を育てるに十分な量を親に与えれば，こうした行動を防げることが可能な種もある．もし雛同士が互いに攻撃的な場合は，自分の身を守れるぐらい大きくなるまで，1 羽を人の手で育てるのが賢明である（Parry-Jones 2000）．

ハクトウワシでは，最初の 1 腹を十分に早く取り去れば，ダブルクラッチさせることが可能である（Wood and Collopy 1993）．しかし，ワシ類では，2 腹目を産むまでに長い時間がかかることもある．ハクトウワシでは平均して，2 腹目を産むまでに 32 日を要する（Heidenreich 1997）．

雄は，雌よりも数日あるいは数週間早くケージに放し，より大きな雌が加わる前に，テリトリーに馴染めるようにしてやる．また，ペアの相性が悪い場合は，雄雌を分けてやらなければならない．新しい繁殖個体については，自らの卵を抱卵させるのではなく，卵を偽卵と交換して，どの程度きちんと面倒を見るかを確認すべきである．新しいペアが最初の繁殖を頑張っている時には，ダブルクラッチをしかけるべきではない（Carpenter et al. 1987）．

孵卵と孵化の手順

ワシ類は巣に対する潜在的な脅威に対しても攻撃的であることがある．したがって，巣から卵を取り出そうとする時には注意が必要である（Heidenreich 1997）．一般に，親鳥は，最初の産卵直後から抱卵し始め，抱卵を分担する．孵卵器に移す前に，2 〜 3 日間，ニワトリに抱かせることもできる（Carpenter et al. 1987）．人工孵化は 37.4 〜 37.6℃で行われる．転卵は 2 時間ごとである．孵卵器中では，卵は鈍端を上にしておくのがよく，孵化約 5 日前に水平にし，その時から転卵を中止する（Carpenter et al. 1987）．嘴打ちが始まった卵は，36.9℃で湿度の高い孵化

器に置く.

育雛と人工育雛

いつくかのワシ類の種における重要な問題は兄弟殺しである（Heidenreich 1997）. 雛は通常，数日の間隔をおいて孵化するため，最年長の1羽が体格上有利になる. 雛が成長するに従い，殺し合いのリスクは低減する. 両親に育雛を許している場合には，若い方，もしくは弱い方の雛を取り出し，自分を守れるぐらいに大きくなるまで人工育雛し，それから巣に戻すべきである（Heidenreich 1997）. 人に対して刷り込みされるリスクを避けるため，3週齢以降の雛は人工育雛すべきではない（Carpenter et al. 1987）.

人工的に孵卵していた卵が孵化したら，身体が乾くまでは孵化器においておく. その後，35℃で多湿に保たれた育雛器内に，藁とペーパタオルを満たしたダンボール箱を置き，雛を移す. 通常は約3週齢で雛は室温でも平気になるので，次第に廃温していく. 挽いた魚とニワトリ，あるいは皮を剥いて挽いた哺乳類を，先丸のピンセットを用いて給餌する. ビタミンサプリメントと消化酵素も添加する. 初期には1日に6回給餌し，成長に伴って回数を減らしていく（Carpenter et al. 1987）.

タカ類とチュウヒ類

ケージのデザイン

タカ類用のケージの大きさは，鳥の身体の大きさや気性によって異なる. 非常に神経質で速く飛ぶ種は，最高速に到達できるほど広く，ケージの壁と衝突事故を起こし得るような広いケージに収容すべきではない（Heidenreich 1997）. $10 \sim 18m^2$ の床面積で，高さ2.5mのケージはうまく機能している（Heidenreich 1997）. タカ類用ケージの最小サイズは，$6 \times 3 \times 3.6m \sim 4.5 \times 2.4 \times 2.4m$ 程度である（訳者注：雛の運動には足りないし，雌雄が争ったら悲惨なので推奨されるわけではないが，オオタカで，$1.8 \times 1.8 \times 1.8m$，あるいは $3.6 \times 1.8 \times 1.8m$ で繁殖した例がある）. Falconry Centreでは，$3 \times 6m$，高さ $4 \sim 6.7m$ の傾斜した屋根のケージで，多くのタカ類を繁殖させている（Parry-Jones 1991）. その他のタカ類用のケージのデザインについては，Crawford（1987）を参照のこと.

タカ類のいくつかの種では，より大柄な雌が雄に危害を加えるリスクがあるため，ペアを1年中同居させておくことはできない（Heidenreich 1997, Parry-Jones 2000）. このため，オオタカ（Accipiter gentilis）用の繁殖ケージは，鳥がお互いを見ることができるように柵で区切られた窓でつながっている，隣り合った2室式で設計される. 雌雄が互いに関心を示し始めたら（例えば，雄は柵越しに雌に餌を渡し，雌は交尾姿勢を取り盛んに鳴く），彼らが一緒になれるように柵を開ける. 必要であれば，素早くまた隔離することもできる（Heidenreich 1997）. 他方，モモアカノスリは比較的，社会性に富む猛禽類であり，時には数羽を一緒に飼育することが繁殖のために有益であり得る（Heidenreich 1997）. 1羽の雄が複数の雌と交尾するかもしれない.

ほとんどの種において，2つの巣を提供すべきである. ハイタカ属とノスリ属には，壁からの支えなしで自立する柱の上に金属の籠を乗せたものと，囲いの隅に固定した棚でよいだろう（Crawford 1987）. 別の考えとして，高さ23cmの縁をもち，そのうちのどこを使うかをペアが選択できる長い（例えば，幅1.2m，長さ3mといった）巣棚を設けるという方法もある. ハイイロチュウヒ（Circus cyaneus）では，長い草で囲われた，高さが15cm，面積 $1m^2$ の巣台2ヵ所を必要とする. 巣台には小枝を敷くが，チュウヒ類では草を敷く. ペア自身が巣の仕上げを行うことができるように，床には，小枝や，針葉樹の枝をまいておく（Crawford 1987）. ミズーリ州セントルイスのWorld Bird Sanctuaryでは，タカ類用のケージの底は，下層に2cmの砂利，その上8cmの厚さがエンドウ豆サイズの小砂利という構成である（Crawford 1987）. 止まり木はいろいろな高さに設置した枝がよく，足の怪我の防止のため，一部はAstroTurf®式人工芝で覆う（Parry-Jones 2000）. 障害をもったタカあるいはチュウヒを繁殖に使うのなら，止まり木まで歩いて登っていけるような傾斜路が必要となる. 雄には，攻撃的な雌から見えないような目隠し付きの止まり木が必要である. 雄が追いつめられることがないよう，出入り口は2つなくてはいけない（Crawford 1987）（訳者注：2室式のケージで，柵付きの小扉を離した位置に2ヵ所設けることも多い. 非繁殖期の交流可能な隔離，視覚的遮断に加え，小扉をなるべく端の天井近くに設け，"雄は飛びながらくぐり抜けられるが，雌は一度着地したくなる"幅にしておくと，何かで雌が怒った時でも雄はぐるぐる回って逃げられる. ただし，それでも雄が殺されることもある）. $2 \sim 4m^2$，高さ2mほどの隠れ場を加えることもできる（Heidenreich 1997）.

餌，給餌，および給水手順

タカ類には，マウス，ラット，ニワトリ，親ウズラ，

さらにはウサギといった様々な餌を与えることができる（Crawford 1987）．シカ肉，ニワトリの初生雛，およびモルモットを時々与えてもよい．通常は毎日給餌する．雄が雌に求愛給餌するよう促すために，繁殖期には，小さく切った餌を日に数回与えるとよい（Crawford 1987）．

求愛行動

求愛行動には，求愛給餌，相互羽繕い，いくつかの特別な姿勢を示すこと，造巣，および鳴き交わしがある（Parry-Jones 2000）．読者は種に特有な行動に関する総合的な文献を参照すべきである．

繁殖管理

ハイタカ属は，もともと神経質であることが知られているし，しばしばやかましい（Crawford 1987）．うまく殖やそうというのなら，可能な限り，人との接触がないように飼育すべきである（Parry-Jones 2000）．雌雄を引き合わせたら，激しい攻撃の徴候がないか，ペアをよく観察しなくてはならない．いつまでも攻撃的であるようならば，他の個体を交えてペアを組み替えるべきである．

孵卵と孵化の手順

人工孵化を行うつもりがあるなら，卵は，最後の1卵の産卵の7日後に巣から取り除き，37.5℃，50％以下の湿度とした孵卵器で管理する（Crawford 1987）．詳細については，大型ハヤブサ類の項を参照のこと．

育雛と人工育雛

ハイタカ属には挽いたウズラ，ノスリ属には挽いたマウスまたはラットを与えるが，成長した雛に与えるその他の餌の詳細についてはCrawford（1987）を参照のこと．通常，ビタミンとミネラルサプリメントを餌に添加する．一般に，孵化後10日までは，日に4回給餌する．その後3回とし，21日齢以降は日に2回給餌とする

ノスリ（*Buteo buteo*）やアカオノスリ（*B. jamaicensis*）などのいくつかのタカ類の種では，育雛器の中で他の雛を殺すことがあるので（Heidenreich 1997），人工育雛時には注意すること．育雛器で2週間育てた雛は，たいていの場合，無事に両親のもとに戻すことができるが，オオタカの雛では，最初は本来の両親を恐れて巣台から逃げようとするかもしれないので，巣に戻した当初は綿密に観察しなくてはならない（Parry-Jones 1991）．

フクロウ類

ケージのデザイン

ほとんどのフクロウ類は，比較的にあまり動き回らない猛禽類であり，他の猛禽類ほど飼育下でのスペースを必要としない（McKeever 1979）．フクロウのサイズと習性によって，住居として用いるべきケージのデザインは変化する．Parry-Jones（1998）の推奨は，以下の通り．アメリカワシミミズク（*Bubo virginianus*）のような大型フクロウには，3×4.8×2.4m（高さ）から3.6×4.8×2.7m〜4.2m（高さ）で，中型のフクロウには，3×3×2.4m（高さ）から3×3.6×2.7m（高さ）で，モリフクロウ（*Strix aluco*）やメンフクロウ類のような小さめの種には1.8×3×18m（高さ）から2.4×3×2.4〜3.6m（高さ）である．ごく小型の種（スズメフクロウ類，コキンメフクロウ類，コノハズク類 *Otus* spp.）には，1.5〜1.8×3×2.4〜3.6m（高さ）である．あるいはまた，カナダ，オンタリオ州のResearch Foundationの提唱の最小サイズは以下の通りである（McKeever 1979）．大型種に対して9.1×3.6×3m（高さ），アメリカフクロウ（*S. varia*）のような中型種で7.3×3×3m（高さ），オオコノハズク類（*Megascops* spp.）やアメリカキンメフクロウ（*Aegolius acadicus*）といった小型種では5.5×2.4×2.4m（高さ）である．メンフクロウも巣箱を備えた5×2.4×2.4m（高さ）の屋外ケージで繁殖に成功している（Durant et al. 2004）．メンフクロウはまた，0.5×0.5×0.5mの木製巣箱をもつ1.5×3×4mのケージでも繁殖している（Rich and Carr 1999）．

英国のFalconry Centreで使用されるフクロウ用ケージの1タイプは，3面は板，残り1面が金網からなる（Parry-Jones 1998）．これらのケージは，オンデュライン（訳者注：商品名．天然繊維にアスファルトを含浸したフランス製の屋根材）または断熱下地と瓦で屋根を葺いてあり，必要ならば光周期を調整できるように天井に照明装置を備えている．基礎壁は低いレンガ積みで，禽舎の壁の上部はあらかじめサネと溝が加工されている外装材でつくられる．床はよりよい排水のために勾配を設けたモルタル張りで，止まり木用の柱を直接床に立てるための穴が開けてある．ケージの清掃と給餌の便のために手押し車が十分通れる幅をもつ，閉鎖された管理用通路があり，そこへ通じる管理用扉が各室に設けてある．観察用のマジックミラー，給餌孔，巣棚または巣箱の点検用小扉は全室の標準装備で

ある（Parry-Jones 1998）．

Owl Research Foundation では，ペアがどちらか 1 室に落ち着いた後で閉鎖可能な回廊で 2 室を繋ぐというケージデザインの工夫で大きな成果をあげたことがある（McKeever 1979）．これはオナガフクロウ（Surnia ulula）の繁殖に効果があった（McKeever 1995）．回廊は，長さ 1.5～6m で，ぴったりはまる取り外し可能なゲートをもち，様々な室を連絡している．ゲートは鳥が配偶者を選択しようとする早春に開かれ，また，若鳥たちが生まれ故郷から旅立つことを可能にするために，秋にも開かれる（McKeever 1995）．

全体的に見て，この方法は，より良いペア形成に貢献する．それぞれの繁殖部屋は，さらに，ハンティング場所と営巣場所とに分けられる．ケージは，凍結深度以下まで打ち込んだ鉄の杭の上を基礎として，5×10cm 角の樹脂含浸済みスプルース（トウヒ）材を骨組みとする．雨や雪をすばやく落とすために，屋根には勾配をつける．屋根の端の部分は悪天候から鳥を守る隠れ場とするために，金網ではなく，板状とする．昼行性フクロウ類のためには，透明 FRP や不透明の Coroplast™（訳者注：商品名．いわゆるプラ段）が使用できる（McKeever 1979）．木材の小割り板を，うまく日陰をつくれるよう計算して，屋根の上に張る．屋根の残りの部分は，鳥のサイズに応じて溶接金網あるいは菱形金網とする．ケージの壁は屋根と同素材で設計されている．壁の中で，板の部分と金網の部分とをどのような配分とするかは，その種の要求と気候によるだろう（例えば，寒い地方では金網部分を少なくする）．どの部屋でも，完全に囲われた隠れ場がいつでも利用可能であるべきである．壁の地面に近い部分は，放鳥のための訓練に用いる生きたネズミを入れても大丈夫なようにグラスファイバーで覆う．各ケージは，互いに中が見通せないように，列にならないようずらして設置し，プライバシー確保のために植栽も行う．白色および紫外線色の蛍光灯を天井に固定しておけば，鳥の光周期を自然環境におけるそれと同じように調整するのに用いることができる（McKeever 1979）．

アナホリフクロウ（Athene cunicularia）は，5×10m の禽舎をいくつかに仕切り，巣穴を備えた後室と金網張り前室のセットを各ペアの専有スペースとして与え，複数の禽舎間を非繁殖期に追い込みケージとして用いる 3×33m の金網張りのフライングケージが連結する，といった形式で繁殖されてきた（Leupin and Low 2001）．18×18m の屋外ケージを 3 つに分割した繁殖部屋でもうまく繁殖させることができた．個々のペアのための地下式巣房を設置し，トンネルで繁殖部屋に接続する．これらの繁殖部屋は，繁殖期終了後に間仕切りを地面に落としてしまえば，雑居式ケージとして使うことができる．トンネルは直径 15cm の軟質樹脂製多孔管とし，11～19 リットルのポリバケツ 3 個を連結して，人工の巣穴をつくる（Leupin and Low 2001）．

ケージの中の巣は種によって異なる．巣棚がよい場合も巣箱が相応しい場合もあり，上が開いた巣箱を地面におくのが適切なこともある（Parry-Jones 1998）．箱や棚なら，フクロウが産座を掘れるように，エンドウ豆サイズの砂利の基層の上に 10cm のピートを敷いたもの，あるいは 15cm 厚の砂とする．

止まり木も，種によってサイズが多様である．樹木の切り株，丸太，太枝，ブドウのツル，岩石またはロープ（McKeever 1979, Parry-Jones 1998）などで構成する．雄は監視場所として巣の近くに，高い止まり木を必要とする．ペアのどちらかまたは両方が障害をもった個体であるなら，止まり木は，ケージの中の全ての重要な地点に個体が到達できるように設定されていなくてはならない．

若鳥のハンティングの訓練が必要なら，どのケージのハンティングエリアにも最低 2 ヵ所の餌箱を設置する（McKeever 1979）．全てのケージは，清掃のための小扉に接続した作りつけの水浴び容器を備えていなければならない（Parry-Jones 1998）．水浴び容器は，フクロウのサイズによって 30～90cm ぐらいの大きさで，1～15cm の深さ，セメントかレンガの上をコンクリートで固めてつくることができる（McKeever 1979, Parry-Jones 1998）（訳者注：レンガかコンクリートでつくり，防水モルタルで覆う，ということだと思われる）．

ケージの床材は，種ごとに異なる．小砂利，ピートモス，木片，枯れ葉，あるいは芝などが利用できる（McKeever 1979）．コンクリートの床には，砂利か 10cm 厚に砂を敷く（Parry-Jones 1998）．実験室で飼育する場合，小動物用の床材（古新聞紙）で底を覆ってもよい．2 週間ごとに交換する（Rich and Carr 1999）．穴を掘って禽舎に侵入しようとする捕食者を回避するには，ケージの外側にゴツゴツした粗い砂利を敷くのもよい（Parry-Jones 1998）．シロフクロウ（B. scandiaca）のようないくつかの種では，離陸のために大きく開けた空間を必要とするが，他の種ではより森林に近くなるような，木を植えたり丸太を立てたりしたデザインが相応しい（McKeever 1979）．

餌，給餌，および給水手順

ほとんどのフクロウが齧歯類を食べる．いくつかの種では，鳥類，魚類，両生類，または昆虫類も食べる．親マウ

ス（20〜50g）が最もよい餌で，大型種には，爪や嘴をすり減らすために時折，ラットとウサギを与える．離乳直後のラットやマウス（訳者注：ホッパーと通称される）には成体と同じだけの栄養はないので，週に何回かは，ビタミンとミネラルのサプリメントを注射してから与えるべきかもしれない（McKeever 1979）．アナホリフクロウには，実験用マウス，離乳直後のラット，ホシムクドリ（*Sturnus vulgaris*），およびイエスズメ（*Passer domesticus*）が毎日給餌された（Martell et al. 2001）．実験動物としてのメンフクロウ（訳者注：聴覚の研究などでしばしば利用されるフクロウ）には，実験用マウスが毎日与えられた（Durant et al. 2004）．ワシミミズクは，ニワトリの初生雛，ウズラ，ラット，マウス，切断したウサギとモルモットでうまく維持できる（Parry-Jones 1998）．ヨーロッパコノハズク（*Otus scops*）や他の小型フクロウ類には，ミルワーム，コオロギ，バッタを補助的に与えてもよい（Parry-Jones 1998）．ニワトリの初生雛は，フクロウ類には栄養的には貧弱だが，彼らの羽毛は腸を刺激するのにはよいだろう（McKeever 1979）．大型の種に対してだけだが，2週齢のニワトリはより適切ではある．

鳥類は冬および繁殖期間中には，夏よりはるかに多く（時には2倍以上も）食べる（McKeever 1979）．

求愛行動

求愛行動には，求愛給餌，鳴き交わし，産座を掘る動作が含まれる（Parry-Jones 1998）．雌の配偶者選択はしばしば，雄のテリトリーまたは繁殖部屋の広さに影響される（McKeever 1979）．

繁殖管理

理想的には，より親密なペアの絆をつくらせるために，フクロウ自身に相手を選ばせられるとよい（McKeever 1979）．多くのフクロウは複数年にまたがるペア関係をもち，野生から捕獲された個体や，配偶者と死に別れた個体は，数年間は新たな異性に関心を示さないかもしれない（McKeever 1979，Parry-Jones 1998）．

孵卵と孵化

親鳥に卵を孵化させることもできるが，ダブルクラッチを狙うならば人工的に孵化させることも可能である．人工孵化には孵卵器を使ってもよいし，ニワトリの仮母を利用することもできる．いくつかのフクロウ類では，最初の1腹を取り除いた約2週間後に，2腹目を産卵するだろう．卵は産卵8〜10日後に検卵できる（Parry-Jones 1998）．

以下に提示された差異はあるが，人工的な孵卵と孵化の詳細は大型ハヤブサ類の項で示したものと同様である．Heck and Konkel（1985），Parry-Jones（1998）を参照のこと．

適切な卵重減少率を維持するため，異なった温度，異なった湿度に保持した複数の孵卵器を稼働し，卵を移動させるのが理想的である（Parry-Jones 1998）．入卵前に卵は専用の消毒剤できれいにすべきである．フクロウでは，孵卵器は37.3〜37.4℃の間に保つ．湿度は，嘴打ち時に卵重が15％の減少となるように調節する（Parry-Jones 1998）．

事前に低温貯蔵されなかった場合，孵卵器使用でのメンフクロウの孵化率は約70％である（Rich and Carr 1999）．良好な孵化率のためには，メンフクロウでは2時間に1回の転卵とすべきである（Rich and Carr 1999）．

育雛と人工育雛

適切な社会化を獲得させるために，人工育雛するフクロウ類の巣内雛は小さいグループで人工育雛することがある（Parry-Jones 1998）．育雛器は35〜37℃に温度を安定させるため，1週間ほどのゆとりをみて，あらかじめセットしておく．育雛器の温度は雛の快適さに合わせて調節する．雛が乾燥したら，へそを消毒し，砂を満たし，すり鉢状に窪ませたペーパータオルで覆った，育雛器内容器に移す（Parry-Jones 1998）．容器は給餌ごとに清掃する．

人工育雛するフクロウ類には，殺したてで，皮を剥ぎ，歯，尾，足および消化管を取り除いて挽いたマウスを与える（McKeever 1979）．また，同じように準備された，ニワトリの初生雛，ウサギおよびウズラを用いることもできる（Parry-Jones 1998）．Plex-Sol C（Vet-A-Mix Inc.）のようなビタミン剤を餌に添加するのもよい（Rich and Carr 1999）．MVS30（Vydex）または Nutrobal（Vetark）のようなビタミンとミネラルのサプリメントや，プロバイオティクス剤（例えば，Vetal 製 Avipro）などを餌に混ぜてもよい（Parry-Jones 1998）．雛に食べさせるのには，しばしば，両親の声をまねて呼びかけたり，餌で嘴側面に触れるなどして刺激してやるとよい（McKeever 1979，Parry-Jones 1998）．給餌には先端の丸いピンセットを用いる．

卵黄嚢の完全な吸収を待つため，フクロウの雛には孵化後24〜36時間の間は給餌すべきではない（McKeever 1979）．その間も，ブドウ糖液ならば与えることができる．若鳥には餌をやりすぎてはならず，これは胃を触った感じで判断することができる（満腹ならば堅い）．体重は計測してモニタリングすべきである．2〜3週齢になれば，彼

らは，日に3回与えられる挽いた肉を，ボウルから自分で食べられるようになる（Parry-Jones 1998）．もし望むなら，このタイミングで雛を両親のもとへ戻すことができる．そうでなければ人に対する刷り込みが確立していくだろう．McKeever（1979）によると，フクロウ類は生後2～6週間の時に，親の外見に刷り込みされる．里親ペア自身の雛に近い日齢であれば，同種の他個体の雛を里子として預けても，同種に対する刷り込みがきちんと行われる．

コンドル類とハゲワシ類

ケージのデザイン

カリフォルニアコンドルとコンドル（*Vultur gryphus*）は野生では崖の洞窟で繁殖する．繁殖用ケージは，飛行部屋，必要な時に鳥を追い込んで捕獲するための部屋，そして営巣場所とで構成されなければならない（Toone and Risser 1988）．こうした施設が，サンディエゴ動物園，ロサンゼルス動物園および Patuxent Wildlife Research Center で使用された．カリフォルニアコンドルのペアのためのケージは，12.2×24.4m，高さが6.1～7.3mである（Toone and Risser 1988, Snyder and Snyder 2000, Harvey et al. 2003）．風の強い地域に設置すれば，このサイズのケージでも，コンドル類やハゲワシ類は，短時間ながら実際に舞い上がることができる（Toone and Risser 1988）．ケージは柱とワイヤーで構成し，壁は5.1×10.2cmの溶接金網，視覚的遮断のために，人が活動する側の側面には金属の波板を設置する（Toone and Risser 1988, Cox et al. 1993）．金属の視覚的遮断用板は，ケージ間の地面近くにも設置する．ただし，高い位置の止まり木からは，隣のケージの鳥が互いに見えるようにしておく（Harvey et al. 2003）．カリフォルニアコンドルには，12.2×6.1×6.1mのケージも用いられた（Snyder and Snyder 2000）．9.1×18.2m，高さ3.6～9.1mの菱形金網製のケージでもうまくいったことがある（Cox et al. 1993）．コンドルは，12×18×6m（高さ）のケージで繁殖している（Toone and Risser 1988）が，5.5×11×5.3m（高さ）のケージでも成功している（Ricklefs 1978）．トキイロコンドル（*Sarcoramphus papa*）は，高所に木製の巣箱を備えた，およそ1/3の規模の禽舎で繁殖した．

サンディエゴ動物園では，カリフォルニアコンドルのための巣台として，1.5×1.5m，半開放式で中に止まり木を備えた木製の箱が使われる（Toone and Risser 1988）．これに近い構造のものとしては，出入り口を備えた1.5×1.5×1.8m（高さ）の巣箱というものもある（Harvey et al. 2003）．箱の床は砂で覆う．偽岩でできた洞窟も利用できる（Toone and Risser 1988）．巣箱には，取り扱い者が卵や雛に触れられるような，30～35cm程度の小さい点検孔を設ける．また，管理用の出入り口もなくてはならない（Toone and Risser 1988）．

彼らの足は物を掴むようにできていないので，着地のためには，地面の上の開けたスペース，あるいは幅の広い止まり木を必要とする（Parry-Jones 2000）．カリフォルニアコンドルのための止まり木は5～10cm厚の幅広い板材を，幅広の面を上にして設置したものが使える．いくつかの止まり木は，前後どちらに向けても飛べるように，営巣部分から十分離れたところに設置すべきである．水浴び用に1.8×2.4mのプールが適している（Toone and Risser 1988）．

巣箱内部にモニターカメラを取り付けておけば，鳥を監視することができる．成鳥たちの観察には，ケージの外側に人が隠れられるブラインドを置くとよい（Cox et al. 1993）．通常の気候下で，屋外ケージで繁殖させようというのなら，加温用の電灯あるいは止まり木に組み込んだヒーターが必要となるだろう（Parry-Jones 2000）．

餌，給餌，および給水手順

サンディエゴ動物園のカリフォルニアコンドルの成鳥および幼鳥の餌は，0.5kgのネコ科用飼料（例えば，ネブラスカブランドのネコ科用），サバ，2日齢のニワトリの雛に加え，ラットかウサギのいずれかを毎日与えている（Toone and Risser 1988）．全ての餌は新鮮なものである．あるいは，またネブラスカブランドのイヌ科用飼料，ウシの脾臓，およびニジマスを与えることもある（Harvey et al. 2003）（訳者注：ネブラスカブランドの飼料というのは，動物園向きの馬肉を主とした冷凍餌のこと）．週に2日の絶食日を設ける（2日続けては絶食させない）．

ハゲワシ類の様々な種の成鳥では，ウシの頭，丸ごとのウサギを週に2回与える（Mundy and Foggin 1981）．別の飼育施設では，新鮮な丸ごとのウサギ，ニワトリ，馬肉を毎早朝に与えてうまくいっている（Dobado-Berrios et al. 1998）．水はいつでも利用できるようにしておく．野生捕獲個体を飼育下で使われる餌へ馴致する方法については Toone and Risser（1988）を参照のこと．

求愛行動

ミミヒダハゲワシ（*Torgos tracheliotus negevensis*）のペ

アの絆は，生後2年目から形成され始める（Mendelssohn and Marder 1984）．絆の形成においては，巣材のやりとりと同じぐらい頻繁に，"頭伸ばし回転"行動が見られる．カリフォルニアコンドルは"翼伸ばし頭さげディスプレー"を示す（Cox et al. 1993）．歩み寄り行動および相互羽繕いは，配偶者候補に対して関心をもっている徴候である（Ricklefs 1978, Cox et al. 1993）．配偶者候補に対するディスプレー（例えば，頸を膨らませて色を見せびらしたり，太鼓のような音を立てるなど）として，頸の裸皮部を使う鳥もある．また，求愛ダンスも見られる．うまくいったペア関係は，どちらかが死ぬまで続くことも多い（Parry-Jones 2000）．

繁殖管理

種にもよるが，コンドル類やハゲワシ類では性成熟に5～8年を要するし，巣立ちに3～6ヵ月もかかる（Toone and Risser 1988, Cox et al. 1993, Parry-Jones 2000）．また彼らの生産率は低く，2年に1回しか繁殖しないことも多い（Cox et al. 1993）．以前は，ペアの絆を確立させるために早期に2羽だけにすることが多かった．現在では，若鳥はグループで飼育され，性成熟後に隔離されるようになっている．いつも計画通りにいくとは限らないが，ペアの組合せは遺伝的な要因によって決定されるべきである．2年続けて繁殖に失敗したら，ペアを分離して，組み替えるのがよい．余剰個体はグループで一緒に飼育することにより，自発的に配偶者を選択する機会を与える（Cox et al. 1993）．絆の形成には1年あるいはそれ以上かかるかもしれないし，雛を育て上げるところまで達するためには，さらに時間がかかるかもしれない（Cox et al. 1993）．

繁殖ペアは，外部からの影響を可能なかぎり避けるために，展示すべきではない（Cox et al. 1993）．通常，コンドル類とハゲワシ類は1腹卵数が1個で，地上，岩棚，樹洞の中，または，植物の低い茂みの中に産む（Parry-Jones 2000）．コンドルとカリフォルニアコンドルは，最初の卵を取り去ると，1シーズンに最大3個まで産卵することがある．再産卵があるとすれば，通常は約30日後になる．種にもよるが，孵化には40～55日間を要する．

孵卵と孵化

絶滅の恐れがある種のペアが最初の育雛を行う際には，偽卵，あるいはさほど希少でない種の卵を，予行演習用に与えることがある（Harvey et al. 2003）．抱卵は雌雄ともに行う．抱卵を交替する時に親鳥同士が巣の中で攻撃的な行動を見せることがないかどうか，ブリーダーはしっかりと監視しておかなくてはならない．というのはこれによって，卵を壊しかねないからである（Harvey et al. 2003）．

人工孵化を予定している場合，卵を取りあげるのに最もよいのは，1週間の親鳥による"自然な"抱卵の後である（Mendelssohn and Marder 1984, Snyder and Snyder 2000）．ミミヒダハゲワシの卵は34.5℃，湿度40%，日に5回の転卵でうまく孵化に成功している（Mendelssohn and Marder 1984）．これまでに得られた知見では，カリフォルニアコンドルの卵は，36.3～36.7℃，卵重減少率が12～14%になるように調節した湿度で孵化している（Saint Jalme 1999, Snyder and Snyder 2000）．卵は1時間ごとに自動で転卵され，さらに12時間ごとに手でも転卵する．雛は通常，嘴打ちから48～68時間後に孵化する（Mendelssohn and Marder 1984, Snyder and Snyder 2000）．

育雛および人工育雛

人工育雛するハゲワシ類とコンドル類は，間接的に刷り込みすることができる．これは，雛を育て上げるのに際して，両親も里親も使用できない場合に，雛を個別に保護ケージ（1.2×1×1m）に収容し，寛容な同種の成鳥のペアのケージの中に置くという，実績ある代替手法である（Mendelssohn and Marder 1984）．最初のうちは，雛は，飼育係が給餌している時に孵化直後の雛が人に関心を集中させてしまわないように，マジックミラーを備えた温度管理された部屋の中で人工育雛されることもある．カルフォルニアコンドルとコンドルの育雛では，親鳥の頭部に似せた，手を入れるパペットで雛に給餌するという方法もうまくいっている（Mendelssohn and Marder 1984, Toone and Risser 1988, Cox et al. 1993, Wallace 1994）．パペットで育てた若鳥は，放鳥後，人の居住地に引き寄せられる傾向があることが分かってきた．しかし，そうした傾向は成熟とともに弱まるようであり，また，生存率にも有意な差がないようであるため，人への刷り込みを最小化するパペットの使用は，放鳥予定の雛の主要な育雛方法の1つとして使い続けられている．

巣内雛への初回給餌は孵化後24時間後とし，当初は日に3回給餌する（Mendelssohn and Marder 1984）．成長に伴い，日に2回，また日に1回と減らしていく．両親に育てられている雛は，吐き戻された餌を与えられている．Heidenreich（1997）によって推奨されているレシピはうまくいっている．雛の消化が十分な速度に達していないようならば，給餌の数時間後に，経口投与用の電解質溶液Lytrenを雛に飲ませてもよい．さらなる問題について

は Toone and Risser（1988）を参照のこと.

孵化数日後に，雛を，皮を剥いた小さめのマウスに馴染ませるとよい．後には，毛を剃ったマウス（ただし，骨はつけたままの）に馴染ませることができる（Toone and Risser 1988）．または皮を剥いて，骨を除いたラットを切断したもの，または消化酵素の中で温めた小さめのマウスをピンセットで与えてもよい（Mendelssohn and Marder 1984）．赤身肉，肝臓，肺，脾臓，およびモルモットでも，雛が育ったことがある（Mundy and Foggin 1981）．2〜3週齢に達したら，ビタミンD3と砕いた骨片を数日置きに与えるとよいことが知られている（Mundy and Foggin 1981, Mendelssohn and Marder 1984）．数週間たてば，皮をむいた骨付きの餌の大きな塊を与えてよく，1ヵ月後には丸ごとのラットや皮付きの塊肉を与えてよい（Mendelssohn and Marder 1984）．雛は生後約3ヵ月たつと自力採食することができるようになるので，成鳥用の餌に切り替えてよい．

健康全般について

鳥を飼育し，飼育下で繁殖させる時，特にその種が絶滅のおそれがある場合は，誰しも，繁殖個体群に存在する潜在的な脅威を常に警戒しなくてはならない．ブリティッシュコロンビア州にあるアナホリフクロウ繁殖用施設は，仮に伝染病が爆発的に流行した場合でも，せめて全滅はしないように，地理的に離れた複数の施設から構成されている（Leupin and Low 2001）．孵化室および各ケージへの踏み込み消毒槽の設置は，疾病の蔓延を防ぐために必要である（Giron Pendleton et al. 1987）．繁殖させている成鳥，孵化直後の雛，あるいは卵内の胎子の死亡率が異様に高い場合は，細菌，ウイルス，寄生虫および真菌の感染の有無を検査すべきである（Battisti et al. 1998）．血液，糞，ペレット，中止卵，およびクロアカスワブ（総排泄腔を綿棒でぬぐったもの）は，時には全個体から採取し，検査すべきである．餌についても定期的に微生物の培養検査を行う（Battisti et al. 1998）．

猛禽類における疾病の徴候としては，嗜眠，食欲減退，そしてむろん死そのものなどである（より特定の情報に関しては，第16章，第17章，第23章を参照のこと）．疾病は，サルモネラ，クラミジアおよびマイコプラズマの感染から生じることがある（Battisti et al. 1998）．家禽類，ニワトリの初生雛，マウスなどの食物源はサルモネラ感染症の一般的な感染源である（Battisti et al. 1998, Lany et al. 1999）．サルモネラの雛や卵への感染は，巣に貯食されて汚れた餌，糞で汚染された餌，また卵管中での直接感染でも生じる（Battisti et al. 1998）．

毎年の全個体検査が推奨される．単に正常値を集めるだけに終わるとしても，将来のために有効である（Ricklefs 1978, Toone and Risser 1988）．検査は鳥へのストレスが最小限ですむように配慮して行われるべきである（例えば，ケージの掃除の間に行うなど）．ビデオによるモニタリング，マジックミラーごしの観察，止まり場に組み込まれた体重計は，継続的なデータ収集に有用である（Toone and Risser 1988）．翼の捻挫のような軽傷は，鳥を取り扱う際に起こりがちである．このような軽傷については，鳥を放っておいて，自分で回復させるのが最適で，最も安全な処置である場合も多い（Weaver and Cade 1985）．

餌は常に，猛禽類の飼育下繁殖における関心事である（Clum et al. 1997, Cooper 2002）．費用と施設の立地条件によっては，ブリーダーは鳥の"自然な"餌を得る手段をもっていないかもしれない．ブリーダーはしばしば，ウズラ，ニワトリ，ヒヨコ，ラット，マウス，モルモットなどの，商業的に生産される飼育動物に頼らざるを得ないかもしれない（Clum et al. 1997, Cooper 2002）．

餌としての飼育下動物に関する諸研究によると，栄養成分は，餌の種類，年齢，性別，そして保存方法（例えば，冷凍品か殺したてか）によって異なることを示している（Clum et al. 1997）．一般に，飼育下個体は，野生のものに比べて活発でなく，エネルギー要求量が少なく，餌を過剰に与えられがちであるので，全体として脂質は十分すぎるといえる．ニワトリの初生雛のような高脂質の餌を長期間与えた際に，潜在的にどんな影響が生じ得るのか（例えば，アテローム性動脈硬化症）に関して，われわれはほとんど何も知ってはいない．飼育下の繁殖個体にとって，ビタミンとミネラルの供給量も重要な点である（Clum et al. 1997）．雌に繁殖成功をさせるには，産卵前および産卵中の雌に最適な餌を与えることが特に大切である（Cooper 2002）．さらにいうと，いくつかの種では，飼育下で得られた卵と，野生の卵との間で，脂肪酸の組成が異なっており，これは食物に起因しているのかもしれない（Surai et al. 2001）．そして，このことが孵化率と雛の生存率に影響しているかもしれない．

施設管理全般

過剰給餌は避けるべきであり，食べ残しの餌は放置しない．繁殖期の鳥を刺激せずに水浴び容器を取り出して清掃するために，水浴び容器は点検扉のそばに設置する．巣

台や巣箱は繁殖期の前後に清掃する．チュウヒの巣材とするイネ科の草は，各繁殖期前に交換しなければならない（Giron Pendleton et al. 1987）．

ケージは消毒剤による清掃とすすぎを，年に1〜2回実施するが（McKeever 1979, Olwagen and Olwagen 1984, Weaver and Cade 1985, Parry-Jones 1998），鳥に与えるストレスが最小限となるように，繁殖期後の秋に行われることが一般的である．理想的には，鳥を捕獲し，清掃済みの別室に移すのがよい．もとの部屋の掃除が終わるまでペアを待たせておかなくてはならないのなら，中は暗く，だが通気が確保されている箱に別々に入れ，涼しくて静かな部屋に置いておく．巣棚，巣箱，止まり木，給餌台はよくよくこすり洗いをして，きれいにすすがなければならない．必要なら，マット，止まり木，巣棚や巣箱を交換する．同じく必要なら，砂利や砂の床材も掻きだして，取り替える（Weaver and Cade 1985）．屋外ケージで草が生えているなら，草も他の植物も定期的に剪定したり，刈り取ったりすべきである（Giron Pendleton et al. 1987）．ペンキを厚塗りしておくと，昆虫が木製の壁を破壊するのを防ぐとともに，洗浄が容易になる．

要 約

猛禽類の飼育下繁殖は，再導入，調査，教育プログラム，動物園，および鷹狩りにおける有用な手法であり得る．猛禽類を繁殖しようとする前に考慮しておくべき重要な事項は，余剰個体をどう処分するかである．野外に放すため，研究のため，有用な飼育下個体群の強化のために貢献するのでない限り，動物はみだりに繁殖すべきではない．

猛禽類の飼育下繁殖は長い道を歩んできた．孵卵方法，人工授精，および人工育雛の進歩は，飼育下繁殖計画の成功率を高めた．現在では，ブリーダーは，飼育下個体の生活の質を高らしめ，ひいては繁殖にも貢献する，健康の維持，行動上の必要性，栄養補助飼料により強い関心を向けるようになっている．しかしながら，飼育下繁殖と猛禽類保全をより一層進めるであろう，飼育下および野生の猛禽類の行動および生物学分野について，学ばねばならないことはまだたくさんある．

引用文献

BATTISTI, A., G. DI GUARDO, U. AGRIMI AND A. I. BOZZANO. 1998. Embryonic and neonatal mortality from Salmonellosis in captive bred raptors. *J. Wildl. Dis.* 34:64 − 72.

BIRD, D.M. 1982. The American Kestrel as a laboratory research animal. *Nature* 299:300 − 301.

———. 1985. Evaluation of the American Kestrel (*Falco sparverius*) as a laboratory research animal. Pages 3 − 9 in J. Archibald, J. Ditchfield, and H.C. Rowsell [EDS.], The contribution of laboratory animal science to the welfare of man and animals. 8th ICLAS/CALAS Symposium, Vancouver, 1983. Verlag, Stuttgart, Germany.

———. 1987. Captive breeding - small falcons. Pages 364 − 366 in B. A. Giron Pendleton, B.A. Millsap, K.W. Cline, and D.M. Bird [EDS.], Raptor management techniques manual. National Wildlife Federation, Washington, D.C. U.S.A.

——— AND S.K. HO. 1976. Nutritive values of whole-animal diets for captive birds of prey. *Raptor Res.* 10:45 − 49.

BLANCO, J.M., G.F. GEE, D.E. WILDT AND A.M. DONOGHUE. 2002. Producing progeny from endangered birds of prey: treatment of urine-contaminated semen and a novel intramagnal insemination approach. *J. Zoo Wildl. Med.* 33:1 − 7.

BURNHAM, W. 1983. Artificial incubation of falcon eggs. *J. Wildl. Manage.* 47:158 − 168.

———, J.D. WEAVER AND T.J. CADE. 1987. Captive breeding - large falcons. Pages 359 − 363 in B.A. Giron Pendleton, B.A. Millsap, K.W. Cline, and D.M. Bird [EDS.], Raptor management techniques manual. National Wildlife Federation, Washington, D.C. U.S.A.

CADE, T.J. 1986. Reintroduction as a method of conservation. *Raptor Res. Rep.* 5:72 − 84.

———. 2000. Progress in translocation of diurnal raptors. Pages 343 − 372 in R.D. Chancellor and B.-U. Meyburg [EDS.], Raptors at Risk. World Working Group on Birds of Prey and Owls, Berlin, Germany and Hancock House Publishers, Blaine, WA U.S.A.

CARPENTER, J.W., R. GABEL AND S.N. WIEMEYER. 1987. Captive breeding - eagles. Pages 350 − 355 in B.A. Giron Pendleton, B.A. Millsap, K.W. Cline, and D.M. Bird [EDS.], Raptor management techniques manual. National Wildlife Federation, Washington, D.C. U.S.A.

CLUM, N.J., M.P. FITZPATRICK AND E.S. DIERENFELD. 1997. Nutrient content of five species of domestic animals commonly fed to captive raptors. *J. Raptor Res.* 31:267 − 272.

COOPER, J.E. [ED.]. 2002. Birds of prey: health and disease, 3rd Ed. Blackwell Science Ltd., Oxford, United Kingdom.

COX, C.R., V.I. GOLDSMITH AND H.R. ENGLEHARDT. 1993. Pair formation in California Condors. *Am. Zool.* 33:126 − 138.

CRAWFORD, W.C. JR. 1987. Captive breeding - hawks and harriers. Pages 356 − 358 in B.A. Giron Pendleton, B.A. Millsap, K.W. Cline, and D.M. Bird [EDS.], Raptor management techniques manual. National Wildlife Federation, Washington, D.C. U.S.A.

D'ALORIA, M.A. AND C.P. EASTHAM. 2000. DNA-based sex identification of falcons and its use in wild studies and captive breeding. *Zool. Middle East* 20:25 − 32.

DOBADO-BERRIOS, P.M., J.L. TELLA, O. CEBALLOS AND J.A. DONAZAR. 1998. Effects of age and captivity on plasma chemistry values of the Egyptian Vulture. *Condor* 100:719 − 725.

DURANT, J.M., S. MASSEMIN AND Y. HANDRICH. 2004. More eggs the better: egg formation in captive Barn Owls (*Tyto alba*). *Auk* 121:103 — 109.

Fernie K.J., D.M. Bird, R.D. Dawson and P.C. Laguë. 2000. Effects of electromagnetic fields on reproductive success of American Kestrels. *Physiol. Biochem. Zool.* 73:60 — 65.

Fox, N. 1995. Understanding birds of prey. Hancock House Publishers, Blaine, WA U.S.A.

Gautschi, B., G. Jacob, J.J. Negro, J.A. Godoy, J.P. Muller and B. Schmid. 2003. Analysis of relatedness and determination of the source of founders in the captive Bearded Vulture, *Gypaetus barbatus*, population. *Conserv. Gen.* 4:479 — 490.

Giron Pendleton, B. A., B.A. Millsap, K.W. Cline and D.M. Bird [Eds.]. 1987. Raptor management techniques manual. National Wildlife Federation, Washington, D.C. U.S.A.

Harvey, N.C., S.M. Farabaugh, C.D. Woodward and K. McCaffree. 2003. Parental care and aggression during incubation in captive California Condors (*Gymnogyps californianus*). *Bird Behaviour* 15:77 — 85.

Heck, W.R. and D. Konkel. 1985. Incubation and rearing. Pages 34 — 76 in Falcon propagation: a manual on captive breeding. The Peregrine Fund Inc., Ithaca, NY U.S.A.

Heidenreich, M. [English Translation by Y. Oppenheim]. 1997. Birds of prey: medicine and management. Blackwell Science Ltd., Oxford, United Kingdom.

Jenny, J.P., W. Heinrich, A.B. Montoya, B. Mutch, C. Sandfort and W.G. Hunt. 2004. From the field: progress in restoring the Aplomado Falcon to southern Texas. *Wildl. Soc. Bull.* 32:276 — 285.

Lany, P., I. Rychlik, J. Barta, J. Kundera and I. Pavlik. 1999. Salmonellae in one falcon breeding facility in the Czech Republic during the period 1989 — 1993. *Veterinarni Medicina* 44:345 — 352.

Leupin, E.E. and D.J. Low. 2001. Burrowing Owl reintroduction efforts in the Thompson-Nicola region of British Columbia. *J. Raptor Res.* 35:392 — 398.

Martell, M.S., J. Schladweiler and F. Cuthbert. 2001. Status and attempted reintroduction of Burrowing Owls in Minnesota, U.S.A. *J. Raptor Res.* 35:331 — 336.

McKeever, K. 1979. Care and rehabilitation of injured owls: a user's guide to the medical treatment of raptorial birds - and the housing, release training and captive breeding of native owls. The Owl Rehabilitation Research Foundation, Ontario, Canada.

———. 1995. Opportunistic response by captive Northern Hawk Owls (*Surnia ulula*) to overhead corridor routes to other enclosures, for purpose of social encounters. *J. Raptor Res.* 29:61 — 62.

Mendelssohn, H. and U. Marder. 1984. Hand-rearing Israel's Lappet-faced Vulture *Torgos tracheliotus negevensis* for future captive breeding. *Int. Zoo Yearb.* 23:47 — 51.

Mersmann, T.J., D.A. Buehler, J.D. Fraser and J.K.D. Seegar. 1992. Assessing bias in studies of Bald Eagle food habits. *J. Wildl. Manage.* 56:73 — 78.

Mundy, P.J. and C.M. Foggin. 1981. Epileptiform seizures in captive African vultures. *J. Wildl. Dis.* 17:259 — 265.

Olwagen, C.D. and K. Olwagen. 1984. Propagation of captive Red-necked Falcons *Falco chicquera*. *Koedoe* 27:45 — 59.

Parks, J.E. and V. Hardaswick. 1987. Fertility and hatchability of falcon eggs after insemination with frozen Peregrine Falcon semen. *J. Raptor Res.* 21:70 — 72.

Parry-Jones, J. 1991. Falconry: care, captive breeding and conservation. David & Charles, Devon, United Kingdom.

———. 1998. Understanding owls: biology, management, breeding, training. David & Charles, Devon, United Kingdom.

———. 2000. Management guidelines for the welfare of zoo animals – falconiformes. The Federation of Zoological Gardens of Great Britain and Ireland, London, United Kingdom.

Platt, J.B. 1989. Gyrfalcon courtship and early breeding behavior on the Yukon North Slope. *Sociobiol.* 15:43 — 72.

Porter, R.D. and S.N. Wiemeyer. 1970. Propagation of captive kestrels. *J. Wildl. Manage.* 34:594 — 604.

——— and S.N. Wiemeyer. 1972. DDE in dietary levels in captive kestrels. *Bull. Environ. Contam. Toxicol.* 8:193 — 199.

Ratcliffe, D.A. 1980. The Peregrine Falcon. Buteo Books, Vermillion, SD U.S.A.

Rich, V. and C. Carr. 1999. Husbandry and captive rearing of Barn Owls. *Poult. Avian Biol. Rev.* 10:91 — 95.

Ricklefs, R.E. 1978. Report of the Advisory Panel on the California Condor. Audubon Conservation Report No. 6. National Audubon Society, New York, NY U.S.A.

Saint Jalme, M. 1999. Endangered avian species captive propagation: an overview of functions and techniques. *Proc. Int. Cong. Birds Rep., Tours*:187 — 202.

Snyder, N. and H. Snyder. 2000. The California Condor: a saga of natural history and conservation. Academic Press, San Diego, CA U.S.A.

Surai, P.F., B.K. Speake, G.R. Bortolotti and J.J. Negro. 2001. Captivity diets alter egg yolk lipids of a bird of prey (the American Kestrel) and of a Galliforme (the Red-legged Partridge). *Physiol. Biochem. Zool.* 74:153 — 160.

Toone, W.D. and A.C. Risser, Jr. 1988. Captive management of the California Condor *Gymnogyps californianus*. *Int. Zoo Yearb.* 27:50 — 58.

Wallace, M.P. 1994. The control of behavioral development in the context of reintroduction programs in birds. *Zoo Biol.* 13:491 — 499.

Weaver, J.D. and T.J. Cade [Eds.]. 1985. Falcon propagation: a manual on captive breeding. The Peregrine Fund Inc., Ithaca, NY U.S.A.

Willoughby, E.J. and T.J. Cade. 1964. Breeding behavior of the American Kestrel (Sparrow Hawk). *Living Bird* 3:75 — 96.

Wood, P.B. and M.W. Collopy. 1993. Effects of egg removal on Bald Eagle productivity in northern Florida. *J. Wildl. Manage.* 57:1 — 9.

野外個体群と食物資源の増強

JUAN JOSÉ NEGRO AND JOSÉ HERNÁN SARASOLA
Estación Biológica de Doñana CSIC
Avda de María Luisa s/n, Pabellón del Perú 41013 Sevilla, España

JOHN H. BARCLAY
Albion Environmental, Inc.
1414 Soquel Avenue, No. 205, Santa Cruz, CA 95062 U.S.A.

訳：山﨑　亨

はじめに

　北米における猛禽類の多くの個体群は，大幅に減少しているかまたは個体群を増強（補強）させることが必要なレベルが続いている（Stattersfield and Capper 2000, 下記を参照のこと）．"Augmenting wild population" は，"個体数が減少している個体群を増強させるための技術"（Barclay 1987）と定義されてきた．定義を覚えておくとともに，個体群を増強させる技術を次のように分類したい．①その個体群自体の有する繁殖活動によって，個体数が増加する能力を利用する技術，②個体群の外部からの個体を導入することを必要とする技術．

　保護管理プログラムは，問題となっている種の生活史の理解とその個体群の保全状態の詳細な評価に基づいていなければならない．それには，個体群を減少させた要因を特定する研究が含まれていなければならないし，その個体群が保護管理の実施によって，プラスの効果を発揮するかどうかの評価も必要である．これから説明する全ての事項は，過去および現在の保全状態を含めて，効果的な保護管理技術を選定し，実践するためには，その種の生活史について十分な情報があるという仮定に基づいている．また，どのような重大な制限要因も，個体群を増強させる技術にとっては不可欠な情報である．

　猛禽類は寿命が長い生物であるが，繁殖活動においては巣立ち雛の生産数は比較的少ない（Newton 1979）．こうした猛禽類の人口学的な戦略においては，成鳥の生存率が個体群の変動に最も大きく影響する（Lande 1988）．言い換えれば，成鳥の生存率がわずかに変化するだけでも，時間がたてば，例えば繁殖成功率のような要因よりもはるかに個体群の持続性に大きな影響を与えることがある（Hiraldo et al. 1996）．猛禽類の個体群を増強させるための最善の戦略は，成鳥の生存率を高めることであることを心に留めておくべきであるが，人為的な操作によって成鳥の生存率に影響を与えることはできないかもしれないということ，および生産力は個体群が改善していることを示す唯一のパラメーターとなり得ることを認識しておかねばならない．このようなことから，たいていの場合，私たちは生産力を向上させることに的を絞った保護管理技術に焦点をあててきたのである．

生殖操作

　"個体群はその生殖生物学的要素を操作することによって増強させることができる．すなわち，各繁殖ペアから生産される幼鳥の数を増やすことによって，それらの個体は最終的にその個体群の繁殖の一部として寄与することにつながる"（Barclay 1987）．生殖サイクルにおける操作を行う順番で，様々な個体群を増強させるための方法を下記に説明したい．

一腹卵数の操作

　繁殖個体群の有精卵において，正常な孵化率を下回って孵化している状態の時には，卵殻の薄化によるのか，またはその他の原因によるものなのかということを考慮しなければならない．このことは歴史的に，ハクトウワシ（*Haliaeetus leucocephalus*），ミサゴ（*Pandion haliaetus*），ハヤブサ（*Falco peregrinus*）のいくつかの個体群において，

殺虫剤による汚染の結果として起きている（Hickey and Anderson 1968, Ratcliffe 1970, Anderson and Hickey 1972, Jefferies 1973, Peakall 1976, 詳細は第18章を参照のこと）．この場合には，卵殻の薄い脆弱な卵を抱卵開始直後に取り去り，偽卵と置き換えることにより，抱卵を継続させた．そして，取り去った卵は人工的に孵化させ，その雛を親の巣に戻すのである（Fyfe and Armbruster 1977, Burnham et al. 1978, Engel and Isaacs 1982）．このようにして得られる雛の総生産数は，元の卵をペアに置いたままの状態よりも多くなければならない（Cade 1978, Fyfe et al. 1978, Spitzer 1978）．この方法は，ハヤブサで効果があり（Burnham et al. 1978, Fyfe et al. 1978, Walton and Thelander 1983, Cade and Burnham 2003），ハクトウワシでも成功した（Wiemeyer 1981, Engel and Isaacs 1982）．

一腹卵数の操作方法の1つに，汚染されていない卵を生産する個体群から孵化率が低い個体群に卵を移入するという方法もある（Bennett 1974, Armbruster 1978, Burnham et al. 1978）．全ての一腹卵または1個の卵を選定したペアから取り去る．この際，同じ巣に移入される卵は，その巣の卵と同じくらいの孵卵日数であり，ほぼ同時期に孵化するように注意を払わなければならない．卵の移入は，ミサゴ（Spitzer 1978），ソウゲンハヤブサ（F. mexicanus）それにハヤブサ（Walton 1977, Armbruster 1978）で成功している．ハクトウワシの卵の移入は，成功率が低い．特に飼育下のペアから生産された卵を使用する場合には低く，全体的に見て，卵の移入は，ハクトウワシの個体群管理には効果的ではない（Wiemeyer 1981, Engel and Isaacs 1982）．

強制的に再営巣または"再産卵"させる技術も，生産力を高めるために用いることが可能である．最初の一腹卵を抱卵期の早い段階で取り除き，偽卵は置かない．抱卵期の早い段階で一腹卵を全て取り除くと，たいていは代わりの一腹卵が産卵され，これをペアに抱卵させる．最初の一腹卵は人工的に孵卵し，これらの卵から育った若鳥はフォスタリング法（里子）またはハッキング法（放鳥訓練）（これらの技術は次の項で記述されている）により，その個体群に戻される．この方法は，操作対象とするペアの生産力を2倍にする可能性を有している（Monneret 1974, 1977, Kennedy 1977, Burnham et al. 1978, Fyfe et al. 1978, Cade 1980）．この方法を行う際には，最初の一腹卵をいつ回収するかを決定するため，営巣中のペアを注意深くモニタリングする必要がある．この方法は，猛禽類の飼育下での繁殖において，年間の若鳥の生産数を高めるため，日常的に実施されており，これらの経験から最初の一腹卵を回収するのに最適な時期は，抱卵開始後約1週間経った時点であることが分かっている．Bird and Laguë (1982a,b,c)は，飼育下で繁殖するアメリカチョウゲンボウ（F. sparverius）における強制的な再営巣の影響について，詳細な報告をしている．

抱卵行動の操作を含む保護管理プログラムは，猛禽類の卵の孵化と育雛に関する技術的方策や専門知識が得られなければ，考慮すべきではない．この技術が利用できそうな場合には，まず，2または3ペア程度の少数ペアで試験的に実施することによって，生きた卵を扱う野外での計画やその他の細々としたことがうまくいくように努めることを薦める．もし，こうした方法が利用できるのであれば，この技術は繁殖個体群の生産力を高めるのに最も大きな可能性を有している．

もし，営巣しているペアの個体群が正常な孵化率を有する有精卵を産卵しており，孵化と人工育雛の技術が利用できない場合には，卵の操作を含むどんな管理プログラムも延期することが望ましい．巣内育雛期は，生産力を高めるための技術を適用することが可能な，繁殖サイクルにおける次の段階である．

一腹雛数の操作

その種にとって通常の最大数まで一腹雛数を増やすことにより，親鳥から独立する段階までの雛の数を増加させることができる．この方法は，兄弟殺し（fratricide：別名では，siblicideやcainismと呼ばれている）により，幼い方の雛が死亡することが知られている種で行われてきた．兄弟間闘争が発生する前に巣内雛を取り去ることにより，一腹雛数を1羽まで減少させる．取り去った雛は人工育雛され，兄弟殺しが終焉しそうな日齢で巣に戻される．もう1つの方法は，取り去った雛を，障壁によって物理的に隔離した複製の巣に置き，親鳥が両方の雛を育てるようにするものである．この変法は，"siblicide rescue"（Cade 2000）と呼ばれ，たいていは大型のワシ類で用いられてきている．いわゆる聖書で"Abel"と呼ばれている弱い方の雛を，兄弟間攻撃が最も発生しそうな期間に，兄の"Cain"から引き離すのである．

巣立ち段階まで成長する雛の数を増加させるため，繁殖しているペアに"里子に出す"雛を他から調達する必要がある場合には，野外の他の個体群または飼育によって繁殖させているプロジェクトから雛を調達する（Cade 1980, Wiemeyer 1981）．雛を取っても大丈夫な個体群の繁殖ペアから選択的に雛を回収し，個体数を増やすことが必要な

個体群の巣に入れる（Spitzer 1978）．これらの移し変えに最適な時期は種によって異なるが，たいていの場合，巣内育雛期の中頃である．Burnham et al.（1978）は，ハヤブサの巣内雛を巣に入れる時期として2～3週齢を薦めている．抱雛を必要としなくなった時期で，かつ自ら巣に搬入された獲物から肉を引き裂き始める時期の雛は，このような移し変えを行うのに最適である（Fyfe et al. 1978）．移し変える雛は，巣にいる雛とほぼ同じ日齢であるということを，十分な注意を払って確認しなければならない（Wiemeyer 1981）．移し変えを行った後は，近くから観察し，里子に出した雛が親鳥に受け入れられ，全ての雛に給餌するだけの十分な獲物が搬入されていることを確認すべきである．巣に加えられた雛に親鳥が餌を与えるのに，その地域の獲物の量が不十分であるという徴候が見られたら，一腹雛数は増やすべきではない．また，もし"餌の補給"が実行可能でなければ，その種の通常の最大の一腹雛数を超えて，雛の数を増やしてはならない（下記参照）．

いくらかの個体群では，営巣ペアによって獲物の量と採食率（獲物を捕獲する率）に地域的な差があり，このことがしばしば，地域的に一腹雛数や巣立ち雛数が少ないということに結びついている（Newton 1979）．雛の移し変えと里子の技術は，獲物の量が少ない地域において一腹雛数を減らし，取り去った雛を獲物の量と採食率が高い地域の巣に入れるということに用いられる．

また，飼育下で繁殖した雛を同じ日齢の雛のいる巣に里子として入れる方法も，個体群を増強するのに利用することができる．里子に飼育下の雛を用いる時は，その雛がどのように育雛されたのかということ，および里親に対して適切に反応するかどうかを考慮しなければならない（Cade 1980, Wiemeyer 1981）．理想的には，里子として用いる飼育下で育雛される雛は，最終的に養育される"野外"の両親に容易に慣れるように，同種の両親によって育雛されるべきである．これが不可能な場合，雛はより早期の日齢で里親の巣に入れなければならない．かなりな日齢まで人工育雛によって飼育下で育雛された雛は，野外における里子には用いるべきではない．雛を里親の巣に入れる際は，親鳥の行動を見定められるように，その日の早い時間帯に行うことも薦めておきたい．結果的に，里子に入れた雛が給餌されなかったり，受け入れられなかったりした場合には，その雛を回収し，飼育下の繁殖施設またはリハビリテーション施設に戻すか，また場合によっては，他の巣に入れるということもあり得る．

個体数の補充

クロスフォスタリング

クロスフォスタリング（異種間の里子）とは，ある種の雛を他種の巣に入れる方法のことである．多くの猛禽類において，飼育下または野外のどちらかで，異種間の里子が実施されてきている（Bird et al. 1985）．しかし，この方法には，常に異種の里親に入れた雛が代理親の種に刷り込まれてしまう危険性がある．これが起きると，他の種の巣に入れられた個体は，その巣の種をペア相手として選んでしまう．アメリカチョウゲンボウとチョウゲンボウ（F. tinnunculus）を用いた飼育下での実験では，約半分の雌が"過ち"を犯した（すなわち，間違った種をペア相手に選ぶ）（D. Bird 未発表データ）．しかし，正確な種とうまく繁殖したことが，カリフォルニア（B. Walton 未発表データ）とドイツ（C. Saar 私信）の両方で，異種の猛禽類の巣に里子に出した飼育下で育雛されたハヤブサで確認されている．われわれが知る限り，現在，野外においてクロスフォスタリングが実施されている猛禽類の管理プログラムはない．しかしながら，里親を特定の営巣場所に執着させるためにクロスフォスタリングを利用するということが試みられている．自らの卵を失い，その場所からいなくなってしまう危険性のあったミサゴのペアの巣にニシトビ（Milvus migrans）の巣内雛が入れられたことがある（M. Ferrer 私信）．この場合，保護管理の焦点は，トビではなく，里親になったミサゴの両親の管理であった．そこではトビは地域的に多数生息しており，ミサゴに刷り込みしてしまうかどうかは当面の課題ではなかったので，クロスフォスタリングするトビはすぐに里子として預け入れられた．カナダのモントリオールでは，ハヤブサの巣において，ハヤブサの巣内雛に入れ替えるまで繁殖行動を維持させるために，アメリカチョウゲンボウの巣内雛を里子として預け入れるということに成功している（D. Bird 未発表データ）．

ハッキング

ハッキング（放鳥訓練）は，猛禽類の若鳥を野外で管理しながら放鳥する方法であり，猛禽類の再導入または個体群を増強するために最もよく用いられる方法である（Sherrod et al. 1981）．飼育下または野外の巣で育雛された猛禽類の巣内雛が，単独または3～5羽の小さなグループでハッキング場所に移動される．ハッキング場所というのは，たいてい，頂上部に大きな囲いがある木製または金

属製のタワーであり，雛が周囲を見ることができるようにつくられている．しばらくの間，囲いの中で，管理者が見えない状態で餌が与えられる．その種の自然状態での巣立ち時期に，囲いの前面が開けられ，中の雛は自由に飛行し，周囲を探索することができるようになる．給餌は，囲いが開けられてからもしばらくは続けられ，放鳥された個体は，分散または渡りを開始するまで，その場所に数週間または数ヵ月間留まることもよくある．この方法は，米国と英国におけるミサゴ，米国におけるハクトウワシ，アルプスにおけるヒゲワシ（*Gypaetus barbatus*），英国におけるアカトビ（*Milvus milvus*），米国，スウェーデン，スペインにおけるハヤブサ，スペインにおけるヒメチョウゲンボウ（*F. naumanni*）の再導入のような多くの事例で成功している（表22-1）．

渡りを行う，集団営巣性のヒメチョウゲンボウは，同種個体間の誘引によってコロニーが大きくなると考えられており（Serrano and Tella 2003, Serrano et al. 2004），春に渡り個体が戻ってくる時期の終盤において，ハッキングで放鳥した個体を呼び戻すために，誘引目的で飼育下の個体をハッキングに用いるという方法が実施されてきている．この方法を用いることにより，ヒメチョウゲンボウの新しいコロニーをつくったという，スペインにおける4つの別々のハッキングプロジェクトがある．興味深いことに，生存する個体が残っていなかったスペイン南部のセビリア市内のハッキングプロジェクトでは，数年間に150羽以上のハッキング個体を放鳥した後，ハッキングした場所では繁殖コロニーを形成できなかったが，その内のいくらかの個体は，近隣のコロニーに繁殖個体として参画していることが観察された．

食物の補給

歴史的に見て，食物の補給は，特に成功したという方法ではない（Archibald 1978）．この方法の初期の試みとして，オジロワシ（*H. albicilla*）（Helander 1978）とカリフォルニアコンドル（*Gymnogyps californianus*）の両種で，食物を補給することによって繁殖成績を向上させる試みが行われたが，期待されたほどの成果は得られなかった（Wilbur 1978）．アナホリフクロウ（*Athene cunicularia*）では，一腹卵数と卵の大きさ，それに孵化率は，抱卵期間中において食物を補給したペアと補給しなかったペアの間で差がなかった（Wellicome 2000）．しかし，巣内育雛期間中に食物を補給したアナホリフクロウのペアは，より多くの雛を育雛しており，このことは，食物の補給は巣内育雛期において，より効果的であることを示唆している（Wellicome 1997）．一方，Newton and Marquis（1981）は，ハイタカ（*Accipiter nisus*）で，食物を補給することによって一腹卵数が増加したと報告している．

食物の補給は，特定の場所で猛禽類が繁殖する可能性を高めることに利用することができるかもしれない．また，生産力を高めるために，繁殖期間中の重要な時期に利用することができる．これらの取組みは，観光客のために猛禽類を誘引する目的で食物を提供するという問題の多い方法と混同してはならない．今日まで，死肉捕食性の種において，生きた獲物を捕食する猛禽類よりも，より頻繁に食物の補給が行われてきている（Knight and Anderson 1990）．補給的な給餌が保護管理方法として利用されているこれらのほとんどの種は，高度な社会性を有し，個体数が多いため，決められた給餌場所に死んだ動物または肉片を置くことによって，多くの個体に同時に給餌することができるのである．したがって，この方法はハゲワシ類のような死肉捕食性の猛禽類の個体群を増強するのによく用いられ，そのための給餌場所は"ハゲワシレストラン（ハゲワシのレストラン）"と呼ばれる（下記参照）．この保護管理方法は，絶滅の危機に瀕しているニシカタジロワシ（*Aquila adalberti*）のようなテリトリー性のある捕食種においても利用されており，この場合には，アナウサギ（*Oryctolagus cuniculus*）などの死体と生きた個体の両方が餌として，上部が開いた囲いの中に置くか放たれるかする．さらに，ハンガリーの山岳地帯におけるコロニー性のジリス類であるヨーロッパハタリス（*Citellus citellus*）の野外個体群の回復は，セーカーハヤブサ（*F. cherrug*）とカタジロワシ（*A. heliaca*）の繁殖ペアを養うのに役立った（Bagyura et al. 1994）．

ハゲワシレストラン

多くの場所において，ハゲワシ類やその他の死肉捕食動物の多くの個体群にとって古くから存在していた食物資源は，この100年間で劇的に減少した．かつて，米国西部，アフリカ，アジアでは，野生の有蹄動物がハゲワシ類の食物となっていたが，現在では，多くの場所でいなくなったかまたは大幅に減少している（Mundy et al. 1992）．さらに，家畜の管理と伝統的な畜産方式における変化（例えば，牧畜に対する集約的生産管理方式）は，家畜の死体を利用できる機会を減少させた．もっと最近では，ヨーロッパにおけるBSEの発生によって，牧場で発生する死体を焼却するなどの措置が政府機関によって行われることになったため，死肉捕食動物にとって有用な食物は減少することと

表22-1 北米，ヨーロッパ，アフリカにおける猛禽類24種の個体群回復に採用されている保護管理方法

種	フォスタリング	クロスフォスタリング	ハッキング	放鳥
カリフォルニアコンドル（*Gymnogyps californianus*）			×	
コンドル（*Vultur gryphus*）			×	×
ミサゴ（*Pandion haliaetus*）			×	
アカトビ（*Milvus milvus*）			×	
ハクトウワシ（*Haliaeetus leucocephalus*）	×		×	
オジロワシ（*H. albicilla*）			×	
ヒゲワシ（*Gypaetus barbatus*）			×	
シロエリハゲワシ（*Gyps fulvus*）				×
クロハゲワシ（*Aegypius monachus*）			×	×
ヒメハイイロチュウヒ（*Circus pygargus*）			×	
オオタカ（*Accipiter gentilis*）			×	×
モモアカノスリ（*Parabuteo unicinctus*）	×		×	×
ノスリ（*Buteo buteo*）			×	
オウギワシ（*Harpia harpyja*）			×	
ニシカタジロワシ（*Aquila adalberti*）			×	
イヌワシ（*Aquila chrysaetos*）	×		×	
ヒメチョウゲンボウ（*Falco naumanni*）	×	×	×	
モーリシャスチョウゲンボウ（*F. punctatus*）	×		×	
セーシェルチョウゲンボウ（*F. araeus*）				×
オナガハヤブサ（*F. femoralis*）			×	
チゴハヤブサ（*F. subbuteo*）	×		×	
コウモリハヤブサ（*F. rufigularis*）			×	
ラナーハヤブサ（*F. biarmicus*）			×	
ハヤブサ（*F. peregrinus*）	×	×	×	

（Cade 2000 より作成）

なった（Tella 2001）．インド亜大陸では，抗炎症薬であるジクロフェナクを牛の治療に使用したことにより，数種のハゲワシ類が絶滅に近い状態に陥ってしまった（Oaks et al. 2004）．このように，食物の補給は，食物資源の減少によって絶滅の危機にさらされているハゲワシ類の個体群を支援することを目的とした一般的な保護管理手法になってきている．

また，食物の補給は，有毒物質の汚染が疑われる地域において，汚染のない食物資源を供給するためにも利用され（Terrasse 1985），さらに，発育状態が良くない自然の食物に欠けている必須栄養素を補給する方法としても使用される（Friedman and Mundy 1983）．

給餌場所は，人間の干渉を最小限にする場所で，かつ与える食物がよく見え，そこに飛来することが容易なところに設置しなければならない（Knight and Anderson 1990）．給餌施設は，研究者が採食している個体を見るのを邪魔するものがなく，その場所での活動状況をモニタリングしやすいところに設置するのがよい（McCollough et al. 1994）．

死肉の量と種類は，食物の補充頻度と同様に，対象とする種とその個体群の特性に応じて変えなければならない．例えば，Friedman and Mundy（1983）は，1,000羽のケープシロエリハゲワシ（*Gyps coprotheres*）の個体群を維持するには，1日当たり500kgの死肉が必要である

と推定した．1日の死肉の必要量を決定する時には，対象とする種の1日のエネルギー要求量の季節的な変化を考慮しなければならない〔すなわち，繁殖期間（成鳥が巣内雛に給餌している時期）または，気温の低下によって代謝要求が増加する冬期間〕．給餌施設で提供される死肉は，狩猟獣類の死体（Wilbur 1974, Knight and Anderson 1990, McCollough et al. 1994）または余剰な家畜からまかなわれる（Friedman and Mundy 1983, McCollough et al. 1994）．食物の供給頻度，1回の給餌での供給量，死肉の大きさは，対象とする種および給餌の狙いとしている種の年齢によって決められる．例えば，Meretsky and Mannan（1999）は，小型の死肉は成鳥のエジプトハゲワシ（*Neophron percnopterus*）を誘引し，給餌期間中は若い個体よりも多く見られることを確認した．彼らは，その地域に，大型の死肉を採食することに特化している給餌対象としないハゲワシ類がいる場合，小型のハゲワシ類に給餌するには，小型の死肉（例えば，ニワトリ）を利用することを提言している．

ヒゲワシ—空中に持ち上げ，岩の上に落下させた時に壊れる大きな骨を主に採食する死肉捕食者—のためのハゲワシレストランは，特別な種類のものであり，大型の家畜や野生の有蹄動物の骨が提供される．26ヵ所の"公式な"ヒゲワシレストランが，現在のところ，スペインのピレネーで約90の繁殖ペアからなる個体群のために維持されている（Carrete et al. 2006）．大型と小型の給餌場所は，惹きつける個体数に差がある．大型の給餌場所（n = 5）は，毎年5,000kgを越えるヒツジの脚を人為的に提供しており，そこには，春の初めの頃，80羽もの多くの個体が集結することもある．一方，小型の給餌場所（n = 21）は，給餌が間歇的で，量も少ない（1年にヒツジの脚が3,000kg未満）ため，同時に見かける個体数は6〜12羽に過ぎない．フランスのピレネーや地中海のコルシカ島とクレタ島でも骨のレストランは設置されている．それぞれ，10ペアより少ないヒゲワシの個体群を養っている（Godoy et al. 2004）．それにもかかわらず，ピレネーにおける補給は，成鳥になる前の個体の死亡率を低下させることへの有効性が未だに証明されていないこと，そして生産力は生息密度による影響の方が大きく，補給の効果は成果があがっていないとされることから，見直しが行われるべきであるとの提言もある（Carrete et al. 2006）．

ハゲワシレストランの設置場所を選定する時には，いくつかのことに留意しなければならない．まず，キツネ，タイリクオオカミ（*Canis lupus*），イヌ（*C. familiaris*）などの餌を食べる機会をうかがっている哺乳類の死肉捕食動物がレストランにやってきて，ハゲワシと同じように"給餌される"かもしれないということである．また，元々は南部スペインにおけるクロハゲワシ（*Aegypius monachus*）の繁殖個体群に補給するために考案された給餌場所が，以前にはそれほど多くの個体がいなかったシロエリハゲワシ（*G. fulvus*）の約1,000羽に及ぶ若い集団を誘引してしまったということもある．

スペインでは，ハゲワシの給餌施設の大規模なネットワークが整備されており，そのほとんどは，それぞれの地方の役所またはNGOによって運営されている．スペインでハゲワシの給餌施設を運営するのには，特別の許可が必要である．ほとんどの地域で，施設は哺乳類の死肉捕食動物を防御するためにフェンスで囲まれる．また，感染性病原体によって汚染することを避けるため，水路から離れた場所が選定され，ハゲワシが着地や飛び立ちやすいように，開けた場所に設置されることが多い．さらに，人間の居住地の近くは好ましくない．他の食物資源に対して，給餌場所での食物がどのくらい有効であるのかという評価はほとんど行われてきていない（しかし，Donázar and Fernández 1990を参照のこと）．しかし，毒薬の制限に，大型の狩猟獣の個体数とウシ，ウマ，ヒツジのような放牧家畜の両方を増やすという食物供給を組み合わせることにより，その地方におけるいくつかのハゲワシ類の個体群を爆発的に増加させることに寄与している．過去20年間で，スペインにおけるシロエリハゲワシの生息数は，繁殖ペア数が12,000以下であった状態から30,000を越えるほどになり，旧北区西部における最も高密度な*Gyps*属のハゲワシ類の個体群を形成するに至っている．

繁殖期間中の食物の補給

食物を補給することによって繁殖成功率を高める試みは，数種の猛禽類で成功している．カリフォルニアのSespe Condor Sanctuaryにおけるミュールジカ（*Odocoileus hemionus*）の死体を用いた2年間の食物補給プログラムは，その地域において，明らかにカリフォルニアコンドルの生産力を高めた（Wilbur et al. 1974）．イタリア半島におけるエジプトハゲワシのほとんどの繁殖地付近では，人工的な給餌場所の創設は，個体数の減少を食い止めるのに最も効果的な方法として提言されてきた（Liberatori and Penteriani 2001）．北部スペインのカタロニア地方では，ボネリークマタカ（*Hieraaetus fasciatus*）の繁殖ペアに家禽（ニワトリ）が補給されている（J. Real 私信）．スペインでは，低い繁殖成功率が続いているニシカタジロワシに繁殖地の全域で食物が補給されている（González et al.

2006).後者の例では，家畜のウサギの死体が，ワシのテリトリー内の高いプラットホームまたは樹木の高い位置の視認できる枝の上に置かれる．ウサギの補給頻度は，巣内雛が3羽の場合は2日ごと，2羽の場合は4日ごとである．ウサギの補給は，孵化後，数日経った時点で開始され，雛が巣立った時点で中止される．プラットホームは，アカギツネ（*Vulpes vulpes*）やイヌのような肉食動物や死肉捕食性の哺乳動物が接近しにくいようにしてある．

営巣場所の改善

自然の巣の保護

猛禽類，特に樹木に枝で巣をつくる種は，風，嵐または枝が巣の重量を支えきれないために，巣が落下したり，あるいは崩壊したりすると，卵や巣内雛を失ってしまう可能性がある．そのため，時には支持材を用いたり，枝を補強したり，巣に枝を入れたりすることによって，巣の崩壊を防ぐ必要がある．もし，猛禽類の巣がある樹木または枝が，巣内雛が中に入ったまま落下した場合，傍の樹木に人工の巣を設置して雛をそこに入れると，いくつかの種の親鳥はその巣内雛に給餌を続けることがある．この方法は，南部スペインのカタグロトビ（*Elanus caeruleus*）（R. Sánchez-Carrión 私信）とニシカタジロワシ（Ferrer and Hiraldo 1991）で実施され，成功している．

時折，電線または繁殖が成功するには不適な場所に巣が架けられているために，保護管理者が巣を移動する必要が生じることがある．ハヤブサの超高層ビルの1つの巣を，数ブロック離れた別の超高層ビルに移動することに成功している．この際，有精卵は，人工孵卵を行うために取り去られ，代わりに，好ましい営巣場所に同数の偽卵が置かれた．そして，いったん，雌が偽卵を再び抱卵し始めたことを確認してから，人工孵卵していた本当の卵が雌の元に戻された（D. Bird 未発表データ）．その他，雛の入っているミサゴの巣を電柱から人工巣塔に移すことにも成功している（Ewins 1994）．

人工的な営巣場所

木製，プラスチック製，コンクリート製の箱がチョウゲンボウ類とフクロウ類など多くの巣穴に営巣する種で用いられてきた（Hamerstrom et al. 1973, Collins and Landry 1977）．これらの種は容易に巣箱を利用するので，これらの猛禽類を長期にわたって研究する場合，多数の研究者が巣箱を用いてきている（Korpimäki 1988, Dijkstra et al. 1990, Smith and Belthoff 2001, Bortolotti et al. 2002）．

猛禽類は，繁殖するために，しばしば高圧線用の鉄塔，電柱などの人工構造物を巣の土台として利用する．このような種では，造巣のための巣台を用意すれば，営巣可能な場所を増加させることができる．数多くのハヤブサ類，タカ類，ワシ類がそのような巣台で繁殖していることが知られている（Bird et al. 1996 を参照）．他の管理手法を実践するとともに，人工巣台を設置することにより，1981～1994年に米国においてミサゴを増加させることに効果があったことが知られている（Hougthon and Rymon 1997）．

他の種が放棄した巣に営巣する種〔例えば，カラフトフクロウ（*Strix nebulosa*）〕とセーカーハヤブサ（Bull et al. 1988）にとって，この方法は特に有効であり，個体数を増加させるだけでなく，安定した個体群の維持にもつながる．

それぞれの種に適した異なる方法を記載している数多くの出版物とウェブサイトがある．詳細な情報は，Giron Pendleton et al.（1987），Ewins（1994），Dewer and Shawyer（2001），および Smith and Belthoff（2001）から得られる．

巣における捕食者からの保護

モーリシャスチョウゲンボウの例

1970年代には，モーリシャスチョウゲンボウ（*F. punctatus*）は，モーリシャス諸島の約4,000haの残存した自然林の一画に，分かっている限り2ペアのみが生存していただけであり，世界で最も絶滅の危機に瀕している猛禽類であった（Cade and Jones 1993）．その後，人工巣箱，営巣場所での食物の補給，フォスタリング，飼育下での繁殖など，この章の中で紹介されているほとんどの保護と管理の方法が実施されてきた（Jones et al. 1991）．これらを同時に実施することにより，最も絶滅の危機に瀕していた種が，最も目覚しい個体群の回復をもたらすことができた．1993～1994年までに，モーリシャスチョウゲンボウの個体群は，222～286羽に達し，野外でテリトリーを確立しているペアは推定56～58ペアとなった（Jones et al. 1994）．

島の動物相にとってよくある脅威としては，外来種が導入され，その種が在来種にとって主要な捕食者となり，その後の島の個体群を制限してしまうことである．モーリシャスチョウゲンボウの場合は，卵，巣内雛，巣立ち直後

の雛は，持ち込まれたクマネズミ（*Rattus rattus*），フイリマングース（*Herpestes auropunctatus*），野生化したイエネコ（*Felis catus*）に対して非常に脆弱である（Cade and Jones 1993）．モーリシャスチョウゲンボウの保護プログラムでは，チョウゲンボウの巣を保護するために，放鳥場所と繁殖テリトリー内において，これらの捕食者を徹底して捕獲することが重要な内容とされている（Jones et al. 1994）．捕食者を抑制するために，生け捕りする方法と毒薬の使用の両方が用いられた．この保護管理を実践したことによる効果は，未だ評価がなされていないが，いくつかの地域でチョウゲンボウに対する捕食を軽減したことは確実であると思われる（Jones et al. 1991）．

巣の監視

巣を監視する目的は，個々の巣を積極的にモニタリングすることにより，自然の影響（例えば，巣穴への洪水）と同じように，野生動物もしくは人間による捕獲から対象とする種の巣を守ることである．巣の監視は，ハンガリーにおけるセーカーハヤブサの保護プログラムで用いられ，成功を収めている（Bagyura et al. 1994）．そこでは，監視人に見守られる巣で巣立った雛の数は，日常的にモニタリングされている巣の雛のほとんど2倍であった（雛の数はそれぞれ2.55対1.66）．そして実際に，それまでの年は常に繁殖に失敗していた12の繁殖ペアが，1986～1987年の繁殖期には繁殖に成功した．セーカーハヤブサでの事例（Bagyura et al. 1994）に基づくと，24時間の巣の監視が重要であることが分かっている．巣にやってくる可能性のある捕食動物の行動と習性から，多くの捕食動物の出現は夜に発生しており，もしモニタリングが散発的にまたは昼間のみに集中して実施される場合には，これを防止することはできない．

巣の監視プログラムは，イタリア半島において，崖に営巣するエジプトハゲワシを人間の妨害から守るためにも確立されている（Liberatore and Penteriani 2001）．抱卵期間中における営巣場所付近における人間による妨害は，ハゲワシの繁殖失敗原因の約8％を占めている．営巣場所の保護と食物の補給は，1990年代初期以降のハゲワシ類の個体群の減少を食い止めるのに役立ったように思われる．

これに代わる保護管理戦略は，人間のレクレーション活動，開発，ハビタット管理活動の影響から巣を保護することを目的として，猛禽類の巣の周囲にバッファーゾーンを設置することである．この場合，営巣場所を注視して保護することは，消極的ではあるけれど，いくらかの種においては積極的な保護活動と同じように，巣の消失を食い止めるために有効な方法である．バッファーゾーンの大きさは，その場所の特質と対象種の性質の両方を考慮して決定される（Postovit and Postovit 1987, Richardson and Miller 1997）．

リハビリテーションを行った個体の放鳥

毎年，何千もの猛禽類が野外から救護され，リハビリテーションセンターや野生動物保護施設で保護飼育されている．これらの個体の多くは，最終的には自然界のハビタットに放鳥される．この方法は，野外個体群の回復に結びつかないかもしれないが，放鳥しなければ，個体群にとっては損失となり得る．スペインでは，毎年，15,000～26,000羽の猛禽類が65ヵ所の救護施設に受け入れられ，治療されており，その約半分が野外に復帰している（Fajardo et al. 2000）．リハビリテーション施設から放鳥される個体は，その個体が最初に救護された場所から離れた場所の野外個体群を増強するためにも用いることができる．この方法は，スペインにおいて，中央および南部地方で救護された64羽のワシミミズク（*Bubo bubo*）を放鳥する際に用いられ，北部スペインにおけるワシミミズクの地域個体群を増強することに成功した（Zuberogoitia et al. 2003）

引用文献

ANDERSON, D.W. AND J.J. HICKEY. 1972. Eggshell changes in certain North American birds. *Proc. Int. Ornithol. Cong.* 15:514－540.

ARCHIBALD, G.W. 1978. Supplemental feeding and manipulation of feeding ecology of endangered birds: a review. Pages 131－134 in S.A. Temple [ED.], Endangered birds: management techniques for preserving threatened species. University of Wisconsin Press, Madison WI U.S.A.

ARMBRUSTER, H.J. 1978. Current Peregrine Falcon populations in Canada and raptor management programs. Pages 47－54 in P.P. Schaeffer and S.M. Ehlers [EDS.], Proceedings of the National Audubon symposium on the current status of Peregrine Falcon populations in North America. National Audubon Society, Tiburon CA U.S.A.

BAGYURA, J., L. HARASZTHY AND T. SZITTA. 1994. Methods and results of Saker Falcon *Falco cherrug* management and conservation in Hungary. Pages 391－395 in B.-U. Meyburg and R.D. Chancellor [EDS.], Raptor Conservation Today. World Working Group on Birds of Prey and Owls, Berlin, Germany.

BARCLAY, J.H. 1987. Augmenting wild populations. Pages 239－247 in B.A. Giron Pendleton, B.A. Millsap, K.W. Cline, and D.M. Bird [EDS.], Raptor management techniques manual.

National Wildlife Federation, Washington, DC U.S.A.

Bennett, E. 1974. Eagle transplant successful. *Def. Wildl. Int.* 49:429.

Bird, D.M. and P.C. Laguë. 1982a. Influence of forced renesting and handrearing on growth of young captive kestrels. *Can. J. Zool.* 60:89 — 96.

——— and P.C. Laguë. 1982b. Fertility, egg weight loss, hatchability and fledging success in replacement clutches of captive kestrels. *Can. J. Zool.* 60:80 — 88.

——— and P.C. Laguë. 1982c. Influence of forced-renesting, seasonal date of laying, and female characteristics on clutch size and egg traits in captive American Kestrels. *Can. J. Zool.* 60:71 — 79.

———, W. Burnham and R.W. Fyfe. 1985. A review of cross-fostering in birds of prey. Pages 433 — 438 in I. Newton and R.D. Chancellor [Eds.], Conservation studies on raptors. International Council for Bird Preservation Tech. Publ. 5. Cambridge, United Kingdom.

———, D. Varland and J.J. Negro. 1996. Raptors in Human Landscapes. Academic Press, San Diego, CA U.S.A.

Bortolotti, G.R., R.D. Dawson and G.L. Murza. 2002. Stress during feather development predicts fitness potential. *J. Anim. Ecol.* 71:333 — 342.

Bretagnolle, V., P. Inchausti, J.F. Seguin and J.C. Thibault. 2004. Evaluation of the extinction risk and conservation alternatives for a very small insular population: the Bearded Vulture *Gypaetus barbatus* in Corsica. *Biol. Conserv.* 120:19 — 30.

Bull, L.E., M.G. Henjum and R.S. Rohweder. 1988. Nesting and foraging habitat of Great Gray Owls. *J. Raptor Res.* 22:107 — 115.

Burnham, W.A., J. Craig, J.H. Enderson and W.R. Heinrich. 1978. Artificial increase in reproduction of wild Peregrine Falcons. *J. Wildl. Manage.* 42:625 — 628.

Cade, T.J. 1980. The husbandry of falcons for return to the wild. *Int. Zoo Yearb.* 20.23 — 35.

———. 2000. Progress in translocation of diurnal raptors. Pages 343 – 372 in R.D. Chancellor and B.-U. Meyburg [Eds.], Raptor at risk. World Working Group on Birds of Prey and Owls, Berlin, Germany; and Hancock House, London, United Kingdom.

——— and C.G. Jones. 1993. Progress in the restoration of the Mauritius Kestrel. *Conserv. Biol.* 7:160 — 175.

Carrete, M., J.A. Donázar and A. Margalida. 2006. Density-dependent productivity depression in Pyrenean Bearded Vultures: implications for conservation. *Ecol. Applic.* 16:1674 — 1682.

Collins, C.T. and R.E. Landry. 1977. Artificial nest burrows for Burrowing Owls. *N. Am. Bird Bander* 2:151 — 154.

Dewar, S.M. and C. Shawyer. 2001. Boxes, baskets and platforms: artificial nest sites for owls and other birds of prey. New Edition, Hawk and Owl Trust, Newton Abbot, United Kingdom.

Dijkstra, C., A. Bult, S. Bijlsma, S. Daan, T. Meijer and M. Zijlstra. 1990. Brood size manipulations in the Kestrel (*Falco tinnunculus*): effects on offspring and parent survival. *J. Anim. Ecol.* 59:269 — 285.

Donázar, J.A. and C. Fernández. 1990. Population trends of the Griffon Vulture *Gyps fulvus* in northern Spain between 1969 and 1989 in relation to conservation measures. *Biol. Conserv.* 53:83 — 91.

Engel, J.M. and F.B. Isaacs. 1982. Bald Eagle translocation techniques. USDI Fish and Wildlife Service, Twin Cities, MN U.S.A.

Ewins, P.J. 1994. Artificial nest structures for Ospreys: a construction manual. Canadian Wildlife Service, Environment Canada, Toronto, Ontario, Canada.

Fajardo, I., G. Babiloni and Y. Miranda. 2000. Rehabilitated and wild Barn Owls (*Tyto alba*): dispersal, life expectancy and mortality in Spain. *Biol. Conserv.* 94:287 — 295.

Ferrer, M. and F. Hiraldo. 1991. Evaluation of management techniques for the Spanish Imperial Eagle. *Wildl. Soc. Bull.* 19:436 — 442.

Friedman, R. and P. Mundy. 1983. The use of "restaurants" for the survival of vultures in South Africa. Pages 345 — 355 in S.R. Wilbur and J.A. Jackson [Eds.], Vulture biology and management. University of California Press, Berkeley CA U.S.A.

Fyfe, R.W. and H.I. Armbruster. 1977. Raptor research and management in Canada. Pages 282 — 293 in R.D. Chancellor [Ed.], World conference on birds of prey: report of proceedings. International Council for Bird Preservation, Vienna, Austria.

———, H.I. Armbruster, U. Banasch and L.J. Beaver. 1978. Fostering and cross-fostering of birds of prey. Pages 183 — 193 in S.A. Temple [Ed.], Endangered birds: management techniques for preserving threatened species. University of Wisconsin Press, Madison WI U.S.A.

Giron Pendleton, B.A., B.A. Millsap, K.W. Cline and D.M. Bird [Eds.]. 1987. Raptor management techniques manual. National Wildlife Federation, Washington, D.C. U.S.A.

Godoy, J.A., J.J. Negro, F. Hiraldo and J.A. Donázar. 2004. Phylogeography, genetic structure and diversity in the endangered Bearded Vulture (*Gypaetus barbatus*, L.) as revealed by mitochondrial DNA. *Mol. Ecol.* 13:371 — 390.

González, L.M., A. Margalida, R. Sánchez and J. Oria. 2006. Supplementary feeding as an effective tool for improving breeding success in the Spanish Imperial Eagle (*Aquila adalberti*). *Biol. Conserv.* 129:477 — 486.

Hamerstrom, F., F.N. Hamerstrom and J. Hart. 1973. Nest boxes: an effective management tool for kestrels. *J. Wildl. Manage.* 42:400 — 403.

Helander, B. 1978. Feeding White-tailed Sea Eagles in Sweden. Pages 149 — 159 in S.A. Temple [Ed.], Endangered birds: management techniques for preserving threatened species. University of Wisconsin Press, Madison WI U.S.A.

Hickey, J.J. and D.W. Anderson. 1968. Chlorinated hydrocarbons and eggshell changes in raptorial and fish-eating birds. *Science* 162:271 − 273.

Hiraldo, F., J.J. Negro, J.A. Donázar and P. Gaona. 1996. A demographic model for a population of the endangered Lesser Kestrel in southern Spain. *J. Appl. Ecol.* 33:1085 − 1093.

Houghton, L.M. and L. Rymon. 1997. Nesting distribution and population of U.S. Ospreys 1994. *J. Raptor Res.* 31:44 − 53.

Jefferies, D.J. 1973. The effects of organochlorine insecticides and their metabolites on breeding birds. *J. Reprod. Fertil. Suppl.* 19:337 − 352.

Jones, C.G., W. Heck, R.E. Lewis, Y. Mungroo and T. Cade. 1991. A summary of the conservation management of the Mauritius Kestrel *Falco punctatus* 1973 − 1991. *Dodo, J. Jersey Wildl. Preserv. Trust* 27:81 − 99.

―――, W. Heck, R.E. Lewis, Y. Mungroo, G. Slade and T. Cade. 1994. The restoration of the Mauritius Kestrel *Falco punctatus* population. *Ibis* 137:S173 − S180.

Kennedy, R.S. 1977. A method of increasing Osprey productivity. Pages 35 − 42 in J.C. Ogden [Ed.], Transactions of the North American Osprey Research Conference. U. S. Nat. Park Serv. Trans. Proc. Ser. 2, Washington, DC U.S.A.

Knight, R.L. and D.P. Anderson. 1990. Effects of supplemental feeding on an avian scavenging guild. *Wildl. Soc. Bull.* 18: 388 − 394.

Korpimäki, E. 1988. Cost of reproduction and success of manipulated broods under varying food conditions in Tengmalm's Owl. *J. Anim. Ecol.* 57:1027 − 1039.

Lande, R. 1988. Demographic models of the Northern Spotted Owl (*Strix occidentalis caurina*). *Oecologia* 75:601 − 607.

Liberatori, F. and V. Penteriani. 2001. A long-term analysis of the declining population of the Egyptian Vulture in the Italian peninsula: distribution, habitat preference, productivity and conservation implications. *Biol. Conserv.* 101:381 − 389.

McCollough, M.A., C.S. Todd and R.B. Owen, Jr. 1994. Supplemental feeding program for wintering Bald Eagles in Maine. *Wildl. Soc. Bull.* 22:147 − 154.

Meretsky, V.J. and R.W. Mannan. 1999. Supplemental feeding regimes for Egyptian Vultures in the Negev Desert, Israel. *J. Wildl. Manage.* 63:107 − 115.

Monneret, R.J. 1974. Experimental double-clutching of wild peregrines. *Captive Breeding Diurnal Birds Prey* 1:13.

―――. 1977. Project peregrine. Pages 56 − 61 in T.A. Greer [Ed.], Bird of prey management techniques. British Falconers' Club, Oxford, United Kingdom.

Mundy, P.J., D. Butchart, J.A. Ledger and S.E. Piper. 1992. The vultures of Africa. Academic Press Inc., San Diego, CA U.S.A.

Newton, I. 1979. Population ecology of raptors. Buteo Books, Vermillion, SD U.S.A.

――― and M. Marquiss. 1981. Effect of additional food on laying dates and clutch-sizes of sparrowhawks. *Ornis. Scand.* 12:224 − 229.

Oaks J.L., M. Gilbert, M.Z. Virani, R.T. Watson, C.U. Meteyer, B.A. Rideout, H.L. Shivaprasad, S. Ahmed, M.J.I. Chaudhry, M. Arshad, S. Mahmood, A. Ali and A.A. Khan. 2004. Diclofenac residues as the cause of vulture population decline in Pakistan. *Nature* 427:630 − 633.

Peakall, D.B. 1976. The Peregrine Falcon (*Falco peregrinus*) and pesticides. Can. Field-Nat. 90:301 − 307.

Postovit, H.R. and B.C. Postovit. 1987. Impacts and mitigation techniques. Pages 183 − 213 in B.A. Giron Pendleton, B.A. Millsap, K.W. Cline, and D.M. Bird [Eds.], Raptor management techniques manual. National Wildlife Federation, Washington, DC U.S.A.

Ratcliffe, D.A. 1970. Change attributable to pesticides in egg breakage frequency and eggshell thickness in some British birds. *J. Appl. Ecol.* 7:67 − 115.

Richardson, C.T. and C.K. Miller. 1997. Recommendations for protecting raptors from human disturbance: a review. *Wildl. Soc. Bull.* 25:634 − 638.

Serrano, D. and J.L. Tella. 2003. Dispersal within a spatially structured population of Lesser Kestrel: the role of spatial isolation and conspecific attraction. *J. Anim. Ecol.* 72:400 − 410.

―――, M.G. Forero, J.A. Donázar and J.L. Tella. 2004. Dispersal and social attraction affect colony selection and dynamics of Lesser Kestrels. *Ecology* 85:3438 − 3447.

Sherrod, S.K., W.R. Heinrich, W.A. Burnham, J.H. Barclay and T.J. Cade. 1981. Hacking: a method for releasing Peregrine Falcons and other birds of prey. The Peregrine Fund, Inc., Ithaca, NY U.S.A.

Smith, B.W. and J.R. Belthoff. 2001. Effects of nest dimensions of use of artificial burrow systems by Burrowing Owls. *J. Wildl. Manage.* 65:318 − 326.

Spitzer, P.R. 1978. Osprey egg and nestling transfers: their value as ecological experiments and as management procedures. Pages 171 − 182 in S.A. Temple [Ed.], Endangered birds: management techniques for preserving threatened species. University of Wisconsin Press, Madison WI U.S.A.

Stattersfield, A.J. and D.R. Capper. 2000. Threatened birds of the world. BirdLife International, Cambridge, United Kingdom.

Tella, J.L. 2001. Action is needed now, or BSE crisis could wipe out endangered birds of prey. *Nature* 410:408.

Terrasse, J.F. 1985. The effects of artificial feeding on Griffon, Bearded and Egyptian vultures in the Pyrenees. Pages 429 − 430 in I. Newton and R.D. Chancellor [Eds.], Conservation studies on raptors. International Council for Bird Preservation Tech. Publ. 5. Cambridge, United Kingdom.

Walton, B.J. 1977. Development of techniques for raptor management, with emphasis on the Peregrine Falcon. *Calif. Dep. Fish Game Adm. Rep.* 77 − 4.

――― and C.G. Thelander. 1983. Peregrine Falcon nest management, hack site and cross-fostering efforts. Santa Cruz

Predatory Bird Research Group and The Peregrine Fund, Inc., University of California, Santa Cruz, Santa Cruz CA U.S.A.

Wellicome, T.I. 1997. Reproductive performance of Burrowing Owls (*Speotyto cunicularia*): effects of supplemental food. Pages 68 — 73 in J.L. Lincer and K. Steenhof [Eds.], The Burrowing Owl, its biology and management: including the proceedings of the First International Burrowing Owl Symposium. Raptor Research Report 9.

———. 2000. Effects of food on reproduction in Burrowing Owls (*Athene cunicularia*) during three stages of the breeding season. Ph.D. dissertation. University of Alberta, Alberta, Canada.

Wiemeyer, S.N. 1981. Captive propagation of Bald Eagles at Patuxent Wildlife Research Center and introduction into the wild, 1976 — 1980. *Raptor Res.* 15:68 — 82.

Wilbur, S.R. 1978. Supplemental feeding of California Condors. Pages 135 — 140 in S.A. Temple [Ed.], Endangered birds: management techniques for preserving threatened species. University of Wisconsin Press, Madison WI U.S.A.

———, W.D. Carrier and J.C. Borneman. 1974. Supplemental feeding program for California Condors. *J. Wildl. Manage.* 38:343 — 346.

Zuberogoitia, I., J.J. Torres and J.A. Martínez. 2003. Reforzamiento poblacional del buho real *Bubo bubo* en Bizkaia (España). *Ardeola* 50:237 — 244.

リハビリテーション

Patrick T. Redig
Lori Arent
Hugo Lopes
Luis Cruz
The Raptor Center, College of Veterinary Medicine,
University of Minnesota,
1920 Fitch Avenue, St. Paul, MN 55108 U.S.A.

訳：波多野鷹

はじめに

　傷ついた猛禽類を野外に戻すのに十分な状態にまで立て直すには，主に次の2つの要素が必要である．①応急手当，一連の緊急救命処置，内服薬の投薬などから，特殊な診断，整形外科手術にまで及ぶ特別な獣医学的治療，および②野外に戻すまでの長期的な救護や体調の管理やリハビリテーションである．これらが中心的な活動となるが，以下も関連する．①怪我・病気からの回復，②回復期の取り扱いと管理，③病気，外傷の予防，④放鳥の準備，および最終的には，⑤放鳥それ自体．この章の狙いは，リハビリテーションを実行する場合の法的および組織的な枠組み，必要となるであろう用具・施設・知識に関する情報，および，リハビリテーションを行う際に使いこなす必要のある獣医学的資料への接し方について，それぞれの概要を読者に提供することにある．怪我をした猛禽類とめぐり合ってしまったことに対処するに際して，助言や協力を求めて専門家を訪ねようとしている行政関係者にとっても，本章は有用な情報源であるはずだ．

　リハビリテーションというのは極めて複雑な営為であり，きちんとした実施には膨大な情報が関係する．そのため，本章は，リハビリテーションのための"ハウツー"マニュアルであることを目的としないし，猛禽類に関する獣医療マニュアルのつもりもない．とは言うものの，いくつかの獣医学的な技法は，最新の獣医学的水準を紹介するための素材として提示することとする．

法的枠組み

　米国では，全ての猛禽類は，渡り鳥条約法（Migratory Bird Treaty Act），絶滅危惧種保護法（Endangered Species Act），およびワシ保護法（Eagle Protection Act）を含む，少なくとも1つまたは複数の連邦法によって保護されている（第25章を参照のこと）．取り扱おうとしている種にもよるが，リハビリテーション事業を行うに際しては少なくとも1つ，または複数の連邦政府の許可が必要となる．世界の他の地域でも，法を遵守するためには，法令が指定する適切な許可が必要とされる．米国では，各州もリハビリテーションに関係する規則をもっており，州の許可も得なくてはならない．いくつかの州（例えば，ミネソタ州，ニュージャージー州，ニューヨーク州，ペンシルバニア州，およびウィスコンシン州）には試験，企業からの寄付の受入れのルール，教育などが整備された，よく工夫された許認可制度がある．資格制度はレベル分けされていて，レベルごとに，どんな種なら取り扱うことが許されるかといった制限があり，資格維持のための，継続的な講習の受講と年1回の報告書の提出が義務づけられている．こうした許認可制度は，National Wildlife Rehabilitators Association（NWRA；www.nwrawildlife.org）やInternational Wildlife Rehabilitation Council（www.iwrc-online.org）といった野生生物管理団体の助言を得て開発された．これらの団体は，リハビリテーターが決定を下す際に役立つ倫理上の指針を公開している．ミネソタ州のためにつくられた指針は，www.dnr.state.mn.us/ecological_services/nongame/rehabilitation/permits.html．で閲覧可能である．

怪我をした猛禽の回復に関する諸相
－公益のための手続きと勧告－

救護のきっかけ

　野生動物の専門家がリハビリテーションに関わることになる最初のきっかけは，しばしば，怪我をした猛禽類を日常生活の中で思いがけず発見してしまった市民からの通報である．ほとんどの場合，そのような鳥は，健康と安寧のために何かしてやれることはないだろうかと案じてもらうのと同時に，危険視されてもいるものである．

　さあ，救護の始まりだ．

捕獲のための道具

　何はともあれ，一刻も早く鳥を保護しなければならない．鳥がどこかへ行ってしまったり，犬または他の捕食者に襲われて怪我をしたり，荒天や強い日光，風でより一層，弱ってしまうのを防ぐためである．鳥の大きさ，通報者の能力と信頼性によるが，捕獲方法を助言しておいた方がよいかもしれない．一般的に推奨されるのは，走って逃げられないように鳥をどこか隅に追いつめ，毛布，上着，大きなタオル，あるいはタモ網などを投げかけて捕獲し，最終的には建物の中の静かな一室，箱，ある種のペットキャリーなどの閉ざされた場所に収容することである．もし通報者にこの作業ができない，あるいはやりたがっていないと判断せざるを得ないのなら，せめて，必要な道具と技術をもった誰かがそこへ到着するまでの間だけでも，鳥を現場で監視し続けてくれるように依頼すべきである．

負傷した猛禽の捕獲

　捕獲方法は，鳥の種，どの程度の運動能力が残っているか，発見場所（道路際なのか，窓枠にいるのか，あるいは広々とした野原にいるのか）によって変化する．一双の皮手袋（大型種用には溶接用手袋がよく，小型種ならば普通の作業用皮手袋でよい），毛布かバスタオル，翼ではたかれて角膜を傷つけるリスクを減らすための何らかの目の保護具（訳者注：ゴーグルや保護メガネなら万全であるし，普通のメガネやサングラスでもないよりはよい），釣りで使われるタモ網，適切な輸送容器，1人か2人の助手など，起こり得る状況下で当然必要になるであろう資材は，いつでも使えるように準備しておく．

　実際の捕獲は，短時間に，手早く，しかも鳥の怪我を悪化させたり，人が受傷したりすることがないように行わなくてはならない．"捕獲性筋障害"として知られる状態に鳥を陥らせることがあるので，鳥を長時間追い回してはいけない．"捕獲性筋障害"はしばしば筋断裂を伴い，重篤な障害を生じさせることがある．捕まることに対する恐怖により，後先考えず激烈に暴れたり，限界を超えて逃げ続けたりすることがあるためだ．取扱者は，爪が猛禽類の主要な武器であることを心に留めておかなければならない．負傷した猛禽類の大部分は，何かが接近して来た時に，特に逃走路が他の人や物で塞がれていればなおさら，最大の脅威と感じている対象に正対し，翼を広げて，防衛の姿勢を取るだろう．多くの猛禽類，特に幼鳥は，地面に横たわり，あるいは背中で転がり，足を持ち上げて"降伏"する．いったんここまで追い込まれると，タオルあるいは毛布を差し出すと，鳥はそれを強烈につかみ，爪を繊維にしっかりと埋めることになる．こうなれば，鳥自体は比較的無防備になるから，布の自由な端で彼らの身体をくるむことが可能になる．あるいは，もう1枚のタオルを上から被せてもよい．いったん頭部を覆ってしまえば，翼を身体に沿わせて畳むことができる．いまや"ブリトー"（訳者注：トルティーヤに具材をのせて巻いたメキシコ料理）のようにタオルで鳥を包み，適切な容器に押し込むまでの間，押さえつけておくことができる．鳥が走ったり，短い距離を飛んで逃げようとしたりしている場合には，タモ網または叉手網もよい手段となる．鳥が網をしっかりつかんで，絡まって身動きがとれなくなってしまうと，網から外すことが概して難しくなる．理想的には，捕らえられた鳥は網から外し，輸送容器に収納する際には，改めてタオルで包む．容器内に置く時は，タオルに包んだままでもいいし，もし鳥が爪を緩めてくれるのならば静かにタオルを引き抜いてもよい．身体が過熱してしまうことを避けるために，後者が好まれるが，鳥がタオルにしがみついているのなら無理にタオルを外そうとしないほうが与えるストレスは少なくてすむこともある．さて，これで輸送の準備が整った．容器が十分な通気性をもつことを確認しなくてはならない．ダンボール箱を使っているのなら，蓋がしっかり固定できているかも確かめておく．

捕獲について推奨されること

　捕獲に関する若干のすべし・すべからず集には以下のようなものがある．

1. 鳥は南京袋の中に入れない．南京袋で包まない．
2. ニワトリ用の金網のケージや，Havahart®社製罠のような金網の檻の中には入れない．
3. 酵母やカビの胞子を含む恐れのある，わら，干し草，

破砕したトウモロコシ軸，または他の有機材料を敷いた容器の中に鳥を入れない．
4. いかなる弾性包帯でも体を包まない．
5. 24時間以上そのまま置いておかなくてはならないというのではない限り，餌を与えない（詳しくは後述）．
6. 鳥を"公開"しない．必要もないのに，他の人や家畜（イヌなど）に見られて，さらなるストレスを受けることがないようにすべきである．
7. 鳥は柔らかいタオルまたは水を吸うような毛布の上に置く．
8. 床材には細かく切った紙を使う（脚または背骨が折れて立てない鳥の場合に特に必要だ）
9. 輸送に数時間以上かかりそうならば，ボウル，または点眼器や注射筒などから給水する．頭の外傷を避けるため，また胸骨を下に横たわった鳥がおぼれるのを防ぐため，輸送の間は，輸送容器から水を入れたボウルを取り除く．

情報収集

個々の事例において，受傷または衰弱につながった状況についてできるだけ多くの情報を集めることは，何が猛禽類の健康被害や死の主たる原因となっているのかを解明することに寄与するものであり，これはリハビリテーションの重要な役割の1つである（Sleeman and Clark 2003）．収容に際して記録すべき項目は以下のようなものである．①鳥が発見された時刻，②位置（少なくとも郡，望ましくは町レベル），③その出来事の原因となった可能性のある構造物（例えば，架線，高速道路，窓，有刺鉄線の柵，菱形金網，発電用風車，農薬や油のような麻痺や汚染をもたらす物質の有無，その他）．鳥の状態を書き留めておくこともむろん大切である（例えば，警戒心強く，捕獲に抵抗するほど活発だったのか，うつぶせに横たわり無抵抗だったのか，足を下に畳んで座っていたのか，痙攣していたか，空気を求めてあえいでいたのか，等）．探偵になったつもりで情報収集すれば，個々の鳥の世話を楽にするし，猛禽類に悪影響を与える原因についての全体的な知見にも貢献し得る．

輸 送

負傷した猛禽類は自動車で輸送されることが普通だが，航空機で運ばれることもある．治療施設への迅速な輸送は，リハビリテーションの成否を左右する主要因のうちの1つである．自動車またはトラックで輸送する際にまず考慮すべきなのは，できる限り余計なストレスを鳥に与えないことと，適当な環境を確保することである（例えば，十分な換気をする，暑さ・寒さ・風を避ける，ラジオやオーディオから流れる無意味な雑音に晒さない等）．常に可能とは限らないが，長距離輸送の際に，ピックアップトラックの吹きさらしの荷台に積むのは避けるほうがよい．さらに，防水布のカバーや，荷室全体を覆うキャノピーは，一酸化炭素が貯留することがあるので，注意が必要である．

航空機での輸送であるが，個人所有の機体を用いるのであれば，自動車での輸送時と同様でよい．商業航空便での輸送は，生きている動物の輸送に関する規則〔「Live Animal Regulations, 31st Ed.」，International Air Transport Association（IATA），2004，http://www.iata.org/ps/publicationsを参照〕で認められた形態で，必要な装備をもった容器の使用を必要とする．端的には，固い壁の容器（ダンボール箱でなく）であることが基本的な必要条件である．十分な大きさの合成樹脂製のペットキャリーならふさわしい．容器内側の天井部分はクッション材で覆われ，側面に換気口があり，内部を暗くするためにドアのすくなくとも一部分は，不透明な素材〔例えば，ダクトテープ（訳者注，日本におけるガムテープのような使われかたをするテープ．補強繊維が入っていてより丈夫で，主として銀色），麻袋，防虫網またはモスリン〕で覆われていなければならない．ダクトテープまたは他の接着手段で床に固定されたカーペットは，滑り止めに良いだけでなく，吸収力も備えた床材となる．止まり木，水入れ，餌入れは設置しない（訳者注：場合によっては規則によって水飲みの設置を求められることがある．その場合，紙や発泡樹脂のカップをドア内側中央部あたりに貼り付けるのが一番邪魔にならない）．ドアは，間違って開いてしまわないよう，ケーブルタイなどで固定する．航空会社のその時々の安全規定によっては，検査のために，空港の係官がドアを開けるかもしれない．鳥の飛び出しを予防するため，前もって中身が生きた鳥である旨，伝えておく．出発予定時刻の2時間前までに貨物施設に到着しなりればならない．いくつかの航空会社は獣医師が発行する健康証明書を要求する．ほとんどの場合，そもそも必要な救急医療のために輸送しようとしているのだ，という事実に基づいて，この要求を撤回させることが可能である．暑い時期，到着予定地の予定時刻における予想気温が29℃を上回ると，航空会社は生きている動物の受け入れを拒否するだろう．

米国中に，またそれ以外の地域にもたくさん存在する公認のリハビリテーション施設と協力することで，負傷した鳥をリハビリテーションにまで輸送するために必要な援助の全てが得られるものである．米国内のリハビリテーショ

ン施設に関する情報や，その地域におけるリハビリテーションの許可を管轄している米国魚類野生生物局の地方事務所の電話番号や担当者名といった必要な情報は，NWRAのサイトのメニューにある"Need Help?"から探すことができる．いろいろと当たってみてもどうしてもうまくいかないようなら，鳥のためにはどんな準備をすべきかについて助言を得るために，ミネソタ州立大学猛禽類センター（612-624-4750）に電話してほしい．

北米以外の国々または地域では，リハビリテーション施設を探すにはインターネットが最善の助けとなる．

怪我をした猛禽類の治療時に考慮すべき事項

トリアージ

猛禽類のリハビリテーションにおいて，トリアージを避けて通るわけにはいかない．どの鳥をリハビリテーション過程にまで送り込むのが最善の選択か，という議論は，各個体の最低限のデータに基づいて行われるべきである．むろん，リハビリテーションが現実的なオプションでないことが議論するまでもなく明らかな怪我の状態もある．輸送に関係する労力と費用を考えれば，関係当局者の全員の感受性について配慮を払いつつ，リハビリテーションに対して不適応，収容時点での人道的な安楽死が唯一かつ最善であるとせざるを得ないような障害の状態を，あらかじめ決めておくのは有益である．放鳥可能にまで治療できる見込みがあり得ない状態としては，脚または翼の全体，あるいは主要な一部の欠損，嘴のひどい損傷や喪失・破壊，翼の長骨の骨折で明白な開放性創傷を伴い，骨が粉砕されているもの，骨が乾燥または壊死しているもの，片眼または両眼の深刻な損傷または破壊があげられる．疑わしい場合，あるいは状況に相応しい安楽死手段が得られない場合は，身体検査とX線撮影が可能で，より詳しい情報に基づいた決定を下し得る施設に輸送するほうが，その個体と公共の利益はよく守られるだろう．

治　療

負傷した猛禽類に対する最新獣医療には，獣医師が備えているべき一般的な技術一式の応用，各種の医学用品，通常の手順と科学技術を伴う（Redig 2003）．これらには以下の事項が含まれるが，これだけに限定されるものではない．①外科処置時に無痛化を目的として使うのと同様に，身体的な検査に際しても不動化のためにガス麻酔を用いること，②放射線撮影装置，③採血用のチューブと注射筒，細菌学的判断のための綿棒と培養容器，および糞中寄生虫検査のための顕微鏡と付属機器などを含む，診断のための検体採取に供する材料と機材，④整形外科医なみのレベルで包帯，添え木を使いこなすための材料と機材，そして腕前，⑤極度に衰弱した患鳥の治療方針を決められるだけの試薬，⑥緊急収容，収容前ケア／術前ケア，長期に及ぶ回復期のケアのための施設管理，野外に返すための体調づくり，⑦適切な餌の供給および，計画全体を滞りなく進めるに足る人的資源．その他，内視鏡，心臓モニタリング装置，一般的な外科器材も有効である．大部分のリハビリテーション施設は，これらの大半を利用できるように，自前で備えるか，あるいは経験ある獣医師と連携している．

ガス麻酔は，負傷した猛禽類の取扱いに不可欠である．患鳥のストレスを減らし，より詳細な身体検査と，診断のための検体採取を可能にする．最も多く使用されている薬剤は，イソフルラン〔isoflurane®（Minrad, Inc., Bethlehem, PA）〕である．セボフルラン〔sevoflurane®（Abbot Laboratories, Abbot Park, IL）〕も一部の臨床家によって使われている．これらの薬剤のすばらしい特徴は，導入が速いこと，心拍数と呼吸数の低下が最小限であること，投与量の許容範囲が広いこと，覚醒が迅速であることなどである．ひどい怪我や衰弱のある鳥もたいていは安全に麻酔可能であるし，ガスで意識を失わせてしまえば，極端な苦痛に晒し続けないですむ．麻酔管理には，イソフルランまたはセボフルランに使用可能な精密な気化器，開放呼吸装置（例えば，Ayres T-piece, Banes circuit），頭部全体を覆うことができるマスク（図23-1）が必要である．1〜4kgまでの鳥では，伸縮性のある材料（例えば，Vetrap®：3M Animal Care Product Division, St. Paul, MN）で鳥を抑制し，鳥の頭部をマスクに入れ，頸のところで封をし，気化器を5%，酸素流量は1リットル／分にセットして導入する．より小さな鳥では導入時また維持時とも酸素流量は低くてよい．前麻酔剤（例えば，アトロピン）は使用しない．1〜2分後に，全般的な意識の喪失と，身体の緩和という形で，麻酔作用が確認できるだろう．一般的に，維持時のガス濃度は2〜3%の間である．呼吸数と呼吸特性はきちんと監視し，処置に必要な麻酔深度に合わせてガス濃度を調節する．挿管は，30分以上維持する場合に推奨される．麻酔中，眼球保護のためにルブリカント眼軟膏（訳者注：眼科用の粘稠剤）を施用する．鳥が側臥位で静置されている時，腹側の眼球には平坦化が見られることがあるが，覚醒15〜30分後に復旧するはずである．覚醒には，ガスは0%とし，チューブには酸素が流れるようにする．意識が回復する徴候を示すまで，鳥は酸素で生

図 23-1 ガス麻酔導入のためにハクトウワシの頭部がマスク内に挿入されている．Vetrap 製のぴったりで弾力のある覆いが鳥の首の一部にかけられていることに注目．

命を維持される．その後，チューブまたはマスクを取り外す．完全に覚醒する（5〜20分）までは，胃内容物が逆流して気管に入らないよう注意を払いつつ，垂直に保定しておくべきである．

ガス麻酔薬の使用時には，食物が消化管内に存在しないか，過度の興奮，極度な脱水でないかといったことにも注意を払わなくてはいけない．可能ならば，麻酔前 6〜12 時間は絶食させておく．それが不可能だった場合は，覚醒過程中に，もし胃内容物が逆流しても気管に誤嚥されることがないような世話を必ず行わなくてはならない．一般論としては，そ嚢または胃にかなりの食物を溜めている時は，麻酔は絶対に行わない．激しい脱水は，導入以前に，静脈または皮下からの補液によって緩和されていなくてはならない．

身体検査，最低限の情報収集

猛禽類の怪我または虚弱の範囲と程度を診断するのに必要な最低限の情報収集には，"頭のてっぺんからつま先まで"の身体表面全部の触診，長骨の骨折の有無，関節の可動範囲の確認，体表にある開口部（口，気管開口部，耳，総排泄腔）は光を当てて調べる，といった身体検査が含まれる．

猛禽類では頭部外傷が多いので，眼底検査鏡を用いた直接的また間接的な眼底検査を含む眼科的検査は不可欠である（図 23-2〜図 23-4）．哺乳類と異なり，鳥類ではアトロピンによる散瞳は不可能であるが，部屋を暗くすること，イソフルラン麻酔のどちらか，または併用によって，検査に十分な程度に瞳孔を開かせることが可能である．眼の出血や深部構造の破壊の両方が，骨折は完治可能な個体が放鳥不適となる原因となっている（図 23-5）．視覚障害は，眼の内部の検査だけで発見可能である．

これらの検査に加えて，①白血球数および白血球分画，血中血球容積，総蛋白を得るための血液学的検査（第 16 章を参照），②毒物分析〔特にハクトウワシ（*Haliaeetus leucocephalus*）における鉛〕のための血漿採取，③血清学的検査（特定の疾病に対する抗体の検出）を実施するため

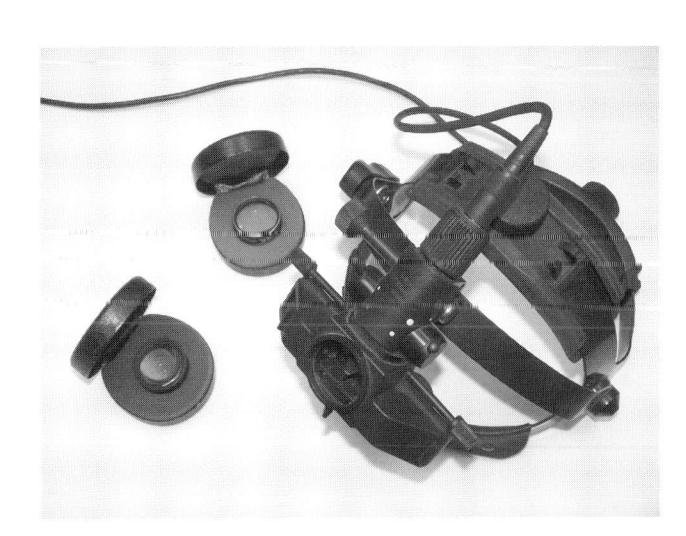

図 23-2 "間接的な"眼底検査鏡検査で使われるヘッドセットとレンズ．図 23-4 も参照．眼底検査鏡のこの形状によって，対象物から離れた位置からの観察が可能となっていて，眼底全体を見ることができる．

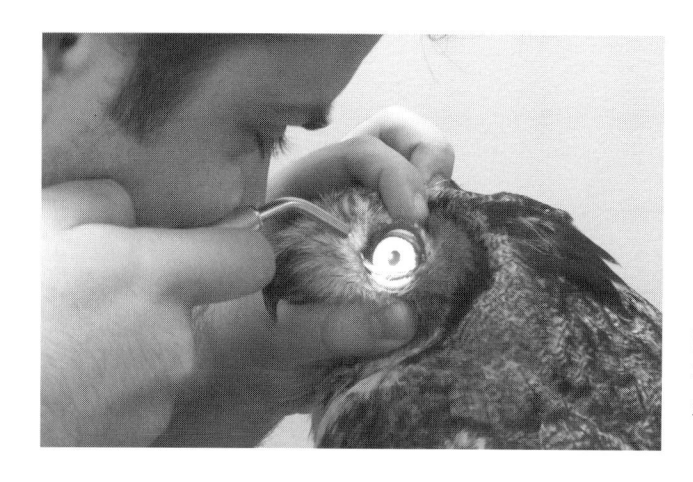

図 23-3 トランスイルミネーターと呼ばれる焦点調節可能な光源を使った眼底の検査．検査者の視線は光源の軸とほぼ平行である．患鳥の眼レンズによって，網膜は大きく詳細に見える

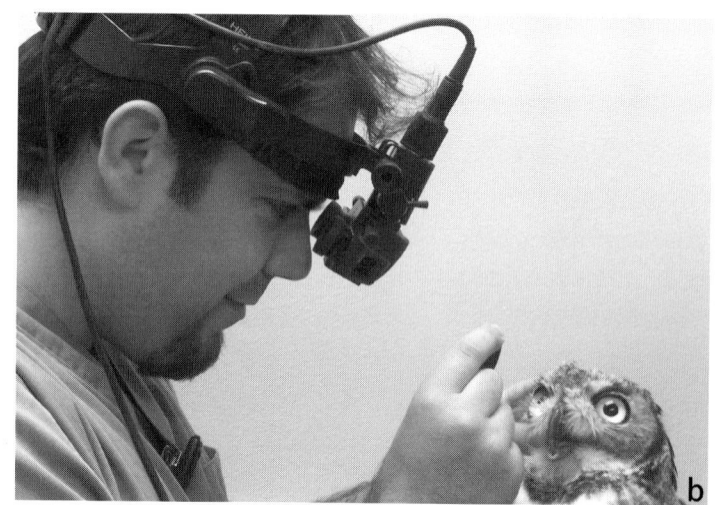

図 23-4 アメリカワシミミズク（*Bubo virginianus*）の眼底検査における眼底検査鏡の直接の（a）および間接（b）使用法．直接鏡には一連のレンズがはまった回転板が組み込まれており，検査者が人差し指で回転させることにより，眼の中の様々な場所にピントを合わせることができる．

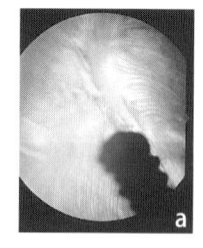

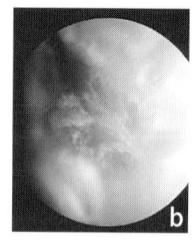

図 23-5 正常（a）および損傷した（b）網膜のペクテン．

の採血は最低でも行うべきである．開放性創傷から採取した微生物学的検体あるいは病変部（例えば，口内のトリコモナス病変）を削り取った検体，新鮮便の直接塗抹法および浮遊法による内部寄生虫の卵の検査も有用な情報を提供する．腹背および側面（図 23-6a，b）で撮られる全身 X 線写真も必須である．適切な施設において麻酔をかければ，このような検体採取は 20 分以内で行えるはずである．放射線撮像，簡単な血液学的検査（血中血球容積 PCV と総蛋白 TP），眼科的検査，検便，および身体検査の結果は，トリアージのためであれ治療のためであれ，なんらかの決定を下す際にすぐに活用できるデータとなる．

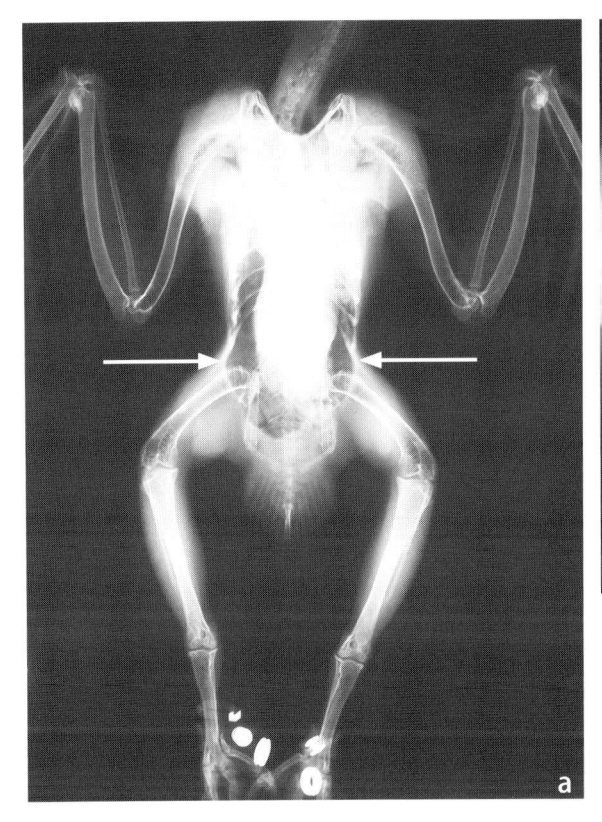

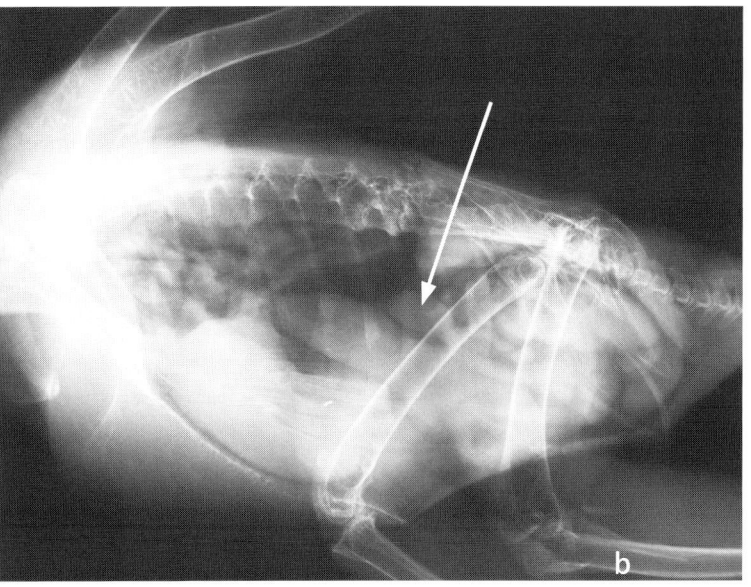

図 23-6　X 線写真の腹背（a）および側面（b）の映像．(a) の矢印は，上部呼吸器系での呼吸を制限しているであろう腹部気嚢の異常膨張を示す．(b) の矢印は，活性のあるウイルス感染を示唆する，脾臓の膨張を示す．

初期救命処置

　怪我や病気の程度や種別にかかわらず，全ての個体は脱水状態にあると仮定してかかるべきである．確認できる最低限の脱水レベルは，およそ体重の 5% である．生命維持可能な脱水の上限界は 12 〜 14% である．脱水の決定は主観的な判断によらざるを得なく，①皮膚の弾力，②眼球の落ちくぼみ，角膜の鈍重，③通常は検査者が人差し指で触れて判断が行われる口内粘膜の含水量によって判断される．実際的な見地に立てば，10% の脱水と仮定しておけば臨床的に役立つであろう．これは，1kg のアカオノスリ（Buteo jamaicensis）が 10% の脱水状態にあるとすれば，血管系の内外からおよそ 100ml 相当の水分を失っている，ということを意味する．この状況では，損失分は数日にわたって（通常は 4 日）補われなくてはならない．毎日 50ml/kg の補液が必要である．

　緊急に補液が必要な場合，静脈または皮下経由で行う．皮下からでは吸収が遅すぎる，静脈が潰れていて経路が確保できないといった極端なケースでは，静脈経由とほぼ同様の速度で骨髄内へ補液することも可能である（Aguilar et al. 1993）．尺骨の末端部から髄腔に 18 または 20 ゲージ針を挿入して経路を確保し（図 23-7），補液する．どのよ

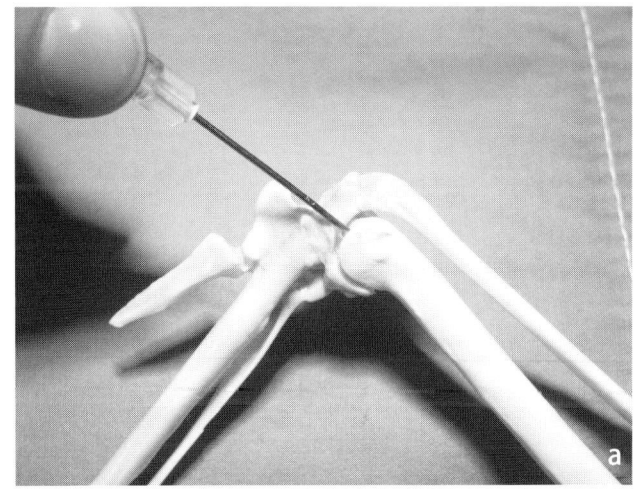

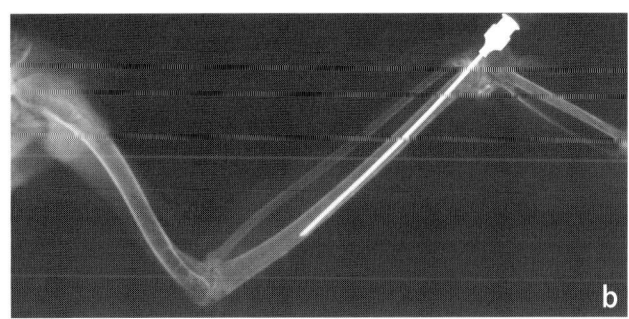

図 23-7　髄内へのカテーテル挿入．上図（a）は尺骨遠位端側部表面の穿孔位置を示す．下図（b）は，髄腔内に完全に針が挿入されている様子を示す X 線写真である．短期間（2 〜 3 日）であれば針を留置しても関節への永続的なダメージは生じないのが普通である．

うな経路であろうとも，最終的な目的は，その時々の水分必要量および出血があればその補充を行いつつ，推定される脱水量の50%を24時間以内に補うということである．例えば，1kgのアカオノスリは，最初の24時間に100mlの補液を必要とする．典型的な計画としては，1回当たり12〜15mlの皮下補液を4回行うとともに，同程度の量を6時間ごとに，そ嚢チューブで経口的に与える，ということになる．なお不足する分は，その不足分の半分量と，その時々の必要量を毎日与えることで翌日以降の数日間に補う．全ての補液用液は投与前に温めなければならない．多くの場合において，ひどく衰弱した鳥は，この単純な補液を開始して1〜2時間以内に，注目に値する反応を示すものである．

一般に，再水和（脱水緩和）の主要な目的（例えば，循環血液量の復旧）は，ラクトリンゲル液の皮下，静脈，または骨髄内への補液で果たされるが，Pedialyte®（訳者注：幼児向け電解質補給飲料）または水に溶いたGatorade®といったような飲料を経口投与しても容易に達成できる．患鳥に対し，最適な処置を選択する能力の向上に関しては，補液剤の選択，脱水状態の判断方法，処置への反応のドップラー血圧計を用いた監視，個々のケースの真の必要性に対してどのように補液スケジュールを組み立てていくか等，改善の余地が大いにある（Lichtenberger 2004）．

補液管理だけでできることではないが，怪我をしていたり衰弱していたりする猛禽類の治療において，摂取カロリー量は重要な要素である．自力採食ができないかまたは拒食しているならば，なるべく早く，少なくとも収容後24時間以内には，食物を消化管に送り込むことが必要である．衰弱した鳥に対しては通常，注射筒にそ嚢チューブ，ステンレスの給餌管またはゴム・カテーテルを接続して給餌する．与えるのは消化の良い肉（ウズラの胸肉，肝臓）をすりつぶし，たっぷりの補液用液と混ぜてチューブから押し出せるぐらい緩く溶いたもの（この液は日々の補液分から流用する）である．市販で利用できる餌としては，Oxbow Carnivore Care®（Oxbow, Murdock, NE），Lafeber's Critical Care for Raptors®（Lafeber Company, Cornell, IL），および Eukanuba Max-life®（The IAMS Company, Dayton, OH）などといった，必要な栄養素とカロリーおよび消化と吸収の良さに配慮された製品がある．

衰弱した鳥は，怪我，ストレス，疾病などによって非常に高い代謝となっていて，1日当たり約250kcal/kgを必要とする．単位容積当たりカロリーが2kcal/ml（市販飼料の典型）であると仮定すると，1kgの鳥は，そのような餌を125ml必要とする．通常，そ嚢容積は25〜30ml/kg程度であるので，24時間中に，1回当たり30ml，4回投与で必要なカロリーを満たせる．こうした処置は，体重が安定的に上昇し，鳥が丸ごとの餌動物（例えば，マウスやウズラ）に強い関心を示すようになるまで継続しなくてはならない．

骨折の処置

長骨骨折の最新の治療では，最終的にベストな治療成績を達成するために，固定用装具の外科的な埋め込みを行うことがある．髄内ピン・外部固定具連結式，として知られている装置には，上腕骨，橈骨，尺骨，大腿骨，脛足根骨の骨折を安定させた実績がある（Redig 2000）．この装置は，大きさがきちんと設定され，しっかりと挿入された髄内ピン，2本または4本の部分的にねじ付きの positive profile acrylic interface half pins（IMEX, Imex Veterinary Inc., Longview TX）とアクリル製の支持棒からなる（図

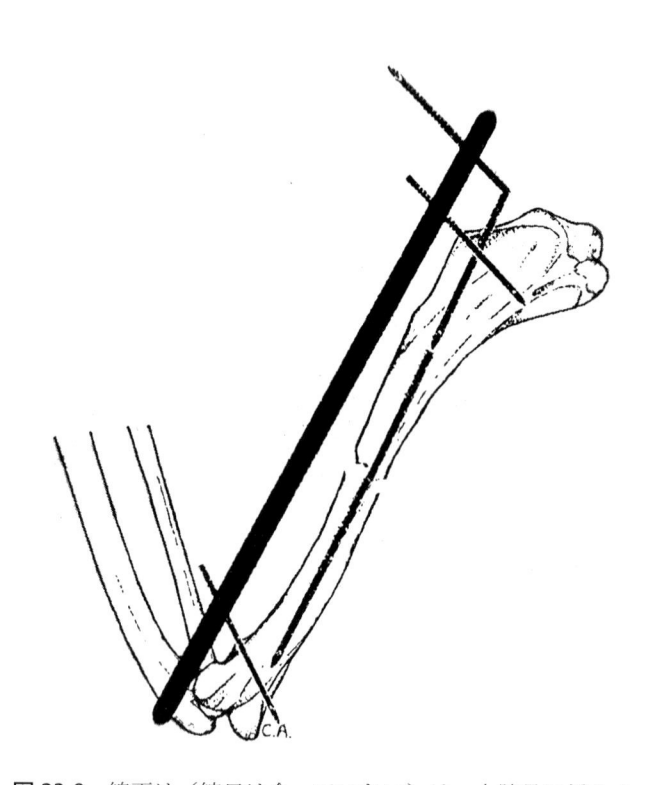

図23-8 線画は（縮尺は合っていない）は，上腕骨に挿入された連結固定具を示す．髄内ピンは髄腔に対してぴったりはまるようでなくてはならないが，きつくてはいけない．外部固定具（ピンとアクリル支持棒）の構成する面に合わせるために，髄内ピンは90度曲げられている．支持棒は，おおむね骨の直径に等しいサイズのラテックス・ゴムの型（ペンローズ排液管）に注入されたアクリルでできている．外部固定具ピンの設置方法と髄内ピンの挿入口が関節表面に干渉していない点に注目．

23-8).この装置の効果の鍵は,髄内ピン(intramedullary pin:IM)の端を 90 度に折り曲げ,それを外部固定具装置ピン(external skeletal fixator pin:ESF)の面に合わせることによって確立される,IM ピンと ESF ピンの位置関係にある.ゴム管(ペンローズ排液管)をピンの上に設置し,骨折部が適切に保持されている間に,管の中に液体状のアクリル素材(Technovit, Jor-Vet, Loveland, CO)を満たす(訳者注:このアクリル樹脂は常温で数分で硬化するので).正しく用いれば,この固定装置は,関節の正常な可動を許しながらも,ねじり,曲げ,逸らし,圧縮,引っ張りなどの応力に耐えて固定できる.固定装置の除去を目処とすると,典型的な骨折治癒期間は,上腕骨骨折の場合の 3 週間から,脛足根骨骨折において完全な機能の 65 ～ 70% 程度の回復が期待できるようになる 5 週間といった範囲になる(Redig 2000,図 23-9a ～ d).

中手骨(掌骨)主要部と第一中足骨(蹠骨)の骨折は,また異なる方法で処置しなくてはならない.どちらも,骨への血液供給を保持する軟部組織に乏しいという特徴があり,第一中足骨には体重がかかるために,治療はより難しくなる.この 2 つの骨では,軟部組織が障害から回復する時間が得られるように,外科的整復を数日遅らせてやるほうが,回復の可能性が高くなる.isoxuprine または pentoxyphylline のような末梢血管拡張剤の経口投与は,大いに推奨できる.術前には,掌部であれば "8 字" 包帯巻きを施す,中手骨にはロバート - ジョーンズ式またはシュローダー - トーマス式副木をあてることにより保護しておくことができる.中手骨の骨折の固定にはタイプ I の外部固定具が最適であるが,中足骨ではタイプ II の外部固定具で固定するのが最善であろう(図 23-10a,b).

骨折治療管理の重要な構成要素として,術後の物理療法

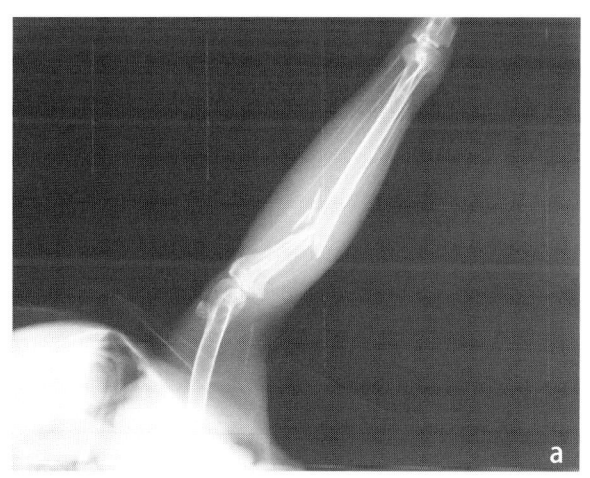

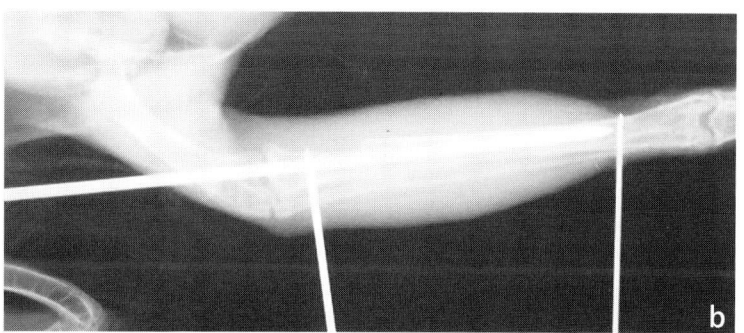

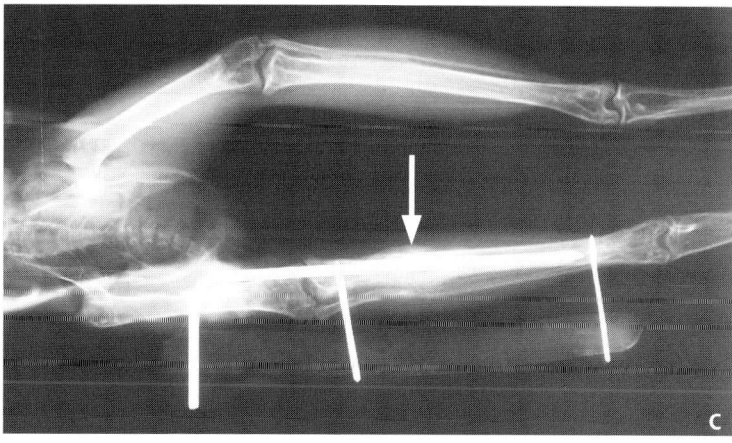

図 23-9 この一連の X 線写真は,脛足根骨近位骨折の連結型固定具での修復を示す.(a)手術前,(b)手術中.ピンの配列を点検する,(c)術後 3 週間後.この時点で著しいカルスの形成が見られる(矢印,訳者注:原書には矢印が画かれていなかったため,訳者が加えた).そして,(d)術後 5 週間後.髄内ピンは抜去されているが,カルスの成熟を助けるために外部固定具の支持棒はもう数週間残置される.

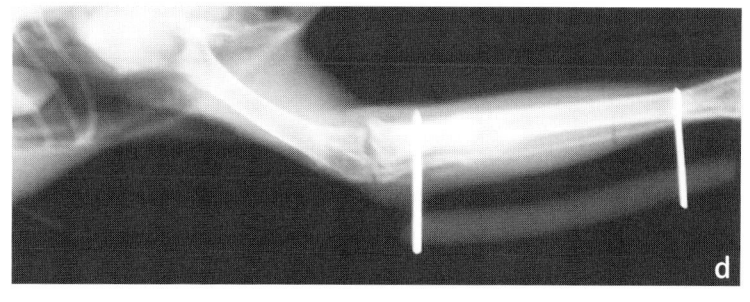

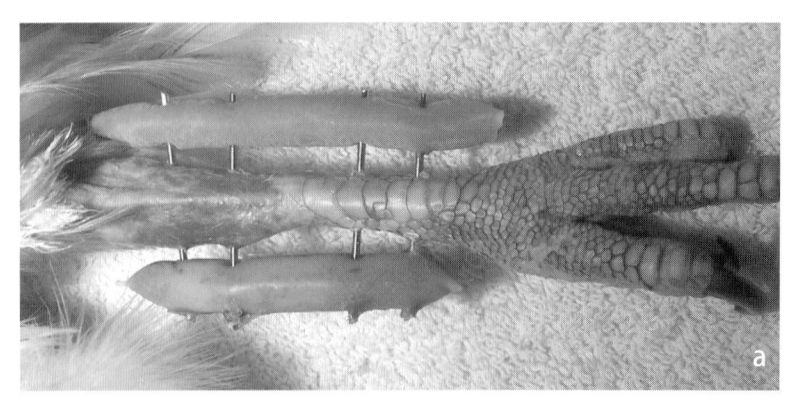

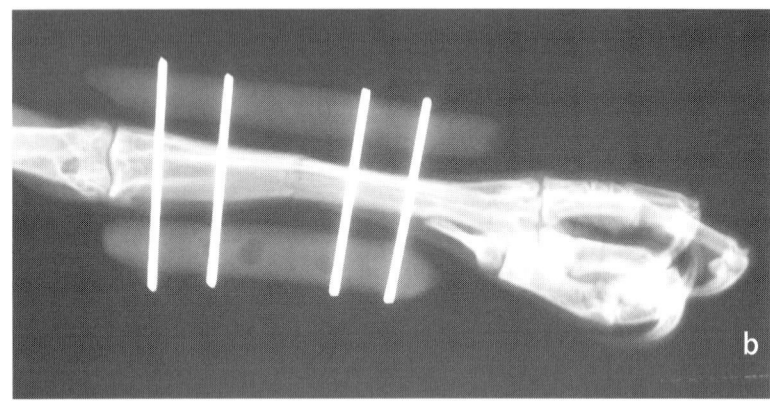

図 23-10 足根中足骨に適用されたタイプⅡの外部固定具（ESF）の通常（a）およびX線写真．アクリル棒は足の両側にあり，骨折位置の近位と遠位に2本ずつのピンがあることに注目．

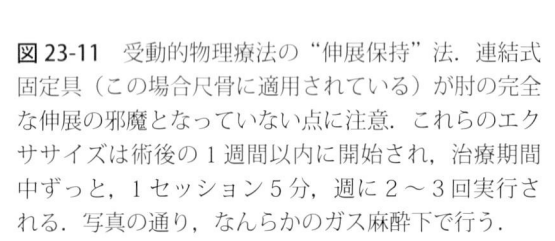

図 23-11 受動的物理療法の"伸展保持"法．連結式固定具（この場合尺骨に適用されている）が肘の完全な伸展の邪魔となっていない点に注意．これらのエクササイズは術後の1週間以内に開始され，治療期間中ずっと，1セッション5分，週に2〜3回実行される．写真の通り，なんらかのガス麻酔下で行う．

がある．これはなんらかのガス麻酔（無痛覚を維持できて，しばしば固定を緩めてしまう無意識な運動を生じさせないもの）下で行われ，"受動的関節屈伸"と"伸展保持"で構成される（図23-11）．術後の1週間以内に始め，1セッション約5分間の療法を，基本的に週2回ペースで継続する．これらは，筋肉への血流の改善，靱帯と腱の萎縮を予防し，関節の機能を保全する．連結型固定具やタイプⅠ（訳者注：原著の誤りで，正しくは"タイプⅡ"と思われる）の外部固定具を使う場合，ある関節だけが独立して可動することはなく，骨折部に望ましくない力が加わることもない．

長期的なケア

負傷または病気から回復しつつある猛禽類の管理において，もう1つの重要なポイントは飼養施設と給餌である．

回復期初期に適切な環境は，温度と光が制御された部屋の中に設置された，静かで（だからステンレスのイヌ用ケージは不可），内側がパッドで覆われており，極めて活発な患鳥を収容しても怪我しないように設計された，容易に清掃できる収容施設である．

回復期後期には，大きな"飛行部屋"または，気候が許すならば屋外禽舎で飼養することができる．副木類を取り外した後にはこうした施設に収容してやれば，鳥は動き回り，翼，脚，あるいは双方の力強さが回復し始める．Arent（2005）は，どのような種なら，同じ禽舎に一緒に収容してよいかを示している．壁の高所に取り付けられた止まり場に上れるようになってきたら，放鳥に向けての最終段階である飛行訓練を行う用意ができた，と見なしてよいだろう．

飛行訓練

猛禽類の生き死には，その運動能力に依存している．怪我をする前と同じ肉体レベルに到達するまで彼らを鍛え直すのは，リハビリテーション過程を完結させる重要な要素である．このために広汎に用いられている2つの方法がある．"禽舎内飛行"と"忍縄（細紐）付き飛行"である．前者では，止まり木を両端に置いた細長い（アカオノスリぐらいの大きさの鳥で，長さ30.5mが推奨される）囲いが必要となる．彼らは身体が頑健になり，まずまずの持久力を備えるようになるまで，一端から他端まで繰り返し往復して飛ぶように，日に1～数回，飛行が促される．どの程度の持久力が必要かは，高速飛行家なのか（ハヤブサ類），短距離選手なのか（ハイタカ属のタカ類），長距離を渡る種なのか〔ミサゴ（Pandion haliaetus），ハネビロノスリ（B. platypterus）〕，あるいはもっと静かな暮らしぶりなのか（フクロウ類の多く）といったことで種ごとに異なってくる．

"忍縄付き飛行"では，両脚のふ蹠に脚革と呼ばれる皮を取り付けること，またそこに忍縄と呼ばれる細紐を結んで使いこなす技術が必要になる（Arent 2001）．鳥を収容場所から連れ出して，柔らかく優しい着地ができる草が生えている広場に連れて行き，飛ぶように促す．この方法の有効性が，有酸素運動強度の指標となる乳酸生産を使って評価されたことがある（Chaplin et al. 1989, Chaplin 1990）．大部分の種にとって，60mを8～10回，休まずに飛ぶのが，一般的な到達点である．この技術を使用して，週に3～4回の運動を4～6週間続けるのが，翼の骨折から回復した場合の平均的な訓練である．

長期にわたる回復期における管理上の問題

リハビリテーションに必要な長い回復期の間には，様々な問題と疾患が起こり得る．アスペルギルス症，趾瘤症（バンブルフット），翼角の擦過傷，飛翔羽の傷み，嘴と爪の徒長などである．管理に起因するリスクを減らすために，生じ得る問題を予測し，予防するのは，鳥の世話をする者の義務である．簡単に言えば，世話の質によって，問題は生じもするし，防がれもする．アスペルギルス症は含まれないが，この種の問題は全てArent（2005）によって検討されている．

真菌症であるアスペルギルス症は，リハビリテーション目的のために飼育されている猛禽における深刻な合併症である．この菌は環境中の至る所に存在するので，発生は不適切な管理または予防処置の欠如に起因する．特に，若いハクトウワシ，オオタカ（Accipiter gentilis），アカオノスリ，ケアシノスリ（B. lagopus），イヌワシ（Aquila chrysaetos），シロハヤブサ（Falco rusticolus），シロフクロウ（Bubo scandiaca），北方針葉樹林帯のフクロウ類で鉛中毒になっているものは，この真菌に呼吸器感染しやすい傾向がある．病状が相当に進行するまで目立った症状は見られず，治療が間に合わないことが普通である．搬入時に抗真菌剤で予防的治療を併せて行うことが，よい予防法である．選択される薬剤はイトラコナゾール（Sporonox®, Janssen Pharmaceutical Products, Titusville, NJ）で，7mg/kgを1日2回，5日間，経口投与し，その後は3週間にわたって1日1回の投与を続ける．予防的治療以上に，ステロイドを回避することが重要である．特に強い免疫抑制性をもつデキサメタゾンを使わないことが，この病気の発生率を減らすためのよい手段である．

放鳥基準

リハビリテーションが完全に成功しつつあると見なされるのなら，きたるべき放鳥に備えて，慎重な選択と決定を行わなければならない．少なくとも以下の各項が満たされていなくてはならない（Arent 2001）．

1. 鳥の病気または怪我は完全に治癒しており．長期間にわたる身体的疾患（例えば，関節炎，進行性の白内障，その他）の徴候がないこと．
2. 鳥は，体力的に十分鍛えられており，しっかりした飛行技術を身につけていること．
3. 風切羽と尾羽が完全に揃っていること．
4. 足が良好な状態であり，爪は鋭いこと．
5. 鳥の基本的な臨床検査（血中血球容積，総蛋白，白血

球数および白血球分画，検便）の結果は，許容できる範囲内であること．野外個体群に新規な病原体（例えば，高病原性鳥インフルエンザ）を伝染させてしまわないためのさらなる検査も，リハビリテーション期間を通じて行われるべきである．
6. 若くして（4ヵ月齢未満で）救護された鳥は，生きている獲物を捕える能力をもつことが確かめられていなくてはならない．
7. 片眼を失明している個体は，生きた獲物を捕え，障害物を避けるのに支障がないかどうか，放鳥前に慎重に検討されなければならない．
8. 寒い時期に放鳥する場合，放鳥前2～3週間の順応期間を与えられなければならない．
9. 可能なら，救護された場所で放鳥できないか検討する．ただし，季節，その地で繁殖している個体によるテリトリー防衛行動，元の繁殖ペア相手が"再婚"している，渡りの時期などの条件によって不可能なこともある．いずれにせよ，放鳥地点は，その種のハビタットとして適切な環境であり，本来の獲物がいること，繁殖期ならば既知の同種のペアのテリトリー内でないこと，渡りの時期が近いならばその種の正常な渡りルートの近くである，といった観点を踏まえて選択されなくてはならない．

要 約

　負傷した猛禽類の救護を成功させるには，複合的な獣医療の応用，長い回復期の世話，積極的な身体的機能回復訓練が必要である．達成すべきは，怪我をした過去があると分からなくなるまでの，あらゆる点で完全な回復である．完全な機能の回復と，十全な運動能力を伴わない放鳥は，短期の生存後の餓死を強いることに他ならない．どんな猛禽類でも，個体のリハビリテーションが個体群に与え得る影響はごく小さいものだから，リハビリテーションに従事する者は，①放鳥しようとする鳥は精神的にも肉体的にも万全であることを保証する，②われわれの知見を増大させるために，個々の事例から，怪我の原因，寄生虫の有無その他の身体的な情報を抽出する，③人の影響が強い環境下で猛禽類が直面しているいろいろなタイプの問題について人々に解説する素材とするために，個々のケースから典型を描出するということを自らの義務と心得るべきである．

　個々の鳥のリハビリテーションから収集される情報は，その情報が公共政策，農薬規則，疾病の予防と管理計画を作成するのに用いられれば，個体群にとって直接的な利益をもたらすことができるのである．リハビリテーション研究を実施している施設の多くはインターネットによってネットワーク化され，世界のどこからでもすぐに利用できる情報源として整理が行われている．この30年間で，猛禽類の医学上の問題と治療について多くの成果が得られた．そうした知見や能力を情報科学的に統合すれば，猛禽類に対して個体群レベルの悪影響を与えている問題に対処するのに役立つであろう．

引用文献

AGUILAR, R.F., G.R. JOHNSTON, C.J. CALIFOS, T. ROBINSON AND P.T. REDIG. 1993. Osseous-venous and central circulatory transit times of technietium-99m pertechnetate in anethetized raptors following intraosseous administration *J. Zoo Wildl. Med.* 24:488 – 497.

ARENT, L. 2001. Reconditioning raptors: a training manual for the creance technique. The Raptor Center, College of Veterinary Medicine, University of Minnesota, Minneapolis MN U.S.A.

———, 2005. Care and management of captive raptors. The Raptor Center, College of Veterinary Medicine, Minneapolis, MN U.S.A.

CHAPLINE, S. 1990. Guidelines for exercise in rehabilitated raptors. *Wildl. J.* 12:17 – 20.

———, L. MUELLER AND L. DEGERNES. 1989. Physiological assessment of rehabilitated raptors prior to release. *Wildl. J.* 12:7 – 8, 17 – 18.

LICHTENBERGER, M. 2004. Shock and fluid therapy for the avian veterinarian. Pages 157 – 164 in Proceedings of the annual meeting of the Association of Avian Veterinarians. New Orleans, LA U.S.A.

REDIG, P.T. 2000. The use of an external skeletal fixatorintramedullary pin tie-in（ESF-IM Fixator）for treatment of longbone fractures in raptors. Pages 239 – 253 in J.T. Lumeij, J.D. Remple, P.T. Redig, M. Lierz, and J.E. Cooper [EDS.], Raptor Biomedicine III. Zoological Education Network, Inc., Lake Worth, FL U.S.A.

———. 2003. Falconiformes. Pages 150 – 161 in M.E. Fowler and R.E. Miller [EDS.], Zoo and wild animal medicine: current therapy 5, 5th Ed. W.B. Saunders/Elsevier, Philadelphia, PA U.S.A.

SLEEMAN, J.M. AND E.E. CLARK. 2003. Clinical wildlife medicine: a new paradigm for a new century. *J. Av. Med. Surg.* 17:33-37.

市民教育

JEMIMA PARRY-JONES
International Centre for Birds of Prey
Little Orchard Farm
Eardisland, Herefordshire, HR6 9AS United Kingdom

MIKE NICHOLLS
University of Greenwich at Medway
Chatham Maritime, Kent, ME4 4TB United Kingdom

GAIL C. FARMER
Acopian Center for Conservation Learning,
Hawk Mountain Sanctuary
410 Summer Valley Road, Orwigsburg, PA 17961 U.S.A.

訳：渡邊有希子

市民教育が果たす役割

　保全科学者は，研究の成果を世の中に広める責任がある．これは，単に科学は"公共の知識"であるからだけではなく，世の中に広めることで自然保護論者や科学者にも賛同を得ることができ，そして一般社会の中での支持を得ることができるからである．簡単に言えば，猛禽類の生物学者および保護管理者が一般社会や公共機関からの支持を継続的に得ることを望むならば，猛禽類についての研究や保護活動と同時に，一般市民に対して猛禽類についての啓発活動を行う必要がある．

　教育は，学校または学校以外の学習体験の成果である．市民教育のプログラムの多くは，学校以外の学習体験であり（Livingstone 2001），そして，多くの一般市民は学校の外で特別に設けられた機会において，猛禽類に触れ，その情報を得ることがほとんどである．

　学習とは，学習する者が情報交換および教示された内容を習得し，意義を築く能動的なプロセスとして定義される（Driver and Easley 1978, Driver et al. 1996）．学習者にもともと存在する知識，能力，そして意識は，彼らが何か新しいことを学ぶ時の基礎であるので，極めて重要である（Ausubel et al. 1978）．それゆえに，学習者がより一層の学習を行う場合の基盤は，自ら持参してくると言える．これらの基盤というものは，先入観や誤解を含むことがある．このため，猛禽類の保護に賛同するように考え直させることは難しい場合がある．

　どのような学習プログラムを進めていけばよいのか．事実に基づく知識と保護活動に関することであることは疑いもないことであるが（Ham and Kelsey 1998, Bradley et al. 1999），Ramsey and Rickson（1976）は，意識は保護活動に最も重要な影響を及ぼすものの1つであると結論付けている（すなわち，人々が保護問題に対してどのように行動するか）．Everitt et al.（2002）は，猛禽類に対する人々の前向きな意識の向上が最も重要なことであると考えており，また，単に事実に関する情報を広めることよりもさらに重要なことは，肯定的な意識が人々の野生動物の保護を支持する意欲に結びつくことである（Aipanjiguly et al. 2002）．

　ここでは，人々の猛禽類に対する意識を肯定的なものとするために，どのような理屈で，そして，どうやって市民教育プログラムを活用していくのかを論じる．猛禽類に対する意識を向上させるための教育プログラムで用いられる概念的そして方法論的なアプローチをいくつか紹介する．どのようにこれらの概念的そして方法論的なアプローチが利用されてきたのかを実証する猛禽類教育プログラムのケーススタディを提示する．また教育プログラムの計画と評価の方法についても提案する．

保護意識への影響

　保護意識に影響を与えるには，まずは意識が何たるものかを理解する必要がある．われわれの目的にとっては，意識には以下の3つの主要構成要素があると考えると都合がよい．それは認識という要素（reason：動機），情報的要素（emotion：感動），その両要素が直接に作用する行動の変化，である（Manzanal et al. 1999）．多くの外因性および内因性の変わりやすい要因が認知的要素および情動的要素に影響を与えることから，意識をつくり出すことは非常に複雑となる（Kollmuss and Agyeman 2002）．

　人々の野生動物に対する気持ちは直感的なものかもしれない．人々と猛禽類が対立状態にある時は否定的になるし，何の対立もない場合は中立もしくは肯定的となる．猛禽類に対して，中立的な意識そして無関心の場合には，土地利用慣行，環境汚染，ハビタットの消失，感電事故，そして交通事故という事象の中において，間接的に否定的な効果をもたらす結果となるであろう．おそらく，人々は気付かないままか，もしくは彼らの行動を変えるに値するほどの関心がないのかもしれない．利害の対立，特に獲物をめぐる対立は，否定的な気持ちを引き起こし，銃殺，毒殺，罠による捕獲といった直接的な迫害をもたらす．否定的な意識と迫害のこの関係は多くの場合，大型捕食者や害獣で見られる〔例えば，アジアゾウ（*Elephas maximus*）（Bandara and Tisdell 2003），チーター（*Acinonyx jubatus*）（Marker and Dickman 2004），オオカミ（*Canis lupus*）（Treves et al. 2004），ピューマ（*Felis concolor*）（Verdade and Campos 2004），リカオン（*Lycaon pictus*）（Woodroffe and Ginsberg 1999）〕．

　頻発する人々の意識と他の種との負の相互作用といった，一見すると相反するような関係は，決して避けられないわけではない．多くの場合，同じ文化をもつ人々でも，同じような野生動物に対しても異なる意識を抱くという証拠がある（例として，Kellert 1991, Bjerke et al. 1998, Seddon and Khoja 2003）．例えば，インドのヒマラヤにおける畜産農家では，オオカミは虐げる対象となるが，ユキヒョウ（*Uncia uncia*）は家畜を襲うにも関わらず迫害しない，という異なる意識をもっている（Mishra 1997）．同様に，ギリシャの漁業者はどちらも漁獲の競合者である鳥類であっても，ウ（*Phalacrocorax* spp.）は迫害するのに対し，ペリカン（*Pelecanus* spp.）にはしない．同様の例がフロリダにおいて農家と野生動物との間で起きている（Jacobson et al. 2002）．

　それゆえに，学習する機会をつくろうとする試みは，人々の気持ちを望ましい方向へ導くことに効果的である．誤解や偏見に直面したとしても，きちんと配慮した教育というものは，人々の肯定的な意識を育むことの助けとなる．新たに育まれた意識は，結局，猛禽類の保護をサポートする行動をもたらす結果となる（Broun 1949, Fraser et al. 1996, Bildstein 2001）．

教育プログラムの作成

教育の目的，目標，成果を明らかにする

　まずは教育目標を確認することによって，あなたが成し遂げようとする総括的な展望，"全体像"が描かれる．それが全体的な使命，またはゴールとなる．教育は，特定のプログラムに関連した特定の目標に到達することを目的とする．あなたが何を教えたいのか，またはどんな経験を提供したいのか，目的を具体的にアウトラインとして作成し，あなたがターゲットとしたい聴衆は，地理学的，人口統計学的に誰なのかなどを明確化しておくべきである．聴衆が変われば，異なるアプローチが必要であり，プログラムの企画前に，聴衆を特定しておくことが重要である．プログラムの結果として成し遂げたい成果は，行動，意識，そして理解を変化させることである．これには，目的が達成されたかどうか，あなたが知る方法（すなわち，評価）を決定することを含んでいる．あなたの狙い，目的，そして成果を可能な限り具体的に示すことは重要であり，これらはプログラムを発展させる他の全てのステップの手引きともなるであろう．さらに，あなたの目的を明白かつ明瞭にするほど，プログラムが実際に目的に達しているかどうかを評価することが簡単となる．

　例えば，ハゲワシ類はジクロフェナク中毒によって死亡するため，インドの猛禽類リハビリテーターは，特定の地域における動物用薬のジクロフェナクを使用する畜産農家の数を減らしたいであろう．リハビリテーターの教育の目的は，"家畜業者に対して，ジクロフェナクがどのようにハゲワシ類を殺すかについての情報と理解を与えるとともに，彼らに生きているハゲワシ類との好意的な体験を提供することで，ジクロフェナクの使用をやめさせようとすること"である．本事例では，ターゲットとなる聴衆は地域の畜産農家であり，成果は畜産農家がプログラムの経験後，ジクロフェナクの使用をやめることである．

　あなたの狙い，目的そして成果を定める際に，あなたの地域で必要とされる教育と保護の両方を考慮することが重

要である．必要でない教育プログラムへの時間，お金，その他の資源の投資は，時間と資源の浪費である．そのため，類似した専門知識と経験を有している，他の組織や個人が存在するかどうかを確認することが重要である．各組織について，何を教えているのか（すなわち，彼らの教育目的），誰に対して教えているのか（すなわち，彼らのターゲットとする聴衆），そしてどのように教えているのか（すなわち，彼らの教育方法）を確認する．現時点で存在する他のプログラムを評価，理解することは，既存の教育展望を踏まえることにより，あなた自身のプログラムを発展させることになる．類似したプログラムがすでに存在するならば，それらを完全なものとするように，あなたのプログラムを調整することができる．あるいは，異なる目的，異なる対象者，異なる方法，または3つ全てを選択することとなるかもしれない．しばしば，既存のプログラムを見学して，経験することで，何が行われ，そして何が行われていないのかを知ることは，より良いセンスを磨くことに役立つ．そしてスタッフに会うことで，彼らと協力することも可能となるかもしれない．

組織や個人の長所と弱点の確認

あなた，もしくはあなたの組織は，どんな特定の関心事，技術，または経験を人々に提供できるのか．例えば，研究団体の長所は，情報資源として，科学または現地の生態情報が利用できることかもしれない．リハビリテーターは，動物の健康と生理の専門知識を有するであろうし，野生に帰せない猛禽類のような特殊な資源を得ることができ，その種を知ってもらうための教材として教育プログラムに用いることができるかもしれない．学校の教師は，教育者としての技術，専門知識を有し，個々の生徒に日常的そして繰り返し接触している．

あなたの長所を特定するとともに，プログラムの弱点を認めること，そして必要に応じて専門家のアドバイスを求め，専門家を巻き込むことが重要である．

非公式な教育プログラムに関連する人々に，公式な教育トレーニングがされていなかったということはよくある．このような状況においては，プログラムの発展に関してのアドバイスや教育の再検討，計画や教材の評価を行うことに前向きな教育専門家の小規模なネットワークを構成することを薦める．

概念的そして方法論的アプローチの決定

聞いただけではすぐ忘れ，
見ても覚えるのがやっとで，
体験して初めて理解できる

この格言の見識を正当化することは不必要であろう．全ての教育機関が，理解は学習のプロセスに参加した結果として得られる，というこの概念を支持している．ただ単に，書面や言語情報を受け取るだけでは，意味のある学習とは言えない．Ham and Kelsey（1998）は，入念に狙いを定めた生物多様性の教育は，一般市民を教育することを目的としたマスメディアのキャンペーンをはるかに凌駕すると結論付けている．実際には，理想とあなたの能力および対象となる観客の規模といった現実の間で，市民教育のプログラムはしばしば妥協したものとなるであろう．

教育プログラムのタイプは，2つの一般的なカテゴリーに分類できる．単に情報を受け取るだけという受け身の参加，そして教育的な経験と相互に作用する積極的な参加である．どちらのタイプの教育プログラムも，生息域内（例えば，猛禽類の行動圏内もしくはそのすぐ近く）もしくは生息域外（前述の範囲外）における実行計画を立てることが可能である．生息域外における経験には，野生動物のドキュメンタリーや本や雑誌記事を読む，またウェブサイトでの資料やシュミレーションなど2次的な学習機会（バーチャルを含む）が含まれる．

生息域外における参加者の受動的なプログラムとして，主に猛禽類の観察があり，時には教育者による話を聞くことや，解説を読むこともある．例えば，生きた猛禽類を用いたデモンストレーションや，博物館そして動物園における展示，また特にテレビでの野生動物のドキュメンタリーなどである．一方で，積極的参加型のプログラムは，ゲームやプロジェクト，研究，そして活動など，参加者にプログラムのいくつかの局面に積極的に参加してもらうものである．受動的なプログラムでは多人数となりがちで，参加者がプログラムに積極的に参加することは難しい．積極的参加型プログラムは，より少人数のグループの方がうまく行うことができる．どちらのタイプのプログラムでも，猛禽類保護の"全体像"において役割を有している．例えば，ある人は，動物園や猛禽類センターで初めて生きた猛禽類のデモンストレーションを見て，猛禽類に興味をもつようになるかもしれない．このような経験が1回だけでは，その人の意識または猛禽類保護への行動に影響を与えるには十分ではないかもしれない．しかし，地元の野生動物に関する団体に対して，猛禽類についての何らかの教育プログラムがあるかどうかを打診する気になるためのきっかけとなるかもしれない．小規模でより活動的なプログラムでは，個人の経験をより多く提供することができるため，その人の意識に対してより長期にわたって影響を与えること

となるであろう．

意識にターゲットを当てた教育プログラムを計画する際には，知性と感情的な体験を組み合わせた手法を取り入れるべきである．しかしながら，教える側にとっての感動的な経験が，観客にも同様のものとなるかどうかは分からないということを心に留めておかなくてはならない．観客のこれまでに有している意識を理解することは，観客にどうやって感動的体験を提供するかを決めるために重要である．同様に，学習とはこれまでに有している知識と新しい知識の両方を融合させるプロセスであることから，人々のこれまでに有している知識レベルを理解することは，どのような情報をプログラムに含めるかを決めるために重要である（Ausubel et al. 1978, Driver and Easley 1978, Driver et al. 1996）．

ここでは，世界中の猛禽類について市民教育に用いられている方法にスポットを当てて，ケーススタディとして，受動的または能動的な参加型のプログラムの例をいくつか紹介する．

動物園や猛禽類センターにおける猛禽類の飛翔展示の観察

他の国々と比べ，英国の法律では，猛禽類の飼育や一般への公開は比較的容易である．このことと猛禽類が飼育下で容易に繁殖されてきたということが，猛禽類の専門センター（時に不適切な呼び名として，鷹狩りセンターとも呼ばれる）における著しい発展を支えてきた．英国では，数百もの一般公開の場があり，たいていは大都市の近郊に存在している．これらの施設では年間数百万人の観光客が訪れており，おそらく英国国民の半数以上が最初に猛禽類を直接に体験できる場であることに間違いない（図24-1，事例1，事例2）．

猛禽類を含む多くの捕食者は，空腹な場合を除き，あまり動きがないため，この種の動物の教育展示は難しいことが知られている．もっともなことであるが，動物園において活動的で動きのある動物の前では，観客の観察する時間も多くなる（Wolf and Tymitz 1981, Marcellini and Jenssen 1988）．例えば，アトランタ動物園（米国）では，コツメカワウソ（*Aonyx cinera*）のトレーニングの時間を観客に公開し，解説を加えることで，動きのない展示方法に比べて，滞在時間が長くなり，好意的な印象が増加したとの結果が得られたとしている（Anderson et al. 2003）．

ほとんどの猛禽類センターは，伝統的な動物園での動物管理よりむしろ，それぞれが放鷹の訓練に起源を有している．どの猛禽類の個体が自由飛翔の訓練が可能となるかに関して，放鷹技術が用いられ，英国では1960年代後半から一般市民に対して猛禽類の飛翔のデモンストレーション

図24-1 鷹匠の技術を用いた飛翔のデモンストレーション．(a)昼行性，(b)夜行性の猛禽類が用いられる．(c)優良なデモンストレーションには，そこで見られることや一般的なことを説明し，種の特性についての質問に答えられる専門家がいる．適切で，優良な飛翔の実演には，活気のある学習体験が盛り込まれている．（写真提供：J. Parry-Jones）

事例1　National Birds of Prey Centre

国：英国

組織名：National Birds of Prey Centre（国立猛禽類センター）

プログラム名：飛翔のデモンストレーションを交えた教育

手　法：訓練した飛翔可能な猛禽類を用いて，種の違い，飛び方やハンティングのテクニック，必要なハビタット，世界における種のおかれる状況や脅威などについて教える

ターゲットとする観客：様々な人々，偶然立ち寄った観光客，予約団体，専門家グループ，学校

概　要：4～5種の異なる猛禽類を各デモンストレーションで飛ばし，デモンストレーションの内容は日によって変える（図24-1）．鳥は自然な行動パターンを示すよう訓練されている．例えば，ハヤブサ類は投げられた鳥に擬せられたルアーに対して急降下して襲い掛かるように訓練されている．チョウゲンボウ類はホバリングし，フクロウ類やノスリ類は木から木へと独特な飛翔をすることを見せる．ワシ類は，状況が適していれば帆翔させ，ハゲワシ類は地面と空での習性を見せるよう訓練される．特異な生態を示す鳥として，例えば，アナホリフクロウ（*Athene cunicularia*）は，人工トンネルの中へ消え去る様を，カラカラ類では，自然界で行っている，掘ったりひっかいたりするという行動パターンを見せる．それぞれのデモンストレーションでは，飛翔個体の解説を行う．種についての説明，独特の飛翔について，個体の特徴，そしてそれらが必要とするものやハビタットについて説明を行っている．2～3人のトレーナーが解説のペースを調整するために交替で鳥を飛ばす．観客に鳥に関心をもってもらうため，鳥の個々の性格について解説されるが，鳥やその鳥の情報の価値を下げることのないよう慎重に行われる．ただ鳥のそばに立って話しをするだけでは，観客はすぐ去っていくので，デモンストレーションは多くの鳥とその動きとともに進められる．そして，疑いなく意識は劇的に変えることができる．特にハゲワシ類は誤解されがちで，飛翔を間近で見ると，ほんの数分で意識が180度変わる．

それぞれのデモンストレーション後，参観者は質問を勧められ，デジタルカメラでの写真撮影はかなり一般的になっているので，撮影機会を設けることは有効である．飛翔のデモンストレーションが訪問の際のハイライトであることは間違いなく，常連客は特定の鳥に愛着を覚え，彼らの飛翔を見るために訪れるようになる．

事例2　The Hawk and Owl Trust

国：英国

組織名：The Hawk and Owl Trust（タカ・フクロウ保護基金）

手　法：体験，調査

ターゲットとする観客：学生，全ての年代の観光客

概　要：タカ・フクロウ保護基金の保護と教育センターでは，来館者に対して，猛禽類の生態展示に加え，様々な猛禽類の巣箱をそれぞれにふさわしいハビタットに設置し，野外で観察できるようにしている．講師は来館者と学校のグループ向けの活動を提供する．学生は1日滞在し，体験することを奨められ，猛禽類にとって重要なハビタットを調査する活動に参加する．彼らは森や草原で時間を過ごし，ハビタットの音，臭い，そして風景を体験し，そこで生きる動物を間近で観察し，そして猛禽類がいかに他の動物や植物に依存しているかを見ることで，食物連鎖のことを考える．他に巣箱の作成やペレットの分析，そして夜のフクロウ観察など猛禽類の生態の他の面を説明する助けになる活動がある．監視カメラにより，来館者は繁殖期のメンフクロウの家族の生活を見る機会が得られる．講師はまた，学校や若者グループを訪ね，巣箱の作成やペレットの分析などの活動集会を開催する．また，教育支援として，先生や若者グループのリーダーが彼ら自身の企画で使用するための教材を提供する．

を行っている（図24-1）．優良な飛翔の実演は，気分を浮き立たせるような体験をもたらし，移り気な観客をより注目させる．これは，意義のある教育的な経験を提供する機会を増やすことに繋がる．さらに飛翔の実演は，見ているものに関して解説しながら会話による相互のコミュニケーションを取る絶好の機会でもある．このような解説は，動物園の展示に教育的価値を見出すのに非常に重要なことであることが分かってきている（Marshdoyle et al. 1982）．それゆえに，関連する解説と一緒に行われる飛翔のデモンストレーションは，楽しみと肯定的な意識の伝達といった，普通得られない機会を提供するのである．

とは言うものの，猛禽類の飛翔のデモンストレーションは，慎重かつ熟考したうえで計画しなければならない．華々しく，そして時には興奮をさせるような展示を行っている一方で，一般の人々は"人は自然を優越する"といった相互関係を，トレーナーとタカとの支配的な関係から見るかもしれず，それは猛禽類の保護における飼育個体の収集の役割についても誤解を招くかもしれない．Cromie and Nicholls（1995），そしてHorrocks（in Nicholls 1999）は，英国の動物園および猛禽類センターにおける静的な展示および飛翔の展示に関して，潜在的な保護に関する教育的価値（表24-1）の評価を行った．彼らは，一般に"潜在的"には多くのセンターで良い効果をもたらしたものの，他の部分では教育的機会を逃すか，または猛禽類を観客を沸き立たせるためにのみ利用することによって教育的機会を

表 24-1　英国における猛禽類センターの保全教育の価値を評価するために用いられる採点基準*

得点	鳥類の展示の幅広い教育価値	鳥類の展示の解説	飛翔展示の実況解説の教育内容	飛翔展示の実況解説の保全内容
1＝不良	貧弱で興味を引かない鳥類の展示，鳥の原産地や生態を示していない（例：硬い素材のため穴を掘る機会のないアナホリフクロウ），もしくは潜在的な健康上のリスクが見られる〔例：床にわらを敷いた納屋でのメンフクロウ（Tyto alba）の飼育はアスペルギルス症のリスクがある〕．	情報は提示されているが，間違っているまたは誤解を招く恐れがある（たいていの場合，前の展示と重複した説明），もしくは擬人化されすぎている〔例：モモアカノスリ Harris's Hawk（Parabuteo unicinctus）のハリーはテレビを楽しんでいる〕．	解説は全体的に誤解を招いたり，または擬人化であったり，扇情的である〔例：アカケアシノスリ（Buteo regalis）はここにいるどんな鳥も獲ることができる〕．鳥の値段についてふざける，鳥に対しての意識が低い（例：鳥は高いところを怖がる，知識的に平均以下だ，というようなこと）．	猛禽類の保全について何も語られていない．あるいは功績もなしに保全の役割の自慢や，説明もないまま保全という言葉を使うことや希少種や絶滅危惧種を飼うことを正当化するためだけに"保全"の不適切な利用をすることなど．
2＝不十分，要改善	飼育環境にいくつか特色や備品が備えられるも，種の展示に対し思いやりがない，または不適当なものである場合．	種名の表記，簡単な分布図または数行の解説がある．	情報が不適切または検討違いである．事実と虚構の分別が困難．観客に関係がなく，型どおりの説明．	解説が，猛禽類をペットとしての飼育が容易であると矮小化する，飼育の方が動物にとって最善であるとほのめかしている（例：野生よりも飼育下の方が安全）．
3＝やや良い	背景に鳥の自然史の状況説明を試みている．しかし理想に達していない〔例：ウオクイフクロウ類（Scotopelia spp.）の飼育環境に小さな池があるものの池の水に糞や堆積物などが溜まっている〕．	種名，分布図，自然史の情報や保護の状況について表示されているが，表現方法（スタイル，様式）や体裁が全ての年代や理解能力に合っていない．	正確な情報が分かりやすい書式で示されている．鳥のハンティングの方法，どのように上手に飛ぶことができるか，見ることができるか，聞くことができるかといったことに関連した興味深いトピックが紹介されている．しかし，猛禽類をペットとして飼育することが容易であることが強調され，センターの宣伝がされている．	野生猛禽類の個体群に対する一般的な脅威や動物園の保全への役割について正確な情報を提供している．しかし，情報が面白く提供されていない，または全ての観客に適しているというわけではない．
4＝優秀	原産地のハビタットを再現する試み（例：森林性の種には適当な木を，砂漠性の種には砂漠に近い環境をつくる）．清潔な飼育環境．	創意工夫に富んでいる，または相互作用的な解説で，ことによると情報テクノロジー（IT）を使っている．情報は正確で，関連性があり，全ての年代や能力をもつ人に伝わりやすい．	正確で面白く，観客に適した解説で，猛禽類の飛翔は押し付けがましいものでない．観客に，自らの世界観を猛禽類と共有できると感じさせる．	正確で正当な情報，デモンストレーションを伴った解説または全体的に種に適した飼育施設での展示．

* Cromie and Nichols 1993 をもとに修正．

犠牲にしている，と結論付けている．実際に Foulds and Rubin（1999）は，英国のある猛禽類センターにおいて，飛翔展示の観察体験が，猛禽類保護を支持する意思が欠けている観客に変化をもたらすことができなかったことを示している．

概して，トレーナーの飼育猛禽類に対する態度は猛禽類に対する価値観を反映するものであることから，猛禽類の価値に関して，観客にいとも容易に，意図しない否定的なメッセージを送ってしまうことになる．例えば，飼育猛禽類の世話が行き届いていないように見えれば（例えば，嘴や爪の過長，羽毛の損傷，不衛生な飼育環境，乱暴な取り扱いなど），関連した解説内容には関係なく，"この猛禽類は私が注意をはらう時間または配慮をかける価値がないものだ"というメッセージを一般の人に与えてしまうことになるであろう．もし，講師が展示室内または鳥を腕に据えて，準備した40分間のレクチャーを行っても，その間に

見られる鳥の習性（排便，羽繕い，羽毛を立てる，観客への注視）について何の注意も，また何ら触れることもなければ，"この猛禽類は本当に面白くない"という，意図とは違うメッセージを与えることとなるだろう．

　だからこそ，教育プログラムにおいては，飼育猛禽類の管理，健康および治療には最大限の注意と心配りが不可欠である．自由に飛べるかどうかに関わらず，全ての飼育猛禽類は，1年のある期間においては，快適に動き回るのに十分な広さがあり，教育的活用から休息させ，換羽または繁殖さえも可能である飼育室に収容すべきである．鳥達に適切な休息期間もなしに，始終，飛翔展示をさせるべきではなく，時には，繋がずに大きなケージに収容すべきである．長期間にわたって自然の光や空気から隔離されるべきではない．Cromie and Nicholls（1995）は，英国の猛禽類センターで実践される健康と療養は非常に多様で，すばらしいものからひどいものまで多岐にわたることを示した．例えば，タカ類，ハヤブサ類，そして時にはフクロウ類が，飛んでいくという理由から毎日繋がれていることがしばしば見られるが，実際にはそうではないという証拠がある．特に懸念されるのは，管理に乏しく，療養もあまりされていない場合と教育的配慮が乏しいこととは相関関係があった．最もひどい飼育および管理であったセンターでは，意義のある教育体験機会をつくったり伝えたりする働きかけが最も少なかった．Arent and Martel（1996），Parry-Jones（1991, 1994, 1998, 1999, 2003），そしてNaisbitt and Holz（2004）によって，飼育猛禽類の世話や管理に関する優れた情報が提供されている．

　プログラムでの生きた猛禽類の活用は，全ての状況または全ての国において適したものとなるとは限らない．教育のために生きた動物を利用することが合法でない場合があり，その国の法律について知り，理解する必要がある．また，生きた動物は，しばしば感情的，時には肯定的，そして時には否定的な反応を招いてしまうものである．プログラムを観客の猛禽類に対する感情的な反応に対処・反応できるようにしておくためには，様々な文化や観客において，どちらのタイプの反応が起こり得るのかを理解しておくことが重要である．鷹匠，リハビリテーショングループ，動物園，保護団体，そして政府機関との協議は，その国での生きた鳥を使う価値や危険性，利点を確認する手助けとなるであろう．

整備された猛禽類の観察場所

　市民教育の観点から見ると，動物園と猛禽類センターの利点は一般の人が猛禽類を確実に見ることができるということである．さらに，生きている猛禽類および他の動物の

図 24-2　米国・ペンシルバニア州東部の中央アパラチア山脈にある Hawk Mountain Sanctuary の北側の展望台からの西側の眺望．Hawk Mountain Sanctuary には年間 70,000 人が訪れ，多くの人が初めて，自然の猛禽類とその保護の必要性を教えられる．

飼育施設は，たいてい人口の多い都市の近くにつくられており，そこを訪れるのは昔から教育目的というより娯楽であった．これは，社会を構成する特別ではない一般の人々に保護教育のメッセージを伝えるのに良い機会である．一方，猛禽類の渡りの光景を渡りの観察地で見ることは，"一般の人に，謎に満ち，そして広域に分散する猛禽類について紹介するまたとない機会"（Zalles and Bildstein 2000）を提供する（図 24-2，事例 3～事例 5）．

　一部の人々は，自然や生き物に対して共感する小さなグループを自分達で選び，より辺ぴな場所へ進んで訪れたがる．こういったグループに猛禽類への支援をお願いすることは容易ではあるが，このことは正確な情報を提供したり質の高い学習体験を提示したりする機会を損なうわけではない．

探求をベースにした学習活動

　教育体験の際，積極的に参加者を惹きつけることが，学習効果を増加させ，受動的なプログラムよりも，より意識に影響を与える傾向が強い（Heimlich 1993, DeWhite and Jacobson 1994, Leeming et al. 1997, Manzanal et al. 1999）．ここでは，積極的な教育体験の立案に利用できるいくつかのアプローチを概説する．

　多くの猛禽類教育プログラムにおいて，参加者には，猛禽類について関心を抱くことを意図した情報，1つの課題に関する情報，そしてプログラムの他の局面のために知識ベースが与えられる．より活発な情報の伝達の方法の1

事例3 Hawk Mountain Sanctuary migration counts（ホークマウンテン保護区でのタカの渡りのカウント）

国：米国
組織名：Hawk Mountain Sanctuary
プログラム名：秋と春の渡りのカウント
手　法：何千もの渡りの猛禽類の飛翔の説明と通過に関するプログラムのスケジューリング
ターゲットとする観客：一般の人々，学校のグループ

概　要：世界で最初の猛禽類保護区であるHawk Mountain Sanctuaryは，ニューヨークから西へ170km離れたペンシルバニア州東部の中央アパラチア山脈にある1,000haの自然保護区である．この保護区はKittatinny Ridgeの一部であり，北米大陸の北東部で繁殖したタカ類，ワシ類，そしてハヤブサ類の世界的に重要な渡りのルートである．Hawk Mountainは，この地で渡る猛禽類の虐殺を止めるために，ニューヨークの自然保護論者Rosalie Edgeによって1934年に設立された．毎秋，何万もの猛禽類が観察場所を越えて渡っていく．時には，1日で数千羽にも及ぶ壮観な渡りとなる．1934～1995年の62年間において，16種が代表する昼行性の猛禽類の渡りは，年間平均17,000羽以上であった．

1920～1930年代初期の頃，ハンターは毎秋，東部ペンシルバニアの分水嶺の頂上に集まり，渡っているタカ類やワシ類を撃つのが伝統的であった．当時，猛禽類は害鳥とみなされ，州の狩猟委員会は数種類に報奨金制度を定めていた．中央アパラチア山脈に沿って南へ渡る何千もの鳥が，毎年殺されていた．特にHawk Mountainは，猟場として適していた．1934年8月に保護区の最初の所長であるMaurice Brounが所有権を掲げ，地元ハンターと対決した時，全てが変わった．翌秋には，新しい保護区に多くのバードウォッチャーとナチュラリストが集まり始めた．

今日では，Hawk Mountainは草の根的な保護活動と環境教育と生態学的モニタリングと研究が一緒に行えることを示している．サンクチュアリでは，世界で最も長く，最も完全な猛禽類の渡りの記録を継続している．そこでのタカ類とワシ類の毎年のカウントは，北米大陸東部の猛禽類の個体数において，長期間の傾向を評価するための必須のツールであることが分かってきた．広範囲に及ぶデータベースは重要な役割を担っており，汚染物質の使用量の低下に伴って猛禽類の個体数の回復が見られるとされるように，DDTを含む第1世代の有機塩素系殺虫剤の曝露が，20世紀初期に見られたいくつかの種の猛禽類の急激な個体数減少の原因物質であることを明らかにする役割を果たした．

サンクチュアリの現地または現地以外での教育プログラムには，週末の一般向けの解説プログラム，平日の小中学校向けのガイドプログラム，地域の大学の協力を得た認定の大学レベルコースの提供，ヒメコンドル（*Cathartes aura*）を専門とした教育カリキュラムをベースとした科学や数学，そして地元の教育者向けのワークショップなどがあり，100万人以上の人々に影響を与えている（図24-2，Zalles and Bildstein 2000）．

Hawk Mountainでは，猛禽類について，そして渡りの事象についての教育プログラムを春と秋の週末に実施している．プログラムの題材としては，タカ類の識別，双眼鏡の使い方，サンクチュアリの文化や自然史，猛禽類の研究テクニックなどがあり，それら全てはサンクチュアリが見渡せる様々な場所で行われる．主な2ヵ所の見晴らし場で，インターンと生物学者は，一般の人々へ飛翔についての解説や鳥の見つけ方，興味深い飛翔行動を示したり，識別の手助けをしたり，質問に答えたりするなどして1日を過ごす．最も人気のあるイベントの1つは，地元の猛禽類1～2種を間近で観察し，その生活史や生態，保護について深く学ぶ機会のある猛禽類をライブで見るプログラムである．使用される手法や利用できる内容が豊富であると，山への訪問者が増える．

事例4 Symonds Yat Rockにおけるハヤブサの観察

国：英国
組織名：王立愛鳥協会（Royal Society for the Protection of Birds：RSPB）とForest Enterprise
プログラム名：Symonds Yat Rockにおけるハヤブサの観察
方　法：解説付きの観察ガイド
ターゲットとする観客：一般の人々

概　要：Symonds Yat Rockにおけるハヤブサの観察場所は，所有者であるRSPBとForest Enterpriseにより運営される共同プロジェクトである．4～8月の間，ハヤブサの営巣活動を観察できるよう望遠鏡が設置される．観察する岩はRiver Wyeからずっと高い壮観な場所である．場所はGloucestershireの田舎であるが，BristolとBirminghamの近くにある．

事例5 Aren't Birds Brilliant

国：英国
組織名：王立愛鳥協会（Royal Society for the Protection of Birds：RSPB）
プログラム名：Aren't Birds Brilliant（すばらしき鳥たち）
方　法：解説付きの観察ガイド
ターゲットとする観客：一般の人々

概要：英国では，王立愛鳥協会（RSPB）が運営するAren't Birds Brilliant（ABB）（www.rspb.org.uk/birds/brilliant/index.asp）と称される企画において，鳥の観察のため春と夏に選定した場所へ一般国民を案内する．案内する場所は，多くの場合は営巣地であるがRSPBが管理する自然保護区とは違い，その範囲を所有する地主や他の組織の協力を得て立ち入ることとなる．高品質の光学機器が提供され，観察者は使い方について，スタッフとボランティアによるチームの指導を受けるとともに，観察される種について紙や口頭で教えられる．2005年には，50ヵ所のABBに使った場所のうち，22ヵ所が猛禽類のミサゴ（*Pandion haliaetus*），アカトビ（*Milvus milvus*），オジロワシ（*Haliaeetus albicilla*），ハイイロチュウヒ（*Circus cyaneus*），ハヤブサ（*Falco peregrinus*）を観察するための場所であった．スカイ島やマル島にあるワシの営巣場所のようなサイトは，スコットランドの西海岸から離れており，比較的遠隔地である．しかしながら，他の場所，例えば，ロンドンの中心部や他の主要都市から近い場所にあるハヤブサの営巣場所は，一般の人々も利用しやすい．

観察技術の向上は別にして，一般の人々の多くは，この種の管理されたバードウォッチングに対して受身である．とはいえ，ABBの企画による影響の評価を行うと，2006年においては22ヵ所あるABBの猛禽類サイトに384,000人近くの人々が訪れた（P. Holden 私信）．これらの訪問者が猛禽類の保護を支持するという意向を示すものとして，およそ37,000人（10%）は追加の情報を受け取るために連絡先を残し，さらにおよそ1,500人（0.4%）はRSPBに入会した．他のABBサイトでは，同じようなパターンが見られ，海鳥，渉禽類，スズメ目の鳥類を専門にした計50サイトでは2006年に480,000人の訪問者があった．最終的に，過去数年間にわたってAAB訪問者のうち7%弱が"毎年の大規模な鳥類観察"（ボランティアによって実施される庭に飛来する鳥類の経年調査）に参加する．

つとして，探求をベースにした学習方法が用いられる．探求学習は，自身の疑問に対して答えを探していくことで，生徒自身の好奇心に働きかけるプロセスである（Pearce 1999, Minstrell and Van Ze 2000）．このアプローチは，自然界に視野を広げるのに最適の方法である．例えば，メンフクロウ（Tyto alba）の最も一般的な獲物について話をするより，メンフクロウのペレットを分解することで，参加者自身が発見をするというようなことである．参加者は単なる情報の受け取りよりも，積極的に学習プロセスに関与する．発見は確かな力となり，また人は単に話しを聞かされるよりも，自身の発見というプロセスを通じて，結論に感慨を抱きやすいため，それは，保護教育を考えるうえで重要である．

Tafoya et al. (1980) は，探求をベースとした学習活動を4タイプに規定している．それは，確認，体系化，指導，開放である．確認の活動には，参加者が与えられた過程に関与することによって学んだ概念を検証することが求められる．体系化の探究活動は，誘導質問とそれに答える過程が参加者に提供される．指導の探究活動は体系化の活動と似ており，参加者に誘導質問と教材を提言するが，参加者に直接研究させる．開放の探究活動は，生徒自身に質問を引き起こさせ，彼ら自身に研究プロジェクトを策定させる（事例6）．

フィールドでのプロジェクトと"市民の科学"

自然における肯定的な体験は，自然に対する意識が肯定的になると予測される（Bogner 1998, Kals et al. 1999, Monroe 2003）．しかしながら，これは直接の利害の対立がない場合だけかもしれない．個人的に得るところの大きい体験が繰り返してあるように，自然における肯定的な体験が幼少期に始まり，成人となるまで続いた場合，最も影響力があるようだ（Kals et al. 1999）．自然に関するプログラムは，参加者をフィールドでのプロジェクトに参加させることでさらに活発化する．Manzanal et al. (1999) は，スペインの14～16歳の学生における生態学の知識や環境への意識のフィールドワークの成果を評価したところ，フィールドワークは，生態学的概念の明確化，そして生徒らがフィールドワークを行った生態系の保護をする意識を直接的に改善することに役立ったことを見出した（事例7）．

プロジェクトは，教育を目的としてシンプルに計画することができる（探求をベースにしたフィールドプロジェ

事例6 Migrating Birds Know No Boundaries

国：イスラエル

組織名：International Centre for the Study of Bird Migration, Museum for Technology, Science and Space, and the Davidson Institute for Scientific Education

プログラム名：Migrating Birds Know No Boundaries（国境を知らない渡り鳥）

方　法：探究学習

ターゲットとする観客：7, 9年生

概　要：生徒は衛星テレメトリーやレーダー監視システムを用いて渡りを行う猛禽類（他の鳥類も含む）の調査を実施する．参加者が追跡するのは，イスラエルから越冬地であるアフリカへ渡り，北へ戻る際はイスラエルを経由して夏季の営巣地であるヨーロッパへ移動する猛禽類である．このプロジェクトの間，生徒達は，例えば繁殖環境をいかに守るか，渡り鳥と飛行機との危険な衝突をいかに防ぐかといった現実のジレンマの解決に直面する．本プログラムは，イスラエルの生徒と猛禽類とを，さらには他の全ての中東地域やアフリカの生徒を結びつけるために，テクノロジーと科学を用いている．

事例7 Starr Ranch Junior Biologists

国：米国

組織名：カリフォルニア・オーデュボンの Starr Ranch Sanctuary

プログラム：Starr Ranch Junior Biologists — 猛禽類調査

方　法：探求，フィールドでのプロジェクト

ターゲットとする観客：8～14歳の子供

概　要：Starr Ranch Junior Biologists は子供達が自然環境の実習に参加するサマーキャンプである．猛禽類の調査プログラムが行われる5日間，子供達は猛禽類の生活史や生態を実際に研究し学ぶ．子供達は猛禽類の生態学者に会い，なぜ生態学者が猛禽類を研究するのか，また生態学者が用いる様々なテクニックを知る．その後，参加した子供達は，猛禽類についての生態学的課題について，サンクチュアリにて独自の研究に取り組む．例えば，2004年の夏には，子供達はサンクチュアリに営巣する猛禽類が既存の巣をどれくらい再利用しているのかを調べた．子供生態学者は既存の営巣地を訪れ，繁殖しているか否かを判定し，GPSやGISを用いてサンクチュアリの営巣マップを作成した．さらにこの結果を以前からの営巣データと比較した．こういったことは，猛禽類がどのように環境を利用しているかという子供達の意識を高めるだけでなく，実際に猛禽類の調査を行うことで，生徒達は自らの課題に親近感がわく．

クト）．あるいは，地域における猛禽類個体群の長期的なモニタリングとして計画することもできる．後者の場合には，保護教育と直接的な保護の成果という2つのゴールがある．その地域からの参加者は，地域における営巣や個体群のモニタリング（路線調査など）といった猛禽類のモニタリングプロジェクトに参加するボランティアになることもある．積極的に市民を保全活動に関与させる手段として，市民科学者を利用するこの概念は，様々な組織，オージュボン協会（Audubon Society），ハヤブサ基金（The Peregrine Fund），Cornell Lab of Ornithology，HawkWatch International，Hawk Mountain Sanctuary（Bildstein 1998），Hawk Migration Association of North America，王立愛鳥協会（Royal Society for the Protection of Birds：RSPB），そして英国鳥類保護協会（British Trust for Ornithology）などで上手く使われている．

多くの猛禽類の渡りの観察地におけるコーディネーターは，地元からの参加者を訓練し，ボランティアによるカウントをしてもらっている（Bildstein 1998）．2005年にパナマにおいて，大陸間を渡る猛禽類のカウントが初めて行われた際には，多数の地域住民や高校生がボランティアで参加した．このような体験は，ボランティアに猛禽類の生活史や渡りにおける生態の初歩を教えることとなり，その地域における猛禽類についての理解と保全に貢献するきっかけ，さらに，その後も毎年のように継続して参加するきっかけとなる．

活動の活性化

市民に猛禽類の保護の問題についての情報提供や関心をもたせることは重要であるが，一方で猛禽類に好意的な行動を起こさせることも必要不可欠である．3番目の意識要素は，"認識と感情に関する要因が直接的に影響する結果としての行動"であることを先に述べた．"活動の活性化"とは，人々が参加することに対する信念と環境問題の解決に対する影響を増強することを目的としたアプローチである（Jensen and Schnack 1997, Bishop and Scott 1998, Jensen 2002, Jensen and Nielsen 2003）．一般的に，プログラムには保護問題についての学習が含まれ，おそらく探求をベースにした活動を通じて行われる．参加者らは，自らの結論に基づいて，環境問題の解決や原因となる状態の改善に向けて，社会的，政治的，または環境的といったいくつかのタイプから活動していくものを判断する（Jensen and Schnack 1997, Bishop and Scott 1998, Jensen 2002, Jensen and Nielsen 2003）．この種のプログラムのリーダーは，グループが彼らのアイディアに基づいて行動できるようまとめ役として活動する（事例8）．

事例8 *Philippine Eagle Community-based Project*

国：フィリピン

組織名：Philippine Eagle Foundation（フィリピンワシ財団）

プログラム：地域密着型フィリピンワシプロジェクト

方　法：活動の活性化

ターゲットとする観客：大人とその家族

概　要：Pulangi Watershed Integrated Community-based Resource Management Project は，2001年に，ブキドノン州の Upper Pulangi Watershed にて自立的で持続的なコミュニティの確立に協力するため，そして自然のままのフィリピンワシの営巣ハビタットを守るために設立された．プログラムは，地域計画，プロジェクトの開発とマネージメントへの参加型手法を導入している．財団スタッフは，パートナー団体と協議し，トレーニング，計画，能力強化，生計を立てるための事業の開発を手助けする．地元地域に密着したプログラムは設立以来，25ha以上の裸地となった森を復元し，いずれもフィリピンワシの営巣の可能性があるハビタットとなった．

効果的に活動を活性化させるためには，プログラムは，疑問となった課題および活動に参加する自然に関して，決定的で完全な理解をもたらさなければならない（Jensen and Schnack 1997）．さらに参加者については，解決策を成し遂げるのに十分な意欲を起こさせなければいけない．時には，必要な意欲が自ら生じる参加者もいる．他の場合には，プログラムの主要なゴールは，参加者と保護問題を関係付けさせ，彼らを行動するように仕向けることである．いったん，活動が達成されれば，参加者は活動の効果について評価し，活動が成功した，または失敗した根拠について批判的に考察すべきである（Bishop and Scott 1998）．

プログラムの効果の評価

効果的であるためには，教育プログラムは発展的で活動的であるべきである．それは，一定の評価と修正がなされるべきことを意味する．評価の手続きによって，教育者は，彼らのプログラムがいかに教育の目標を達成しているかを判断し，修正のプロセスを導くことが可能である．もしプログラムの目的が，地元の土地所有者に，猛禽類のために特定の土地利用の導入を働きかけることであれば，その有効性は，プログラム参加後の土地利用の導入を申し出た土地所有者の割合によって評価でき，これは比較的容易かもしれない．同様に，学校の生徒が参加するプログラムとし

てのフクロウの巣箱の作成とモニタリングは，地域におけるプログラムに積極的な学校の割合，プログラムに関与する平均期間（1〜3年，4〜7年など）によって評価ができるかもしれない．しかし，多くの市民教育プログラムは，人々にとって受動的で一過性の流行であり，そのようなプログラムに対する個人の反応は，そう長期間には継続しない．したがって，意識の変化を追跡できる機会は限られている．その場合は，有効性の実質の判定は不可能であろう．

計画的行動の理論（Ajzen and Fishbein 1977）によると，彼らが"行動意思"を決定するために，個々に疑問を投げかけることは実用的で有効なことかもしれない（すなわち，教育的体験が彼らの将来的な行動方法に影響を及ぼしたか否かに関係なく）．意識の認識，主観的規範，そして行動のコントロールや行動意思の認識については，参加者への質問によって予測ができる．近年では，このアプローチは，アメリカグマ（*Ursus americanus*）を見たいと望む来園者の食物を保管する行動を変えさせることについて，利用案内センターの有効性を予測したり（Lackey and Ham 2003），農家の流域利用（Beedel and Rehman 2000）やフロリダマナティ（*Trichechus manatus latirostris*）に対するボートに乗る人の行動（Aipanjiguly et al. 2003）を予測したりするのに用いられている．体験が効果的であったか否かの指標とするため，教育的プログラムの際にアンケートまたは他の半定量調査がしばしば行われる．

評価手順の計画は，良い計画ほどより良いフィードバックがプログラムに活かされるため，慎重に研究され，考慮されなくてはならない．計画の評価に役に立つ多くの情報が利用可能である．Nowak（1984），Patton（1990），Jacobson（1991）および Marciknowski（1993）らは有用な示唆と戦略を提供している．

利用可能な材料

様々な教育の状況（学校，公園，観察場所など）に合わせて修正を加えたり，そのまま利用したりすることができる，優良な猛禽類カリキュラムガイドがいくつかある．最も一般的なカリキュラムのリストを表 24-2 にまとめる．

最後に，あなたがもし，成功したプログラムを開発したのなら，他の人のためにそのプログラムを公表することによって，積極的にその成功を分かち合いって欲しい．このことは，特に猛禽類の教育資源が限られている地域ではなおさらのことである．

表 24-2 現在利用できる猛禽類のプログラム

Eye of the Falcon
衛星によるリアルタイムの追跡プロジェクトが世界各国の猛禽類の生態，行動，進化，そして地理的関係を学ぶための手段として用いられている．調査を基礎とする．
  Earthspan, Inc., U.S.A.
  michellefrankel@earthlink.net
  ウェブサイト：www.earthspan.org/Education.htm
  （305）604-8802

First Flight with Raptors
幼稚園および小学校1年生向けの猛禽類に関する生物学を伝える活動
  Education Specialist, Hawk Mountain Sanctuary,
  1700 Hawk Mountain Road, Kempton, PA 19529 U.S.A.
  ウェブサイト：www.hawkmountain.org/education/resources_for_learning.htm
  （610）756-6961

The Peregrine Project
1〜5年生を対象にした6ヵ月間のハヤブサの生物学および保全学
  Maria Dubois, Conserve Wildlife Foundation of New Jersey,
  P.O. Box 400, 501 East State Street, Trenton, NJ 08625 U.S.A.
  （609）984-0621

Hunters of the Sky
猛禽類のための科学的活動
  Science Museum of Minnesota,
  120 West Kellogg Boulevard, Saint Paul, MN 55102 U.S.A.
  schooloutreach@smm.org
  （651）221-4748 or（800）221-9444 ext. 4748

Raptor Ecology
4〜8年生向けの猛禽類生物学のカリキュラム
  HawkWatch International, 1800 South West Temple,
  Suite 226, Salt Lake City, UT 84115 U.S.A.
  ウェブサイト：www.hawkwatch.org
  （801）484-6758

One Bird, Two Habitats
5〜8年生向けの渡りの生物学および調査のカリキュラム，猛禽類をベースとはしていないが，猛禽類へも適用可能．
  Illinois Department of Natural Resources,
  One Natural Resources Way, Springfield, IL 62702 U.S.A.
  ウェブサイト：http://dnr.state.il.us/lands/education/CLASSRM/birds/1B2HFULL.PDF
  先生向けのガイドがあるウェブサイト：http://dnr.state.il.us/lands/education/CLASSRM/birds/onebird_activities.pdf

謝　辞

本章の初期草稿へのコメントを頂いた Chris Farmer に感謝申し上げる．Peter Holden（RSPB）には，最初に RSPB の "Aren't birds brilliant" についての情報を提供頂いた．Rona Rubin には，計画的行動の理論について教えてもらった．

引用文献

AIPANJIGULY, S., S.K. JACOBSON AND R. FLAMM. 2003. Conserving manatees: knowledge, attitudes, and intentions of boaters in Tampa Bay, Florida. *Conserv. Biol.* 17:1098 — 1105.

AJZEN I. AND M. FISHBEIN. 1977. Attitude-behavior relations: a theoretical analysis and review of empirical research. *Psychol. Bull.* 84:888 — 918.

ANDERSON, A.S., R. PRESSLEY-KEOGH, M.A. BLOOMSMIT AND T.L. MAPLE. 2003. Enhancing the zoo visitor's experience by public animal training and oral interpretation at an otter exhibit. *Environ. Behav.* 35:826 — 841.

ARENT, L. AND M. MARTELL. 1996. Care and management of captive raptors. The Raptor Center at the University of Minnesota, St. Paul, MN U.S.A.

AUSUBEL, D.P., J.D. NOVAK AND H. HANESIAN. 1978. Education psychology: a cognitive view, 2nd Ed. Holt, Rinehart and Winston, New York, NY U.S.A.

BANDARA, R. AND C. TISDELL. 2003. Comparison of rural and urban attitudes to the conservation of Asian elephants in Sri Lanka: empirical evidence. *Biol. Conserv.* 110:327 — 342.

BEEDEL, J. AND T. REHMAN. 2000. Using social-psychology models to understand farmers' conservation behavior - the relationship of verbal and overt verbal responses to attitude objects. *J. Rural Stud.* 16:117 — 127.

BILDSTEIN, K. 1998. Long-term counts of migrating raptors: a role for volunteers in wildlife research. *J. Wildl. Manage.* 65:435 — 445.

———. 2001. Raptors as vermin: a history of human attitudes towards Pennsylvania's birds or prey. *Endangered Species Update* 18:124 — 128.

BISHOP, K. AND W. SCOTT. 1998. Deconstructing action competence: developing a case for a more scientifically attentive environmental education. *Public Understanding Science* 7:225 — 236.

BJERKE, T., T.S. ODEGARDSTUEN AND B.P. KALTENBORN. 1998. Attitudes toward animals among Norwegian adolescents. *Anthrozoos* 11:79 — 86.

BOGNER, F.X. 1998. The influence of short-term outdoor ecology education on long-term variables of environmental perspective. *J. Environ. Educ.* 29:17 — 29.

BRADLEY, J.C., T.M. WALICZEK AND J.M. ZAJICEK. 1999. Relationship between environmental knowledge and environmental attitude of high school students. *J. Environ. Educ.* 30:17 — 21.

BROUN, M. 1949. Hawks aloft: the story of Hawk Mountain. Cornwall Press, Cornwall, NY U.S.A.

CROMIE, R. AND M. NICHOLLS. 1995. The welfare and conservation aspects of keeping birds of prey in captivity. Report submitted to the Royal Society for the Prevention of Cruelty to Animals. Durell Institute of Conservation and Ecology, University of Kent, Canterbury, United Kingdom.

DAOUTOPOULOS, G.A. AND M. PYROVETSI. 1990. Comparison of conservation attitudes among fishermen in three protected lakes in Greece. *J. Environ. Manage.* 31: 83 — 92.

DEWHITE, T.G. AND S.K. JACOBSON. 1994. Evaluating conservation education programs at a South American zoo. *J. Environ. Educ.* 25:18 — 22.

DRIVER, R. AND J. A. EASLEY. 1978. Pupils and paradigms: a review of literature related to concept development in adolescent science. *Stud. Sci. Educ.* 5:61 — 84.

———, J. LEACH, R. MILLER AND P. SCOTT. 1996. Young people's images of science. Open University Press, Buckingham, United Kingdom.

EVERITT, P., R. RUBIN AND M.K. NICHOLLS. 2002. Changing public attitudes to birds of prey in the UK. Page 33 in R. Yosef, M.L. Miller, and D. Pepler [EDS.], Raptors in the new millennium. International Birding and Research Center, Eilat, Israel.

FOULDS, M. AND R. RUBIN. 1999. Flying displays, conservation, and the views of the general public. *The Falconers and Raptor Conservation Magazine*, Autumn 1999, p15.

FRASER, J.D., S.K. CHANDLER, D.A. BEUHLER AND J.K.D. SEEGAR. 1996. The decline, recovery, and future of the Bald Eagle population of the Chesapeake Bay, USA. Pages 181 — 188 in B.-U. Meyburg and R.D. Chancellor [EDS.], Eagle studies. World Working Group on Birds of Prey and Owls, Berlin, Germany.

HAM, L. AND E. KELSEY. 1998. Learning about biodiversity - a first look at the theory and practice of biodiversity education, awareness and training in Canada. Environment Canada, Quebec, Canada.

HEIMLICH, J. 1993. Nonformal environmental education: toward a working definition. The Environmental Outlook. ERIC/CSMEE Informational Bulletin, Columbus, OH U.S.A.

JACOBSON, S.K. 1991. Evaluation model for developing, implementing, and assessing conservation education programs: examples from Belize and Costa Rica. *Environ. Manage.* 15:143 — 150.

———, K.E. SIEVING, G.A. JONES AND A. VAN DOOR. 2002. Assessment of farmers' attitudes and behavioral intentions toward bird conservation on organic and conventional Florida farms. *Conserv. Biol.* 17:595 — 606.

JENSEN, B.B. 2002. Knowledge, action and pro-environmental behavior. *Environ. Educ. Res.* 8:325 — 334.

——— AND K. NIELSEN. 2003. Action-oriented environmental education: clarifying the concept of action. *J. Environ. Educ.*

Res. 1:173 — 193.

——— AND K. SCHNACK. 1997. The action competence approach in environmental education. *Environ. Educ. Res.* 3:163 — 178.

KALS, E., D. SCHUMACHER AND L. MONTADA. 1999. Emotional affinity toward nature as a motivational basis to protect nature. *Environ. Behav.* 31:178 — 202.

KELLERT, S.R. 1991. Japanese perceptions of wildlife. *Conserv. Biol.* 5:297 — 301.

KOLLMUSS, A. AND J. AGYEMAN. 2002. Mind the gap: why do people act environmentally and what are the barriers to pro-environmental behavior? *Environ. Educ. Res.* 8:239 — 260.

LACKEY, B. AND S. HAM. 2003. Contextual analysis of interpretation focused on human-black bear conflicts in Yosemite National Park. *Appl. Environ. Educ. Commun.* 2:11 — 21.

LEEMING, F.C., B.E. PORTER, W.O. DWYER, M.K. COBERN AND D.P. OLIVER. 1997. Effects of participation in class activities on children's environmental attitudes and knowledge. *J. Environ. Educ.* 28:33 — 42.

LIVINGSTONE, D.W. 2001. Adults' informal learning: definitions, findings, gaps and future research. NALL Working Paper No. 21, Centre for the Study of Education and Work, University of Toronto, Toronto, Canada.

MANZANAL, R.F., L.M. RODRIGUEZ BARRIERO, M. CASAL JIMENEZ. 1999. Relationship between ecology fieldwork and student attitudes toward environmental protection. *J. Res. Sci. Teaching* 36:431 — 453.

MARCELLINI, D.L. AND T.A. JENSSEN. 1988. Visitor behavior in the National Zoo's reptile house. *Zoo Biol.* 7:329 — 338.

MARCIKNOWSKI, T. 1993. Assessment in environmental education. Pages 143 — 197 in Environmental education teacher handbook. Kraus International Publications, Millwood, NY U.S.A.

MARKER, L. AND A. DICKMAN. 2004. Human aspects of cheetah conservation: lessons learned from the Namibian farmlands. *Hum. Dimensions Wildl.* 9:297 — 305.

MARSHDOYLE, E., M.L. BOWMAN AND G. MULLINS. 1982. Evaluating programmatic use of a community resource: the zoo. *J. Environ. Educ.* 13:19 – 26.

MINSTRELL, J. AND E. VAN ZEE [EDS.]. 2000. Inquiring into inquiry learning and teaching in science. American Association for the Advancement of Science, Washington, DC U.S.A.

MISHRA, S.R. 1997. Livestock depredation by large carnivores in the Indian trans-Himalaya: conflict perceptions and conservation prospects. *Environ Conserv.* 24:338 — 343.

MONROE, M.C. 2003. Two avenues for encouraging conservation behaviors. *Hum. Ecol. Rev.* 10:113 — 125.

NAISBITT, R. AND P. HOLZ. 2004. Captive raptor management and rehabilitation. Hancock House, Blaine, WA U.S.A.

NICHOLLS, M.K. 1999. Education and conservation - the role of birds of prey centers. *The Falconers' and Raptor Conservation Magazine*, No. 41 Winter 1999/2000.

NOWAK, P.F. 1984. Direct evaluation: a management tool for program justification, evolution, and modification. *J. Environ. Educ.* 15:27 — 31.

PARRY-JONES, J. 1991. Jemima Parry-Jones' falconry: care, captive breeding and conservation. David & Charles Publishers, Devon, United Kingdom.

———. 1994. Training birds of prey. David & Charles Publishers, Devon, United Kingdom.

———. 1998. Understanding owls: biology, management, breeding, training. David & Charles Publishers, Devon, United Kingdom.

———. 1999. The really useful owl book. Kingdom Books, Havant, Hampshire, United Kingdom.

———. 2003. Jemima Parry-Jones' falconry: care, captive breeding and conservation, 2nd Ed. David & Charles Publishers, Devon, United Kingdom.

PATTON, M.Q. 1990. Qualitative evaluation and research methods. Sage Publications, Inc., Newbury Park, CA U.S.A.

PEARCE, C.S. 1999. Nurturing inquiry: real science for the elementary classroom. Heinemann, Portsmouth, NH U.S.A.

RAMSEY, C.E. AND R.E. RICKSON. 1976. Environmental knowledge and attitudes. *J. Environ. Educ.* 8:10 — 18.

SEDDON, P.J. AND A.R. KHOJA. 2003. Research note: youth attitudes to wildlife, protected areas and outdoor recreation in the kingdom of Saudi Arabia. *J. Ecotourism* 2:67 — 75.

TAFOYA, E., D. SUNAL AND P. KNECHT. 1980. Assessing inquiry potential: a tool for curriculum decision makers. *Sch. Sci. Math.* 80:43 — 48.

TREVES, A., L. NAUGHTON-TREVES, E.K. HARPER, D.J. MLADENOFF, R.A. ROSE, T.A. SICKLEY, A.P. WYDEVEN. 2004. Predicting human-carnivore conflict: a spatial model derived from 25 years of data on wolf predation on livestock. *Conserv. Biol.* 18:114 — 125.

VALKAMA, J., E. KORPIMAKI, B. ARROYO, P. BEJA, V. BRETAGNOLLE, E. BRO, R. KENWARD, S. MANOSA, S. REDPATH, S. THIRGOOD AND J. VINUELA. 2005 Birds of prey as limiting factors of gamebird populations in Europe. *Biol. Rev.* 80:171 — 203.

VERDADE, L.M. AND C.B. CAMPOS. 2004. How much is a puma worth? Economic conpensation as an alternative for the conflict between wildlife conservation and livestick production in Brazil. *Biota Neotropical* 4:1 — 4.

WOLF, R.L. AND B.L. TYMITZ. 1981. Studying visitor perceptions of zoo environments: a naturalistic view. *Int. Zoo Yearb.* 2:49 — 53.

WOODROFFE, R. AND J.R. GINSBERG. 1999. Conserving the African wild dog (Lycaon pictus). I. diagnosing and treating causes of decline. *Oryx* 33:132 — 142.

ZALLES, J.I. AND K.L. BILDSTEIN[EDS.]. 2000. Raptor watch: a global directory of raptor migration sites. Birdlife International, Cambridge, United Kingdom and Hawk Mountain Sanctuary, Kempton, PA, U.S.A.

法的考慮

Brian A. Millsap
U.S. Fish and Wildlife Service,
New Mexico Ecological Services Field Office,
2105 Osuna Road NE, Albuquerque, NM 87113 U.S.A.

Margaret E. Cooper
School of Veterinary Medicine,
The University of the West Indies,
St. Augustine, Trinidad and Tobago

Geoffrey Holroyd
Canadian Wildlife Service, Environment Canada
Room 200, 4999-98 Avenue, Edmonton, AB, T6B 2X3 Canada

訳：渡邊有希子

はじめに

　法律や規則は，世界的に猛禽類の保全に関して，主要で有益な役割を果たしている．猛禽類は自然界において上位に位置する野生動物であり，社会においては，彼らは崇拝され，しかし時には嫌悪される動物であり，保護されることも迫害されることもある．また歴史の中では様々な時代と場所で過剰に搾取されたこともある．猛禽類を保護するため，多くの国，州，そして地方政府は猛禽類の捕獲や殺害を規制する法律，飼育下での適切な管理を保証する法律，そして特に希少種の野生猛禽類とそのハビタットの保護を行う法律を定めている．これらの法律が猛禽類の保護の促進に功を奏しているけれども，もし研究者や自然保護論者がこれらの法律に精通していなかったり，またはさらに悪い場合に，これを無視したりすることになれば，このことは難しいことになる．

　ここでは主に米国，カナダ，そしてヨーロッパ（英国に重点をおいて）における猛禽類の研究と保全を規制する法律の概要を紹介する．スペースに制限があることから，度々改正される既存の法律に関しての詳細を紹介することはできない．われわれは研究者や保護管理者がインターネットを利用することを薦めるとともに，許可証または政府認可を必要とするかもしれない仕事を始めるに当たっては，事前に全ての適用法令や規則の遵守を確実とするのに必要なケースバイケースに基づいて詳細で最新の情報を得るために，関連する政府当局と相談することを薦める．海外の研究者や保護管理者が適用法令や規則を検索する際のガイドとなる法令のリストを以下に記す．

国際的な視野

　多くの国の保護法は，国際的または地域的な義務に基づいている（例えば，国際協定）．このため，多くの野生動物に関する法律の基本要素は国々の中でも似通っている．その典型例として，1973年に米国ワシントンD.C.にて調印された絶滅のおそれのある野生動植物の種の国際取引に関する条約（CITES）があり，2006年7月の時点で169ヵ国が履行している．CITESは猛禽類を含む同条約付属書掲載種の国際的な移動を規制する統一制度である（参照サイト www.cites.org）．ほとんどの国で野生動物とその一部（組織や羽毛など）の移動に関してCITESに準じた国内法を制定している．猛禽類のいくつかの種は，絶滅危惧種として付属書Ⅰに登録されている．他のタカ類やフクロウ目（コンドル科を除く）は，潜在的なリスクのある種として付属書ⅡまたはⅢに含まれる．したがって，猛禽類の国際的な移動には通常CITESの承認が必要となる．CITESに従って，付属書Ⅰに掲載される猛禽類の移動には2つ

の許可が求められ，輸入国の輸入許可証と輸出国の輸出許可証が必要となる．輸入許可証は，輸出許可証が発行される前に必要となる．付属書ⅡおよびⅢの掲載種については，輸入国自国の法規がない限り，輸出許可証のみが必要となる．

　国際的な協定としては，他に，湿地に関する条約（ラムサール条約）や生物多様性保全条約などがあり，これらも猛禽類の特に保護や研究に対して効果がある．移動性の野生動物の種の保全に関する条約であるボン条約では，その付属書にいくつかの種の猛禽類を保護が必要として掲載している（参照サイト www.biodiv.org/cooperation/joint.shtml）．

国内および地方法令

　法的範囲や複雑さは大きく異なるものの，ほとんどの国において猛禽類に関して何らかの規制が設けられている．国々による法律の違いには，国の発展の度合いや優先度，文化的意識，歴史，時として宗教が関わってくる．野生動物の法律は，主として野外で行動する動物の保護を目的としているが，しばしば飼育下または収容やリリースのプロセスにも関わる．このような法律は，たいていは特定の種の保護を規定している．例えば，殺すことや捕獲すること，そして傷つけることを禁止し，さらに卵，巣や若鳥にも保護の対象を広げることによって保護するというものである．さらに多くのタイプの搾取が制限されている．多くの国では，狩猟は規制または禁止されており，許可される場合でも，動物が捕獲されるか管理される場合における方法，季節，そして1日のうちの時間帯などが指定される．

　本章のこの項では，米国，カナダ，英国の法律で最も重要な法的分野の概要を示す．われわれはウェブサイトの追加情報と同様に，関連法規の最新版に関するインターネットのリンクを提供する（2007年1月4日の時点では最新のウェブサイト）．どこか他の場所で従事する者も，多くのケースで類似した法律を見出すことが予想されるので，必要な認可の取得を確実にするために，国の野生動物を管理する当局に相談すべきである．

米国における猛禽類保護法

　米国での猛禽類保護は，法律に基づくその根拠がある．重要な保護の前進の多くは，法律制定の結果としてもたらされた．例えば，渡りを行うタカ類の殺傷の停止，駆除を推進する報奨金の中止，DDTの一般的な使用の保留，そして絶滅が危惧される猛禽類の研究や保護管理のための研究に必要な資金の提供などである．1900年以前，連邦政府が猛禽類に関与するのは捕食者管理という点のみであった．1900～1950年の間に，保護組織は猛禽類が自然界にとって有益であることを裏付ける科学的情報を示すことにより，42の州でいくつかの種の猛禽類を保護することに成功した（Millsap 1987）．しかしながら，ほとんどの猛禽類が連邦レベルでの完全保護を受けることは1972年までにはなかった．

　本節の目的は，①猛禽類研究者および保護管理者が認識すべき猛禽類の保護を行うためのいくつかの法律を簡潔に概説すること，②猛禽類調査および保護管理活動の許可要件と手続きについて説明することである．本章で論じられる施行規則は，連邦規制基準タイトル50（Code of Federal Regulations Title 50：Title50 C.F.R），渡り鳥条約法（Migratory Bird Treaty Act，パート10および21），ハクトウワシ・イヌワシ保護法（Bald and Golden Eagle Protection Act，パート22），そして絶滅危惧種保護法（Endangered Species Act，パート17および23）が含まれる．施行規則および認可手続きは頻繁に変更されることから，規制および認可を実施する責任のある政府機関が管理するウェブサイトのリンクを載せておく．渡り鳥およびワシ類の許可についての詳細な情報は，www.fws.gov/permits/mbpermits/birdbasics.html，また絶滅危惧種については，www.fws.gov/endangered/permits/index.html のサイトを参照のこと．

渡り鳥条約法

　米国では，1913年に議会が渡り鳥保護法（Migratory Bird Act：MBA；37 Stat. 878, ch. 45）を制定し，渡り鳥の連邦保護が始まった．本条約は，全ての渡りを行う狩猟鳥類と食虫鳥類を米国政府の保護の下に置き，連邦規制に準じたものを除いて，これらの種の狩猟を禁止した（Bean 1983）．規約の資産条項が州に全ての野生動物に対する主要な管理権限を与えたという理由で，MBAは連邦裁判所で成功裏の課題となった（Bean 1983）．それに応じて国務省は米国とカナダの間を渡る鳥類を保護する条約を英国と結んだ．本条約は1916年3月に調印され，1918年に渡り鳥条約法（Migratory Bird Treaty Act：MBTA；16 U.S.C. 703–711）として施行された．最高裁判所は，1920年にMBTAの立憲性を支持し，続いて渡り鳥条約はメキシコ，日本そしてロシアで制定された．最初の条約は，猛禽類の保護に供与するものではなかったが，1972年にメキシコとの条約改正の際に猛禽類が追加された（Bond

1974).現在では MBTA は，50 C.F.R. のパート 10 にリストされる渡り鳥の羽毛または他の部位，巣，卵，製品を含めて，違法に捕ることや所持，売買，購入，または取引を規制している．MBTA によって保護される渡り鳥のリストには，迷鳥以外の米国の全てのタカ目およびフクロウ目が含まれている．掲載種の詳細は，50 C.F.R. 10.13 (http://migratorybirds.fws.gov/intrnltr/mbta/mbtintro.html) で見ることができる．施行規則は，その他の事項，バンディングやマーキング，学術採取，鷹狩り，人工増殖（飼育下繁殖），そして人々の資源を略奪する猛禽類の管理といった許可の発行を規定している（50 C.F.R. 21）.

ハクトウワシ・イヌワシ保護法

ハクトウワシ（*Haliaeetus leucocephalus*）の窮状に対する公衆の関心に応じて，議会は人間活動による死亡数を減少させるために，1940 年に貿易保護法を制定した．当初に記載されたのは，卵や巣も含めたハクトウワシを許可なしに採取や所有することを禁じたハクトウワシ保護法（Bald Eagle Protection Act：BEPA；16 V.S.C. 668–688d）であった．本法には，MBTA にはないいくつかの禁止事項が含まれ，最も重要なのは嫌がらせや妨害に関することであった．BEPA は何度か改正され，1962 年には保全既定がイヌワシ（*Aquila chrysaetos*）を含めて拡張されるといった重要な改正がなされた（P.L. 87–844）.現在では，その BGEPA は学術研究，宗教上の利用，動物被害の管理そして鷹狩りのために許可されたもの以外に，羽毛または他の部位，巣，卵や製品を含めたハクトウワシとイヌワシの輸出入，採取，売買または取引を規制している．また，資源再生の研究目的の材料ならば繁殖していないイヌワシの巣の採取の許可も出されることがあるかもしれない（50 C.F.R. 22）.

絶滅危惧種保護法

1966 年，絶滅の危機に瀕する種の保護法（Endangered Species Preservation Act：ESPA；P.L. 89–669））が議会で可決された．ESPA は，減少している魚類および野生動物種の保全，保護，回復そして繁殖させる計画の実行を内務長官に命じた．1969 年，ESPA によって与えられた土地買収の権限を拡張した，絶滅の危機に瀕する種の保全法（Endangered Species Conservation Act：ESCA；P.L. 91–135）の可決によって ESPA の範囲は拡大され，世界的に絶滅の危機に直面していた野生動物類のリストを発布するように内務長官に命令し，米国へのこれらの類の輸入を禁止した．ESCA は，さらに絶滅危惧種の保存に関する国際的な閣僚会議を召集するよう，国務長官と内務長官に命令した（Bean 1983）.国際会議は 1973 年 3 月 3 日に開催され，以前に記述した CITES の制定に結びついた．

ESCA は，大多数の在来の絶滅危惧種を保存するために必要な管理手段を提供することができなかった．特に ESCA は，絶滅危惧種（州に一任された）の採取の禁止令を含んでいなかったし，現在，実施されているおよび提案されている連邦プロジェクトから絶滅の危機になる野生動物を適切に保護することができなかった．この調整のために，議会は 1973 年に絶滅危惧種保護法（Endangered Species Act：ESA；16 V.S.C. 1513–1543））を制定した．ESA は CITES を実行するだけでなく，①特異的な個体群と同様に，亜種を含めた種の制定，②絶滅の危惧または危急種としてのリスト作成の手続きの形式化（Section 4），③内務長官および農務長官に対して，リスト掲載種の生息地保全プログラムの策定と実行の指示（Section 5），④リスト掲載種の保全のために，経営委託契約および州機関との協同の協定を結ぶことで州と協力するように内務長官に指示し，協定を実行するために州に長官が財政援助することの認可（Section 6），⑤連邦政府関係機関の行為や活動がリスト掲載種の持続的存在を危険にさらさないことを保証するよう命令し，予想される影響評価の協議プロセスの形式化（Section 7），⑥リスト掲載種の輸入，輸出，採取，所有，輸送，販売および貿易の禁止（Section 9），⑦Section 9 の禁止活動の許可認可を含む控除プロセスの形式化（Section 10），⑧条約違反の民事および刑事罰の既定（Section 11）を行う（連邦議会 1983）.ESA によって保護されるリスト掲載種については，50 C.F.R. 17.11 および 17.12（www.fws.gov/endangered/wildlife.html）で見ることができる．

米国の連邦許可はいつ必要となるか

猛禽類の生物学者および保護管理者が MBTA，BGEPA または ESA（もし輸出入が含まれるなら CITES も）の指定種に関する活動を行う際に，法規定を逸脱するのであれば連邦政府の許可を得なくてはならない．直接鳥に触れる研究（例えば，バンディングやマーキング，学術採取など）は，連邦政府の許可が必ず必要となる．しかし，もっと微妙な活動（例えば，食物の残りを回収するために希少種の繁殖巣に侵入すること）でもこれら連邦法を逸脱する可能性がある．生物学者の研究と法律との対立は，一般にこれらの法律の各々に"採取"の禁止が含まれていることによる．採取禁止の範囲を理解することが重要であることから個々の関連法規を下記に記述する．

- MBTA — 「採取とは，追跡する，狩猟すること，撃つこと，傷つけること，殺すこと，罠で捕らえること，捕獲することまたは収集することを意味する」(50 C.F.R. 10.12).
- BGEPA — 「採取には，追跡すること，罠で捕らえること，収集すること，嫌がらせや妨害を含む」(U.S.C. 668c).
- ESA — 「採取とは，嫌がらせ，危害を加える，追跡する，狩猟すること，撃つこと，傷つけること，殺すこと，捕獲すること，収集すること，またはそのような行為の従事を試みることを意味する」（連邦議会 1983:4）．「嫌がらせとは，繁殖，採餌，避難（隠れること）など通常の生態行動パターンを著しく混乱させるほど苦しめることで野生動物を傷つける見込みのある意図的または過失の行為または不作為である」(50 C.F.R. 17.3).

BGEPA および ESA において，特に妨害や嫌がらせが禁止行為であると定められているように，多くの研究および保護管理の技術は違反となり得ることがある．これらの法規で保護されている種に関して研究する予定の生物学者は，必要とされる連邦および州の許可を念頭に置いて計画を立てなければならない．他の種もしくは許可が必要か不確かな場合には，州の野生動物局や米国魚類野生生物局（U.S. Fish and Wildlife Service：FWS）の渡り鳥管理部の地方許可事務所（MBTA および BGEPA 指定種についての情報は，www.fws.gov/permits/mbpermits/addresses.html にて見ることができる），もしくは絶滅危惧種の地方許可事務所（ESA 保護種に関する情報 www.fws.gov/endangered/permits/permitscontacts.html）と連絡をすること．

連邦許可証のタイプおよび申請手続き

猛禽類研究および保護管理の活動には，一般的に5つのタイプの連邦許可が含まれる—バンディングまたは標識，学術採取，猛禽類の繁殖，絶滅危惧種または危急種，さらに輸出入に関することである．これら5つのタイプの許可について，以下に述べる．

バンディングまたはマーキングの許可

バンディング，マーキング，ラジオトラッキングまたは衛星トラッキング機器を装着することを目的に，MBTA によって保護されている鳥種を捕まえる場合は，いかなる人もバンディングまたはマーキングの許可が必要である．U.S. Geological Survey Bird Banding Laboratory（BBL）では，バンディングの許可認可を行っている．案内および許可に必要なことは，www.pwrc.usgs.gov/BBL/default.htm から得ることができる．また BBL では全てのバンディングデータの管理を行っており，研究者が解析のためにバンディングや足環回収のデータが必要な場合には BBL に問い合わせるべきである．

学術採取の許可

保護されている鳥類，卵，鳥類の一部を採取もしくは所持する，または学術目的で保護されている鳥類の巣を所持するためには，学術採取の許可が必要である．許可申請の手続きおよび必要なことは，MBTA で保護されている鳥類の場合は www.fws.gov/forms/3-2007.pdf で，BGEPA で保護されている種の場合は www.fws.gov/forms/3-200-14b.pdf，絶滅危惧および危急種の猛禽類の場合は www.fws.gov/endangered/permits/index.html で入手することができる．学術採取のための連邦許可の申請をオンラインで行うことがまもなく可能となるであろう．一般的に州の許可も求められることから，州の野生生物管理局に必要な許可や手続きについて問い合わせるべきである．

猛禽類繁殖の許可

いかなる人も猛禽類の繁殖目的のために，全ての猛禽類，またはその卵，または精液を採取，所有，輸送，売買，取引，譲渡することには許可が必要である．猛禽類繁殖の許可は，保全を目的とした飼育下繁殖の推進のためにも制定されている．さらに猛禽類繁殖の許可は，繁殖目的のために絶滅危惧種または危急種ではない猛禽類およびその卵を野外から採取することも認可しており，州で行う活動についての権限が記載されている．連邦による絶滅危惧種および危急種の採取は，特別な状況下での繁殖目的かもしれないが，このような活動であっても，繁殖の許可および後述する絶滅危惧種に関する許可の両方が必要となる．許可や申請手続きについてのさらなる情報は，www.fws.gov/forms/3-200-12.pdf で得られる．

絶滅危惧種および危急種の許可

絶滅危惧種および危急種における学術調査，さらにはこれらの種の繁殖または生存の促進を図ることに関する許可は，FWS の責任者による認可事項である．一般的には FWS の地方事務所がこれらの認可を行っている．一般的な許可申請の説明および申請書は www.fws.gov/endangered/permits/index.html で入手できる．

輸入および輸出の許可

FWS の管理部局は，渡り鳥許可取扱所によるハクトウワシおよびイヌワシの輸出入許可を除いて，CITES に基づいて輸入および輸出の許可を発行する．申請書の説明や CITES に関する他の重要な案内については www.fws.gov/permits/，ワシ類については www.fws.gov/forms/3-200-

69.pdf で得られる．

鷹狩り，渡り鳥の駆除，そして様々な形式の展示や教育を認可するための他のタイプの許可がいくつかある．これら許可の案内および申請書は www.fws.gov/permits/mbpermits/birdbasics.html で得ることができる．さらに現在，多くの施設で動物福祉法（Animal Welfare Act：www.aphis.usda.gov/ac/info.html）に準じて，動物管理の実施計画を発展させることを研究者らに命じている．一般的に米国農務省による幅広い監視の下で，それぞれの施設動物実験委員会が本法に要求される適用性を監督する．

MBTA は，法または条例の制定および施行することで猛禽類を含む渡り鳥のさらなる保護を行っている．さらに多くの州で連邦政府ではリストに掲載されていない種を絶滅危惧種または危急種としてリストに掲載している．これらのリスト掲載種に関しては，しばしばさらなる州の許可が必要である．州の法や条例は改定されることがあるので，ここで全ての法律や条例について論じるのは不可能である．しかしながら，猛禽類に関することを実施する計画のある研究者や保護管理者は，計画段階において，プロジェクトに追加の許可が必要となるか否かについて，関連する州の野生動物局と連絡を取るべきである．

許可証要請のタイミング

米国魚類野生生物局および多くの州の政府機関は，許可の手続きと発行に最長 3 ヵ月は必要とされ，特に複雑な許可（または不完全な申請書の許可）はさらにかかる．研究者や管理者は，事業を始めるために必要なものを確実に習得するために，申請はできるだけ早く行うべきである．米国魚類野生生物局は，まもなく学術採取の申請書をオンラインで受け付けるようになり，そうなれば手続きの時間は短縮されるであろう．

カナダにおける猛禽類の法律

カナダでは，猛禽類は米国のような包括的な連邦法による保護がされていない．むしろ妨害や嫌がらせからの法的な保護は，州および準州の法令によってもたらされている．1916 年の米国との渡り鳥条約に猛禽類は含まれておらず，1918 年のカナダの法律制定でも，本法令の改正の時も含まれていない．したがって，各州および準州の行政が猛禽類に関連した許可の発行を行う．2003 年に連邦政府は，リストに掲載された全ての国内猛禽類を保護する，また全ての研究および保護活動に許可を必要とする絶滅危惧種法（Species at Risk Act：SARA）を制定した．さらに Wild Animal and Plant Protection and Regulation of International and Interprovincial Trade Act（WAPPRIITA）に基づき国際間および地方間の猛禽類の移動を管理した．猛禽類を妨害するものまたは直接取り扱う全てのプロジェクトはカナダ動物管理協会（Canadian Council on Animal Care Committe：CACC）の認可を受けなければならない．王領，連邦の，州または準州の領地におけるいかなるプロジェクトも適正な政府当局の認可を受けなければならない．したがって，全ての猛禽類研究者または管理者は，プロジェクトを始める前に政府の種々のレベルの層の許可を複数取得しなくてはならない．

渡り鳥協定法

渡り鳥協定法（Migratory Bird Convention Act：MBC）は，1916 年 8 月 16 日にカナダと米国の間で署名され，ごく最近の 1995 年 12 月 14 日に改正されているが，猛禽類は含まれていない．したがって，カナダ渡り鳥協定（1917）のごく一部が猛禽類のバンディングの許可の扱いに関連する．猛禽類のバンダーは足環を入手および装着するためには，本法に基づく連邦政府のバンディング許可が必要である．

絶滅危惧種法

最近の絶滅危惧種法（Species At Risk Act：SARA）による規制は現時点においても発展しているものの，これを書いている時点で，猛禽類の研究および保護へ強い影響を与えていることは明白である．いくつかの種は本法の Schedule 1 において絶滅危惧種および危急種としてリストに掲載されている（www.dfo-mpo.gc.ca/species-especes/species/species_e.asp）．本法は連邦所有地におけるこれらのリストに掲載されている猛禽類を保護すること，またリスト掲載種のバンディングや妨害を含むあらゆる活動に対して許可が必要となるが，これは連邦政府の所有地内だけである．国立公園内の許可はカナダ公園管理局（Parks Canada Agency）によって発行される．他の全ての連邦政府の所有地では，カナダ環境省（Environment Canada）が SARA に基づき，許可を発行する．本法は，連邦政府の所有地以外では猛禽類の研究および保護に適用されないが，州および準州での許可は必要であり，また州政府の所有地でもリストに掲載されていない種には許可は必要ない．

カナダ野生動物保護法

カナダ野生動物保護法（Canada Wildlife Act：CWA）は

特に猛禽類について言及していないものの，国立野生動物保護区および渡り鳥サンクチュアリにおける活動についての規制を定めている（http://laws.justice.gc.ca/en/w-9/265232.html）．したがって，この2つのタイプの保護区において，猛禽類に関連するいかなる活動にもCWAに基づく許可が必要となる．

Wild Animal and Plant Protection and Regulation of International and Interprovincial Trade Act（WAPPRIITA）は，カナダにおいてCITESを実行し，また州間および準州間の猛禽類の移動を管理する（http://laws.justice.gc.ca/en/w-8.5/265187.html）．これは野生動植物の取引規制が発表された1996年5月14日に施行された．いかなる猛禽類およびその一部も国境を越えるにはCITESの輸出入の許可が必要とされる（http://laws.justice.gc.ca/en/W-8.5/SOR-96-263/index.html）．さらに輸出入には，猛禽類およびその一部が州境線を越えるための，州または準州の許可も必要とされる．このもう1つの必要条件こそ注意が必要で，ほとんどの研究者が，猛禽類の一部を州の間を輸送する際に許可が必要とされることに気づかずにいる．鷹匠は，短期訪問でもあってもタカを自分の州から動かしたいと思った時には，全ての州での輸出入許可を取得しなくてはならないという，この多少やっかいな必要条件について十分承知している．

カナダ動物管理協会

カナダ動物管理協会（Canadian Council on Animal Care：CCAC）は，1968年にオタワで設立された専門家による国の組織であり，実験動物に関する全てのプロジェクトの審査を行う（www.ccac.ca/）．本協会の権限は率直で簡明である．すなわち，"カナダにおいて広く基づいている動物の管理と利用について向上を図ること"である．CCACの権限はいくつかの連邦政府および州の法律に由来している．基本的に地方動物管理協会（Animal Care Committee：ACC）によって認可されたいかなるプロジェクトも，これらの法律を尊重して適切な配慮がなされている．カナダの刑法446節は，動物虐待，"不必要な苦痛をもたらすこと"を禁止している．1世紀前の法（1892年）では，「意図的に法律に違反する者，飼い主となろうとする誰もが，動物や鳥類に不必要な痛みや苦痛または損傷を与える機会がある…」と記載している．連邦動物健康法（Federal Health of Animals Act）のC-66（1990年6月，1992年3月改定），38-39 Elizabeth II，第21章は，カナダの家畜を伝染病から守り，また海外の病気に罹患しないようにすることを目的としている．本法では「総督は人間と動物の健康を守ることを目的とした既定を策定するであろう…規制を含めて…動物のカナダへの移入または移出の方法を統制する」と記載されている．いくつかの州法でもACCの順守が求められる．例えば，サスカチュワン州では1987年のVeterinarians Act（Chapter V-5.1）に基づき，獣医師も含まれるACCによって承認される研究および研究の手順において動物を用いる人に関しては，サスカチュワン獣医師会のメンバー"獣医学の実践に従事しようとする者"のみが本法の規定から免除されている．オンタリオ州における研究施設での動物の使用は，Animals for Research Act（1980年オンタリオ州の法令改正，1989年までに改正された22章，それに72章，s6および条例16,17,18,19．オンタリオ州の法令改正，1980年，1990年3月）によって管理されており，これはオンタリオ州のMinistry of Agriculture and Foodによって施行され，州内の全ての研究施設における毎年1回の登録証明証が必要とされる．これには，獣医師および動物実験局から構成される地方ACCsを必要とする条項が含まれ，最低基準に従って，住居，手順および管理に関して，研究プロジェクトを評価および修正し，研究前提を検査することになっている．さらに，鳥類へのバンディング許可およびプロジェクトに必要な州での調査許可はACCによって承認される．

州および準州における法令

渡り鳥協定法に猛禽類が含まれていないことから，猛禽類の保護管理は州または準州の政府に帰属している．州および準州はいずれも野生動物の法律を制定しており，猛禽類研究者にも影響する．研究者は，その研究に特別な許可や申請手続きが予定される場合には，州および準州の野生動物法令をチェックした方がよい．州の法令の下で規制される活動には，調査，採取，猛禽類の死体収容，捕獲，バンディング，テレメトリー，鷹狩り，州内の猛禽類の輸送，州境を越えての猛禽類の移出および移入，さらに土地所有者または家畜に損害を与える猛禽類の管理といったものが含まれる．

カナダにおける研究および保護管理活動に必要な許可

連邦および州または準州のバンディング許可

連邦の鳥類のバンディング許可には，Canadian Bird Banding officeによって発行される足環を入手して，使用することが条件となる（www.cws-scf.ec.gc.ca/nwrc-cnrf/default.asp?lang=en&n=208B0F0B）．また猛禽類の捕獲については州の許可も必要となる．したがって，猛禽類のバンダーは，調査を行う場所それぞれの管轄の連邦の許可や

州または準州の許可を取得しなくてはならない．さらに捕獲やバンディング活動を行うこれらの許可に関しては，地元の動物管理協会の精査および認可を受けなくてはならない．いくつかの州では申請書にACCの提言が組み込まれるが，研究者が別のACC認可（例えば，大学のACC）を添付すれば空白としておくことができる．

学術採取および研究の許可

猛禽類の採材および研究の許可は，州の野生動物局によって発行される．各州で独自の申請手続きがあり，研究者には従事する場所での州の野生動物局をチェックしておくことが薦められる．捕獲とバンディングともに，通常はこれらの研究許可に含まれる．

猛禽類の輸送

いくつかの州では，州境を超えて野生動物またはその一部を移動することに関して移入および移出許可が必要とされ，同様に生きている鳥の場合は獣医師による検査が求められる．これについては，他の州では許可を必要としないこともある．研究者は調査を行う場所および採材の最終目的に関する州の特殊な必要要件を確定しておくべきである．多くの場合，許可には野生動物事務官による標本の検査が必要となる．いくつかの州では，これらの許可を認可するのに手数料を請求する．また，いくつかの州では州内を標本とともに移動する際に採材許可を必要とする（採材および標本を移動する間は各フィールドスタッフが所有許可のコピーを所持すべきである）．もし国境を越えて標本を移送したい場合には，カナダの猛禽類は全てではないが多くがCITESに掲載されており，潜在的に危険な状態または類似種であろうとなかろうとCITESの許可が必要となる．CITES許可には州の許可も必要となるだろう．CITES許可を伴った国際輸送には事前に検査施設がある港を選定しなければならない．

猛禽類の繁殖

猛禽類の所有および繁殖，そして猛禽類またはその一部の販売や交換には，州の許可が必要である．猛禽類を国際的に移送する場合は，施設はCITESの権限による登録が必要となり，制限は生きた猛禽類の移動に適用される（例えば，シームレスのバンドを装着しなくてはならないし，F2もしくはそれ以上の子孫でなくてはならない）．

鷹狩り

スポーツとしての鷹狩りは州の許可によって規制されている．猛禽類を用いて狩猟鳥の狩を行うには，銃による狩猟と同様に，連邦および州の狩猟許可が必要となる．州の許可には，猛禽類の取得と所有が求められ，いくつかの州では特定の種について限定した野外での捕獲を認可する許可証を発行する．鷹狩りを始めることに興味をもった者は，地元のカナダ野生動物局（Canadian Wildlife Service office）に連絡し，何が必要となるかを確認するべきである．アルバータ州では，鷹匠は州の放鷹協会に所属しなくてはならない．レクリエーションとしての鷹狩りは，全てのカナダの管轄で認可されず，規則は州によってかなり異なる．

ヨーロッパ，特に英国おける猛禽類の法律

ヨーロッパ連合（EU）において，地域の法律というものは各国の法律を一元管理する大きな影響を及ぼす．25の加盟国は，欧州共同体（European Community：EC）に適合し，保全，動物の健全性，就業における健康と安全，医薬品そして獣医専門職といった猛禽類の管理に影響する広範囲の問題の指示および制限を行う（11ヵ国語で発行）．公式の指示（例えば，野鳥およびハビタットの保護）には国の法律による施行が必要となる．加盟国はそれぞれのやり方で動物または植物の保護や保護範囲を既定する法令の整備や行政措置を行う．一方で，施行（権限，違反および罰則）の規定は国の法律のための問題であるが，規則は加盟国の側ではそれ以上の法令のない直接的な効力を生じる．主な例は，絶滅危惧種の輸入および輸出に対し，EUの一定の条件を既定するCITESである．

専門用語の問題として，立法力のあるEUのセクターであるECによって発布されるため，多くの規則や指令に，"EC legislation"というようにタイトルに"EC"や"EEC"が含まれる．

ECの法律の分野で猛禽類に関係するものを以下に述べる．

■ CITESと取引：EC CITESの規制および指令は次のサイトで参照できる（http://ec.europa.eu/environment/cites/legislation_en.htm）．EU加盟国のCITES法令についての入り口は，www.eu-wildlifetrade.org/pdf/en/2_national_legislation_en.pdfで参照できる．

■ 野生動物保護：Birds DirectiveやHabitat Directivesは，種およびハビタットの保護のための条件を立案する（http://ec.europa.eu/environment/nature/biodiversity/current_biodiversity_policy/eu_biodiversity_legislation/habitats_birds_directives/index_en.htm）．

■ 他の指令として，輸送，科学的調査，動物の健康，獣医の専門職，薬物および健康での福祉および安全性に働いて対処する．ECの法令についての情報はEUR-lex：http://eur-lex.europa.eu/en/index.htmで入手できる．

欧州評議会（COE）は，EUとは完全に別の組織であり，

社会的および文化的な目的をもち、EUより広域のヨーロッパエリア45の加盟州からなる。それはまた、野生動物保護、動物研究、動物の輸送の福祉といった猛禽類に関連のある分野の条約を制定した。条約に批准する国家（EUを含む）は、それらの国内法令に既定を組み込む（www.coe.int/DEFAULTEN.asp および http://conventions.coe.int/Treaty/Commun/ChercheSig.asp?NT=104&CM=8&DF=21/09/2005&CL=ENG を参照）。

一般に、EUの中のCITESを例外として、ヨーロッパで猛禽類の保護管理を行う人に影響が及ぶ法律は実施する場所での国内法令であろう。一般的に、EUの国々は、関連した指令の必要条件に適合する公用語の法律をそれぞれ制定している。ほとんどのヨーロッパの国々は、欧州共同体の立法、COEの協定、もしくはその両方の既定を実行する法令を有すべきである。

細かい規定および考え方は、国によって異なる。例えば、英国の法令では、いかなる人物も、猛禽類には足環の装着と登録が必要な場合があるかもしれないものの、負傷した野生動物が保護種であってもリリースできるまで看護および世話をすることが可能であるのに対し、ドイツでは、野生動物の研究やリハビリテーションについて、広範囲にわたる規制を有する。同様に、鷹狩りはある国では禁止されている（例えば、ノルウェー）が、他の国ではほとんど規制されていない（例えば、英本国は狩る獲物の種、逃走したまたはハッキングしている鳥の回収、一般的な動物福祉および獣医師法というごく一般的なルールに応じる必要があるだけである）。多くの国で、法律についての案内が記載されている可能性のある公式な政府のウェブサイトがある。EU加盟国の有用なウェブサイトの入り口は、http://europa.eu.int/abouteuropa/index_en.htm である。われわれは下記に英本国の法律についてのさらに詳細な情報を提供する（例：イングランド、ウェールズ、スコットランド）。連邦王国は英本国と北アイルランドから構成される。

飼育猛禽類の管理に関係する活動には、鷹狩り、リハビリテーション、猛禽類の飼育、飼育下繁殖および研究が含まれる。英国の法律では、全てが様々な法律に影響される一方、これらのうち研究だけが自身の特定の法令に応じている（Cooper [ME] 2002, Cooper 2003a, b）。北アイルランドは、英本国が行うように、猛禽類に関係のある個別のものであるが同様の法則をもっている。しかし、それらはここでは議論しない。本節では"bird of prey"と"raptor"という用語は、タカ目とフクロウ目の両方をカバーするため交互に用いられる。"freeliving"は飼育下の状態にない個体を示す（すなわち、野生に生きている個体）。しかし"wild bird"という用語は、その個体が飼育下であったかどうかという事実には関係なく、野外で見つかった種に用いられる（Cooper [JE] 2002）。獣医師は英国の獣医師法（およびこのモデルに従う国々）に付託されて"veterinary surgeon"と呼ばれる。

英国の法律に関して、1999年の権限委譲およびスコットランド議会およびウェールズ議会へのいくつかの立法権力の移転以来、イングランド、ウェールズそしてスコットランドの法律は相違する傾向にあることに注意すべきである。1988年以降の法律については、インターネットで入手可能である（www.opsi.gov.uk/legislation/about_legislation.htmhttp://www.opsi.gov.uk/legislation/about_legislation.htm）。ウェールズの法律については、www.wales-legislation.org.uk/scripts/home.php?lang=E にある。論じた国内法令のほとんどは、ECまたはCOEの法令に基づいている。

野生動物の法律

1981年の野生動物および田園地域に関する法律（Wildlife and Countryside Act 1981：WCA）（実質的に改定された）は、野生動物に関連した初期の法律である（www.jncc.gov.uk/page-1377, www.jncc.gov.uk/page-3614, www.rspb.org/policy/wildbirdslaw/birdsandlaw/wca/index.asp）。スコットランドでのNature Conservation Act（Scotland）2004も適合する（www.opsi.gov.uk/legislation/scotland/acts2004/20040006.htm）。WCAおよび英国の他の野生動物問題に主とした責任がある政府組織は、環境食糧農村省（Department for Environment Farming and Rural Affairs：DEFRA）である。

WCAは、あらゆるEU加盟国のヨーロッパ領域における野生状態の留鳥または渡り鳥からなる全ての鳥類（猛禽類を含む）に関する法的保護を規定する。またこれらの種の、取得、処分、そして飼育下標本に関しても影響する。WCAで違反とされることは以下の通り。

- 全ての猛禽類における取得、殺すまたは傷つけること。
- 造巣中または使用期間中の猛禽類の巣の取得、損傷、破壊。
- Schedule 1に記載されている猛禽類が造巣している時、または卵もしくは雛が存在する巣の近くにいる時の妨害。
- Schedule 1に記載されている猛禽類の若鳥への妨害。
- 猛禽類の卵の採取および破壊。

■ 所有者によって合法的な採取，殺傷，または販売であったことが証明されない限り，生きているもしくは死亡した猛禽類または卵の所有（一部または派生したものも含めて）．
■ 野生の猛禽類の生体販売（宣伝や販売または交換のための輸送といった関連する他の活動も）．
■ 猛禽類の採取または捕殺が広範囲に及ぶ方法を用いること．
■ 翼を完全に広げることができないケージで鳥類を飼育すること．これは輸送の際や獣医師によって診察または治療を受けている時には適用されない．
■ 在来種ではない猛禽類（外来種）を意図的にリリースすること．

WCA の付加的な保護や条例とは以下のものがある．
■ Schedule 1 掲載種に関係する違法行為は，これら他の種も含めてより高い罰則を受ける（約 12 の英国の希少猛禽類が Schedule 1 に掲載されている）．
■ どんな出所であってもいかなる目的の飼育であっても，Schedule 4 に記載されている種は DEFRA に登録し足環を付けなくてはならない．これらには多くの英国の猛禽類そして英国ではない希少種を含んでいる．しかしながら，多くの普通種には規定が適用されない〔すなわち，ノスリ（*Buteo buteo*），チョウゲンボウ（*Falco tinnunculus*），ハイタカ（*Accipiter nisus*），フクロウ類など〕．猛禽類が所有されるとすぐにこの必要条件が発生するが，例外として，獣医師が Schedule 4 の鳥類を病気や怪我の治療を行う場合は 6 週間までは飼育が可能となる．影響された現在の種および必要とされる登録や足環装着については，www.defra.gov.uk/wildlife-countryside/gwd/birdreg/index.htm を参照のこと．
■ Schedule 4 および Article 10（下記の CITES を参照）は DEFRA に任命された野生動物調査官に監視される．
■ 学術目的，教育的活用，バンディングまたはマーキング，再導入，鷹狩りまたは剥製目的で鳥類を採取する権限を認可する許可証を発行するための上記に概説した WCA の基本的規定から例外の範囲がある（www.defra.gov.uk/corporate/regulat/forms/cons_man/index.htm）．
■ 他の例外として，公共の健康や安全，疾病管理，害獣駆除，そして農業保護に関連したものがある．ほとんどの場合でこれらの活動の認可には許可証が必要となる（www.defra.gov.uk/wildlife-countryside/vertebrates/default.htm）．

野生猛禽類に関連する他の法的要因

野生猛禽類への接近が必要となる場合，特に保護区域（許可）であったり，制限された（例えば，軍隊など）区域（許可）であったり，または私有地（所有者または居住者の許可）であると，土地に立ち入ることの許可が必要となるであろう．

猛禽類の取引

WCA の下，英国内では，保護されている猛禽類の販売（交換や宣伝といった活動も）は違法である．飼育下繁殖の猛禽類は例外で（卵を産んだ際に両方の親とも合法的に飼育されていたことを証明できれば），飼育下繁殖は一般的または個別の許可によって認可される．

EU CITES 法に基づく一般規定は，次のところで参照できる：

www.eu-wildlifetrade.org/html/en/wildlife_trade.asp,
www.ukcites.gov.uk/intro/leg_frame.htm#The%20Commission,
www.cites.org/,
www.eu-wildlifetrade.org/pdf/en/6_marking_en.pdf,
www.ukcites.gov.uk/pdf_files/GN1%20General%20guidance%20notes%20March06.pdf.

EC 規則は自動的に EU 加盟国の法律の一部となる．これらのリストは http://ec.europa.eu/environment/cites/legislation_en.htm および www.eu-wildlifetrade.org/pdf/en/1_international_legislation_en.pdf にある．DEFRA は許可，証明書，その他の承認の発行に関与する．さらにそれは英国の CITES 管理権限である．主たる英国のウェブサイトは www.ukcites.gov.uk/intro/leg_frame.htm である．

外国取引における EU CITES の規定は，米国およびカナダで記述した通りである．しかし追加の条件があり，多くの種の EU の状態は，協定付属書から昇格されている（http://ec.europa.eu/environment/cites/pdf/diff_between_eu-cites.pdf）．CITES 掲載種がリストされる 4 つの付属文書がある．全ての猛禽類は付属 A にリストされている．これはタカ目およびフクロウ目に，EU の領域内の CITES 付属書 I に相当する状態を与えている．CITES 掲載種の一部および派生したものを EU の中または外への移動もまた管理されている．したがって，組織と羽毛を含む診断的試料や生体学的試料を輸入または輸出するためには許可が必要である．

EU 加盟国内において合法的な CITES 掲載種の自由移動がある．その鳥が EU 内もしくは外のどちらにしても，合法的に得られたことの証明（例えば，合法的な輸入であることの証拠，許可を得た野外からの採取，英本国では疾病

または傷病の試料として採取されたもの，または正当な飼育下繁殖によるもの）がいずれの場合にも得られなければならない．許可の取得が必要とされない状況では，法的取得物を証明するのに十分な良い記録および証拠を保つことが重要である．

　CITES 管理局に猛禽類の飼育下繁殖施設の登録のための準備がある（www.eu-wildlifetrade.org/pdf/en/5_breeding_en.pdf）．付属 A の種はいかなる商業利用にも特別な許可が必要とされる．そのような認可は第 10 条の証明書として知られている（動物園の場合は第 60 条）．飼育下繁殖の猛禽類およびフクロウ類の販売は，CITES 協定に従い，F2 世代の飼育下繁殖個体は，第 10 条の証明書に基づき販売できる．商業的要素がない場合（例えば，単なるギフトとして）において許可証は必要とならないが，取引および鳥の素性は，この鳥が合法的に得られたことを証明するために必要とされるあらゆる証拠と一緒に注意深く記録するべきである．どの飼育下繁殖の猛禽類も，商業目的で利用される場合には，閉じた足環の装着が必要である．これが鳥の身体的または行動学的特質で不可能な場合には，マイクロチップが用いられる（www.ukcites.gov.uk/license/GN2%20Commercial%20Use%20Guidance_Nov%202005.doc）．猛禽類キーパーのための許可証の案内は，www.ukcites.gov.uk/pdf_files/Sep05GN6%20Birds%20of%20Prey%20Keepers.pdf で参照できる．

　身体的不具となった猛禽類を商業利用する際の必要条件は，www.ukcites.gov.uk/pdf_files/Sep05GN13%20Commercial%20use%20of%20wild%20disabled%20birds.pdf で述べられている．第 10 条および第 60 条の証明書は，公共への展示および飛翔デモンストレーションを含む全ての猛禽類の商業展示に必要とされる．許可の概要は www.eu-wildlifetrade.org/html/en/wildlife_trade.asp で入手可能である．他の関連する法的見地（例えば動物と人間の福祉と健康など）は www.eu-wildlifetrade.org/pdf/en/4_welfare_en.pdf にまとめられている．必要な許可については www.eu-wildlifetrade.org/pdf/en/3_permits_en.pdf で見ることができる．

法的処置

　CITES の施行力は，1997 年の絶滅の危機に瀕する種の貿易管理に関する（施行規則）規定（The Control of Trade in Endangered Species：COTES，2005 年に改定）に盛り込まれている．関税立法はさらに施行力を提供する．施行既定は，Partnership Against Wildlife Crime's（PAW）の「Wildlife Law Enforcer's Fact file」（野生動物法施行者の事実記録）（www.defra.gov.uk/paw/publications/pdf/wildlifelaw-factfile-full.pdf）に詳しく載っている．CITES，WCA そして他の法は，警察，DEFRA，内国歳入庁，関税局そして地方自治体によって，単独または協力的に強化される．任意の組織体は犯罪捜査および告発の際に，起訴を請け負い，また専門的なアドバイスや証拠を提供する．最近では，野生動物法の施行に恒常的な進展が見られる．立法上の権限を授けられた検閲および施行力は，罰則の厳格さとともに，増加された．全国野生動物犯罪情報部（National Wildlife Crime Intelligence Unit）が 2002 年に構成され，全ての警察に野生動物の渉外係がいる．

　PAW はミーティングやワーキンググループを通じて野生動物保護の改善を目指して励む実施官庁および政府の国際協会で，任意団体である．PAW のウェブサイトでは英国の野生動物法令の文献リストが参照できる（www.defra.gov.uk/paw/publications/default.htm）．

猛禽類の飼育管理

鷹狩り

　野生動物における種特異の法律やこれまでに述べた取引法は別にして，特に猛禽類の飼育者に対して管理する法律はほとんどない．一般的福祉および扱い，飼育施設の許可といった動物飼育の法令については www.defra.gov.uk/wildlife-countryside/gwd/birdreg/02.htm#10 および www.defra.gov.uk/wildlife-countryside/gwd/birdreg/index.htm で見ることができる．

　鷹狩りまたは鷹匠自身の娯楽についての特別な規制はない．ただし，WCA および CITES は鷹匠にとって重要な間接的関わりがある（Irving 2006a, 2006b）．例えば，鷹狩りをする際は捕食する種の許可が必要となるかもしれないし，もしくは野生に戻っていなくなった個体を取り戻すために罠を使う許可が必要となるかもしれない．Schedule 4 は鷹狩りに用いる鳥に適用する足環装着および登録である．政府法案に加えて，英国の鷹匠間においては，ある程度の自主規制がある．英国の鷹匠同好会（The British Falconers' Club）は懲戒委員に支えられてメンバーに対する行動規範を有している（www.britishfalconersclub.co.uk/code_conduct.htm）．Hawk Board および Scottish Hawk Board は個々の猛禽類のオーナーと政府との付き合いがある猛禽類協会の代理をする（例えば，法のこと，政策，WCA の Schedule 4）．これは飼育者および猛禽類展示の指導を提供している（www.hawkboardcff.org.uk/index.htm）．

リハビリテーション

英本国では取得された野生の猛禽類のリハビリテーションは，誰でも病気または負傷した野鳥を捕らえること，また回復するまで世話をすることを可能とするWCAの規定の下で行われている．リハビリテーターに関しては許可証や特別な資格は必要ではない．ただし，動物園のような他のある法的地位の獲得を施設に望む場合には，許可が必要となる．これらの規定は，係争中の新しい動物福祉法に基づいて変わるかもしれない．Schedule 4は足環の装着および登録をしなくてはならない種をリストにしているが，獣医師は，Schedule 4掲載種でも治療のためであれば，6週間までは登録申請なしに所持することができる．WCAはリハビリテーションを行った鳥が完全に回復した時に放鳥しなくてはならないと規定している．放鳥の準備が十分であるかは適切な経験豊かな獣医師または他の猛禽類専門家による評価が必要かもしれない．この評価は放鳥に適さない鳥を飼育下で保持することの正当性をもたらす．記録を継続することは法律の順守の証拠となり，最も重要である．

飼育下繁殖

時折，野生から飼育下繁殖のために猛禽類を捕獲するためのライセンスがWCAより与えられる．前述したEC-CITESの規定はこのようなケースに当てはまる．

猛禽類研究

個体に危害を与えることがあるかもしれない学術研究には，1986年の動物（科学的処置）法に基づいた許可および獣医師による監督が必要となる．これには「いかなる実験的または他の科学的手順も…動物に痛みをもたらすかもしれない，苦痛または持続的な危害で苦しめるかもしれない」ということがあてはまる．さらに，これには「通常の健康状態に対して急性的にまたは長期的に死，疾病，傷害，肉体的または精神的ストレス，著しい不快または全ての妨害を与える」といったことも含まれている．この定義に含まれる猛禽類の学術研究には，実施される場所において研究者，プロジェクト，そして施設に対しての許可証が必要となる．費用対効果，動物使用の正当化，そして倫理審査を行わなければならない．これは飼育下の猛禽類を利用した研究と同様に，フィールドで野生猛禽類の調査をすることにも当てはまる．研究のために猛禽類を収集することは，前述した野生動物と取引についての法律に制約される．WCAの認可の下，学術的，保護，または他の目的で野生の猛禽類を手に入れることは可能かもしれない．病気や負傷している場合を除いて，野生から採取する全てのもの，あるいは罠を用いた捕獲方法はいずれも許可が前提となる．野外で猛禽類を調査する際，もしSchedule 1記載種の巣を妨害するとか他の禁止された違反が生じるなどの場合には，WCAの許可が必要である．野外での猛禽類の現地調査には，たいてい，土地所有者の認可が必要となる．土地へ入るまたは横断する際には，土地所有者または居住者の許可が必要となる．もしその土地が保護区または軍の区域であれば許可証が必要となる．

一般展示

猛禽類施設は，もし猛禽類の施設が鳥を見せるために，年間7日またはそれ以上の一般からのアクセスを提供するならば，支払いがあろうとなかろうと，それは動物園の定義内にあり，Zoo Licensing Act 1981（EC法令に適合して2002年改定）に基づいて認可されなければならない．動物園は認可を得なければならず，また定期検査に応じなければならない．また，Secretary of State's Standards of Modern Zoo Practiceに一致しなくてはならず，動物の収集が公教育，保護，そして自然科学に寄与することを実証しなければならない．動物園は獣医師による治療および管理記録と同様に，その動物の行動上の必要性について情報を提供しなくてはならない（参照サイト www.defra.gov.uk/wildlife-countryside/gwd/zoo.htm#direct, www.defra.gov.uk/wildlife-countryside/gwd/govt-circular022003.pdf, www.defra.gov.uk/wildlife-countryside/gwd/zoo.htm#stand）．CITESの第60条の証明書は，商業目的の付属Aの種の展示に必要な認可である．飛翔のデモンストレーションは多くの場合，猛禽類センターの特徴であり，時には市場や農業ショーといった特別なイベントでも時々開催される．完全に非営利でない限り，CITESの第10条に基づく許可が必要である．

動物の健康および福祉

猛禽類を飼育することは，彼らの福祉について責任が生じる．動物福祉は英本国における激しい問題であり，英国およびウェールズでは，2006年にウェストミンスター議会を通過し新しい立法が制定され，もう施行されるころである（www.defra.gov.uk/animalh/welfare/bill/index.htm）．給餌または猛禽類の訓練（屋外では承認された鷹狩り）に活き餌を使用することは，倫理的または動物福祉の見地から英本国では容認しがたい．Welfare of Animals (Transport) Order 1997（2005年のEU Regulation 1によって2007年に差し替えられた）は，動物の移動は適当でなければならず，輸送間に不必要な苦痛あるいは損傷がもたらされてはならないと規定している（www.defra.gov.uk/animalh/welfare/farmed/transport/summarywato.htm）．この法律はCITES Guidelines on Transport (1980) お

および猛禽類の輸送に関する International Air Transport Association Regulations に法的地位を与えた.

Veterinary Surgeon's Act 1966 は，猛禽類（自由に飛び回れる個体または野生個体）の診断，内科および外科的治療（支払の有無に関係なく）が必要とされた場合，登録された獣医師によってこれらが遂行されることを要求している．猛禽類保護に関連した例外がいくつかあり，①ASPAの下で認可される研究手続きはこの法令から免除される，②緊急事態の救急処置は誰が実施してもよい，③猛禽類の所有者が軽微な治療を遂行すること（リハビリテーションに容認された猛禽類のケースでは，所有権を明瞭に決定することが重要），④動物看護士および獣医学生が監督の下で限られた手順を行うことである．これには，広範な獣医倫理，手腕の要求および標準化（www.rcvs.org.uk/）の基準がある．

獣医医薬品の処方箋，供給および管理は，Veterinary Medicines Regulations 2005 によって厳密に管理される（www.rcvs.org.uk/shared_asp_files/uploadedfiles/8013AA6B-EEF34F54-A911-3CDBA703A56B_rcvsnews_nov05_pg6.pdf, www.rcvs.org.uk/Templates/Internal.asp?NodeID=94060, および www.opsi.gov.uk/si/si2005/uksi_20052745_en.pdf）．獣医師は，自らが治療しており，指定薬物の販売承認に従っていれば，動物に"POM-V"（獣医処方箋のみ）薬剤の処方をすることができる．鳥類への使用が承認された薬物の範囲は限られていることから，獣医師は"カスケード"に従って処方しなければならないことになるであろう．"カスケード"とは，ある種もしくは治療される特定の状況における使用のために，特別に承認されたものではない薬の選択順序を示している．顧客のインフォームドコンセントを得るべきであり，むしろ"認可外"の薬の処方箋を使うための文書を書くべきであろう（参照サイト www.rcvs.org.uk/Templates/Internal.asp?NodeID=92574#choice および www.vmd.gov.uk/General/VMR/vmg_notes/VMNote15.pdf）．

EU 以外からの猛禽類の輸入には，通常，出発前の検疫，許可証，健康状態の証明書，そして到着時に検疫を行うことの承認が必要とされる．病原体に関する規制に含まれるならば，診断に必要なまたは生物学的なサンプルの輸出入には許可が必要となる（www.defra.gov.uk/animalh/diseases/pathogens/index.htm を参照のこと）．国内法は，例えば，オウム病，ニューカッスル病および鳥インフルエンザのような鳥類の疾病のアウトブレイクを抑制する力を含んでいる（参照サイト www.defra.gov.uk/animalh/diseases/notifiable/disease/ai/wildbirds/index.htm#licence, www.defra.gov.uk/animalh/diseases/notifiable/disease/ai/keptbirds/index.htm, www.defra.gov.uk/animalh/diseases/notifiable/disease/ai/policy/index.htm#3, www.defra.gov.uk/animalh/diseases/notifiable/disease/avianinfluenza.htm）．

猛禽類の施設は，health and safety at work（労働衛生および安全）legislation に従って 5 人またはそれ以上のスタッフを雇用する．この立法は，施設（また雇用者）の従業員，ボランティア，学生および訪問者らの健康福祉および安全性を供給するべき雇用者に，義務を課している．EU の立法に続いて，英国の法律は，リスク評価，および仕事場の行動基準を要求する．準備の追加として，応急手当，事故の報告，および危険物質の処理がある．情報の準備，トレーニング，そして防護服の使用は，健康および安全の準備に不可欠である（参照サイト www.hse.gov.uk/pubns/hsc13.pdf および www.hse.gov.uk/pubns/leaflets.htm）．

引用文献

BEAN, M.J. 1983. The evolution of national wildlife law: revised and expanded edition. Praeger Publishers, New York, NY U.S.A.

BRITISH FALCONRY CLUB. 2005. The British Falconers' Club rule book. The British Falconers' Club, Tamworth, United Kingdom.

BOND, F.M. 1974. The law and North American raptors. Pages 1 – 3 in F.M. Hamerstrom, Jr., B.E. Harrell, and R.R. Olendorff [EDS.], Management of raptors. Raptor Research Reports 2.

BRITISH FIELD SPORTS SOCIETY FALCONRY COMMITTEE AND THE HAWK BOARD. Undated. Code of welfare and husbandry of birds of prey and owls. British Field Sports Society, London, United Kingdom.

CHITTY, J. 2006. The injured bird of prey: part 1: legal and logistical issues. UK Vet 11:88 – 94.

COOPER, J.E. 2002. Birds of prey: health and disease, 3rd Ed. Blackwell Publishing, Oxford, United Kingdom.

COOPER, M.E. 2002. Legislation and codes of practice relevant to working with raptors. Pages 284 – 293 in J.E. Cooper, Birds of prey: health and disease, 3rd Ed. Blackwell Publishing, Oxford, United Kingdom.

———. 2003a. Legislation for bird-keepers. Pages 96 – 105 in J.E. Cooper [ED.], Captive birds in health and disease. World Pheasant Association, Fordingbridge, United Kingdom and Hancock House Publishers, Surrey, British Columbia, Canada.

———. 2003b. The law affecting British wildlife casualties. Pages 42 – 48 in E. Mullineaux, D. Best, and J.E. Cooper [EDS.], BSAVA manual of wildlife casualties. British Small

Animal Veterinary Association, Quedgeley, Gloucester, United Kingdom.

GAUNT, A.S. AND L.W. ORING [EDS.]. 1999. Guidelines to the use of wild birds in research. The Ornithological Council, Washington, DC U.S.A.

IRVING, G. 2006. Legislation and it's [sic] place in falconry. British Falconers' Club bi-annual newsletter, Issue 32, March 2006, 14 — 17. British Falconers' Club, Tamworth, United Kingdom.

———. 2006. Possession, movement, and registration of chicks and eggs of birds listed in schedule 4 to the wildlife and countryside act [sic]. British Falconers' Club Bi-annual Newsletter, Issue 32, March 2006, 18 — 19. British Falconers' Club, Tamworth, United Kingdom.

MILLSAP, B.A. 1987. Introduction to federal laws and raptor management. Pages 23 — 33 in B.A. Giron Pendleton, B.A. Millsap, K.W. Cline, and D.M. Bird [EDS.], Raptor management techniques manual. National Wildlife Federation, Washington, DC U.S.A.

UNITED STATES CONGRESS. 1983. The Endangered Species Act amended by Public Law 97 — 304 (the Endangered Species Act amendments of 1982). U.S. Government Printing Office, Washington, DC U.S.A.

付　録

本書に出てくる猛禽類の種名，学名一覧

昼行性猛禽類

英　名	学　名	和　名
African Fish Eagle	*Haliaeetus vocifer*	サンショクウミワシ
African Hawk-Eagle	*Hieraaetus spilogaster*	モモジロクマタカ
American Kestrel	*Falco sparverius*	アメリカチョウゲンボウ
Andean Condor	*Vultur gryphus*	コンドル
Aplomado Falcon	*Falco femoralis*	オナガハヤブサ
Asian Imperial Eagle	*Aquila heliaca*	カタジロワシ
Bald Eagle	*Haliaeetus leucocephalus*	ハクトウワシ
Barred Forest Falcon	*Micrastur ruficollis*	ヨコジマモリハヤブサ
Bat Falcon	*Falco rufigularis*	コウモリハヤブサ
Bateleur	*Terathopius ecaudatus*	ダルマワシ
Bearded Vulture	*Gypaetus barbatus*	ヒゲワシ
Black Kite	*Milvus migrans*	ニシトビ
Black Shaheen Falcon	*Falco peregrinus peregrinator*	ハヤブサの1亜種
Black Vulture	*Coragyps atratus*	クロコンドル
Black-chested Buzzard-Eagle	*Geranoaetus melanoleucus*	ワシノスリ
Black-winged Kite	*Elanus caeruleus*	カタグロトビ
Bonelli's Eagle	*Hieraaetus fasciatus*	ボネリークマタカ
Broad-winged Hawk	*Buteo platypterus*	ハネビロノスリ
California Condor	*Gymnogyps californianus*	カリフォルニアコンドル
Cape Vulture	*Gyps coprotheres*	ケープシロエリハゲワシ
Cinereous Vulture	*Aegypius monachus*	クロハゲワシ
Collared Forest Falcon	*Micrastur semitorquatus*	クビワモリハヤブサ
Collared Sparrowhawk	*Accipiter cirrocephalus*	アカエリツミ
Common Black Hawk	*Buteogallus anthracinus*	クロノスリ
Common Buzzard	*Buteo buteo*	ノスリ
Common Kestrel	*Falco tinnunculus*	チョウゲンボウ
Cooper's Hawk	*Accipiter cooperii*	クーパーハイタカ

英　名	学　名	和　名
Crested Goshawk	*Accipiter trivirgatus*	カンムリオオタカ
Crested Serpent Eagle	*Spilornis cheela*	ミナミカンムリワシ
Egyptian Vulture	*Neophron percnopterus*	エジプトハゲワシ
Eleonora's Falcon	*Falco eleonorae*	エレオノラハヤブサ
Eurasian Hobby	*Falco subbuteo*	チゴハヤブサ
Eurasian Sparrowhawk	*Accipiter nisus*	ハイタカ
European Honey Buzzard	*Pernis apivorus*	ヨーロッパハチクマ
Ferruginous Hawk	*Buteo regalis*	アカケアシノスリ
Galapagos Hawk	*Buteo galapagoensis*	ガラパゴスノスリ
Golden Eagle	*Aquila chrysaetos*	イヌワシ
Great Black Hawk	*Buteogallus urubitinga*	オオクロノスリ
Greater Spotted Eagle	*Aquila clanga*	カラフトワシ
Grey-faced Buzzard	*Butastur indicus*	サシバ
Griffon Vulture	*Gyps fulvus*	シロエリハゲワシ
Gyrfalcon	*Falco rusticolus*	シロハヤブサ
Harpy Eagle	*Harpia harpyja*	オウギワシ
Harris's Hawk	*Parabuteo unicinctus*	モモアカノスリ
Javan Hawk-Eagle	*Spizaetus bartelsi*	ジャワクマタカ
King Vulture	*Sarcoramphus papa*	トキイロコンドル
Lanner Falcon	*Falco biarmicus*	ラナーハヤブサ
Lappet-faced Vulture	*Torgos tracheliotus*	ミミヒダハゲワシ
Lesser Kestrel	*Falco naumanni*	ヒメチョウゲンボウ
Lesser Spotted Eagle	*Aquila pomarina*	アシナガワシ
Levant Sparrowhawk	*Accipiter brevipes*	レバントハイタカ
Madagascar Fish Eagle	*Haliaeetus vociferoides*	マダガスカルウミワシ
Mauritius Kestrel	*Falco punctatus*	モーリシャスチョウゲンボウ
Merlin	*Falco columbarius*	コチョウゲンボウ
Mississippi Kite	*Ictinia mississippiensis*	ミシシッピートビ
Montagu's Harrier	*Circus pygargus*	ヒメハイイロチュウヒ
Northern Crested Caracara	*Caracara cheriway*	カンムリカラカラ
Northern Goshawk	*Accipiter gentilis*	オオタカ
Northern Harrier	*Circus cyaneus*	ハイイロチュウヒ
Ornate Hawk-Eagle	*Spizaetus ornatus*	アカエリクマタカ
Osprey	*Pandion haliaetus*	ミサゴ
Peregrine Falcon	*Falco peregrinus*	ハヤブサ
Philippine Eagle	*Pithecophaga jefferyi*	フィリピンワシ

英　名	学　名	和　名
Pied Harrier	*Circus melanoleucos*	マダラチュウヒ
Plumbeous Kite	*Ictinia plumbea*	ムシクイトビ
Prairie Falcon	*Falco mexicanus*	ソウゲンハヤブサ
Red Kite	*Milvus milvus*	アカトビ
Red-headed Vulture	*Sarcogyps calvus*	ミミハゲワシ
Red-necked Falcon	*Falco chicquera*	アカガシラチョウゲンボウ
Red-shouldered Hawk	*Buteo lineatus*	カタアカノスリ
Red-tailed Hawk	*Buteo jamaicensis*	アカオノスリ
Rough-legged Hawk	*Buteo lagopus*	ケアシノスリ
Saker Falcon	*Falco cherrug*	セーカーハヤブサ
Seychelles Kestrel	*Falco araeus*	セーシェルチョウゲンボウ
Sharp-shinned Hawk	*Accipiter striatus*	アシボソハイタカ
Snail Kite	*Rostrhamus sociabilis*	タニシトビ
Southern Crested Caracara	*Caracara plancus*	ミナミカラカラ
Spanish Imperial Eagle	*Aquila adalberti*	ニシカタジロワシ
Steller's Sea Eagle	*Haliaeetus pelagicus*	オオワシ
Steppe Buzzard	*Buteo buteo vulpinus*	ノスリの1亜種
Steppe Eagle	*Aquila nipalensis*	ソウゲンワシ
Swainson's Hawk	*Buteo swainsoni*	アレチノスリ
Swallow-tailed Kite	*Elanoides forficatus*	ツバメトビ
Swamp Harrier	*Circus approximans*	ミナミチュウヒ
Turkey Vulture	*Cathartes aura*	ヒメコンドル
Verreaux's Eagle	*Aquila verreauxii*	コシジロイヌワシ
Wedge-tailed Eagle	*Aquila audax*	オナガイヌワシ
Western Marsh Harrier	*Circus aeruginosus*	ヨーロッパチュウヒ
White-bellied Sea Eagle	*Haliaeetus leucogaster*	シロハラウミワシ
White-rumped Vulture	*Gyps bengalensis*	ベンガルハゲワシ
White-tailed Eagle	*Haliaeetus albicilla*	オジロワシ
White-tailed Hawk	*Buteo albicaudatus*	オジロノスリ
White-tailed Kite	*Elanus leucurus*	オジロトビ

フクロウ類

英　名	学　名	和　名
Barn Owl	*Tyto alba*	メンフクロウ
Barred Owl	*Strix varia*	アメリカフクロウ
Blakiston's Fish Owl	*Bubo blakistoni*	シマフクロウ
Boreal Owl	*Aegolius funereus*	キンメフクロウ
Burrowing Owl	*Athene cunicularia*	アナホリフクロウ
Eastern Screech Owl	*Megascops asio*	ヒガシアメリカオオコノハズク
Eurasian Eagle-Owl	*Bubo bubo*	ワシミミズク
Eurasian Pygmy Owl	*Glaucidium passerinum*	スズメフクロウ
Eurasian Scops Owl	*Otus scops*	ヨーロッパコノハズク
Ferruginous Pygmy Owl	*Glaucidium brasilianum*	アカスズメフクロウ
Flammulated Owl	*Megascops flammeolus*	アメリカコノハズク
Great Grey Owl	*Strix nebulosa*	カラフトフクロウ
Great Horned Owl	*Bubo virginianus*	アメリカワシミミズク
Little Owl	*Athene noctua*	コキンメフクロウ
Long-eared Owl	*Asio otus*	トラフズク
Morepork	*Ninox novaeseelandiae*	ニュージーランドアオバズク
Northern Hawk-Owl	*Surnia ulula*	オナガフクロウ
Northern Saw-whet Owl	*Aegolius acadicus*	アメリカキンメフクロウ
Seychelles Scops Owl	*Otus insularis*	セーシェルコノハズク
Short-eared Owl	*Asio flammeus*	コミミズク
Snowy Owl	*Bubo scandiaca*	シロフクロウ
Spotted Owl	*Strix occidentalis*	ニシアメリカフクロウ
Tawny Owl	*Strix aluco*	モリフクロウ
Western Screech Owl	*Megascops kennicottii*	ニシアメリカオオコノハズク

種名五十音順

種　名	学　名	出てくる章
アカエリクマタカ	Spizaetus ornatus	12 章
アカエリツミ	Accipiter cirrocephalus	12 章
アカオノスリ	Buteo jamaicensis	2 章, 4 章, 6 章, 10 章, 11 章, 12 章, 13 章, 16 章, 17 章, 18 章, 19 章, 20 章, 21 章, 23 章
アカガシラチョウゲンボウ	Falco chicquera	21 章
アカケアシノスリ	Buteo regalis	4 章, 6 章, 11 章, 11 章, 19 章, 20 章, 24 章
アカスズメフクロウ	Glaucidium brasilianum	8 章
アカトビ	Milvus milvus	1 章, 7 章, 13 章, 21 章, 22 章, 24 章
アシナガワシ	Aquila pomarina	14 章
アシボソハイタカ	Accipiter striatus	6 章, 12 章, 17 章, 18 章, 19 章
アナホリフクロウ	Athene cunicularia	1 章, 4 章, 8 章, 11 章, 12 章, 14 章, 16 章, 20 章, 21 章, 22 章, 24 章
アメリカキンメフクロウ	Aegolius acadicus	12 章, 13 章, 16 章, 21 章
アメリカコノハズク	Megascops flammeolus	8 章, 12 章
アメリカチョウゲンボウ	Falco sparverius	1 章, 4 章, 6 章, 8 章, 10 章, 11 章, 12 章, 13 章, 16 章, 17 章, 18 章, 19 章, 20 章, 21 章, 22 章
アメリカフクロウ	Strix varia	16 章, 21 章
アメリカワシミミズク	Bubo virginianus	4 章, 12 章, 16 章, 18 章, 19 章, 20 章, 21 章, 23 章
アレチノスリ	Buteo swainsoni	4 章, 6 章, 10 章, 12 章, 13 章, 18 章, 19 章
イヌワシ	Aquila chrysaetos	1 章, 2 章, 4 章, 6 章, 7 章, 8 章, 9 章, 10 章, 11 章, 12 章, 13 章, 16 章, 18 章, 19 章, 20 章, 22 章, 23 章, 25 章
エジプトハゲワシ	Neophron percnopterus	2 章, 12 章, 22 章
エレオノラハヤブサ	Falco eleonorae	1 章, 7 章, 8 章, 16 章
オウギワシ	Harpia harpyja	10 章, 22 章
オオクロノスリ	Buteogallus urubitinga	12 章
オオタカ	Accipiter gentilis	1 章, 2 章, 5 章, 6 章, 8 章, 9 章, 10 章, 11 章, 12 章, 16 章, 19 章, 20 章, 22 章, 23 章
オオワシ	Haliaeetus pelagicus	1 章, 18 章, 20 章
オジロトビ	Elanus leucurus	6 章, 12 章
オジロノスリ	Buteo albicaudatus	2 章, 6 章, 12 章
オジロワシ	Haliaeetus albicilla	1 章, 18 章, 20 章, 21 章, 22 章, 24 章
オナガイヌワシ	Aquila audax	8 章
オナガハヤブサ	Falco femoralis	12 章, 20 章, 21 章, 22 章
オナガフクロウ	Surnia ulula	8 章, 11 章, 21 章
オビオノスリ	Buteo albonotatus	6 章
カギハシトビ	Chondrohierax uncinatus	6 章
カタアカノスリ	Buteo lineatus	5 章, 6 章, 8 章, 12 章, 16 章, 19 章
カタグロトビ	Elanus caeruleus	12 章, 22 章
カタジロワシ	Aquila heliaca	2 章, 3 章, 12 章, 14 章, 16 章, 22 章
ガラパゴスノスリ	Buteo galapagoensis	1 章, 4 章, 13 章, 16 章, 19 章
カラフトフクロウ	Strix nebulosa	12 章, 16 章, 22 章
カラフトワシ	Aquila clanga	12 章, 14 章
カリフォルニアコンドル	Gymnogyps californianus	1 章, 10 章, 12 章, 13 章, 17 章, 18 章, 20 章, 21 章, 22 章
カンムリオオタカ	Accipiter trivirgatus	12 章
カンムリカラカラ	Caracara cheriway	6 章, 16 章
キンメフクロウ	Aegolius funereus	8 章

種　名	学　名	出てくる章
クーパーハイタカ	*Accipiter cooperii*	6章, 8章, 9章, 11章, 12章, 14章, 18章, 19章
クビワモリハヤブサ	*Micrastur semitorquatus*	12章
クロコンドル	*Coragyps atratus*	6章, 12章, 13章
クロノスリ	*Buteogallus anthracinus*	20章
クロハゲワシ	*Aegypius monachus*	1章, 22章
ケアシノスリ	*Buteo lagopus*	2章, 6章, 12章, 16章, 18章, 23章
ケープシロエリハゲワシ	*Gyps coprotheres*	17章, 20章, 22章
コウモリハヤブサ	*Falco rufigularis*	22章
コキンメフクロウ	*Athene noctua*	18章
コシジロイヌワシ	*Aquila verreauxii*	1章, 2章, 7章, 10章, 13章, 17章
コチョウゲンボウ	*Falco columbarius*	6章, 7章, 8章, 9章, 12章, 13章, 17章, 21章
コミミズク	*Asio flammeus*	8章, 11章, 12章, 16章
コンドル	*Vultur gryphus*	12章, 18章, 21章, 22章
サンショクウミワシ	*Haliaeetus vocifer*	1章
ジャワクマタカ	*Spizaetus bartelsi*	1章
シロエリハゲワシ	*Gyps fulvus*	1章, 21章, 22章
シロハヤブサ	*Falco rusticolus*	1章, 6章, 8章, 12章, 16章, 17章, 19章, 21章, 23章
シロハラウミワシ	*Haliaeetus leucogaster*	12章
シロフクロウ	*Bubo scandiaca*	2章, 13章, 16章, 19章, 21章, 23章
スズメフクロウ	*Glaucidium passerinum*	8章
セーカーハヤブサ	*Falco cherrug*	1章, 12章, 16章, 22章
セーシェルコノハズク	*Otus insularis*	5章
セーシェルチョウゲンボウ	*Falco araeus*	22章
ソウゲンハヤブサ	*Falco mexicanus*	5章, 6章, 8章, 10章, 11章, 12章, 13章, 14章, 16章, 17章, 18章, 19章, 22章
ソウゲンワシ	*Aquila nipalensis*	2章
タニシトビ	*Rostrhamus sociabilis*	11章, 17章, 19章, 20章
チゴハヤブサ	*Falco subbuteo*	22章
チョウゲンボウ	*Falco tinnunculus*	7章, 8章, 11章, 12章, 13章, 16章, 17章, 18章, 22章, 25章
ツバメトビ	*Elanoides forficatus*	5章, 6章
トキイロコンドル	*Sarcoramphus papa*	18章, 21章
トラフズク	*Asio otus*	8章, 11章, 16章
ニシアメリカオオコノハズク	*Megascops kennicottii*	4章, 12章, 19章
ニシアメリカフクロウ	*Strix occidentalis*	1章, 8章, 9章, 16章, 19章, 20章
ニシカタジロワシ	*Aquila adalberti*	1章, 3章, 12章, 13章, 20章, 22章
ニシトビ	*Milvus migrans*	1章, 6章, 7章, 12章, 13章, 16章, 22章
ニュージーランドアオバズク	*Ninox novaeseelandiae*	12章
ノスリ	*Buteo buteo*	2章, 6章, 7章, 12章, 13章, 16章, 21章, 22章, 25章
ハイイロチュウヒ	*Circus cyaneus*	6章, 8章, 11章, 12章, 13章, 16章, 17章, 21章, 24章
ハイタカ	*Accipiter nisus*	1章, 7章, 12章, 17章, 18章, 19章, 22章, 25章
ハクトウワシ	*Haliaeetus leucocephalus*	1章, 2章, 5章, 6章, 8章, 10章, 11章, 12章, 13章, 16章, 17章, 18章, 19章, 20章, 21章, 22章, 23章, 25章
ハネビロノスリ	*Buteo platypterus*	6章, 16章, 19章, 23章
ハヤブサ	*Falco peregrinus*	1章, 2章, 6章, 7章, 10章, 11章, 12章, 13章, 14章, 16章, 17章, 18章, 19章, 20章, 21章, 24章
ヒガシアメリカオオコノハズク	*Megascops asio*	1章, 8章, 16章, 18章, 19章

種　名	学　名	出てくる章
ヒゲワシ	*Gypaetus barbatus*	1章, 16章, 20章, 21章, 22章
ヒメコンドル	*Cathartes aura*	6章, 12章, 13章, 24章
ヒメチョウゲンボウ	*Falco naumanni*	7章, 22章
ヒメハイイロチュウヒ	*Circus pygargus*	1章, 12章, 22章
フィリピンワシ	*Pithecophaga jefferyi*	1章, 24章
ベンガルハゲワシ	*Gyps bengalensis*	12章, 17章, 18章, 20章
ボネリークマタカ	*Hieraaetus fasciatus*	3章, 8章, 22章
マダガスカルウミワシ	*Haliaeetus vociferoides*	1章
マダラチュウヒ	*Circus melanoleucos*	2章
ミサゴ	*Pandion haliaetus*	1章, 2章, 5章, 6章, 8章, 11章, 12章, 14章, 18章, 19章, 20章, 21章, 22章, 23章, 24章
ミジカオノスリ	*Buteo brachyurus*	6章
ミシシッピートビ	*Ictinia mississippiensis*	6章, 19章
ミナミカラカラ	*Caracara plancus*	12章
ミナミカンムリワシ	*Spilornis cheela*	12章
ミナミチュウヒ	*Circus approximans*	18章
ミミハゲワシ	*Sarcogyps calvus*	12章
ミミヒダハゲワシ	*Torgos tracheliotus*	21章
ムシクイトビ	*Ictinia plumbea*	12章
メンフクロウ	*Tyto alba*	1章, 4章, 7章, 8章, 10章, 11章, 12章, 16章, 18章, 19章, 21章, 24章
モーリシャスチョウゲンボウ	*Falco punctatus*	21章, 22章
モモアカノスリ	*Parabuteo unicinctus*	4章, 6章, 11章, 12章, 13章, 21章, 22章, 24章
モモジロクマタカ	*Hieraaetus spilogaster*	3章
モリフクロウ	*Strix aluco*	8章, 11章, 21章
ヨーロッパコノハズク	*Otus scops*	21章
ヨーロッパチュウヒ	*Circus aeruginosus*	1章, 12章, 18章
ヨーロッパハチクマ	*Pernis apivorus*	1章, 6章, 12章, 18章
ヨコジマモリハヤブサ	*Micrastur ruficollis*	12章
ラナーハヤブサ	*Falco biarmicus*	21章, 22章
レバントハイタカ	*Accipiter brevipes*	6章, 12章
ワシノスリ	*Geranoaetus melanoleucus*	8章
ワシミミズク	*Bubo bubo*	8章, 12章, 21章, 22章

日本語索引

あ

アイプロテクション 168
アイメリア 328
赤池情報量基準 70, 160
秋の渡り 99
アクチグラム 115
アジア猛禽類ネットワーク 7
足緒 131, 205
脚計測器 228
足蹴り 121
脚装着 245
脚の骨 128
足皮 205
脚マーカー 230
足環 223, 369
　色- 229
　カラーテープを巻いた- 230
　切れ目入り- 227
　金属製の- 229
　伝統的な- 227
　塗装した- 230
　端をかしめる- 227
　非金属製の- 229
　リベット留め- 228
足環回収モデル 226
足環装着 39
足環タグ 230, 231
アスペルギルス症 299, 439
アセチルコリン 347
頭下げ交尾誘い 401
圧迫止血 285
アデニン 53
アテローム性動脈硬化症 414
アドリブサンプリング 116
アトロピン 433
アブミ 175
アプリオリモデル 160
アミノ酸置換 54
アミノ酸配列分析 52
g-アミノレブリン酸脱水素酵素 344

アリール炭化水素 342
アルキル水銀 346
アルゴスシステム 10, 247
　-によるデータの発信 249
アルゴス受信機 247
アルゴス性能の制限 249
アルゴスデータの検証手順 249
アルゴス発信機 247
アルドリン 339
アロ酵素分析 52
暗色型 44
安全衛生 302
アンチマイシン 350
安定同位体 140, 254
安定同位体測定 254
安定同位体分析 112, 140
安定同位体法 125
アンドロジェン濃度 285
安楽死 308

い

胃 128
胃液 274
胃液分泌 273
硫黄 254
イオン 278
威嚇 121
育雛 397
　大型ハヤブサ類の- 404
　小型ハヤブサ類の- 406
　コンドル類とハゲワシ類の- 413
　タカ類とチュウヒ類の- 409
　フクロウ類の- 411
　ワシ類の- 408
育雛器 402
育雛放棄 131
異型接合体 57
生贄 378
移行子虫 330
異種間の里子 419
異常行動 119

異常な羽衣 44
イソフルラン 432
イソプロパノール 331
一塩基多型 58
位置クラス 247
一時的なマーカー 236
胃腸管 273
一妻多夫 68
一般化線形モデル 159
一般展示 465
一腹雛数 418
　巣立ち時の- 180, 191
一腹卵数 182, 191, 294, 418
遺伝学的個体群地図 55
遺伝子研究 4
遺伝子浸透 56
遺伝子操作 49
遺伝子フィンガープリント法 399
遺伝子マッピング 53
遺伝子流動 53
遺伝的形質 49
遺伝的要因 299
イトラコナゾール 439
移入率 53
イベルメクチン 321
色足環 229
インク 236
インプリンティング 398
隠蔽種 60

う

羽衣 100
　異常な- 44
　典型的基本の- 40
ウイルス感染 299
ウィングマーカー 223, 231
ウェビング 168
迂回ルート 99
牛海綿状脳症 386
ウシの耳標 234
雨覆 43

478　日本語索引

羽毛
　　－の刈り込み　238
　　－の継ぎ羽　237
　　－の微生物学　321
羽毛食性のダニ　321
羽毛ダニ　317，321
羽毛取引　377
運動による動的エネルギー　264

え

エアーネット　318
英国鳥類学協会　224
衛星追跡　112，247
衛星テレメトリー　247，341
営巣活動残存率　182，186，191
営巣期間　186，191
映像記録　131
営巣地　150
営巣テリトリー　152，179，191
営巣場所
　　人工的な－　185，423
　　－の改善　423
営巣放棄　362，364
エイト環　168
栄養　273，278
栄養障害　280
栄養バランス　280
栄養レベル　280
液体窒素　52
エコロジカルトラップ　154
餌
　　大型ハヤブサ類の－　401
　　小型ハヤブサ類の－　405
　　コンドル類とハゲワシ類の－　412
　　タカ類とチュウヒ類の－　408
　　フクロウ類の－　410
　　ワシ類の－　407
エストラジオール17β　295
エストロジェン　399
エストロジェン受容体　292
エストロジェン濃度　285
エストロジェン量　293
エストロン　295
エソグラム　52，115
エタノール　56
エチレンジアミン四酢酸緩衝液　52
X線検査　274
X線撮影　432
エネルギー（産生過程に関わる－）　264
エネルギー源　265
エネルギー収支　265，269
エネルギー消費　265

エネルギー・シンク　265
エネルギー摂取　265
エネルギー代謝　263，278
エネルギー貯蔵　265
エネルギー平衡　263，264，267
エネルギー要求量　414
獲物
　　－の食べ残し　129
　　－の平均重量　139
　　－の量　157
エリスリン　44
遠隔的な猛禽類調査　89
塩基好性正赤芽球　286
塩基配列決定法　53
塩酸カーミン液　331
遠赤外線熱画像　90
塩腺　278
塩素化炭化水素系　337
塩素化炭化水素殺虫剤　339
エンドスルファン　339
エンドリン　339

お

追い込みケージ　401
応急手当　429
黄体形成ホルモン　293
横断的監視法戦略　102
オウム病　466
応用動物行動学　123
オーシスト　329
忍縄付き飛行　439
汚染物質　337
　　－の推定毒性閾値　338
汚染物質レベル　183
囮（音声の－）　195
オリゴヌクレオチドアダプター　59
オリゴヌクレオチドプローブ　56
オンコスフェア　329

か

蚊　317，318
カーバメート系殺虫剤　347
カーバメート系農薬　387
カーバメート中毒　348
カーブンクル　226
外因性内分泌撹乱化学物質　388
外骨格　128
概日リズム　295
外傷　299
外挿法　101
回虫　328
外鼻孔　321
外部寄生虫　299，317

外部寄生虫駆除剤　317
外部固定具装置ピン　437
解剖学的形質　49，50
開放呼吸装置　432
外貌診察　303
開放性創傷　432
解剖用のルーペ　304
外来疾病　389
カウント
　　定点での猛禽類の－　89
　　－の記録　102
　　渡り個体の－　97，101，112
カウント技術（渡り個体の－）　99
カウントデータ
　　－の変動原因　104
　　－の保管　105
　　－の要約　105
下顎長　50
核遺伝子　54
角化症　321
核ゲノム　53
核酸　52
顎嘴長　50
学習活動　447
学習プログラム　441
学術採取　457
　　－の許可　458，461
学術論文　78
拡大鏡　304
革命科学　68
確率的ゆらぎ　106
下限温度　266
風切羽の換羽　42
かしめ型タグ　227
ガス分析装置　265
ガス麻酔　432
かすみ網　194，203，206
仮説演繹法　69，150
仮説の体系化　113
画像送信型ビデオシステム　132
カツオブシムシ　317
滑空　40
活動エリア　154，157
活動係数　102
活動サイト　154，157
活動ポイント　154
カナダ動物管理協会　459，460
カナダバルサム　331
カナダ野生生物局　397
カナダ野生動物保護局　224
カナダ野生動物保護法　459
カバースリップ　331
カムデバイス　170

カラーマーキング　39
カラーリング　229
カリウム　278
仮母　411
カリヨスポラ　328
カルバミン酸系　378
カルバメート　318
カルボフラン　348, 387
カロリー当量　267
換羽　40
　　風切羽の―　42
換羽パターン　259
眼科的検査　433
環境アセスメント　380
環境汚染　68
環境的ストレス　299
環境特性　84
環境パッチ　150
環境ホルモン　388
環境モニタリング　98
環境要素　149
眼径　50
間欠撮影カメラ　131
間欠撮影ビデオレコーダー　131
間欠撮影VHSレコーダー　132
間欠撮影方式　131
観察者効率　104
監視　112
鉗子　304, 319
監視線戦略　102
間質性腎炎　308
干渉行動　117
緩衝地帯　385
間接的熱量測定法　264, 265
感染症　300
感染症感受性　300
感染症モニタリング　300
感染性因子　300
感染性生物　300
乾燥重量　267, 337
乾燥総重量　268
眼底検査鏡　433
感電死　300
管理計画　149
管理地区　390

き

キーストーン　263
機械式集計道具　101
気化器　432
機関誌（猛禽類研究機関の―）　26
偽好酸球　284, 288
偽好酸球増加症　284

気室　403
疑似反復　69
記述的研究　114
基準値　337
希少種　455
キシロール　331
寄生性原虫　327, 328
寄生性蠕虫　328
寄生虫　284
寄生虫感染　299, 326
寄生虫症　288
寄生微生物　299
規則　455
基礎代謝率　264, 266
拮抗作用　295
気嚢　320
機能的記述　115
希薄化　138
規範科学　68
帰無仮説統計　69
ギムザ液　329, 331, 336
ギムザ染色　286
キャノンネット　201
キャピラリー電気泳動　56
求愛給餌
　　大型ハヤブサ類の―　401
　　小型ハヤブサ類の―　405
求愛行動
　　大型ハヤブサ類の―　401
　　小型ハヤブサ類の―　405
　　コンドル類とハゲワシ類の―　412
　　タカ類とチュウヒ類の―　409
　　フクロウ類の―　411
　　ワシ類の―　407
吸血昆虫　328
吸血性のダニ　320
救護　430
給餌
　　大型ハヤブサ類の―　401
　　小型ハヤブサ類の―　405
　　コンドル類とハゲワシ類の―　412
　　タカ類とチュウヒ類の―　408
　　フクロウ類の―　410
　　ワシ類の―　407
給水手順
　　大型ハヤブサ類の―　401
　　小型ハヤブサ類の―　405
　　コンドル類とハゲワシ類の―　412
　　タカ類とチュウヒ類の―　408
　　フクロウ類の―　410
急性神経毒　387
急性毒　347
急性鉛中毒　345

休息時の代謝率　265
急速DNA塩基配列決定法　55
吸虫　326
吸虫類　328
キューティクル　293
休眠状態　267
教育　377
教育活動　99
教育プログラム　415, 442
教育目標　442
胸骨　128
強制巣立ち　369
強制マッサージ　294
胸腺　305
兄弟間闘争　68, 418
兄弟殺し　68, 408, 418
共同塒　88
協同繁殖　68
共分散分析　70
共変量　244
共優性　54
極軌道衛星　247
偽卵　407, 418
切れ目入り足環　227
記録
　　カウントの―　102
　　付加データの―　102
　　―を取る際のルール　116
筋胃　273
禽舎内飛行　439
近親交配　300, 399
均等度　134

く

グアニン　53
クイックコイル法　168, 169
空間座標　75
空間スケール　150
空間追跡　225, 241
空間データ　74
空間的異質性　152
空間的考慮　104
空気サンプリング法　302
空中調査　88
空胞性髄鞘障害　389
クエン酸　286
クライマー　167
クライミングスパー　172, 174
クライミングハーネス　170
クライミング用バケツ　168
クライミングロープ　173
クラスタ抽出法　225
クラミジア　414

グリコーゲン 268
グリセリン：エタノール溶液 330
グリセロール 295
グルタルアルデヒド 306
クロアカスワブ 414
クロスフォスタリング 419
クロスボウ 173
クロバエ 317, 318
グロブリン 332
クロマチンバンディング 52
クロモバクテリウム 353
クロルデン 337, 339
群集栄養生態学 140
群集構造 125, 134
群集生態学 125

け

景観 150
景観スケール 151
経験的記述 115
頸静脈 285
脛足根骨 436
脛足根骨長 51
形態的形質 49
携帯用リレーショナルデータベース 104
系統 53
系統学 49
系統抽出法 86
系統地理学 53
系統地理学的研究 53
系統発生学 331
系統分類学 49
計量社会学的入力表 117
ケージのデザイン
　大型ハヤブサ類の- 399
　小型ハヤブサ類の- 404
　コンドル類とハゲワシ類の- 412
　タカ類とチュウヒ類の- 408
　フクロウ類の- 409
　ワシ類の- 406
血液学 284, 309
血液学的検査 284, 433
血液学的指標 284
血液学的パラメーター 286
血液寒天培地 329
血液寄生生物 286
血液寄生虫 288, 289, 330
血液サンプル 286
血液生化学 309
血液DNA分析 399
血液塗抹 329
血液塗抹標本 285, 309, 326

血縁度解析プログラム 399
血腫 285
血漿 341
結晶化層 293
血漿コリンエステラーゼ値 348
血漿総蛋白量 286
血清学的解析 288
血清学的検査 433
血中血球容積 286, 433
血中鉛濃度 344
血統 53
血便 328
解毒剤 378
ゲノム-フィンガープリント法 58
ケポン 339
下痢 328
検疫 466
検閲出力 244
研究仮説 69
研究構想 67
健康 299
健康調査 300
健康モニタリング 300, 301, 303
検視 302
検出能 104
懸垂下降 167
　-の機材 168
元素の交替速度 254
元素プロファイル 258
原虫 326, 329
　単細胞の- 325
　白血球寄生性の- 320
原虫感染症 328
検定仮説 69
検定結果予測 70
顕微鏡 127
検卵 182
検卵法 403

こ

口角長 50
口角幅 50
効果量 160
交替速度（元素の-） 254
恒久的なマーカー 227
抗凝血剤 350, 387
抗菌軟膏 403
抗血液凝固薬 285, 286, 349
光合成回路 255
交雑 56
好酸球 288
光周性 295
甲状腺 352

甲状腺ホルモン 351
抗真菌剤 439
校正酵素 54
合成ピレスロイド 318
合成有機系殺虫剤 339
光線条件 42
拘束（巣内雛の-） 131
酵素作用 273
抗体 433
行動カテゴリー 115
行動記述 115
行動形質 52
行動研究 113
行動順序 117
行動単位 116
鉤頭虫 326, 328
鉤頭虫類 328
行動的レパートリー 114
行動の視覚的観察 112
行動変化 120
行動目録 114
口内炎 326
交尾行動 400
高病原性鳥インフルエンザ 440
高分解能ゲル電気泳動 56
小型・赤外線高感度ビデオカメラ 132
小型ビデオカメラ 131
呼吸商 266
呼吸数 269
呼吸測定装置 265
呼吸率 265
黒化 44
国際原子力機関 257
国際鳥類保護会議 2
コクシジウム類 326
誇示行動 120
誇示飛行 401
個体群回復 88
個体群研究 104
個体群構成 362
個体群サイズ 84, 226
個体群成長 153
個体群統計学 179
個体群統計学的データ 154
個体群動態 84, 87, 154, 179
個体群動態研究 226
個体群の増強 417
個体群の補強 417
個体群変動 98
個体群変動率 226
個体識別 120
個体数の補充 419
骨格標本 127

骨折　436
骨盤　128
コマ落し　131
コミュニケーション形質　52
コリンエステラーゼ活性　347
コリンエステラーゼ阻害　347
コルチコステロン　295
コルチゾール　293
コンダクタンス　266
昆虫類　128
コントロール領域　53
コンパウンドボウ　173

さ

サーベイランス　112
再営巣　418
催奇形　344
サイクルシークエンスPCR法　56
採血　284
採血管　285
再産卵　184，418
最終宿主　325
最終中間宿主　326
最終卵　402
最小作用量　343
採食行動　102
再水和　436
採精　294
再生性　286
再生性貧血　286
再生組織　265
最大要因　306
再導入　243，300，415，419
　　ハヤブサの－　337
催吐剤　128
再捕獲個体群　254
再目撃データの収集　225
再目撃率　226
酢酸カーミン　331
削痩　328
刺し網　203
殺鼠剤　337，387
殺鼠剤系化合物　378
殺虫剤濃度　340
サテライトDNA　53
サテライトトラッキング　247
里子　398，418
サナダムシ　329
作用基準値　346
ザルコシスティス　326
サルコシスティス属　326
サルモネラ　414
酸-カーミン液　336

酸化ストレスパラメータ　352
酸化的代謝　278
酸化熱　267
産業系汚染物質　388
35mmカメラ　131
酸性雨　337
産生過程　264
　　－に関わるエネルギー　264
酸性降下物　337
酸素　254
酸素消費量　264
酸素測定装置　265
暫定診断　304
サンプリング　301
　　－のルール　116
サンプリング技術　329
サンプリング誤差　185，192
サンプリング時の考慮事項　104
サンプル　308
サンプル採取　309
サンプル採集　125
サンプルサイズ　67，68
サンプルの収集　225
産卵　182
　　－の間隔　182
産卵日　182
残留濃度　337
残留物　126

し

シアノバクテリア　353，389
シークエンス　332
飼育下繁殖　123，292，397，457，465
飼育下繁殖プログラム　296
飼育管理　464
シース　175
死因　309
ジェス　230
視覚障害　389，433
視覚的観察（行動の－）　112
自家受精　328
時間スケール　150，151
時間的考慮　104
色素沈着　44，69
識別
　　手持ちでの－　44
　　渡り個体の－　100
子宮腟部　293
シクロジエン化合物　339
シクロジエン系農薬　386
ジクロフェナク　7，386，421
ジクロフェナク製剤　352

ジクロフェナク中毒　442
ジクロルボス　321
ジクロロ-ジフェニル-トリクロルエタン　387
時系列データベース　106
嘴高　50
歯高　50
自己相関　242
歯骨　128
死後変化　305
ジコホール　295，339
自己融解　305
脂質重量　337
糸状線虫類　318
シスト　328
雌性生殖系　292
自然交尾　398
自然再生計画　380
自然孵化　403
子虫　330
趾長　51
実験室内検査　307
湿重量　337
疾病　299
質量分析法　58
支点　170
自動記録装置　244
自動撮影　131
自動DNAシークエンシング　56
自動転卵装置　402
自動フィルム巻き上げ器　131
シトクロムオキシダーゼ　54
シトクロムb　54，55
シトクロムc　332
シトクロムcオキシダーゼ遺伝子I　332
シトクロムP450肝酵素　343
シトシン　53
磁場　382
耳標（ウシの－）　234
指標特性　85
嘴幅　50
歯幅　50
ジベンゾダイオキシン類　341
脂肪血症　286
死亡原因　299
脂肪酸　268
死亡率　377
嗜眠　414
市民教育　441
市民教育プログラム　441
社会行動　119
社会的採食戦略　119

尺側皮静脈　285
写真記録　131
射精　294
尺骨　436
尺骨長指標　51
シャノン指数　134
ジャンパ線　381
主因　306
獣医医薬品　466
獣医学的治療　429
重回帰分析　160
雌雄鑑別　53
　　フクロウの－　45
周期性　117
重金属　293
住血寄生虫　328
住血原虫　318
終宿主　325
収縮波　275
重水素　256
重水素降水地図　256
重水素同位体　256
従属変数　75
集団遺伝学　53
集団営巣性　88, 420
12S rRNA　54
十二指腸　273
修復酵素　54
銃猟　377
縦列反復数変異　54
縦列反復配列　54
収斂　60
収斂進化　49
16S rRNA　54
種間干渉　98
種間競争　139
宿主　284, 325
宿主寄生体関係　308
種子粉衣剤　346
受信機器　244
主成分分析　160
受精率　183, 294
酒石酸アンチモンカリウム　128
受胎節　329
出現頻度　133
出生地のハビタットのインプリンティング　154
10％緩衝ホルマリン液　305
10％ホルマリン液　304, 331
受動的関節屈伸　438
種特異的 STR 配列　57
種内干渉　68, 120
種内競争　68

種内配列変異　55
種の保全計画　398
樹木登攀用ハーネス　168
シュローダー - トーマス式副木　437
順化　267
瞬間サンプリング　118
順応　267
純プロパノール　331
生涯繁殖成績　154
消化液　274
消化管　129
消化管運動　273
消化器官の内容物　128
消化酵素　408
消化効率　268, 280
衝撃緩衝器具　197
上限温度　266
上昇気流　99
条虫　325, 326
小腸　273
衝突死　379
蒸発冷却　257
情報管理　364
情報論的方法　186
情報論理アプローチ　75
静脈虚脱　285
静脈穿刺　285
小翼羽長　51
上腕骨　436
上腕骨長指標　51
触診　433
食性　125
食性の解析　133
　　－の均等度の計算　147
　　－の重複　139
　　－の重複度の計算　147
　　－の多様性の計算　147
　　－の類似度　139
植生遷移　151
食性データ　126
植生の撹乱　151
食性分析における安定同位体　140
食物供給　180
食物資源の増強　417
食物消費　265
　　－の研究　267
食物消費量　279
食物代謝　278
食物ニッチ　134
　　－の幅　135
食物の補給　420
　　繁殖期間中の－　422
食物補給プログラム　422

食物網　138
食物網研究　254
食物連鎖　68, 140, 339
食欲減退　414
植林　385
初生雛　305
初列風切　42
シラミバエ　317, 318
趾瘤症　439
次列風切　42
次列長　51
人為的影響　377
進化学的研究　53
進化分類学　49
真菌感染症　299
真菌症　439
シンク　153
シングルフットシステム　173
人工育雛
　　大型ハヤブサ類の－　404
　　小型ハヤブサ類の－　406
　　コンドル類とハゲワシ類の－　413
　　タカ類とチュウヒ類の－　409
　　フクロウ類の－　411
　　ワシ類の－　408
新興感染症　300
人工芝　400
人工授精　294, 415
人工巣　380
人工的な営巣場所　185, 423
人工孵化　397, 402
人工孵卵　423
人獣共通感染症　302
腎障害　308, 353
腎 - 総排泄腔系　278
身体検査　432, 433
身体攻撃　120
診断　303
心電図　269
伸展保持　438
心拍数　269
シンプソン指数　134
信頼限界　138
森林環境における巣　155
森林管理　385
森林施業　385
森林性猛禽類　361, 385
森林伐採　385

す

巣　180, 191
　　森林環境における－　155
　　－の監視　424

日本語索引　483

　　−への接近調査　167
水域生態系　388
水管理　384
水銀　337，345，388
水銀中毒　346
水銀濃度　346
水銀曝露　346
水酸化カリウム　320
水酸化ナトリウム　127
水上からの調査　87
水素　254
膵臓　273
髄内ピン　436
水分損失　368，278
数値標高モデル　249
スーパーエイトカメラ　131
頭蓋骨　127
スカイダンス　181
スカベンジャー　378
スキャニング受信機　195
スキャン　244
スクリーニング　300
スクレイプ　156，180，192
スタガー入力　243
巣立ち　182，191
巣立ち時の一腹雛数　180，191
巣立ち成功率　294
スタティックロープ　167
スタンプ標本　330
ステロイド　293，439
ストップ　170
ストリキニーネ　349，378
ストレス　293
ストロンチウム　254
スナップトラップ　138
スパイク　172
巣箱　423
スポットライト　208
スポロシスト　326
スポロゾイト　330
刷り込み　123，398，419
スリップノット　174
スリング　170
スリングショット　173
スルホン酸化パーフルオロ系化合物　352

せ

精液　294
　　−の凍結保存　295
精液量　294
生化学的解析　288
生化学的形質　52

生化学的パラメーター　284
精原幹細胞　294
制限酵素　58
精原細胞　294
制限長解析　58
精細胞　294
生産性　68
生産力　179，180，182，192，340，417
生死監視センサー　243
精子供給者　398
精子貯蔵嚢　292
精子濃度　294
正準相関分析　160
精漿　294
生殖　292
生殖管　292
生殖器官　292
生殖器系　292
生殖サイクル　417
生殖操作　417
生殖ホルモン　295
正赤芽球　286
性腺　305
性染色体　53
精巣　294，305
精巣上体　294
生息域外　443
生息域内　443
生息数　68
生息妨害　361
生息密度　68
生存率　153，226，304
　　幼鳥の−　180
生態学　67
生態学的役割　140
生態毒性学調査　339
正中中足骨静脈　285
静的相互作用　242
性的二型　183，370，399
性判定　39
生物医学的データベース　305
生物エネルギー　267
生物学的個体群　84，85
生物学的種概念　49
生物学的濃縮　68
生物多様性保全条約　456
生物濃縮　68，339，387
生物由来の毒物　353
生物量　278
生命地域　86
生理　273
生理学　273

生理的適応　267
赤羽症　44
赤外線発光ダイオード　132
脊椎動物駆除　349
接近調査（巣への−）　167
赤血球　284，285
赤血球系　286
赤血球数　286
接写レンズ　131
摂取カロリー量　436
摂取量　133
絶食時の代謝率　265
節足動物　128，325
絶対個体数　106
絶対的密度　84
舌虫　326，329
説明変数　75
絶滅危急種の許可　458
絶滅危惧種　455
　　−の許可　194，458
絶滅危惧種法　459
絶滅危惧種保護法　429，457
絶滅の危機に瀕する種の保護法　457
セボフルラン　432
セミスタティックロープ　167
セルトリ細胞　294
栓球　286
選好ルート　99
全国野生動物犯罪情報部　464
センサーデータ　247
潜在的影響指標　384
センサス調査　84
全嘴峰長　50
染色体組換え　54
染色体の形態学　52
染色体分析　399
前赤芽球　286
選択性指数　138
全地球測位システム　247
線虫　325，326，328
蠕虫　325，328，330
線虫類　328
全天候型 N350　71
蠕動　275
全頭長　50
セントロメア　52
船舶からの調査　88
全米野生生物連盟　4
前抱卵期　192
前麻酔剤　432
喘鳴　320
占有率　134
染料　236

そ

総エネルギー含量　267
総エネルギー消費　263
総エネルギー使用量　269
総エネルギー摂取量　263
総エネルギー平衡　265
巣外育雛エリア　150
巣外育雛期　183, 192
層化抽出法　105
層化無作為抽出法　86
臓器重量　305
総血液量　285
走査　244
走査受信機　195
操作的研究　114
双翅目　317
総消費量　279
増殖率　179
総水銀量　346
造巣行動　180
相対個体数　106
相対的重要度指数　138
相対的生息数　84, 88
総蛋白　433
総蛋白質レベル　286
総蛋白量　286
爪長　51
巣内育雛期　182, 191
巣内雛　40
　　－の拘束　125, 131
総排泄孔　305, 320
総白血球数　288
装備バッグ　168
増分解析　242
ソース　153
ソース - シンク動態　154
ソーラー電池　249
足体積　51
測定可能な形質　50
測定誤差　181, 191
測定的研究　114
組織食性のダニ　321
組織侵入ダニ　321
組成分析　243
そ嚢　128, 273
そ嚢潰瘍　326
そ嚢チューブ　436
そ嚢ミルク　326
存在エネルギー　265

た

体羽　43
ダイオキシン　342
ダイオキシン類　342
体温上昇　368
体温調節　264, 265
体温低下　368
退化　325
待機宿主　328
大寄生虫　299
大気輸送　340
胎子　182, 388
胎子死亡率　343
胎子毒　344
胎子発生学　51
体脂肪　292
代謝エネルギー　263
代謝エネルギー係数　263
代謝可能エネルギー　281
代謝効率　268
代謝熱　265
代謝率
　　休息時の－　265
　　絶食時の－　265
体重　50
体重測定　304
対照検体　347
胎生　328
大腿骨　436
大腿骨長指標　51
ダイナミックロープ　167
タイムサンプリング法　117
タイムラプス　131
タイムラプスカメラ　131
タイムラプスビデオカメラ　366
タイムラプスビデオレコーダー　131
太陽電池式　131
対立遺伝子頻度　57
鷹狩り　310, 415, 457, 461, 464
鷹匠　4, 68, 310, 364, 397
タカ柱　101
卓上孵卵器　402
タクソン　49
多型STR遺伝子座　57
多重置換　54
多節条虫類　328, 329
脱水症状　404
脱水レベル　435
ダニ　317, 320, 325
　　羽毛食性の－　321
　　吸血性の－　320
　　組織食性の－　321
種親　398
ダブルクラッチ　401
ダブルバックル　168

食べ残し（獲物の－）　129
多変量統計解析　160
ダム　384
多様性　134
多様性指数　134
多様性測定　134
単核ポリゴン　243
単系統群　50
単細胞の原虫　325
短鎖散在反復配列　54
探餌エリア　150
探餌飛行　122
単純無作為抽出法　86
炭素　254
蛋白質　52
蛋白質コード核遺伝子　55
蛋白質コードミトコンドリアDNA　54
蛋白質コードncDNA　55
蛋白質代謝　292

ち

チアミナーゼ　407
地域個体群　98, 179
地上からの調査　87
致死量　309
チスイコバエ　317, 319
チックバック　175
窒素　254
腟部　293
地方動物管理協会　460
チミン　53
中間宿主　325
昼行性猛禽類　2
中止卵　340
中性緩衝　331
中性子放射化分析　259
中毒指標　347
虫卵検体　329
中立突然変異　54
腸管吸収　274
長巻フィルム　131
調査技術（崖や樹木における－）　167
調査計画のポイント　84
調査結果の解釈　306
長鎖散在反復配列　54
鳥類回避モデル　380
鳥類生態学　97
鳥類標識研究所　224
鳥類標識事務所　224
鳥類標識調査　224
鳥類標識ヨーロッパ連合　224
直接観察　130
直接塗抹（糞便の－）　329, 434

直接目視観察　98
直腸　274
貯水タンク　386
チョック類　176
地理情報システム　157
治療　432
チロキシン様物質　352
鎮静剤　285
鎮痛剤　386

つ

追加産卵　401
つがい外交尾　119
継ぎ羽（羽毛の−）　237
ツツガムシ類　317, 321
翼さげ　401
ツルグレン漏斗　319

て

DNA 遺伝子座　54
DNA 塩基配列　55
DNA 塩基配列決定法　55, 331
DNA 塩基配列データ　52
DNA 緩衝液　56
DNA サザンブロット法　3
DNA シークエンシング　55
DNA チップ　58
DNA-DNA ハイブリダイゼーション　55
DNA バーコーディング　60
DNA フィンガープリント　53, 56, 226
DNA 法　53
DNA ポリメラーゼ　54
DNA マーカー　53
ディープサイクルバッテリー　131
D リング　168
D ループ　53, 54
定期的なテリトリー　192
定住個体　87
ディスプレイパターン　52
ディッセンダー　170
定点　87
　　−での猛禽類のカウント　89
定点法　87
停飛　42
定量化　133
ディルドリン　337, 339
データ　71
データ解析　75, 159
データ管理　67
データシート　71
データ収集　80, 114
　　飼育下における−　118

　　−のタイミング　185
　　フィールドにおける−　118
データ収集方法の比較　132
データセット　108
データ入力　74
データ発信（アルゴスシステムによる−）　249
データ分析　80
データロガー　269
適応形質　60
適応度　153
デキサメタゾン　439
敵対行動　102
デジタル写真　101
テストステロン　294, 399
手捕り　208
テフロンリボン　250
手持ちでの識別　44
テリトリー　399
テリトリー行動　120
テリトリー占有　181
テリトリー防衛　181
δD　256
テレメトリー　269, 277
テロドリン　339
転移 RNA　53
電解質溶液　413
転換率　135
典型的基本の羽衣　40
電磁場　293
電線　382
電柱　382
伝統的な足環　227
電波発信機　245, 269, 367

と

同位体　269
同位体的ランドスケープ　255
同位体特性　255
同位体比質量分析計　254
同位体プロファイル　257
同位体分別係数　254
同義コドン位置　54
統計学的個体群　85
統計仮説　69
同型接合体　57
統計パラメーター　106
系統分類学　49
　　−の帰結　60
凍結乾燥　267
凍結速度　295
凍結保存後　295

動原体　52
瞳孔間距離　50
橈骨　436
頭骨幅　50
等張液　329
同定技術　331
動的エネルギー（運動による−）　264
動的相互作用　242
登攀　167
　　−の機材　168
動物園　444
動物看護士　466
動物行動学　113
動物のケアと利用に関する委員会　195
動物福祉　465
動物福祉法　459
道路トラップ法　198
トキサフェン　339
トキソプラズマ ゴンディ　328
特異的プライマー　56
特異動的作用　264, 265
毒餌　378
毒殺　377, 378
毒性　337
毒性学　337
毒性学的解析　288
毒性検査　302
毒性等価係数　343
毒物　299
　　生物由来の−　353
毒物分析　301
独立変数　75
トコジラミ　317, 319
都市化　390
土地管理局　129
突然変異率　54
ドップラー血圧計　436
ドップラー現象　247
止まり防止装置　380
ドライダイナミックロープ　168
ドライロープ　167
トラッキング法　112
トラップ　193
トラップ監視装置　194, 195
トラップ忌避　194, 225
トラップ嗜好　225
トラバサミ　378
トランセクト　87
トランセクトモニタリング戦略　102
トリアージ　432
鳥インフルエンザ　466
トリグリセリド　268
鳥結核　306

トリコモナス　326，434
トリコモナス症　326
鳥スピロヘータ症　320
トリチスイコバエ　319
鳥痘　306
トリパノソーマ　318，326
取引（猛禽類の−）　463
トリプシン　320
トリプトファン　54
鳥マラリア　318
塗料　236

な

内温動物　265
内視鏡　432
内部寄生虫　299，325，326，434
内分泌撹乱化学物質　295
内分泌撹乱性　353
鳴き交わし　401
ナトリウム　278
70％エタノール　52
鉛　254，337，344，388
鉛化学　344
鉛散弾　344
鉛弾　388
鉛中毒　344
鉛曝露　344
軟ダニ　320
難燃剤　388

に

肉眼検査　302
二酸化炭素検出器　265
二酸化炭素産生量　264
二酸化炭素トラップ　318
2次中毒　347
西ナイルウイルス　302，389，400
二重抽出法　86
二重同位体複数源合体モデル　140
二重標識水　265，269
2次論文　2
二生吸虫類　328
ニッチ　125，150
　−の最大幅　135
　−の幅　134
ニッチ計量　133
日報様式　102
　HMANAの−　103
ニューカッスル病　466
乳酸グリセロール-混合液　331
乳酸フェノール-混合液　331
ニューメチレンブルー染色　286
尿　278

ぬ

ヌース　195
　−を装着した魚　210
ヌースカーペット　209
ヌースポール　212
ヌカカ　317
ヌクレオチド　54
ヌクレオチド時計　54
ヌクレオチド配列　55

ね

睡行動　98
熱ショック蛋白70　332
ネットガン　209
熱量測定法　264
年周移動　248
燃焼熱　268
年齢査定　39，43
　フクロウの−　45

の

ノイズ　106
脳炎ウイルス　320
農業活動　385
脳脊髄炎ウイルス　318
農薬　386
　カーバメイト系−　387
　シクロジエン系農薬−　386
　有機塩素系−　386
　有機リン系−　387
　有機リン酸系の−　378
膿瘍　326
ノミ　317，319，325
ノンパラメティク　70

は

歯　127
ハーケン　170
バードストライク　377，379
ハーネス　168，245
　樹木登攀用−　168
　−を装着したハト　211
パーフルオロオクタンスルホン酸　352
バイオマーカー　343
バイオマス　278
バイオリージョン　86
媒介動物　288，317
排泄運動　277
排泄エネルギー　263
ハイブリダイゼーション　53
排卵　292
ハエ　325

ハエ蛆症　318
薄化（卵殻の−）　340
迫害　377
ハクトウワシ・イヌワシ保護法　456，457
曝露量　341
ハゲワシレストラン　386，420
箱トラップ　201
鋏　304
嘴打ち　403
梯子　173
ハジラミ　318，320，325
走り寄り　121
端をかしめる足環　227
"8字"包帯　437
ハッキング　418，419
バックグランド値　309
バックパック　245
バックパック方式　250
白血球寄生性の原虫　320
白血球数　284，287，433
白血球像　284，287
　−の変化　288
白血球増加症　284，288
白血球分画　288，433
発見確率　85
発信機　244，250
パッチ性　152
発熱反応　265
バッファーゾーン　424
ハトトリコモナス　326
ハビタット　84，149，150，379，455
　−のインプリンティング（出生地の）　154
　−の質　150
　−の質の評価　153
　−のシンク　153
　−のソース　153
ハビタットサンプリング　149
　−の実施　154
ハビタット選好性　150
ハビタット選択　149，150
ハビタット特性　151，152
ハビタットパッチ　150
ハビタット量　150
ハビタット利用　149，150，153
ハビタット利用可能度　150，153
ハプロタイプ　55
バベシア属　320
パペット　123
ハヤブサ基金　5，397
ハヤブサの再導入　337

パラダイム　68
パラチオン　347
パラメトリック　70
春の渡り　99
バルビツール剤　386
繁殖　461
繁殖管理
　　大型ハヤブサ類の－　401
　　小型ハヤブサ類の－　406
　　コンドル類とハゲワシ類の－　413
　　タカ類とチュウヒ類の－　409
　　フクロウ類の－　411
　　ワシ類の－　407
繁殖期　185，191
繁殖期間中の食物の補給　422
繁殖個体群　179，418
繁殖個体調査　89
繁殖サイクル　185
繁殖失敗　183
繁殖成功　180，192
　　－とみなせる最低限の日齢　187，191
繁殖成功率　179，180，182，191，292，304，340，361
　　みかけの－　186，191
繁殖生態学　68
繁殖努力量　181
繁殖プログラム　398
繁殖部屋　401
繁殖率　153，179，191
繁殖力　183，191
バンディング　39，112，369
バンディング機関　224
バンディング許可　458，460
ハンティング行動　121
バンドリアバッグ　168
ハンドリング　167
反応変数　75
判別分析　160

ひ

尾羽　42
尾羽装着　245
鼻炎　320
比較行動学　113
皮下組織用注射針　285
皮下補液　436
鼻腔内　321
ピケライン戦略　102
飛行機　112
飛行軌跡　100
飛行訓練　439
飛行形態　102
飛行高度　102
飛行パターン　98，100
飛行方法　41
飛行力学　98
飛行ルート　99
非コードDNA　55
非再生性貧血　286，344
ひずみゲージ変換機　274
微生物学的研究　302
ビタミンB1　407
ビタミンD3　414
ビタミンサプリメント　401
尾長　51
ビデオ監視システム　131
ビデオレコーダー　131
ビデロジェニン　292
非同義置換　54
非繁殖個体　192
日々の営巣活動残存率　186，191
皮膚ダニ　317，321
皮膚標本　52
非分子的形質の比較　50
標識再発見法　87
標識再捕獲モデル　226
標識ステーション　225
標識調査プログラム　154
標準化記録　242
標準化手法　138
標準行動圏　242
標準代謝　265
標準代謝率　266
標準的帰無検定　77
標準標本　305
標本サイズ　85
標本単位　86
標本抽出　84，85，86
病理解剖検査　302
病理学　299
病理組織学的検査　302
ヒヨコ電球　404
日和見的　303
微量元素　254，257
微量元素構成　250
微量元素プロファイル　258
微量元素分析　258
ビレイコントローラー　168
ビレイプレート　168
ピレスリン　319
ピレスリン-ピペロニルブトキシド　321
ピレスロイド系殺虫剤　318
ピレトリン　318
ピンクマウス　406
貧血症　286

ふ

ファニーパック　168
ファブリキウス嚢　305
ファムフール　348
ブアン液　336
フィールドガイド　40
フィールドにおけるデータ収集　118
フィールドノート　71
フィールドマーク　39，40，100
フィブリノーゲン　286
フィンガープリント法　56
フィンガーレスグローブ　168
風車　383
風力発電　384
フェレンケリア　326
フェンスルホチオン　347，348
フォスタリング法　418
孵化
　　大型ハヤブサ類の－　402
　　小型ハヤブサ類の－　406
　　コンドル類とハゲワシ類の－　413
　　タカ類とチュウヒ類の－　409
　　フクロウ類の－　411
　　ワシ類の－　407
孵化器　402
付加データの記録　102
孵化率　294，402
複婚　119
複数集計カウンター　101
副鼻腔炎　320
フクロウ
　　－の雌雄鑑別　45
　　－の年齢査定　45
浮腫　321
ふ蹠長　51
父性　53
普通変数　77
腹腔鏡検査　399
フットループ　173
不定期なテリトリー　191
部分的な渡り　101
部分白化　44
ブユ　317，318
浮遊法　329，434
ブラインド　130
プラスチシン　286
プラスモディウム　328
フラッシュライト　174
プラトー効果　54
孵卵
　　大型ハヤブサ類の－　402

小型ハヤブサ類の－ 406
コンドル類とハゲワシ類の－ 413
タカ類とチュウヒ類の－ 409
フクロウ類の－ 411
ワシ類の－ 407
フラン 342
孵卵温度 402
孵卵器 402
フリークライミング 172
ブリーダー 399
振り子飛行 52
プルージック 170
プルージックノット 170
フルオロ酢酸ナトリウム 349
プレイバック法 195
ブレインストーミング 77
フローター 180, 191
プロジェステロン 293
フロッグシステム 173
プロテクション用具 176
プロバイオティクス剤 404
n-プロパノール 331
プロポルフィリン 344
分岐進化率 54
分散 420
分散支点 170
分散分析 70
分散率 53
分子遺伝学 3
分子寄生虫学 326, 331
分子形質 52
分子雌雄鑑別 53, 59
分子生物学 4
分子的研究 301
分子時計概念 54
分子病理学 331
分子法 53
分子マーカー 332
分析的研究 114
糞中ステロイド 295
分布域地図 44
分布図 160
糞便の直接塗抹 329, 434
分類 49
分類学 49, 53
分類学的集団 49
分類学の帰結 60
分類群 49
分類木 159

へ
ペア相手の選択 118
平均重量（獲物の－） 139

平均赤血球ヘモグロビン濃度 286
平均赤血球ヘモグロビン量 286
平均赤血球容積 286
平衡時間定数 254
米国魚類野生生物局 183, 397, 432, 458
米国地質測量局鳥類マーキングおよび救護許可 194
米国地質調査所 224
ベイズ定理 75
ベイズ統計 259
ベイズ法 159
ヘキサクロロシクロヘキサン異性体 339
ペニシリン瓶 329
ヘパトゾーン属 328
ヘパリン 285
ヘプタクロル 337, 339
ヘマトキシリン 331
ヘマトクリット 285, 344
ヘモグレガリナ属 328
ヘモグロビン 285, 286, 344
ヘモプロテウス 317, 328
ヘリコプター 208
ヘルメット 168
ペレット 125, 126, 263, 273, 302, 345
－の形成 275
－の排泄 275
－の分析 126
扁形動物門 329
鞭毛原生動物 326
ペンローズ排液管 437

ほ
防衛行動 119
剖検技術 303
放射線撮影装置 432
放射免疫測定法 399
放鳥 123, 424
放鳥基準 439
放鳥訓練 418, 419
法的考慮 309, 455
法的保護 377
放鷹技術 444
放鷹協会 461
抱卵期 191
抱卵期間 182
法律 455
放浪個体 180, 191
飽和砂糖水 329
補液 435
ポールトラップ 217

捕獲 112, 430
捕獲性筋障害 430
捕獲方法 193
北米鳥類標識プログラム 224
北米鳥類標識マニュアル 197
保護 122
保護意識 442
保護管理戦略 122
保護管理方法 421
補充産卵数 294
母集団 85
帆翔 40
補助給餌プログラム 351
捕食行動 121
捕食者からの保護 423
保全計画 149
保全生物学 97
保全戦略 84
保全措置 377, 380
細紐付き飛行 439
ポックスウイルス 318
ポップリベット 234
ボディーコンディションスコア 299
ボトルネック 377
ホピ族 378
ポリアクリルアミドゲル電気泳動 59
ポリ塩化ジベンゾフラン類 341
ポリ塩化ビフェニル 388
ポリ塩化ビフェニル類 337, 341
ポリゴンクラスタ 243
ポリ臭化ジフェニルエーテル 296, 351
ポリ臭素化ジフェニルエーテル 388
ポリメラーゼ連鎖反応 53, 288
ホルムアルデヒドガス 402
ホレート 349
ボン条約 456
ボンベ熱量計 264
ボンベ熱量測定法による 265

ま
マーカー
一時的な－ 236
恒久的な－ 227
－の選定 223
－の特徴 226
マーカー遺伝子 55
マーキング 112, 223
－の許可 224, 458
マーキングプログラム 223, 224
マーキング方法 223
マイクロコントローラー 245
マイクロサテライト 53

マイクロサテライト遺伝子座　57
マイクロサテライト解析　57
マイクロサテライト DNA　54
マイクロサテライトマーカー法　399
マイクロスケール　151
マイクロチップ　464
マイクロハビタット　151
マイクロ補体結合反応　52
マイコバクテリウム属菌　306
マイコプラズマ　414
マイレックス　339
マクロスケール　152
マクロハビタット　151
マジックミラー　399
麻酔深度　432
麻酔薬　285
マダニ　317, 325
マックマスター計算板　329, 330, 336
マッサージ　129
末梢血管拡張剤　437
魔法の窓　70
マルチプレックス PCR システム　57

み

みかけの繁殖成功率　186, 191
水浴び容器　400
密封型ジェル-セルバッテリー　132
ミトコンドリア　53
　　－の DNA　53
ミトコンドリア遺伝子　54
ミトコンドリアゲノム　53
ミニサテライト DNA　54
ミョーバンカーミン液　331, 336

む

無機水銀　345
虫眼鏡　127
無性生殖　325
無脊椎動物　128
無線シャッター　131
無毒性量　343
群行動　90

め

メタデータ　106
メチオニン　54
メチル水銀　345, 388
メトキシクロル　339
免疫器官　305
免疫機構　326
免疫反応　303
綿棒　329

も

猛禽類科学　69
猛禽類教育プログラム　441
猛禽類研究機関の機関誌　26
猛禽類研究財団　5, 397
猛禽類個体群研究　104
猛禽類生態　84
猛禽類センター　4, 444
猛禽類調査　87
　　遠隔的な－　89
猛禽類のカウント（定点での－）　89
猛禽類繁殖の許可　458
猛禽類密度　84
網状赤血球　286
盲腸　273
盲腸糞　274
モーターグライダー　112
モニタリング　106, 112
　　渡り個体の－　97
モニタリング技術　106
モニタリングプログラム　107
モノグラフ　3
モノクロトホス　347, 349, 378, 387
モノフルオロ酢酸ナトリウム　388
モンキーテイル　175

や

野外個体群　424
　　－の増強　417
野外識別　39
八木アンテナ　244
野生動物保護施設　424

ゆ

有機塩素化合物汚染　5
有機塩素系化合物　293, 295
有機塩素系殺虫剤　295
有機塩素系農薬　386
有機水銀　345
有機リン系農薬　387
有機リン剤　337
有機リン殺虫剤　318
有機リン酸　347
有機リン酸系殺虫剤　347
有機リン酸系の農薬　378
有機リン酸殺虫剤　337
有鉤鉗子　304
有酸素運動強度　439
有性生殖　325
雄性生殖器　294
雄性生殖系　294
雄性配偶子　294
有精卵　403
優占的な種　137
誘導結合プラズマ技術　259
誘発要因　299
輸出の許可　458
輸精管　294
輸送　431, 461
輸入の許可　458
輸卵管　293

よ

養育行動　119
溶血　286
幼鳥　40
　　－の生存率　180
葉緑体 DNA　53
翼角　41
翼状針　285
翼長　51
翼膜　231
翼膜装着　245
翼面積　50
4% 等張緩衝ホルマリン　329
四輪駆動車　208

ら

ライトギムザ染色　286
ライト染色　286
ライトトラップ　317
ライブトラップ　138
ライム病　320
ライントラップ法　195, 198
ラクトリンゲル液　436
ラジオイムノアッセイ法　399
ラジオトラッキング　39, 241
ラジオトランスミッター　269
落下細菌試験法　302
ラムサール条約　456
卵　293
卵黄内膜層　294
卵黄嚢　403
卵外因性　343
卵殻　293
　　－の薄化　340, 387
卵殻孔　293
卵殻腺部　293
卵殻膜　293
卵管炎　294
卵管峡部　293
卵管膨大部　293
卵管漏斗　293
卵交換計画　343

卵細胞　293
卵重減少率　402
卵生　328
卵巣　292, 305
卵内因性　343
卵胞　292
卵胞刺激ホルモン　294
卵胞膜細胞　293
ランヤード　168, 174

り

リアルタイム　131
リードクライミング　167
リケッチア様生物　328
リスク評価　303
リハビリテーション　4, 122, 301, 398, 424, 429, 465
リハビリテーション施設　419
リハビリテーションセンター　284, 330, 344, 424
リハビリテーター　429, 442
リベットガン　234
リベット留め足環　228
リボソーム RNA　53, 332
リポ蛋白　292
リムループ　175
リモートセンシング　87
リモートセンシング技術　157
略奪行為　121
利用効率　268
リン化亜鉛　350, 387
林業　385
リンギング　224

臨床検査　301
臨床検査キット　301
臨床試験　309
臨床症状　284
リンデン　339
リンパ球　284
リンパ球減少症　284
リンパ球増加症　284
倫理に関する小委員会　195

る

ルブリカント眼軟膏　432

れ

冷保存　286
レーダー　90, 112
レクリエーション活動　389
レゼルボア　300, 326
レチノール　352
レック行動　119
レッグフラッグ　230
レッグループ　168
連続記録サンプリング　116
連続サンプリング　116
連邦許可証　458
連邦動物健康法　460

ろ

ロイコチトゾーン　317, 328
ロープ　167
ロープスリーブ　175
ロープバッグ　168
ロール X　402

ロガー　244
録音記録　45
ロケットネット　201
ロジスティック回帰分析　160
ロッククライミング　172
ロッククライミングシューズ　168
ロック式カラビナ　170
ロテノン　350
ロバート-ジョーンズ式副木　437
論文作成　78
論文の作成方法　78

わ

若鳥　305
ワクチン　389
ワシ保護法　429
渡り　4, 97, 420
　秋の－　99
　春の－　99
　部分的な－　101
渡り観察地点　98
渡り個体
　－のカウント　97, 101, 112
　－のカウント技術　99
　－の識別　100
　－のモニタリング　97
　－を見つけること　99
渡り調査の技術　112
渡り鳥協定法　363, 459
渡り鳥条約法　363, 429, 456
罠猟　377
ワルファリン　350

外国語で始まる用語の索引

A

acclimation 267
acclimatization 267
Acrocephalus 10
Acta Ornithologica 10
Acta Zoologica Mexicana 9
Acta Zoologica Sinica 12
activity areas 154
activity points 154
activity sites 154
ad libitum sampling 116
AFLP 53
AFLP 遺伝子座 59
AFLP 法 58
Africa − Birds & Birding 5
AIC 70, 160
ALAD 344
Alauda 5, 10
algal bloom 353
all-animal sampling 116
all-occurrences sampling 116
American Ornithologists' Union 9
ANCOVA 70
Animal Care and Use Committees 195
ANOVA 70
Aquila chrysaetos 12
ArcGIS 74
Arc View 74
Ardea 10
Ardeola 10
ARRCN 7
Asian Raptors 7
Asian Raptor Research and Conservation Network 7
ATP 合成酵素 54
Atualidades Ornitológicas 9
Auk 5
Australasian Raptor Association 6
Australian Field Ornithology 6

B

Babbler 5
bal-chatri 194, 195
band-recovery models 226
bartos trap 199
basal metabolic rate 264
BBL 224
BBO 224
Behavioural Ecology and Sociobiology 10
Berkut 11
BFRs 388
BHC 異性体 339
Biological Conservation 10
BioOne® 15
BIOSIS 16
Birding ASIA 7, 12
BirdLife International 5
Birds of Africa series 5
Birds of Prey and Owls in Nature Reserves of the Russian Federation 12
Birds of Prey and Owls of Northern Caucasia 12
Birds of Prey and Owls of Perm' Prikamie 12
Birds of Prey in a Changing Environment 11
Birds of Prey in Europe 11
Birds of Russia and Adjacent Countries 12
Birds of South Africa 6
Birds of Uzbekistan 12
bird banding 224
Bird Banding Office 224
Bird Conservation Research Reports 13
Bird Migrations of Eastern Europe and Northern Asia 12
Bird Study 10
Biuletyn 10
Blackwell Synergy 15
Blakiston's Fish Owl 12
BLM 129
BMR 264
Boletim CEO 9
Boletín Chileno de Ornitologica 9
Boletín SAO 9

Boobook 6
Bookfinder.com 14
bow net 199
Branta 11
British Birds 10
brodifacoum 350
bromadialone 350
BSE 386
BTO 224
Bulletin of the African Bird Club 7
Bulletin of the British Ornithologists' Club 5
Bulletin of the British Ornithologists Club 9
Bulletin of the Japanese Bird Banding Association 12
Buteo 10
butt-end band 227

C

C-3 光合成経路 255
CAM 経路 255
CAM 植物 255
(CA) n 54
Canadian Field-Naturalist 8
Canadian Wildlife Service 397
cast lure and hand net 203
Catalogue of Birds of the Americas 9
Caucasian Ornithological Bulletin 11
CB 殺虫剤 347
censored exit 244
Changhua Wild Bird Society 13
CHD-W 60
CHD-Z 60
CHD 遺伝子 59
ChE 阻害 347
Chinese Feathers 13
CH 殺虫剤 339
Circus 6
CITES 309, 455
classification 49
CLS 247
cluster polygons 243
cluster sampling 225
CO 54, 55
COI gene 332
complete record sampling 116
conductance 266
Conservation Biology 8
continuous-recording sampling 116
Cooper Ornithological Society 9
Corella 6
Cotinga 9
Council of Agriculture 13
cpDNA 53
Current Contents/Life Sciences 15

CWS 224

D

D リング 168
D ループ 53, 54
daily nest survival 186
Dansk Ornithologisk Forening Tidsskrift 10
DDE 5, 387
DDT 337, 386, 387, 397
Dean Amadon 3
definitive basic 40
De Takkeling 10
dho-gaza 203
dho-gaza trap 194
difenacoum 350
discrimination factor 254
DMA 295
DMSO 295
DNA-DNA ハイブリダイゼーション 55
DNA 遺伝子座 54
DNA 塩基配列 55
DNA 塩基配列決定法 55, 331
DNA 塩基配列データ 52
DNA 緩衝液 56
DNA サザンブロット法 3
DNA シークエンシング 55
DNA チップ 58
DNA バーコーディング 60
DNA フィンガープリント 53, 56, 226
DNA 法 53
DNA ポリメラーゼ 54
DNA マーカー 53
drilled banding plier 227
Dual-isotope multiple-source mixing model 140

E

Ecological Research Report 13
ecological traps 154
Ecology 8
EDTA 285
EDTA 緩衝液 52
effect size 160
Egretta 10
El Hornero 9
Emirates Bird Report 7
Emu 6
Endemic Species Research 13
ethics sub-committee 195
Eulen-Rundblick 10
Eurasian Eagle-Owl 12
EURING 224
European Union for Bird Ringing 224
event-sampling 116

F

Falco 11
fasting metabolic rate 265
Fauna Norvegica 10
feather clipping 238
feather imping 237
Field Guide to East African Birds 6
fixed-interval time-span sampling 117
fixed-interval time point sampling 118
FMR 265
focal-animal sampling 116
foraging area 150
Forktail 7, 12
FSH 294

G

Gabar 5
(GC)n 54
GIS 74, 157
GISS 100
Global Raptor Information Network 14, 46
Google Book Search 14
Google Print 14
Google Scholar 14
GPS 75, 241, 250
GPS-PTT 250
GPS 衛星テレメトリー 247
GPS 受信機 75
GPS 発信機 241
GRIN 14, 46
ground-burrow trap 208

H

habitat 150
habitat abundance 150
habitat availability 150
habitat preference 150
habitat quality 150
habitat selection 150
habitat use 150
Handbook of Australian, New Zealand, and Antarctic Birds 6
Handbuch der Vögel Mitteleuropas 10
Hansen system 117
Hawks, Eagles and Falcons of the World 2
Hawks, Owls, and Wildlife 9
Hawk Migration Association of North America 97, 99
Hawk Migration Studies 8
Hawk Mountain Sanctuary 97
Hawk wing photos 46
HMANA 99
　―の日報様式 103
Honeyguide 5

Hong Kong Bird Report 12
http://egizoosrv.zoo.ox.ac.uk/OWL 14
http://elibrary.unm.edu/sora 14
http://print.google.com 14
http://ris.wr.usgs.gov 14
http://scholar.google.com 14
http://scientific.thomson.com/products/ccc 15
http://scientific.thomson.com/products/zr 16
http://www.bioone.org 15
http://www.ddaweb.de/index.php 14

I

I-T アプローチ 75
IAEA 257
Ibis 5, 10
ICBP 2
ICP techniques 259
inclusion of covariates 244
Inductively Coupled Plasma techniques 259
IngentaConnect 15
instantaneous and scan sampling 118
instantaneous sampling 118
International Atomic Energy Agency 257
International Birding & Research Center 8
International Birdwaching Center Eilat 97
in vitro 347
IRI 138
IRMS 254
isotopic landscapes 255
ISSR 53, 58, 59
ISSR プライマー 59

J

Jahresbericht zum Monitoring Greifvögel und Eulen 10
Japanese Journal of Ornithology 12
Jizz 42
Journal of Animal Ecology 10
Journal of Applied Ecology 10
Journal of Avian Biology 5, 8, 10
Journal of Caribbean Ornithology 9
Journal of East Africa Natural History 5
Journal of Ecology 8
Journal of Field Ornithology 8
Journal of Indian Bird Records, Pavo 7
Journal of Ornithology 5, 10
Journal of Raptor Research 8, 9
Journal of the Bombay Natural History Society 7
Journal of the Yamashina Institute of Ornithology 12
Journal of Wildlife Management 8
JSTOR 15
juvenal 40
juvenile 40

K

K パッド　404
K パッド式育雛器　404
karyology　52
Kenya Birds　5
kettles　101
kettling　101
KINSHIP　399
kiting　42
Korean Journal of Ornithology　12
Kukila　7

L

landscape　150
LC　247
LCT　266
leg-hold trap　194, 213
Life of Owls　12
Limosa　10
LINE　54
line trapping　195
LOAEL　343
location classes　247
lock-on band　227
locking tab band　227

M

Malayan Nature Journal　7
Malimbus　5
mark-recaptured models　226
MCH　286
MCHC　286
MCV　286
ME　281
MeHg　345
metabolizable energy　281
metabolized coefficient　268
Methods of Study and Conservation of Birds of Prey　12
Middle East Falcon Research Group　11
Minitab　77
Mirafra and Promerops　5
mononuclear polygons　243
MPI　275
Mse I　58
mtDNA　53

N

NADH デヒドロゲナーゼ　54
natal-habitat imprinting　154
National Pingtung University of Science and Technology　13
National Wildlife Federation　4
Natural Conservation Quarterly　13
ncDNA　53
ND　54, 55
nesting chronology　185
nesting territory　179
nest area　150
nest survival models　182
nest trap　208
Neutron Activation Technique　259
niche metrics　133
NOAEL　343
noose pole trap　209
Northwestern Naturalist　8
North American Ornithological Societies　9
North America Bird Banding Program　224
Nos Oiseaux　10
Notes and Newsletter of Wildlifers　13
Notornis　6
NOW　13
Nuestras Aves　9

O

OCLC　15
Oecologia　10
Oikos　10
Oman Bird News　7
one-zero sampling　117
on-the-dot sampling　118
OP 殺虫剤　337, 347
Oriental Bird Club　7
Ornis Fennica　10
Ornis Svecica　10
Ornithological Science　12
Ornithological Societies of North America　8
Ornithological Worldwide Literature　14, 46
Ornithologische Anzeiger　10
Ornithologische Beobachter　10
Ornithologische Mitteilungen　10
Ornithologische Schriftenschau　14
Ornithologiya　11
Ornitologia Colombiana　9
Ornitologia Neotropical　9
OSNA　8
Ostrich　5
OWL　14, 46
Owls of Northern Eurasia　12

P

padam　212
padded leg-hold trap　213
PAGE　59
Parr adiabatic 熱量計　267
patchiness　152
PBDEs　296, 388

PCBs 293, 337, 386, 388
PCB 異性体 342
PCB 類 342
PCDD 類 342
PCDF 類 342
PCR 288
PCR プロトコール 332
PCR 法 53, 56
pendulum flight 52
perch snare 218
Peregrine Fund 5, 397
PFA 150
PFOS 352
phai 212
phai trap 212
phylogenetics 49
picket-line 戦略 102
PII 384
pit trap 214
Podoces 7
point sampling 118
Polar-orbiting 人工衛星 247
polyandry 68
post-fledging family area 150
power snares 218
production 264
Pst I 58
PTT 250
PTTs 247
PTT 発信器 10

Q

Quarterly Journal of Chinese Forestry 13

R

Rapaces de France 10
Raptor-Link 11
Raptors of China 13
Raptors of Taiwan 13
Raptor Conservation 11
Raptor Information System 14, 46, 83
Raptor Research Foundation 5, 397
Raptor Research Group of Taiwan 13
Raptor Research of Taiwan 13
Raptor Research Reports 9
Raptor Survey Techniques 83
RBC 285
rectrix 42
red-blood-cell 285
respiratory quotient 266
resting metabolic rate 265
Revista Brasileira de Ornitologia 9
ringing 224

rite-in-the rain 71
rivet band 228
RLS 329
RMR 265
RNA II ポリメラーゼ 332
road trapping 198
Roll-X 402
RQ 266
RRF 5
RRGT 13
rRNA 53
Russian Journal of Ornithology 11

S

Sandgrouse 7
SAS 77
scan sampling 118
Scirus 15
Scopus 5
Scottish Raptor Monitoring Report 10
SDA 264
Searchable Ornithological Research Archive 46
Searchable Ornithological Research Archives 14
Sea Eagle 2000 11
Selevenia 11
sequence sampling 116
SGT 274
shock absorber 197
short tandem repeats 54
SINE 54
SM 265
SMR 266
Snake River Birds of Prey National Conservation Area 8
SNP 58
SNP 解析 53, 58
SNP マーカーシステム 58
sociometric matrix 117
SORA 14, 46
Southern African birds 5
Southwestern Naturalist 8
South Australian Birds 6
specific dynamic action 264
split ring band 227
staggered-entry 244
standard metabolic rate 266
standard metabolism 265
STR 54
strain-gauge transducer 274
streaming 101
Strepet 11
Strix 12
STR 遺伝子座 54, 57
STR 解析 53, 57

STR プロファイル 54
Sunbird 6
Swedish goshawk trap 195, 201
Systat 77
systematics 49

T

Taipei Zoo Quarterly 13
Taiwanese Wild Birds 13
Taiwan Veterinary Journal 13
taxonomy 49
TCDD 毒性等量 342
TEQs 342
thermoregulation 264
The Auk 8
the Birds of the Western Palearctic 10
the Bird of North America 8
the CAPD Forestry Series 13
The Condor 8
The Handbook of Birds of the World 2
the Handbook of North American Birds 8
The Mikado Pheasant 13
THg 346
Thimiri ウイルス 317
Thomson ISI 16
Threatened Bird Species of Russia and CIS 12
time sampling 118
time sampling methods 117
Torgos 7
Total DNA 56
Toxic Equivalents 342
TPP 286
trap-happy 225
trap-shy 194, 225
tree-climbing bicycle 173
tree bicycle 173
tRNA 53, 54

U

U.S. Fish and Wildlife Service 397
UC 268
UCT 266
UHF 241
UHF 発信機 241
UMI Dissertations Services 15
use efficiency 268
USGS 224
USGS Patuxent Wildlife Research Center 224

V

variable number tandem repeats 54

Verbail 194
Verbail trap 209, 217
VHF 241
VHF 発信機 241
VHS ビデオテープ 131
VNTR 54
Vogel-welt 10
Vogelwarte 10
VORG Notes 6
Vulture News 5
Vulture Study Group 5

W

walk-in trap 218
WBFT 13
Western Australian birds 6
Wildlife 13
Wildlife & Ecology Studies Worldwide 15
Wildlife Society Bulletin 8
Wild Birds 13
Wild Bird Federation Taiwan 13
Wilson Journal of Ornithology 8
wire hoop trap 208
WNV 389
work 264
World Working Group on Birds of Prey and Owls 2
WWGBPO 2
www.blackwell-synergy.com 15
www.bookfinder.com 14
www.ingentaconnect.com 15
www.jstor.org 15
www.nisc.com 15
www.oclc.org 15
www.scirus.com 15
www.umi.com/products_umi/dissertations 15
WW 染色体 59

Y

Yelkovan 7

Z

Zambia Bird Report 5
Zeledonia 9
Zoological Record 16
Zoological Studies 13
ZW 染色体 59
Z 染色体 60

編集者

DAVID M. BIRDは，世界における猛禽類に関する第一線のエキスパートの1人と見なされており，その専門的知識に関して，しばしば政府，大学，研究費助成機関，法人，そして一般市民からの相談を受けている．Davidは，猛禽類研究財団（RRF）の会長（副会長は2期）を務め，数え切れないほど多くの委員会に参加するとともに，いくつかの猛禽類研究財団のシンポジウムを企画し，そのうちの3つはプロシーディングスとして出版されている．彼はまた，この本の初代本である1987年版の編集者の1人でもあった．

1976年に理学修士号を得た後，マクドナルド猛禽類研究センター（Macdonald Raptor Research Center）の学芸員に任命され，1978年に博士号を獲得した．現在Avian Science and Conservation Centerと呼ばれる機関の所長として，Davidは150本を超える猛禽類に関する科学論文を発表し，37名の大学院生を終了させ，そして現在も9名の指導を行っている．野生動物学（Wildlife Biology）の正教授として，鳥類学，魚類と野生動物の管理，科学コミュニケーション，野生動物保全に関するいくつかのコースを教えている．

Davidは，カナダ鳥学会（Canadian Ornithologists）の副会長を2回務め，現在は次期会長に選出されている．彼はまた，米国鳥学会（米国鳥類学者連盟：American Ornithologists' Union）のフェローに選出されているとともに，誉れの高い国際鳥学委員（International Ornithological Committee）のカナダ代表でもある．

過去30年間に，Davidは北米のいたるところで，数え切れないほど多くの講演を行い，モントリオールおよびカナダ各地の両方で，無数のラジオ番組やテレビ番組に出演している．彼は，7冊の本を執筆，共編しており，これには「City Critters：How to Live with Urban Wildlife」，「Bird's Eye-View：A Practical Compendium for Bird-Lovers」，「The Bird Almanac：The Ultimate Guide to Facts and Figures on the World's Birds」が含まれる．彼はまた，モントリオールの「The Gazette」と雑誌の「Bird Watcher's Digest」の鳥類に関する常設コラムニストでもある．

このような経歴により，Davidの業績は野生動物保全に関する様々な賞によって評価されており，最新の賞は，Bird Protection Quebecによって初めて授与された2007年のQuebec Education Awardである．

KEITH L. BILDSTEINは，ペンシルバニア州ケンプトンにある Hawk Mountain Sanctuary における保全科学の Sarkis Acopian 所長である．彼は，ここで Hawk Mountain Sanctuary の保全科学と教育プログラムを監督し，大学院生，海外からのインターン，そして来訪する科学者の統括を行っている．

Bildstein は，1972 年にペンシルバニア州アレンタウンにある Muhlenberg College で生物学の学士を得た後，オハイオ州コロンバスのオハイオ州立大学から動物学の修士号と博士号を，それぞれ 1976 年と 1978 年に授与された．彼は，現在，ニューヨーク州シラキュースの州立大学で野生動物学の非常勤教授を務めている．彼は，1978 年にはバージニア州ウィリアムズバーグにある College of William and Mary で客員助教授を務め，1978～1992 年まではサウスカロライナ州のロックヒルにある Winthrop University で特別教授（Distinguished Professor）を務めた．彼は，米国鳥学会（米国鳥類学者連盟：American Ornithologists' Union）のフェローであり，Wilson Ornithological Society と Waterbird Society の会長を務めてきており，また猛禽類研究財団（RRF）の副会長でもある．Bildstein は，1984～1987 年まで，鳥類学の季刊誌である「Wilson Bulletin」を編集し，1997～2000 年には米国鳥学会（米国鳥類学者連盟）の機関誌である「Auk」の編集委員であった．彼は，鳥類学に関する 7 つの国内大会および 7 つの国際大会の科学プログラムを統括することに尽力した．

Bildstein は，猛禽類に関する 40 本を含む，生態学と保全に関する 100 本以上の論文を執筆または共同で執筆している．彼の本には次のようなものがある．「White Ibis：wetland wanderer」(1993)，「The raptor migration watch-site manual」(1995, Jorie Zalles と共著)，「Raptor watch：a global directory of raptor migration sites」(2000, Jorie Zalles と共著)，「Migrating raptors of the world：their ecology and conservation」(2006)．また，彼は「Conservation Biology of Flamingos」(2000)，「Hawkwatching in the Americas」(2001)，「Neotropical Raptors」(2007) を共同編集している．

Keith の現在の研究は，地理学・生態学・世界の渡りを行う猛禽類の保全，渡りを行う猛禽類におけるエネルギー管理，新世界と旧世界のハゲワシ類の採食と移動に関する生態学，そしてアメリカチョウゲンボウの越冬，繁殖，移動に関する生態学である．

猛禽類学	定価（本体 18,000 円＋税）

2010年4月1日　第1版第1刷発行　　　　　　　　　　　　＜検印省略＞

監　訳　山　　﨑　　　　亨
発行者　永　　井　　富　　久
印　刷　㈱平　河　工　業　社
製　本　田　中　製　本　印　刷　㈱
発　行　文　永　堂　出　版　株　式　会　社
〒113-0033　東京都文京区本郷2丁目27番3号
TEL　03-3814-3321　FAX　03-3814-9407
振替　00100-8-114601番

ⓒ 2010　山﨑　亨

ISBN　978-4-8300-3226-4